《农林有害生物绿色防控与农药高效施用技术丛书》

农药施用关键技术 与病虫草害绿色防控

封洪强 等主编

中国农业科学技术出版社

图书在版编目（CIP）数据

农药施用关键技术与病虫草害绿色防控 / 封洪强等主编. - 北京：中国农业科学技术出版社，2024.6.
ISBN 978-7-5116-6897-4
Ⅰ. S482；S43；S365

中国国家版本馆CIP数据核字第2024H2D939号

责任编辑　姚　欢
责任校对　王　彦
责任印制　姜义伟　王思文

出 版 者	中国农业科学技术出版社
	北京市中关村南大街12号　邮编　100081
电　　话	(010)82106631(编辑室)(010)82109704(发行部)
	(010)82109709(读者服务部)
传　　真	(010)82106631
网　　址	http://www.castp.cn
经 销 者	各地新华书店
印 刷 者	河南省诚和印制有限公司
开　　本	889×1 194mm　1/16
印　　张	50.0
字　　数	1 604千字
版　　次	2024年6月第1版　2024年6月第1次印刷
定　　价	398.00元

版权所有·翻印必究

《农林有害生物绿色防控与农药高效施用技术丛书》
总编委会

顾　　问	吴孔明　张新友　陈剑平　宋宝安　康振生　柏连阳
总 主 编	封洪强　杨共强　鲁传涛　张振臣　李洪连　李好海　张国彦　张友军　袁会珠　朱新利 王凤乐　郭永旺　陆宴辉　林克剑　李其利　付　岗　杨丽荣　牛银亭　武予清　董立尧 范春斌　吴先福　田兴山　王贵启　李　美　马毅辉　秦艳红　徐　飞　施　艳　李臣堂 徐　青　张玉聚
副 主 编	任应党　李国平　吴仁海　杨丽荣　郝俊杰　王振宇　孙　静　苗　进　张　洁　姚　欢 夏明聪　张德胜　刘玉霞　倪云霞　刘新涛　王恒亮　王　飞　文　艺　孙祥龙　苏旺苍 徐洪乐　高素霞　段　云　孙兰兰　刘　英　杨党伟　蒋月丽　李　彤　牛亚娟　李　韧 万三喜　赵　刚　张素娟　陈　贺　宋　晓　冯超红　刘嘉德　彭海丽　张晓飞　梁　丹 朱　磊　王守宝　高　辉　万　宇　李方奎　陶丛旺　胡名凤　余维瀚　钱晓梅　杨宏伟 黄　辉　张丽丽　赵丽鑫　胡小丽　关玉祥　黄振华　王彤云　戴灿伟　张宏翼　李　燕 张　鑫　史诗琼　何祥鑫　王昆鹏　黄振宇　范保银　张如意　王迎晖　杨　雪　王　磊 石亚利　曹　琼　孙丽华　王琼琼　陈剑钊　张新春　申　艳　周　朋
编　　委	万　宇　王　磊　万三喜　马毅辉　王　飞　王凤乐　王亚飞　王守宝　王丽英　王贵启 王迎晖　王昆鹏　王彤云　王琼琼　王恒亮　王振宇　石亚利　文　艺　牛亚娟　牛银亭 申　艳　田兴山　史诗琼　冯超红　孙　静　孙兰兰　孙丽华　孙祥龙　李　韧　李　美 李　彤　李　燕　李方奎　李好海　李国平　李洪连　李臣堂　刘　英　刘玉霞　刘新涛 刘嘉德　朱　磊　朱新利　关玉祥　任应党　杨　雪　杨共强　杨宏伟　杨丽荣　杨党伟 苏旺苍　宋　晓　吴先福　吴仁海　何祥鑫　余维瀚　陈　贺　陈剑钊　苗　进　赵　刚 赵丽鑫　林克剑　武予清　范保银　范春斌　周　朋　张　洁　张　鑫　张玉聚　张友军 张如意　张宏翼　张丽丽　张国彦　张素娟　张晓飞　张新春　张振臣　张德胜　陆宴辉 姚　欢　封洪强　胡名凤　胡小丽　郝俊杰　夏明聪　施　艳　郭永旺　钱晓梅　倪云霞 袁会珠　秦艳红　高　辉　高素霞　徐　飞　徐　青　徐洪乐　段　云　黄　辉　黄振宇 黄振华　曹　琼　梁　丹　陶丛旺　蒋月丽　韩晓玉　董立尧　彭海丽　鲁传涛　戴灿伟

《农药施用关键技术与病虫草害绿色防控》
编委会

主　　编　封洪强　杨共强　张国彦　袁会珠　朱新利　李好海　牛银亭　施　艳　杨丽荣　马毅辉
　　　　　　秦艳红　徐　飞　李臣堂　徐　青　张玉聚

副主编　王丽英　张素娟　李　韧　万三喜　赵　刚　王迎晖　陈　贺　张丽丽　马涛丽　宋　晓
　　　　　彭　红　闵　红　冯超红　刘嘉德　关玉祥　彭海丽　张晓飞　梁　丹　朱　磊　王守宝
　　　　　高　辉　万　宇　李方奎　陶丛旺　胡名凤　余维瀚　王　玲　杨宏伟　刘汝镇　田建泉
　　　　　马　博　黄　辉　赵丽鑫　胡小丽　黄振华　王彤云　戴灿伟　张宏翼　李　燕　张　鑫
　　　　　史诗琼　黄振宇　范保银　张如意　杨　雪　王琼琼　曹　琼　孙丽华　陈剑钊　申　艳
　　　　　周　朋

编　　委　万　宇　王　磊　万三喜　马　跃　马毅辉　马涛丽　马　博　王亚飞　王守宝　王丽英
　　　　　　王迎晖　王昆鹏　王　玲　王彤云　王琼琼　王新媛　王梅花　石亚利　牛银亭　申　艳
　　　　　　田建泉　史诗琼　刘汝镇　刘嘉德　冯超红　孙丽华　李　韧　李　燕　李方奎　李好海
　　　　　　李臣堂　李耀青　闵　红　朱　磊　朱新利　关玉祥　杨　雪　杨共强　杨宏伟　杨丽荣
　　　　　　宋　晓　何祥鑫　余维瀚　陈　贺　陈剑钊　赵　刚　赵丽鑫　范保银　周　朋　张　鑫
　　　　　　张玉聚　张如意　张宏翼　张丽丽　张国彦　张素娟　张晓飞　封洪强　胡名凤　胡小丽
　　　　　　施　艳　郭姝辰　袁会珠　秦艳红　高　辉　徐　飞　徐　青　黄　辉　黄振宇　黄振华
　　　　　　曹　琼　梁　丹　陶丛旺　程杜康　韩晓玉　彭　红　彭海丽　戴灿伟

前 言

农作物病虫草害严重地制约着农业的丰产与丰收。改革开放以来，中国植物保护事业取得了快速发展，中国已经成为世界农药生产和应用大国，然而，中国的农药施用技术还较为落后。目前，农民还普遍"重药"，不重农药施用技术，施药效果远远落后于发达国家。由于对病虫草害的诊断识别、施药适期和喷药部位把握不准，对施药器械（包括喷头型号、喷雾压力、雾滴大小等喷雾技术指标）施药性能知之甚少，施药时还不能做到科学地使用喷雾助剂，导致喷药均匀度差、附着性差、农药的吸收利用率低。农药施用技术落后是造成农药用量过大、浪费过多、残留超标、环境污染严重、作物药害频繁、病虫草为害猖獗的重要因素。

提高农作物病虫草害的防治水平，首先要做好病虫草害的诊断识别，其次要把握好病虫草害的防治适期，还要明确病虫草害的发生部位、靶标体表的着药特点、药剂在靶标体上沉积附着与渗透吸收规律，最重要的是要把握科学的施用技术（包括正确选择农药、雾滴大小、喷雾助剂等等）。只有采取科学的施药技术，才能使农药雾滴在病虫草害的靶标病位沉积分布均匀，保证农药的应用效果，减少农药的流失。

为了使广大农业技术人员准确快捷地识别病虫草害、掌握科学有效的农药施用关键技术，有效指导生产实践，我们组织国内权威专家，结合多年的科研和工作实践，查阅了大量国内外文献，针对农业生产上的实际需要编著了《农药施用关键技术与病虫草害绿色防控》一书。全书共39章，对农药施药技术、喷雾机械、喷雾助剂、主要作物的病虫草害生物学特点和农药应用技术进行了详细地介绍；收录了20种作物、蔬菜和果树中的300多种重要病虫草害，对每种重要的病虫草害诊断识别进行了简要地介绍，并系统地介绍了主要病虫害的发生部位、发生时期和相应的施药关键技术，提出了各种生育阶段病虫害的最佳防治药剂种类、剂量和施药技术方法。本书通俗易懂、图文并茂、准确实用。

本书由河南省农业科学院植物保护研究所牵头，国内多位知名专家参加了编写工作。马毅辉、陈贺、宋晓、王振军、郭振营等同志具体负责第一章至第十九章的农药施用技术部分内容；杨共强、杨丽荣、徐飞、秦艳红、牛银亭、王虹、冯超红、刘嘉德等同志具体负责第十九章至第三十九章的病虫害防治部分内容；封洪强、杨共强、李好海、王丽英、张玉聚等同志负责全书的规划、汇编和审校工作。

本书在编纂过程中，得到了中国农业科学院、南京农业大学、西北农林科技大学、华中农业大学、山东农业大学、湖南省农业科学院、广西农业科学院、宁波大学、贵州大学、河南农业大学，以及河南、山东、河北、吉林、江苏、湖北、广东等省市农业科学院和植保站专家的支持和帮助，有关专家提供了很多形态诊断识别照片和自己多年的研究成果；同时，本书的出版得到了很多项目的支持，在此致以衷心感谢。

本书主要读者对象是各级农业技术推广和服务人员，同时也可供乡村级农药经销商、农业科研人员、农药厂技术研发和推广销售人员参考。

由于我国地域辽阔、环境条件复杂、作物和病虫草害区域特征差异显著，因此书中提供的病虫草害防治方法与施药技术的实际防治效果和对作物的安全性会因特定的使用条件而有较大差异。书中内容仅供读者参考，不可照抄照搬，建议在先行试验或试用的基础上再大面积推广应用，以免出现药效或药害问题。由于作者水平有限，书中内容不当之处，敬请读者批评指正。

作者

2024年6月29日

目 录

第一章 农药喷雾技术概述 ... 1
一、农药喷雾技术的意义 ... 1
二、农药喷雾技术的发展状况 ... 8
 （一）世界农药喷雾技术的发展 ... 8
 （二）中国农药喷雾技术的发展 ... 11
三、农药雾化原理与雾化方式 ... 12
 （一）农药雾化原理 ... 12
 （二）农药雾化方式 ... 13
四、影响农药喷雾效果的关键因素与技术指标 ... 14
 （一）决定农药喷雾效果的关键技术指标 ... 14
 （二）影响农药喷雾效果的关键因素 ... 17

第二章 农药喷雾均匀度的控制措施 ... 18
一、农药喷雾均匀度 ... 18
二、影响农药喷雾均匀度的因素 ... 18
 （一）喷头质量与类型 ... 18
 （二）喷雾方式 ... 21
 （三）靶标高度 ... 21
 （四）喷头间距 ... 22
 （五）喷头安装角度 ... 22
 （六）喷雾压力和水量 ... 22
 （七）喷雾速度 ... 23
 （八）喷雾开闭的频率 ... 23
 （九）喷杆的振动和倾斜 ... 23
 （十）环境因素 ... 23
三、农药喷雾均匀度的控制方法 ... 24
 （一）选择优质的扇形喷头 ... 24
 （二）革新喷雾方式 ... 24
 （三）根据环境条件科学喷雾 ... 24

第三章 农药喷雾细度的控制技术 ... 25
一、雾滴细度 ... 25
 （一）雾滴粒径的概念 ... 25
 （二）雾滴粒径的表示方法 ... 25

　　　　（三）雾滴粒径图谱（雾滴谱） …………………………………………………… 26
　　　　（四）雾滴分类 …………………………………………………………………… 26
　　　　（五）最佳雾滴粒径 ……………………………………………………………… 28
　　二、农药喷雾细度与药效的关系 ………………………………………………………… 29
　　　　（一）雾滴大小与杀虫剂药效的关系 …………………………………………… 29
　　　　（二）雾滴大小与杀菌剂药效的关系 …………………………………………… 29
　　　　（三）雾滴大小与除草剂药效的关系 …………………………………………… 30
　　三、农药喷雾细度的控制方法 …………………………………………………………… 31
　　　　（一）雾滴大小的基本要求 ……………………………………………………… 31
　　　　（二）不同喷头的雾滴大小控制方法 …………………………………………… 31

第四章　农药雾滴沉降与飘移的控制技术 …………………………………………… 34

　　一、雾滴运行 ……………………………………………………………………………… 34
　　　　（一）雾滴运行分析 ……………………………………………………………… 34
　　　　（二）雾滴降落 …………………………………………………………………… 34
　　　　（三）雾滴运行速度 ……………………………………………………………… 35
　　　　（四）雾滴飘移 …………………………………………………………………… 35
　　　　（五）雾滴在作物冠层中的穿透性 ……………………………………………… 35
　　二、农药雾滴沉降飘移的影响因素 ……………………………………………………… 36
　　　　（一）喷雾压力对雾滴飘移的影响 ……………………………………………… 36
　　　　（二）喷头类型对雾滴飘移的影响 ……………………………………………… 36
　　　　（三）雾滴大小对雾滴飘移的影响 ……………………………………………… 37
　　　　（四）喷雾高度对雾滴飘移的影响 ……………………………………………… 38
　　　　（五）雾滴初速度对雾滴飘移的影响 …………………………………………… 39
　　　　（六）风速对雾滴飘移的影响 …………………………………………………… 40
　　　　（七）环境温度和相对湿度对雾滴飘移的影响 ………………………………… 40
　　　　（八）喷雾方向对雾滴飘移的影响 ……………………………………………… 40
　　　　（九）喷雾前进速度对雾滴飘移的影响 ………………………………………… 40
　　　　（十）喷雾助剂对雾滴飘移的影响 ……………………………………………… 42
　　三、农药雾滴沉降飘移的控制方法 ……………………………………………………… 43
　　　　（一）辅助式防飘移喷雾 ………………………………………………………… 43
　　　　（二）低量低压防飘移喷雾 ……………………………………………………… 43
　　　　（三）降低喷杆高度防飘移喷雾 ………………………………………………… 44
　　　　（四）静电防飘移喷雾 …………………………………………………………… 44
　　　　（五）抗飘移喷头在雾滴飘移控制上的应用 …………………………………… 44
　　　　（六）改善农药配方减少喷雾飘移 ……………………………………………… 44

第五章　增强农药雾滴沉积附着与扩散分布的技术措施 ……………………………… 45

一、雾滴的弹跳、沉积附着与扩散分布 ... 45
二、农药雾滴沉积结构对药效的影响 ... 52
三、影响农药雾滴沉积附着与扩散分布的因素 ... 54
四、药液特性对农药雾滴沉积附着与扩散分布的影响 ... 54
五、靶标特性对农药雾滴沉积附着与扩散分布的影响 ... 59
 （一）植物的表面结构 ... 60
 （二）植物的表面蜡质层 ... 61
 （三）植物表面的毛、刺等附着物 ... 62
 （四）植物叶片形态 ... 62
 （五）植物茎叶的倾角 ... 63
 （六）植物叶片的表面张力 ... 63
 （七）主要作物叶片特性 ... 63
 （八）植物叶片对药液的最大承载能力 ... 70
六、环境因素对农药雾滴沉积附着与扩散分布的影响 ... 71
七、喷药方式对农药雾滴沉积附着与扩散分布的影响 ... 71
 （一）喷头类型对药液沉积的影响 ... 71
 （二）雾滴大小对药液沉积的影响 ... 72
 （三）施药高度对药液沉积的影响 ... 72
 （四）喷雾角度对药液沉积的影响 ... 72
八、提升农药雾滴沉积附着与扩散分布的方法 ... 73
 （一）科学地加入喷雾助剂 ... 73
 （二）科学地把握喷雾方法 ... 73
 （三）根据环境条件选择喷雾方法 ... 73

第六章　增强农药渗透与吸收传导的技术措施 ... 74

一、植物茎叶的显微结构 ... 74
 （一）叶的构造 ... 74
 （二）植物角质膜的功能 ... 75
 （三）植物角质膜的渗透性 ... 76
二、害虫表皮的显微结构 ... 76
 （一）害虫表皮的构造 ... 76
 （二）药剂对表皮的穿透性 ... 77
三、农药的渗透方式与影响因素 ... 77
 （一）雾滴在植物上的渗透性 ... 77
 （二）表面活性剂对植物渗透性的影响 ... 78
 （三）环境因素对植物渗透性的影响 ... 78
四、农药的吸收传导方式及其影响因素 ... 78
 （一）植物叶片对农药的吸收 ... 79

（二）农药在植物中的传导 …………………………………………………… 79
　　（三）农药吸收的影响因素 ………………………………………………… 82
　　（四）改善农药内吸性的策略 ……………………………………………… 83
五、促进农药渗透吸收的技术措施 …………………………………………………… 84
　　（一）改进喷药方法是促进农药渗透吸收的技术措施 …………………… 84
　　（二）喷药助剂是促进农药渗透吸收的技术措施 ………………………… 85
　　（三）把握好施药时的环境条件是促进农药渗透吸收的技术措施 …… 85

第七章　喷雾器械的结构与类型 ……………………………………………………… 86
一、喷雾器械的基本结构 ………………………………………………………………… 86
二、喷雾器械的类型 ……………………………………………………………………… 86
　　（一）手动背负式喷雾器 ……………………………………………………… 87
　　（二）气泵（压缩）式喷雾器 ………………………………………………… 87
　　（三）背负式电动喷雾器 ……………………………………………………… 88
　　（四）喷杆式喷雾器 …………………………………………………………… 89

第八章　喷头的结构类型与应用 ……………………………………………………… 92
一、喷头的雾化原理与雾化方式 ………………………………………………………… 92
　　（一）喷头的雾化原理 ………………………………………………………… 92
　　（二）喷头的雾化方式 ………………………………………………………… 93
二、喷头的基本结构与分类 ……………………………………………………………… 94
　　（一）喷头的基本结构 ………………………………………………………… 94
　　（二）喷嘴的命名规则 ………………………………………………………… 95
　　（三）喷嘴的材质 ……………………………………………………………… 95
　　（四）喷头的喷雾角度 ………………………………………………………… 95
　　（五）喷嘴的流量和型号 ……………………………………………………… 95
　　（六）雾量分布 ………………………………………………………………… 95
　　（七）喷头的喷雾形状及其几何特点 ………………………………………… 97
　　（八）过滤器的选择 …………………………………………………………… 98
　　（九）喷头的分类 ……………………………………………………………… 98
三、喷头的主要种类与特点 ……………………………………………………………… 101
　　（一）标准扇形喷嘴（TP） …………………………………………………… 101
　　（二）涡流扇形喷嘴（TT） …………………………………………………… 102
　　（三）双扇面扇形喷嘴（TJ） ………………………………………………… 104
　　（四）涡流双扇面扇形喷嘴（TTJ） ………………………………………… 105
　　（五）防飘扇形喷嘴（DG） …………………………………………………… 106
　　（六）防飘双扇面扇形喷嘴（DGTJ） ……………………………………… 107
　　（七）气吸型扇形喷嘴（AI） ………………………………………………… 108

（八）空心圆锥雾喷头（TXA） ······ 109
（九）实心圆锥雾喷头（FU） ······ 110
四、喷头的应用与维护 ······ 111
（一）喷头型号的选择 ······ 111
（二）喷头的安装与使用 ······ 111
（三）喷头的磨损与清洗 ······ 113

第九章　压力泵的结构与应用 ······ 114
一、压力泵的原理与类型 ······ 114
（一）柱塞泵 ······ 114
（二）齿轮泵 ······ 114
（三）隔膜泵 ······ 115
二、柱塞泵的结构原理与类型 ······ 116
（一）三缸柱塞泵的工作原理 ······ 116
（二）三缸柱塞泵的结构 ······ 116
三、柱塞泵的使用与维修保养 ······ 120
（一）三缸柱塞泵的使用 ······ 120
（二）三缸柱塞泵的存放保养 ······ 121
（三）三缸柱塞泵的故障维修 ······ 121

第十章　喷雾控制阀与精准施药方法 ······ 122
一、喷雾控制阀的结构原理 ······ 122
（一）恒量喷雾 ······ 122
（二）变量喷雾控制阀 ······ 122
二、喷雾控制阀的种类与精准施药方法 ······ 124
（一）普通控制阀 ······ 124
（二）精量控制阀 ······ 124
（三）变量喷雾控制系统 ······ 125
（四）基于视觉传感器精量变量喷雾系统 ······ 127

第十一章　高压电动喷杆喷雾器的操作规程 ······ 129
一、高压电动喷杆喷雾器的结构 ······ 129
（一）高压电动喷杆喷雾器的结构 ······ 129
（二）高压电动喷杆喷雾器的喷杆结构 ······ 130
（三）高压电动喷杆喷雾器的隔膜泵 ······ 131
（四）锂电池 ······ 132
二、高压电动喷杆喷雾器的操作规范 ······ 132

第十二章　自走式喷杆喷雾机与农业无人机的操作规程 ······ 133

一、自走式喷杆喷雾机的结构与操作规程 133
（一）自走式喷杆喷雾机的结构 133
（二）自走式喷杆喷雾机的发展趋势 134
（三）自走式喷杆喷雾机的操作规范 134

二、农业无人机的结构与操作规程 135
（一）农业无人机的结构 135
（二）农业无人机的发展 137
（三）农业无人机的操作规范 138

第十三章 农药喷雾助剂的作用原理 140

一、农药喷雾助剂的作用 141
（一）配方助剂和喷雾助剂 141
（二）喷雾助剂的主要作用 142
（三）喷雾助剂的为害与安全性 146

二、农药喷雾助剂的发展 150

三、农药喷雾助剂的主要类型与作用原理 150
（一）喷雾助剂的分类 150
（二）喷雾助剂的选择方法 151
（三）表面活性剂类喷雾助剂 151
（四）植物油类喷雾助剂 155
（五）高分子类喷雾助剂 156
（六）无机盐类喷雾助剂 157
（七）其他类喷雾助剂 157

第十四章 喷雾助剂的种类与应用 160

一、喷雾助剂的选择原理 160

二、内吸功能性喷雾助剂 162
（一）内吸功能性喷雾助剂的功能特点 162
（二）内吸功能性喷雾助剂的主要用途 163
（三）内吸功能性喷雾助剂的施用方法 163

三、高效渗透性喷雾助剂 165
（一）高效渗透性喷雾助剂的功能特点 165
（二）高效渗透性喷雾助剂的主要用途 165
（三）高效渗透性喷雾助剂的施用方法 165

四、高效扩散性喷雾助剂 166
（一）高效扩散性喷雾助剂的功能特点 166
（二）高效扩散性喷雾助剂的主要用途 166
（三）高效扩散性喷雾助剂的施用方法 166

五、高效多功能喷雾助剂 … 168
(一) 高效多功能喷雾助剂的功能特点 … 168
(二) 高效多功能喷雾助剂的主要用途 … 168
(三) 高效多功能喷雾助剂的施用方法 … 168

六、多功能渗透性喷雾助剂 … 170
(一) 多功能渗透性喷雾助剂的功能特点 … 170
(二) 多功能渗透性喷雾助剂的主要用途 … 173
(三) 多功能渗透性喷雾助剂的施用方法 … 173

七、安全型多功能喷雾助剂 … 175
(一) 安全型多功能喷雾助剂的功能特点 … 175
(二) 安全型多功能喷雾助剂的主要用途 … 177
(三) 安全型多功能喷雾助剂的施用方法 … 177

八、超强扩散渗透性喷雾助剂 … 179
(一) 超强扩散渗透性喷雾助剂的功能特点 … 179
(二) 超强扩散渗透性喷雾助剂的主要用途 … 180
(三) 超强扩散渗透性喷雾助剂的施用方法 … 180

第十五章 杀虫剂与施用关键技术 … 184

一、杀虫剂的作用机制和主要类型 … 184
(一) 神经系统毒剂 … 184
(二) 干扰代谢毒剂 … 185

二、杀虫剂施用关键技术 … 186
(一) 害虫的为害部位和方式 … 186
(二) 杀虫剂的作用方式与喷雾技术 … 186

三、杀虫剂主要品种与施用关键技术 … 187

敌敌畏(187) 辛硫磷(188) 三唑磷(188) 毒死蜱(189) 乙酰甲胺磷(189) 丙溴磷(190) 二嗪磷(190) 丁硫克百威(191) 克百威(191) 异丙威(192) 仲丁威(192) 高效氟氯氰菊酯(192) 甲氰菊酯(193) 联苯菊酯(193) 高效氯氰菊酯(194) 高效氯氟氰菊酯(195) 除虫脲(195) 虫酰肼(196) 甲氧虫酰肼(196) 呋喃虫酰肼(197) 氟啶脲(197) 氟铃脲(198) 噻嗪酮(198) 虱螨脲(199) 杀虫单(199) 阿维菌素(200) 甲氨基阿维菌素苯甲酸盐(201) 多杀霉素(202) 苏云金杆菌(202) 吡虫啉(203) 虫螨腈(204) 啶虫脒(205) 四聚乙醛(205) 烯啶虫胺(205) 噻虫嗪(206) 噻虫啉(207) 氯虫苯甲酰胺(207) 螺虫乙酯(208) 噻虫胺(208) 呋虫胺(209) 氟啶虫胺腈(210) 茚虫威(210) 唑螨酯(211) 炔螨特(211) 噻螨酮(212) 哒螨灵(212) 四螨嗪(213)

第十六章 杀菌剂与施用关键技术 … 214

一、杀菌剂的作用原理与主要类型 … 214
(一) 影响细胞结构和功能 … 214
(二) 抑制呼吸作用 … 214

（三）干扰代谢物质的合成及功能 ……………………………………………………………… 215
　　（四）诱导寄主产生抗性 ………………………………………………………………………… 215
　　（五）其他 ………………………………………………………………………………………… 215
　二、杀菌剂施用关键技术 …………………………………………………………………………… 216
　　（一）杀菌剂的作用方式 ………………………………………………………………………… 216
　　（二）保护性杀菌剂的喷雾技术要求 …………………………………………………………… 216
　　（三）治疗性杀菌剂的喷雾技术要求 …………………………………………………………… 216
　三、杀菌剂主要品种与施用关键技术 ……………………………………………………………… 217

氢氧化铜(217) 络氨铜(218) 丙森锌(219) 代森锰锌(219) 代森联(220) 福美双(220) 百菌清(220) 烯酰吗啉(221) 噻呋酰胺(222) 硅噻菌胺(222) 萎锈灵(222) 氟酰胺(222) 氟唑菌酰羟胺(223) 腐霉利(223) 异菌脲(223) 甲霜灵(224) 多菌灵(224) 甲基硫菌灵(225) 霜霉威盐酸盐(226) 霜脲氰(226) 氰烯菌酯(226) 甲基立枯磷(227) 嘧菌酯(227) 啶氧菌酯(227) 吡唑醚菌酯(228) 肟菌酯(228) 醚菌酯(229) 三唑酮(229) 苯醚甲环唑(230) 烯唑醇(230) 氟硅唑(231) 腈菌唑(231) 丙环唑(232) 三环唑(232) 咪鲜胺(232) 咯菌腈(233) 氟啶胺(233) 啶酰菌胺(234) 嘧霉胺(234) 嘧菌环胺(234) 多抗霉素(235) 嘧啶核苷类抗菌素(235) 春雷霉素(235) 井冈霉素(236) 中生菌素(236) 香菇多糖(237) 枯草芽孢杆菌(237) 盐酸吗啉胍(237) 三氯异氰尿酸(238) 噻霉酮(238) 噻唑锌(238) 棉隆(239) 威百亩(239) 氟烯线砜(239)

第十七章　除草剂与施用关键技术 ……………………………………………………… 240

　一、除草剂的作用原理与主要类型 ………………………………………………………………… 240
　　（一）抑制光合作用 ……………………………………………………………………………… 240
　　（二）抑制呼吸作用 ……………………………………………………………………………… 240
　　（三）抑制核酸与蛋白质合成 …………………………………………………………………… 241
　　（四）抑制脂类的生物合成和膜的完整性 ……………………………………………………… 241
　　（五）抑制植物体内酶的活性 …………………………………………………………………… 241
　二、除草剂施用关键技术 …………………………………………………………………………… 242
　　（一）除草剂的施用方法 ………………………………………………………………………… 242
　　（二）除草剂的喷雾技术要求 …………………………………………………………………… 243
　三、除草剂主要品种与施用关键技术 ……………………………………………………………… 249

乙草胺(249) 丁草胺(250) 异丙草胺(250) 异丙甲草胺(251) 丙草胺(251) 敌稗(252) 苯噻酰草胺(252) 吡氟酰草胺(253) 氟噻草胺(253) 丙炔氟草胺(254) 莠去津(254) 氰草津(255) 莠灭净(255) 扑草净(255) 苯磺隆(256) 噻磺隆(256) 苄嘧磺隆(257) 吡嘧磺隆(257) 甲基二磺隆(258) 烟嘧磺隆(258) 砜嘧磺隆(259) 氟唑磺隆(259) 氯吡嘧磺隆(260) 三氟羧草醚(260) 氟磺胺草醚(261) 乳氟禾草灵(261) 乙羧氟草醚(262) 乙氧氟草醚(262) 异丙隆(263) 2甲4氯钠(263) 2,4-滴异辛酯(264) 2甲4氯胺盐(264) 麦草畏(265) 精吡氟禾草灵(265) 精喹禾灵(265) 精恶唑禾草灵(266) 炔草酯(266) 高效氟吡甲禾灵(267) 稀禾啶(267) 烯草酮(268) 氟乐灵(268) 地乐胺(269) 二甲戊乐灵(269) 草甘膦(270) 草铵膦(271) 咪唑乙烟酸(271) 甲氧咪草烟(272) 甲咪唑烟酸(272) 氯氟吡氧乙酸(272) 二氯吡啶酸(273) 唑嘧磺草胺(274) 双氟磺草胺(274) 五氟磺草胺(274) 氯酯磺草胺(275) 啶磺草胺(275) 硝磺草酮(276) 苯唑草酮(276) 唑啉草酯(277) 氟唑草酮(277) 恶草酮(277) 二氯喹啉酸(278) 苯达松(279) 草除灵(280)

第十八章 植物生长调节剂与施用关键技术 ········· 281
一、植物生长调节剂的作用原理与主要类型 ········· 281
（一）生长素(IAA)运输的化学控制 ········· 281
（二）赤霉素(GA)生物合成的化学控制 ········· 281
（三）乙烯(ETH)生物合成的调控 ········· 282
（四）酚类物质对生长素(IAA)代谢的调节 ········· 283
（五）乙烯（ETH）与受体结合的化学控制 ········· 283
二、植物生长调节剂施用关键技术 ········· 284
（一）植物生长调节剂的应用方法 ········· 284
（二）植物生长调节剂的喷雾技术要求 ········· 285
三、植物生长调节剂主要品种与施用关键技术 ········· 287

吲哚乙酸(287) 吲哚丁酸(287) 萘乙酸(287) 赤霉素(288) 胺鲜酯(289) 苄氨基嘌呤 (289) 羟烯腺嘌呤(290) 氯吡脲(290) 噻苯隆(291) 乙烯利(291) S-诱抗素(292) 芸苔素内酯(293) 复硝酚钠(294) 矮壮素(295) 甲哌䓬(295) 多效唑(296) 烯效唑(298) 三十烷醇(299) 氯化胆碱(299)

第十九章 小麦病虫草害与农药施用关键技术 ········· 300
一、小麦病害与农药施用关键技术 ········· 300
1.小麦白粉病(300) 2.小麦纹枯病(304) 3.小麦锈病(308) 4.小麦全蚀病(311) 5.小麦黑穗病(311) 6.小麦赤霉病(313) 7.小麦叶枯病(315) 8.小麦颖枯病(317)

二、小麦虫害与农药施用关键技术 ········· 319
1.麦蚜(319) 2.叶螨(322) 3.蝼蛄(325) 4.蛴螬(325) 5.金针虫(328)

三、麦田杂草 ········· 330
播娘蒿(330) 荠菜(330) 猪殃殃(331) 婆婆纳(331) 麦家公(332) 佛座(332) 牛繁缕(333) 大巢菜(333) 泽漆(334) 看麦娘(334) 日本看麦娘(335) 菵草(335) 硬草(336) 野燕麦(336) 节节麦(337) 多花黑麦草(337)

四、小麦各生育期病虫草害与农药施用关键技术 ········· 338
（一）小麦病虫草害综合防治 ········· 338
（二）小麦播种期病虫害与农药施用关键技术 ········· 338
（三）小麦田杂草与农药施用关键技术 ········· 339
（四）小麦拔节至孕穗期病虫害与农药施用关键技术 ········· 350
（五）小麦抽穗至成熟期病虫害与农药施用关键技术 ········· 353

第二十章 水稻病虫草害与农药施用关键技术 ········· 355
一、水稻病害与农药施用关键技术 ········· 355
1.稻瘟病(355) 2.水稻纹枯病(361) 3.水稻白叶枯病(364) 4.稻曲病(365) 5.水稻恶苗病(367) 6.水

稻胡麻斑病(369)

二、水稻虫害与农药施用关键技术 …………………………………………………… 371
1.三化螟(371)　2.二化螟(373)　3.稻纵卷叶螟(375)　4.稻飞虱(376)

三、稻田杂草 ………………………………………………………………………………… 378
千金子(378)　稗草(379)　异型莎草(379)　鳢肠(380)　空心莲子草(380)　鸭舌草(381)　眼子菜(381)　节节菜(382)　水苋菜(382)　野慈姑(383)

四、水稻各生育期病虫草害与农药施用关键技术 ……………………………………… 383
（一）水稻病虫害综合防治历的制订 …………………………………………………… 383
（二）水稻苗期病虫草害与农药施用关键技术 ………………………………………… 384
（三）水稻移栽至返青期病虫草害与农药施用关键技术 ……………………………… 385
（四）水稻分蘖至抽穗期病虫害与农药施用关键技术 ………………………………… 386
（五）水稻灌浆成熟期病虫害与农药施用关键技术 …………………………………… 388

第二十一章　玉米病虫草害与农药施用关键技术 …………………………………… 390

一、玉米病害与农药施用关键技术 ……………………………………………………… 390
1.玉米大斑病、小斑病(390)　2.玉米纹枯病(392)　3.玉米锈病(396)　4.玉米瘤黑粉病(397)　5.玉米弯孢霉叶斑病(398)　6.玉米褐斑病(399)　7.玉米粗缩病(402)

二、玉米虫害与农药施用关键技术 ……………………………………………………… 404
1.玉米螟(404)　2.玉米蚜虫(408)

三、玉米田杂草 …………………………………………………………………………… 410
马唐(410)　牛筋草(410)　旱稗(411)　狗尾草(411)　黎(412)　反枝苋(412)　马齿苋(413)　铁苋(413)　苍耳(414)　香附子(414)

四、玉米各生育期病虫草害与农药施用关键技术 ……………………………………… 415
（一）玉米病虫草害综合防治历 ………………………………………………………… 415
（二）玉米播种期病虫草害与农药施用关键技术 ……………………………………… 415
（三）玉米苗期病虫草害与农药施用关键技术 ………………………………………… 417
（四）玉米拔节期至小喇叭口期病虫害与农药施用关键技术 ………………………… 421
（五）玉米大喇叭口期至抽雄期病虫害与农药施用关键技术 ………………………… 422
（六）玉米抽穗期至成熟期病虫害与农药施用关键技术 ……………………………… 423

第二十二章　甘薯病虫草害与农药施用关键技术 …………………………………… 425

一、甘薯病害与农药施用关键技术 ……………………………………………………… 425
1.甘薯黑斑病(425)　2.甘薯软腐病(426)　3.甘薯病毒病(426)　4.甘薯斑点病(428)

二、甘薯虫害与农药施用关键技术 ……………………………………………………… 429
1.甘薯天蛾(429)　2.甘薯麦蛾(429)

三、甘薯各生育期病虫草害与农药施用关键技术 ……………………………………… 430
（一）甘薯苗期病虫草害与农药施用关键技术 ………………………………………… 430
（二）甘薯分枝结薯期病虫害与农药施用关键技术 …………………………………… 431

（三）甘薯薯蔓同长期病虫害与农药施用关键技术 …………………………………… 432
（四）甘薯薯块盛长期病虫害与农药施用关键技术 …………………………………… 432
（五）甘薯收获贮藏期病虫害与农药施用关键技术 …………………………………… 433

第二十三章　大豆病虫草害与农药施用关键技术 …………………………………… 434

一、大豆病害与农药施用关键技术 …………………………………………………… 434

1.大豆灰斑病(434)　2.大豆褐斑病(435)　3.大豆紫斑病(435)　4.大豆病毒病(436)　5.大豆炭疽病(437)
6.大豆菌核病(438)　7.大豆细菌性斑点病(438)

二、大豆虫害与农药施用关键技术 …………………………………………………… 439

1.大豆食心虫(439)　2.大豆蚜虫(440)　3.大豆卷叶螟(441)　4.豆荚螟(441)　5.豆秆黑潜蝇(442)

三、大豆各生育期病虫草害与农药施用关键技术 …………………………………… 443

（一）播种期病虫草害与农药施用关键技术 …………………………………………… 443
（二）苗期病虫害与农药施用关键技术 ………………………………………………… 443
（三）开花结荚期病虫害与农药施用关键技术 ………………………………………… 444
（四）大豆鼓粒成熟期病虫害与农药施用关键技术 …………………………………… 445

第二十四章　花生病虫草害与农药施用关键技术 …………………………………… 447

一、花生病害与农药施用关键技术 …………………………………………………… 447

1.花生叶斑病(447)　2.花生锈病(452)　3.花生病毒病(453)　4.花生根腐病(455)　5.花生白绢病(457)

二、花生虫害与农药施用关键技术 …………………………………………………… 459

1.花生蚜(459)　2.花生叶螨(460)　3.花生蛴螬(464)

三、花生各生育期病虫草害与农药施用关键技术 …………………………………… 466

（一）花生病虫害综合防治历 …………………………………………………………… 466
（二）花生播种期病虫害与农药施用关键技术 ………………………………………… 466
（三）花生苗期病虫草害与农药施用关键技术 ………………………………………… 469
（四）花生开花结果期病虫害与农药施用关键技术 …………………………………… 475

第二十五章　大白菜病虫草害与农药施用关键技术 ………………………………… 477

一、大白菜病害与农药施用关键技术 ………………………………………………… 477

1.大白菜霜霉病(477)　2.大白菜软腐病(480)　3.大白菜病毒病(481)　4.大白菜黑腐病(482)　5.大白菜黑斑病(482)

二、大白菜虫害与农药施用关键技术 ………………………………………………… 483

1.菜青虫(483)　2.小菜蛾(485)　3.甘蓝蚜(487)

三、大白菜各生育期病虫害与农药施用关键技术 …………………………………… 487

（一）大白菜苗期病虫害与农药施用关键技术 ………………………………………… 487
（二）大白菜莲座期病虫害与农药施用关键技术 ……………………………………… 488
（三）大白菜结球期病虫害与农药施用关键技术 ……………………………………… 489

第二十六章　甘蓝病虫草害与农药施用关键技术 …………………………………… 490

一、甘蓝病害与农药施用关键技术 ············ 490
1.甘蓝霜霉病(490) 2.甘蓝软腐病(494) 3.甘蓝病毒病(495) 4.甘蓝黑腐病(495) 5.甘蓝黑斑病(496) 6.甘蓝褐斑病(497) 7.甘蓝细菌性黑斑病(497)

二、甘蓝虫害与农药施用关键技术 ············ 498
1.菜青虫(498) 2.小菜蛾(499) 3.甘蓝蚜(499)

三、甘蓝各生育期病虫草害与农药施用关键技术 ············ 500
（一）甘蓝苗期病虫草害与农药施用关键技术 ············ 500
（二）甘蓝莲座期病虫草害与农药施用关键技术 ············ 500
（三）甘蓝结球期病虫草害与农药施用关键技术 ············ 501

第二十七章 萝卜病虫草害与农药施用关键技术 ············ 503

一、萝卜病害与农药施用关键技术 ············ 503
1.萝卜霜霉病(503) 2.萝卜软腐病(505) 3.萝卜病毒病(506) 4.萝卜细菌性黑腐病(507) 5.萝卜炭疽病(508) 6.萝卜黑斑病(508)

二、萝卜虫害与农药施用关键技术 ············ 509
1.萝卜蚜(509) 2.萝卜地种蝇(510)

三、萝卜各生育期病虫草害与农药施用关键技术 ············ 510
（一）萝卜苗期病虫草害与农药施用关键技术 ············ 510
（二）萝卜莲座期病虫草害与农药施用关键技术 ············ 511
（三）萝卜肉质根生长盛期病虫草害与农药施用关键技术 ············ 512

第二十八章 黄瓜病虫草害与农药施用关键技术 ············ 513

一、黄瓜病害与农药施用关键技术 ············ 513
1.黄瓜霜霉病(513) 2.黄瓜白粉病(518) 3.黄瓜蔓枯病(520) 4.黄瓜疫病(521) 5.黄瓜细菌性角斑病(522) 6.黄瓜灰霉病(524) 7.黄瓜病毒病(526)

二、黄瓜虫害与农药施用关键技术 ············ 527
1.斑潜蝇(527) 2.温室白粉虱(528) 3.瓜蚜(529)

三、黄瓜各生育期病虫草害与农药施用关键技术 ············ 530
（一）苗期病虫草害与农药施用关键技术 ············ 530
（二）初花期病虫草害与农药施用关键技术 ············ 531
（三）开花结瓜期病虫草害与农药施用关键技术 ············ 532

第二十九章 西瓜病虫草害与农药施用关键技术 ············ 534

一、西瓜病害与农药施用关键技术 ············ 534
1.西瓜蔓枯病(534) 2.西瓜炭疽病(536) 3.西瓜枯萎病(538) 4.西瓜疫病(539) 5.西瓜白粉病(542) 6.西瓜病毒病(543) 7.西瓜细菌性叶斑病(544) 8.西瓜霜霉病(545)

二、西瓜虫害与农药施用关键技术 ············ 546
1.美洲斑潜蝇(546) 2.蚜虫(547) 3.朱砂叶螨(548)

三、西瓜各生育期病虫草害与农药施用关键技术 ······ 549
　　（一）西瓜病虫害综合防治历的制订 ······ 549
　　（二）大棚西瓜育苗期病虫害与农药施用关键技术 ······ 549
　　（三）西瓜移栽至幼果期、露地西瓜育苗移栽期病虫草害与农药施用关键技术 ······ 550
　　（四）拱棚西瓜成熟期、露地西瓜幼果期病虫害与农药施用关键技术 ······ 551
　　（五）露地西瓜成熟期病虫害与农药施用关键技术 ······ 552

第三十章　番茄病虫害与农药施用关键技术 ······ 553

一、番茄病害与农药施用关键技术 ······ 553

1.番茄灰霉病(553)　2.番茄晚疫病(557)　3.番茄早疫病(558)　4.番茄叶霉病(561)　5.番茄病毒病(563)　6.番茄枯萎病(564)　7.番茄斑枯病(565)

二、番茄虫害与农药施用关键技术 ······ 566

1.棉铃虫(566)　2.美洲斑潜蝇(567)　3.温室白粉虱(569)　4.烟粉虱(570)

三、番茄各生育期病虫害与农药施用关键技术 ······ 572
　　（一）番茄苗期病虫害与农药施用关键技术 ······ 572
　　（二）番茄开花坐果期病虫害与农药施用关键技术 ······ 574
　　（三）番茄结果期病虫害与农药施用关键技术 ······ 576

第三十一章　茄子病虫害与农药施用关键技术 ······ 578

一、茄子病害与农药施用关键技术 ······ 578

1.茄子绵疫病(578)　2.茄子褐纹病(580)　3.茄子黄萎病(581)　4.茄子枯萎病(583)　5.茄子病毒病(583)　6.茄子灰霉病(585)　7.茄子早疫病(587)　8.茄子白粉病(588)

二、茄子虫害与农药施用关键技术 ······ 589

1.茄二十八星瓢虫(589)　2.茶黄螨(590)

三、茄子各生育期病虫害与农药施用关键技术 ······ 591
　　（一）茄子苗期病虫害与农药施用关键技术 ······ 591
　　（二）茄子生长期病虫害与农药施用关键技术 ······ 592
　　（三）茄子开花结果期病虫害与农药施用关键技术 ······ 593

第三十二章　辣椒病虫害与农药施用关键技术 ······ 594

一、辣椒病害与农药施用关键技术 ······ 594

1.辣椒病毒病(594)　2.辣椒疫病(596)　3.辣椒疮痂病(598)　4.辣椒炭疽病(599)　5.辣椒枯萎病(601)　6.辣椒灰霉病(602)　7.辣椒立枯病(604)　8.辣椒细菌性叶斑病(605)　9.辣椒猝倒病(606)　10.辣椒叶枯病(606)

二、辣椒虫害与农药施用关键技术 ······ 607

1.茶黄螨(607)　2.烟青虫(608)　3.蚜虫(610)　4.温室白粉虱(610)

三、辣椒各生育期病虫害与农药施用关键技术 ······ 612
　　（一）辣椒苗期病虫害与农药使用关键技术 ······ 612

（二）辣椒开花坐果期病虫害与农药施用关键技术……………………………………613
　　（三）辣椒结果期病虫害与农药施用关键技术………………………………………614

第三十三章　马铃薯病虫害与农药施用关键技术　618

一、马铃薯病害与农药施用关键技术……………………………………………………618

1.马铃薯晚疫病(618)　2.马铃薯早疫病(620)　3.马铃薯环腐病(621)　4.马铃薯病毒病(622)　5.马铃薯疮痂病(623)　6.马铃薯炭疽病(623)

二、马铃薯虫害与农药施用关键技术……………………………………………………624

马铃薯瓢虫(624)

三、马铃薯各生育期病虫害与农药施用关键技术………………………………………625

　　（一）马铃薯苗期病虫害与农药施用关键技术………………………………………625
　　（二）马铃薯团棵期病虫害与农药施用关键技术……………………………………627
　　（三）马铃薯结薯期和成熟期病虫害与农药施用关键技术…………………………630

第三十四章　菜豆、豇豆病虫害与农药施用关键技术　631

一、菜豆、豇豆病害与农药施用关键技术………………………………………………631

1.菜豆、豇豆枯萎病(631)　2.菜豆、豇豆锈病(632)　3.菜豆、豇豆炭疽病(634)　4.菜豆、豇豆病毒病(635)　5.菜豆、豇豆褐斑病(637)

二、菜豆、豇豆虫害与农药施用关键技术………………………………………………637

豆荚野螟(637)

三、菜豆、豇豆各生育期病虫害与农药施用关键技术…………………………………638

　　（一）菜豆、豇豆苗期病虫害与农药施用关键技术…………………………………639
　　（二）菜豆、豇豆抽蔓期病虫害与农药施用关键技术………………………………640
　　（三）菜豆、豇豆开花结荚期病虫害与农药施用关键技术…………………………640

第三十五章　大蒜病虫草害与农药施用关键技术　643

一、大蒜病害与农药施用关键技术………………………………………………………643

1.大蒜叶枯病(643)　2.大蒜紫斑病(645)　3.大蒜锈病(646)　4.大蒜病毒病(646)　5.大蒜菌核病(647)　6.大蒜白腐病(648)　7.大蒜细菌性软腐病(649)　8.大蒜疫病(650)　9.大蒜灰霉病(651)

二、大蒜虫害与农药施用关键技术………………………………………………………652

地种蝇(652)

三、大蒜各生育期病虫草害与农药施用关键技术………………………………………654

　　（一）大蒜病虫草害综合防治历的制订………………………………………………654
　　（二）大蒜苗期病虫草害与农药施用关键技术………………………………………654
　　（三）大蒜返青期至抽薹期病虫草害与农药施用关键技术…………………………655
　　（四）大蒜鳞芽膨大期至成熟期病虫害与农药施用关键技术………………………656

第三十六章　苹果病虫草害与农药施用关键技术　657

一、苹果病害与农药施用关键技术 ··········· 657
1.苹果斑点落叶病(657) 2.苹果褐斑病(660) 3.苹果树腐烂病(661) 4.苹果轮纹病(663) 5.苹果炭疽病(665) 6.苹果花叶病(666)

二、苹果虫害与农药施用关键技术 ··········· 667
1.绣线菊蚜(667) 2.苹小卷叶蛾(668) 3.苹果全爪螨(672) 4.苹果绵蚜(673) 5.金纹细蛾(675) 6.顶梢卷叶蛾(676)

三、苹果各生育期病虫草害与农药施用关键技术 ··········· 678
（一）苹果休眠期萌芽前病虫草害与农药施用关键技术 ··········· 678
（二）苹果发芽展叶期病虫害与农药施用关键技术 ··········· 679
（三）苹果幼果期病虫草害与农药施用关键技术 ··········· 680
（四）苹果花芽分化期至果实膨大期病虫害与农药施用关键技术 ··········· 684
（五）苹果果实成熟期病虫害与农药施用关键技术 ··········· 685
（六）苹果营养恢复期病虫害与农药施用关键技术 ··········· 688

第三十七章　梨病虫草害与农药施用关键技术 ··········· 689

一、梨树病害与农药施用关键技术 ··········· 689
1.梨轮纹病(689) 2.梨黑星病(692) 3.梨黑斑病(694) 4.梨锈病(696) 5.梨褐腐病(697) 6.梨树腐烂病(698) 7.梨炭疽病(698)

二、梨树虫害与农药施用关键技术 ··········· 700
1.梨小食心虫(700) 2.梨星毛虫(702) 3.梨冠网蝽(703) 4.梨大食心虫(704) 5.梨木虱(704) 6.梨圆蚧(706) 7.梨二叉蚜(707)

三、梨各生育期病虫草害与农药施用关键技术 ··········· 708
（一）梨树休眠期病虫害与农药施用关键技术 ··········· 708
（二）梨树萌芽期病虫害与农药施用关键技术 ··········· 709
（三）梨树花期病虫害与农药施用关键技术 ··········· 711
（四）梨树展叶至幼果期病虫害与农药施用关键技术 ··········· 712
（五）梨树果实膨大期病虫害与农药施用关键技术 ··········· 715
（六）梨树果实成熟期病虫害与农药施用关键技术 ··········· 717
（七）梨树营养恢复期病虫害与农药施用关键技术 ··········· 717

第三十八章　葡萄病虫草害与农药施用关键技术 ··········· 719

一、葡萄病害与农药施用关键技术 ··········· 719
1.葡萄霜霉病(719) 2.葡萄黑痘病(723) 3.葡萄白腐病(725) 4.葡萄炭疽病(727) 5.葡萄灰霉病(728) 6.葡萄褐斑病(730) 7.葡萄黑腐病(731) 8.葡萄房枯病(732) 9.葡萄白粉病(733) 10.葡萄穗轴褐枯病(734) 11.葡萄蔓枯病(734)

二、葡萄虫害与农药施用关键技术 ··········· 735
1.二星叶蝉(735) 2.葡萄瘿螨(736) 3.斑衣蜡蝉(737) 4.东方盔蚧(738)

三、葡萄各生育期病虫草害与农药施用关键技术 ··········· 739

（一）葡萄休眠期病虫害与农药施用关键技术 …………………………………………… 739
（二）葡萄萌芽前期病虫草害与农药施用关键技术 ……………………………………… 740
（三）葡萄展叶及新梢生长期病虫害与农药施用关键技术 ……………………………… 741
（四）葡萄落花后期病虫害与农药施用关键技术 ………………………………………… 742
（五）葡萄幼果至膨大期病虫害与农药施用关键技术 …………………………………… 743
（六）葡萄成熟期病虫害与农药施用关键技术 …………………………………………… 745
（七）葡萄营养恢复期病虫害与农药施用关键技术 ……………………………………… 746

第三十九章 桃树病虫草害与农药施用关键技术 …………………………………… 748

一、桃树病害与农药施用关键技术 …………………………………………………………… 748
1.桃细菌性穿孔病(748) 2.桃疮痂病(750) 3.桃霉斑穿孔病(752) 4.桃褐斑穿孔病(753) 5.桃炭疽病(754) 6.桃褐腐病(755) 7.桃树侵染性流胶病(755) 8.桃树腐烂病(757) 9.桃缩叶病(758)

二、桃树虫害与农药施用关键技术 …………………………………………………………… 759
1.桃蛀螟(759) 2.桃小食心虫(761) 3.桃蚜(763) 4.桑白蚧(765)

三、桃树各生育期病虫草害与农药施用关键技术 …………………………………………… 767
（一）桃树休眠期至萌芽前期病虫害与农药施用关键技术 ……………………………… 767
（二）花期开花期病虫害与农药施用关键技术 …………………………………………… 768
（三）桃树落花至展叶期病虫害与农药施用关键技术 …………………………………… 769
（四）桃树幼果期病虫害与农药施用关键技术 …………………………………………… 770
（五）桃树果实膨大期病虫害与农药施用关键技术 ……………………………………… 773
（六）桃树成熟期病虫害与农药施用关键技术 …………………………………………… 774
（七）营养恢复期病虫害与农药施用关键技术 …………………………………………… 775

第一章 农药喷雾技术概述

一、农药喷雾技术的意义

农药的效果，取决于农药喷雾技术、喷雾助剂、喷雾器械！

农民普遍"重药"，常常认为喷雾"粗雾滴""大水量""白哗哗地往下流"，才觉得好！

农民对喷雾助剂认识不足，盲目地施用增效剂、渗透剂，随意一袋一桶水！

喷头型号、喷雾压力、雾滴大小、喷药水量、喷雾助剂……很多农民的喷雾技术基本上处于零基础的状态；很少有人施药时会科学地使用喷雾器械和喷雾助剂，导致喷药均匀度差、附着性差，农药的利用率极低。目前，我国的喷雾技术研究与推广应用严重脱节，改革开放40多年来，我国植物保护事业取得了举世瞩目的快速发展，我国已经成为世界农药生产大国（据法国《世界报》网站2021年11月30日报道，中国生产农药市场份额已经超过了全球市场40%），中国生产的农药有2/3出口到180多个国家和地区。然而，我国的农药施药技术较为落后，农民普遍采用背负式（电动）喷雾器机型动力小压力低、大孔径喷嘴、单一圆锥形喷头"打遍百药"；经济条件好一些的农户随意买些喷头挂在拖拉机上就开始喷药了；还有一些农民，把洗车的喷枪改造成了所谓"先进的喷雾器械"（图1-1）。雾化差、喷药不匀（国际ISO标准要求药液均匀分布误差要低于10%，德国和荷兰要求药液均匀分布误差低于7%，袁会珠等调查显示我国很多地区在喷洒农药时药液均匀分布误差高达48.6%）、喷不透、附着性差、防治效果差、田间劳动强度大、喷药效率低等，是造成农药使用率过低农药用量过大、农药浪费、环境污染、农作物残留超标、作物药害严重、病虫草为害猖獗重要因素。我国农民普遍"重药"，20世纪80年代以来使用复配农药，由2~3种农药复配为混剂使用；现在普遍用"植保套餐"，多由5~8种农药现混现用，再加上其中还有的产品本身就是混剂，导致套餐中多达10~15种农药成分。因此我国的农业病虫草害防治和农药喷雾技术水平严重脱节！

图1-1 农村常见的喷雾器械和喷药方式

喷雾是指农药用水配成乳浊液或者悬浮液后，把农药分散为适当细度的雾滴并均匀地喷施到作物上的施药形式，是农药施用的最常用方法之一。将液体分散到气体中，使之形成雾状分散体系的过程称为雾化。雾化的实质是被分散的液体在喷雾机具提供的外力作用下克服自身的表面张力，实现雾滴比表面的大幅扩增。药液的雾化过程是外界对药液施加一定的能量使其克服表面张力并分散成为雾滴的过程。靠千家万户的农民背着喷雾器喷药，如何保证农药的高效与安全？农药的喷雾技术是门专业的技术，涉及均匀度、细度、飘移、沉积附着、扩散分布、渗透、吸收等多个指标。

喷雾技术决定着农药的应用效果。多年来，大部分农民根本不知道什么叫"喷雾效果"，只觉得把农药喷得白哗哗的往下流（图1-2），认为这样才叫喷药认真，这样喷药效果才好！如果喷到这样还是治不好病虫草害，大多人就认为买到假药了，从来没有人认识到喷雾方法有什么影响；农民田间喷药，还是习惯性地用廉价低压喷雾器、大孔径喷嘴、圆锥形喷头来摇摆式喷药，喷药不匀、雾滴过大，叶片上存在大量水珠，顺着叶片就流到地上；待叶片上的药液干了以后，叶片很多地方没有药，也就没有防病治虫的效果；药液干了以后，叶片上有药的地方是个药斑，药斑叶表皮细胞吸收不了，风吹雨淋后药斑很快脱落就浪费了。如乳氟禾草灵在花生田的药害，唑草酮在小麦田的药害，药害的根源就是喷药不匀、雾滴太大形成的药斑造成的，药斑也就成为了药害的根源；科学喷药才高效安全，如果把药喷得又

图1-2　玉米田喷施除草剂，普通喷雾器压力小、雾滴较大，只有上部叶片有少量大雾滴，多数叶片没有附着药剂，防效较差，还经常性地发生药害

匀、又细、又透（图1-3），叶面没有明显的雾滴、农药均匀地分布展着，这样就保证了农药的安全、高效；另外，喷药不匀、大块药斑也是农药残留加重的根源。

很多优秀的农药，我们使用时表现出药效不稳定、药害突出。如乙氧氟草醚，国外广泛使用，是一种非常好的除草剂，适用于花生、大豆、棉花、水稻、很多种蔬菜和果园封闭除草，可以防治多种一年生杂草；然而，中国市场普遍反映不好，不仅除草效果差，而且会产生严重的药害；就是因为它是一种触杀性封闭除草剂，对喷雾均匀度要求高，喷雾均匀度达到95%以上时才会有较好的效果；图片对比（图1-4、图1-5）可以看出，药效并不好，是因为喷上除草剂的杂草会死掉，漏喷除草剂的杂草还活着，甚至个别杂草上出现了喷上的一部分杂草叶片死了、未喷上药的一部分杂草叶片还活着。目前，乙

图1-3 玉米苗后杂草较大、较密时，必须用专业的喷雾方法、专业的高压电动喷杆喷雾器，加入适宜的喷雾助剂，喷雾均匀，除草效果好，对玉米安全

喷药关键：
- 用专业喷雾机，压力大，雾化细，喷雾均匀度95%以上，安全高效
- 加入专业喷雾助剂，药液均匀分散展着，渗透吸收效果好
- 喷药均匀、死草彻底，除草效果好

图1-4 播后芽前喷施乙氧氟草醚的死草症状。喷上除草剂的杂草会死掉，漏喷除草剂的杂草还活着，甚至个别杂草上出现了喷上的一部分杂草叶片死了、未喷上药的一部分杂草叶片还活着

氧氟草醚效果不好，甲基二磺隆、硝磺草酮、炔草酯等（图1-6至图1-8）药效不稳、药害严重！均是因为我们普遍采用背负式（电动）喷雾器动力小压力低、大孔径喷嘴、单一圆锥形喷头及摇摆喷药方式，喷雾均匀度误差过大（图1-5），喷雾技术直接影响着农药的应用效果和安全性。

图1-5 播后苗前喷施封闭除草剂，用专业的高压电动喷杆喷雾器与普通背负式（电动）喷雾器喷雾均匀度对比

图1-6 玉米田苗后，不同喷药方式喷施硝磺草酮防治效果对比，用专业的高压电动喷杆喷雾器与普通背负式电动喷雾器喷雾，防治效果对比差异明显

图1-7 麦田苗后喷施甲基二磺隆安全性对比，用专业的高压电动喷杆喷雾器小麦长势良好，普通背负式电动喷雾器雾化差、喷雾均匀度差，小麦药害严重

图1-8 麦田苗后喷施炔草酯的药效和安全性对比，用专业的高压电动喷杆喷雾器除草效果好、小麦长势良好；普通背负式电动喷雾器雾化差、喷雾均匀度差，小麦药害严重、防效差

喷雾技术、喷雾器械和喷雾助剂，直接影响着农药的应用效果。在柿子园防治介壳虫，普通的喷药方式效果比较差，一是药剂喷不匀，二是表面难以附着药剂（图1-9），很多优秀的农药也达不到防治效果；而用专业的喷雾方法，一是雾化好，二是加入了专业的喷雾助剂，果面均匀地附着上药剂（图1-10），农药的沉积附着、渗透吸收的效果提高，防治效果大幅提升。花生田防治苍耳等杂草，普通的喷药方式效果比较差，除草剂喷雾不匀，叶面不能均匀地附着药剂（图1-11），对苍耳的防治效果不好，易于复发；而用专业的喷雾方法，除草剂喷匀喷细喷透，加入专业的喷雾助剂提高沉积扩散效果，苍耳死得彻底不复发（图1-12），防治效果大幅提升。

图1-9 柿子园防治介壳虫,普通的喷药方式喷不匀、附着差、防效差

图1-10 柿子园防治介壳虫,专业的喷药方式喷得匀、喷得细、喷得透、附着好、渗透性好,防效非常突出

图1-11 花生田喷施乳氟禾草灵,普通的喷药方式喷不匀、附着差、防效差,杂草易于复发

图1-12 花生田喷施乳氟禾草灵,专业的喷药器械和专业的喷雾助剂喷得匀、喷得细、喷得透、防效好,杂草死得彻底

农药的喷雾技术是门专业技术（图1-13），农药的叶面喷施是一个复杂过程，其包括药液雾化、雾滴在空中的飞行、雾滴至植株靶标的沉积、雾滴与叶片的碰撞和反射、附着和滞留、铺展、吸收，以及雾滴有效成分在叶表皮内的易位等。而农药施用的效能是药液雾滴的沉积、碰撞和反弹、附着和滞留、铺展、吸收、易位等过程的综合体现，同时还会受到环境等因素的影响。雾滴在靶标上的沉积率在很大程度上取决于雾滴粒径谱和喷雾量。雾滴的滞留则取决于植物叶片表面特征、方向性和冠层结构，同时，还取决于雾滴体积、速度和动态表面张力的影响。雾滴的吸收则受叶片表面蜡质层、角质层的年龄和结构，以及物种变异的影响，通过选择合适的制剂和助剂，使得有效成分具有较好的气孔渗透率或更快更强的表皮吸收率。药液易位是指农药的有效成分从叶片上初始吸收时的位置通过植物的韧皮部或木质部，转移至植物的其他位置，此过程在很大程度上受植物的发育阶段、种类和生理状况的影响，同时，也会受到环境条件的影响。科学的喷雾技术、专业的喷雾器械和合理的喷雾助剂，是提升喷雾效果、提高病虫草害防治效果的关键（表1-1）。

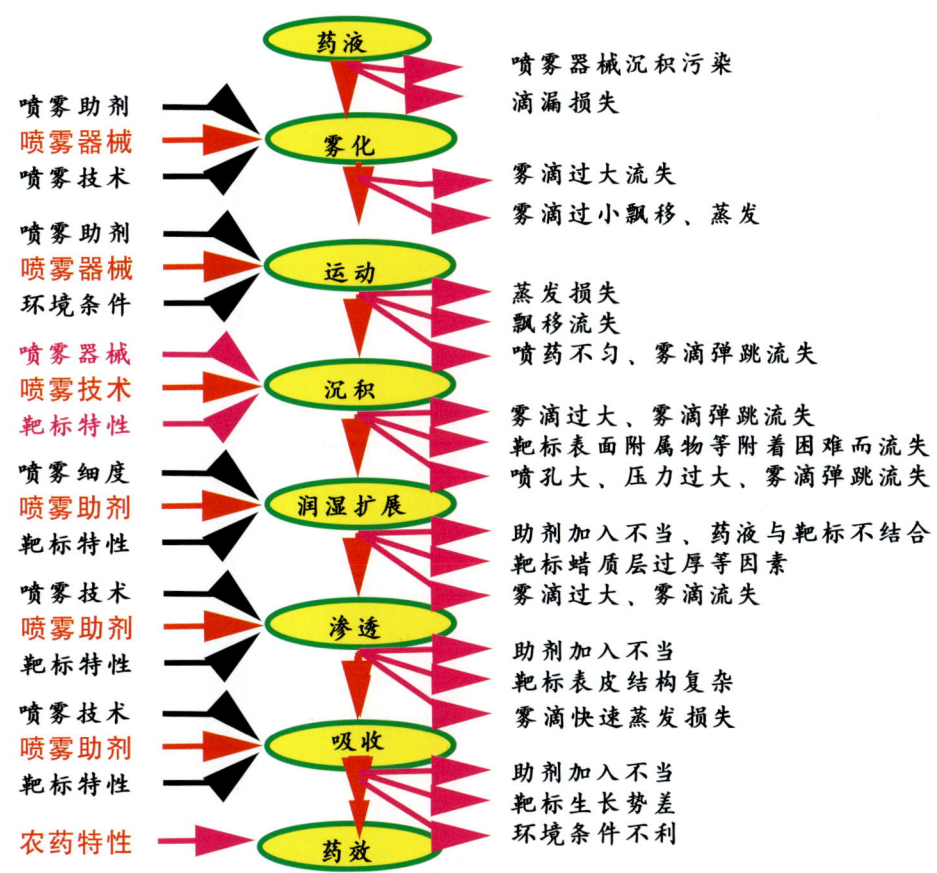

图1-13 影响药效的因素。农药的喷雾过程是一个很复杂的技术过程，有很多的因素影响药效的发挥，农药的喷雾技术直接影响着农药的应用效果

表1-1 中国与发达国家喷药技术指标对比

喷药技术指标名称	中国实际喷药现状	美国喷药技术指标	欧盟喷药技术指标
喷雾均匀度误差	40%～80%	10%以下	7%以下
雾滴细度	200～600 μm	100～200 μm	50～150 μm
雾滴附着率	10%～30%	70%～90%	80%～90%
农药利用率	15%～40%	50%～70%	60%～80%
农药喷雾人员	非专业人员喷药	专业人员持证喷药	专业人员持证喷药
农药喷雾管理制度	没有管理法规	公安部门立法管理	公安部门立法管理

二、农药喷雾技术的发展状况

（一）世界农药喷雾技术的发展

农药的使用可追溯到公元前1 000多年。在古希腊，已有用硫黄熏蒸害虫及防病的记录，中国也在公元前7～5世纪用莽草、蚤炭灰、牧鞠等灭杀害虫。公元900年，中国使用雄黄（三硫化二砷）防治园艺害虫；19世纪70年代至20世纪40年代中期，发展了一批人工制造的无机农药。1763年，法国用烟草及石灰粉防治蚜虫，这是世界上首次报道的杀虫剂。1800年，美国人Jimtikoff发现高加索部族用除虫菊粉，其于1828年将除虫菊加工成防治卫生害虫的杀虫粉出售。1848年，T. Oxley 制造了鱼藤根粉。而开发最早的无机农药当数1851年法国M. Grison用等量的石灰与硫黄加水共煮制取的——"Grison水"。到1882年，法国的P. M. A. Millardet在波尔多地区发现硫酸铜与石灰水混合也有防治葡萄霜霉病的效果，由此出现了波尔多液，并从1885年起作为保护性杀菌剂而广泛应用。目前，无机农药中的波尔多液及石硫合剂仍在广泛应用。

而作为农药的发展历史，大概可分为两个阶段：在20世纪40年代以前以天然药物及无机化合物农药为主的天然和无机药物时代，从20世纪40年代初期开始进入有机合成农药时代，并从此使植物保护工作发生了巨大的变化。有机合成杀虫剂的发展，首先从有机氯开始，在40年代初出现了滴滴涕、六六六。第二次世界大战后，出现了有机磷类杀虫剂，20世纪50年代又发展了氨基甲酸酯类杀虫剂，从此农药进入了快速发展的新时代。

初期使用的喷洒工具较简单，为扫把、刷子等泼洒器具。法国是世界上应用植保机械最早的国家，19世纪中叶法国首先用喷雾器喷洒灭菌剂来防治葡萄园的病害。压力雾化的手动喷雾器的使用始于1850—1860年，在美国首先用手动喷雾器喷洒药液防治农作物病虫害，1887年出现第一台非人力的喷雾器——马拉式地轮驱动；1895年，美国首先制成带风扇的手动喷粉器，手动喷雾器和手动喷粉器的应用，标志着现代农药喷洒技术的开始；日本从1893年就开始设计制造手动喷雾器。1900年开始使用小型汽油机为动力的喷雾机；1910年，美国俄亥俄州农业试验站出版了 Spraying machinery（《喷雾器械》），系统地介绍了喷雾器械的使用技术，介绍了各种喷头、压力泵的性能与使用方法（图1-14）。1925年后，随着中耕型拖拉机的问世，开始使用拖拉机牵引式喷雾机。1944年开始使用湿润喷粉和低压高浓度低容量喷雾技术。1950年日本研制成功背负式机动喷雾喷粉机，60年代初又发明了薄膜喷粉管，成为世界植保机械较发达的国家之一。20世纪70年代以后，喷洒技术进入了一个非常活跃的发明时期。

苏联1935年开始使用飞机喷雾，已广泛用于谷物、经济作物、森林、果树的病虫害防治，据1964年统计，农用飞机保有量达5 200架，其作业面积占世界首位。以后，美国也大力发展飞防，拥有农用飞机总数略多于苏联，占世界第一位。

目前，欧美发达国家的植保机械以中、大型喷雾机为主（自走式、牵引式和悬挂式）（图1-15至图1-17），并采用了大量的先进技术,现代微电子技术、仪器与控制技术、信息技术等许多高新技术现已在发达国家植保机械产品中广泛地应用。一是提高了设备的可靠性、安全性及方便性；二是满足越来越高的环保要求，实现低喷量、精喷洒、少污染、高工效、高防效，病虫害防治作业的高效率、高质量、低成本和操作者的舒适性和安全性。国外的植保机械正朝着智能化、机电一体化方向快速发展。

从国外农用喷雾机现状来看，国外喷雾机的共同特点是重心较低，行走平稳；风力适中，雾滴附着力好，飘移小；智能化程度高，可通过智能面板自由控制喷洒压力和喷洒量；机具以牵引式和悬挂式为主，农具与拖拉机的匹配性较高。主要向智能化、精准化、机电一体化方向发展，机、电、液、声、光、磁一体化技术开始全面利用。

国外主流喷雾机型中、大型喷杆喷雾机喷幅在18m以上，最高可达42m，药箱容量为400～3 000L，作业速度达8～10km/h，配套拖拉机功率在59～74kW，甚至更高。

国外的大型喷杆喷雾机均安装有电子自动平衡机构，最大的特点就是适应地形起伏，其对地面的适应能力极强，喷杆的工作姿态、平衡与稳定、作业速度与面积、喷雾压力和喷雾量的监测和调整均显示出了跨学科交叉融合的应用效果。

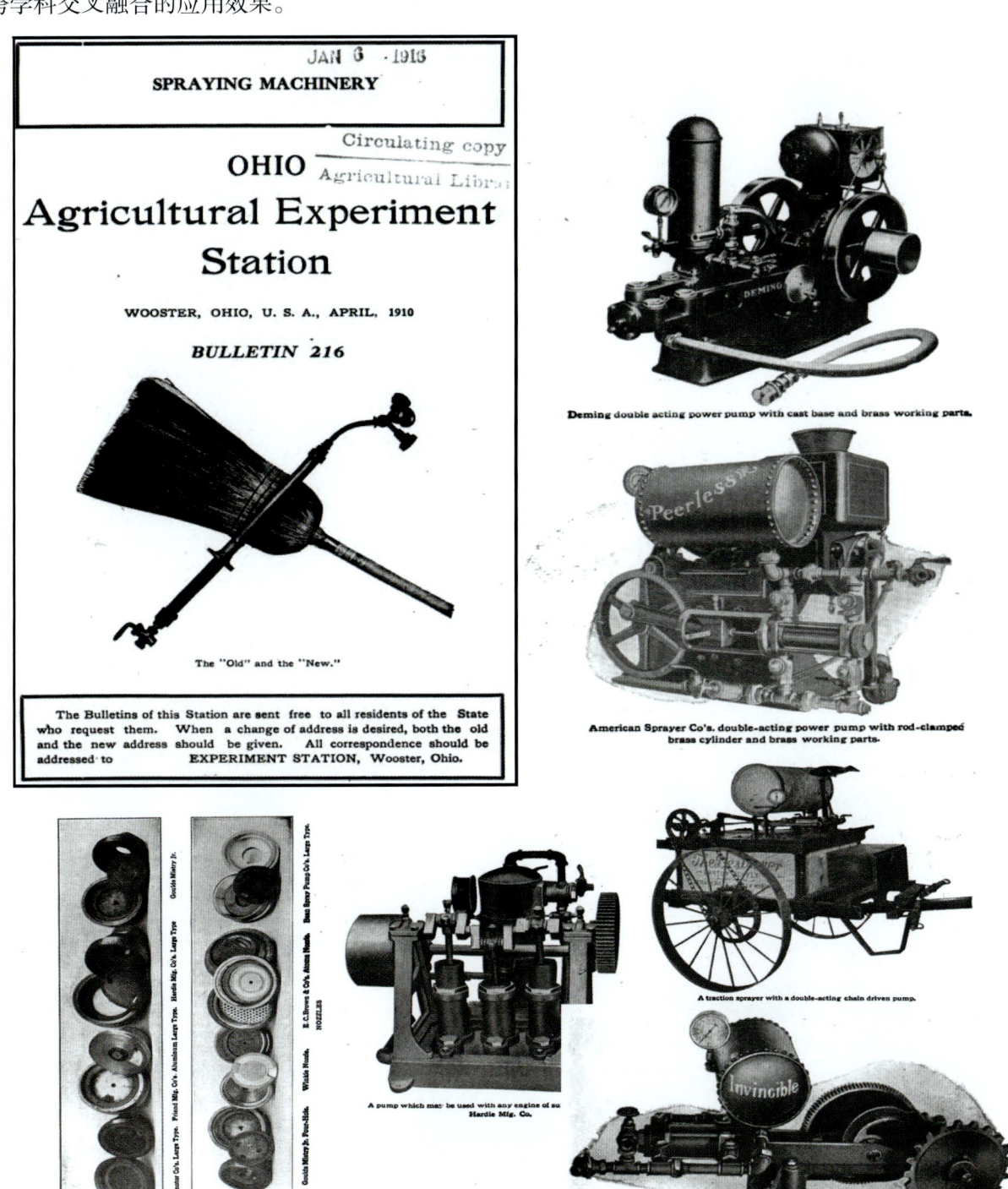

图1-14　美国俄亥俄州农业试验站，1910年出版《喷雾器械》中的部分内容

图1-15 2016年在美国植保服务公司拍摄到的自走式喷雾机

图1-16 美国1931年出版《棉田机械》中介绍棉田喷雾方法和喷雾器械

图1-17 美国2004年出版 Spray Equipment and Calibration《喷雾机械和检测》

大型机械智能化水平很高。目前，无线电技术、机器视觉、定位导航、激光探测等多种技术正被研究用于喷雾机械领域，其中，定位导航技术在国外农业中的应用已经较为成熟。该系统内置了多种通用的喷雾机应用软件，能够实现平行跟踪卫星导航人工辅助驾驶、监视屏幕显示喷药作业地图、控制变量喷药和管理全功能文件等功能（图1-18）。

图1-18 自走式喷雾机控制装置

农药防护驾驶室配备有农药保护设备和空气净化系统。农药保护设备能够消除所有的粉尘、霉菌、沙子和空气中传播的过敏源。

环境保护受到高度重视。一般喷雾机上都装有过滤系统和防滴阀等，重点研究防飘喷头、风幕技术、静电喷雾技术及雾滴回收技术等。

植保手段立体化。日本是无人机飞防最成熟的国家，日本应用无人直升机进行病虫害防治的水稻种植总面积占45%。美国是全球农业航空技术最先进、也是应用农业航空技术最广泛的国家。俄罗斯的农业作业以有人驾驶固定翼飞机为主，拥有数量高达1.1万架的农用飞机作业队伍。在加拿大、澳大利亚、巴西等国家，则是以有人驾驶的固定翼飞机和旋翼直升机为主。

西方发达国家对农药施用管理非常严格，施用者必须获得施药许可证书方可喷施。而要取得施药许可证，申请者必须通过农药管理部门组织的测试、培训、考试，许可证书的有效期一般为2~3年。

（二）中国农药喷雾技术的发展

我国开展农药喷洒技术的研究始于20世纪30年代，最早吴福桢于1930年在浙江首建药剂与药械两个研究室，1935年钱浩声等在吴福桢的施药器械研究室中制成了我国第一台手动喷雾器，并于1943年在重庆建立了我国第一所病虫药械制造实验厂。

新中国成立后，随着农业生产的不断发展和农业植保技术的不断提高，农药和药械的使用得到了迅速发展。1952年全国农药手动药械销售量达25万架，1965年手动药械销售量增长到160万架，形成了我国的农药药械工业体系。至1982年手动药械的销售量达1 000万架。

受世界施药技术发展的影响，20世纪70年代中期，我国的植保、农药、药械科技工作者掀起了超低容量喷雾技术及器具的研究热潮，参照国外样机，先后研制成明光-A、工农-A和3WCD-5型等多种型号的手持式电动离心喷雾器，喷洒油剂农药，每亩施药液（原液）300ml左右，雾滴直径约70μm。由于施液量少，省力省工，工效高，到80年代末，手持电动离心喷雾器累计生产达100余万架。

为了提高我国的农药使用技术水平，改变施药技术落后的面貌，从20世纪80年代初开始，深入研究了农药喷洒时药液雾滴在作物丛中及田间的运动、沉积、分布规律；大量试验表明，影响药液在植株上沉积的因素很多，诸如喷洒方式、喷洒方向、喷头结构和雾滴尺寸、施液量、植株形态结构（高度、疏密程度、叶片宽窄）、喷洒行进速度等，喷洒时必须加以控制和利用，是喷洒技术应深入研究的内容。

自2000年以来，我国政府借鉴欧美等发达国家的先进经验，成立专门的检测、管理部门；科技部、农业农村部等加大了对植保机械与施药技术领域的投资力度，开发、研制了许多适合中国农业与园林上农药使用的新型机具与技术；但是，我国的植保机械与施药技术发展仍严重滞后。

三、农药雾化原理与雾化方式

（一）农药雾化原理

农药雾滴雾化的实质是喷雾液体在喷雾机具提供的外力作用下克服自身的表面张力，实现比表面的大幅度扩增。药液的雾化过程是外界对药液施加一定的能量使其克服表面张力并分散成为雾滴的过程。在这一过程中药液逐步展成液膜，而后又延伸成为液丝，最后破裂为液珠，从而形成雾滴（图1-19至图1-21）。影响液膜形成的因素有对药液的压力和药液的性质（如表面张力、浓度、黏度和周围空气的条件等）。药液拉丝或展膜时，离心力或压力越大则液膜越薄、液丝越细，形成的雾滴越小。雾化效果的好坏一般用雾滴大小表示。雾化是农药科学使用最为普遍的一种操作过程，通过雾化可以使施用药剂在靶体上达到很高或较高的分散度，从而保证药效的发挥。这一点在常量喷雾中也同样能得到体现，即随着压力的增大喷头形成的雾滴直径在逐渐减小。药液的性质也是影响药液雾化的重要因素，如有效物质和载体物质的密度、表面张力、黏度等，黏度很大的液体一般都很难雾化，同样各种液体都有一定的表面张力，表面张力大则雾化时所需消耗的能量就高。

图1-19 雾化过程

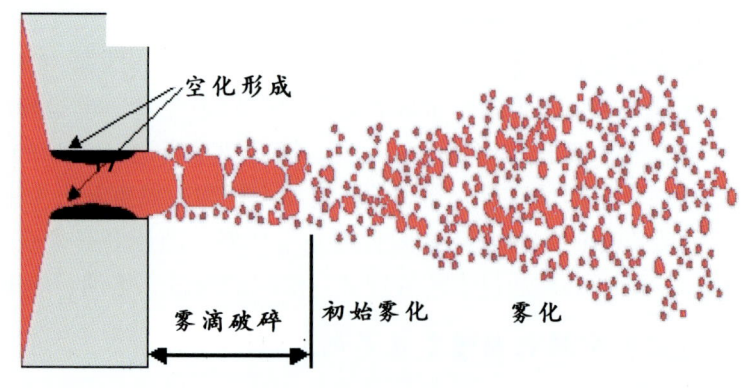

图1-20 雾滴形成过程

图1-21 农药喷雾雾化效果

（二）农药雾化方式

根据分散药液的原动力，农药的雾化主要有液力式雾化、离心式雾化、气力式雾化(双流体雾化)和静电场雾化4种，目前最常用的是前3种。

1.液力式雾化

液力式雾化是使药液在液力的推动下，通过一个小开口或孔口，使其具有足够的速率能量而扩散。通常先形成薄膜状，然后再扩散成不稳定的、大小不等的雾滴。影响薄膜形成的因素有药液的压力、药液的性质，如药液的表面张力、浓度、黏度和周围的空气条件等（图1-22）。很小的压力（几十至几百千帕）就可使液体产生足够的速率以克服表面张力的收缩，并充分地扩大，形成雾体。

这是使用最多的传统雾化方法。利用液泵产生的压力使药液成为带压药液，通过喷头喷出，分散成为雾滴。我国使用最多的手动背负喷雾器如工农-16型系列产品及其类似产品、拖拉机牵引喷杆喷雾机等均属于液力喷雾器或喷雾机。这种雾化法的雾滴大小决定于药液的压力和喷头的构造和形状。药液受压后通过特殊构造的喷头和喷嘴而分散成雾滴喷射出去的方法，这种喷头称作液力式喷头。其工作原理是药液受压后生成液膜，出于液体内部的不稳定性，液膜与空气发生撞击后破裂成为细小雾滴。很小的压力（几十至几百千帕）就可使液体产生足够的速率以克服表面张力的收缩，并充分地扩大，形成雾体。液力式雾化法是高容量和中容量喷雾所采用的喷雾方法，是农药使用中最常用的方法，操作简便，雾滴粒径大，雾滴飘移少，适合于各类农药。液力雾化法的主要缺点是雾化不均匀，即雾滴谱很宽。

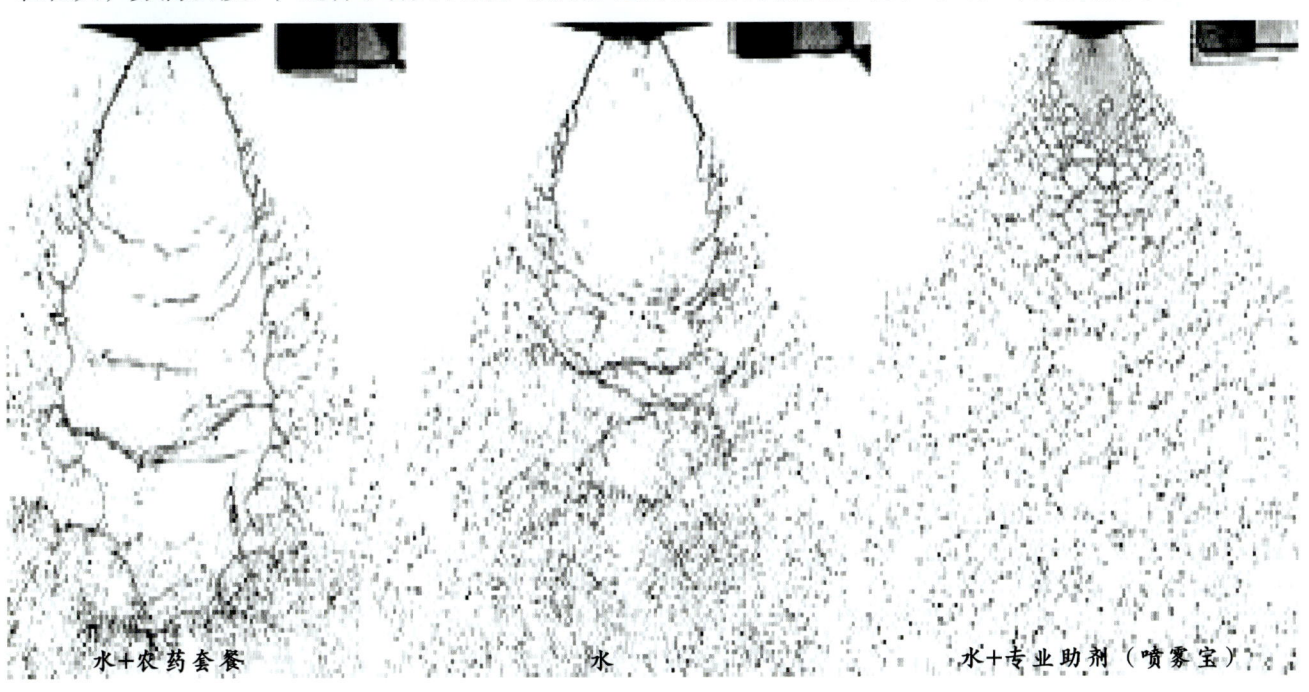

水+农药套餐　　　　　　　　　水　　　　　　　　　水+专业助剂（喷雾宝）

图1-22　药液性质对液力式雾化的影响效果

2.离心式雾化

离心式雾化是在离心力作用下，将均匀分布到雾化装置边缘的药液在一定的速度下以高速（8 000～10 000r/min）进行离心运动并在离心力的作用下飞离雾化装置边缘，然后经空气的摩擦与剪切作用分散成为均匀的细小雾滴的过程（图1-23和图1-24）。离心雾化雾滴细、均匀，是低容量、超低容量与静电喷雾法经常采用的雾化方式。离心力缺点是雾滴完全由本身的离心力抛出，所以雾滴的运动距离很短，一般的手持超低容量喷雾器的喷射半径约50cm，如果在无风条件下，雾滴的喷洒形状如伞形，不能自行扩散开。所以，采用这种喷雾法时必须在有风的条件下进行，风速不可小于2m/s，否则药雾难以扩散分布。这就带来一个问题，超低容量喷雾法必须借助风力的吹送和飘移作用，才能到达靶标生物上。这种施药方法因此又称为飘移喷雾法。

图1-23 离心式雾化效果　　　　图1-24 离心式雾化喷药

3.气力式雾化

利用风机产生的高速气流对药液的拉伸作用而使药液分散雾化，因为空气和药液都是流体，因此也称为气液两相流雾化法（图1-25）。这种雾化原理能产生细而均匀的雾滴，设施农业用的常温烟雾机大都是采用这种雾化原理。气液两相流喷头专门为环境与工业应用而设计，如特定环境中的降温加湿、粉剂药品及奶粉和其他工业化产品的喷雾干燥、喷涂油漆等。

图1-25 气力式雾化喷药

四、影响农药喷雾效果的关键因素与技术指标

（一）决定农药喷雾效果的关键技术指标

农药的使用是农作物病虫草鼠害防治的重要措施，可实际上，喷洒出去的农药只有极少部分能达到防治靶标上，Metcalf（1980）估算，从施药器械喷洒出去的农药只有25%～50%能沉积在作物叶片上，不足1%沉积在靶标害虫上，只有不足0.03%的药剂能起到杀虫作用。因而化学农药是高效的，但使用却是低效率的。农药使用中的低效率，不仅浪费大量农药，还使大量农药流失到非靶标环境中，造成人畜中毒、环境污染。如何提高农药的有效利用率，降低农药在非靶标环境中的投放量，便成为农药学科亟待解决的问题，这也构成了农药使用技术是21世纪的主要研究内容。

农药在喷洒过程中都去哪了呢？沉积分布在靶标（作物）上，此部分视为有效量，其占农药喷洒总量的比例称为农药利用率。随气流飘失到空气中，以细小雾滴为主，一般占20%左右；未命中靶标而流失或因雾滴累积而从靶标（作物）上滚落到地面，占40%左右。

对喷雾作业中雾滴分布均匀性、雾滴的飘移性、穿透能力和对目标的覆盖率进行了研究，傅泽田教授提出喷雾质量指标的概念，并确定质量指标由如下3个方面组成：分布均匀性、飘移性和覆盖率。

下面从雾滴均匀度、雾滴附着率和农药利用率3个指标展开说明。

1.雾滴均匀度

喷雾雾滴的分布均匀性是指雾滴在目标上分布的均匀程度（图1-26），一般用分布变异系数的大小来表示（Hayden，1990）。喷雾均匀度是喷雾效果的最直接指标，它直接地影响着农药的用量和农药应用效果。国际ISO标准要求药液均匀分布误差要低于10%，德国和荷兰要求药液均匀分布误差低于7%，袁会珠等调查显示我国很多地区在喷洒农药时药液均匀分布误差高达48.6%。中国GB/T 17997—2008中规定喷杆式喷雾机各喷头间喷量的差异不得大于喷量平均值的10%；在说明书规定的工作压力下工作时，喷杆上喷头的喷量分布均匀性变异系数不得大于15%。部分喷头对喷雾角及雾形有明显差异，喷液量大于喷头喷液量平均值20%以上的单只喷头，应予以更换。

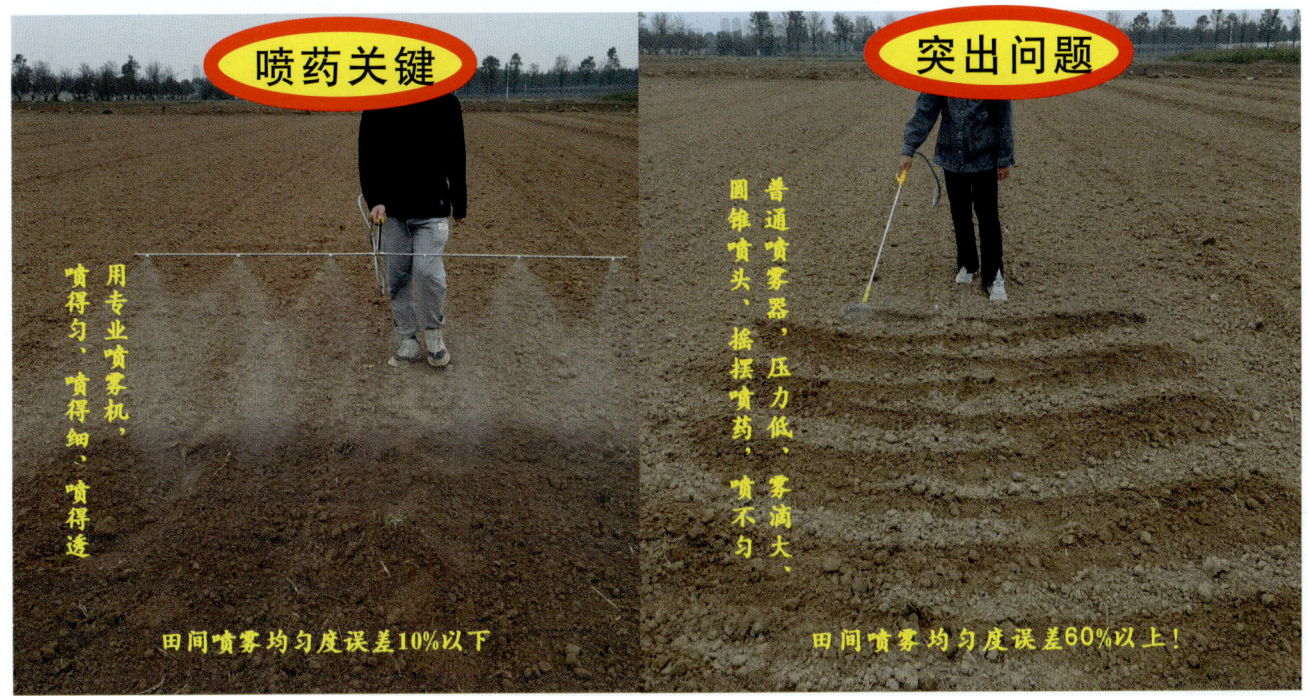

图1-26 不同喷药方式的喷雾均匀度对比

2.雾滴附着率

雾滴附着率，是指雾滴对目标的覆盖比率（图1-27），用单位面积上的雾滴数来表示。农药的雾滴附着率直接地影响着农药的应用效果，国外要求靶标雾滴附着率70%～90%。

GB/T 17997—2008中规定药液附着性能测定应按机具的施药方式及不同作物，采用如下取样方法：高大植株（如橡胶树、果树等），选取有代表性高度的3株，在每株树冠（上、中、下）的每等高平面内均布10个点进行观察；一般作物（如玉米、高粱、棉花、水稻、小麦等作物的中、后期），在喷幅范围内，每隔1～2行作为一个点，每点选取10株（连续或间隔选取）。每株在其最高处（上）、株高3/4处（中）、株高1/4处（下）进行观察；低矮作物（如各种作物的苗期、山芋、花生等），在喷幅范围内，每隔1～2行，作为一个点，每点选取10株（连续或间隔选取），每株随机观察一处。在药液喷洒后未干燥前，迅速观察取样点，记录药液附着分级情况如下：0级，无药液附着；1级，药液附着面积为观察面积的1/4以下（如是观察叶片，则为1/4的叶面积有药液附着（以下同）；2级，药液附着面积为观察面积的1/2以下；3级，药液附着面积为观察面积的3/4以下；4级，全部附着药液。分别计算叶面、叶背面的附着率：

$$附着率（\%）= \frac{（1级叶片数×1）+（2级叶片数×2）+（3级叶片数×3）+（4级叶片数×4）}{观察叶片数×4} × 100$$

中国喷洒质量的相关标准要求关于药液附着率的指标：采用低容量喷雾治虫时，喷洒在作物叶面上的雾粒数应不小于25粒/cm²；防病时，喷洒在作物上的雾粒数应不小于70粒/cm²；采用超低容量喷雾防

图1-27 不同喷药条件下的花生叶片的药剂附着率对比

虫或治病时，喷洒在作物上的雾粒数应不小于10粒/cm²；采用风送喷雾防虫或治病时，喷洒在作物上的雾粒数应不小于25粒/cm²；采用常量喷雾防虫或治病时，喷洒在作物上的雾粒数应不小于30粒/cm²。

3. 农药利用率

欧美发达国家的农药利用率为60%以上。2015年10月，全国农业技术推广服务中心编写的《植保机械与施药技术指南》介绍我国手动喷雾器承担了近80%的防治任务，其农药利用率为20%；而果园使用的喷枪，农用利用率不到15%。近几年也有报道我国的农药利用率为35%~40%。

从广义上讲，农药有效利用率就是真正发挥病虫草害防治作用的药剂占所使用农药总量的比值，见公式：

$$农药有效利用率（\%）=\frac{真正发挥病虫害防治作用的药剂量}{使用的农药总量}\times 100$$

农药使用的目标是病虫草等有害生物，但在现有的技术水平条件下，人们很难把被防治害虫或病原菌作为农药喷雾的靶标，一般把作物株冠层视为农药雾滴沉积的靶标。因此，大家讨论在农药喷雾技术条件下的农药有效利用率，称为狭义的农药有效利用率。在一块农田中，喷洒后沉积在作物上的农药量相对于施药总量之比值，称为"农药有效利用率"（国际上也称为"沉积回收率"），这是衡量农药使用水平高低的基本参数。

$$农药有效利用率（沉积回收率，\%）= \frac{沉积在作物上的农药量}{使用的农药总量} \times 100$$

农药药液在从药液箱向作物叶片表面沉积的过程中，喷雾机具性能、操作条件、气象条件、株冠层结构、叶片表面特性等都对其有影响；在这个过程中，会发生药液滴漏、雾滴飘移、雾滴弹跳、雾滴聚并流失等现象，农药损失严重，只有一部分的农药能够沉积到农作物叶片表面，更少的药剂才能沉积到目标害虫或进入植物体内，真正到达有害生物作用靶标的药剂量微乎其微。

（二）影响农药喷雾效果的关键因素

影响农药利用率的因素有很多。

气候因素：风力、风向、气流和温湿度等。

作物因素：生育期、叶片的形状、质地和角度等，一般在苗期较低，为15%左右，后期随着叶面积指数的扩大而提高，最多可到50%；禾本科作物如小麦、水稻，以及叶面蜡质层较厚的作物如苹果、柑橘等农药利用率较低；阔叶作物如棉花、油菜等农药利用率较高。

药液因素：包括药剂自身的理化性质、溶剂的理化性质、加入喷雾助剂的理化性质，喷雾药液黏度、表面张力、抗蒸腾挥发能力、湿展能力和渗透能力等。

人为可控因素：提高农药利用率的关键，主要包括喷雾器械、喷雾助剂和喷雾技术。

喷雾器械因素：包括喷雾压力、喷头型号、喷雾水量、雾化效果、雾滴大小、穿透性能和分布均匀度等药械的技术性能。

喷雾助剂因素：科学地加入喷雾助剂，降低表面张力、提高黏度、抗蒸腾挥发等。

施药技术因素：包括喷雾高度、喷雾角度、喷洒方式和施药液量等。

第二章 农药喷雾均匀度的控制措施

一、农药喷雾均匀度

喷雾器械在田间作业过程中,想要获得好的喷雾质量,首先要具备的条件就是理想的喷雾分布均匀性。喷雾分布均匀性是评价喷雾质量的最重要指标,农药喷雾不匀即相当于农药药量的施用不正确。1992年,Smith曾提出均匀性理论,利用分布变异系数(CV)来描述均匀性,分布变异系数越小表示均匀性越好。很多情况下的农田喷雾要求全田施药,即农药沉积覆盖的均匀性越高越好,但是实际上很难做到喷雾均匀。国际ISO标准要求药液均匀分布误差要低于10%,德国和荷兰要求药液均匀分布误差低于7%,特别是我国很多地区在喷洒农药时,还多是采用手动(电动)喷雾器、圆锥喷头、"Z"字形摇摆喷雾,据袁会珠测试这种摇摆喷雾的雾滴沉积分布的变异系数(CV)高达48.6%,农药沉积分布不匀,影响了农药药效的发挥。

1992年,Thierstein等研究了喷雾覆盖的均匀性后认为,CV在10%~12%的喷雾效果非常好。加拿大的普拉雷农业机械研究所调查报告显示:CV在10%以内的喷雾效果非常均匀一致,CV在10%~15%可以接受,而大于15%的CV将无法满足农艺的要求。这些CV的评价标准可以用来评估变量喷雾系统中喷头的工作性能。

二、影响农药喷雾均匀度的因素

引起农药喷雾雾滴分布不均匀的原因很多,喷雾器机架对地面的仿形、高度及与地面的平行度对雾滴的分布均匀性均有很大的影响;喷嘴的类型、大小、安装位置和角度、多喷嘴之间喷雾幅宽的衔接、使用参数(如喷雾压力、行走速度等)以及自然环境条件都是重要影响因素。研究表明,喷头类型、喷头之间的间隔、喷头与靶标的距离和喷雾压力是影响雾滴分布均匀性的重要因素。

(一)喷头质量与类型

喷嘴的质量主要体现在喷孔的尺寸精密度、材料和光洁度,材料决定使用寿命;光洁度好可减少堵塞;喷孔尺寸精密度决定流量、喷雾形状、雾滴大小及分布均匀性等关键因素。部分厂家的喷嘴材质不过关,粗制滥造,精确度误差大,导致喷雾时雾化不匀(图2-1),影响喷雾效果。

图2-1 部分低价劣质喷嘴的喷雾雾形图。喷雾不匀、出现拉丝

喷嘴类型对雾滴的分布均匀性有很大的影响，且不同类型喷嘴所表现的分布均匀性特征十分明显。分布均匀性较好的喷嘴，喷嘴高度对分布均匀性影响较小；分布均匀性较差的喷嘴对喷嘴高度十分敏感。喷头的种类有很多，喷头的设计会直接影响喷雾的形式，进而影响液滴的尺寸。根据形状分类，喷头主要分为3种：空心圆锥形喷头、实心圆锥形喷头和扇形喷头（图2-2），喷头的形状直接地影响着喷雾的均匀度（图2-3）。

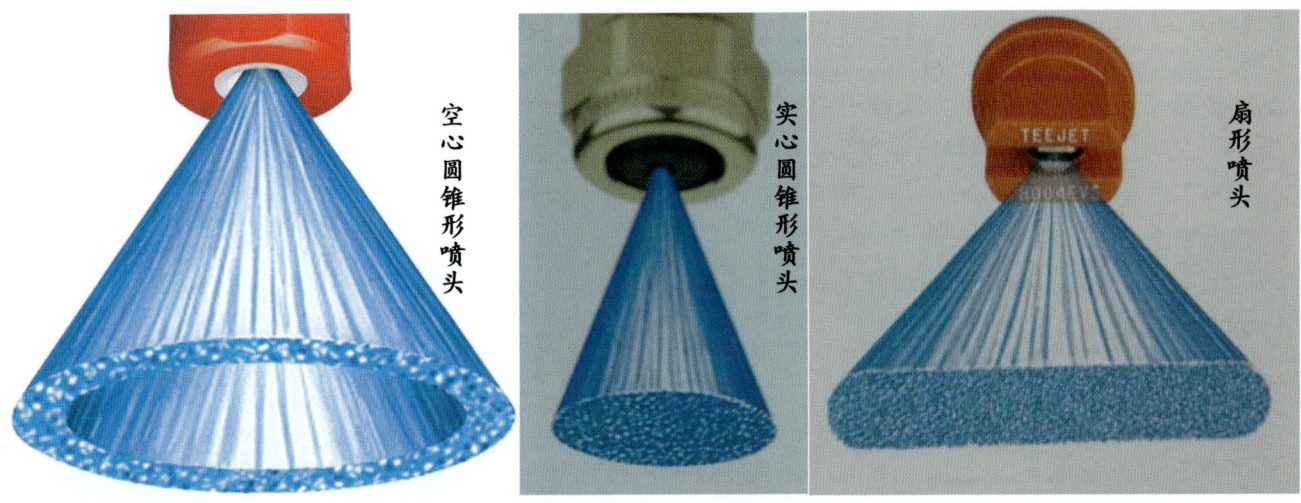

图2-2 喷头的主要类型

图2-3 喷头类型对喷雾均匀度的影响

在这些喷头中，扇形喷头冲击力相对较大，因此不易造成喷头孔径堵塞，延长了使用寿命。又因其喷射范围较为明确、喷射的雾滴大小也较为均匀，所以在农业生产中广泛使用。然而，扇形喷头在不同的压力影响下它自身的流量、喷射角、喷射宽度、厚度，还有液体分布的均匀情况也不尽相同。

不同喷嘴高度和喷嘴类型对分布变异系数（CV）的影响趋势（图2-4）所示，3种喷嘴在3个高度下的CV曲线没有相交，说明了不同类型喷嘴在分布均匀性方面存在着明显的差别，以大雾锥角折射扁扇喷头（TE）系列的均匀性为最好，双流扁扇喷头（TJ）次之，广谱扁扇喷头（XR）系列最差。但是同种喷嘴不同使用条件下CV的变化也很大，变化趋势各不相同。总体来说，随着喷嘴高度的加大，各种喷嘴的CV差异趋于减小，特别是当喷嘴升高到65cm时，3种喷嘴之间的差异已经很小。但是从TF喷嘴的分布均匀性看，最佳的喷嘴高度不在65cm处，而是中间高度50cm，实际应用中喷雾高度和喷头的选择还要考虑雾滴的飘移等多方面因素。

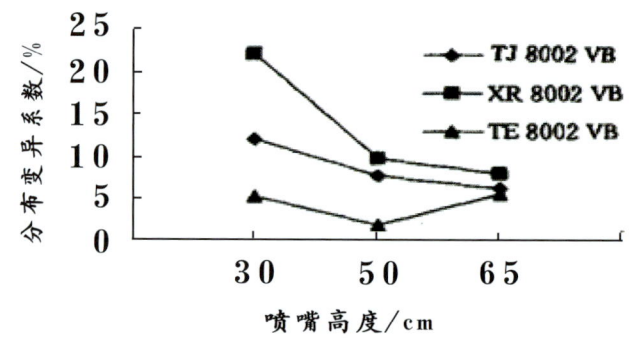

图2-4 不同喷嘴的变异系数差异（祁力钧，1999）

喷嘴的质量、喷嘴的磨损程度（图2-5）直接地影响着喷雾效果（图2-6），喷嘴的材质决定喷嘴寿命。铜喷嘴寿命100h，尼龙200h，刚玉瓷300h，不锈钢、陶瓷、聚合材料400h。喷嘴磨损及损伤以后会导致流量，喷雾角度，雾滴大小都会发生变化。应用时应注意检测，及时更换喷嘴。

图2-5 喷嘴磨损变型严重、流量偏差大，损坏的喷嘴仍在使用，严重地影响喷药的均匀度

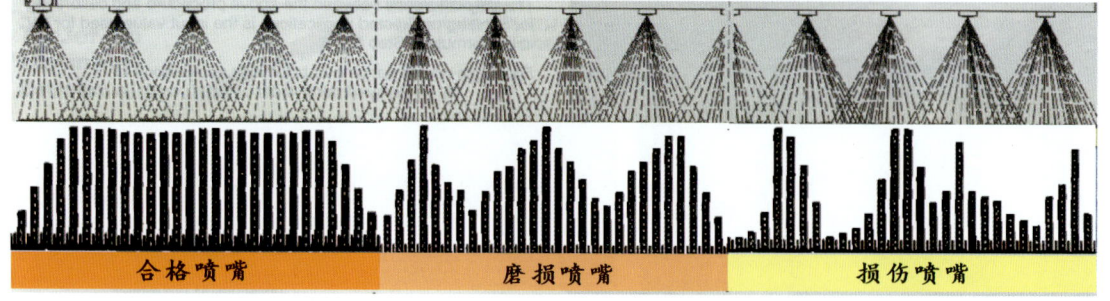

图2-6 喷嘴磨损影响喷药的均匀度对比

（二）喷雾方式

我国很多地区在喷洒农药时，多采用手动(电动)喷雾器圆锥喷头"Z"形摆动喷雾，实际上这种摆动喷雾的雾滴沉积分布的变异系数（CV）高达48.6%，农药沉积分布不匀，影响了农药药效的发挥；喷杆喷雾替代手动摆动喷雾，可以有效地提高农药的沉积分布均匀性（图2-7）。

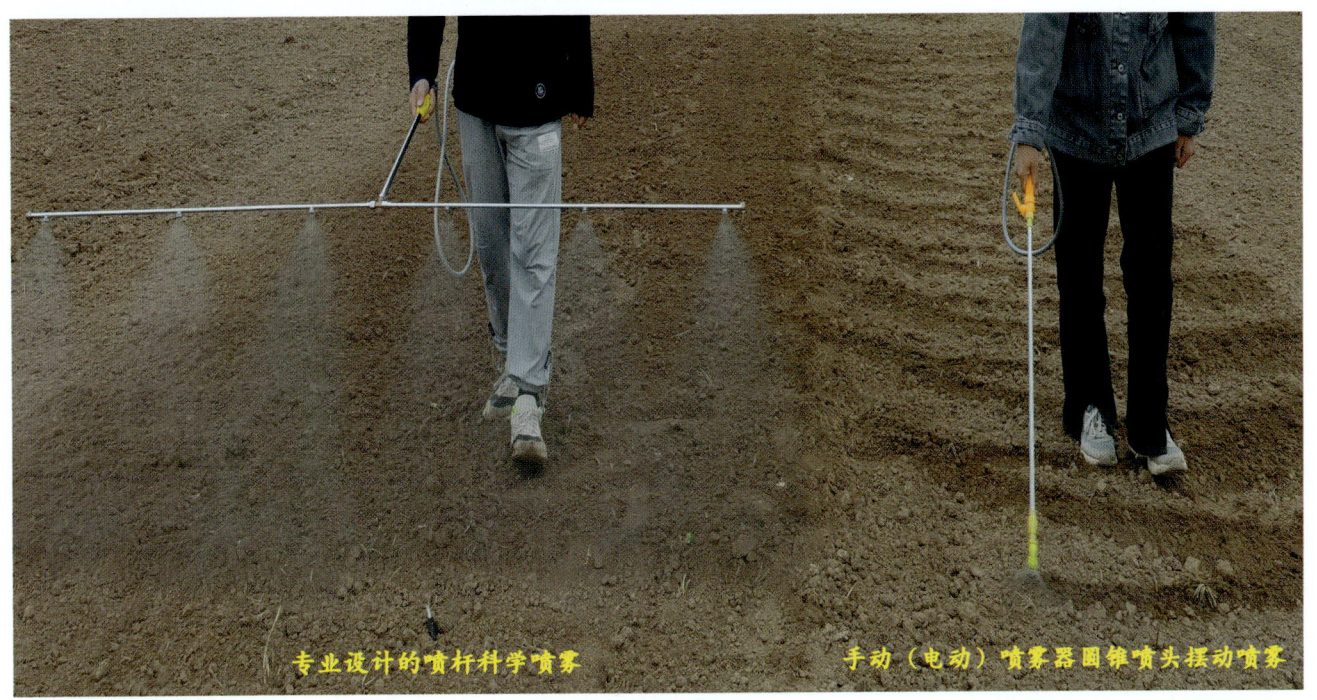

图2-7 不同喷雾方式的喷雾均匀度对比

（三）靶标高度

在其他条件相同的情况下，喷头的高度决定了药液喷射的范围（图2-8）。喷头高度越高，落到目标物上的雾滴粒径就越小，喷雾面就越宽，喷雾就越均匀，但是喷头高度过高则易产生飘移，使雾滴无法准确落入目标范围内。因此需要根据实际情况对喷头高度做出适当的选择。

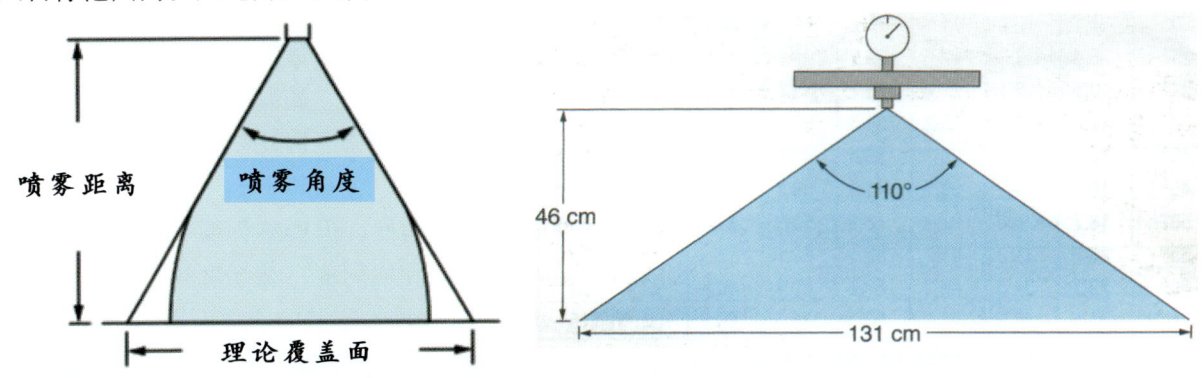

图2-8 喷头喷雾雾形图

影响喷头高度的因素是多方面的，如雾化程度、喷头雾量分布曲线、雾锥角、喷幅、气候影响、雾滴直径大小、地表状况、机具结构等。药液经喷头喷出后，应经过充分雾化，使雾滴落到沉附表面时，其雾滴直径、雾滴均匀性、雾滴分布，均应达到技术要求规定值。如果雾滴未充分雾化而落于沉附表面，有时尽管其雾量分布均匀，但雾化不良、雾滴直径、雾滴均匀性、雾滴分布都不能满足技术要求。

雾锥角与压力有关，压力增加雾锥角随之加大，而雾锥角增加，喷幅又随之加大。在雾锥角大的情况下，相邻喷头的喷幅容易提前重叠而获得理想的地面雾量均匀分布，此时，喷杆距地面较低。雾锥角小，地面相邻喷幅重叠推迟，此时，喷杆位置较高；在雾锥角小，地面喷幅又不重叠的情况下，易产生雾量分布不匀、局部漏喷和局部产生药害等情况。

（四）喷头间距

喷杆喷雾器械上喷头间距的大小对植保机的喷雾效果也会造成很大的影响。喷头的间距过大，会导致喷头与喷头之间留有空隙，作物漏喷；喷头的间距过小会导致相邻的两个喷头在喷药期间出现交叉喷药，导致一处作物两次喷药。两种情况都不利于作物的生长，因此要合理选择喷头的间距。喷头间距的选择还要将喷雾的压力，型号以及高度等因素考虑在内。因为不同的喷雾压力、型号和高度都会影响落到目标位置处的范围大小。喷雾的压力越大，出射角越小也越稳定，喷头的高度越高，落到目标位置的范围就越大。喷头间距较小时，雾锥角大的喷头适宜的喷头高度不宜过大，间距大些时，喷头适宜在高度大些时工作（表2-1）。

表2-1　不同喷头间隔距离

喷头类型	喷头喷雾角/（°）	不同间隔距离/cm		
		50	75	100
标准扁扇喷头、双面扇形喷头	65	75	100	—
广谱扇形喷头、低飘移喷头、标准扁扇喷头	80	60	80	—
广谱扇形喷头、低飘移喷头、涡流扇形喷头	110	40	80	—
气吸型扇形喷头、双面扇形喷头				
大雾锥角实心锥雾喷头	120	40	60	75
广角扇形喷头	120	40	60	75

（五）喷头安装角度

选择不同的喷头安装角度，将喷头的安装角度进行调整，如倾斜30°、45°或60°，更有利于叶片重叠较多的植物喷药。如玉米在中后期阶段，叶子相互重叠，如果采用垂直向下的喷药方式，那么在下层的叶子由于上层叶子的覆盖，就无法与药液接触或者充分接触。因此，选择合适的安装角度，对于喷雾均匀性会有所改善。

（六）喷雾压力和水量

喷雾压力和水量是影响均匀性的重要指标之一，药液粒径的大小、水量的多少随喷雾压力的增加成规律性变化。喷雾压力太小，喷头难以雾化；在雾化效果较好的前提下，随着压力增加，离心力增大，喷射角变稳定，药液粒径减小；但是，压力过大又会导致雾滴产生飘移，因此喷雾压力的选取也是影响喷雾分布均匀性的重要指标（图2-9）。

在相同条件下，增加水量和工作压力可以改善喷雾分布的均匀性，但影响程度要视情况而定。在有风条件下，为了降低喷杆的高度时，应适当加大压力以增加喷幅和均匀度；在高度较大时，增加压力对喷药的均匀度影响较小；在有风力较大时，喷杆的高度过大时，会增加雾滴的飘移而影响均匀度。

图2-9　喷雾压力对雾化质量和均匀度的影响

（七）喷雾速度

为了保证喷雾分布均匀性，在喷药过程中必须匀速前进。速度过快会导致喷药不均匀、漏喷等情况出现，速度过慢又影响喷药的效率。特别是自走式喷雾机械，在部分喷雾器械控制阀不精密的情况下，行走速度快、油门也大压力也大，影响雾化效果和均匀度；遇地面条件不好，行走速度慢、油门加大压力也大，对雾化效果和均匀度的影响更大。

（八）喷雾开闭的频率

喷雾器械的工作过程中力求压力稳定，雾滴粒径随开关频率的增大先增大后减小，喷雾分布的均匀性也随着频率的增大，先增大后减小。因此，在保证电磁阀的使用寿命和喷雾连续性的前提下，需要计算出最佳喷头开闭的频率，以保证最佳喷雾效果。

（九）喷杆的振动和倾斜

喷杆两端高低误差大，必须安装电子平衡装置，未安装电子平衡装置会严重地影响农药的喷雾效果，喷雾器械的喷杆质量直接影响着喷雾质量（图2-10）。喷雾器械的工作环境通常都是在农田，路面十分的不平整，而喷雾器械喷杆的长度通常长达几十米（图2-11）。当植保机在行进过程中，途经不平的路面时，植保机的喷杆会不可避免地产生振动，喷杆的振动会带动喷杆上的喷头随之发生振动，导致喷头的角度和高度发生变化。因此，选用喷雾器械时喷杆不宜过长，喷杆12m以上的振动对喷雾均匀度影响较大。

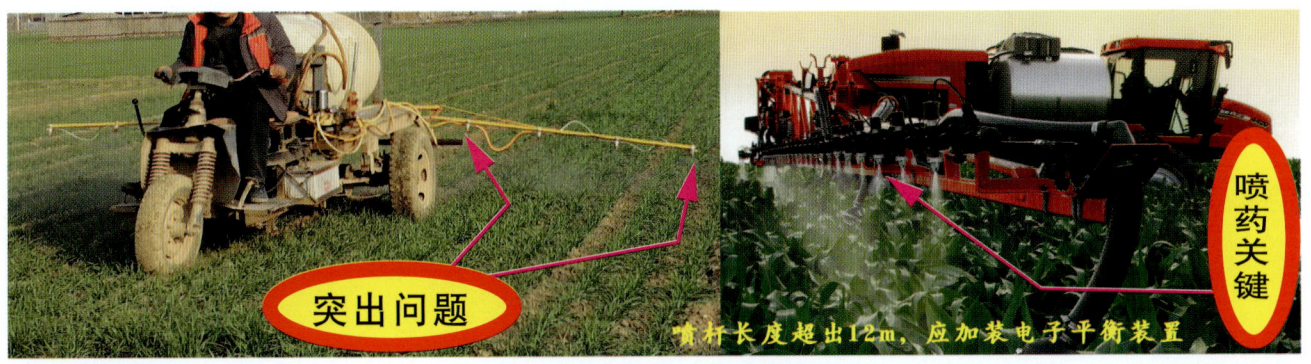

图2-10 喷杆安装水平对比

图2-11 喷杆过长而没有电子平衡装置，经常出现喷杆与靶标距离不稳定、喷药不均匀

（十）环境因素

风、温湿度对喷雾也有较大的影响。据试验，在静止的空气中，直径为1μm的水滴降落3m高度需经

历82.1h；直径为100μm的水滴降低3m高度需10.9s。在实际作业中，雾滴由于受到风的影响（阻力或飘移），降落的时间还要更长些。因此，喷头高度越低越好，以便尽量减少雾滴的飘移损失。

另据试验，在大气处于饱和状态而其温度为18℃时，直径为1mm的水滴约经11min蒸发完毕；而直径为10μm的水滴，只经0.06s即蒸发完毕。从温度影响来看，喷头高度的确定也是越低越好，以尽量减少由于蒸发带来的雾量损失。

风还可使雾滴挥发而损失。空气中的湿度低，雾滴挥发也很快。由于上述气候影响，喷头高度以最低位置为宜。

三、农药喷雾均匀度的控制方法

（一）选择优质的扇形喷头

田间喷雾时，必须选用优质的扇形喷头。喷头是喷药的关键部件，必须到专业喷雾机械公司购买专业的喷头，不能随意选用低价、劣质的喷头，不能用圆锥喷头。

喷嘴要定期更新，各种材质的喷头都有其使用寿命，都不能使用时间过长。加强喷头的清洗和养护，确保喷头工作正常。

（二）革新喷雾方式

田间喷雾时，必须选用喷杆喷雾的方式（图2-12）。必须购买专业的喷杆，而不能随意地改装，不能用圆锥喷头、摇摆式喷药方法。喷雾压力控制在0.3～0.5MPa，喷杆距靶标(指作物冠层)的高度应控制在50～65cm之间，不能低于40cm，高于65cm后受环境条件的影响较大，也会影响喷雾效果。

图2-12 喷杆喷雾机的喷雾效果

（三）根据环境条件科学喷雾

田间喷雾时，温度以10～25℃为宜，湿度应在40%以上，高温干旱天气必须适当加大雾滴、降低喷杆的高度至45～50cm。

风力和风向对喷雾影响较大，应根据田间情况科学地把握喷雾方法。农业部行业标准（NY/T 1876—2010）提出了具体的技术方案（表2-2）。

表2-2 不同风速特征下的喷雾方式选择

风力等级	种类	风速/（m/s）	可见征象	喷雾方式
0	无风	0.0～0.2	静、烟直上	针对性喷雾
1	轻风	0.3～1.5	烟能显示方向	飘移性喷雾
2	轻风	1.6～3.3	人面感觉有风，树叶有微响	低量或常量喷雾
3	微风	3.4～5.4	旌旗展开	常量喷雾，避免喷施除草剂
4	和风	5.5～7.9	能吹起地面灰尘和纸张，树枝摇动	不应喷雾

第三章 农药喷雾细度的控制技术

一、雾滴细度

(一) 雾滴粒径的概念

雾滴由从喷嘴喷出来的雾状的细小水滴组成。雾滴的大小及其运动轨迹,直接影响到决定喷雾质量的3个主要指标:覆盖率、飘移率、均匀性,进而影响到作物的病虫害防治效果。一般说来,小雾滴的覆盖率要高于大雾滴(相同喷雾量),穿透力强于大雾滴,但抗飘移性能高于大雾滴。

对于我国现阶段,喷施农药时对喷雾液滴的大小、速度和数量没有严格要求,有些喷头质量较差,喷雾液滴粗大,使得单位面积用液量过大,大部分药液从靶标上流失,降低了防治效果。施药喷雾粒径和速度是决定喷雾质量的关键因素,应引起足够重视。

特定农药的效力常常取决于雾滴粒径。好的、均匀的靶标覆盖率通常是用小雾滴获得的,提高雾滴在靶体植物上沉积率的方法是减小雾滴粒径谱、同时增大雾滴速度,其中增加雾滴细度尤为重要。然而,较大雾滴可以较长时间保持其动量,因此不易受侧风的干扰、不易形成飘移。因此,一个理想的喷雾是包含较窄的雾滴谱,既没有很粗的雾滴,又没有过细的雾滴。增加或保持喷雾液滴速度以及相应的动量和动能可以减小喷雾飘移,并提高树冠渗透以及沉积率。液滴在喷孔和目标树冠间的传输时间与液滴速度成反比,缓慢移动的液滴会在喷束和庄稼外冠之间的区域运动很长时间,雾滴在空中停留时间的增加会增加被周围的风吹走的可能性。另外,液滴在目标上的沉积效率,尤其是小液滴的沉积效率,会随着液滴速度的增加而显著增加。

雾滴尺寸与农药防治效果喷雾效果的好坏,与雾滴粒径的大小、雾滴的飘移及雾滴的沉降速度等因素有密切关系,雾滴粒径是农药喷雾技术中较易控制的重要参数,对喷雾效果起着决定性作用。选用适宜的雾滴粒径是用最少药量取得最好药效并减少环境污染的技术关键。雾滴粒径与雾滴覆盖密度、喷液量有密切关系(图3-1),1个400μm的粗大雾滴,变为200μm的中等雾滴后,就变为了8个雾滴;雾滴粒径缩小到100μm的细小雾滴后,就变成64个雾滴。可见,随着雾滴粒径的缩小,雾滴数目呈几何速度增加,随着雾滴数量的增加,农药击中靶标的概率显著增加,覆盖也更加均匀。

(二) 雾滴粒径的表示方法

农药使用过程中,液滴经过喷雾器械雾化部件的作用而分散。从喷头喷出的农药雾滴并非均匀一致,而是有大有小,呈一定的正态分布。雾滴粒径(雾滴直径,μm)的表示方法有4种:体积中值粒径、数量中值粒径、质量中值粒径和索特平均粒径,常用体积中值粒径和数量中值粒径表示雾滴粒径。

体积中值粒径(Volume median diameter,VMD):在一次喷雾中,将全部雾滴的体积从小到大顺序累加,当所有累加值等于全部雾滴体积的50%时,所对应的雾滴粒径为体积中值粒径,简称体积中径(图3-2)。体积中径能表达绝大部分药液的粒径范围及其适用性,因此喷雾中大多用体积中径来表达雾滴群的大

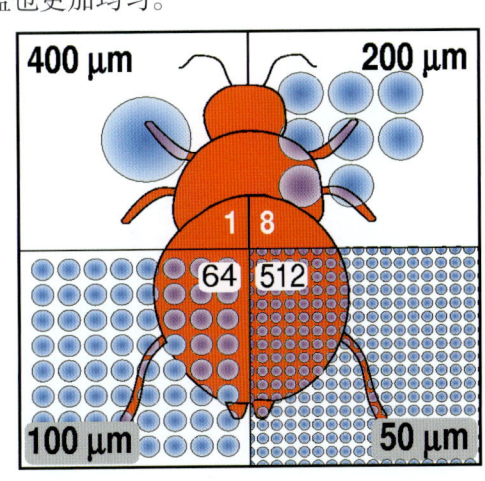

图3-1 雾滴粒径与雾滴覆盖密度关系

小,并作为选用喷头的依据。

数量中值粒径(Number median diameter,NMD):在一次喷雾中,将全部雾滴从小到大顺序累加,当累加的雾滴数目为雾滴总数的50%时,所对应的雾滴粒径为数量中值粒径,简称数量中径(图3-2)。如果雾滴群中细小雾滴数量较多,将使雾滴中径变小,但数量较多的细小雾滴总量在总施药液量中只占非常小的比例,因此数量中径不能正确地反映大部分药液的粒径范围及其适用性。

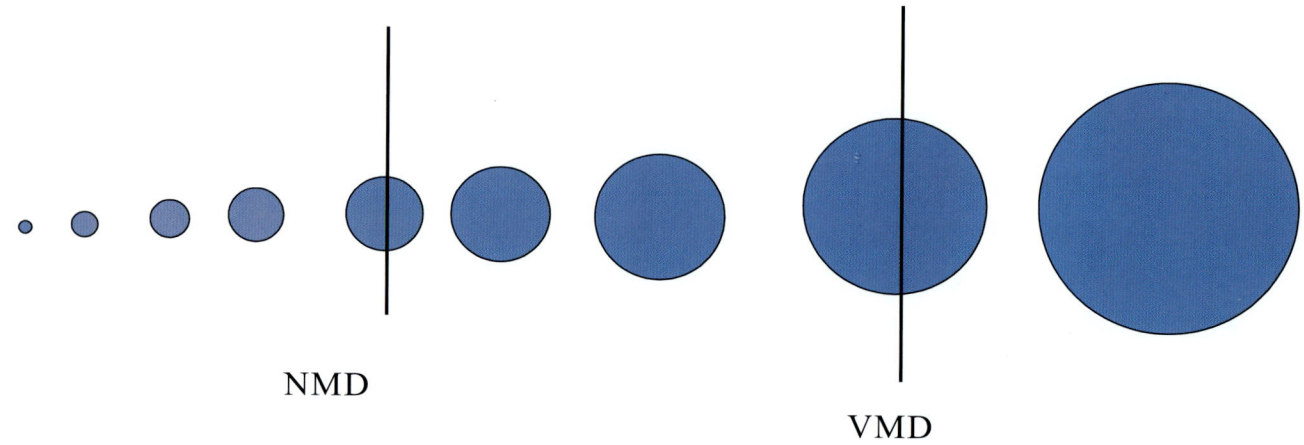

图3-2 雾滴的数量中值粒径(NMD)和体积中值粒径(VMD)示意

(三)雾滴粒径图谱(雾滴谱)

雾滴谱作为衡量喷头雾化性能的重要指标。由于喷头结构和雾化原理的不同会造成农药喷洒雾滴分布的差异。农药喷洒过程中,所喷出的雾滴有大有小,细小雾滴有较好的靶标覆盖性能,但易造成飘失,造成环境污染;较大雾滴覆盖性能较差,但飘失较少。

目前比较常见的是以DV0.1、DV0.5和DV0.9(DV0.1表示比该粒径小的雾滴体积总和占总体积的10%,DV0.5、DV0.9的定义类似)作为评价不同工作情况下喷头雾化性能参数,这些表示方法根据生产中实际应用效果的不同加以选择。其中DV0.1可以表示该喷头雾化后产生的易飘失雾滴的数量,而DV0.5表示适宜农业喷洒靶标吸收的雾滴数量,DV0.9可表示喷洒雾滴分布均匀的情况。

喷头的质量和压力大小直接地影响着喷雾粒径图谱。喷头质量不好,往往雾滴粒径谱较宽,部分小雾滴挥发飘移、部分大雾滴流失,直接地影响着喷雾效果。

(四)雾滴分类

英国科学家Matthews提出了雾滴大小分类方法(表3-1),这种雾滴分类方法逐渐被大家接受。

美国农业生物工程师学会制定的液滴谱分类类别、代码和VMD范围(表3-2),是目前正广泛使用的标准。把雾滴按大小分成8个等级:极细(XF)、非常细(VF)、细(F)、中等(M)、粗(C)、非常粗(VC)、极粗(XC)和特别粗(UC)。不同喷液量和雾滴体积中值粒径的喷雾效果明显不同(图3-3)。

表3-1 雾滴大小的分类

雾滴体积中径/μm	雾滴大小分类
≤50	气雾滴
51~100	弥雾滴
101~200	细雾滴
201~400	中等雾滴
≥400	粗雾滴

表3-2 雾滴大小的分类

分类	符号	颜色代码	体积中径(DV0.5)
极细	XF	紫	<50
非常细	VF	红	50~135
细	F	橘红	136~177
中等	M	黄	178~218
粗	C	蓝	219~349
非常粗	VC	绿	350~428
极粗	XC	白	429~622
特别粗	UC	黑	>622

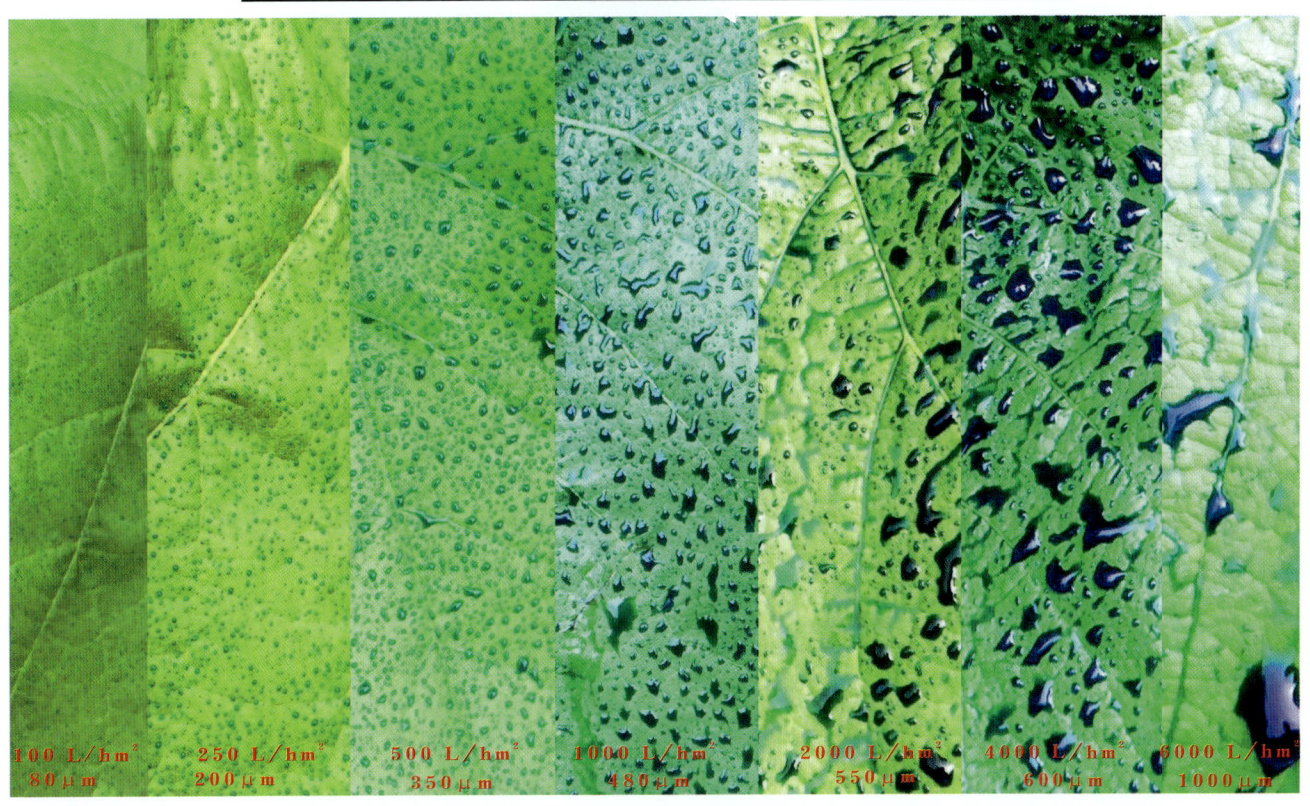

图3-3 不同喷液量和不同雾滴体积中值粒径喷雾效果（何雄奎，2017）

雾滴粒径大，有较大的动能、易沉降、不易发生随风飘移及蒸发散失，但分布不均匀、附着性能差、易发生弹跳和滚落流失（称田内流失），造成药液流失，喷雾效果不佳，同时也会污染环境。

雾滴粒径小，可以在作物表面得到很好的沉降和覆盖，细小雾滴对靶标的覆盖密度和覆盖均匀度远优于粗大雾滴，而且附着性能好，不易产生流失现象，农药利用率高，此外，细小雾滴有较好的穿透能力，能随气流深入植株冠层内部，沉积在果树或植株深处靶标正面或大雾滴不易沉积的背面，防治效果好。但太细的雾滴虽然覆盖度大、与靶标接触面大，但受气流影响大，易发生飘移，污染环境，还可能对相邻区域农作物造成严重药害。

小雾滴可以提高药效的原因主要是：小雾滴提高了雾滴对作物冠层的穿透力；小雾滴可以提供最佳的碰撞几率；增加了叶片上沉降的均匀性；提高了在不易润湿叶片表面的滞留能力；对于在叶组织中传导性较差的药剂，提高了其生物学反应效率。所以，一方面喷雾雾滴要尽可能小，使单位容积产生最大数量的雾滴，获得对目标物表面的最大覆盖度及渗透性，防止其被先碰到的障碍物全部吸收掉；另一方面又要使雾滴尽可能地大，使它们具有能够撞击或沉积在靶标上的能力。由于雾滴大利于沉降，而雾滴小覆盖度高、渗透性好，要想使药剂发挥最佳效果，这就涉及如何控制雾滴粒径大小的问题（表3-3）。

表3-3 雾滴大小分类及其特点

雾滴类型	雾滴体积中径/μm	雾滴的优点	雾滴的缺点
极细雾滴	≤100	空中悬浮时间长 易于沉积分布到各部叶片 有较好的穿透力 有较好的附着力 喷药防治效果好	易飘移 受风力影响较大 受温度和湿度影响较大
细雾滴	101~200	有较好的穿透能力 叶片附着力较好 不易飘移 喷药防治效果较好	少量飘移 分布到背部和下部叶片较少
中等雾滴	201~400	有利于控制飘移 不易蒸发 不易飘移	附着力较差、流失较多 喷药防治效果差 叶片附着力差
粗雾滴	>400	不易蒸发散失	农药大量流失 喷药防治效果差

(五) 最佳雾滴粒径

粗雾滴虽然受风影响小，不易飘移，但由于分布不均匀，大多数的雾滴滚落到土壤中，喷雾效果不佳；太细的雾滴覆盖度大，靶标接触面大，但易受气流影响，飘移严重，不易沉降，污染环境，喷雾效果也不佳。最佳粒径就是要在大小雾滴中找到一个合适的平衡点，充分发挥粒径大小所带来的优势。因此，在选择农药喷雾技术中，应选择合适的雾滴粒径（即最佳粒径），在不造成环境污染的前提下，充分发挥细小雾滴的优势，减少飘移，减轻环境污染，提高对靶标的沉积量与覆盖率，使药剂发挥最佳效果，有效防治病虫草害。

20世纪70年代Himel和UK将其总结为一个新理论——生物最佳粒径理论（简称BODS理论），该理论认为不同的生物靶标捕获的雾滴粒径范围不同，只有在最佳粒径范围内，靶标捕获的雾滴数量最多，防治效果也最佳。运用该理论，可根据有害生物的特征设计一定的雾滴粒度和喷洒技术，达到大幅度减少农药用量的目的。

喷洒杀菌剂，适宜采用的雾滴粒径为50~150μm，
针对飞行状态害虫的杀虫剂最佳粒径为10~50μm，
爬行状态害虫的杀虫剂最佳粒径为40~100μm，
喷洒苗后除草剂时适宜采用100~150μm的雾滴粒径，
喷洒苗前除草剂时适宜采用100~250μm的雾滴粒径。

袁会珠等的研究也表明，最佳喷雾粒径不仅随害虫种类而变化，也会因病虫害的不同时期而异。

生物最佳粒径雾滴谱较宽，此外，最佳粒径所针对的生物靶标存在争议，杀虫剂对应的最佳粒径都是就害虫而言的，诚然喷洒杀虫剂的目的是杀死害虫，其直接靶体也就是害虫本身，但在实际中，消灭害虫并不是通过将药液直接喷洒到害虫体上来达到目的的，而主要是通过喷洒在作物叶片表面来间接杀死害虫，这样的话，发挥主要作用的是喷洒到间接生物靶体——作物叶片上的雾滴，而非直接喷洒到害虫体上的。

最佳粒径的判别方法：试验中确定农药喷雾的生物最佳粒径主要看农药雾滴在靶标上的沉积量（雾滴数量或质量）和覆盖密度等。某个粒径范围内的雾滴在生物靶标上的沉积量越多，说明该生物靶标对该粒径范围雾滴的吸附性越好，同时也说明该粒径雾滴更不易发生飘移。

二、农药喷雾细度与药效的关系

农药雾滴密度和雾滴大小、施药液量有着密切的关系。在施药量一定的情况下，降低雾滴粒径可以实现更多的雾滴密度。田间进行农药喷雾时，雾滴密度、雾滴粒径大小、施药液量与防治效果具有极强的相关性。

（一）雾滴大小与杀虫剂药效的关系

杀虫剂施用以后，必须进入昆虫体内到达作用部位才能发挥毒效。害虫主要通过口器取食为害农作物，其口器类型主要分为咀嚼式口器和刺吸式口器。其中棉铃虫、小菜蛾、黏虫等鳞翅目害虫以及蝗虫均为典型的咀嚼式口器害虫，蚜虫、叶蝉、飞虱等均属于刺吸式口器害虫。小雾滴相对更容易在昆虫体表附着，喷施小雾滴会增加雾滴在靶标上的沉积量；而对于触杀性药剂，在一定施药液量的情况下，减小雾滴粒径，增加雾滴密度，是提高防治效果、减少施药液量的有效途径；对于内吸性药剂，由于农药雾滴可被作物吸收，所以较高的药剂浓度、较低的雾滴密度仍能够起到较好的防治效果。

1.刺吸式口器害虫

试验结果表明，在喷施相对少量的农药雾滴时，对害虫的防效就能达到80%以上，而增加雾滴数量仅仅提高了较少的防治效果，更多的是导致药液的流失和浪费。

根据杀虫剂是否可被植物吸收传导，可分为触杀性杀虫剂和内吸性杀虫剂。而由于作用方式的不同，触杀剂与内吸剂对雾滴密度的要求也明显不同。在使用不同浓度的哒螨灵药液喷雾的研究中发现，高浓度药液，在低雾滴密度时，棉蚜的校正死亡率很低，说明在使用触杀剂喷雾时，即使高浓度的药剂也需要一定的雾滴密度；而对于啶虫脒的研究表明，对于内吸性药剂，高浓度低雾滴密度的情况下，仍能达到较高的防治效果。

2.咀嚼式口器害虫

降低雾滴粒径、提高雾液浓度、增加雾滴密度是减少药剂用量的有效途径。

对于咀嚼式口器害虫，Bryant等研究苏云金芽孢杆菌雾滴粒径以及雾滴密度对舞毒蛾幼虫防治试验表明：小雾滴更有利于对舞毒蛾的防治。

Maczuga等研究表明，对于舞毒蛾2、3龄幼虫，雾滴粒径为100μm，雾滴密度为10个/cm^{2}时，死亡率大于90%，而对于4龄幼虫，雾滴粒径为200μm和300μm时，防治效果较100μm更为显著，当雾滴密度为1个/cm^2，雾滴粒径为100μm时，对于控制3、4龄幼虫是无效的。此结果表明最佳雾滴粒径不仅随病虫害种类而变化，也会因病虫害的不同时期而异。

（二）雾滴大小与杀菌剂药效的关系

由于保护性杀菌剂与内吸性杀菌剂作用方式不同，雾滴密度与作用效果的关系也不同。由于药剂的内吸作用，与保护性杀菌剂不同，内吸性杀菌剂对雾滴密度要求较小，而保护性杀菌剂则需要雾滴达到一定的密度才能实现较好的防治效果，并且防效与雾滴密度呈正相关关系。

1.保护作用杀菌剂

保护性杀菌剂喷雾时，必须在病原菌侵入之前使用才有效，而雾滴仅仅沉积到植物表面，不能被植物所吸收。如百菌清和代森锰锌，喷雾细度和雾滴沉积密度与杀菌效果直接相关（图3-4）。

2.内吸性杀菌剂

具有内吸作用和非内吸作用的杀菌剂其对雾滴密度的要求不同，内吸性杀菌剂由于其本身具有的内吸作用，雾滴粒径与防治效果的关系不十分显著，只要达到一定的施药量就能起到较好的防治效果；而对于非内吸性杀菌剂，则需要达到一定的雾滴密度，才会产生较好的防效，并且防治效果与雾滴密度具有正相关关系，同时防治效果与雾滴谱的关系密切，在一定雾滴谱范围内，防治效果随雾滴谱的减小而增加。

因为雾滴大小直接地影响着药剂的沉积量，所以适度降低雾滴粒径后因为增加了叶面较大的沉积量，而药效相对得以较大的提升（图3-5）。

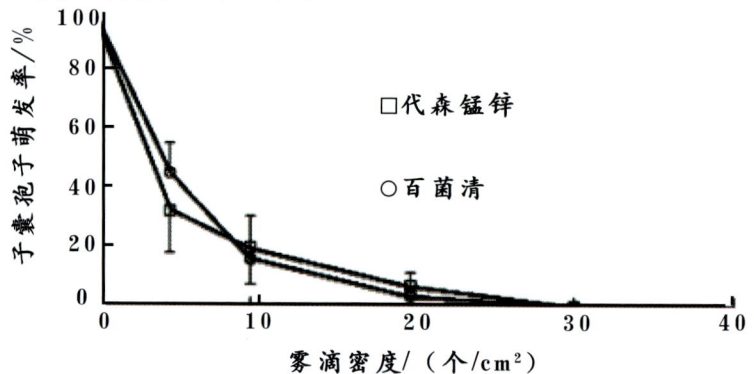

图3-4　百菌清和代森锰锌雾滴密度与香蕉黑条叶斑病菌子囊孢子萌发率之间的关系（Washington，1997）

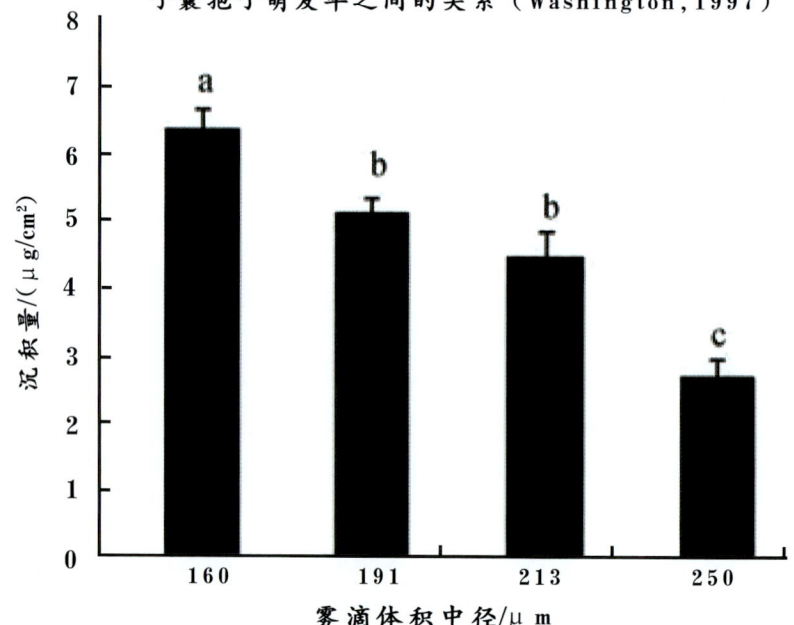

图3-5　不同雾滴体积中径条件下喷雾处理氟硅唑药液在黄瓜叶片上的沉积量（秦维彩，2016）
注：图中小写字母表示差异显著性。

（三）雾滴大小与除草剂药效的关系

在细雾滴范围内，绝大部分的研究说明了减小雾径有助于提高药效，而且对触杀性除草剂来讲，雾滴在叶表面的均匀分布尤为重要；减小雾径提高叶面覆盖率对提高内吸性除草剂药效比触杀性除草剂来得更明显。

除草剂首先要求雾滴作用于杂草，要求雾滴穿过作物冠层。减小雾径通常可以提高药效，提高了雾滴对作物冠层的穿透力，小雾滴可以提高最佳的碰撞几率、增加叶片上沉降的均匀性、提高在不易润湿叶表面的滞留能力对于在叶组织中传导性较差的药剂，提高其生物学反应效率。

研究得出：不论雾径大小，空气中雾滴浓度随高度下降而降低；大雾滴（150μm）在冠层上方的吸附量大于小雾滴（20μm）；在冠层下方，细雾滴吸附量明显大于大雾滴。在作物冠层浓密高大的情况下，必须增加雾滴的密度也就是增加喷雾量；同样，对于一定植物冠层而言，提高雾滴密度将增加穿过冠层的雾滴数目。但是，将喷雾量提高一倍，并不一定意味着隐蔽的目标体上的层积量将增加一倍。

在施药液量一定的情况下，不论在何种雾滴粒径范围之内，防治效果都会随着雾滴粒径的降低而增加。但对于不同类型的除草剂（触杀性与内吸性除草剂），作用于不同类型的杂草靶标（单子叶植物与双子叶植物），以及润湿性不同的植物叶片，防治效果随雾滴粒径降低的表现又都不相同。

三、农药喷雾细度的控制方法

雾滴粒径均随压力的增加和孔径的减小而逐渐减小（图3-6），喷头型号、压力及喷雾介质农药雾滴粒径分布的影响程度为喷头型号＞压力＞介质。风速、喷头与靶标距离对雾滴粒径也有一定的影响，风力增加会降低雾滴的粒径；随着喷头与靶标距离的增加，雾滴粒径会逐渐减小。

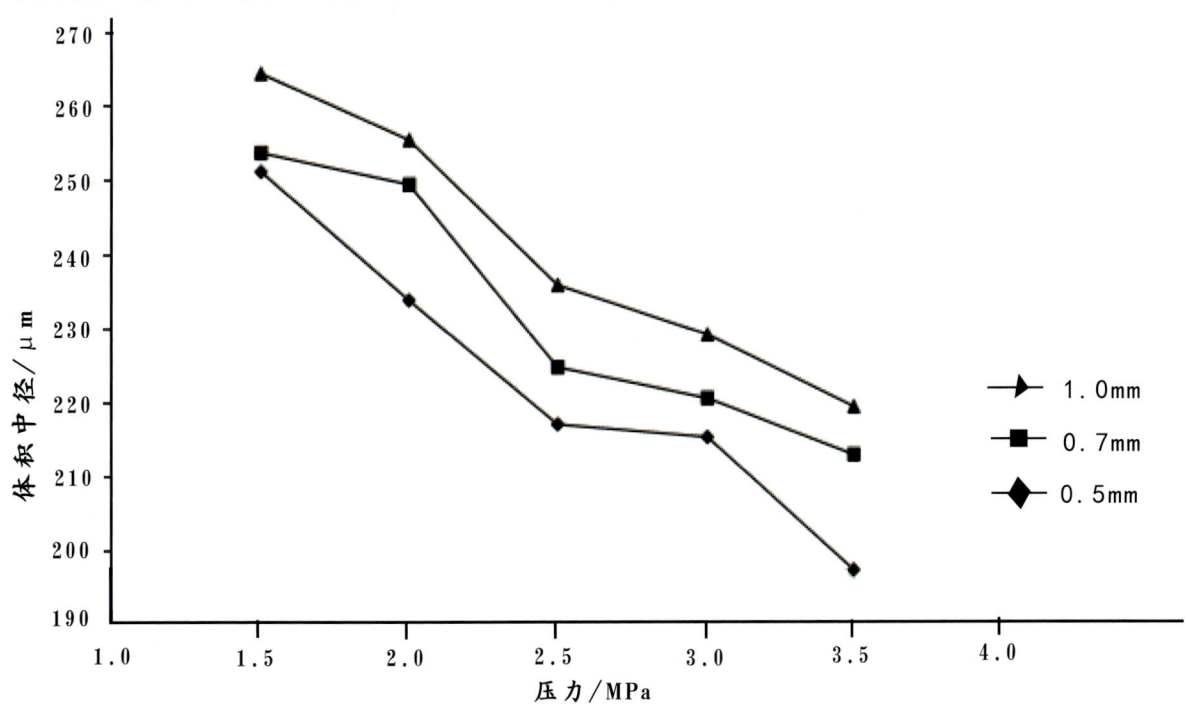

图3-6 不同喷头、不同压力下雾滴体积中径关系图（张鹏九，2021）

（一）雾滴大小的基本要求

农药雾滴密度、雾滴大小、施药液量直接关系到喷药的效果。针对不同作物、不同防治对象、不同喷雾方式，选择不同的喷头型号、压力（表3-4），才能达到较好的防治效果。

表3-4 防治对象、喷头型号、喷雾压力和雾滴直径要求

防治对象	喷头型号	压力/(kg/cm²)	水量/(kg/亩)	体积中径/μm	雾滴密度/(个/cm²)
苗前除草剂 苗后除草剂	2号、3号、0.8mm 1.5号、2号、0.5mm	2~3	30~60	150~250	30~40
杀虫剂、调节剂 杀菌剂	0.5mm、0.8mm 1号、1.5号	3~4	15~20	100~200	50~70
杀螨剂、杀虫剂	1号、0.3mm、0.5mm	4~5	10~15	50~100	70~100

（二）不同喷头的雾滴大小控制方法

雾滴大小取决于喷头型号、喷雾压力、药液性质、靶标距离、风力和喷雾行走速度等很多因素，不

同条件下的雾滴谱也很宽，不能准确地计算或规定出来雾滴大小；但是，雾滴大小的决定性影响因素是喷头型号和压力，一般是经验值或估测值。

不同喷头、不同压力的雾滴大小经验值（图3-7、表3-5至表3-7）仅供参考。

喷头型号	压力/（kg/cm²）						
	1	1.5	2	2.5	3	3.5	4
XR8001	M	F	F	F	F	F	F
XR80015	M	M	F	F	F	F	F
XR8002	M	M	M	M	F	F	F
XR8003	M	M	M	M	M	M	M
XR8004	C	M	M	M	M	M	M
XR8005	C	C	C	M	M	M	M
XR8006	C	C	C	C	C	C	C
XR8008	VC	VC	C	C	C	C	C
XR11001	F	F	F	F	F	VF	VF
XR110015	F	F	F	F	F	F	F
XR11002	M	F	F	F	F	F	F
XR110025	M	M	F	F	F	F	F
XR11003	M	M	F	F	F	F	F
XR11004	M	M	M	M	F	F	F
XR11005	C	M	M	M	M	M	M
XR11006	C	C	M	M	M	M	M
XR11008	C	C	C	C	M	M	M

图3-7　TeeJet公司延长范围扇形喷头型号、压力和雾滴细度（TeeJet公司宣传材料，2018）

表3-5　不同类型喷头和不同喷雾量喷头的雾滴粒径（张慧春等，2016）

喷头型号	压力/kPa	Dv_{50}/μm	雾滴等级
AI110015	280	707	极粗
	500	507	非常粗
	800	399	粗
TT11002	150	419	粗
	280	346	中等
	450	290	中等
XR11001	150	204	细
	280	173	细
	450	167	细
XR11002	150	242	细
	280	215	细
	450	198	细
XR11003	150	257	细
	280	231	细
	450	209	细

注：AI110015为气吸扇形喷头，TT11002为广角扇形喷头，XR11001~XR1103为延长范围扇形喷头。

表3-6　F11006喷头在不同喷雾压力和距离的雾滴粒径（宋吉林，2007）

雾滴离喷嘴距离/cm	雾滴体积中径/μm		
	150 kPa	300 kPa	500 kPa
20	382.4	311.4	278.0
35	345.8	270.4	242.6
50	283.2	251.3	221.6
65	287.8	238.0	215.9

表3-7 不同孔径喷头在不同喷雾压力下的雾滴粒径（张慧春等，2016）

喷头孔径/mm	压力/Mpa	流量/(ml/min)	VMD/(μm)	各级雾滴的体积百分比/%			
				≤100μm	101~200μm	201~400μm	≥400μm
1.3	0.1	380	212	5.9	38.5	47.9	7.7
	0.2	500	172	9.1	56.0	34.7	0.2
	0.3	570	155	9.4	66.6	23.9	0.1
	0.4	660	143	13.8	69.6	16.5	0.1
1.0	0.1	300	212	7.2	38.4	42.2	12.2
	0.2	400	165	8.1	60.8	30.9	0.2
	0.3	460	143	12.4	71.1	15.8	0.1
	0.4	540	136	16.5	70.9	12.5	0.1
0.7	0.1	205	181	10.0	48.1	35.8	6.1
	0.2	260	162	12.4	55.8	30.0	1.8
	0.3	305	143	15.2	65.6	19.1	0.1
	0.4	340	132	20.6	67.1	12.2	0.1

第四章 农药雾滴沉降与飘移的控制技术

一、雾滴运行

(一)雾滴运行分析

雾滴由喷头到防治靶标表面之间的运移称为雾滴的运行。不同的防治对象,喷头与它的距离有几厘米到几米,主要根据雾滴本身具有的能量和速度不同,在空间的运行时间也不同。雾滴在空间运行受各种因素,如药液特性、喷雾参数、风、空气的湿度、温度等的影响。

雾滴的大小及其运动轨迹,直接影响到决定喷雾质量的3个主要指标:覆盖率、飘移率、均匀性,进而影响到作物的病虫害防治效果。

农药喷雾过程中,雾滴运行分析、控制是一项重要技术。一方面,减少雾滴的飘移损失,农药雾滴飘移是造成环境污染、农药流失、农药有效利用率低的一个重要原因;另一方面,适当提高雾滴在作物冠层中穿透和沉积,就是要适当保证雾滴的横向、纵向运动。因此,我们必须深入地学习影响雾滴运动的因素,通过对喷雾压力、喷头型号、喷雾角度、喷雾高度、环境因素、靶标因素等的综合分析,提高喷雾效果。

(二)雾滴降落

雾滴的降落,受雾滴大小、压力、药液特性、风、空气的湿度、温度等的影响(表4-1和表4-2)。

表4-1 不同大小雾滴在静止空气中下落3m距离的时间(Ross,1985)

雾滴直径/μm	在静止空气中下降3m的时间/s
5(烟雾)	3 960
20(烟雾)	252
100(弥烟雾)	10
240(细雾滴)	6
400(粗雾滴)	2
1 000(粗雾滴)	1

表4-2 不同温度、湿度条件下,雾滴在静止空气中存在的时间和下落的距离(祁力钧,1999)

起始雾滴大小/μm	温度20℃,ΔT2.2℃,相对湿度80%		温度20℃,ΔT7.7℃,相对湿度50%	
	雾滴存在时间/s	下落距离/cm	雾滴存在时间/s	下落距离/cm
50	12.5	12.7	3.5	3.2
100	50	670	14	180
200	200	8 170	56	2100

（三）雾滴运行速度

雾滴运行速度受雾滴大小、初始速度的影响。小雾滴的运行速度衰减快，大雾滴衰减慢（图4-1）。如直径为100μm的雾滴，初始速度为20m/s，经过0.02s后速度只有2.10m/s，经过0.06s雾滴速度几乎等于0，只是空气托着它开始进行自由落体运动或布朗运动。直径为500μm的雾滴，初始速度同样是20m/s，经过0.02s后速度为14m/s，到自由降落速度需要经过0.2s的时间，雾滴越大，速度衰减越慢。

如果喷头与作物的距离为50cm，喷100～200μm的雾滴，无论怎样加大初始速度，还是达不到叶面，雾滴速度等于零就自由降落了。只有加上辅助气流，才能增加运行速度。

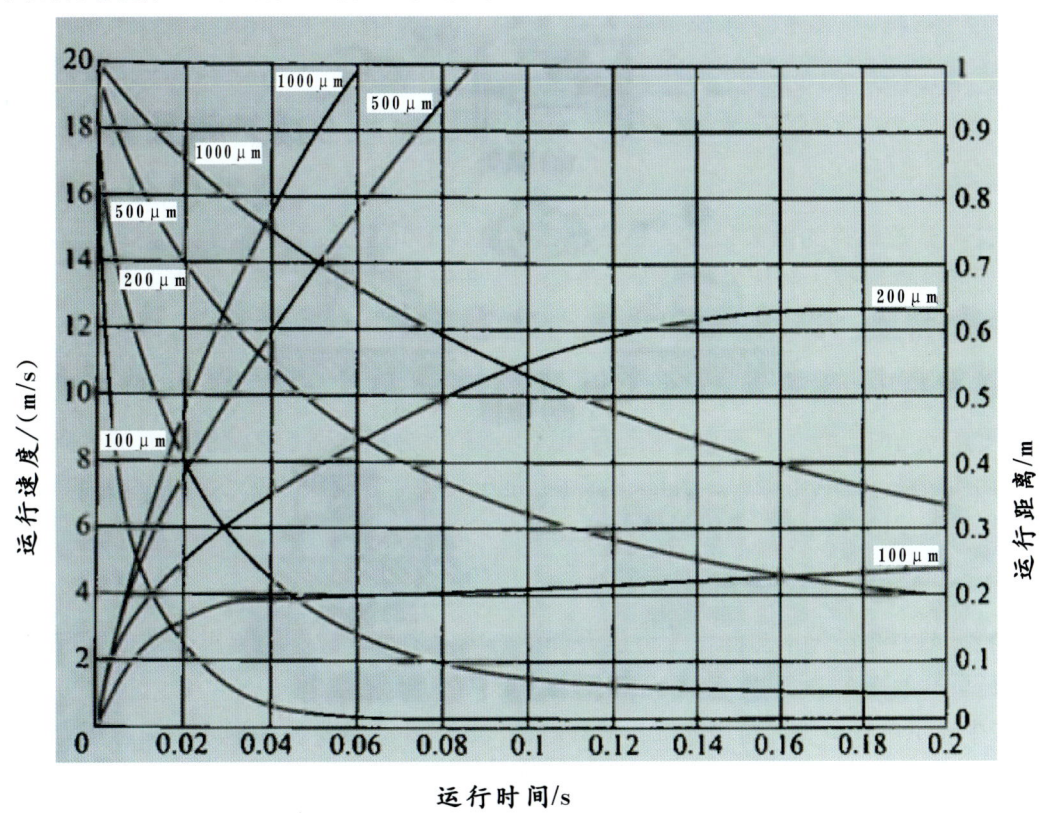

图4-1　雾滴粒径与雾滴运行时间的关系

（四）雾滴飘移

飘移是农药在使用过程中通过空气向非预定目标运动的现象。农药喷施过程中，从药械喷出的雾滴有3个去向：沉积在靶标上、飘失到空气中及流失到地面上。雾滴的飘失存在着两种方式：飞行飘移或粒子飘移和蒸发飘移。大雾滴动能大，容易积聚流失，沉积效果差且容易被作物枝叶截留导致沉积分布不均匀；小雾滴穿透性好，具有很好弥漫性，可以提高靶标附着率，防治效果好，但是小雾滴粒轻小，容易受到冠层气象条件影响而飘失到环境中，是造成农药流失、农药有效利用率低的一个重要原因。

（五）雾滴在作物冠层中的穿透性

大田喷雾作业，如果作物低矮、稀疏，喷嘴的高度一般在作物之上0.5～1m，因此雾滴在空气中运动的时间很短，挥发的量较小，即使是50μm以下的小雾滴，一般也能到达目标。但如果是对玉米等高秆密度大的植物进行喷雾，尤其是为果树喷洒农药，由于喷头到目标的距离较远，小雾滴在到达目标之前就完全有可能蒸发没了。

粗大的雾滴，动能较大，沉降速度快，不易发生飘移，蒸发散失慢，但是撞击靶标后容易弹跳，并且在靶标表面附着力差，易滚落，会造成大量农药损失和污染环境。而细小的雾滴对靶标的覆盖密度和覆盖均匀度却远优于粗大的雾滴，细小的雾滴可以形成布朗运动，在植株冠层有较好的穿透能力，能随气流深入到冠层内,沉积到深层靶标正面和背面,细小雾滴在靶标表面不易因撞击而发生弹跳,且附着力强,这是粗大雾滴不具有的性能,但是由于细小雾滴质量过轻,有时容易飘移,造成部分流失。粗大的雾滴和太细小的雾滴均不能达到理想的喷雾效果。要想使雾滴穿透到作物冠层就需加大速度以加大穿透力,但光靠雾滴本身的能量和速度不行,需要附加辅助气流。

在田间喷雾时,适当借助风力可以提高对作物冠层的穿透力;调整喷雾方向,可以提高对作物冠层的穿透力,加大喷雾角度,可以增加对下层、叶背面雾滴的沉积量;提高喷雾行走速度,可以降低对作物冠层的穿透力;适当地提高喷杆高度,可以提高对作物冠层的穿透力;雾滴大小是提高穿透力的最主要因素。

二、农药雾滴沉降飘移的影响因素

影响农药雾滴飘移的因素很多,系统地归类有以下几个方面:药液特性,主要包括溶剂、喷雾助剂、药液黏度、表面张力和挥发性等理化指标;施药机具和使用技术,如喷头型号、喷雾压力和喷雾高度等;气象条件,如风速风向、温度湿度等;操作人员的责任心和操作技能。

(一)喷雾压力对雾滴飘移的影响

增大喷雾压力时,增大了雾滴向下飞行速度,理论上分析有利于雾滴沉降而减少飘失,压力增加会增加雾滴运动初速度,有利于沉积;但是,实际上是压力增加雾滴尺寸减小,可以增强雾滴的雾化效果,增大雾滴在作物冠层的穿透性,但压力增大也会增大雾滴的飘失。

(二)喷头类型对雾滴飘移的影响

喷嘴的类型、孔径大小和操作压力很大程度上决定了喷雾液滴的大小。使用者可以通过选择适宜的喷嘴,进行合适的操作来控制液滴的大小。

图4-2中显示出喷头类型对飘移沉积的影响很大,其中喷雾介质为清水,喷雾压力为0.2MPa,风速为2m/s,h为距地面的高度,l为沿顺风方向与喷头的距离,V_{sp}为喷雾飘移占喷施总量的百分比。VP11002与F11002的抗飘移性能明显低于AIX11002、TP11002。TP11002、F11002、VP11002的喷头结构相似,都属于普通扇形喷头结构,TP11002喷头是嵌镶式喷头,F11002、VP11002喷头是整体式喷头,且球头的形状、切深、切角具有差异,但抗飘移性能大小差距甚远,其原因:一方面是由于它们的喷孔材料不一致(F11002、VP11002喷孔材料是聚合物,TP11002的喷孔材料是不锈钢);另一方面则是由于喷头的加工工艺、加工精度具有差异。TP11002为圆形喷孔,当压力液流进入喷头后,受到切槽楔面的挤压延展成平面液膜,在喷头内外压力差的作用下,液膜撕裂成细丝状,破裂成雾滴的同时,扇形雾流与相对

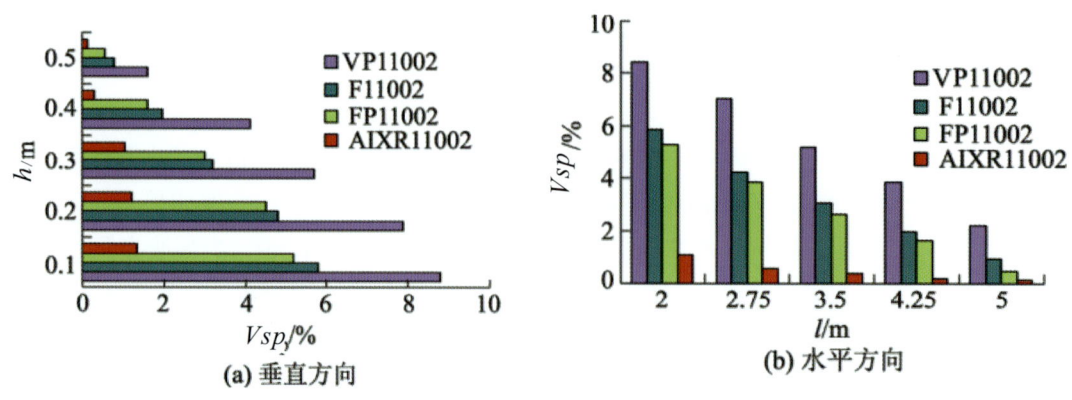

图4-2 喷头类型对雾滴飘移的影响(周瑞琼,2019)

静止的空气撞击，进一步细碎成为微细雾滴；而F11002、VP11002为圆锥喷孔，当药液受压力作用后沿着与喷孔面液膜，在喷头内外压力差的作用下，液膜撕裂成细丝状，破裂成雾滴的同时，雾流与相对静止的空气撞击，进一步细碎成为微细雾滴，当药液受压力作用后沿着与喷孔中心近于垂直的平面延展时，形成了扇形液面，其抗飘移性能低于TP11002；其中对比结果可以看到气吸式防飘扇形喷头AIX11002的防飘效果最好。

喷药时必须根据天气条件科学地选择喷头类型（表4-3），MIC转子喷头的抗飘移能力最差，依次是F类标准压力扇形喷头、DG类低飘移扇形喷头，AI类气吸式防飘扇形喷头的抗飘移性能最好。

表4-3 不同类型喷头的飘移量的变化（祁力钧，1999）

喷头	压力/kPa	流量/(L/min)	不同风速下的飘移量/%				
			1 m/s	2 m/s	3 m/s	4 m/s	5 m/s
015-F110	300	0.6	3.1	15.7	23.4	31.8	40.4
02-F110	300	0.8	2.7	9.6	15.5	21.1	27.6
04-F110	300	1.6	1.3	3.0	7.5	10.8	13.0
DG015	300	0.59	2.6	7.0	13.5	19.6	25.9
Dg02	300	0.79	2.4	5.1	9.8	15.9	19.6
Dg04	300	1.58	1.2	2.9	4.7	7.0	10.0
AI015	300	0.59	1.3	2.1	4.3	6.5	8.0
AI02	300	0.79	1.2	1.9	3.1	4.7	6.0
AI04	300	1.58	0.8	1.2	2.9	3.5	5.1
MIC5000	12	0.24	20.0	31.3	80.4	92.4	100.0
MIC3500	60	0.48	2.0	6.4	31.2	62.0	84.8
MIC2000	60	0.48	1.5	2.1	5.5	18.5	39.5

注：2m下风处取样。

喷头型号直接地影响着飘移，喷药时必须根据天气条件科学地选择喷头型号（表4-4），细喷头的抗飘移能力最差，依次是F类标准粗防飘扇形喷头的抗飘移性能较好。

表4-4 不同大小标准压力喷头在不同风速下的飘移量（祁力钧，2004）

喷头	压力/kPa	流量/(L/min)	不同风速不同取样距离时的飘移量/%							
			2 m/s		3 m/s		4 m/s		5 m/s	
			2m	3m	2m	3m	2m	3m	2m	3m
01-F110	450	0.5	22.42	11.37	33.64	23.76	33.64	23.76	33.64	23.76
02-F110	350	0.88	10.43	4.45	18.82	12.41	24.32	16.98	26.28	19.72
03-F110	300	1.22	6.35	2.78	10.69	7.25	14.45	9.90	17.76	12.13
04-F110	250	1.52	4.11	1.44	8.18	5.21	11.48	7.75	14.08	9.75
05-F110	200	2.04	2.70	0.95	5.63	3.34	7.77	5.01	9.51	6.27

（三）雾滴大小对雾滴飘移的影响

喷雾过程中产生的液滴的大小被认为是影响喷雾飘移的最重要的因素（表4-5）。液滴的大小不仅影响喷雾飘移，且影响药液对靶标的覆盖和在其表面的沉积。小的液滴有较好的覆盖度，但易于飘移；而大的液滴正好相反。

通过对喷雾设备和操作参数的科学选择是实现喷雾效果的关键。当液滴的大小为100μm左右时要关注喷雾飘移这个问题，液滴直径小于100μm时易发生飘移，大于100μm时发生飘移的风险不高，液滴直

表4-5 不同雾滴直径与飘移量的关系（祁力钧，1999）

雾滴直径/μm	风速/(m/s)	不同喷嘴高度雾滴飘移距离/m		
		0.25 m	0.50 m	1.0 m
100	0.5	0.14	0.65	1.85
100	2.5	0.66	3.27	9.30
100	5.0	1.34	6.55	18.50
100	10.0	2.87	13.30	37.40
200	0.5	0.00	0.04	0.35
200	2.5	0.02	0.17	1.76
200	5.0	0.05	0.36	3.54
200	10.0	0.10	0.82	7.35
300	0.5	0.00	0.01	0.08
300	2.5	0.01	0.05	0.41
300	5.0	0.02	0.10	0.84
300	10.0	0.04	0.21	1.86
500	0.5	0.00	0.00	0.02
500	5.0	0.01	0.04	0.19
500	10.0	0.02	0.08	0.40

径小于50μm很容易发生飘移和蒸发。

喷头质量和喷雾中的雾滴谱是影响喷雾效果的一项关键指标。在喷雾药液雾化过程中，形成液滴的直径范围（即雾滴谱）较大，过小雾滴易于飘移、过大雾滴易于流失，喷雾效果相对较差。田间喷雾过程中必须选用专业的喷头。

（四）喷雾高度对雾滴飘移的影响

喷杆的高度直接地影响着雾滴的飘移（图4-3），且随着喷雾高度的增加，飘失重心高度、飘失量和飘失指数也在增加，但是在不同的喷雾压力下，不同型号喷头变化趋势不尽相同。

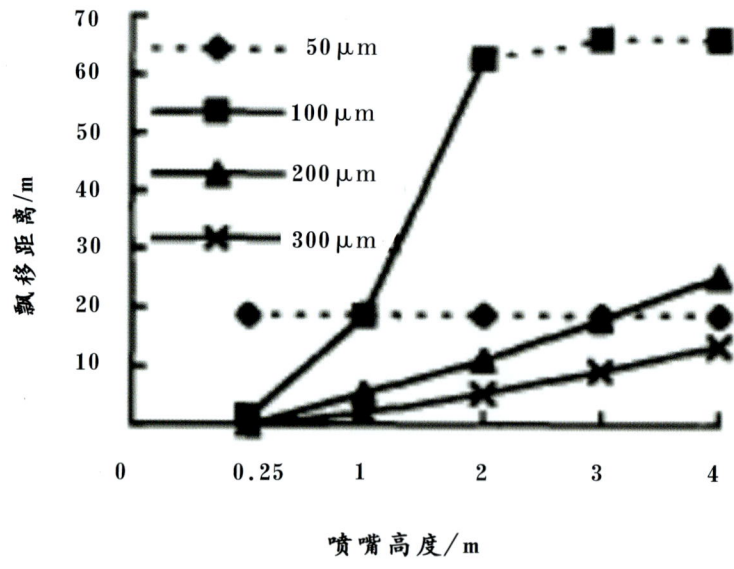

图4-3 喷嘴高度与雾滴飘移距离的关系（祁力钧，1999）

（五）雾滴初速度对雾滴飘移的影响

雾滴的初速度取决于喷雾系统参数的设置和喷雾条件，雾滴的初速度（0~50m/s）和风速（0.5~10m/s）对不同大小水基雾滴飘移距离的影响很大（表4-6），表中数据说明增加雾滴的初速度会减小直径在80μm以上的雾滴的飘移距离。在风速为5m/s时，当一个200μm的雾滴的向下的初速度从0m/s增加到50m/s时，它的飘移距离从3.67m减小到0.06m。当风速分别为0m/s、5m/s和10m/s时，一个初速度为0m/s、初始高度为0.5m、直径为100μm的雾滴的水平飘移距离分别为0.03m、0.64m和1.72m，但当其他条件不变，把初速度提高到20m/s时，该雾滴在10m/s风速下的飘移也只有0.03m。当风速在5~10m/s的范围内，没有一个50μm或更小的雾滴以初速度0~50m/s在完全挥发以前到达地面的某一点。

表4-6 雾滴的初速度对雾滴飘移距离的影响（祁力钧，1999）

雾滴直径/μm	风速/(m/s)	不同雾滴初速度的雾滴飘移距离/m 雾滴初速度/m/s					
		0m/s	10m/s	20m/s	30m/s	40m/s	50m/s
50	0.5	3.05*	3.05*	3.05*	3.05*	3.05*	3.05*
50	10.0	36.00*	36.00*	36.00*	36.00*	36.00*	36.00*
70	0.5	3.49	2.29	1.92	1.70	1.54	1.41
70	5.0	32.60*	24.10	19.70	17.30	15.60	14.20
70	10.0	62.80*	51.10	40.30	35.10	31.40	28.5
80	0.5	1.73	1.38	1.19	1.06	0.95	0.78
80	5.0	17.40	13.90	11.90	10.60	9.50	8.58
80	10.0	35.10	28.30	24.20	21.30	19.50	17.20
100	0.5	1.07	0.80	0.65	0.55	0.46	0.39
100	2.5	5.34	3.98	3.27	2.73	2.29	1.19
100	5.0	10.70	8.03	6.55	5.44	4.56	3.80
100	10.0	21.60	16.50	13.30	11.00	9.20	7.64
200	0.5	0.34	0.13	0.04	0.01	0.01	0.01
200	2.5	1.79	0.63	0.17	0.07	0.05	0.03
200	5.0	3.67	1.33	0.36	0.15	0.09	0.06
200	10.0	7.55	3.11	0.82	0.31	0.18	0.12
300	0.5	0.20	0.03	0.01	0.01	0.01	0.00
300	2.5	1.08	0.16	0.05	0.03	0.02	0.01
300	5.0	2.32	0.32	0.10	0.05	0.03	0.02
300	10.0	4.98	0.81	0.21	0.11	0.07	0.05
500	0.5	0.09	0.01	0.00	0.00	0.00	0.00
500	2.5	0.58	0.05	0.02	0.01	0.01	0.01
500	5.0	1.36	0.10	0.04	0.02	0.02	0.01
500	10.0	3.20	0.25	0.08	0.05	0.03	0.02
1 000	0.5	0.03	0.00	0.00	0.00	0.00	0.00
1 000	2.5	0.24	0.02	0.01	0.00	0.00	0.00
1 000	5.0	0.64	0.03	0.01	0.01	0.01	0.01
1 000	10.0	1.72	0.08	0.03	0.02	0.01	0.01

注：*到达地面前已完全挥发。

（六）风速对雾滴飘移的影响

风速和风向对农药田间喷雾飘移有重要的影响，直接地影响着飘移量和喷雾效果（图4-4）。风速越大，能够飘离靶标的喷雾液滴越大，飘移的距离越远。

风速影响着农药雾滴的运动扩散，过大的风速会造成雾滴飘移，不仅浪费农药，还造成环境污染，当风速大于4m/s时，要严格禁止喷雾作业；一定的风速更有利于提高雾滴的沉积效率，在轻风条件（1～2m/s）更有利于提高雾滴穿透的沉积效率；不能在无风时喷雾，避免造成逆温现象，不利于雾滴在生物靶标上沉积。因此，建议在轻风条件下喷雾作业，1～4m/s的风速有利于雾滴在生物靶标上的沉积；另外，需要根据风速状况来进行田间喷雾作业的决策。

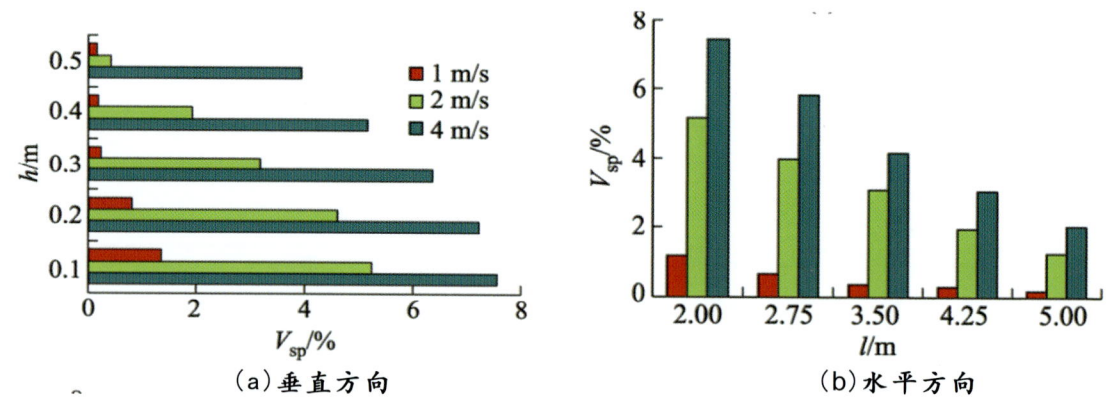

图4-4 风速对雾滴飘移的影响（周瑞琼等，2019）

（七）环境温度和相对湿度对雾滴飘移的影响

环境温度直接地影响着雾滴的蒸发，对小雾滴的飘移影响程度要大于大雾滴（表4-7）。如一个70μm的雾滴在2.5m/s的风速和50%的相对湿度下，在10℃、20℃和30℃3种不同温度下到达终点时的直径分别为59.24μm、2.7μm和0μm；而一个200μm的雾滴在相同的飞行条件下，到达终点时的直径分别为200μm、199μm和199μm。在相同温度范围内5m/s的风速下，100μm和200μm直径的雾滴在飞行过程中体积的变化分别是20.9%和1.5%，这除了温度的影响外，与不同大小的雾滴在空中飞行的时间长短很有关系，小雾滴飞行距离远，在空中的时间长，相对蒸发量(与本身的体积有关)则大于大雾滴。

环境湿度对小雾滴飘移的影响程度要大于大雾滴。直径25～300μm的雾滴在不同环境温度（10～30℃）、不同相对湿度（20%～100%）和在5m/s风速下的飘移距离（表4-8）。在低环境温度和高的相对湿度下，一个50μm的雾滴能够到达喷嘴以下0.5m地面的某一点而未完全挥发，在水平方向可以飘移40.3m。相对湿度对150μm以上的雾滴的飘移距离不会产生大的影响，这主要是因为这些雾滴的飞行时间很短，不论湿度大小雾滴的挥发量都不会很大。例如，在5m/s风速下，一个200μm的雾滴在整个环境温度和相对湿度的变化范围内飘移距离的变化仅仅是0.36～0.37m。

（八）喷雾方向对雾滴飘移的影响

改变喷雾方向角会影响飘失。虽然改变喷雾方向角能在一定程度上影响飘失，但是与风速对飘失的影响对比并不显著，而且自然界中的风速不稳定，喷雾作业时的风速波动可达1～2mm/s，所以想通过改变喷雾方向角减少飘失比较困难。不过改变雾流方向角可以改变雾滴初速度运动方向，可以改变雾滴沉积到靶标上的角度，改变药液沉积状态。

喷雾时，顺着风向会减少飘移，而逆着风向喷雾会加大雾滴的飘移。

（九）喷雾前进速度对雾滴飘移的影响

雾滴在空中的运行时间受多种因素的影响，其中包括雾滴的初速度、喷雾雾形、雾滴直径和喷雾机前进速度等。当速度提高时，空气阻力使雾形发生变形，引起雾滴到达目标物的时间迅速减少。大孔径喷嘴和低漂移喷嘴的雾滴运行时间受机器前进速度的影响相对不明显。因此，在喷雾机作业时，为了保证喷雾作业效果，有必要慎重选择喷嘴类型和机器作业速度。

表4-7 环境温度对不同初始直径雾滴飞行终点直径和飘移距离的影响
（喷嘴高度0.5m、雾滴向下的初速度 20m/s、相对湿度50%）（祁力钧，1999）

雾滴直径/μm	风速/(m/s)	不同温度时雾滴飞行终点直径Dt(μm)和飘移距离Dd(m)					
		10℃		20℃		30℃	
		Dt	Dd	Dt	Dd	Dt	Dd
50	0.5	0.0*	3.53	0.00	3.00	0.0*	2.97
50	2.5	0.0*	16.20	0.0	10.00	0.0*	7.17
50	5.0	0.0*	32.30	0.0	18.70	0.0*	12.60
50	10.0	0.0*	63.60	0.0	35.90	0.0*	23.10
70	0.5	59.4	1.58	43.6	1.92	0.0*	3.81
70	2.5	59.2	7.97	42.7	9.80	0.0*	11.80
70	5.0	59.0	16.00	41.9	19.70	0.0*	21.40
70	10.0	58.8	32.30	40.4	40.30	0.0*	40.40
100	0.5	96.7	0.65*	93.7	3.27	88.7	3.55
100	2.5	96.7	3.21	93.7	6.55	88.7	7.13
100	5.0	96.7	5.94	93.7	13.30	88.7	14.5
100	10.0	96.6	13.10	93.5	0.18	88.7	0.18
150	0.5	149	0.18	148	0.87	147	0.91
150	2.5	149	0.83	148	1.75	147	1.84
150	5.0	149	1.70	148	3.74	147	3.91
150	10.0	149	3.65	148	0.04	147	0.04
200	0.5	200	0.04	199	0.04	199	0.00
200	2.5	200	0.17	199	0.17	199	0.17
200	5.0	200	0.36	199	0.36	199	0.36
200	10.0	200	0.82	199	0.82	199	0.82
300	0.5	300	0.01	300	0.01	299	0.01
300	5.0	300	0.10	300	0.10	299	0.10
300	10.0	300	0.21	300	0.21	299	0.21

注：*到达地面前已完全挥发。

表4-8 相对湿度和环境温度对飘移距离影响（喷嘴高度0.5m、
雾滴向下的初速度20m/s、相对湿度50%）（祁力钧，1998）

雾滴直径 /μm	环境温度 /℃	不同相对湿度时雾滴飘移距离/m				
		20%	40%	60%	80%	100%
25	10	6.55*	7.50	11.10	21.40	125.00
25	20	4.52*	5.07	7.02	12.90	124.00
25	30	3.64*	4.07	5.46	10.10	132.00
50	10	24.50*	27.70	28.80	40.30	28.80
50	20	15.00	16.70	22.10	36.50	28.40
50	30	10.10	11.40	14.60	23.50	30.30
70	10	17.20	16.60	15.60	14.70	13.90
70	20	26.40	22.30	18.00	15.70	13.80
70	30	17.80	19.50	24.70	20.60	14.50
100	10	6.35	6.50	6.42	6.35	6.27
100	20	6.64	6.59	6.48	6.36	6.21
100	30	7.24	7.15	6.99	6.79	6.48
150	10	1.78	1.78	1.77	1.77	1.75
150	20	1.81	1.81	1.80	1.79	1.78
150	30	1.83	1.83	1.81	1.81	1.80
200	10	0.37	0.37	0.37	0.37	0.37
200	30	0.36	0.36	0.36	0.36	0.36
300	10	0.10	0.10	0.10	0.10	0.10
300	30	0.10	0.10	0.10	0.10	0.10

注：*到达地面前已完全挥发。

（十）喷雾助剂对雾滴飘移的影响

助剂是影响喷头雾化性能的主要因素之一，当添加一定浓度助剂之后，喷雾角与扇面宽度均会减小。添加不同助剂条件下，喷头雾滴大小及液膜长度发生变化，雾滴飘移指数越大，越不容易蒸发。

在实际施药过程中，选择适宜的农药助剂可以增加喷雾质量；但是，农药助剂不是随意用的，在使用防飘移助剂和表面活性剂时，要把握合适的量，过多容易造成浪费，过少不能达到最理想的效果。表面活性剂会使雾滴的雾化效果更好，增加雾滴在作物冠层的穿透性，但也会增加雾滴的飘移；在喷雾时，雾滴往往会发生蒸发现象，蒸发就会使雾滴粒径减小，延长雾滴在气流中的悬浮时间，增加雾滴的飘移距离。部分油性助剂主要作用就是减缓汽化、抑制蒸发，从增加药液的黏度和具有抗蒸发作用这两方面有效地控制小雾滴的产生，起到防飘移的作用，但是防飘移助剂增加了药液的黏度，使雾滴不易雾化，有时会堵塞喷头。

三、农药雾滴沉降飘移的控制方法

喷雾雾滴飘移的控制，辅助式喷雾、低量低压喷雾、变量喷雾、静电喷雾、抗飘移喷头和农药配方的使用等几个方面对飘移控制都有一定的效果。

(一) 辅助式防飘移喷雾

辅助式喷雾技术是指利用辅助式的气流装置，包括截流式风扇、高压离心风机、轴流式风机、风幕式喷雾机、风帘型风送式喷雾机等，在进行喷雾时利用风机产生的气流将雾滴输送至靶标；携带有细小雾滴的气流驱动果树叶片翻动，使叶片的正、反面都能着药，大大提高了药液在靶标上的覆盖密度和均匀度，显著降低施药雾滴的飘移，提高其利用率。

1. 风送式防飘移喷雾

风送式喷雾技术主要指应用于果园农药喷洒的风助式喷雾器，由一个截流式风扇与不同型号和数量的喷嘴组成。喷嘴喷出的雾滴处在风扇形成的空气流之中，在高压和风的剪切作用下，雾滴由空气流输送到树冠的各个部位，作用于靶标病害上，以此来减少药物的飘失和对环境的污染。相对于常规喷雾对植株上层病害的控制，风助式喷雾能够提供中层至下层及良好的叶下覆盖，促进药液雾滴在叶片中的深层穿透，使粒径较小的雾滴更容易沉积在靶标上，减少雾滴飘失。风助式喷雾技术较常规喷杆喷雾可以将雾滴飘移降低至50%~90%。

2. 风送液力式防飘移喷雾

风送液力式喷雾技术主要是利用高压离心风机产生的气流将农药雾化，药液经雾化后，雾滴变得更加均匀，其直径一般为50~150μm；在辅助气流的作用下，目标作物的叶片更易发生翻动，此时雾滴的穿透能力得到显著加强，可以深入作物内部，弥漫至整个叶片空间，并能较长久地悬浮在空气中。通过触杀和熏蒸作用消灭病虫害，此项技术可以有效减少雾滴飘移，增加药液的附着率，减少农药使用量，降低生产成本，提高防治效果。

3. 风幕式防飘移喷雾

风幕式喷雾技术是一种在喷雾机上增加风机和风幕等装置产生定向辅助气流的喷雾方式。喷雾时，风机在喷头上方沿着目标方向强制送风，气流沿着喷杆两侧形成气幕，此时在气流的作用下雾滴可以到达作物冠层，且能增加叶正面和叶背面覆盖和穿透，在有风（小于4级风）的天气下也可以进行田间喷雾工作，大大减少雾滴飘移，可节省施药量20%~60%。其主要用于大田作业，此项技术能够产生小雾滴，提高雾滴在靶标上的沉积率，而且能减少雾滴飘失。

(二) 低量低压防飘移喷雾

1. 低量喷雾技术

低量喷雾技术是指通过提高喷雾药液的浓度、减少稀释倍数及保证单位面积施药液量不变的情况下，减少农药喷量的一种施药方式。其主要是利用小雾滴（粒径在100μm以下）较好的穿透性，使雾滴到达植物各个部位，包括叶子背面的均匀分布，进而减少雾滴飘移，提高农药利用率。

朱金文等（2014）进行了毒死蜱农药的施用量和雾滴大小在水稻植株上沉积的试验研究，试验结果表明：水稻茎叶的载药量是一定的，过多的喷施药液并不能增加茎叶农药的沉积量，而采用高浓度、小雾滴与低容量喷雾防治水稻害虫，可大幅提高毒死蜱等农药对害虫的防治效果，降低农药飘移，减轻对环境的污染。

2. 低压防飘移喷雾

喷雾压力影响着雾滴分布。在高压下小雾滴数量增加，可以提高农药在叶面上的覆盖，而大压力下雾滴的飘移现象会显著增加，极易导致环境污染；因此，应在有效覆盖情况下，尽可能使用低压喷雾。工作压力的降低，会引起流量减少，要保证原有的施药量，可采用大容量喷嘴，增大雾滴尺寸，降低飘移量。

（三）降低喷杆高度防飘移喷雾

调低喷杆距离地面的高度，决定了雾滴在空气中沉降的距离。在喷杆喷雾机允许的作业高度，并保证喷雾效果情况下，选择合适的大孔径喷头和最小间距，尽可能调低喷杆高度，保持喷杆稳定，减少雾滴脱靶飘移的距离，使小雾滴在发生飘移前就到达靶标。

（四）静电防飘移喷雾

静电喷雾技术是指利用高压静电在喷头与目标作物间构建一静电场，经过雾化后的雾滴在静电场中被不同的充电方式充上电荷，成为荷电雾滴；然后在静电场力和其他外力的联合作用下，荷电雾滴作定向运动吸附在目标作物的各个部位。静电喷雾技术提高了作物下部和叶背的附着能力，与传统的喷雾机械相比，具有雾滴粒径小、吸附率高、穿透性强的特点，能够到达作物的正、反两面，获得了雾滴飘移散失小、沉积率高、改善生态环境等优良的性能。因此，静电喷雾技术可以有效减少雾滴的飘失，提高农药对病虫害的防治效果。

（五）抗飘移喷头在雾滴飘移控制上的应用

研究表明：喷雾过程中易飘失雾滴主要集中在距离喷头300～500mm喷雾扇面中心，喷雾扇面中易飘失区域是喷雾扇面末端、喷雾扇面两翼、喷雾扇面迎流面外层。在设计喷头时，应考虑这些因素对喷头喷雾飘移的影响。而防飘喷头液膜区面积相对较小，且存在气泡结构；随着两种喷头孔径的增大，液膜与破裂区长度逐渐增长，气泡密度变大；随着压力的升高，两种喷头的液膜长度和雾滴体积中径均减小。防飘喷头设计有利于提高喷雾质量，减少雾滴飘移。

（六）改善农药配方减少喷雾飘移

在农药配方中添加高分子聚合物等化合物，可以增加液体的黏性，黏性液体能够在破裂之前维持较高的拉伸，抑制界面扰动和波动增长的形成。研究表明：表面活性溶剂能够改变液滴的动态表面张力和平均雾滴直径；乳化液相比于水能够减少平均雾滴直径，当平均雾滴直径减小时，在同样的操作条件下好的喷雾部分能够增加或者保持不变。通过不同喷头喷洒混合了表面活性剂和稀释的乳化液时，更好的喷雾会形成，空气夹带飘移也会增加；乳化液可以增加雾滴的速率，进而增加了碰撞概率，使喷雾液滴直径变小。综上所述，添加剂的加入会改变喷雾雾滴的物理特性，从而影响喷雾雾滴的飘移沉积。

第五章 增强农药雾滴沉积附着与扩散分布的技术措施

一、雾滴的弹跳、沉积附着与扩散分布

农药的叶面喷施是一个复杂的过程，其包括药液雾化、雾滴在空中的飞行、雾滴至植株靶标的沉积、雾滴与叶片的碰撞和反射、附着和滞留、扩散分布、渗透、吸收，以及雾滴有效成分在叶表皮内的易位等。而农药施用的效能是药液雾滴的沉积、碰撞与反弹、附着与滞留、铺展、吸收、易位等过程的综合体现，同时还会受到环境等因素的影响。

雾滴在固体表面的碰撞过程发生时间非常短，是典型的自由表面流动问题。液体与气体相的接触面为自由表面，它的形状随着其所处环境的变化或者液体的运动而变化。蒋勇等综合描述了喷雾碰壁后的黏附、反弹、飞溅、附壁射流等物理现象（图5-1），将碰壁状态分为黏附、反弹/黏附、飞溅/附壁射流3个相互重叠的过程。黏附，即液滴碰壁后黏附在壁面上；反弹/黏附，即有一部分液滴反弹，另外一部分液滴黏附在壁面上；飞溅/附壁射流，即有一部分液滴飞溅，另外一部分液滴在壁面上形成附壁射流。Bai等将液滴撞壁类型分为7种形式（图5-2）。

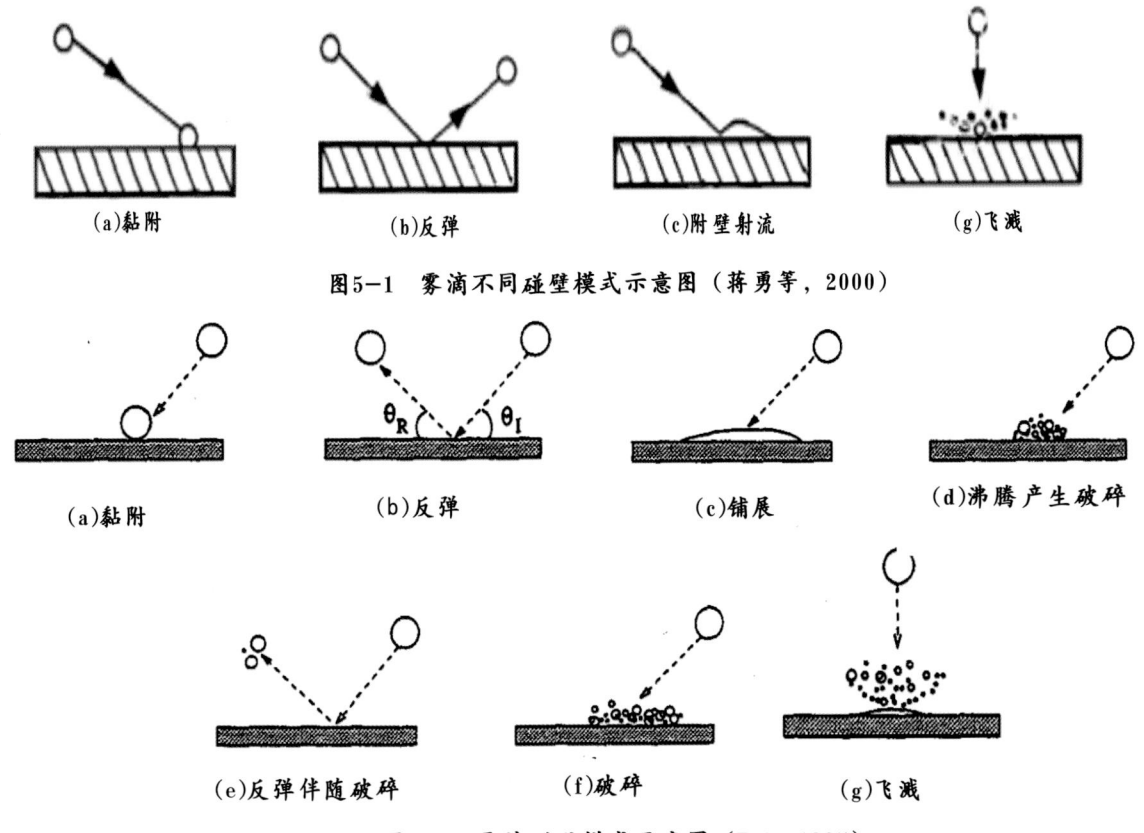

(a)黏附　(b)反弹　(c)附壁射流　(g)飞溅

图5-1　雾滴不同碰壁模式示意图（蒋勇等，2000）

(a)黏附　(b)反弹　(c)铺展　(d)沸腾产生破碎

(e)反弹伴随破碎　(f)破碎　(g)飞溅

图5-2　雾滴碰壁模式示意图（Bai，1995）

Mercer（2010）的研究发现，在水平叶片表面，雾滴碰撞叶片后有3种结果（图5-3）。黏附，雾滴在叶片上铺展，最终持留在叶片上；破碎，雾滴碰撞后破碎成小雾滴，部分离开叶片；弹跳，雾滴在叶片铺展回弹后弹跳，完全或者部分离开叶片。

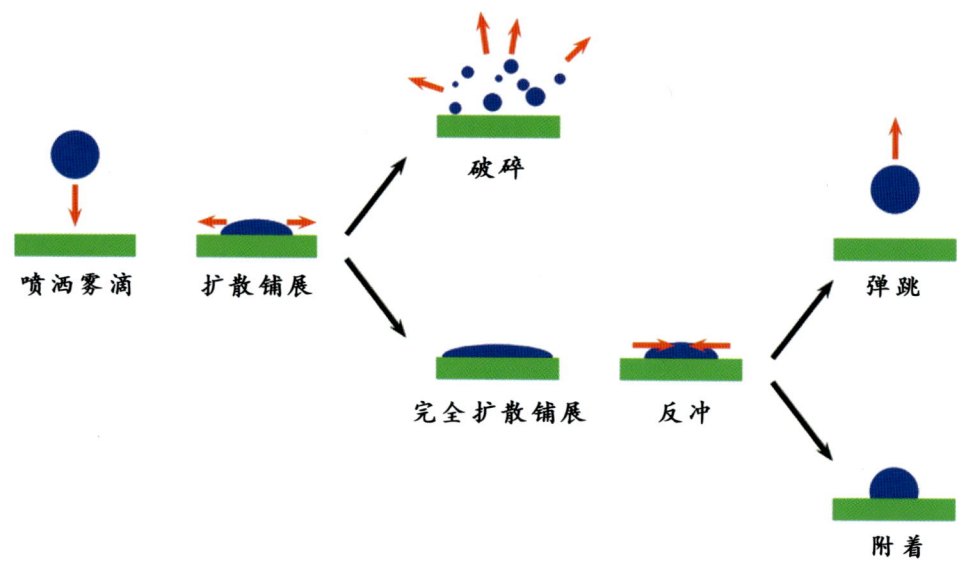

图5-3 雾滴碰撞叶片后的三种结果示意图(Mercer,2010)

雾滴在靶标的行为受很多因素影响(表5-1)。雾滴在靶标上的沉积率在很大程度上取决于农药喷雾的雾滴粒径谱和喷雾量;雾滴的滞留则取决于植物叶片表面特征、方向性和冠层结构;同时,还取决于雾滴体积、速度和动态表面张力的影响。雾滴的吸收则受叶片表面蜡质层、角质层的年龄和结构,以及物种变异的影响,通过选择合适的制剂和助剂,使得有效成分具有较好的气孔渗透率或更快更强的表皮吸收率。药液易位是指农药的有效成分从叶片上初始吸收时的位置通过植物的韧皮部或木质部,转移至植物的其他位置,此过程在很大程度上受植物的发育阶段、种类和生理状况的影响;同时,也会受到环境条件的影响。

表5-1 影响药效的雾滴行为及其影响因素和分析指标(邓巍等,2017)

影响药效的雾滴行为	影响因素	分析指标
沉积	喷雾容量 喷嘴类型 作物形态 叶片方向	雾滴速度 粒径谱
碰撞	雾滴物理特征 叶片表面特征 药液雾化特性 雾滴物理特征	雾滴速度 粒径谱 叶片方向 叶片绒毛微结构 雾滴表面张力 雾滴速度
滞留	叶片表面结构 环境条件	雾滴粒径 雾滴表面张力 静表面张力
铺展	药液雾化特性 叶面特征 叶面表皮蜡质 表皮年龄及成分	叶片绒毛微结构 表面活性剂浓度 表皮与气孔 表面张力
吸收	环境条件 植物种类	表面活性剂雾化特性 湿润性能 蒸发特性 扩散特性

1.雾滴沉积

雾滴沉积是指沉积在单位面积上的农药的物理量,其常被认为是农药利用率(单位通常为kg/hm²),这种表达并没有体现出单个植株、单个冠层中不同高度处或不同植物物种的叶片所接收到的药液量,因为总有许多药液会发生飘移、不会落在植株上。理想的沉积率不仅会受到喷施参数(如喷嘴和喷雾量)的影响,还会受到制剂、雾滴谱和溶剂的影响。利用改善施药技术以优化药液冠层分布、减少飘移、提高沉积率。雾滴尺寸和喷雾量对除草剂药效的影响研究揭示出,当雾滴尺寸减小时药效提高,但喷雾量的影响没有一致性,其主要取决于所施用的农药种类。冠层穿透率和覆盖率也同样受到了影响。较小雾滴更易于飘移,因此,选择合适施药参数对于提高靶标沉积率至关重要。

农药雾滴在作物叶片沉积持留的过程,是取代作物叶片表面的气/固界面变为液/固界面的过程,由于药液的表面张力使雾滴收缩,农药雾滴就不能很好地在作物叶片沉积分布。植物表面具有的非光滑形态与表面润湿能力的强弱有极大的关系,凸包形非光滑单元体的植物表面憎水性强。特别是对难润湿的植物叶片,就需要农药药液有较低的表面张力。

中国国家标准(GB/T17997—2008)规定:用低容量喷雾治虫时,喷洒在作物叶面上的雾粒数不小于25粒/cm²;常量喷雾防虫或治病时,喷洒在作物上的雾粒数不小于30粒/cm²;防病时喷洒在作物上的雾粒数不小于70粒/cm²。

我国普遍缺少田间喷雾技术标准,用户多是把购买的农药配制后随意在田间喷雾,把作物叶片喷到药液滴淌为止(图5-4),造成大量农药流失。实际上,当农药雾滴在作物叶片上超过"流失点"后,即发生流失,农药在叶片上的最终稳定持留量只是"流失点"的1/3至1/2,而大量的研究结果表明,农药雾滴在作物叶片上只需要一定的沉积密度即可达到理想的防治效果,并不需要采取淋洗式喷雾,把作物叶片"喷湿喷透"。

图5-4 金银花喷雾效果图

2.碰撞和弹跳反射

在雾滴碰撞过程中,叶片方向和叶片绒毛及雾滴表面张力、雾滴速度和粒径等因素相互作用,共同影响雾滴与叶面碰撞过程。当雾滴形成时,它瞬间具有了一定的表面张力,然后表面活性剂分子转移到雾滴表面并重新分布,直到表面张力下降到一个平衡值。根据雾滴形成和碰撞叶片的时间间隔大小的不同,表面张力可能达到平衡,也有可能达不到平衡。

不同的表面活性剂及其剂量提供不同的表面张力平衡值及其达到平衡的速率。雾滴的传播直接影响其碰撞,对沉降雾滴(小于100μm)来讲,其碰撞效率和雾径及风速没有多大关系,而主要取决于植物冠层特征;因此,碰撞频率主要与作物的水平伸展度有关。雾滴与叶面的碰撞,直径大于400μm的大雾滴碰撞叶片后易散射。

在增加药效的应用和研究中，已有大量的助剂被用于农药叶面喷施过程，许多的研究结果表明，添加助剂喷施农药可以以不同的方法改变雾滴的物理特性，达到了提高雾滴沉积量的目的，这些到达靶标的雾滴真正能附着在叶片表面，改变雾滴在叶片上的碰撞和反射特性。

雾滴落到植物界面的瞬间易发生弹跳，造成农药的流失（图5-5和图5-6）。研究表明，在农药喷施过程中，超过50%农用化学品易在疏水界面发生弹跳和飞溅而造成流失，对土壤及地下水造成污染。

图5-5 药液在叶面弹跳的后果（曹雄飞，2019）

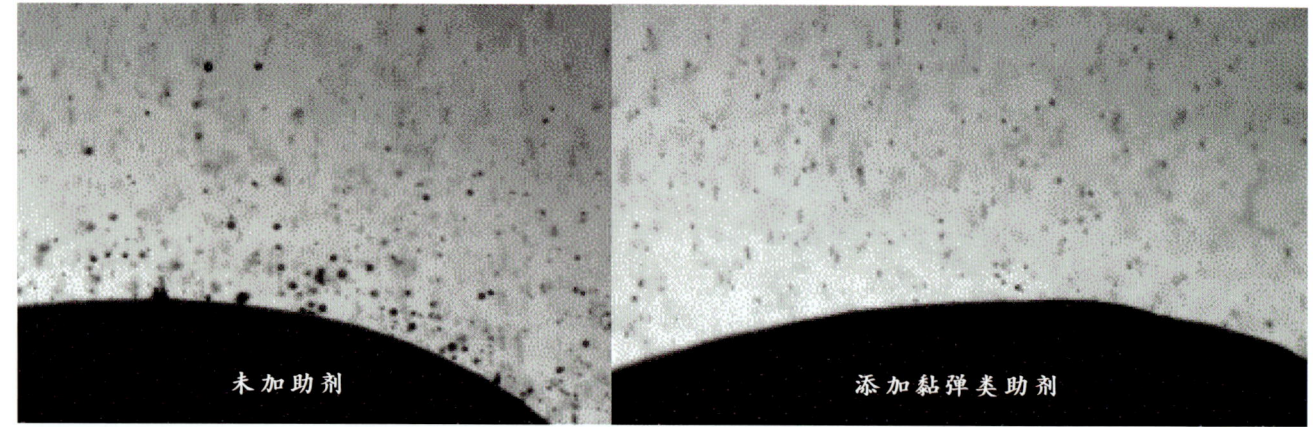

图5-6 喷雾条件下雾滴在界面上的动态黏弹差异（曹雄飞，2019）

农药雾滴中承载了农药分散颗粒（农药有效成分）及表面活性剂等组分，同时，靶标植物叶片表面具有特殊的结构，如表皮蜡质层、绒毛、条纹及微米-纳米结构等。因此，药液性能、雾滴粒径与运行速度、靶标植物冠层与叶面特性、环境因子等因素的相互影响，使得农药雾滴在靶标作物叶面撞击的界面过程及行为更为复杂，农药雾滴的蒸发、飘移，以及从植物叶面弹跳滚落是农药损失的主要途径。

植物叶面的结构，主要由表皮、叶肉和叶脉组成，表皮通常覆盖着一层薄薄的蜡质层，在防止水分过度蒸发和保护植株免受疾病、害虫和灰尘等环境威胁方面发挥着重要作用。植物叶片分为亲水性和疏水性两种：$0°<\theta<90°$的为亲水性叶面，$90°\leq\theta<180°$的为疏水性叶面。植物叶片的润湿性则由叶片表面的化学成分和结构共同决定。

具有亲水性绒毛或无定型蜡质的植物叶片，如黄瓜和棉花叶片等，润湿性较好；而大多数植物叶片表面有疏水的表皮蜡质层、表皮细胞突起或特有的微纳米结构，如小麦和水稻叶片等，较难润湿，雾滴在撞击这类靶标植物叶面后会产生不同程度的弹跳、碎裂及飞溅行为，阻碍了雾滴的沉积、铺展和吸收，从而造成农药流失，降低了农药的利用率。

结果表明：随雾滴直径和喷雾速度的增加，雾滴更易破碎；雾滴在难润湿表面（小麦叶片）上比在易润湿表面（棉花叶片）上破碎更明显；对于易润湿的表面或表面张力较低极易铺展的喷雾助剂 Silwet 408（一种有机硅表面活性剂），雾滴在撞击时大多呈附着或破碎状态，很少出现反弹；表面张力高的溶液（如纯净水）液滴在难润湿表面（如小麦叶片）上反弹最为明显。

3. 附着滞留

虽然，施药效果受雾滴形成及其各个行为过程的影响，是所有过程的综合体现，但雾滴附着滞留是至关重要的一个环节，因为只有真正留存在叶片上的雾滴药液是有用的，可以达到保护植物的目的，而反射和滚落掉的雾滴只会造成经济损失和环境污染。

喷雾液滴（雾滴）在叶片表面最初的附着是由喷雾液滴在飞行及与喷雾靶标碰撞过程中的动态分子相互作用决定的。滞留药液是被植物捕获的全部雾滴，包括最初和二次接触的所附着的药液。一滴雾滴是否可以滞留在或反射脱离叶片表面，取决于药液特性（表面张力、黏度等）、雾化特性（雾滴尺寸、速度等），以及喷施靶标的叶片表面形态和表面官能团的化学特性。研究结果表明，$100\sim400\mu m$ 的雾滴滞留与雾径和雾滴药液的表面张力有关，雾滴越细、表面张力越小，则越易滞留。

目前，普遍认为药液的动态表面张力是影响其在植物叶面滞留量的最重要因素和指标，动态表面张力要比静态表面张力对雾滴滞留的影响更大。因而通常都是通过测定和比较不同成分药液的动态表面张力，以达到可筛选能够提高药液附着的药剂和用量。尽管将动态表面张力和体积中值直径与整个植株的喷雾滞留量数据相关联。

然而，雾滴的行为是由许多因素决定的，其中包括液体雾化特性、雾滴在空中的传输飞行和飘移特征、雾滴与叶片表面的碰撞和弹跳，一部分雾滴会反射脱靶和滑落，最后只有一小部分雾滴能在叶片表面上形成滞留。通常人们简单地认为只要用表面活性剂来降低药液的表面张力，就可提高药剂对有害生物的防治效果，但因没有定量的理论指导、使用药剂时凭经验、概念模糊，因此，在有些植物上的效果并不明显。

研究证明：第一，只有当液体的表面张力小于固体表面的临界表面张力时，才能在固体表面很好地湿润展布和滞留；第二，只有当药液中表面活性剂的浓度超过临界胶束浓度（CMC）时才能使雾滴迅速被叶片滞留。在田间条件下，雾滴的附着和滞留还会受环境条件的影响，环境条件可能改变雾滴的速度、引起蒸发、改变植物表面特性（如露水或叶片的倾斜方向），例如风力会产生植株枝叶的晃动，极易引起雾滴从树叶上滑落。

4. 润湿、扩散分布

农药应用中，多数农药推荐剂量的药液不能润湿水稻、小麦和甘蓝等植物，喷洒到这些植物上的药液绝大多数以液滴的形式从植株上滚落下来，影响了农药对病虫害的防治效果。植物叶表面的润湿性主要决定于叶片化学组成、微观几何结构和叶片的水分状况等主要内在原因，如蜡质含量、蜡质晶体形态及其疏水性质，叶片表面的绒毛数量、质地、形态和分布方式，气孔和表皮细胞形态和大小等。外界环境的变化通过影响叶片表面的结构和形态影响叶面的润湿性，如植物外部的非生物因素往往影响叶表皮蜡质的合成与分泌、绒毛和气孔的发育。

蜡质的成分会因各种水和干旱胁迫、臭氧和酸雨、水冲洗、磨损、污染物等的出现发生改变。空气成分的改变及温度、光照、降水等植物赖以生存的微环境条件在很大程度上会影响气孔以及绒毛的特性。一些助剂如有机硅助剂具有卓越的展布性能，因而可能减少喷雾体积、进而减少有效成分用量，提高药剂对有害生物的防治效果，这对于节约喷雾用量及节省施药费用具有重要意义。但此方法在有些植物上的效果并不明显。

事实上，只有当液体的表面张力小于固体表面的临界表面张力时，才能在固体表面很好地湿润展布或只有当药液中表面活性剂的浓度超过临界胶束浓度（CMC）时才能使雾滴迅速被叶片持留。表面润湿是指水取代植物表面空气的过程。在固、液、气三相交界处，液界面与气液界面之间的夹角被称为接触

角 θ（图5-7）。雾滴持留在叶片表面有3种不同的动态润湿状态（图5-8）：A表现为理想状态的靶标表面润湿状态；B为润湿黏附性极强，表现出很强的亲水性；C为润湿黏附性微弱。

植物表面非光滑形态液滴在其表面润湿性的关系，建立了凸包形、表皮毛形非光滑表面结构与液体相接触时的润湿结构模型。在相同条件下，平滑表面固液的接触角是常值，在粗糙表面固液实际接触角随粗糙因子的变化而变化。同时水与植物表面的实际接触面积越大，粗糙因子越大，接触角越大，憎水性越强。最后比较得出非光滑单元体形态憎水性强弱依次是：凸包形、表皮毛形、波纹形、凹坑形。

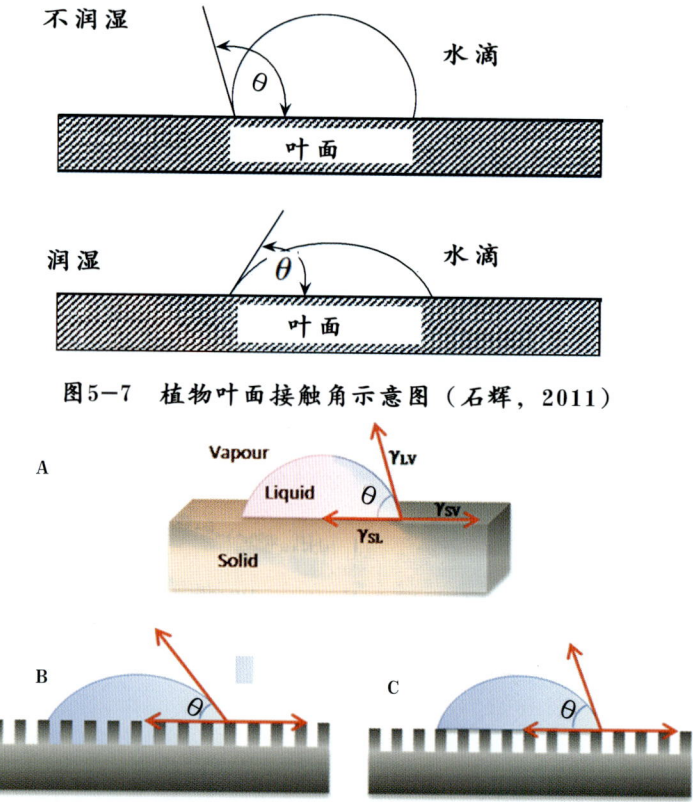

图5-7 植物叶面接触角示意图（石辉，2011）

图5-8 靶标表面的雾滴湿润状态。(A)理想表面上的Young平衡态；(B)粗糙表面上的Wenzel态，润湿黏附性极强，表现出很强的亲水性；(C)粗糙表面上的Cassie态，润湿黏附性微弱（Melanie，2013）

水滴与绒毛之间的作用方式分为3种：一是较低密度的绒毛并不太影响水滴的滞留或者润湿；二是较低密度的针状绒毛易于刺破水滴表面诱导水滴分散成膜；三是高密度绒毛容易形成绒毛冠层促使叶表水滴成珠（图5-9和图5-10）。

图5-9 水滴落在绒毛上的方式

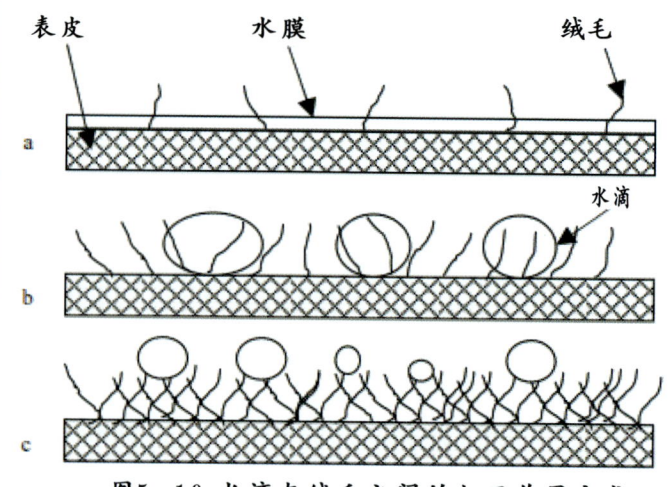

图5-10 水滴与绒毛之间的相互作用方式

药液扩散展布性对于保护性杀菌剂及大多数杀虫剂尤为重要，而展布性与药液的静表面张力有关。适当降低农药制剂中有效成分的质量分数，或在不影响农药制剂稳定性的前提下，选用能显著降低表面张力的表面活性剂，或增加表面活性剂的用量，使药剂推荐剂量药液中的表面活性剂用量达到临界胶束浓度，药液的表面张力小于植物液面的临界表面张力，有利于药液在这些植物表面的湿润展布（图5-11和图5-12）。

农药被植物组织的吸收很显然是一个关键的过程，因为即使所有的药液雾滴都落在靶标上，但也未必会全部进入植物组织内部。环境因素（如降雨会导致农药被冲刷掉）、温度和风力（会导致雾滴快速干燥）、相对湿度（会影响雾滴的干燥速度和植物的生理表现）都会影响农药被植物叶片的吸收量及吸收率。植物叶面的有效润湿性是农药吸收的先决条件。

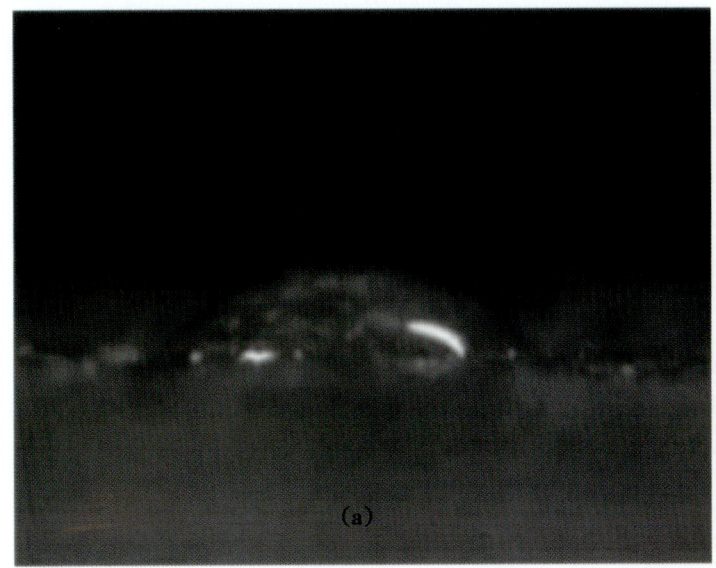

图5-11 添加（a）和未添加（b）表面活性剂（改性后籽油）的水滴（直径500μm）在蜡质状结构叶片上的状态（Xu，2010）

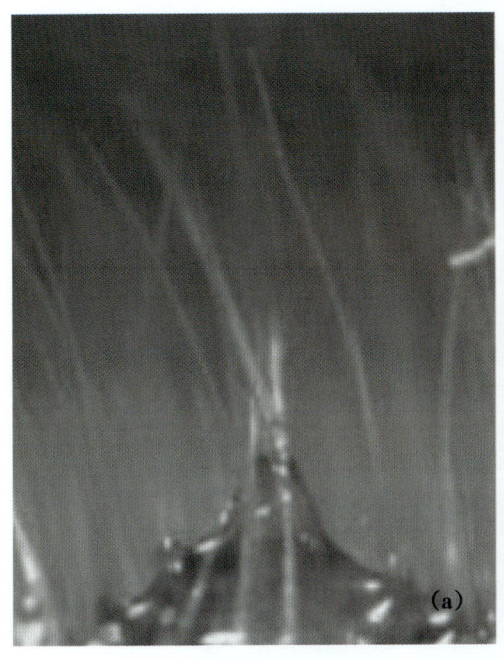

图5-12 添加（a）和未添加（b）表面活性剂（改性后籽油）的水滴（直径500μm）在绒毛状结构叶片上的状态（Xu，2010）

5. 农药雾滴蒸发

农药雾滴在叶面上的蒸发过程、蒸发时间、铺展面积以及蒸发后药剂沉积形态等是影响农药有效利用率的关键因素。当农药雾滴喷洒到作物叶子表面上以后，都有雾滴展开和蒸发的过程。农药雾滴在植物叶面上的蒸发时间长短，与植物叶面对农药雾滴的吸收效率有着紧密的联系，它直接影响着农药施用效率的高低。农药施用效率和病虫害防治效果的决定因素之一是叶面对药液吸收速度的快慢。植物表面上的微观构造不同，对农药药液的吸收速度也不同。而雾滴在植物叶子表面上蒸发时间的长短，会使叶子对药液吸收的吸收量和吸收速度产生影响。

植物对农药的吸收方式可分为内吸式和非内吸式。内吸式农药的基本工作原理是让植物把药液吸收到体内，直接控制植物体内的病害，或者是当害虫食用体内含有药液物质的植物叶子后被毒杀；内吸式农药雾滴沉降到叶面后，只要延长雾滴蒸发时间，叶子表面的毛细孔吸收农药微粒物质就会越多，农药对病虫害的防治效果就越好；这主要是由于在水剂状态下的农药微粒物质更易于被植物叶子表面的毛细孔吸收。对于非内吸式农药，不需要让植物把药液吸收到体内，而是把药液喷洒到叶面上的害虫或植物的病害发生区域，直接触杀害虫或控制病害；非内吸式农药则是雾滴蒸发时间越短，农药雾滴被风从植物叶子表面吹落的概率就越小，农药对病虫害的防治效果就越好；对于部分农药品种，延长非内吸式农药雾滴的蒸发时间，可以增强农药雾滴的有效附着，从而提高农药对病虫害的防治效果，提高农药利用率。所以，农药雾滴在植物叶子表面上的蒸发时间的长短，会对病虫害的防治效果和农药利用率高低产生影响。

蒸发时间长短，随着雾滴直径、植物叶面表面物理特性（即植物叶面的微观构造，如多毛或多蜡的叶表面）、农药添加剂（添加飘移抑制剂或表面活性剂）和工作气候环境条件（温度和湿度）的不同而改变。雾滴在毛刺叶面，铺展优于蜡质、粗糙两种结构叶面，但蒸发速度最快，为了延长蒸发时间，对毛刺叶面杂草施药应适当降低表面活性剂用量，并选用较大粒径雾滴。雾滴在蜡质叶面，铺展与蒸发过程受表面活性剂影响明显，对蜡质叶面杂草施药应在使用范围内增大表面活性剂用量，并选用较小粒径的雾滴。雾滴在粗糙叶面，粒径较小时，铺展受其表面沟壑影响较大，蒸发速度随表面活性剂用量变化不明显，粒径较大时，蒸发相对缓慢，对粗糙叶面杂草施药应选用较大粒径的雾滴。

二、农药雾滴沉积结构对药效的影响

药液经喷雾器械雾化后形成的雾滴沉积在植物表面，形成斑点状分布（图5-13）。单位面积上的雾滴数、雾滴粒径及雾滴的药剂浓度定义为农药的沉积结构。

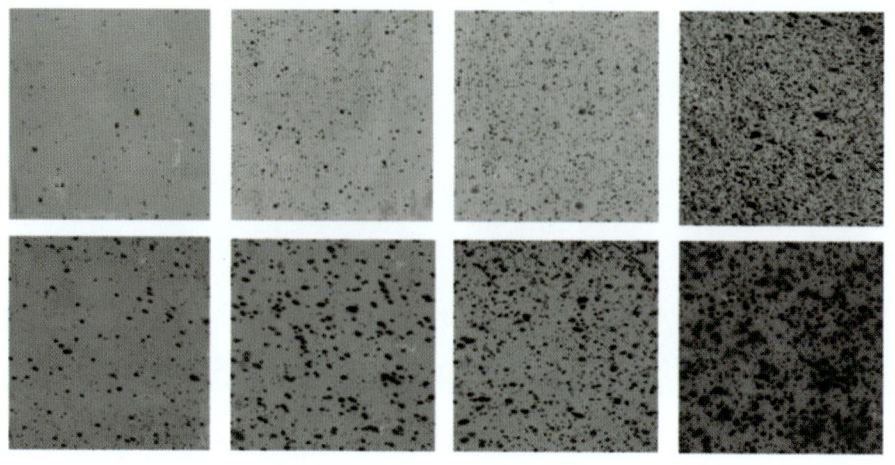

图5-13 雾滴分布效果（顾中言等，2013）

使用小孔喷嘴型号、降低雾滴粒径、增加雾滴密度的杂草死亡率明显提高（图5-14）。

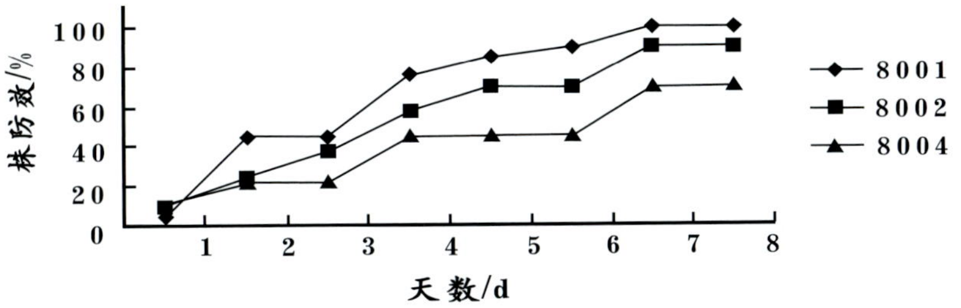

图5-14 不同喷嘴型号下株防效随时间变化情况（李祥羽，2009）

农药剂量是害虫死亡的决定因素，药剂浓度是沉积结构的元素之一，浓度梯度决定剂量向害虫转移的速度，害虫只有获得致死剂量才能确保死亡。雾滴数、雾滴粒径及雾滴的药剂浓度是3个相互关联的变量，当农药剂量一定时，任一变量的变化，都会改变其他变量。沉积结构通过影响害虫与药剂的接触概率和接触期间获得的农药剂量来影响农药的生物效果。将致死剂量均匀地覆盖在植株表面，势必要增加药液量而降低药剂浓度，害虫接触药剂的概率最高，但获取致死剂量的时间延长，咀嚼式口器的害虫将吃掉更多的植物，甚至因延长期内的药剂降解而不能获得致死剂量；减少药液量可以增加药剂浓度，但也可能减少了雾滴数，如雾滴数太少则大大降低了害虫接触药剂的概率，甚至因没有机会遭遇雾滴而不能获得致死剂量。所以要平衡雾滴数、雾滴粒径和药液浓度之间的关系，其中雾滴粒径起主导作用，大于或小于农药沉积的最佳雾滴粒径都将影响防治效果。

稻田喷洒氯虫苯甲酰胺防治水稻纵卷叶螟，结果表明：相同剂量时，随着雾滴密度的增加，防治效果显著提高，当雾滴密度达到一定程度时，再增加雾滴密度则不再显著提高杀虫效果；高雾滴密度时，低剂量与高剂量的防治效果没有显著差异；低雾滴密度时，低剂量的防治效果显著不如高剂量。说明当害虫不能充分接触药剂时，增加农药剂量可提高防治效果，但程度有限；当害虫能充分接触药剂时，过多的农药剂量则是浪费（表5-2）。可以看到雾滴粒径75μm、雾滴140.06滴/cm²、氯虫苯甲酰胺的剂量为2.53mg/m²时，农药的使用效率最好。因此，如何将足够的农药剂量均匀输送到病虫危害的部位，尤其是植株基部和叶片背面，有利于提高农药的田间利用效率，减少农药用量，是农药使用中必须着力解决的难题。

表5-2 雾滴粒径、雾滴密度、农药剂量与防效的关系（顾中言，2013）

雾滴粒径 /μm	用水量 /(kg/667m²)	雾滴密度 /(滴/cm²)	有效药剂量 /(mg/m²)	保叶效果 /%	杀虫效果 /%
75	25	111.28	4.05	82.35a	91.48ab
75	30	140.06	3.53	81.88ab	92.00a
75	30	140.06	3.03	81.33ab	83.62cde
75	25	111.28	3.53	81.14ab	90.41abc
75	30	140.06	4.05	80.97abc	87.24abcd
75	30	140.06	2.53	80.78abc	89.15abc
75	20	95.06	4.05	72.66efg	84.71bcde
75	15	66.96	3.53	72.18efg	81.84def
75	25	111.28	2.53	71.58efg	73.73ghij
200	60	82.09	3.03	74.61cdefg	80.29defg
200	40	54.68	3.53	74.53cdefg	71.80hij
200	40	54.68	4.05	74.06defg	68.06j
200	60	82.09	2.02	73.79defg	78.47efgh
200	50	65.96	3.03	77.38abcde	74.95fghij
200	60	82.09	2.53	77.09abcdef	78.11efgh
200	30	38.08	4.05	76.19abcdefg	75.48fghi

三、影响农药雾滴沉积附着与扩散分布的因素

喷雾雾滴的有效沉积率直接决定了化学农药的有效利用率。

田间喷药过程中,喷头性能、喷雾流量、气象条件、植物生长阶段、植株冠层结构、叶片表面特性对农药的分配有决定性的影响,而农药在植物叶片上的最终沉积分布是喷头的雾滴粒径、雾滴运行速度、喷雾角、操作参数、气象环境、药液的物化特性、叶片表面结构、冠层结构等多方面因子决定的。在作业过程中,必须掌握农药的分配规律,减少农药的不必要流失,明确农药在靶标上的沉积。

概括起来,药液沉积可能受到4个方面的因素影响:环境因素,包括降雨、风速和温度等;药液特性,包括表面张力、黏附张力、接触角、密度、黏度、雾滴飘移性能、抗蒸发性能等,这些理化性质对雾滴的形成、蒸发、飘移、反弹、聚并、沉积等有显著影响;靶标特性,包括作物种类、生长方式、作物叶片表面特征(冠层结构、冠层高度、叶面积指数、叶片倾角、亲水疏水性、蜡质层、叶面背刺、叶面皱缩、叶被软毛等);喷雾技术与喷雾器械,包括喷雾器械类型、喷头类型、雾滴大小、喷雾压力、喷雾高度、喷雾角度、喷头移动速度等。

四、药液特性对农药雾滴沉积附着与扩散分布的影响

喷雾药液的特性直接影响着喷雾的效果。在农药中添加表面活性剂可以明显改变喷雾雾滴直径,改变从喷雾器中喷出雾滴的大小,提高雾滴在叶面上的沉积、黏附、覆盖面积等,减少喷雾作业次数,提高喷雾效率。而且,表面活性剂有助于消除雾滴与植物叶面之间的微空气隔层,使植物叶面的亲水性增强,减少叶片的表面张力;因此,在农药药液中添加表面活性剂,将使雾滴在作物叶片表面上的扩展面积增大,叶片对雾液的吸收速度也会增快,从而缩短了农药雾滴在叶片表面的蒸发时间。农药雾滴在植物叶片表面上的蒸发时间的长短,会对农药对病虫害的防治效果和农药利用率高低产生影响。

由于植物表面疏水性的存在,液滴通常会发生反弹,要增强液滴润湿性,就必须降低液滴的表面张力,加入表面活性剂就是一种有效的方法(图5-15)。

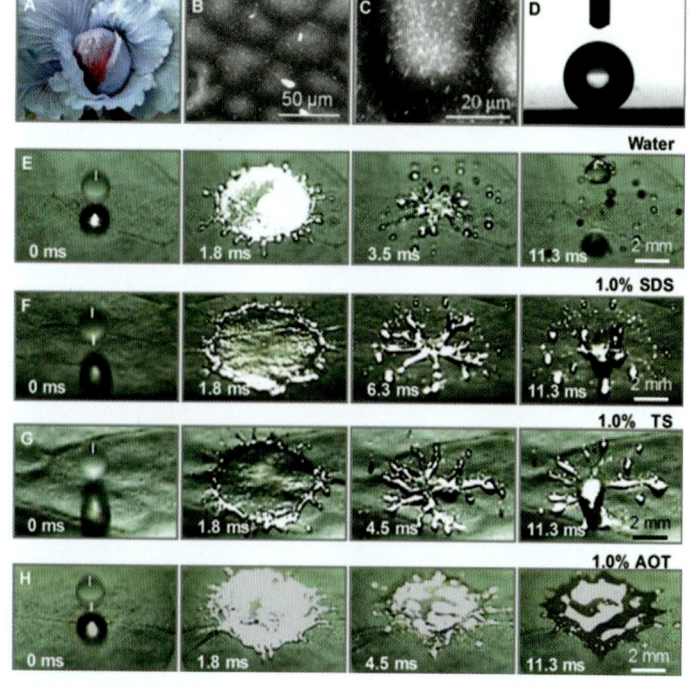

图5-15 高速撞击液滴在超疏水叶片表面的沉积。(A)甘蓝叶的光学影像;(B、C)以微结构/纳米结构形态扫描叶表面的环境扫描电子显微镜(sem)图像;(D)水分接触角揭示了叶表面的超疏水性;(E)水滴撞击超疏水叶面的过程。水的飞溅主要发生在后退期;(F、G)不均匀后退行为:sds(1.0%)和ts(1.0%)添加剂部分抑制后退飞溅;(H)表面活性剂的减退行为:1.0%的添加剂可显著降低再溅射行为(Song,2017)

在液体中添加少量表面活性剂降低表面张力，改善液滴的沉积特性。在静态情况下，液滴会慢慢地铺展沉积在固体表面上，但当液滴撞击固体表面时，表面活性剂的作用会变得复杂，如果表面活性剂在壁面上的扩散时间大于液滴与壁面的接触时间，液滴依旧会反弹。在药液中添加的表面活性剂不足时，表现为胶束表面活性剂（图5-16A、B为未加入表面活性剂），液滴撞击疏水表面，液滴会有反弹；通过加入适量的表面活性剂，实现极低的动态表面张力，可在气-液界面形成囊泡结构并致密排列（图5-16C），当液滴撞击靶标表面时，囊泡迅速破裂导致表面张力及时降低，从而增大了液滴在铺展和回缩过程中的阻力，达到了囊泡型的表面活性剂提高壁面润湿性质转变，抑制喷雾液滴的飞溅（图5-16）。

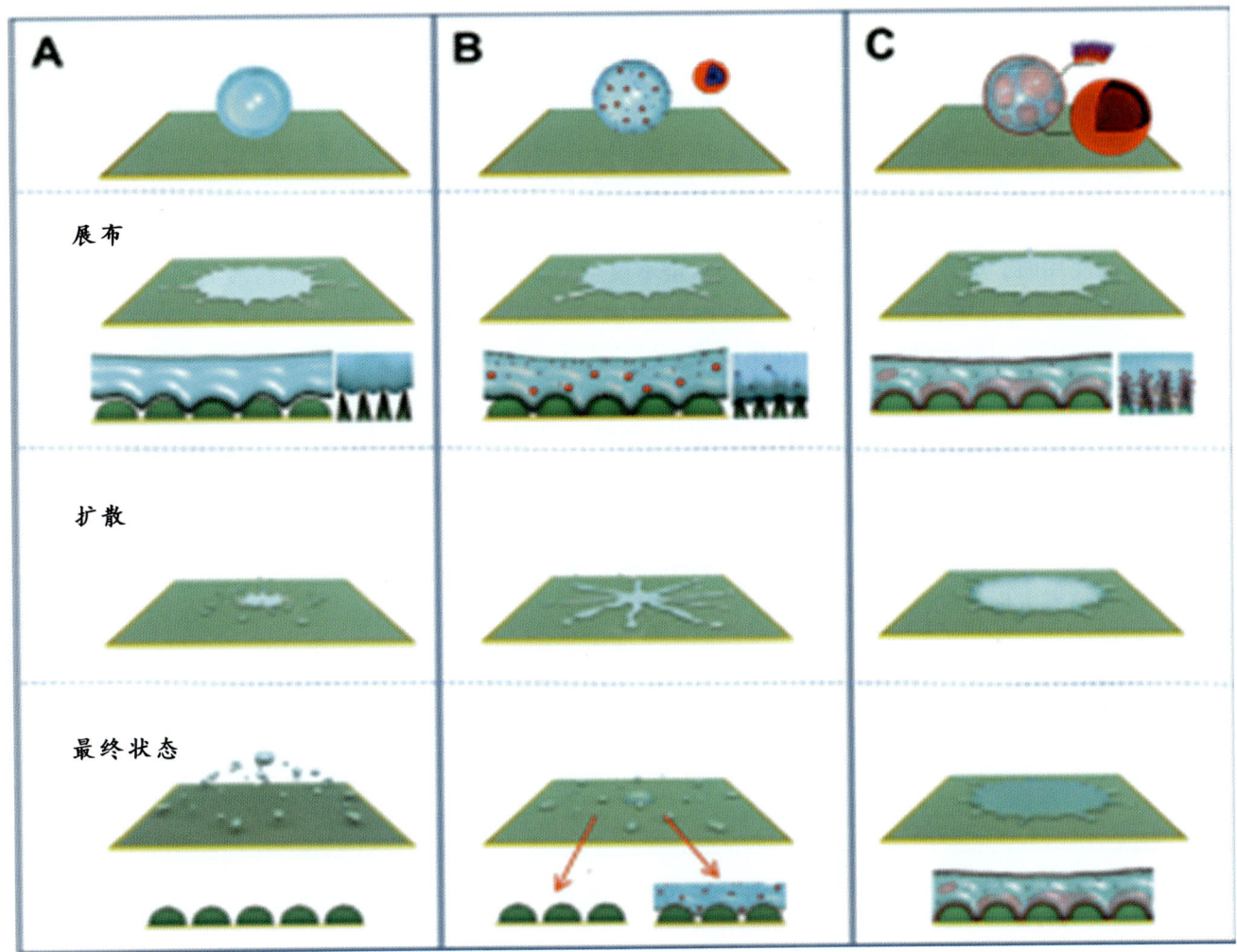

图5-16　表面活性剂对超疏水表面防溅示意图（Song，2017）

在实际生产中常见到的助剂类型有无机盐类、有机硅类、矿物油类、表面活性剂类以及植物油类。

表面活性剂有助于消除雾滴与植物叶面之间的微空气隔层，使植物叶面的亲水性增强。因此，在农药药液中添加适宜的表面活性剂，可以增大雾滴在作物叶片表面的铺展面积，从而加快植物叶面对药液的吸收速率。小雾滴较大雾滴更有利于药液在叶片表面的有效持留和铺展。但是其添加量应该控制在适宜的范围内，以免造成药液在叶片上的残留。

农药雾滴在蜡质层和绒毛状叶片上的蒸发和沉积主要受喷雾剂型、雾滴粒径和相对湿度的影响。其中，雾滴蒸发速率以及在蜡质和绒毛结构叶片上的铺展随添加的表面活性剂种类的不同而不同，加入合适浓度改性后的植物油或混合油表面活性剂均能够有效提高喷雾药液的均匀性，增大雾滴在蜡质和绒毛状结构植物叶片表面的铺展面积，减少农药用量、提高经济效益及降低环境污染。

添加表面活性剂后，不同直径雾滴的铺展面积均增大，蒸发时间均缩短。就整个叶片表面而言，添加表面活性剂使得直径为300μm的雾滴的平均铺展面积增加了203%，蒸发时间减少了44%。一般而言，雾滴铺展面积越大则蒸发时间越短，但雾滴铺展面积并不是决定蒸发时间的唯一因素。

气-液界面的接触面积、生物界面及气孔的吸收速率、叶片干燥程度、叶片疏水性以及周围环境的温湿度等都会影响雾滴的蒸发时间。因此，对于特定的靶标植物，可以根据施药特性选择合适的表面活性剂及使用浓度，以调整其铺展面积和蒸发时间，使之达到更好的防治效果。

不同表面活性剂溶液在不同类型植物上行为趋势的差异较大。对于小蓟、车前等亲水型植物来讲，液滴在叶表面的接触角较小，再添加表面活性剂便形成一层极薄的液膜黏附在叶片上，其余全部流失，当润湿程度达到某一水平时，持留量将保持不变甚至下降。

添加表面活性剂ABS的浓度为0.01%~0.03%时，药液在水稻植株上的持留量最大，而在黄瓜和棉花上随着ABS浓度的增大最大稳定持留量却显著减少；不同浓度的洗衣粉、Tween20水溶液在藜植株上的持留量总趋势为先增加后减少继而保持稳定。随着大豆叶片上表面活性剂浓度的增加，气孔逐渐打开气孔的孔径达到最大，然后气孔逐渐关闭；蜡质层的溶解程度随表面活性剂浓度的增加而逐渐增加。不同浓度表面活性剂的农药雾滴在植物表面的存在形式不同，有可能对植物造成毒害。

在农药应用时，喷雾水量必须适当，加水量不仅影响雾滴药剂浓度，也影响药液的表面张力和叶片沉积扩散（表5-3）。

不同施药浓度对药液雾滴特性与沉积规律的研究表明，随着咪鲜胺乳油浓度升高，黏度和表面张力均单调递减（表5-4），且药液浓度对两者具有显著影响。药液浓度通过影响黏度和表面张力，进而影响其雾滴粒径，随着咪鲜胺乳油浓度升高，雾滴粒径增加，与黏度变化趋势一致，黏度和表面张力都会阻碍液体的雾化效果，且黏度起主导作用。在黏度与表面张力的共同作用下，药液的雾滴粒径单调递增，表明黏度对雾滴粒径的影响占主导作用。

药液浓度主要通过影响雾滴粒径来影响雾滴沉积分布（表5-5），随着咪鲜胺乳油浓度增加，水平喷雾以及垂直喷雾方向上的飘移沉积量减少。主要因为随着药液浓度的增大，雾滴粒径逐渐增加，而大雾滴的动能较大，沉降速度快，不易受侧风的影响，所以大部分雾滴沉积在喷嘴附近位置，容易受侧风影响的小雾滴减少，飘移沉积量也会随之减少。药液浓度越高减飘效果越好，所以田间使用植保无人机进行施药作业时，使用高浓度药液有利于减少雾滴飘移。

主要农药品种的表面张力和施药方式如下（表5-6至表5-8），供喷药参考。

表5-3 不同剂型和浓度下药液表面张力（陈焕瑜等，2014）

处理	剂型	不同浓度下表面张力/(mN/m)		
		500倍液	1 000倍液	2 000倍液
氟苯甲酰胺	SC	35.14	37.54	41.24
	EC	29.33	30.68	31.96
氰氟虫腙	SC	31.87	34.02	36.60
	EC	29.05	31.00	31.94
溴虫腈	SC	46.92	53.25	58.08
	EC	31.05	32.02	34.14
丁醚脲	SC	36.89	38.34	42.38
	EC	29.13	30.31	31.52
甲维盐	SC	36.05	37.40	39.22
	EC	33.75	35.04	35.77
清水（CK）		71.54		

第五章 增强农药雾滴沉积附着与扩散分布的技术措施

表5-4 不同浓度下咪鲜胺药液的黏度与表面张力(焦雨轩等,2021)

药液浓度/(g/L)	黏度/(Mpa/s)	表面张力/(mN/s)
200	4.03	32.26
100	2.11	32.68
50	2.01	32.92
25	1.82	34.80
5	1.81	34.97
2.5	1.70	35.45

表5-5 水和不同浓度药液的雾滴粒径(焦雨轩等,2021)

药液浓度/(g/L)	$Dv_{10}/\mu m$	$Dv_{50}/\mu m$	$Dv_{90}/\mu m$	$\Phi v_{ol<150\mu m}/\%$
清水CK	85.12	165.51	245.97	45.31
2.5	100.71	181.61	259.51	32.88
5.0	108.20	182.19	240.63	32.17
25.0	107.03	184.57	290.82	30.63
50.0	113.58	191.61	294.79	27.14
100.0	118.47	194.20	330.63	25.62
200.0	157.41	211.98	373.10	7.53

表5-6 常用农药的药液表面张力的测定结果(徐广春等,2012)

农药	大容量喷雾		弥雾	
	CP/(mg/L)	ST/(mN/m)	CP/(mg/L)	ST/(mN/m)
80%多菌灵WP	1 250.0	63.18	4137.0	63.18
5%井冈霉素AS	250.0	46.84	833	46.53
50%杀螟丹SP	1 200.0	62.45	4 000.0	61.81
36%杀虫单SP	1 200.0	62.39	4 000.0	62.35

注:CP为农药浓度;ST为表面张力。

表5-7 常用农药的药液表面张力的测定结果(徐广春等,2012)

农药	大容量喷雾		弥雾		药液内表面活性剂浓度等于CMC	
	CP/(mg/L)	ST/(mN/m)	CP/(mg/L)	ST/(mN/m)	CP/(mg/L)	ST/(mN/m)
50%多菌灵WP	1 250.0	51.67	4167.0	51.67	69.8	51.67
60%多菌灵WP	1 250.0	54.20	4167.0	54.20	288.4	54.20
50%甲基硫菌灵SC	1 500.0	35.89	5 000.0	35.89	150.1	35.89
70%甲基硫菌灵WP	1 500.0	40.22	5 000.0	40.22	467.7	40.22
20%井冈霉素SP	250.0	43.10	833.0	43.10	70.8	43.10
1.8%阿维菌素ME	20.0	35.22	66.7	35.22	3.1	35.22
2%阿维菌素EW	20.0	36.23	66.7	36.23	0.6	36.23
3%阿维菌素EW	20.0	35.98	66.7	35.98	1.5	35.98
5%阿维菌素SL	20.0	33.44	66.7	33.44	7.6	33.44
5%阿维菌素SL	20.0	38.09	66.7	38.09	9.1	38.09
1%甲维盐ME	20.0	38.09	66.7	38.09	9.1	38.09
5%甲维盐WDG	20.0	42.10	66.7	42.10	7.9	42.10
200g/L吡虫啉SL	40.0	39.29	133.3	39.29	31.6	39.29
70%吡虫啉WDG	40.0	55.28	133.3	43.25	1 389.5	32.31
70%吡虫啉WDG	40.0	48.63	133.3	44.38	524.6	39.82
25%吡蚜酮SC	100.0	55.64	333.3	48.12	1 766.3	36.92
5%甲维盐WDG	20.0	37.63	66.7	35.57	138.0	32.92

注:CP为农药浓度;ST为表面张力。

表5-8　常用农药的药液表面张力的测定结果（徐广春等，2012）

农药	大容量喷雾		弥雾		药液内表面活性剂浓度等于CMC	
	CP /(mg/L)	ST /(mN/m)	CP /(mg/L)	ST /(mN/m)	CP /(mg/L)	ST /(mN/m)
50%吡蚜酮WDG	100.0	41.27	333.3	37.44	418.6	35.42
10%吡虫啉WP	40.0	40.54	133.3	37.30	57.7	37.30
20%杀虫单SP	1 200.0	35.64	4 000.0	33.67	1 930.7	33.67
20%三环唑WP	400.0	33.57	1 333.0	33.57	421.7	33.57
20%吡虫啉WP	40.0	42.79	133.3	39.09	93.3	39.09
25%多菌灵WP	1 250.0	30.86	4 167.0	30.86	245.5	30.86
480g/L毒死蜱EC	1 000.0	28.90	3 333.3	28.90	230.1	28.90
48%毒死蜱EC	1 000.0	28.13	3 333.3	28.13	508.0	28.13
25%毒死蜱EW	1 000.0	29.84	3 333.3	29.84	121.7	29.84
30%毒死蜱ME	1 000.0	30.00	3 333.3	30.00	49.0	30.00
1.8%阿维菌素EC	20.0	32.83	66.7	32.83	4.3	32.83
1.8%阿维菌素EC	20.0	27.67	66.7	27.67	2.0	27.67
1.8%阿维菌素EC	20.0	29.20	66.7	29.20	10.1	29.20
3%阿维菌素EC	20.0	27.71	66.7	27.71	4.5	27.71
4%阿维菌素EC	20.0	31.33	66.7	31.33	9.3	31.33
5%阿维菌素EC	20.0	27.33	66.7	27.33	7.0	27.33
2%阿维菌素CS	20.0	28.29	66.7	28.29	5.3	28.29
4%甲维盐EC	20.0	28.39	66.7	28.39	6.3	28.39
1%甲维盐ME	20.0	28.68	66.7	28.68	3.8	28.68
2.5%甲维盐ME	20.0	28.33	66.7	28.33	2.3	28.33
20%三唑磷EC	600.0	28.31	2 000.0	28.31	453.2	28.31
40%三唑磷EC	600.0	30.78	2 000.0	30.78	133.4	30.78
25%吡蚜酮WP	100.0	29.68	333.3	29.68	52.8	29.68
20%吡虫啉SL	40.0	29.22	133.3	29.22	31.3	29.22
30%吡虫啉ME	40.0	40.15	133.3	33.18	250.4	30.62
60%吡虫啉SC	40.0	48.24	133.3	43.44	1 004.0	30.73
70%吡虫啉WDG	40.0	49.48	133.3	40.24	464.1	28.75
25%吡蚜酮WP	100.0	49.26	333.3	41.67	1 995.3	29.15
25%噻嗪酮WP	200.0	35.78	667.0	29.04	2 818.4	24.33
20%氯虫苯甲酰胺SC	40.0	36.24	133.3	29.44	185.9	27.91
2.5%吡虫啉EC	40.0	31.22	133.3	28.35	58.4	28.35
4%阿维菌素ME	20.0	29.98	66.7	29.13	45.7	29.13

注：CP为农药浓度；ST为表面张力。

　　通过添加助剂调控药液的物理性质和雾滴粒径分布是减少飘移的常用手段之一。对于同种类型的喷嘴，添加不同类型助剂减少飘移的效果不同。通过向油相助剂中添加改性二氧化硅，增大了喷雾液滴的粒径，同时改善了雾滴粒径分布。不同类型助剂在搭配不同类型喷头时减少飘移的效果也有差异，利用乳油状的防飘助剂与高飘移喷头组合，成功降低了施药过程中约50%的脱靶药量损失。不同类型农药助剂减少飘移的原理都是通过改变药液物理性质以调控雾滴粒径，从而实现减少飘移的目的。随溶液黏度增大，雾滴的初始粒径平均值增大，雾滴稳定不易破碎，雾滴的平均粒径和平均速率相应增大。雾化过程的结果决定了后续雾滴空间运行的轨迹和飘移率，随药液黏度增大，雾滴在空间运行过程中停留时间缩短，飘移率降低。

　　飘移率随表面张力增大而减小，在粒径相等的情况下，表面张力对雾滴运行速率基本无影响，即药液表面张力直接影响雾滴粒径，对雾滴速率无直接影响。

药液表面张力主要是作用于喷头出口处的雾化过程。表面张力减小会导致界面稳定性降低，更容易破碎形成细小的雾滴；而表面张力越大，出口处300μm以上大粒径雾滴所占的比例越高，雾滴的平均粒径和平均运行速率相应增大。

通过添加表面活性剂降低药液表面张力，增大润湿铺展性能，从而抑制弹跳；通过添加聚合物或胶体，增大流体黏度，降低反弹的概率。由于雾滴的弹跳是瞬间完成的，时间只有几毫秒。加入的表面活性剂分子必须能够迅速地从雾滴体相转移到因碰撞发生形变而新形成的界面上以降低界面张力。同时，增大流体黏度，可以提高雾滴的稳定性，降低弹跳的发生。因此，可以从这两方面对雾滴的弹跳行为进行调控，从而提高农药的有效利用率。

药液的理化性质主要包括药液的表面张力、雾滴在靶标作物叶片上的接触角、黏附张力与黏附功能、雾滴粒径分布、抗蒸发性、雾滴在靶标作物叶片上的润湿铺展性能等。表面张力过高，会降低药液在植物叶片上的润湿能力，容易造成液滴弹跳，导致药液大量流失；表面张力过低，雾滴在靶标作物叶片上的接触角就会变小，从而导致药液聚集流失。所以可以用黏附张力和黏附功来判断药液是否可以润湿作物叶片。雾滴谱（RS）减小，则减少了雾滴的飘移。研究结果表明农药沉积利用率受黏附张力影响最大，其次依次受接触角、表面张力、黏附功能、Dv_{50}及蒸发抑制作用的影响，润湿铺展性基本无影响。

表面活性剂在不同程度上促进了叶面气孔的开放（图5-17）。图中直观地反映了气孔周围的蜡质层受到影响的情况。左图为对照，蜡质层基本上是完好无损并且较为平整；其他图片显示用不同的表面活性剂溶液处理后，蜡质层被"溶解"了，蜡质层受到了不同程度的破坏，大豆叶片出现了较多的枯斑。表面活性剂与植物叶面的相互作用具有一定的相似性；即对气孔的关闭可能起着调节的作用，而对叶面蜡质层具有不可逆的破坏性作用。高的表面活性剂浓度可能导致细胞膜破坏，水分可能会很快地从保卫细胞和溶解的蜡质通道蒸发掉。

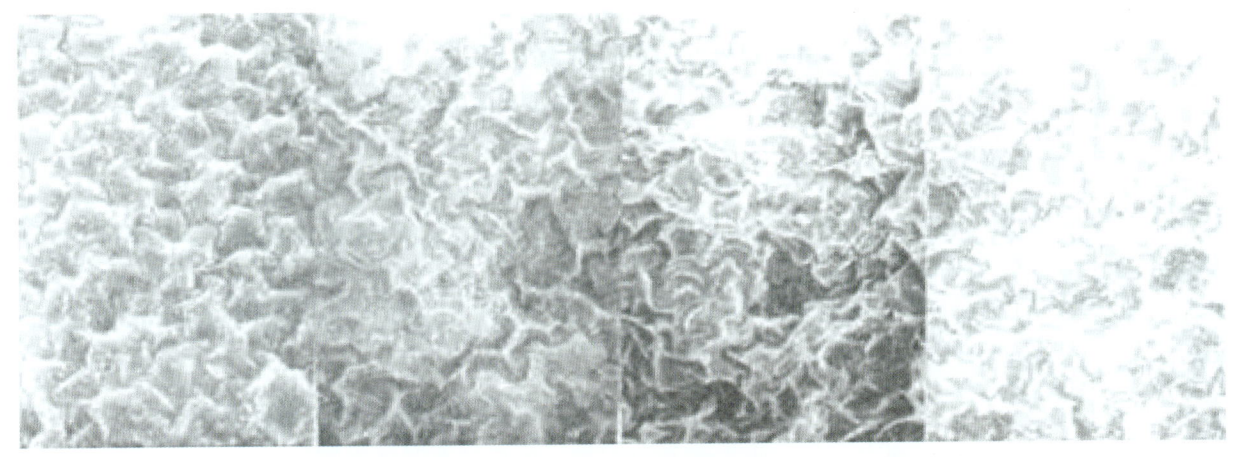

图5-17 不同表面活性剂对大豆叶片气孔和蜡质层的影响（叶小利，2000）

五、靶标特性对农药雾滴沉积附着与扩散分布的影响

靶标的特性直接影响着喷雾的效果。在作物或病虫草等靶标的表面特征不同，在农药中添加表面活性剂可以明显改变喷雾雾滴直径，改变从喷雾器中喷出雾滴的大小，从而提高雾滴在靶标上的沉积、黏附、覆盖面积等，减少喷雾作业次数，提高喷雾效率。而且，表面活性剂有助于消除雾滴与靶标面之间的微空气隔层，使靶标表面的亲合性增强；因此，在农药药液中添加了表面活性剂，将使雾滴在靶标表面上的扩展面积增大，对雾液的吸收速度也会增快，从而缩短了农药雾滴在靶标表面的蒸发时间。农药

雾滴在靶标表面上的蒸发时间的长短，会对农药对病虫草害的防治效果和农药利用率高低产生影响。

雾滴在不同植物表面的形态是不一样的（图5-18）。棉花的叶片（图5-18A）完全被雨水湿润，雨水在叶片表面完全展布形成水膜，能在叶缘或叶尖处见到往下流淌的水滴，类似的植物有黄瓜、桃树、柿子树、小蓟等；石榴叶片上（图5-18B），雨水在叶片表面形成了大小不等的弧形或半圆形的水滴并停留在叶片上，也能见到超出叶片承载能力的雨水从叶缘或叶尖处向下流淌，类似的植物有扁豆、大巢菜、黄杨、菊花、李、辣椒、马齿苋等；而红花酢浆草的叶片上（图5-18C），雨水在平坦处形成球形水珠，当水珠大到超出叶片承载能力时便从叶片上滚落，叶片仍是干的，类似的植物有水稻、小麦、甘蓝、花生、南苜蓿、狗牙根、狗尾草、马唐等。有些植物在不同生育期或在同一生育期的新叶与老叶上的雨滴形态是不一样的，如在月季、草莓的新叶上可形成弧形或半圆形的水滴，在老叶上则能完全展布；在大豆的新叶上可形成几乎是球形的水珠，在老叶上则完全展布；在丝瓜的新叶上雨水可以完全展布，而在老叶上则形成弧形或半圆形的水滴。

图5-18　雨水在3种不同植物叶片表面的形态特征（顾中言，2009）

植物叶面的微观结构与农药雾滴在其表面的润湿铺展速率密切相关，从而影响雾滴的蒸发行为以及植物对农药有效成分的吸收效率。

表皮的化学组成、蜡质含量、蜡质晶体形态及其疏水性质直接地影响着叶片的表面张力，含有乙醇和酸类物质的叶片亲水性强，雾滴易于展开；而含有蜡质层的叶片亲水性差，甚至具有防水性，雾滴铺展速率慢。

叶片表面的绒毛数量、质地、形态和分布方式，植物叶面上微小细毛的长度和密度会影响雾滴的铺展速率；当微小细毛非常短而密时，可以形成小的屏障，使雾滴与叶面脱离接触，从而降低雾滴的铺展速率。

另外，当植物叶面上存在大量的腺孔时，由于其表面粗糙度增加，会导致雾滴在植物叶面的铺展速率加快。

靶标表面的亲、疏水程度通常用雾滴与靶标表面的接触角来表示：当接触角<90°时，叶面表现为亲水，当接触角>90°时则表现为疏水。而靶标表面的亲、疏水程度取决于靶标表面结构、表面能量（按润湿性质分为高能或低能固体）以及表面粗糙度和清洁度等。

外界环境的变化通过影响叶片表面的结构和形态影响叶面的润湿性，如植物外部的非生物因素往往影响叶表皮蜡质的合成与分泌、绒毛和气孔的发育。蜡质的成分会因各种水与干旱胁迫、臭氧与酸雨、水冲洗、磨损、污染物等的出现发生改变。空气成分的改变及温度、光照、降水等植物赖以生存的微环境条件在很大程度上会影响气孔以及绒毛的特性。

（一）植物的表面结构

植物叶片表面结构复杂，通常由外蜡质层、内蜡质层（光滑的蜡质化合物与果胶复合物）及细胞壁组成的纤维素层组成（图5-19），其界面结构不仅有输运营养物质及防御病原体攻击的作用，对液滴在靶标作物表面碰撞与润湿黏附行为也具有重要影响。外蜡质层作为靶标表面最外层结构，决定了叶片表

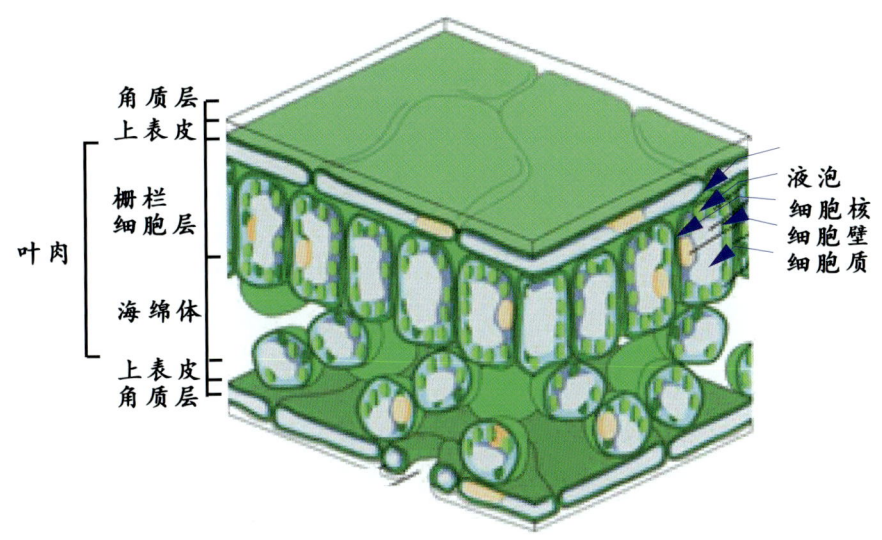

图5-19 植物叶片表皮结构（曹雄飞，2019）

面亲疏水性，使作物能够克服周围环境产生的物理和生理的问题。

植物分为亲水型和疏水型两大类，如雨水不能润湿结球甘蓝叶片，大多数雨滴从叶片上滚落；水滴在水稻叶片上呈现近圆形的水珠；棉花、黄瓜叶片容易被雨水润湿。植物的亲水、疏水特性主要取决于叶片蜡质含量的多少、表面能的大小等。

（二）植物的表面蜡质层

所有的植物茎叶、果实表面都有一层保护自己的蜡质层。想要让我们使用的药剂被植物吸收，就要药剂能够透过蜡质层进入到细胞内部，需要药剂能够有足够的展着性、渗透性、传导性，首先要有效的沉积在作物表面上，然后才能进入叶片或者茎秆内。

1.蜡质组成成分

植物蜡质是覆盖在植物表皮细胞外的一层由亲脂性化合物构成的疏水层，其主要组分是脂肪族化合物、环状化合物和甾醇类化合物等，其表面是由很多复杂的空间微结构组成的。不同植物表面蜡质的组成成分存在很大的差异，同一个种的不同生长阶段也有变化。植物表面的蜡质成分包括烷烃、醛、酯、酮、伯醇、仲醇、固醇、脂肪醇、脂肪酸和游离脂肪酸以及低含量的三萜、甾酮和类黄酮等混合而成的。叶表面的润湿性主要取决于蜡质的有无、角质层与蜡质层的厚度以及角质与蜡质的比例。总体而言，亲水性靶标叶片中伯醇含量所占比例较高，且碳链长度集中于$C_{26} \sim C_{28}$；对于疏水性靶标叶片，则烷烃及其衍生物含量所占比例较高，且碳链长度集中于$C_{32} \sim C_{34}$。

蜡质中长链碳氢化合物含量较多的疏水性较强，反之，醇和酸含量较多的亲水性较强。

小麦叶片表面具有较强的疏水性，主要组分均为长链烷烃，其他组分包括7-十四碳烯、8-十五烷酮、十四烷酸乙酯和十六烷酸乙酯等。

水稻叶片表面化学成分，发现其外蜡质层主要由34.3%的脂肪酸（碳链长度集中于$C_{30} \sim C_{34}$）、31.2%脂肪醛（碳链长度集中于$C_{30} \sim C_{34}$）、23.9%伯醇（碳链长度集中于C_{30}）以及6.9%的长链烷烃等组成，显示出极强的疏水性。

高粱叶片表面的蜡质中96%的是游离脂肪酸，其中二十八酸和三十酸分别占游离脂肪酸含量的77%和20%。

芝麻叶片外蜡质层主要由C_{27}、C_{29}、C_{31}、C_{33}、C_{35}等同系物烷烃类和C_{30}、C_{32}、C_{34}等同系物醛类有机物组成，在干旱条件下，其蜡质含量增加，而碳链分布不变。

桃树叶片表面容易被水润湿，主要由于其表层蜡质中含有约71%的脂肪醇，其中主要为二十六醇和二十八醇。

2. 蜡质形态

不同植物表面的蜡质形态不同，从而导致了疏水、防黏程度的差异。不同植物叶片表面的蜡质含量不同，其蜡的形态也不同。

在显微镜下豌豆叶就是带状蜡，芦苇茎为管状蜡，南瓜叶表面具有密生粒状表皮蜡，向日葵叶、翠菊叶密生刺状表皮毛，且密被蜡质；野莲叶表面细胞呈乳突状，且表面密被表皮蜡；茄子表面有紫色的丛状毛刺；水稻叶面有球状颗粒凸起物。进一步研究结果表明这些颗粒物为叶表面蜡质与氧化硅的混合物，具有极强的拒水能力，其叶片临界表面张力较小，导致农药液滴难以很好地润湿展布。

（三）植物表面的毛、刺等附着物

除极少数植物叶片表面比较平整外，绝大部分的叶片表面均有各种形状的毛、刺、凸起物或其他附着物等。这些叶表面附着物对于农药雾滴的沉积和黏附行为有重要的影响，是制定农药使用技术的重要依据。

叶面绒毛是植物体表的一种结构，是植物对环境条件适应的一种表现，具有重要的生理生态意义。叶面绒毛的形态和密度受生境影响较大，干旱环境中植物叶面绒毛较湿润环境多，环境污染胁迫也能导致叶面绒毛形态、数量等发生变化。具有绒毛的叶面情况复杂，绒毛的分布密度、形态、质地和类型都将直接影响叶表面的润湿性。

叶面绒毛密度与液滴之间的作用关系，可以分为3种类型：一是低密度的绒毛并不影响水滴的滞留或润湿；二是较低密度的针状绒毛，刺破水滴表面易诱导水滴分散成膜；三是高密度绒毛可能形成绒毛冠层促使叶表水滴成珠。

大豆叶面绒毛的分布密度和分布方式导致叶润湿性的差异；稀疏分布绒毛的叶面接触角小，而密被绒毛的叶面具有高的疏水性。大豆表面有刚毛状的毛刺，同时气孔、表皮毛和表皮毛分布方式因大豆品种的不同而异，叶片上下表皮之间也存在差异，这种差异性影响农药药效的发挥。有些叶表面硬的疏水性绒毛和突起会阻碍药液在叶表面的润湿，而亲水性的绒毛则有利于药液附着，并且绒毛密度比绒毛长度对农药雾滴的覆盖面积的影响更大。植物表面大量绒毛使得表面粗糙度增加，有利于雾滴的扩散。

马铃薯叶片上有两种腺毛，其作用分别是分泌挥发性的昆虫神经毒素和黏液滴。在棉花、大豆等作物的叶片上也有类似的腺毛或腺体，提高了叶片对农药的持留能力。

（四）植物叶片形态

农药雾滴行为与靶标植物叶片的形态有着密切的关系，从农药使用技术的要求出发，可以将植物叶片形态归为以下4类。

阔叶型。通常棉花、黄瓜、茄子、油菜、苹果、玉米等植物的叶片均为宽而平展，可归为此类。由于这类植物叶片较宽，采用常规方法喷洒农药时，农药雾滴在叶背部的沉积效率较低，且上下层叶片之间容易出现屏蔽效应。

窄叶型。其叶片多为线形，纵向生长为主，农业上常见的有水稻、小麦、韭菜、葱等。细雾滴在水稻与麦叶上沉积时，叶尖部的沉积密度要比叶片宽阔部分高，其原因是雾滴在沉积过程中出现偏流现象与靶面宽度呈负相关。用水敏纸测试使用喷雾法、弥雾法时药液在水稻叶上的沉积情况，也证明了水稻叶片上雾滴沉积的叶尖优势现象。

小叶型。如茶树、豌豆、大巢菜、小巢菜等。对于小叶型植物来讲，应尽量避免使用粗雾滴喷洒，以减少药液流失。

针叶型。叶片呈针形或细窄叶形，常见的为松柏科落叶松。细窄叶片对粗雾滴的捕获能力较差，根据生物最佳粒径理论，常采用小雾滴施药技术，才能获得较好的防治效果。

（五）植物茎叶的倾角

不同粒径下的沉积率和叶面倾角关系较大。当雾滴在不同倾角叶片表面沉积时，叶片倾角为0°的表面沉积率最大，此时雾滴沉积到叶片表面反弹后更易掉落在叶面范围之内，雾滴滚落的情况亦不易发生，因而0°是最不利于雾滴损失的叶面倾角，雾滴在不同结构表面都能顺利铺展。中、小粒径雾滴在各倾角叶面沉积率差异并不大，但当雾滴粒径变大，倾角大于45°时雾滴在叶面沉积率超过倾角较小时。这是由于蜡质叶面表面光滑，并且附着一层非极性有机质，当叶片具有倾角时，雾滴碰撞到蜡质叶片表面时会同时产生反弹和滚落而造成药液损失。然而，随着倾角不断增大，雾滴向下作用力却不发生改变，因而与叶面垂直方向的冲击力会逐渐减弱，当叶面倾角达到某一角度后，雾滴与叶片的碰撞便不足以使雾滴产生反弹作用，此时雾滴主要损失仅剩下滚落作用，沉积率反而较叶面倾角较小时有所增大。

（六）植物叶片的表面张力

药液才能在作物表面很好的润湿铺展；药液表面张力远低于作物表面的临界张力时，药液润湿铺展后易在叶面滑落，持留量过低。主要作物和杂草叶面表面张力（表5-9）供喷药时参考。

表5-9　主要作物和杂草叶面表面张力　　　　　单位：mN/m

植物	表面张力	植物	表面张力
小麦	32.2	大白菜	33.9
水稻	36.7	小白菜	34.8
玉米	53.1	圆白菜	29.9
花生	31.2	甘蓝	30.7
大豆	41.2	菠菜	43.9
棉花	67.6	苹果	23.7
黄瓜	61.0	梨	22.8
丝瓜	41.2	葡萄	34.4
茄子	48.6	桃	31.1
番茄	34.0	樱桃	23.5
辣椒	37.4	李子	25.1
菜豆	33.9	杏	29.1
马唐	36.6	鸭跖草	36.2
狗尾草	34.2	水花生	37.6
牛筋草	36.0	刺苋	41.2
稗草	37.1	马齿苋	41.2
日本看麦娘	36.1	圆叶牵牛	52.0
雀麦	31.9	小飞蓬	43.4

（七）主要作物叶片特性

叶片特性对药液沉积的影响显著，原因主要是叶片倾角的变化和叶片表面结构有差异。如水稻叶片表面有较厚的蜡质层，药液在叶片上容易滚落损失。

芋叶表面附着无数个微米级（微凸体6～8μm）的蜡质乳突结构（图5-20），表皮分泌蜡质结晶覆盖，药液极难润湿与沉积。

小麦叶片结构见图5-21和图5-22。普通小麦的表皮细胞排列较为整齐且光滑；气孔排列也呈直线，可以看到哑铃状的保卫细胞；有刺毛但长短不一。小麦叶片表面形貌差异，显示其近轴面叶片主要为片状和管状结构，而远轴面主要为层状结构，说明近轴面叶片粗糙度更大，疏水性较强；而随着生长期延长，小麦叶片表面蜡质层密度及厚度不断增加，精细化结构增强，疏水性增强（表5-10）。

图5-20 芋叶表面显微结构

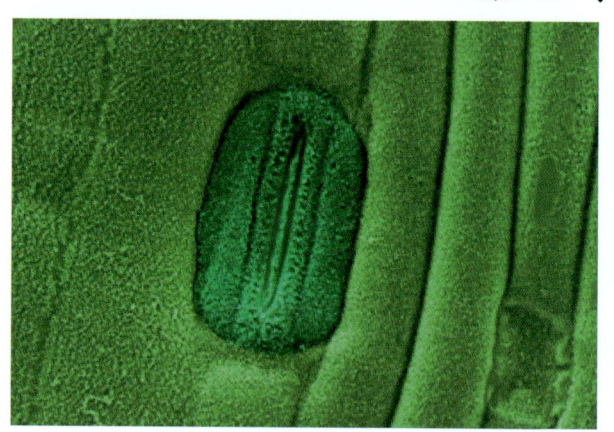

图5-21 小麦叶片表面显微结构

图5-22 小麦茎叶和穗表面的疏水性

表5-10 小麦不同器官中蜡质组分及相对含量（赵帅，2018） 单位：%

器官	蜡质部分					
	脂肪酸	醛	烷烃	初级醇	二酮	酯
旗叶	1.58	1.83	33.3	45.3	12.08	5.86
倒二叶	1.29	3.01	27.01	58.99	5.70	4.00
倒三叶	1.36	2.96	17.88	70.43	2.67	4.71
倒四叶	1.37	3.51	12.56	75.03	1.30	6.23
穗下茎	1.74	0.73	50.04	16.56	25.83	2.10
叶鞘	3.02	0.84	41.18	18.33	26.56	10.08
颖壳	1.67	0.49	22.43	11.58	58.38	5.45

水稻叶片结构见图5-23至图5-25。叶片表面蜡质晶体较多，其表面微/纳米结构的定向排列，因此表面张力较低，喷雾后雾滴不易在叶面润湿展布，从而导致喷施药液流失严重、农药有效利用率较低的现状。水稻叶面疏水性极强的一个重要原因就是其叶片表面布满了包被着蜡质的乳头状突起，同时还可能与其叶片表面的毛长度、气孔密度密切相关。水稻叶片表面不平整，有许多颗粒以及针状毛刺，认为这样的针状结构颗粒导致了稻米叶片的超疏水性（图5-26）。不同生长生理期的水稻叶片存在着客观的临界表面张力的差异。

图5-23 水稻叶片表面显微结构

图5-24 水稻叶片表面显微结构

图5-25 水稻叶片表面的疏水性

玉米叶片结构见图5-26至图5-29。玉米叶片表面层临界表面张力在53.1mN/m，属于中低界面能表面，药液相对容易润湿。但是叶面表面属于多绒毛叶表面，对雾滴的沉积附着有一定的干扰作用；玉米叶片正表面不平整，密生毛刺且呈圆锥状，毛刺柔软，均匀密布，毛刺阵列沿叶片中脉方向规则排列；玉米叶片表面呈现明显的高低起伏结构，表现为疏水表面。高倍镜下观察玉米叶片反表面具有数行整齐排列的气孔，气孔分布均匀，呈椭圆形。药液喷洒在玉米叶面时，需要降低雾滴的表面张力，这样可有效地润湿多绒毛叶面。

图5-26 玉米叶片表面显微结构

5-27 玉米叶片反面气孔

图5-28 喷药时未加入适量的喷雾助剂，玉米叶片表面喷雾雾滴的沉积情况

图5-29 喷药时加入适宜的喷雾助剂，玉米叶片表面喷雾雾滴的沉积情况

花生叶片结构见图5-30、图5-31。花生叶片表面同时具有超疏水性和高黏附特性。水滴在花生叶片表面接触角为151°±2°，显示出超疏水特性；此外，水滴可以牢固地附着在花生叶表面，将花生叶翻转90°甚至180°，水滴均不会从表面滚落（图5-30），显示了良好的黏附性（黏附力超过80μN）。研究发现，花生叶表面呈现微纳米多级结构，丘状微米结构表面具有无规则排列的纳米结构，花生叶表面特殊的微纳米多尺度结构是其表面呈现高黏附超疏水特性的关键因素。

新鲜花生叶片表面在不同放大倍数下的扫描电镜照片见图5-31。低倍数扫描电镜照片见图5-31A可以明显看到，花生叶表面由丘状微米结构组成，而且相邻微米结构之间有

图5-30 花生叶表面的水滴

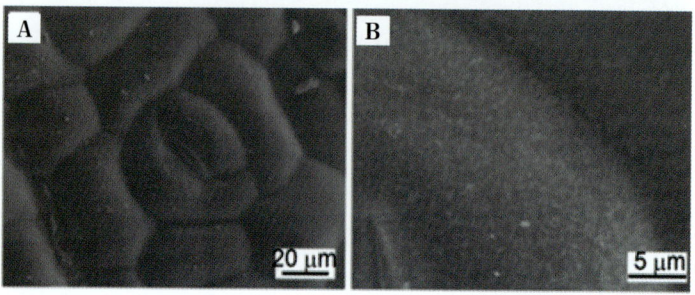
图5-31 花生叶片表面显微结构

明显的沟槽；高倍数扫描电镜照片（图5-31B）表明丘状微米结构表面具有无规则排列的纳米薄片结构，这些无规则排列的纳米薄片形成了微尺度下无序排列的空隙，花生叶片表面微纳米多尺度结构显著增加了表面粗糙度，进而呈现出表面的超疏水性能。然而，花生叶片上的水滴容易进入到比较大的微结构中，但是很难进入到更加细微的空隙中去，所以水滴在花生叶片表面处于一种过渡态，进而使得花生叶同时具有超疏水和高黏滞的特性。

大豆叶片结构见图5-32至图5-34。大豆叶片上下表皮均有气孔和表皮毛分布。表皮毛为不分枝的刚毛状毛（图5-33A），基部显著膨大，毛基及毛体表面有许多小突起（图5-33D）。大豆叶片气孔的保卫细胞呈肾形（图5-34A），气孔常分布在表皮凹陷处（图5-34B），周围有许多分枝状小突起（图5-34D）。此外，大豆叶片表皮毛在上下表皮的分布方式不同。在上表皮呈均匀散生状态（图5-34A、B），而在下表皮多沿叶脉着生（图5-34C）。不同品种或同一品种不同节位叶片的气孔和表皮毛密度会不同。棉花叶片结构见图5-35和图5-36，表皮毛为不分枝的刚毛状毛，基部显著膨大。

图5-32 大豆叶片表面

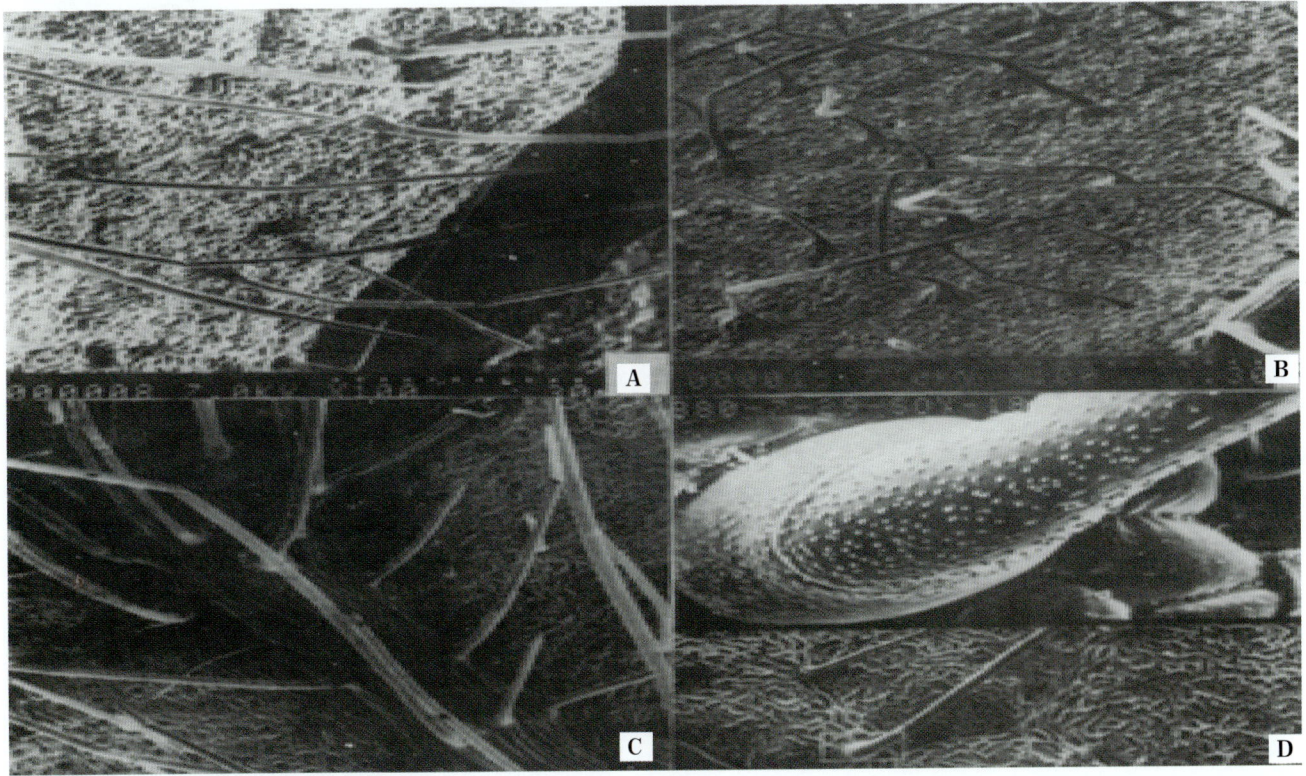

图5-33 大豆叶片表面结构。(A)气孔及周围小突起；(B)气孔分布于叶凹陷处；(C)表皮孔隙及疏松联系；(D)气孔及其周围分枝状突起（姜彦秋等，1991）

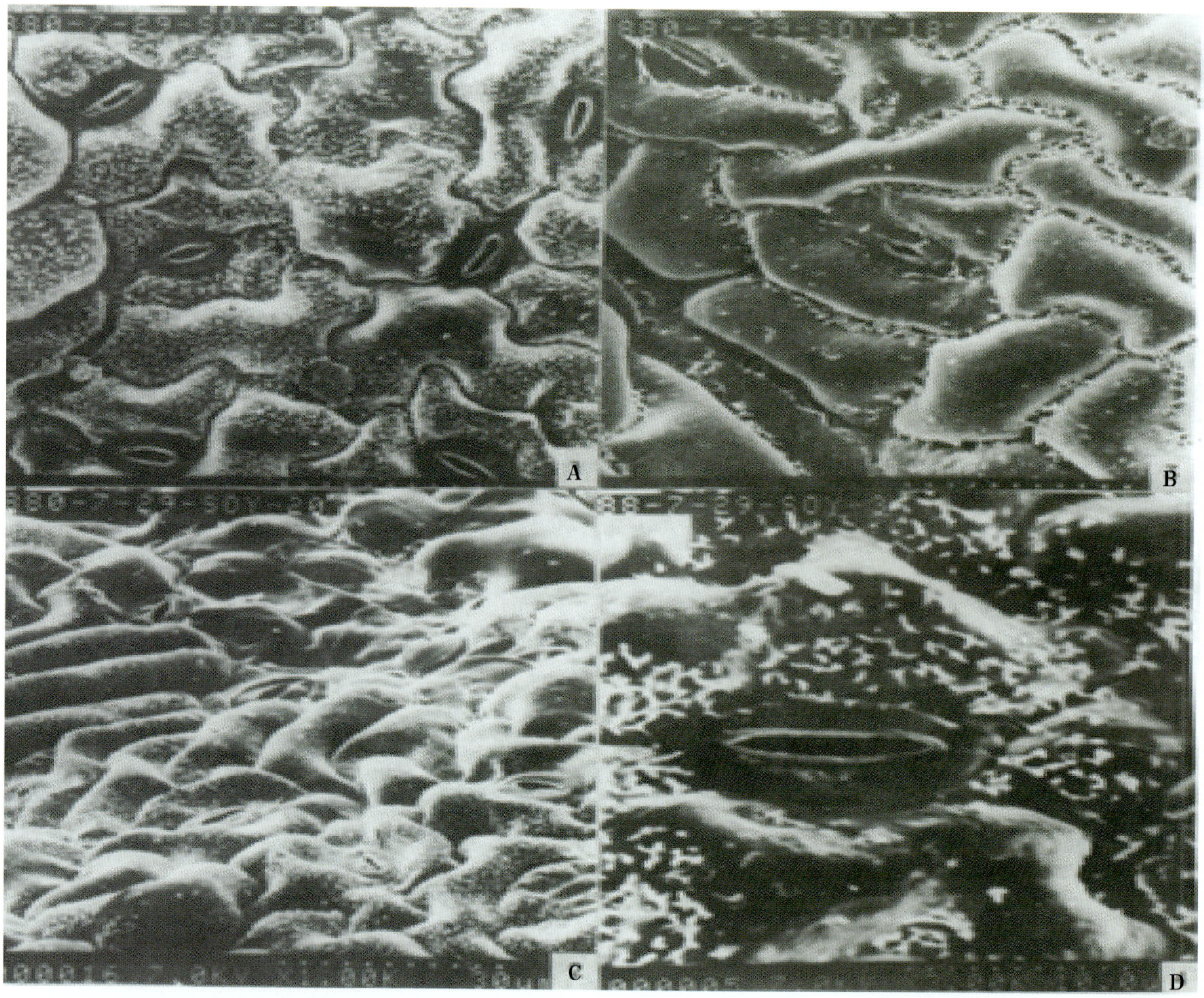

图5-34 大豆叶片表面结构。(A)和(B)显示上表皮毛均匀分布;(C)显示下表皮毛沿叶脉着生;(D)显示皮毛基部膨大及其表面小突起(姜彦秋等,1991)

图5-35 棉花叶片表面显微结构

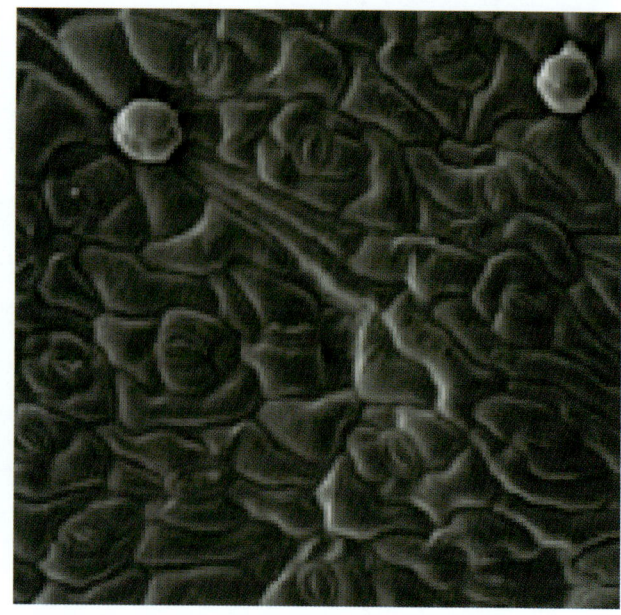

图5-36 棉花叶片表面显微结构(周召路,2018)

黄瓜叶片表面光滑，且存在具有亲水性的长绒毛；同时，其化学成分极性较强，表现为亲水性表面。黄瓜上、下表皮密生表皮毛，表皮毛附近细胞较大，3~4层内无气孔分布，叶脉上表皮细胞呈纺锤状，下表皮细胞形状类似拼图，细胞不规则且大，气孔分布较上表皮多，叶脉上有气孔分布，气孔类型为无规则型，保卫细胞肾形，气孔口长椭圆形。不同节位细胞大小及形状不同，下层部位细胞较大，呈波纹状，且下表皮细胞垂周壁皱褶较上表皮细胞垂周壁皱褶大，上部叶片细胞较小，细胞垂周壁较平直，上、下表皮细胞形状差异不大（图5-37、图5-38）。

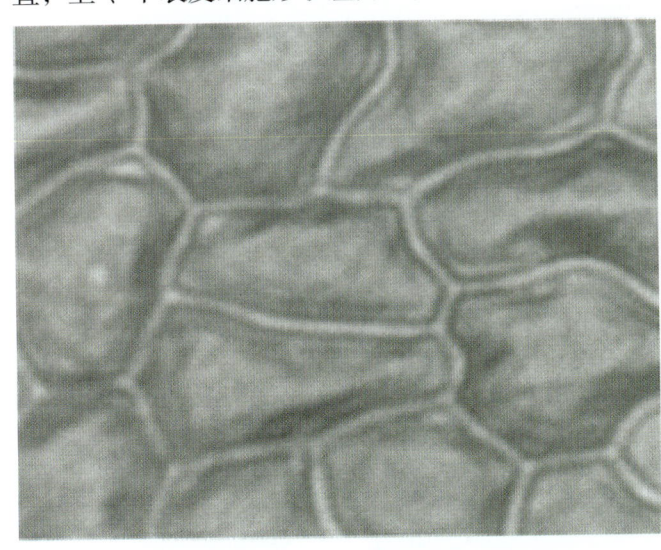
图5-37　黄瓜叶片上表皮（于龙凤，2010）

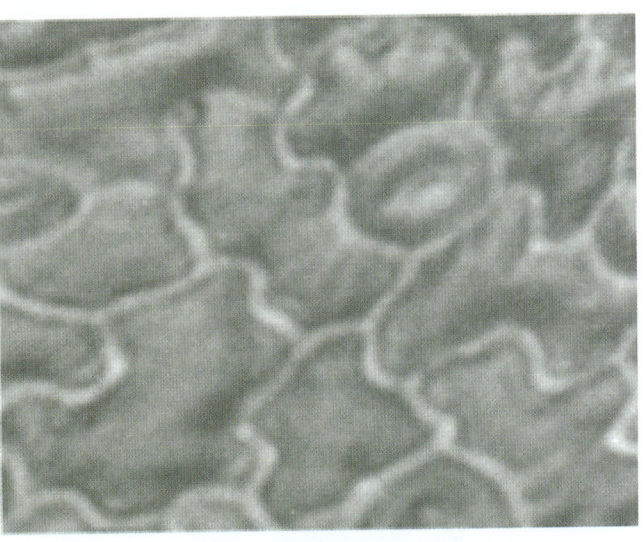
图5-38　黄瓜叶片下表皮（于龙凤，2010）

南瓜叶片表面不平整，密生毛刺，毛刺钝且质硬，部分分布在叶片主脉上，部分分布在叶片表面上；反面不平整，毛刺尖短质硬，稀疏，半球形包状突起，大小较均匀，基本呈线性分布，且沿线性方向分布密度大，垂直于线性方向分布密度较小，大约间隔一个单元体直径（图5-39）。

甘蓝叶片表面布满了蜡质，大容量喷雾时，较大表面张力的药液容易在叶片上反弹或沿着叶柄滚落下来，农药利用率低（图5-40）。

梨的叶片光滑、蜡质层厚。表皮细胞形状都比较规则，多为矩形或方形，而且表皮细胞内部可见白色的硅质体（图5-41）。每一表皮细胞外壁均角质化，但不同种间角质化程度不同，地生的丹尼斯凤梨表皮细胞角质化程度最低，气生凤梨角质化程度较高。鳞片是指生物体表表皮硬质化，呈多

图5-39　南瓜叶片下表皮

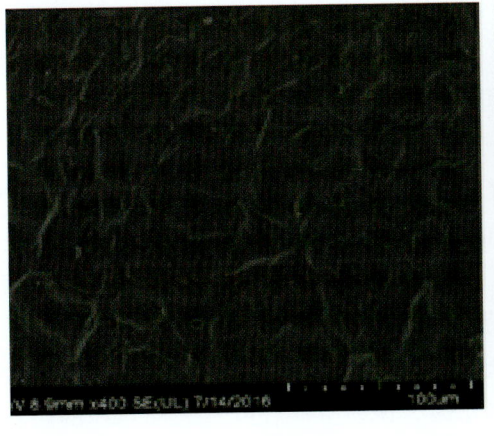

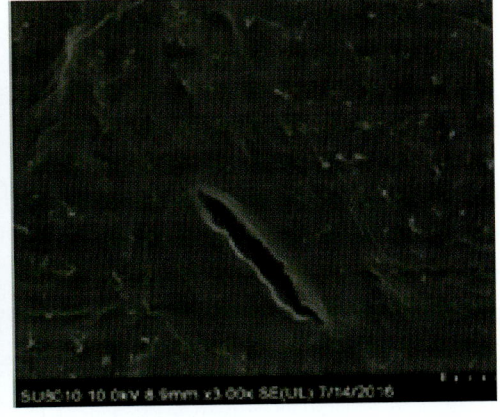

图5-40　甘蓝叶片面显微结构（周召路，2018）

边形片状结构的一种非光滑表面形态。叶表面的鳞片实际上是一类叶表面的附属物，包括各种绒毛、叶刺、表皮蜡等，而具鳞片结构的植物很少。随着生长期不断延长，亲水性增强；对于同一生长期，则远轴面叶片疏水性更强。

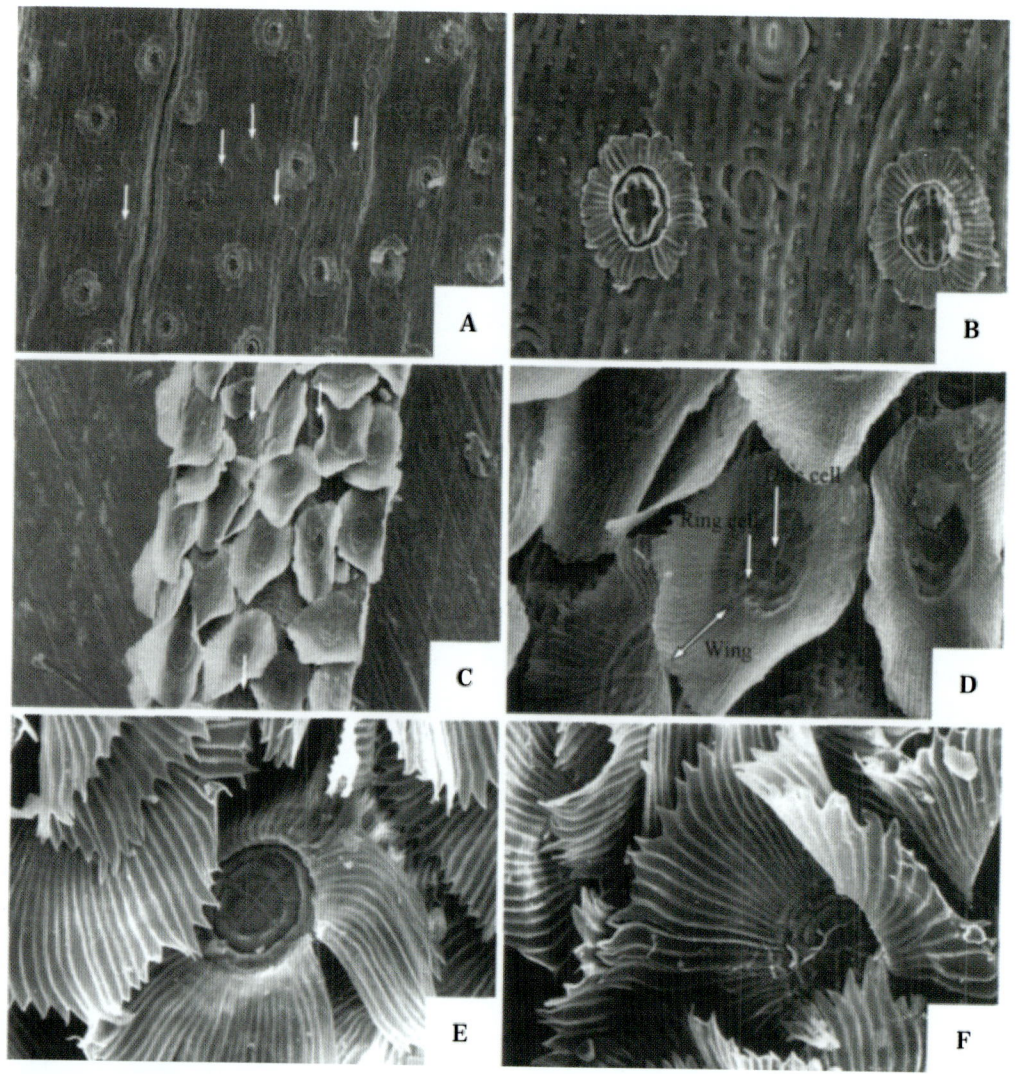

图5-41 凤梨科的叶片表面结构特征。(A)丹尼斯凤梨叶表面，箭头所指为气孔；(B)丹尼斯凤梨鳞片与气孔结构；(C)绿毛毛凤梨叶表面，箭头所指为气孔；(D)绿毛毛凤梨鳞片结构，箭头所示为3种细胞类型；(E)硬叶空气凤梨鳞片结构；(F)棉花糖凤梨鳞片结构

（八）植物叶片对药液的最大承载能力

药液喷雾是最为常用的农药使用技术，植物叶片通常是喷雾的靶标。叶片表面所能承受的药液量有一个饱和点，这与药液的特性和叶片表面被润湿难易程度有关，超过这一点，就发生药液的流失现象。控制药液流失是农药喷雾技术中亟待解决的问题。

靶标作物叶面的持液量与溶液的表面张力及靶标作物叶片的临界表面张力有密切的关系。疏水型作物水稻和甘蓝叶片的临界表面张力很低，叶面的持液量均相对偏少；亲水型作物棉花、黄瓜和豇豆叶片的临界表面张力大于绝大多数溶液的表面张力，随着溶液表面张力的减小，其叶面持液量也随之减少。因而，对不同植物喷雾处理，应该使用不同表面特性的药液。

在农药喷雾时，经常使用大水量喷雾至叶片滴水为止，其目的是要使药液完全覆盖在作物表面，确保病、虫能接触到药剂。大水量喷雾至叶片滴水时，说明雾滴在叶片表面累积的药液量已超出叶片的最大持液量（POR），即药液流失点，也称为饱和点，此后叶片上存留的药液量将流失至叶片的最大稳定持留量（R_m）（图5-42）。水稻叶片的持液量测定结果表明，从饱和点的最大持液量至最大稳定持留量，持液量减少约50%（表5-11）。在农药剂量确定的情况下，当药液用量超出流失点时，农药剂量即可随着药液一同流失，喷施的液量越多，农药的沉积量越少。

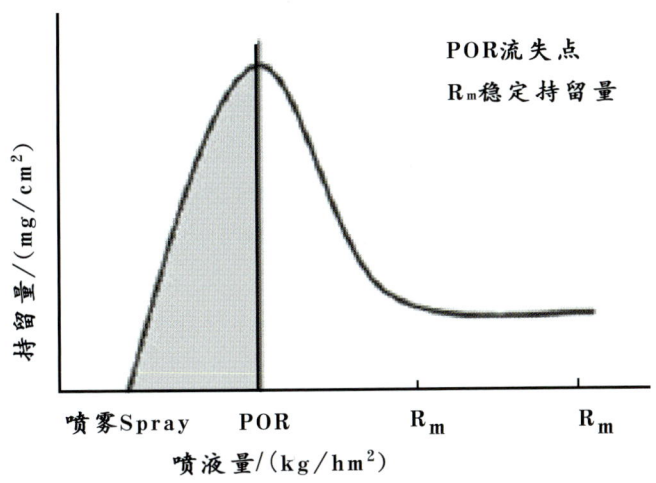

图5-42 药液在叶面的流失点和最大稳定持留量示意图（顾中言，2020）

表5-11 农药药液在60°水稻叶面的流失点和最大稳定持留量（顾中言，2020）

药剂	质量浓度/(mg/L)	药液			药液+有机硅助剂（SilWet 408）		
		表面张力/(mN/m)	流失点/(mg/cm²)	最大稳定持留量/(mg/cm²)	表面张力/(mN/m)	流失点/(mg/cm²)	最大稳定持留量/(mg/cm²)
25%吡蚜酮WP	100	55.6	5.1	2.5	22.8	9.8	4.7
70%吡虫啉WDG	40	55.3	5.3	2.6	22.4	9.9	4.6
5%井冈霉素AS	250	43.1	4.9	2.5	22.4	10.0	5.6
59%多菌灵WP	1 000	51.7	4.8	2.6	23.4	10.0	5.5
水（对照）		71.8	4.8	1.5	22.8	9.9	4.7

六、环境因素对农药雾滴沉积附着与扩散分布的影响

在田间作物喷雾防治病虫草害，降雨是影响药液沉积的重要环境因素。春夏两季温度高、降水量大，正是病虫草害频发的时间段。所以在降雨多发时期合理施药对防治农作物病虫草害至关重要。

温度对农药沉积的影响主要有两个方面。一方面，环境温度高可以增加土壤和水中农药的挥发从而降低其喷药浓度，有研究表明50%的喷施农药可以通过挥发流失掉，挥发程度取决于农药自身性质、环境影响及施药器械；另一方面，高温还可以促进微生物活动和化学反应速率，从而使农药降解速率加快，减少农药残留量。

风速是影响飘移的重要因素：一般风速越大、雾滴飘移距离越远，直径100μm以下雾滴，可大大缩短雾滴飘移距离。不论雾滴大小，总飘移量随风速加大而增加。高风速加剧了雾滴沉降时的蒸发速度，同时也可引起除草剂喷幅飘移危害邻近敏感作物。

七、喷药方式对农药雾滴沉积附着与扩散分布的影响

（一）喷头类型对药液沉积的影响

喷头的类型、质量和孔径大小极大程度影响了施药过程中的药滴密度、直径和分布等因素。液力式

扇型喷头在雾化均匀性方面优于普通喷头。

不同喷头因其孔径大小不同，药液在黄瓜叶片上的沉积率和流失率不同。喷头孔径为0.7mm，其药液在黄瓜叶上的有效沉积率为44.5%，1.6mm喷片其药液在黄瓜叶上的有效沉积率为34.1%。

喷药的雾滴密度以3WSH-1000型自走式喷杆喷雾机在小麦上部、中部、下部的沉积均最大，手动喷雾器在中部、下部雾滴穿透性较差，显著小于3WSH-1000型自走式喷杆喷雾机。沉积量也以3WSH-1000型喷雾机在小麦上部、中部、下部均最大，手动喷雾器均最小，且在小麦上部、下部的沉积量显著低于3WSH-1000型自走式喷杆喷雾机。农药沉积率也以3WSH-1000型自走式喷杆喷雾机最高，为63.6%；手动喷雾器农药沉积率最低，为40.5%。3WSH-1000型自走式喷杆喷雾机施药后1d、3d、7d对麦蚜的防效分别为62.3%、92.6%、95.5%，手动喷雾器施药后1d、3d、7d对麦蚜的防效分别为38.0%、80.1%、86.6%。

（二）雾滴大小对药液沉积的影响

雾滴大小与农药沉积量的关系最为密切，雾滴对农药的防治效果有很大的影响（图5-43）。

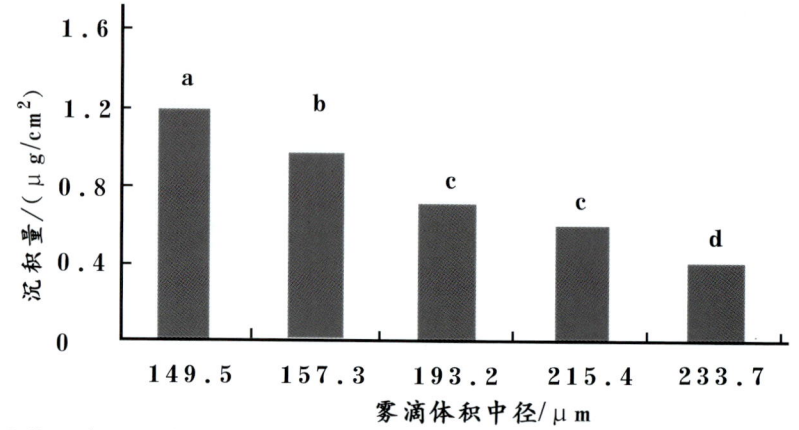

图5-43　不同雾滴体积中径条件下喷雾处理氟虫腈药液在水稻叶片上的沉积量（朱金文等，2009）
注：图中小写字母表示差异显著性。

（三）施药高度对药液沉积的影响

施药高度也是影响药液沉积的重要因素，合理的施药高度可以使药液均匀分布在作物叶片，减少农药因漂移或弹跳而造成的损失。

（四）喷雾角度对药液沉积的影响

改变雾流方向角能够增加药液在水平靶标和垂直靶标上的沉积量。综合来看，对于水平靶标，喷量10L/亩和300L/亩时的最佳雾流方向角分别为20°和30°；对于垂直靶标喷量10L/亩时的最佳雾流方向角为20°~40°，喷量20L/亩时的最佳雾流方向角为30°。

背负式（电动）喷雾器压顶喷雾，喷雾雾滴主要沉积在植株上层叶片正面，沉积量占到总沉积量的1/3以上，而在叶片背面和茎秆上的沉积量很少，尤其是在植株基部叶片和茎秆上，沉积量趋向于零。采用弥雾机下倾45°喷雾，喷雾雾滴在植株上层叶片正面的沉积量仍超过总沉积量的1/4，但在施药量低于背负式（电动）喷雾器压顶喷雾条件下，各层叶片背面和茎秆上的沉积量都显著高于背负式（电动）喷雾器叶面喷雾，说明弥雾机下倾45°喷洒，农药雾滴能够进入植株中下层，在叶片背面及茎秆上沉积。

雾流方向对氟虫腈药液在水稻叶片上沉积的影响很大（图5-44）。雾流方向角为0°（垂直向下喷）时氟虫腈药液的沉积量较少，随着雾流方向角增大，氟虫腈药液在水稻叶片上沉积量显著增加，雾流方向角为30°、45°与60°处理氟虫腈药液的沉积量分别比雾流方向角为0°处理的农药的药液沉积量提高了16.6%、39.3%与70.1%。

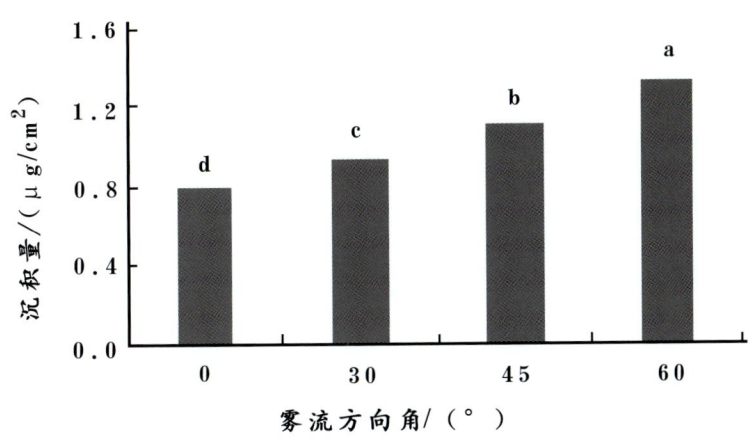

图5-44 不同雾流方向角条件下喷雾处理氟虫腈药液在水稻叶片上的沉积量（朱金文等，2009）

八、提升农药雾滴沉积附着与扩散分布的方法

喷雾雾滴的有效沉受很多因素的影响。田间喷药过程中，喷头性能、喷雾水量、气象条件、植物生长阶段、植株冠层结构、叶片表面特性对农药的分配有决定性的影响，在作业过程中，必须科学地掌握农药喷雾方法，减少流失，提升农药在靶标上的沉积量。

（一）科学地加入喷雾助剂

根据作物和防治对象，科学地加入喷雾助剂的种类、用量。在农药中添加表面活性剂可以明显改变喷雾雾滴直径，改变从喷雾器中喷出雾滴的大小，提高雾滴在叶面上的沉积、黏附、覆盖面积等，减少喷雾作业次数，提高喷雾效率。保证药液的表面张力低于靶标的临界表面张力；雾滴在作物叶子表面上的扩展面积适宜；控制农药雾滴在叶子表面的蒸发时间。

（二）科学地把握喷雾方法

把握喷头质量，喷药过程中科学地选择喷头种类和型号，根据作物和防治对象，喷雾细度控制在 75~200μm，喷雾高度控制在 50~65cm，根据作物的生长方式、冠层密度控制喷雾角度在 20°~40°，生长期喷雾水量以 10~20kg/亩为宜，封闭除草剂喷雾水量以 10~20kg/亩为宜。

（三）根据环境条件选择喷雾方法

选择天气晴朗，温度 20℃、相对湿度在 50% 以上条件下喷药较好。风力小于 1m/s 适合喷施封闭除草剂,有风时应适当加大雾滴粒度；风力在 1~2m/s 适合田间喷雾；风力在 2~4m/s 田间喷雾，应适当加大雾滴粒径喷施杀虫剂和杀菌剂，而不适于喷施除草剂。温度 25℃以上、相对湿度在 40% 以下，喷药易于挥发和蒸腾，应适当加入抗挥发的喷雾助剂。

第六章 增加农药渗透与吸收传导的技术措施

一般来说，农药的使用是围绕植物进行的。几乎所有的农药都会在植物体上表现出不同程度的吸收和传导作用，绝对的非传导作用的品种几乎不存在，只是它们因植物的种类、吸收部位、植物生长时期的不同而表现出较大的差异。

植物的表面都覆盖有类似的膜，该膜是一层很薄的膜，覆盖在植物的花、果实、叶、茎的表面，是一种永久性的表面组织，具有不对称性，被称为角质膜。角质膜对植物的自我保护起着重要的作用，是植物与外界环境之间的第一道屏障。植物角质膜的存在，同时也阻碍了叶面对农药以及植物所需养分等外源物质的吸收利用。

农药在植物体内的内吸和传导性能不仅与其自身性质有关，还与植物种类、生长期、生长条件和施药技术等因素有关。

表面活性剂是一类低浓度即可明显改变溶剂表面性质的物质，由非极性基和极性基组成，属于一种两亲性分子。克服植物角质膜的阻力，是提高植物农药渗透吸收利用率的关键，表面活性剂有助于提高植物角质膜的渗透性能。

一、植物茎叶的显微结构

（一）叶的构造

植物叶的构造分为表皮、叶肉、叶脉3部分（图6-1）。上表皮由长细胞、短细胞、泡状细胞和气孔器有规律地排列而成，下表皮没有泡状细胞，上、下表皮的气孔器数目相差不大，可见角质层、绒毛、气孔；内有栅栏组织和海绵组织；禾本科植物的叶具平行脉，叶脉分布于叶肉中，由机械组织和维管束组成，木质部在上方，韧皮部在下方，双子叶中有活动能力很弱的形成层。

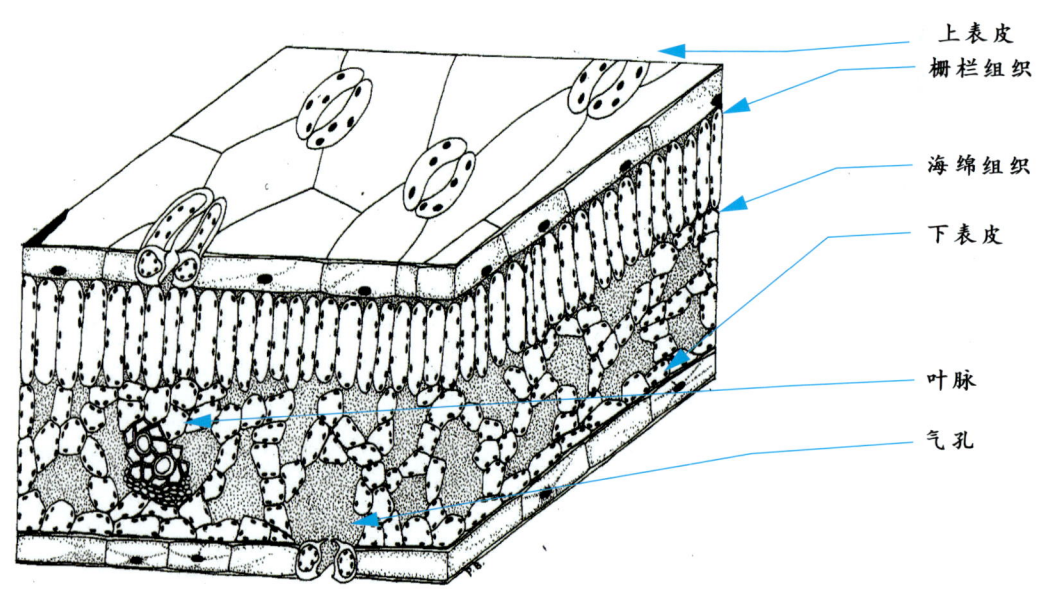

图6-1 叶片的构造

在大多数植物表面常覆盖着一层非细胞结构的膜,被称为角质膜。在电子显微镜下观察,植物的角质膜可以明显地区分为3层(图6-2)。紧贴着表皮细胞的外壁,是由果胶、角质以及纤维素共同组成的薄层,称之为角化层;接着是中间的一层,是由角质以及蜡质混合而形成的角质层;最外面一层则是完全由蜡质沉积而形成的表面蜡层,即蜡质层。

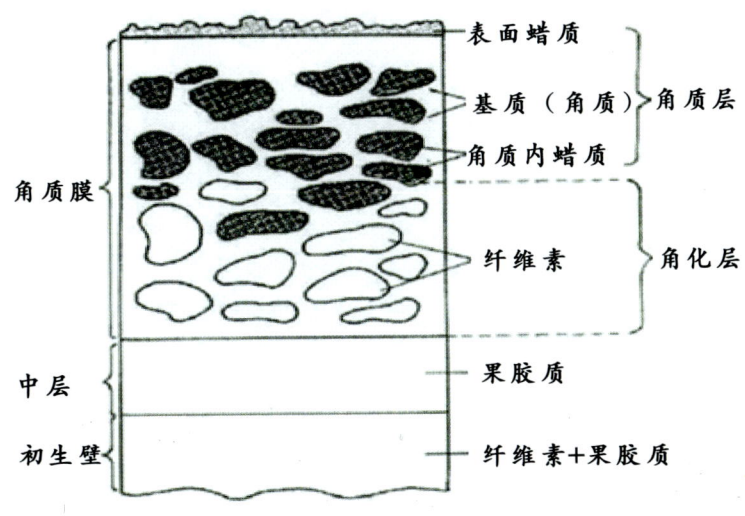

图6-2 植物角质膜结构图解(王冰,2011)

植物表面的角质膜,不同种类的植物,或者是生长在不同条件之下的同一种类的植物,甚至是同一个植株在不同的生长阶段、不同的器官表面所形成的角质膜的厚度、结构、成分均存在比较大的差别。同一株植物,新生的器官和组织其表面角质膜的厚度显著地低于成熟的器官和组织。外界环境对植物角质膜的形成有着非常显著的影响。

植物角质膜的形成,需要细胞内很多个细胞器的共同参与,然后经过复杂的合成、修饰、运输、定位以及功能化。植物角质膜的蜡质合成是在植物的表皮细胞中进行的,角质膜的蜡质合成途径主要有两个一是脂肪酸类脱羧途径,主要生成烷烃、酮、仲醇以及醛类;二是乙酰还原途径,主要生成伯醇和酯。伴随着植物组织器官的发育成熟,植物角质膜的组成成分也得到了累积并逐渐加厚。在植物叶片的发育过程中,植物叶片在增大加厚的同时,角质膜也在同时加厚,且在角质膜的表面逐渐形成瘤状的蜡质突起,植物叶片发育一旦成熟,叶面上的气孔就会下陷,气孔外的角质和蜡质就形成了气孔上腔。

(二)植物角质膜的功能

蜡质覆盖在植物表面的最外层,它不溶于水,但溶于有机溶剂。普遍认为植物的表皮蜡质具有维持植物表面清洁与植物表面防水、阻止植物组织内水分的非气孔性散失、保护植物不被病菌等侵害、防止植物被有害光线(如紫外线)的损伤,以及防止昆虫的蚕食等功能。

植物角质膜的功能,可以概括为如下五个。①降低雨水等在植物叶面的湿润以及停留时间。植物角质膜的最外层是蜡质层,具有疏水的作用。植物叶片在角质膜蜡质层的保护下,雨水或者药液等滴落在叶面上会形成水珠,难以润展开来,因而可以避免雨水等在植物叶片上长时间的滞留,减少叶组织的机械损伤,从而对植物起到保护作用。②植物角质膜可以减少植物体内水分的蒸腾以及被动散失,提高植物对水分的利用率,从而起到维持植物体内水分平衡的作用,以适应陆地上的生存环境。③减少植物体内养分的流失。植物的角质膜可以阻止或者降低植物叶片组织内部养分的淋失。植物叶片在雨水的淋湿下,内部的营养成分尤其是一些亲水的化合物会向外渗透,造成养分的流失,但是角质膜的存在,致密的蜡质膜会起到阻止养分流失的作用。④与植物和外界的气体交换有关。在植物缺乏气孔或者气孔关闭的情况下,植物表面的角质膜起着植物与外界环境之间气体交换的作用。⑤减少紫外线对植物的伤害,减少病虫害。同时，植物的角质膜也可以阻止一些细菌、真菌、病毒等对植物的侵害。

（三）植物角质膜的渗透性

植物角质膜作为植物与外界环境之间的第一道屏障，虽然在植物的自我保护方面起着重要的作用，但同时也限制了植物对外界物质的吸收，如杀虫剂、除草剂、生长调节剂以及叶面肥等等。由于角质层包含角质、蜡质、多糖、多肽和酚类化合物，且其几何结构很复杂。外界物质进入到植物的角质膜是一个扩散的过程，可以分为3个步骤，首先，外界的物质必须克服蜡质层的阻碍挤进膜内；其次，物质跨过角质膜运输，借助角质层的分子间隙进入到角化层内；最后，物质从角质膜脱离吸附，通过果胶等物质进入到表皮细胞的外壁。角质膜是植物表面的一种永久性的组织，角质膜内存在运输物质的专用通道，具有完整的结构，被普遍认为具有流动性和热不稳定性。

物质主要通过两条途径在角质膜上运输：一条是亲脂性运输途径，另一条是亲水性运输途径。亲脂性运输途径：植物角质膜的主要成分就是脂类物质，所以，亲脂性物质易被角质膜上蜡质层的亲脂性区域吸附，进而在角质膜内扩散，亲脂性物质在植物角质膜上的渗透作用机制是一个"溶解—扩散"的物理过程，首先物质吸附在角质膜外表面，然后在角质膜内扩散，最后在角质膜内表面被解吸附。亲水性运输途径：植物角质膜在一定程度上也能渗透运输亲水性物质，由于植物角质膜成分中含有纤维素、果胶、带有羟基的物质和多肽等，它们的极性官能团参与氢键形成，成为水分的吸附位点，进而在角质膜上形成亲水通道，从而使亲水性物质通过植物角质膜渗透进入植物体内。

植物对喷施药液中化学成分的吸收效果还受喷施液向叶片内部渗透能力大小的影响。化学成分对叶片的渗透是一种被动的扩散过程，其扩散作用与化学成分的性质、浓度、组成等因素有很大的关系。化学成分在叶面渗透的过程可以看作是化学成分对蜡质与角质组成的多孔固体的渗透过程，是一种毛细现象。

表面活性剂可以溶解部分蜡质，也可以通过改变植物角质膜以及叶片气孔的空间结构，促进植物叶片对外源物质主要是农药和叶面肥等的吸收，表面活性剂除了具有改善溶液在叶面的润湿、附着，以及渗透等能力外，还可以调节气孔的开闭。

二、害虫表皮的显微结构

昆虫表皮的结构和杀虫药剂发挥毒杀作用有很大的关系，对绝大多数杀虫剂来说，表皮是阻止它们进入虫体的屏障，在杀虫剂中加入对脂肪及蜡层有溶解作用的溶剂，能破坏体壁的不透性，从而提高药剂的杀虫效果。

（一）害虫表皮的构造

体壁又称外骨骼，是昆虫身体的最外层，由外胚层发育而来。昆虫体壁从外向内分别是表皮层、皮细胞层和底膜3部分（图6-3）。

表皮层不是一个匀质的单层，基本组成是外层的上表皮和内层的原表皮。表皮层中分布有大量孔道和蜡道。其中上表皮是保护昆虫免遭外来物质的侵害和阻止体内水分过量蒸发的一层重要屏障。它是一个很薄的单层，一般为1μm，最薄仅0.03μm，最厚约4μm。但还可以分为3~4层，由化学成分和功能各不相同的若干亚层组成，从外到内分别为护蜡层、蜡层、表皮质层和多元酚层。在防治害虫时，我们所使用的接触性杀虫剂必须能够穿透表皮层才能发挥作用。

护蜡层：在最外层，由类脂、蜡质和鞣化蛋白组成，具有亲水性和疏水性两重性质，厚度一般不超出0.1μm，作用是保护其下的蜡层，防止水分蒸散等。

蜡层：厚度为0.2~0.3um，主要成分为长链烃和酯类。这些构成蜡质的分子做定向排列，是一个很好

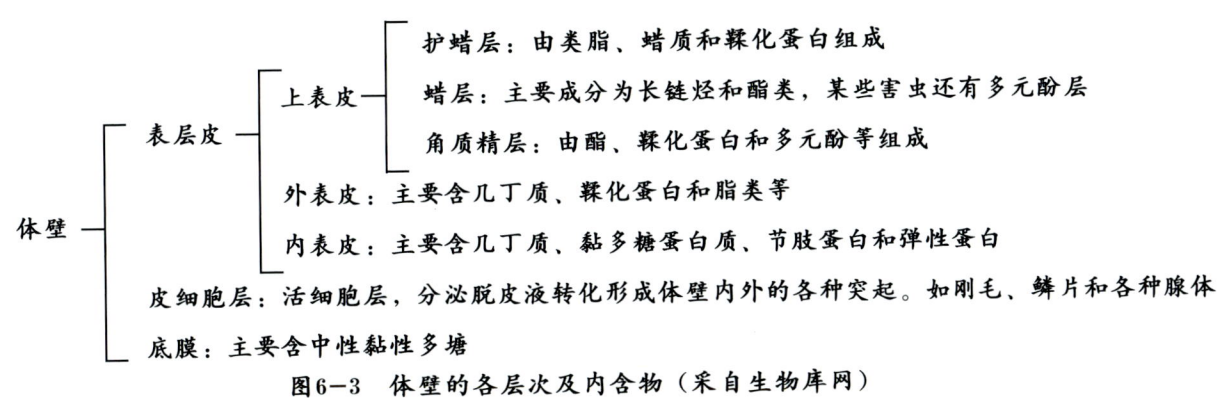

图6-3 体壁的各层次及内含物（采自生物库网）

的疏水层，防止体内水分的散失和外界水分的侵入。昆虫很多组织和器官的结构和生理机制都是围绕保水发展起来的。蜡层又可分为3个小层，从外向内依次为，疏松的蜡霜层、排列不规则的脂类层（常伸入护蜡层）和定向排列的单分子脂层。单分子脂层与下面的角质精层形成化学结合，水分无法通过此层进入虫体。

3.表皮质层：表皮质层又叫角质精层，可分为两层，最外面叫外表皮质层，由酯、鞣化蛋白和多元酚等组成；内层叫内表皮质层，由绛色细胞所分泌。

4.多元酚层：该层厚0.5～2μm，主要成分为脂蛋白和多元酚的复合物，少数昆虫如吸血螨为一单独的层，而大多数昆虫则与表皮质层混合在一起。

（二）药剂对表皮的穿透性

不同的化合物可能有不同的穿透表皮的路径，如脂溶性和水溶性路径。两种路径的作用机理可能是表面活性剂将表皮内吸附部位的农药转移，从而增加农药的扩散率。

农药分子分两步穿过生物体表：第一步为农药分子进入油相系统，其分子的非极性基团起导向作用；第二步为农药分子进入水相系统，其极性基团起导向作用。

杀虫剂穿透表皮的机制目前有两种意见：大多数人认为药剂从表皮穿透，经过皮细胞而进入血腔，随血液循环而到达作用部位，在这个过程中包括了可能有部分药剂由血液转移到气管系统，由微气管而进入神经系统；另一种意见是侧向运输论，认为从表皮施药进入昆虫体内，完全是从侧面沿表皮的蜡层进入气管系统，最后由微气管而到达作用部位神经系统。特别是一些非极性化合物，从上表皮蜡层向极性的原表皮扩散时有可能从侧面沿蜡层扩散而进入气管。触杀性杀虫剂一般皆属脂溶性，易透入虫体，进入虫体的途径，以节间膜、刺毛窝以及一些昆虫足部跗节等表皮较薄的地方为主，孔道是药剂进入虫

三、农药的渗透方式与影响因素

植物表皮的渗透性受到其自身结构以及成分的影响，外部因素例如温度、湿度、光照等也对角质膜的渗透性有显著的影响。其中，温度和湿度对植物角质膜渗透性的影响较为显著。

（一）雾滴在植物上的渗透性

植物角质膜是植物表面的一种永久性的组织，具有完整的结构，被普遍认为具有流动性和热不稳定性，在一定温度条件下可以改变角质膜的透性。

植物表面对喷施药液中化学成分的吸收效果还受喷施液向叶片内部渗透能力大小的影响。化学成分对叶片的渗透是一种被动的扩散过程，其扩散作用与化学成分的性质、浓度、组成等因素有很大的关

系。化学成分在叶面渗透的过程可以看作是化学成分对蜡质与角质组成的多孔固体的渗透过程,是一种毛细现象。

(二) 表面活性剂对植物渗透性的影响

表面活性剂是指一类在较低浓度时即可以明显地改变溶剂的表面性质和体系界面张力的物质,是由非极性基和极性基组成的,属于一种两亲性分子。

表面活性剂具有在溶液表面产生定向吸附的特性,能够通过改变溶液的表面活性性质,例如降低溶液的表面张力,改变固体表面的润湿性,增强溶质的水溶性等达到提高润湿以及增加液体的黏着性等目的。大多数植物以及害虫,它们表面常常覆盖有一层具有低能表面的疏水的蜡质层,因此不容易被水、叶面肥以及药液润湿,水、叶面肥以及药液不易在其表面黏附和滞留。

表面活性剂也可以通过改变植物角质膜以及叶片气孔的空间结构,促进植物叶片对外源物质主要是农药和叶面肥等的吸收,表面活性剂除了具有改善溶液在叶面的润湿、附着、以及渗透等能力外,还可以调节气孔的开闭。也有研究表明表面活性剂可以溶解部分蜡质。

具有增效作用的表面活性剂可应用于农药中。植物的叶、茎、梗的表面覆盖有一层很薄的具有疏水性的蜡膜,农药或者叶面肥等被喷洒到植物的叶、茎、梗上之后,湿润速度非常缓慢,铺展面积也比较小。由于毛细管效应,很多细小的孔隙农药或者叶面肥等渗透不进去,那些未被农药湿润的部位病虫害仍可能会生存,除草剂没有渗入到杂草的毛细孔中,对需要除去的杂草也是无济于事。在农药中添加有机硅表面活性剂能够促使农药迅速润湿并渗透到植物的叶、茎、梗的每一个细小部位,使农药的效用发挥到最大。

(三) 环境因素对植物渗透性的影响

在许多能影响除草剂吸收的环境因素中,以温度和湿度最为重要,在温暖潮湿的条件下最易吸收。

温度通过改变表皮蜡质的黏性、扩散率,并与湿度一同改变表皮的水合作用来影响除草剂的吸收。随着温度的升高,扩散进表皮的溶质也增加,随温度的升高。

与温度对表皮成分有直接的物理影响相反,湿度对除草剂吸收的影响通常是影响了表皮的水合性和除草剂液滴干燥的速率。湿度对除草剂药效的影响比温度更大。

在低湿度条件下液滴干燥的速度对药效有不利的影响时,保湿剂被用来维持液滴的湿润。当把保湿剂加入喷雾溶液时,它能减慢液滴的干燥并且在靶标表面能保持水状沉淀的状态,使液滴保持湿润并且使吸收维持很长时间。

四、农药的吸收传导方式及其影响因素

现有的关于农药内吸作用的概念被表述为药剂进入植物体内并在其体内进行传导的作用。很显然,这个概念强调了药剂在植物体内的传导对于内吸作用的重要性。但是,简单地将其作为药剂内吸与否的判定标准显得有些牵强。实际上药剂使用后进入植物体内的过程应该包括吸收和传导两个不同的阶段。

所谓内吸性应该指的是农药在植物体上发生的第1个过程,即农药施用于植物体后向植物体内的进入过程。这一过程包括在药剂吸附点的展布、积聚、渗入等。对于作用于植物叶片的药剂而言,可以包括从着药叶表面向叶背面的转移或从着药点在叶片内的移动包括随蒸腾流或纯粹的叶片内的移动。前者如霜脲氰等进入叶片后可以随蒸腾流在细胞间做短距离的移动;后者如醚菌酯等可以在蒸腾流以外的叶片组织间的转移。只发生这个过程的药剂可能一直被认为属于非内吸性或局部内吸或半内吸作用农药,即任何一个化合物接触到植物体后会不同程度地发生在植物体的转移,而能否发生第2个过程(传导作用)

应该是判断这个化合物是否可以在植物体内系统地转移的依据。应该将农药区分为传导性和非传导性两类，而所谓的"内吸性"应该是所有化合物在植物体上必然发生的共同的行为学方式。

合理利用和改善农药在植物中的内吸传导特性，可大幅提高农药在靶标部位的积累并减少农药对环境的污染。

（一）植物叶片对农药的吸收

叶片是农药进入植物的重要部位，农药通过叶片进入植物体内必须克服许多障碍，其中首要屏障是叶片的表皮。因此，叶片表皮上的角质层、气孔或亲水小孔就是农药进入植物的主要途径（图6-4）。植物叶片表面包被着角质层，它是表皮细胞合成并沉积于细胞壁外的脂类物质。角质层由无定形的角质基质组成。其中还有联结的片层与纤丝，而纤丝则由分离的网状多糖组成。

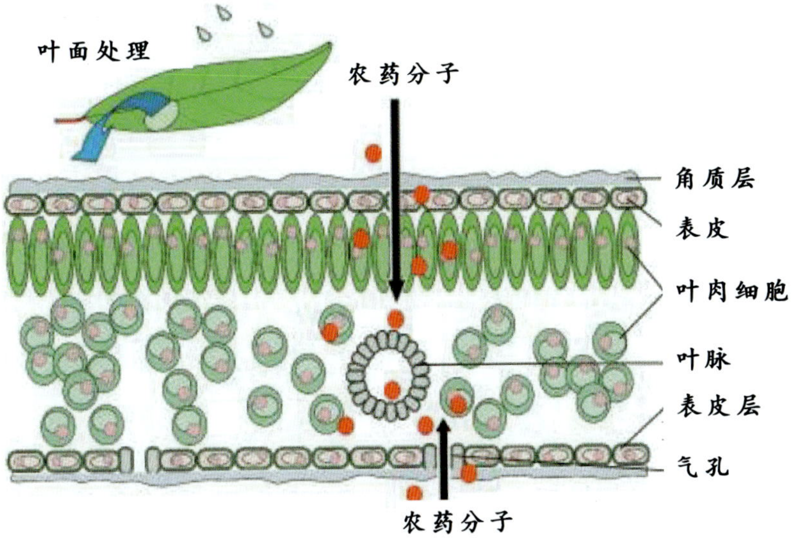

不同种植物的角质层构造与厚度变化很大，而脂类则是其主要成分。角质层中还有供极性物质通过的亲水小孔，行主动吸收的外质连丝以及分布在叶表面的气孔。农药通过角质层是一种扩散过程，然后从角质层解吸进入含水非原质体与细胞壁内。有研究表明，不同植物的叶片表面的临界表面张力差异较大（31.9~71.8mN/m），这种差异无疑影响了药剂在叶片表面的附着和随后的扩散过程。如棉花的叶片容易受杀虫双的药害，很可能与其叶片的亲水性有关。

图6-4 农药进入植物叶片的主要途径（范添乐，2020）

不同种植物的蜡质层构造与厚度存在差异，角质层的厚度随植物种类而变化，但对于大多数农业植物而言，其范围为0.5~25μm。通过角质层进行扩散的农药，其扩散能力与农药的分子大小、温度和角质层的性质存在密切联系。

对植物整体和离体表皮大量的研究证明，农药进入植物的叶片存在亲脂性和亲水性两条途径。这也说明亲脂性和亲水性化合物进入植物的叶片可能具有各自的特殊通道。

亲油性农药进入叶片组织受到表面角质层的阻隔，会首先扩散到含水非原生质体，然后通过质膜进一步渗透到共质体中。亲脂性的药剂通过植物表皮的运动可被看成是使用吸附和扩散膜的模型。随着化合物进入表皮的扩散系数和表皮厚度的最重要的参数被分离，亲脂性农药进入植物表皮的吸附和运动已经利用Fick扩散第一定律的方程式进行模拟。

亲水性农药可能通过叶片表皮的气孔或亲水小孔等进入叶片内部，进而分布在细胞质或细胞间隙内。亲水性途径的发现来自对不同植物的表皮的光学和电子显微镜的观察，发现它们含有普遍存在的、明显不连续的天然的表皮气孔和横穿表皮的导管。这些解剖学的结构被证明是能够渗透水溶性化合物的区域。

质膜作为叶片吸收农药的最后一步，膜上的一些载体和质子泵也有可能参与农药的吸收过程。此外，植物叶片吸收农药的能力还与植物品种、植物生长阶段以及一些环境因素密切相关。

（二）农药在植物中的传导

植物质膜是吸收和传导农药的物理屏障，细胞膜是一个疏水载体，主要用来控制细胞和环境之间的信息和物质交换。农药通过细胞膜才能在细胞之间传导，并最终进入维管束进行长距离运输。因此，膜渗透机理是影响植物长距离运输和分布的关键因素。

农药从植物的叶片进入后主要通过共质体系和质外体系装入筛管细胞进行传导。由于蒸腾作用的影响，共质体无疑是这些化合物进入的主要途径。一般来说亲水性化合物集聚于双子叶植物叶的边缘上，而在单子叶植物中则集聚于叶尖部。但化合物究竟通过何种途径转移及其转移的速度如何，显然取决于化合物的分子结构、叶片的解剖学结构、叶片发育时期及其光合产物的传导方式。

木质部是植物运输水和矿物盐的主要组织，与细胞相比，木质部可以更好地输送水溶液，而不易被阻塞。韧皮部在植物中主要起到运输营养物质的作用。木质部与韧皮部在植物中形成了水、溶质和光合作用产物的平行运输方式。不同性质的农药在植物体中的运输方式也存在差异，一般认为存在木质部运输、韧皮部运输和双向传导3种方式。

依据农药传导的形式将其大致区分为局部传导、向上传导和双向传导3种类型。其中，局部传导主要是指药剂在同一叶片范围内的传导，包括从叶尖到叶柄和从叶的正面到背面或方向相反的传导，即所谓广义的传导。向上和双向的传导是一种真正意义上（系统性）的传导，也可以称为狭义的传导。需要强调指出的是所谓的双向传导的化合物通常情况下依然是以向上传导为主。一般来说农药在植物体上的传导是一个涉及化合物、植物以及使用方法等多方面的综合性命题。传导的形式不仅影响其生物活性的表达，而且对其作用的范围及其使用技术产生十分重要的影响。因此，正确地理解农药传导的本质及其影响因素，对于科学地理解农药的作用方式及其使用技术具有重要的现实意义。

农药的局部传导 局部传导的农药一般施用于植物组织表面，药液可以在同一叶片范围内传导，包括从叶尖到叶柄的横向传导和从叶的正面到背面或方向相反的跨层传导，该类型农药不能随着蒸腾流在整个植物组织内运动，如腐霉利、霜脲氰等。

农药的向上传导 向上传导的农药一般用于根部施药，药液被根系吸收后随着蒸腾流在植物木质部内向植物顶端传导至叶部，在此过程中茎部仅起着传输桥梁的作用，并不是最终靶标部位，如三环唑、丙环唑和三氟苯嘧啶等。

农药的向上传导发生在木质部中，农药进入木质部有质外体和共质体两种途径。无论通过何种途径，这些化合物要进入木质部导管并传递到地上部必须经过一次跨膜才能扩散进入活细胞。因此，向上传导的化合物必须具有一定的亲脂性。农药在植物体内的向上传导的作用显然与水的移动密切相关。衡量除草剂在木质部传导能力的指标通常用蒸腾流浓度因子（TSCF）评价药剂在木质部中的移动能力。TSCF的定义是蒸腾流中药剂浓度与植物根部所处介质中药剂浓度之比值。除了药剂的亲脂性大小外，TSCF还取决于植物的种类、生育时期及其代谢生理学。树体上部枝、叶生命活动旺盛，新陈代谢快，生命力强，其输导量大、输导速度快，因此，药剂随树液输导到上部的量较其他部位多。而阿维菌素、氟虫双酰胺等一直被认为非传导性的杀虫剂，可以通过拌种处理来有效地防治稻纵卷叶螟和二化螟，这一现象值得注意。其表明杀虫剂被吸收的部位实质上左右了该类药剂的向上传导，即药剂的向上传导特性和植物的种类及其吸收特性紧密相关。从这个意义上来说，药剂的传导性只是一个具有范围性或者特异性的概念，而从化合物的角度而言，无论何种分子结构的化合物均可以在一种或多种植物上表现出不同程度的传导性。

农药的双向传导 双向传导是农药可以在植物体内同时进行向上和向下传导，如甲霜灵、螺虫乙酯和氟醚菌酰胺等。改性氯虫苯甲酰胺在植物体内的内吸和传导机制，改性的氯虫苯甲酰胺经叶面施用后在甘蓝植株中具有双向传导能力，且当韧皮部中氯虫苯甲酰胺浓度累积过高时可传导至木质部，进而通过木质部向叶部迁移（图6-5）。

与向上传导不同的是某些化合物可以同时在质外体和共质体中传导，尽管在共质体中的传导小于质外体的传导。有证据表明，在共质体中传导的物质只限定于那些在自然界中本来就能够进入共质体中，并在其中移动的物质，以及与这些物质极其相似的外界化合物。关于农药装入筛管的机制一般认为无任何的载体参与。但是，如草甘膦等天然化合物的衍生物有可能利用了细胞膜上的载体。无论这些化合物的装入机制如何，它们一旦进入细胞后，均可在相似的载体系统中进行传导，即这些化合物在韧皮部的传导机制是随植物体内的同化物质进行被动地传导，其传导方向和速度受到同化物质的左右。一般双向

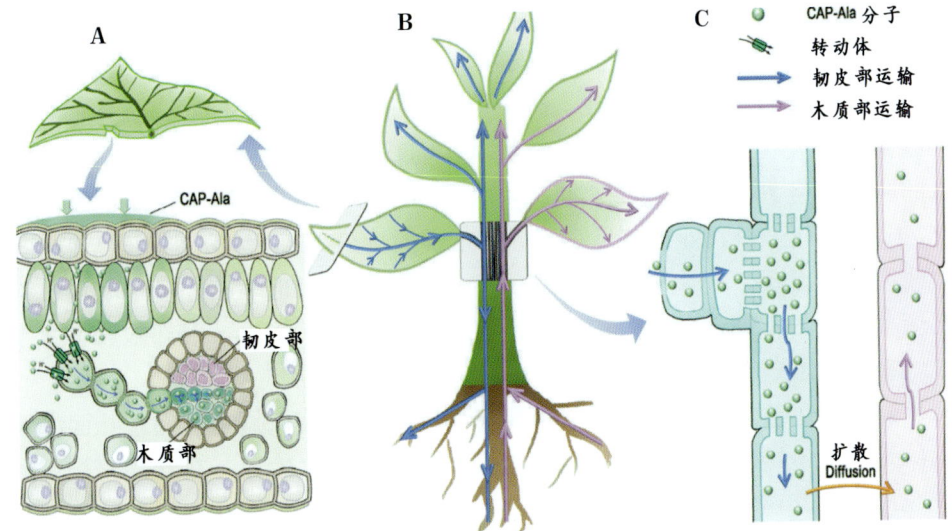

图6-5 载体介导的改性氯虫苯甲酰胺在植物体内的迁移机制。
（A）CAP-Ala从叶片表面通过AtLHT1转运体向原生韧皮部转运系统的吸收过程；
（B）包括根、茎和叶在内的整个植物系统的传导过程；
（C）由木质部和韧皮部系统引起的茎的双向传导过程（wu，2020）

传导型的药物是指介于木质部输导型和韧皮部输导型的化合物之间的化合物。那些能够扩散进入筛管中、在其中滞留能力比木质部输导型化合物强、但比典型的韧皮部输导型化合物弱的药剂，在随着同化物移动的过程中，不断地有一些分子扩散到质外体而随着蒸腾流移动。因而，这些化合物在植物体内既可传导至受药点以下的位置，又可传导至蒸腾作用强烈的叶片中。双向传导型与韧皮部传导型药剂之间的区分并不很严格，即并无单独的韧皮部传导药剂。化合物究竟以何种方式的传导为主，主要取决于植物种类的影响，尤其是植物同化流方向的季节性变化的影响。实践表明，对于那些需要传导到植物根部的药剂，尤其是除草剂，常在晚春和早秋的时候使用会得到最大的向下输导量。如苯氧羧酸类、吡唑啉酮类、草甘膦等除草剂的使用应充分考虑杂草地下繁殖体营养物储存高峰期用药一般会得到最大的效果。显然，进入韧皮部筛管的两种装载方式即质外体和共质体途径的重要性与植物种类有关。因为，胞间连丝的多寡在不同植物种类之间差异较大。任何一个确定的植株，对于在其韧皮部中传导的化合物的能力（化合物透过筛管细胞膜的能力）都有一定的要求，只有当除草剂的透过筛管细胞膜的能力在一定范围内，才可显示韧皮部移动特性。化合物透过筛管细胞膜的能力大于植株的要求范围时，它难以在筛管中滞留，将显示木质部传导特性。其实，大多数木质部输导型药剂并非不能进入筛管，而是由于它们的透过筛管细胞膜的能力值过大所致。因此，从这个意义上来说，植物的双向传导更多地受制于植物的种类。

农药被植物吸收和传导一般来说是一个连续的过程。判断农药在植物中的传导方法有多种，比如蒸腾流富集比、传导因子、正辛醇/水分配系数的对数值、解离常数、传导蛋白及脂肪含量等都会影响农药在植物中的传导情况。蒸腾流富集比表示有机化合物在木质部的含量与其在溶液中的浓度之比，通常用来评价有机化合物通过被动运输从根到茎的传导能力。

传导因子用来评估在不同处理方式下有机化合物在植物体内的传导能力，疏水性较弱的有机化合物主要通过蒸腾流来吸收和传导，疏水性较强的有机化合物则不易在植物中发生传导，而是以根系聚积为主，也有一些脂溶性农药的传导需要借助脂质传导蛋白来实现。正辛醇/水分配系数值过大或过小，蒸腾流富集比值都会降低，不利于农药的传导。

农药在传导过程中还有可能在木质部和韧皮部被降解或代谢，而这些代谢物的出现也会影响农药在植物中的传导能力。

内吸性杀虫剂被植物吸收后可以在木质部和韧皮部中传导，从而对植株的新生部位提供保护。但其在韧皮部中的传导只占次要地位，大多数内吸性杀虫剂是经根系吸收后通过木质部途径向植株上部传导。利用该特点采用根区施药或种子包衣技术来防治地上害虫是一种可行且经济环保的措施。噻虫胺种子处理能够控制麦蚜发生并有较好的防治效果；滴灌施药对柑橘木虱有较好防效，且持效期长达40d。同样，噻虫胺种子处理对棉蚜具有较好防效，可以控制整个苗期棉蚜的为害，其颗粒剂在蕾期通过穴施对棉田绿盲蝽防效较好，并且可以同时防治烟粉虱、蓟马、叶蝉等的为害。采用噻虫胺种子处理结合颗粒剂穴施的施药方式可以延长对棉田刺吸式口器害虫的防效。研究发现，噻虫胺种子处理对蜜蜂种群没有明显的不良影响，说明农药根区施用大大缓解了环境压力。吡虫啉作为新烟碱类杀虫剂使用量最大的品种，用作种衣剂防治小麦蚜虫的防效高且具有较长的持效期，可有效控制小麦整个生育期麦蚜的发生，并且对天敌生物没有不良影响。吡虫啉种子包衣处理黄瓜种子后对瓜蚜的持效期可达42d，明显高于喷雾处理，通过对黄瓜植株各部位残留分析发现，其主要在黄瓜植株叶部累积。有报道表明，吡虫啉可被烟草根系吸收，灌根后可运输到烟草植株的不同部位，且喷雾和灌根两种施药方式相比，根部施药方式下吡虫啉的易位和分布更加均匀，持效期更长。

叶面施药和根部施药方式下氟吗啉在黄瓜植株中的内吸传导行为，结果表明，氟吗啉通过叶面施用后仅在叶片存在局部传导行为，无向下传导性能，而通过根部施药后，其可向上传导并在叶部累积。通过研究三环唑与丙环唑在撒施方式下，其在水稻植株中的内吸传导行为及残留动态发现，两种杀菌剂采用根部施药方式时均可以向上传导至叶部。有研究表明，氟醚菌酰胺在黄瓜植株内具有双向传导特性。同样，氟唑菌苯胺在小麦植株中既可以向顶传导，也可以向基传导，这表明氟醚菌酰胺和氟唑菌苯胺在叶面和根区两种施药方式下可以同时防治地下和地上病害。从以上研究结果可以看出，大多数内吸性杀菌剂是通过木质部在蒸腾拉力的作用下从根部向地上部分传导的，仅有极少数的药剂具有木质部和韧皮部双向传导能力。一些具有内吸作用的种子处理剂可以通过种皮渗透到子叶中，进而传导到幼苗体内。最近有研究采用10种常用杀菌剂处理棉花种子防治苗期病害，结果表明其对炭疽病、猝倒病、立枯病等均有较好防效。

总体来说，向上传导的化合物，如三唑酮、氧乐果等只能从叶基向叶尖传导；向下或双向传导的化合物，如氟硅唑、甲呋酰胺、甲霜灵、噻嗪酮等则可以向叶基或其他叶片或根部转移。叶龄及其生理代谢的特点在很大程度上左右着化合物的吸收方式及其速率。如以不同时期对花生叶面喷施硒肥的试验表明，植物花针期吸收量最高，而结荚期最低。这表明外源化合物的吸收受到植物自身代谢方式的影响。植物的主动机制有可能参与化合物的吸收过程。有证据表明，某些药剂在共质体系的装载有细胞膜上的载体或质子泵参与，即这些化合物，如氟吗啉、邻烯丙基苯酚、草甘膦等的吸收是一种需要能量的主动吸收过程。

（三）农药吸收的影响因素

农药在植株中的内吸传导行为受到诸多因素的影响，不仅与其自身性质有关，还与植株种类、植株生长条件、生长时期、施药方式和农药剂型等因素有关。

1. 农药性质对农药吸收的影响

农药自身理化性质不同，导致其在植物体内的内吸传导行为存在差异。有研究比较了4种新烟碱类杀虫剂（噻虫胺、噻虫嗪、吡虫啉、啶虫脒）在小松菜体内的内吸传导行为差异，噻虫嗪最易累积在根部，向叶迁移能力较弱，而啶虫脒较易向叶部迁移，不易在根部累积。通过比较吡虫啉、噻虫嗪和苯醚甲环唑在水稻植株中的内吸传导行为，发现吡虫啉和噻虫嗪主要在水稻叶部累积，而苯醚甲环唑则主要在根部累积。

2. 农药亚细胞分布对农药吸收的影响

农药的亚细胞分布行为是影响农药在植物体内传导和累积的关键因素。最近的研究表明，几种杀虫剂在细胞壁和细胞器中的浓度比例会随着农药疏水性的增加而增加，随着水溶性的增加而减少；而农药在细胞可溶性组分中的浓度会随疏水性的增加而下降，随水溶性增加而增加；根系对农药的吸收与药剂的疏水性和根细胞壁及细胞器的亚细胞组分浓度因子（SFCF）有关，药剂从根部向茎部的转运及茎部向叶部的转运同样也受到SFCF的控制。

3. 植物种类对农药吸收的影响

由于植株生理结构的不同，导致同一农药在不同种类植物体内的内吸和传导行为存在差异。西葫芦和南瓜植株对十氯酮的吸收能力强于黄瓜植株。吡虫啉在7种叶菜类蔬菜内的内吸和传导行为的差异研究表明，吡虫啉在不同品种蔬菜中向茎、叶部的转移能力存在显著差异，其中在高梗白青菜中向上转移能力较强，在紫金香妃青菜中最弱。此外，不同种类植物根系结构也存在差异，从而导致对农药的吸收能力不同。根系代谢可以合成不同类型的根系分泌物，根系分泌物与土壤中的细菌真菌等相互作用可能会改变农药的降解行为。

4. 植株生长条件和生长时期对农药吸收的影响

植株生长条件会影响农药在植物体内的内吸和传导行为。通过研究不同生长条件对4种农药在油菜体内内吸和传导行为的影响，发现RCF值随温度升高而增加，短日长条件下，RCF值和TSCF值均增加。土壤性质对黄瓜根系吸收唑菌酯有影响，其中红土对根系吸收唑菌酯的影响最大。根系发育程度是影响农药内吸传导行为的重要因素，幼龄期根系对农药的吸收能力较弱，成熟期根系吸收能力增强。

5. 施药剂量对农药吸收的影响

施用剂量会影响农药在植物体内的内吸和传导行为。采用田间推荐剂量和10倍田间推荐剂量，于根部分别施用吡虫啉、噻虫嗪和苯醚甲环唑，研究其在水稻植株中的内吸和传导行为差异。通过计算BCF值发现，10倍田间推荐剂量下吡虫啉和噻虫嗪的BCF值明显高于田间推荐剂量，但是苯醚甲环唑在两者处理下，BCF值无显著差异。通过比较不同施用浓度下吡虫啉在玉米植株中的内吸、传导和累积行为，发现施用浓度与其在玉米植株中的内吸传导能力呈正相关。

6. 施药方式对农药吸收的影响

不同施药方式对农药在植物体内的内吸传导行为存在影响。采用叶面喷雾和根部施药两种方式研究毒死蜱在小白菜和莴苣中的内吸和传导行为，通过计算TF值发现，两种施药方式对毒死蜱在小白菜和莴苣中的易位能力存在显著差异，根部处理下毒死蜱在小白菜中的易位能力高于叶面处理，而毒死蜱在莴苣中的易位能力则是在叶面处理下更高。

7. 植物内源激素对农药吸收的影响

大量的研究表明，植物内源激素如水杨酸（SA）、茉莉酸（JA）的添加会对农药在植物体内的内吸和传导行为产生影响。当添加5mg/L的（SA）时，可以明显阻止异丙隆在小麦植株根和茎中的累积；添加0.1μmol/L的茉莉酸甲酯（MeJA），可明显降低异丙隆在小麦植株中的累积能力；添加1mg/L的（SA），可分别降低噻虫嗪、恶霉灵和氯虫苯甲酰胺在黄瓜植株根和叶中的分布浓度，并可分别减弱根系对3种农药的吸收能力、植株对3种农药的富集能力和3种农药从根部到叶部的转运能力。

8. 农药助剂对农药吸收的影响

由于叶片角质层的阻隔和病虫害发生后叶片表面的变化，农药喷洒到叶片后较难附着展布进而被吸收。近年来，通过改善药剂在叶片表面的附着性能来提高其附着量，进而提高药剂的内吸性，如加入润湿剂、渗透剂等表面活性剂以提高叶片对药剂的吸收能力。有研究表明，添加农药助剂可以提高70%吡虫啉水分散粒剂在小麦叶片上的附着展布性能；使用分散润湿剂D1001和增稠剂黄原胶能够改善苯醚甲环唑悬浮剂在甘蓝和黄瓜叶片上的润湿展布性能，进而提高叶片对农药的吸收量；使用润湿助剂S903和渗透助剂XP-2可以提高吡唑醚菌酯在辣椒上的附着性能。也有研究发现，亲水性农药和亲水性助剂联合施用可能会提高叶片对农药的吸收能力。天然环保助剂的开发是未来农药助剂的发展方向，如以天然橙皮精油作为农药喷雾助剂，可以提高咪鲜胺在黄瓜叶片上的沉积和穿透能力。

（四）改善农药内吸性的策略

改善农药内吸性可以增加农药接触靶标的机会，进而提高农药利用率。近年来，随着导向农药的开发和纳米载体应用研究的深入，部分研究在已有农药的基础上显著改善了农药的内吸性。其中导向农药是指一种可以在植物体内定向传导并积累的农药，其是通过二元拼接的方法或其他方法与农药活性成分偶联形成的导向载体-农药活性成分的复合物。

导向农药可以利用农药分子与一些植物的营养物质，如肽、氨基酸或葡萄糖等分子或基团相偶联，通过植物转运营养物质的方法将农药转移到营养物质的积累部位；若有昆虫取食植物形成伤口，植物会产生一些抗性物质，如水杨酸、茉莉酸或酚类化合物等在伤口处积累，导向农药即可以利用该特性使农药在植物中形成定向积累。

糖基化导向农药已成为开发具有韧皮部传导能力的新型杀虫剂的一种有效途径。Hsu等指出，酸性物质在韧皮部具有较高的韧皮部迁移率，葡萄糖醛酸化可促进化合物在韧皮部的移动。农药经糖基化改性后，可以使原本在韧皮部流动性差或不发生传导的农药产生流动，进而转化为可以在韧皮部传导的结合物，利用内源植物单糖传导可以实现单糖-农药结合物在韧皮部的迁移。葡萄糖与氟虫腈结合，发现所得到的糖基氟虫腈在蓖麻韧皮部的传导能力显著提高。蓖麻韧皮部细胞对低浓度的荧光葡萄糖-脯氨酸衍生物的吸收量随pH值的降低而显著上升。植物质膜转运蛋白在细胞、器官及其环境之间的信息和物质交换中起着重要作用，以氨基酸为导向农药的复合物可由多种植物转运蛋白调节来提高内吸性。甘氨酸-氟虫腈复合物在蓖麻韧皮部传导时发现，蓖麻的4个氨基酸转运蛋白基因参与了甘氨酸-氟虫腈复合物的吸收和传导过程。

五、增加农药渗透吸收的技术措施

（一）喷药方法增加农药渗透吸收的技术措施

农药的施药方式影响植物体内的渗透、吸收传导行为。农药的吸收传导是相对的，必须根据农药的作用方式科学喷药喷匀、喷细、喷透，把农药施到病虫害的发生部位，才能保证农药应用取得较好的效果。对于杂草较少、较小时（图6-6），喷药均匀即可；对于田间密度较高、杂草较大时（图6-7），喷细、喷匀、喷透，喷药方法对药效的影响特别明显。

图6-6 麦田多花黑麦草发生情况

图6-7 麦田多花黑麦草发生情况

（二）喷药助剂增加农药渗透吸收的技术措施

必须科学添加喷雾助剂，确保农药的渗透和吸收。

表面活性剂具有在溶液表面产生定向吸附的特性，能够通过改变溶液的表面活性性质，增强溶质的水溶性等达到提高润湿以及增加液体的黏着性等目的。促进植物叶片对外源物质主要是农药和叶面肥等的吸收。对于田间作物或杂草密度较高、较大时，喷细、喷匀、喷透、科学添加喷雾助剂的喷药方法对药效的影响特别明显（图6-8）。

图6-8　花生田用精喹禾灵防治禾本科杂草，不同喷药方式的防治效果。左图为传统喷药方式，用圆锥喷头、摇摆喷雾方式导致田间施药不匀；喷嘴孔径大压力低、雾化差、药剂不能喷匀喷透；导致部分茎叶受药而死亡，部分茎叶未受药或受药量不足而杂草未死亡，防治效果不好。右图用高压电动喷杆喷雾机，安装直径0.3mm喷头、压力0.4MPa，喷头距靶标50cm以上，喷匀、喷细、喷透；同时，喷药时加入多功能喷雾助剂农希望6号喷雾宝对水均匀喷雾，药剂均匀附着、润湿扩散和渗透吸收，杂草死亡彻底效果好

（三）把握好施药时的环境条件是增加农药渗透吸收的技术措施

温度通过改变表皮蜡质的黏性、扩散率，并与湿度一同改变表皮的水合作用来影响除草剂的吸收。随着温度的升高，扩散进表皮的溶质也增加。田间喷药时以田间温度20℃、相对湿度50%以上时防治杂草最为适宜，温度在30℃以上、湿度在40%以下，影响农药的药效和安全性。

第七章 喷雾器械的结构与类型

一、喷雾器械的基本结构

喷雾机械是农药喷雾的工具，喷雾机械与喷雾技术决定着农药的应用效果。

喷雾机是将液体分散成为雾状的一种机器。喷雾器械的基本结构，包括核心部件水桶、动力（电池或发动机）、压力泵、喷头，及其他辅助器件。压力泵对药液产生压力，药液通过喷杆进入狭缝喷头的喷嘴，喷射出的液流互相撞击而在切槽的方向产生液膜，液膜与静止的空气介质作用而形成扇形雾流。喷雾器械的最核心部件为喷头，它决定着农药雾化效果，应到专业公司采购高质量的专业喷头，采用细孔的扇形喷嘴，并用喷杆喷雾机进行田间喷药；压力泵必须用高压、恒压的压力泵，保证喷雾的压力大、压力稳定（图7-1）。

图7-1 电动喷雾器的构造

二、喷雾器械的类型

植保器械的种类很多，由于农药的剂型、农业栽培模式和作物种类多种多样，以及喷洒方式方法不同，决定了植保机具也是多种多样的。从小型喷雾器、拖拉机牵引式喷杆喷雾机、自走式喷杆喷雾机到装在飞机上的航空喷洒装置，型式多种多样。

按喷施农药的剂型和用途分类，分为喷雾机、喷粉机、喷烟（烟雾）机、撒粒机、拌种机、土壤消毒机等。

按动力配备分类，分为：①人力植保机械以人力驱动进行工作，如手动喷雾器、手摇喷粉器、踏板式喷雾器等。②机动植保机械以机械动力驱动进行工作，如机动喷雾喷粉机、担架式机动喷雾机等。其配套动力有汽油机、柴油机和拖拉机等。③电动植保机械一般以干电池为动力，如电动喷雾器。

按雾化方式分类，可分为液力喷雾机、气力喷雾机、热力喷雾（热力雾化的烟雾）机、离心喷雾机、静电喷雾机等。气力喷雾机起初常利用风机产生的高速气流雾化，雾滴尺寸可达100μm左右，称为弥雾机；近年来又出现了利用高压气泵（往复式或回转式空气压缩机）产生的压缩空气进行雾化，由于药液出口处极高的气流速度，形成与烟雾尺寸相当的雾滴，称为常温烟雾机或冷烟雾机。还有一种用于果园的风送喷雾机，用液泵将药液雾化成雾滴，然后用风机产生的大容量气流将雾滴送向靶标，使雾滴输送得更远，并改善了雾滴在枝叶丛中的穿透能力。离心喷雾机是利用高速旋转的转盘或转笼，靠离心力把药液雾化成雾滴的喷雾机。如手持式电动离心喷雾机，由于喷量小，雾滴细，可以用在要求施液量少的作业。

按移动方式分类，人力植保机械分为背负式、胸挂式、肩挂式、手持式等；小型机动植保机械分为背负式、手提式、担架式等；大型机动植保机械分为牵引式、悬挂式、自走式等。

（一）手动背负式喷雾器

背负式喷雾器主要由药液桶（箱）、液泵和喷洒部件组成。工农-16型（图7-2）和长江-10型喷雾器，除药液桶的容量和形状不同外，其他结构都相同。20世纪比较流行，发达国家多用于花园喷水。

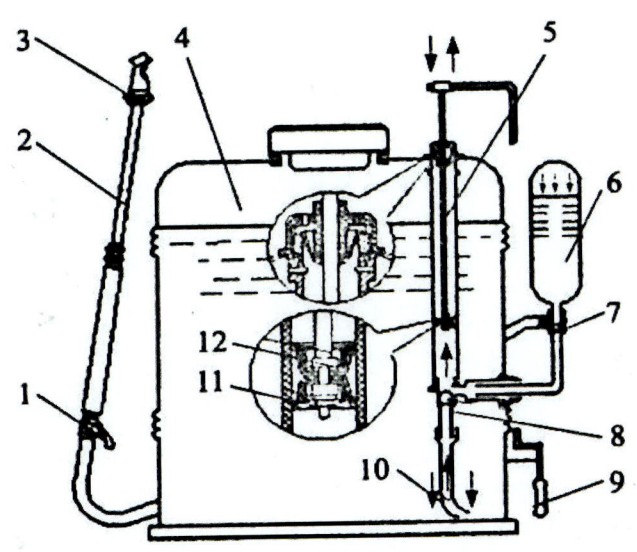

1-开关；2-喷杆；3-喷头；4-药液箱；5-泵筒；6-空气室；7-出液球阀；8-浸液球阀；9-手柄；10-吸水管；11-皮碗；12-塞杆。

图7-2 手动背负式喷雾器

药液桶采用薄钢板、铝板、聚乙烯或玻璃钢等多种材料制作。液泵都是直立活塞泵，它由泵筒、塞杆、皮碗、进水阀、出水阀、吸水管和空气室等组成；空气室在药液桶外、出水阀接头的上方，它的作用是使药液获得稳定而均匀的压力，减少液泵排液的不均匀性，保证喷雾雾流稳定。操作者上下揪动摇杆或手柄时，通过连杆使塞杆在泵筒内作上下往复运动，当塞杆上行时，皮碗由下向上运动，皮碗下方由皮碗和泵筒所组成的空腔容积不断增大，形成局部真空，对药液产生压力，打开开关后药液通过喷杆进入喷头被雾化喷出。

（二）气泵（压缩）式喷雾器

气泵式喷雾器（图7-3）是靠预先压缩的气体使药液桶中的液体具有压力的液力喷雾器。气泵式喷雾器由气泵、药液桶和喷射部件等组成（图7-3）。打气泵由泵筒、塞杆和出气阀等组成。压缩喷雾器是利用打气筒将空气压入药液桶液面上方的空间，使药液承受一定的压力，经出水管和喷洒部件成雾状喷出。气泵式喷雾器的特点是喷药后，药箱内的压力会迅速降低，降到一定程度时，操作者停下来再充1次气，即可喷雾，操作者可以专心对准目标喷药。20世纪比较流行，发达国家多用于花园喷水。

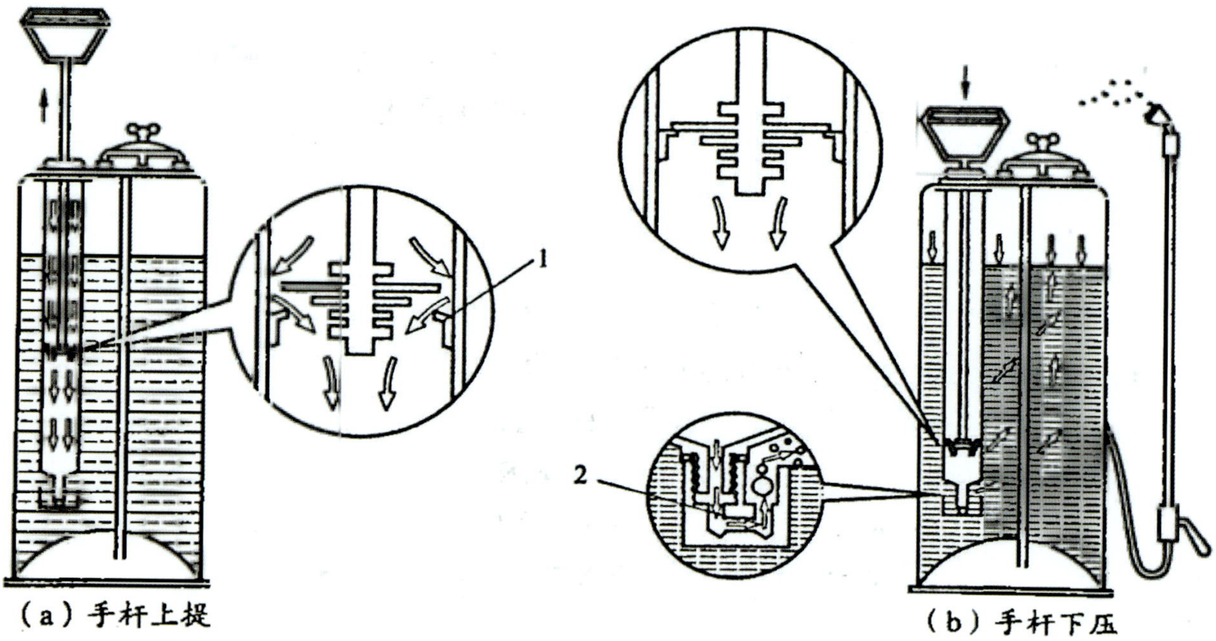

图7-3 气泵式喷雾器工作原理（王冰，2011）

（三）背负式电动喷雾器

背负式电动喷雾器是目前主流喷雾器械，主要由药液桶（箱）、电池、隔膜泵和喷洒部件组成（图7-4）。气泵式喷雾器由气泵、药液桶和喷射部件等组成（图7-4）。有一个直流电机，多是12V电池，一般采用免维护的铅酸电池。由电机驱动一个与之相连的带隔膜的泵头，电机运转时隔膜一侧吸水，另一侧产生高压，药液从高压一侧直接喷出去，其优点是压力大（可达0.2～0.5MPa）、噪声小、耗电少、电池连续工作时间长。发达国家多用于花园喷水。

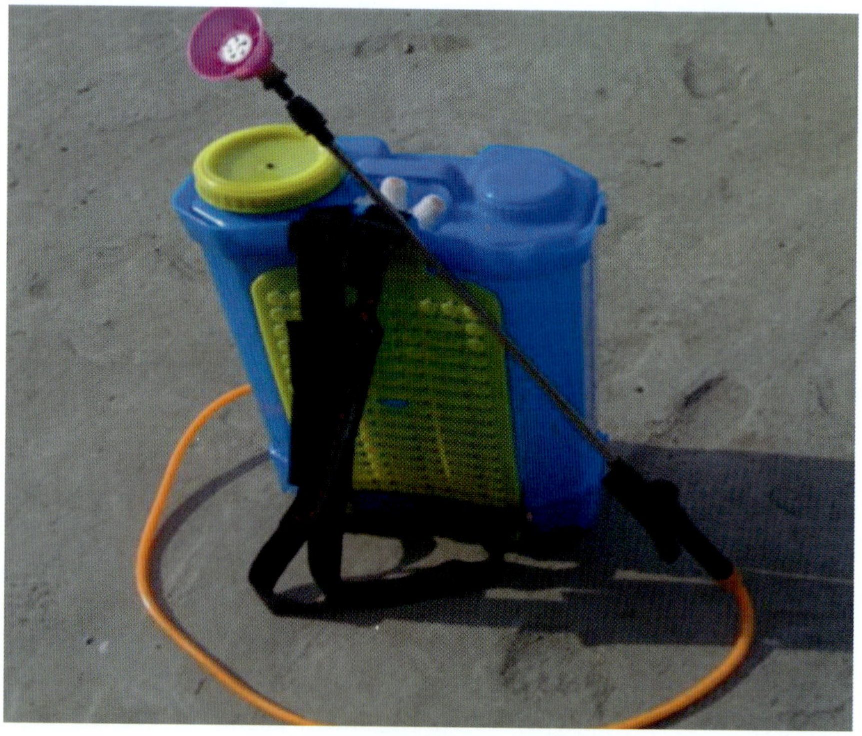

图7-4 背负式电动喷雾器结构

（四）喷杆式喷雾器

喷杆式喷雾机是装有喷杆的液力喷雾机。该类喷雾机具有生产效率高、喷洒质量好等优点，是一种比较理想的大田作物用的植保机具，广泛用于大豆、小麦、玉米和棉花等农作物的播后、苗前土壤处理、作物生长前期灭草及病虫害防治。

喷杆式喷雾机的分类众多，但其构造和原理基本相同。其构造分为两部分，即动力部分和喷雾部分。喷雾部分由液泵、药液箱、喷射部件、压力控制阀、过滤器、吸水头、传动轴等部件组成。

该机液泵多为三缸活塞柱塞泵，压力大压力比较稳定。压力控制阀是调压分配装置，由调压阀、总开关、分段控制开关、阻尼阀和压力表等组成。调压阀用来调节喷雾压力，以保证在关闭任意一组或几组喷头时，其余各组喷头的喷雾压力和喷雾量不变。喷杆的作用是安装喷头，喷杆展开后可实现宽幅均匀喷洒作业。喷杆为桁架式机构，分为3～5段，左右喷杆可以折叠，以便运输和停放。在喷雾作业时，喷杆桁架展开成一直线，在喷杆上装有电子平衡装置，以免作业时由于喷杆倾斜而使最外端的喷头着地。在每侧的外段喷杆与中段喷杆之间均设有一个弹性自动回位机构，当地面不平、拖拉机倾斜而使外喷杆着地时，外喷杆可以自动避让，绕过障碍物后又能迅速回到原来位置。

喷杆喷雾机的种类很多，划分方法也各不相同。

1.根据喷杆形式不同分类

（1）横喷杆式：喷杆水平配置，喷头直接装在喷杆下面，这是常用的一种机型。

（2）吊杆式：在横喷杆下面平行地垂吊着若干根竖喷杆。作业时，横喷杆和竖喷杆上的喷头对作物形成"门"字形喷洒，使作物的叶面、叶背都能较均匀地被雾滴覆盖。主要用在棉花等作物的生长中后期喷洒杀虫剂、杀菌剂等。

（3）气流辅助式：这是一种新型喷雾机，在喷杆上方装有一条气袋，气袋下方对着喷头的位置开有一排出气孔。作业时由风机往气袋里供气，利用风机产生的强大气流，经气袋下方小孔产生下压气流，将喷头喷出的细小雾滴带入株冠丛中，提高了雾滴在作物各个部位的附着量，增强了雾滴的穿透性，因其可穿入浓密的作物中。作业时喷雾装置还可根据需要变换前后角度，大大降低了飘移污染。

2.根据动力源不同分类

（1）悬挂式喷雾机：通过拖拉机三点悬挂装置与拖拉机相连接（图7-5）。

图7-5 拖拉机悬挂式喷雾机结构

（2）牵引式喷雾机：自身带有底盘和行走轮，通过牵引连接杆与拖拉机相连接（图7-6）。

（3）自走式喷雾机：是一套完整的喷雾机械，自身配有动力，拥有完整的行走系统、完善的喷雾系统，操作人员坐上驾驶喷药（图7-7）。

图7-6　牵引式喷雾机结构

图7-7　自走式喷雾机结构

3. 根据机具作业幅宽的不同分类

（1）大型喷幅：在18m以上，主要与功率36.7kW以上的动力配套作业（图7-8）。喷杆上下振动严重，必须配备喷杆平衡装置，发达国家全部配备有喷杆电子平衡装置。如果平衡装置不当，喷药过程中喷杆过高过低会严重地影响喷药效果。

（2）中型喷幅：为10～18m，主要与功率在12～36.7kW的拖拉机配套作业（图7-9）。喷杆上下振动比较严重，必须配备喷杆平衡装置，如果平衡装置不当，会严重地影响喷药效果。建议国内的农药喷雾服务公司和种田大户用喷杆12m以下的喷杆比较经济、安全、高效。

（3）小型喷幅：在10m以下，配套动力4～15kW，多为小四轮拖拉机或自走式喷杆喷雾机（图7-10）。经济实用、安全高效。

图7-8　大型喷幅的喷雾机

图7-9　中型喷幅的喷雾机

图7-10　小型喷幅的喷雾机

第八章 喷头的结构类型与应用

一、喷头的雾化原理与雾化方式

（一）喷头的雾化原理

将液体分散到气体中形成雾状分散体系的过程称为雾化。雾化的实质是被分散液体在喷雾机具提供的外力作用下克服自身表面张力，实现比表面积的大幅度增加（图8-1）。

图8-1 苹果园喷施农药

雾化是液体在一定外力作用下克服自身表面张力而分散的过程。经过施压的农药液体从喷头入口流到喷嘴喷孔形成一个具有较大速度梯度的液体流场，在外力作用下药液在喷头喷口处破裂成薄膜或丝状，喷出喷孔外的薄膜或丝状液体由于与空气高速摩擦而伸展至破裂点而形成高速喷射出的雾滴。液体雾化是一个多相、瞬态的复杂过程，首先需要消耗较大部分的雾化能量将液体在喷口处破裂成薄膜或丝状，然后产生一个较大的速度梯度,通过与空气的高速摩擦，将薄膜伸展至破裂点，最后形成雾滴喷洒出去喷雾雾滴粒径越小，相同药液所形成的雾滴表面积越大，因此通过药液雾化实现雾滴表面积的激增。喷头的内部结构和喷孔终端的形状决定雾滴分布规律和形式，例如，圆锥面扇形喷头喷雾的雾量沉积分布不规则较为集中，而球面扇形雾喷头的雾量沉积按正态曲线分布，且具有相对较好的雾化性能。

液体雾化的3个过程：液体在雾化喷嘴里高速流动，液体从液柱分裂为雾化颗粒，雾化颗粒在空气中再次撞击分裂形成喷雾。

药液雾化过程及其影响因素主要体现在液膜破碎及雾化后雾滴特性，而雾化之后雾滴粒径及速度分布特性对雾滴的沉积行为存在直接影响，因此本部分着重从液膜破碎机理对药液雾化理论进行分析。

研究表明液膜分化成雾滴的过程是一个质量惯性与液体表面张力之间的平衡过程。形成的液膜有不稳定性，当空气扰动时，不稳定性逐渐放大，当扰动振幅达到临界振幅时，液膜破碎。扰动是形成液膜破碎的主要原因，且有两种类型的扰动：波动扰动和膨胀扰动。液膜破碎过程、液丝尺寸随时间的变化而变化，扰动如何影响喷头雾化及喷雾与大气流如何相互作液膜破碎，是了解药液性质对雾滴雾化的影响的基础。

雾化效果的好坏一般用雾滴大小来表示。雾化是农药科学使用最为普遍的一种操作过程，雾化效果受喷头类型、药液性质、喷雾助剂、环境条件等诸多因素的影响，通过雾化可以使施用药剂在靶体上达到很高或较高的分散度，从而保证药效得以很好地发挥。

喷头雾型分布形式取决于喷孔的终端形状，而表面粗糙度、垂直度、平行度、对称度等误差只对雾量大小产生影响。例如，圆锥面型扇形雾喷头雾量分布不够规则，在平面雾中有明显集中流线，而球面型扇形雾喷头的雾型分布按正态曲线分布，具有良好的雾化性能。

（二）喷头的雾化方式

根据分散药液的原动力，农药的雾化主要有液力式雾化、离心式雾化、气力式雾化（双流体雾）和静电场雾化4种，目前最常用的是前3种。

1. 液力式雾化

药液受压后通过特殊构造的喷头和喷嘴而分散成雾滴喷射出去的方法，这种喷头称作液力式喷头。其工作原理是药液受压后生成液膜，由于液体内部的不稳定性，液膜与空气发生撞击后破裂成为细小雾滴。液力式雾化法是高容量和中容量喷雾所采用的喷雾方法，是农药使用中最常用的方法，操作简便，雾滴直径大，雾滴飘移少，适合于各类农药。最常使用的工农-16喷雾器、大田喷杆喷雾机等都是采用的液力式雾化原理。

2. 离心式雾化

利用圆盘（或圆杯）高速旋转时产生的离心力使药液以一定细度的液滴飞离圆盘边缘而成为雾滴。其雾化作用下脱离转盘边缘而延伸称为液丝，原理是药液在离心力的作用下进行雾化，此法称为液丝断裂法。这种雾化方法液丝断裂后形成细雾，所有的雾滴细度取决于转盘的旋转速度和药液的滴加速度，转速越高、药液滴加速度越慢，则雾化越细。

3. 气力式雾化

利用高速气流对药液的拉伸作用而使药液分散雾化的方法，因为空气和药液都是流体，因此也称为双流体雾化法。这种雾化原理能产生细而均匀的雾滴,在气流压力波动的情况下雾滴细度变化不大。手动吹雾器、常温烟雾机都是采用的这种雾化原理。

二、喷头的基本结构与分类

(一)喷头的基本结构

喷头,由喷头体、过滤器、喷嘴、喷头帽组成(图8-2),通过喷雾器械的压力系统即可以将液体喷成细微的雾滴。

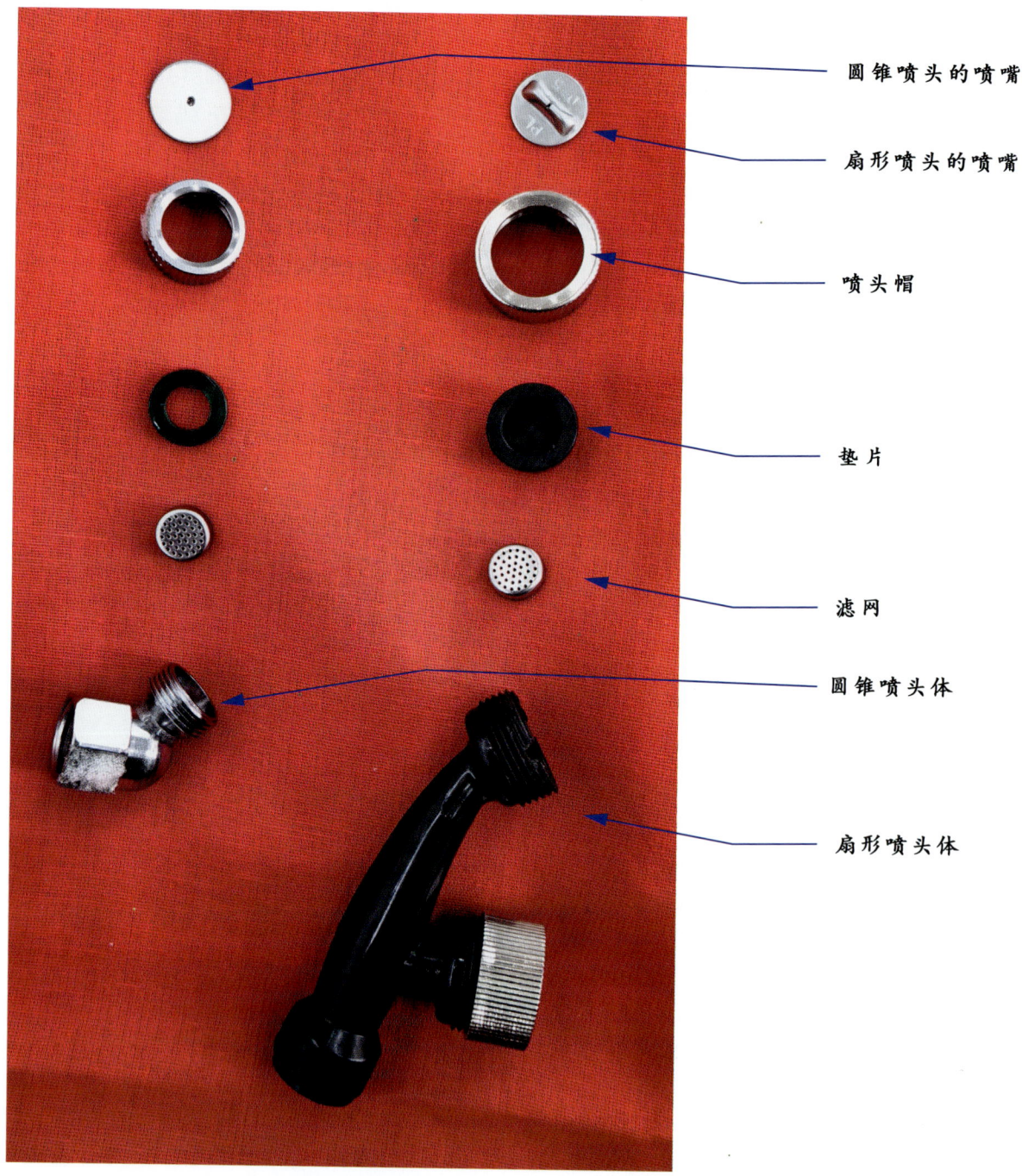

图8-2 喷头的组成

（二）喷嘴的命名规则

喷嘴有很多种形式和品牌，多在喷嘴上标注（图8-3）。

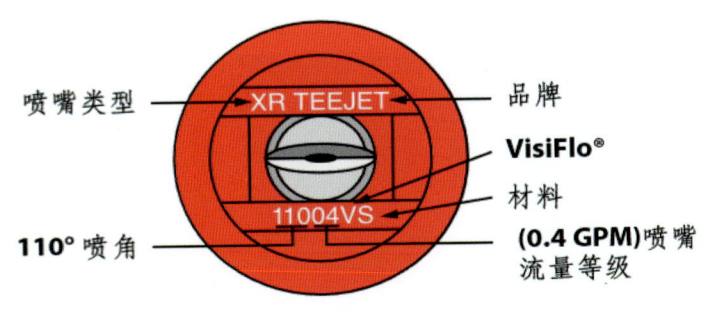

图8-3　喷嘴命名规则

（三）喷嘴的材质

喷嘴的材质有铜、尼龙、聚合材料、不锈钢、刚玉瓷、陶瓷等。喷嘴的材质决定喷嘴寿命，一般铜喷嘴寿命100h，尼龙喷嘴寿命200h，刚玉瓷喷嘴寿命300h，不锈钢、陶瓷、聚合材料喷嘴寿命400h。喷嘴寿命除取决于喷嘴的材质外，还与药液的理化性质、喷雾压力、剂型等多种因素有关。

喷嘴磨损及损坏以后会导致药液流量、喷雾角度、雾滴大小发生变化。喷嘴的质量主要体现在喷孔的尺寸精密度、材质和光洁度，喷孔的尺寸精密度决定药液流量、喷雾形状、雾滴大小及分布均匀性等关键因素，材质决定喷嘴使用寿命，光洁度好可减少喷嘴堵塞。

（四）喷头的喷雾角度

喷头在喷雾时雾锥两边线之间夹角，即喷雾角度（图8-4），也叫雾锥角。

喷雾角度有40°、65°、80°、95°、110°、150°，角度越大，喷液量越多，常用一般为80°（苗后）和110°（苗前）两种，针对不同的喷液量和喷雾角选择不同的喷嘴。

当压力逐渐增加时，雾锥角也随之逐渐加大；但当压力增加到一定数值时，雾锥角将不再加大而保持在某一相应数值。缝隙式和离心式其雾锥角变化范围不大，折射式的雾锥角随压力的变化而变化范围较大。

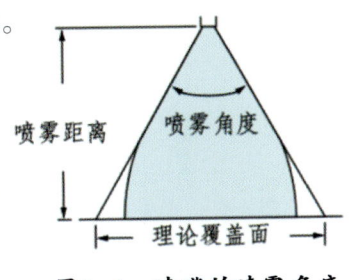

图8-4　喷嘴的喷雾角度

压力增加不仅加大雾锥角，而且会使喷头的流量增加、喷幅加大、雾滴变小、雾滴分布情况发生变化。由此可知，雾锥角大小反映了压力大小、流量、喷幅、雾滴直径和雾滴分布情况，因此，在生产中应重视影响喷头雾锥角发生变化这一重要因素，要按不同喷头在规定压力下所对应的雾锥角进行喷雾，以保证喷头具有良好的喷雾性能。

（五）喷嘴的流量和型号

喷嘴流量是喷头性能中重要参数之一，它与喷嘴种类、喷孔直径、工作压力有关。根据试验证明，在折射式、缝隙式、离心式3种喷头中，在喷孔直径和压力相同情况下，折射式喷头流量最大，缝隙式次之，离心式流量最小。试验还证明，在一般情况下，随着喷孔直径和压力的增加，流量也随之增加。

（六）雾量分布

喷雾时药液沉积量的分布状况，因喷头的结构和质量差别较大。袁会珠研究表明，我国常用的空心圆锥雾喷头的雾量分布为"马鞍形"（图8-5），呈现两边多、中间少的雾量分布特点；常用的弥雾机、喷枪雾量分布为"牛角状"，呈现近处的一头多、远处的一头少的雾量分布特点（图8-6）；扇形雾喷头的雾量表现为正态分布，中间多、两边少。优质的扇形雾喷头，其雾量分布是标准的正态分布（图8-

7），但一些设计不合理、质量低劣的扇形雾喷头，其雾量分布在两边出现"牛角状"，将会严重影响喷雾质量和防治效果。扇形雾喷头安装在喷杆上，假如安装设置合理，通过正态分布的雾粒叠加，即可在喷雾区域达到均匀喷雾的目的。

图8-5　空心圆锥雾喷头的"马鞍形"雾量分布

图8-6　弥雾机沿喷头方向的"牛角状"雾量分布　　图8-7　扇形雾喷头的"正态"雾量分布

Teejet最先使用的液力式喷头颜色编码标准，现在已成为全世界通用的标准（表8-1）。

表8-1　扇形喷嘴流量颜色编码

颜色编码	液体的压力	单支喷嘴的流量
01	40 PSI (2.8 bar)	0.10 GPM (0.38 L/min)
015	40 PSI (2.8 bar)	0.15 GPM (0.57 L/min)
02	40 PSI (2.8 bar)	0.20 GPM (0.76 L/min)
025	40 PSI (2.8 bar)	0.25 GPM (0.95 L/min)
03	40 PSI (2.8 bar)	0.30 GPM (1.14 L/min)
04	40 PSI (2.8 bar)	0.40 GPM (1.52 L/min)
05	40 PSI (2.8 bar)	0.50 GPM (1.89 L/min)
06	40 PSI (2.8 bar)	0.60 GPM (2.27 L/min)
08	40 PSI (2.8 bar)	0.80 GPM (3.03 L/min)
10	40 PSI (2.8 bar)	1.00 GPM (3.79 L/min)
15	40 PSI (2.8 bar)	1.50 GPM (5.68 L/min)
20	40 PSI (2.8 bar)	2.00 GPM (7.57 L/min)

（七）喷头的喷雾形状及其几何特点

喷头所产生的处于运动状态的雾滴群称为雾流，雾流的形状称为雾流形状，也称为喷雾形状，主要与喷头类型有关，生产上常用的有扁平扇形雾流、圆锥形雾流、圆柱形雾流、风送雾流等多种类型。

1. 扁平扇形雾流

均匀扇形雾喷头、激射式扇形喷头等所喷雾的雾流形状呈扁平形（图8-8），扁平扇形雾流喷头适合安装在喷杆上，通过单个扁平雾流叠加，即可沿着喷杆形成均匀的雾流分布状态，适合于除草剂的喷洒要求。

2. 圆锥形雾流

我国手动喷雾器上配置的多为空心圆锥雾喷头，其所喷出的雾形为空心圆锥形雾流（图8-9），有些也配置实心圆锥雾喷头，所喷雾的雾流为实心圆锥形雾流（图8-10）。圆锥形雾流适合于对果树、棉花、大豆等株冠层的穿透，适合于杀虫剂和杀菌剂的喷洒。

3. 圆柱形雾流

远射程、高射程时喷雾机所喷出的雾流类似圆柱形（图8-11），因其雾流分散度低，因此射程远。

图8-8　扁平扇形雾流

图8-9　空心圆锥形雾流

图8-10　实心圆锥形雾流

图8-11　圆柱形雾流

（八）过滤器的选择

喷头过滤器为圆筒形，有两种：一种是由本体、盖、滤网组成；另一种是由本体、盖、滤网、弹簧、球组成，具有防水滴功能。本体、盖材质用聚合材料，滤网、球、弹簧材质用不锈钢，使用寿命400h以上。滤网孔径不得大于喷嘴孔尺寸的一半，一般Teejet11002/11003/11004/11005等型号扇形喷嘴配50筛目的过滤器，Teejet8001/80015型号扇形喷嘴配100筛目的过滤器。锥形喷头也可配以上两种过滤器，此外还可选择缝隙过滤器。

（九）喷头的分类

农田喷药用的喷头种类，可根据药液雾化程度和喷洒动力的不同分类。

与雾化原理相对应，按驱动力来分类可以将喷头分为液力式喷头、气力式喷头、旋转离心式、热力式喷头等多种，其中以液力喷头使用最为普遍，种类最为多样。

1. 按药液雾化程度来分

可分为通用喷头、弥雾喷头、烟雾喷头和微量喷头，其中通用喷头较为广泛使用，通用喷头又分为扇形雾喷头（图8-12）和圆锥雾喷头（图8-13），属于液力式喷头。

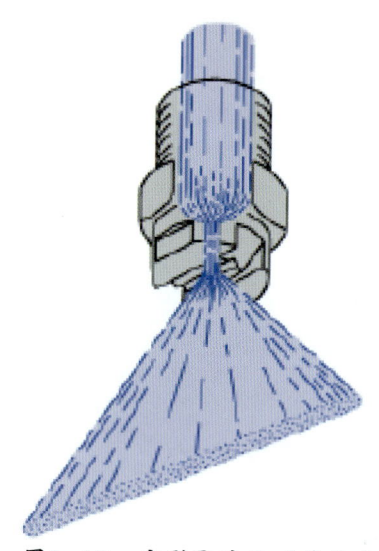
图8-12　扇形雾喷头（黄发光，2014）

图8-13　圆锥雾喷头（黄发光，2014）

1）扇形雾喷头

随着除草剂的广泛使用，扇形雾喷头在国内外得到了广泛运用。一般扇形雾喷头由黄铜、不锈钢、塑料或者陶瓷等材料制成，扇形雾喷头雾角幅度大、流量范围宽，在压力较低的情况下具有良好的雾化性能。扇形雾喷头雾型分布有正态曲线分布和均匀性分布两种，通常可以利用不同数目喷头的组合，来满足不同种类的作业要求，特别适用于带状喷雾和宽幅喷雾。扇形雾喷头按照喷雾雾形的不同可以分为标准扇形雾喷头、均匀扇形雾喷头、偏置扇形雾喷头等；根据喷嘴形状不同，主要分为窄缝式喷头（图8-14）和撞击式喷头（图8-15）。

图8-14　窄缝式喷头（黄发光，2014）

图8-15　撞击式喷头（黄发光，2014）

①狭缝式喷头。

狭缝喷头的雾化原理：当压力液流进入喷嘴后，从圆形喷孔中喷出，受到切槽面的挤压，延展尺成平面液膜，在喷嘴内外压力差的作用下，液膜扩散变薄，撕裂成细丝状，最后破裂成雾滴的同时，扇形雾流又与相对静止的空气相撞击，进一步细碎成微细雾滴，喷洒到农作物，其雾量分布为狭长椭圆形。此种喷头已被联合国列为标准化的系列喷头，广泛应用于各种机动喷雾机和手动喷雾器的小型喷杆。

②撞击式喷头。

撞击式喷头也是一种扇形雾喷头，液剂从收缩型的圆锥喷孔喷出，即沿着与喷孔中心近于垂直的扇形平面延展，使成扇形液面，该喷头的喷雾量较大，雾滴较粗，飘移较少，适合于除草剂的喷洒。

2）圆锥雾喷头

利用药液涡流的离心力使药液雾化，目前在农药喷雾机械广泛应用。它的具体工作原理和过程因构造不同而异，但基本原理都是使药液在喷头内绕喷孔轴线旋转，药液喷出后，药液受到旋转的离心力作用，沿直线向四面喷洒，这些直线与药液原来的运动轨迹相切，即与一个圆锥面相切，该圆锥面的锥心与喷孔轴线相重合，因此喷出的药液形状是一个空心的圆锥体，利用这种涡流产生的离心力使药液雾化。圆锥雾喷头按照构造的不同一般可分为3种：切向离心式喷头（图8-16）、涡流片式喷头（图8-17）和涡流芯式喷头（图8-18）。

图8-16 切向离心式锥形雾喷头（黄发光，2014）

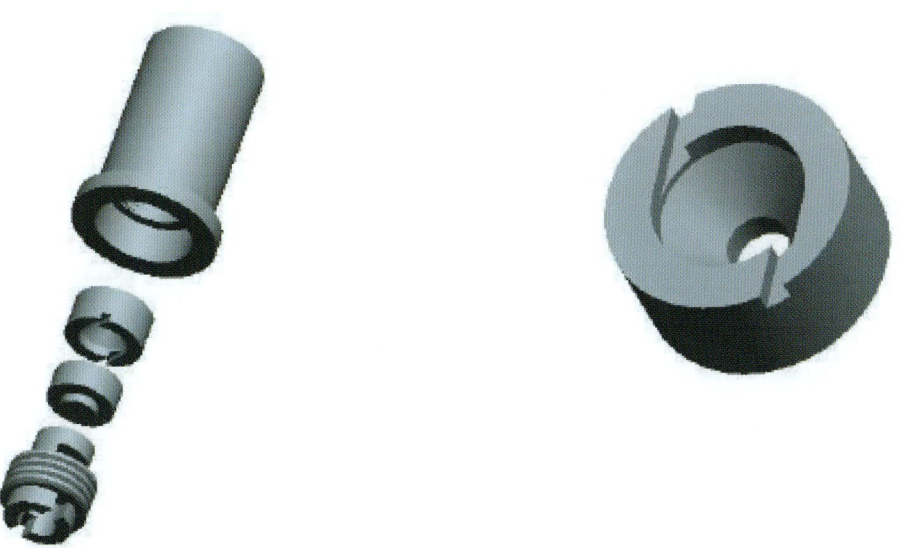

图8-17 涡流片式锥形雾喷头（黄发光，2014）

图8-18 涡流芯式锥形雾喷头（黄发光，2014）

①切向离心式喷头。

由喷头帽、喷孔片、垫圈和喷头体组成，喷头体除两端连接螺纹外，内部由锥体芯与旋水室、进液斜孔构成。喷孔片中央有一个小孔，即为喷孔，用喷头帽将喷孔片固定在喷头体上。其雾化原理是：压液流从喷杆进入输液斜道，由于斜道的截面积变小，流速迅速增大，高速液流沿斜道按切线方向进入涡流室，绕着锥体作高速螺旋运动，在接近喷孔时，由于回转半径减小，则药液质点的圆周速度更大。由于药液的喷射过程是连续的，因此，药液自喷孔喷出后，成为锥形的散射状薄膜，距喷孔越远，液膜越薄，以致断裂成碎片，凝聚成雾滴。由于受到空气阻力的作用，大雾滴继续破碎为更细小的雾滴。切向离心式喷头结构简单，不易堵塞，但雾化程度较差，多用于手动电动喷雾机。

②涡流片式喷头。

由喷头帽、喷头片、垫片、涡流片和喷头体组成，在涡流片上沿圆周方向有两个贝壳形斜孔。在喷孔片与涡流片之间夹有一垫圈，由此构成一个涡流室，现在一般将涡流片和涡流室做成一体的形式。涡流片式喷头的雾化原理与切向离心式喷头的雾化原理相似，其特点是压力药液通过涡流片的斜孔进入涡流室，产生高速螺旋运动，再由喷孔喷出，形成空心圆锥雾。这类喷头的结构简单，雾化性能较好。

③涡流芯式喷头。

由喷头帽、涡流芯、喷头体等组成，喷头帽上有喷孔，涡流芯上有截面为矩形的螺旋槽，其端部与喷头冒之间有一定的间隙，称为涡流室。工作原理与切向离心式喷头基本相同，工作时药液从喷管中进入，沿着具有螺旋角的斜槽流动，产生离心力，使药液从喷孔以雾锥状喷出，在离心旋转中与周围空气撞击成细小雾滴。当调节涡流室的深度，使其加深时，雾滴就会变粗，雾锥角变小，而射程却变远。工作压力一般为150~300kPa，结构比较复杂，可用于大田喷雾和果园喷雾。

涡流片式喷头与涡流芯式喷头相比，只是用涡流片代替了涡流芯而已。涡流片式喷头只要更换喷头片就可以改变喷孔的大小，涡流片与喷孔片之间即为涡流室，两片间有垫圈，改变垫圈的厚度或增减垫圈的数量，就可以调节涡流室外深浅。

2. 喷头从雾化原理和形状分类

喷头从雾化原理和形状分类为锥形喷头、扇形喷头、文丘里喷头3种。

1）锥形喷头

锥形喷头使液体在喷腔内绕喷孔轴线旋转，液体喷出后受到离心力的作用四面分开，由于雾滴的飞行方向与它原来的运动轨迹相切，因此形成了一个圆锥体。

锥形喷头可分为空心和实心锥形喷头两种。空心锥形喷头用于喷量较小的场合，实心锥形喷头的喷量相对较大。

2）扇形喷头

扇形喷头是在实流喷头的基础上对喷头切开形成的（图8-19）。大型喷杆喷雾机的喷头以扇形喷头为主，能产生由细到中等的雾滴，有非常好的覆盖效果，可最低限度地控制飘移，喷雾角分为25°、65°、80°和110°等。小角度喷头穿透力强，主要用于带状喷雾，但分布的均匀性不如大角度喷头，目前在大型喷杆喷雾机上使用最广泛的是110°的喷头。

3）文丘里（高压防飘移）喷头

高压防飘移喷头是通过特殊的文丘里吸气结构（图8-20），可产生大量的充气雾滴，物理地增加雾滴的重量，极大地降低了雾滴的可飘移性。同时，当雾滴接触到作物目标时气泡炸裂，在作物表面又能形成非常好的药液覆盖。高压防飘移喷头具有十分宽泛的压力范围0.2~0.8MPa，此喷头更适合高速作业的自走式喷雾机。

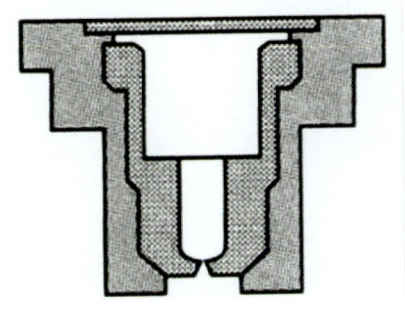

图8-19 扇形喷头结构（李存斌，2014）

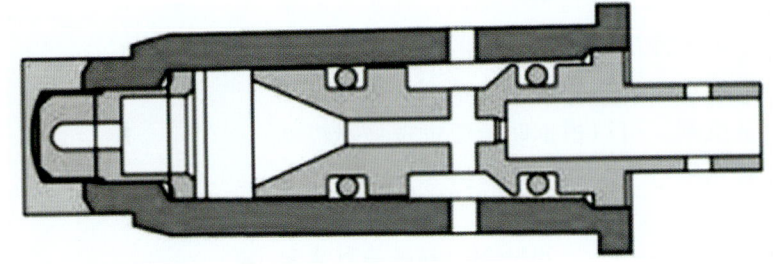

图8-20 文丘里喷头结构（李存斌，2014）

三、喷头的主要种类与特点

目前，国外喷头生产商有德国Lechler、意大利AR、美国TeeJet、比利时Aams、英国UrMark、丹麦Hardi等公司，他们生产的喷头已销往世界各地。我国的国产农用喷头与进口喷头相比喷雾量不准确，喷洒不均匀，使用寿命短，从整体喷雾质量上与发达国家的产品还有较大的差距。

目前生产上重要的喷嘴型号：

标准扇形喷嘴（TP）

涡流扇形喷嘴（TTJ）

广谱扇形喷嘴（XR）

延长范围扇形喷嘴（XRC）

双扇面扇形喷嘴（TJ）

气吸型延长范围扇形喷嘴（AIXR）

气吸型扇形喷嘴（AI）

涡流气吸型扇形喷嘴（TTI）

防飘扇形喷嘴（DG）

防飘双扇面扇形喷嘴（DGTJ）

空心圆锥雾喷头

实心圆锥雾喷头

（一）标准扇形喷嘴（TP）

标准扇形喷嘴，Standard Flat Fan Tips，简写为TP、ST或F（图8-21、图8-22）。大田喷杆式喷雾机上通常安装这种类型的喷头，它尤其适合于除草剂的喷施。药液从椭圆形或双凸透镜状的喷孔中呈扇面喷出，扇面逐渐变薄，裂解成雾滴。标准扇形雾喷头所产生的雾滴大都沉积在喷头下面的椭圆形区域内，这是一种标准的雾滴分布。

标准扇形喷嘴的主要特点如下。

（1）良好的喷雾穿透性。

（2）喷雾压力0.3~0.4MPa，距靶标间距50~60cm；理想安装间距为50cm，距靶标50cm；喷雾角度有65°、80°、95°、110°、120°，以110°应用最为广泛，喷嘴安装间距50~55cm。

（3）可以实现喷雾扇面偏转角度自动定位。

用于全面处理，必须重叠两个临近喷嘴的扇形才能得到均匀的结果，重叠部分应该达到两个临近喷嘴之间距离的30%~50%，距靶标的高度控制50~60cm为宜，在这种喷嘴设计使扇形的中心部分输出量正常，但两个边缘的输出量低。主要用于喷洒除草剂、杀菌剂和杀虫剂。可以根据防治要求选择喷嘴型号和压力、水量（表8-2）。

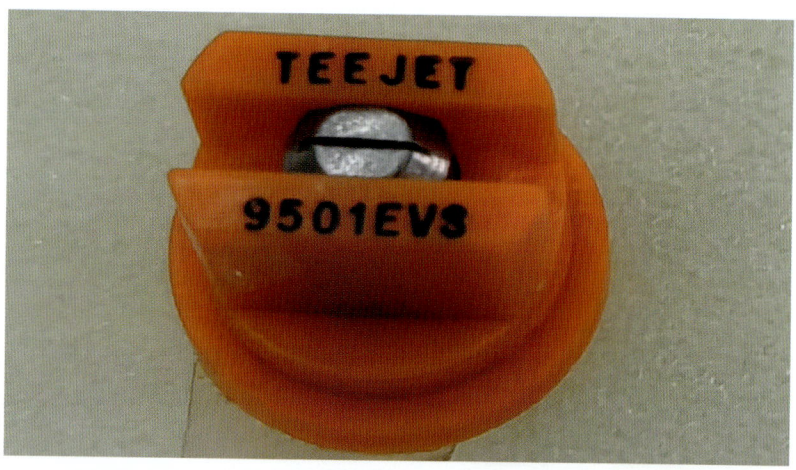

图8-21 标准扇形喷头

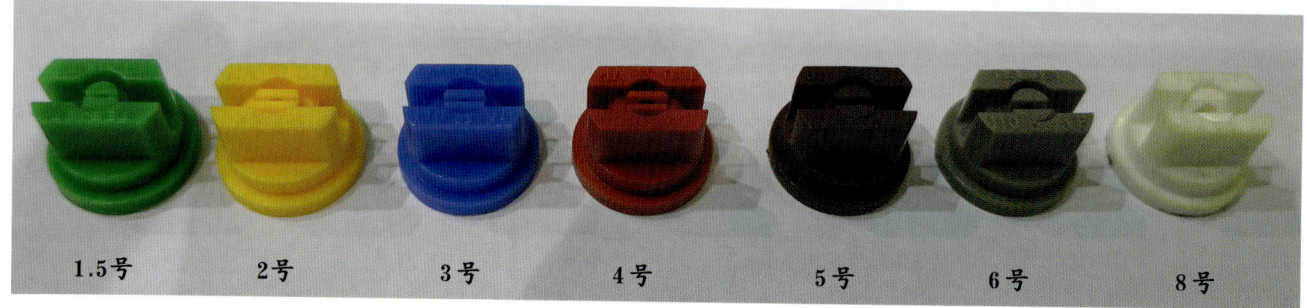

图8-22 标准扇形喷头及其型号

表8-2 标准扇形喷头型号、压力、细度和公顷喷液量

型号	kg	雾滴尺寸 80°	雾滴尺寸 110°	单支喷嘴流量 L/min	L/hm² 50cm											
					4 km/h	5 km/h	6 km/h	7 km/h	8 km/h	10 km/h	12 km/h	16 km/h	18 km/h	20 km/h	25 km/h	30 km/h	35 km/h
TP6501†	2.0	F	F	0.32	96.0	76.8	64.0	54.9	48.0	38.4	32.0	24.0	21.3	19.2	15.4	12.8	11.0
TP8001	2.5	F	F	0.36	108	86.4	72.0	61.7	54.0	43.2	36.0	27.0	24.0	21.6	17.3	14.4	12.3
TP11001	3.0	F	F	0.39	117	93.6	78.0	66.9	58.5	46.8	39.0	29.3	26.0	23.4	18.7	15.6	13.4
(100)	3.5	F	VF	0.42	126	101	84.0	72.0	63.0	50.4	42.0	31.5	28.0	25.2	20.2	16.8	14.4
	4.0	F	VF	0.45	135	108	90.0	77.1	67.5	54.0	45.0	33.8	30.0	27.0	21.6	18.0	15.4
TP65015†	2.0	F	F	0.48	144	115	96.0	82.3	72.0	57.6	48.0	36.0	32.0	28.8	23.0	19.2	16.5
TP80015	2.5	F	F	0.54	162	130	108	92.6	81.0	64.8	54.0	40.5	36.0	32.4	25.9	21.6	18.5
TP110015	3.0	F	F	0.59	177	142	118	101	88.5	70.8	59.0	44.3	39.3	35.4	28.3	23.6	20.2
(100)	3.5	F	F	0.64	192	154	128	110	96.0	76.8	64.0	48.0	42.7	38.4	30.7	25.6	21.9
	4.0	F	F	0.68	204	163	136	117	102	81.6	68.0	51.0	45.3	40.8	32.6	27.2	23.3
TP6502†	2.0	M	F	0.65	195	156	130	111	97.5	78.0	65.0	48.8	43.3	39.0	31.2	26.0	22.3
TP8002	2.5	M	F	0.72	216	173	144	123	108	86.4	72.0	54.0	48.0	43.2	34.6	28.8	24.7
TP11002	3.0	M	F	0.79	237	190	158	135	119	94.8	79.0	59.3	52.7	47.4	37.9	31.6	27.1
(50)	3.5	F	F	0.85	255	204	170	146	128	102	85.0	63.8	56.7	51.0	40.8	34.0	29.1
	4.0	F	F	0.91	273	218	182	156	137	109	91.0	68.3	60.7	54.6	43.7	36.4	31.2
TP6503†	2.0	M	F	0.96	288	230	192	165	144	115	96.0	72.0	64.0	57.6	46.1	38.4	32.9
TP8003	2.5	M	F	1.08	324	259	216	185	162	130	108	81.0	72.0	64.8	51.8	43.2	37.0
TP11003	3.0	M	F	1.18	354	283	236	202	177	142	118	88.5	78.7	70.8	56.6	47.2	40.5
(50)	3.5	M	F	1.27	381	305	254	218	191	152	127	95.3	84.7	76.2	61.0	50.8	43.5
	4.0	M	F	1.36	408	326	272	233	204	163	136	102	90.7	81.6	65.3	54.4	46.6

（二）涡流扇形喷嘴（TT）

涡流扇形喷嘴，Turbo TeeJet，简写为TT，也叫涡流广角扇形喷嘴。

主要特点如下。

（1）在全面覆盖喷雾中实现均匀的喷雾。

（2）较大的圆形内部通道，无阻塞的通道设计，可减少喷头阻塞（图8-23、图8-24）。

（3）良好的防腐处理。

（4）良好的防磨特性，独特的内部结构大大延长使用寿命。

（5）较大的雾滴以较少飘移，适用压力0.2~0.6MPa。

用于全面处理，必须重叠两个临近喷嘴的扇形才能得到均匀的结果，重叠部分应该达到两个临近喷嘴之间距离50cm为宜，距靶标的高度控制50cm为宜，在这种喷嘴设计使扇形的中心部分输出量正常，但两个边缘的输出量低。适用于均匀地喷洒除草剂、杀菌剂和杀虫剂（表8-3）。

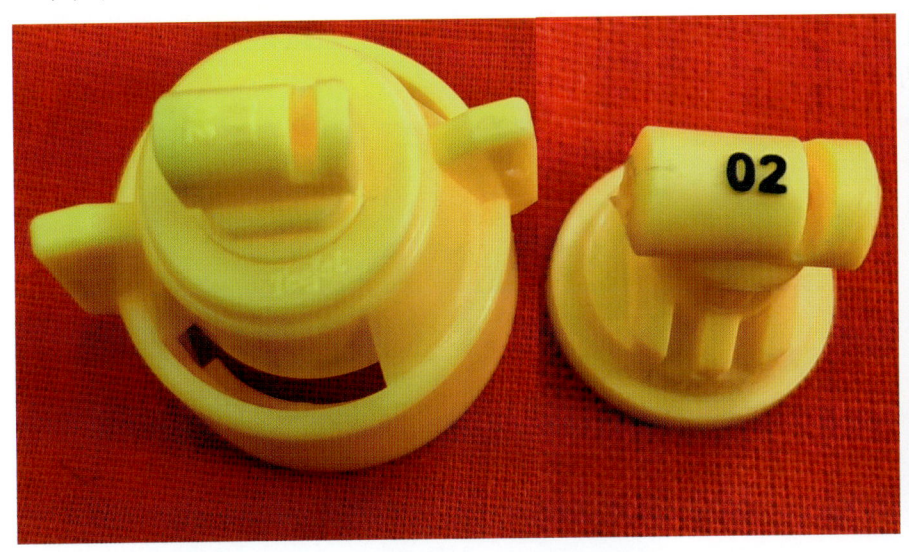

图8-23 涡流扇形喷嘴

图8-24 涡流扇形喷嘴解剖

表8-3 涡流扇形喷头型号、压力、细度和公顷喷液量

型号	kg	雾滴尺寸	单支喷嘴流量 L/min	4 km/h	5 km/h	6 km/h	7 km/h	8 km/h	10 km/h	12 km/h	16 km/h	18 km/h	20 km/h	25 km/h	30 km/h	35 km/h
TT11001 (100)	1.0	C	0.23	69.0	55.2	46.0	39.4	34.5	27.6	23.0	17.3	15.3	13.8	11.0	9.2	7.9
	2.0	M	0.32	96.0	76.8	64.0	54.9	48.0	38.4	32.0	24.0	21.3	19.2	15.4	12.8	11.0
	3.0	F	0.39	117	93.6	78.0	66.9	58.5	46.8	39.0	29.3	26.0	23.4	18.7	15.6	13.4
	4.0	F	0.45	135	108	90.0	77.1	67.5	54.0	45.0	33.8	30.0	27.0	21.6	18.0	15.4
	5.0	F	0.50	150	120	100	85.7	75.0	60.0	50.0	37.5	33.3	30.0	24.0	20.0	17.1
	6.0	F	0.55	165	132	110	94.3	82.5	66.0	55.0	41.3	36.7	33.0	26.4	22.0	18.9
TT110015 (100)	1.0	C	0.34	102	81.6	68.0	58.3	51.0	40.8	34.0	25.5	22.7	20.4	16.3	13.6	11.7
	2.0	M	0.48	144	115	96.0	82.3	72.0	57.6	48.0	36.0	32.0	28.8	23.0	19.2	16.5
	3.0	M	0.59	177	142	118	101	88.5	70.8	59.0	44.3	39.3	35.4	28.3	23.6	20.2
	4.0	M	0.68	204	163	136	117	102	81.6	68.0	51.0	45.3	40.8	32.6	27.2	23.3
	5.0	F	0.76	228	182	152	130	114	91.2	76.0	57.0	50.7	45.6	36.5	30.4	26.1
	6.0	F	0.83	249	199	166	142	125	99.6	83.0	62.3	55.3	49.8	39.8	33.2	28.5
TT11002 (50)	1.0	C	0.46	138	110	92.0	78.9	69.0	55.2	46.0	34.5	30.7	27.6	22.1	18.4	15.8
	2.0	C	0.65	195	156	130	111	97.5	78.0	65.0	48.8	43.3	39.0	31.2	26.0	22.3
	3.0	M	0.79	237	190	158	135	119	94.8	79.0	59.3	52.7	47.4	37.9	31.6	27.1
	4.0	M	0.91	273	218	182	156	137	109	91.0	68.3	60.7	54.6	43.7	36.4	31.2
	5.0	M	1.02	306	245	204	175	153	122	102	76.5	68.0	61.2	49.0	40.8	35.0
	6.0	F	1.12	336	269	224	192	168	134	112	84.0	74.7	67.2	53.8	44.8	38.4
TT110025 (50)	1.0	VC	0.57	171	137	114	97.7	85.5	68.4	57.0	42.8	38.0	34.2	27.4	22.8	19.5
	2.0	C	0.81	243	194	162	139	122	97.2	81.0	60.8	54.0	48.6	38.9	32.4	27.8
	3.0	M	0.99	297	238	198	170	149	119	99.0	74.3	66.0	59.4	47.5	39.6	33.9
	4.0	M	1.14	342	274	228	195	171	137	114	85.5	76.0	68.4	54.7	45.6	39.1
	5.0	M	1.28	384	307	256	219	192	154	128	96.0	85.3	76.8	61.4	51.2	43.9
	6.0	M	1.40	420	336	280	240	210	168	140	105	93.3	84.0	67.2	56.0	48.0
TT11003 (50)	1.0	VC	0.68	204	163	136	117	102	81.6	68.0	51.0	45.3	40.8	32.6	27.2	23.3
	2.0	C	0.96	288	230	192	165	144	115	96.0	72.0	64.0	57.6	46.1	38.4	32.9
	3.0	C	1.18	354	283	236	202	177	142	118	88.5	78.7	70.8	56.6	47.2	40.5
	4.0	M	1.36	408	326	272	233	204	163	136	102	90.7	81.6	65.3	54.4	46.6
	5.0	M	1.52	456	365	304	261	228	182	152	114	101	91.2	73.0	60.8	52.1
	6.0	M	1.67	501	401	334	286	251	200	167	125	111	100	80.2	66.8	57.3

（三）双扇面扇形喷嘴（TJ）

双扇面扇形喷嘴，TwinJet，Double Fan nozzle，简写为TJ、DF。

这种喷嘴有两个相同的喷孔，一个雾面前倾30°角，另一个后倾30°角。与相同流量的单孔扇形雾喷头相比，双喷孔扇形雾喷头的雾化性能较好，但喷孔太小，易于堵塞。主要用来喷施苗前除草剂，也可用来在谷类作物上喷施杀菌剂。

主要特点如下。

（1）在全面覆盖喷雾中实现均匀的喷雾，从前后两个角度双重喷雾。

（2）前后两个喷孔，水量更大，喷雾更匀、更细、更透（图8-25、图8-26）。

（3）适用压力0.2~0.6MPa。

用于全面处理，重叠部分应该达到两个临近喷嘴之间距离50cm为宜，距靶标的高度控制50cm为宜。适用于均匀地喷洒多种农药（表8-4）。

图8-25 双扇面扇形喷嘴

图8-26 双扇面扇形喷嘴解剖

表8-4 双扇面扇形喷头型号、压力、细度和公顷喷液量

型号	kg	雾滴尺寸 80°	雾滴尺寸 110°	单支喷嘴流量 L/min	4 km/h	5 km/h	6 km/h	7 km/h	8 km/h	10 km/h	12 km/h	16 km/h	18 km/h	20 km/h	25 km/h	30 km/h	35 km/h
TJ60-6501 TJ60-8001 (100)	2.0	VF		0.32	96.0	76.8	64.0	54.9	48.0	38.4	32.0	24.0	21.3	19.2	15.4	12.8	11.0
	2.5	VF		0.36	108	86.4	72.0	61.7	54.0	43.2	36.0	27.0	24.0	21.6	17.3	14.4	12.3
	3.0	VF		0.39	117	93.6	78.0	66.9	58.5	46.8	39.0	29.3	26.0	23.4	18.7	15.6	13.4
	3.5	VF		0.42	126	101	84.0	72.0	63.0	50.4	42.0	31.5	28.0	25.2	20.2	16.8	14.4
	4.0	VF		0.45	135	108	90.0	77.1	67.5	54.0	45.0	33.8	30.0	27.0	21.6	18.0	15.4
TJ60-650134 (100)	2.0			0.43	129	103	86.0	73.7	64.5	51.6	43.0	32.3	28.7	25.8	20.6	17.2	14.7
	2.5			0.48	144	115	96.0	82.3	72.0	57.6	48.0	36.0	32.0	28.8	23.0	19.2	16.5
	3.0			0.53	159	127	106	90.9	79.5	63.6	53.0	39.8	35.3	31.8	25.4	21.2	18.2
	3.5			0.57	171	137	114	97.7	85.5	68.4	57.0	42.8	38.0	34.2	27.4	22.8	19.5
	4.0			0.61	183	146	122	105	91.5	73.2	61.0	45.8	40.7	36.6	29.3	24.4	20.9
TJ60-6502 TJ60-8002 TJ60-11002 (100)	2.0	F	F	0.65	195	156	130	111	97.5	78.0	65.0	48.8	43.3	39.0	31.2	26.0	22.3
	2.5	F	VF	0.72	216	173	144	123	108	86.4	72.0	54.0	48.0	43.2	34.6	28.8	24.7
	3.0	F	VF	0.79	237	190	158	135	119	94.8	79.0	59.3	52.7	47.4	37.9	31.6	27.1
	3.5	F	VF	0.85	255	204	170	146	128	102	85.0	63.8	56.7	51.0	40.8	34.0	29.1
	4.0	F	VF	0.91	273	218	182	156	137	109	91.0	68.3	60.7	54.6	43.7	36.4	31.2
TJ60-6503 TJ60-8003 TJ60-11003 (100)	2.0	F	F	0.96	288	230	192	165	144	115	96.0	72.0	64.0	57.6	46.1	38.4	32.9
	2.5	F	F	1.08	324	259	216	185	162	130	108	81.0	72.0	64.8	51.8	43.2	37.0
	3.0	F	F	1.18	354	283	236	202	177	142	118	88.5	78.7	70.8	56.6	47.2	40.5
	3.5	F	F	1.27	381	305	254	218	191	152	127	95.3	84.7	76.2	61.0	50.8	43.5
	4.0	F	F	1.36	408	326	272	233	204	163	136	102	90.7	81.6	65.3	54.4	46.6

（四）涡流双扇面扇形喷嘴（TTJ）

涡流双扇面扇形喷嘴，Turbo TwinJet，简写为TTJ（图8-27、图8-28）。

主要特点如下。

（1）穿透农作物残茬或茂密枝叶。

（2）雾滴细小．覆盖充分。

（3）喷雾压力30～60 PSI（2～4kg）。

（4）多用每个出口间前后夹角60°。

（5）适用压力0.2～0.6MPa。

用于全面处理，必须重叠两个临近喷嘴的扇形才能得到均匀的结果，重叠部分应该达到两个临近喷嘴之间距离50cm为宜，距靶标的高度控制50cm为宜。适用于均匀地喷洒除草剂、杀菌剂和杀虫剂（表8-5）。

图8-27 涡流双扇面扇形喷嘴

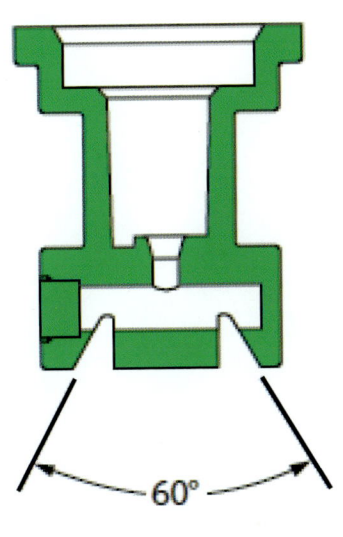

图8-28 涡流双扇面扇形喷嘴解剖

表8-5 涡流双扇面扇形喷头型号、压力、细度和公顷喷液量

型号	kg	雾滴尺寸	单支喷嘴流量 L/min	4 km/h	5 km/h	6 km/h	7 千米/时	8 km/h	10 km/h	12 km/h	16 km/h	18 km/h	20 km/h	25 km/h	30 km/h	35 km/h
TTJ60-11002 (100)	1.5	C	0.56	168	134	112	96.0	84.0	67.2	56.0	42.0	37.3	33.6	26.9	22.4	19.2
	2.0	C	0.65	195	156	130	111	97.5	78.0	65.0	48.8	43.3	39.0	31.2	26.0	22.3
	3.0	C	0.79	237	190	158	135	119	94.8	79.0	59.3	52.7	47.4	37.9	31.6	27.1
	4.0	M	0.91	273	218	182	156	137	109	91.0	68.3	60.7	54.6	43.7	36.4	31.2
	5.0	M	1.02	306	245	204	175	153	122	102	76.5	68.0	61.2	49.0	40.8	35.0
	6.0	M	1.12	336	269	224	192	168	134	112	84.0	74.7	67.2	53.8	44.8	38.4
TTJ60-110025 (100)	1.5	VC	0.70	210	168	140	120	105	84.0	70.0	52.5	46.7	42.0	33.6	28.0	24.0
	2.0	C	0.81	243	194	162	139	122	97.2	81.0	60.8	54.0	48.6	38.9	32.4	27.8
	3.0	C	0.99	297	238	198	170	149	119	99.0	74.3	66.0	59.4	47.5	39.6	33.9
	4.0	C	1.14	342	274	228	195	171	137	114	85.5	76.0	68.4	54.7	45.6	39.1
	5.0	M	1.28	384	307	256	219	192	154	128	96.0	85.3	76.8	61.4	51.2	43.9
	6.0	M	1.40	420	336	280	240	210	168	140	105	93.3	84.0	67.2	56.0	48.0
TTJ60-11003 (100)	1.5	VC	0.83	249	199	166	142	125	99.6	83.0	62.3	55.3	49.8	39.8	33.2	28.5
	2.0	C	0.96	288	230	192	165	144	115	96.0	72.0	64.0	57.6	46.1	38.4	32.9
	3.0	C	1.18	354	283	236	202	177	142	118	88.5	78.7	70.8	56.6	47.2	40.5
	4.0	C	1.36	408	326	272	233	204	163	136	102	90.7	81.6	65.3	54.4	46.6
	5.0	C	1.52	456	365	304	261	228	182	152	114	101	91.2	73.0	60.8	52.1
	6.0	M	1.67	501	401	334	286	251	200	167	125	111	100	80.2	66.8	57.3

（五）防飘扇形喷嘴（TT）

防飘扇形喷嘴，Turbo TeeJet，简写为TT，也叫涡流广角扇形喷嘴。

主要特点如下。

（1）在全面覆盖喷雾中实现均匀地喷雾。

（2）较大的圆形内部通道，无阻塞的通道设计，可减少阻塞（图8-29、图8-30）。

（3）良好的防腐处理。

（4）良好的防磨特性，独特的内部结构大大延长使用寿命。

（5）较大的雾滴以较少飘移，适用压力0.2~0.6MPa。

用于全面处理，必须重叠两个临近喷嘴的扇形才能得到均匀的结果，距靶标的高度控制50cm为宜。适用于均匀地喷洒多种农药（表8-6）。

图8-29 防飘扇形喷嘴

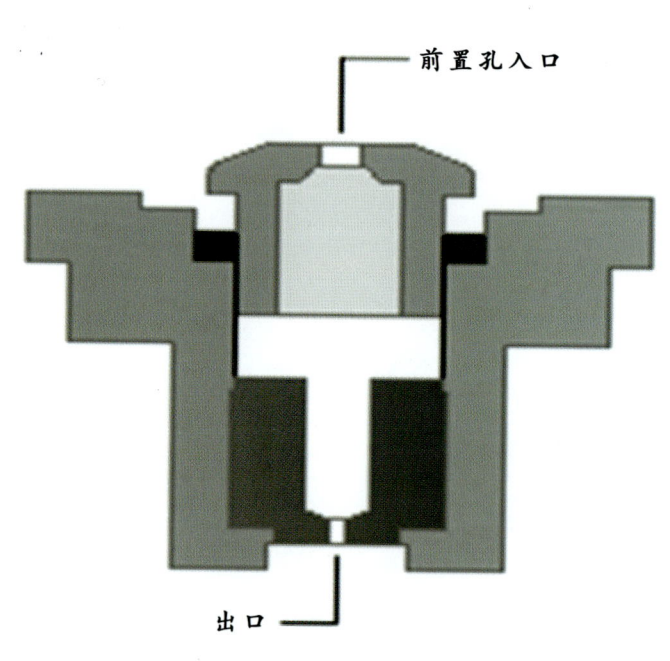

图8-30 防飘扇形喷嘴解剖

表8-6 防飘扇形喷头型号、压力、细度和公顷喷液量

型号	压力 kg	雾滴尺寸 80°	雾滴尺寸 110°	单支喷嘴流量 L/min	4 km/h	5 km/h	6 km/h	7 km/h	8 km/h	10 km/h	12 km/h	16 km/h	18 km/h	20 km/h	25 km/h	30 km/h	35 km/h
DG80015† DG110015 (100)	2.0	M	M	0.48	144	115	96.0	82.3	72.0	57.6	48.0	36.0	32.0	28.8	23.0	19.2	16.5
	2.5	M	F	0.54	162	130	108	92.6	81.0	64.8	54.0	40.5	36.0	32.4	25.9	21.6	18.5
	3.0	M	F	0.59	177	142	118	101	88.5	70.8	59.0	44.3	39.3	35.4	28.3	23.6	20.2
	4.0	M	F	0.68	204	163	136	117	102	81.6	68.0	51.0	45.3	40.8	32.6	27.2	23.3
	5.0	F	F	0.76	228	182	152	130	114	91.2	76.0	57.0	50.7	45.6	36.5	30.4	26.1
DG8002† DG11002 (50)	2.0	C	M	0.65	195	156	130	111	97.5	78.0	65.0	48.8	43.3	39.0	31.2	26.0	22.3
	2.5	M	M	0.72	216	173	144	123	108	86.4	72.0	54.0	48.0	43.2	34.6	28.8	24.7
	3.0	M	M	0.79	237	190	158	135	119	94.8	79.0	59.3	52.7	47.4	37.9	31.6	27.1
	4.0	M	M	0.91	273	218	182	156	137	109	91.0	68.3	60.7	54.6	43.7	36.4	31.2
	5.0	M	M	1.02	306	245	204	175	153	122	102	76.5	68.0	61.2	49.0	40.8	35.0
DG8003† DG11003 (50)	2.0	C	C	0.96	288	230	192	165	144	115	96.0	72.0	64.0	57.6	46.1	38.4	32.9
	2.5	M	M	1.08	324	259	216	185	162	130	108	81.0	72.0	64.8	51.8	43.2	37.0
	3.0	M	M	1.18	354	283	236	202	177	142	118	88.5	78.7	70.8	56.6	47.2	40.5
	4.0	M	M	1.36	408	326	272	233	204	163	136	102	90.7	81.6	65.3	54.4	46.6
	5.0	M	M	1.52	456	365	304	261	228	182	152	114	101	91.2	73.0	60.8	52.1

（六）防飘双扇面扇形喷嘴（DGTJ）

防飘双扇面扇形喷嘴，Anti-drift double fan nozzle，简称DGTJ。

主要特点如下。

（1）双重扇形喷雾，前后60°喷雾，实现全面覆盖喷雾时覆盖均匀一致。

（2）与TwinJet喷嘴相比，DG TwinJet喷嘴产生更大雾滴，能更好地控制飘移。

（3）双重角度喷雾类型有助于更好地穿透顶部叶面，实现整叶全面喷雾。

（4）在该喷头中液体从一个小孔流入喷头内的一个小腔，再从这个小腔通过1个短通道至2个喷孔喷出，前置孔的设计可以减少液体在喷口处的速度和压力，形成较大的雾滴，明显降低飘移（图8-31、图8-32）。

（5）带颜色编码的可拆卸前置喷孔，利于清洗操作。

（6）由于前置喷孔设计，此种喷嘴不适用于止回阀喷嘴滤器。

（7）较大的雾滴以较少飘移，适用压力0.2～0.4MPa。

用于全面处理，必须重叠两个临近喷嘴的扇形才能得到均匀的结果，距靶标的高度控制50cm为宜。适用于均匀地喷洒多种农药（表8-7）。

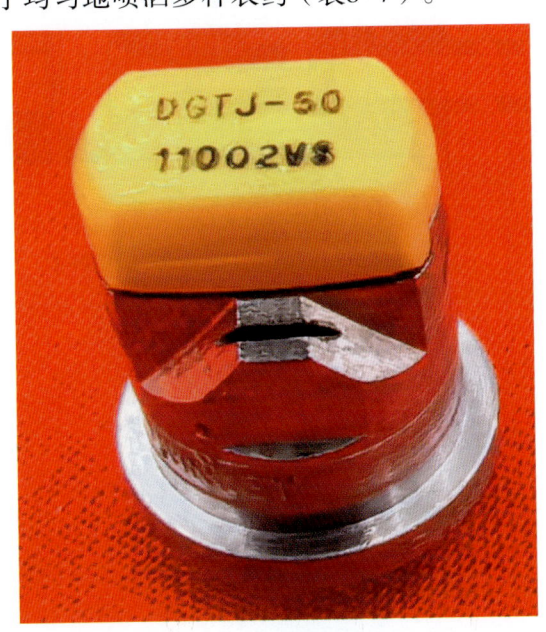

图8-31 防飘双扇面扇形喷嘴

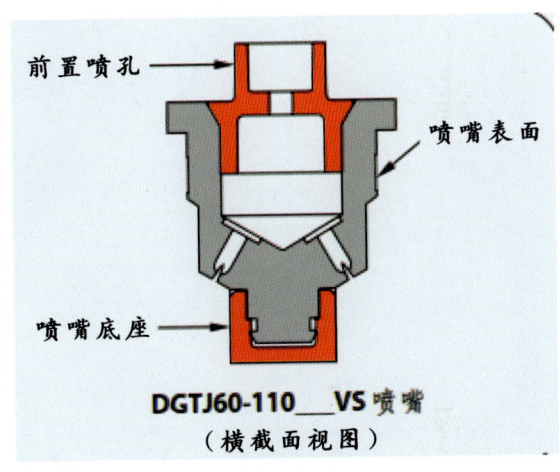

图8-32 防飘双扇面扇形喷嘴解剖

表8-7 防飘双扇面扇形喷头型号、压力、细度和公顷喷液量

型号	kg	雾滴尺寸	单支喷嘴流量 L/min	4 km/h	5 km/h	6 km/h	7 km/h	8 km/h	10 km/h	12 km/h	16 km/h	18 km/h	20 km/h	25 km/h	30 km/h	35 km/h
DGTJ60-110015 (100)	2.0	F	0.48	144	115	96.0	82.3	72.0	57.6	48.0	36.0	32.0	28.8	23.0	19.2	16.5
	2.5	F	0.54	162	130	108	92.6	81.0	64.8	54.0	40.5	36.0	32.4	25.9	21.6	18.5
	3.0	F	0.59	177	142	118	101	88.5	70.8	59.0	44.3	39.3	35.4	28.3	23.6	20.2
	3.5	F	0.64	192	154	128	110	96.0	76.8	64.0	48.0	42.7	38.4	30.7	25.6	21.9
	4.0	F	0.68	204	163	136	117	102	81.6	68.0	51.0	45.3	40.8	32.6	27.2	23.3
DGTJ60-11002 (100)	2.0	M	0.65	195	156	130	111	97.5	78.0	65.0	48.8	43.3	39.0	31.2	26.0	22.3
	2.5	M	0.72	216	173	144	123	108	86.4	72.0	54.0	48.0	43.2	34.6	28.8	24.7
	3.0	F	0.79	237	190	158	135	119	94.8	79.0	59.3	52.7	47.4	37.9	31.6	27.1
	3.5	F	0.85	255	204	170	146	128	102	85.0	63.8	56.7	51.0	40.8	34.0	29.1
	4.0	F	0.91	273	218	182	156	137	109	91.0	68.3	60.7	54.6	43.7	36.4	31.2

（七）气吸型扇形喷嘴（AI）

气吸型扇形喷嘴，Air suction fan nozzle，简写为AI。

主要特点如下。

（1）不锈钢嵌体形成边部渐缩扇形喷雾类型，实现全面覆盖喷雾时覆盖均匀一致。

（2）通过文氏吸气结构，可产生较大的充气雾滴（图8-33、图8-34）。

（3）聚合物嵌体支座和前置喷孔，雾滴大，飘移少。

（4）较大的雾滴以较少飘移，适用压力0.2～0.4MPa。

用于全面处理，必须重叠两个临近喷嘴的扇形才能得到均匀的结果，重叠部分应该达到两个临近喷嘴之间距离50cm为宜，距靶标的高度控制50cm为宜，在这种喷嘴设计使扇形的中心部分输出量正常，但两个边缘的输出量低。适用于均匀地喷洒多种农药（表8-8）。

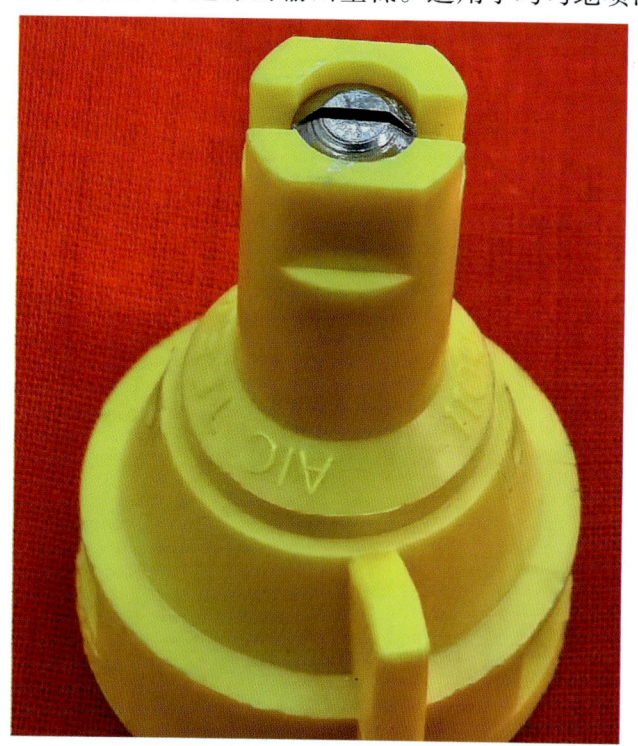

图8-33 气吸型扇形喷嘴

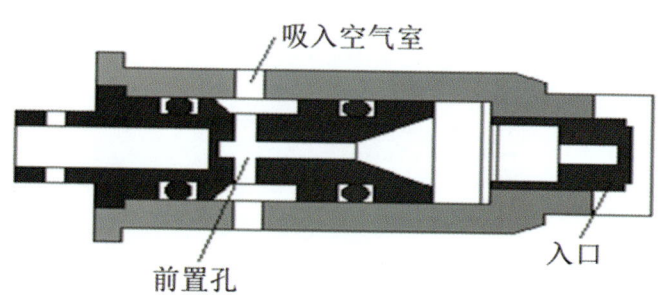

图8-34 气吸型扇形喷嘴解剖

表8-8 气吸型扇形喷头型号、压力、细度和公顷喷液量

型号	压力 kg	雾滴尺寸 110°	单支喷嘴流量 L/min	4 km/h	5 km/h	6 km/h	7 km/h	8 km/h	10 km/h	12 km/h	16 km/h	18 km/h	20 km/h	25 km/h	30 km/h	35 km/h
AI80015 AI110015 (100)	2.0	VC	0.48	144	115	96.0	82.3	72.0	57.6	48.0	36.0	32.0	28.8	23.0	19.2	16.5
	3.0	VC	0.59	177	142	118	101	88.5	70.8	59.0	44.3	39.3	35.4	28.3	23.6	20.2
	4.0	C	0.68	204	163	136	117	102	81.6	68.0	51.0	45.3	40.8	32.6	27.2	23.3
	5.0	C	0.76	228	182	152	130	114	91.2	76.0	57.0	50.7	45.6	36.5	30.4	26.1
	6.0	C	0.83	249	199	166	142	125	99.6	83.0	62.3	55.3	49.8	39.8	33.2	28.5
	7.0	C	0.90	270	216	180	154	135	108	90.0	67.5	60.0	54.0	43.2	36.0	30.9
	8.0	C	0.96	288	230	192	165	144	115	96.0	72.0	64.0	57.6	46.1	38.4	32.9
AI8002 AI11002 (50)	2.0	VC	0.65	195	156	130	111	97.5	78.0	65.0	48.8	43.3	39.0	31.2	26.0	22.3
	3.0	VC	0.79	237	190	158	135	119	94.8	79.0	59.3	52.7	47.4	37.9	31.6	27.1
	4.0	VC	0.91	273	218	182	156	137	109	91.0	68.3	60.7	54.6	43.7	36.4	31.2
	5.0	C	1.02	306	245	204	175	153	122	102	76.5	68.0	61.2	49.0	40.8	35.0
	6.0	C	1.12	336	269	224	192	168	134	112	84.0	74.7	67.2	53.8	44.8	38.4
	7.0	C	1.21	363	290	242	207	182	145	121	90.8	80.7	72.6	58.1	48.4	41.5
	8.0	C	1.29	387	310	258	221	194	155	129	96.8	86.0	77.4	61.9	51.6	44.2

（八）空心圆锥雾喷头（TXA）

空心圆锥雾喷头，Hollow Cone Nozzles，简写为TXA、HC（图8-35、图8-36）。

空心圆锥雾喷头在我国使用最多。这种喷头所产生的雾滴是从不同的角度到达靶标表面，所以圆锥雾喷头最适合喷雾处理复杂的茎叶，例如在阔叶作物（如马铃薯）等作物上喷施杀虫剂和杀菌剂。

主要特点如下。

（1）适合喷施苗后触杀型除草剂、杀菌剂和杀虫剂，可确保细小雾滴到达施药目标区域在全面覆盖喷雾中实现均匀地喷雾。

（2）压力为0.3MPa及以上时，与落叶剂和叶面肥配合使用。

（3）微细雾化，确保充分覆盖。

（4）最大工作压力为2MPa，0.7MPa时80°喷雾角度。

（5）雾滴谱较宽、喷药均匀度较差。

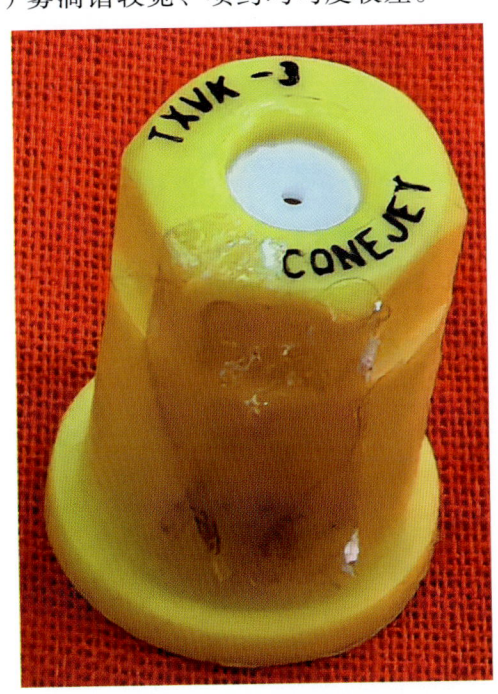

图8-35 空心圆锥雾喷头

图8-36 空心圆锥雾喷头喷雾效果

（九）实心圆锥雾喷头（FU）

实心圆锥雾喷头，Full Cone Nozzle、Solid Cone Nozzle，简写为FU（图8-37、图8-38）。

实心锥雾范围内形成较粗的雾滴，可减少飘移，适于与喷雾自动控制装置配合使用。喷雾压力0.1～0.3MPa，适于喷洒苗前除草剂、苗后触杀性和灭生性除草剂、液体肥料等。

主要特点如下。

（1）适合于小区施药，不适合用在喷雾机的喷杆上，这种喷头也可用在果园风送式喷雾机上。

（2）较粗的雾滴，可减少飘移。

（3）雾滴谱较宽、喷药均匀度较差。

图8-37　实心圆锥喷头

图8-38　实心圆锥喷头喷雾效果

四、喷头的应用与维护

（一）喷头型号的选择

喷头是喷雾器的核心部件，喷头质量直接影响着农药的应用效果，购买喷头时应到专业的公司采购专业的、高质量的喷头。喷头型号的选择是由农药品种和靶标的表面所决定的。

液力式喷头所产生的雾滴直径大小并不都是一致的，一般来讲，为了使药剂在靶标的叶片或蕾芽上有良好的沉积，需要采用细雾喷撒法喷施杀虫剂和杀菌剂。喷施除草剂时，为了防止药液飘移，就需要采取中雾或粗雾法。

雾滴尺寸直接影响到病虫草害的防治效果和飘移控制。在给定压力下，减小雾滴尺寸50%，则形成8倍数量的小雾滴，小的雾滴能提高对作物的覆盖率，更容易被叶片的小绒毛和害虫吸收；但太小的雾滴在喷洒过程中会蒸发掉一部分，且抗飘移性和穿透性差，到达不了目标。由此可见雾滴的尺寸是喷雾质量高低的一个重要指标。

影响雾滴大小和喷雾质量的参数很多，如药液的特性（比重、黏度、表面张力等），而操作人员对以下因素的选择则对喷雾质量有决定性的影响。

（1）喷头的类型。应大力推广扇形喷头、防飘移的扇形喷头；作物密度较大时，应使用双扇面扇形喷头、防飘移的双扇面扇形喷头。淘汰圆锥喷头，特别是低压喷雾器和大孔径的圆锥喷头，雾化差、雾滴大、均匀度低，出现药效不稳、药害频繁。

（2）喷头大小。相同类型的喷头、相同雾锥角、相同压力下，喷雾量小的喷头产生的雾滴比喷雾量大的喷头小；在相同喷雾量、相同压力和相同雾锥角的情况下，空心锥雾喷头产生的雾滴一般要比扁扇喷头产生的雾滴小。

（3）喷雾压力。对于任何喷头，提高喷雾压力可使雾滴直径减小。

（4）喷雾角度（或扇角）。在喷雾压力和喷雾量相同情况下，110°的扇形喷头产生的雾滴比80°雾锥角的雾滴小。用于大型喷杆式喷雾机的喷头主要以扇形雾喷头为主，喷头的喷雾角度有25°、65°、80°和110°等几种。小角度穿透力强（同样雾滴大小时），但分布的均匀性不如大雾锥角喷头。一般大田使用110°雾锥角的喷头，而密度较高、需要一定穿透力的作物则喷头的雾锥角相应减小。另外，对于不同喷幅的带状作业，要求的雾锥角不同。

适于不同用途的喷头种类很多。有用于大型喷雾机安装的不同喷雾角、适用于不同压力、产生不同大小雾滴直径的扁扇喷头；用于产生较大直径雾滴、抗飘移性能好的低飘移喷头；主要用于喷洒除草剂的广角喷头；也有背负式手动喷雾机上安装的空心、实心锥雾喷头和用于低量、超低量喷雾的转子喷头等。

（二）喷头的安装与使用

1. 喷头在喷杆上的安装尺寸

喷头在喷杆上的安装要与地面平行，高度要适当，喷头距靶标过近因受地形影响容易造成漏喷，喷头过高受风力影响雾滴覆盖也不均匀，喷头一般距靶标高度40~60cm，喷头喷雾扇面与喷杆要成10°，两个扇形喷头喷雾扇面在地面应重叠30%~50%（图8-39和图8-40），这种布置在整个喷幅内雾量分布最为均匀，喷头角度、喷头间距与喷杆高度的关系，喷雾的雾面积重叠百分比计算公式为：$Z=(X-W)/X \times 100$（式中，Z为重叠百分比；W为喷头间距；X为喷雾形状宽度）。

2. 喷头的安装高度

喷头的雾近三角形，必须有一定的高度才能充分的雾化和重叠均匀，在喷杆上的安装高度要适当，喷头距靶标过近因受地形影响容易造成漏喷，喷头过高受风力影响雾滴覆盖也不均匀，喷头一般距靶标高度40~60cm（图8-40、表8-9）。

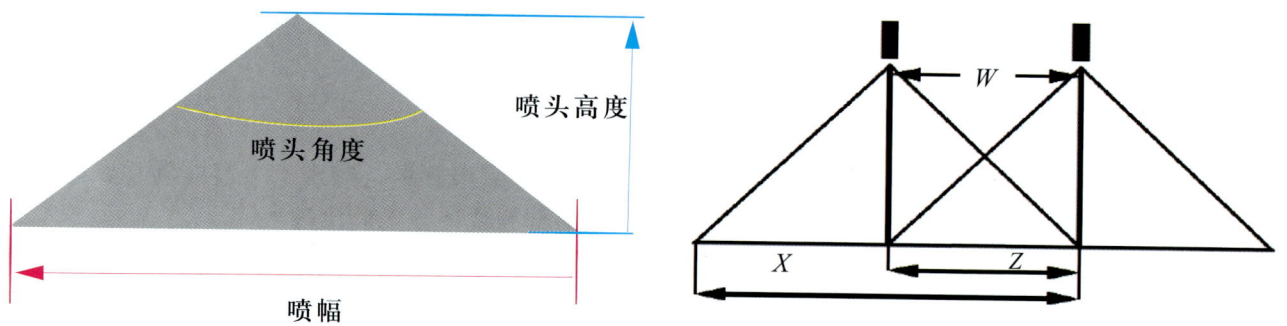

图8-39 喷头喷幅和安装高度　　　　　　　　图8-40 喷头重叠方式和安装距离

表8-9 喷头安装高度和喷头间的安装距离

喷头角度 /(°)	不同喷头间距时的安装距离		
	50cm	54cm	75cm
65	75	70	100
80	60	65	80
110	40	55	60
120	40	50	60
150	40	50	60

影响喷头高度的因素是多方面的，如雾化程度、喷头雾量分布曲线、雾锥角度和喷幅、气候影响、雾滴直径大小、地表状况、机具结构等。

1）雾化程度

药液经喷头喷出后，应经过充分雾化，雾滴落到沉附表面时，其雾滴直径、雾滴均匀性、雾滴分布，均应达到农业技术要求规定值。如果雾滴未充分雾化而落于沉附表面，有时尽管其雾量分布均匀，但雾化不良，雾滴直径、雾滴均匀性、雾滴分布都不能满足农业技术要求。

2）喷头的雾量分布曲线

扇形喷头、实心喷头、空心喷头其雾量分布为正态分布曲线，这几种喷头在调节喷杆达最佳高度并配合以适当喷头间距和雾锥角时，可使地面雾量分布均匀。

3）喷头雾锥角度和喷幅

雾锥角度与压力有关。压力增加雾锥角度随之加大，而雾锥角度增加，喷幅又随之加大。在雾锥角大的情况下，相邻喷头的喷幅容易提前重叠而获得理想的地面雾量均匀分布，此时，喷杆距地面较低。雾锥角度小，地面相邻喷幅重叠推迟，此时，喷杆位置较高。在雾锥角度小，地面喷幅又不重迭的情况下，易产生雾量分布不匀、局部漏喷和局部产生药害等情况。

4）气候影响

在实际作业中，雾滴由于受到风的影响（阻力或飘移），降落的时间还要更长些。因此，喷头高度越低越好，以便尽量减少雾滴的飘移损失。据试验，在大气处于饱和状态而其温度为18℃时，直径为1mm的水滴约经11min蒸发完毕；而直径为10μm的水滴，只需0.06m即蒸发完毕。从温度影响来看，喷头高度的确定也是越低越好，以尽量减少由于蒸发带来的雾量损失。

（三）喷头的磨损与清洗

1.喷头的磨损

喷头的磨损会影响喷量，孔径变大或变形（图8-41），并且会改变原有的喷雾质量（图8-42）。用磨损后的喷头大面积喷洒农药，不但将增加作业成本，同时增大发生药害的可能性。当喷头在使用过程中，压力不变，其流量超过初始流量的15%时，即应更换喷头。影响喷头磨损的因素：喷射压力、农药剂型和浓度、喷头类型和尺寸、喷嘴材料和构造以及当前操作环境等。

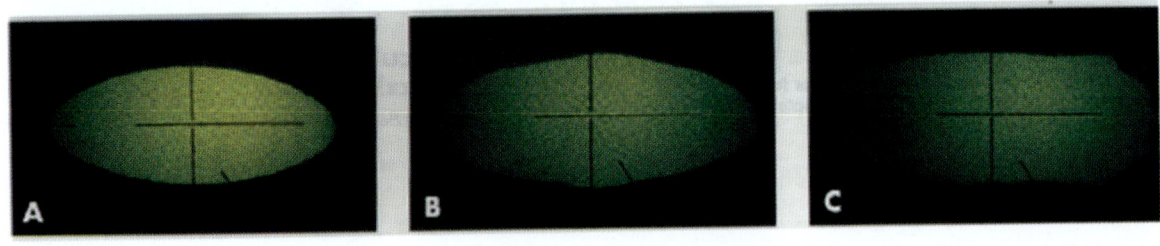

图8-41 喷嘴磨损对喷口形状的影响

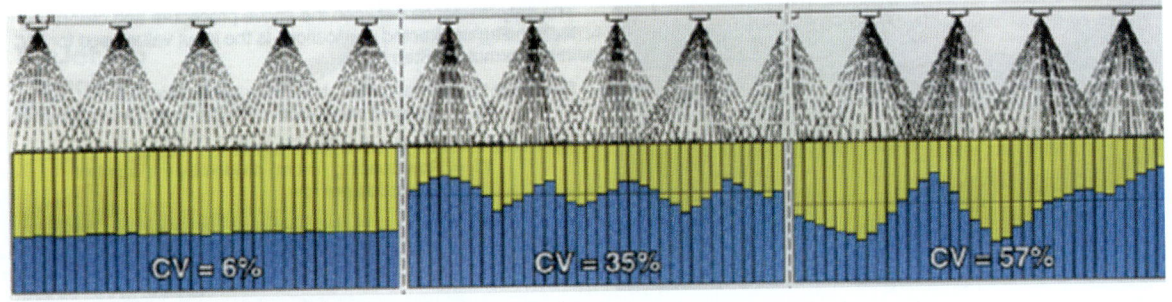

图8-42 喷头磨损和损坏对喷雾均匀率的影响

2.喷头的堵塞和清洗

农药制剂质量差，颗粒粗大，可湿性粉剂和悬浮剂分散不好，就会引起喷头堵塞，影响喷雾效果；配制药液要用洁净水，不要用脏水、泥水，水中的固体悬浮物太多可能会堵塞喷嘴；喷雾器有多级过滤装置，一般在药液箱加液口、喷杆开关前、喷头处等至少有三级过滤装置，滤网丢失或损坏，水中的大颗粒杂质会进入喷雾器堵塞喷头。所以，在田间喷雾前，要检查所用喷雾器械的滤网，施用干净水源和优质农药。

喷头是精密的喷洒部件，孔径大小决定着雾滴大小、喷雾形状和喷头流量。发现喷头堵塞后，若用坚硬的金属刀具、钢钉等来处理喷头，喷头很容易被损坏。可用毛刷清洗喷孔、冲洗喷头，然后戴着乳胶手套进行故障排除，严禁用嘴吹吸喷头和滤网。

第九章 压力泵的结构与应用

一、压力泵的原理与类型

喷雾机压力泵的作用是将药液转换为高压药液,以克服喷雾管道阻力,不断流到喷头,通过喷头雾化而喷洒到农作物上。

喷雾机压力泵主要有柱塞泵、齿轮泵和隔膜泵3种。

(一)柱塞泵

柱塞泵工作原理:柱塞泵依靠柱塞在缸体中往复运动,使密封工作容腔的容积发生变化来实现吸液、压液(图9-1)。

三缸柱塞泵优势如下。

(1)柱塞与泵室不接触,利用"V"形密封圈密封,柱塞不易磨损,使用寿命长。

(2)额定压力高,转速高,泵的驱动功率大、效率高,容积效率为95%左右,总效率为90%左右,在喷嘴相同的条件下可产生更高的压力雾化更好。

(3)压力稳定,可进行长时间的工作(24h)。

(4)寿命长,能承受复杂的工作环境。

(5)变量方便,形式多。

(6)单位功率的重量轻。

三缸柱塞泵缺点如下。

(1)结构较复杂,零件数较多。

(2)制造工艺要求较高,成本较贵。

(3)要求较高的过滤精度,对使用和维护要求比较高。

图9-1 三缸柱塞泵

(二)齿轮泵

齿轮泵用两个齿轮互啮转动来工作,对介质要求不高,流量较大。

齿轮泵用齿轮传动来提供动力,齿轮泵是定量泵,多用于低精度中低压控制。齿轮油泵在泵体中装有一对回转齿轮,一个主动、一个被动,依靠两齿轮的相互啮合,把泵内的整个工作腔分两个独立的部分。A为吸入腔,B为排出腔。齿轮泵在运转时主动齿轮带动被动齿轮旋转,当齿轮从啮合到脱开时在吸入侧(A)就形成局部真空,液体被吸入。被吸入的液体充满齿轮的各个齿谷而带到排出侧(B),齿轮进入啮合时液体被挤出,形成高压液体并经泵排出口排出泵外(图9-2和图9-3)。

齿轮泵特点如下。

(1)结构简单,制造方便,结构紧凑,成本低,价格低廉,体积小,重量轻,使用和保养方便。

(2)齿轮油泵的润滑是靠输送的液体而自动达到的,不能空转。

(3)缺点是径向液压力不平衡,流量和压力脉动大,压力不稳定,噪声大,排量不可调节。

（4）齿轮泵易磨损（介质是水），时间一长，齿轮间隙变大，泵压力就达不到原来的压力。

（5）齿轮油泵广泛应用于石油、化工、船舶、电力、粮油、医疗、建材及国防等行业。

（6）齿轮油泵适用于输送不含固体颗粒和纤维、无腐蚀性、温度不高于150℃、黏度5～1 500cst的润滑油或性质类似润滑油的其他液体。

图9-2　齿轮泵

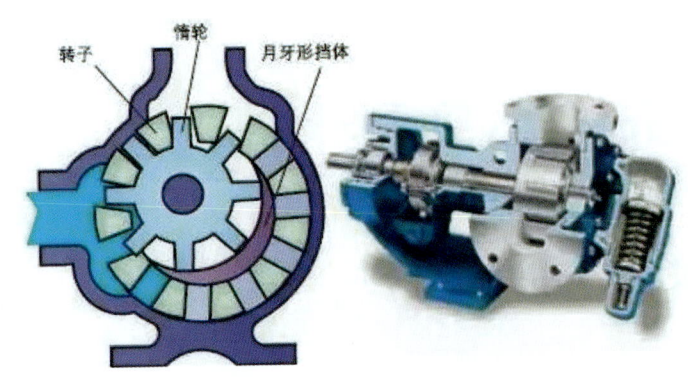

图9-3　齿轮泵结构示意图

（三）隔膜泵

隔膜泵是依靠一个隔膜片的来回鼓动改变工作室容积从而吸入和排出液体的（图9-4和图9-5）。隔膜泵膜片根据不同液体介质分别采用丁腈橡胶、氯丁橡胶、氟橡胶、聚四氟乙烯、聚四六乙烯等安置在各种特殊场合，用来抽送各种介质以满足需要。

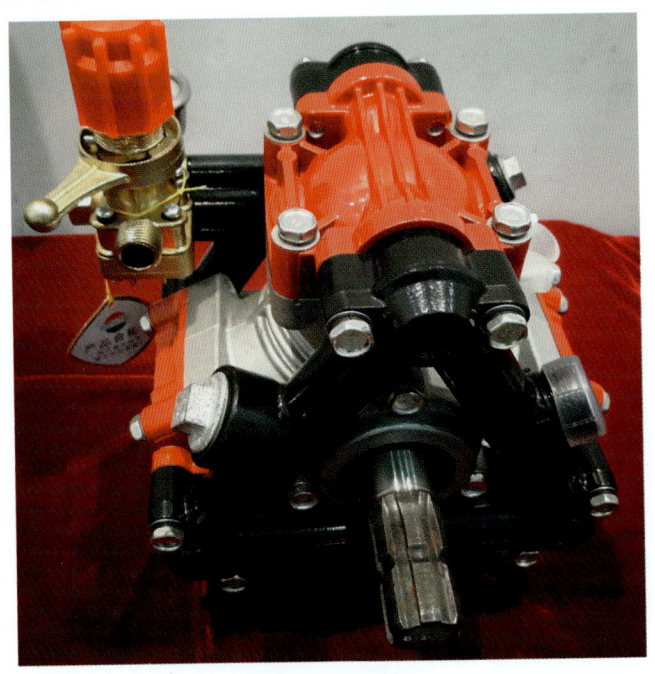

图9-4　隔膜泵

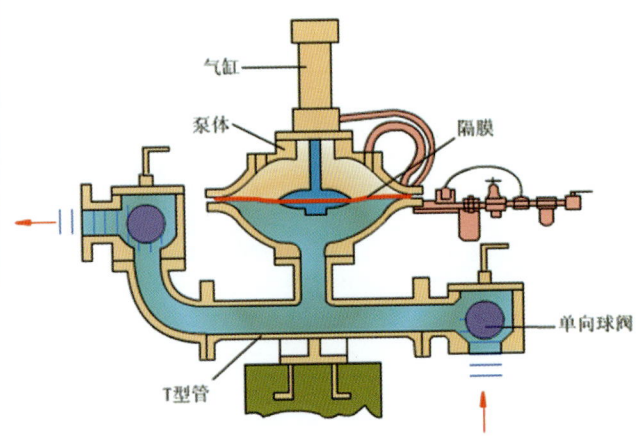

图9-5　隔膜泵结构示意图

隔膜泵特点如下。

（1）借助薄膜将被输液体与活柱和泵缸隔开，从而保护活柱和泵缸。

（2）隔膜泵结构简单，体积小、重量轻，价格也比较便宜，维护成本低。

（3）隔膜泵可输送带杂质和黏稠的物料，耐腐蚀、操作与保养方便。

（4）在整个压力范围内，压力控制良好，适用于质感、水等的大容量输送。

（5）吸料较困难，容易产生空穴现象，即空气进入泵槽内。

（6）不能处理高黏度涂料。

（7）必须保持清洁（小的移动部件），需要不断维护。

（8）膜片经常失效。

二、柱塞泵的结构原理与类型

（一）三缸柱塞泵的工作原理

柱塞每个循环的供液量取决于供液冲程，该冲程是可变的，而不受凸轮轴控制。柱塞泵工作时，在喷液泵凸轮轴上的凸轮和柱塞弹簧的作用下，迫使柱塞上下运动，完成抽液任务。

当活塞远离泵阀向左运动时，工作室的容积增大形成低压，吸入阀被泵外液体推开而进入泵缸内，排出阀因受排出管内液体压力而关闭。活塞移至右端点时即完成吸入行程。当活塞靠近泵阀向右运动时，液体受到挤压使压力增高，从而推开排出阀而压入排出管路，吸入阀则被关闭。活塞移动到最靠近泵阀处时排液结束，完成了一个工作循环。活塞如此往复运动，液体间断地被吸入泵缸和排入压出管路，达到输液的目的（图9-6）。

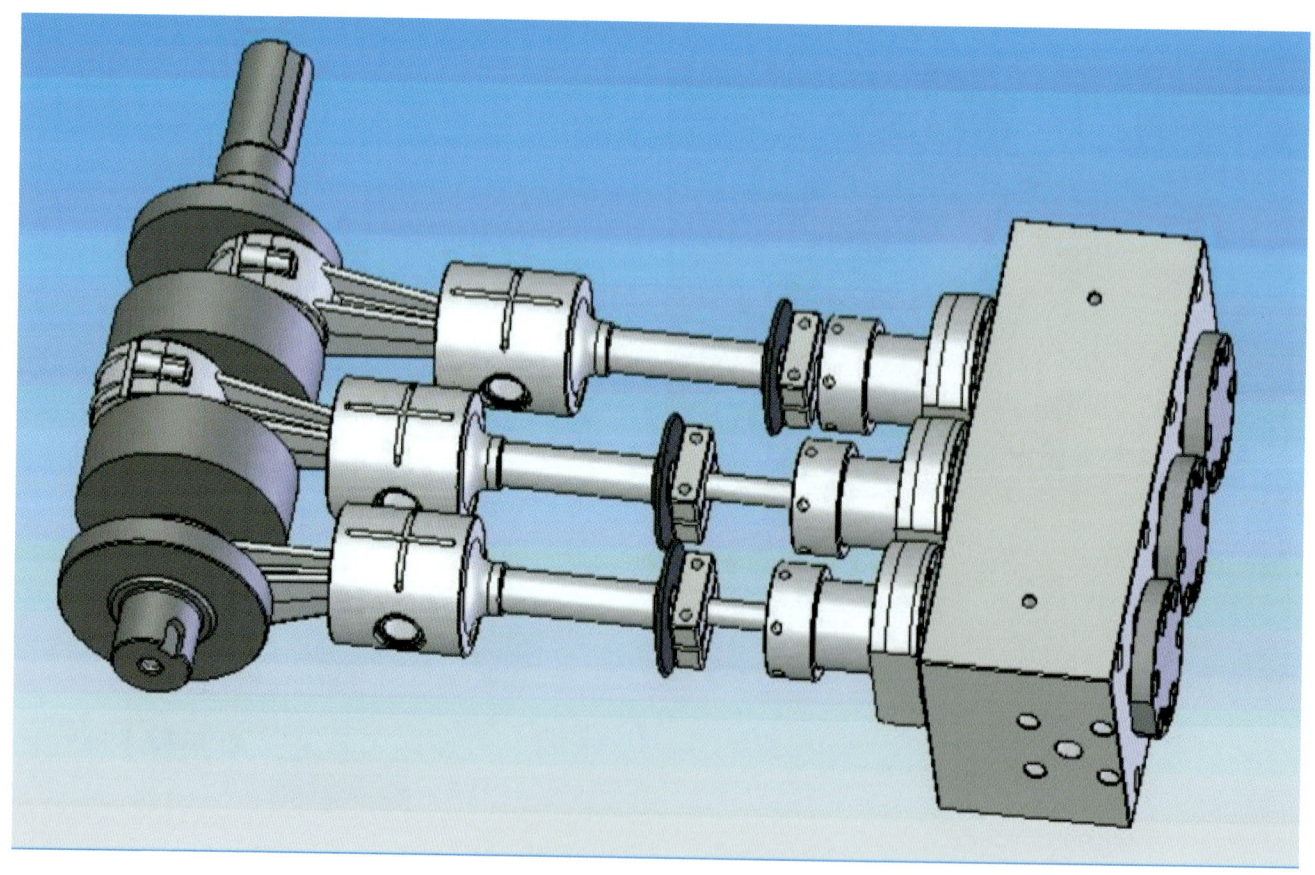

图9-6　三缸柱塞泵的工作原理

（二）三缸柱塞泵的结构

三缸柱塞泵，主要由泵体、柱塞、调压阀、出水管、活门、动力轴等组成（图9-7至图9-14）。

第九章 压力泵的结构与应用　117

图9-7　三缸柱塞泵结构

- 主回水管
- 出水管及开关
- 调水量开关
- 黄油杯
- 加油口
- 泵体
- 调压阀

图9-8　三缸柱塞泵解剖示意

- 压力表
- 出水开关
- 出水管
- 调压阀
- 调回水量开关
- 回水管

图9-9　三缸柱塞泵解剖

- 回水管
- 活门
- 动力输入轴
- 活塞
- 黄油杯
- 加油口
- 泵体
- 进水管

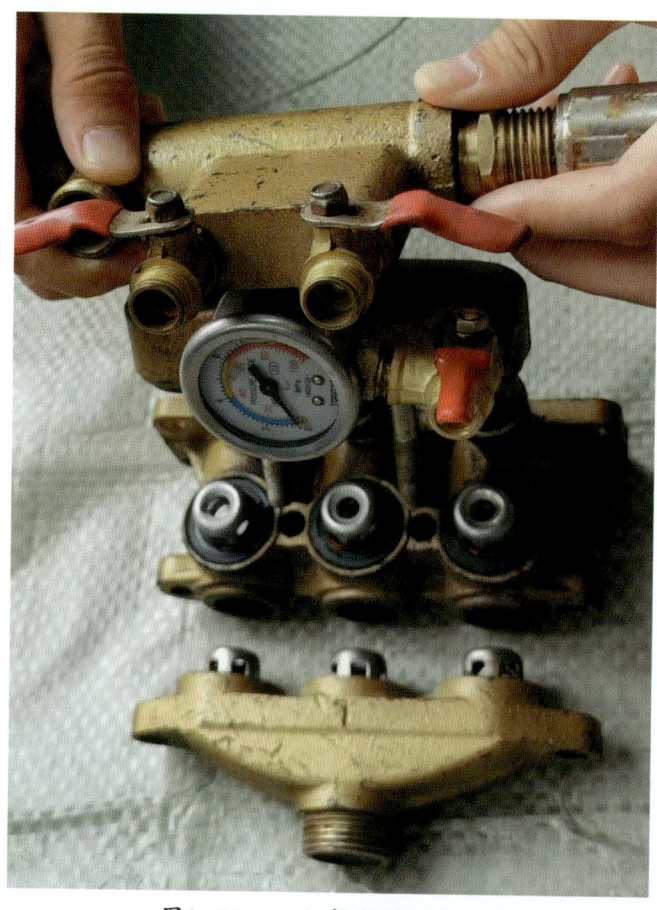

图9-10　三缸柱塞泵活门安装示意

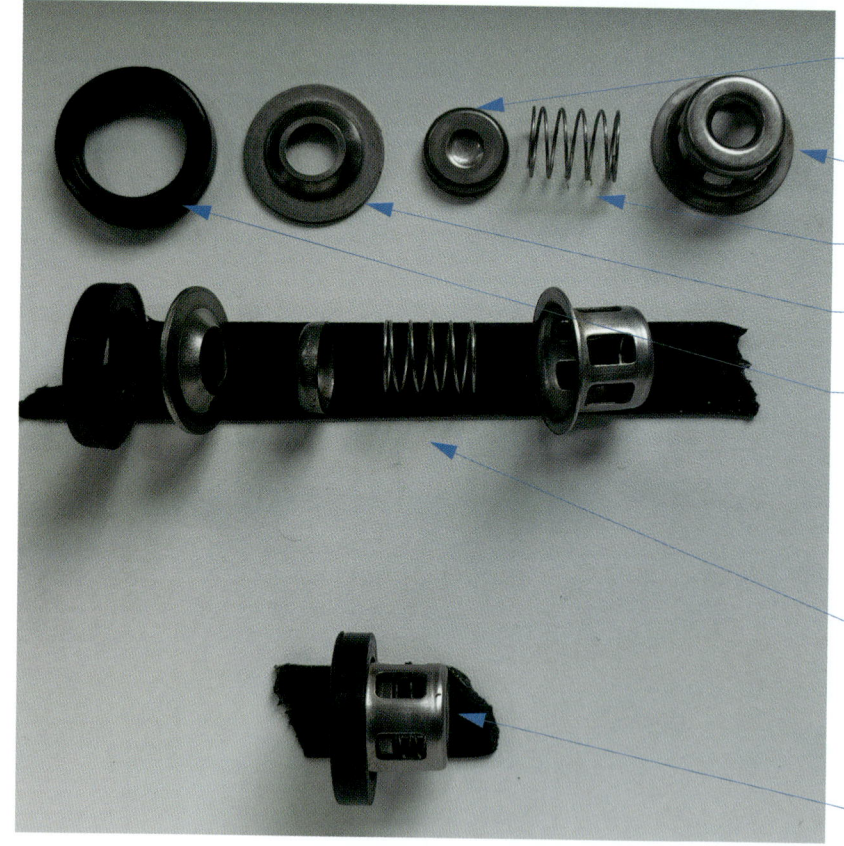

活门里垫片
活门外壳
活门弹簧
活门内垫片
胶垫

活门安装顺序示意图

活门安装示意图

图9-11　三缸柱塞泵活门解剖示意

第九章 压力泵的结构与应用　119

图9-12　三缸柱塞泵柱塞及垫片安装位置

图9-13　三缸柱塞泵柱塞及垫片安装

图9-14　三缸柱塞泵柱塞垫片安装顺序

三缸柱塞泵有手动卸压柱塞泵（图9-15）、自动卸压柱塞泵（图9-16），卸压阀原理是当管路中的压力大于卸压阀的设定压力的时候，液体会由卸压阀处流出，从而控制管路中的压力不会超过某一限定值。自动卸压柱塞泵常用规格型号为18-60型（表9-1）。

图9-15　手动卸压三缸柱塞泵

图9-16　自动卸压三缸柱塞泵

表9-1　自动卸压柱塞泵常用规格型号

参数	型号				
	18	22	26	30	45
喷雾压力/MPa	2.0~4.0	2.0~4.0	2.0~4.0	2.0~4.0	2.0~4.5
皮带轮轴径/mm	19	19	19	19	20
柱塞(活塞)直径/mm	18	22	26	30	45
功率/kW	1.5~2.0	1.5~2.0	1.5~2.0	2.2~3.0	2.0~4.0
流量/(L/min)	8~15	14~22	22~26	22~30	35~45
转速/(r/min)	800~1 200	800~1 200	800~1 200	800~1 200	800~1 200

三、柱塞泵的使用与维修保养

（一）三缸柱塞泵的使用

（1）将三缸柱塞泵按使用说明书要求组装好，保证各部件位置正确，螺栓紧固，皮带及皮带轮运转灵活，防护罩安装可靠，皮带松紧要适度，是否有漏油现象。

（2）向三缸柱塞泵的曲轴箱内添加使用说明书规定牌号的润滑油至规定油位，以后每次使用前及使用中都要检查探油位。检查黄油杯加黄油，每次使用完机器要及时查看，拧上几丝。直到拧到最下边，重新加满。

（3）禁止无水启动机器，使用洁净水源配药，不可使用溪河水。采用具有搅拌功能的吸水滤网，以防堵塞。经常检查吸水滤网，保持滤网沉没于药水中，吸水管的管路不能放置在过高处，以免管路内残留空气而影响泵体的流量和效率。

（4）将调压阀的调压轮按逆时针方向调节到较低压力的位置，再把调压手柄扳至卸压位置。

（5）启动发动机，低速运转10~15min，若见有水喷出，并且无异常声响，可逐渐提高至额定转速。然后将调压手柄扳至加压位置，并按顺时针方向逐步旋紧调压轮，使压力表指示到要求的工作压力。调压时应由低向高调整压力，如压力表指示不准确多是因为泵体内残存空气，可将调压手柄反复扳动几次将空气排出，即能指示出准确的压力。

（6）用清水试喷，要排尽泵体和吸水管路内的滞留空气，观察各接头处有无渗漏现象、喷雾状况是否良好。

（7）在喷药作业中，应使用多喷头高效喷杆，避免采用喷枪及摆动式喷洒法。机器转移时须处于停机或怠速状态。

（二）三缸柱塞泵的存放保养

（1）每天作业完后，应用清水在使用压力下继续喷洒2~5min，排出泵体和管路内的残留药液，防止残留药液腐蚀或天寒时冻坏内部机件。

（2）卸下吸水滤网和喷雾胶管，打开出水开关，用手旋转药液泵排出泵内残留药水，将调压手柄扳至卸压位置，旋松调压手轮，使调压弹簧处于自由松弛状态，擦洗机组外表污物。

（3）按使用说明书要求，定期更换曲轴箱内的机油。换油时先用柴油将曲轴箱清洗干净后，再换入新的机油。工作1周后，要更换第1次机油，检查密封件是否密封牢固，柱塞是否磨损。第2次更换机油，在工作3个月后。

（三）三缸柱塞泵的故障维修

（1）不能吸水或压力不稳定，检查吸水管是否松动或漏气，如发现漏气，则锁紧接头或更换吸水管；检查吸水管有无堵塞，如发现堵塞，则将其清除；把调压手柄扳至卸压位置，打开喷雾开关一会，让存留的气体排出再关上；取下吸水室查看3个吸水活门是否堵塞或损坏，根据实际情况排除堵塞或更换；取下排水室查看3个吸水活门是否堵塞或损坏，根据实际情况排除堵塞或更换。

（2）压力下降，检查喷雾管是否破裂，喷雾管接头垫片是否破损，检查三角带是否松弛，如有松弛，则按使用说明书进行调整；检查吸水滤网是否被粉剂或杂物堵塞并清理干净。

（3）气缸室漏水，旋紧气缸室的3个迫紧压环，如仍有漏水，则为"V"形密封圈及"V"形撑环损坏，须更换。如泵体的曲轴箱进入水或药液，则应检查油封是否损坏并及时更换零件，修复好药液泵并提前更换机油。

第十章 喷雾控制阀与精准施药方法

长期以来,我们普遍"重药",对施药技术重视不足;目前,我国的施药技术水平还比较低、施药量不准、安全施药意识淡薄;同时,由于使用不当,农药大量飘移流失,有效利用率只有20%~40%,喷洒的大部分农药流失到环境中,尤其是对粮食、蔬菜以及水果等农产品的污染,严重影响了我国人民的身体健康和整个农业生态系统。

精准施药技术,是通过传感探测技术获取喷雾靶标即农作物与病虫草害的信息,利用计算决策系统制订精准喷雾策略,驱动变量执行系统或机构实现实时、非均一、非连续的精准喷雾作业,最终实现按需施药。精准施药技术体系包括探测技术、施药控制系统及算法、喷雾控制技术等,较为成熟的有基于地图的变量喷雾系统和基于实时传感器技术的变量喷雾系统两种,即基于机器视觉的自动控制系统和基于差分GPS的施药系统。实现按需精准施药、变量施药、人机分离与人药分离的高效、精准、智能的施药技术和装备是提高农药药效与农药利用率的根本保证。

进入21世纪以来,美国、日本、欧盟等陆续将自动化、信息化技术与新型传感器应用于精准施药技术和智能植保机械的研发,农药利用率迅速提高到50%~70%的高水平。

一、喷雾控制阀的结构原理

(一)恒量喷雾

农药恒压喷雾,保证农药的喷雾压力稳定,通过回水系统可以在额定压力或最高下压力范围内应能平稳地调压(图10-1)。当关闭泵出口截止阀时,压力增值不得超过调定压力的20%,对于装有卸荷阀的泵卸荷时泵压应降到1MPa以下,再加荷时,泵压应能恢复到原调定压力值。

(二)变量喷雾控制阀

精准变量施药决策系统可根据植保人员采集的病虫害信息及作物情况,地面及土壤情

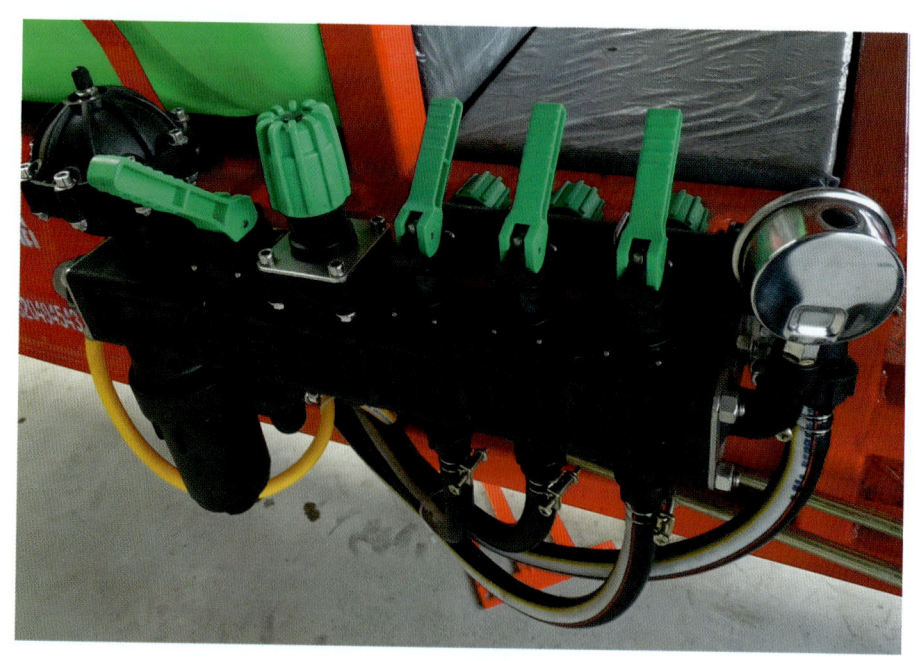

图10-1 恒压控制阀

况、农药品种、剂型、气象情况、输入相关的参数,进行喷雾参数(单位面积施液量、作业速度、喷头型号或喷雾量、喷雾压力)的决策(图10-2)。

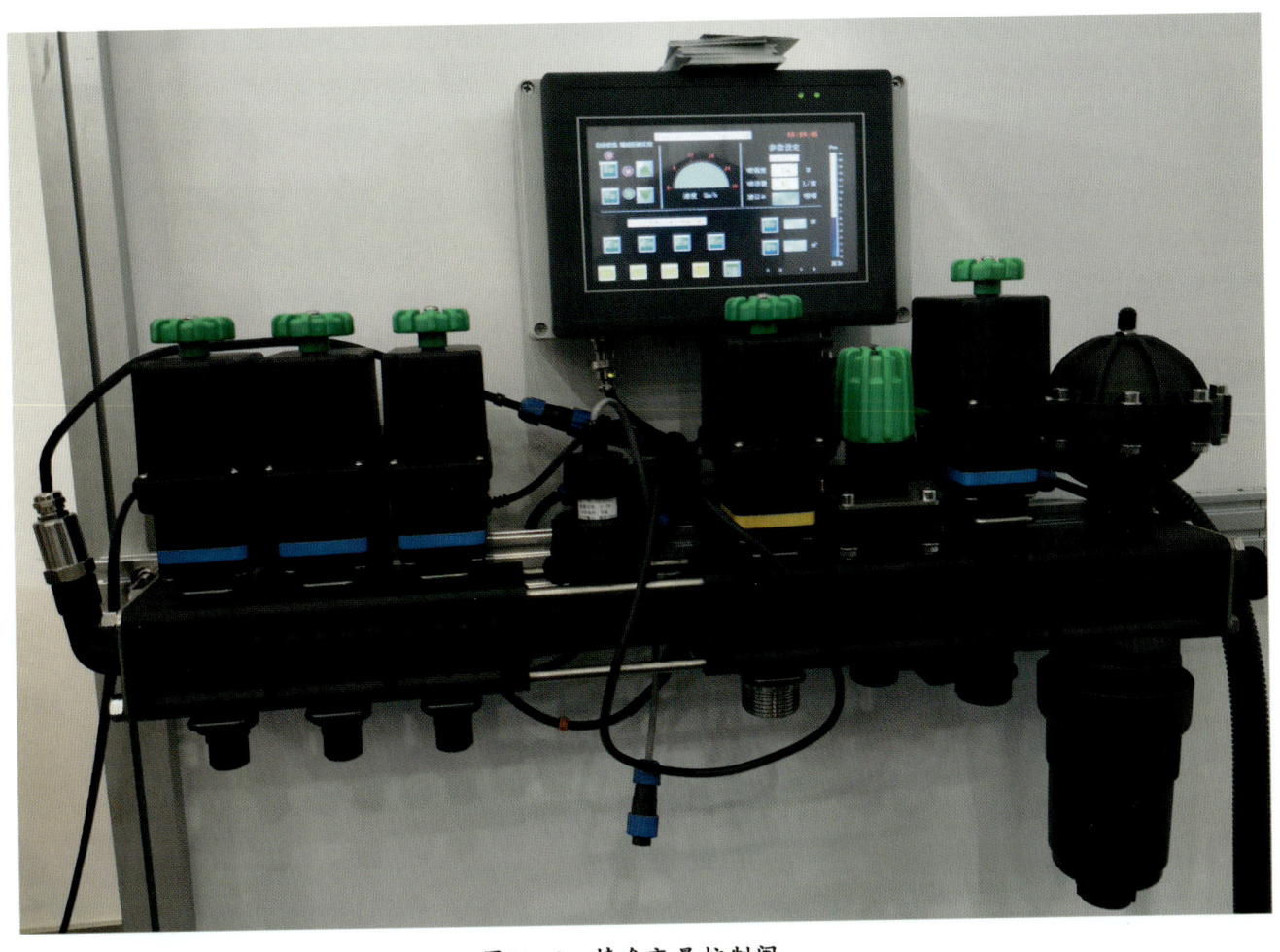

图10-2 精准变量控制阀

1. 变量喷雾的基本原理

所谓变量喷雾，就是把田块划分成多个适当尺度的栅格，根据不同地块病虫草害的空间差异具体情况，自动调整喷药机的喷药量。变量喷雾的实现首先要解决以下几个问题。

（1）不同地块的喷药量有何不同，如何确定，即如何确定喷雾作业的处方。

（2）喷药机如何识别不同地块，即如何确定喷药装备的当前位置。

（3）自动调整喷药机的喷药量，即如何根据处方和位置信息以一定的精度实时调整药剂喷洒的量。

变量喷雾系统，根据机组行走速度变化实时调节施药系统供液管路压力的方法，把喷头压力和机组前进速度联系起来，获得一个基本一致的单位面积施药量。该系统利用传感器、执行器、微控制器和GPS导航系统来控制施用率，每个喷头分别由一个电磁阀控制。喷头流量由电磁阀的开关频率决定，在闭环控制系统中，还包括压力和流量传感器等。

基于视觉传感器对成行作物实施精量喷雾系统，该系统利用传感器、执行器、微控制器和GPS导航系统来控制施用率，每个喷头分别由一个电磁阀控制。喷头流量由电磁阀的开关频率决定，在闭环控制系统中，还包括压力和流量传感器等。使用一种电磁阀进行施药剂量的控制，根据病虫草害的发生程度，运用脉宽调节的方法，通过每秒钟开闭电磁阀阀门次数来调节单个喷头的喷施药量。

2. 变量喷雾的基本结构

通过上述问题与解决方法的分析可知，变量喷雾系统至少应由以下5个部分组成：处方分析及生成系统、基于GPS的设备位置信息确定系统、变量喷雾控制系统、变量喷雾执行系统、人机交互系统组成。其中部分功能如下。

（1）处方分析系统：对地块进行网格划分，对每个网格的病虫害程度进行采样以及相应的病虫害分析，实现地图定位和处方量的查询，必须要使处方图的坐标系统和GPS定位数据的坐标系统保持一致。处方图通过存储介质导入些信息储存在处方图中。处方图不同于单一的属性数据和空间数据，它是空间数据和属性数据的集成。为了提高查询速度和保持处方图的精度，对处方图按某一算法进行分区，同时变量控制系统。

（2）变量控制系统：变量控制系统是变量喷药系统的"大脑"，主要包括一个控制器和一套应用软件，负责把根据地块基础信息制作的田间决策处方图和来自GPS的农机定位信息结合分析，形成实时喷药量控制信息。

（3）农机位置获取系统：在本系统中农机位置的定位主要依靠GPS接收机实现。GPS可同时测出地理位置和速度，但一般的GPS接收机的测速精度不高，反应时间较长并且信号连续性差。而高精度的GPS接收机和差分接受技术虽可提高测速精度和反应时间，成本过高。

（4）变量执行系统：变量执行系统是变量喷药机的核心部件，主要由电动阀和电磁开关阀以及相应的流量、压力传感器组成。喷药作业时，控制器不断查询喷药机当前所处的地理位置，根据处方指定的喷雾量、行进速度、喷幅等信息，形成喷雾量调整控制信号，由驱动电路控制变量喷雾执行设备（如流量调节阀等）调整喷药流量满足处方要求。

二、喷雾控制阀的种类与精准施药方法

（一）普通控制阀

普通的控制阀，农药的喷雾压力稳定性相对较差。主要功能是把来自喷雾压力泵的药液分配到几个出口管处，压力和水量分配相对均匀。系统主要由压力表、调压回水管、回水管、进水管、出水管、出水开关等部件组成（图10-3）。

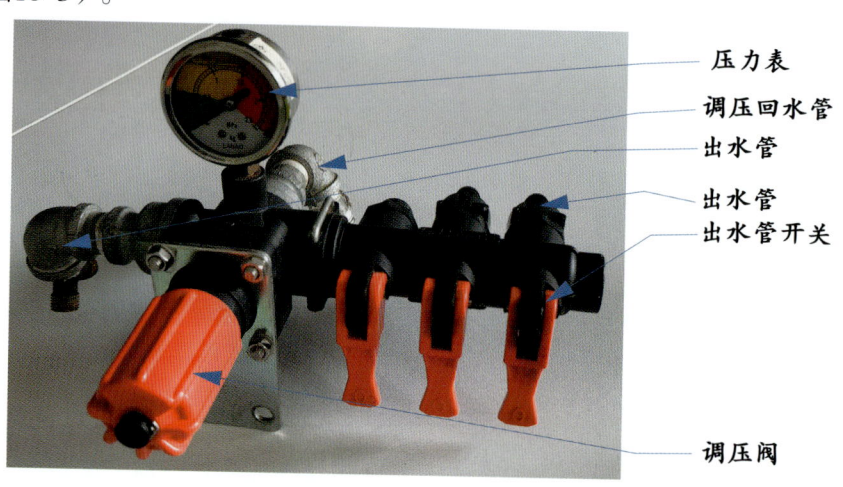

图10-3 普通控制阀及其结构

（二）精量控制阀

精量控制阀，保证农药的喷雾压力、水量稳定。通过空气室、回水系统，可以在额定压力或最高工作压力范围内应能平稳地调压。当关闭泵出口截止阀时，压力增值不得超过调定压力的10%，对于装有卸荷阀的泵卸荷时泵压应降到0.3MPa以下，再加荷时，泵压应能恢复到原调定压力值。主要功能是保证农药的喷雾压力、水量稳定；保证把来自喷雾压力泵的药液均匀地分配到几个出口管处，压力和水量分配均匀。系统主要由压力表、总调压阀、分段调压阀、总开关、分段开关、空气室、过滤器、回水管、进水管、出水管等部件组成（图10-4和图10-5）。

第十章 喷雾控制阀与精准施药方法　　125

图10-4　精量控制阀

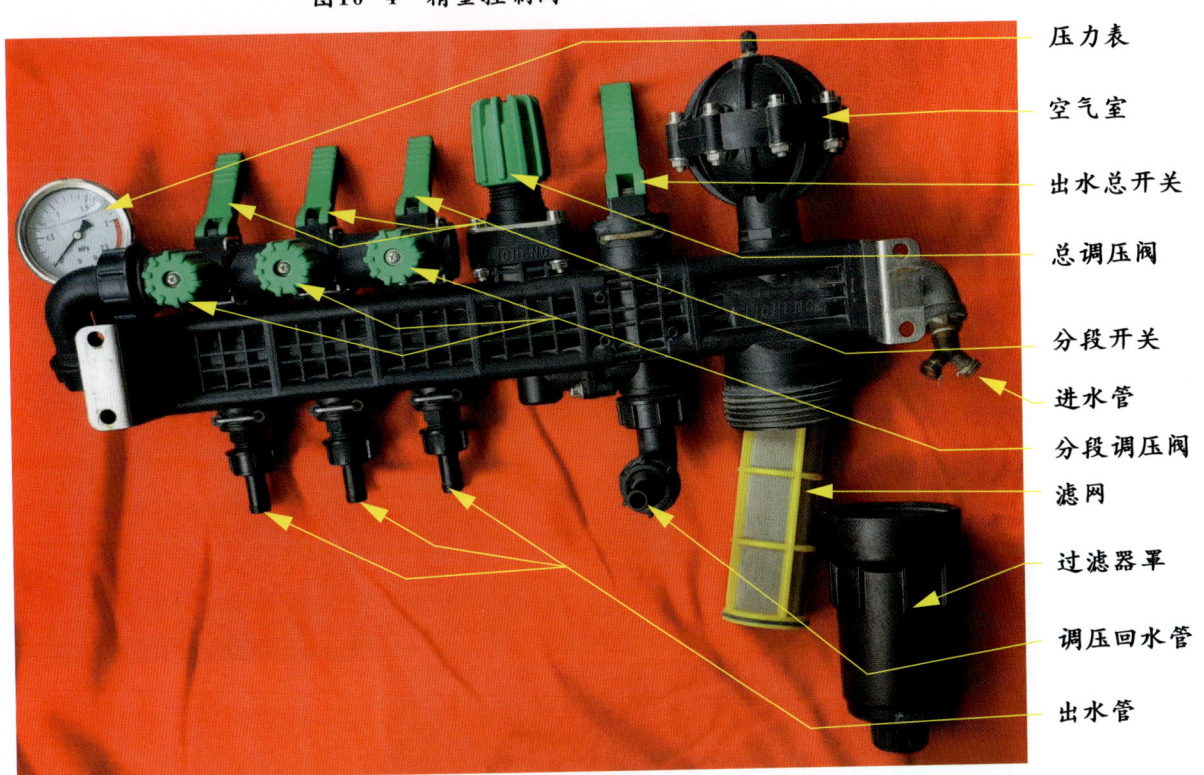

图10-5　精量控制阀结构

（三）变量喷雾控制系统

系统由控制器、GPS接收机、总阀、比例阀、流量传感器、压力传感器、区段阀和连接导线等组成。流量传感器和压力传感器二者可选择一个或者都选择。区段阀可以选择电动控制阀，也可以选择手动控制阀。GPS接收机感应车辆行驶速度，总阀控制所有喷头的流量，区段阀打开和关闭某一个区段的流量，流量传感器测量流过所有喷头的流量，压力传感器测量喷雾时的压力，比例阀调节流向喷头的流量。控制器允许用户输入期望的喷量、喷雾机的信息和控制参数，读取各种传感器的数据并做出控制动作（图10-6至图10-8）。

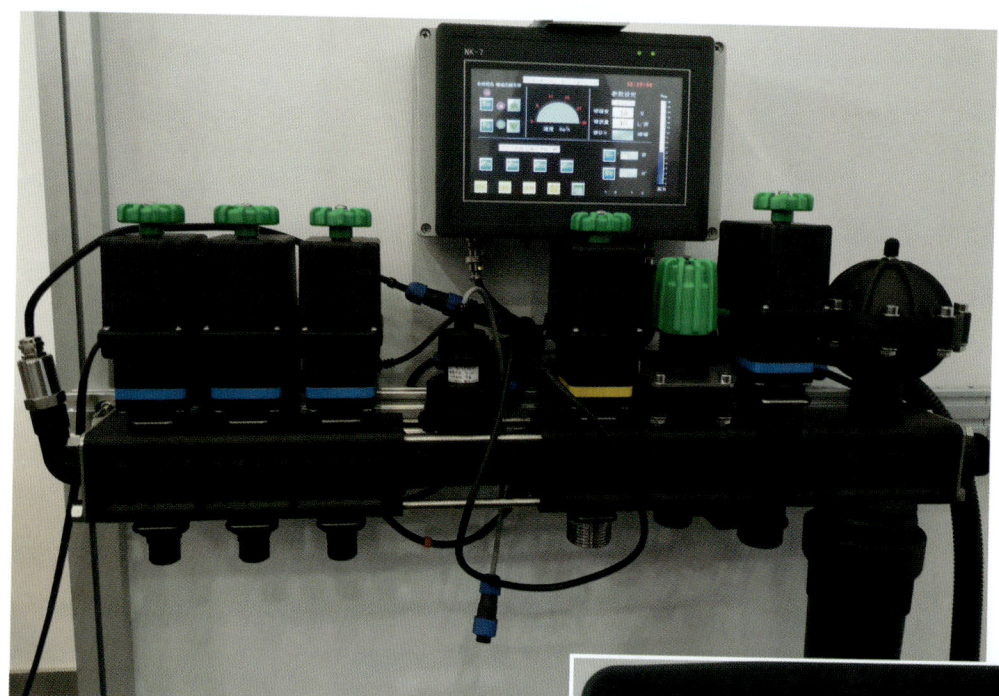

图10-6 变量喷雾控制系统

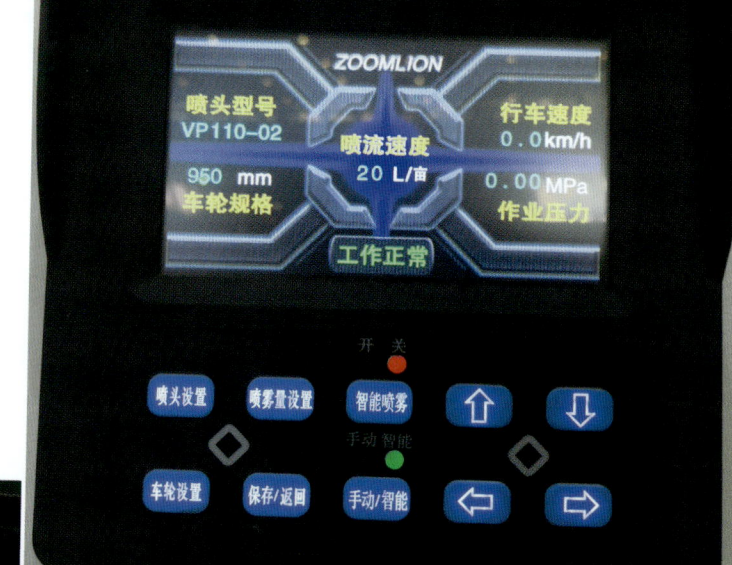

图10-7 变量喷雾控制系统显示屏和主要喷雾参数

图10-8 变量喷雾控制系统记录显示喷雾行驶轨迹和主要喷雾技术参数

该装置的流量控制分配阀有两种：总阀可实现传动轴结合停车关闭喷药；比例阀实时作自动调节喷液量。这样喷药作业能够保证单位面积内喷液量均匀一致，能够实现变量喷雾，即机车作业的速度快，喷液量加大，速度慢时喷液量减少，机车停止不喷液，上坡和下坡的喷液量也是一致的。然而，很多农场现有的喷药机喷液量不随作业速度改变而改变，机车作业速度快时，单位面积喷液量少，作业速度慢时，单位面积喷液量多，会影响农药的应用效果；驾驶员在每次喷药前都需要对作业地块进行实际行驶喷液测试，来确定加水量；为了达到好的喷药效果，一般情况每罐都会多加药液，保证好的药效，由于喷液量无法保证，这样在局部地点就会出现药害。

加装控制器和GPS接收机能够实现喷药作业实时监控，保证作业质量，对喷药机作业的总作业面积、总流量、总时间自动记录保存。

变量控制，根据设定单位面积内的喷液量、喷药机的作业幅宽和机车行驶速度，计算期望流量输入到控制器中。流量传感器读取现在实际流量，控制阀根据期望和实际流量的误差去打开和关闭阀门，以实现智能变量控制。机手作业更加方便，初始设定单位面积喷液量之后，驾驶员只要正常操作即可，可实时从屏幕上监视喷药情况，可以保证地块中所有单位面积喷液量均匀一致，因此安装喷雾系统后喷药量在单位面积上的药量非常准确，可采用农药施药量的下限去进行施药，没有安装此系统的机器一般使用农药施药量的上限施药。从后期灭草调查看，安装控制器的防草效果非常好，优于没有安装控制系统的药罐作业，节约了成本，降低了施药量，大大地提高了施药的精准度。

（四）基于视觉传感器精量变量喷雾系统

通过红外摄像系统将植物的动态信息模拟生成数据信息，系统中植物的动态信息设定为目标植物的大小、病虫害发生种类、发生密度状况。系统运行后，控制台接收到目标植物的动态信息以后进行处理分析，根据上一节中分析的不同的动态信息系统应当作出的响应，将结果反馈给动力系统，动力系统控制药和水的流量并进行相应的调节，同时转速传感器会实时监测电机的转速以确定流量是否达到要求，并且将结果反馈给控制台，然后经过调节的水和药在混药器中汇合，完成所需比例和量的混合经过喷头喷洒出去。

基于视觉传感器精量变量喷雾系统的组成部件，包括GPS、红外摄像机、传感器、显示器、目标植物动态信息收集系统、变量喷雾分析控制系统、喷雾机药水在线混合装置、变压力式流量控制、农药原液注入式流量控制、喷雾系统等（图10-9至图10-11）。

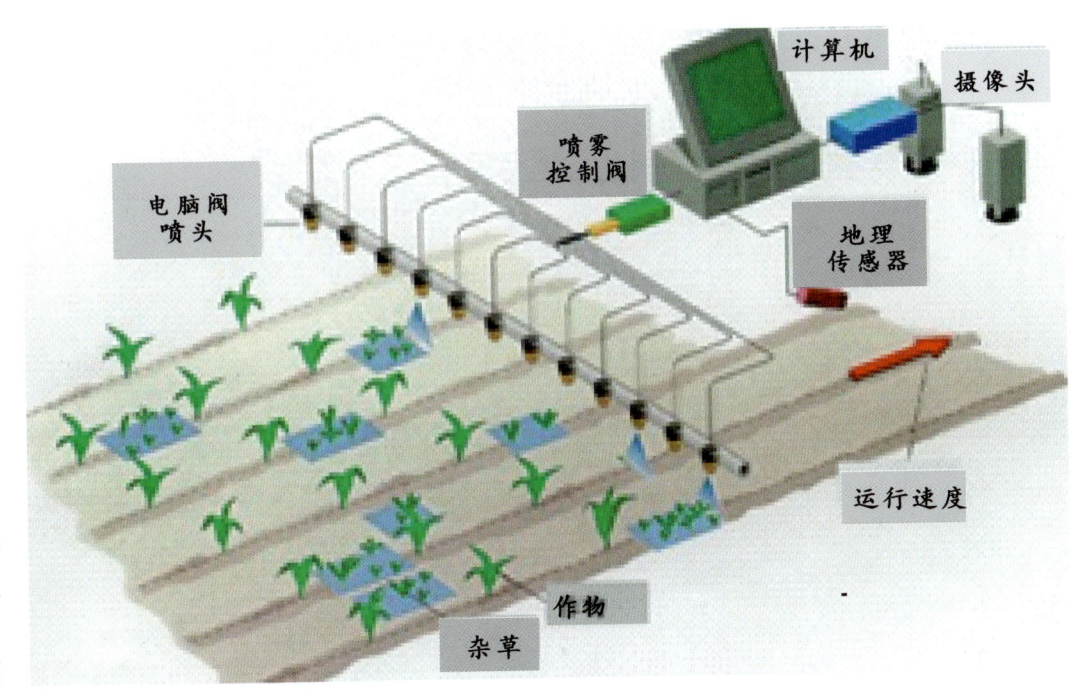

图10-9 基于视觉传感器精量变量喷雾系统

图10-10 基于视觉传感器精量变量喷雾系统的红外摄像机

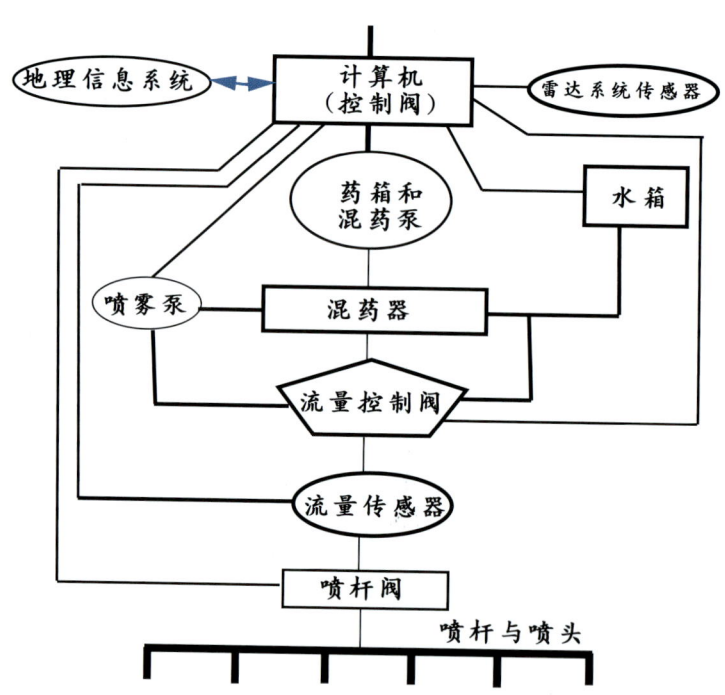

图10-11 基于视觉传感器精量变量喷雾系统组成

第十一章 高压电动喷杆喷雾器的操作规程

一、高压电动喷杆喷雾器的结构

（一）高压电动喷杆喷雾器的结构

电动喷雾器，由贮液桶经滤网、连接头、隔膜泵、连接管、喷杆、喷头等构成，压力泵经电线及开关与电池连接，电池盒装于贮液桶底部，贮液桶可制成带有沉下的装电池的凹槽（图11-1至图11-3）。

图11-1　高压电动喷杆喷雾器

图11-2　高压电动喷杆喷雾器侧面结构图

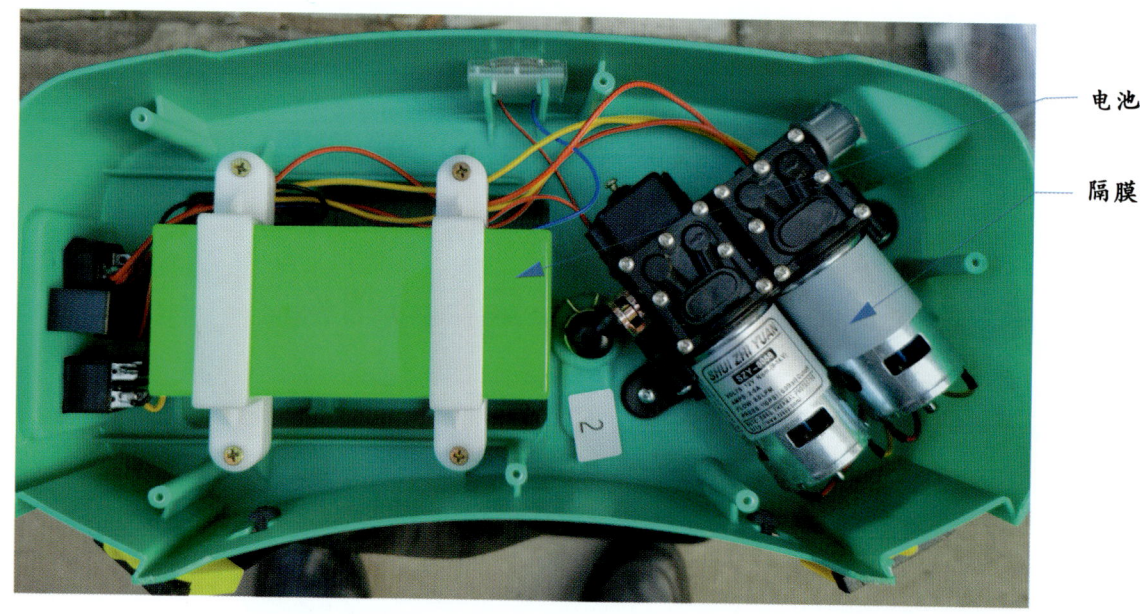

图11-3 高压电动喷杆喷雾器底部结构

电池
隔膜泵

（二）高压电动喷杆喷雾器的喷杆结构

喷杆，由把手、三通、喷杆、喷头等构成，与喷雾器连接（图11-4至图11-6）。

图11-4 高压电动喷杆喷雾器的专用喷杆

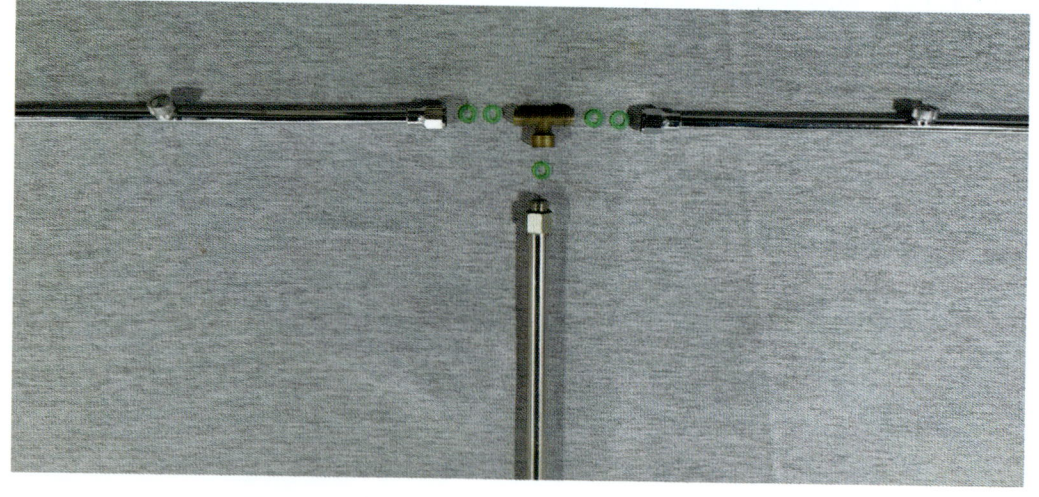

图11-5 高压电动喷杆喷雾器的专用喷杆连接部件分解

第十一章 高压电动喷杆喷雾器的操作规程

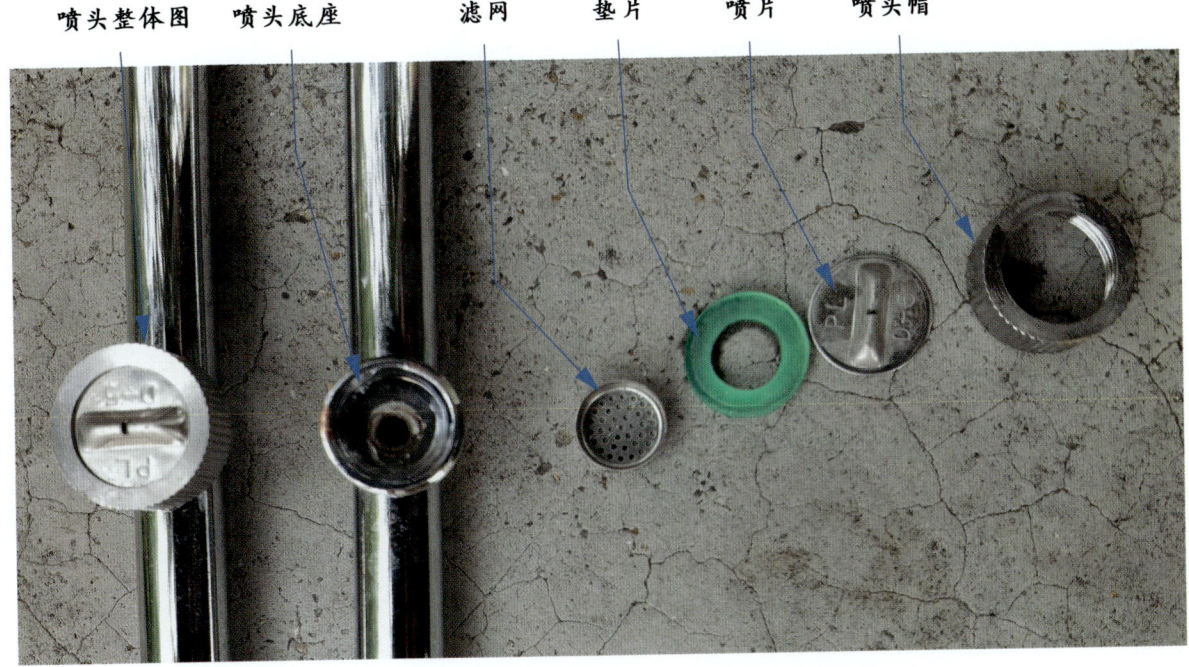

图11-6 高压电动喷杆喷雾器的专用喷杆喷头零部件分解

（三）高压电动喷杆喷雾器的隔膜泵

电动喷雾器隔膜泵是一种新型水泵。隔膜泵的工作原理是由电机驱动一个与之相连的带隔膜的泵头，电机转速时使泵头隔膜一侧吸水，使另一侧产生高压，水从高压侧直接喷出去。具有泵体，泵体内设置有进水阀孔和出水阀孔。在进水阀孔和出水阀孔分别设置有进水阀和出水阀，在进水阀孔和出水阀孔的两侧泵体上设置有进水管和出水管，所述进水阀和出水阀由阀座体、阀球和"十"字形挡销组成，挡销与阀球弹性接触；在泵体上还设置有超压自动卸压装置（图11-7）。

图11-7 隔膜泵结构

隔膜泵的使用注意事项如下。

（1）电机接线的极性要正确，红线的端子接正极，黑线接负极。

（2）水泵的使用环境温度为4～50℃范围。

（3）水泵可输送水、弱酸、弱碱、弱盐等液体，不可输送汽油以及其他可燃液体。

（四）锂电池

农用背负式电动喷雾器，多为12V智能锂电池，便携充电器快速充电智能保护。工作温度区间，每个牌子的标识都不同，有-20～60℃、-20～70℃、-20～80℃，现在多数设定的工作温度为小于60℃，背负式电动喷雾器电池推荐，温度越低，电池能开释的容量也越低，电池的续航时刻就越短。

喷雾器锂电池的警示如下。

（1）充电时，请依公司提供正确的充电方法，其他方式可能造成漏液等异常状况，电动喷雾器电池爆炸，发生危险事件。

（2）电池请勿装置于潮湿区域，以免端子腐蚀或发生触电等危险。

（3）检测蓄电时请牢戴手套，以免触电。

（4）连接电池时，请确认正、负极性顺序正确无误。

二、高压电动喷杆喷雾器的操作规范

检查机器各部位是否工作正常；查看螺丝、喷嘴是否有松动，喷嘴转向是否正常；检查电机运转情况；检查充电情况，机器不要带病工作。

检查喷雾系统是否工作正常。选择适宜的喷头型号，清洗喷头，检查喷头是否漏水；检查三级过滤系统（加水口滤网、喷头滤网、吸水滤网等）是否正常。

加装少量清水进行喷雾试验，保证喷药均匀（图11-8）。

图11-8　喷药均匀度效果

所有检查完毕，开始加注水、药，完成各项准备工作。

防治对象不同，需要雾滴大小不同，如防治飞翔的昆虫成虫适宜喷洒雾滴直径10～50μm，防治病害、害虫幼虫适宜喷洒雾滴直径30～150μm，苗后喷洒除草剂适宜喷洒雾滴直径100～300μm。喷洒苗后除草剂、杀虫剂、杀菌剂、植物生长调节剂、液体肥料时，应在农业生产中考虑气象条件（挥发、飘移、风等）影响，适宜喷洒雾滴直径200～300μm。施药时加入农药喷雾助剂。

待整个作业结束后，药箱和管路需用碱水彻底清洗，长期不用喷雾机时，要按照喷雾机各部件的要求保养贮藏。

第十二章 自走式喷杆喷雾机与农业无人机的操作规程

一、自走式喷杆喷雾机的结构与操作规程

（一）自走式喷杆喷雾机的结构

自走式喷杆喷雾机，包括行走系统、转向系统、动力系统、喷雾系统（液泵、喷杆、喷杆升降装置、喷头、水箱）等（图12-1、图12-2）。

图12-1　自走式喷杆喷雾机结构

图12-2　自走式喷杆喷雾机田间喷药

（二）自走式喷杆喷雾机的发展趋势

欧美等发达国家对自走式喷杆喷雾机的研究较早，技术较为成熟。我国自走式喷杆喷雾机未来的发展趋势是参考国外的先进技术，结合我国作物生长特点、地形和环境等因素，对国内现有的自走式喷杆喷雾机进行改进，加大在机电液一体化、精准施药、智能化、以人为本和零部件自主化等方面的研究力度，研发制造出符合我国国情的精准、高效、舒适、可靠的自走式喷杆喷雾机。

自走式喷杆喷雾机，实现机械、液压和电气技术一体化的有效应用。采用全液压技术，通过电气方式控制液压系统来实现自走式喷杆喷雾机的行走、制动、转向、轮距调节以及驾驶室升降等功能，可以有效简化整机结构，增加传动系统的可靠性。另外采用液压减震系统，依据喷杆负载和斜度的变化进行调整，保证喷杆在运动过程中的系统稳定性。机电液一体化技术在自走式喷杆喷雾机上的应用，可有效提高整机的工作效率和工作可靠程度。

精准施药方式可通过控制器实时监测田间小区域的病虫草害发生情况，依据其差异性进行变量施药，达到按需施药水平。不仅保证了施药效果，还节约了药液量，避免了施药量不准确，重喷和漏喷现象，在提高药液利用率的同时，也减轻了喷雾施药对环境的污染和破坏程度。精准施药以其显著提高农药利用率、极大减轻环境污染等优势。

智能化研究已广泛应用于国产农业机械，基于卫星导航、机器视觉与图像处理技术，设计出能够自动驾驶、智能避障和精准喷雾的自走式喷杆喷雾机。利用手机智能App实时监测自走式喷杆喷雾机的使用情况，查看机具使用状态及施药情况，能及时有效的发现机具故障隐患与农作物病虫害信息，提高机具在工作中的稳定性和可靠程度，提升作业效率及药液利用率，减轻环境污染和破坏程度。

在保证施药人员安全性的基础上，为施药人员提供更加健康舒适的工作环境。如设计安装封闭性好的驾驶室，并安装空气净化系统；在驾驶室里装配空调；合理布局驾驶室环境，控制开关等设备的布置要便于驾驶员操作；安装行车影像；采用自动在线混药技术；大力发展防飘喷头、风幕技术、静电喷雾技术和雾滴回收技术，减少因雾滴飘移而造成的环境污染及对附近人的危害。

（三）自走式喷杆喷雾机的操作规范

1. 自走式喷杆喷雾机的喷药前准备与检查

根据田块和作物、作物生育时期选择合适的机型。

检查机器各部位是否工作正常，机器是四转四驱要调转向系统是否工作正常；查看螺丝是否有松动，转向是否正常；检查发动机、汽油或柴油加注情况；检查刹车，离合是否有问题，及时调整，机器不要带病工作。

检查喷雾系统是否工作正常。选择适宜的喷头型号，清洗喷头，检查喷头是否漏水，喷头防滴装置是否工作正常；检查三级过滤系统（加水口滤网、喷头滤网、管路滤网、吸水滤网等）是否正常；调整喷头离地高度。

加装少量清水进行行走、喷雾试验。

所有检查完毕，开始加注水、药，完成各项准备工作。

2. 自走式喷杆喷雾机的喷药操作

机器启动前，将液泵调压手柄至卸压位置，然后逐渐加大机器油门至液泵额定转速，再将液压示调压手柄推到加压位置，将泵压调到额定工作压力，打开截止阀开始工作。

防治对象不同，需要喷洒滴大小不同，如防治飞翔的昆虫成虫适宜喷洒雾滴直径$10\sim50\mu m$，防治病害、害虫幼虫适宜喷洒雾滴直径$30\sim150\mu m$，苗后喷洒除草剂适宜喷洒雾滴直径$100\sim300\mu m$。喷洒苗后除草剂、杀虫剂、杀菌剂、植物生长调节剂、液体肥料时，应在农业生产中考虑气象条件（挥发、飘移、风等）影响，适宜喷洒雾滴直径$200\sim300\mu m$。

杀虫剂的作用方式可分为胃毒和触杀两种，其对雾滴大小的要求有比较大的区别。胃毒性昆虫，较小的雾滴有利于昆虫吸食，应选择TJ8001、TJ11002号喷头，压力0.3~0.4mPa，喷头高度55~65cm，雾滴在30~150μm；触杀性昆虫是主要针对驻留在作物叶面上的害虫，要求雾滴100~250μm，较大的雾滴可防治雾滴飘移，但雾滴太大会降低覆盖率，应选择TJ8001、TJ11002号喷头，压力0.2~0.4mPa，喷头高度55~65cm，雾滴在30~150μm。喷雾作业要求环境气温小于35℃、湿度大于30%。

喷洒苗前除草剂雾滴直径300~500μm，雾滴20~30个/cm^2。喷洒苗前除草剂一般需要喷液量较大，每公顷180~250L。喷液量越大，雾滴也越大、漂移少、分布均匀、效果好。土壤水分大、风小、整地条件好的情况下可减少喷液量。

喷洒苗后除草剂应选择TJ8003、TJ11003号喷头，压力0.2~0.3mPa，喷头高度50~60cm，雾滴直径250~400μm，触杀性的除草剂雾滴50~70个/cm^2、内吸性的除草剂雾滴30~40个/cm^2。喷洒苗后内吸传导型除草剂用低容量喷雾，喷液量75~100L/hm^2；苗后触杀型除草剂喷液量150~250L/hm^2。个别除草剂品种也有例外，如2,4-滴异辛酯是内吸传导型除草剂，用低容量甚至用超低容量喷雾即可，但因其挥发性强，易飘移危害邻近的敏感作物，喷液量不宜太低，一般要求150~200L/hm^2。

喷洒杀菌剂应选择TJ8001、TJ11002号喷头，压力0.2~0.4mPa，喷头高度55~65cm，雾滴直径150~200μm，雾滴50~70个/cm^2。

在适宜的气象条件下，施药时加入农药喷雾助剂，可增加药效，如液体肥料、矿物油、人工合成的非离子表面活性剂、植物油型的喷雾助剂明显的增效作用，喷洒触杀性农药使用矿物油、人工合成的非离子表面活性剂会增加药害，可选用植物油型的喷雾助剂。

调整好喷杆高度，喷头离靶标的距离应在500mm以上；田间喷药速度以4~6km/h为宜，不能大于8km/h喷雾作业时，机器应匀速行走，发现喷嘴堵塞、泄漏或其他故障后立即停止喷药。停机时，应先将液泵调压手柄推至卸压位置。

驾驶员要注意观察喷杆是否与地面平行；喷雾压力、油门、车速是否保持稳定，喷头有无堵塞现象，如有堵塞应立即停车调整，堵塞的喷头应用水冲洗或毛刷仔细清理，不可用锥子穿、挖，否则容易损坏喷头。

3. 自走式喷杆喷雾机的清洗与安全防护

每天喷药结束后，要用清水冲洗药箱、泵、管路、喷头和过滤系统。

作业进行中更换药剂和作物时，必须注意前面所用药剂对更换的作物是否敏感，如系敏感则需用浓碱水反复多次清洗干净，再喷洒另一种作物。

在除草剂的应用中，必须先用大量清水冲洗后再用0.2%苏打水加满药箱，并使泵管路和喷嘴都充满水，浸留2h左右排出，最后再用清水冲洗3次以上。

待整个作业结束后，药箱和管路需用碱水彻底清洗，涂油保护，防止生锈和被残留药剂腐蚀。长期不用喷雾机时，要按照喷雾机各部件的要求保养贮藏。

二、农业无人机的结构与操作规程

（一）农业无人机的结构

农业无人机由飞行平台、负载系统、遥控器共同构成。农业无人机是飞行平台，负载系统则是进行作业的具体实施设备，遥控器是进行APP操作和飞行操作的操作设备，与无人机实时进行通信，传递操作信号和视频信号（图12-3至图12-5）。

农业无人机由飞控系统、动力系统、链路系统、喷洒系统、播撒系统等共同构成，5个系统共同实现

图12-3　农业无人机结构

图12-4　农业无人机摇控器

图12-5　农业无人机喷洒系统

了无人机各种运用功能（图12-6）。飞控系统是整个无人机系统的核心，能够实现无人机的稳定悬停、飞行等功能；动力系统能够使无人机获得上升动力，是整个无人机的动力核心；链路系统则保证地面设备对无人机远程通信以及控制；喷洒系统则由药箱、水泵、滤网、水管、喷头等共同构成；播撒系统由作业箱、播撒机两部分构成，作业箱用于装载物料，而播撒机则由播撒盘、传感器、无料检测、仓口控制结构等构成。

图12-6 农业无人机田间喷药作业

(二) 农业无人机的发展

农业无人机应用于农业最早源于日本,20世纪70年代日本已经采取油动直升机进行农田喷洒。国内企业从2012年开始将电动多旋翼无人机技术运用到农业,2015年大疆公司推出了性能卓越的第1代农业无人机,打开了中国航空植保大门,开启了国内航空植保发展快车道(图12-7)。2016—2023年是农业无人机高速发展的8年,因此,2016年也被称之为"航空植保元年"。现阶段,大疆农业无人机全球保有量30多万架,执证飞手30多万人,全球覆盖作物300多种,其作业规模从2016年的数百万亩次,飞速增长到2023年的19亿亩次(数据截至2023年11月30日,数据来源于大疆官网)。

图12-7 农业无人机田间喷药示范活动

在飞防行业高速发展的过程中，农业无人机本身也在经历快速的升级换代，产品的载重、功能都在发生翻天覆地的变化。第1代、第2代农业无人机只有AB点功能和手动模式，并不能实现全自主作业。第3代农业无人机，不仅可以实现全自主作业甚至还加装了高清摄像头能够实现飞行打点。基本每年农业无人机都有迭代，逐步实现了实时动态测量（RTK）、精准定位、前后双高清摄像头、智能避障等功能，配备了野外作业的智能充电站，截止目前最大载重由10L提升到了50L。

农业无人机已经广泛运用在粮食作物、棉油作物、果树、蔬菜、烟叶、茶叶等作物生产中，其中又以水稻、小麦、玉米等作物应用比例最高。

以水稻为例，农业无人机可施底肥、追肥，还可以播种，在植保环节可进行杀虫、杀菌、除草等作业，真正成为了水稻种植不可或缺的生产工具。

随着农业无人机应用范围的扩展，农业无人机开始逐步普及播撒作业、果树作业，基于农业无人机和多光谱无人机的精准变量作业也开始逐步发展并应用。

（三）农业无人机的操作规范

1. 农业无人机喷药前准备与检查

起飞前一定要拧紧套筒或卡紧卡扣，建议由单人完成避免遗漏。电池应完整插入，听到明显的"哒"一声。同时电池应在完整插入后才能开机。卫星信号以及RTK信号良好，状态栏为绿色，而不是黄色或者红色。飞行器分电板以及电池插口检查，确认无腐蚀情况。

遥控器电量应充足，避免在一颗灯闪烁的情况下作业。遥控器网络检查，确保网络正常连接。天线应展开，并且正确朝向飞行器。摇杆模式是自己平常所使用的模式，例如美国手，飞行模式处在N挡。

通电完成后，执行界面应显示搜星8颗以上，手动作业背景由红色转为绿色。如已开启RTK，应呈现为手动作业（RTK），未开启RTK则显示为手动作业（卫星定位），长按喷洒键2s排出空气。加入药液，站在无人机6m以外。

2. 农业无人机的飞行操作

全自主作业是目前使用最广泛的作业模式，需要提前对地块进行规划。在规划的过程中，通过打点规划作业区域；通过障碍物规划，使航线避开障碍物；通过调整航线，使航线更高效、覆盖范围更广。

打开遥控器进入圈地模式采用十字准星打点，在卫星地图上按照田地形状添加多个边界点，最终闭合地块。选中要作业的地块编辑亩用量、飞行速度、喷幅、飞行高度、雾滴粒径等信息，调整航线到最优执行作业，飞机起飞到作业起始点开始全自动作业。作业过程中通过FPV摄像头观察飞行路线是否有障碍物，双手拿着遥控器可实时介入操作无人机飞行。

50L载重农业无人机喷洒参数建议如下。

参数一：亩用量1.0~2.0L、飞行速度7m/s、行距7m、飞行高度3~3.5m、雾滴粒径选择中，此参数穿透性不强，适用于病虫害预防、小麦除草、水田封闭、叶面肥喷洒等作业类型。

参数二：亩用量2.0~3.0L、飞行速度5m/s、行距7m、飞行高度3~3.5m、雾滴粒径选择中，此参数主要用于大田作业要求高的场景，如病虫害严重发生、茎基部病虫害。

20L载重农业无人机喷洒参数建议如下。

参数一：亩用量1.0~2.0L、飞行速度5~6m/s、行距5m、飞行高度2.5~3m、雾滴粒径选择中，适用于病虫害防治、水田阔叶除草、小麦除草、水田封闭、棉花脱叶等。

参数二：亩用量2.0~3.0L、飞行速度4~5m/s、行距5m、飞行高速2.5~3m、雾滴粒径选择中，适用于高要求的作业场景。

应在10~35℃气温、3级以内风速条件下作业，避免在高温时段作业。农业无人机飞防作业因为与作业区域完全隔离，所以驾驶员工作较为安全，但是必备的安全措施依然不可少。驾驶员应穿戴遮阳帽、口罩、眼镜、防护服，地勤在此基础之上还应戴上丁腈材质手套，以避免手部沾染农药。另外，禁止穿短裤及拖鞋进行作业，避免因蚊虫、蛇叮咬而造成的损伤，在南方水田作业还应穿胶鞋。

3. 农业无人机的维护与安全

每天作业完毕后在药箱中加入清水并开启喷洒，多次清洗喷洒系统内部喷嘴、滤网，可用细毛牙刷清洗，清洗完毕后应将喷嘴、滤网放入清水浸泡12h。

分电板使用时间长了以后会产生黑色和绿色铜锈，应定时清理，否则易导致插头过热、电池插头烧融等情况发生。清洁时，应用棉签或者棉布蘸95%酒精进行擦拭。

用湿布拧干清理电池外观，再用干布擦干水渍。电池需定期用棉签沾酒精清理金属簧片，四通道充电器需定期清理散热口灰尘。对于锂电池插口处出现融化、绿锈等各种情况应及时进行清洁，避免插口融化。

湿布拧干后，擦拭农业无人机表面，除去机身包括机臂上面的药渍与脚架的泥土。切勿使用超过0.7Mpa高压水枪冲洗机身。

高强度作业一个月左右对农业无人机进行全面检查，保障农业无人机的稳定性、可靠性。农业无人机应存放在室内通风、干燥与不受阳光直射的地方。存放室内温度在18~25℃范围内，不高于30℃。

电池保持在40~60%电量之间进行存放。严禁低电量长期存储，造成电池性能不可逆的损坏，损坏的电池应单独存放，避免靠近易燃物，有自燃风险。电池应存储在干燥的环境当中，避免放置在漏水、潮湿的区域，电池存储超过3个月时，应充满电并放电，以保持电池活性。

选择起飞降落环境，检查四周是否有树木、电线杆、高压线、斜拉索等障碍物，并进行相应的处理，注意观察四周特别是下风向是否存在对当前所使用药剂敏感的作物、养殖物，避免产生飘移药害或者毒害。

农业无人机降落至地面停稳，且桨叶彻底停转后，人员方可靠近，飞防作业可能会有人员围观，一定要让围观群众保持安全距离，不可在围观人员附近进行起降。避免在高温天气下中午连续作业，不仅药效不佳，而且易产生中暑。运输过程需要实现人货分离避免药物中毒。

4. 农业无人机的禁飞和限飞规定

关于农业无人机的禁飞和限飞规定，请认真学习《无人驾驶航空器飞行管理暂行条例》，作业前请务必查阅和遵守当地法律法规。根据现行规定，简要列举一些禁飞和限飞规定，以便参考。

（1）军用机场净空保护区，民用机场障碍物限制面水平投影范围的上方。

（2）有人驾驶航空器临时起降点以及周边2 000m范围的上方。

（3）国界线到我方一侧5 000m范围的上方，边境线到我方一侧2 000m范围的上方。

（4）军事禁区以及周边1 000m范围的上方，军事管理区、设区的市级（含）以上党政机关、核电站、监管场所以及周边200 m范围的上方。

（5）射电天文台以及周边5 000m范围的上方，卫星地面站（含测控、测距、接收、导航站）等需要电磁环境特殊保护的设施以及周边2 000m范围的上方，气象雷达站以及周边1 000m范围的上方。

（6）生产、储存易燃易爆危险品的大型企业和储备可燃重要物资的大型仓库、基地以及周边150m范围的上方，发电厂、变电站、加油站和中大型车站、码头、港口、大型活动现场以及周边100m范围的上方，高速铁路以及两侧200m范围的上方，普通铁路和国道以及两侧100m范围的上方。

（7）军航低空、超低空飞行空域。

（8）省级人民政府会同战区确定的管控空域。

第十三章 农药喷雾助剂的作用原理

从全球农药助剂格局来看，欧美强势领跑，中国在迎头追赶。在欧美等农业发达的国家，添加喷雾助剂的做法很普遍，开发与应用的农药相关助剂产品技术也已经很成熟。

目前，在国内真正从事喷雾助剂的研发单位、生产企业和专业技术推广人员仍很少，助剂还仅仅被认为是"增效剂""渗透剂"！

农药喷雾：低浓度大水量到高浓度低水量！

农药的"洗澡式喷药"是一个时代的缩影，且成为基层农民施药的既定"准则"。这充分暴露了低浓度大喷雾的积弊，也是我国农药利用率低下的主因。

我国必须推广高浓度低喷雾量的植保技术，而喷雾助剂将是掀起这场植保革命的原始力量。

喷雾助剂是实现农药安全高效的重要抓手！

杜凤沛教授认为我国施药器械落后，雾化状态不好；农民有低浓度大喷雾量的施药习惯；对靶标表面特性研究不足、认识不清、不能科学合理使用农药喷雾助剂，造成了雾滴的弹跳与药液的流失；药液不能在靶标表面有效润湿、沉积、附着、渗透与吸收利用。

喷雾助剂问题在哪里？只知加点"增效剂""渗透剂"，而不会科学地施用多功能喷雾助剂！

农药喷雾助剂，改善药液在靶标上的润湿、附着扩散和渗透吸收而达到提高药效的目的。改善喷雾质量，提高药剂的环境适应性，减少飘移污染等特性，将成为实现农药零增长和农药减量使用的重要抓手。特别是我国幅员辽阔，气候差异大，不同地域的同种作物其叶面性质差异很大，同一种作物在不同生长期其叶面性质差异也很大，在目前很多企业一个配方面对全国所有作物的情况下，大家必须认识到喷雾助剂的科学使用就尤为必要。

中国农业科学院植物保护研究所陈福良研究员就指出，当前农药喷雾助剂使用存在着用量误区、适配性误区、作用误区和药效误区等。以为喷雾助剂是"增效剂""渗透剂""扩散剂"，因而型号选择比较随意，未经严格试验和分析就在生产中应用，大家对喷雾助剂的效果认识"不足"，还经常出现不良后果。

必须认识到喷雾助剂是针对喷药靶标、喷药环境、药剂性能的多功能重要助剂，使用必须科学化！

喷雾助剂的科学使用是农药安全高效的重要措施。

农药药液在喷雾器中经过4~5ms的雾化过程，离开喷头进入空气中。在雾滴下落过程中，粒径较小的雾滴可能发生飘移或是蒸发，造成农药的流失。

当雾滴接触到靶标表面时，一部分液滴发生沉附、润湿、铺展行为达到滞留作用，而另一部分液滴可能发生弹跳滚落、聚并流失而造成农药的进一步损失。农药药液在靶标表面润湿附着、渗透吸收，使农药有效活性成分作用于位点，减少病虫草害的发生。

植物叶片作为农药液滴所作用的靶标表面，其界面结构特性对液滴在靶标作物表面润湿黏附行为具有重要影响。植物叶片最外层为外蜡质层，其表面化学成分和表面形貌是影响润湿黏附行为的关键因素；外蜡质层作为靶标表面最外层结构，因此，研究外蜡质层的物理化学性质（表面化学成分和表面形貌）尤为重要。对于不同品种、生长期及叶片部位的植物叶片差异显著；同时，与植物所处的生存环境息息相关；最重要的是，靶标作物表面形貌显著影响了液滴在其表面的润湿黏附行为；对于同一品种靶标作物，其表面形貌随着生长期、叶片部位等不同均有所差异。

因此，添加喷雾助剂成为提高农药环境稳定性、提高农药润湿附着和渗透吸收能力的最重要方式。喷雾助剂在各类固体表面上所形成的吸附层结构及最外层基团不仅与靶标表面性质有关，而且与喷雾助剂的分子结构、浓度、溶液酸碱度及周围环境因素息息相关。

一、农药喷雾助剂的作用

（一）配方助剂和喷雾助剂

农药助剂（pesticide adjuvant），是在农药生产加工和田间喷药过程中，使用的各种辅助物料的总称，虽然是一类助剂，其本身一般没有生物活行，但是在农药配方中或田间施药时是必不可缺少的添加物质。

农药助剂有特定的功能，有的起稀释原药的作用；有助于农药有效成分的分散，包括分散剂、乳化剂、溶剂、载体、填料等；有助于发挥药效或延长药效，包括稳定剂、控制释放助剂、增效剂等；有助于防治对象接触、润湿或吸收农药有效成分，包括湿润剂、渗透剂、黏着剂；增加安全性及使用方便，包括防飘移、安全剂、解毒剂、消泡剂、警戒色等。总之，农药助剂的功能，不外乎改善农药的物理或化学性能，最大限度地发挥药效或有助于安全施药。农药助剂是随剂型加工和施药技术的进步而发展的，助剂也向多品种、系列化发展，以适应不同农药品种不同剂型加工的需要。

农药助剂，包括配方助剂与喷雾助剂，两者同等重要。

配方助剂（formulation additive）也叫加工助剂（coformulants），是农药生产企业在农药剂型加工过程中（图13-1）直接加入到产品中的助剂。

图13-1 农药生产与农药商品

大部分农药原药难溶于水而无法直接加水喷雾或以其他方式均匀分散并覆盖于被保护的作物或防治对象上或其活动场所，所以必须通过加工、加入各种助剂，做成各种不同的农药制剂后才可以加水喷雾使用。农药必须通过加工、分装才能制成农药商品，方便农民应用。

配方助剂另一功能是维持农药制剂性质的稳定，使农药制剂保持一些必要的理化性质，保证其在贮存过程中不发生分解、分层、结晶、沉积等质变现象。根据其功能和在配方中的作用又可分为：溶剂、稀释剂、填料和（或）载体、分散剂、乳化剂、润湿剂、渗透剂、展着剂、控制释放剂、增效剂、防飘移剂、防尘剂、药害减轻剂、消泡剂、起泡剂、警戒色素、稳定剂、触变剂和增稠剂等。

配方助剂是指在农药生产过程中直接加入的助剂，其功能相对简单，只能是通用性、简单地、一般性地水中乳化和分散，而不能保证在所有作物、不同生育时期和靶标上润湿扩散和渗透吸收；同时，受农药产品储存稳定性的影响也不能加入大量的助剂；特别是受农药商品成本的影响，多数厂家的产品中助剂用量相对较少。

喷雾助剂（spray adjuvants）又称为桶混助剂（tank-mix additives），是在农药使用时与农药产品一起添加在药液桶中现混现用（图13-2）的一种助剂产品。

图13-2 田间喷雾药桶中加入喷雾助剂后直接喷施

可以通过降低药液的表面张力、增加雾滴黏附与沉积、提高润湿和展布性能、溶解或渗透昆虫/植物叶片表面蜡质层、增加药剂的渗透能力、促进药剂的吸收和传导，提高抗雨水冲刷的能力，防飘移，抗药害，抗光解等，提高农药的生物活性和环境稳定性，是农药减量使用技术的重要支撑。

喷雾助剂，是农药应用中的重要组成部分。一方面是因为农药制剂中的助剂太少，过多的农药助剂影响农药商品的储存稳定性；另一方面是因为不同的防治对象、不同的作物、不同的环境条件和喷药工具对喷雾助剂的要求不同，也是农药制剂中的配方助剂不能实现的。

喷雾助剂在降低农药用量、改善农药有效成分的生物活性、提高农药在环境中的稳定性、减少环境污染、提高经济效益等方面都具有重要作用。农药喷雾助剂的使用能够最大限度地弥补不同农药剂型在喷雾时存在的问题，增加了农药制剂加工时对配方助剂的选择，弥补一些喷雾器械对于农药剂型的特殊要求，降低了药滴在叶片上的表面张力，增强了雾滴在叶片表面的吸附性，减低了农药有效成分的蒸发，降低了雾滴飘散到非靶标区造成的危害，提高药液在叶片上的穿透性，还能够有效促进农药有效成分在作物体内的吸收和传导，提高对病虫害的防治效果，降低农药的使用量。

张宗俭提醒说，喷雾助剂不是"万金油"，不能只称"渗透剂"，并非对每种药都同等增效，不同的作物、不同的环境条件、施药器械、喷雾作业质量都会影响喷雾助剂使用效果，因此要根据不同的农药产品、应用作物、防治靶标和环境条件等选择不同功能的喷雾助剂。

在欧美等农业发达的国家，在植保器械中添加喷雾助剂的做法很普遍，开发与应用的农药相关助剂产品的技术也已经很成熟。在我国，广大农村实行的还是以家庭为单位的高度分散的耕作方式，农业生产的技术水平远远落后于发达国家，农民对于喷雾助剂的使用价值还不甚了解，普遍认为喷雾助剂不是农药，无关大局，即使施用喷雾助剂者也是很随意地添加，阻碍了农药有效利用率的提高。

（二）喷雾助剂的主要作用

喷雾助剂一般不具有活性，但能在雾滴沉积附着、扩散分布、渗透吸收等环节具有重要作用，从而使农药发挥更高的活性。不同的农药、不同的剂型对助剂有不同的要求。

喷雾助剂的作用概括起来包括以下几个方面。
◎ 防止农药雾滴的飘移和反弹；
◎ 提高雾滴在植物叶面的润湿和扩散，改善农药雾滴在植物叶片或病虫草害体表的分布均匀性；
◎ 提高雾滴在植物叶面的沉积附着率与展着性；
◎ 增进药液对植物叶片或病虫草害体表的渗透性和输导性、对药剂吸收的影响；
◎ 喷雾助剂提升农药雾化水平、增加农药混用的相容性；
◎ 提升农药在环境中的稳定性。

1. 防止农药雾滴的蒸发、飘移和反弹

在农药喷雾过程中，因雾滴的蒸发会造成雾滴尺寸变小的现象，这不仅影响到药剂在植物上的沉积量；而且也会增加药剂雾滴的飘移作用，使雾滴容易进入环境，对人、动物和环境产生不良的影响。

1）防止雾滴飘移

使用喷雾助剂可以在常规喷雾施药机具下起到改善雾滴性能，降低飘移的作用。例如选用一种有效成分为十八碳羧酸胺的抑制剂，加入到药剂中使雾滴表面形成单分子（膜）层，可以起到阻止水分蒸发作用。这种雾滴在空气中降落7m仍能保持原有雾滴尺寸，从而避免飘移现象发生。除去十八碳羧酸胺具有形成单分子膜的能力外，其他如烷基醇酰胺、乙二醇二十二烷基醚、羟乙烯基高级脂肪醇和奇、偶碳混合醇与脂肪醇聚氧乙烯（1.8）醚（75/25）的复配物等都能形成单分子膜（华乃震，2012）。

2）防止雾滴反弹

雾滴反弹是由植物表面结构不同所引起的，例如亲脂性强的蜡质光滑表面容易发生雾滴反弹。使用有高动态表面活性（动态表面张力能很快降到静态表面张力）的喷雾助剂，雾滴不易反弹。

2. 提高雾滴在植物叶面的润湿和扩散

植物临界表面张力在农药应用中是一个重要参数，当药剂的表面张力小于某种植物临界表面张力时，表示在该植物表面上可以被润湿和扩散。但是，由于各种植物的表面结构和形状是不同的，各种植物临界表面张力的数值也是不同的，它们之间存在着较大的差异。

甘蓝、水稻、小麦、雀麦、牛筋草、看麦娘有较小临界表面张力数值，它们属于难润湿植物，很多药剂喷洒后，易于以水珠形式从叶面滚落（图13-3）；黄瓜和棉花临界表面张力数值较大，属于易被药

图13-3　甘蓝叶片喷施农药效果对比

剂润湿的植物（图13-4），很多药剂喷洒上去后，在润湿的同时药剂也会发生从叶缘滴落的现象；而水花生、豇豆、刺苋、茄子、辣椒、丝瓜、玉米、裂叶牵牛则处于两者中间状态。

40%苯醚甲环唑悬浮剂10ml/亩　　　　　　40%苯醚甲环唑悬浮剂10ml/亩+农希望5号助剂30ml/亩

图13-4　黄瓜叶片喷施农药效果

对易润湿植物如甜菜和田间豆类的靶标，喷雾助剂的加入与单独用水对比，一般来说很少影响滞留，而喷雾助剂只增加难润湿植物（如含油种子和谷物类）的沉积量。还有资料表明，药液表面张力降低过小，虽可增加在难润湿叶片如豌豆和大麦上的沉积量，但也可减少在向日葵和油菜上的沉积量。

药剂在正常喷雾条件下，润湿靶标作物表皮，是其发挥药效的首要作用，而药剂润湿能力与其表面张力和接触角之间有着密切关系。当药剂表面张力过大时，不易使植物被湿润，会导致药剂大量流失；而当表面张力太低时，因药剂接触角过大，润湿展布能力太强，也出现药剂从叶面边缘上滴落的现象。这两种情况都会降低农药的有效利用率。

对易润湿植物（如油菜、番茄、菠菜、芹菜、黄瓜和棉花等），通常使用的许多剂型产品，可不用加入喷雾助剂，一般也能润湿植物，有较低的接触角。

对有蜡质层的难润湿植物（如甘蓝、水稻、小麦、雀麦、牛筋草、看麦娘等），当药剂表面张力或接触角较大时，药剂就难以润湿和黏附叶面，从而限制了药剂的药效发挥。这时，只有添加喷雾助剂后，方可使药效得以发挥；而且与喷雾助剂使用浓度有关。

3. 提高雾滴在植物叶面的沉积附着率与展着性

使用农药喷雾助剂的重要目的是提高雾滴在植物叶面的附着率。无论是触杀型还是内吸型农药，药剂在植物叶片表面形成良好的沉积分布是发挥药效的先决条件。

喷雾助剂的另一个重要作用是使喷雾滴的展着性（或展布性）增加，也增大药剂的覆盖面积，有利于药剂的渗透和吸收，最终提高药效。

使用不同的表面活性剂都能降低表面张力，但并非降低表面张力的表面活性剂都有很大的展布性。有的如氟-碳类表面活性剂其表面张力可降到16.5mN/m，降低表面张力甚至超过三硅氧烷有机硅喷雾助剂，但其铺展面积却很小。常规表面活性剂例如辛基酚聚氧乙烯醚（OP-10）、脂肪醇聚氧乙烯醚（JFC）、十二烷基苯磺酸钠（ABS）等所提供的表面张力一般在30~40mN/m范围内，但在难润湿植物叶面上，也只能大致改善展布性能，很少能达到好的效果。表面活性剂的展着性能也与浓度有关，在大多数表面活性剂使用量，应该在它的临界胶束浓度之上。

加入油基助剂作为喷雾助剂使用，也可增加某些植物类喷雾滴的展着性，但是它们不如使用（如三硅氧烷有机硅喷雾助剂）在含蜡植物表面上有效。它们的性能也与所用油基助剂的黏度和乳化剂的用量有关。

使用三硅氧烷有机硅喷雾助剂虽有极佳的展布性，提供最大的铺展面积，但是也有负面作用，除非具有良好的黏附性，否则也会因喷雾液流失，将导致降低喷雾液的滞留量。使用油类助剂也可较大增加植物叶片上的滞留量，例如甲基化植物油用于磺草酮药剂中，可使药剂滞留量增加62.7%。

药液在植物叶面的铺展性对于保护性杀菌剂及大多数杀虫剂尤为重要，而铺展性与药液的静态表面张力有关。一些表面活性剂，如有机硅表面活性剂具有卓越的铺展性能，因而可以减少喷雾雾滴体积，甚至减少有效成分用量而不影响病虫防治效果。这对于节约喷雾用水以及节省施药费用具有重要价值。

对于内吸型除草剂而言，铺展性与药效似乎无直接关系。目前，已知草甘膦的叶面吸收与药液的铺展性甚至有负相关性。因此选择针对草甘膦的桶混助剂时，一定要考虑其对药液铺展性的影响。对于其他除草剂而言，铺展性对吸收及药效的影响尚缺少系统的研究。

4. 增进药液对植物叶片或病虫草害体表的渗透性和输导性

药剂穿透靶标的表皮，进入靶标体内部发挥其生物活性的过程，虽有所不同，但其外表皮都是由一定厚度的蜡质层组成的。药剂首先要渗入（或溶入）蜡质层，然后按照其分配系数穿透表皮进入内部组织。一般说来，药剂只要能进入蜡质层，就会产生助渗作用。因此，某些表面活性剂、油类物质和亲脂性强的溶剂都有一定的助渗作用，但这种助渗作用有时还不能满足药剂的渗透。

渗透剂一般指能促进农药有效成分渗透到靶体内部，或者是一种能增强药剂穿透处理的靶标表皮进入靶标体内部能力的药剂。渗透剂是增加药液向靶体表层和内部渗透、降低有效成分用药量、提高渗透速度和缩短渗透时间（提高防雨水冲刷的能力）、减少农药对环境污染、减轻对不良天气对农药施用影响等。

研究表明，不是所有降低剂型表面张力和接触角的助剂都能起渗透作用。表皮上角质层是由脂肪醇、酮和烃等所组成的；植物叶面的内表层与细胞壁相连，被细胞壁蛋白所稳定，它阻止了药液进一步渗透，只有加入少量的助剂才能通过此液层扩散到植物内部。

在农药中使用的渗透剂一般以非离子和阴离子表面活性剂为主。较多的使用JFC（C7-9烷醇聚氧乙烯醚）、十二醇聚氧乙烯醚、快速渗透剂T（双辛基丁二酸酯磺酸钠）、烷基苯磺酸钠（R=12为好）和脂肪醇硫酸盐（R=12为好）等。月桂氮酮是另一类高效渗透剂，在化妆品中用作皮肤渗透剂，由于其无毒、安全及高效促渗型性质，多年来用于农药剂型产品中均有明显增效作用。

5. 喷雾助剂对药剂吸收的影响

植物叶面上有大量的腺孔，使微观表面粗糙度增加，导致雾滴在叶片上的扩张速度增加。在液体状态下，农药中的微粒物质更加易于被植物叶片表面的毛细孔所吸收。农药雾滴在叶片表面上蒸发时间越长，叶片对药液的吸收量就越多。内吸式农药是让植物把药液吸收到体内，直接控制植物体内的病害，或者是当害虫食用体内含有药液物质的植物叶片后被毒杀。叶片对药液的吸收量越多防治效果越好。

农药的吸收既是一个物理过程（扩散作用），又是一个生物学过程。由于人们对叶面角质层的结构、理化特性并非十分了解，因而对农药的吸收快慢仍难以预测。表面活性剂对农药吸收的影响更为复杂，既与农药的理化性质有关，又与表面活性剂的结构与浓度有关。

1) 表面活性剂结构对农药吸收的影响

任何表面活性剂分子均由亲水基和亲脂基两部分组成。非离子表面活性剂是使用最广泛的农药助剂，其亲水基通常是氧化乙烯（EO）的聚合体，而亲脂基常为直链醇、支链醇或烷基醇。表面活性剂分子中氧化乙烯单元的数量（即EO含量）以及亲脂基烷烃立链的长度与结构对农药吸收都有重要的影响。

研究试验已经明确，在相同浓度下，EO含量高的表面活性剂对水溶性农药草甘膦的吸收促进作用最大；对于脂溶性除草剂，同样低EO表面活性剂对其吸收效果最好。在EO含量相同的表面活性剂之中，亲脂基结构不同，对吸收的效果也不同。含有直链烷烃的表面活性剂比含支链烷烃或烷基苯基的品种对草甘膦、苯达松和高效氟吡甲禾灵的吸收效果均好。即使同为直链烷烃型表面活性剂，烃链的长短也影响其性能，中等长度的碳链似乎对农药吸收效果最好，因而应用也最普遍。

2）表面活性剂浓度对农药吸收的影响

同一种农药，喷雾的靶标植物不同，所需使用的表面活性剂用量也不同。例如草甘膦施加到小麦叶片上后，0.02%的MON0818（一种喷雾助剂）即可显著促进叶片吸收；而在蚕豆叶片上，则需要0.2%的MON0818才能产生明显的效果。因此可见，选择合适的喷雾助剂，选择合适的助剂浓度，对于提高药剂的吸收率至关重要。

3）油基助剂的喷雾助剂也可改进农药的叶面吸收，尤其是对除草剂

油类的成分、乳化剂的量和靶标的种类都影响吸收效率。矿物油喷雾助剂一般是最好的，可是在某些情况下植物油类和脂肪酸酯与表面活性剂助剂相比，可提供相等的甚至更好的性能。例如日本石原产业公司生产的烟嘧磺隆4%悬浮剂均含有0.2%的植物油。

4）无机盐的主要功能是促进除草剂的吸收和解除

无机盐类助剂也影响农药的吸收，研究发现硫酸铵能促进草甘膦在大多数植物种类上的吸收。对极性、弱酸型除草剂如灭草松、磺酰脲类、咪唑啉酮类等加入氮肥，活性都有提高。在低pH值时，除草剂保持弱酸状态而非解离态，容易穿透细胞膜，使细胞膜外产生弱酸性环境，从而促进弱酸型除草剂的吸收。研究报道硫酸铵单独使用对4%烟嘧磺隆SC有一定作用，但作用不大；但硫酸铵和植物油助剂Scoil混用对4%烟嘧磺隆SC的增效作用高达85%。

5）湿度和保湿剂对除草剂的吸收和药效有很重要的影响

在使用2,4-滴时发现在低湿度下液滴变干速度对药效有不利的影响时，可采用加入甘油或聚乙二醇能延长除草剂液滴的变干速度。当药液不加聚乙二醇时，2,4-滴的吸收仅在用药后前4h发生，随后就形成水晶状沉淀。当加入聚乙二醇后，药剂吸收可以维持吸收延长到72h。其原因是当雾滴变干后，具有吸湿性的表面活性剂实际上会产生一种（少量水分与表面活性剂所形成的）凝胶，把药剂的有效成分包溶在其中并与蜡质叶面保持有效接触，提高药液渗透进入蜡质叶表皮的能力，增加吸收率和提高药效。采用保湿剂再加入表面活性剂能起到更好的吸收作用，而用非离子保湿剂的保湿效果更好。

6. 提升农药雾化水平、增加农药混用的相容性

添加喷雾助剂，可以增加农药的乳化或悬浮效果，农药沉积和凝结减少，不堵喷头，可以明显改善喷雾效果，提高农药间的兼容性。

（三）喷雾助剂的为害与安全性

农药助剂的使用初期，大多数人认为农药助剂尤其是农用表面活性剂对动植物及人类完全没有影响，而极少存在毒性的农药助剂是由于使用不当造成的。随着科学技术的发展，人类对农药助剂特别是农用表面活性剂、农药溶剂、填料载体及其降解产物对动植物和人类的毒害作用已有初步研究，其中农药助剂和填料载体的毒性及危害最为严重。

美国国家环保局根据各种农药助剂的毒性和危害性将其进行分类列表管理。加拿大有害生物管理局在美国国家环保局对农药助剂分类方式的基础上，依农药助剂的毒性、危害性和管理强度递减的顺序分成五大类。2006年澳大利亚农药和兽药管理局拟制定和发布农药助剂指导或登记资料要求。德国等其他国家已经出台相关的措施，对农药助剂实行登记制度，并将农药助剂的安全性进行分类管理。

国内外表面活性剂工业发展迅速，2005年全球表面活性剂年用量为1.8×10^7t，我国的产量亦已达460万t。其中绝大多数表面活性剂为化学合成的，其大量应用对环境造成了巨大的压力。最主要的几类

农药助剂几乎都是典型表面活性剂或者是以它们为基础的复配物，占农药制剂量的90%以上，如烷基酚聚氧乙烯醚、脂肪醇聚氧乙烯醚、失水山梨醇脂肪酸酯等，因此农用表面活性剂在农药助剂中占有特殊的地位。

1. 农用表面活性剂对土壤的危害

理论上讲表面活性剂能够影响土壤胶体的表面电势、有效Hammer常数及离子强度。表面活性剂进入到土壤后，将通过离子交换、氢键、静电、范德华引力等方式吸附在土壤界面上，并通过降低界面张力、改变土壤界面电荷和接触角等物理化学方式来影响土壤团聚体的稳定性、土壤的持水量和导水率。一般认为，土壤胶体多带负电荷，加入阴离子表面活性剂后其表面电势增加，胶体之间的排斥力增加，即胶体的稳定性增加；加入阳离子表面活性剂后情况恰好相反。较低浓度表面活性剂的存在就会降低土壤粒子与溶液间的界面张力，导致原有颗粒更易湿润，减小土壤团聚体的稳定性。不同质量分数的表面活性剂对土壤的持水性和吸水性具有不同程度的影响。如果土壤中的非离子表面活性剂质量分数低于50 mg/kg，可提高土壤持水性能90%~189%，阴离子表面活性剂质量分数低于500 mg/kg时，土壤持水性能可提高4~5倍；而阳离子表面活性剂在土壤上的吸附，会导致土壤的吸水性降低。表面活性剂与土壤中各种离子的交换反应会改变土壤溶液的pH值，长期浇灌含表面活性剂的水可使土壤pH值升高，因此农药制剂中含有的大量农用表面活性剂也势必会对土壤的pH值造成一定影响。表面活性剂还可与土壤中的重金属发生竞争吸附，当阴离子表面活性剂质量浓度高于50mg/L时，阴离子表面活性剂显著降低了土壤中交换态和碳酸盐结合态镉的含量，增加了土壤中铁锰氧化物结合态和有机结合态镉的含量，从而降低了土壤中镉的可移动性和生物有效性。

2. 农用表面活性剂对水体的危害

农用表面活性剂最终都排放到环境当中，它在环境当中尤其是水体当中的残留及富集引人关注。表面活性剂易被生物降解，降解率达90%左右。但在天然水体中，由于微生物对表面活性剂的降解能力有限，表面活性剂的含量较高，最终导致农用表面活性剂残留，尤其是在底泥中的富集最为严重。

农用表面活性剂能够降低农药的表面张力，但是其大量富集可能降低水体的表面张力，当水体表面张力降至5.0×10^{-4}mN/m以下时会影响鱼鳃的呼吸，鱼类不能生存。因此水体中表面活性剂浓度过高会对整个水生态系统产生影响。表面活性剂能够使水体对其他物质产生增溶作用。表面活性剂在水体中的浓度超过临界胶束浓度（CMC）后能使不溶或微溶于水的有机物在水中浓度增大。农用表面活性剂的泡沫作用在农药加工中会造成包装量的影响，而过分的泡沫持久性也对环境产生影响。水体中残留的表面活性剂可能导致大量持久性的泡沫，这些泡沫很难消失，并且在水面形成隔离层，减弱了水体与大气之间的气体交换，致使水中溶氧量急剧下降、水体发臭，不仅危害水生环境，而且还严重影响水体中生物的生存。有些农药助剂因为难于降解，进入到水体中不仅造成水污染，在施药后还会散发到空气中在阳光作用下发生化学反应，生成新的物质对大气产生污染。农药助剂对环境的影响应当引起人们的重视。

3. 农用表面活性剂对生物的危害

农用表面活性剂及其降解产物对生物（包括水生植物、水生动物、陆生植物、陆生动物、人体、微生物）存在或多或少的危害。阳离子表面活性剂的毒性较大，但在农药上的应用范围较窄；阴离子表面活性剂具有一定的毒性；非离子表面活性剂本身毒性相对较小，但有的非离子表面活性剂降解产物毒性很大。

有些农药助剂可以经口腔、鼻腔以及皮肤对人及其他动物产生毒害。有研究发现高浓度的表面活性剂透过鱼的皮肤进入鱼鳃、血液，产生毒性，甚至在胆囊和肝胰腺中积累。

脂肪胺聚氧乙烯类助剂是草甘膦的标准助剂，对皮肤、眼睛有刺激作用，对鱼毒性高，用于耐草甘膦作物时经常发生产量下降的情况。除草剂中应用最为普遍的是含有烷基酚聚氧乙烯基的助剂，如烷基酚聚氧乙烯磷酸盐、烷基酚聚氧乙烯醚甲醛缩合物硫酸盐、烷基酚聚氧乙烯磺酸盐、烷基酚聚氧乙烯醚（APEO）等。这类农用表面活性剂在环境中生成并累积的代谢产物浓度到达一定程度时，对野生动物和人类的内分泌功能造成干扰，并且它们对鱼的毒性较大、降解速度很慢。有研究表明壬基酚聚氧乙烯醚的生物降解率为0~9%，其最终降解物烷基酚的毒性高于未分解前的表面活性剂，且为低溶解度、低极性的化合物，不易进一步降解。因此，欧盟限用的APEO主要是指NPEO和OPEO及其分解产品壬基酚（NP）和辛基酚（OP）。Np是美国环境保护局在1997年提出的70种环境激素的化学物质之一，并且还存在潜在致癌性、致畸性和致突变性。目前国内普遍使用的农药助剂磷酸酯类产品，用量在10万t/年以上，它属于具有潜在致癌危险的物质，国外均已禁止使用。

有些农药对土壤、水体及生物均造成严重危害，如10%草甘膦、18%杀虫双、5%~40%乙酰甲胺磷等，这些产品的助剂基本采用离心母液和溶剂配制，含有大量的无机盐、芳烃类有机物、难降解的有机氯化物、重金属等有毒有害化学品，这些污染物随着农药喷洒直接进入环境和食物链，污染农田、水体、食品等，危害人体健康，破坏生态环境，加速农田盐碱化趋势。

4. 农用表面活性剂对作物的药害

助剂本身对植物存在影响，对植物表面的蜡质层、角质层易于造成损伤（图13-5和图13-6）。不合理地使用农药助剂会增加药害的风险，渗透性强的助剂药害风险相对较高。助剂与药剂之间存在协同增加药害的作用（图13-7和图13-8），温度过高或过低均会增加药害的发生。

图13-5　黄瓜叶片上油酸甲酯用量过大的药害

图13-6　苹果树有机硅用量过大的药害

第十三章 农药喷雾助剂的作用原理　149

图13-7　15%炔草酯可湿性粉剂加过量助剂的药害

图13-8　24%烟·莠油悬浮剂加过量助剂的药害

二、农药喷雾助剂的发展

喷雾助剂的起源可追溯到19世纪末,喷雾助剂的雏形是面粉、糖、肥皂液等物质,用来改善硫黄、石灰、铜、砷制剂的黏着性。到20世纪初,才出现了把油作为喷雾助剂添加到农药中来增强其杀虫杀菌活性的报道,随着人们对表面活性剂的深入研究,喷雾助剂开始在农业上得到了广泛的应用。

1940—1950年,人们发现硫酸铵、尿素、非表面活性剂有比肥皂液更能提高除草剂活性的功能。1960—1970年,人们发现添加喷雾助剂可以减少农药的使用量,又发现在农药中添加有机硅助剂能够增强药液的叶片的吸附性,通过煤油和表面活性剂混合后形成的助剂,能提高叶面对除草剂的吸收。

随着科学技术的飞速发展,人们环保意识的增强,助剂的发展更加切合农药其自身特性,多功能、混合型助剂的开发使除草剂的药效得到了改善。喷雾助剂的使用与开发,在减量增效方面已经取得非常显著的效果,是未来发展的重点和热点,也将对除草剂使用技术带来变革。

农药喷雾助剂的应用已有50多年历史。现在,在许多工业国和现代化农业国家如美、日、西欧各国,喷雾助剂已成为助剂领域非常活跃的领域。每年都有研究成果(专利)发表和一批喷雾助剂新产品投放市场。

我国市场上的喷雾助剂,可以总结为经历了五代,产生了诸多应用问题和误区。

第一代喷雾助剂:洗衣粉或肥皂水,主要成分为阴离子表面活性剂和硬脂酸钠类。

主要问题:含量很低,一般10%左右的有效含量,基本为碱性,碱性环境有利于去污。

第二代喷雾助剂:氮酮、噻酮类,主要应用于渗透需求。

主要问题:可以破环植物本身的蜡质层,对作物安全性不高,易产生作物不可逆的伤害。

第三代喷雾助剂:矿物油、植物油类,植物油类助剂包含各种植物精油,如橘皮精油、大豆油等,最具代表性的是甲基化植物油类助剂。

主要问题:具备较强的抗飘移、抗蒸腾性,但扩展性、润湿性及乳化性相对较差,会对农药利用率产生影响。

第四代喷雾助剂:农用有机硅类表面活性剂,根据其作用方式可分为高渗透、高扩展、高附着等不同类型的助剂。

主要问题:药害突出;产品良莠不齐,作用方式单一,对药效产生较大影响。

第五代喷雾助剂:多功能喷雾助剂,是由多种助剂科学加工而成,主要成分为超支化脂肪胺改性聚合物、超支化脂肪醇醚改性聚合物、基于聚氧乙烯醚改性三硅氧烷的化合物等。

这类助剂不但具备较强的抗飘移、抗蒸腾性,同时扩展性、渗透性及内吸性也非常好,能有效提高农药利用率。这类助剂本身微毒,稀释后几乎无毒,对作物及环境安全。

三、农药喷雾助剂的主要类型与作用原理

(一)喷雾助剂的分类

市场上有上百种喷雾助剂供用户选用,名称有些混乱,缺乏统一的公认分类法。Wills和Mcwhorter将助剂分为三类:①活性助剂(activator adjuvants),包括表面活性剂、润湿剂、渗透剂及无药害的各种油;②喷雾改良助剂(apray-modifier adjuvants),包括黏结剂、成膜剂、润湿展着剂;③实用性改良助

剂（utility modifiers），包括乳化剂、润湿剂、展着剂、黏结剂、沉降助剂增稠剂、分散剂、稳定剂、偶合剂、助溶剂、缓冲剂和抗泡剂等。

从研究和用户方便出发，根据助剂主要功能，喷雾助剂分为以下四类：①增进药液的润湿、渗透和黏着性能助剂，如润湿展着剂、润湿剂、渗透剂等；②具有活化或一定生物活性的助剂，如活化剂、某些表面活性剂和油类；③改进药液应用技术，有助安全和经济施药的助剂，如防飘移剂、发泡剂、抗泡剂、掺合剂等；④其他特种机能的喷雾助剂。

目前生产上应用的助剂种类主要有润湿剂、分散剂、增效剂、渗透剂、展着剂、乳化剂、黏着剂、成膜剂、稳定剂、增稠剂、抗结块剂、抗凝聚剂、消泡剂、崩解剂、防静电剂、防飘移剂、药害减轻剂、推进剂和解毒剂等。在实际应用中，为了提高药效，可以多种助剂同时选用，但是必须了解各类助剂之间的相互作用，进行合理配置。在同一剂型下，不同助剂种类会明显影响药剂性能，例如不适宜的分散剂、湿润剂可使可湿性粉剂的悬浮率下降。

（二）喷雾助剂的选择方法

在目前农药加工条件下，药剂中表面活性剂添加量在稀释后，不能在喷雾靶标表面形成良好的润湿展着，通常情况下需要添加喷雾助剂。操作者可以根据环境、植物、气象等条件判断是否需要添加喷雾助剂。

（1）当植物叶片或害虫体表有蜡质层存在，需要在喷雾药液中添加一定量的润湿展着剂。

（2）当植物叶片表面蜡质层厚（如甘蓝、水稻和小麦等植物）或叶片表面有浓密绒毛存在（如黄瓜叶片）等，当使用的虫体表有蜡质层或浓密绒毛存在，必须要在喷雾药液中添加表面性能优良的润湿展着剂。

（3）药剂为内吸性药剂，需要提高药剂被吸收的量和速度时，可以添加性能优良的渗透剂来提高防治效果。

（4）空气湿度小，需要加入雾滴蒸发抑制剂。

（5）雾滴飘移抑制剂，喷雾时风速较大，需要加入聚乙烯醇、聚甲基丙烯酸钠等雾滴飘移抑制剂。

（6）喷雾后可能有降雨，需要喷雾黏着剂聚乙烯醇等。

（三）表面活性剂类喷雾助剂

表面活性剂在喷雾助剂中应用非常广泛。表面活性剂分子因其独特的两亲性结构可以吸附在两相界面，降低界面张力，增强乳液、悬浮液等稳定性，同时提高溶液的表面活性。

1. 表面活性剂类喷雾助剂的种类

按照表面活性剂的亲水基带电性，可将表面活性剂分为非离子型、阴离子型和阳离子型表面活性剂，其中，非离子型和阴离子型表面活性剂作为除草剂的喷雾助剂应用最为广泛（表13-1）。

表13-1 常见的表面活性剂

类型	代表品种
非离子表面活性剂	Tween80、Tween20、烷醇聚氧乙烯醚、烷基芳基聚乙二醇、脂肪醇聚氧乙烯醚等
阴离子表面活性剂	十二烷基苯磺酸钠（ABS）、脂肪醇聚氧乙烯醚硫酸钠（AES）柠檬酸烷基醚酯（AEC）等
阳离子表面活性剂	乙氧基长链脂肪胺等
有机硅助剂	Silwet L-77、Freeway、Boost等

2. 表面活性剂的主要增效机制

1) 表面活性剂能显著抑制喷雾液滴撞击疏水植物叶面后的破碎和回弹行为

研究发现，水滴高速撞击到超疏水的甘蓝叶表面时会发生破碎、飞溅、反弹等行为，而添加了1%阴离子表面活性剂琥珀酸二异辛酯磺酸钠（AOT）的液滴撞击甘蓝叶表面后几乎不回缩，铺展面积大，可实现完全沉积。AOT分子具有优秀的表面活性，能快速降低溶液的动态表面张力，并且能在溶液中自组装形成囊泡。液滴与叶片碰撞时，液滴表面积迅速变大，此时AOT分子迅速迁移并吸附在固-液界面，显著降低界面张力，使液滴几乎不回缩，完全附着在超疏水叶片表面。

2）表面活性剂能改善药液在疏水叶表面的润湿铺展行为，提高药液与叶片表面的黏附力

研究发现：当非离子表面活性剂Triton X-100的浓度低于其临界胶束浓度（CMC）时，液滴则不能在水稻叶表面铺展，保持近似球形的状态，接触角很大；而当浓度介于CMC和临界润湿浓度（CWC）之间时，液滴缓慢铺展，接触角降低。随着TritonX-100浓度的升高，尤其在超过CMC后，液滴的表面张力则逐渐降低，在水稻叶表面迅速铺展，接触角显著降低。

3）表面活性剂能溶解植物叶片表面的蜡质层，促进除草剂药液渗透进入植物组织

大多数农药的活性成分是亲脂性的，它们会随着液滴的蒸发而被溶解在表面蜡质层中，但这并不意味着可以通过整个角质层，而表面活性剂可以溶解叶片表面的蜡质层，同时调节角质层的成分和结构，提高角质层的流动性，进而促进活性成分在整个角质层的渗透和迁移。有机硅表面活性剂被认为是在植物叶片上能达到完全铺展的一类表面活性剂，已被广泛应用于农药制剂领域，其中以烷氧基改性的三硅氧烷非离子表面活性剂应用最为广泛。有机硅表面活性剂通常指以硅氧键-Si（CH$_3$）O-为骨架组成的化合物，具有独特的"T"形结构，其在气-液界面吸附时，亲水基团垂直朝向液滴内部，而疏水基团往往平行于表面排布。正是这种特殊的排布方式导致液体具有超低表面张力，表现出优秀的表面活性，使液滴在马兰戈尼效应（Marangoni Effect）的推动下迅速铺展，从而增大药液与叶片表面的接触面积。然而，有机硅表面活性剂在pH<5或pH>9时极易缩聚而失去作用，因此不适于作为草甘膦异丙胺盐等强酸或强碱性制剂的喷雾助剂。

3. 农药渗透剂类表面活性剂

农药渗透剂是指促进含药组分渗透到靶标内部，或者是增强药液透过靶标表面进入靶标体内能力的润湿剂。按照表面活性剂物理化学的观点，表面活性剂的润湿作用和渗透作用是有着本质区别，但是实际应用时很难将两者严格区分开，所以美国农药管理委员会将渗透剂定义为一类润湿剂，即渗透剂是广义的润湿剂。

通过电子显微镜经常看到许多作物茎叶表面和害虫体表有一层疏水性很强的蜡质层，水分很难润湿，因为大多数农药本身很难溶或不溶于水，所以农药加工和应用过程中必须使用渗透剂或润湿剂促使其在处理靶标上展布浸透，以便更好地发挥药效。影响渗透剂渗透作用的因素较多，例如渗透剂的结构，一般情况下分子量小的比分子量大的润湿性好，亲水基位置靠近油基中间的比靠近末端的好，亲油基带支链的比不带支链的好。此外，渗透剂在药剂中的浓度，药剂本身的黏度、药剂中电解质的含量以及润湿的靶标表面的粗糙程度等都对渗透剂的渗透能力有明显的影响。渗透剂应具有以下几点性质：一是能够运载农药分子穿过上表皮的脂肪层到达油水界面层；二是能够使农药分子在界面层积累以增加扩散浓度差；三是在农药分子穿透之前，不能挥发至尽。

农药渗透剂主要有阴离子型和非离子型两大类。阴离子渗透剂主要有烷基磺酸钠、烷基苯磺酸钠、脂肪醇硫酸钠、a-烯烃磺酸钠、烷基酚聚氧乙烯醚硫酸钠、脂肪醇聚氧乙烯醚硫酸钠、快速渗透剂、农助200号A、烷基酚聚氧乙烯醚甲醚缩合物硫酸盐-SOPAⅡ、脂肪醇聚氧乙烯醚丁二酸单酯磺酸钠等。非离子渗透剂主要有多芳基酚聚氧乙烯醚、烷基酚聚氧乙烯醚、植物油醚、酚醛树醋聚氧乙烯醚与醋类和醇醚等。

4. 有机硅表面活性剂

有机硅表面活性剂于20世纪50年代初由美国联合碳化物公司商品化，起初用作聚氨酯泡沫塑料的稳泡剂，应用效果甚佳，从而促进了聚氨酯工业的飞速发展。有机硅表面活性剂全面快速地发展是从20世纪80年代开始，由于该类表面活性剂具有表面张力低、润湿和铺展性好、乳化作用大、配伍性能好，并具发泡、稳泡和抑泡作用，且无毒副作用的独特优点，已广泛应用于各行各业，如纺织、化妆品、塑料、涂料、农业化学品、医药、汽车及机械加工等行业。

近几年来，含硅表面活性剂引起了人们的极大兴趣，由于其分子结构不同于一般的烃类表面活性剂，具有很多特殊的性能。含硅表面活性剂具有非常好的表面活性，能将水的表面张力减小到很低分子中含有很多支链结构，它们不易结晶，所以通常在低温时不沉淀；其特殊的分子结构，界面膜上各分子间的黏附力很小，是很好的润湿剂及极佳的润滑剂；其极低的生理毒性，因而广泛应用于化妆品中；具有无硅类表面活性剂所不具有的耐高温、耐微生物等性能。

有机硅表面活性剂作为农药助剂使用始于20世纪60年代，仅在极少的制剂中有所应用。1973年Jansen的研究文章中，对有机硅和除草剂的混用进行了比较深入的研究，论述了有机硅助剂作为除草剂增效助剂的应用前景。直到20世纪80年代后期，随着新农药开发周期和研发费用的不断增加，以及人们对环境问题的关注度日益提高。农用有机硅开始受到广泛的关注，随后Silwet-408、Silwet-77也在美国商品化。有机硅助剂，具有良好的扩展性、润滑性和分散性，能明显降低药液的表面张力，增加药液扩展直径及最大持留量。目前，市场上应用的有机硅助剂有美国GE公司的丝润、菲蓝、杰效利、展透，德国德固赛公司的展扩100、禾泽，我国生产的BD-3077等。

1）有机硅表面活性剂的结构

广义上常把含Si-C键的化合物统称为有机硅化合物，习惯上也把通过氧、硫、氮等使有机基团与硅原子相连接的化合物称作有机硅化合物。农用有机硅表面活性剂属于T型结构，含有甲基化硅氧烷组成的骨架（图13-9）。骨架的疏水性与硅氧烷主链的挠曲性与甲基在界面的接触有关，甲基的疏水性优于亚甲基，亚甲基是大多数非离子烃类表面活性剂疏水部分的主要组成部分。有机硅表面活性剂主要由硅油和聚醚组成，通过改变硅油和聚醚的分子量、改变聚醚中氧化乙烯与氧化丙烯的比例、聚醚链数、聚醚链末端官能团的种类，可以使有机硅表面活性剂具有不同特性。有机硅类助剂的亲水部分和大多数常用的非离子表面活性剂相似，表面活性剂的极性可以通过对二甲基硅氧烷单位的取代比例进行调控。

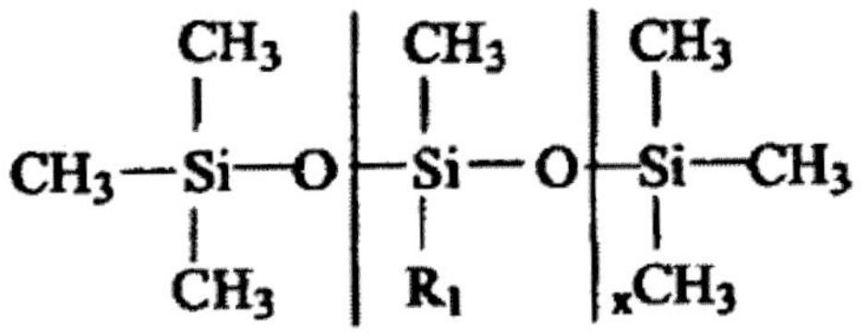

$$CH_3-\underset{\underset{CH_3}{|}}{\overset{\overset{CH_3}{|}}{Si}}-O-\underset{\underset{R_1}{|}}{\overset{\overset{CH_3}{|}}{Si}}-O-\underset{\underset{CH_3}{|}}{\overset{\overset{CH_3}{|}}{Si}}-CH_3$$

图13-9 有机硅表面活性剂的结构示意

目前，有机硅表面活性剂按结构划分有两端或侧链为亲水基团结构和嵌段共聚型结构。非离子型有机硅表面活性剂的结构分为A型和B型，A型侧链为聚氧烯醚，B型端基为聚氧烯醚。作为农用助剂使用的有机硅表面活性剂都是三硅氧烷的聚醚，且大部分是A型结构。

2）有机硅表面活性剂的理化性质

含硅表面活性剂具有较好的表面活性，能明显地降低液体表面张力分子中含有很多支链结构，不易结晶，在低温时也不沉淀，可以有效阻止分散粒子重新凝聚，使药粒均匀稳定的悬浮在水中。因其特殊的分子结构，界面膜上各分子间的黏附力很小，是很好的润滑剂和润湿剂因其极低的生理毒性，被广泛应用于化妆品中；具有无硅类表面活性剂所不具有的耐高温、耐微生物等特殊性能。

硅氧烷骨架中"硅-氧"键对水解断裂敏感。水解受各种因素催化，但在农业应用上，最重要的因素是pH值和时间。在中性（pH值6~8）条件下，其水解长期稳定性好；将pH值为5~6或pH值为8~9的溶液放置过夜，其活性可能不会显著下降；在酸性pH值<5或碱性pH值>9条件下则必须立即施用。在极端的pH值条件下，如喷施有些生长调节剂时，溶液会迅速水解，降低功效。

3）有机硅表面活性剂的优势

植物的叶、茎及昆虫的表面常具有抗润湿性的成分或结构，而且植物叶面常常带有负电荷，对农药液滴具有排斥作用,但是添加有机硅表面活性剂可促进农药药剂在靶标上顺利地附着、润湿、保持、铺展及渗透,对药效的提高有着关键作用。

有机硅类表面活性剂喷雾助剂,除了可以增加药液润湿、扩展、附着能力以外,还具有以下显著的特点。

第一,可以极度降低药液的表面张力,提高药液的黏附力;也可以将药液表面张力降到更低,一般可达20mN/m左右。

第二,超级展布能力增加了喷雾药液的覆盖面积。

第三,降低喷雾药液的表面张力,提高表皮的穿透力,提高从气孔渗透的内渗力,可以促进药液通过气孔吸收。

第四,具有耐雨水冲刷的作用。

第五,混配性好,可以与多种叶面喷雾的农药(杀虫剂、杀菌剂、除草剂)、叶面肥、生物肥料等相混配。

因此它能有效降低农药的使用量和喷雾量,节省农药和劳力成本,减轻劳动强度,深受广大用户欢迎,在我国的使用面积也逐渐扩大。

4)有机硅表面活性剂的使用方法和注意事项

有机硅类表面活性剂喷雾助剂,必须现混现用,配好的药液应尽快用完,不能存放。

有机硅类表面活性剂喷雾助剂的用量,但必须依据作物的种类、品种、生育时期和环境条件,进行科学地选用:

杀虫剂0.025%~0.1%(1 000~4 000倍液);

杀菌剂0.015%~0.05%(2 000~7 000倍液);

除草剂0.025%~0.15%(700~4 000倍液);

植物生长调节剂0.025%~0.05%(2 000~4 000倍液);

肥料与微量元素0.015%~0.1%(1 000~7 000倍液)。

不少人认为表面活性剂本身无生物活性作用,喷药时添加一些无大碍,实际并非如此。试验发现,有机硅助剂较一般常规喷雾助剂(如氮酮、JFC和OP-10等)更容易发生作物药害,而且药害十分严重,尤其是在易被润湿作物上(如黄瓜等)。据查证,目前已有报道的有机硅助剂药害问题的作物有苹果(品种为红富士)、大樱桃(品种为红灯)、豆角等,因此务必引起广大用户的特别注意。有机硅助剂可导致叶片表皮细胞角质层"析解",使其保水能力下降,细胞受损,最终产生药害,其主要药害征状是植物叶片失绿干枯,果树果实上产生不正常褐色沉淀或晕圈等,影响作物产量或质量。不同品种苹果幼果安全性表现一致,苹果红富士品种上,500~2 000倍液产生药害,且药害程度随用量提高而增加;与毒死蜱混用时,在幼果表面会产生不同程度的药害;有机硅类助剂对梨果安全性均较差,对梨幼果和膨大期果实的药害率较高,药剂种类、助剂使用浓度、植叶片着药量、施药时温度等密切有关。叶片蜡质层较薄、易被润湿作物(黄瓜、豆角等)较叶片蜡质层较厚的水稻、大姜、大葱等作物更容易发生药害,甚至不同的果树品种出现药害的程度也不同;在除草剂(唑草酮、烟嘧磺隆、氟磺胺草醚等)药液中添加有机硅助剂出现药害的风险要大于杀虫剂和杀菌剂,尽管如此,在喷施杀虫剂和杀菌剂时添加有机硅助剂也存在发生药害的现象;在易发生药害的作物上或喷施易发生药害的药剂品种时,有机硅助剂使用的浓度越高,发生药害的风险越大;植株叶片着药量越大,施药时温度越高导致药害的风险越大。

为此,广大用户在使用农药添加有机硅助剂要注意以下几点:一是在没有使用经验时,针对某种作物和某种药剂一定要先试验后推广,以免造成难以挽回的大面积作物药害。二是注意有机硅助剂的使用浓度,不可随意增加用量。一般有机硅助剂的有效使用浓度要低于常规喷雾助剂,因此使用时有机硅助剂的添加量要比常规喷雾助剂要降低一些。以喷雾的药液量来计算,添加浓度应控制在0.1%以下。三是切忌高温施药，在气温超过30℃以上时最好不要喷施加有有机硅助剂的农药。提倡在早晨或傍晚喷药，避免在烈日下喷药。四是在果树上应用时最好不要直接喷到果实上或者在果实套袋以后再用。

药害基本上是表面活性剂对生物膜破坏作用的结果。由于有机硅表面活性剂会进入介质与组织密切接触，气孔渗透是药害产生的一个方面。由于有机硅表面张力极低，所以在使用有机硅表面活性剂时，应保护好眼睛。同理，有机硅表面活性剂进入水中对鱼高毒，因表面张力降低使鱼鳃功能受损。有机硅渗透力强，表皮毒性高，与皮肤接触可能有刺激性，故作业时要穿好标准防护服。由于有机硅表面活性剂有可能渗透防护服，故这方面的毒害比常规表面活性剂高。

（四）植物油类喷雾助剂

油类助剂在农药中应用由来已久，在除草剂中的应用可追溯到20世纪60年代，1963年有矿物油在莠去津中应用的报道，随后有植物油在莠去津和甜菜宁中应用的报道。油类一般比表面活性剂的效果好，特别是在不良环境条件下（如干旱）对除草剂增效作用明显。

为了增加植物油的亲脂特性，将植物油与醇类通过转酯化反应形成非甘油酯类，如脂肪酸甲、乙、丙、丁、戊酯类。酯化植物油比植物油、矿物油活性高，能明显提高农药的渗透性。如在没有助剂存在时，甜菜宁在花生和猪殃殃中的渗透只有2%~10%，加入油酸甲、乙、丙或丁酯后，在花生中的渗透增加到55%~80%（27h），猪殃殃中增加到20%~45%（27h）。

植物油类喷雾助剂，包括乳化大豆油、花生油、棕榈油、菜籽油及其对应的生物柴油，具有添加量少、乳化性能稳定、可降解，不易因原药质量的变化引起油悬浮剂体系膏化等特点。一般添加量为10%~12%。主要品种有：快得7（美国）、信得宝（澳大利亚）、黑森（澳大利亚）、药笑宝（中国）。

1. 植物油类助剂的优点

（1）增加药液黏度，减少挥发、飘移损失，耐雨水冲刷，提高农药利用率。
（2）增加药液喷洒液在植物叶片上的扩展。
（3）渗透性强，改善植物叶面蜡质层理化性质，增加植物、害虫对农药的吸收、传导。
（4）植物油类助剂可克服高温、干旱等不良环境因素影响，获得稳定的药效。
（5）植物油类助剂在大多数除草剂和杀虫、杀菌剂中都有明显的增效作用。
（6）与作物有亲和性强、对作物安全性好，与触杀性除草剂混用增加药效减少药害。
（7）可采用低容量喷雾，除草剂可降到7~10L/667m^2，节水节能提高作业效率。
（8）天然产品、无毒，可被植物和土壤生物分解，然后被植物吸收利用，有利于环境保护，符合绿色食品和有机食品的生产要求。

2. 植物油类喷雾助剂的增效机理

油类助剂主要包括矿物油、植物油和植物油衍生物。矿物油易造成药害，所以用量少。植物油因与植物亲和性好，且具有生物可降解、环保、安全无毒和药害少等特点，比矿物油的用量大。然而，部分植物油在使用过程中会出现溶解性差、挥发性高、黏度大、成本高等问题，可通过酯化反应进行优化，获得理化性质更稳定、叶面黏附作用更强的酯化植物油，在除草剂喷雾助剂中应用最为广泛。

油类助剂的主要增效机制如下。

1) 植物油类喷雾助剂能促进药液在植物叶片上的铺展和附着，增强药液的抗雨水冲刷能力

植物油类助剂由一种或多种长链碳氢化合物组成，和植物叶片表面的蜡质层成分相似，与植物茎叶有很好的亲和性，能增强药液在植物叶面的附着能力。研究发现，甲酯化大豆油能增强药液在蜡质叶片上的铺展面积，而在绒毛状叶片上，添加油类助剂后液滴能从落在绒毛顶端（不与叶片表面接触）转变成黏附在叶片表面，有效提高了药液的附着能力。同时，液滴可在绒毛状叶片上随时间的延长继续铺展，说明表面的绒毛结构能促进含油类助剂液滴的铺展。此外，油类助剂能适当增加药液黏度，增加药液在植物叶面的滞留量，提高药液的抗雨水冲刷能力。

2）植物油类喷雾助剂能有效延缓药液在植物叶表面的结晶、蒸发和光降解能力

植物油类助剂能增加亲脂性活性成分的溶解度，防止活性成分在叶片表面结晶，从而促进活性成分被叶片吸收；同时植物油的沸点高，能延缓药液的干燥时间，为药液提供更长的时间渗透进入叶片。在干旱等极端条件下，植物油喷雾助剂表现优异，其对农药的增效作用远远高于其他类喷雾助剂。这是植物油助剂最优良的特性。

3）植物油类喷雾助剂能促进叶片对药液的渗透和吸收

药液附着在植物叶片上后，需要通过植物体表面的蜡质层与角质层等附属结构才能进入植物体内部发挥药效。因此，药液雾滴能否通过蜡质层与角质层成为阻碍农药发挥药效的天然屏障，植物油助剂与作物有亲和性，可以一定程度的溶解植物叶片表面的蜡质层，从而增加了植物对农药雾滴的吸收量，提高了农药药效。

甲酯化油助剂能改善叶表蜡质层的理化性质，蜡质中含有与酯化油类相似的化学物质，因酯化油是液体，他们易于"润滑"表皮的蜡质结构，而使组成蜡质的化合物相互分离或膨大，增加蜡质流动性和部分溶解蜡质，从而调节农药有效成分在雾滴和角质层间的分配；甲酯化油助剂能改善雾滴干燥产生的农药结晶性状，因为甲酯化油助剂的沸点较高，在炎热的天气里，农药雾滴在靶标植物表面保持油状液体状态，防止雾滴蒸发——如果喷雾雾滴变干涸，农药便会析出晶体，易于被雨水冲刷掉，但农药如果溶于油状液体中，便易于向植物表皮内渗透，从而增加农药在叶面的沉积量和持效期。

3．植物油类助剂应用

以喷液量浓度计算，即喷液量的0.5%～1%。田间空气相对湿度在65%以上时用低量，如果田间空气相对湿度小于（65%以下）、难治杂草、田间严重干旱等用高量（即1%），这样才能保证好的药效。

（五）高分子类喷雾助剂

高分子类喷雾助剂是一种新兴助剂，一些两亲性的高分子，如生物多糖、蛋白质、聚羧酸盐等，可以在两相界面排布，也可发生分子链内和分子间的聚集，这与高分子的结构、单体组成比和分子质量有关。同时，有些高分子对环境因素（光、pH等）敏感，可作为刺激响应性材料调控其物理化学性质。与小分子表面活性剂相比，高分子类助剂有一定的空间位阻，能降低溶液的表面张力，只是表面活性稍差，但它却能在一定程度上减少雾滴飘移，提高药液的抗雨水冲刷能力。

高分子类喷雾助剂的主要增效机制如下。

第一，高分子类助剂能适当增大雾滴直径，减少喷雾过程中的雾滴飘移现象。

经研究发现，当聚氧乙烯（PEO）溶液和水/甘油溶液的剪切黏度及表面张力相同时，添加PEO的雾滴直径更大，原因是PEO能显著增大雾滴的拉伸黏度，抑制液膜破裂，使雾滴变大，从而减少了雾滴的飘移。

第二，高分子类助剂能抑制液体撞击植物叶面后的弹跳、滚落等行为，增强黏附。

研究发现，添加少量PEO能延缓液滴撞击疏水表面后的回缩速率，有效抑制液滴反弹。原因是低浓度时PEO能适当增加溶液的拉伸黏度，在撞击过程中将雾滴动能转化为黏性耗散，抑制液滴弹跳。Smith等认为PEO分子吸附在三相线处，由卷曲态变成拉伸态，耗散能量，从而延缓液滴回缩。

第三，高分子类助剂能增大药液的沉积量，提高药液的抗雨水冲刷能力。

研究表明，当两个带相反电荷的聚电解质液滴同时撞击疏水表面时，能在疏水固体表面形成亲水陷阱，从而对其进行亲水改性，有效提高了液滴的沉积量。随着液滴的蒸发，高分子类助剂会在固-液界面形成薄膜，从而有效提高药液在植物叶片表面的黏附，提高药液的抗雨水冲刷能力。Symonds等研究表明，聚乙烯醇（PVA）的耐雨水冲刷能力随其分子质量和结晶度的增大而提高，其耐雨水冲刷程度与其在叶片表面形成的聚合物薄膜的强度有关。

(六）无机盐类喷雾助剂

无机盐类助剂主要以含氮肥料为主，尤其是以硫酸铵等铵盐为主的助剂应用越来越普遍。无机盐类助剂能显著提高极性除草剂和弱酸性除草剂的活性，其主要增效机制如下。

第一，无机盐类助剂能隔离和结合硬水中的Ca^{2+}、Mg^{2+}等金属离子，解除硬水与除草剂的拮抗作用，尤其在硬水、气候寒冷或干旱条件下，硫酸铵能显著提高草甘膦的药效。

第二，无机盐类助剂可以适当调节药液的pH值。

无机盐类助剂能增加一些对pH值敏感的除草剂的溶解度，避免除草剂的活性成分在酸性或碱性条件下分解，从而提高除草剂的活性，提高防治效果。

第三，无机盐类助剂可以提高除草剂对杂草细胞膜的穿透性。

含NH_4^+的无机盐能显著促进杂草对除草剂吸收，其原因是植物细胞对NH_4^+的吸收能力很强，在离子泵的作用下，NH_4^+进入细胞膜内，H^+被泵到膜外，造成膜外的弱酸性环境，从而促进弱酸性除草剂的吸收，提高了除草剂对杂草的防效。

基于无机盐类助剂的主要增效机制，无机盐类助剂适用于草甘膦、草铵膦等易受硬水中阳离子影响的除草剂，同时，无机盐类助剂能适当调节药液的pH值，提高叶片对咪唑乙烟酸、灭草松等除草剂的吸收速度。

化学肥料类助剂在农药喷施时湿度较好、温度适宜时有增效作用。主要应用的肥料有尿素、硫酸铵、硝酸铵、重过磷酸钙，添加浓度为喷液量的0.12%~0.5%。加入碳酸氢钠降低了咪唑酮的pH值，增强了它对野燕麦的活性。添加硫酸铵也提高了该除草剂的活性。

尿素/硝酸铵加非离子表面活性剂也可导致苘麻对噻黄隆的吸收和传导的增加。

近10多年来，无机盐特别是含氮肥料（Nitrogen-surfaetantblends）作为除草剂助剂越来越普遍，特别是含NH_4^+的盐应用最多。主要有硫酸铵、硝酸铵。无机盐的主要功能是促进除草剂的吸收和解除Ca、Mg、Fe等金属离子对除草剂的拮抗作用。

（七）其他类喷雾助剂

1.卵磷脂类表面活性剂

卵磷脂化学名称是磷酰二甘油脂肪酸酯。卵磷脂有广义和狭义之分，狭义的卵磷脂指的是蛋黄磷脂和大豆磷脂中主要成分磷脂酰胆碱；广义上的卵磷脂是指包括卵磷脂（磷脂酰胆碱，PC）、脑磷脂（磷脂酰乙醇胺，PE）、肌醇磷脂（磷脂酰肌醇，PI）、丝氨酸磷脂（磷脂酰丝胺酸，PS）、溶血磷脂（溶血磷脂酰胆碱，LPC）等在内的各种磷脂质集合体。

植物界中磷脂主要存在于各种植物油籽，如核桃仁、大豆、花生、松子等种子中，其磷脂含量与蛋白质含量大致成正比，其中以大豆的含量较高。常态下，纯净的卵磷脂为淡黄色的透明或半透明的黏稠状，有清淡柔和的香味，pH值是6.7；易溶于氯仿，可溶于乙醚、乙醇等有机溶剂，也能溶于水成为胶体状态，但不溶于丙酮。不同的卵磷脂在有机溶剂中溶解度不同。卵磷脂具有较强的吸水性，由于分子中有大量不饱和脂肪酸，在储放过程中易受到光照、空气和温度的影响而变质，产生能溶血的有毒物质，因此需在低温干燥下保存，不能放置在阳光直射、潮湿、高温处，以免分解变质。

卵磷脂是天然的表面乳化剂，具有乳化、分散、润湿、速溶等作用，适合与各种剂型的杀虫剂、杀菌剂、除草剂、植物生长调节剂及叶面肥桶混使用，具有显著的省水和增效功能。

主要功效是改善雾滴大小，减少飘移、减少反弹、溅落和滴落等不必要损失，提高农药的利用率；提高药液的黏附能力，增加施药面积，耐雨水冲刷；溶解蜡质层，加强渗透，促进吸收。

生产中应用时，卵磷脂可以稀释倍数为1 000~2 000倍，喷雾使用。

2.烷基多糖苷类表面活性剂

以淀粉或葡萄糖与天然脂肪醇为原料反应得到的烷基多苷，是一种新型的非离子表面活性剂，具有一系列优异的性能，生产过程无三废，生物降解快，毒性及对皮肤和眼睛的刺激性都低于其他表面活性剂，卵磷脂具有较高的生态安全性。

烷基糖苷是一种由葡萄糖的半缩醛羟基与脂肪醇羟基在酸催化作用下脱去一分子水而得到的一种苷化合物。APG-200为深圳大学以直接法生产的烷基糖苷；APG-810A、APG-810B为国产二步法烷基多糖苷。目前世界各国工业生产的APC主要有一步法和两步法2种。APG对草甘膦具有优异的增效作用无疑这与APG的性质密切相关。

烷基多糖苷类表面活性剂（APG）水溶液具有较低的表面张力和临界胶束浓度，这表明APG具有较高的表面活性；水溶液液滴在叶面上的接触角较小，表明APG具有较强的润湿性能；浊点很高，表明APG具有高的亲水性和水溶性；增溶量较大，这与其增溶区域的容积较大相符。特别是APG同时具有低的起泡性和高的泡沫稳定性，这是其他表面活性剂所不具有的独特性质。APG具有显著降低草甘膦溶液表面张力的作用，表面张力的降低虽然有助于提高药效，但并不是提高药效的惟一决定性因素，草甘膦制剂表面张力的大小与杂草防效高低没有直接必然的关系，APG对草甘膦的增效作用可能是多个因素共同作用的结果。从理论上解释，润湿性好，易铺展，可以增加液滴的有效接触面积，APG起到了增加液滴转运及对靶标有效覆盖面的作用。同时，保持液滴湿润，使农药液滴在施用一段时间内维持水合态和溶解状态，有利于叶面对药剂的吸收。APG起到了溶解、溶涨或破坏植物上表皮蜡质层，促进药剂渗透的作用。蜡质层由脂肪酸、酯类、酮、醇、类萜、醛等有机物组成，APG是非离子表面活性剂，其被增溶物大部分处于栅栏层外壳，增溶区域的容积较大，故增溶量较大，因此，添加APG的制剂更易溶解叶表面的蜡质。同时，APG的添加可以阻止或延迟结晶液滴的形成，液滴的物理状态呈无定形的薄层，无定形状态的农药与角质层表面紧密接触，促进农药的吸收。

3. 黄原胶表面活性剂

1952年由美国农业部伊利诺斯州皮奥里尔北部研究所最先分离得到甘蓝黑腐病黄单胞菌，并使甘蓝提取物转化为水溶性的酸性胞外杂多糖而得到。黄原胶是性能比较优越的生物胶，具有高黏度、高耐酸、碱、盐、高耐热稳定性、触变性和悬浮性等特征，由于黄原胶没有任何毒副作用，具有优良的溶解性、高黏度、良好的分散作用、乳化稳定作用、悬浮颗粒的能力和良好的兼溶性等优良性能。所以在国外，黄原胶已被广泛地应用于诸如食品、石油、医药、农药等几十个工业领域中，作为增黏剂、分散剂、悬浮剂和乳化稳定剂。因而具有广阔的市场前景。

田间小区和大田药效试验结果表明，当加入0.1%黄原胶后，杀菌剂田安的浓度降低一半，仍然有相似或略高于田安浓度高一半处理的防治效果，即黄原胶助剂能使杀菌剂田安水剂的防治效果提高50%以上，而其持效期比较长。黄原胶具有良好的增黏性，而田安是水剂，本身没有表面活性剂，所以当加入助剂后，黄原胶可从黏着能力等方面提高田安的使用性能，从而大大提高了田安的防病效果。

黄原胶是由D-葡萄糖、D-甘露糖、D-葡萄糖醛酸、乙酸和丙酮组成的"五糖重复单元"结构聚合体，相对分子质量在$2\times10^6\sim2\times10^7$。黄原胶是一种天然多糖和重要的生物高聚物，是由甘蓝黑腐野油菜黄单胞菌以碳水化合物为主要原料，经好氧发酵生物工程技术产生的。因为在不同溶氧条件下发酵产生黄原胶，所以丙酮含量存在明显差异，一般情况下溶氧速率越小，丙酮酸含量就越低，黄原胶分子侧链末端含有的丙酮酸含量对其性能有很大影响。

1）**黄原胶的性质**

黄原胶外观为淡褐黄色粉末状固体，亲水性很强，黄原胶可以溶于冷水和热水中因而使用方便。黄原胶是一种白色或淡黄色的粉末，无味、无臭、无毒，易溶于水，不管是在冷水还是热水中均有良好的溶解性。

2）**黄原胶的作用**

黄原胶因其具有明显增加体系黏度和形成弱凝胶结构的特点，经常用于食品或其他产品以提高O/W乳状液的稳定性。研究发现只有当黄原胶添加量达到一定浓度后才能达到预定的稳定作用。当黄原胶质量分数小于0.01%时，试验体系的稳定性变化不大；质量分数在0.01%~0.02%时，样品底部富水层出现，但体系并无明显分层；当质量分数大于0.02%时，乳状液迅速分层。只有当质量分数超过0.25%时，黄原胶才能起到提高体系稳定性的作用。黄原胶的耐酸碱、耐高盐、抗高温、以及良好的增黏性和悬浮能力，使其在农药中被广泛的用作增黏剂、稳定剂。

黄原胶是一种白色或淡黄色的粉末，无味、无臭、无毒，易溶于水，不管是在冷水还是热水中均有良好的溶解性。黄原胶还具有良好的增稠性，研究表明黄原胶的黏度随着浓度的递减而不成比例的降低，质量分数0.3%是高低黏度的分界点。质量分数为0.1%时黄原胶的黏度为100mPa·s左右，其他胶类物质在相同条件下黏度几乎为零。黄原胶溶液的黏度是相同浓度明胶的100倍，因此，黄原胶具有低浓度高黏度的特性。

黄原胶能够使药剂均匀一致，喷雾时能控制液滴大小并防止药液飘移，使药剂很好地黏附于植物表面，延长药物成分与植株接触时间，从而更耐雨水冲刷，并能增加其持效期。

第十四章 喷雾助剂的种类与应用

喷雾助剂、喷雾技术，决定着农药的应用效果！
　　基层农民低浓度大喷雾量的施药习惯；对靶标植物叶面特性研究不足、认识不清、不能科学合理使用农药喷雾助剂，造成了雾滴的弹跳与药液的流失。药液不能在靶标植物叶面有效润湿、沉积、附着。
　　单一功能的喷雾助剂作用甚微，必须科学地选用多重功能的喷雾助剂！
　　喷雾助剂，是改善药液乳化悬浮性能，改善药液在靶标上环境稳定、沉积附着、润湿扩散和渗透吸收，从而达到提高药效的目的。
　　喷雾助剂，不能简单地理解为"渗透剂"，而是针对农药品种、作物品种、生育时期、防治对象和环境条件进行科学地选择多功能性的喷雾助剂种类和添加量。
　　当前农药喷雾助剂使用存在着用量误区、适配性误区、作用误区和药效误区等。大家还普遍"重药"，对喷雾技术重视不足，因而对喷雾助剂选择比较随意，未经严格试验和分析就在生产中应用，大家对喷雾助剂的效果认识"很平淡"，还经常出现不良后果。

一、喷雾助剂的选择原理

　　在欧美等农业发达的国家，在喷雾器械中添加喷雾助剂的做法很普遍，开发与应用的农药相关助剂产品的技术也已经很成熟。在我国，对于喷雾助剂的使用价值还不甚了解，普遍认为喷雾助剂不是农药，无关大局，随意添加有机硅、植物油等助剂，从而阻碍了农药有效利用率的提高。
　　喷雾助剂主要作用于药剂稀释，可以提高药剂在喷雾器械药桶中的稳定性和喷雾效果；可以提高农药在环境中的稳定性（如光照、温度、雨水、风等）；使药液在施用过程中药液的表面张力降低、润湿性能强化、药液均匀性得到改善、药液渗透性与疏导性增强，从而使药液雾滴在接触植物叶片的瞬间就能与靶标亲和、黏附，促使药液雾滴在靶标区域内快速铺展成一层药膜，增加药液在植物叶片上的沉积量与沉积时间，增强药液的耐雨冲刷性，进而大幅度提高农药的有效利用率。
　　喷雾助剂不只是"渗透剂"和"增效剂"，而是要根据作物品种和生育时期、防治对象、环境条件进行科学地选择多重功能的喷雾助剂。
　　1. 根据药剂的理化性能选用喷雾助剂
　　目前，生产中经常用多种农药混用，乳油、可湿性粉剂或悬浮剂等农药混用常常出现混浊的现象，需要加入助剂以提高农药的乳化或悬浮稳定性。必须根据所用农药的种类适当选择助剂的种类和用量。
　　助剂是指在加入少量时就能显著降低溶液表面张力并改变体系界面状态的物质。农药表面活性剂是一种具有表面活性的化合物，它溶于液体，特别是水中，在低浓度时也能在液体或气体表面或其他界面上定向吸附，使表面张力或界面张力显著降低。并产生润湿或反润湿、乳化或破乳、分散或凝集、起泡和消泡、增溶等一系列作用。
　　农药表面活性剂溶液在特定条件下，溶液的若干物理、化学性质和电化学性质都发生突变时的浓度，称为临界胶束浓度。当达到临界胶束浓度后，农药表面活性剂所形成的胶束便对许多物质具有乳化、分散、可溶化（增溶）作用。目前农药表面活性剂所有已知性质和用途，都与临界胶束浓度直接或间接有关，农药助剂应用时，都必须使浓度高于农药表面活性剂的临界胶束浓度才能实现润湿、浸透、分散、乳化、起泡、消泡等预期效果。

在农药乳化悬浮过程中，往往由于加入脲素、无机盐等叶面肥，使农药颗粒发生絮凝、凝聚、导致农药分散体破坏。无机盐对悬浮剂稳定性影响程度与无机盐的性质、浓度及农药颗粒吸附的电性有关，通常，无机盐的负离子对悬浮剂胶团起主要的沉降作用，而沉降能力随离子价数的增加而显著增加。即使是同价离子不同的无机盐沉降能力也不相同，例如氯化钾、钠金属离子的沉降能力是：$K^+>Na^+$，阴离子钾盐沉降作用的次序是：$Cl^->Br^->NO_3^-$、$SO_4^->CO_3^->PO_4^-$。无机盐含量高则沉淀分层严重，在生产中应适当少加且现混现用。

2. 根据环境条件选用喷雾助剂

田间喷药时，喷雾器械喷洒出的雾滴粒径很小，在田间作业喷洒农药时较容易受到外部环境条件的影响。比如较小的农药雾滴从喷头喷洒后在下落过程中，一方面是温度高、空气较为干燥时，容易直接蒸发掉，造成农药的流失；另一方面随着空气的流动，小雾滴也很容易发生飘移，农药在流失的同时容易造成农药飘移损失或药害；此外，当农药雾滴在植物或昆虫的叶子上，它也面临蒸发的问题，出现雾滴小，蒸发快，有效时间内药剂不能作用于靶标的问题；早上、晚上喷药时，作物叶面有大量的露水，施药后降雨等都直接地影响着喷药效果。

生产中必须根据环境条件添加专用的喷雾助剂，如高温、强光照下，应选用油性较强的助剂，如农希望4号喷雾宝；田间有露水、阴天有小雨，可以选择多功能性的喷雾助剂，如农希望5号喷雾宝等，喷雾助剂必须科学地选择和施用。

3. 根据药剂的内吸传导性能选用喷雾助剂

根据农药的吸收方式，可以将农药分为触杀性农药、渗透性农药、内吸性农药。根据防治对象和农药性能选用适当的农药剂型和施药方法。防治农作物病虫草害要根据其发生部位、为害方式、特点和农药性能、用途采用适当的施药方法。

触杀性农药，主要沉积在作物或靶标的表皮，接触虫体、病菌等靶标而发挥作用，触杀性农药以喷雾为主，并且一定要均匀喷雾，使药剂充分接触靶标，从而使害虫、病菌或杂草致死。喷药时添加喷雾助剂的目的是让药剂在靶标表面均匀地扩散、沉积附着和渗透吸收，可以添加农希望5号喷雾宝、农希望6号喷雾宝、农希望7号喷雾宝或农希望8号喷雾宝。

渗透性农药，渗透作用是农药透过植物的表层（角质层）向植物渗透。渗透机理大致分为透过角质层和浸入气孔两类，以第一类为主。喷药时添加喷雾助剂的目的是让药剂在靶标表面均匀地润湿扩散和沉积附着，可以添加农希望3号喷雾宝。

内吸性农药，使用后通过叶片或根、茎被植物吸收，进入植物体后，被输导到其他部位。如通过蒸腾流由下向上输导，以药剂有效成分本身或在植物体代谢为更具生物活性的物质发挥作用，内吸性杀虫、杀菌剂施药后4～5h便有80%的有效成分能通过植株的根、茎、叶等的吸收进入到组织部发挥药效，从而将取食的病菌害虫致死。此类农药主要防治刺吸式口器害虫，或作为治疗性杀菌剂等。喷药时添加喷雾助剂的目的是让药剂在靶标表面均匀地扩散、沉积附着，增加渗透吸收，可以添加农希望1号喷雾宝、农希望5号喷雾宝、农希望6号喷雾宝、农希望7号喷雾宝或农希望8号喷雾宝。

4. 根据防治对象选用喷雾助剂

病害的预防要喷施保护性杀菌剂，是在病原菌为害植物前施药，保护植物免受病原菌的侵染为害。许多杀菌剂如石硫合剂、波尔多液、代森锰锌、百菌清等，是以这种方式达到防治植物病害的目的。保护性杀菌剂在使用时，要求能在植物表面上形成有效的覆盖密度，并有较强的附着力和较长的持效期。在喷药时控制水量，用安装专业的扇型高压超细喷头、添加专业的喷雾助剂（如农希望5号喷雾宝、农希望7号喷雾宝或农希望8号喷雾宝），把药喷匀喷细喷透，均匀地沉积附着和润湿扩散。

作物发病后要喷施治疗性杀菌剂，作用是病原菌已经侵染植物或发病后施药，抑制病原菌生长或致病过程，使植物病害停止发展或使病株恢复健康。这类杀菌剂应具有良好的渗透性或内吸性，药剂在施用后能很快渗入植物体内发挥其防病、治疗作用，许多内吸杀菌剂属于此类。要注意喷药部位，用安装专业的扇形高压超细喷头、添加专业的喷雾助剂（如农希望5号喷雾宝20～40ml/15kg药液对水均匀喷雾），把药喷匀喷细喷透，让杀菌剂均匀地沉积附着和润湿扩散，才能取得较好的防治效果。

防治食叶性害虫，药剂通过害虫表皮触杀或食叶胃毒作用进入体内发挥作用使害虫中毒死亡，杀虫剂在使用时都要求药剂在靶体表面（害虫体壁和农作物叶片等）有均匀的沉积分布。杀虫剂喷雾时应该用安装专业的扇形高压超细喷头、添加专业的喷雾助剂（如农希望5号喷雾宝20～40ml/15kg药液对水均匀喷雾），把药喷匀喷细喷透，让药剂在作物表面形成一层药膜，均匀地沉积附着和润湿扩散。

防治钻蛀性害虫，药剂被植物吸收后能在植物体内发生传导而传送到植物体的其他部位发挥作用，内吸杀虫剂被植物吸收后在植物木质部、部分在韧皮部中转运分布，可以杀死那些以植物为食或刺吸植物汁液以及在植物体内为害的害虫。因此，内吸杀虫剂主要用于防治刺吸式口器的害虫，如蚜虫、介壳虫、飞虱等，不宜用于防治非刺吸式口器的害虫。对于内吸性杀虫剂，虽然具有内吸传导作用，但其内吸传导能力是相对的，且具有"向顶性传导作用"喷药时要适当降低水量以提高药剂的浓度，保证害虫吃少量的叶片即达至致死剂量；用安装专业的扇型高压超细喷头、添加专业的喷雾助剂（如农希望5号喷雾宝20～40ml/15kg药液对水均匀喷雾、50%雾膜宝20～40ml/15kg药液对水均匀喷雾），把药喷匀喷细喷透，让杀虫剂在作物表面形成一层药膜，均匀地沉积附着和润湿扩散，保证叶片上均匀地着药以充分地渗透吸收，以充分提高杀虫剂的防治效果。

触杀性除草剂接触植物后不在植物体内传导，只限于对接触部位的伤害。在应用这类除草剂时应注意到喷施均匀，如乙羧氟草醚等。喷雾技术直接影响着触杀性除草剂的除草效果，喷匀、喷透，是提升除草效果、防止杂草复发的关键。在农药喷雾时，应用高压、超细喷头，适量加入喷雾助剂（如农希望6号喷雾宝20～30ml/15kg药液对水均匀喷雾、60%雾膜宝乳液20～30ml/15kg药液对水均匀喷雾），让除草剂的附着率达90%以上，才能保证除草彻底、不复发。

茎叶吸收的除草剂，如硝磺草酮、草甘膦、草净津、甲咪唑烟酸水剂等，通过加入喷雾助剂（如农希望6号喷雾宝20～30ml/15kg药液对水均匀喷雾、60%雾膜宝乳液20～30ml/15kg药液对水均匀喷雾）、喷雾技术，改善农药内吸性可以增加农药接触靶标的机会，进而提高农药利用率和农药的应用效果。

5. 根据作物选用喷雾助剂

靶标作物叶面的持液量与溶液的表面张力及靶标作物叶片的临界表面张力有密切的关系。疏水型作物水稻和甘蓝包菜叶片的临界表面张力，如果小于溶液的表面张力，无论溶液内的表面活性剂是否达到临界胶束浓度，它们叶面的持液量均相对偏少；如果适度大于溶液的表面张力，溶液内的表面活性剂达到临界胶束浓度时，其叶面的持液量才会较多。亲水型作物棉花和豇豆叶片的临界表面张力大于绝大多数溶液的表面张力，随着溶液表面张力的减小，其叶面持液量也随之减少。但叶面持液量与液体在叶面能否形成连续的水膜并没有必然的关联性。因此，在豇豆这类作物上如果刻意追求叶表形成连续的水膜，反而会导致持液量下降。中国的农药剂型以乳油和可湿性剂为主，在表面活性剂的选用上更多的是考虑剂型的稳定性，往往忽视了药剂推荐剂量药液的表面张力及药液内表面活性剂的浓度。一种农药防治的靶标对象往往分布于不同的作物，而不同作物的叶片表面结构差异很大，如水稻和棉花的临界表面张力相差近1倍，必须区分作物种类、作物品种和作物生育时期科学地添加喷雾助剂！

二、内吸功能性喷雾助剂

（一）内吸功能性喷雾助剂的功能特点

一般来说，几乎所有的农药都会在植物体上表现出不同程度的吸收和传导作用，农药自身理化性质不同导致其在植物体内的内吸传导行为存在差异，因植物的种类、吸收部位、植物生长时期的不同而表现出较大的差异。

农药在植物体内的内吸和传导性能不仅与其自身性质有关，还与植物种类、生长期、生长条件和施药技术等因素有关。

施药方式对农药在植物体内的内吸传导行为存在影响，如根部处理下毒死蜱在小白菜中的易位能力高于叶面处理，而毒死蜱在莴苣中的易位能力则是在叶面处理下更高。

植物内源激素的添加会对农药在植物体内的内吸和传导行为产生影响。添加1mg/L的SA，可分别降低噻虫嗪、恶霉灵和氯虫苯甲酰胺在黄瓜植株根和叶中的分布浓度。

由于叶片角质层的阻隔和病虫害发生后叶片表面的变化，农药喷洒到叶片后较难附着展布进而被吸收。近年来，通过改善药剂在叶片表面的附着性能来提高其附着量，进而提高药剂的内吸性。表面活性剂是一类低浓度即可明显改变溶剂表面性质的物质，由非极性基和极性基组成，属于一种两亲性分子。克服植物角质膜的阻力，是提高植物农药渗透吸收利用率的关键，表面活性剂有助于提高植物角质膜的渗透性能。

概括来讲，通过添加特定的喷雾助剂，一是要通过添加渗透剂增加农药在靶标表面的渗透性能，加速药剂的吸收；二是通过加入生长调节物质，刺激或促进农药的吸收传导；三是通过加入生物源高分子油酸甲酯减少农药的挥发，延长润湿扩散时间，增加农药渗透吸收的机会。单一功能的喷雾助剂效果较差，通过添加特定的多功能喷雾助剂（如农希望1号喷雾宝、农希望5号喷雾宝、农希望6号喷雾宝）可以从多个方面增加农药的内吸传导效果。

（二）内吸功能性喷雾助剂的主要用途

可以用于农民田间施药时现混现用，主要是针对内吸性杀虫剂、内吸性杀菌剂、内吸性除草剂和内吸性植物生长调节剂。可以有效促进农药的吸收利用，提升农药的应用效果。

具体的用量、添加方法，应根据作物的种类、品种、生育时期进行适量的添加。

（三）内吸功能性喷雾助剂的施用方法

应在喷雾器桶中加入清水后，加入该喷雾助剂10~20ml/15kg药液，而后加入农药，搅拌均匀后施用；也可以在喷雾器桶中加入清水后，加入农药，而后加入该喷雾助剂10~20ml/15kg药液对水均匀喷雾，搅拌均匀后施用。应用时不要盲目地加大用量，否则可能会发生严重的药害。

1. 小麦田

苗期，喷施除草剂：防治抗性播娘蒿、猪殃殃、婆婆纳时安全性好的除草剂，加入农希望1号喷雾宝10~15ml/15kg药液；防治多花黑麦草、雀麦安全性好的除草剂，加入农希望1号喷雾宝15~20ml/15kg药液；安全性差的除草剂如甲基二磺隆、唑草酮、乙羧氟草醚等，加入农希望1号喷雾宝5~10ml/15kg药液。温度较低时不宜添加，否则，会加重药害的发生。

小麦拔节期孕穗期：防治小麦白粉病、红蜘蛛、蚜虫，喷施杀菌剂、杀虫剂，安装直径0.3mm喷头，喷液量10~15kg/亩，可以加入农希望1号喷雾宝10~20ml/15kg药液。

小麦穗期：防治麦穗蚜虫、小麦赤霉病，喷施杀菌剂、杀虫剂时，喷液量10~15kg/亩，可以加入农希望1号喷雾宝15~20ml/15kg药液。

2. 水稻田

水稻拔节期：防治稻田病虫害，喷施杀菌剂、杀虫剂，可以加入农希望1号喷雾宝20~30ml/15kg药液。

水稻孕穗至成熟期：防治稻田病虫害，喷施杀菌剂、杀虫剂时，应加入农希望1号喷雾宝20~40ml/15kg药液。

3.花生田

花生苗期喷施除草剂：喷施精喹禾灵、高效氟吡甲禾灵、稀草酮等防治禾本科杂草除草剂，特别密度较大、抗性较重的杂草，安装直径0.3mm喷头，喷液量10~20kg/亩，加农希望1号喷雾宝20~30ml/15kg药液。

花生苗期，防治红蜘蛛、蚜虫：喷施杀虫剂，喷液量10~15kg/亩，应加入农希望1号喷雾宝20~30ml/15kg药液。

花生中后期，防治花生叶斑病、害虫：喷施杀菌剂、杀虫剂，安装直径0.3mm喷头，喷液量10~20kg/亩，应加入农希望1号喷雾宝20~30ml/15kg药液。

4.大豆田

大豆苗期喷施除草剂：喷施精喹禾灵、高效氟吡甲禾灵、烯草酮等防治禾本科杂草除草剂，特别密度较大、抗性较重的杂草，安装直径0.3mm喷头，喷液量10~20kg/亩，加农希望1号喷雾宝10~20ml/15kg药液。

大豆苗期，防治红蜘蛛、蚜虫：喷施杀虫剂，喷液量10~15kg/亩，应加入农希望1号喷雾宝5~10ml/15kg药液。

大豆中后期，防治病虫害：喷施杀菌剂、杀虫剂，安装直径0.3mm喷头，喷液量10~20kg/亩，应加入农希望1号喷雾宝10~20ml/15kg药液。

5.玉米田

玉米苗期喷施除草剂：喷施烟嘧磺隆、莠去津、硝磺草酮等防治除草剂，特别密度较大、抗性较重的杂草，安装直径0.3mm喷头，喷液量10~20kg/亩，加农希望1号喷雾宝10~20ml/15kg药液。

玉米苗期，防治蚜虫等害虫：喷施杀虫剂，喷液量10~15kg/亩，应加入农希望1号喷雾宝10~20ml/15kg药液。

玉米中后期，防治病虫害：喷施杀菌剂、杀虫剂，安装直径0.3mm喷头，喷液量10~20kg/亩，应加入农希望1号喷雾宝15~20ml/15kg药液。

6.露地蔬菜田

露地茄子苗期，防治红蜘蛛、蚜虫、叶部病害，喷施杀菌剂、杀虫剂，安装直径0.3mm喷头、喷液量10~15kg/亩，应加入农希望1号喷雾宝5~10ml/15kg药液对水均匀喷雾。

露地茄子中后期，防治红蜘蛛、蚜虫等害虫，茎叶部病害、果面病害，喷施杀菌剂、杀虫剂，应加入农希望1号喷雾宝10~20ml/15kg药液。

露地辣椒苗期，防治红蜘蛛、蚜虫、茎叶部病害，喷施杀菌剂、杀虫剂，应加入农希望1号喷雾宝10~15ml/15kg药液。

露地辣椒中后期，防治红蜘蛛、蚜虫等害虫，茎叶部病害、果面病害，喷施杀菌剂、杀虫剂，应加入农希望1号喷雾宝15~20ml/15kg药液。

露地甘蓝、花椰菜、白菜、上海青、萝卜苗期，防治害虫、叶部病害，喷施杀菌剂、杀虫剂，应加入农希望1号喷雾宝10~20ml/15kg药液。

露地甘蓝、花椰菜、白菜、上海青、萝卜中后期，防治病虫害，喷施杀菌剂、杀虫剂，应加入农希望1号喷雾宝15~30ml/15kg药液。

7.果园

苹果幼果期，防治红蜘蛛、蚜虫、叶部病害，喷施杀菌剂、杀虫剂，应加入农希望1号喷雾宝5~10ml/15kg药液。

苹果生长中后期，防治红蜘蛛、蚜虫等害虫，茎叶部病害、果面病害，喷施杀菌剂、杀虫剂，应加入农希望1号喷雾宝10~20ml/15kg药液。

梨树幼果期，防治红蜘蛛、蚜虫、茎叶部病害，喷施杀菌剂、杀虫剂，应加入农希望1号喷雾宝

15~20ml/15kg药液。

梨树中后期，防治红蜘蛛、蚜虫等害虫，茎叶部病害、果面病害，喷施杀菌剂、杀虫剂，应加入农希望1号喷雾宝20~40ml/15kg药液。

桃树幼果期，病虫害发生严重时，防治害虫、叶部病害，喷施杀菌剂、杀虫剂，应加入农希望1号喷雾宝10~20ml/15kg药液。

桃树生长的中后期，叶面蜡质增厚、药剂附着困难，防治病虫害，喷施杀菌剂、杀虫剂，应加入农希望1号喷雾宝15~20ml/15kg药液。

葡萄新梢发生期，加强预防，为了让药剂均匀附着和渗透，防治害虫、叶部病害，喷施杀菌剂、杀虫剂，应加入农希望1号喷雾宝10~20ml/15kg药液。

葡萄生长中后期，叶面蜡质增厚、药剂附着困难，防治病虫害，喷施杀菌剂、杀虫剂，应加入农希望1号喷雾宝15~20ml/15kg药液。

三、高效渗透性喷雾助剂

（一）高效渗透性喷雾助剂的功能特点

蜡质层是作物的保护层，普遍认为植物的表皮蜡质具有维持植物表面清洁与植物表面防水、阻止植物组织内水分的非气孔性散失、保护植物不被病菌等侵害、防止植物被有害光线，例如紫外线的损伤，以及防止昆虫的蚕食等功能。

植物角质膜作为植物与外界环境之间的第一道屏障，虽然在植物的自我保护方面起着重要的作用，但同时也限制了植物对外界物质的吸收，比如杀虫剂、除草剂、生长调节剂以及叶面肥等。

为了使得农药在作物表面渗透吸收，必须加入喷雾助剂。喷雾助剂必须科学地配方，必须很好地与作物的原蜡质膜很好地亲和，让药剂在作物的表皮沉积附着，并能促进药剂进入植物体内；同时，还要求喷雾助剂不能破坏作物体表的蜡质、角质膜，否则就易于产生药害，农民田间常用的有机硅、甲酯油易于产生药害就是这个原因。

农希望2号喷雾宝，由多种植物油、渗透剂、扩散剂科学加工而成，很好地与作物的原蜡质膜亲和，能改善生物体表蜡质层的理化性质，增加蜡质的流动性和增加部分蜡质层的溶合，从而调节农药有效成分在雾滴和角质层的分配，可以有效促进药剂渗透生物体内；不破坏作物体表的原蜡质、角质膜，对作物非常安全；增加在叶面的附着量，尤其是叶面蜡质层厚的植物，同时，又可以使药液耐雨水冲刷。

（二）高效渗透性喷雾助剂的主要用途

可以用于农民田间施药时现混现用，大大提高农药在靶标表面的润湿扩散、沉积附着和渗透吸收，提高农药在靶标蜡质层上的溶合，提高农药的渗透吸收效果。对于防治果树腐烂病、冬季果树枝杆病害、介壳虫、蚜螨类害虫、叶部病害及除草效果尤为突出，也可以作为飞防助剂。可以有效地促进农药的渗透吸收，大大提升农药的应用效果。

（三）高效渗透性喷雾助剂的施用方法

应在喷雾器桶中加入清水后，加入该喷雾助剂20~40ml/15kg药液，而后加入农药，搅拌均匀后施用；也可以在喷雾器桶中先加入清水后，加入农药，而后加入该喷雾助剂20~40ml/药15kg药液，搅拌均匀后施用。应用时不要盲目地加大用量，否则可能会发生严重的药害。

1. 农田飞防病虫害

在农田用飞机防治病虫害时，可以用农希望2号喷雾宝25~50ml/10kg药液，可以提高药液的沉降率、防止药液挥发飘移、增进药剂的沉积附着和渗透吸收效果。

2. 果园

果树生长期，防治红蜘蛛、蚜虫、介壳虫，喷施杀虫剂时，在药液中加入农希望2号喷雾宝20~40ml/15kg药液，可以有效地提高杀虫效果。

果树冬季，防治果树腐烂病等枝杆病害，可以结合修剪、刮树皮、树干涂白等活动，田间施用杀虫剂、杀菌剂时，加入农希望2号喷雾宝20~40ml/15kg药液，可以有效地提高杀虫效果，延长药效时间。

四、高效扩散性喷雾助剂

（一）高效扩散性喷雾助剂的功能特点

高效扩散性喷雾助剂通过适量加入有机硅助剂、生物源油性渗透剂、非离子表面活性剂，科学加工而成，如农希望3号喷雾宝和20%油酸甲酯液剂（喷雾精）20~40ml/15kg药液，具有优异的表面活性，降低农药喷雾溶液的表面张力，具有良好的润湿性、较强的黏附力，使农药在植物表面具有良好的润湿和铺展性。

目前，市场上应用的有机硅助剂，有美国的丝润、杰效利、展透、菲蓝、德国的展扩100、百湿露、禾泽等，国内也有很多品种。但是，仅仅使用有机硅助剂效果不好，而且容易发生作物药害，而且药害十分严重，尤其是在易被润湿作物上（如黄瓜等）。据查证，目前已有报道的有机硅助剂药害问题的作物有苹果（品种为红富士）、大樱桃（品种为红灯）、豆角等，因此务必引起广大用户的特别注意。有机硅助剂产生药害的原因是，有机硅助剂可导致叶片表皮细胞角质层"析解"，使其保水能力下降，细胞受损，最终产生药害，其主要药害征状是植物叶片失绿干枯，果树果实上产生不正常褐色沉淀或晕圈等，严重影响作物产量或质量。有机硅助剂药害的发生与作物品种、药剂种类、助剂使用浓度、植叶片着药量、施药时温度等密切有关。叶片蜡质层较薄、易被润湿作物（如黄瓜、豆角等）较叶片蜡质层较厚的水稻、大姜、大葱等作物更容易发生药害，甚至不同的果树品种出现药害的程度也不同；在除草剂（如唑草酮、烟嘧磺隆、氟磺胺草醚等）药液中添加有机硅助剂出现药害的风险要大于杀虫剂和杀菌剂，尽管如此，在喷施杀虫剂和杀菌剂时添加有机硅助剂也存在发生药害的现象；在易发生药害的作物上或喷施易发生药害的药剂品种时，有机硅助剂使用的浓度越高，发生药害的风险越大；植株叶片着药量越大，施药时温度越高而导致作物药害的风险越大。

（二）高效扩散性喷雾助剂的主要用途

可以用于农民田间施药时现混现用，对于触杀性农药效果较好，对于内吸性农药也有较好的效果，对于蚜螨类害虫、叶部病害、除草剂效果尤为突出。对于部分触杀性茎叶处理除草剂可能会加重药害发生。

（三）高效扩散性喷雾助剂的施用方法

应在喷雾器桶中加入清水后，加入农希望3号喷雾宝5~10ml/15kg药液，然后加入农药，搅拌均匀后施用；也可以在喷雾器桶中加入清水后，加入农药，然后加入农希望3号喷雾宝5~10ml/15kg药液，搅拌均后施用。应用时不要盲目地加大用量，否则可能会发生严重的药害。

1. 小麦田

苗期，喷施除草剂：防治播娘蒿、猪殃殃、婆婆纳时，选择安全性好的除草剂加入农希望3号喷雾宝5~10ml/15kg药液；防治多花黑麦草、雀麦，选择安全性好的除草剂加入农希望3号喷雾宝10~15ml/15kg药液；安全性差的除草剂如甲基二磺隆、唑草酮、乙羧氟草醚等，加入农希望3号喷雾宝4~6ml/15kg药液，温度较低时不宜添加，否则，会加重药害的发生。

小麦拔节期孕穗期：防治小麦白粉病、红蜘蛛、蚜虫，喷施杀菌剂、杀虫剂时，可以加入农希望3号喷雾宝5~15ml/15kg药液。

小麦穗期：防治麦穗蚜虫、小麦赤霉病，喷施杀菌剂、杀虫剂时，喷液量10~15kg/亩，可以加入农希望3号喷雾宝10~20ml/15kg药液。

2. 水稻田

水稻拔节期：防治稻田病虫害，喷施杀菌剂、杀虫剂时，可以加入农希望3号喷雾宝10~20ml/15kg药液。

水稻孕穗期成熟期：防治稻田病虫害，喷施杀菌剂、杀虫剂时，应加入农希望3号喷雾宝20~40ml/15kg药液。

3. 花生田

花生苗期喷施除草剂：喷施精喹禾灵、高效氟吡甲禾灵、烯草酮等防治禾本科杂草除草剂，特别密度较大、抗性较重的杂草，安装直径0.3mm喷头，喷液量10~20kg/亩，加农希望3号喷雾宝10~20ml/15kg药液。

花生苗期，防治红蜘蛛、蚜虫：喷施杀虫剂，喷液量10~15kg/亩，应加入农希望3号喷雾宝5~10ml/15kg药液。

花生中后期，防治花生叶斑病、害虫：喷施杀菌剂、杀虫剂，安装直径0.3mm喷头，喷液量10~20kg/亩，应加入农希望3号喷雾宝10~20ml/15kg药液。

4. 大豆田

大豆苗期喷施除草剂：喷施精喹禾灵、高效氟吡甲禾灵、稀草酮等防治禾本科杂草除草剂，特别密度较大、抗性较重的杂草，安装直径0.3mm喷头，喷液量10~20kg/亩，加农希望3号喷雾宝5~10ml/15kg药液。

大豆苗期，防治红蜘蛛、蚜虫：喷施杀虫剂，喷液量10~15kg/亩，应加入农希望3号喷雾宝5~10ml/15kg药液。

大豆中后期，防治病虫害：喷施杀菌剂、杀虫剂，安装直径0.3mm喷头，喷液量10~20kg/亩，应加入农希望3号喷雾宝10~15ml/15kg药液。

5. 玉米田

玉米苗期喷施除草剂：喷施烟嘧磺隆、莠去津、硝磺草酮等防治除草剂，特别密度较大、抗性较重的杂草，喷液量10~20kg/亩，加入农希望3号喷雾宝5~10ml/15kg药液。

玉米苗期，防治蚜虫等害虫：喷施杀虫剂，喷液量10~15kg/亩，应加入农希望3号喷雾宝5~10ml/15kg药液。

玉米中后期，防治病虫害：喷施杀菌剂、杀虫剂，安装直径0.3mm喷头，喷液量10~20kg/亩，应加入农希望3号喷雾宝10~15ml/15kg药液。

6. 露地蔬菜田

露地茄子苗期，防治红蜘蛛、蚜虫、叶部病害，喷施杀菌剂、杀虫剂，安装直径0.3mm喷头、喷液量10~15kg/亩，应加入农希望3号喷雾宝5~10ml/15kg药液。

露地茄子中后期，防治红蜘蛛、蚜虫等害虫，茎叶部病害、果面病害，喷施杀菌剂、杀虫剂，应加入农希望3号喷雾宝10~20ml/15kg药液。

露地辣椒苗期，防治红蜘蛛、蚜虫、茎叶部病害，喷施杀菌剂、杀虫剂，应加入农希望3号喷雾宝5~10ml/15kg药液。

露地辣椒中后期，防治红蜘蛛、蚜虫等害虫，茎叶部病害、果面病害，喷施杀菌剂、杀虫剂，应加入农希望3号喷雾宝10~15ml/15kg药液。

露地甘蓝、花椰菜、白菜、上海青、萝卜苗期，防治害虫、叶部病害，喷施杀菌剂、杀虫剂，应加入农希望3号喷雾宝10~15ml/15kg药液。

露地甘蓝、花椰菜、白菜、上海青、萝卜中后期，防治病虫害，喷施杀菌剂、杀虫剂，应加入农希望3号喷雾宝10~20ml/15kg药液。

7.果园

苹果幼果期，防治红蜘蛛、蚜虫、叶部病害，喷施杀菌剂、杀虫剂，应加入农希望3号喷雾宝5~10ml/15kg药液。苹果生长中后期，防治红蜘蛛、蚜虫等害虫，茎叶部病害、果面病害，喷施杀菌剂、杀虫剂，应加入农希望3号喷雾宝10~15ml/15kg药液。

梨树幼果期，防治红蜘蛛、蚜虫、茎叶部病害，喷施杀菌剂、杀虫剂，应加入农希望3号喷雾宝15~20ml/15kg药液。梨树中后期，防治红蜘蛛、蚜虫等害虫，茎叶部病害、果面病害，喷施杀菌剂、杀虫剂，应加入农希望3号喷雾宝20~40ml/15kg药液。

桃树幼果期，防治害虫、叶部病害，喷施杀菌剂、杀虫剂应加入农希望3号喷雾宝5~10ml/15kg药液。桃树生长的中后期，防治病虫害，喷施杀菌剂、杀虫剂，应加入农希望3号喷雾宝10~20ml/15kg药液。

葡萄新梢发生期，防治害虫、叶部病害，喷施杀菌剂、杀虫剂，应加入农希望3号喷雾宝5~10ml/15kg药液。葡萄生长中后期，防治病虫害，喷施杀菌剂、杀虫剂，应加入农希望3号喷雾宝10~20ml/15kg药液。

五、高效多功能喷雾助剂

（一）高效多功能喷雾助剂的功能特点

高效多功能喷雾助剂通过加入多种生物源油酸甲酯、扩散剂、生物源油性渗透剂、助溶剂、非离子表面活性剂等科学加工而成。如农希望4号喷雾宝，由多种植物油科学加工而成，与作物表面的蜡质层可以很好地亲和，具有优异的渗透性，且对作物安全，不破坏作物的原蜡质层而不易出现药害；具有优异的表面活性，降低农药喷雾溶液的表面张力，具有良好的润湿性、较强的黏附力，使农药在植物表面具有良好的润湿和铺展性；把药液牢牢地包裹在药膜中，大大地提高了农药的环境稳定性，比较耐高温挥发、防风飘移、耐露水耐雨水。

（二）高效多功能喷雾助剂的主要用途

可以用于农民田间施药时现混现用，对于多种农药具有较好的效果，对于蚜螨类害虫、叶部病害防治效果尤为突出，用于飞机喷药效果突出。

（三）高效多功能喷雾助剂的施用方法

应在喷雾器桶中加入清水后，加入农希望4号或农希望5号喷雾宝20~40ml/15kg药液，然后加入农药，搅拌均匀后施用；也可以在喷雾器桶中加入清水后，加入农药，然后加入农希望4号或农希望5号喷雾宝20~40ml/15kg药液，搅拌均匀后施用。应用时不要盲目地加大用量，否则可能会发生严重的药害。

1.小麦田

小麦拔节期孕穗期：防治小麦白粉病、红蜘蛛、蚜虫，喷施杀菌剂、杀虫剂，可以加入农希望

4号喷雾宝15~20ml/15kg药液。

小麦穗期：防治麦穗蚜虫、小麦赤霉病，喷施杀菌剂、杀虫剂时，喷液量10~15kg/亩，可以加入农希望4号喷雾宝20~30ml/15kg药液。

2. 水稻田

水稻拔节期：防治稻田病虫害，喷施杀菌剂、杀虫剂，可以加入农希望4号喷雾宝20~30ml/15kg药液。

水稻孕穗期到成熟期：防治稻田病虫害，喷施杀菌剂、杀虫剂时，安装直径0.3mm或0.5mm喷头，应加入农希望4号喷雾宝20~40ml/15kg药液。

3. 花生田

花生苗期，防治红蜘蛛、蚜虫：喷施杀虫剂，喷液量10~15kg/亩，安装直径0.3mm或0.5mm喷头，应加入农希望4号喷雾宝20~30ml/15kg药液。

花生中后期，防治花生叶斑病、害虫：喷施杀菌剂、杀虫剂，安装直径0.3mm喷头，喷液量10~20kg/亩，应加入农希望4号喷雾宝20~40ml/15kg药液。

4. 大豆田

大豆苗期，防治红蜘蛛、蚜虫：喷施杀虫剂，喷液量10~15kg/亩，应加入农希望4号喷雾宝10~20ml/15kg药液。

大豆中后期，防治病虫害：喷施杀菌剂、杀虫剂，安装直径0.3mm喷头，喷液量10~20kg/亩，应加入农希望4号喷雾宝20~30ml/15kg药液。

5. 玉米田

玉米苗期，防治蚜虫等害虫：喷施杀虫剂，喷液量10~15kg/亩，应加入农希望4号喷雾宝10~20ml/15kg药液。

玉米中后期，防治病虫害：喷施杀菌剂、杀虫剂，安装直径0.3mm喷头，喷液量10~20kg/亩，应加入农希望4号喷雾宝15~20ml/15kg药液。

6. 露地蔬菜田

露地茄子苗期，防治红蜘蛛、蚜虫、叶部病害，喷施杀菌剂、杀虫剂，安装直径0.3mm喷头、喷液量10~15kg/亩，应加入农希望4号喷雾宝5~10ml/15kg药液。

露地茄子中后期，防治红蜘蛛、蚜虫等害虫，茎叶部病害、果面病害，喷施杀菌剂、杀虫剂，应加入农希望4号喷雾宝10~20ml/15kg药液。

露地辣椒苗期，防治红蜘蛛、蚜虫、茎叶部病害，喷施杀菌剂、杀虫剂，应加入农希望4号喷雾宝10~15ml/15kg药液。

露地辣椒中后期，防治红蜘蛛、蚜虫等害虫，茎叶部病害、果面病害，喷施杀菌剂、杀虫剂，应加入农希望4号喷雾宝15~20ml/15kg药液。

露地甘蓝、花椰菜、白菜、上海青、萝卜苗期，防治害虫、叶部病害，喷施杀菌剂、杀虫剂，应加入农希望4号喷雾宝10~20ml/15kg药液。

露地甘蓝、花椰菜、白菜、上海青、萝卜中后期，防治病虫害，喷施杀菌剂、杀虫剂，应加入农希望4号喷雾宝15~30ml/15kg药液。

7. 果园

苹果幼果期，防治红蜘蛛、蚜虫、叶部病害，喷施杀菌剂、杀虫剂，应加入农希望4号喷雾宝10~20ml/15kg药液。

苹果生长中后期，防治红蜘蛛、蚜虫等害虫，茎叶部病害、果面病害，喷施杀菌剂、杀虫剂，应加入农希望4号喷雾宝20~30ml/15kg药液。

梨树幼果期，防治红蜘蛛、蚜虫、茎叶部病害，喷施杀菌剂、杀虫剂，安装直径0.3mm或0.5mm喷头，应加入农希望4号喷雾宝15~20ml/15kg药液。

桃树幼果期，防治害虫、叶部病害，喷施杀菌剂、杀虫剂，安装直径0.3mm或0.5mm喷头，应加入农希望4号喷雾宝10~20ml/15kg药液。

桃树生长的中后期，防治病虫害，喷施杀菌剂、杀虫剂，安装直径0.3mm或0.5mm喷头，应加入农希望4号喷雾宝15~20ml/15kg药液。

葡萄新梢发生期，防治害虫、叶部病害，喷施杀菌剂、杀虫剂，安装直径0.3mm或0.5mm喷头，应加入农希望4号喷雾宝10~20ml/15kg药液。

葡萄生长中后期，防治病虫害，喷施杀菌剂、杀虫剂，安装直径0.3mm或0.5mm喷头，应加入农希望4号喷雾宝20~30ml/15kg药液。

柑橘生长期，防治病虫害，喷施杀菌剂、杀虫剂，安装直径0.3mm或0.5mm喷头，应加入农希望4号喷雾宝15~20ml/15kg药液。

六、多功能渗透性喷雾助剂

（一）多功能渗透性喷雾助剂的功能特点

多功能渗透性喷雾助剂通过加入多样不同植物源和动物源油酸甲酯、渗透剂、扩散剂、助溶剂、非离子表面活性剂等科学加工而成。如农希望5号喷雾宝，由多种植物油和动物油科学加工而成，然后加入渗透剂，可以与作物表面的蜡质层可以很好地亲和，具有优异的渗透性，且对作物安全；具有优异的表面活性，降低农药喷雾溶液的表面张力，具有良好的润湿性、较强的黏附力，使农药在植物表面具有良好的润湿和铺展性；把药液牢牢地包裹在药膜中，大大地提高了农药的环境稳定性，比较耐高温挥发、防风防飘移、耐露水耐雨水，在微风、露水、强光下可以喷药，减少环境条件对药效的影响。

概括来讲，农希望5号喷雾宝有五大功能。

1. 可以促进农药的雾化

通过加入大量的高分子油酸甲酯、高分子表面活性剂等，可以提升农药的乳化和悬浮稳定性，喷雾器桶中的药液不沉淀、药液不堵喷头，农药的药液充分地雾化，喷雾出的雾滴均匀地扩散、药液均匀地沉降到靶标上。

2. 靶标表面形成一层油亮的薄膜

通过加入多种生物油酸甲酯和高分子表面活性剂，喷雾时，安装直径0.3mm或0.5mm喷头，可以添加农希望5号喷雾宝，喷雾后可以在靶标的表面形成一层薄薄的药膜，把农药牢牢地包裹在药膜中，这样可以延长农药的吸收时间，让农药更均匀地喷雾到靶标表面（图14-1、图14-2）。

3. 增强药液沉积附着、润湿扩散

通过多种生物油酸甲酯和高分子表面活性剂的作用，喷雾时，安装直径0.5喷头，可以添加农希望5号喷雾宝，喷雾后可以在靶标的表面形成一层薄薄的药膜，保证农药在靶标的表面均匀地沉积附着、润湿扩散，避免农药的流失，保证农药的药效均匀地发挥，保证农药安全与高效（图14-3、图14-4）。

4. 提高农药的渗透吸收能力，大大激发农药活性

通过多种生物油酸甲酯和高分子表面活性剂的作用，喷雾时，可以添加农希望5号喷雾宝，在作物表面的药膜与靶标表皮角质层相融合，促进农药在靶标的表面快速地渗透吸收。农药可以快速地达到作用位点，大大地激发农药的活性，提高农药的应用效果（图14-5、图14-6）。

5. 提高农药的稳定性

喷雾时，可以添加农希望5号喷雾宝，农药牢牢地包裹在油膜中，对农药有保护作用。增强农药的抗旱、抗光、抗风、抗飘移、抗露水耐雨水的能力（图14-7）。

图14-1 传统的喷药方法，叶面着药较少，大量液滴流失；在喷雾的药液中加入农希望喷雾宝，喷雾后可以在叶表面形成一层薄薄的药膜，可以让农药均匀地喷雾到靶标表面

图14-2 在喷雾的药液中加入农希望喷雾宝，喷雾后可以在靶标的表面形成一层薄薄的药膜，可以让农药均匀地喷雾到靶标表面

图14-3 传统的喷药方法，叶面着药较少，大量液滴流失；在喷雾的药液中加入农希望喷雾宝，喷雾后可以在叶表面形成一层薄薄的药膜，药液均匀地沉积附着、润湿扩散

图14-4 传统的喷药方法,叶面着药较少,大量液滴流失;在喷雾的药液中加入农希望喷雾宝,喷雾后可以在叶表面形成一层薄薄的药膜,药液均匀地沉积附着、润湿扩散

图14-5 传统的喷药方法,叶面着药较少,大量液滴流失;在喷雾的药液中加入农希望喷雾宝,喷雾后可以在叶表面形成一层薄薄的药膜,药液均匀地沉积附着、润湿扩散,提高农药的效果。右图中可以看到叶片大量的白粉虱快速死亡

图14-6 传统的喷药方法,叶面着药较少,药效得不到充分地发挥,药效很差;在喷雾的药液中加入农希望喷雾宝,喷雾后可以在叶表面形成一层薄薄的药膜,药液均匀地沉积附着、润湿扩散,提高农药的效果。右图中可以看出辣椒心叶上的棉铃虫快速死亡,效果非常突出

图14-7 传统的喷药方法,在上午有露水时喷药叶面着药较少,大量液滴流失;在喷雾的药液中加入农希望喷雾宝,喷雾后可以在叶表面形成一层薄薄的药膜,露水快速地化掉,药液均匀地沉积附着、润湿扩散,提高农药的效果。右图中可以看出叶片均匀着药,没有露水

(二) 多功能渗透性喷雾助剂的主要用途

可以用于农民田间施药时现混现用,对多种杀虫剂、杀菌剂和植物生长调节剂具有增效作用。可以有效地提高农药的乳化和药液悬浮稳定性;提高农药在环境中的稳定性,抗高温抗强光、防风防飘移、耐雨水耐露水;促进农药的沉积附着、均匀地润湿扩散和渗透吸收,提升农药的应用效果。

具体的用量、添加方法,应根据作物的种类、品种、生育时期进行适量的添加。

(三) 多功能渗透性喷雾助剂的施用方法

应在喷雾器桶中加入清水后,加入该喷雾助剂10~20ml/药15kg药液,而后加入农药,搅拌均匀后施用;也可以在喷雾器桶中加入清水后,加入农药,而后加入该喷雾助剂10~20ml/15kg药液,搅拌均匀后施用。应用时不要盲目地加大用量,否则可能会发生严重的药害。

1. 小麦田

小麦拔节期孕穗期:防治小麦白粉病、红蜘蛛、蚜虫,喷施杀菌剂、杀虫剂,可以加入农希望5号喷雾宝10~20ml/15kg药液。

小麦穗期:防治麦穗蚜虫、小麦赤霉病,喷施杀菌剂、杀虫剂时,喷液量10~15kg/亩,可以加入农希望5号喷雾宝15~20ml/15kg药液。

2. 水稻田

水稻拔节期:防治稻田病虫害,喷施杀菌剂、杀虫剂,喷雾器上安装直径0.3mm或0.5mm喷头,可以加入农希望5号喷雾宝20~30ml/15kg药液。

水稻孕穗至成熟期:防治稻田病虫害,喷施杀菌剂、杀虫剂时,安装直径0.3mm或0.5mm喷头,应加入农希望5号喷雾宝20~40ml/15kg药液。

3. 花生田

花生苗期喷施除草剂:喷施精喹禾灵、高效氟吡甲禾灵、烯草酮等防治禾本科杂草除草剂,特别密度较大、抗性较重的杂草,安装直径0.3喷头,喷液量10~20kg/亩,安装直径0.3mm或0.5mm喷头，加农希望5号喷雾宝20~30ml/15kg药液。

花生苗期，防治红蜘蛛、蚜虫：喷施杀虫剂，喷液量10~15kg/亩，应加入农希望5号喷雾宝15~20ml/15kg药液。花生中后期，防治花生叶斑病、害虫：喷施杀菌剂、杀虫剂，安装直径0.3mm喷头，喷液量10~20kg/亩，应加入农希望5号喷雾宝20~30ml/15kg药液。

4.大豆田

大豆苗期，防治红蜘蛛、蚜虫：喷施杀虫剂，喷液量10~15kg/亩，安装直径0.3mm或0.5mm喷头，应加入农希望5号喷雾宝8~10ml/15kg药液。

大豆中后期，防治病虫害：喷施杀菌剂、杀虫剂，安装直径0.3mm喷头，喷液量10~20kg/亩，应加入农希望5号喷雾宝10~20ml/15kg药液。

5.玉米田

玉米苗期，防治蚜虫等害虫：喷施杀虫剂，喷液量10~15kg/亩，安装直径0.3mm或0.5mm喷头，应加入农希望5号喷雾宝10~20ml/15kg药液。

玉米中后期，防治病虫害：喷施杀菌剂、杀虫剂，安装直径0.3mm喷头，喷液量10~20kg/亩，应加入农希望5号喷雾宝20~30ml/15kg药液。

6.露地蔬菜田

露地茄子苗期，防治红蜘蛛、蚜虫、叶部病害，喷施杀菌剂、杀虫剂，安装直径0.3mm喷头、喷液量10~15kg/亩，应加入农希望5号喷雾宝5~10ml/15kg药液。

露地茄子中后期，防治红蜘蛛、蚜虫等害虫，茎叶部病害、果面病害严重时，喷施杀菌剂、杀虫剂，应加入农希望5号喷雾宝10~20ml/15kg药液。

露地辣椒苗期，防治红蜘蛛、蚜虫、茎叶部病害，喷施杀菌剂、杀虫剂，应加入农希望5号喷雾宝10~15ml/15kg药液。

露地辣椒中后期，防治红蜘蛛、蚜虫等害虫，茎叶部病害、果面病害，喷施杀菌剂、杀虫剂，应加入农希望5号喷雾宝15~20ml/15kg药液。

露地甘蓝、花椰菜、白菜、上海青、萝卜苗期，防治害虫、叶部病害，喷施杀菌剂、杀虫剂，应加入农希望5号喷雾宝10~20ml/15kg药液。

露地甘蓝、花椰菜、白菜、上海青、萝卜中后期，防治病虫害，喷施杀菌剂、杀虫剂，应加入农希望5号喷雾宝15~30ml/15kg药液。

7.果园

苹果幼果期，防治红蜘蛛、蚜虫、叶部病害，喷施杀菌剂、杀虫剂，安装直径0.3mm或0.5mm喷头，应加入农希望5号喷雾宝10~20ml/15kg药液。

苹果生长中后期，防治红蜘蛛、蚜虫等害虫，茎叶部病害、果面病害严重时，喷施杀菌剂、杀虫剂，应加入农希望5号喷雾宝20~30ml/15kg药液。

梨树幼果期，防治红蜘蛛、蚜虫、茎叶部病害，喷施杀菌剂、杀虫剂，应加入农希望5号喷雾宝15~20ml/15kg药液。

梨树中后期，防治红蜘蛛、蚜虫等害虫，茎叶部病害、果面病害，喷施杀菌剂、杀虫剂，安装直径0.3mm或0.5mm喷头，应加入农希望5号喷雾宝20~40ml/15kg药液。

桃树幼果期，防治害虫、叶部病害，喷施杀菌剂、杀虫剂，安装直径0.3mm或0.5mm喷头，应加入农希望5号喷雾宝10~20ml/15kg药液。

桃树生长的中后期，防治病虫害，喷施杀菌剂、杀虫剂，安装直径0.3mm或0.5mm喷头，应加入农希望5号喷雾宝15~20ml/15kg药液。

葡萄新梢发生期，防治害虫、叶部病害，喷施杀菌剂、杀虫剂，安装直径0.3mm或0.5mm喷头，应加入农希望5号喷雾宝10~20ml/15kg药液。

葡萄生长中后期，防治病虫害，喷施杀菌剂、杀虫剂，安装直径0.3mm或0.5mm喷头，应加入农希望5号喷雾宝15～20ml/15kg药液。

七、安全型多功能喷雾助剂

（一）安全型多功能喷雾助剂的功能特点

安全型多功能喷雾助剂通过加入多样不同植物源油酸甲酯、扩散剂、助溶剂、非离子表面活性剂和安全剂等科学加工而成。如农希望6号喷雾宝，由多种植物油科学加工而成，然后加入扩散剂，可以与作物表面的蜡质层可以很好地亲和，具有优异的渗透性，且对作物安全；具有优异的表面活性，降低农药喷雾溶液的表面张力，具有良好的润湿性、较强的黏附力，使农药在植物表面具有良好的润湿和铺展性；把药液牢牢地包裹在药膜中，大大地提高了农药的环境稳定性，比较耐高温挥发、防风防飘移、耐露水耐雨水，在微风、露水、强光下可以喷药，减少环境条件对药效的影响。

概括来讲，农希望6号喷雾宝有五大功能。

1. 可以促进农药的雾化

通过加入大量的高分子油酸甲酯、高分子表面活性剂等，可以提升农药的乳化和悬浮稳定性，喷雾器桶中的药液不沉淀、药液不堵喷头，农药的药液充分地雾化，喷雾出的雾滴均匀地扩散、药液均匀地沉降到靶标上。

2. 靶标表面形成一层油亮的薄膜

通过加入多种生物油酸甲酯和高分子表面活性剂，把农药牢牢地包裹在油膜中，喷雾后可以在靶标的表面形成一层薄薄的药膜，可以让农药均匀地喷雾到靶标表面（图14-8和图14-9）。

3. 增强药液沉积附着、润湿扩散

通过多种生物油酸甲酯和高分子表面活性剂的作用，喷雾后可以在靶标的表面形成一层薄薄的药膜，保证农药在靶标的表面均匀地沉积附着、润湿扩散，避免农药的流失，保证农药的药效均匀地发挥，保证农药的安全与高效（图14-10和图14-11）。

图14-8 传统的喷雾方法，叶面着药较少，大量药液流失；在喷雾的除草剂药液中加入6号喷雾宝20ml/15kg药液，喷雾后可以在靶标的表面形成一层薄薄的药膜，可以让除草剂均匀地喷雾到靶标表面

图14-9　在喷雾的药液中加入农希望喷雾宝，喷雾后可以在靶标的表面形成一层薄薄的药膜，可以让农药均匀地喷雾到靶标表面

图14-10　传统喷雾方法，不加农希望喷雾宝，叶面着药较少，大量药液流失，心叶基本上没有着药，除草效果差，杂草易于复发；在喷雾的除草剂药液中加入农希望6号喷雾宝20ml/15kg药液对水均匀喷雾，喷雾后可以在靶标的表面形成一层薄薄的药膜，可以让除草剂均匀地喷雾到靶标表面，从上图右图可以看到婆婆纳叶片、心叶上均匀着药，除草效果突出

图14-11 在喷雾的除草剂药液中加入农希望6号喷雾宝20ml/15kg药液对水均匀喷雾,喷雾后可以在靶标的表面形成一层薄薄的药膜,可以让除草剂均匀地喷雾到靶标表面,杂草叶片、心叶上均匀着药,可以大大提高除草剂的应用效果

4. 提高农药的渗透吸收能力,大大激发农药活性

通过多种生物油酸甲酯和高分子表面活性剂的作用,在作物表面的药膜与靶标表皮角质层相融合,促进农药在靶标的表面快速地渗透吸收。农药可以快速地达到作用位点,大大地激发农药的活性,提高农药的应用效果(图14-12、图14-13)。

5. 提高农药雾滴的稳定性

农药牢牢地包裹在油膜中,对农药有保护作用。增强农药的抗旱、抗光、抗风、抗飘移、抗露水耐雨水的能力。

(二)安全型多功能喷雾助剂的主要用途

可以用于农民田间施药时现混现用,对多种除草剂具有增效作用,也可以应用于杀虫剂、杀菌剂和植物生长调节剂。可以有效地提高农药的乳化和药液悬浮稳定性;提高农药在环境中的稳定性,并具有抗高温抗强光、防风防飘移、耐雨水耐露水;促进农药的沉积附着、均匀地润湿扩散和渗透吸收,提升农药的应用效果。

具体的用量、添加方法,应根据作物和杂草、除草剂的特性进行适量的添加。

(三)安全型多功能喷雾助剂的施用方法

应在喷雾器桶中加入清水后,加入该喷雾助剂10~20ml/15kg药液,而后加入农药,搅拌均匀后施用;也可以在喷雾器桶中加入清水后,加入农药,而后加入该喷雾助剂10~20ml/15kg药液,搅拌均匀后施用。应用时不要盲目地加大用量,否则可能会发生严重的药害;个别安全性较差的除草剂,应用不当也会加重药害的发生。

1. 小麦田

苗期,喷施除草剂:防治抗性播娘蒿、猪殃殃、婆婆纳时,选择安全性较好的除草剂,安装直径0.3mm或0.5mm喷头,加入农希望6号喷雾宝15~20ml/15kg药液;防治多花黑麦草、雀麦选择安全性好的除草剂加入农希望6号喷雾宝20~30ml/15kg药液;安全性差的除草剂(如甲基二磺隆、唑草酮、乙羧氟草醚)等,加入农希望6号喷雾宝5~10ml/15kg药液,温度较低时不宜添加,否则,会加重药

图14-12 传统喷雾方法，不加喷雾宝，叶面着药较少，大量药液流失，心叶基本上没有着药，除草效果差，杂草易于复发在喷雾的除草剂药液中加入农希望6号喷雾宝20ml/15kg药液对水均匀喷雾，喷雾后可以在靶标的表面形成一层薄薄的药膜，可以让除草剂均匀地喷雾到靶标表面，杂草叶片、心叶上均匀地着药，心叶坏死，除草效果突出

图14-13 传统喷雾方法，不加喷雾宝，叶面着药较少，除草效果差，杂草易于复发；在喷雾的除草剂药液中加入农希望6号喷雾宝20ml/15kg药液对水均匀喷雾，喷雾后可以在靶标的表面形成一层薄薄的药膜，可以让除草剂均匀地喷雾到靶标表面，杂草叶片、心叶上均匀着药，心叶坏死，除草效果突出

害的发生。

小麦拔节期孕穗期：防治小麦白粉病、红蜘蛛、蚜虫，喷施杀菌剂、杀虫剂，安装直径0.3mm喷头，喷液量10~15kg/亩，可以加入农希望6号喷雾宝20~30ml/15kg药液。

小麦穗期：防治麦穗蚜虫、小麦赤霉病，喷施杀菌剂、杀虫剂时，喷液量10~15kg/亩，可以加入农希望6号喷雾宝20~30ml/15kg药液。

2.花生田

花生苗期喷施除草剂：喷施精喹禾灵、高效氟吡甲禾灵、烯草酮等防治禾本科杂草除草剂，特别密度较大、抗性较重的杂草，安装直径0.3mm或0.5mm喷头，喷液量10~20kg/亩，加农希望6号喷雾宝20~30ml/15kg药液。

花生苗期，防治红蜘蛛、蚜虫：喷施杀虫剂，喷液量10~15kg/亩，应加入农希望6号喷雾宝20~30ml/15kg药液。

花生中后期，防治花生叶斑病、害虫：喷施杀菌剂、杀虫剂，安装直径0.3mm或0.5mm喷头，喷液量10~20kg/亩，应加入农希望6号喷雾宝20~30ml/15kg药液。

3.大豆田

大豆苗期喷施除草剂：喷施精喹禾灵、高效氟吡甲禾灵、烯草酮等防治禾本科杂草除草剂，特别密度较大、抗性较重的杂草，安装直径0.3mm或0.5mm喷头，喷液量10~20kg/亩，加农希望6号喷雾宝10~20ml/15kg药液。

大豆苗期，防治红蜘蛛、蚜虫：喷施杀虫剂，喷液量10~15kg/亩，应加入农希望6号喷雾宝5~10ml/15kg药液。

大豆中后期，防治病虫害：喷施杀菌剂、杀虫剂，安装直径0.3mm喷头，喷液量10~20kg/亩，应加入农希望6号喷雾宝10~20ml/15kg药液。

八、超强扩散渗透性喷雾助剂

（一）超强扩散渗透性喷雾助剂的功能特点

超强扩散渗透性喷雾助剂通过加入超强润湿扩散剂、渗透剂、多样不同植物源油酸甲酯、助溶剂、非离子表面活性剂等科学加工而成。如农希望7号喷雾宝、25%油酸甲酯乳液（喷雾精），由超强润湿扩散剂和多种植物油科学加工而成，然后加入渗透剂，可以与作物表面的蜡质层可以很好地亲和，具有优异的渗透性，且对作物安全；具有优异的表面活性，降低农药喷雾溶液的表面张力，具有良好的润湿性、较强的黏附力，使农药在植物表面具有良好的润湿和铺展性，从而大大地提高农药的应用效果。

概括来讲，超强扩散渗透性喷雾助剂有五大功能。

1.可以促进农药的雾化

通过加入大量的高分子油酸甲酯、高分子表面活性剂等，可以提升农药的乳化和悬浮稳定性，喷雾器桶中的药液不沉淀、药液不堵喷头，农药的药液充分地雾化，喷雾出的雾滴均匀地扩散、药液均匀地沉降到靶标上。

2.靶标表面形成一层油亮的薄膜

通过加入超强润湿扩散剂、渗透剂、多样不同植物源油酸甲酯，把农药牢牢地包裹在油膜中，喷雾后可以在靶标的表面形成一层薄薄的药膜，可以让农药均匀喷雾到靶标表面（图14-14、图14-15）。

3.增强药液沉积附着、润湿扩散

加入超强润湿扩散剂、渗透剂、多样不同植物源油酸甲酯，促进雾化、雾滴均匀扩散，沉积附着。

4.提高农药的渗透吸收能力，大大激发农药活性

通过超强润湿扩散剂、渗透剂、多样不同植物源油酸甲酯的作用，在作物表面的药膜与靶标表皮角质层相融合，促进农药在靶标的表面快速地渗透吸收。农药可以快速地达到作用位点，大大地激发农药的活性，提高农药的应用效果。

5.提高农药雾滴的稳定性

农药牢牢地包裹在油膜中，对农药有保护作用。增强农药的抗露水耐雨水的能力，提高农药在环境中的稳定性。

图14-14 传统喷雾方法，不加喷雾宝，叶面着药较少，大量药液流失；在喷雾的药液中加入农希望7号喷雾宝10ml/15kg药液对水均匀喷雾，喷雾后可以在靶标的表面形成一层薄薄的药膜，让农药均匀地喷雾到靶标表面

图14-15 在喷雾的药液中加入农希望7号喷雾宝10ml/15kg药液对水均匀喷雾，喷雾后可以在靶标的表面形成一层薄薄的药膜，让农药均匀地喷雾到靶标表面

（二）超强扩散渗透性喷雾助剂的主要用途

可以用于农民田间施药时现混现用，对多种农药具有增效作用。可以有效地提高农药的乳化和药液悬浮稳定性；提高农药在环境中的稳定性，抗高温抗强光、防风防飘移、耐雨水耐露水；促进农药的沉积附着、均匀地润湿扩散和渗透吸收，提升农药的应用效果。

具体的用量、添加方法，应根据作物和病虫草害的特性、农药的特性进行适量的添加。

（三）超强扩散渗透性喷雾助剂的施用方法

通过超强润湿扩散剂、渗透剂、多种不同植物源油酸甲酯的作用，喷雾后可以在靶标的表面形成一层薄薄的药膜，保证农药在靶标的表面均匀地沉积附着、润湿扩散，避免农药的流失，保证农药的药效均匀地发挥，保证农药的安全与高效（图14-16和图14-17）。

1.小麦田

苗期，喷施除草剂：防治抗性播娘蒿、猪殃殃、婆婆纳时，选择安全性好的除草剂加入农希望7号喷雾宝或25%油酸甲酯乳液（喷雾精）5~10ml/15kg药液；防治多花黑麦草、雀麦，选择安全性

图14-16 传统喷雾方法，不加喷雾宝，叶和穗着药较少，大量药液流失，穗上基本没有着药，防治效果差；在喷雾的除草剂药液中加入农希望7号喷雾宝10ml/15kg药液对水均匀喷雾，喷雾后可以在靶标的表面形成一层薄薄的药膜，可以让农药均匀地喷雾到小麦叶和穗的表面，从上图左图可以看到小麦叶片、麦穗均匀着药，防治效果突出

图14-17 在喷雾的除草剂药液中加入农希望7号喷雾宝10ml/15kg药液对水均匀喷雾，喷雾后可以在靶标的表面形成一层薄薄的药膜，可以让除草剂均匀地喷雾到靶标表面，杂草叶片、心叶上均匀着药，可以提高除草剂的应用效果

好的除草剂加入农希望7号喷雾宝或25%油酸甲酯乳液（喷雾精）10~15ml/15kg药液；安全性差的除草剂（如甲基二磺隆、唑草酮、乙羧氟草醚）等，加入农希望7号喷雾宝5ml/15kg药液，温度较低时不宜添加，否则，会加重药害的发生。

小麦拔节期孕穗期：防治小麦白粉病、红蜘蛛、蚜虫，喷药时可以用直径0.3mm喷头，喷液量10~15kg/亩，可以加入农希望7号喷雾宝或25%油酸甲酯乳液（喷雾精）10~15ml/15kg药液。

小麦穗期：防治麦穗蚜虫、小麦赤霉病，喷施杀菌剂、杀虫剂时，喷液量10~15kg/亩，可以加入农希望7号喷雾宝或25%油酸甲酯乳液（喷雾精）10~20ml/15kg药液。

2. 花生田

花生苗期喷施除草剂：喷施精喹禾灵、高效氟吡甲禾灵、烯草酮等防治禾本科杂草除草剂，特别密度较大、抗性较重的杂草，安装直径0.3mm喷头，喷液量10~20kg/亩，加农人希望7号喷雾宝或25%油酸甲酯乳液（喷雾精）10~20ml/15kg药液。

花生苗期，防治红蜘蛛、蚜虫：喷施杀虫剂，喷液量10~15kg/亩，安装直径0.3mm或0.5mm喷头，应加入农希望7号喷雾宝或25%油酸甲酯乳液（喷雾精）5~10ml/15kg药液。

花生中后期，防治花生叶斑病、害虫：喷施杀菌剂、杀虫剂，安装直径0.3mm或0.5mm喷头，喷液量10~20kg/亩，应加入农希望7号喷雾宝或25%油酸甲酯乳液（喷雾精）10~20ml/15kg药液。

3. 大豆田

大豆苗期喷施除草剂：喷施精喹禾灵、高效氟吡甲禾灵、烯草酮等防治禾本科杂草除草剂，特别密度较大、抗性较重的杂草，安装直径0.3喷头，喷液量10~20kg/亩，加入农希望7号喷雾宝或25%油酸甲酯乳液（喷雾精）5~10ml/15kg药液。

大豆苗期，防治红蜘蛛、蚜虫：喷施杀虫剂，安装直径0.3mm或0.5mm喷头，喷液量10~15kg/亩，应加入农希望7号喷雾宝或25%油酸甲酯乳液（喷雾精）5~10ml/15kg药液。

大豆中后期，防治病虫害：喷施杀菌剂、杀虫剂，安装直径0.3mm喷头，喷液量10~20kg/亩，应加入农希望7号喷雾宝或25%油酸甲酯乳液（喷雾精）10~20ml/15kg药液。

4. 玉米田

玉米苗期喷施除草剂：喷施烟嘧磺隆、莠去津、硝磺草酮等防治除草剂，特别密度较大、抗性较重的杂草，安装直径0.3mm喷头，喷液量10~20kg/亩，加入农希望7号喷雾宝或25%油酸甲酯乳液（喷雾精）10~15ml/15kg药液。

玉米苗期，防治蚜虫等害虫：喷施杀虫剂，安装直径0.3mm或0.5mm喷头，喷液量10~15kg/亩，应加入农希望7号喷雾宝或25%油酸甲酯乳液（喷雾精）5~10ml/15kg药液。

玉米中后期，防治病虫害：喷施杀菌剂、杀虫剂，安装直径0.3mm喷头，喷液量10~20kg/亩，应加入农希望7号喷雾宝或25%油酸甲酯乳液（喷雾精）10~20ml/15kg药液。

5. 露地蔬菜田

露地茄子苗期，防治红蜘蛛、蚜虫、叶部病害，喷施杀菌剂、杀虫剂，应加入农希望7号喷雾宝或25%油酸甲酯乳液（喷雾精）5~10ml/15kg药液。

露地茄子中后期，防治红蜘蛛、蚜虫等害虫，茎叶部病害、果面病害，喷施杀菌剂、杀虫剂，应加入农希望7号喷雾宝或25%油酸甲酯乳液（喷雾精）10~20ml/15kg药液。

露地辣椒苗期，防治红蜘蛛、蚜虫、茎叶部病害，喷施杀菌剂、杀虫剂，应加入农希望7号喷雾宝或25%油酸甲酯乳液（喷雾精）10~15ml/15kg药液。

露地辣椒中后期，防治红蜘蛛、蚜虫等害虫，茎叶部病害、果面病害，喷施杀菌剂、杀虫剂，应加入农希望7号喷雾宝或25%油酸甲酯乳液（喷雾精）10~20ml/15kg药液。

露地甘蓝、花椰菜、白菜、上海青、萝卜苗期，防治害虫、叶部病害，喷施杀菌剂、杀虫剂，应加入农希望7号喷雾宝或25%油酸甲酯乳液（喷雾精）10~20ml/15kg药液。

露地甘蓝、花椰菜、白菜、上海青、萝卜中后期，防治病虫害，喷施杀菌剂、杀虫剂，应加入农希望7号喷雾宝或25%油酸甲酯乳液（喷雾精）15~30ml/15kg药液。

6. 果园

苹果幼果期，防治红蜘蛛、蚜虫、叶部病害，喷施杀菌剂、杀虫剂，应加入农希望7号喷雾宝或25%油酸甲酯乳液（喷雾精）5~10ml/15kg药液。

苹果生长中后期，防治红蜘蛛、蚜虫等害虫，茎叶部病害、果面病害，喷施杀菌剂、杀虫剂，应加入农希望7号喷雾宝或25%油酸甲酯乳液（喷雾精）10~20ml/15kg药液。

梨树幼果期，防治红蜘蛛、蚜虫、茎叶部病害，喷施杀菌剂、杀虫剂，安装直径0.3mm或0.5mm喷头，应加入农希望7号喷雾宝或25%油酸甲酯乳液（喷雾精）15~20ml/15kg药液。

梨树中后期，防治红蜘蛛、蚜虫等害虫，茎叶部病害、果面病害，喷施杀菌剂、杀虫剂，安装直径0.3mm或0.5mm喷头，应加入农希望7号喷雾宝或25%油酸甲酯乳液（喷雾精）20~40ml/15kg药液。

桃树幼果期，防治害虫、叶部病害，喷施杀菌剂、杀虫剂，应加入农希望7号喷雾宝或25%油酸甲酯乳液（喷雾精）10~15ml/15kg药液。

桃树生长的中后期，防治病虫害，喷施杀菌剂、杀虫剂，应加入农希望7号喷雾宝或25%油酸甲酯乳液（喷雾精）10~20ml/15kg药液。

葡萄新梢发生期，防治害虫、叶部病害，喷施杀菌剂、杀虫剂，安装直径0.3mm或0.5mm喷头，应加入农希望7号喷雾宝或25%油酸甲酯乳液（喷雾精）5~10ml/15kg药液。

葡萄生长中后期，防治病虫害，喷施杀菌剂、杀虫剂，应加入农希望7号喷雾宝或25%油酸甲酯乳液（喷雾精）10~20ml/15kg药液。

第十五章 杀虫剂与施用关键技术

一、杀虫剂的作用机制和主要类型

依据杀虫剂的作用机制可分为两大类：第一类为神经系统毒剂，第二类为干扰代谢毒剂。

（一）神经系统毒剂

神经系统由无数个神经元构成，神经元是一个细胞单位，从这里伸出若干个树枝状突起以及长的轴突或神经纤维，神经元之间的连接部位称突触，中枢神经也是由复杂的神经突触连接，神经纤维和肌肉或功能器官间的连接点，称为神经肌肉连接部。昆虫的神经可分为三类，即感觉神经元、联系神经元和运动神经元。

从外界来的刺激，不管是机械的、化学的、还是光的，树枝突起接受后，细胞膜就会发生脱极化作用，与此同时引起膜的渗透性改变，膜内外K^+、Na^+的改变，使膜内外的电位差发生变化。冲动或兴奋通过轴突后，向另一轴突传导，此时传导与上述不同，须经过突触传导。突触处的传导主要是化学传导物质起作用。传导物质包含在突触小胞体内，由前膜放出，后膜上的感受器（receptor）接受，引起轴突膜的脱极化作用，冲动即可向前传导。化学传导物质完成任务后立即被分解，在昆虫的神经中（主要是中枢神经）的传导物质主要是乙酰胆碱，神经和肌肉连接处为其他化学传导物质，可能是一种一元胺化合物。突触处冲动的通过也很快，一般只要1~5ms。

1. 乙酰胆碱酯酶（AChE）抑制剂

抑制乙酰胆碱酯酶，引起神经系统过度兴奋。乙酰胆碱酯酶是一种酶，它能终止神经递质对突触的兴奋作用。氨基甲酸酯类（如克百威、灭多威、硫双威）、有机磷酸酯类（如毒死蜱）。

2. γ-氨基丁酸（GABA）门控氯离子通道拮抗剂

阻断激活的γ-氨基丁酸门控氯离子通道，导致过度兴奋和痉挛。γ-氨基丁酸是昆虫体内主要的抑制性神经递质。环戊二烯有机氯类（如硫丹）、苯基吡唑类（如氟虫腈）。

3. γ-氨基丁酸（GABA）门控氯离子通道变构调节剂

变构阻断激活的γ-氨基丁酸氯离子通道，导致过度兴奋和痉挛。间二酰胺类和异恶唑啉类（如溴虫氟苯双酰胺）。

4. 钠离子通道调节剂

保持钠离子通道打开，导致过度兴奋，在某些情况下，还会阻断神经。钠离子通道参与动作电位沿神经轴突的传递。拟除虫菊酯类（如氯氰菊酯、氯氟氰菊酯）。

5. 电压依赖性钠离子通道阻断剂

阻断钠离子通道，导致神经系统关闭和瘫痪。钠离子通道参与动作电位沿神经轴突的传递。如茚虫威、氰氟虫腙。

6. 烟碱型乙酰胆碱受体（nAChR）竞争性调节剂

在烟碱型乙酰胆碱上与乙酰胆碱（Ach）位点结合，引起一系列从过度兴奋、嗜睡到麻痹的症状。乙酰胆碱是昆虫中枢神经系统的主要兴奋性神经递质。新烟碱类（如啶虫脒，呋虫胺、噻虫啉、吡虫啉、烯啶虫胺、噻虫嗪、氟啶虫酰胺）、砜亚胺（如氟啶虫胺腈）、4D丁烯羟酸内酯类（氟吡呋喃酮）。

7. 烟碱型乙酰胆碱受体（nAChR）变构调节剂

变构激活烟碱型乙酰胆碱受体，引起神经系统过度兴奋。乙酰胆碱是昆虫中枢神经系统的主要兴奋性神经递质。多杀菌素类（如多杀霉素、乙基多杀菌素）。

8. 烟碱型乙酰胆碱受体（nAChR）通道阻断剂

阻断烟碱型乙酰胆碱受体离子通道，导致神经系统受阻和瘫痪。乙酰胆碱是昆虫中枢神经系统的主要兴奋性神经递质。杀蚕毒素类似物（如杀虫磺、杀虫双、杀螟丹）。

9. 谷氨酸门控氯离子通道（GluCl）变构调节剂

变构激活谷氨酸门控氯离子通道，引起麻痹。谷氨酸是昆虫体内一种重要的抑制性神经递质。阿维菌素类（如阿维菌素、甲氨基阿维菌素苯甲酸盐、雷皮菌素）。

10. 鱼尼丁受体调节剂

激活肌肉鱼尼丁受体，导致肌肉萎缩和麻痹。鱼尼丁受体调节钙离子从细胞内释放到细胞质。双酰胺类（如氯虫苯甲酰胺、溴氰虫酰胺、环丙虫酰胺、氟苯虫酰胺、四唑虫酰胺）。

（二）干扰代谢毒剂

1. 干扰能量代谢

昆虫的能量代谢主要是呼吸作用。线粒体呼吸产生三磷酸腺苷（ATP），这种分子为所有重要的细胞过程提供能量。在线粒体中，电子传递链利用氧化释放的能量形成质子电化学梯度，从而驱动ATP合成。已知有几种杀虫剂通过抑制电子传递和/或氧化磷酸化来干扰线粒体呼吸作用。作用于该系统中单个靶标的杀虫剂通常具有中等到快速的速度。

砷素杀虫剂氟乙酰胺、鱼藤酮、熏蒸剂磷化氢、氰化氢、二硝基酚类杀虫剂，以及有机锡杀虫剂（三唑锡、苯丁锡）、炔螨特等的作用机制，都是影响电子传递系统和氧化磷酸化作用，致使昆虫死亡。

线粒体三磷酸腺苷（ATP）合成酶抑制剂，有机锡杀虫剂（三唑锡、苯丁锡）、炔螨特。

干扰质子梯度影响氧化磷酸化的解偶联剂，质子载体干扰线粒体质子梯度从而不能合成ATP（如虫螨腈、氟虫胺）。

线粒体电子传递复合体(I)抑制剂，抑制电子传递链复合体I，阻止细胞利用能量。如唑虫酰胺、喹螨醚、唑螨酯、嘧螨醚、哒螨灵、吡螨胺、鱼藤酮。

线粒体复合体（Ⅱ）电子传递抑制剂，β-酮腈衍生物腈吡螨脂、丁氟螨酯、乙唑螨腈、羧苯胺。

线粒体电子传递复合体（Ⅲ）抑制剂，氟蚁腙、灭螨醌、联苯肼酯。

2. 生长调节

昆虫的发育受两种主要激素的平衡控制：保幼激素和蜕皮激素。昆虫生长调节剂通过模仿其中一种激素或直接影响表皮形成/沉积或脂质生物合成来起作用。作用于该系统中单个靶标的杀虫剂通常作用速度缓慢。

仿生保幼激素应用于昆虫蜕皮前，这些化合物能干扰和阻止昆虫变态。保幼激素类似物(如苯氧威、吡丙醚)。

几丁质生物合成抑制剂导致几丁质生物合成受到抑制的作用机理还未完全确定。苯甲酰脲类(如氟环脲、虱螨脲、氟苯脲、氟酰脲)。

影响几丁质合成酶生长抑制剂，四螨嗪、氟螨嗪、噻螨酮、乙螨唑。

几丁质生物合成抑制剂（l型），噻嗪酮。

双翅目昆虫蜕皮干扰物，灭蝇胺。

蜕皮激素受体激动剂模仿蜕皮激素，蜕皮激素诱发早熟性蜕皮。双酰肼类（甲氧虫酰肼、虫酰肼、氯虫酰肼、环虫酰肼）。

3. 昆虫中肠微生物干扰物

昆虫中肠微生物干扰物蛋白毒素与中肠膜上的受体结合后形成开孔，引起离子失衡和败血症。苏云金杆菌、球形芽孢杆菌。

4.杆状病毒颗粒体病毒和核型多角体病毒

棉铃虫核型多角体病毒（Helicoverpa armigera NPV）、苹果异胫小卷蛾颗粒体病毒（Thaumatotibia leucotreta GV）、黎豆夜蛾多衣壳核型多角体病毒（Anticarsia gemmatalis MNPV）、苹果蠹蛾颗粒体病毒（Cydia pomoneella GV）。

二、杀虫剂施用关键技术

（一）害虫的为害部位和方式

根据害虫为害作物的部位和方式可将其分为以下几类。

食叶害虫类： 这类害虫的口器是咀嚼式的，为害时大口大口地蚕食叶片，造成叶片破损，严重时叶片可被全部吃光。常见的害虫有棉铃虫、小菜蛾等害虫。

刺吸害虫类： 此类害虫口器如针管，可刺进作物植物组织（叶片或嫩尖），吸食植物组织的营养，使叶片干枯、脱落，受害叶片往往表现为失绿变为白色或褐色。这类害虫个体较小，种类繁多，有时不易发现。常见的有蚜虫类、介壳虫类、粉虱类、蓟马类、叶蝉类等。

钻蛀害虫类： 这类害虫钻蛀在植物的枝条与茎秆里面蛀食为害。它们可以将茎、枝蛀空，最终导致植株死亡。如玉米螟、天牛等。有的钻入叶片危害，叶片可见到钻蛀的隧道，可导致叶片干枯死亡。

土壤害虫类： 这类害虫一生生活在土壤的浅层和表层，常造成被害植株萎蔫或死亡，如地老虎、金针虫、蛴螬等。

（二）杀虫剂的作用方式与喷雾技术

杀虫剂以一定的方式进入虫体，然后在害虫体内靶标部位起作用，这种杀虫剂侵入害虫体内并到达作用部位的途径和方法称为杀虫剂的作用方式。常规杀虫剂的作用方式有触杀、胃毒、熏蒸3种。对于无机杀虫剂和植物性杀虫剂，一种药剂通常只有一种作用方式；对于有机合成杀虫剂，除了以上3种作用方式外，还有内吸作用，并且一种药剂通常兼有多种作用方式，如毒死蜱对害虫具有胃毒、触杀和较强的熏蒸作用。特异性杀虫剂的作用方式有引诱、忌避与拒食、不育、调节生长发育等多种。

1.触杀作用

药剂通过害虫表皮接触进入体内发挥作用使害虫中毒死亡，这种作用方式称为触杀虫作用，具有触杀作用的杀虫剂称为触杀剂，这是现代杀虫剂中最常见的作用方式，大多数拟除虫菊酯类及很多有机磷类、氨基甲酸酯类杀虫剂品种都有很好的触杀作用。

害虫表皮接触药剂有两条途径：一是在喷粉、喷雾或放烟过程中，粉粒、雾滴或烟粒直接沉积到害虫体表；二是害虫爬行时，与沉积在靶标表面上的粉粒、雾滴或烟粒摩擦接触。药剂与害虫接触后，就能从害虫的表皮、足、触角或气门等部位进入害虫体内，使害虫中毒死亡。以触杀作用为主的杀虫剂，如氰戊菊酯，对于体表具有较厚蜡质层保护的害虫，如介壳虫常常效果不佳。无论是哪一条途径，触杀作用杀虫剂在使用时都要求药剂在靶体表面（害虫体壁和农作物叶片等）有均匀的沉积分布。

农药喷雾时，害虫对细雾滴的捕获能力优于粗雾滴；但细雾滴在靶体叶片上的沉积分布均匀。靶标表面的不同结构也会影响其与农药雾滴的有效接触，如介壳虫体表以及水稻、小麦等作物叶片，由于存在较厚的蜡质层，较难被药液润湿，更要加入专业的喷雾助剂（如农希望3号、5号、7号喷雾宝）。

2.胃毒作用

药剂通过害虫口器摄入体内，经过消化系统发挥作用使虫体中毒死亡称为胃毒作用，有胃毒作用的杀虫剂称为胃毒剂。胃毒杀虫剂只能对具有咀嚼式口器的害虫发生作用，如鳞翅目（幼虫）、鞘翅目和膜翅目等害虫。敌百虫是典型的胃毒剂，药液喷洒在甘蓝叶片上，菜青虫嚼食菜叶时就把药剂吃进体内中毒死亡。胃毒农药是随同作物一起被害虫嚼食而进入消化道的，由于害虫的口器很小，太粗而坚硬的农药颗粒不容易被害虫咬碎进入消化道；与植物体黏附不牢固的农药颗粒也不容易被害虫取食。

胃毒杀虫剂在植物叶片上的沉积量及沉积均匀度，与胃毒作用的效果相关。想要充分发挥胃毒的作用，必须从施药技术方面考虑，要求药剂在作物上有较高的沉量和沉积密度，害虫只需取食很少一点作物就会中毒，作物遭受损失就比较小。

因此，对于胃毒性杀虫剂，喷药时要适当降低水量以提高药剂的浓度，保证害虫吃少量的叶片即达至致死剂量；添加专业的喷雾助剂（如农希望5号喷雾宝）把药喷匀喷透，充分提高杀虫剂的防治效果。

3. 内吸作用

药剂被植物吸收后能在植物体内发生传导而传送到植物体的其他部位发挥作用，这种作用方式称为内吸杀虫作用。内吸作用很强的杀虫剂称为内吸杀虫剂，如乙酰甲胺磷、克百威、吡虫啉等，内吸杀虫剂的水溶性通常大于触杀药剂。内吸杀虫剂被植物吸收后在植物木质部、部分在韧皮部中转运分布，可以杀死那些以植物为食或刺吸植物汁液以及在植物体内为害的害虫。因此，内吸杀虫剂主要用于防治刺吸式口器的害虫，如蚜虫、介壳虫、飞虱等，不宜用于防治非刺吸式口器的害虫。

内吸作用通过叶部吸收、茎秆吸收和根部吸收等多种途径体现，也可以被种子吸收，如通过浸种方法，药剂分布在种皮和子叶，可以防止害虫为害；种子发芽后，某些内吸药剂（如克百威）可以转运到幼苗中，保护幼苗免受虫害；所以，内吸药剂施药方式多样化。茎秆部吸收一般采取涂茎和茎秆包扎等施药方法，根部吸收则通过土壤药剂处理、根区施药以及灌根等施药方法，叶部的内吸作用则主要通过叶片施药方法。目前发现的内吸杀虫剂，大多是以向植株上部传导为主，称为"向顶性传导作用"。叶片处理的内吸杀虫剂很少向下传导，喷洒在植物叶片上的内吸杀虫剂，如果分布不均匀，往往也不能获得理想的杀虫效果。所以，并不是内吸药剂就可以随意喷洒，也应注意喷雾质量。

内吸杀虫剂可以有多种使用方法，一定要根据作物、天气等具体情况加以选择。利用农药的内吸作用方式使用农药时，需要根据植物的生理活动特性决定农药使用时间。植物在一天中呼吸作用有差异，在日出前后呼吸作用最强，因此，在日出前后处理植物，容易发挥其内吸作用，取得满意的防治效果。

对于内吸性的杀虫剂，虽然具有内吸传导作用，但其内吸传导能力是相对的，且具有向顶性传导作用。喷药时要适当降低水量以提高药剂的浓度，加入专业的喷雾助剂农希望5号喷雾宝20ml/15kg药液，或40%油酸甲酯（喷雾精）10ml/15kg药液以增加渗透吸收量，保证害虫吃少量的叶片即达到致死剂量。

三、杀虫剂主要品种与施用关键技术

敌敌畏 dichlorvos

作用特点　本品是一种高效、速效广谱的有机磷杀虫剂。主要是抑制胆碱酯酶。具有熏蒸、胃毒和触杀作用。对咀嚼式口器害虫均有良好的防治效果，敌敌畏蒸气压较高，对害虫特别是对同翅目、鳞翅目的昆虫有极强的击倒力，药后易分解，无残留，残效期短。

施药技术　适用于防治多种作物害虫。对蚊、蝇等卫生害虫以及仓库害虫等也有良好的防治效果。

防治小麦黏虫、小麦蚜虫，可用50%乳油80ml/亩喷雾防治；防治水稻稻飞虱，于2~3龄若虫盛发期用50%乳油60~90ml/亩对水均匀喷雾；防治黄瓜（保护地）蚜虫，用15%、30%烟剂300g/亩点燃放烟。

注意事项　敌敌畏乳油对高粱、月季花易产生药害，不宜使用。玉米、豆类、瓜类幼苗及柳树也较敏感，稀释不能低于800倍液，最好先进行试验再使用。该类农药内吸性差，喷药时务必喷雾均匀，加上专业的助剂（如农希望5号喷雾宝10~30ml/15kg药液）对水均匀喷雾，以保证药效的充分发挥。

辛硫磷　phoxim

作用特点　本品具有触杀、胃毒、效果迅速的特点，无内吸作用，对鳞翅目幼虫很有效。当害虫接触药液后，抑制昆虫体内胆碱酶的活性，神经系统麻痹中毒停食导致死亡。田间因对光不稳定，会很快分解，所以残留期短，残留危险小；但该药施入土中，持效期长，适合于防治地下害虫。

施药技术　本品适宜花生、小麦、水稻、棉花、玉米等作物的害虫防治，也可防治果树、蔬菜、桑、茶等上的害虫。尤以防治花生、小麦田的蛴螬、蝼蛄等地下害虫有良好效果。

防治小麦蛴螬，用0.3%颗粒剂40~50kg/亩撒施，或3%颗粒剂3 000~4 000g/亩沟施，还可用40%乳油1:（417~556）（药种比）拌种防治小麦田地下害虫；防治棉花棉铃虫、蚜虫，可用40%乳油50~100ml/亩，或用35%微囊悬浮剂100~120ml/亩防治棉花棉铃虫；蔬菜菜青虫，40%乳油50~75ml/亩对水均匀喷雾，或用20%微乳剂80~100ml/亩，或用56%乳油43~54ml/亩；防治烟草食叶害虫，40%乳油50~100ml/亩对水均匀喷雾；防治水稻稻纵卷叶螟，可用40%乳油100~150ml/亩对水均匀喷雾，或用20%乳油250~300ml/亩，或用600g/L乳油80~100ml/亩对水均匀喷雾；防治玉米玉米螟，可用40%乳油75~100ml/亩灌心叶，或用5%颗粒剂200~240g/亩撒施，或用10%颗粒剂60~105g/亩撒施，或用3%颗粒剂300~400g/亩、1.5%颗粒剂500~750g/亩心叶期喇叭口撒施；防治玉米蛴螬，可用3%颗粒剂4~5kg/亩沟施；防治花生地下害虫，可用3%颗粒剂6 000~8 000g/亩沟施，或用10%颗粒剂1.6~2kg/亩沟施，或用35%微囊悬浮剂600~800ml/亩灌根，或用30%微囊悬浮剂1:（40~60）（药种比）种子包衣，可用5%颗粒剂4 200~4 800g/亩撒施；防治茶树食叶害虫、果树食心虫、果树蚜虫、果树螨、桑树食叶害虫，可用40%乳油1 000~2 000倍液喷雾；防治甘蔗蔗龟、蔗螟，用0.3%颗粒剂80~100kg沟施穴施，或用3%颗粒剂4~8kg/亩沟施，或用10%颗粒剂1 800~2 400g/亩沟施，或用5%颗粒剂3 600~4 800g/亩沟施；防治大蒜根蛆、韭菜根（韭）蛆，用70%乳油351~560ml/亩灌根，或用35%微囊悬浮剂520~700ml/亩灌根；防治蝇类卫生害虫，可用15%乳油10g/m²喷洒。

注意事项　使用前要将药液充分摇均匀。本品不可与碱性物质混用，以免分解失效。存放时应置于阴凉、干燥处，避免日光暴晒。远离火源，谨防失火。田间喷药时务必喷雾均匀，施药时加入农希望5号喷雾宝，或50%油酸甲酯液剂（喷雾精）10~30ml/15kg药液对水均匀喷雾，以保证药效的充分发挥。

三唑磷　triazophos

作用特点　本品属触杀、胃毒，可内渗入植物组织，但不是内吸剂。杀虫广谱，可以用于多种作物防治不同害虫，是防治水稻螟虫的高效杀虫剂。在作物组织和虫体表面有很强的渗透性，具有良好的触杀作用，对虫卵尤其是鳞翅目害虫卵有明显的杀伤作用。

施药技术　本品为广谱的杀虫、杀螨剂，同时对线虫有一定杀伤作用。一般用于防治农作物、果树、蔬菜上的鳞翅目害虫；也可在种植前用其处理土壤，防治地老虎等夜蛾科害虫。对为害棉花、粮食、果树、蔬菜等主要农作物的害虫（螟虫、棉铃虫、红蜘蛛、蚜虫、菜青虫等）都有良好的防治效果。

防治水稻二化螟、三化螟，可以于二化螟卵孵盛期至低龄幼虫钻蛀前，三化螟卵孵盛期，或水稻破口期，用20%乳油120~150ml/亩，或40%乳油75~100ml/亩，或15%微乳剂120~150ml/亩，或20%乳油40~50ml/亩，或60%乳油40~50ml/亩对水均匀喷雾；在稻水象甲成虫迁入高峰为害期，用20%乳油120~160ml/亩，或30%乳油53~107ml/亩，或40%乳油60~80ml/亩对水均匀喷雾；防治水稻稻瘿蚊，用40%乳油200~250ml/亩对水均匀喷雾；防治棉花棉铃虫，用20%乳油140~160ml/亩，或30%乳油107~133ml/亩；防治棉花红铃虫用40%乳油80~100ml/亩对水均匀喷雾。

注意事项　本品禁止在菜田施用。本品内吸性较差，喷药时务必喷雾均匀，施药时加入农希望5号喷雾宝，或50%油酸甲酯液剂（喷雾精）10~30ml/15kg药液对水均匀喷雾，以保证药效的充分发挥。

毒死蜱　chlorpyrifos

作用特点　本品具有触杀、胃毒和熏蒸作用。在叶片上的残留期不长，但在土壤中的残留期则较长，因此对地下害虫（小地老虎、金针虫、蛴螬、蝼蛄等）防效好，控制期长。

施药技术　防治小麦蚜虫，于麦蚜始发盛期，用40%乳油20~30ml/对水均匀喷雾处理；防治小麦吸浆虫，用5%颗粒剂1 000~2 000g/亩撒施处理；防治小麦蛴螬、蝼蛄、金针虫，于地下害虫发生期，用20%微囊悬浮剂550~650g/亩灌根处理；防治水稻稻飞虱、稻纵卷叶螟，用本品乳油有效成分302.4~612g/hm²对水均匀喷雾；防治水稻二化螟、三化螟，可以用40%乳油100~200ml/亩对水均匀喷雾；防治水稻稻瘿蚊，可以用本品乳油有效成分1 800~2 160g/亩对水均匀喷雾；防治苹果树绵蚜，可以用480g/L乳油1 800~2 400倍液，或40%乳油1 000~2 000倍液对水均匀喷雾；防治棉花害虫，用40%乳油100~150ml/亩对水均匀喷雾；防治棉花棉铃虫和蚜虫，用48%乳油100~125ml/亩对水均匀喷雾处理；防治大豆食心虫，于大豆食心虫卵孵盛期，用本品40%乳油75~125ml/亩对水均匀喷雾。

防治花生蛴螬，于花生下针期，用20%微囊悬浮剂550~650g/亩灌根处理，或0.5%颗粒剂30~36kg/亩撒施，或用5%颗粒剂2 400~3 000g/亩药土法处理或1 000~2 000g/亩于下针期撒施，或用30%种子处理微囊悬浮剂2 000~3 000ml/100kg种子进行种子包衣。

对果树害虫，防治苹果树桃小食心虫，用480g/L乳油2 000~3 000倍液，或40%乳油1 660~2 500倍对水均匀喷雾；防治柑橘树红蜘蛛、矢尖蚧，用480g/L乳油1 000~2 000倍液，或40%乳油800~1 000倍液对水均匀喷雾。

注意事项　由于农药残留问题，本品在国内禁止在蔬菜上使用。该类农药内吸性差，喷药时务必喷雾均匀，施药时加入农希望5号喷雾，或50%油酸甲酯液剂（喷雾精）10~30ml/15kg药液对水均匀喷雾，以保证药效。

乙酰甲胺磷　acephate

作用特点　本品属高效低毒广谱性有机磷杀虫剂，能被植物内吸输导，具触杀、胃毒、熏蒸及杀卵等作用。对鳞翅目害虫的胃毒作用大于触杀毒力，对蚜、螨的触杀速度较慢，一般施药后2~3d才发挥触杀毒力。残效期适中，在土壤中半衰期为3d。

施药技术　主要用乳油或可湿性粉剂对水作为叶面喷雾，可以防治棉花、水稻、玉米、大豆、烟草、林木等作物上的蚜虫、蓟马、叶蝉、飞虱、叶螨、叶蜂、介壳虫、蟥及鳞翅目幼虫。对小麦种子进行处理，可防治地下害虫。

防治玉米、小麦黏虫、玉米螟、水稻二化螟，在3龄幼虫前用30%乳油120~240ml/亩对水均匀喷雾，并对蚜虫、麦叶蜂等有兼治作用；防治水稻三化螟，于水稻破口到齐穗期，使用30%乳油150~200ml/亩对水均匀喷雾；防治稻纵卷叶螟，于水稻分口期，2~3龄幼虫百兜虫量45~50头，叶被害率为7%~9%，于孕穗抽穗期，2~3龄幼虫百兜虫量25~35头，叶被害率为3%~5%时，用40%乳油95~150ml/亩，或75%可溶性粉剂85~100g/亩对水均匀喷雾；防治稻飞虱，于水稻孕穗抽穗期，2~3龄若虫高峰期，百株虫量1 300头；于乳熟期，2~3龄若虫高峰期，百株虫量2 100头时，用30%乳油150~225ml/亩对水均匀喷雾；防治稻叶蝉，于稻叶蝉低龄若虫盛发期喷药，用30%乳油125~225ml/亩，或40%乳油100~125ml/亩对水均匀喷雾；若田间虫口基数高，应适当加大药量，对稻蓟马等也有良好的兼治效果。

防治棉蚜、棉铃虫，用40%乳油100～125ml亩，或30%乳油100～200ml/亩对水均匀喷雾，施药后2～3d内防效上升很慢，有效控制期7～10d；防治盲蝽，于发生为害初期，用97%水分散粒剂，45～60g/亩对水均匀喷雾；防治棉铃虫，于2～3代卵孵盛期，还可使用75%可溶粉剂70～80g/亩对水均匀喷雾。

防治烟草烟青虫，于烟青虫3龄幼虫期，用30%乳油100～200ml/亩，或40%乳油500～1 000倍液对水均匀喷雾。

注意事项　由于毒性原因，本品在国内已被禁止使用在蔬菜、果树、茶叶、菌类及中草药上。该类农药内吸性较好，加入农希望5号喷雾或50%油酸甲酯液剂（喷雾精）10～30ml/15kg药液对水均匀喷雾，以提高药效。

丙溴磷　profenofos

作用特点　本品为三元不对称结构有机磷杀虫剂。具有触杀、胃毒作用。广谱性有机磷杀虫剂，具有速效性，在植物叶上有较好的渗透性，但不是内吸药剂。其作用机制是抑制昆虫体内胆碱酯酶。

施药技术　防治水稻稻纵卷叶螟，可以用50%乳油80～120ml/亩对水均匀喷雾，或40%乳油100～120ml/亩，或用720g/L乳油40～50ml/亩对水均匀喷雾；防治水稻二化螟，用720g/L乳油40～50ml/亩对水均匀喷雾；防治棉花盲蝽，可用720g/L乳油40～50ml/亩对水均匀喷雾；防治棉花棉铃虫，用500g/L乳油75～125ml/亩对水均匀喷雾，或用40%乳油50～75ml/亩，或用50%乳油48～72ml/亩；防治甘蓝小菜蛾，用20%微乳剂130～150ml/亩，或用40%乳油60～90ml/亩，或用50%乳油52～64g/亩对水均匀喷雾；防治苹果树红蜘蛛，用40%乳油2 000～4 000倍液对水均匀喷雾；防治柑橘树红蜘蛛，用50%乳油2 000～3 000倍液对水均匀喷雾。

注意事项　果园中不宜使用。本品对苜蓿和高粱有药害。该类农药内吸性差，喷药时务必喷雾均匀，施药时加入农希望5号喷雾宝或50%油酸甲酯液剂（喷雾精）10～30ml/15kg药液对水均匀喷雾，以保证药效的充分发挥。

二嗪磷　diazinon

作用特点　本品为广谱性有机磷杀虫剂，具有触杀、胃毒、熏蒸和一定的内吸作用。其作用机理为抑制乙酰胆碱酯酶。它对鳞翅目、同翅目等多种害虫有较好的防治效果，亦可拌种防治多种作物的地下害虫。并有一定的内吸活性及杀螨活性和杀线虫活性，残效期较长。

施药技术　对鳞翅目、同翅目等多种害虫均有较好的防治效果，亦可拌种防治多种地下害虫，主要以乳油对水喷雾用于水稻、棉花、果树、蔬菜、甘蔗、玉米、烟草、马铃薯等作物，防治刺吸式口器害虫和食叶害虫，如鳞翅目、双翅目幼虫、蚜虫、叶蝉、飞虱、蓟马、介壳虫、二十八星瓢虫及叶螨等，对虫卵、螨卵也有一定杀伤效果。也可用于小麦、玉米、高粱、花生等拌种，可防治蝼蛄、蛴螬等土壤害虫。颗粒剂灌心叶，可防治玉米螟。

水稻害虫的防治：防治三化螟，防治枯心应掌握在卵孵盛期，防治白穗在5%～10%破口露穗期，用50%乳油50～75ml/亩对水均匀喷雾；防治稻瘿蚊，主要防治中、晚稻秧苗田，防治将虫源带入本田，在成虫高峰期至幼虫盛孵高峰期施药，用50%乳油50～100ml/亩对水均匀喷雾；防治二化螟，大发生年份蚁螟孵化高峰前3d第1次用药，7～10d后再用药1次，用50%乳油50～75ml/亩对水均匀喷雾；防治稻飞虱、稻叶蝉、稻秆蝇，在害虫发生期，用50%乳油50～75ml/亩对水均匀喷雾；防治玉米螟，于心叶末期，用

10%颗粒剂0.4~0.6kg/亩，拌毒土灌心叶；防治华北蝼蛄、华北大黑鳃金龟，用50%乳油30ml，加水25kg，拌玉米或高粱种300kg，拌匀闷种7h后播种，用50%乳油30ml，加水25kg，拌小麦种250kg，待种子把药液吸收，稍晾干后即可播种；棉花害虫的防治，防治棉田苗蚜的指标为大面积有蚜株率达30%，平均单株蚜数近10头，以及卷叶株率不超过5%，用50%乳油40~60ml/亩对水均匀喷雾；防治棉红蜘蛛，6月底前的害螨发生期特别要加强防治，以免棉花减产，用50%乳油60~80ml/亩喷雾；防治春花生蛴螬，花生始花期或果针期，用10%颗粒剂500g/亩沟施，并结合中耕将药剂拌入土层中，视虫害发生程度增加至1kg/亩。

蔬菜害虫的防治：防治菜青虫，在产卵高峰后1星期，幼虫处于2~3龄期防治，用50%乳油50ml/亩对水均匀喷雾；防治菜蚜，在蚜虫发生期防治，用50%乳油50ml/亩对水均匀喷雾；防治圆葱潜叶蝇、豆类种蝇，用50%乳油50~100ml/亩对水均匀喷雾。

注意事项 本品不可与碱性药物和敌稗混合使用，在施用敌稗前后两周内不得使用本剂。本品内吸性差，喷药时务必喷雾均匀，施药时加入农希望5号喷雾宝，或50%油酸甲酯液剂（喷雾精）10~30ml/15kg药液，或超强润湿扩散喷雾助剂农希望7号喷雾宝，或25%油酸甲酯液剂（喷雾精）5~10ml/15kg药液对水均匀喷雾，稻田施药时要适当加大喷雾助剂的用量，以保证药效的充分发挥。

丁硫克百威 carbosulfan

作用特点 本品是一种具有广谱、内吸作用的氨基甲酸酯类杀虫剂。对害虫以胃毒作用为主。有较高的内吸性，较长的残效期，对成虫、幼虫都有防效。对水稻无药害。系克百威低毒化衍生物，在生物体内代谢为克百威，使生物体内胆碱酯酶受到抑制，致昆虫神经中毒死亡。

施药技术 主要用于防治棉花、玉米、小麦等作物的地下害虫，棉花蚜虫，以及水稻、甘蔗等作物的主要害虫。

防治小麦地下害虫，可用47%种子处理乳剂143~200g/100kg种子拌种；防治水稻三化螟，用20%乳油200~250ml/亩对水均匀喷雾；防治水稻稻飞虱，于水稻孕穗末期或圆秆期，或于孕穗期或抽穗期，或于灌浆乳熟期，或蜡熟期时，用20%乳油175~200ml/亩对水均匀喷雾；防治水稻稻水象甲，可用5%颗粒剂2~3kg/亩撒施；防治水稻瘿蚊，可用147%种子处理乳剂1 714~2 285g/100kg种子拌种；防治水稻蓟马，用47%种子处理乳剂250~1 333g/100kg种子拌种，或用35%干拌种剂600~1 142g/100kg种子拌种；防治棉花苗蚜、金针虫、蛴螬、地老虎、蝼蛄等地下害虫和玉米地下害虫，可用47%种子处理乳剂222~286g/100kg种子拌种，于棉花播种期，用47%种子处理乳剂800~1 000g/100kg种子进行拌种处理。

注意事项 由于毒性原因，本品在已被禁止应用于蔬菜、果树、菌类、茶叶和中草药的虫害防治。在稻田施药时，不要施敌稗和灭草灵，以防产生药害。如皮肤沾染药液，脱去受污染的衣服并用大量的水冲洗皮肤。

克百威 carbofuran

作用特点 本品为高效广谱性杀虫、杀线虫剂，具有强烈的内吸和触杀作用，还有一定的胃毒作用。药剂由植株的叶、茎、根或种子吸入植物体内，当害虫咀嚼和刺吸带毒植物的汁液或咬食带毒组织时，害虫体内胆碱酯酶受到抑制，引起害虫神经中毒死亡。对多种刺吸式口器和咀嚼式口器害虫有效。

施药技术 广泛用于水稻、棉花、大豆、玉米、马铃薯、花生、烟草等作物害虫的防治。

防治水稻螟虫，用3%颗粒剂2~3kg/亩撒施；防治水稻稻瘿蚊，用3%颗粒剂2~3kg/亩撒施；防治玉米地下害虫，用350g/L悬浮种衣剂1：（30~50）（药种比）进行种子处理；防治大豆地下害虫，用9%悬浮种衣剂1：（50~60）（药种比）进行种子包衣；防治花生线虫，用3%颗粒剂4~5kg/亩条施、沟施；防治棉花蚜虫，在棉花移栽时，用3%颗粒剂1.5~2kg/亩条施、沟施；防治甘蔗蚜虫、螟虫、蔗龟，用3%颗粒剂3~5kg/亩沟施。

注意事项 我国在棉花、水稻、甘蔗、花生上登记使用，严禁在柑橘、蔬菜、果树、茶叶、中草药材和甘蔗上使用。不能与除草剂敌稗同时使用。施用敌稗应在施用本品前3~4d或1个月后施用。对人、畜有高毒。

异丙威 isoprocarb

作用特点 本品具有胃毒、触杀和熏蒸作用。对昆虫的作用机制是抑制乙酰胆碱酯酶活性，致使昆虫麻痹至死亡。对稻飞虱、叶蝉等害虫具有特效。击倒力强，药效迅速，但残效期较短，一般只有3~5d。可兼治蓟马和蚂蟥，对稻飞虱天敌、蜘蛛类安全。选择性强，对多种作物安全，可以和大多数杀菌剂或杀虫剂混用。

施药技术 用于防治果树、蔬菜、粮食、烟草上的各种蚜虫，对有机磷农药产生抗性的蚜虫也十分的有效。

防治水稻飞虱、水稻叶蝉，在若虫高峰期，用20%乳油150~200ml/亩，或用10%粉剂300~600g/亩，于水稻飞虱、叶蝉等若虫高峰期，直接喷粉对水40~50kg拌种；防治黄瓜（保护地）蚜虫，用10%烟剂350~500g/亩点燃放烟；防治黄瓜（保护地）白粉虱，用20%烟剂200~300g/亩点燃放烟。

注意事项 本品对薯类有药害，不宜在薯类作物上使用。施用本品前后10d均不可使用敌稗。本品内吸性差，喷药时务必喷雾均匀，施药时加入5号农希望喷雾宝或50%油酸甲酯液剂（喷雾精）10~30ml/15kg药液，以保证药效的充分发挥。

仲丁威 fenobcarb

作用特点 本品对害虫有触杀作用，并具有一定胃毒、熏蒸和杀卵作用。作用迅速，但残效期短。其毒力机制为抑制昆虫体内胆碱酯酶活性。

施药技术 对稻飞虱、黑尾叶蝉和稻蟓等的防治有速效、持效期短的特点，可防治棉蚜和棉铃虫等。如与杀螟硫磷混用，可兼治二化螟。本品对植物体有渗透输导作用，将药剂施于植物表面或水面，即可发挥杀虫作用，一般情况下残效期为5~6d。

防治水稻飞虱，在发生初盛期或在水稻始穗期，用25%乳油100~150ml/亩，或用80%乳油35~45g/亩对水均匀喷雾；防治水稻叶蝉，水稻始穗期，50%乳油80~120ml/亩对水均匀喷雾。

注意事项 本品在一般用量下，对作物无药害，但在水稻上使用的前后10d，要注意避免使用除草剂敌稗。该类农药内吸性差，防治飞虱等害虫时务必喷雾均匀，施药时加入农希望5号喷雾宝，或50%油酸甲酯液剂（喷雾精）10~30ml/15kg药液对水均匀喷雾，稻田施药时要适当加大喷雾助剂的用量，以保证药效的充分发挥。

高效氟氯氰菊酯 beta-cyfluthrin

作用特点 本品具有触杀和胃毒作用，无内吸作用和渗透性。本品杀虫谱广，击倒迅速，持效期长，除对咀嚼式口器害虫（如鳞翅目幼虫或鞘翅目的部分甲虫）有效外，还可用于刺吸式口器害虫的防治。

施药技术 能有效防治棉花、果树和蔬菜上的鞘翅目、半翅目、同翅目和鳞翅目害虫，如棉红铃虫、棉铃虫、烟夜蛾、棉铃象甲、苜蓿叶象甲、菜粉蝶、尺蠖、苹果蠹蛾、菜青虫、小菜蛾、马铃薯甲虫、美洲黏虫、蚜虫、玉米螟、地老虎等害虫。

防治小麦蚜虫，在小麦扬花灌浆期，用5%水乳剂7～10ml/亩对水均匀喷雾；防治棉花棉铃虫，1代棉铃虫发生期，用25g/L乳油40～60ml/亩，或用12.5%悬浮剂8～12g/亩对水均匀喷雾；防治棉花红铃虫，重点在防治第2代、第3代红铃虫，用25g/L乳油30～50ml/亩对水均匀喷雾。

防治甘蓝菜青虫，用25g/L乳油27～49ml/亩，或用2.8%乳油20～30ml/亩，对水10～20kg拌种。

防治苹果金纹细蛾，在成虫盛期或卵孵盛期，用25g/L乳油1 500～2 000对水均匀喷雾；防治苹果桃小食心虫，在桃小食心虫蛀果初期，用25g/L乳油2 000～3 000倍液对水均匀喷雾。

注意事项 喷药时应将药剂喷洒均匀。不能在桑园、养蜂场或河流、湖泊附近使用。本品喷药时务必喷雾均匀，施药时加入农希望5号喷雾宝，或50%油酸甲酯液剂（喷雾精）10～30ml/15kg药液对水均匀喷雾，以保证药效的充分发挥。

甲氰菊酯 fenpropathrin

作用特点 本品是一种广谱、高效，兼具杀虫、杀螨活性的新型菊酯类农药，具有触杀和驱避作用，对胃毒和熏蒸作用不显著。本品克服了同类菊酯农药杀虫不杀螨的弱点，杀虫谱广，残效期长，对多种叶螨及蚜虫、食心虫等果树害虫有良好防治效果，对人畜低毒，是目前防治果树害虫较理想的药剂。无内吸、熏蒸作用。能杀幼虫、成虫和卵，对多种螨类有效，但不能杀锈壁虱。在田间有中等程度的持效期，在低温下药效更好。

施药技术 可用于果树、棉花、茶树、蔬菜等农作物上防治鳞翅目、同翅目、半翅目、双翅目和鞘翅目等害虫及多种害螨，尤其在害虫、害螨并发时施用可虫螨兼治。

可用于防治棉花、果树、茶树、蔬菜等农作物上的害虫。

防治棉花棉铃虫，于卵孵化盛期，可用20%乳油40～50ml/亩对水60kg对水均匀喷雾；防治棉花红铃虫，用20%乳油30～40ml/亩对水均匀喷雾；防治棉花红蜘蛛，用20%乳油30～50ml/亩对水60kg对水均匀喷雾。

防治十字花科蔬菜菜青虫，在幼虫3龄前，用20%乳油25～30ml/亩对水40～50kg对水均匀喷雾；防治十字花科蔬菜小菜蛾，在2～3龄幼虫发生期，用20%乳油40～80ml/亩对水40～50kg对水均匀喷雾。

防治苹果红蜘蛛，于螨发生始盛期，用20%乳油1 500～2 000倍液对水均匀喷雾；防治柑橘红蜘蛛，于成螨、若螨发生期，用20%乳油1 000～2 000ml/亩对水均匀喷雾；防治茶树茶尺蠖，于幼虫2～3龄期，用20%乳油30～40ml/亩，对水50～60kg对水均匀喷雾。

注意事项 由于本品无内吸作用，因而喷药要均匀周到。在低温条件下药效更好、残效期更长，倡提早春和秋冬施药。喷药时务必喷雾均匀，施药时加入农希望5号喷雾宝或50%油酸甲酯液剂（喷雾精）10～30ml/15kg药液对水均匀喷雾，以保证药效的充分发挥。

联苯菊酯 bifenthrin

作用特点 本品是一种高效合成除虫菊酯杀虫、杀螨剂。具有触杀、胃毒作用，无内吸、熏蒸作用。杀虫谱广，对螨也有较好防效。作用迅速。在土壤中不移动，对环境较为安全，残效期长。

施药技术 用于防治棉铃虫、棉红蜘蛛、桃小食心虫、梨小食心虫、苹果全爪螨、山楂叶螨、柑橘红蜘蛛、黄斑蝽、茶翅蝽、菜蚜、菜青虫、小菜蛾、茄子红蜘蛛、温室白粉虱、茶尺蠖、茶毛虫、茶细蛾等多种害虫。

防治小麦蚜虫，于蚜虫始发盛期，可用2.5%微乳剂50~60ml/亩对水均匀喷雾，或4.5%水乳剂30~40ml/亩对水均匀喷雾；防治小麦红蜘蛛，于小麦红蜘蛛初发期，用4%微乳剂30~50ml/亩对水均匀喷雾。

防治棉花棉铃虫，在卵孵盛期，可用10%乳油30~50ml/亩对水均匀喷雾；防治棉花红铃虫，用10%乳油20~35ml/亩对水均匀喷雾；防治棉花红蜘蛛，于成螨、若螨发生期，用10%乳油30~40ml/亩对水均匀喷雾。

防治番茄白粉虱，用10%乳油5~10ml/亩对水均匀喷雾；防治黄瓜白粉虱，在害虫发生初期，用3%水乳剂20~35ml/亩对水均匀喷雾。

防治苹果桃小食心虫，在产卵盛期，用10%乳油3 000~4 000倍液对水均匀喷雾；防治苹果红蜘蛛，在成螨、若螨发生盛期，用10%乳油2 500~5 000倍液对水均匀喷雾；防治柑橘红蜘蛛，于成螨、若螨发生盛期，用10%乳油3 000~4 000倍液对水均匀喷雾；防治柑橘潜叶蛾，于新梢初放期，用10%乳油8 000~10 000倍液对水均匀喷雾。

防治柑橘树木虱，于橘春梢萌发前、春梢期、夏梢期、秋梢期（大部分秋梢1~3cm）、晚秋梢、冬梢期采果后、砍柑橘黄龙病树前，用4.5%水乳剂1 500~2 500倍稀释液对水均匀喷雾。

防治茶树茶小绿叶蝉，可用10%乳油20~30ml/亩对水均匀喷雾；防治茶树茶尺蠖、茶毛虫，于幼虫2~3龄发生期，用10%乳油5~10ml/亩对水均匀喷雾；防治茶树粉虱，用10%乳油20~25ml/亩对水均匀喷雾；防治茶树象甲，用10%乳油20~35ml/亩对水均匀喷雾。

注意事项 不能与碱性农药混用。施药时一定要均匀周到。喷药时务必喷雾均匀，施药时加入农希望5号喷雾宝，或50%油酸甲酯液剂（喷雾精）10~30ml/15kg药液对水均匀喷雾，以保证药效的充分发挥。

高效氯氰菊酯　bata-cypermethrin

作用特点 本品是氯氰菊酯的高效异构体，有触杀和胃毒作用。杀虫谱广，击倒速度快，杀虫活性较氯氰菊酯高。该药主要用于防治棉花、蔬菜、果树、茶等多种作物上的害虫及卫生害虫。

施药技术 对棉花、蔬菜、果树等作物上的鳞翅目、半翅目、双翅目、同翅目、鞘翅目等农林害虫及蚊蝇、蟑螂、跳蚤、臭虫、虱子和蚂蚁等卫生害虫都有极高的杀灭效果。本品在农作物上的残效期可保持5~7d，在室内作滞留处理可达3个月以上。

防治小麦蚜虫，用4.5%乳油30~40ml/亩，对水均匀喷雾；防治棉花棉铃虫，于卵孵化盛期至3龄前，用4.5%乳油30~50ml/亩对水均匀喷雾；防治棉花红铃虫，用4.5%乳油20~40ml/亩对水均匀喷雾；防治棉花蚜虫，用4.5%乳油40~67ml/亩对水均匀喷雾；防治烟草烟青虫，在卵孵化盛期至3龄幼虫期，用4.5%乳油20~30ml/亩对水均匀喷雾；防治烟草蚜虫，于蚜虫始发盛期，用4.5%乳油20~40ml/亩对水均匀喷雾。

防治十字花科蔬菜菜青虫，卵孵化盛期至3龄前，用4.5%乳油20~50ml/亩对水均匀喷雾；防治十字花科蔬菜蚜虫，发生盛期，用4.5%乳油40~50ml/亩对水均匀喷雾；防治十字花科蔬菜小菜蛾，用4.5%乳油40~60ml/亩，或用10%水乳剂14~18ml/亩对水均匀喷雾；防治十字花科蔬菜美洲斑潜蝇，用4.5%乳油40~50ml/亩对水均匀喷雾；防治番茄白粉虱，用3%烟剂250~350g/亩点燃放烟；防治马铃薯二十八星瓢虫，用4.5%乳油22~44ml/亩对水均匀喷雾；防治辣椒烟青虫，于卵孵化盛期时，用4.5%乳油35~50ml/亩对水均匀喷雾；防治豇豆豆荚螟，于卵孵高峰期至低龄幼虫发生期，用4.5%乳油 30~40ml/亩对水均匀喷雾处理；防治韭菜迟眼蕈蚊，于迟眼蕈蚊成虫始盛期和盛期，用10~20ml/亩喷雾防治2次，间隔5~7d。

防治桃树天牛，用3%微囊悬浮剂600~1 000倍液对水均匀喷雾；防治荔枝树蛀蒂虫，于成虫羽化高峰和幼虫发生初期，用4.5%乳油65~85ml/亩对水均匀喷雾；防治苹果桃小食心虫，于卵孵化盛期，用4.5%微乳剂1 350~2 250倍液，或4.5%乳油1 000~2 000倍液对水均匀喷雾；防治苹果黄蚜，用2.5%水乳剂1 000~2 000倍液对水均匀喷雾；防治梨树梨木虱，越冬代或1~3龄若虫发生期，用4.5%乳油800~1 200倍液对水均匀喷雾。

注意事项 施药时要均匀，雾滴覆盖整个植株。在田间施药时，加入农希望5号喷雾宝，或50%油酸甲酯液剂（喷雾精）10~30ml/15kg药液对水均匀喷雾，以保证药效的充分发挥。

高效氯氟氰菊酯 lambda-cyhalothrin

作用特点 本品是新一代低毒高效拟除虫菊酯类杀虫剂，具有触杀、胃毒作用，无内吸作用。同其他拟除虫菊酯类杀虫剂相比较，其化学结构式中增添了3个氟原子，使其杀虫谱更广、活性更高，药效更为迅速，且具有强烈的渗透作用，增强了耐雨性，延长了持效期。药效迅速，用量少，击倒力强，低残留，并且能杀灭那些对常规农药产生抗性的害虫。

施药技术 防治小麦蚜虫、黏虫，用2.5%乳油12~20ml/亩对水均匀喷雾；防治玉米黏虫，用2.5%水乳剂16~20ml/亩对水均匀喷雾；防治大豆食心虫，在成虫盛发期，用2.5%水乳剂16~20ml/亩对水均匀喷雾；防治棉花棉铃虫、红铃虫，于2~3代卵孵盛期，用2.5%乳油50~60ml/亩对水均匀喷雾；防治棉花蚜虫，用2.5%水乳剂15~25ml/亩对水均匀喷雾；防治烟草烟青虫，在烟青虫3龄期以前，用2.5%乳油20~30ml/亩对水均匀喷雾。

防治十字花科蔬菜蚜虫，用2.5%乳油25~50ml/亩对水均匀喷雾；防治十字花科蔬菜菜青虫，2~3龄幼虫发生期，用2.5%乳油20~30ml/亩对水均匀喷雾；防治十字花科蔬菜小菜蛾，用2.5%乳油40~80ml/亩对水均匀喷雾；防治茄子白粉虱，用2.5%水乳剂20~25ml/亩对水均匀喷雾；防治马铃薯蚜虫，用2.5%水乳剂12~20ml/亩对水均匀喷雾；防治菜豆美洲斑潜蝇，用2.5%水乳剂16~20ml/亩对水均匀喷雾。

防治苹果桃小食心虫，卵孵盛期，用2.5%水乳剂4 000~5 000倍液对水均匀喷雾。

防治柑橘潜叶蛾、蚜虫，在潜叶蛾卵盛期，用2.5%水乳剂3 000~4 000倍液对水均匀喷雾。

防治荔枝蝽，用2.5%水乳剂3 000~4 000倍液对水均匀喷雾。防治茶树茶小绿叶蝉，成虫、若虫发生盛期，用2.5%乳油4 000~4 500倍液对水均匀喷雾。

防治茶树茶尺蠖，用2.5%水乳剂10~20ml/亩对水均匀喷雾。

注意事项 由于高效氯氟氰菊酯用量少，喷液量低，雾滴直径小，因此施药时应选择无风或微风时进行；飞机作业更应注意选择微侧风时施药，避免大风天及高温时施药，药液飘移或挥发降低药效造成无效作业。喷药时务必喷雾均匀，施药时加入农希望5号喷雾宝，或50%油酸甲酯液剂（喷雾精）10~30ml/15kg药液对水均匀喷雾，以保证药效的充分发挥。

除虫脲 diflubenzuron

作用特点 本品为苯甲酰脲类昆虫生长调节剂，具有胃毒、触杀作用。作用机理为抑制害虫几丁质合成，使幼虫在蜕皮时不能形成新表皮，虫体畸形而死。对鳞翅目害虫有特效，对鞘翅目、双翅目等多种害虫也有效。对有益生物、天敌等无明显不良影响。

施药技术 主要用于苹果、梨、柑橘、玉米、水稻以及十字花科蔬菜等作物上，防治苹果卷叶蛾、梨小食心虫、梨木虱、小麦黏虫、柑橘木虱、甜菜夜蛾、菜青虫等多种害虫。

防治小麦黏虫，在黏虫幼虫盛孵期至2~3龄期，用25%可湿性粉剂6~20g/亩对水均匀喷雾。

防治十字花科蔬菜菜青虫，在幼虫发生初期，用20%悬浮剂20~30ml/亩对水均匀喷雾；防治十字花科蔬菜小菜蛾，于幼虫发生初期，用25%可湿性粉剂32~40g/亩对水均匀喷雾。

防治柑橘潜叶蛾，用20%悬浮剂2 000~4 000倍液对水均匀喷雾；用25%可湿性粉剂3 000~4 000倍液对水均匀喷雾；防治柑橘锈壁虱，可用40%悬浮剂3 000~4 000倍液对水均匀喷雾；防治荔枝蛀蒂虫，可用40%悬浮剂3 000~4 000倍液对水均匀喷雾，防治苹果金纹细蛾，用5%乳油1 000~2 000倍液对水均匀喷雾；防治茶树茶尺蠖，用5%乳油1 000~1 515倍液对水均匀喷雾。

注意事项 施用本品时应在幼虫低龄期或卵期，有的害虫要对叶背也要喷雾。该类农药内吸性差，喷药时务必喷雾均匀，施药时加入农希望5号喷雾宝，或50%油酸甲酯液剂（喷雾精）10~30ml/15kg药液，或超强润湿扩散喷雾助剂农希望7号喷雾宝，或25%油酸甲酯液剂（喷雾精）5~10ml/15kg药液对水均匀喷雾，以保证药效的充分发挥。配药时要摇匀，不能与碱性物质混合。

虫酰肼 tebufenozide

作用特点 本品为促进鳞翅目幼虫蜕皮的新型昆虫生长调节剂。高效、低毒，作用机制独特，对抗性害虫有效，残留低，使用安全，具有胃毒作用，无触杀作用，且对鳞翅目幼虫有极高的选择性和药效。幼虫取食后仅6~8h就停止取食(胃毒作用)，不再为害作物，3~4d后开始死亡，对作物保护效果更好。无药害，对作物安全，无残留药斑。

施药技术 对果树、蔬菜及林业上的鳞翅目害虫有特效，对蜜蜂等益虫安全。

防治十字花科蔬菜甜菜夜蛾，在成虫产卵盛期，或卵孵化盛期，用20%悬浮剂80~100ml/亩对水均匀喷雾。

防治苹果卷叶蛾，在卵孵化期，用20%悬浮剂1 500~2 000倍液对水均匀喷雾。

防治森林马尾松毛虫，在松毛虫发生时，用24%悬浮剂2 000~4 000倍液对水均匀喷雾。

另外，据资料报道还可以防治水稻二化螟，用20%悬浮剂50~66ml/亩对水均匀喷雾；防治水稻三化螟、稻纵卷叶螟，用20%悬浮剂100~125ml/亩对水均匀喷雾。防治棉花棉铃虫，用20%悬浮剂60~100ml/亩对水均匀喷雾。防治小菜蛾，用20%悬浮剂60~80ml/亩对水均匀喷雾；防治苹果蠹蛾，在卵孵化期，用20%悬浮剂1 000~1 500倍液对水均匀喷雾，防效极佳，并可兼治梨小食心虫等，持效期2~3周以上；防治美洲斑潜蝇，用20%悬浮剂1 000~1 500倍液对水均匀喷雾。

注意事项 本品内吸性差，配药时应搅拌均匀，务必喷雾均匀，施药时加入农希望5号喷雾宝，或50%油酸甲酯液剂（喷雾精）10~30ml/15kg药液，或超强润湿扩散喷雾助剂农希望7号喷雾宝或25%油酸甲酯液剂（喷雾精）5~10ml/15kg药液对水均匀喷雾，以保证药效的充分发挥。施药时戴手套，避免药物溅及眼睛及皮肤。喷药后要用肥皂和清水彻底清洗。对鱼和水生脊椎动物有毒，对蚕高毒，不要直接喷洒在水面，废液不要污染水源。

甲氧虫酰肼 methoxyfenozide

作用特点 本品为昆虫生长调节剂，是促进鳞翅目幼虫蜕皮的新型仿生杀虫剂。鳞翅目害虫在取食喷有该药的作物叶片6~8h后，即停止取食，不再为害作物，并产生蜕皮反应，由于蜕皮，干扰了昆虫的正常发育，而导致幼虫脱水，饥饿而死亡。对抗性鳞翅目幼虫防治效果好，适用于害虫抗性综合治理，对高龄和低龄幼虫均有效，且持效期较长。对作物安全，不易产生药害。

施药技术 可防治二化螟、棉铃虫、甜菜夜蛾、斜纹夜蛾、银纹夜蛾、菜青虫、豆荚螟等鳞翅目害虫。

防治水稻二化螟，在卵孵化盛期，用24%悬浮剂20～30ml/亩对水均匀喷雾；防治棉花棉铃虫，于低龄幼虫期，用24%悬浮剂55～80ml/亩对水均匀喷雾。

防治甘蓝甜菜夜蛾，于2～3龄幼虫高峰期，用24%悬浮剂10～20ml/亩对水均匀喷雾。

防治苹果小卷叶蛾，用24%悬浮剂2 500～3 750倍液对水均匀喷雾。

注意事项 使用时应将包装袋中的药剂冲洗干净，以确保防效，施药时间应在傍晚，尽量在低龄幼虫期使用。喷药时务必喷雾均匀，施药时加入农希望5号喷雾宝或50%油酸甲酯液剂（喷雾精）10～30ml/15kg药液，或超强润湿扩散喷雾助剂农希望7号喷雾宝或25%油酸甲酯液剂（喷雾精）5～10ml/15kg药液对水均匀喷雾，以保证药效的充分发挥。

呋喃虫酰肼 tebufenozide

作用特点 本品为特异性昆虫生长调节剂，为蜕皮激素类杀虫剂，主要干扰昆虫的正常生长发育，使害虫蜕皮而死，对鳞翅目幼虫有较好防效。作用方式以胃毒为主，触杀作用为次，未发现内吸和拒食作用，持效期较长。

施药技术 对十字花科蔬菜甜菜夜蛾有较好防效，推荐剂量内对作物安全。

防治十字花科蔬菜甜菜夜蛾，于幼虫高峰期（3龄前），用10%悬浮剂60～100ml/亩对水均匀喷雾。

另外，据资料报道还可以防治稻纵卷叶螟，可用10%悬浮剂100～120ml/亩对水均匀喷雾。防治小菜蛾、菜青虫，于幼虫3龄以前，用10%悬浮剂60～100ml/亩对水均匀喷雾；防治茶尺蠖，于茶尺蠖2～3龄时，用10%悬浮剂1 000～1 500倍液对水均匀喷雾。

注意事项 施药时间应在傍晚，尽量在低龄幼虫期使用。喷药时务必喷雾均匀，施药时加入农希望5号喷雾宝10～30ml/15kg药液对水均匀喷雾，以保证药效的充分发挥。

氟啶脲 chlorfluazuron

作用特点 本品是一种苯基甲酰基脲类新型杀虫剂，以胃毒作用为主，兼有触杀作用，无内吸性。作用机制主要是抑制几丁质合成，阻碍昆虫正常蜕皮，使卵的孵化、幼虫蜕皮受阻以及蛹发育畸形，成虫羽化受阻而发挥杀虫作用。对害虫药效高，但作用速度较慢，幼虫接触药后不会很快死亡，但取食活动明显减弱，一般在药后5～7d才能充分发挥效果。对多种鳞翅目害虫以及直翅目、鞘翅目、膜翅目、双翅目等害虫有很高活性，但对蚜虫、叶蝉、飞虱等害虫无效；对有机磷、氨基甲酸酯、拟除虫菊酯等其他杀虫剂已产生抗性的害虫有良好防治效果，对多种益虫安全。

施药技术 可有效地防治棉花、大豆、玉米、蔬菜、果树、马铃薯、茶、烟草等作物的鳞翅目、双翅目等多种害虫。

防治棉花棉铃虫，于卵孵盛期，用5%乳油100～150ml/亩对水均匀喷雾；防治棉花红铃虫，卵孵盛期用5%乳油60～140ml/亩对水均匀喷雾。

防治韭菜韭蛆，用5%乳油200～300ml/亩药土法撒施；防治甘蓝甜菜夜蛾，于低龄幼虫发生期，用5%乳油60～80ml/亩对水均匀喷雾；防治十字花科蔬菜甜菜夜蛾，于幼虫初孵期，用5%乳油50～70ml/亩对水均匀喷雾；防治十字花科蔬菜菜青虫、小菜蛾，于低龄幼虫为害苗期或莲座初期，用5%乳油40～80ml/亩对水均匀喷雾。

防治柑橘潜叶蛾，在成虫盛发期，用5%乳油2 000～3 000倍液对水均匀喷雾。

另外，据资料报道还可以防治玉米螟，在1～3龄幼虫期，用5%乳油1 000～2 000倍液对水均匀喷雾，间隔8~10d再喷1次，连喷2~3次；防治稻纵卷叶螟，在3代、4代稻纵卷叶螟1~2龄幼虫高峰期，用5%乳油50ml/亩对水均匀喷雾。

注意事项 喷药时，要使药液湿润全部枝叶，施药时加入农希望5号喷雾宝，或50%油酸甲酯液剂（喷雾精）10~30ml/15kg药液，或超强润湿扩散喷雾助剂农希望7号喷雾宝或25%油酸甲酯液剂（喷雾精）5~10ml/15kg药液对水均匀喷雾，以保证药效的充分发挥才能充分发挥药效。在低龄幼虫期喷药，对钻蛀性害虫宜于产卵高峰至卵孵盛期施药，效果才好。本品对家蚕有毒，应避免在桑园及其附近使用。

氟铃脲　hexaflumuron

作用特点 本品是新型酰基脲类杀虫剂，除具有其他酰基脲类的杀虫特点外，还具有高效、广谱、低毒，对天敌安全等特点，特别对棉铃虫属的害虫有特效，通过抑制蜕皮而杀死害虫的同时，还能抑制害虫取食速度，故有较快的击倒力。具有较高的接触杀卵活性，可单用也可混用。施药时期要求不严格，可以防治对有机磷及拟除虫菊酯已产生抗性的害虫。

施药技术 防治棉花和果树上的鞘翅目、双翅目、同翅目和鳞翅目害虫。在作物生长早期和害虫发生初期，如成虫始现期和产卵期施药最好，这样可保护作物叶片完好，防止害虫蔓延，保护天敌种群，提高叶菜类商品质量，减少后期用药量和用药次数，减少和推迟害虫抗性的发生。在田间及空气湿度大的条件下施药可提高氟铃脲的杀卵效果，施药时要求叶片正反面及叶心均匀喷洒。

防治棉花棉铃虫，于卵孵盛期，用5%乳油100~150ml/亩对水均匀喷雾。

防治十字花科蔬菜小菜蛾，在卵孵盛期至1~2龄幼虫盛发期，用5%乳油40~75ml/亩对水均匀喷雾；防治十字花科蔬菜甜菜夜蛾，于2~3龄幼虫盛发期，可用5%乳油60~75ml/亩对水均匀喷雾。防治韭菜韭蛆，用5%乳油300~400ml/亩灌根。

另外，据资料报道还可以防治水稻二化螟、稻纵卷叶螟，用5%乳油50ml/亩对水均匀喷雾。防治菜青虫，于2~3龄幼虫盛发期，用5%乳油1 000~3 000倍液对水均匀喷雾，药后10~15d效果可达90%以上；防治金纹细蛾，于金纹细蛾成虫发生盛期，用5%乳油1 000~2 000倍液对水均匀喷雾；防治豆野螟，于豇豆、菜豆开花期，卵孵盛期，用5%乳油1 000~2 000倍液对水均匀喷雾，隔10d再喷1次，全生育期要用药2次，才具有良好的保荚效果。防治柑橘潜叶蛾，于幼虫盛发期，用5%乳油1 000~2 000倍液对水均匀喷雾，具有良好的杀虫和保梢效果。

注意事项 防治叶面害虫宜在低龄（1~2龄）幼虫盛发期施药。使用时要求喷药均匀周到，施药时加入农希望5号喷雾宝或50%油酸甲酯液剂（喷雾精）10~30ml/15kg药液，或超强润湿扩散喷雾助剂农希望7号喷雾宝或25%油酸甲酯液剂（喷雾精）5~10ml/15kg药液对水均匀喷雾，以保证药效的充分发挥。

噻嗪酮　buprofezin

作用特点 本品是一种抑制昆虫生长发育的新型选择性杀虫剂，触杀作用强，也有胃毒作用。作用机制为抑制昆虫几丁质合成和干扰新陈代谢，致使若虫蜕皮畸形或翅畸形而缓慢死亡。一般施药后3~7d才能看出效果，对成虫没有直接杀伤力，但可缩短其寿命，减少产卵量，并且产出的多是不育卵，幼虫即使孵化也很快死亡。对同翅目的飞虱、叶蝉、粉虱及介壳虫类害虫有良好防治效果，药效期能长达30d以上。对天敌较安全，综合效应好。

施药技术 具有高选择性。对同翅目的飞虱、叶蝉、粉虱及介壳虫等害虫有良好的防治效果，对某些鞘翅目害虫和害螨也具有持久的杀幼虫活性。可有效地防治水稻上的飞虱和叶蝉，但作用缓慢，施药后

3~7d才能控制住害虫为害，因此虫口密度高时，应与速效杀虫剂混用。

防治水稻飞虱，在低龄若虫始盛期，用25%可湿性粉剂20~30g/亩，于害虫主要活动为害部位（稻株中下部）进行1次对水均匀喷雾防治，能有效控制为害。

防治柑橘矢尖蚧，于低龄若虫盛发期，用25%可湿性粉剂1 000~2 000倍液对水均匀喷雾；防治茶树小绿叶蝉，用25%可湿性粉剂1 000~1 500倍液对水均匀喷雾；防治温室火龙果介壳虫，于低龄若虫期，用25%可湿性粉剂1 000~2 000倍液对水均匀喷雾。

另外，据资料报道还可以防治水稻叶蝉，于低龄若虫始盛期喷药1次，用25%可湿性粉剂600~800倍液对水均匀喷雾，要重点喷植株的中、下部，并可兼治茶黄螨等。防治茶黑刺粉虱，于低龄若虫期，用25%可湿性粉剂600~800倍液对水均匀喷雾；防治温室黄瓜、番茄等蔬菜的白粉虱，于低龄若虫盛发期，用25%可湿性粉剂800~1 000倍液对水均匀喷雾，具有良好的防治效果；防治柑橘粉虱，于低龄若虫盛发期，用25%可湿性粉剂1 000~1 500倍液对水均匀喷雾；防治猕猴桃叶蝉，用25%可湿性粉剂2 000倍液对水均匀喷雾。

注意事项 药液不宜直接接触白菜、萝卜，否则将出现褐斑及绿叶白化等药害。施药时加入农希望5号喷雾宝或，50%油酸甲酯液剂（喷雾精）10~30ml/15kg药液，或超强润湿扩散喷雾助剂农希望7号喷雾宝，或25%油酸甲酯液剂（喷雾精）5~10ml/15kg药液对水均匀喷雾，以提高药效。

虱螨脲 lufenuron

作用特点 本品是一种几丁质抑制剂。药剂通过作用于昆虫幼虫，阻止蜕皮过程而杀死害虫，尤其对果树等食叶毛虫有出色的防效，对蓟马、锈螨、白粉虱有独特的杀灭机理，适于防治对拟除虫菊酯和有机磷农药产生抗性的害虫，药剂的持效期长，有利于减少用药次数；药剂不会引起刺吸式口器害虫再猖獗，对益虫的成虫和捕食性蜘蛛作用温和。耐雨水冲刷，对有益的节肢动物成虫具有选择性。用药后，作用缓慢，施药后2~3d见效果，有杀卵功能。

施药技术 主要用于防治棉花、蔬菜、果树上的鳞翅目幼虫等，也可作为卫生用药，还可用于防治动物如牛等身上的寄生虫包括抗性品系。

防治韭菜韭蛆，用10%水乳剂150~250ml/亩灌根；防治菜豆豆荚螟，用50g/L乳油40~50ml/亩对水均匀喷雾；防治番茄棉铃虫、棉花棉铃虫，用50g/L乳油50~60ml/亩对水均匀喷雾；防治十字花科蔬菜甜菜夜蛾、防治马铃薯块茎蛾，用50g/L乳油40~60ml/亩对水均匀喷雾。

防治苹果小卷叶蛾，可用50g/L乳油1 000~2 000倍液对水均匀喷雾；防治柑橘潜叶蛾、防治柑橘锈壁虱，用5%乳油1 500~2 500倍液对水均匀喷雾。

另外，据资料报道还可以防治烟青虫、花蓟马、番茄锈螨、茄子蛀果虫、小菜蛾等，用5%乳油600~800倍液进行对水均匀喷雾；防治马铃薯甲虫，用5%乳油70ml/亩对水均匀喷雾；防治苹小卷叶蛾，于越冬代幼虫出蛰期（花前）和苹果大量展叶期（花后），用5%乳油1 000~2 000倍液对水均匀喷雾，持效期长。防治果树食心虫、苹果锈螨、苹果蠹蛾等，用5%乳油800~1 000倍液对水均匀喷雾。

注意事项 使用时要求喷药均匀周到，施药时加入农希望5号喷雾宝或50%油酸甲酯液剂（喷雾精）10~30ml/15kg药液，或超强润湿扩散喷雾助剂农希望7号喷雾宝或25%油酸甲酯液剂（喷雾精）5~10ml/15kg药液对水均匀喷雾，以保证药效的充分发挥。

杀虫单 monosultap

作用特点 本品是一种人工合成的沙蚕毒素的类似物，进入昆虫体内迅速转化为沙蚕毒素或二氢沙蚕毒素。该药为乙酰胆碱竞争性抑制剂，具有较强的触杀、胃毒和内吸传导作用，对鳞翅目等咀嚼式口器害虫的幼虫有较好的防治作用，该药主要用于防治甘蔗、水稻等作物上的害虫。

施药技术 可防治水稻、玉米、蔬菜、果树、茶、大豆等作物的多种鳞翅目害虫，对水稻大螟、二化螟、三化螟、稻纵卷叶螟、稻苞虫、蓟马、叶蝉、黏虫、负泥虫、飞虱，蔬菜害虫菜青虫、菜螟、黄条跳甲、银纹夜蛾、盲蝽、小叶蝉、潜叶蛾、锈壁虱等几十种害虫有优异的防治效果，其次对钉螺及卵有特效。

防治水稻二化螟，在1~2龄高峰期，用90%可溶性粉剂50~60g/亩对水均匀喷雾；防治水稻三化螟，在卵孵高峰期，用90%可溶性粉剂50~60g/亩对水均匀喷雾；防治水稻稻蓟马，用90%可溶性粉剂33~44g/亩对水均匀喷雾；防治水稻稻纵卷叶螟，用80%可溶性粉剂40~50g/亩对水均匀喷雾。

防治甘蓝小菜蛾，在幼虫低龄期，用20%水乳剂100~125g/亩对水均匀喷雾；防治甘蓝蚜虫，用20%水乳剂75~100g/亩对水均匀喷雾。

另外，据资料报道还可以防治玉米螟，用80%可溶性粉剂80g/亩加水拌毒沙撒施；防治小地老虎，在幼虫期用95%可溶性粉剂800~1 000倍液对水均匀喷雾；或用80%粉剂70g加水1kg，拌10kg玉米种子，2h后播种；防治稻飞虱、叶蝉，在若虫盛期，用95%可溶性粉剂800~1 000倍液对水均匀喷雾，隔7~10d再喷第2次；防治油菜害虫，用90%原粉50g/亩对水均匀喷雾；防治甘蔗条螟，在卵孵高峰期，用95%可溶性粉剂800~1 000倍液喷于茎叶，10d后再用药1次，或用90%原粉150~200g/亩，拌土25~30kg穴施，效果更佳，可兼治大螟及蓟马；防治甘蔗地下害虫，用90%原粉300g/亩对水淋根。防治美洲斑潜蝇，用90%可溶性粉剂40~60g/亩对水均匀喷雾。防治菜青虫，在幼虫低龄期，用95%可溶性粉剂800~1 000倍液对水均匀喷雾；防治柑橘潜叶蛾、葡萄钻心虫、茶小绿叶蝉，在夏、秋梢萌发后，用80%粉剂2 000倍液对水均匀喷雾；防治春尺蠖，用90%可湿性粉剂1 000~1 500倍液对水均匀喷雾；防治长鞘卷叶甲，用90%可溶性粉剂100倍液灌根；防治紫薇绒蚧，用90%可溶性粉剂1 000倍液灌根加涂干。

注意事项 本品对蚕有毒，在蚕区使用应谨慎。对棉花、烟草易产生药害，大豆、菜豆、马铃薯也较敏感，使用时应注意。本剂易吸湿受潮，应在干燥处密封储存。食用作物收获前14d应停止使用。施药时加入5号喷雾宝或50%油酸甲酯液剂（喷雾精）10~30ml/15kg药液对水均匀喷雾，以保证农药效果。

阿维菌素　abamectin

作用特点 本品是一种大环内酯双糖类化合物。是从土壤微生物中分离的天然产物，对昆虫和螨类具有触杀和胃毒作用，并有微弱的熏蒸作用，无内吸作用。但它对叶片有很强的渗透作用，可杀死表皮下的害虫，且持效期长。它不杀卵。其作用机制与一般杀虫剂不同的是它干扰神经生理活动，刺激释放γ-氨基丁酸，而γ-氨基丁酸对节肢动物的神经传导有抑制作用，螨类成螨、若螨和昆虫幼虫与药剂接触后即出现麻痹症状，不活动不取食，2~4d后死亡。因不引起昆虫迅速脱水，所以它的致死作用较慢。但对捕食性和寄生性天敌虽有直接杀伤作用，但因植物表面残留少，因此对益虫的损伤小。

施药技术 阿维菌素是一种广谱杀虫杀螨剂，用于防治多种叶螨、鳞翅目、同翅目和鞘翅目害虫，也可用于防治根结线虫等。

防治水稻二化螟，用1.8%微乳剂30~40ml/亩对水均匀喷雾；防治水稻稻纵卷叶螟，用2%乳油10~20ml/亩对水均匀喷雾。防治棉花红蜘蛛，普遍发生期，用1.8%乳油40~50ml/亩对水均匀喷雾；防治棉花棉铃虫，在2~3龄幼虫期，用1.8%乳油80~120ml/亩对水均匀喷雾。防治小麦红蜘蛛，用1.5%超低容量喷雾40~80ml/亩，或5%悬浮剂4~8ml/亩对水均匀喷雾；防治玉米玉米螟，于玉米螟卵孵化高峰期至幼虫发生期，用5%水乳剂15~20ml/亩对水均匀喷雾；防治花生根结线虫，0.5%颗粒剂1 000~2 000g/亩土壤穴施或沟施；防治棉花蚜虫，于蚜虫始发盛期，用1.8%乳油11~17ml/亩对水均匀喷雾；防治烟草根结线虫，用1%颗粒剂2 000～2 500g/亩穴施。

防治十字花科蔬菜菜青虫、小菜蛾，在成虫产卵高峰用1.8%乳油30～40ml/亩对水均匀喷雾。防治黄瓜斑潜蝇，用1.8%乳油40～80ml/亩对水均匀喷雾；防治黄瓜根结线虫，用0.5%颗粒剂3～3.5kg/亩沟施、穴施；防治胡椒根结线虫，用0.5%颗粒剂3～5kg/亩沟施或穴施；防治菜豆美洲斑潜蝇，用1.8%乳油20～30ml/亩对水均匀喷雾。防治番茄根结线虫，用0.5%可溶液剂1 500～2 000ml/亩灌根；防治姜田玉米螟，于玉米螟卵孵盛期到低龄幼虫发生期用1.8%乳油30～40ml/亩对水均匀喷雾；防治茭白二化螟，用3.2%乳油20～23ml/亩对水均匀喷雾；防治西瓜根结线虫，用3%微囊悬浮剂500～700ml/亩灌根。

防治枸杞瘿螨，用1.8%乳油稀释2 000～3 000倍液对水均匀喷雾。

防治苹果蚜虫，用1.8%乳油3 000～4 000倍液对水均匀喷雾；防治苹果叶螨，幼螨、若螨发生期，用1.8%乳油3 000～4 000倍液对水均匀喷雾；防治苹果树山楂叶螨用1.8%乳油3 000～6 000倍液对水均匀喷雾；防治梨树梨木虱，于低龄若虫期，用1.8%乳油1 500～3 000倍液喷雾；防治苹果桃小食心虫，于若虫孵化高峰时，用1.8%乳油2 000～4 000倍液对水均匀喷雾。防治柑橘红蜘蛛，用1.8%乳油2 000～4 000倍液对水均匀喷雾；防治柑橘潜叶蛾，用1.8%乳油2 000～4 000倍液对水均匀喷雾；防治柑橘锈壁虱，用1.8%乳油1 000～2 000倍液对水均匀喷雾。

另外，据资料报道还可以防治稻瘿蚊，用2%乳油10～20g/亩，对水40～50kg对水均匀喷雾；防治油菜潜叶蛾，用1.8%乳油2 000倍液对水均匀喷雾；防治烟草烟青虫，在烟青虫3龄幼虫以前，用1.8%乳油2 000对水均匀喷雾处理。防治蔬菜甜菜夜蛾、白粉虱，在成虫产卵高峰至多数幼虫3龄期，用1.8%乳油1 000～3 000倍液对水均匀喷雾；防治地蛆（灰种蝇）、韭蛆，在成虫产卵高峰期或幼虫孵化盛期，用1.8%乳油2 000倍液对水均匀喷雾，或灌根防治；防治葱蓟马，在百株虫口达到50～100头时，用1.8%乳油3 000倍液对水均匀喷雾。防治山楂叶螨，幼螨、若螨发生期，用1.8%乳油1 000～3 000倍液对水均匀喷雾防治；防治葡萄短须螨，用2.0%乳油4 000倍液对水均匀喷雾；防治日本龟蜡蚧、柑橘锈螨，于低龄若虫期，用1.8%乳油2 000～3 000倍液对水均匀喷雾；防治桃潜叶蛾、茶尺蠖、李小食心虫等害虫，于若虫孵化高峰期，用1.8%乳油1 000～2 000倍液对水均匀喷雾，最好在晴天下午或阴天喷药。防治茶黄螨，在初发现被害状时，用1.8%乳油1 000～3 000倍液对水均匀喷雾。

注意事项　阿维菌素特别适合用于防治对其他类型农药已产生抗药性的害虫。为了防止害虫对其产生抗药性，应与其他类型杀虫剂轮换使用。药液应随配随用，不能与碱性农药混用。应在害虫的卵孵盛期至1龄幼虫期间使用。持效期较长，可适当增加用药间隔天数。宜在傍晚喷药，同时应注意喷洒均匀，施药时加入农希望5号喷雾宝，或50%油酸甲酯液剂（喷雾精）10～30ml/15kg药液，或超强润湿扩散喷雾助剂农希望7号喷雾宝，或25%油酸甲酯液剂（喷雾精）5～10ml/15kg药液防治柑橘粉虱，于低龄若虫盛发期，用25%可湿性粉剂1 000～1 500倍液对水均匀喷雾，以保证药效的充分发挥。

甲氨基阿维菌素苯甲酸盐　emamectin benzoate

作用特点　本品高效、广谱、持效期长，为优良的杀虫杀螨剂，其作用机理是阻碍害虫运动神经信息传递而使身体麻痹死亡。作用方式以胃毒为主兼有触杀作用，对作物无内吸性能，能渗入作物的表皮组织，因而具有较长持效期。对鳞翅目、螨类、鞘翅目及同翅目害虫有极高活性，且不与其他农药产生交互抗性，在土壤中易降解无残留，不污染环境，在常规剂量范围内对有益昆虫及天敌、人、畜安全，可与大部分农药混用。

施药技术　对多种鳞翅目、同翅目害虫及螨类具有很高活性，对一些已产生抗性的害虫如小菜蛾、甜菜夜蛾及棉铃虫等也具有极高的防治效果。

防治水稻稻纵卷叶螟，用5%水分散粒剂10~15g/亩对水均匀喷雾；防治水稻二化螟，用1%乳油5~10ml/亩对水均匀喷雾；防治水稻三化螟，用1%乳油5~10ml/亩对水均匀喷雾；防治棉花棉铃虫，于2~3龄幼虫期，用1%乳油60~70ml/亩对水均匀喷雾；防治烟草烟青虫，用0.5%微乳剂20~30ml/亩对水均匀喷雾。

防治烟草斜纹夜蛾，用3%悬浮剂3.33~5ml/亩对水均匀喷雾。

防治十字花科蔬菜小菜蛾、菜青虫、甜菜夜蛾，于害虫的卵孵化盛期时，用1%乳油5~10ml/亩对水均匀喷雾；防治辣椒斜纹夜蛾，用0.2%乳油30~40ml/亩对水均匀喷雾；防治番茄棉铃虫，用2%乳油28.5~38ml/亩对水均匀喷雾；防治辣椒烟青虫，用2%微乳剂5~10ml/亩对水均匀喷雾；防治菜豆美洲斑潜蝇，用0.2%乳油30~50ml/亩对水均匀喷雾；防治茭白二化螟，可用2%微乳剂35~50ml/亩对水均匀喷雾；防治豇豆豆荚螟、蓟马用2%微乳剂9~12ml/亩对水均匀喷雾。

防治姜甜菜夜蛾，用5%水分散粒剂8~10g/亩对水均匀喷雾；防治玉米螟，用3%水分散粒剂10~16g/亩对水均匀喷雾。

防治草莓斜纹夜蛾，用5%水分散粒剂3~4g/亩对水均匀喷雾。

防治苹果树卷夜蛾，用3%微乳剂3 000~4 000倍液对水均匀喷雾。

防治松树松材线虫，于松材线虫发病前或松材线虫向松褐天牛蛹室聚集之前，用2%微乳剂2~3ml/cm胸径树干打孔注射；用3%悬浮剂9~13ml/亩对水均匀喷雾；防治观赏菊花烟粉虱、防治芋头斜纹夜蛾，用3%悬浮剂29~37ml/亩对水均匀喷雾。

防治草坪斜纹夜蛾，用3%可分散油悬浮剂4~5ml/亩对水均匀喷雾；防治观赏月季斜纹夜蛾，用2%微乳剂5~7g/亩对水均匀喷雾。

注意事项 本品对鱼类、水生生物敏感，对蜜蜂高毒，使用时避开蜜蜂采蜜期，不能在池塘、河流等水面用药或不能让药水流入水域。施药后48h内人、畜不得入内。两次使用的最小间隔期为7d，收获前6d内禁止使用。提倡轮换使用不同类别或不同作用机理的杀虫剂，以延缓抗性的发生。该药内吸性差，喷药时务必喷雾均匀，施药时加入农希望5号喷雾宝10~30ml/15kg药液对水均匀喷雾，以保证药效的充分发挥。

多杀霉素 spinosad

作用特点 本产品是从放射菌代谢物提纯出来的生物源杀虫剂，毒性极低，可防治小菜蛾、甜菜夜蛾及蓟马等害虫。喷药后当天即见效果，杀虫速度可与化学农药相当，中国及美国农业部登记的安全间隔期都只是1d，适合蔬菜生产应用。

施药技术 主要用于防治棉花、蔬菜、果树上的多种害虫。

防治水稻稻纵卷叶螟，用10%水分散粒剂25~30g/亩对水均匀喷雾。

防治棉花棉铃虫，低龄幼虫期，用480g/L悬浮剂5~6ml/亩对水均匀喷雾。

防治豇豆蓟马，用10%悬浮剂12.5~15ml/亩对水均匀喷雾；防治节瓜蓟马，用5%悬浮剂40~50ml/亩对水均匀喷雾；防治甘蓝甜菜夜蛾，用8%水乳剂15~25g/亩对水均匀喷雾；防治甘蓝蓟马，用3%水乳剂60~83ml/亩对水均匀喷雾；防治甘蓝小菜蛾，在低龄幼虫期，用25g/L悬浮剂50~70ml/亩对水均匀喷雾。

防治稻谷仓储害虫，用0.5%粉剂150~200mg/kg储粮拌粮后使用大型喷粉机，将药剂与原粮混合要搅拌均匀。

注意事项 在蔬菜收获前1d停用，避免喷药后24h内遇降雨。使用本品时，应注意个人的安全防护，避免污染环境，本品应储存在阴凉干燥安全处。本品内吸性差，喷药时务必喷雾均匀，施药时加入农希望5号喷雾宝10~30ml/15kg药液，或50%油酸甲酯液剂（喷雾精）10~30ml/15kg药液，或超强润湿扩散喷雾助剂农希望7号喷雾宝，或25%油酸甲酯液剂（喷雾精）5~10ml/15kg药液对水均匀喷雾，以保证药效的充分发挥。

苏云金杆菌　Bacillus thuringiensis

作用特点　本品是包括许多变种的一类产晶体芽孢杆菌。由昆虫病原细菌苏云金杆菌的发酵产物加工成的制剂。本品是胃毒剂，杀虫谱广，能防治100多种害虫，药效作用较缓慢。可用于防治直翅目、鞘翅目、双翅目、膜翅目，特别是鳞翅目的多种害虫。本品可产生两大类毒素：内毒素（即伴孢晶体）和外毒素（α毒素、β毒素和λ毒素）。伴孢晶体是主要的毒素。在昆虫的碱性中肠中，可使肠道在几分钟内麻痹，昆虫停止取食，并很快破坏肠道内膜，造成细菌的营养细胞易于侵袭和穿透肠道底膜进入血淋巴，最后昆虫因饥饿和败血症而死亡。外毒素作用缓慢，而在蜕皮和变态时作用很明显，这两个时期正是RNA合成的高峰期，外毒素能抑制依赖于DNA的RNA聚合酶。

施药技术　可用于喷雾、喷粉、灌心、制成颗粒剂或毒饵等，也可进行大面积飞机喷洒。可与低剂量的化学杀虫剂混用以提高防治效果。

防治玉米螟，用8 000IU/ml可湿性粉剂100~200g/亩加细沙灌心；防治水稻稻苞虫、防治水稻稻纵卷叶螟，用8 000IU/ml可湿性粉剂200~300g/亩对水均匀喷雾；防治棉花造桥虫，用8 000IU/ml可湿性粉剂100~500g/亩对水均匀喷雾；防治大豆天蛾，用8 000IU/ml可湿性粉剂100~150g/亩对水均匀喷雾；防治棉花红铃虫，用8 000IU/ml可湿性粉剂200~300g/亩对水均匀喷雾；防治甘薯天蛾，用8 000IU/ml可湿性粉剂100~150g/亩对水均匀喷雾；防治烟草烟青虫，于2~3龄幼虫期，用8 000IU/ml可湿性粉剂100~400g/亩对水均匀喷雾；防治茶树茶毛虫，用8 000IU/ml可湿性粉剂400~800倍液对水均匀喷雾。

防治十字花科蔬菜小菜蛾，可用8 000IU/ml可湿性粉剂100~150g/亩对水均匀喷雾；防治十字花科蔬菜菜青虫，于卵孵化盛期，用8 000IU/ml可湿性粉剂50~100g/亩对水均匀喷雾；防治十字花科蔬菜甜菜夜蛾，用32 000IU/ml可湿性粉剂40~60g/亩对水均匀喷雾。

防治苹果蠹蛾，用8 000IU/ml可湿性粉剂400~600倍液对水均匀喷雾；防治果树食心虫4 000IU/ml悬浮剂200倍液对水均匀喷雾；防治梨树天幕毛虫，用8 000IU/ml可湿性粉剂400~600倍液对水均匀喷雾；防治柑橘凤蝶，用8 000IU/ml可湿性粉剂400~600倍液对水均匀喷雾；防治枣树枣尺蠖，用8 000IU/ml可湿性粉剂600~800倍液对水均匀喷雾。

注意事项　本品内吸性差，喷药时务必喷雾均匀，施药时加入农希望5号喷雾宝10~30ml/15kg药液防治大豆天蛾，用8 000IU/ml可湿性粉剂100~150g/亩对水均匀喷雾，以保证药效的充分发挥。主要用于防治鳞翅目害虫的幼虫，施用期一般比使用化学农药提前2~3d，对害虫的低龄幼虫效果好。不能与有机磷杀虫剂或杀菌剂混合使用。

吡虫啉　imidacloprid

作用特点　本品是一种新型高效内吸型杀虫剂，作用于烟碱乙酰胆碱受体，干扰昆虫神经系统的刺激传导，引起神经通路的阻塞，这种阻塞造成神经递质乙酰胆碱在突触部位的积累，从而导致昆虫麻痹，并最终死亡。其作用方式主要为胃毒和触杀，兼具内吸活性，适合于叶面喷雾、土壤处理、种子处理及颗粒施用。该药结构新颖，与传统的杀虫剂无交互抗性，持效期较长，对蚜虫、叶蝉、飞虱、粉虱等刺吸式口器害虫有很好的防治效果。对蚯蚓和蜘蛛等有益生物较安全，于叶面施用时，特别是在花期，对蜜蜂高毒，但种子处理时对蜜蜂无毒，对地下水安全。

施药技术 用于防治刺吸式口器害虫，如蚜虫、叶蝉、飞虱、蓟马、粉虱及抗性品系。对鞘翅目、双翅目和鳞翅目也有效。对线虫和红蜘蛛无活性。由于其优良的内吸性，特别适于种子处理和以颗粒剂施用。在禾谷类作物、玉米、水稻、马铃薯、甜菜和棉花上可早期持续防治害虫，上述作物及柑橘、落叶果树、蔬菜等生长后期的害虫可叶面喷雾。叶面喷雾对黑尾叶蝉、飞虱类（稻褐飞虱、灰飞虱、白背飞虱）、蚜虫类（桃蚜、棉蚜）和蓟马类（温室条蓟马）有优异的防效。

土壤处理、种子处理和叶面喷雾均可，毒土处理时，土壤中浓度为1.25mg/kg时，可长时间防治白菜上的桃蚜和蚕豆上的豆卫茅蚜。生长期喷雾防治多种蚜虫，在蚜虫发生盛期，用20%乳油1 000~2 000倍液对水均匀喷雾，防效可达1个月以上。

防治小麦全生长期蚜虫，用600g/L悬浮种衣剂600~700ml/100kg种子拌种；防治小麦蚜虫，用10%可湿性粉剂10~20g/亩对水均匀喷雾；防治玉米蚜虫，用70%湿拌种剂420~490g/100kg种子拌种；防治水稻稻飞虱，在分蘖期到圆秆拔节期，用10%可湿性粉剂10~20g/亩对水均匀喷雾；防治水稻稻瘿蚊，用5%可湿性粉剂80~100g/亩对水均匀喷雾；防治水稻秧田蓟马，用1%悬浮种衣剂1：（30~40）（药种比）进行种子包衣；防治棉花小地老虎、蓟马，用12%悬浮种衣剂200~300g/100kg种子进行种子包衣；防治棉花蚜虫，用10%可湿性粉剂15~25g/亩对水均匀喷雾；防治烟草蚜虫，用10%可湿性粉剂10~20g/亩对水均匀喷雾。

防治十字花科蔬菜蚜虫，用10%可湿性粉剂8~12g/亩对水均匀喷雾；防治黄瓜白粉虱，在若虫虫口上升时，用10%可湿性粉剂10~20g/亩对水均匀喷雾；防治节瓜蓟马，用45%微乳剂3.3~4.4ml/亩对水均匀喷雾。

防治苹果蚜虫，于虫口上升时，可用10%可湿性粉剂2 000~4 000倍液对水均匀喷雾；防治梨树梨木虱，用200g/L可溶液剂2 500~5 000倍液对水均匀喷雾；防治梨树梨木虱，于春季越冬成虫出蛰而又未大量产卵和第1代若虫孵化期，用10%可湿性粉剂4 000~5 000倍液对水均匀喷雾；防治柑橘潜叶蛾，用5%乳油500~1 000倍液对水均匀喷雾；防治柑橘蚜虫，可用10%可湿性粉剂4 000~5 000倍液对水均匀喷雾；防治桃树桃蚜，用10%可湿性粉剂4 000~5 000倍液对水均匀喷雾。

注意事项 本品对天敌毒性低。在推荐剂量下使用安全，能和多数农药或肥料混用。在养蚕区周围使用时应特别小心，避免污染桑叶及蚕室环境而造成损失，在蔬菜收获前20d不可再用此药。施药时加入农希望5号喷雾宝，或50%油酸甲酯液剂（喷雾精）10~30ml/15kg药液，或超强润湿扩散喷雾助剂农希望7号喷雾宝，或25%油酸甲酯液剂（喷雾精）5~10ml/15kg药液对水均匀喷雾，以提高药效。

虫螨腈 chlorfenapyr

作用特点 本品是芳基取代吡咯类新型杀虫杀螨剂，与其他杀虫剂无交互抗性，作用机制独特。作用于昆虫体内细胞的线粒体上，通过昆虫体内的多功能氧化酶起作用，主要抑制二磷酸腺苷（ADP）向三磷酸腺苷（ATP）的转化。具有胃毒和触杀作用，对作物安全，在防治小菜蛾具有防效高、持效期长、用药量低等优点，对各种钻蛀、吮吸、咀嚼式害虫及螨类均有效。

施药技术 主要用于防治茶树、蔬菜上的害虫。

防治茶树茶小绿叶蝉，于若虫发生期，用240g/L悬浮剂20~30ml/亩对水均匀喷雾。

防治十字花科蔬菜甜菜夜蛾，用10%悬浮剂50~70g/亩对水均匀喷雾；防治黄瓜斜纹夜蛾，用240g/L悬浮剂30~50ml/亩对水均匀喷雾；防治节瓜蓟马，用10%悬浮剂60~80ml/亩对水均匀喷雾。防治十字花科蔬菜小菜蛾，在低龄幼虫期，用10%悬浮剂33~50g/亩对水均匀喷雾。

防治菠菜蚜虫，于菠菜蚜虫始发盛期，可用5%乳油 30~50ml/亩对水均匀喷雾；防治萝卜黄条跳甲，用5%乳油60~120ml/亩对水均匀喷雾；防治芹菜蚜虫，防治莲藕莲缢管蚜，用5%乳油20~30ml/亩对水均匀喷雾；用5%乳油24~36ml/亩对水均匀喷雾；防治豇豆蓟马，用5%乳油30~40ml/亩对水均匀喷雾；防治金银花蚜虫，用50%水分散粒剂4~8g/亩对水均匀喷雾。

防治梨树梨木虱，用240g/L悬浮剂1 500~2 000倍液对水均匀喷雾；防治茄子蓟马，用240g/L悬浮剂20~30ml/亩对水均匀喷雾；防治苹果金纹细蛾，用240g/L悬浮剂4 000~5 000倍液对水均匀喷雾。

注意事项 本品对蜜蜂、禽、鸟及鱼等水生动物毒性较高，要注意保护有益动物。施药时加入农希望5号喷雾宝，或50%油酸甲酯液剂（喷雾精）10~30ml/15kg药液，或超强润湿扩散喷雾助剂农希望7号喷雾宝，或25%油酸甲酯液剂（喷雾精）5~10ml/15kg药液对水均匀喷雾，以提高药效。

啶虫脒 acetamiprid

作用特点 吡啶类化合物。本品除了具有触杀和胃毒作用之外，还具有较强的渗透作用，且显示速效的杀虫力，持效期长，可达20d左右。本品对人、畜低毒，对天敌杀伤力小，对鱼毒性较低，对蜜蜂影响小，适用于防治果树、蔬菜上半翅目的害虫，用颗粒剂作土壤处理，可防治地下害虫。

施药技术 主要用于防治小麦、水稻、棉花、蔬菜、果树上的多种害虫。

防治小麦蚜虫，于蚜虫发生期，用5%乳油12~18ml/亩对水均匀喷雾。

防治水稻稻飞虱，用50%水分散粒剂4~6g/亩对水均匀喷雾。

防治棉花蚜虫，用40%水分散粒剂3~4.5g/亩对水均匀喷雾，安全间隔期为15d。

注意事项 施药时加入农希望5号喷雾宝或50%油酸甲酯液剂（喷雾精）10~30ml/15kg药液，或超强润湿扩散喷雾助剂农希望7号喷雾宝，或25%油酸甲酯液剂（喷雾精）5~10ml/15kg药液对水均匀喷雾，以提高药效。

四聚乙醛 metaldehyde

作用特点 本品是一种中等毒的杀螺药剂，具胃毒作用，对福寿螺有一定的引诱作用，植物体不吸收四聚乙醛，因此该药不在植物体内积聚。

施药技术 主要用于防治稻田福寿螺、旱地蜗牛和蛞蝓。

防治水稻福寿螺，水稻福寿螺发生期和水稻插秧后7d施药，保水7d以上，用6%颗粒剂500~600g/亩拌毒土20~25kg撒施。

防治蔬菜蛞蝓、蜗牛，用6%颗粒剂300~480g/亩拌毒土20~25kg撒施。

防治滩涂钉螺，用40%悬浮剂5~10g/m²喷洒。

注意事项 不要用焊锡的铁器包装。遇低温（低于15℃）或高温（高于35℃），因螺的活动能力会减弱，药效有影响。施药时加入农希望5号喷雾宝，或50%油酸甲酯液剂（喷雾精）10~30ml/15kg药液，或超强润湿扩散喷雾助剂农希望7号喷雾宝，或25%油酸甲酯液剂（喷雾精）5~10ml/15kg药液对水均匀喷雾，以提高药效。

烯啶虫胺 nitenpyram

作用特点 本品属新烟碱类杀虫剂，主要作用于昆虫神经。对昆虫的神经轴突触受体具有神经阻断作用。具有很好的内吸和渗透作用，低毒、高效、持效期较长等特点。

施药技术 主要用于果树等作物防治多种刺吸式口器害虫。

防治水稻稻飞虱，用20%可溶液剂20～30ml/亩对水均匀喷雾；防治棉花蚜虫，用10%水剂10～20g/亩对水均匀喷雾。

防治甘蓝蚜虫，用20%可湿性粉剂6～8g/亩对水均匀喷雾。

防治柑橘树蚜虫，可用30%可溶液性剂12 000～15 000倍液对水均匀喷雾，持效期达14d左右，对作物安全。

防治菊花烟粉虱，用10%水剂1 500～2 500倍液对水均匀喷雾。

注意事项 在水稻上安全间隔期为14d，每季作物最多使用3次。施药时加入农希望5号喷雾宝，或50%油酸甲酯液剂（喷雾精）10～30ml/15kg药液，或超强润湿扩散喷雾助剂农希望7号喷雾宝对水均匀喷雾，以提高药效。稻田施药时要适当加大助剂的用量。

噻虫嗪 thiamethoxam

作用特点 本品干扰昆虫体内神经的传导作用，其作用方式是模仿乙酰胆碱，刺激受体蛋白，而这种模仿的乙酰胆碱又不会被乙酰胆碱酯酶所降解，使昆虫一直处于高度兴奋中，一直到死亡。具有良好的胃毒和触杀活性，强内吸传导性，植物叶片吸收后迅速传导到各部位，害虫吸食药剂，迅速抑制活动停止取食，并逐渐死亡，具有高效、持效期长、单位面积用药量低等特点，其持效期可达1个月左右。

施药技术 适用水稻、小麦、棉花、苹果、梨及多种经济作物及蔬菜。对各种蚜虫、飞虱、粉虱等刺吸式口器害虫有特效，对马铃薯甲虫也有很好的防治效果。对多种咀嚼式口器害虫也有很好的防效。还可拌种处理防治地下害虫。

防治小麦、玉米蛴螬，用0.08%颗粒剂4 050kg/亩，于播种前进行撒施处理。防治小麦蚜虫，于小麦播种前，用30%种子处理悬浮剂200～400ml/100kg种子拌种处理。防治花生蛴螬，用16%悬浮种衣剂500～1 000g/100kg种子种子包衣，或于花生播种前全田撒施5%颗粒剂500～1 000g/亩，覆土10cm；防治玉米金针虫和灰飞虱，于玉米播种前，用20%种子处理微囊悬浮剂700～1 050ml/100kg种子进行种子包衣；防治玉米蚜虫，用30%种子处理悬浮剂200～600ml/100kg种子拌种处理。防治水稻稻飞虱，在若虫发生初、盛期，用25%水分散粒剂8～16g/亩，对水40～50kg对水均匀喷雾。防治水稻蓟马，用30%种子处理悬浮剂100～300ml/100kg种子浸种后种子包衣或100～400ml/100kg种子进行种子包衣后浸种；防治棉花苗蚜，用70%种子处理可分散粉剂70～140g/100kg种子拌种，防治棉花白粉虱，用25%水分散粒剂7～15g/亩对水均匀喷雾；防治棉花蓟马，用25%水分散粒剂8～15g/亩对水均匀喷雾。

防治马铃薯蚜虫，用30%种子处理悬浮剂40～80ml/100kg种薯拌种；防治棉花蚜虫，用30%种子处理悬浮剂600～1 200ml/100kg种子拌种；防治向日葵蚜虫，用30%种子处理悬浮剂400～1 000ml/100kg种子拌种；防治油菜跳甲，用30%种子处理悬浮剂800～1 600ml/100kg种子拌种处理；防治油菜黄条跳甲，用25%水分散粒剂10～15g/亩对水均匀喷雾。

防治辣椒蓟马，用21%悬浮剂10～18g/亩对水均匀喷雾；防治芹菜蚜虫，用25%水分散粒剂4～8g/亩对水均匀喷雾；防治菠菜蚜虫，用25%悬浮剂6～8g/亩对水均匀喷雾；防治豇豆蓟马，用25%悬浮剂15～20g/亩对水均匀喷雾；防治十字花科蔬菜白粉虱，苗期（定植前3～5d）用25%水分散粒剂7～15g/亩对水均匀喷雾；防治西瓜蚜虫，用25%水分散粒剂8～10g/亩对水均匀喷雾；防治节瓜蓟马，用25%水分散粒剂8～15g/亩对水均匀喷雾；防治番茄、辣椒、茄子、马铃薯白粉虱，用25%水分散粒剂30～50g/亩灌根。

防治茶树茶小绿叶蝉，若虫期用25%水分散粒剂4～6g/亩对水均匀喷雾；防治花卉蓟马，用25%水分散粒剂8~15g/亩对水均匀喷雾。

防治苹果蚜虫，用21%悬浮剂4 000~5 000倍液对水均匀喷雾；防治柑橘树橘小实蝇，于成虫发生始盛期开始施药，将1%饵剂涂至纸板上挂置于树冠下诱杀橘小实蝇，投放点数30~50个/亩，用药2次，每次间隔25d，换涂有新鲜饵剂的纸板1次。防治甘蔗绵蚜，用25%水分散粒剂10 000~12 000倍液对水均匀喷雾；防治柑橘树蚜虫，用25%悬浮剂8 000~12 000倍液对水均匀喷雾；防治柑橘树木虱，用21%悬浮剂3 360~4 200倍液对水均匀喷雾；防治柑橘树介壳虫，可用25%水分散粒剂4 000~5 000倍液对水均匀喷雾对水均匀喷雾；防治葡萄介壳虫，用25%水分散粒剂4 000~5 000倍液对水均匀喷雾；防治冬枣盲蝽，用25%水分散粒剂4 000~5 000倍液对水均匀喷雾；防治人参金针虫，用70%种子处理可分散粉剂100~140g/100kg种子进行种子包衣。

注意事项 不可与强碱剂（如波尔多液、石硫合剂等）混用。施药时加入农希望5号喷雾宝，或50%油酸甲酯液剂（喷雾精）10~30ml/15kg药液，或超强润湿扩散喷雾助剂农希望7号喷雾宝5~10ml/15kg药液对水均匀喷雾，以提高药效。安全间隔期为15d。

噻虫啉 thiacloprid

作用特点 本品与吡虫啉一样，本品也作用于烟酸乙酰胆碱受体。它与常规杀虫剂如拟除虫菊酯类、有机磷类和氨基甲酸酯类没有交互抗性，因而可用于抗性治理。本品具有内吸性并有急性接触毒性及胃毒作用。

施药技术 噻虫啉是一种新的对刺吸式口器害虫有高效的广谱杀虫剂，根据作物、害虫及施用方式不同，其用量为3.2~12g/亩。噻虫啉对核果类水果、棉花、蔬菜和马铃薯上的重要害虫有优异的防效。除对蚜虫和粉虱有效外，它对各种甲虫（如马铃薯甲虫、苹果花象甲、稻象甲）和鳞翅目害虫（如苹果树上的潜叶蛾和苹果蠹蛾）也有效，并且对相应的所有作物都适用。

防治水稻稻飞虱，用40%悬浮剂14~16ml/亩对水均匀喷雾；防治水稻蓟马，用48%悬浮剂10~14g/亩对水均匀喷雾。

防治花生蛴螬，于蛴螬发生期施药，用48%悬浮剂55~70g/亩灌根处理。

防治柑橘树天牛，用40%悬浮剂3 000~4 000倍液对水均匀喷雾。

防治甘蓝蚜虫，用50%水分散粒剂10~14g/亩对水均匀喷雾；防治黄瓜蚜虫，蚜虫发生期，用48%悬浮剂7~14g/亩对水均匀喷雾。

注意事项 不可与强碱剂（如波尔多液、石硫合剂等）混用。施药时加入农希望5号喷雾宝，或50%油酸甲酯液剂（喷雾精）10~30ml/15kg药液，或超强润湿扩散喷雾助剂农希望7号喷雾宝，或25%油酸甲酯液剂（喷雾精）5~10ml/15kg药液对水均匀喷雾，以提高药效。安全间隔期为15d。

氯虫苯甲酰胺 chlorantraniliprole

作用特点 本品属邻甲酰氨基苯甲酰胺类杀虫剂。主要是激活兰尼碱受体，释放平滑肌和横纹肌细胞内贮存的钙离子，引起肌肉调节衰弱，麻痹，直至最后害虫死亡。该有效成分表现出对哺乳动物和害虫兰尼碱受体极显著的选择性差异，大大提高了对哺乳动物和其他脊椎动物的安全性。氯虫苯甲酰胺高效广谱，对鳞翅目的夜蛾科、螟蛾科、蛀果蛾科、卷叶蛾科、粉蝶科、菜蛾科、麦蛾科、细蛾科等均有很好的控制效果。还能控制鞘翅目象甲科、叶甲科，双翅目潜蝇科，烟粉虱等多种非鳞翅目害虫。持效期可达15d以上。

施药技术 防治水稻稻纵卷叶螟、三化螟、二化螟、稻水象甲，在低龄幼虫期，可用20%悬浮剂15ml/亩对水均匀喷雾；防治水稻稻水象甲，用0.4%颗粒剂350~450g/亩撒施；防治水稻大螟，用200g/L悬浮剂8.3~10ml/亩对水均匀喷雾；防治花生田蛴螬，用35%水分散粒剂15~20ml/亩对水灌根。防治玉米小地老虎、玉米黏虫、玉米蛴螬，用50%种子处理悬浮剂380~530g/100kg种子拌种；防治玉米玉米螟，用5%悬浮剂16~20ml/亩对水均匀喷雾；防治玉米二点委夜蛾，用200g/L悬浮剂7~10ml/亩对水均匀喷雾；防治棉花棉铃虫，用5%悬浮剂30~50ml/亩对水均匀喷雾。

防治斜纹夜蛾，于幼虫3龄前，可用20%悬浮剂10ml/亩对水均匀喷雾；防治甘蓝小菜蛾，于幼虫孵化期，用5%悬浮剂30~55ml/亩对水均匀喷雾；防治甘蓝甜菜夜蛾，于低龄幼虫期，用5%悬浮剂30~55ml/亩，对水均匀喷雾。

防治甘薯甜菜夜蛾，用200g/L悬浮剂7~13ml/亩对水均匀喷雾；防治甘蔗小地老虎，用200g/L悬浮剂6.7~10ml/亩对水均匀喷雾；防治甘蔗蔗螟，用5%超低容量液剂70~80ml/亩超低容量对水均匀喷雾；防治甘蓝小地老虎，于发生早期，用5%悬浮剂34~40ml/亩对水均匀喷雾；防治辣椒棉铃虫、甜菜夜蛾，用5%悬浮剂30~60ml/亩对水均匀喷雾；防治西瓜棉铃虫，用5%悬浮剂30~60ml/亩对水均匀喷雾；防治西瓜甜菜夜蛾，用5%悬浮剂45~60ml/亩对水均匀喷雾；防治豇豆豆荚螟，用5%悬浮剂30~60ml/亩对水均匀喷雾；防治菜豆豆荚螟，用200g/L悬浮剂6~12ml/亩对水均匀喷雾。

防治苹果树苹果蠹蛾，用35%水分散粒剂7 000~10 000倍液对水均匀喷雾；防治苹果树桃小食心虫，在幼虫孵化盛期，用35%水分散粒剂5 000~8 000倍液对水均匀喷雾；防治苹果树金纹细蛾，在幼虫孵化盛期，用35%水分散粒剂5 000~10 000倍液对水均匀喷雾。

防治草坪黏虫，用200g/L悬浮剂5~8ml/亩对水均匀喷雾。

螺虫乙酯 spirotetramat

作用特点 本品是一种新型杀虫剂，杀虫谱广，持效期长。它是通过干扰昆虫的脂肪生物合成导致幼虫死亡，降低成虫的繁殖能力。由于其独特的作用机制，可有效地防治对现有杀虫剂产生抗性的害虫，同时可作为烟碱类杀虫剂抗性管理的重要品种。

施药技术 防治甘蓝蚜虫，可以用50%水分散粒剂10~12g/亩对水均匀喷雾；防治番茄烟粉虱，可以用40%悬浮剂12~18ml/亩对水均匀喷雾；防治苹果绵蚜，可以用22.4%悬浮剂3 000~4 000倍液对水均匀喷雾。防治柑橘红蜘蛛，可以用22.4%悬浮剂4 000~5 000倍液对水均匀喷雾；防治梨树梨木虱、柑橘树木虱，可以用22.4%悬浮剂4 000~5 000倍液对水均匀喷雾；防治柑橘树介壳虫，于若虫孵化期，可以用240g/L悬浮剂4 000~5 000倍液对水均匀喷雾。

注意事项 因本品对桑蚕有毒性，所以若附近有桑园，切勿喷洒在桑叶上。施药时加入农希望5号喷雾宝或50%油酸甲酯液剂（喷雾精）10~30ml/15kg药液，或超强润湿扩散喷雾助剂农希望7号喷雾宝，或25%油酸甲酯液剂（喷雾精）5~10ml/15kg药液对水均匀喷雾，以提高药效。

噻虫胺 clothianidin

施药技术 本品防治水稻稻飞虱，于插秧当日或前1d均匀地撒在育秧盘上，抖落黏附在叶片上的颗粒后，并喷洒适量的水，使颗粒黏附在育秧盘土上，2d内必须插秧，如果稻叶是湿的或有露水，先抖落叶片上的露水再进行颗粒剂处理，用1%颗粒剂2 000~2 500g/亩撒施，或于水稻飞虱若虫发生始盛期时，用50%水分散粒剂对水40~50kg/亩对水均匀喷雾；防治水稻蓟马，用18%种子处理悬浮剂500~

900ml/100kg种子拌种；防治小麦蚜虫，于小麦播种前，用30%悬浮种衣剂470～700g/100kg种子拌种；防治玉米蛴螬，用0.1%颗粒剂，于玉米播种前，用0.1%颗粒剂40～50kg/亩撒施；防治小麦蛴螬，于小麦播种前，用0.1%颗粒剂15～20kg/亩撒施后覆土；防治花生蛴螬，于花生播种前，用10%种子处理悬浮剂667～1 000ml/100kg种子包衣，或用10%干拌种剂2 135～2 670g/100kg种子拌种；防治马铃薯蛴螬，于马铃薯播种前，用10%干拌种剂296～400g/100kg种子拌种；防治草坪蛴螬，用0.5%颗粒剂2 000～3 000g/亩撒施；防治韭菜韭蛆，于韭菜韭蛆幼虫盛发初期，用48%悬浮剂40～50ml/亩灌根；防治大蒜根蛆，在大蒜蒜蛆发生初期施药，用0.06%颗粒剂35～40kg/亩拌土撒施；防治甘蓝黄条跳甲，于甘蓝移栽前，用0.5%颗粒剂4 000～5 000g/亩施于移栽沟穴中，然后移栽甘蓝后覆土；防治甘蔗蔗龟、蔗螟，于新植蔗在开沟、下种后，在种植沟中或宿根蔗在收获后5～15d带状沟中，用0.06%颗粒剂30～35kg/亩沟施，然后盖土；防治番茄烟粉虱，在为害初期，用50%水分散粒剂6～8g/亩对水均匀喷雾；防治梨树梨木虱，可以用20%悬浮剂2 000～2 500倍液对水均匀喷雾。

注意事项 因本品对桑蚕有毒性，所以若附近有桑园，切勿喷洒在桑叶上。不可与强碱剂（如波尔多液、石硫合剂等）混用。施药时加入农希望5号喷雾宝，或50%油酸甲酯液剂（喷雾精）10～30ml/15kg药液，或超强润湿扩散喷雾助剂农希望7号喷雾宝，或25%油酸甲酯液剂（喷雾精）5～10ml/15kg药液对水均匀喷雾，以提高药效。安全间隔期为15d。

呋虫胺 dinotefuran

作用特点 本品不含氯原子和芳香环的烟碱类杀虫剂，比其他烟碱类杀虫剂优异，具内吸渗透作用，为第3代烟碱类杀虫剂。具有触杀、胃毒作用，内吸性强、持效期长。本品在农业上被广泛用于水稻、棉花、蔬菜、果树、花卉等作物杀虫高效，对蚜虫、飞虱、粉虱、蓟马等害虫有效。

施药技术 可用于防治茶树、番茄、甘蓝、花生、黄瓜、马铃薯、苹果树、水稻、西瓜、小麦、观赏菊花、玉米上的多种害虫，也可在室内作为卫生杀虫剂。

防治番茄烟粉虱，在低龄若虫高峰期，用20%可溶粉剂15～20g/亩对水均匀喷雾；防治甘蓝蚜虫，在发生初期至盛期，用25%可湿性粉剂8～12g/亩对水均匀喷雾；防治甘蓝菜青虫，在低龄若虫发生盛期，用20%水分散粒剂20～40g/亩对水均匀喷雾；防治观赏菊花蚜虫，在低龄若虫盛发期，30%悬浮剂18～24ml/亩对水均匀喷雾；防治花生蛴螬，在花生播种前，用8%悬浮种衣剂1 450～2 500g/100kg种子进行种子包衣；防治黄瓜白粉虱，在低龄若虫高峰期，用20%可溶粒剂30～50g/亩对水喷雾；防治黄瓜蓟马，在发生初期用20%可溶粒剂20～40g/亩对水均匀喷雾；防治甘蓝黄条跳甲，用0.2%水剂5 625～6 250ml/亩在成虫羽化初期冲施或在甘蓝移栽前用3%颗粒剂1 000～1 500g/亩穴施或在甘蓝出苗后，黄条跳甲成虫发生初期，用0.4%颗粒剂6 000～8 000g/亩撒施后覆浅土；防治西瓜蚜虫，在发生初盛期，用35%可溶液剂5～7ml/亩对水均匀喷雾；防治马铃薯蛴螬，在马铃薯播种前，用8%悬浮种衣剂400～500g/100kg种子进行种薯包衣；防治苹果树蚜虫，在低龄若虫发生盛期，用20%水分散粒剂3 000～4 000倍液均匀喷雾；防治水稻稻飞虱，在卵孵化盛期至低龄若虫高峰期，用20%可溶粒剂30～40g/亩对水均匀喷雾；防治玉米蚜虫，在玉米播种前，用8%悬浮种衣剂1 450～2 500g/100kg种子进行种子包衣；防治水稻二化螟，在卵孵化盛期至低龄幼虫期，用20%可溶粒剂40～50g/亩对水均匀喷雾；防治水稻蓟马，在水稻播种前，用60%种子处理可分散粉剂300～360g/100kg种子进行拌种；防治小麦蚜虫，在小麦播种前，用8%悬浮种衣剂3 350～5 000g/100kg种子进行种子包衣，或在蚜虫发生初期至盛期，用20%可溶粒剂15～20g/亩对水均匀喷雾。

注意事项 本品为烟碱乙酰胆碱受体的兴奋剂，建议避免持续使用或要与作用位点相似的杀虫剂轮换使用。施药时加入农希望5号喷雾宝或50%油酸甲酯液剂（喷雾精）10～30ml/15kg药液，或超强润湿扩散喷雾助剂农希望7号喷雾宝或25%油酸甲酯液剂（喷雾精）5～10ml/15kg药液对水均匀喷雾，以提高药效。

氟啶虫胺腈　sulfoxaflor

作用特点　本品属亚胺类杀虫剂，它的作用原理是烟碱类乙酰胆碱受体（nAChR）内独特的结合位点的杀虫剂，它可以通过叶、茎、根吸收而进入植物体内，高效、快速、持效期长。

施药技术　可防治棉花、葡萄上的盲蝽，桃树、棉花、西瓜、小麦、白菜、苹果、黄瓜上的蚜虫，柑橘树矢尖蚧、黄瓜、棉花烟粉虱，水稻稻飞虱。田间烟粉虱世代重叠现象严重，应在烟粉虱成虫始盛期或卵孵始盛期施药，防治棉花烟粉虱用50%水分散粒剂10～13g/亩，防治黄瓜烟粉虱用22%悬浮剂15～23ml/亩，施药2次，喷雾时应重点对叶片背面均匀喷雾，建议在第1次施药后7d再进行第2次施药，连续施药可取得较好的防治效果。防治葡萄盲蝽，在盲蝽低龄若虫期用22%悬浮剂1 000～1 500倍液对水均匀喷雾，施药时应对葡萄叶片及藤蔓均匀喷雾。棉花蚜虫发生初盛期用50%水分散粒剂2～4g/亩防治，施药时应对棉花叶面背面均匀喷雾。小麦蚜虫发生初盛期，即达到防治指标百株500头时开始施药，施药时应对小麦穗部和叶片均匀喷雾。桃树、西瓜、白菜、黄瓜、苹果树蚜虫发生初盛期施药。防治桃树蚜虫用50%水分散粒剂15 000～20 000倍液，或22%悬浮剂5 000～10 000倍液对水均匀喷雾，防治西瓜蚜虫用50%水分散粒剂3～5g/亩，防治小麦蚜虫用50%水分散粒剂2～3g/亩，防治白菜、黄瓜蚜虫用22%悬浮剂7.5～12.5ml/亩，防治苹果树黄蚜用22%悬浮剂10 000～15 000倍液均匀喷雾。防治棉花盲蝽，应在盲蝽低龄若虫期用50%水分散粒剂7～10g/亩施药1～2次，间隔7d，施药时应对棉花茎叶均匀喷雾。防治水稻稻飞虱，应在稻飞虱低龄若虫期用22%悬浮剂15～20ml/亩对水均匀喷雾施药1次，施药时应重点对稻株茎叶基部均匀喷雾。防治柑橘树矢尖蚧，应在第1代矢尖蚧低龄若虫期始盛期用22%悬浮剂4 500～6 000倍液施药1次，施药时应对叶片均匀喷雾。

注意事项　对蜜蜂、家蚕等有毒。

茚虫威　indoxacarb

作用特点　本品具有触杀和胃毒作用，对各龄期幼虫都有效。一般在药后24～60h内死亡。主要是阻断害虫神经细胞中的钠通道，导致靶标害虫协调差、麻痹，最终死亡。药剂通过触杀和摄食进入虫体，害虫的行为迅速变化，致使害虫迅速终止摄食，从而极好地保护了靶标作物，试验表明与其他杀虫剂无交互抗性，对天敌昆虫安全，并耐雨水冲刷。

施药技术　适用于甘蓝、芥蓝、番茄、辣椒、黄瓜、小胡瓜、茄子、莴苣、苹果树、梨树、桃树、花椰菜、杏、棉花、马铃薯、葡萄等。主要防治甜菜夜蛾、小菜蛾、菜青虫、甘蓝夜蛾、棉铃虫、斜纹夜蛾、银纹夜蛾、粉纹夜蛾、烟青虫、卷叶蛾类、苹果蠹蛾、叶蝉、葡萄小食心虫、棉大卷叶螟、葡萄长须卷叶蛾、牧草盲蝽、马铃薯块茎蛾、马铃薯甲虫等多种害虫。

防治水稻二化螟，用30%悬浮剂15~20ml/亩对水均匀喷雾。防治水稻稻纵卷叶螟，用30%悬浮剂6~8ml/亩对水均匀喷雾。

防治烟草烟青虫，于虫卵孵化初期至低龄幼虫高峰期，用4%微乳剂12~18g/亩对水均匀喷雾。

防治棉花棉铃虫，在发生盛期，用15%悬浮剂10～18g/亩对水均匀喷雾。

防治豇豆豆荚螟，用30%水分散粒剂6~9g/亩对水均匀喷雾。防治十字花科蔬菜菜青虫，于2～3龄幼虫期，用15%悬浮剂5～10g/亩对水均匀喷雾；防治十字花科蔬菜小菜蛾、甜菜夜蛾，于2～3龄幼虫期，用15%悬浮剂10～18g/亩对水均匀喷雾。

另外，资料报道还可以防治稻纵卷叶螟，在第2代1～2龄幼虫发生高峰期，用15%悬浮剂8ml/亩对水均匀喷雾；防治大豆卷叶虫，用15%悬浮剂2 500倍液对水均匀喷雾；防治烟青虫，用15%悬浮剂3 000倍液对水均匀喷雾；防治桃蛀螟，用15%悬浮剂3 000倍液对水均匀喷雾。

注意事项 本品与不同作用机理的杀虫剂交替使用，每季作物上建议使用不能超过3次，以避免抗性的产生。施药时加入农希望5号喷雾宝，或50%油酸甲酯液剂（喷雾精）10～30ml/15kg药液，或超强润湿扩散喷雾助剂农希望7号喷雾宝，或25%油酸甲酯液剂（喷雾精）5～10ml/15kg药液对水均匀喷雾，以提高药效。

唑螨酯　fenpyroximate

作用特点 本品为苯氧吡唑类杀螨剂，具触杀作用，没有内吸作用。高剂量时可直接杀死螨类，低剂量时可抑制螨类蜕皮或抑制其产卵。因此，它具有击倒和抑制蜕皮的作用。它对活动期的螨效果很好，对螨卵也有一定效果，并能杀死孵化后的螨。根据对棉红蜘蛛的测定结果，唑螨酯呈现出很高的杀螨活性和击倒活性，可归因于对NADH-辅酶Q还原酶的抑制作用，其次唑螨酯也可能使ATP供应减少。对多种害螨有强烈的触杀作用，速效性好，持效期长，对害螨的各个生育期均有良好的防治效果，与其他药剂也无交互抗性。它对捕食螨、草蛉、瓢虫、蜘蛛和寄生蜂等天敌较安全，对蜜蜂无不良影响。对家蚕有拒食作用。

施药技术 主要用于防治棉花、苹果、柑橘等作物的害螨。

防治苹果红蜘蛛，用5%悬浮剂2 000～3 000倍液对水均匀喷雾；防治柑橘锈壁虱，用5%悬浮剂800～1 000倍液对水均匀喷雾；防治柑橘红蜘蛛，用5%悬浮剂1 000～2 000倍液对水均匀喷雾。

另外，据资料报道还可以防治茶树上茶瘿螨和跗线螨，在害螨发生期，用5%悬浮剂1 000～1 500倍液对水均匀喷雾，防治效果较好。防治辣椒茶黄螨，用5%乳油1 000～1 500倍液对水均匀喷雾。防治棉花红蜘蛛，用5%悬浮剂20～40ml/亩对水均匀喷雾。

防治啤酒花叶螨，用5%悬浮剂20～40ml/亩对水均匀喷雾。

注意事项 本品在害螨发生初期使用，最好与其他杀螨剂交替使用。不能与石硫合剂混用，否则会产生凝结。施药时加入农希望5号喷雾宝，或50%油酸甲酯液剂（喷雾精）10～30ml/15kg药液，或超强润湿扩散喷雾助剂农希望7号喷雾宝，或25%油酸甲酯液剂（喷雾精）5～10ml/15kg药液对水均匀喷雾，以提高药效。

炔螨特　propargite

作用特点 本品是一种低毒广谱性有机硫杀螨剂，具触杀和胃毒作用，无内吸和渗透传导作用。对成螨、若螨有效，杀卵的效果差。在世界各地已经使用了30多年，至今没有发现抗药性，这是由于螨类对炔螨的抗性为隐性多基因遗传，故很难表现。在任何温度下都是有效的，而且在炎热的天气下效果更为显著，因为气温高于27℃时，炔螨特有触杀和熏蒸双重作用。炔螨特还具有良好的选择性，对蜜蜂和天敌安全，且药效持久，是综合防治的首选良药。炔螨特无组织渗透作用，对作物生长安全。

施药技术 对若螨和成螨均有特效，对天敌无害，可以有效防治果树、棉花、黄瓜、葡萄、蛇麻、玉米、大豆、番茄和蔬菜上的全爪螨属和叶螨属以及广泛的植食性螨类。

防治棉花红蜘蛛，6月底以前，在害螨扩散初期，用73%乳油34～45ml/亩对水均匀喷雾。

防治苹果红蜘蛛，于苹果开花前后、幼若螨盛发期，用73%乳油2 000～3 000倍液对水均匀喷雾；防治柑橘红蜘蛛，于春季始盛发期，平均每叶有螨2～4头，用50%水乳剂1 500～2 500倍液对水均匀喷雾。

防治桑树红蜘蛛，用40%水乳剂1 500～2 000倍液喷雾。

另外，据资料报道还可以防治番茄、豇豆红蜘蛛，在害螨盛发期施药，可用73%乳油30～50ml/亩对水均匀喷雾；防治柑橘锈壁虱，当有虫叶片达20%或每叶平均有虫2～3头时开始防治，隔20～30d再防治1次，可用73%乳油1 000～2 000倍液对水均匀喷雾。防治茶叶茶橙瘿螨，在茶叶非采摘期，可用73%乳油2 000～3 000倍液对水均匀喷雾。

注意事项　在炎热潮湿的天气下，幼嫩作物喷洒高浓度的喹螨醚后可能会有轻微的药害，使叶片皱曲或起斑点，但炔螨特对作物的生长没有影响。喷洒均匀，布及作物叶片两面及整个果实表面。不能与波尔多液及强碱性药剂混用，可与一般的其他农药混合使用。施药时加入农希望5号喷雾宝，或50%油酸甲酯液剂（喷雾精）10～30ml/15kg药液，或超强润湿扩散喷雾助剂农希望7号喷雾宝，或25%油酸甲酯液剂（喷雾精）5～10ml/15kg药液对水均匀喷雾，以提高药效。收获前21d（棉）、30d（柑橘）停止用药。室内存放时避免高温暴晒。

噻螨酮　hexythiazox

作用特点　本品是一种噻唑烷酮类杀螨剂，对植物表皮层有较好的穿透性，无内吸传导作用。本品对多种植物害螨具有较强的杀卵，杀幼若螨特性，对成螨无效，但对接触到药液的雌成螨所产的卵具有抑制孵化作用。本品属于非温度系数型杀螨剂，不同温度下使用效果无显著差异，持效期长。本品对叶螨防效好，对锈螨，瘿螨防效差。在常用浓度下对作物安全，可与波尔多液、石硫合剂等多种农药混用。

施药技术　本品为非内吸性杀螨剂，对卵、幼虫和若虫均有效，可防治柑橘、棉花、葡萄、草莓、仁果类果树、茶叶和蔬菜上的许多植食性螨类（短须螨属、始叶螨属、全爪螨属和叶螨属）。

防治棉花红蜘蛛，6月底以前，于叶螨点片发生及扩散初期，用5%乳油40～50ml/亩，在发生中心防治或全面对水均匀喷雾。

防治苹果红蜘蛛，于春季害螨始盛发期，每叶平均有螨2～3头时，用5%乳油1 500～2 000倍液对水均匀喷雾；柑橘红蜘蛛，在春季害螨始盛发期，用5%乳油1 000～2 000倍液对水均匀喷雾。

另外，据资料报道还可以防治蔬菜、花卉等作物叶螨，于幼若螨发生始盛期，每叶平均有螨3～5头时，用5%乳油1 000～2 000倍液对水均匀喷雾。

注意事项　施药时应选择早晚气温低、风小时进行，晴天9：00—16：00应停止施药。气温超过28℃时，风速超过4m/s，空气相对湿度低于65%应停止施药。对成螨无直接杀伤作用，要掌握在成螨虫口较低时使用效果较佳。无内吸性，喷药要均匀周到。施药时加入农希望5号喷雾宝10～30ml/15kg药液，或超强润湿扩散喷雾助剂农希望7号喷雾宝，或25%油酸甲酯液剂（喷雾精）5～10ml/15kg药液对水均匀喷雾，以提高药效。本产品可与石硫合剂或波尔多液等碱性药剂混合使用。对柑橘锈螨无效，在用该药防治红蜘蛛时应密切注意锈螨的发生为害。持效期长，1年只用1次为宜，以防害螨产生抗性。在使用过程中，如药液不慎沾染皮肤时，应立即用肥皂清洗；如药液溅入眼中，立即用大量清水冲洗。如不慎误服，应让中毒者大量饮水，催吐，保持安静，立即送医院对症治疗。柑橘、苹果安全间隔期不小于30d，噻螨酮与四螨嗪存在交互抗性，长期使用四螨嗪的地区，不宜使用噻螨酮作为轮换药剂。

哒螨灵　pyridaben

作用特点　本品属哒嗪酮类触杀性杀螨杀虫剂，在植物体内无内吸作用和蒸腾作用。对哺乳动物毒性中等，对鸟类低毒，对鱼、虾和蜜蜂毒性较高。该药剂触杀性强，无内吸、传导和熏蒸作用，对叶螨的各个生育期（卵、幼螨、若螨和成螨）均有较好效果；对锈螨的防治效果也较好，速效性好，持效期长，一般可达1~2月。其药效受温度影响小，与苯丁锡、噻螨酮等常用杀螨剂无交互抗性。对白粉虱若虫、介壳虫类若虫、叶蝉、飞虱、蓟马和蚜虫等刺吸式口器害虫也有效果。

施药技术 本品对幼螨、若螨、成螨和卵等螨的各发育阶段均很有效，对活动期的螨作用迅速，效果良好。在常用浓度下对柑橘、苹果、梨、桃、葡萄、梅、樱桃、杏、草莓、甘蓝、番茄、辣椒、甜椒、黄瓜、西瓜、大蒜、莴苣、玉米、水稻、小麦、油菜、棉花、烟草、茶、桑、马铃薯、大豆、苜蓿等均无药害，对茄子有轻微药害。它对瓢虫、草蛉和寄生蜂等天敌较安全。

防治水稻稻水象甲，用40%悬浮剂25~30ml/亩对水均匀喷雾；防治萝卜黄条跳甲，用15%乳油40~60ml/亩对水均匀喷雾。

防治棉花红蜘蛛，于越冬卵孵化盛期或若螨始盛发期，用15%乳油10~16ml/亩对水均匀喷雾。

防治枸杞瘿螨，用20%可湿性粉剂2 000~2 500倍液对水均匀喷雾；防治柑橘红蜘蛛，于越冬卵孵化期，用20%可湿性粉剂2 000~4 000倍液对水均匀喷雾；防治樱桃红蜘蛛，用15%乳油1 500~2 500倍液对水均匀喷雾；防治苹果红蜘蛛，于越冬卵孵化盛期，用20%可湿性粉剂3 000~4 000倍液对水均匀喷雾。

另外，据资料报道还可以防治山楂锈壁虱，在发生期使用，用20%可湿性粉剂1 000~2 000倍液均匀喷雾。防治茶橙瘿螨和神泽叶螨，在害螨发生期，用20%可湿性粉剂1 500~2 000倍液对水均匀喷雾。防治芒果小爪螨，用15%乳油3 000~5 000倍液对水均匀喷雾，防治效果较好。

注意事项 本品没有内吸杀螨作用，要求喷雾均匀周到。施药时加入农希望5号喷雾宝或50%油酸甲酯液（喷雾精）10~30ml/15kg药液，或超强润湿扩散喷雾助剂农希望7号喷雾宝，或25%油酸甲酯液剂（喷雾精）5~10ml/15kg药液对水均匀喷雾，以提高药效。

四螨嗪 clofentezine

作用特点 本品是一种活性很高的杀螨卵药剂，对幼螨、若螨也有较好的活性，对成螨无效，具触杀作用，无内吸性。它可渗透到螨的卵巢内使其产的卵不能孵化，是胚胎发育抑制剂。但无明显的不育作用。在低温下对卵有很好效果，但对幼若螨作用慢效果差。四螨嗪是一种活性很高的有机氮杂环类触杀型杀螨剂，对温度不敏感，四季皆可使用。药剂有较强的渗透力，并抑制幼螨、若螨的蜕皮过程。适用于防治多种果树、蔬菜及棉花等作物上的主要害螨。四螨嗪持效期长，可达50~60d，但药效较慢，施药后10~15d才可得显著效果。故使用时要注意掌握用药适期，做好预测预报。

施药技术 本品是一种高效专一杀螨剂。可有效防治全爪螨、叶螨和瘿螨等，对跗线螨也有一定的效果。对植食性螨特效或高效。对天敌安全。

防治苹果红蜘蛛，在越冬卵初孵期用20%悬浮剂2 000~2 500倍液对水均匀喷雾；防治梨树红蜘蛛，用20%悬浮剂2 000~4 000倍液对水均匀喷雾；防治枣树红蜘蛛，用20%悬浮剂2 000~4 000倍液对水均匀喷雾；防治柑橘全爪螨，于早春开花前气温较低时每叶有螨1~2头，用20%悬浮剂1 600~2 000倍液对水均匀喷雾。

注意事项 不提倡与石硫合剂或波尔多液混用。因为其对成螨效果很差。在螨的密度大或气温较高时施用最好与其他杀成螨药剂混用。施药时可加入农希望5号喷雾宝，或50%油酸甲酯液剂（喷雾精）10~30ml/15kg药液，或超强润湿扩散喷雾助剂农希望7号喷雾宝，或25%油酸甲酯液剂（喷雾精）5~10ml/15kg药液对水均匀喷雾，以提高药效。

第十六章 杀菌剂与施用关键技术

一、杀菌剂的作用原理与主要类型

杀菌剂通过与靶标的分子互作、干扰病原菌的能量形成、抑制病菌生长发育所需物质的生物合成、干扰细胞分裂、干扰侵染过程及诱导寄主植物产生抗性等，从而表现杀菌或抑制病原菌的生长、繁殖，阻止病原菌侵染，干扰病原菌的正常生命活动和病害循环，发挥防治植物病害的作用。国际抗菌剂抗性对策委员会（FRAC）将杀菌剂的作用机理归结为：影响细胞结构和功能、抑制呼吸作用、干扰代谢物质的合成及功能、诱导寄主产生抗性、其他共5大类。其中又分为很多的小类。

（一）影响细胞结构和功能

主要包括对真菌细胞壁形成的影响以及对质膜生物合成的影响，此类杀菌剂又分为3类，即抑制脂质和膜合成、抑制膜中固醇的生化合成和抑制细胞壁中黑色素合成。

1. 抑制脂质和膜合成

类脂类过氧化作用NADH细胞色素C还原酶。代表性结构和品种有：二羧酰亚胺类（异菌脲、腐霉利）。

作用于磷脂生化合成甲基转移酶。代表性结构和品种有：有机磷类（异稻瘟净、敌瘟磷）。

类脂过氧化作用。代表结构及品种有：芳烃、硝基苯胺类和杂芳族类（五氯硝基苯、土菌消）。

脂肪酸细胞膜渗透作用。代表结构及品种有：氨基甲酸酯类（霜霉威、硫菌灵）。

2. 抑制膜中固醇的生化合成

抑制立体生物合成，阻碍C_{14}脱甲基化作用。主要有哌嗪类（嗪氨灵）、吡啶类（啶斑肟）、嘧啶类（氯苯嘧啶醇）、咪唑类（抑霉唑、咪鲜胺）、三唑类（戊唑醇、烯唑醇、三唑酮、苯醚甲环唑、氟硅唑、腈菌唑、丙环唑等）。

抑制D_{14}、D_8、D_7异构酶而影响立体合成。主要有吗啉类（十三吗啉）、哌啶类（苯锈啶、哌丙灵）、螺缩酮胺类（螺环菌胺）。

抑制3-氧代还原酶及阻碍C_{14}脱甲基化作用。主要有羟基苯胺类（环酰菌胺）。

3. 抑制细胞壁中黑色素合成

抑制黑色素生物合成中的脱氢酶。主要有环丙烷酰胺类（环丙酰菌胺）、甲酰胺类（双氯氰菌胺）、丙酰胺类（氰菌胺）。

抑制黑色素生物合成中还原酶。主要有异苯丙呋喃类（四氯苯酞）和吡咯并喹啉酮类（咯喹酮）。

（二）抑制呼吸作用

此类杀菌剂主要作用于：① 抑制呼吸链中的细胞色素b和细胞色素c复合酶系（复合物Ⅲ）、琥珀酸脱氢酶系（复合物Ⅱ）、辅酶I脱氢酶系（复合物Ⅰ）在电子传递中的作用；②氧化磷酸化解耦联；③抑制氧化磷酸化中ATP合成酶，阻碍ATP合成；④抑制信号传递和葡萄糖合成。

1. 阻碍呼吸作用

针对病菌复合体Ⅰ，通过抑制病菌细胞的细胞壁分解酶而致效，如嘧啶胺类（嘧霉胺、嘧菌环胺）。

针对复合体Ⅱ，通过抑制病菌琥珀酸脱氢酶而致效，如酰胺类（萎锈灵、氟酰胺、噻氟菌胺）。

针对复合体Ⅲ，通过抑制细胞色素bc1Qo位泛醌醇氧化酶而致效，其即为辅酶Q抑制剂，如甲氧基丙烯酸酯类（嘧菌酯、肟菌酯）、噁唑烷二酮类（噁唑菌酮）、氢化二嗪类（氟嘧菌酯）、咪唑烷酮类（咪唑菌酮）。

针对复合体Ⅲ，抑制细胞色素bc1、Qi位质体醌还原酶，如氰基眯唑类（氰霜唑）。

氧化磷酸化解耦作用，如二硝基苯胺类（氟啶胺）、嘧啶腙类（嘧菌腙）。

抑制ATP合成氧化磷酸化，如有机锡类（三苯基氯化锡）。

抑制ATP合成，如噻吩酰胺类（硅噻菌胺）。

2. 抑制葡萄糖和细胞壁合成

抑制细胞壁合成，如肉桂酸类（烯酰吗啉）、氨基酸类（苯噻菌胺酯）。

抑制海藻糖酶和肌醇合成，如吡喃葡萄糖（抗生素）类（井冈霉素）。

抑制甲壳素合成酶，如肽基嘧啶核苷类（多抗霉素）。

3. 抑制信号传递

破坏早期细胞表达的G蛋白，如喹啉类（苯氧喹啉）。

抑制与渗透作用相关的磷酸单戊酯蛋白致活酶，如苯基吡咯类（咯菌腈）。

（三）干扰代谢物质的合成及功能

其主要为：抑制核酸合成；抑制有丝分裂和细胞分裂，影响细胞代谢物质的合成及功能；抑制氨基酸和蛋白质合成。

1. 抑制核酸合成

抑制RNA聚合酶，如酰基氨基丙酸类（甲霜灵）、恶唑烷酮类（恶霜灵）、丁丙酯类（呋酰胺）。

抑制腺苷脱氨酶，如嘧啶类（二甲嘧吩）。

影响DNA与RNA合成，如异恶唑类（恶霉灵）、异噻唑啉酮类（辛噻酮）。

抑制DNA局部异构酶，如羧酸类（恶喹酸）。

2. 抑制有丝分裂和细胞分裂

阻碍微管蛋白组有丝分裂，如苯并咪唑类（多菌灵、甲基硫菌灵）、苯基氨基甲酸酯类（乙霉威）和苯甲酰胺类（苯酰菌胺）。

抑制细胞分裂，如苯脲类（戊菌隆）。

3. 抑制氨基酸和蛋白质合成

抑制蛋白质合成，如烯醇吡喃糖醛酸类、抗生素（灭瘟素）、六吡喃糖类抗生素（春雷霉素）和吡喃葡糖类抗生素（链霉素）。

抑制甲硫氨酸生物合成，如嘧啶胺类（嘧菌胺、嘧霉胺）。

（四）诱导寄主产生抗性

包括诱发作物产生抗性的抗病激活剂或产生对病原菌具活性的物质来发挥杀菌作用。后者又称为抗原剂或抑菌剂。其表现为：①作用于水杨酸途径；②与和病程相关的NPR1（非表达基因1）蛋白质作用；③与全株系统获得抗生（SAR）相关。作用于水杨酸途径（SR）的有三唑苯并咪唑类（三环唑）、苯并异噻唑类（烯丙苯噻唑）。与病程相关蛋白质作用有苯并噻二唑类（活化酯）。与全株系统获得抗性相关有噻二唑苯酰胺类（tiadinil）。

（五）其他

1. 多位点联合活性

这些杀菌剂包括无机物（铜及其盐类、硫黄）、硫代氨基甲酸酯类（福美铁、代森锰锌、丙森锌）、三羧酰亚胺类（克菌丹、灭菌丹）、氯代苯腈类（百菌清）、磺酰胺类（苯氟磺胺）、胍类（多果定、双胍辛胺）、三嗪类（敌菌灵）、醌类（二氰蒽醌）。

2．不明作用方式

其包括10余种结构，如乙基脲类（霜脲氰）、乙基磷酸盐类（乙膦铝）、苯并三嗪类（咪唑嗪）、哒嗪酮类（哒菌酮）、硫代氨基甲酸酯类（磺菌威）、噻唑酰菌类（噻唑菌胺）、酰胺类（环氟菌胺、氟啶酰菌胺）、喹唑酮类（丙氧喹啉）、苯甲酮类（苯菌酮）、无机类（碳酸氢钾、磷酸及其盐）、油类（矿物油、有机油）。对于它们的作用机理，人们正在进一步进行研究。对它们作用机理的阐明也必将有助于杀菌剂的合理应用。

二、杀菌剂施用关键技术

（一）杀菌剂的作用方式

喷施杀菌剂是防治植物病害的有效措施。杀菌剂对病原菌的作用表现为杀菌作用和抑菌作用两种方式，即保护剂和治疗剂。

杀菌作用就是保护性杀菌剂，是杀菌剂把病原菌杀死；从中毒表现来看，主要是孢子不萌发、病菌不能侵入植物体内。

抑菌作用就是治疗性杀菌剂，是杀菌剂抑制病原菌生命活动的某一过程，如抑制菌丝生长、抑制病原菌产生细胞、抑制病原菌有丝分裂、抑制病原菌细胞壁的形成等，使病菌不能发展，并非将病原菌杀死；在受抑制的一定时间内失去致病能力，而作物继续生长，当药剂被洗除或分解后，病原菌仍能恢复生命。

杀菌剂两种作用方式的表现，除与药剂性能有关外，还与药剂使用浓度和作用时间长短有关，同一药剂因使用浓度和作用时间不同，很可能表现为不同的作用方式。在生产中施用杀菌剂后，对作物产生治疗和铲除作用。

（二）保护性杀菌剂的喷雾技术要求

保护作用是在病原菌为害植物前施药，保护植物免受病原菌的侵染为害。许多杀菌剂如石硫合剂、波尔多液、代森锰锌、百菌清等，都是以这种方式达到防治植物病害的目的。保护性杀菌剂在使用时，要求能在植物表面上形成有效的覆盖密度，并有较强的附着力和较长的持效期。

具有保护作用的杀菌剂在应用时，要着重于"保护"。首先，要了解需防治的是病原菌侵染植物的哪个部位、初侵染的部期及其为害的主要阶段等，才能做到有目地施药。例如，小麦条锈病为害小麦的叶片、叶鞘和穗部，且大多在小麦拔节期至孕穗期之间侵染。首先，施用保护性杀菌剂，应在拔节期至抽穗扬花期之间进行；其次，要保持能连续保护，保护剂的持效期一般为5~7d，因此要在病害侵染期间每隔5~7d喷药1次才能收到理想的防治效果，这点在对某些果树病害喷药防治时尤为重要；最后，在喷药时控制水量，应安装专业的扇形高压超细喷头、添加专业的喷雾助剂，如农希望5号喷雾宝20~40ml/15kg药桶、50%雾膜宝20~40ml/15kg药桶、50%油酸甲酯液剂（喷雾精）20~30ml/15kg药液（图16-1和图16-2），把药喷匀喷细喷透，让保护性杀菌剂在作物表面形成一层药膜，均匀地沉积附着和润湿扩散。生产中常有喷施保护性杀菌剂效果不佳的现象，其中主要的原因是施药技术水平不足。

（三）治疗性杀菌剂的喷雾技术要求

治疗作用是病原菌已经侵染植物或发病后施药，抑制病原菌生长或致病过程，使植物病害停止发展或使病株恢复健康。这类杀菌剂应具有良好的渗透性或内吸性，药剂在施用后能很快渗入植物体内发挥

图16-1 保护性杀菌剂用传统喷药方法，大量药剂流失浪费，很多叶片没有沾到药剂，没有预防效果

图16-2 保护性杀菌剂采用安装专业的扇形高压超细喷头，添加专业的喷雾助剂农希望5号喷雾宝20ml/15kg药液均匀喷雾，把药喷匀喷细喷透，让保护性杀菌剂在作物表面形成一层药膜，均匀地沉积附着和润湿扩散，药液没有流失浪费，预防效果好

其防病、治疗作用，许多内吸杀菌剂属于此类。

把握准施药时期是用好具有治疗作用杀菌剂的关键技术，治疗剂并不意味着在什么时期施药都能有效果，当病害已普遍发生，甚至已形成损失，再施用任何高效治疗剂也不能使病斑消失、植物康复如初。治疗剂可以比保护剂推迟用药，即在病菌侵入寄主的初始阶段、初现病症时喷药为宜。如用三唑酮防治小麦条锈病，可以在小麦孕穗期末期（挑旗）至抽穗初期喷药，持效期达15d以上，仅喷药1次即可达到防病保产的效果。喷药早了，还需第2次用药，喷药迟了，效果不明显。

还要根据病情的发展情况及时再次施药，对于有些病害还要保护剂与治疗剂混合施用。也要注意喷药部位，应安装专业的扇形高压超细喷头、添加专业的喷雾助剂农希望5号喷雾宝20~40ml/15kg药液、50%雾膜宝20~40ml/15kg药液、50%油酸甲酯液剂（喷雾精）20~30ml/15kg药液，对水均匀喷雾，把药喷匀喷细喷透，让杀菌剂均匀地沉积附着和润湿扩散，才能取得较好的防治效果。

三、杀菌剂主要品种与施用关键技术

氢氧化铜 cupper hydroxide

作用特点 本品是广谱保护性无机铜类杀菌剂，主要通过铜离子对病原菌的毒杀产生效果。最好在病原菌侵入前使用，对真菌性病害有良好的杀菌作用，对细菌性病害也有效。

施药技术 防治黄瓜角斑病，可用77%水分散粒剂30~50g/亩对水均匀喷雾；防治黄瓜细菌性角斑病，可用77%水分散粒剂45~60g/亩对水均匀喷雾；防治番茄溃疡病，可用46%水分散粒剂30~40g/亩对水均匀喷雾；防治番茄早疫病，可用77%水分散粒剂133~200g/亩对水均匀喷雾；防治辣椒疮痂病，可用46%水分散粒剂30~45g/亩对水均匀喷雾；防治辣椒疫病，可用37.5%悬浮剂36~52ml/亩对水均匀喷雾；防治马铃薯晚疫病，可用46%水分散粒剂25~30g/亩对水均匀喷雾；防治库尔勒香梨树苹果枝枯病，可用46%水分散粒剂1 250~2 250倍液对水均匀喷雾。可用于防治烟草、茶树、辣椒、茄子、黄瓜、姜、苹果、葡萄、芒果、马铃薯、柑橘等作物的真菌和细菌性病害，如霜霉病、白粉病、疫病、叶斑病、细菌性溃疡病、黄瓜细菌性角斑病等，必须在作物病害发生前或早期施药才能收到良好效果。以77%可湿性粉剂为例，一般为600～1 000倍液。

黄瓜，建议在作物发病前使用，茎叶喷雾覆盖全株，每次用药间隔7～10d，每季最多3次，安全间隔期3d。

番茄、辣椒，在作物发病前使用，茎叶喷雾覆盖全株，每次用药间隔7～10d，每季最多3次，安全间隔期5d。

马铃薯、烟草，发病前保护性用药，茎叶喷雾覆盖全株，每次用药间隔7d，每季最多3次，安全间隔期7d。

姜，移栽后发病前，每株姜用46%水分散粒剂200～300ml液顺茎基部均匀喷淋灌根，每次用药间隔15d，连续灌根3次。安全间隔期28d。保证药液浸透周围土壤。

葡萄，发病前保护性用药，茎叶喷雾覆盖全株，每次用药间隔7～10d，每季最多喷3次，安全间隔期14d。茶叶：建议在作物发病前使用，茎叶喷雾覆盖全株，每次用药间隔7～10d，每季最多喷2次，安全间隔期5d。可根据发病情况及天气情况调整用药间隔期和用药次数。

注意事项 喷雾用水的酸碱值需高于6.5。开花作物花期禁止施用，桑蚕养殖区不得使用。

络氨铜 cuaminosulfate

作用特点 本品以多元螯合剂、氨基酸和微量元素制成的络合物，具有防病治病和促进作物生长的效果。是集杀菌、防病、助长、增产于一体的高效、低毒、安全、广谱性农用杀菌剂。主要通过铜离子发挥杀菌作用，铜离子与病原菌细胞膜表面上的K^+、H^+等阳离子交换使病原菌细胞膜上的蛋白质凝固，同时部分铜离子渗入病原菌细胞内与某些酶结合影响其活性，对棉苗、西瓜等的生长具一定的促进作用，起到一定的抗病和增产作用。对各种农作物、蔬菜、果树上的多种真菌及细菌所引起的病害，如白粉病、立枯病、枯萎病、根腐病等，均有显著的预防和治疗效果。施用于作物后，病株能在短期内消除病状并恢复正常生长，无病株可提高抗病能力，促进植物快速生长，在瓜类、果树上使用，还具有增加甜度的作用。

施药技术 防治水稻稻曲病，在破口前7d和破口期，用15%水剂250～360ml/亩对水均匀喷雾；防治水稻纹枯病，可用25%水剂125～184g/亩对水均匀喷雾；防治西瓜枯萎病，发病前，用25%水剂400～600倍液灌根，每株灌药液0.8～1g/株，或用15%可溶液剂1.3～1.6ml/株350～500倍液灌根；防治番茄蕨叶病，可用25%水剂266.67～400g/亩对水均匀喷雾；防治苹果树腐烂病，可用15%水剂95ml/株涂抹病疤；防治苹果干腐病，方法是用锋利刮刀刮除病疤，刮疤大小要求略超过原疤，立茬梭形，切面光滑，然后涂药，即用100倍加多菌灵100倍加甲基硫菌灵100倍加黄油200倍（先将络氨铜、多菌灵、甲基硫菌灵配好后再加入黄油，静置2h后，黄油自动溶解），直接涂于患部，7～10d后再涂1次，即可痊愈。

防治水稻稻曲病，在破口前7d和破口期，用15%水剂250～300ml/亩对水均匀喷雾；防治棉苗立枯病、炭疽病，播种前，用25%水剂3.96～5.28g拌种1kg，能提高棉花种子的出苗率7%～10%，在棉花出苗后，用25%水剂500～600倍液对水均匀喷雾，每隔10d喷1次，保苗率在52%～62%。

防治西瓜枯萎病，发病前，用25%水剂400～600倍液灌根，每株灌药液0.8～1g/株。

防治苹果干腐病，方法是用锋利刮刀刮除病疤，刮疤大小要求略超过原疤，立茬梭形，切面光滑，然后涂药，即用100倍加多菌灵100倍加甲基硫菌灵100倍加黄油200倍（先将络氨铜、多菌灵、甲基硫菌灵配好后再加入黄油，静置2h时后，黄油自动溶解），直接涂于患部，7～10d后再涂1次，即可痊愈；防治柑橘树溃疡病、疮痂病，发病前，用15%水剂200～300倍液喷雾。

注意事项 不宜与酸性农药混施，16:00后喷洒为宜，喷后6h内遇雨应重喷。在气候炎热情况下应采用说明书中的最大稀释倍数，采收前15d停止施药。水稻在扬花期施用络氨铜有轻微药害产生，主要表现在部分稻粒及稻叶上有小黑点，示范推广中应避免在扬花期施用。

丙森锌　propineb

作用特点　本品是一种速效性好、持效期长、广谱保护性杀菌剂。其杀菌机制为抑制病原菌体内丙酮酸的氧化。该药剂对烟草、啤酒花、蔬菜、葡萄等作物的霜霉病以及番茄和马铃薯的早、晚疫病均有优良的保护性杀菌作用，并且对白粉病、锈病和葡萄孢属的病害也有一定的抑制作用。在推荐剂量下对作物安全。且该药含有易于被作物吸收的锌元素有利于促进作物生长和提高果实的品质。

施药技术　防治水稻胡麻斑病，可用70%可湿性粉剂100～150g/亩对水均匀喷雾；防治玉米大斑病，可用70%可湿性粉剂100～150g/亩对水均匀喷雾；防治大白菜霜霉病，发病初期，用70%可湿性粉剂500～700倍液对水均匀喷雾，间隔5～7d喷药1次，连喷3次；防治黄瓜霜霉病，发病前至发病初期，用70%可湿性粉剂500～700倍液对水均匀喷雾；防治西瓜疫病，可用70%可湿性粉剂150～200g/亩对水均匀喷雾；防治番茄晚疫病，发现中心病株时先摘除病叶，再用70%可湿性粉剂500～700倍液对水均匀喷雾，每隔5～7d喷药1次，连喷3次；防治番茄早疫病，发病前至发病初期，用70%可湿性粉剂400～600倍液对水均匀喷雾，间隔5～7d喷药1次，连喷3次；防治马铃薯早疫病，可用70%可湿性粉剂150～200g/亩对水均匀喷雾；防治苹果斑点落叶病，在苹果春梢或秋梢始发病时，用70%可湿性粉剂600～700倍液对水均匀喷雾，之后每隔7～10d喷药1次，连喷3～4次（秋季喷2次）；防治苹果烂果病，发病前至发病初期，用70%可湿性粉剂800倍液对水均匀喷雾；防治葡萄霜霉病，发病初期，用70%可湿性粉剂500～700倍液对水均匀喷雾，间隔7d喷药1次，连喷3次。

注意事项　本品是保护性杀菌剂，必须在病害发生前或始发期喷药。若喷了铜制剂或碱性药剂，需1周后再使用丙森锌。施药时加入多功能喷雾助剂农希望5号喷雾宝，或50%油酸甲酯液剂（喷雾精）10～20ml/15kg药液对水均匀喷雾，以提高药效。

代森锰锌　mancozeb

作用特点　本品属高效、低毒、广谱保护性杀菌剂，对疫霉属、尾孢属、壳二孢属等引起的多种作物病害，如蔬菜、果树及各种农作物的叶斑病、花腐病等均有很好的防治效果。

施药技术　防治花生叶斑病，用80%可湿性粉剂60～75g/亩，发病前或初见病斑时叶面均匀喷雾，视病情发展或天气状况施药，间隔7d左右，1季作物最多施用次数3次，安全间隔期14d；防止黄瓜霜霉病，可用70%可湿性粉剂136～200g/亩对水均匀喷雾；防治西瓜炭疽病，用80%可湿性粉剂180～250g/亩对水均匀喷雾，发病前或初见病斑时，视病情发展或天气状况施药，间隔7d左右，1季作物最多施用次数3次，安全间隔期21d；防治番茄早疫病，可用80%可湿性粉剂170～210g/亩对水均匀喷雾，发病前或初见病斑时叶面，视病情发展或天气状况施药，间隔5～10d，或用70%可湿性粉剂175～225g/亩对水均匀喷雾；防治辣椒炭疽病、疫病，可用70%可湿性粉剂171～240g/亩对水均匀喷雾；防治马铃薯晚疫病，按80%可湿性粉剂150～180g/亩对水均匀喷雾，发病前或初见病斑时，视病情发展或天气状况施药，间隔7d左右，1季作物施用不超过3次，安全间隔期7d；防治苹果树斑点落叶病、轮纹病和炭疽病，用80%可湿性粉剂一般稀释600～800倍对水均匀喷雾，于苹果落花后和秋梢期病害发生之前，分别施药2～4次，成熟期喷1～2次，视病情发展或天气状况一般间隔10d左右；防治梨树黑星病，用80%可湿性粉剂一般稀释600～1 000倍液对水均匀喷雾，于梨落花后至套袋前施药2～4次保护幼果，成熟期使用1～2次，视病情发展或天气状况间隔10d左右；防治葡萄霜霉病，用80%可湿性粉剂150～210g/亩对水均匀喷雾，于高温高湿季节病害发生前叶片，视病情和天气发展情况施药，间隔7～10d；防治葡萄黑痘病，可用80%可湿性粉剂500～800倍液对水均匀喷雾；防治葡萄白腐病，可用80%可湿性粉剂500～800倍液对水均匀喷雾。

注意事项 本品只有预防作用，不具治疗作用，因此应在发病前或发病初期施药。可与多种农药等混用，但不要与铜及强碱性药剂混用。施药时加入多功能喷雾助剂农希望5号喷雾宝，或50%油酸甲酯液剂（喷雾精）10～20ml/15kg药液对水均匀喷雾，以提高药效。

代森联 metriam

作用特点 本品非内吸性杀菌剂，用于叶面处理起杀菌防病作用。

施药技术 防治黄瓜霜霉病，发病初期，用70%水分散粒剂140～170g/亩对水均匀喷雾；防治苹果斑点落叶病、轮纹病、炭疽病，发病初期，用70%水分散粒剂500～700倍液对水均匀喷雾；防治梨黑星病、柑橘疮痂病，发病初期，用70%水分散粒剂500～700倍液对水均匀喷雾。

据资料报道，防治麦类锈病，用70%水分散粒剂500倍液对水均匀喷雾；防治花生叶斑病，发病初期，用70%水分散粒剂600～700倍液对水均匀喷雾；防治烟草炭疽病、立枯病，发病初期，用70%水分散粒剂400倍液喷雾；防治瓜类炭疽病、蔓枯病等，用70%水分散粒剂500～800倍液对水均匀喷雾。

注意事项 本品是保护性杀菌剂，必须在病害发生前或始发期喷药。施药时加入多功能喷雾助剂农希望5号喷雾宝，或50%油酸甲酯液剂（喷雾精）10～20ml/15kg药液，或超强润湿扩散喷雾助剂农希望7号喷雾宝，或25%油酸甲酯液剂（喷雾精）5～10ml/15kg药液对水均匀喷雾，以提高药效。

福美双 thiram

作用特点 本品具保护作用的广谱杀菌剂，主要用于种子和土壤处理，防治禾谷类黑穗病和多种作物的苗期立枯病，也可用于防治一些果树和蔬菜的病害。一般使用剂量下对作物无药害。

施药技术 抗菌谱广，主要用于处理种子和土壤，主要用于防治小麦白粉病、赤霉病，黄瓜白粉病、霜霉病，葡萄白腐病，水稻稻瘟病，胡麻叶斑病，甜菜根腐病，烟草根腐病等。另外，对柑橘树、苹果树炭疽病，香蕉叶斑病也有很好的作用。也可用于喷雾，防治一些果树、蔬菜病害。

防治小麦赤霉病、白粉病，发病初期，用50%可湿性粉剂500倍液对水均匀喷雾；防治水稻稻瘟病、稻胡麻叶斑病、稻秧苗立枯病、大麦黑穗病、小麦黑穗病、玉米黑穗病，用50%可湿性粉剂0.5kg拌种100kg（1：200）药种比；防治黄瓜霜霉病、白粉病，发病初期，用80%可湿性粉剂75～100g/亩对水均匀喷雾；防治苹果树炭疽病，发病初期，用80%可湿性粉剂1 000～1 200倍液对水均匀喷雾；防治葡萄白腐病，发病初期，用50%可湿性粉剂500～1 000倍液对水均匀喷雾。

防治苹果树炭疽病，发病初期，用80%可湿性粉剂1 000～1 200倍液对水均匀喷雾；防治葡萄白腐病，发病初期，用50%可湿性粉剂500～1 000倍液对水均匀喷雾雾。

注意事项 不能与铜、汞剂及碱性药剂混用或前后紧接使用。施药时加入多功能喷雾助剂农希望5号喷雾宝，或50%油酸甲酯液剂（喷雾精）10～20ml/15kg药液，或超强润湿扩散喷雾助剂农希望7号喷雾宝，或25%油酸甲酯液剂（喷雾精）5～10ml/15kg药液对水均匀喷雾，以提高药效。

百菌清 chlorothalonil

作用特点 本品属广谱性杀菌剂，主要是保护作用，对某些病害有治疗作用。能与真菌细胞中的3–

磷酸甘油醛脱氢酶发生作用，与该酶体中含有谷胱氨酸的蛋白质结合，破坏酶的活力，使真菌细胞的代谢受到破坏而丧失生命力。在植物已受到病菌侵害，病菌进入植物体内后，杀菌作用很小。百菌清没有内吸传导作用，不会从喷药部位及植物的根系被吸收，但百菌清在植物表面有良好的黏着性，不易受雨水冲刷，因此具有较长的药效期，在常规用量下，一般药效期7~10d。

施药技术 防治小麦叶锈病、叶斑病，发病初期，用75%可湿性粉剂100~127g/亩对水均匀喷雾；防治水稻稻瘟病、纹枯病、炭疽病，发病初期，用75%可湿性粉剂100~127g/亩对水均匀喷雾；防治玉米大斑病，发病初期，用75%可湿性粉剂110~140g对水均匀喷雾，以后每隔5~7d喷药1次；防治花生锈病、褐斑病、黑斑病等，发病初期，用75%可湿性粉剂100~120g/亩对水均匀喷雾，每隔10~14d喷药1次，当病害发生严重时，用75%可湿性粉剂120~150g/亩对水均匀喷雾，第1次喷药后隔10d喷第2次，以后再隔10~14d喷1次；防治白菜霜霉病，甘蓝黑斑病、霜霉病，发病初期，用75%可湿性粉剂113g/亩对水均匀喷雾，以后每隔7~10d喷1次；防治黄瓜霜霉病，可用75%可湿性粉剂147~267g/亩对水均匀喷雾；防治番茄早疫病、晚疫病、叶霉病、炭疽病，发病初期，用75%可湿性粉剂147~267g/亩对水均匀喷雾，每隔7~10d喷药1次；防治茄子、甜椒炭疽病、早疫病等，发病初期，用75%可湿性粉剂80~100g对水均匀喷雾，每隔7~10d喷药1次；防治马铃薯晚疫病、早疫病，在马铃薯封行前病害开始发生时，用75%可湿性粉剂178~267g/亩对水均匀喷雾，以后根据病情而定，一般隔7~10d喷药1次；防治菜豆锈病及炭疽病，发病前至发病初期，用75%可湿性粉剂80~100g/亩对水均匀喷雾，以后每隔7d喷1次；防治苹果树斑点落叶病，发病初期，用75%可湿性粉剂400~800倍液对水均匀喷雾；防治梨树斑点落叶病，发病初期，用75%可湿性粉剂500倍液对水均匀喷雾；防治葡萄黑痘病、炭疽病、白粉病、果腐病，在叶片发病初期或开花后2周，用75%可湿性粉剂600~750倍液对水均匀喷雾，以后视病情而定，一般每隔7~10d喷1次；防治桃褐腐病、疮痂病，在孕蕾阶段和落花时，用75%可湿性粉剂800~1 200倍液对水均匀喷雾，以后视病情而定，一般每隔14d喷1次；防治桃穿孔病，在落花时，用75%可湿性粉剂700倍液对水均匀喷雾，以后每隔14d喷1次。

注意事项 不能与石硫合剂、波尔多液等碱性农药混用。梨树、柿树、桃、梅和苹果等使用浓度偏高会发生药害，苹果的黄色品种易引起果锈，玫瑰花也有药害，与杀螟硫磷混用，桃树易产生药害。与克螨特、三环锡等混用，茶树可能产生药害。施药时加入多功能喷雾助剂农希望5号喷雾宝，或50%油酸甲酯液剂（喷雾精）10~20ml/15kg药液，或超强润湿扩散喷雾助剂农希望7号喷雾宝，或25%油酸甲酯液剂（喷雾精）5~10ml/15kg药液对水均匀喷雾，以提高药效。

烯酰吗啉 dimethomorph

作用特点 本品是专一杀卵菌纲真菌杀菌剂，具有保护、治疗和抗孢子产生活性的内吸性杀菌剂。该药主要是干扰病原菌细胞壁聚合体的正确组装，影响细胞壁的形成，其作用特点是破坏细胞壁膜的形成对卵菌生活史的各个阶段都有作用，在孢子囊梗和卵孢子的形成阶段尤为敏感。主要用于防治由霜霉属、疫霉属等引起的真菌病害。

施药技术 防治黄瓜霜霉病，可用80%可湿性粉剂20~25g/亩对水均匀喷雾；防治番茄晚疫病，发病初期，用50%可湿性粉剂30~40g/亩对水均匀喷雾；防治辣椒疫病，发病初期，用50%可湿性粉剂30~40g/亩对水均匀喷雾；防治马铃薯晚疫病，可用80%可湿性粉剂17~24g/亩对水均匀喷雾；防治葡萄霜霉病，发病初期，用80%可湿性粉剂3 200~4 000倍液对水均匀喷雾。

注意事项 当黄瓜、辣椒、十字花科蔬菜在幼苗期时，喷液量和药量用低量，喷药要使药液均匀覆盖叶片。注意使用不同作用机制的其他杀菌剂与其轮换应用。施药时加入多功能喷雾助剂农希望5号喷雾宝，或50%油酸甲酯液剂（喷雾精）10~20ml/15kg药液，或超强润湿扩散喷雾助剂农希望7号喷雾宝，或25%油酸甲酯液剂（喷雾精）5~10ml/15kg药液对水均匀喷雾，以提高药效。

噻呋酰胺 thifluzamide

作用特点 本品是一种新的噻唑羧基-N-苯酰胺类杀菌剂，具有广谱杀菌活性，可防治多种植物病害，特别是对担子菌、丝核菌属真菌所引起的病害有特效。它具有很强的内吸传导性，适用于叶面喷雾、种子处理和土壤处理等多种施药方法，成为防治水稻、花生、棉花、甜菜、马铃薯和草坪等多种作物病害的优秀杀菌剂。

施药技术 防治小麦锈病时，可用240g/L悬浮剂15~20ml/亩对水均匀喷雾；防治水稻纹枯病，水稻分蘖末期至孕穗初期，用240g/L悬浮剂18~23ml/亩对水均匀喷雾；防治花生白绢病，可用240g/L悬浮剂20~25ml/亩对水均匀喷雾。

注意事项 注意不要污染水源，存放于儿童触及不到的地方。施药时加入多功能喷雾助剂农希望5号喷雾宝，或50%油酸甲酯液剂（喷雾精）10~20ml/15kg药液，或超强润湿扩散喷雾助剂农希望7号喷雾宝，或25%油酸甲酯液剂（喷雾精）5~10ml/15kg药液对水均匀喷雾，以提高药效。

硅噻菌胺 silthiopham

作用特点 麦种经硅噻菌胺拌种后，在土壤中的种子周围形成药剂保护圈，随种子生长发育，药剂圈向水平和下部逐渐扩大，其根系生长发育始终处在药剂保护圈内，保护根系不被病菌侵染，对小麦种子和小麦根系实施全方位的有效保护，从而达到防治小麦全蚀病的目的。具体作用机理尚不清楚，研究表明其是能量抑制剂，可能是ATP抑制剂。本品具有良好的保护活性，持效期长。

施药技术 主要作种子处理防治小麦全蚀病，一般发病田，用125g/L悬浮剂20ml拌种10kg；重病田，用125g/L悬浮剂30ml拌种10kg，拌匀后必须闷种6~12h后才可播种，使药剂充分浸沾在种子上，有利于药剂发挥并杀死种子所带病菌，或用10%悬浮种衣剂310~420ml/100kg种子种子包衣。

萎锈灵 carboxin

作用特点 本品属选择性内吸杀菌剂，它能渗入萌芽的种子而杀死种子内的病菌。萎锈灵对植物生长有刺激作用，并能使小麦增产。

施药技术 主要用于防治由锈菌和黑粉菌在多种作物上引起的锈病和黑粉(穗)病。对棉花立枯病、黄萎病也有效。防治小麦锈病，可用12%可湿性粉剂45~60g/亩对水均匀喷雾。

注意事项 本品不能与强酸性药剂混用，本品100倍液对麦类可能有轻微药害。

氟酰胺 flutolanil

作用特点 本品具保护和治疗活性，主要防治担子菌门病原菌。对禾谷类雪腐病和锈病，以及水稻纹枯病、草坪褐斑病、花生白绢病等有很好的防效，蔬菜幼苗立枯病有高的活性，对作物没有药害。

施药技术 防治水稻稻纹枯病，发病前至发病初期，用20%可湿性粉剂100~125g/亩对水均匀喷雾；

防治花生白绢病在发病初期用20%可湿性粉剂75~125g/亩对水均匀喷雾，采用茎基部喷淋，间隔7~10d施药1次，可连续使用2~3次。

注意事项 可与其他农药混用，使用时应注意对鱼的毒害。施药时加入多功能喷雾助剂农希望5号喷雾宝，或50%油酸甲酯液剂（喷雾精）10~20ml/15kg药液，或超强润湿扩散喷雾助剂农希望7号喷雾宝，或25%油酸甲酯液剂（喷雾精）5~10ml/15kg药液对水均匀喷雾，以提高药效。

氟唑菌酰羟胺 pydiflumetofen

作用特点 本品也是病原菌呼吸作用抑制剂，其通过干扰呼吸电子传递链复合体Ⅱ上的三羧酸循环来抑制线粒体的功能，阻止其产生能量，抑制病原菌生长，最终导致其死亡。

施药技术 防治小麦赤霉病、油菜菌核病，用200g/L悬浮剂50~65ml/亩对水均匀喷雾。

注意事项 桑园及蚕室附近禁用。施药时加入多功能喷雾助剂农希望5号喷雾宝，或50%油酸甲酯液剂（喷雾精）10~20ml/15kg药液，或超强润湿扩散喷雾助剂农希望7号喷雾宝，或25%油酸甲酯液剂（喷雾精）5~10ml/15kg药液对水均匀喷雾，以提高药效。

腐霉利 procymidone

作用特点 本品为保护性、治疗性和持效性杀菌剂，兼有中等内吸活性，能向新叶传导，具有保护和治疗作用，持效期7d以上，能阻止病斑发展。因此在发病前进行保护性使用或在发病初期使用可取得满意效果，使用适期比较长，它有从叶、根内吸的作用，因此，它的耐雨性好；没有直接喷洒到药剂部分的病害也能被控制；对已经侵入到植物体内深部的病菌也有效。

施药技术 防治油菜菌核病，发病前至发病初期，用50%可湿性粉剂60~80g/亩对水均匀喷雾，轻病田在始盛花期喷药1次，重病田于初花期和盛花期各喷药1次；防治黄瓜灰霉病，可用80%可湿性粉剂50~60g/亩对水均匀喷雾，或用43%悬浮剂75~100ml/亩对水均匀喷雾；防治番茄（保护地）霜霉病，可用10%烟剂250~300g/亩点燃放烟，或用43%可湿性粉剂100~130ml/亩喷雾，或用80%可湿性粉剂50~60g/亩对水均匀喷雾；防治黄瓜、番茄、茄子、辣椒、葱类、草莓灰霉病，发病前至发病初期，用50%可湿性粉剂50~100g/亩对水均匀喷雾，间隔7~10d喷施1次，喷药1~2次；防治葡萄灰霉病，可用50%可湿性粉剂75~150g/亩对水均匀喷雾，或用43%悬浮剂800~1200倍液对水均匀喷雾，或用80%可湿性粉剂600~2400倍液对水均匀喷雾。

注意事项 不能与碱性药剂混用，亦不宜与有机磷农药混配。喷药时期应在发病前或发病初期，不宜在同一地方长期单一使用该药剂，应与其他杀菌剂交替使用，以避免产生抗药性。施药时加入多功能喷雾助剂农希望5号喷雾宝，或50%油酸甲酯液剂（喷雾精）10~20ml/15kg药液，或超强润湿扩散喷雾助剂农希望7号喷雾宝，或25%油酸甲酯液剂（喷雾精）5~10ml/15kg药液对水均匀喷雾，以提高药效。

异菌脲 iprodione

作用特点 本品属广谱、触杀型保护性杀菌剂，有一定的治疗作用。它既能抑制真菌孢子的萌发及产生，也可抑制菌丝体的生长。主要是抑制细胞蛋白激酶，干扰细胞内信号和碳水化合物正常进入细胞组分，能广泛用于多种作物上防治多种病害。对葡萄孢属、链孢霉属、核盘菌属、小菌核属等菌具有较好的杀菌效果，对链格孢属、蠕孢霉属、丝核菌属、镰刀菌属、伏革菌属等菌也有效果，还能用于水果贮藏的防腐保鲜。

施药技术 防治油菜菌核病在油菜初花和盛花期，各喷1次药，用255g/L悬浮剂157~196ml/亩对水均匀喷雾；防治西瓜叶斑病，用500g/L悬浮剂60~90ml/亩对水均匀喷雾；防治辣椒立枯病，用50%可湿性粉剂2~4g/m²泼浇；防治番茄早疫病、灰霉病，在番茄移植后约10d开始喷药，用50%可湿性粉剂75~100g/亩对对水均匀喷雾，间隔7~14d喷药1次，共喷3~4次；防治苹果斑点落叶病，苹果春梢生长期发病初期开始喷药，10~15d后喷第2次，秋梢生长期再喷1次，用50%可湿性粉剂1 000~1 500倍液对水均匀喷雾，或用10%乳油500~600倍液对水均匀喷雾；防治苹果树褐斑病，可用50%可湿性粉剂1 000~1 500倍液对水均匀喷雾。

注意事项 不宜长期连续使用，以免产生抗药性，应交替使用或混用不同性能的药剂。施药时加入多功能喷雾助剂农希望5号喷雾宝，或50%油酸甲酯液剂（喷雾精）10~20ml/15kg药液对水均匀喷雾，以提高药效。

甲霜灵　metalaxyl

作用特点 本品是高效内吸杀菌剂，具有保护和治疗作用，抑制孢子囊形成、菌丝生长和新感染形成。可被植物根、茎、叶迅速吸收，并在植物体内运转到各个部位，因而耐雨水冲刷。施药后持效期10~14d。可作茎叶喷雾、种子处理和土壤处理，对霜霉病菌、疫霉病菌、腐霉病菌所致的蔬菜、果树、烟草、油料、棉花、粮食等作物病害的防治有效。

施药技术 防治黄瓜霜霉病，发病前至发病初期用25%可湿性粉剂30~60g/亩对水均匀喷雾；防治马铃薯晚疫病，25%种子处理悬浮剂125~150ml/100kg种子，用水稀释至1~2L，搅拌均匀制成药浆，加入种薯充分搅拌，使药液均匀分布到种子表面，浸种薯15min，晾干后即可使用，配制好的药液应在24h内使用1：（667~800）（药种比）拌种薯。

另外，据资料报道，还可用于防治谷子白发病，用35%种子处理干粉200~300g干拌或湿拌100kg种子，湿拌时先将100kg种子用500ml水润湿种皮，然后再加药粉拌匀，即可播种。防治烟草黑胫病，甜菜和蔬菜的猝倒病等，发病初期用25%可湿性粉剂133g/亩对水50~60kg喷淋苗床；防治大棚番茄晚疫病，发病初期用25%可湿性粉剂与草木灰按重量比为16.8：100的比例充分混合均匀喷粉，用量为93g/亩，每隔6d喷粉1次，共喷3次。

注意事项 应与其他杀菌剂交替使用，避免病菌产生抗性。施药时加入多功能喷雾助剂农希望5号喷雾宝，或50%油酸甲酯液剂（喷雾精）10~20ml/15kg药液，或超强润湿扩散喷雾助剂农希望7号喷雾宝，或25%油酸甲酯液剂（喷雾精）5~10ml/15kg药液对水均匀喷雾，以提高药效。

多菌灵　carbendazim

作用特点 本品是一种高效低毒内吸性杀菌剂，由于它有明显的向顶输导性能，除叶部喷雾外，也多作拌种和浇土使用。具有保护和治疗作用，防病谱广，对葡萄孢菌、镰刀菌、小尾孢菌、青霉菌、壳针孢菌、核盘菌、黑星菌、轮枝孢菌、丝核菌效果较好，但对藻状菌和细菌无效；对子囊菌的作用也有明显的选择，即对孔出孢子属和环痕孢子属不敏感。其主要作用机制是干扰菌的有丝分裂中纺缍体的形成，从而影响菌的细胞分裂过程。

施药技术 防治小麦赤霉病，在小麦扬花期，用40%悬浮剂100~130ml/亩对水均匀喷雾，间隔7~

10d再施药1次，或用40%可湿性粉剂125g/亩喷雾泼浇；防治水稻稻瘟病，用50%悬浮剂75～100ml/亩对水均匀喷雾，防治叶瘟，在田间发现发病中心或出现急性病斑时喷第1次药，隔7d后再喷1次，防治穗瘟，在水稻破口期和齐穗期各喷1次药，或用80%可湿性粉剂70～90g/亩对水均匀喷雾；防治水稻纹枯病，水稻分蘖末期和孕穗前各喷药1次，用50%悬浮剂140～180ml/亩对水均匀喷雾，喷药时重点喷水稻茎部，或用40%可湿性粉剂125g/亩对水均匀喷雾，泼浇；防治水稻恶苗病用本品200～300倍液浸种，北方一般浸种5～7d，每天搅拌1～2次，浸种后要用清水冲洗，然后直接播种或催芽播种；防治甘薯黑斑病，用50mg/L浸种薯10min，或用30mg/L浸苗基部3～5min，药液可连续使用7～10次；防治花生叶斑病，发病初期用25%可湿性粉剂125～150g/亩对水均匀喷雾；防治花生立枯病、茎腐病、根腐病，用50%可湿性粉剂500～1 000g拌种100kg，也可以先花生种浸泡24h或将种子用水湿润，再按上述的药量拌种；防治花生倒秧病，可用80%可湿性粉剂62.5g/亩对水均匀喷雾；防治油菜菌核病，在油菜盛花期和终花期各喷药1次，用50%悬浮剂75～125ml/亩对水均匀喷雾，或用40%可湿性粉剂188～250g/亩对水均匀喷雾；防治番茄早疫病，发病初期用80%水分散粒剂62～80g/亩对水均匀喷雾，隔7～10d喷药1次，连续喷药3～5次；防治辣椒疫病，发病前，用50%悬浮剂60～80ml/亩对水灌根或喷雾；防治苹果树炭疽病，可用80%可湿性粉剂1 000～1 500倍液对水均匀喷雾；防治苹果轮纹病，在病害初发时，用80%水分散粒剂1 000～1 500倍液对水均匀喷雾，间隔7～10d喷药1次，或用50%可湿性粉剂500～750倍液对水均匀喷雾；防治梨黑星病，在梨树萌芽期，用40%悬浮剂或50%可湿性粉剂500倍液对水均匀喷雾，落花后喷第2次。

注意事项 本品为单作用点杀菌剂，病原真菌极易对它产生抗药性，为了延缓病菌产生抗药性，要与其他杀菌剂交替使用，避免连续单一使用。多菌灵可与一般杀菌剂混用，但与杀虫剂、杀螨剂混用时要随混随用，不能与铜制剂混用。稀释的药液暂时不用静置后会出现分层现象，需摇匀后用。配药和施药人员要注意防止污染手、脸和皮肤，如有污染应及时清洗，操作时不要抽烟、喝水和吃东西，工作完毕后及时清洗手脸和可能被污染的裸露部位，中毒治疗可服用或注射阿托品，施药后各种工具要注意清洗，包装物要及时回收并妥善处理。施药时加入多功能喷雾助剂农希望5号喷雾宝，或50%油酸甲酯液剂（喷雾精）10～20ml/15kg药液，或超强润湿扩散喷雾助剂农希望7号喷雾宝，或25%油酸甲酯液剂（喷雾精）5～10ml/15kg药液对水均匀喷雾，以提高药效。

甲基硫菌灵　thiopHanate-methyl

作用特点 本品是一种广谱性内吸杀菌剂，能防治多种作物病害，具有内吸、预防和治疗作用。它在植物体内转化为多菌灵干扰病菌有丝分裂过程中纺锤体的形成，影响细胞分裂，从而抑制病菌菌丝正常生长，形成畸形而死亡，其抑菌谱与多菌灵相同。

施药技术 防治水稻稻瘟病和水稻纹枯病，发病初期或幼穗形成期至孕穗期，用70%可湿性粉剂100～150g/亩对水均匀喷雾，隔7d后再喷药1次，或用500g/L悬浮剂100～150g/亩对水均匀喷雾；防治水稻纹枯病，用36%悬浮剂800～1 500倍液对水均匀喷雾；防治小麦赤霉病，可用36%悬浮剂1 500倍液对水均匀喷雾；防治小麦白粉病，可用36%悬浮剂1 500倍液对水均匀喷雾；防治花生叶斑病，发病初期用50%可湿性粉剂100～120ml/亩对水40～50kg喷雾；防治甘薯黑斑病，用50%可湿性粉剂1 100～1 400倍液浸种薯10min，或用50%可湿性粉剂2 500倍液药液浸薯苗基部10min；防治甘薯黑斑病，可用36%悬浮剂800～1 000倍液浸种、喷雾；防治油菜菌核病，在油菜盛花期，用36%悬浮剂1 500倍液对水均匀喷雾，间隔7～10d再喷药1次；防治黄瓜白粉病，可用500g/L悬浮剂80～100ml/亩对水均匀喷雾；防治西瓜炭疽病，发病初期用70%可湿性粉剂50～80g/亩喷雾；防治番茄叶霉病，发病初期用70%可湿性粉剂72g/亩对水均匀喷雾；防治马铃薯环腐病，用36%悬浮剂800倍液浸种薯；防治苹果、梨、桃、葡萄的黑星病、白粉病、炭疽病、轮纹病、褐腐病、黑痘病和灰霉病，发病初期用70%可湿性粉剂1 000～1 500倍液对水均匀喷雾，间隔10d喷1次，连续喷7～10次；防治葡萄白粉病，可用36%悬浮剂800～1 000倍液对水均匀喷雾；防治苹果腐烂病，可用5%膏剂60～120ml/亩涂抹。

注意事项　病原菌对本药剂容易产生抗药性，在使用时应避免频繁连用，可采用与其他药剂轮换使用，或采用复配药剂，以延缓抗药性产生，但不能用多菌灵、苯菌灵、噻菌灵作替代药剂。施药时加入多功能喷雾助剂农希望5号喷雾宝或50%油酸甲酯液剂（喷雾精）10～20ml/15kg药液，或超强润湿扩散喷雾助剂农希望7号喷雾宝或25%油酸甲酯液剂（喷雾精）5～10ml/15kg药液以提高药效。

霜霉威盐酸盐　propamocarb

作用特点　本品是一种内吸、低毒杀菌剂，通过抑制病菌细胞膜中磷脂和脂肪酸的生化合成抑制菌丝生长、孢子囊的形成和孢子萌发，兼有保护和治疗的作用，适用于土壤处理、种子处理和液面喷雾。

施药技术　防治黄瓜猝倒病，可用722g/L水剂5～8ml/苗床浇灌；防治黄瓜疫病，可用722g/L水剂5～8ml/亩对水均匀喷雾；防治黄瓜霜霉病，可用722g/L水剂87～110ml/亩对水均匀喷雾；防治甜椒疫病，用722g/L水剂70～110ml/亩对水均匀喷雾；防治菠菜霜霉病，可用722g/L水剂90～120ml/亩对水均匀喷雾。

注意事项　病原菌对本药剂容易产生抗药性，可与其他药剂轮换使用。施药时加入多功能喷雾助剂农希望5号喷雾宝，或50%油酸甲酯液剂（喷雾精）10～20ml/15kg药液，或超强润湿扩散喷雾助剂农希望7号喷雾宝，或25%油酸甲酯液剂（喷雾精）5～10ml/15kg药液对水均匀喷雾，以提高药效。

霜脲氰　cymoxanil

作用特点　本品具有局部内吸作用的杀菌剂。可抑制孢子萌发，对葡萄霜霉病、疫病等有效，与保护性杀菌剂混用以延长持效期。

施药技术　防治马铃薯晚疫病，可用25%悬浮剂60～80g/亩喷雾；防治葡萄霜霉病，可用20%悬浮剂2 000～2 500倍液喷雾，或用80%水分散粒剂8 000～10 000倍液喷雾。

资料报道，用于防治马铃薯、番茄、葡萄、黄瓜、白菜等作物上的霜霉病和晚疫病，其效果和甲霜灵相当，而霜脲氰保持药效时间长，没有药害，和代森锰锌混配效果更佳。

注意事项　多用在与其他杀菌剂混用提高防效。避免与碱性物质接触。施药时加入多功能喷雾助剂农希望5号喷雾宝，或50%油酸甲酯液剂（喷雾精）10～20ml/15kg药液，或超强润湿扩散喷雾助剂农希望7号喷雾宝，或25%油酸甲酯液剂（喷雾精）5～10ml/15kg药液对水均匀喷雾，以提高药效。

氰烯菌酯　fiuoxastrobin

作用特点　本品对镰刀菌类引起的病害有效，具有保护作用和治疗作用。通过根部被吸收，在叶片上有向上输导性，面向叶片下部及叶片间的输导性较差。

施药技术　防治小麦赤霉病，用25%悬浮剂100～200ml/亩，对水30～40kg进行喷雾防治；防治水稻恶苗病，可用25%悬浮剂2 000～3 000倍液浸种。

注意事项　施药时加入多功能喷雾助剂农希望5号喷雾宝，或50%油酸甲酯液剂（喷雾精）10～20ml/15kg药液，或超强润湿扩散喷雾助剂农希望7号喷雾宝，或25%油酸甲酯液剂（喷雾精）5～10ml/15kg药液对水均匀喷雾，以提高药效。

甲基立枯磷 tolclofos-methyl

作用特点 本品适用于防治土传病害的新型广谱内吸杀菌剂，主要起保护作用，其吸附作用强，不易流失，持效期较长。对半知菌类、担子菌纲和子囊菌纲等各种病原菌均有很强的杀菌活性，如棉花、马铃薯、甜菜和观赏植物上的立枯丝核菌、齐整小核菌、伏革菌属和核盘菌属。对立枯病菌、菌核病菌、雪腐病菌等有卓越的杀菌作用。

施药技术 防治水稻苗期立枯病，可用20%乳油150～220ml/亩苗床对水均匀喷雾；防治花生白绢病，用50%可湿性粉剂150～300g/亩，沟施或拌细土撒施；防治番茄黄萎病，发病初期用20%乳油900倍液灌根；防治辣椒疫病，用20%乳油1 000倍液浸种12h；防治豇豆枯萎病，发病初期用20%乳油1 200倍液对水均匀喷雾；防治大蒜白腐病，发病初期用20%乳油1 000倍液对水均匀喷雾。

注意事项 在病害发生前或初期用药。该药剂对西洋草可能发生药害。

嘧菌酯 azoxystrobin

作用特点 本品是高效广谱杀菌剂，具有保护、治疗、铲除、渗透、内吸活性。药剂进入病菌细胞内，与线粒体上细胞色素b的Qo位点相结合，阻断细胞色素b和细胞色素c1之间的电子传递，从而抑制线粒体的呼吸作用，破坏病菌的能量合成，由于缺乏能量供应，病菌孢子萌发、菌丝生长和孢子的形成都受到抑制。该杀菌剂喷施到小麦叶片上24h和8d后，可被植物吸收20%和45%，并在植物体内向顶性输导和跨层转移，均匀分布。虽然内吸速度较慢，但喷施后2h降雨对药效没有影响。对多种植物病害都有很好的保护作用，但治疗和铲除作用的大小因病害而异。

施药技术 防治水稻稻瘟病，可用50%悬浮剂32～40ml/亩对水均匀喷雾；防治大豆锈病，发病初期用25%悬浮剂40～60ml/亩对水均匀喷雾；防治黄瓜蔓枯病、黑星病、白粉病，发病初期用25%悬浮剂60～90ml/亩对水均匀喷雾；防治黄瓜白粉病，可用50%悬浮剂30～45ml/亩对水均匀喷雾；防治西瓜、甜瓜炭疽病、蔓枯病，发病初期用25%悬浮剂800～1 600倍液对水均匀喷雾。

防治番茄晚疫病、叶霉病，发病初期用25%悬浮剂60～90ml/亩对水均匀喷雾；防治番茄早疫病，发病初期可用25%悬浮剂1 000～1 500倍液对水均匀喷雾；防治马铃薯晚疫病、早疫病、黑痣病，发病初期可用25%悬浮剂35～60ml/亩对水均匀喷雾；防治葡萄霜霉病、白腐病、黑痘病，发病初期可用25%悬浮剂800～1 200倍液对水均匀喷雾。

注意事项 在推荐剂量下，除少数苹果品种（嘎啦品系）和烟草生长早期外，对作物安全，也不会影响种子发芽或栽播下茬作物。能在土壤中通过微生物和光学过程迅速降解，半衰期为1～4周。

啶氧菌酯 picoxystrobin

作用特点 本品是广谱、内吸性杀菌剂，具有铲除、保护、渗透和内吸作用，其进入病菌细胞内，与线粒体上细胞色素b的Qo位点相结合，阻断细胞色素b和细胞色素c1之间的电子传递，从而抑制线粒体的呼吸作用，破坏病菌的能量合成，进而抑制病菌孢子萌发、菌丝生长以及孢子的形成。防治对14-脱甲基化酶抑制剂、苯甲酰胺类、二羧酰胺类和苯并咪唑类产生抗性的菌株有效。啶氧菌酯一旦被叶片吸收，就会在木质部中移动，随水流在运输系统中流动；它也在叶片表面的气相中流动并随着从气相中吸收进入叶片后又在木质部中流动。

施药技术 防治黄瓜霜霉病，用22.5%悬浮剂制剂量35～45ml/亩对水均匀喷雾，或用70%水分散粒剂

14～16g/亩对水均匀喷雾；防治西瓜蔓枯病、炭疽病，用22.5%悬浮剂制剂量39～50ml/亩对水均匀喷雾；防治西瓜炭疽病，可用30%悬浮剂40～50ml/亩对水均匀喷雾；防治番茄和黄瓜灰霉病、辣椒炭疽病等，用22.5%悬浮剂制剂量30～36ml/亩对水均匀喷雾。

注意事项　温室大棚环境复杂，该产品不建议在温室大棚使用。

吡唑醚菌酯　pyraclostrobin

作用特点　本品具较宽的杀菌谱和很高的杀菌活性，同时具有保护和治疗作用。是一种线粒体呼吸抑制剂。它通过阻止细胞色素b和c1间电子传递而抑制线粒体呼吸作用，使线粒体不能产生和提供细胞正常代谢所需要的能量（ATP），最终导致细胞死亡。具有较强的抑制病菌孢子萌发能力，对叶片内菌丝生长有很好的抑制作用，其持效期较长，并且具有潜在的治疗活性。该化合物在叶片内向叶尖或叶基传导及熏蒸作用较弱，但在植物体内的传导活性较强。可有效地防治由子囊菌、担子菌、半知菌和卵菌等真菌引起的作物病害，对黄瓜霜霉病、黄瓜白粉病、黄瓜炭疽病、葡萄霜霉病、小麦白粉病、小麦赤霉病、小麦锈病、水稻纹枯病、稻瘟病、草莓白粉病、草莓灰霉病、苹果褐斑病、斑点落叶病、西瓜和姜炭疽病、马铃薯晚疫病等均有较好的防效。促进超氧化物歧化酶的活性，提高作物的抗逆能力。提高硝酸还原酶活性，增加氨基酸及蛋白质的积累，提高作物对病菌侵害的抵抗力。可改善作物品质，增加叶绿素含量，增强光合作用，降低植物呼吸作用，增加碳水化合物积累。

施药技术　防治小麦锈病，用30%悬浮剂25～30ml/亩对水均匀喷雾；防治小麦赤霉病，可用25%悬浮剂27～40ml/亩对水均匀喷雾；防治小麦白粉病，用25%悬浮剂30～40g/亩喷雾；防治水稻稻瘟病，用9%微囊悬浮剂56～73ml/亩喷雾；防治水稻穗颈瘟时，于水稻破口初期用药1次，依据病害情况，水稻齐穗期可再用药1次，但用药最迟不能晚于盛花期；防治水稻叶瘟时，低剂量最早可于分蘖末期且稻田覆盖率达60%以上使用，若稻田覆盖率大于75%，可使用高剂量。防治水稻纹枯病，发病前或初期开始施药，用25%乳油58～66ml/亩对水均匀喷雾；防治白菜炭疽病，发病初期用25%乳油30～50ml/亩对水均匀喷雾；防治黄瓜霜霉病、白粉病，发病初期用25%乳油30～40ml/亩对水均匀喷雾，一般喷药3～4次，间隔7d喷1次药，或用50%水分散粒剂11.25～15g/亩对水均匀喷雾，或用30%悬浮剂25～35g/亩对水均匀喷雾；防治黄瓜炭疽病，可用25%悬浮剂20～40ml/亩对水均匀喷雾；防治西瓜炭疽病，可用50%水分散粒剂10～15g/亩对水均匀喷雾；防治马铃薯晚疫病发病初期用20%微囊悬浮剂30～50ml/亩对水均匀喷雾；防治苹果树褐斑病，可用30%悬浮剂5 000～6 000倍液对水均匀喷雾。

注意事项　使用应以推荐剂量并同其他无交互抗性的杀菌剂现用，并严格限制每个生长季节的用药次数，以延缓抗性的发生和发展。

肟菌酯　trifloxystrobin

作用特点　本品具有广谱、渗透、快速吸收分布的特点，作物吸收快加之其具有向上的内吸性，故耐雨水冲刷性能好、持效期长，因此被认为是第2代甲氧基丙烯酸酯类杀菌剂。它是线粒体呼吸抑制剂，与吗啉类、三唑类、苯胺基嘧啶类、苯基吡咯类、苯基酰胺类（如甲霜灵）无交互抗性。肟菌酯主要用于茎叶处理，保护活性优异，且具有一定的治疗活性，且活性不受环境影响，应用最佳期为孢子萌发和发病初期阶段，但对黑星病各个时期均有活性。

施药技术　防治水稻稻曲病、稻瘟病、水稻纹枯病等，于病害发病前或发生初期用60%水分散粒剂9～12g/亩对水均匀喷雾；防治番茄早疫病于发病前或发病初期用50%水分散粒剂8～10g/亩对水均匀喷雾；防治辣椒炭疽病、马铃薯晚疫病，用50%悬浮剂19~22ml/亩对水均匀喷雾；防治苹果树褐斑病于发病初期用50%水分散粒剂7 000~8 000倍液对水均匀喷雾，注意喷雾均匀、周到，以确保药效，或用40%悬浮剂5 500~6 500倍液对水均匀喷雾；防治葡萄白粉病，发病前或初见零星病斑时用50%水分散粒剂3 000~4 000倍液对水均匀喷雾。

醚菌酯 kresoxim-methyl

作用特点 本品属甲氧基丙烯酸酯类杀菌剂，通过抑制细胞核外的线粒体的呼吸而起作用，对孢子萌发及叶片内菌丝体的生长有很强的抑制作用，具有保护、治疗和铲除活性，另外有很好的渗透及局部内吸活性，持效期长。对作物生产积极的生理调节作用，它能抑制乙烯的产生，帮助作物有更长的时间储备生物能量确保成熟度，能显著提高作物的硝化还原酶的活性，当作物受到病毒袭击时，它能加速抵抗病毒中蛋白的形成。

施药技术 防治小麦赤霉病，可用50%水分散粒剂8~16g/亩对水均匀喷雾；防治小麦白粉病，可用30%悬浮剂40~60ml/亩对水均匀喷雾；防治小麦锈病，可用30%悬浮剂70~100ml/亩对水均匀喷雾；防治水稻纹枯病，可用30%悬浮剂20~30ml/亩对水均匀喷雾；防治番茄早疫病，可用30%悬浮剂50~60g/亩对水均匀喷雾；防治苹果树斑点落叶病，可用30%悬浮剂2 000~3 000倍液对水均匀喷雾，或用50%水分散粒剂3 000~5 000倍液对水均匀喷雾；防治苹果树黑星病，可用50%水分散粒剂5 000~7 000倍液对水均匀喷雾；防治黄瓜白粉病，可用50%水分散粒剂15~20g/亩对水均匀喷雾，或用30%悬浮剂30~35g/亩对水均匀喷雾；防治梨树黑星病，可用50%水分散粒剂3 000~5 000倍液对水均匀喷雾；防治葡萄霜霉病，可用30%悬浮剂2 200~3 200倍液对水均匀喷雾。

注意事项 避免与强酸强碱性农药混用以免降低药效；建议与其他作用机制不同的杀菌剂轮换使用以延缓产生抗性；本品对鱼类等水生生物等有毒，应远离水产养殖区施药，禁止在河塘等水体中清洗施药器具，避免污染水源。

三唑酮 triadimefon

作用特点 本品对病害具有预防、铲除和治疗作用。三唑酮具有很强的内吸性，被植物各部分吸收后，能在植物体内传导，药剂被根系吸收后向顶部传导能力很强。对病菌孢子萌发和原来母细胞的生长无抑制作用或仅有轻微的抑制作用，但能使子细胞变形，菌丝膨大，分枝畸形，生长受抑制，并能抑制孢子的形成，其作用机理是强烈抑制麦角甾醇的生物合成，改变孢子的形态和细胞膜的结构，并影响其功能，而使病菌死亡或受抑制。麦角甾醇是构成真菌细胞的主要成分，直接影响到细胞的渗透性，除卵菌纲真菌外，对所有真菌均有抑制作用。

施药技术 防治小麦白粉病、锈病，可用25%可湿性粉剂50~60g/亩对水均匀喷雾；防治水稻纹枯病，发病初期用8%悬浮剂60~80ml/亩对水均匀喷雾；防治水稻叶尖枯病，发病初期用8%悬浮剂100~120g/亩对水均匀喷雾；防治玉米丝黑穗病，可用15%可湿性粉剂药种比1:167~250拌种；防治西瓜、黄瓜、甜瓜及丝瓜白粉病，发病初期用25%可湿性粉剂2 000~3 000倍液对水均匀喷雾；防治豇豆锈病，发病初期用25%可湿性粉剂125g/亩对水均匀喷雾。

注意事项 一定要按规定用药量使用，否则作物易受药害。药害表现为植株生长缓慢、株型矮化、叶片变小、颜色深绿等。受药害严重时，生长停滞。拌种处理时，要严格控制用量，特别是麦类种子，播种后如遇长期干旱容易产生药害，表现为出苗率低，已出的苗生长矮小，叶片变小，颜色深绿色等，受药害严重时，生长停止。叶面喷雾时，施药时加入多功能喷雾助剂农希望5号喷雾宝，或50%油酸甲酯液剂（喷雾精）10～20ml/15kg药液，或超强润湿扩散喷雾助剂农希望7号喷雾宝，或25%油酸甲酯液剂（喷雾精）5～10ml/15kg药液对水均匀喷雾，以提高药效。

苯醚甲环唑　difenoconazole

作用特点　本品具有内吸性，是甾醇脱甲基化抑制剂，杀菌谱广，叶面处理或种子处理可提高作物的产量和品质，对子囊菌亚门、担子菌亚门和包括链格孢属、壳二孢属、尾孢霉属、刺盘孢属、球座菌属、茎点霉属、柱隔孢属、壳针孢属、黑星菌属在内的无性菌门真菌及某些具有种传病原菌有持久的保护和治疗活性。

施药技术　防治小麦散黑穗病、矮腥黑穗病、腥黑穗病、全蚀病、白粉病、根腐病、纹枯病、颖枯病，用3%悬浮种衣剂200～400ml拌种100kg；防治大白菜黑斑病，发病初期用10%水分散粒剂35～50g/亩对水均匀喷雾；防治黄瓜白粉病、炭疽病，发病初期用10%水分散粒剂50～83g/亩对水均匀喷雾；防治西瓜炭疽病、蔓枯病，发病初期用10%水分散粒剂60～80g/亩对水均匀喷雾；防治番茄早疫病，发病初期用10%微乳剂85～100ml/亩对水均匀喷雾；防治辣椒炭疽病，发病初期用10%水分散粒剂65～80g/亩对水均匀喷雾；防治菜豆锈病，发病初期用10%水分散粒剂60～80g/亩对水均匀喷雾；防治芹菜斑枯病，用10%水分散粒剂35～45g/亩对水均匀喷雾；防治大蒜叶枯病，用10%水分散粒剂30～60g/亩对水均匀喷雾；防治苹果树斑点落叶病，发病初期用10%水分散粒剂1 500～2 500倍液对水均匀喷雾；防治梨树黑星病，发病初期可用10%微乳剂6 000～7 000倍液对水均匀喷雾；防治葡萄黑痘病、炭疽病，发病初期可用10%水分散粒剂1 000～1 500倍液对水均匀喷雾。

注意事项　本品具有内吸性，可以通过输导组织传送到植物全身，但为了确保防治效果，在喷雾时要求果树全株均匀喷药。施药时加入多功能喷雾助剂农希望5号喷雾宝，或50%油酸甲酯液剂（喷雾精）10～20ml/15kg药液对水均匀喷雾，以提高药效。

烯唑醇　diniconazole

作用特点　本品属广谱内吸性杀菌剂，是甾醇脱甲基化抑制剂。抗菌谱广，具有较高的杀菌活性和内吸性，有保护、治疗和铲除作用。特别对子囊菌和担子菌有较高活性。它对孢子萌发的抑制作用小，而明显抑制萌芽后芽管的伸长、吸器的形状及菌体在植物体内的发育、新孢子的形成等。植物种子、根、叶片均能内吸，并具有较强的向顶传导性能，残效期长。

施药技术　防治小麦散黑穗病、腥黑穗病、坚黑穗病，用12.5%可湿性粉剂160～240g拌种100kg；防治小麦白粉病、锈病、纹枯病、叶枯病，用12.5%可湿性粉剂32～64g/亩对水均匀喷雾；防治小麦条锈病，可用12.5%可湿性粉剂30～50g/亩对水均匀喷雾；防治水稻纹枯病，发病初期用12.5%可湿性粉剂30g/亩对水均匀喷雾；防治花生褐斑病、黑斑病，发病初期用12.5%可湿性粉剂25～34g/亩对水均匀喷雾；防治花生叶斑病，可用12.5%可湿性粉剂25～34g/亩对水均匀喷雾；防治苹果斑点落叶病，在苹果感病初期，用12.5%可湿性粉剂1 000～2 500倍液对水均匀喷雾；防治梨黑星病，在初见病芽、病叶或病果时，用12.5%可湿性粉剂3 000～4 000倍液对水均匀喷雾；防治葡萄黑痘病、炭疽病，发病初期用12.5%乳油2 000～3 000倍液对水均匀喷雾。

注意事项　拌种时要先用少量水喷洒种子，将种子润湿，然后按推荐的用药剂量拌种，应充分混拌均匀，然后再播种。长时间、单一使用该药，易使病菌产生抗药性，建议与作用机制不同的其他杀菌剂轮换使用。施药时加入多功能喷雾助剂农希望5号喷雾宝，或50%油酸甲酯液剂（喷雾精）10～20ml/15kg药液，或加入超强润湿扩散喷雾助剂农希望7号喷雾宝，或25%油酸甲酯液剂（喷雾精）5～10ml/15kg药液对水均匀喷雾，以提高药效。

氟硅唑 flusilazole

作用特点　本品是高效、低毒、广谱、内吸性杀菌剂。能抑制病原菌菌丝的伸长，阻止已发芽的病菌孢子侵入作物组织。杀菌谱广，对大部分病原真菌均有很好的防效。尤其是对子囊菌、担子菌及部分半知菌等防效优异，其中包括果树和瓜类黑星病、白粉病、锈病、烟草赤星病等。预防兼治疗，喷药后能迅速被作物叶面吸收，向下传导，产生保护作用，感病前施药，可阻止病菌芽管生长，感染后施药则可阻止菌丝的生长与孢子形成，抑制病原菌蔓延，速效性和长效性均较突出，喷药后能迅速渗入植物体各部，抑制菌丝生长，避免雨水冲刷，达到全面保护治疗效果。

施药技术　防治黄瓜白粉病、黑星病，发病前期，用40%乳油6 000～8 000倍液对水均匀喷雾，间隔7d左右喷1次药，或用10%水乳剂40～60ml/亩对水均匀喷雾；防治黄瓜黑星病，可用400g/L乳油10～12.5g/亩对水均匀喷雾；防治番茄早疫病，发病初期用10%水乳剂45～50ml/亩对水均匀喷雾，间隔7～10d施药1次；防治番茄叶霉病，发病初期用10%水乳剂40～50ml/亩对水均匀喷雾；防治菜豆白粉病，发病初期用40%乳油7.5～10ml/亩对对水均匀喷雾，或用10%水乳剂40～50ml/亩对水均匀喷雾；防治苹果轮纹病发病前期，用20%可湿性粉剂2 000～3 000倍液加50%多菌灵可湿性粉剂1 000倍液对水均匀喷雾，5月中旬至采前8d，间隔10～14d喷1次药；防治梨树赤星病，可用400g/L乳油8 000～10 000倍液对水均匀喷雾；防治梨黑星病，发病初期用40%乳油10 000倍液对水均匀喷雾，间隔7～10d施药1次，连续4次，采收前18d停止施药；或用10%水乳剂2 000～4 000倍液对水均匀喷雾；防治葡萄黑痘病、白腐病、炭疽病、白粉病等，发病初期用40%乳油8 000～10 000倍液对水均匀喷雾，间隔7～10d左右施1次药。

注意事项　为预防可能产生抗药性，应与其他药剂轮换使用。施药时加入多功能喷雾助剂农希望5号喷雾宝，或50%油酸甲酯液剂（喷雾精）10～20ml/15kg药液，或超强润湿扩散喷雾助剂农希望7号喷雾宝，或25%油酸甲酯液剂（喷雾精）5～10ml/15kg药液对水均匀喷雾，以提高药效。

腈菌唑 myclobutanil

作用特点　本品是一类具保护和治疗活性的内吸性三唑类杀菌剂。主要对病原菌的麦角甾醇的生物合成起抑制作用。杀菌谱广，对子囊菌、担子菌均具有较好的防治效果。该药剂持效期长，药效高，对作物安全，有一定刺激生长作用。具有预防和治疗作用。

施药技术　防治小麦白粉病，发病初期用25%乳油8～16g/亩对水均匀喷雾，共施药2次，间隔10～15d，或用40%可湿性粉剂10～15g/亩对水均匀喷雾；防治麦类散黑穗病、坚黑穗病、网腥黑穗病、小麦颖枯病、大麦条纹病和网斑病以及由镰刀菌引起的种传病害，用25%乳油0.1～0.2g/kg处理种子；防治黄瓜白粉病、黑星病，发病初期用40%可湿性粉剂10～12.5g/亩对水均匀喷雾；防治豇豆锈病，发病初期用40%可湿性粉剂13～20g/亩对水均匀喷雾；防治苹果白粉病，发病初期用40%可湿性粉剂6 000～8 000倍液对水均匀喷雾；防治梨树黑星病，发病初期用40%可湿性粉剂8 000～10 000倍液对水均匀喷雾；防治葡萄白粉病，发病初期用5%乳油1 000～2 000倍液对水均匀喷雾；防治葡萄炭疽病，发病初期用40%可湿性粉剂4 000～6 000倍液对水均匀喷雾；防治桃树褐腐病，用40%悬浮剂4 000～5 000倍液对水均匀喷雾，以提高药效。。

注意事项　施药时注意安全，做好个人防护。施药时加入多功能喷雾助剂农希望5号喷雾宝，或50%油酸甲酯液剂（喷雾精）10～20ml/15kg药液药液对水均匀喷雾，以提高药效。

丙环唑　propiconazole

作用特点　本品是一种具有保护和治疗作用的内吸性杀菌剂，可被根、茎、叶部吸收，并能很快地在植株体内向上传导。丙环唑可以防治子囊菌、担子菌和半知菌所引起的病害，特别是对小麦根腐病、白粉病、水稻恶苗病具有较好的防治效果，但对卵菌引起病害无效。残效期在1个月左右。

施药技术　防治小麦全蚀病，用25%乳油按种子重量0.1%～0.2%拌种或0.1%闷种；防治小麦白粉病、条锈病、纹枯病、根腐病，发病初期用25%乳油35ml/亩对水均匀喷雾；防治小麦眼斑病，发病初期用25%乳油35ml/亩对水均匀喷雾；防治小麦颖枯病孕穗期，用25%乳油35ml/亩对水均匀喷雾；防治水稻穗瘟，用45%水乳剂18～22ml/亩均匀对水均匀喷雾，在水稻始穗期和齐穗期各施药1次；防治水稻纹枯病在水稻纹枯病初期施药，用45%水乳剂18～22ml/亩对水均匀喷雾；防治水稻稻曲病建议在发病初期就开始施药防治，视田间发病情况施药2次，每次间隔7～10d，用45%水乳剂18～22ml/亩对水均匀喷雾。

注意事项　本品为三唑类杀菌剂，建议与其他作用机制不用的杀菌剂轮换使用；勿与强碱性农药混用；施药时加入多功能喷雾助剂农希望5号喷雾宝，或50%油酸甲酯液剂（喷雾精）10～20ml/15kg药液对水均匀喷雾，以提高药效。

三环唑　tricyclazole

作用特点　本品是一种具有较强内吸性的保护性三唑类杀菌剂，能迅速被水稻根、茎、叶吸收，并输送到植株各部位，持效期长，药效稳定，抗雨水冲刷力强，喷药1h后遇雨不需补喷药。主要是抑制孢子萌发和附着孢形成，从而有效地阻止病菌侵入和减少稻瘟病菌孢子的产生。

施药技术　防治水稻叶瘟，在稻瘟病初发阶段普遍蔓延之前，用75%可湿性粉剂22g/亩对水均匀喷雾，对生长过旺、土地过肥、排水不良以及品种为高度易感病型的地块，在症状初发时应立即全田施药；防治水稻穗瘟，在水稻拔节末期至抽穗初期，用75%可湿性粉剂26g/亩对水均匀喷雾；防止水稻稻瘟病，可用75%可湿性粉剂25～30g/亩对水均匀喷雾。

注意事项　属保护性杀菌剂，防治穗颈瘟第1次喷药最迟不宜超过破口后3d。施药时加入多功能喷雾助剂农希望5号喷雾宝，或50%油酸甲酯液剂（喷雾精）10～20ml/15kg药液，或超强润湿扩散喷雾助剂农希望7号喷雾宝，或25%油酸甲酯液剂（喷雾精）5～10ml/15kg药液对水均匀喷雾，以提高药效。稻田施药时，喷雾助剂的用量要适当增加。

咪鲜胺　prochloraz

作用特点　本品是广谱性杀菌剂，具有保护作用和铲除作用。虽然不具内吸作用，但它具有一定的传导性能。通过抑制甾醇的生物合成而起作用，对于子囊菌及半知菌引起的多种作物病害有特效。对水稻恶苗病、芒果炭疽病、柑橘青、绿霉病及炭疽病和蒂腐病、香蕉炭疽病及冠腐病等有较好的防治效果，还可以用于水果采收后处理，防治贮藏期病害。用作种子处理时，对禾谷类许多种传和土传真菌病害有较好活性。

施药技术 防治小麦赤霉病，小麦抽穗扬花期，用25%乳油800～1 000倍液对水均匀喷雾；防治水稻恶苗病，长江流域及以南地区，用25%乳油2 000～3 000倍液浸种1～2d，然后取出稻种用清水催芽，黄河流域及以北地区，用25%乳油3 000～4 000倍液浸种3～5d，然后取出，清水进行催芽，在黑龙江省用药液浸种浓度和播后催芽前用水浸种时间一致，然后取出催芽；在东北地区，用25%乳油3 000～5 000倍液，浸种5～7d，浸种时间的长短根据温度而定，低温时间长，高温时间短，防治水稻稻瘟病，水稻"破肚"出穗前和扬花前后，用25%乳油60～100ml/亩对水均匀喷雾；防治穗颈瘟病，病轻时喷1次即可，发病重的年份在第1次喷药后间隔7d再喷1次；防治小麦白粉病，发病初期用25%乳油50～60ml/亩对水均匀喷雾，根据病情发展，6～7d再喷第2次药；防治黄瓜炭疽病，发病初期用25%乳油500～1 000倍液喷雾或50%悬浮剂60～80ml/亩喷雾；防治西瓜枯萎病时，应选择在瓜苗定植期、缓苗后和坐果初期为宜，25%乳油750～1 000倍液对水均匀喷雾；防治番茄炭疽病，发病初期用45%乳油1 500～2 000倍液对水均匀喷雾，间隔7～10d喷1次，连续2～3次；防治辣椒炭疽病，发病初期用25%乳油500～1 000倍液喷雾，或50%悬浮剂60～80ml/亩对水均匀喷雾；防治辣椒白粉病，发病初期用25%乳油50～70ml/亩对水均匀喷雾；防治辣椒枯萎病，用25%乳油500～750倍液对水均匀喷雾；防治苹果炭疽病，发病初期用25%乳油800～1 000倍液对水均匀喷雾；防治葡萄炭疽病，发病初期25%乳油800～1 200倍液对水均匀喷雾。

注意事项 防腐保鲜处理应将当天采收的果实，当天用药处理完毕。浸果前务必将药剂搅拌均匀，浸果1min后捞起晾干。水稻浸种长江流域以南浸种1～2d，黄河流域以北浸种3～5d后用清水催芽播种。田间喷药加入多功能喷雾助剂农希望5号喷雾宝，或50%油酸甲酯液剂（喷雾精）10～20ml/15kg药液对水均匀喷雾，以提高药效。

咯菌腈 fludioxonil

作用特点 本品是非内吸性的广谱杀菌剂。咯菌腈的作用机理主要是通过抑制葡萄糖磷酰化有关酶的转移，并抑制真菌菌丝体的生长，最终导致病菌死亡。作用机理独特，与现有杀菌剂无交互抗性。作为叶面杀菌剂用于防治雪腐镰孢菌、小麦网腥黑穗菌、立枯病菌等，对灰霉病有特效；作为种子处理剂，主要用于谷物和非谷物类作物中防治种传和土传病菌，如链格孢属、壳二孢属、曲霉属、镰孢菌属、长蠕孢属、丝核菌属及青霉属等。

施药技术 防治小麦腥黑穗病，可用25g/L悬浮种衣剂100～200ml/100kg种子 种子包衣；防治小麦根腐病，可用25g/L悬浮种衣剂150～200ml/100kg种子 种子包衣；防治小麦纹枯病，可用25g/L悬浮种衣剂168～200ml/100kg种子进行种子包衣；防治水稻恶苗病，用25g/L悬浮种衣剂400～600g拌种100kg；防治水稻恶苗病，可用25g/L悬浮种衣剂500～600ml/100kg种子进行种子包衣或200～300ml/100kg种子浸种；防治玉米茎基腐病，可用25g/L悬浮种衣剂150～200ml/100kg种子进行种子包衣；防治大豆根腐病，可用25g/L悬浮种衣剂600～800ml/100kg种子进行种子包衣；防治花生 根腐病，可用25g/L悬浮种衣剂600～800ml/100kg种子进行种子包衣；防治西瓜枯萎病，可用25g/L悬浮种衣剂400～600ml/100kg种子进行种子包衣；防治番茄灰霉病，发病初期，30%咯菌腈悬浮剂9～12ml/亩对水均匀喷雾，可视发病情况隔7～14d连续施药1～2次，每季最多使用3次；防治马铃薯黑痣病，可用25g/L悬浮种衣剂100～200ml/100kg种子进行种子包衣。

注意事项 处理后的种子，播种后必须盖土。

氟啶胺 fluazinam

作用特点 本品是广谱性保护杀菌剂。线粒体氧化磷酰化解偶联剂，通过抑制孢子萌发、菌丝突破、生长和孢子形成而阻断所有阶段的感染过程。氟啶胺的杀菌谱很广，其效果优于常规保护性杀菌剂。对交链孢属、葡萄孢属、疫霉属、单轴霉属、核盘菌属和黑星菌属真菌非常有效，对抗苯并咪唑类和二羧酰亚胺类杀菌剂的灰葡萄孢也有良好的效果。耐雨水冲刷，持效期长。

施药技术 防治大白菜根肿病，可用500g/L悬浮剂267~333ml/亩土壤喷雾；防治大白菜根肿病，在定植前用500g/L悬浮剂267~333ml/亩，将药剂对水60~70L后均匀喷施于土壤表面，再将药剂充分混土10~15cm深度，并在施药后当天立即进行移栽，每季大白菜仅施药1次。

防治辣椒疫病，发病初期用50%悬浮剂25~35ml/亩对水均匀喷雾；防治辣椒炭疽病，可用500g/L悬浮剂25~35ml/亩对水均匀喷雾；防治马铃薯晚疫病，发病初期用50%悬浮剂30~40ml/亩对水均匀喷雾；防治马铃薯早疫病，可用500g/L悬浮剂25~35ml/亩对水均匀喷雾。

注意事项 建议与其他作用机制不同的杀菌剂轮换使用，以延缓抗性产生。叶面喷雾时加入多功能喷雾助剂，农希望5号喷雾宝10~20ml/15kg药液对水均匀喷雾，以提高药效。

啶酰菌胺　boscalid

作用特点 本品是线粒体呼吸链中琥珀酸辅酶Q还原酶抑制剂。啶酰菌胺对孢子的萌发有很强的抑制能力；与其他杀菌剂无交互抗性。

施药技术 防治油菜菌核病，发病初期用50%水分散粒剂30~50g/亩施药1~2次，间隔7~10d；防治番茄、草莓、黄瓜灰霉病，做预防处理时，发病前或发病初期用50%水分散粒剂（500~1 000倍液）35~45g/亩连续施药3次，间隔7~10d；防治番茄灰霉病，可用30%悬浮剂60~80ml/亩对水均匀喷雾；防治番茄、马铃薯早疫病，发病前或发病初期用50%水分散粒剂20~30g/亩对水均匀喷雾，连续施药3次，间隔7~10d；防治马铃薯早疫病，可用30%悬浮剂40~50ml/亩对水均匀喷雾。

注意事项 建议与其他作用机制不同的杀菌剂轮换使用，以延缓抗性产生。施药时加入多功能喷雾助剂农希望5号喷雾宝或50%油酸甲酯液剂（喷雾精）10~20ml/15kg药液对水均匀喷雾，以提高药效。

嘧霉胺　pyrimethanil

作用特点 本品具有保护、叶片穿透及根部内吸活性，治疗活性较差。本品同时具有内吸传导和熏蒸作用，施药后迅速达到植株的花、幼果等喷药无法达到的部位杀死病菌，药效更快、更稳定。本品是一种新型杀菌剂，属苯胺基嘧啶类。其作用机理独特，即抑制病原菌蛋白质合成。本品同三唑类、二硫代氨基甲酸酯类、苯并咪唑类及乙霉威等无交互抗性，因此其对敏感或抗性病原菌均有优异的活性。

施药技术 防治黄瓜灰霉病，发病初期用40%悬浮剂（63~94ml/亩）800倍液对水均匀喷雾，间隔7d喷1次，共喷施3次，或用80%水分散粒剂35~45g/亩喷雾；防治番茄灰霉病、早疫病，发病初期用70%水分散粒剂40~50g/亩对水均匀喷雾，或用400g/L悬浮剂63~94ml/亩对水均匀喷雾；防治葡萄灰霉病，发病初期用40%悬浮剂1 000~1 500倍液对水均匀喷雾。

注意事项 不通风的温室或大棚中，如果用药剂量过高，可能导致部分作物叶片出现褐色斑点。施药时加入多功能喷雾助剂农希望5号喷雾宝或50%油酸甲酯液剂（喷雾精）10~20ml/15kg药液对水均匀喷雾，以提高药效。

嘧菌环胺　cyprodinil

作用特点 本品保护、治疗、叶片穿透及根部内吸活性，抑制真菌水解酶分泌和蛋氨酸的生物合成。适于小麦、大麦、蔬菜、葡萄、草莓、果树、观赏植物等,防治灰霉病、白粉病、黑星病、网斑病、颖枯病等,对作物安全无药害。

施药技术 防治葡萄灰霉病,发病初期用50%水分散粒剂50~150g/亩(700~1 000倍液)对水均匀喷雾;防治苹果树斑点落叶病,可用50%可湿性粉剂4 000~5 000倍液对水均匀喷雾。

注意事项 本品在发病初期开始进行喷雾防治效果好。施药时加入多功能喷雾助剂农希望5号喷雾宝,或50%油酸甲酯液剂(喷雾精)10~20ml/15kg药液对水均匀喷雾,以提高药效。

多抗霉素　polyoxins

作用特点 本品属农用抗生素类杀菌剂。它是金色链霉菌的代谢产物。杀菌谱广,有良好的内吸传导性能,并有保护和治疗作用,主要干扰病菌的细胞内壁几丁质的合成,抑制病菌产生孢子和病斑扩大;病菌芽管与菌丝接触药剂后局部膨大、破裂而不能正常发育,导致死亡。

施药技术 主要用于防治水稻纹枯病,番茄叶霉病、灰霉病、菌核病、苹果白粉病、苹果、梨腐烂病,葡萄灰霉病,一般使用浓度为10%可湿性粉剂500~1 000倍液;防治西瓜蔓枯病,可用10%可湿性粉剂120~140g/亩对水均匀喷雾;防治黄瓜灰霉病,可用10%可湿性粉剂125~150g/亩对水均匀喷雾;防治番茄叶霉病,可用10%可湿性粉剂100~140g/亩对水均匀喷雾;防治苹果树斑点病、苹果斑点落叶病、苹果树轮斑病,可用10%可湿性粉剂1 000~1 500倍液对水均匀喷雾;防治葡萄白粉病,可用10%可湿性粉剂800~1 000倍液对水均匀喷雾。

注意事项 全年用药次数不要超过3次,以免病菌产生抗药性。密封存于阴凉处。

嘧啶核苷类抗菌素　pyrimidine

作用特点 本品是广谱抗菌素,它对许多植物病原菌有强烈的抑制作用,对瓜类白粉病、小麦白粉病、花卉白粉病和小麦锈病防效较好。对病害有预防和治疗作用,其作用机理是直接阻碍病原菌的蛋白质合成,导致病原菌死亡,并对作物有明显的刺激生长作用。

施药技术 防治小麦锈病,发病初期用2%水剂500ml/亩对水均匀喷雾,15~20d后再喷药1次;防治水稻炭疽病、纹枯病,发病初期用2%水剂250~300ml/亩对水均匀喷雾;防治大白菜黑斑病,发病初期用2%水剂400~800ml/亩对水均匀喷雾,15d后喷第2次药;防治黄瓜白粉病,发病初期用4%水剂300~400倍液喷雾,隔7~15d喷药1次,共喷药4次;防治黄瓜枯萎病,发病前至发病初期用4%水剂400倍液灌根或者喷雾,把根部病土扒成穴,稍晾晒后,每穴灌药500ml左右,隔5d再灌1次,重病株可连续灌药3~4次;防治西瓜枯萎病,可用2%可湿性粉剂500~600ml/亩灌根;或用4%可湿性粉剂250~300ml/亩灌根;防治番茄疫病,可用4%可湿性粉剂400倍液对水均匀喷雾;防治番茄晚疫病,发病初期用6%水剂90~120ml/亩对水均匀喷雾;防治苹果白粉病,发病初期用4%水剂400倍液喷雾;防治苹果炭疽病、轮纹病、葡萄白粉病,发病初期用4%水剂800倍液对水均匀喷雾,过15~20d再喷药1次。

注意事项 可与多种农药混用,但勿与碱性农药混用。

春雷霉素　kasugamycin

作用特点 本品是由放线菌产生的代谢产物,具有较强的内吸性,具有预防和治疗作用,其治疗效果更为显著，用于防治蔬菜、瓜果和水稻等作物的多种细菌和真菌性病害。春雷霉素渗透性强并能在植物体内移动，喷药后见效快，耐雨水冲刷，持效期长。春雷霉素喷洒在水稻植株上，在体外的杀菌力弱，保护作用较差；但对植物(如水稻)的渗透力强，能被植物很快内吸并传导至全株，对体内某些革兰氏阳性和阴性细菌有抑制作用，其作用机理主要是干扰菌体酯酶系统的氨基酸的代谢，明显影响蛋白质的合成，使稻株内菌丝药后变得膨大异形、停止生长、横边分枝、细胞质颗粒化，从而起到控制病斑扩展和新病灶出现的效果。

施药技术 防治水稻稻瘟病，发病前至发病初期用6%可湿性粉剂40~50g/亩对水均匀喷雾；或用2%水剂100~150ml/亩对水均匀喷雾；防治白菜软腐病，发病初期用2%可湿性粉剂400~500倍液对水均匀喷雾；防治大白菜黑腐病，可用2%水剂75~120ml/亩对水均匀喷雾，或用6%可湿性粉剂31~37g/亩对水均匀喷雾；防治黄瓜角斑病，可用2%水剂175~210ml/亩对水均匀喷雾；防治西瓜细菌性角斑病，可用6%可溶液剂30~50ml/亩对水均匀喷雾；防治番茄叶霉病、黄瓜细菌性角斑病、枯萎病，发病初期用2%液剂（140~175ml/亩）500倍液对水均匀喷雾，间隔7d喷1次，连喷3次；防治马铃薯黑胫病，可用6%可湿性粉剂15~25g/100kg种子拌种薯；防治库尔勒香梨树苹果枝枯病，可用2%水剂600~800倍液对水均匀喷雾；防治库尔勒香梨树火疫病，可用2%水剂400~500倍液对水均匀喷雾。

注意事项 应用本品喷雾防治水稻稻瘟病，应掌握在发病初期进行，用的药液量要足，喷洒均匀。无论是用土法生产的浓缩液，还是用固体生产产品，都应随用随配，以防变质失效。本品药5~6h后遇雨对药效无影响。本品对水稻很安全，但对大豆、菜豆、豌豆、葡萄、柑橘、苹果有轻微药害，在使用时应注意。

井冈霉素 jiangangmycin

作用特点 本品主要用于防治水稻、麦类纹枯病，兼具保护和治疗作用，还可防治蔬菜等作物病害。井冈霉素是内吸性很强的农用抗生素，当水稻纹枯病菌的菌丝接触到井冈霉素后，能很快被菌体细胞吸收并在菌体内传导，干扰和抑制菌体细胞正常生长发育，从而起到治疗作用。

施药技术 防治麦类纹枯病，用5%水剂600~800ml拌种100kg，对少量的水，用喷雾器均匀喷在麦种上，边喷边拌，拌完后堆闷几小时再播种；3月下旬，田间麦纹枯病病株率达到30%左右，用5%水剂100~150ml/亩对水均匀喷雾，重病田隔15~20d再喷1次，药液应喷于植株茎部；防治水稻纹枯病，发病初期开始防治施药，视气候与病情变化而定，用5%可溶性粉剂100~150g/亩对水均匀喷在水稻中下部，一般间隔10d左右喷1次，通常喷药2次；或用4%水剂125~187.5ml/亩喷雾泼浇；或用28%可溶粉剂12.5~18.86g/亩对水均匀喷雾；防治辣椒立枯病，或用4%水剂3~4ml/泼浇。

注意事项 本品制剂可与多种杀虫剂混用，安全间隔期14d。施药时应保持稻田水深3~6cm。长期大量使用，病菌可产生抗药性，提倡隔年使用或与其他杀菌剂混用。

中生菌素 zhongshengmycin

作用特点 本品具有广谱、高效、低毒、无污染等特点，对多种细菌及真菌病害具有较好的防治效果。该药是一种淡紫链霉菌海南变种产生的碱性、水溶性N-糖苷类农用抗生素杀菌剂。它可抑制病原菌菌体蛋白质的合成，并能使丝状真菌畸形，抑制孢子萌发和杀死孢子。通过抑制病原细菌蛋白质的肽键生成，最终导致细菌死亡。

施药技术 防治水稻白叶枯病，发病初期用3%水剂400~533ml/亩，对水喷雾；防治白菜软腐病，在白菜苗期和莲座期用3%可湿性粉剂500~800倍液喷雾；防治黄瓜细菌性角斑病，发病初期用6%可溶粉剂30~50ml/亩对水均匀喷雾，或用12%可湿性粉剂25~30g/亩对水均匀喷雾；防治番茄青枯病，可用3%可湿性粉剂600~800倍液灌根，或用0.1%颗粒剂12~15kg/亩沟施；防治青椒疮痂病，发病初期用3%可湿性粉剂50~100g/亩对水均匀喷雾；防治菜豆细菌性疫病，发病初期用3%可湿性粉剂300~600倍液浸种；防治苹果斑点落叶病、轮纹病、炭疽病，发病初期用3%可湿性粉剂800~1 000倍液对水均匀喷雾，间隔10~15d喷1次；防治库尔勒香梨树火疫病，可用6%可溶液剂1 000~1 500倍液对水均匀喷雾。

注意事项 防治苹果叶部和果实病害要和波尔多液等药剂交替使用，药剂要现配现用，不要久存。

香菇多糖 fungous proteoglycan

作用特点 本品为多糖类植物诱抗剂。具有增强植物抗病能力的功效，并能在植物体内形成一层致密保护膜，阻止病毒二次侵染，为预防型抗病毒剂。

施药技术 防治水稻条纹叶枯病，可于发病初期可用2%水剂65~80ml/亩对水均匀喷雾；防治水稻黑条矮缩病，可于发病初期用2%水剂100~120ml/亩对水均匀喷雾；防治西瓜病毒病，可于发病初期用1%水剂稀释200~400倍液均匀喷雾；防治番茄病毒病，可于发病初期用1%水剂100~120ml/亩对水均匀喷雾；防治辣椒病毒病，可于发病初期用0.5%水剂300~400ml/亩对水均匀喷雾，或用2%可溶液剂65~80ml/亩对水均匀喷雾。

枯草芽孢杆菌 Bacillus subilils

作用特点 本品是一种新型的微生物源生物农药。本品可分泌抑菌物质，抑制病菌孢子发芽和菌丝生长，从而达到预防与治疗的目的。本品不但能够抑制植物病原菌，而且还能够诱发植物自身抗病机制从而增强植物的抗病性能的作用。

施药技术 防治水稻稻瘟病，发病初期用1 000亿/g可湿性粉剂90~180g/亩对水均匀喷雾；防治水稻白叶枯病，可用100亿芽孢/g可湿性粉剂50~60g/亩对水均匀喷雾；防治玉米大斑病，发病前或初期，用200亿芽孢/ml可分散油悬浮剂70~80ml/亩对水均匀喷雾；防治白菜软腐病，可用100亿芽孢/g可湿性粉剂50~60g/亩对水均匀喷雾；防治黄瓜灰霉病，发病初期用1 000亿/g可湿性粉剂40~60g/亩对水均匀喷雾；防治黄瓜白粉病，发病初期1 000亿/g可湿性粉剂60~80g/亩对水均匀喷雾；防治番茄灰霉病，可用1 000亿孢子/g可湿性粉剂60~80g/亩对水均匀喷雾；防治辣椒枯萎病，可用100亿CFU/g可湿性粉剂400~600g/亩灌根。

注意事项 宜密封避光、在低温（15℃左右）条件储藏，在分装或使用前将本品充分摇匀，不能与含铜物质、乙蒜素或链霉素等杀菌剂混用。施药时加入多功能喷雾助剂农希望5号喷雾宝，或50%油酸甲酯液剂（喷雾精）10~20ml/15kg药液对水均匀以喷雾，提高药效。

盐酸吗啉胍 moroxydine hydrochloride

作用特点 本品是一种广谱、低毒病毒防治剂。稀释后的药液喷施到植物叶面后，药剂可通过气孔进入植物体内，抑制或破坏核酸和脂蛋白的形成，阻止病毒的复制过程，起到防治病毒病的作用。

施药技术 防治水稻条纹叶枯病，发病前用5%可溶性粉剂400~500g/亩对水均匀喷雾；防治番茄病毒病、黄瓜苗期猝倒病、黄瓜花叶病、大白菜病毒病等，发病前用5%可湿性粉剂400~500g/亩对水均匀喷雾。

注意事项 使用时浓度应不能低于300倍，否则易产生药害。不可与碱性农药混用。施药时加入多功能喷雾助剂农希望5号喷雾宝，或50%油酸甲酯液剂（喷雾精）10~20ml/15kg药液对水均匀喷雾，以提高药效。

三氯异氰尿酸 trichloroiso cyanuric acid

作用特点 本品含有次氯酸分子，次氯酸分子不带电荷，其扩散穿透细胞膜的能力较强。可使病原菌迅速死亡，用于水稻种子消毒可有效地防治细菌性条斑病等多种病害。

施药技术 防治小麦赤霉病，发病初期用36%可湿性粉剂160~250g/亩对水均匀喷雾；防治水稻纹枯病、稻瘟病、白叶枯病、细菌性条斑病，发病初期用36%可湿性粉剂60~90g/亩对水均匀喷雾；防治油菜菌核病，发病初期用42%可湿性粉剂70~100g/亩对水均匀喷雾；防治辣椒炭疽病，发病初期用42%可湿性粉剂83~125g/亩对水均匀喷雾；防治苹果树腐烂病，用80%可溶粉剂300~400倍液枝干喷淋。

注意事项 勿与酸、碱物质接触，以免分解失效和爆炸燃烧。施药时加入多功能喷雾助剂农希望5号喷雾宝，或50%油酸甲酯液剂（喷雾精）10~20ml/15kg药液对水均匀喷雾，以提高药效。

噻霉酮 benzisothiazolinone

作用特点 本品是新型、广谱杀菌剂，主要用于防治和治疗黄瓜霜霉病、梨黑星病、苹果疮痂病、柑橘炭疽病、葡萄黑痘病等的多种细菌、真菌性病害。其杀菌作用机理，主要包括破坏病菌细胞核结构和干扰病菌细胞的新陈代谢，使其生理紊乱，最终导致死亡两个方面。

施药技术 防治小麦赤霉病，可用1.5%水乳剂40~50ml/亩对水均匀喷雾；防治水稻细菌性条斑病，可用5%悬浮剂35~50ml/亩对水均匀喷雾；防治水稻细菌性条斑病，可用3%微乳剂60~100ml/亩对水均匀喷雾；防治黄瓜细菌性角斑病，可用3%微乳剂75~110g/亩对水均匀喷雾，或用3%水分散粒剂70~90g/亩对水均匀喷雾，或用3%可湿性粉剂73~88g/亩对水均匀喷雾；防治黄瓜霜霉病，可用1.5%水乳剂116~175ml/亩对水均匀喷雾；防治马铃薯黑胫病，可用12%水分散粒剂15~25g/亩对水均匀喷雾；防治苹果树轮纹病，可用1.5%水乳剂600~750倍液对水均匀喷雾；防治梨树黑星病，可用1.5%水乳剂800~1 000倍液对水均匀喷雾。

注意事项 建议与其他作用机制不同的杀菌剂轮换使用，以延缓病菌抗药性的产生。施药时加入多功能喷雾助剂农希望5号喷雾宝，或50%油酸甲酯液剂（喷雾精）10~20ml/15kg药液对水均匀喷雾，以提高药效。

噻唑锌 zinc thiazole

作用特点 本品是高效、低毒有机锌杀菌剂，具有很好的保护和治疗作用，内吸性好，具有活性高、杀菌谱广，对作物安全等特点，兼有保护和内吸杀菌治疗作用。正常使用技术下对作物安全，能有效防治烟草野火病和青枯病、桃树细菌性穿孔病和黄瓜（保护地）细菌性角斑病，柑橘树溃疡病，水稻细菌性条斑病和芋头软腐病。

施药技术 防治水稻细菌性条斑病，可用40%悬浮剂50～75ml/亩对水均匀喷雾；防治大白菜软腐病，可用20%悬浮剂100～150ml/亩对水均匀喷雾；防治黄瓜（保护地）细菌性角斑病，用30%悬浮剂83～100ml/亩对水均匀喷雾；防治黄瓜细菌性角斑病，用20%悬浮剂100～150ml/亩对水均匀喷雾；防治黄瓜（保护地）细菌性角斑病，用40%悬浮剂50～75ml/亩对水均匀喷雾；防治西瓜细菌性果腐病，用20%悬浮剂125～150ml/亩对水均匀喷雾；防治马铃薯黑胫病，可用20%悬浮剂80～120ml/亩对水均匀喷雾；防治辣椒细菌性叶斑病，可用20%悬浮剂100～150ml/亩对水均匀喷雾；防治库尔勒香梨树苹果枝枯病，可用20%悬浮剂300～400倍液对水均匀喷雾；防治桃树细菌性穿孔病，可用40%悬浮剂600～1 000倍液对水均匀喷雾；防治桃树细菌性穿孔病，可用20%悬浮剂300～500倍对水均匀喷雾。

注意事项 本品对鱼类等水生生物有毒，避免药液污染水源和养殖场所；水产养殖区、河塘等水体附近禁用，禁止在河塘等水体清洗施药器具；本品不能与碱性农药等物质混用。

棉隆 dazomet

作用特点 本品是广谱的熏蒸性杀线剂，兼治土壤真菌、地下害虫及杂草。易在土壤及其他基质中扩散，杀线虫作用全面而持久，并能与肥料混用。该药使用范围广，能防治多种线虫，不会在植物体内残留。

施药技术 防治番茄（保护地）线虫，用98%微粒剂30～45g/m²，进行土壤处理；防治草莓、花卉线虫，用98%微粒剂30～40g/m²进行土壤处理；防治姜线虫病，用98%微粒剂50～60g/m²进行土壤消毒。

注意事项 施入土壤后，受土壤温度、湿度及土壤结构影响甚大，为了保证获得良好的防效和避免产生药害，土壤温度应保持在6℃以上，以12～18℃最适宜，土壤的含水量保持在40%以上。

威百亩 metam-sodium

作用特点 本品活性是由于本品分解成异硫氰酸甲酯而产生，具有熏蒸作用。

施药技术 防治番茄根结线虫，35%水剂4 000～6 000g/亩沟施；防治黄瓜根结线虫，用42%可溶液剂3 300～5 000ml/亩土壤熏蒸，或用35%水剂4 000～6 000ml/亩种植前土壤处理（待土壤中药挥发完后才能种植）沟施；防治烟草（苗床）1年生杂草，可用42%水剂40～60ml/m²土壤喷雾；防治烟草（苗床）猝倒病，用35%水剂50～75ml/m²土壤处理；防治黄瓜、番茄根结线虫，可用35%水剂4～6L/亩对水稀释后灌根。

注意事项 该药能与金属盐起反应，在包装时要避免用金属器具；施药时避开中午暴热天气。

氟烯线砜 fluensulfone

作用特点 本品属于新型杂环氟代砜类低毒杀线虫剂，是植物寄生线虫获取能量储备过程的代谢抑制剂，通过与线虫接触阻断线虫获取能量通道从而杀死线虫。

施药技术 防治黄瓜根结线虫，于种植前至少7d进行土壤喷雾，首先将40%乳油500～600ml/亩稀释；防治番茄根结线虫，可用400～600ml/亩土壤喷雾。

注意事项 稀释并均匀喷洒在土壤表面，随即进行旋耕，深度15～20cm，使土壤与药剂充分混合均匀；每季最多施药1次，安全间隔期为收获期；对水生生物及寄生蜂有毒，桑园及蚕室附近禁用，赤眼蜂等天敌放飞区域禁用。

第十七章 除草剂与施用关键技术

一、除草剂的作用原理与主要类型

除草剂是通过干扰与抑制植物的生理代谢而造成杂草死亡，其中，包括光合作用、细胞分裂、蛋白质和脂类合成等，这些生理过程往往由不同的酶系统所引导；除草剂通过对靶标酶的抑制而干扰杂草的生理作用。不同类型除草剂会抑制不同的靶标位点（靶标酶）的代谢反应，只有在对这些除草机制充分把握的基础上，才能做到除草剂的合理应用。

（一）抑制光合作用

光合作用是高等绿色植物特有的、赖以生存的重要生命过程，通过对光合作用的抑制，使其无法完成正常的能量代谢，从而饥饿致死。通过体外试验研究，除草剂主要通过以下5个途径抑制杂草的光合作用：①电子传递抑制剂；②能量传递抑制剂；③电子受体抑制剂；④解偶联剂；⑤解偶联抑制剂。

1. 抑制电子传递

主要转移或钝化一个或多个电子传递载体。其作用部位在质体醌还原之前的光合系统Ⅱ与光合系统Ⅰ之间，即QA和PQ之间的电子传递体B蛋白，它是由分子量分别为32 000和34 000的D1和D2两条多肽组成。除草剂与B蛋白结合后改变了蛋白质的氨基酸结构，抑制了电子从束缚性质体醌QA向第2个质体醌QB传递，从而影响光电子传递，改变Q/B复合物的氧化还原特性。属于此类作用机制的除草剂有脲类、均三氮苯类、哒嗪酮类、三氮苯酮类和嘧啶类等。

2. 逆转电子传递

此类除草剂主要作用于光合系统Ⅰ，联吡啶类是典型代表，它们具有300~500mV的氧化还原电势，能够拦截X-Fd的电子，使电子流脱离电子传递链，从而阻止铁氧化还原蛋白的还原及其后的反应。

（二）抑制呼吸作用

呼吸作用是能量释放过程。它是对底物的生物氧化作用，即从底物的糖酵解开始，分解为三碳丙酮酸，进而通过一系列氧化阶段（三羧酸循环）释放出CO_2与电子以及与氧结合形成水的H^+，电子则沿着还原电位化合物至高还原电位的电子传递系统进行传递等。除草剂对杂草呼吸作用的影响主要表现在以下几个方面。

1. 破坏偶联反应

在呼吸作用的过程中，把氧化作用与氧化磷酸化作用这两个相互联系且又同时进行的不同过程称之为偶联反应，并把破坏偶联反应的物质称之为解偶联剂。五氯酚钠、地乐酚、溴苯腈、碘苯腈等是解偶联剂的代表。

2. 抑制能量传递

抑制磷酸化电子传递，与能量偶联链中的中间产物结合，从而抑制ATP合成中的磷酸化作用。这类除草剂有磺草灵、燕麦灵、氯苯胺灵等。

3. 抑制电子传递

抑制电子传递链上的电子流，与电子载体结合，阻止氧化还原偶联形成，表现为对呼吸阶段三和偶联磷酸化反应的抑制。二硝基苯胺类、二苯醚类等除草剂具有此种作用。此外，敌稗、氯苯胺灵等，在较低的浓度下抑制呼吸阶段三，但也促进呼吸阶段四，因此，它们不是纯粹的电子传递抑制剂，而是抑制性解偶联剂。

4．破坏偶联反应与抑制电子传递

在低浓度下是解偶联剂，高浓度时是典型的电子传递抑制剂，它促进呼吸阶段四和抑制呼吸阶段三。乙酰替苯胺、氨基甲酸酯类等除草剂属于此类。

（三）抑制核酸与蛋白质合成

1．抑制氨基酸合成

氨基酸用于合成蛋白质及其他含氮有机物，如叶绿素、维生素、激素及生物碱等。对氨基酸合成的抑制，将造成蛋白质及其他含氮物质的合成受阻。抑制氨基酸合成的除草剂，如广谱性除草剂草甘膦抑制芳氨酸，特别是莽草酸的合成；草丁磷与双丙氨磷则抑制谷氨酰胺的生物合成；超高效除草剂磺酰脲类、咪唑啉酮类抑制支链氨基酸——缬氨酸、异亮氨酸与亮氨酸的合成。

2．干扰核酸与蛋白质合成

一些除草剂通过对DNA与RNA酶活性的抑制，从而干扰DNA与蛋白质的合成，影响植物体内的正常生理代谢。野燕枯是直接影响DNA合成的典型除草剂；毒草胺抑制氨基酸的活化，从而抑制包括酶复合物在内的蛋白质化合物的形成；茵达灭（EPTC）主要抑制18SrRNA的合成；2,4-滴促进RNA酶活性与线粒体RNA形成，造成核酸与蛋白质的过量产生，使组织快速生长而导致生长紊乱。

（四）抑制脂类的生物合成和膜的完整性

植物体内脂类是膜的完整性与机能以及一些酶活性所必需的物质，其中包括线粒体、质体与胞质脂类，每种脂类都是通过不同途径进行合成。通过大量的研究，目前已知影响酯类合成的除草剂有5类：①硫代氨基甲酸酯类；②氯乙酰胺类；③哒嗪酮类；④环己烯酮类；⑤芳氧基苯氧基丙酸类。其中，芳氧基苯氧基丙酸类、环己烯二酮类除草剂则是通过对乙酰辅酶A羧化酶抑制脂肪酸合成而导致脂类合成受抑制的。

膜在细胞机能中起着重要作用，它能防止溶质、代谢产物与酶从细胞质向外渗漏。百草枯、二硝基苯胺类、脲类除草剂影响膜的透性，促进氨基酸与电解质的渗漏；二苯醚类除草剂可使杂草叶片表皮及下表皮细胞内外的渗透压发生改变，造成细胞萎蔫，受害植物产生坏死褐斑；杂草焚烧在光活化后，可与细胞膜上磷脂的某些成分发生反应，破坏膜的选择透性，最终导致细胞死亡；联吡啶类除草剂是典型的破坏生物膜的除草剂，如百草枯能迅速破坏植物细胞内的各种膜结构，导致细胞解体、细胞内含物渗漏、膨压丧失；氯代乙酰胺类的异丙甲草胺等、芳氧基苯氧基丙酸类的禾草灵等除草剂也能破坏细胞的各种膜结构，造成各种超微结构受损、细胞内含物丧失，造成细胞的正常生理功能紊乱。

（五）抑制植物体内酶的活性

植物体内一系列生理生化反应均受各种酶的诱导与控制，一旦某种酶的活性受阻，将导致其所催化的生化反应停止，造成与此相连的许多生理和生化过程异常，代谢作用紊乱。

1．抑制ATP合成酶

质体ATP合成酶催化ATP形成的末期阶段，即无机磷酸盐与ADP结合，此种酶的抑制剂系能量传递抑制剂，如二苯胺类。

2．抑制氨基酸合成酶

不同除草剂对植物体内氨基酸合成酶的抑制存在着差异。

3．抑制脂肪酸合成酶

抑制脂类合成的除草剂往往是通过对酶活性的抑制而发挥作用。

4．干扰内源激素的作用

激素调节着植物的生长、分化、开花和成熟等，有些除草剂可以作用于植物的内源激素，抑制植物体内广泛的生理生化过程。苯氧羧酸类和苯甲酸类是典型的激素类除草剂。

苯氧羧酸类除草剂的作用途径类似于吲哚乙酸(IAA)，微量的2,4-滴可以促进植物的伸长，而高剂量时则使分生组织的分化被抑制，伸长生长停止，植株产生横向生长，导致根、茎膨胀，堵塞输导组织，从而导致植物死亡。

苯甲酸类除草剂也有类似于吲哚乙酸的作用，可以导致植物的顶端生长和叶片形成停止，组织增生、植株生长畸形。

5．抑制细胞分裂

细胞自身具有增殖能力，是生物结构体结构功能的基本单位。细胞在不断地世代交替，即有一定的细胞发生周期，不断地进行DNA合成、染色体的复制，从而不断地进行细胞分裂、繁殖。很多除草剂对细胞分裂产生抑制作用，包括一些直接和间接的抑制过程。

二硝基苯胺类和磷酰胺类除草剂是直接抑制细胞分裂的化合物。二硝基苯胺类除草剂的氟乐灵和磷酰胺类的胺草磷是抑制微管的典型代表，它们与微管蛋白结合并抑制微管蛋白的聚合作用，造成纺锤体微管丧失，使细胞有丝分裂停留于前期或中期，产生异常多型核。氨基甲酸酯类除草剂作用于微管形成中心，阻碍微管的正常排列；同时他还通过抑制RNA的合成从而抑制细胞分裂。

吡啶类、环己烯酮类、酰胺类、磺酰脲类、芳氧基苯氧基丙酸类除草剂也有抑制细胞分裂的作用，但它们均是间接的抑制作用，如，抑制细胞分裂的某一过程，或是通过抑制细胞分裂所需物质、所需能量而影响细胞分裂。

6．抑制色素合成

高等植物叶绿体内合成的色素主要是叶绿素和类胡萝卜素。干扰类胡萝卜素生物合成的除草剂及其作用部位，根据目前最常见的除草剂分类情况。

二、除草剂施用关键技术

（一）除草剂的施用方法

除草剂使用方法因品种特性、剂型、作物及环境条件而异，在选择使用方法时，首先应考虑防治效果及对作物的安全性，其次要求经济与方法简便易行。

播前混土：主要适用于易挥发与光解的除草剂，一般在作物播种前施药，并立即采用圆盘耙或旋转锄交叉耙地，将药剂混拌于土壤中，然后耪平、镇压，进行播种，混土深度4～6cm。我国东北地区国有农场大豆地应用氟乐灵等多采用此种方法。

播后苗前使用：凡是通过根或幼芽吸收的除草剂往往在播后苗前施用，即在作物播种后，将药剂均匀喷洒于土表，如大豆、油菜、玉米等作物使用甲草胺、乙草胺、异丙甲草胺，玉米、高粱与糜子应用莠去津等多采用此种使用方法。喷药后，如遇干旱，可进行浅混土以促进药效的发挥，但耙地深度不能超过播种深度。

苗后茎叶喷雾：与土壤处理比较茎叶喷雾受土壤类型、有机质含量的影响相对较小，可看草施药，机动灵活；但不像土壤封闭除草剂，多数茎叶处理除草剂持效期较短或没有持效期，所以只能杀死已出苗的杂草；因此，施药适期是一个关键问题。施药过早，大部分杂草尚未出土，难以收到较好的防治效果；施药过晚，作物与杂草长至一定高度，相互遮蔽，不仅杂草抗药性增强，而且阻碍药液雾滴均匀附着于杂草上，使防治效果下降。喷液量直接影响茎叶喷雾的效果，触杀性除草剂的喷液量比内吸、传导性除草剂要严格得多，一般用水量为30kg/亩，加水过多药效降低，加水过少易发生药害。

苗后全田喷雾和定向喷雾：常用的喷药方法是全田喷雾，即全田不分杂草多少，依次全面处理，这种施药方法应注意喷雾的连接问题，防止重喷与漏喷；其次是苗带喷药与行间定向喷雾，与全面喷雾比较，可节省用药量1/3～1/2、保证作物安全。但需改装或调节好喷嘴及喷头位置，使喷嘴对准苗带或行间。特别是要注意部分除草剂，易于对作物茎叶或根系发生药害，施药时要戴上防护罩，选择无风晴天，将药剂喷施到地面杂草上，切勿飘移到作物茎叶或特别要求的部位。

涂抹施药：这是经济、用药量少的施药方法，利用特制的绳索或海绵携带药液进行涂抹，主要防治高于作物的成株杂草，需选用传导性强的除草剂品种，所用除草剂浓度要高，一般药剂与水的比例为1：（2～10）。目前市场应用的涂抹器有人工手持式、机械吊挂式及拖拉机带动的悬挂式涂抹器。

甩施：甩施是稻田除草剂的使用方法之一，它不需要喷雾器械，使用方便、简单、效率高，每人每天可甩施7～8hm^2。目前甩施的除草剂只有瓶装12%恶草灵乳油，施用方法是：水耙地后田间保水4～6cm，打开瓶盖，手持药瓶，每前进4～5步，向左、向右各甩动药瓶1次，返回后，与第1次人行道保持6～10m距离，再进行甩施。甩施时，行走步伐及间距要始终保持一致，甩施后，药剂接触水层迅速扩散，均匀分布于全田，形成药膜，插秧时人踩会破坏药膜，但由于药剂的可塑性很强，一旦人脚从土壤中拔出，药膜又恢复原状。

撒施：撒施是当前稻田广泛应用的一种方法，简而易行，省工，效率高，并能提高除草剂的选择性，增强对水稻的安全性。除草剂颗粒剂可直接撒施，乳油与可湿性粉剂可与旱田过筛细土混拌均匀后人工撒施，也可与化肥混拌后立即撒施。施药前，稻田保持水层4～6cm，施药后1周内停止排灌，如缺水可细水缓灌，但不宜排水；丁草胺、杀草丹、苄嘧磺隆、乙氧氟草醚等大多数除草剂都采用撒施法。

点状施药：根据田间杂草发生情况，有目的地进行局部喷药，一般适用于防治点片发生的一些特殊杂草与寄生性杂草以及果园内树干周围的杂草。

（二）除草剂的喷雾技术要求

1．封闭除草剂喷雾技术要求

封闭处理的除草剂，单子叶植物的主要吸收部位是幼芽，而双子叶植物则主要通过根吸收，其次是幼芽。以禾本科杂草对甲草胺的吸收为例，芽吸收约占90%、种子吸收5%、根吸收5%，芽吸收后几乎全部停留在叶内。土壤条件和喷雾技术决定着除草效果和安全性。

土壤条件不仅直接影响土壤封闭处理剂的除草效果。土壤有机质与黏粒对除草剂吸附强烈使其难以被杂草吸收，从而降低药效；土壤含水量的增多又会促使除草剂进行解吸附而有利于杂草对药剂的吸收，从而提高药效。因此，土壤处理剂的用量应首先考虑满足土壤缓冲容量所需除草剂数量。

土壤条件不同，会造成杂草生育状况的差异，在水分与养分充足条件下，杂草生育旺盛，组织柔嫩，对除草剂敏感性强，药效提高；反之，在干旱、瘠薄条件下，植物本身通过自我调节作用，抗逆性增强，叶表面角质层增厚，气孔开张程度小，不利于除草剂吸收，使药效下降。

喷雾技术，主要有2个指标直接地影响着封闭除草效果，一是喷药的均匀度，二是药剂在土壤表面的稳定性。

喷药的均匀度直接地影响着土壤封闭处理剂的除草效果。农药喷雾分布均匀度有着严格的技术要求，它与喷头类型、喷头型号、喷雾高度、喷雾压力、喷头间距、喷头安装的角度、喷杆震动、喷头开关频率、喷雾机械的行进速度有密切关系；另外，还与自然条件如风速、风力、温度、湿度等因素有着密切的关系。我国农田施药过程中不重视农药喷雾均匀度，农药均匀度误差普遍在60%～80%，远低于农药喷雾均匀度误差为10%的要求，欧盟等发达国家农药喷雾均匀度误差在5%以下。

农民喷药均匀度过低,是我国农药应用药效不稳、药害频繁的突出问题(图17-1和图17-2)。

土壤封闭处理剂,必须提高喷药的均匀度。喷头是农药喷雾的核心部件,必须到专业门店购买专业的喷头。传统使用的圆锥形喷嘴,难于喷匀,不宜使用;扇形喷嘴喷雾分布均匀、雾化性能好,是目前要大力推广应用的先进喷头。喷头的高度决定了药液喷射的范围。喷头高度越高,落到目标物上的雾滴

图17-1 落后的圆锥形喷头摇摆喷药效果

图17-2 专业的扇形喷头喷杆喷药效果

粒径就越小,喷雾就越均匀;但是喷头高度过高则易产生飘移,使雾滴无法准确落入目标范围之内;施药时必须保证高度准确,同时,避免喷杆上下的振动;喷头的高度取决于喷头角度的大小和喷头之间的间距,使用广泛的喷头角度为110°,喷头间距应保持50~54cm,喷头距靶标的高度以55~65cm为宜;另外,喷雾的压力、行走速度、风速等也可以直接地影响着喷药的均匀度。

土壤封闭处理剂,必须提高除草剂药液在土壤表面的附着率和稳定性。土壤有机质、土壤质地、土壤含水量直接地影响着对除草剂吸附,从

图17-3 乙羧氟草醚防治播娘蒿的死草症状,未喷到心叶仍能复发

而降低药效;因此,土壤处理剂的用量、喷水量,应首先考虑满足土壤缓冲容量所需除草剂数量;同时,加入喷雾助剂(如农希望6号喷雾宝20~30ml/15kg药液、60%雾膜宝乳液20~30ml/15kg药液)以提升除草剂的稳定性和土壤表面的附着率。

2. 茎叶喷施触杀性除草剂的喷雾技术要求

触杀性除草剂接触植物后不在植物体内传导,只限于对接触部位的伤害。在应用这类除草剂时应注意到喷施均匀,如乙羧氟草醚等(图17-3)。喷雾技术直接影响着触杀性除草剂的除草效果,喷匀、喷透,是提升除草效果、防止杂草复发的关键。在农药喷雾时,应用高压、超细喷头,让雾滴稳定在100~200μm,适量加入喷雾助剂(如农希望6号喷雾宝20~30ml/15kg药液、60%雾膜宝乳液20~30ml/15kg药液),让除草剂的附着率达90%以上,才能保证除草彻底、不复发(图17-4和图17-5)。

图17-4　乙羧氟草醚用传统喷药方法防治苍耳的死草症状，未着药的心叶仍能复发

图17-5　乙羧氟草醚用专业喷药方法加上专用的喷雾助剂防治苍耳的死草症状，苍耳死得净、死得彻底不复发

3. 茎叶喷施内吸性除草剂的喷雾技术要求

以茎叶处理法喷雾施用的除草剂称为茎叶处理剂。这类除草剂一般能为杂草的茎叶或根系吸收。如硝磺草酮、草甘膦、草净津、甲咪唑烟酸水剂等（图17-6和图17-7）。

图17-6 花生生长期，茎叶喷施甲咪唑烟酸　　　　图17-7 花生田施用甲咪唑烟酸后除草效果

叶片是农药进入植物的重要部位，农药通过叶片进入植物体内必须克服许多障碍，其中首要屏障是叶片的表皮。因此，叶片表皮上的角质层、气孔或亲水小孔就是农药进入植物的主要途径。不同种植物的蜡质层构造与厚度存在差异，角质层的厚度随植物种类而变化，但对于大多数农业植物而言，其范围为 $0.5\sim25\mu m$。通过角质层进行扩散的农药，其扩散能力与农药的分子大小、温度和角质层的性质存在密切联系。此外，植物叶片吸收农药的能力还与植物品种、植物生长阶段以及一些环境因素密切相关。

植物质膜是吸收和传导农药的物理屏障，细胞膜是一个疏水载体，主要用来控制细胞和环境之间的信息和物质交换。农药通过细胞膜才能在细胞之间传导，并最终进入维管束进行长距离运输。因此，膜渗透机理是影响植物长距离运输和分布的关键因素。

木质部是植物运输水和矿物盐的主要组织，与细胞相比，木质部可以更好地输送水溶液，而不易被阻塞。韧皮部在植物中主要起到运输营养物质的作用。不同性质的农药在植物体中的运输方式也存在差异，一般认为存在木质部运输、韧皮部运输和双向传导3种方式。农药在植物中的吸收和传导能力都与农药自身的 $logK_{ow}$ 值大小存在一定的关系。疏水性较弱的有机化合物主要通过蒸腾流来吸收和传导，疏水性较强的有机化合物则不易在植物中发生传导，而是以根系聚积为主，也有一些脂溶性农药的传导需要借助脂质传导蛋白来实现。农药在传导过程中还有可能在木质部和韧皮部被降解或代谢，而这些代谢物的出现也会影响农药在植物中的传导能力。判断农药在植物中的传导除上述指标外，也要注重植物的品种、生育期和环境条件等其他因素。

农药的内吸性主要由农药的理化性质、制剂类型以及植物生理特性决定。通过加入喷雾助剂、喷雾技术，改善农药内吸性可以增加农药接触靶标的机会，进而提高农药利用率和农药的应用效果（图17-8至图17-11）。

图17-8 花生田杂草为害严重,传统的喷雾方法,茎叶喷施10%精喹禾灵乳油60ml/亩,施药后15d,田间杂草部分死亡,个别开始复发生长,防治效果很差

图17-9 花生田杂草为害严重,用高压超细喷杆喷雾器施药,茎叶喷施10%精喹禾灵乳油60ml/亩+农希望6号喷雾宝20ml/15kg药液对水均匀喷雾,施药后15d,田间杂草死亡彻底,没有出现复发生长

图17-10 传统的喷雾方法，茎叶喷施10%精喹禾灵乳油60ml/亩，施药后15d，杂草部分枝叶死亡，很多未着药或着药量不足的枝叶开始复发生长

图17-11 花生田杂草为害重，用高压超细喷杆喷雾器施药，茎叶喷施用10%精喹禾灵乳油60ml/亩+农希望6号喷雾宝20ml/15kg药液对水均匀喷雾，施药后15d，田间杂草死亡彻底，没有出现复发生长

三、除草剂主要品种与施用关键技术

乙草胺　acetochlor

除草特点　本品是选择性芽前土壤除处理草剂。禾本科杂草通过幼芽吸收，阔叶杂草由根、幼芽吸收，使杂草幼芽、幼根停止生长而死亡。持效期约40~70d。在土壤中的移动性小，主要保持在0~3cm的土层中。

适用作物　乙草胺可以广泛用于多种作物田。对乙草胺耐药性较强的作物有大豆、花生、玉米、烟草、菜豆、豌豆、芸豆、向日葵、蓖麻等；对乙草胺中等耐药性的有棉花、小豆、芝麻及十字花科、茄科、菊科和伞形花科蔬菜；对乙草胺耐药性差的有水稻、高粱、黄瓜、冬瓜、西瓜、小麦、菠菜、韭菜、谷子等。葫芦科蔬菜、桑树对乙草胺较为敏感。

防除对象　乙草胺可以防除多种一年生禾本科杂草和部分阔叶杂草，对多年生杂草无效。对马唐、千金子、牛筋草、稗草、狗尾草、野燕麦、硬草、日本看麦娘、看麦娘等一年禾本科杂草效果突出；对藜科、苋科、龙葵、菟丝子等阔叶杂草效果明显；对蓼科杂草、播娘蒿、荠菜、碎米荠菜、牛繁缕、大巢菜等也有较好的效果，但对马齿苋、铁苋、猪殃殃、鸭跖草、问荆等效果较差。

施药技术　玉米、花生、大豆等常规播种作物田，播后苗前土壤处理用50%乳油100~200ml/亩对水均匀喷雾土表，干旱时应适当加大药量和喷施水量，或灌水后施药以提高药效。

棉田，可以在直播棉田播后苗前，或在棉花移栽前，用50%乳油100~150ml/亩对水均匀喷施。地膜覆盖棉田或苗床用50%乳油40~60ml/亩，在棉籽播种覆土后对水喷洒药剂，而后覆膜，剂量不宜随便加大，施药不当棉苗生长速度缓慢，但一般后期可以恢复。

在玉米、花生、棉花等作物生长期，锄地灭茬后用50%乳油100~120ml/亩，对水均匀喷雾土表，也可以达到较好的除草效果，作物可能发生轻微药斑，但一般情况下对生长影响不大。

小麦田，用于防治硬草、看麦娘等禾本科杂草，可以在小麦播后1~4d内用50%乳油75~100ml/亩均匀喷雾。

稻田，在水稻移栽本田，水稻移栽后5~10d，用50%乳油15~20ml/亩，配成药土撒施，施药期田间水层3~4cm，保水5~7d，可以有效防除稗草、异型莎草等一年生禾本科杂草和一年生莎草科杂草、部分一年生阔叶杂草。乙草胺在水田施用除草效果优于旱田，但对水稻易产生药害，只适宜于在移栽田使用，弱苗、小苗不宜施用。在施药时期方面，宜在秧苗返青期和稗草1.5叶期前施用，提前施药易发生药害；推后施用，降低对杂草的除草效果。在生产上可以考虑乙草胺与苄嘧磺隆等防治阔叶杂草和莎草科除草剂混用。

油菜田，在油菜播前、播后苗前施药，用50%乳油75~100ml/亩对水均匀喷雾土表。在推荐剂量下对油菜生长安全。移栽田宜在栽前3d喷雾处理，用50%乳油100~150ml/亩对水均匀喷雾，移栽时尽量减少药土层松动。

蒜田，在大蒜播后苗前、出苗后早期，用50%乳油200~400ml/亩对水均匀喷施，可控制杂草为害。

番茄、辣椒、茄子等蔬菜田，在移栽前2~4d，用50%乳油75~120ml/亩对水喷施土表。对于大棚应根据当地情况适当降低用药量。

直播小白菜、胡萝卜田，用50%乳油50~100ml/亩对水喷施土表。以播种前3d施药，而后撒播种子并轻轻覆土为好，对白菜安全；也可在播后芽前施药，但一般于播种后24~72h施药易产生严重的药害。

注意事项 杂草对乙草胺的主要吸收部位是芽，因此必须掌握在杂草出土前施药。土壤湿度对乙草胺药效的影响较大，随着土壤墒情的改善，药剂活性增强。乙草胺在地膜栽培条件下，只需乙草胺有效成分15~30ml/亩，生产中随便加大剂量往往会发生药害。乙草胺的使用剂量还取决于土壤有机质含量，在有机质含量低的砂质土壤上使用，应用低剂量。在大豆田使用时，如遇雨水多、持续低温且为砂壤土时易产生药害，生产上不宜使用。黄瓜、菠菜、韭菜、谷子、高粱、西瓜、甜瓜对乙草胺敏感，应慎用；水稻秧田绝对不能用，移栽稻田单独的用量为50%乳油10~20ml/亩。高温高湿下使用或药后持续低温高湿易产生药害，出苗后叶片会出现皱缩、发黄，但一般情况下10~15d后恢复正常生长。

丁草胺 butachlor

除草特点 本品是内吸传导型选择性芽前除草剂。主要通过杂草幼芽和幼小的次生根吸收。对萌动及二叶期以前杂草有效。受害杂草幼芽肿大、畸形、色深绿，最终死亡。丁草胺在土壤中稳定性小，对光稳定，能被土壤微生物分解。残留期为60d左右，对后茬作物没有影响。

适用作物 水稻、麦、玉米、大豆、油菜、棉花、麻、花生、蔬菜、甘蔗等多种作物田。

防除对象 可以防治一年生禾本科杂草、莎草科杂草和某些阔叶杂草，如稗草、马唐、看麦娘、千金子、碎米莎草、异型莎草、耳叶水苋、节节菜等，对眼子菜、青萍、紫萍、四叶萍、水莎草、萤蔺、牛毛毡无效。对超过2叶期禾本科杂草无效。

施药技术 水稻秧田、直播田，粗秧板田做好后或直播田平整后，一般在播种前2~3d，用60%乳油50~75ml/亩对水50kg喷雾于土表，喷雾时田间灌浅水层，施药后保水2~3d，排水后播种；旱育秧苗床，水稻播种后覆土，然后施药；或在秧苗立针期，稻播后3~5d，用60%乳油75~100ml/亩对水30~50kg，稻板沟中保持有水，不但除草效果好，秧苗素质也好。喷药后灌浅水，不淹秧苗心叶，保持水层3~4d。旱直播田可在播后"浸蒙头水"之后施药。

移栽稻田，早稻在插秧后5~7d，晚稻在插秧后3~5d，掌握稗草萌动高峰时，用60%乳油100~150ml/亩，采用毒土法撒施，撒施时田间灌浅水层，药后田间保水5~6d。一般在土壤中的持效期可达40~60d。

玉米、花生、大豆常规播种田，在播后芽前，用60%乳油200~250ml/亩对水喷施土表。施药时要有较好的土壤墒情。

棉田，在直播棉田或育苗床上，在棉花播种覆土后施药，用60%乳油75~100ml/亩，对水喷洒，对棉苗生长安全。棉花大田，可在移栽前喷施60%乳油200~250ml/亩，移栽时尽可能少松动土层。

注意事项 用药适期试验结果表明：秧田在播后3d用药，除草保苗效果最佳；播后当天（秧苗芽期）用药，由于秧苗抗药性弱，除草效果虽好，但安全性稍差；播后7d用药，杂草抗药性增强，除草效果锐减。在秧田与直播稻田，本品用量不能超过有效成分90g/亩，并切忌田面淹水，淹水时间6d以上，会明显削弱秧苗素质，表现为出叶速度慢、叶片狭小、植株矮小、茎秆细瘦、分蘖减少，因此，出苗期不能漫灌、深灌以防产生药害。早稻秧田若气温低于15℃施药会有不同程度的药害，不宜施用。丁草胺对3叶期以上的稗草差，因此，必须掌握在杂草1叶期以前，3叶期施用，水不要淹没秧心。

异丙草胺 propisochlor

除草特点 本品是内吸传导型选择性芽前除草剂。主要通过杂草幼芽吸收。对光稳定，在土壤中稳定性小，能为土壤微生物分解。持效期60~80d，对后茬作物没有影响。

适用作物 可以用于玉米、花生、大豆、棉花、马铃薯、向日葵、豌豆、洋葱、糖料作物等。

防除对象 可以防除一年生单子叶杂草及部分阔叶杂草，如马唐、旱稗、棒头草、牛筋草、看麦娘、早熟禾、异型莎草、蓼科、藜科、苋科杂草等，对一年生禾本科杂草的防效优于阔叶杂草。对多年生禾本科杂草和多年生阔叶杂草无效。

施药技术 在玉米、大豆、花生、棉花等作物田，在作物播后芽前以72%乳油150~200ml/亩对水均匀喷施。

在移栽棉花、番茄、辣椒、油菜、黄瓜、西瓜、烟等田块，以移栽前3~5d施药为宜。用72%乳油150~200ml/亩对水喷施。要求整地时清除已出土的杂草，移栽时尽量保持土层不松动。

芝麻田，在芝麻播后1~2d出苗前用药，用72%乳油100~150ml/亩对水均匀喷施。土壤墒情差时以亩喷施60~75kg药液为宜。

注意事项 本品的除草效果，在较好土壤墒情下才能充分发挥。因此，该药适于在地膜覆盖田，有灌溉条件的田块以及夏季作物及南方的旱田应用。异丙草胺只能杀死萌芽的杂草，故应掌握在杂草出土前施药。

异丙甲草胺 metolachlor

除草特点 本品为选择性芽前土壤处理除草剂。单子叶禾本科杂草主要通过芽鞘吸收，双子叶杂草通过幼芽和幼根吸收，向上传导，抑制幼芽与细根的生长，敏感杂草在发芽后出土前或刚刚出土即中毒死亡。禾本科杂草幼芽吸收异丙甲草胺的能力比阔叶杂草吸收力强，因而防除禾本科杂草效果好。在土壤中的持效期约30~35d，施药后10~12周后活性自然消失。

适用作物 可以广泛用于多种作物田。如花生、大豆、玉米、棉花、油菜、马铃薯、甜菜、芝麻、萝卜、水稻、蔬菜、烟草、果树、豇豆、红小豆、甘蓝、辣椒、茄子、番茄、甜瓜、冬瓜、西瓜、大白菜、籽瓜、蚕豆、薯类、大蒜等。

防除对象 该药剂对马唐、千金子、牛筋草、稗草、狗尾草、野燕麦、硬草、看麦娘、早熟禾等一年生禾本科杂草效果突出；对藜科、苋科、龙葵、菟丝子、大巢菜等阔叶杂草效果明显；对蓼科杂草、播娘蒿、荠菜、碎米荠菜、牛繁缕等也有较好的效果，但对马齿苋、铁苋、猪殃殃、鸭跖草、问荆等部分阔叶杂草效果较差；对多年生禾本科杂草和多年生阔叶杂草无效。

施药技术 在玉米、大豆、花生、棉花等作物田，于作物播后芽前，可用72%乳油150~200ml/亩均匀喷施。

在移栽棉花、番茄、辣椒、油菜、黄瓜、西瓜、茄子等田块，以移栽前3~5d施药为宜。用72%乳油150~200ml/亩对水均匀喷施。要求整地时清除已出土的杂草，移栽时尽量保持土层不松动。

芝麻田，在芝麻播后1~2d出苗前用药，用72%乳油100~150ml/亩对水40~50kg喷施。土壤墒情差时以亩喷施60~75kg药液为宜。

注意事项 本品易被土壤微生物降解，持效期中等。药效受土壤湿度的影响较大，土壤湿度大，有利于药剂吸收，除草效果就比较好；湿度小，则效果降低。

丙草胺 pretilachlor

除草特点 本品是一种选择性芽前处理剂。水稻4叶期以后的植株可以将丙草胺分解为没有除草活性的代谢产物，但正在发芽的水稻幼苗对丙草胺的这种分解不够迅速，因此，单独的丙草胺只能用于移栽稻田，对秧田、直播稻田幼苗有损害，生产中加入安全剂可以克服这些不足。丙草胺药效发挥时间长，一个月后除草效果仍达90%以上，在水田中持效期达30~50d，杀草谱广。

适用作物　移栽水稻田，秧田和直播稻田应用时要加入安全剂。

防除对象　可以有效防除硬草、千金子、稗草、异型莎草等多种一年生禾本科杂草、莎草科杂草和阔叶杂草。对水芹、双穗雀稗、眼子菜、野慈姑、绿藻无效。

施药技术　水稻直播稻田或秧田，播种后2~4d内，用30%（含安全剂）乳油100~125ml/亩，对水喷雾或拌药土撒施。施药量过大时，药后5d稻苗自心叶、叶尖至叶缘褪绿，心叶卷曲，植株生长受抑，分蘖减少。

水稻移栽田，于移栽后5~10d，用30%乳油100~150ml/亩，配成药土撒施，施药期田间水层3~4cm，保水5~7d，施药过晚会降低除草效果。

注意事项　水稻扎根后和稗草1.5叶前是确保水稻安全和除草效果好的两个必要条件。药后保水时间，在长江流域稻以5d为宜。保水时间过短，会影响除草效果，保水时间过长，则影响稻苗素质，排水应安排在晚上，以利稻苗恢复。

敌稗　propanil

除草特点　本品具有高度选择性的触杀型除草剂，它在植物体内不传导，只在接触部位起作用。敌稗进入水稻体内被分解成无毒物质，对水稻生长安全。敌稗遇土壤后很快分解失效，宜作为茎叶处理。

适用作物　水稻。

防除对象　稗草。

施药技术　可以用于水稻秧田、水稻本田和直播稻田。

水稻秧田，在稗草1叶1心、稻苗立针时，用20%乳油750~1 000ml/亩，加水30kg喷雾。喷药前排干田水，喷药后1~2d不灌水，使稗草整株受害，在晒田后灌深水淹没稗心两昼夜，可提高杀稗效果。薄膜育秧田可在揭膜后2~3d用药。

水稻移栽田，于插秧后稗草1叶1心期，用20%乳油1 000ml/亩；稗草2、3叶期，1 000~1 500ml/亩加水30kg，喷药前排干田水，选择晴天无风、在露水干后喷药，药后1~2d不灌水，晒田后再灌水淹没稗心2d，可提高防稗效果。

水稻直播田，水稻立针时用20%乳油250~500ml/亩，对水30~40kg，排干水后喷药。以稗草为主的田块，在稗草二叶期，用20%乳油1 000ml/亩作茎叶喷雾，方法同秧田。

旱直播田，水稻2~3叶期，稗草1~2叶期用20%乳油1 000ml/亩，加水30~50kg，进行茎叶处理。

注意事项　由于氨基甲酸酯类、有机磷类杀虫剂能抑制水稻体内敌稗解毒酶的活力，因此水稻在喷施敌稗前后10d之内不能施用此类农药。敌稗与2,4-滴丁酯混用，即使混入不到1%的2,4-滴丁酯也会引起水稻药害。应避免敌稗与液体肥料一起使用。气温高除草效果好，并可适当降低用药量。杂草叶面潮湿会降低除草效果，要待露水干后再施用，避免雨前施药。施药时最好为晴天，但不要超过30℃。盐碱较重的秧田，由于晒田引起泛盐，也会伤害水稻，可在保浅水或秧根湿润情况下施药，以免产生药害。

苯噻酰草胺　mefenacet

除草特点　本品可以为杂草的幼芽吸收，是细胞生长和分裂的抑制剂，对母细胞的分裂具有特别强的抑制作用。受害稗草外观症状是茎叶部和根部的生长点异常肥大，叶鞘叶身变浓绿，植株生长受抑，最终茎叶变黄枯死。该药对稗草敏感，对水稻高度安全，选择性极好。稗草枯萎时间随叶龄增大而延长。土壤对本药剂吸附力强，渗透少，在一般水田条件下，所施药剂大部分分布在表层1cm以内，形成处理药层，其持效期在1个月以上，秧苗的生长不要与此药层接触。

适用作物 水稻。

防除对象 对稗草特效，对水稻田其他一年生杂草（如牛毛毡、泽泻、鸭舌草、节节菜、异型莎草、扁穗莎草、碎米莎草等）也有一定的除草效果。

施药技术 水稻移栽田，在水稻移栽后3~10d（稗草2~3叶期），用50%可湿性粉剂60~80g/亩，混土撒施，施药时保持水层4~5cm。

注意事项 施药时要撒施均匀。不要在水稻苗期施用，特别不能在秧苗的出苗期应用。

吡氟酰草胺 diflufenican

除草特点 本品在杂草发芽前后施药可在土表形成抗淋溶的药土层，在作物整个生育期内保持活性。当杂草萌发通过药土层时，幼芽和根系能够吸收药剂，通过抑制类胡萝卜素生物合成，杂草表现为幼芽脱色或白色，最后整株萎蔫死亡。杂草的死亡速度与光的强度有关，光强则死亡快，光弱则慢。施药时间以杂草芽前和芽后早期施用最为理想，随着杂草长大而防效下降。该药效果稳定，受气候条件的影响相对较小。在土壤中可以为各种土壤吸附，移动性差，冬季降雨不会降低其活性。在常温及供氧条件下，其半衰期为15~50周，时间长短取决于土壤类型和土壤有机质含量，降解速度随温度和湿度的提高而增加。

适用作物 小麦、水稻、大蒜、胡萝卜、向日葵等。

防除对象 可以有效地防除多种一年生禾本科杂草和阔叶杂草。敏感的禾本科杂草有早熟禾、看麦娘、马唐、稗草、牛筋草、狗尾草；敏感的阔叶杂草有野苋、反枝苋、刺苋、播娘蒿、荠菜、卷耳、地肤、佛座、酸模叶蓼、春蓼、马齿苋、龙葵、繁缕、遏蓝菜、猪殃殃、婆婆纳；中度敏感的杂草有苘麻、豚草、灰绿藜、麦家公、扁蓄、卷茎蓼；抗性杂草有野燕麦、雀麦、苍耳等。

施药技术 冬小麦田，吡氟草胺杀草谱宽、施药适期长，可以防除麦田多种杂草。可以在冬小麦芽前及芽后早期施用，用50%可湿性粉剂15~20g/亩，对水35kg喷施。

大蒜田，在冬大蒜芽前施用，用30%悬浮剂25~30ml/亩，对水35kg喷施。

注意事项 本品在冬小麦芽前和芽后早期施用对小麦生长安全，但芽前施药时如遇持续大雨，影响药效和安全性。

氟噻草胺 flufenacet

除草特点 本品是幼芽（胚芽鞘）吸收、木质部传导，导致大多数禾本科杂草不能出苗，即使出土，则产生扭曲、畸形、心叶不能从胚芽鞘抽出。吸收后在玉米、大豆等抗性物体内迅速降解而产生水解与氧化产物，但GST催化的谷胱甘肽缀合作用则是其主要降解反应。在土壤中的吸附作用中等，随土壤中黏粒与有机质含量增高，吸附作用增强；由于土壤类型不同，田间半衰期为29~62d。

适用作物 玉米、小麦、大麦、大豆等，对作物和环境安全。

防除对象 主要用于防除众多的一年生禾本科杂草，如多花黑麦草等和某些阔叶杂草。

施药技术 种植前或苗前用于玉米、大豆田除草，马铃薯种植前或马铃薯和向日葵苗前除草，小麦、大麦、水稻、玉米等苗后除草。通常与其他除草剂混用，使用剂量为有效成分66.7g/亩。

丙炔氟草胺 Flumioxazin

除草特点 本品是环状亚胺类低毒除草剂。由幼芽和叶片吸收,可作土壤处理可有效防除一年生阔叶杂草和部分禾本科杂草。抑制原卟啉原氧化酶,杂草受害后原卟啉在敏感植物的体内聚积,导致光敏作用和细胞膜脂质的过氧化,造成细胞膜功能和结构不可逆的破坏,茎叶处理后敏感杂草茎叶坏死,日光照射后死亡;土壤处理后敏感杂草的芽坏死,于短暂的日光照射后死亡。在环境中易降解,对后茬作物安全。

适用作物 大豆田、花生田、柑橘园、棉花。

防除对象 防除一年生阔叶草和部分禾本科杂草。对反枝苋、马齿苋、铁苋菜、绿穗苋、龙葵、小飞蓬、藜、香附子、牛筋草等恶性杂草有特效。

施药技术 大豆播前或播后苗前即施药,一般播后不超过3d施药,用50%丙炔氟草胺可湿性粉剂8~12g/亩或5.3~8g/亩或6g/亩+90%乙草胺乳油30~50g/亩。为保证药效,可在施药后趟蒙头土或浅混土。

花生田,播后2d内施药,用50%丙炔氟草胺可湿性粉剂8~12g/亩或5.3~8g/亩或6g/亩+90%乙草胺乳油30~50g/亩。为保证药效,可在施药后趟蒙头土或浅混土。

注意事项 大豆发芽后施药易产生药害,所以必须在苗前施药;土壤干燥影响药效,应先灌水后播种再施药;禾本科杂草和阔叶杂草混生的地区,应与防除禾本科杂草的除草混合使用,效果会更好。

莠去津 atrazine

除草特点 本品是选择性内吸传导型苗前、苗后除草剂。该药能为杂草的根系、茎叶吸收,但以根系吸收为主,迅速传导至植物分生组织及叶部,抑制杂草光合作用,使杂草叶片变黄、饥饿死亡。在玉米等抗性作物体内,药剂能被玉米酮酶分解成无毒物质,因而对作物安全。莠去津的水溶性较大,在土壤中具有较大的移动性,易被雨水淋溶到较深层,致使对某些深根性杂草有抑制作用。该药在土壤中的持效期较长,在土壤中主要靠土壤微生物分解,残效期视药剂用量、土壤质地、温度和降水情况而变,一般情况下残效期可达半年左右。

适用作物 玉米、高粱、芦笋、甘蔗、茶树、果园、林木等。

防除对象 可防除一年生禾本科杂草和阔叶杂草,对阔叶杂草的防除效果优于对禾本科杂草的防除效果,如蓼、藜、苋、马齿苋、铁苋、马唐、狗尾草、牛筋草等。对多年生杂草也有一定抑制作用。

施药技术 春玉米,可于播后苗前喷雾,春旱时施药后可以混土或适当灌溉,也可在玉米四叶期前茎叶处理。可用38%悬浮剂200~250ml/亩对水均匀喷雾。

夏玉米,于播后苗前土壤处理,土壤有机质含量1%~2%时,用38%悬浮剂175~200ml/亩,土壤有机质含量3%~5%时,用40%悬浮剂200~250ml/亩,砂质土壤用下限,黏质土壤用上限;也可于玉米4叶期前,杂草2~3叶期,砂质土壤用40%悬浮剂125~150ml/亩,黏质土壤用200~250ml/亩对水均匀喷雾。

甘蔗田,甘蔗下种后5~7d,杂草出土前或幼苗期,每亩用50%可湿性粉剂,或40%悬浮剂200~250g/亩对水均匀喷雾。

注意事项 莠去津残效期长,玉米田后茬为小麦、水稻时,莠去津用量不能超过有效成分100g/亩,要求喷雾均匀,否则因用量过大或喷雾不均,常引起小麦点片受害,甚至死苗。土壤墒情影响药效,一般墒情好时除草效果较好;施药时加入安全型多功能喷雾助剂农希望6号喷雾宝,或60%油酸甲酯液剂(喷雾精)10~20ml/15kg药液对水均匀喷雾,以提高药效;对于墒情较差田块,可以考虑加大施药水量或浅混土。有机质含量超过6%的土壤,不宜作土壤处理,以茎叶处理为好。降水量大小对莠去津的淋洗起关键作用，而降雨强度与之关系不大。桃树对莠去津敏感，不宜在桃园使用。

氰草津 cyanazine

除草特点 本品是择性内吸传导型除草剂，以根部吸收为主，叶部也能吸收，通过抑制光合作用，使杂草枯萎而死亡。玉米能代谢这种药剂。药效2~3个月，对后茬种植小麦无影响，在潮湿土壤中半衰期为14~16d。氰草津较少渗透到土层10cm以下。其除草活性与土壤类型密切相关，在土壤中可被土壤微生物分解。

适用作物 玉米、高粱。

防除对象 可以防治一年生禾本科杂草和阔叶杂草，如早熟禾、马唐、狗尾草、牛筋草、蓼、苋、藜、铁苋、马齿苋等；对双子叶杂草防除效果优于单子叶杂草，对反枝苋、马齿苋、狗尾草、牛筋草效果明显，对马唐有效，对稗草防效差。对多年生杂草和莎草科杂草效果差。

施药技术 于玉米、高粱播后苗前，用40%悬浮剂200~300ml/亩对水均匀喷雾。

玉米4叶期前、第5片真叶时禁用，杂草3~5cm长时，进行茎叶喷雾处理，用40%悬浮剂200ml/亩。

注意事项 芽前处理因干旱防效差，可以浅混土以提高药效。玉米4叶期后使用，易产生药害。温度过低、或过高时对玉米不安全。施药后即下中至大雨时玉米易发生药害，尤其是在积水的玉米田，药害更严重。砂土和有机质含量低于1%的砂壤土不宜施用。

莠灭净 ametryne

除草特点 本品是选择性内吸传导型土壤处理除草剂，可以通过抑制杂草的光合作用而杀死杂草。土壤中持效期较长。

适用作物 甘蔗、菠萝田、夏玉米田。

防除对象 可以防除一年生禾本科杂草和阔叶杂草，对双子叶杂草的杀伤力大于单子叶杂草，可有效防除马唐、稗草、牛筋草、狗尾草、千金子、看麦娘、蓼、藜、马齿苋等一年生杂草；对一些多年生的杂草也有一定的杀伤力，对多年生的深根性杂草效果较差。

施药技术 甘蔗田，于甘蔗萌芽前或苗期、杂草苗前或幼苗期，用80%可湿性粉剂100~150g/亩对水均匀喷雾，进行土壤处理。

菠萝收获后或种植后萌芽2~3叶期用药，80%可湿性粉剂120~150g/亩，对水喷雾，进行土壤处理。

夏玉米田播后苗前土壤处理，80%可湿性粉剂120~150g/亩对水均匀喷雾，进行土壤处理。

注意事项 土壤墒情影响除草效果，土壤墒情好除草效果好。以一年生阔叶杂草为主的甘蔗田采用土壤封闭方法为好，以一年生单子叶杂草和恶性杂草为主的甘蔗田，以采用茎叶喷雾处理为好。茎叶喷雾处理应掌握在杂草幼嫩期，即3~4叶期、株高3~5cm时效果好。施药时加入安全型多功能喷雾助剂农希望6号喷雾宝，或60%油酸甲酯液剂（喷雾精）10~20ml/15kg药液对水均匀喷雾，以提高药效。

扑草净 prometryne

除草特点 本品是选择性内吸传导型除草剂，主要通过根部吸收，也可以通过茎叶渗入植物体内。吸收的扑草净通过蒸腾流进行传导，抑制光合作用，使植物失绿、干枯死亡。本品施药后可为土壤黏粒吸附，在0～5cm表土中形成药层，持效期为45～70d。

适用作物 稻、麦、棉、花生、甘蔗、大豆、薯类、大蒜、果树、蔬菜、向日葵等作物。

防除对象 可防除多种一年生禾本科杂草、阔叶杂草和莎草科杂草，如马唐、狗尾草、稗草、看麦娘、牛筋草、鳢肠、马齿苋、鸭舌草、藜、繁缕、卷耳、眼子菜、四叶萍、一年生莎草科杂草；对猪殃殃、野慈姑、伞形花科和一些豆科杂草防效较差。

施药技术 南方稻区，用50%可湿性粉剂20～40g/亩拌湿润细砂土20～30kg，在水稻移栽后5～7d均匀撒施，保持3～5cm水层7～10d，可防除大多数一年生单、双子叶杂草及牛毛草、眼子菜等多年生杂草，但对水稻的安全性稍差；北方稻区，用50%可湿性粉剂60～100g/亩，拌湿润细砂土20～30kg，在水稻移栽后20～25d眼子菜由红转绿时均匀撒施，保持3～5cm水层7～10d。

旱田，大豆田用50%可湿性粉剂50～100g/亩，花生、棉花、甘蔗用50%可湿性粉剂75～100g/亩，谷子用50%可湿性粉剂50g/亩，于播种后出苗前喷雾法进行土壤处理。

菜田，芹菜、洋葱、大蒜、韭菜、胡萝卜、茴香等，可在播种时、播后苗前，用50%可湿性粉剂50～100g/亩对水均匀喷雾。

果园、茶园、桑园，在一年生杂草大量萌发初期，用50%可湿性粉剂250～300g/亩对水均匀喷雾。

注意事项 本品安全性差，施药时用药量要准确。有机质含量低的砂质土不宜施用。避免高温时施药，气温超过30℃时，易产生药害。用于水田一定要在秧苗返青后才可以施药。施药时适当的土壤水分有利于发挥药效。

苯磺隆 tribenuron

除草特点 本品是选择性内吸传导型除草剂，可为植物的根、叶吸收，并在体内传导。抑制芽鞘和根生长，敏感的杂草吸收药剂后立即停止生长，1～3周后死亡。在土壤中的残效期为60d左右。

适用作物 小麦。

防除对象 一年生阔叶杂草，对播娘蒿、荠菜、碎米荠菜、藜、反枝苋等效果较好，对地肤、繁缕、扁蓄、麦家公、猪殃殃等也有一定的除草效果。对田蓟、卷茎蓼、田旋花、泽漆等效果不显著，对野燕麦等禾本科杂草无效。

施药技术 在小麦2叶期至拔节期，杂草苗前或苗后早期施药。一般用药量10%可湿性粉剂10～20g/亩对水进行杂草茎叶喷雾处理。杂草较小时，低剂量即可得较好的防效，杂草较大时，应用量高。

注意事项 本品活性高、药量低，施用时应严格药量，须与水混匀。施药时加入安全型多功能喷雾助剂农希望6号喷雾宝，或60%油酸甲酯液剂（喷雾精）10～20ml/15kg药液对水均匀喷雾，以提高药效。

噻磺隆 thifensulfuron

除草特点 本品为苗后选择性除草剂，可为植物的茎叶、根系吸收，并迅速传导。通过抑制侧链氨基酸亮氨酸和异亮氨酸的生物合成，而阻止细胞分裂，使敏感植物停止生长，在受药后1～3周内死亡。该药剂在土壤中能迅速被土壤微生物分解。

适用作物 麦、玉米、大豆、花生。

防除对象 可以有效防除一年生阔叶杂草，如反枝苋、藜、播娘蒿、荠菜、大巢菜；对地肤、蓼、婆婆纳、猪殃殃等也有较好除草效果；对禾本科杂草的效果较差，对田蓟、田旋花、野燕麦、狗尾草、雀麦无效。

施药技术　小麦苗期，阔叶杂草2~4叶期，用15%可湿性粉剂10~20g/亩，施药时加入安全型多功能喷雾助剂农希望6号喷雾宝，或60%油酸甲酯液剂（喷雾精）10~20ml/15kg药液对水均匀喷雾。

大豆、花生播后芽前，用15%可湿性粉剂8~10g/亩。生长期用药对大豆易产生药害。

玉米播后芽前或2~5叶期，阔叶杂草芽前至杂草2~4叶期，可用15%可湿性粉剂8~10g/亩对水均匀喷雾。

注意事项　噻磺隆与有机磷杀虫剂混用或顺序施用，可能有药害。残留期30~60d。噻磺隆在20/10~30/20℃温变条件下对大豆安全，当温度升高到35/25℃时，对大豆安全性下降。

苄嘧磺隆　bensulfuron-methyl

除草特点　本品是选择性内吸传导型除草剂，水稻能代谢成无毒化合物，对水稻安全，对环境安全。有效成分可在水中迅速扩散，为杂草根部和叶片吸收转移到杂草各部，能抑制敏感杂草的生长，症状为幼嫩组织失绿、叶子萎蔫死亡，同时根生长发育也受抑制。

适用作物　秧田、本田、直播田水稻、小麦。

防除对象　可以防除一年生和多年生阔叶杂草、莎草科杂草，如鸭舌草、眼子菜、节节菜、陌上菜、牛毛毡、异型莎草、水莎草、碎米莎草、萤蔺、扁秆藨草、播娘蒿、荠菜、碎米荠菜、猪殃殃等；对矮慈姑、稗草主要起抑制作用，对禾本科杂草防效差。

施药技术　水稻秧田和直播田，播种前或播种后20d内均可以施药，以播后杂草萌发初期施药防效最佳。防除一年生阔叶杂草和莎草，每亩用10%可湿性粉剂20~30g，对水30kg喷雾或混细潮土20kg撒施。施药时保持水层3~5cm，持续3~4d。移栽田，在插秧前或插秧后20d内均可以施用，以插后5~7d内杂草萌发期施药最佳。水稻移栽后1d也可施药，除草效果最佳。因此在晚稻田施用本品可以适当提早。施用10%可湿性粉剂10~15g/亩，对潮湿细土撒施，即可达到完全控制水稻生育期杂草的为害。施药时保持3~10cm的水层3~4d，不可漫灌，不可排水、串水。

在抛秧田使用10%可湿性粉剂，一般应在抛秧后第6~8d施药，刚好是杂草幼苗期，防除效果最佳。用药量根据田间杂草种类和为害程度而定。阔叶草或一年生莎草为主时，10%可湿性粉剂10~15g/亩；其他多年生阔叶杂草和多年生莎草科杂草严重发生时，剂量可以提高到10%可湿性粉剂15~20g/亩，对潮湿细土撒施。抛秧田既有阔叶草又有禾本科杂草的田块，混用杀稗剂，可一次性防治稻田杂草。施药后要保持浅水层7d，使药剂形成药膜层，不排水、串水，有效地杀伤杂草，提高除草效果，以后正常排灌。

苄嘧磺隆对麦田播娘蒿、荠菜、碎米荠菜、猪殃殃、繁缕、大巢菜等阔叶杂草防效显著。杂草基本出齐时施药为宜，施用10%可湿性粉剂30~40g/亩，施药时加入安全型多功能喷雾助剂农希望6号喷雾宝，或60%油酸甲酯液剂（喷雾精）10~20ml/15kg药液对水均匀均匀喷雾。

注意事项　本品是土壤中移动性小，温度、土质对其影响较小。延长保水时间是提高除草效果的关键。随着保水时间的延长，苄嘧磺隆不同用药量对扁秆藨草的防效也相应提高，保水时间越长，除草效果越好。试验表明，保水时间以5~7d为宜，保水时间不得少于3d。

吡嘧磺隆　pyrazosulfuron

除草特点　本品是选择性内吸传导型除草剂，主要通过根系吸收，本品被吸收后，在杂草植株里迅速转移，迅速抑制生长，杂草逐渐死亡。水稻能分解该药剂，对水稻生长几乎没有影响。药效稳定，安全性高，持效期为25~35d。

适用作物 秧田、直播田、移栽田水稻。

防除对象 可以防除一年生和多年生阔叶杂草与莎草科杂草,如异型莎草、水莎草、萤蔺、鸭舌草、水芹、节节菜、野慈姑、眼子菜、青萍等。对千金子无效。

施药技术 水稻薄膜秧田,在水稻播种塌谷后,或3叶1心期(稗草3叶期)喷施,除稗效果可达93.7%以上,对矮慈姑、节节菜、鸭舌草等的防效也达90%以上,4叶1心期(稗草4叶期)喷施,除稗效果明显下降。

移栽田,插秧后3~20d施药,用10%可湿性粉剂15~30g/亩对水均匀喷雾。或于水稻移栽活棵后或栽秧后5~7d,用10%可湿性粉剂15~30g/亩,拌25kg细土均匀撒施,撒施时间田间应有5~7cm(1.5~2寸)水层,然后保水5~7d。

水稻直播田,水稻1~3叶期施用,用10%可湿性粉剂15~30g/亩,加水喷雾。施药后至少3d内保持一定水层。旱稻直播田,在稻1~3叶期施药,用量10%可湿性粉剂15~30g/亩,应在施药后1~2d内漫灌一次,并保持水层1周以上。

注意事项 本品对水稻安全,最适宜施药时期是杂草的苗后早期,在杂草萌芽前和苗后用药也可以获得良好的效果。秧田或直播田施药,应保证田板湿润或有薄层水,移栽田施药后应保水5d以上,才能取得良好的除草效果。不同品种水稻的耐药性有差异,早籼品种安全性好,晚稻品种(粳、糯稻)相对敏感,应尽量避免在晚稻芽期施用,否则易产生药害。

甲基二磺隆 mesosulfuron-methyl

除草特点 本品是是内吸性传导型除草剂,可为杂草茎叶和根部吸收,随后在植物体内传导,通过抑制植物体内侧链氨基酸的生物合成,而造成敏感植物生长停滞、茎叶褪绿、逐渐枯死,施药后15~30d杂草死亡。加入安全剂(吡唑解草酯mefenpyrmethyl)后可以用于防除冬小麦、春小麦、硬质小麦田禾本科杂草和部分阔叶杂草。

适用作物 麦田。

防治对象 能防一年生禾本科杂草,如看麦娘、野燕麦、硬草、早熟禾、棒头草、菵草、雀麦(野麦子)、水草、蜡烛草、碱茅等,并可兼除部分阔叶杂草,如播娘蒿、牛繁缕、荠菜等。

施药技术 小麦田,在小麦3~6叶期,禾本科杂草出齐苗2.5~5叶期,用30g/L可分散油悬浮剂20~35ml/亩,对水25~130kg背负式喷雾器或拖拉机喷雾器对水7~15l/亩,对全田茎叶均匀喷雾处理。施用时必须临时桶混相当于0.2%~0.7%喷液量的表面活性剂,如与本剂按比例捆绑在一起的助剂60~90ml/亩;防除旱茬麦田中的雀麦、节节麦、蜡烛草、毒麦、黑麦草等恶性禾本科杂草时,建议采用25~30ml/亩的制剂用量,防除稻茬等麦田中的早熟禾、硬草、碱茅、菵草、看麦娘等其他靶标禾本科杂草时,建议采用20~25ml/亩的制剂用量。

注意事项 小麦拔节后不宜使用。遭受涝害、冻害、病害、盐碱害及缺肥的麦田不能使用,施药后5d内不能大水漫灌麦田,否则易产生药害。玉米、水稻、大豆、棉花、花生等作物需在施用100d后播种,间、套作上述作物的麦田慎用。

烟嘧磺隆 nicosulfuron

除草特点 本品是内吸性除草剂,可为杂草茎叶和根部吸收,随后在植物体内传导,造成敏感植物生长停滞、茎叶褪绿、逐渐枯死,一般情况下20~25d内死亡,但在气温较低的情况下或对某些多年生杂草需较长的时间。在芽后4叶期以前施药药效好，苗大时施药药效下降。该药具有芽前除草活性，但活性较芽后低。

适用作物　玉米。

防除对象　可以防除一年生和多年生禾本科杂草、部分阔叶杂草。试验表明，对药剂敏感性强的杂草有马唐、牛筋草、稗草、狗尾草、野燕麦、反枝苋；敏感性中等的杂草有本氏蓼、茼草、马齿苋、鸭舌草、苍耳和苘麻、莎草科杂草；敏感性较差的杂草主要有藜、龙葵、鸭跖草、地肤和鼬瓣花。

施药技术　玉米2~4叶期，杂草出齐且多为5cm左右株高，茎叶喷雾。用4%悬浮剂50~75ml/亩（夏玉米）、65~100ml/亩（北方春玉米），对水均匀喷雾。

注意事项　施药后观察，玉米叶片有轻度褪绿黄斑，但能很快恢复。玉米在2叶期以下、5叶期以上较为敏感，易于发生药害。玉米对此药剂敏感品种有甜玉米和爆裂玉米。用有机磷杀虫剂处理后的玉米对此药剂敏感。施药时气温在20℃左右，空气湿度60%以上，施药后12h内无降雨，有利于药效的发挥宜用加入安全剂的烟嘧磺隆。施药时加入安全型多功能喷雾助剂农希望6号喷雾宝，或60%油酸甲酯液剂（喷雾精）10~20ml/15kg药液对水均匀喷雾，以提高药效。

砜嘧磺隆　rimsulfuron

除草特点　本品是内吸性传导型除草剂，可为杂草根系、茎叶吸收，随后在植物体内传导，运送到植物的分生组织，通过抑制植物体侧链氨基酸的生物合成而阻止细胞分裂，造成敏感植物生长停滞、茎叶褪绿、斑枯乃至全株死亡。玉米可以将药剂快速代谢为无毒物质，因而对玉米相对安全。药剂在土壤中主要进行化学降解，也可以进行微生物分解，其降解速度受土壤pH值的影响较大，在中性土壤中较为稳定，在碱性和酸性土壤中降解较快。对于正常轮作的后茬作物无害。

适用作物　玉米、烟草。

防除对象　可以有效防除大多数一年生和多年生禾本科及阔叶杂草，如狗尾草、野燕麦、牛筋草、藜、风花菜、鸭跖草、荠菜、马齿苋、反枝苋、野西瓜苗、铁苋菜、苘麻、鳢肠、莎草科杂草等。

施药技术　玉米田，玉米苗后3~5叶期，杂草2~5叶期，用25%水分散粒剂5~6.7g/亩，对水进行玉米行间定向喷雾；烟草田，杂草2~4叶期，用25%水分散粒剂5~6g/亩对水行间定向喷雾；马铃薯田，杂草2~4叶期，用25%水分散粒剂5.5~6g/亩对水行间定向喷雾；可以防除玉米田、烟草田、马铃薯田一年生禾本科及阔叶杂草。

烟草田，用25%干悬浮剂4~6g/亩对水定向行间喷雾。

注意事项　本品活性较高，应用时应严格应用剂量，喷施要均匀，否则易于产生药害。施药时如能加入一些表面活性剂可以显著提高除草效果。施药后翌年不能种亚麻、油菜等敏感作物。使用本剂前后7d内，尽量避免使用有机磷杀虫剂，否则可能会引起玉米药害。使用本剂应在4叶期前施药，如玉米超过4叶期，单一用或混用玉米均有药害发生，药害症状表现为拔节困难，长势矮小，叶色浅，发黄，心叶卷缩变硬，有发红现象，10~15d恢复。甜玉米、爆裂玉米、黏玉米及制种田不宜使用。

氟唑磺隆　flucarbazone-sodium

除草特点　本品是磺酰脲类除草剂，是乙酰乳酸合成酶（ALS酶）的抑制剂，即通过抑制植物的ALS酶，阻止支链氨基酸如缬氨酸、异亮氨酸、亮氨酸的生物合成，最终破坏蛋白质的合成，干扰DNA的合成及细胞分裂与生长。他可以通过植物的根、茎和叶吸收，受害杂草生长停止、失绿、顶端分生组织死亡，植株在2～3周后死亡。因该化合物在土壤中有残留活性，故对施药后长出的杂草仍有药效。

适用作物　小麦。

防除对象　雀麦、看麦娘、菵草、硬草、狗尾草、稗草、冰草、早熟禾、日本看麦娘、节节麦、猪殃殃、荠菜、繁缕、播娘蒿、泥胡菜、遏蓝菜、大巢菜、婆婆纳，对苗期杂草和喷药后14d内出土的杂草仍有效。对野燕麦防效良好，对节节麦防效差。

施药技术　小麦田，冬小麦出苗后封垄前，杂草2～5叶期，用70%水分散粒剂3～4g/亩对水均匀茎叶喷雾，防除野燕麦、雀麦、狗尾草、看麦娘等禾本科杂草，并能防除多种阔叶杂草，对冬小麦安全性较好，持效期长。

注意事项　本品不可以在大麦、燕麦、十字花科和豆科等敏感作物上使用。在种植冬小麦的地区晚秋或初冬时，应该注意选择天气较为温暖的时间施药，施药时的气温应高于8℃。氟唑磺隆作为播后苗前土壤处理剂，能有效的抑制看麦娘、野燕麦、雀麦等麦田禾本科杂草，对节节麦也有一定的抑制作用；作为苗后茎叶处理剂，在看麦娘、野燕麦和雀麦1.5～3叶期使用，除草效果好，但在5叶期使用，除草效果明显下降；对1.5叶期节节麦有一定活性，对稍大的节节麦的活性差。在冬小麦产区对下茬作物：玉米、大豆、水稻、棉花和花生的安全间隔期为60～65d。

氯吡嘧磺隆　halosulfuron-methyl

除草特点　本品是磺酰脲类除草剂，选择性内吸传导型除草剂。有效成分可在水中迅速扩散，为杂草根部和叶片吸收转移到杂草各部，阻碍氨基酸、赖氨酸、异亮氨酸的生物合成，阻止细胞的分裂和生长。敏感杂草生长机能受阻，幼嫩组织过早发黄抑制叶部生长，阻碍根部生长而坏死。可有效防除番茄田阔叶杂草及莎草科杂草。

适用作物　小麦、玉米、直播水稻、高粱、番茄、甘蔗、草坪。

防除对象　本品主要用于防除阔叶杂草和莎草科杂草，如苘麻、苍耳、曼陀罗、豚草、反枝苋、野西瓜苗、蓼、马齿苋、龙葵、决明子、牵牛、香附子等。

施药技术　玉米田，在玉米3～5叶，杂草2～5叶时，用75%水分散粒剂3～5g对水搅拌均匀后对杂草均匀喷雾；小麦田，在小麦田杂草2～5叶期，用35%水分散粒剂8.6～12.8g/亩进行均匀茎叶喷雾；水稻直播田，在秧苗2叶1心期，杂草2～3叶期，用35%水分散粒剂5.8～8.6g/亩对水进行均匀茎叶喷雾，水稻直播田施药前1d排干水，保持土壤湿润，药后1d复水，保水1周，勿淹没水稻心叶，恢复正常管理；高粱、甘蔗田，在杂草2～5叶时，用75%水分散粒剂3～5g/亩对水均匀茎叶喷雾；番茄田，番茄移栽前1d，杂草2～4叶期，用75%水分散粒剂6～8g/亩对水对土壤进行均匀喷雾处理。

注意事项　玉米田使用应同解毒剂0一起使用，减少对玉米的伤害。施药时注意药量准确，做到均匀喷洒，尽量在无风无雨时施药，避免雾滴飘移，危害周围作物；大风或预计1h内有降雨，请勿使用。

三氟羧草醚　acifuorfen sodium

除草特点　本品具有选择性、触杀作用，杂草通过茎叶吸收，促使气孔关闭，借助于光照发挥除草作用，提高植物体温度引起坏死，控制线粒体电子传递引起呼吸系统和能量产生系统的停滞，抑制细胞分裂，使杂草致死。此药能为大豆降解，对大豆安全。在普通土壤中，不会渗透进入深土层，能为土壤中微生物和日光降解，在土壤中的半衰期为30～60d。

适用作物　大豆、花生。

防除对象 可以防除多种阔叶杂草，如马齿苋、鸭跖草、铁苋菜、龙葵、藜、苋、蓼、苍耳、香薷；也能杀死多年生阔叶杂草和莎草科杂草的地上部分，对一年生禾本科杂草也有一定的防治效果。该药剂对马齿苋药效特别突出。

施药技术 大豆田，在大豆1～3片复叶期以前，阔叶杂草2～4叶期，用21.4%水剂112～150ml/亩对水进行茎叶喷雾，大豆在3片复叶后用药会影响药效，加重药害，施药时注意不要使药液飘移至棉花、甜菜、向日葵、观赏植物等敏感作物上，否则会发生药害，套种或间种其他作物的大豆田请勿使用。

据资料报道，花生田，在作物2～4片羽状复叶期，田间双子叶杂草基本出齐，且大多数杂草株高5～10cm（2～4叶期），用24%水剂50～75ml/亩对水均匀喷雾。

注意事项 本品易对作物发生药害，施药后可能会出现褐色斑点，须严格掌握用药量，喷施均匀，最好在施药前先试验后推广。大豆4片复叶后，叶片遮盖杂草，喷药会影响除草效果；同时，作物叶片接触药剂多，抗药性减弱，会加重药害。大豆如果生长在不良环境中，如干旱、水淹、肥料过多、寒流、霜害、土壤含盐过多、大豆苗已遭病虫为害以及要下雨前，不宜施用此药。施药后48h会引起大豆幼苗灼伤、呈黄色或黄褐色焦枯状斑点，但对新叶生长无影响，随着新叶发出会恢复生长，田间未发现有死亡植株。勿用超低容量喷雾器或机弥雾机施药。最高气温低于21℃或土温低于15℃，施用易产生药害。

氟磺胺草醚 fomesafen

除草特点 本品具有选择性，大豆田芽前、苗后早期防除阔叶杂草极为有效。能被杂草的叶片、根吸收，进入叶绿体内，破坏光合作用引起叶部枯斑，迅速枯萎死亡。药剂在韧皮部内传导作用差，叶面、叶腋、生长点上药液雾滴需覆盖均匀。喷药4h后下雨不降低药效。大豆吸收此药后，能迅速降解，故对大豆安全。持效期可达一个月以上。

适用作物 大豆、花生。

防除对象 防除阔叶杂草，如苘麻、柳叶刺蓼、铁苋菜、反枝苋、豚草、鬼针草、田旋花、荠菜、藜、裂叶牵牛、卷茎蓼、马齿苋、龙葵、苍耳。对小蓟、问荆基本无效。对狼把草、鸭跖草防效一般。

施药技术 春大豆田，春大豆苗后1～3片三出复叶时，一年生阔叶杂草1～3叶期，用250g/L水剂100～125ml/亩，对水30～40kg均匀茎叶喷雾；花生3～4叶期，在杂草2～4叶期，用250g/L水剂40～50ml/亩，对水30～40kg均匀茎叶喷雾。

注意事项 此药在土壤中的残效期长，在土壤中不会钝化，可保持活性数个月，并为植物根部吸收，有一定程度的残余杀草作用。在正常施用情况下，对后茬作物的影响不会太大，但用药量不宜过大，否则会对后茬敏感作物（如白菜、高粱、玉米、小麦、谷子、甜菜、亚麻等）产生药害。喷施此药时要注意风向，防止雾滴飘移到邻近敏感作物上。在大豆田干旱等不良条件下用药，叶面会受到一些伤害，严重者暂时萎蔫，但在一周后可以恢复正常，不影响后期生长。

乳氟禾草灵 lactofen

除草特点 本品为选择性芽后茎叶处理除草剂，施药后植物茎叶吸收，在体内进行有限的传导，通过破坏细胞膜的完整性而导致细胞内含物的流失，最后使杂草叶干枯而致死。在充足光照条件下，施药后1～3d，敏感的阔叶杂草出现灼伤斑，并逐渐扩大，整个叶片变枯，最后全株死亡。本品施入土壤易被土壤微生物分解。

适用作物 花生、大豆。

防除对象 可以防除阔叶类杂草，对马齿苋、铁苋菜、苋、藜、苘麻、青葙等防效突出。也能杀死多年生阔叶杂草和莎草科杂草的地上部分。

施药技术 大豆、花生田，苗后2～4复叶期，阔叶杂草基本出齐，大多数株高不超过5cm时，用24%乳油22～50ml/亩对水均匀喷雾，要使杂草能够均匀接触药液。

注意事项 对作物的安全性差，施药后大豆、花生会呈现不同程度的药害，轻者叶片灼伤，重者作物心叶扭曲皱缩，但后期长出的叶片生育正常。杂草的生长情况和气候都可能影响药剂的活性，对4叶期以前生长旺盛的杂草杀草活性高；当气温、土壤水分有利于杂草生长时施药，药效得以充分发挥，反之低温、持续干旱影响药效；施药后连续阴天，没有足够的光照，也会影响药效的迅速发挥。施药时应选择适宜的天气。

乙羧氟草醚 fluoroglycofen-ethy

除草特点 本品是一种选择性触杀型除草剂，是原卟啉氧化酶抑制剂。作用迅速，在光照条件下，杂草几个小时内即有显著的受害症状。而大豆能代谢该药剂，因此对大豆较为安全。乙羧氟草醚受外界环境温度变化影响较小。

适用作物 大豆、花生、小麦。

防除对象 可以防除多种一年生阔叶杂草，对马齿苋、铁苋、反枝苋、青葙、龙葵防效突出，对苘麻、猪殃殃、婆婆纳、荠菜、繁缕防效明显，对蓼、藜、鸭跖草防效一般。

施药技术 春大豆田，春大豆1～2片复叶期，阔叶杂草2～5叶期，用10%乳油50～10ml/亩对水均匀茎叶喷雾；夏大豆田，大豆1～3片三出复叶期，杂草较小时，用10%乳油5～10ml/亩对水均匀茎叶喷雾。

小麦田，在春小麦3～4片复叶期，阔叶杂草2～5叶期，用10%乳油8～10ml/亩，对水均匀茎叶喷雾。

花生田，花生2～4片复叶期；阔叶杂草2～5叶期，用10%乳油8～10ml/亩对水均匀茎叶喷雾，人工施药时最好选择扇形喷嘴，顺垄施药，不可左右摇摆施药。

注意事项 本品活性较高，施药时应严格施药量，并且要喷施均匀，否则易对作物产生药害。施药时要在晴天进行，施药后4h内不能有降雨。该药对大豆易发生药害，应用前应先试验后推广。用药后2d直接接触乙羧氟草醚药液的大豆、花生叶片和叶柄上产生黑褐色的斑点，高剂量处理的症状表现较为明显。对大豆、花生的中后期生长无明显影响。

乙氧氟草醚 oxyfluorfen

除草特点 本品是选择性触杀型芽前除草剂，主要通过胚芽鞘、中胚轴进入植物体内，根部也能少量吸收，这些极微量的由根部吸收的药剂通过植物体向叶部运转，在芽前及芽后早期施用效果好。药剂在有光的条件下可以发挥杀草作用，作用机理是破坏细胞的透性，促进乙烯的释放，从而使细胞的生理功能紊乱，衰老加速，叶片或幼芽发生萎蔫，最终脱落死亡。施入稻田后24h内沉降在土表并很快为土壤吸附，积聚在0～3cm土层中，尤其0～0.5cm的土表中最多。药剂被土壤吸附后，经过土壤微生物的作用而降解，在土壤中的半衰期为30d左右，对后茬作物无残留毒害。在稻田的持效期一般为20～25d。

适用作物 稻、大豆、棉花、花生、玉米、油菜、甘蓝、番茄、甘蔗、甘薯、林木。

防除对象 可以防除一年生单子叶杂草、双子叶杂草，如蓼、藜、苘麻、龙葵、铁苋、马齿苋、苍耳、牵牛花、节节草、耳叶水苋、异型莎草、稗草、牛毛草、狗尾草等；对大部分多年生杂草无效，在稻田水层控制较好的情况下，也可以控制某些多年生杂草如牛毛毡、水绵等。

施药技术 稻移栽后5~7d，用24%乳油10~20ml/亩对水100~200ml稀释成母液后混成毒土撒施（毒砂10kg或毒土20kg），保持3~5cm水层5~7d。最佳用量为15ml/亩。

大豆、花生、棉花等旱作作物田，播后苗前用24%乳油20~30ml/亩对水，一定要均匀喷雾于土表。

棉花移栽田，在棉田最后一遍整地，棉苗移栽前，用24%乳油20~40ml/亩，对水20~40kg，均匀喷雾于土表。或当棉花植株50cm以上时，田间杂草未出土时用24%乳油20~40ml/亩对水压低喷头均匀喷施杂草，行间定向喷施要避免喷及棉花植株。

大蒜，以24%乳油40~60ml/亩对水，在大蒜播后芽前喷施。

油菜、蔬菜（辣椒、茄子、番茄），在整地后移栽前，用24%乳油20~40ml/亩对水均匀喷雾于土表，药后第2~4d可移栽。

茶园、果园、针叶苗圃，用24%乳油20~40ml/亩，加水稀释后用低压喷雾器定向喷于杂草茎叶及土壤表面。银杏、水杉播后芽前，用24%乳油50ml/亩对水均匀喷雾。

注意事项 施药要均匀。移栽稻田使用此药，稻苗应高于20cm，秧龄应为30d以上的壮秧，气温应达20~30℃。应在稻苗上露水退后施药，否则药剂易于沾到叶上而产生药害。施药后如遇大雨应及时排出深水，保持3~5cm浅水层，以免伤害稻苗。

异丙隆 isoproturon

除草特点 本品是选择性内吸传导型除草剂，杂草由根部和叶片吸收，抑制光合作用，杂草多于施药2~3周后死亡。土壤中分解快，对后茬作物无影响，秋季施药持效期可达2~3个月。

适用作物 小麦。

防除对象 可以防除一年生禾本科杂草和阔叶杂草，如马唐、看麦娘、小藜、早熟禾、野燕麦、碎米荠、荠菜、蓼、扁蓄、繁缕、苋，对麦田硬草也有较好的防效。猪殃殃、婆婆纳对此药有抗性。

施药技术 播后苗前处理，麦种播后覆土至出苗前，用50%可湿性粉剂125~150g/亩对水喷雾土表。苗后处理，麦3叶期至分蘖末期，杂草2~5叶期，用50%可湿性粉剂100~125g/亩对水喷于杂草茎叶。

注意事项 本品是正常用量和湿度下对小麦安全，对其他作物安全性相对较差。在有机质含量高的土壤上，因持效期短只能在春季施用。作物生长不良或受冻，砂性重或排水不良地块不能施用。施药后降水或灌溉可以提高除草效果，施药后墒情差除草效果差。施药时气温高除草效果好而且作用迅速，而气温低时除草效果差，当气温低至日均温4℃时对麦苗生长有药害，其表现为顶部1~2叶叶尖褪绿，个别叶尖枯黄，作物生长可能暂时受抑制或出现黄化现象，一般情况下短期可恢复。

2甲4氯钠 MCPA-sodium

除草特点 本品为苯氧乙酸类选择性激素型除草剂。禾本科植物幼苗期很敏感，3~4叶期后抗性逐渐增强，分蘖末期最强，到幼穗分化敏感性又上升，因此宜在水稻分蘖末期施药。适用于水稻、小麦及其他旱地作物防治三棱草、鸭舌草、泽泻、野慈姑及其他阔叶杂草。

适用作物 小麦、玉米、水稻。

防除对象 可以防除一年生阔叶杂草及莎草科杂草，如播娘蒿、荠菜、泽漆、藜、蓼、反枝苋、铁苋菜、小蓟、苍耳、苘麻、马齿苋等。对麦家公、婆婆纳、猪殃殃、米瓦罐等有抑制作用。

施药技术 小麦田，小麦5叶期至拔节前，用13%水剂450~600ml/亩，对水20~25kg均匀茎叶喷雾，防除播娘蒿、荠菜、藜、蓼等一年生阔叶杂草及莎草科杂草。

玉米田，玉米4~5叶期，杂草2~4叶期，用56%可溶粉剂100~150g/亩对水进行茎叶喷雾。施药方式最好用扇形喷头，顺垄低空定向喷雾。将喷头走在玉米心叶下部，尽可能不让心叶着药，这是减轻玉米药害的关键。如用空心圆锥喷头最好加防护罩，控制雾滴方向，不让玉米心叶着药。

移栽稻田，在移栽后3周，移栽后10~15d，移栽稻分蘖盛期至末期，杂草2~4叶期，注意水层勿淹没水稻心叶。用13%水剂240~450ml/亩对水均匀茎叶喷雾，用药前排田水，药后1~2d灌水回田，保浅水5~7d后常规田管。能够有效地防除移栽水稻田三棱草、鸭舌草、泽泻、野慈姑及其他的阔叶杂草。

注意事项 棉花、马铃薯、油菜、豆类、瓜类、果树等阔叶作物对本品敏感，用药时要防止雾滴飘移造成危害。喷药时应选择无风晴天，不能离敏感作物太近，药剂飘移对双子叶作物威胁极大，应尽量避开双子叶作物地块。低温天气影响药效的发挥，且易产生药害。

2,4-滴异辛酯 2,4-D-ethylhexyl

除草特点 2,4-滴异辛酯为苯氧乙酸类，选择性苗后茎叶处理触杀型除草剂。可被植物根、茎、叶吸收和传导，茎叶吸收可通过植物的韧皮部向下传导到达根部；根吸收可通过植物的木质部向上传导到达全株，使整个植物表现畸形，严重破坏植物的生理功能，导致死亡。

适用作物 玉米、小麦。

防除对象 小蓟、鸭跖草、藜、蓼、龙葵、苘麻、遏蓝菜、繁缕、苋菜、苍耳、田旋花等一年生或多年生阔叶杂草。

施药技术 小麦田，冬小麦返青至分蘖末期，春小麦3叶期，杂草2~5叶期，用50%乳油100~120ml/亩对水均匀的茎叶喷雾。

防治玉米田阔叶杂草，播后苗前用50%乳油86~122ml/亩对水进行土壤喷雾。

注意事项 本品对阔叶作物药害较严重，使用时注意药液的飘移。本品在小麦3叶期前或拔节开始后施药，否则会产生药害，植株畸形、葱管叶、匍匐或产生畸形穗。禾本科作物对本品耐性较大，但在其幼苗、幼芽、幼穗分化期较为敏感，用药过早、过晚，用量大都可能造成药害。初次使用本品请征询植保技术人员指导；施药最好选择无风，空气相对湿度大于65%，气温低于28℃的气候条件下进行或晴天8:00前或17:00以后进行。

2甲4氯胺盐 dimethylammonium

除草特点 本品施用后可迅速为杂草茎叶吸收并聚集在杂草生长点和根部，使杂草细胞大量分裂变形，通常在施药后2~3d杂草扭曲变形，部分茎叶变红，7~15d死亡，禾本科作物因对2甲4氯胺盐有抗药性而安全。

适用作物 冬小麦、甘蔗、水稻、玉米。

防除对象 可以有效防除香附子、三棱草、铁苋、凹头苋、藜、空心莲子草、播娘蒿、泽漆、荠菜、大巢菜、繁缕、米瓦罐、田旋花、苍耳等。

施药技术 免耕地用75%水剂25ml/亩+41%草甘膦异丙胺盐水剂100~150ml/亩，防治一年生杂草。用75%水剂50ml/亩+41%草甘膦异丙胺盐水剂200~250ml/亩，防治多年生杂草。混配目的，可大大加强草甘膦的内吸传导性，从而加快草甘膦的除草效果，防治已对草甘膦产生抗性的多年生阔叶草。

注意事项 棉花、马铃薯、油菜、豆类、瓜类、果树等阔叶作物对本品敏感，用药时要防止雾滴飘移造成危害。喷药时应选择无风晴天,不能离敏感作物太近,药剂飘移对双子叶作物威胁极大,应尽量避开双子叶作物地块。低温天气影响药效的发挥,且易产生药害。

麦草畏 dicamba

除草特点 本品具有内吸传导作用,可以被杂草根、茎、叶吸收,通过木质部和韧皮部上下传导,集中在分生组织及代谢活动旺盛的部位,阻碍植物激素的正常活动,从而使其死亡。

适用作物 小麦、玉米、芦苇。

防除对象 可以有效地防除播娘蒿、荠菜、藜、苋、马齿苋、牛繁缕、大巢菜、苍耳、猪殃殃、鳢肠等。对田旋花、小蓟、苦荬菜防除效果差。

施药技术 冬小麦3叶期后至拔节期,阔叶杂草3~5叶期,用48%水剂20~30ml/亩对水进行均匀茎叶喷雾,小麦拔节时不能施用麦草畏及其混剂。

玉米田,在玉米播后苗前或苗后早期,在玉米2~4叶期、阔叶杂草基本出齐且株高2~5cm时,用48%水剂20~40ml/亩对水均匀喷雾。

注意事项 小麦4叶前和拔节后禁止使用。小麦拔节期施药,能引起小麦植株倾斜匍匐,叶色明显变淡,并会产生畸形穗,其严重程度及持续时间会随用药量的增加而增加。小麦拔节后施用会造成明显的减产。玉米株高达90cm或雄穗抽出前15d内,不能施用本品;甜玉米、爆裂玉米等敏感品种,勿用本品,以免发生药害;切勿将麦草畏喷在大豆、棉花、烟草、蔬菜和果树等阔叶作物上,以免发生药害。

精吡氟禾草灵 fluazifop-p-butyl

除草特点 本品是选择性内吸传导型茎叶处理除草剂。用作茎叶处理,可为植物的茎叶吸收,通过木质部、韧皮部的输导组织传导到生长点和分生组织,通过对乙酰辅酶A羧化酶的抑制而抑制杂草的脂肪酸合成,抑制杂草节、根、茎、芽的生长,受药作物逐渐枯萎死亡。作用速度缓慢,一般在施药后3~5h内杂草停止生长,7h左右节点或芽发生坏死、嫩叶枯萎,10~15h后杂草死亡。

适用作物 大豆、花生、棉花、油菜、甜菜、烟草、甘薯、马铃薯、西瓜、甜瓜、果园等。

防除对象 可以防治一年生和多年生禾本科杂草,如看麦娘、狗尾草、稗草、马唐、牛筋草、野燕麦、芦苇、狗牙根等。对双子叶杂草无效。

施药技术 在禾本科杂草出苗高峰后、杂草2~5叶期间,用15%乳油40~60ml/亩对水进行茎叶喷雾处理。在干旱、杂草较大时,或防除多年生禾本科杂草时,用药量可以增加到65~100ml/亩,或在药后40h前后再施药1次。防治多年生杂草如芦苇、茅草、狗牙根等,则需用130~165ml/亩,方能取得较好的除草效果。

注意事项 禾本科杂草3~5叶期施药除草效果最佳。空气湿度和土地湿度较高时,利于杂草对药剂的吸收、输导,药效易于发挥。高温、干旱条件下施药,应适当增加用药量。施药时加入安全型多功能喷雾助剂农希望6号喷雾宝,或60%油酸甲酯液剂(喷雾精)10~20ml/15kg药液均匀喷雾,以提高药效。

精喹禾灵 quizalofop-p-ethyl

除草特点 本品是通过杂草茎叶吸收,在植物体内向上和向下双向传导,积累在顶端及居间分生组织，抑制细胞脂肪酸合成，使杂草坏死。精喹禾灵是一种高速选择性的新型旱田茎叶处理剂，在禾本科杂草和双子叶作物间有高度的选择性，对阔叶作物田的禾本科杂草有很好的防效。

适用作物 大豆、花生、棉花、油菜、西瓜、甘薯等多种阔叶作物及蔬菜和果树。

防除对象 可以有效防除一年生禾本科杂草，如稗草、牛筋草、狗尾草、看麦娘、野燕麦、雀麦、白茅、马唐、画眉草。提高剂量可以防除狗牙根、白茅、芦苇等多年生禾本科杂草。但对莎草、阔叶杂草无效。

施药技术 在阔叶作物田，禾本科杂草苗后旺盛生长期内，最好在禾本科杂草3~6叶期施药。防除一年生禾本科杂草，用5%乳油50~70ml/亩；防除多年生禾本科杂草，用5%乳油75~100ml/亩对水均匀喷雾杂草茎叶。

注意事项 本品对禾本科作物敏感，喷药时切勿喷到邻近的水稻、玉米、小麦等禾本科作物。土壤干燥、杂草生长缓慢时，可以适当增加药量。施药时加入安全型多功能喷雾助剂农希望6号喷雾宝，或60%油酸甲酯液剂（喷雾精）10~20ml/15kg药液对水均匀喷雾，以提高药效。

精恶唑禾草灵 fenoxaprop-p-ethyl

除草特点 本品是选择性内吸传导型茎叶处理除草剂。用作茎叶处理，可为植物的茎、叶吸收，传导到生长点和分生组织，通过对乙酰辅酶A羧化酶的抑制而抑制杂草的脂肪酸合成，抑制其节、根茎、芽的生长，损坏杂草的生长点分生组织，受药杂草2~3d内停止生长，5~7d心叶失绿变紫色，分生组织变褐，然后分蘖基部坏死，叶片变紫逐渐枯死。本品中加入安全剂，对小麦安全。

适用作物 精恶唑禾草灵含有安全剂，适于麦田除草，也可用于大豆、花生、棉花、甜菜、马铃薯、蔬菜等。

防除对象 可以防治一年生和多年生禾本科杂草，如看麦娘、硬草、野燕麦、稗草、狗尾草、马唐、牛筋草等。对阔叶杂草无效。

施药技术 小麦苗期，从杂草2叶期到拔节期均可施用，但以冬前杂草3~4叶期施用最好。杂草3~4叶期，用10%乳油（加入了安全剂）50~75ml/亩对水均匀茎叶喷雾。

大豆、花生田，可以在杂草3叶期至分蘖期施药，用6.9%水乳剂50~75ml/亩对水均匀茎叶喷雾。

注意事项 不能用于大麦、燕麦、玉米、高粱田除草，部分小麦品种安全性差。小麦播种出苗后，看麦娘等禾本科杂草2叶至分蘖期施药效果最好。制剂中不含安全剂时不能用于麦田。施药时加入安全型多功能喷雾助剂农希望6号喷雾宝，或60%油酸甲酯液剂（喷雾精）10~20ml/15kg药液对水均匀喷雾，以提高药效。

炔草酯 clodinafop-propargyl

除草特点 本品是内吸传导性除草剂，由植物体的叶片和叶鞘吸收，韧皮部传导，积累于植物体的分生组织内，抑制乙酰辅酶A羧化酶，使脂肪酸合成停止，细胞的生长分裂不能正常进行，膜系统等含脂结构破坏，最后导致植物死亡。从炔草酯被吸收到杂草死亡比较缓慢，施药后1周受药杂草整体形态没有明显变化，但其心叶容易脱落，生长点坏死，随后幼叶失绿，生长停止，老叶依然保持绿色，一般全株死亡需要1~3周。

适用作物 小麦。

防除对象 野燕麦、硬草、看麦娘等一年生禾本科杂草，对早熟禾防效较差，对阔叶杂草无效。

施药技术 小麦田，冬小麦返青至拔节期或冬前、春小麦苗后3~5叶期，杂草2~5叶期，用15%可湿性粉剂16~20g/亩对水均匀喷雾。

注意事项 药效受气温和湿度影响较大，在气温低、湿度低时施药，除草效果较差。施药时加入安全型多功能喷雾助剂农希望6号喷雾宝，或60%油酸甲酯液剂（喷雾精）10~20ml/15kg药液对水均匀喷雾，以提高药效。

高效氟吡甲禾灵 haloxyfop-p-methyl

作用特点 本品是苗后选择性除草剂。茎叶处理后能很快被禾本科类草的叶子吸收，传导至整个植株，抑制植物分生组织而杀死禾草。喷洒落入土壤中的药剂易被根部吸收，也能起杀草作用，在土壤中半衰期平均55d。对苗后到分蘖、抽穗初期的一年生和多年生禾本杂草，有很好的防除效果，对阔叶草和莎草无效。

施药技术 防除一年生禾本科杂草，于杂草3~5叶期施药，亩用10.8%高效氟吡甲禾灵乳油20~30ml均匀喷雾杂草茎叶。天气干旱或杂草较大时，须适当加大用药量至30~40ml，同时对水量也相应加大；用于防治芦苇、白茅、狗牙根等多年生禾本科杂草时，亩用量为10.8%高效氟吡甲禾灵乳油60~80ml对水均匀喷雾。在第一次用药后1个月再施药1次，才能达到理想的防治效果。

注意事项 在有单子叶和双子叶杂草混生地块，应与相应的除草剂混用。施药时加入安全型多功能喷雾助剂农希望6号喷雾宝，或60%油酸甲酯液剂（喷雾精）10~20ml/15kg药液对水均匀喷雾，以提高药效。

稀禾啶 sethoxydim

除草特点 本品具有高度选择性的芽后除草剂，主要通过杂草茎叶吸收，迅速传导至生长点和节间分生组织，通过对乙酰辅酶A羧化酶的抑制而阻碍脂肪酸的生物合成。适宜施药期长，对禾本科杂草1叶期至分蘖期均有很好的药效。其作用缓慢，禾本科杂草一般在施药后3d停止生长，5~7d叶片褪绿、变紫，基部逐渐变褐枯死，10~14d后整株枯死。对阔叶作物安全。本药剂在土壤中的残留时间短、移动性强，在土壤中的半衰期12~26d，施药后当天可以播种阔叶作物，施药后4周可播种禾谷类作物。

适用作物 对阔叶作物安全，可以用于大豆、棉花、油菜、花生、西瓜、甜菜、向日葵、马铃薯、萝卜、番茄、白菜、菜豆、豌豆、甜瓜、西瓜、洋葱、胡萝卜、茄子、烟草、亚麻、落叶松、茶园、果园等多种双子叶作物田。

防除对象 可以防除一年生和多年生禾本科杂草，敏感的杂草有：看麦娘、野燕麦、雀麦草、马唐、稗、牛筋草、黑麦草、狗尾草；较敏感的杂草有：匍匐冰草、狗牙根、白茅、石茅；抗性杂草有：紫羊茅、早熟禾。对阔叶草、莎草无效。

施药技术 在阔叶作物幼苗期，一年生禾本科杂草3~5叶期，用20%乳油或12.5%机油乳剂50~80ml/亩；可以防除多年生禾本科杂草，使用20%乳油或12.5%机油乳剂80~150ml/亩进行茎叶喷雾。

注意事项 用于苗后茎叶处理，用药量应根据杂草的生长情况和土壤墒情确定。施药时加入安全型多功能喷雾助剂农希望6号喷雾宝，或60%油酸甲酯液剂（喷雾精）10~20ml/15kg药液对水均匀喷雾，以提高药效。

烯草酮 clethodim

除草特点 本品是内吸传导型选择性芽后除草剂，可迅速为植物叶片吸收，并传导至根部和生长点，抑制植物支链脂肪酸的生物合成，被处理的植物体生长缓慢并丧失竞争力，幼苗组织早期黄化，随后其余叶片萎蔫，导致杂草死亡。水溶液中的烯草酮在光和腐殖酸的作用下，不产生降解。

适用作物 大豆、油菜。

防除对象 一年生和多年生禾本科杂草，以及许多阔叶作物田中的自生禾谷类作物，防除稗草、野燕麦、马唐、狗尾草、牛筋草、看麦娘等禾本科杂草，防效良好。

施药技术 在阔叶作物苗期、禾本科杂草生长旺盛期、一年生禾本科杂草3~5叶期、多年生杂草于分蘖后施药最为有效。

大豆田，用24%乳油20~40ml/亩对水在大豆苗后2~3片复叶期，一年生禾本科杂草2~5叶期，茎叶喷雾，防除马唐、狗尾草、稗草、牛筋草、早熟禾、看麦娘、日本看麦娘、棒头草、燕麦、虎尾草等一年生禾本科杂草。油菜田，用240g/L乳油15~25ml/亩对水进行均匀茎叶喷雾。

注意事项 在杂草较大、较密时要适当加大施药剂量。避免飘移到禾本科作物田。施药时加入安全型多功能喷雾助剂农希望6号喷雾宝或60%油酸甲酯液剂（喷雾精）10~20ml/15kg药液，以提高药效。

氟乐灵 triflurali

除草特点 本品是选择性触杀除草剂，在植物体内输导能力差。杂草种子发芽生长穿出土层的过程中吸收，禾本科杂草通过幼芽吸收，阔叶草通过下胚轴吸收，子叶和幼根也能吸收，出苗后的幼叶也能吸收。该药易挥发，施药后应马上混土。在土壤中易被土壤胶体吸附，不易被雨水淋溶，土壤中半衰期为57~126d。

适用作物 为旱田作物及园艺作物的芽前除草剂。可用于棉花、花生、大豆、豌豆、油菜、甜菜、果树、蔬菜、针阔叶苗圃。

防除对象 可以防除一年生单子叶杂草和一年生阔叶杂草，如马唐、牛筋草、狗尾草、稗草、野苋、马齿苋、藜、蓼等。对鸭跖草、铁苋、繁缕、车前草防效较差，对苘麻、青葙、苍耳防效一般。对多年生杂草基本无效。

施药技术 本品是一种应用广泛的旱田除草剂。作物播前或播后苗前或移栽前进行土壤处理，施药后及时混土3~5cm，混土要均匀，混土后即可以播种，一般有机质含量在2%以下的用48%乳油150~200ml/亩，有机质含量超过2%的用200~250ml/亩，砂质土用低限，黏土用高限。

棉田，直播棉田可在播种前2~3d施药，48%乳油150~200ml/亩对水均匀喷施，药后浅混土；地膜棉田，翻耕整地以后施药，播种覆膜。

大豆田，用48%乳油100ml/亩，在大豆播种前整地后及时土壤处理，阴天可以全天施药，晴天宜在16:00后施药，药后尽快混土以防光解，混土深度3~5cm，力求喷药混土都均匀。黏土地用药量可提高到150ml/亩，土壤处理后可随即播种，也可隔期播种。

花生，较适宜于土壤墒情好或灌溉条件好的花生田芽前除草，48%乳油150~200ml/亩对水均匀喷施，药后浅混土。

油菜田，在油菜播后苗前，用48%乳油100ml/亩对水均匀喷施，药后浅混土，可以防除多种杂草。

蔬菜田，一般在粗地平整后施药，隔天进行播种，直播蔬菜，如胡萝卜、芹菜、茴香、香菜、菜豆、豇豆、豌豆等蔬菜，播种前或播种后均可用药；大、小白菜等十字花科蔬菜，可在播前3~7d施药、移栽蔬菜，如番茄、茄子、辣椒、甘蓝、菜花等移栽前后均可施药，黄瓜在移栽缓苗后苗高15cm时使用，移栽芹菜、洋葱、沟葱、老根韭菜缓苗后可用药，用药量为48%乳油100~150ml/亩。

注意事项 氟乐灵易挥发和光解，喷药后应及时拌土3~5cm深，不宜过深，以免相对降低药土层的含药量和增加对作物幼苗的伤害。从施药到混土的时间一般不能超过8h，否则会影响药效。药效受土壤质地和有机质含量影响较大，用量应根据不同条件而定。氟乐灵残效期较长，在北方低温干旱地区可长达10~12个月，对后茬的高粱、谷子有一定的影响。瓜类作物及育苗韭菜、直播小葱、菠菜、甜菜、小麦、玉米、高粱等对氟乐灵比较敏感，不宜应用，以免产生药害。氟乐灵饱和蒸气压高，在棉花地膜床使用，一般用药量不超过80ml/亩，否则易产生药害。氟乐灵在叶菜田应用一般不超过48%乳油150ml/亩。土壤有机质含量大于10%时，不宜应用。

地乐胺 butralin

除草特点 本品为选择性芽前土壤处理剂，药剂进入植物体后，主要抑制分生组织的细胞分裂，从而抑制杂草幼芽及幼根的生长。对双子叶植物的地上部分抑制作用的典型症状为抑制茎伸长、子叶呈革质状、茎或下胚轴膨大变脆；对单子叶植物的地上部分产生倒伏、扭曲、生长停滞，幼苗逐渐变成紫色。持效期为50~72d。

适用作物 棉花、小麦、水稻、大豆、玉米、花生、蔬菜、马铃薯、茴香、胡萝卜、芹菜等。

防除对象 可以防除一年生禾本科杂草和部分阔叶杂草，如马唐、狗尾草、牛筋草、旱稗、苋、藜、马齿苋等。也可以防治菟丝子。

施药技术 播种前或移栽前土壤处理，可用于大豆、豌豆、菜豆、胡萝卜、芹菜田、茄果蔬菜，用48%乳油200~300ml/亩，土壤均匀喷雾处理，施药后立即混土。

棉花，在播种后出苗前或营养钵移栽前。每亩用48%乳油100~150ml/亩对水进行全田喷雾，施药后立即混土。地膜棉施药后应及时盖膜。

瓜类，在北方砂壤土上施用，西瓜、西葫芦适宜的用药量为48%乳油150ml/亩左右，甜瓜100ml/亩左右，必须先施药混土后覆膜，间隔4~5d破膜点种，这样安全性好、除草效果好。

注意事项 本品用药后一般要混土，混土深度3~5cm，可以在一定程度上提高施药效果。茎叶处理防除菟丝子时，喷雾力求细微均匀，使菟丝子缠绕的茎尖能接受到药剂。在瓜田先播种后喷药覆膜药害重。在西瓜缓苗期间用药200ml/亩以上时易产生药害。

二甲戊乐灵 pendimethalin

除草特点 本品主要抑制分生组织细胞分裂，不影响杂草种子的萌发，在杂草种子萌发过程中幼芽、茎、根吸收药剂后而起作用。双子叶植物吸收部位为下胚轴，单子叶植物吸收药剂部位为幼芽，其受害症状为幼芽和次生根被抑制。持效期为30~45d。

适用作物 大豆、玉米、棉花、花生、水稻、多种蔬菜、果树等。

防除对象 可以防除一年生禾本科杂草和某些阔叶杂草，如马唐、狗尾草、牛筋草、早熟禾、稗草、藜、苋、蓼等。

施药技术 大豆田，播前土壤处理，用33%乳油100~150ml/亩，由于该药吸附性强、挥发性小，且不易光解，因此，施药后混土与否对防除杂草效果影响不大。如果遇长期干旱，土壤含水量低时，适当混土3~5cm，以提高药效。也可于大豆播后苗前进行土壤处理，但必须在大豆播种后2d内施药，否则易发生药害。

玉米田，苗前苗后均可以施用此药剂，如果苗前施药，必须在玉米播后出苗前5d内施药，用33%乳油200ml/亩对水均匀喷雾。如果施药时土壤含水量低可以适当混土，但切忌药剂接触玉米种子。如在玉米苗后施药，应在阔叶杂草长出2片真叶、禾本科杂草1.5叶期之前进行。

花生田，可以在播种前或播后苗前处理，用33%乳油200ml/亩对水均匀喷雾。覆膜花生使用量应为100ml/亩。

棉田，通常在棉花播种前1~3d或播后苗前3 d内，用33%乳油150~175ml/亩对水喷雾于土表。营养钵苗床可在播种覆土后喷雾，用33%乳油100ml/亩，然后覆膜。

蔬菜田，如韭菜、小葱、甘蓝、菜花、小白菜等直播蔬菜田，可在播种施药后浇水，用药量为33%乳油100ml/亩。蔬菜田，用量范围内进行适当调整。蔬菜田除草每亩推荐用量为33%乳油100~200ml。一般春季用上限，夏季用下限。如5月初播种韭菜每亩可用200ml，进入6月份用150ml效果就很好；夏播芹菜、香菜、胡萝卜每亩用100ml，甚至可以降至75ml也会取得较好效果，但必须有一定的湿度。施药方法，直播田一般要求播后苗前进行土壤处理，可以先喷药后浇水，也可以先浇水隔一天再施药。

大蒜田，通常采用播后苗前处理，用33%乳油150~200ml/亩对水，均匀喷雾于土表。还可在采用苗后早期使用，通常在大蒜1~5片真叶期，使用剂量同播后苗前。

油菜移栽田，移栽前根据田间杂草发生情况决定用量，重草田块的亩用量150~200ml，中等发生田块亩用量以100~150ml为宜，不能低于100ml。

果园，在果树生长季节，杂草出土前，用33%乳油200~300ml/亩对水喷雾处理土壤。

注意事项 本品防除单子叶杂草的效果优于双子叶的效果。为增加土壤的吸附，减少对作物的药害，在土壤处理时，应先浇水后施药。遇黏质土壤应适当加大药量。蔬菜播种后要覆土2~3cm，避免种子接触药液。

草甘膦　glyphosate

除草特点 本品为内吸传导型广谱灭生性除草剂。药剂通过植物茎叶吸收，在体内输导到各部位，可通过茎叶传导到地下部分，并在同一植株的不同分蘖间传导，使蛋白质合成受干扰导致植株死亡，一般施药后植株迅速黄化、褐变、枯死。对多年生深根性杂草的地下组织破坏力强，但不能用于土壤处理。

适用作物 可用于果园、茶园、农田、非耕地等，还可用于高秆玉米、棉花田定向喷雾。

防除对象 可以防除几乎所有的一年生和多年生杂草。对常见的马唐、铁苋、反枝苋、莎草等杂草防除效果突出。

施药技术 草甘膦在作物播种前、果园、茶园、田边等杂草生长旺盛期，用药剂进行茎叶喷雾处理。由于各种杂草对药剂的敏感程度不同，因此使用量也不同。

草甘膦：棉田，棉株高度在50cm以上，田间杂草较多且多为幼苗时可以用30%水剂80~130ml/亩对水低位定向喷雾，应选择无风天气施药，以免雾点飘移到棉花叶片上而产生药害。

玉米田，一般在7月下旬到8月初杂草基本发芽出齐后，玉米抽雄期后，基部茎秆老化红化时喷药，既能控制草，又不致伤及玉米。一般30%水剂166g/亩，对水进行均匀定向喷雾，防除效果较好。

草甘膦铵盐：防治玉米田、油菜田、棉花田杂草，用95%可溶性粒剂53~116g/亩对水30~40kg进行定向茎叶均匀喷雾。防治梨园、甘蔗园、茶园、桑园等果园杂草，用95%可溶性粒剂78~156g/亩对水进行定向茎叶喷雾。对于非耕地杂草，用95%可溶粒剂78~210g/亩对水30~40kg进行茎叶均匀喷雾。

草甘膦异丙胺盐：防治玉米田、油菜田、棉花田杂草，用41%水剂150~250ml/亩对水30~40kg进行定向茎叶喷雾。防治梨园、甘蔗园、茶园、桑园等果园杂草，用41%水剂182～365ml/亩对水进行定向茎叶均匀喷雾。对于非耕地杂草，用41%水剂182～487ml/亩对水进行茎叶均匀喷雾。

注意事项　施药时飘移到作物茎叶上产生药害。施药时加入安全型多功能喷雾助剂农希望6号喷雾宝，或60%油酸甲酯液剂（喷雾精）20～40ml/15kg药液对水均匀喷雾，以提高药效。

草铵膦　glufosinate-ammonium

除草特点　本品属膦酸类除草剂。是谷氨酰胺合成抑制剂，为非选择性触杀除草剂，防除单子叶和双子叶杂草。草铵膦的传导较差，在叶片内转移，但不能转移到别处。

适用作物　果树、葡萄、非耕地。

防除对象　本品可用于防除一年生和多年生双子叶及禾本科杂草，可防除鼠尾草、看麦娘、马唐、稗、野大麦、多花黑麦草、狗尾草、金狗尾草、野小麦、野玉米、鸭茅、曲芒发草、羊茅、绒毛草、黑麦草、双穗雀稗、芦苇、早熟禾，森林和高山牧场的悬钩子和蕨类植物等。

施药技术　对于非耕地的杂草，应在杂草生齐，雨后3d，用200g/L 350～450ml/亩对水对杂草进行茎叶均匀喷雾，让药液充分接触杂草。

注意事项　防除阔叶杂草应在旺盛生长始期施药，防除禾本科杂草应在分蘖始期施药。草铵膦因为有很好的溶解性，所以其在土壤中的移动性非常好。如果草铵膦施于黏土中，大约有80%以上的草铵膦会淋溶。草铵膦的持效性表现在土壤中的半衰期较长。草铵膦的活性受水分、温度、光照的影响。温度在一定范围内，高温可以促进草铵膦的除草效果，当温度由24℃增加到35℃时，草铵膦防效增加；空气湿度对草铵膦药效的影响要显著于温度的影响。在弱光下，草铵膦的蒸散速度低、转运慢、植物局部受药量大、植物体内铵的含量高，药害更严重，因此傍晚施用效果会比白天施用好。施药时加入安全型多功能喷雾助剂农希望6号喷雾宝，或60%油酸甲酯液剂（喷雾精）20～40ml/15kg药液对水均匀喷雾，以提高药效。

咪唑乙烟酸　imazethapyr

除草特点　本品是内吸传导型选择性芽前及苗后早期除草剂。通过根、叶吸收，并在木质部和韧皮部内传导，积累于分生组织内，阻止支链氨基酸的生物合成，破坏蛋白质合成，使植物生长受抑制而死亡。叶面处理后，杂草立即停止生长，一般在2～4周后死亡。豆科植物能将药剂迅速代谢。遇光分解，在土壤中半衰期为1～3个月。

适用作物　大豆。

防除对象　可以防除一年生和多年生禾本科杂草及莎草、某些阔叶杂草，如稗草、黍、金狗尾、绿狗尾、千金子、莎草、苘麻、反枝苋、藜、龙葵、苍耳等均有极好的防效，对子叶期杂草的防效要高于2～4叶期杂草。

施药技术　大豆等豆科作物，用5%水剂100～150ml/亩，于作物播种前进行混土处理，也可在作物播种后出苗前进行土壤处理，也可在苗后，禾本科杂草1～2叶期进行茎叶处理，对水均匀喷雾。

注意事项　进行土壤处理时，其药效受土壤质地和有机质含量影响，在土壤黏重、有机质含量高的情况下，用药量适当高些。作杂草茎叶处理时，其药效因杂草种类和大小而异，杂草过高，应适当增加施药量。土壤处理时，土壤墒情好或施药内短期有雨，可以不必混土；如果土壤干旱，应进行浅混土。苗后处理，喷药后2～4d大豆叶片普遍褪色，喷药后10～15d叶色逐渐恢复正常，高剂量时药剂对大豆虽有短期的抑制作用，但一般并不影响大豆的最终产量。低洼田块、碱性土壤慎用。该药在土壤中残效期长，对本药的敏感性作物，如白菜、油菜、黄瓜、马铃薯、茄子、辣椒、番茄、甜菜、西瓜、高粱，北方施用3年内不能种植，但按推荐剂量处理，后茬可以种春小麦、大豆或玉米。在我国1年多熟地区，更应根据具体情况选择轮作作物。

甲氧咪草烟 imazamox

除草特点 本品是内吸传导型选择性苗后除草剂。主要通过茎叶吸收，也能通过根系吸收，传导积累于分生组织内，阻止支链氨基酸的生物合成，破坏蛋白质合成，使植物生长受抑制而死亡。叶面处理2～4周后死亡。该药持效期短于该类其他品种，施药后4个月可以种植春小麦。

适用作物 大豆。

防除对象 可以有效防治多种禾本科杂草和阔叶杂草，反枝苋和龙葵最敏感，稗草、狗尾草、藜、本氏蓼、苍耳等也比较敏感。对鸭跖草、苣荬菜、小蓟防效差。

施药技术 大豆2～4片羽状复叶期，4%水剂66～83ml/亩，于大豆苗后进行茎叶喷雾，药液中可加2%硫酸铵以增加药效。在上述推荐剂量范围内对大豆安全。如果剂量偏高，又遇到特殊潮湿条件，可能产生短暂药害，但能恢复。茎叶处理好于土壤处理。

注意事项 低剂量（66～100ml/亩）下，施药后12个月对小麦、玉米、油菜、甜菜和白菜等作物的出苗、生长和产量均无明显影响。133～200ml/亩高剂量施药12个月后，小麦无明显药害症状，油菜和甜菜的株高、株鲜重和产量均低于不施药对照区；200ml/亩处理区中，玉米和白菜有药害表现，株高和株鲜重明显低于不施药对照区。施药后24个月，上述作物均无明显的药害反应。

甲咪唑烟酸 imazapic

除草特点 本品是内吸传导型选择性苗后除草剂。主要通过茎叶吸收，也能通过根系吸收，传导积累于分生组织内，阻止支链氨基酸的生物合成，破坏蛋白质合成，使植物生长受抑制而死亡。叶面处理2～4周后死亡。该药持效期短于该类其他品种，施药后4个月可以种植冬小麦。

适用作物 花生、甘蔗。

防除对象 一年生单、双子叶杂草及部分多年生杂草，对莎草科杂草有较好的防治效果。

施药技术 播后苗前或苗后早期，禾本科杂草2.5～5叶期；阔叶杂草5～8cm高；花生为1.5～2.0复叶时，均匀喷雾。甘蔗田：喷雾处理，播后苗前（芽前喷雾）或甘蔗苗后行间定向均匀喷雾。甘蔗苗后行间定向喷雾需使用保护罩，并在无风天谨慎施药。如不使用保护罩，大风等致使喷雾雾滴飘移至甘蔗苗，可能会产生药害。

注意事项 该药持效期较长，施药剂量不能过大、施药期也不宜过晚，否则会对小麦产生药害。施药剂量偏高，施药后遇高温干旱，特别是砂土地花生会发生一定药害，施用时务必注意。施药时加入安全型多功能喷雾助剂农希望6号喷雾宝，或60%油酸甲酯液剂（喷雾精）10～20ml/15kg药液对水均匀喷雾，以提高药效。

氯氟吡氧乙酸 fluroxypyr

除草特点 本品是内吸传导型苗后除草剂。施药后被植物叶片和根迅速吸收，在体内很快传导，敏感杂草受药后2~3d内顶端萎蔫，出现典型的激素类除草剂反应，植株畸形、扭曲。对杂草小至刚出土的子叶期杂草，大至株高50~60cm、有10多个分枝的大草都有良好的除草效果，并且杂草的大小与防效无明显差异。在小麦、玉米、水稻体内，被转化为无毒物质而相对安全。

适用作物 小麦、玉米、水稻、水田畦畔。

防除对象 可以防除多种阔叶杂草，其中，敏感的杂草有猪殃殃、泽漆、牛繁缕、泥胡菜、大巢菜、小藜、空心莲子草、荠菜、播娘蒿；较为敏感（中毒后生长受抑，但仍能开花结籽）的杂草有毛茛、一年蓬、小飞蓬、紫菀、卷耳、通泉草；耐药（轻微中毒，短期即可恢复正常生长）杂草有婆婆纳、益母草。对禾本科杂草无效。

施药技术 冬小麦3~5叶期、返青期或小麦分蘖盛期至拔节期，杂草生长旺盛期用药，用20%乳油50~70ml/亩对水均匀喷雾。

玉米田施药，在玉米3~5叶期，田间阔叶杂草生长旺盛期（2~4叶期），用20%乳油50~70ml/亩，对水30kg左右均匀喷雾。

请勿在甜玉米、爆裂玉米等特种玉米田以及制种玉米田使用。移栽水稻田一年生阔叶杂草，用20%乳油62.5~75ml/亩对水喷雾。

柑橘园一年生阔叶杂草，用20%乳油60~80ml/亩对水茎叶均匀喷雾。

水田畦畔空心莲子草，用20%乳油50~60ml/亩对水茎叶均匀喷雾；非耕地一年生阔叶杂草，用20%乳油30~40ml/亩对水茎叶均匀喷雾。

注意事项 避免雾滴飘移至大豆、花生、甘薯和甘蓝等阔叶作物，以免产生药害。施药时加入安全型多功能喷雾助剂农希望6号喷雾宝，或60%油酸甲酯液剂（喷雾精）10~20ml/15kg药液对水均匀喷雾，以提高药效。

二氯吡啶酸 clopyralid

除草特点 本品是合成激素类除草剂。主要通过茎叶吸收，经韧皮部及木质部传导，积累在生长点，使植物产生过量核糖核酸，促使分生组织过度分化，根、茎、叶生长畸形，养分消耗过量，维管束输导功能受阻，引起杂草死亡。二氯吡啶酸可经木质部传导至根，因而可彻底杀死深根的多年生杂草。在敏感植物体内，二氯吡啶酸引发典型的激素类反应。阔叶植物茎扭曲、卷曲、叶片呈杯状、皱缩状，或伴随反转、根增粗、根毛发育不良、茎顶端形成针状叶、茎脆，易折断或破裂、根分生组织大量增生、茎部、根部生疣状物，根和地上部生长受抑制。

适用作物 油菜，资料介绍还可以用于大麦、小麦、燕麦、玉米、十字花科蔬菜、芦笋、甜菜、亚麻、薄荷、草莓、禾本科草坪、松树等防除阔叶杂草。

防除对象 可以防治多种阔叶杂草，如大巢菜、卷茎蓼、稻槎菜、鬼针草、小蓟、大蓟、苣荬菜、小飞蓬、一年蓬等。对单子叶杂草基本无效。

施药技术 在麦类作物田，4叶后至分蘖末期，在推荐剂量75%可溶性粒剂5~15g/亩，对小麦、大麦、燕麦、青稞等均较安全，但施药过早或过晚时安全性差。对麦田一年生及多年生的恶性杂草，如稻槎菜、大巢菜、鼠曲草、小蓟、苣荬菜、块茎香豌豆、卷茎蓼等均有较好的效果。

玉米5~7叶期，在阔叶草3~6叶期对水喷洒，用75%可溶性粒剂10~15g/亩，在玉米生长期使用过早或过晚安全性较差。防除多年生杂草如小蓟应在其株高10~20cm时施药；防治苣荬菜应在苣荬菜莲座期施药。

油菜田，在阔叶草3~6叶期喷洒，用75%可溶性粒剂5~15g/亩对水均匀喷雾，对冬油菜和春油菜苗期至现蕾期有较好的安全性。

注意事项 本品在土壤中的持效期中等，一般情况下大多数作物在二氯吡啶酸施用10个月后种植，不会造成药害。但本药剂在一些植物体内不易消解，如玉米、小麦施用二氯吡啶酸后用麦秸、玉米秆制造堆肥或秸秆还田可造成过量积累，影响后茬，在使用时应予注意。

唑嘧磺草胺 flumetsulam

除草特点 本品是内吸传导性除草剂，杂草根系和茎叶均能吸收药剂，并能通过木质部和韧皮部向上和向下传导，最终积累在植物分生组织内，通过抑制乙酰乳酸合成酶、抑制支链氨基酸的生物合成，从而导致杂草体内蛋白质合成受阻、生长停滞、死亡。一般杂草从开始受害到死亡需用6~10d。在土壤中的半衰期为1~3个月。

适用作物 小麦、玉米、大豆。

防除对象 可以有效防除多种一年生和多年生阔叶杂草，如藜、苋、播娘蒿、荠菜、苘麻、蓼、苍耳、龙葵、铁苋、繁缕等。对幼龄禾本科杂草也有一定的抑制作用。

施药技术 小麦田，在小麦3叶期至拔节期，用80%水分散粒剂1.5~2.5g/亩对水茎叶均匀喷雾。

大豆田，播前或播后芽前，用80%水分散粒剂4~5g/亩对水量进行土壤喷雾。

夏玉米田，播前或播后芽前，用80%水分散粒剂2~4g/亩对水进行土壤喷雾。春玉米田，播前或播后芽前，用80%水分散粒剂3.75~5g/亩对水量进行土壤喷雾。

注意事项 施药时应严格掌握用药量，喷施均匀。应选择晴天、高温时进行，在干旱、冷凉条件下，除草效果下降。播后苗前施药后如遇干旱，宜在喷药后进行浅混土。喷药时注意避免药液飘移到其他敏感作物上。在正常用量（<70g/hm²）时，次年可以安全种植大豆、玉米、花生、豌豆、马铃薯、小麦与大麦、苜蓿、三叶草等，而油菜、甜菜与棉花最敏感。

双氟磺草胺 florasulam

除草特点 本品是选择性内吸传导性除草剂，杂草根系和茎叶均能吸收药剂，并能通过木质部和韧皮部向上和向下传导，最终积累在植物分生组织内，通过抑制乙酰乳酸合成酶、抑制支链氨基酸的生物合成，从而导致杂草体内蛋白质合成受阻、生长停滞、死亡。喷药后数小时，植物生长便受抑制，但需经数日才能出现明显的受害症状，分生组织失绿与坏死，往往上层新生叶片凋萎，然后扩展至植物其他部位，有的植物叶脉变红，正常条件下经7~10d植株全部干枯死亡。

适用作物 小麦。

防除对象 可防治多种阔叶杂草，如猪殃殃、婆婆纳、龙葵、繁缕、蓼属杂草、旋花科、锦葵科、菊科杂草等。

施药技术 冬小麦田，小麦苗后返青期至分蘖末期，一年生阔叶杂草2~6叶期，用50g/L悬浮剂5~7ml对水均匀茎叶喷雾。

注意事项 严格按推荐剂量、时期和方法施用，喷雾时应恒速、均匀喷雾，避免重喷、漏喷或超范围施用。施药时加入安全型多功能喷雾助剂农希望6号喷雾宝，或60%油酸甲酯液剂（喷雾精）10~20ml/15kg药液对水均匀喷雾，以提高药效。

五氟磺草胺 penoxsulam

除草特点 本品其杀草谱广，除草活性高，药效作用快。该药剂为乙酰酸合成酶（ALS）的抑制剂。

经由杂草叶片、鞘部或根部吸收，传导至分生组织，造成杂草停止生长，黄化，然后死亡。

适用作物　移栽田、水稻育秧田、直播田水稻。

防除对象　可以防治多种一年生杂草，如稗草、泽泻、萤蔺、异型莎草、眼子菜、鳢肠等杂草有较好的防效，但对牛毛毡、雨久花、菌草的防效各地表现不一致。对野慈姑防效突出，对陌上菜、丁香蓼防效一般，对千金子、水竹叶无效。

施药技术　用于水稻移栽田和直播田防除多种杂草，叶面喷雾和土壤处理均可。在稗草2～3叶期，茎叶喷雾，使用25g/L可分散油悬浮剂40～80ml/亩；在稗草2～3叶期，毒土法，使用25g/L可分散油悬浮剂60～100ml/亩。

水稻育秧田　水稻苗期杂草2～4叶期，茎叶喷雾，使用25g/L可分散油悬浮剂30～45ml/亩。

水稻直播田，在水稻播后10～15d左右，秧苗处于2叶期、稗草2～2.5叶期，用25g/L可分散油悬浮剂60～100ml/亩对水均匀喷雾，对稗草及野慈姑、节节菜、母草、莎草等防效达100%。施药时田间有1.5cm水层，药后保水3d，以后正常灌溉。

注意事项　施药时应在技术指导下进行，严格把握药量。在推荐剂量下对水稻安全，未见药害发生。施药前排水，使杂草茎叶2/3以上露出水面，施药后24～72h内灌水，保持3～5cm水层5～7d后恢复田间管理，注意水层勿淹没水稻心叶避免药害。

氯酯磺草胺　cloransulam-methyl

除草特点　本品是内吸传导性除草剂，杂草根系和茎叶均能吸收药剂，并能通过木质部和韧皮部向上和向下传导，最终积累在植物分生组织内，通过抑制乙酰乳酸合成酶、抑制支链氨基酸的生物合成，从而导致杂草体内蛋白质合成受阻、生长停滞、死亡。该药既有茎叶处理效果也有土壤封闭作用，是防除东北地区"三菜"（蓝花菜、苣荬菜、刺儿菜）较理想的药剂。在推荐剂量下使用对大豆安全。氯酯磺草胺对作物的安全性好，在阴冷潮湿的条件下施药有可能会对作物产生药害，早期药害表现为发育不良，但对产量没有影响，后期没有明显的药害。

适用作物　春大豆。

防除对象　主要用于防除大多数重要的阔叶杂草，有效防除鸭跖草、红蓼（东方蓼）、本氏蓼、苍耳、苘麻、豚草等，并有效抑制苣荬菜、小蓟等阔叶杂草的生长。

施药技术　春大豆第一片三出复叶后，鸭跖草3～5叶期，茎叶喷雾，用84%水分散粒剂2～2.5g/亩，施药时添加适量有机硅助剂、甲基化植物油助剂，可提高干旱条件下的除草效果。

注意事项　本品施用后大豆叶片有褪绿现象，在推荐剂量下，用药15d药害症状不明显，不影响大豆产量。本品仅限于黑龙江、内蒙古地区一年一茬的春大豆田使用，正常推荐剂量下第二年可以安全种植小麦、水稻、玉米（甜玉米除外）、杂豆、马铃薯。对甜菜、向日葵、马铃薯（12个月）敏感，后茬种植此类敏感作物需慎重。种植油菜、亚麻、甜菜、向日葵、烟草等十字花科蔬菜等，安全间隔期需24个月以上。

啶磺草胺　pyroxsulam

除草特点　本品是内吸传导型、选择性冬小麦苗后除草剂，杀草谱广、除草活性高、药效作用快。该药经由杂草叶片、鞘部、茎部或根部吸收在生长点累积，抑制乙酰乳酸酶，无法合成支链氨基酸，进而影响蛋白质的合成，影响杂草细胞分裂，造成杂草停止生长、黄化、然后死亡。对冬小麦田多种一年生杂草（如抗性看麦娘、日本看麦娘、野燕麦、雀麦、硬草）都有非常好的效果，对婆婆纳、野老鹳草、大巢菜、播娘蒿、米瓦罐、野油菜、荠菜等阔叶草都有极佳的防效。安全性较好，只有轻微黄化、蹲苗，不影响产量。

适用作物 小麦。

防除对象 有效防除看麦娘、日本看麦娘、硬草、雀麦、野燕麦、野老鹳草、婆婆纳，并可抑制早熟禾、猪殃殃、泽漆、播娘蒿、荠菜、繁缕、米瓦罐、稻槎菜等一年生杂草。

施药技术 冬小麦，于小麦3~6叶期，禾本科杂草2.5~5叶期，用7.5%水分散粒剂9.4~12.5g/亩，对水15kg/亩，茎叶均匀喷雾，杂草出齐后用药越早越好。施药后杂草即停止生长，一般2~4周后死亡；干旱、低温时杂草枯死速度稍慢；施药1小时后降雨不显著影响药效。

注意事项 正常施药后麦苗会出现临时的黄化和蹲苗现象，小麦返青后会逐渐恢复，不影响小麦产量。小麦起身拔节后不得施用。在冬麦区建议，啶磺草胺冬前茎叶处理使用正常用量（187.5g/hm^2）3个月后可种植小麦、大麦、燕麦、玉米、大豆、水稻、棉花、花生、西瓜等作物；6个月后可种植番茄、小白菜、油菜、甜菜、马铃薯、苜蓿、三叶草等作物。

硝磺草酮 mesotrion

除草特点 本品是选择性广谱除草剂，可为杂草根系和茎叶吸收，抑制4-羟基苯基丙酮酸双加氧酶（HPPD）的活性，影响对羟基苯基丙酮酸酯的合成，导致酪氨酸和生育酚的生物合成受阻，从而影响类胡萝卜素的生物合成，杂草出现白化而死亡。施药后3~5d内植物分生组织出现黄化、白化症状、随之引起枯死斑，14d后遍及整株植物。硝磺草酮具弱酸性，在大多数酸性土壤中，能紧紧吸附在有机物质上、在中性或碱性土壤中，主要以不易被吸收的阴离子形式存在。

适用作物 玉米。

防除对象 防除玉米田一年生阔叶杂草和一些禾本科杂草，对藜、苋、苘麻、苍耳、龙葵、马唐、狗尾草、牛筋草等均有较好的防治效果，对香附子等莎草科杂草也有较好的效果。

施药技术 玉米田玉米3~5叶期，主要杂草2~5叶期，40%悬浮剂18~30ml/亩对水均匀茎叶喷雾。甜玉米、糯玉米、爆裂玉米和自交系玉米禁止使用本品。

注意事项 施药量偏大时玉米会有短暂的脱色白化症状，多数情况下短时可以恢复，但对玉米的产量无影响。在正常轮作条件下，对后茬作物麦类、油菜、马铃薯、甜菜等安全。施药时加入安全型多功能喷雾助剂农希望6号喷雾宝，或60%油酸甲酯液剂（喷雾精）10~20ml/15kg药液对水均匀喷雾，以提高药效。

苯唑草酮 topramezone

除草特点 本品是三酮类苗后茎叶处理剂。具有内吸传导作用除草剂，可以被植物的叶、根和茎吸收。杀草谱广，可有效防除或抑制玉米田马唐、稗草、牛筋草、狗尾草、野黍、藜、蓼、苘麻、反枝苋、豚草、曼陀罗、牛膝菊、马齿苋、苍耳、龙葵等一年生禾本科杂草和阔叶杂草。防效迅速，药后2~5d就能见效，且持效期较长。对玉米显示较好的安全性，正常使用情况下，对作物安全。

适用作物 玉米。

防除对象 一年生禾本科杂草。

施药技术 玉米苗后2~4叶期，一年生杂草2~4叶期，可以使用30%悬浮剂4~6ml/亩对水均匀茎叶喷雾。

注意事项 低温和干旱的天气，杂草生长会变慢从而影响杂草对苯唑草酮的吸收，杂草死亡的时间会变长。施药应均匀周到，避免重喷，漏喷或超过推荐剂量用药。施药时加入安全型多功能喷雾助剂农希望6号喷雾宝，或60%油酸甲酯液剂（喷雾精）10~20ml/15kg药液对水均匀喷雾，以提高药效。后茬种植苜蓿、棉花、花生、马铃薯、高粱、大豆、向日葵、菜豆、豌豆、甜菜、油菜等作物需先进行小面积试验，然后种植。

唑啉草酯 pinoxaden

除草特点 本品属新苯基吡唑啉类除草剂，作用机理为乙酰辅酶A羧化酶（ACC）抑制剂造成脂肪酸合成受阻，使细胞生长分裂停止，细胞膜含脂结构被破坏，导致杂草死亡。具有内吸传导性，用于小麦田苗后茎叶处理的新一代除草剂，可防除野燕麦、黑麦草、狗尾草、看麦娘、硬草、罔草和棒头草等大多数一年生禾本科杂草。

适用作物 小麦。

防除对象 一年生禾本科杂草。

施药技术 小麦田在一年生禾本科杂草3~5叶期，杂草生长旺盛期，使用10%可分散油悬浮剂30~40ml/亩对水均匀喷雾。

注意事项 避免在极端气候如气温大幅波动前后3d内，干旱，低温（霜冻期）高温，日最高温度低于10℃，田间积水，小麦生长不良或遭受涝害、冻害、旱害、盐碱害、病害等胁迫条件下使用，否则可能影响药效或导致作物药害；不推荐与激素类除草剂混用；在冬前谨慎使用，避免因特殊气候的影响，在农业生产中造成大面积药害。施药时加入安全型多功能喷雾助剂农希望6号喷雾宝，或60%油酸甲酯液剂（喷雾精）20~40ml/15kg药液对水均匀喷雾，以提高药效。

氟唑草酮 carfentrazone-ethyl

除草特点 本品是选择性触杀型苗后茎叶处理除草剂。通过对原卟啉氧化酶的抑制而抑制杂草的正常光合作用，受药杂草失绿、斑枯死亡。该药剂在土壤中的持效期较短。

适用作物 小麦、水稻、玉米。

防除对象 可以防除多种阔叶杂草，对本氏蓼、香薷、鸭跖草、苍耳、鼬瓣花、猪殃殃、播娘蒿、荠菜防效突出，对藜、卷茎蓼、泽漆、眼子菜防效明显，对大巢菜、稻槎菜防效一般，对蚤缀效果差。

施药技术 在小麦苗期，杂草基本出齐且多处于幼苗期，可用40%干悬浮剂3~4g/亩，对水30kg均匀喷施。

注意事项 本品效果高，施药时要注意准确把握用量，喷施均匀。若喷药不匀，着药多的麦叶上出现少量斑点，一般情况下10d后白斑会逐渐消失，不影响小麦生长。防除婆婆纳必须掌握在子叶期施用才能获得最佳效果，4对真叶期至5个分蘖期抗药性很强，氟唑草酮已不能杀死婆婆纳。

恶草酮 oxadiazon

除草特点 本品是选择性芽前除草剂，可以在水田、旱田施用。土壤处理，通过杂草幼芽或幼苗与药剂接触、吸收而起作用。药剂进入植物体后积累在旺盛生长部位，抑制生长，致使杂草组织腐烂死亡。药剂在光照条件下才能发挥杀草作用，通过对原卟啉氧化酶的抑制而发挥除草作用。杂草自萌芽至2～3叶期均对药剂敏感，以杂草萌芽期施药效果最好，随杂草长大，除草效果下降。水田用药后药液很快在水面扩散，迅速被土壤吸附，向下移动有限，也不会被根部吸收。在土壤中代谢较慢，半衰期为2～6个月。

适用作物 水稻、棉花、花生、大豆、马铃薯、洋葱、大蒜、胡萝卜、芦笋。

防除对象 可以防除一年生禾本科和阔叶杂草，如马唐、狗尾草、稗草、千金子、异型莎草以及苋科、藜科、大戟科杂草。对多年生杂草无效。

施药技术 水稻秧田，在整地后趁水混浊使用，北方用25%乳油100～120ml/亩，南方用250g/L乳油60～100ml/亩，直接用瓶甩施，施药时田间水层保持3cm，也可以喷雾或药土撒施。施药2～3d后，待药剂沉降至床面无水层时播种。也可在整地后播种，覆土后喷雾处理，盖地膜，湿润管理。

水稻旱直播田，于播种后5d内芽前土壤湿润喷施于土表，或稻1叶期后施药，用药量为25%乳油100～150/亩。

水稻移栽田，施药时间为移栽前1～2d，即在最后一遍平地趁水浑浊时以"瓶甩法"施用，或在栽秧后2～5d用25%乳油100～200ml/亩，以药土法或药肥法施用，栽秧5d后施用防效下降。

花生播后苗前进行土壤处理，北方用25%乳油150～200ml/亩，南方为25%乳油100～150ml/亩，对水45kg均匀喷施。地膜覆盖栽培花生，整畦后用药，用药量为25%乳油100～150ml/亩，覆膜前在花生床面上进行喷雾处理。

棉花田，在播种后2～3d施药，用药量25%乳油100～150ml/亩对水均匀喷施胡萝卜地，在播种后1～3d内用药，用25%乳油100～150ml/亩即可，对水进行均匀喷雾，如遇土壤干燥，应在药前浇湿土壤，以防止土壤过于干燥影响出苗和除草效果，药后如遇持续晴燥天气，应及时灌水，保持田间湿润，以免影响药效。

大蒜，在播种后出苗前，以25%乳油200ml/亩对水均匀喷施土表，可有效防除大蒜田杂草。

果园，用25%乳油150～200ml/亩对水于杂草芽前进行土壤处理。

注意事项 水稻田施药后要保持一定的水层才能充分发挥作用，保持水深2～3cm的要比不保水的除草效果要高。由于恶草酮在水中的溶解度只有0.7mg/kg，与其他除草剂比较，它对水层的要求不严格，因此，在旱直播地和旱水管田施用要比其他除草剂效果好。施用恶草酮24h后，有80%～90%被土壤吸附，如药水漫入未用药田，不会降低用药田的防效。恶草酮应用不当，可能对水稻产生药害，过量用药、施药方法不对、施药时间不当、整地质量差、直播稻盖籽不严、小苗田水层管理不当及敏感品种田用药，均可能导致药害。秧田药害表现为幼芽弯曲、呈黄褐色，茎基部发粗、根系短、叶环状。直播田轻的为幼芽生长和扎根缓慢，重的同秧田、若在立针期以恶草酮喷雾，药后秧苗可能出现灼斑，但几天后即恢复。移栽稻田，如果在栽秧后瓶甩，症状为叶片失绿，有灼斑，严重的凋萎。施药后药剂很快为土壤颗粒吸附，不会降到土层深处，也不侧向扩散。施入土中后经过土壤微生物的活动，在土壤中缓慢的降解，在水稻田中半衰期为40d，在旱土中的半衰期为3～6个月。施用过药剂的稻田，不会影响后茬种麦、油菜及其他敏感作物。

二氯喹啉酸 quinclorac

除草特点 本品是防除稻田稗草的特效选择性除草剂，该药是激素抑制剂，主要是通过抑制稗草生长点，使其心叶不能抽出从而达到防除稗草的目的。药剂能被萌发的种子、根、茎及叶部迅速吸收，并迅速向茎和顶端传导，使杂草中毒死亡，与生长素类物质的作用症状相似。对水稻生长高度安全。对大龄稗草活性高，效果好，药效反应迅速，施药1~2d后稗草嫩叶边缘开始褪绿、黄化，2~3d后叶片变软、叶色发黄、部分呈红褐色，1周后，叶片下垂萎蔫、腐烂致死。该药对水层管理要求不严格。持效期25d左右。

适用作物 水稻。

防除对象 可以有效地防除稗草，对鸭舌草、三棱草、眼子菜也有一定的防除效果，对莎草及阔叶杂草基本无效。

施药技术 秧田、水直播田，在稻苗3~5叶期、稗草1~5叶期内，用50%可湿性粉剂20~30g/亩（华南）、30~50g/亩（华北、东北），加水40kg，在田中无水层但湿润状态下喷雾，施药后24~48h复水。稗草5叶期后应加大剂量。

旱直播田，在直播前用50%可湿性粉剂30~50g/亩对水均匀喷雾，出苗后至2叶1心期施药，效果最好，施药后保持浅水层1d以上或保持土壤湿润。

移栽本田施用，栽植后即可施药，一般在移栽后5~15d，用50%可湿性粉剂20~30g/亩（华南），30~50g/亩（华北、东北），加水40kg，排干田水后喷雾，施药后灌浅水层。

注意事项 本品对稻苗无不良影响，秧田除草有效施药适期长。田内无水层时，便于稗草全株着药，与有水层相比土壤中药液浓度高，便于稗草吸收，除草效果好，药效稳定。生产上应在施药前一天田间放水，施药后1~2d灌浅水，保持2~3cm水层2~3d。稗草越小除稗效果越好，5~6叶期的稗草在施药后的第二天开始出现受害症状，主要表现为失水萎蔫，症状由心叶逐渐扩大到整个叶片，最后全株黄化死亡，已拔节或抽穗的夹棵稗对药剂的抗性较强，死亡部分仅限于主茎和分蘖的心叶以及抽出的穗子，其他部分会仍保持绿叶，继续维持生长活力，以后慢慢恢复生长。机播水稻田因稻根露面较多，需待稻苗转青后方能施药。浸种和露芽种子对该药剂敏感，故不能在此期用药，直播田及秧田应在水稻2叶以后用药为宜。水稻不同品种对药剂的敏感性差异不大。高温下施药易产生药害。本剂对胡萝卜、芹菜、香菜等伞形花科作物相当敏感，施药时应予注意。二氯喹啉酸不可在水稻生长中后期使用，本品在适期内超量使用，尤其在秧苗4叶期前超量使用，易发生药害。施药时期应掌握在秧苗2叶期以后，以确保安全。一般有效用量不能超过25g/亩。在施药前一段时期遇连阴雨，低温，秧苗素质较差，若此时施药，易导致秧苗药害。

苯达松 bentazon

除草特点 本品是触杀型选择性苗后除草剂，用于苗期茎叶处理，通过叶片接触而起作用，旱田施用，先通过叶片渗透传导到叶绿体内抑制光合作用、水田施用，植物根、茎、叶均吸收苯达松，以叶片吸收最快。该药强烈抑制光合作用和水分代谢，造成营养饥饿，使生理机能失调而致死。耐性作物能代谢药剂，是其选择性的主要原因。该药不易挥发，光下易光解。在土壤中不稳定。

适用作物 水稻、大豆、花生、玉米、麦、茶园、草原牧场。

防除对象 可以防除多数一年生双子叶杂草和莎草科杂草，如苍耳、苘麻、藜、鸭跖草、蓼、水莎草、三棱草、矮慈姑、萤蔺等。对多年生杂草只能防除其地上部分。对禾本科杂草无效。

施药技术 水直播稻田、插秧田均可施用，插秧后20~30d，直播田播后30~40d，杂草生长3~5叶期，用48%水剂133~200ml/亩对水均匀喷雾，施药前要把田水排干，使杂草露出水面，选高温、无风晴天施药，将药液均匀喷洒在杂草上，施药后4~6h可渗入杂草体内。喷药后1~2d再灌水入田，恢复正常水管理。

水稻移栽田，48%水剂100～133ml/亩，在水稻移栽后15～20d，杂草处于3～5叶期，采用常规喷雾法施药，除草效果好，对水稻安全。

大豆田除草，大豆2～4片复叶，杂草3～4叶期为施药适期，用48%水剂100～200ml/亩对水均匀喷雾，土壤水分适宜、杂草出齐、生长旺盛、杂草幼小时可以用低剂量。

花生田除草，可在杂草2～5叶期施药，用48%水剂133～200ml/亩对水茎叶处理。

注意事项 旱田施药应待阔叶杂草基本出齐且处于幼苗期时施药。稻田除草时，一定要在杂草出齐、排水后，均匀喷施，2d后灌水，否则影响药剂效果。该药为苗后茎叶处理剂，其除草效果与杂草生育期、生育状况、环境条件有关，施药时应注意以下因素：药液尽量覆盖杂草叶面、渍水、干旱时不宜使用，喷药24h以内降雨效果下降、光照强效果好、低温下除草效果不好，如防除麦田杂草在12月份施药，基本上没有除草效果、而在春季施药，如在3月份施药除草效果较好。

草除灵 benazolin

除草特点 本品是选择性内吸传导型芽后除草剂，是一种激素生物合成干扰抑制剂。可以为植物的叶片吸收，并输导到植株其他部位。草除灵的药效发挥较慢，敏感植物受药后生长停滞、叶色僵绿、叶片增厚反卷、新生叶扭曲畸形、节间缩短，最后死亡，其死亡症状与激素型除草剂相似。在油菜等耐药性作物体内，可以迅速代谢为无活性物质，这是其选择性的主要机制。敏感植物死亡速度与施药后气温有关，气温高作用快，气温低作用慢。

适用作物 油菜。

防除对象 可以防除一年生阔叶杂草，如繁缕、牛繁缕、泥胡菜、猪殃殃、雀舌草、卷耳、田荠菜、母菊属、苋属植物及豚草、苍耳等。对婆婆纳、堇菜属杂草效果较差，但对稻槎菜基本无效。

施药技术 油菜田，阔叶杂草出齐后，油菜达6叶龄，可用15%乳油100～133ml/亩对水茎叶均匀喷雾，应避开低温天气施药，在单、双子叶杂草混生田，应与其他药剂混用，本品不宜在直播油菜2～3叶期过早使用；冬油菜田，直播甘蓝型油菜4～8叶期或油菜移栽后7～10d，可用15%乳油100～140ml/亩对水茎叶均匀喷雾。

注意事项 本品为芽后阔叶杂草除草剂，在阔叶杂草基本出齐后使用效果最好，对未出土杂草无效。本品对芥菜型油菜高度敏感，不能应用，对白菜型油菜有轻微药害，应适当推迟施药期，一般情况下抑制现象可以恢复，不影响产量，施药适期应在油菜越冬后期或返青期使用可避免发生药害、耐药性较强的甘蓝型冬油菜，要根据当地杂草出草规律确定。在11月下旬使用，药后2～3d，叶部会出现不同程度的药害，症状为叶片向下皱卷，严重的植株出现暂时性萎蔫。

第十八章 植物生长调节剂与施用关键技术

一、植物生长调节剂的作用原理与主要类型

植物生长调节剂是通过影响植物的内源激素系统来调节作物生长的，具体而言，调节剂可以影响植物激素的合成、运输、与受体的结合等环节。调节剂除了直接作用于植物激素的合成、运输和代谢，可能还存在其他的作用方式和机制，如影响膜的性质、蛋白质和核酸的合成等。

（一）生长素（IAA）运输的化学控制

TIBA（三碘苯甲酸）及NPA（N-萘基邻氨羟基苯甲酸）是最常用的IAA运输抑制剂，在研究方面应用最广。它们能抑制IAA从植物细胞输出、增加细胞内IAA净吸收量，使植物体的向光性和向地性及顶端优势现象削弱或消失。

TIBA和NPA均为非竞争性的IAA输出抑制剂，表明这两种抑制剂及IAA在输出载体上占有不同的位置。TIBA本身也能在载体的作用下通过质膜而输出，并受IAA或NPA的抑制，但NPA本身无极性运输现象。TIBA、NPA及IAA在载体上特殊位置的结合不受彼此的干扰，但如果TIBA或NPA任何一种与载体发生结合，则载体分子可能因形态发生变化而抑制IAA的输出。

酚类化合物中的黄酮类可在西葫芦的下胚轴组织取代已结合的NPA。漆树黄酮（fisetin）、栎精（quercetin）、紫杉叶素（taxifolin）、芹菜素（apigenin）及莰非醇（kaempferol）均具有取代NPA并增进IAA净吸收的功能。栎精等黄酮类对IAA净吸收量的促进并不是由于植物细胞内酸度的改变和IAA输入载体活动的促进，而是由于IAA输出载体活动的抑制所造成的。另外，黄酮类化合物与NPA在IAA输出载体上的结合位置相同，可见黄酮类可能是植物体内IAA极性运输及IAA自细胞内输出的天然调节剂。

植物体内的黄酮类物质及TIBA和NPA均抑制IAAO（IAA氧化酶）的活性，因此这些物质对IAA有双重影响，即抑制极性运输和抑制氧化，这两种作用都能提高细胞内IAA的浓度。TIBA及NPA应用于植物组织所表现的生理效应，如抑制根生长与向地性以及促进胚芽鞘生长，可能不仅仅是由于对IAA极性运输的抑制。黄酮类对离体植物组织生长的促进也可能不仅仅限于对IAA氧化的抑制，它们对IAA极性运输的影响应受到同等的重视。抑制IAA运输的物质还有整形素（2-氯-9-羟基芴-9-羧酸甲酯）、丁酰肼等。

（二）赤霉素（GA）生物合成的化学控制

多种植物生长延缓剂抑制赤霉素的生物合成，主要的根据：经延缓剂处理的植物，其赤霉素含量较低；施用外源赤霉素能使延缓剂处理后的植株恢复正常的节间长度；生长延缓剂对赤霉素合成途径不同阶段有专一性抑制作用。

1. 抑制环化

早在20世纪60年代已发现季铵盐类化合物是有效的生长延缓剂，其中最著名的是AMO-1618及矮壮素，它们抑制赤霉素合成途径中自GGPP（牻牛儿基焦磷酸）开始的环化步骤。由GGPP到古巴基焦磷酸到内根贝壳杉烯必须经过两个环化过程，分别由贝壳杉烯合成酶A和B所控制。AMO-1618对合成酶A有较强的抑制作用。与矮壮素比较，AMO-1618抑制性较强、专一性较高。除AMO-1618及矮壮素外，其他季铵类化合物也具有相似的抑制作用，例如，甲哌及DMC（N-dimethylmorpH值olinium chloride）。此外，含有以磷或硫原子为中心的类似季铵类的化合物也有延缓生长及抑制赤霉素合成的作用，这些化合物统称为

䓍类化合物。

矮壮素对植物内源赤霉素含量影响的报道不尽一致，因不同的测定方法而引起的准确性差异以及矮壮素施用浓度的不同都是可能的影响因素。例如，矮壮素的施用浓度为2.5mmol/L时，其对小麦生长的延缓作用可被同时施用25μmol/L的GA_3所逆转，但矮壮素的施用浓度很高时，GA_3只能部分抵消矮壮素的抑制作用，说明矮壮素确能抑制小麦内源赤霉素的合成，但可能还有其他作用。据报道，高浓度矮壮素也可能通过抑制固醇合成而影响生长。

2. 抑制氧化

另有3类植物生长延缓剂能抑制赤霉素合成途径中由内-贝壳杉烯到异-贝壳杉烯酸逐步氧化的过程，它们对环化作用没有影响。嘧啶醇是较早被发现的氧化抑制剂，属于嘧啶类，它以非竞争方式抑制由贝壳杉烯开始的3个氧化步骤。随后又合成了具有与嘧啶醇作用相似的GA合成抑制剂，包括norbornenotiazetin类和三唑类（triazoles）。

高等植物中贝壳杉烯氧化酶的作用依赖细胞色素P450。赤霉素合成的这些氧化抑制剂在含氮原子的环上具有一对孤立的电子，存在于抑制剂分子的外缘，易与细胞色素P450分子中血红素铁原子作用而取代氧，因而阻止单加氧酶的催化作用，抑制贝壳杉烯的氧化。虽然这些氧化抑制剂对赤霉素生物合成途径早期的内-贝壳杉烯氧化步骤有专一性，但在高浓度或其他特殊情况下，也可能抑制细胞色素P450参与的其他氧化作用。

赤霉素合成氧化抑制剂能显著增加ABA含量，但其抑制程度与植物水分供应状况及取样分析时间有关。GA和ABA有共同的前体甲羟戊酸，所以很可能由于植物生长延缓剂对GA合成的抑制，使得有更多的甲羟戊酸用于ABA的合成。

3. 抑制羟基化步骤

一种新的植物生长延缓剂Prohexadione calcium（简称BX-11）抑制水稻生长，其抑制作用能被GA_3逆转。它能抑制GA_{19}和GA_{20}所促进的生长，但对GA_1的促进生长作用无抑制效果。其作用可能是阻碍由GA_{20}到GA_1的3,β-羟基化步骤以及由GA_1到GA_8的2,β-羟基化步骤。

另一种抑制剂BX-112抑制GA_{12}醛以后的3,β-羟基化作用步骤。应用于水稻，使GA_1含量减少、GA_{19}及GA_{20}累积，均能抑制GA氧化，阻碍GA合成途径中的3,β-羟基化步骤。用于多种植物，如小麦、大麦、油菜等可获得与其他赤霉素合成抑制剂相似的效果，阻碍节间伸长，但不影响植物其他方面的发育，且有效浓度低。

（三）乙烯（ETH）生物合成的调控

1. 磷酸吡哆醛抑制剂

ACC合成酶需要磷酸吡哆醛。磷酸吡哆醛的抑制剂，如AVG（氨基乙烯基甘氨酸）及AOA（氨基氧乙酸）对ACC合成酶有专一的抑制作用。例如，AVG可抑制由SAM（S-腺苷蛋氨酸）合成ACC，但不能抑制由甲硫氨酸（Met）合成SAM以及由ACC合成乙烯。这些抑制剂对ACC合成酶的专一性抑制在乙烯合成调控研究方面已发挥很大的作用。

2. 钴及其他抑制剂

钴抑制ACC氧化酶的催化步骤，这是乙烯合成途径的最后一步。钴不仅能抑制IAA、CTK及钙等对乙烯合成的促进，而且它还能够提高ACC含量。二硝基苯酚（DNP）及CCCP（Carbonyl Cyanidem Chloro Phenylhydrocone）对ACC合成酶也有抑制作用，经处理的植物组织ACC含量增加，依赖外源ACC的乙烯合成亦受显著的抑制。DNP及CCCP是氧化磷酸化作用的有效抑制剂，但这是否是抑制ACC氧化酶活性的基本原因尚待探究。因为ACC氧化酶活性依赖于液泡膜的完整，并且ACC氧化作用包括连续的电子转移，所以膜的破坏或电子传递系统中断皆可抑制ACC氧化酶的作用。如影响膜结构功能的试剂、亲脂化合物（磷酸胆碱、Tween 20、Triton X-100等）、温度或渗透压振动都能抑制ACC转化为乙烯。

3．物理伤害及逆境促进乙烯的发生

物理伤害可诱导植物组织ACC合成酶的合成。刘愚等（1982）报道，绿豆下胚轴和小麦黄化苗受机械伤害后产生两个乙烯峰，其中之一在伤害后立即出现，不受AVG和钴离子的抑制；另一峰在伤害后16~23min出现，56~59min达到最高，但能被AVG和钴离子所抑制。第一个乙烯峰可能由体内已有的ACC所产生，第二个乙烯峰则可能依赖伤害刺激的ACC合成酶的生成和活化。虫害及环境胁迫都可促进ACC合成酶的合成或活性的提高。

4．光及二氧化碳与乙烯合成的关系

光能抑制绿色叶片组织中的ACC生成乙烯，但这一作用是间接的可能通过光合系统起作用。CO_2促进以ACC为前体的乙烯合成作用，但对其他乙烯合成途径无影响。CO_2是ACC合成乙烯的副产物，低浓度CO_2对ACC氧化有促进作用，但高浓度CO_2对乙烯有抑制作用。

（四）酚类物质对生长素（IAA）代谢的调节

酚类物质是天然的植物成分，种类繁多，其基本结构是1个六碳环和1个或1个以上的羟基。

酚类化合物对IAA代谢及运输的影响包括3个方面：抑制IAA与氨基酸结合；促进或抑制IAA侧链氧化；抑制IAA极性运输。第一方面的资料极少，第三方面已在上面论及，现主要介绍第二方面。

第二方面的试验多以从植物中提取的IAA氧化酶或过氧化物酶为材料，分析酚类化合物对IAA侧链氧化的抑制或促进作用。酚类化合物与IAA侧链氧化的关系归纳为如下。

一元酚类促进IAA侧链氧化，其活性随羟基在环上的取代位置而异。如羟基苯甲酸，羟基在第4位活性最高，第3位次之，第2位最低。在具有强烈促进IAA氧化活性的酚类物质同时存在时，一元酚类表现不同的结果，或促进或抑制。

二元酚类的作用视羟基的相对位置而异。间二酚对IAA侧链氧化有促进效果，而邻二酚及对二酚大部分强烈抑制IAA的氧化作用。邻二酚的两个例外是3,4-二羟苯乙酮和3,4-二羟苯丙酮。

酚类化合物对IAA侧链氧化有两种抑制类型：一种为暂时性，另一种为持久性。2,6-二羟苯乙酮表现持久性的抑制，儿茶酚、3,4-邻二羟苯甲酸及咖啡酸等的抑制作用均属于暂时性。

邻二酚的一个羟基与甲基结合后表现出低浓度促进IAA的氧化而高浓度抑制IAA氧化的特性，如香草酸、愈创木酚、阿魏酸等。

有些酚类化合物能抑制IAA氧化，主要是由于这些酚类能竞争性地与过氧化物酶结合，从而阻止该酶分子的活性中心血红素铁卟啉基团与IAA作用，防止氧化活性更强的酶底物中间形态的形成。

植物体内有多种天然存在的酚类化合物，其复杂关系提示酚类在自然环境中对植物生长的影响很难确定。李宗霆发现2,6-二羟苯乙酮、阿魏酸及咖啡酸能在一定范围内保护大豆免受除草剂草甘膦的抑制作用，并认为这种效果与IAA有关。因为草甘膦阻止酚类化合物的合成，又可促进植物体内IAA代谢，降低IAA含量。这种双重作用显示草甘膦对IAA代谢的影响可能是内源酚类物质代谢的变化所致。2,6-二羟苯乙酮、阿魏酸及咖啡酸对整株植物生长的影响可能是通过补充因草甘膦所引起的某些酚类物质的不足，从而维持生长必需的内源IAA水平。

当将酚类物质施用于植物体时，常常缺乏明确的调节活性，这可能是由于一元酚和多元酚之间相互转化以及有些化合物难以进入植物体所造成的。

（五）乙烯（ETH）与受体结合的化学控制

银离子以非竞争方式阻止乙烯与受体结合（如抑制玉米细胞质膜ATPase的活性）是乙烯作用的有效拮抗剂，能阻止因乙烯而引起的各种植物生理反应。由于银离子对乙烯拮抗作用的发现，硫代硫酸银不但成为研究乙烯生理作用的有效试剂，而且已发挥商业价值。

2,5-降冰片二烯是抑制乙烯作用的环状烯烃中效应最强的，它可能与乙烯直接竞争在受体上的结合

位置。由于环状烯烃的挥发性高，在某些情况下更适合试验的需要。

在乙烯浓度较低的情况下，CO_2可抑制或延缓植物对乙烯的生理反应。Burg（1967）认为CO_2是乙烯作用的抑制剂，高浓度的CO_2早已应用于水果的储运，以延缓其成熟。但CO_2与乙烯的作用是否直接相关，尚待研究。

在20世纪90年代中期，美国科学家发现了一系列能够抑制植物内源和外源乙烯作用的化学物质，包括1-MCP（1-甲基环丙烯）、2,5-NBD（降冰片二烯）、3,3-DMCP（3,3-dimethylcyclopropene）、DACP（dia-zocyclopen tadiene）、CP（cyclopropene）等。其中，1-MCP是一种效果特别突出的乙烯抑制剂，在美国已经获得在花卉作物上使用的专利，得到美国环保局的使用许可。

1-MCP的作用机理是：当植物器官进入成熟期，作为成熟激素的乙烯就会产生，并与细胞内部的相关受体相结合，激活一系列与成熟有关的生理生化反应，加快器官的衰老和死亡，1-MCP与乙烯分子结构相似，可以与乙烯的受体结合，但不会引起成熟的生化反应。因此，在植物内源乙烯释放出来之前施用1-MCP，可以封阻乙烯与受体的结合和随后产生的负面影响，延迟了成熟过程，达到保鲜的目的。

二、植物生长调节剂施用关键技术

（一）植物生长调节剂的应用方法

植物生长调节剂是一种与植物激素相类似的作用于生理和生物学效应的物质，有生长素、赤霉素、细胞分裂素、脱落酸等。植物生长调节剂适用于大田作物、蔬菜、果树、花卉、林木等，可增强作物的抗逆能力，调节作物的生长，提高作物的产量和品质。

植物生长调节剂使用方法因品种特性、剂型、作物及环境条件而异，一定要根据调节剂的特点选择具体的使用方法。

拌种：拌种法和种衣法主要用于种子处理。用杀菌剂、杀虫剂、微肥等处理种子时，可适当添加植物生长调节剂。拌种法是将药剂与种子混合拌匀，使种子外表沾上药剂，如用喷雾器将药剂喷洒在种子上，搅拌均匀后播种，可刺激种子萌发，促进生根。种子包衣是用专用型种衣剂，将其包裹在种子外面，形成有一定厚度的薄膜，除可促进种子萌发外，还可达到防治病虫害、增加矿物质营养、调节植株生长的目的。

浸泡法：常用于促进插穗生根、种子处理、催熟果实、贮藏保鲜等，如带叶的木本插穗，可放在5~10ml/L的吲哚丁酸中，浸泡12~24h后，直接插入苗床中。也可用快蘸法，如将萘乙酸与滑石粉按1g比1 000g混合均匀后，将插条的下部用清水浸湿，然后蘸上少许粉剂扦插于苗床中。贮藏保鲜可用于鲜切花，将鲜花直接浸泡在10ml/L的二硝基苯酚液中，贮藏在2~5℃低温下，可延长保鲜期。

喷洒：先按需要配制成相应浓度喷洒植株，要求液滴细小、均匀，以喷洒部位湿润为度。为了使药剂易于粘附在植株表面，可在药剂中加入少许乳化剂，如中性洗衣粉或表面活性剂及其他辅助剂，以增加药剂的附着力。

涂抹法：用羊毛脂处理时，将含有药剂的羊毛脂直接涂抹在处理部位，大多涂在伤口处，有利于促进生根，还可涂芽。高空压条切口涂抹法可用于名贵的、难生根花卉的繁殖。方法是在枝条上进行环割，露出韧皮部，将含有生长素类药剂的羊毛脂涂抹在切口处，用苔藓等保持湿润，外面用薄膜包裹，防止水分蒸发。

土壤浇灌：将植物生长调节剂配成水溶液，直接灌在土壤中或与肥料等混合施用，使根部充分吸收。如是盆栽花卉，所需要的溶液量依植株和盆的大小而定，一般9~12cm口径盆需200~300ml。为促使植株开花，控制植株茎、枝伸长生长，可用0.1%~0.3%琥珀酰胺酸与矮壮素水溶液浇灌。

（二）植物生长调节剂的喷雾技术要求

植物生长调节剂一般能被杂草的茎叶或根系吸收，但吸收的方式、吸收传导的速度会因品种特性有较大的差异。

叶片是农药进入植物的重要部位，植物生长调节剂通过叶片进入植物体内必须克服许多障碍，其中首要屏障是叶片的表皮。因此，叶片表皮上的角质层、气孔或亲水小孔就是农药进入植物的主要途径。不同种植物的蜡质层构造与厚度存在差异，角质层的厚度随植物种类而变化。通过角质层进行扩散的农药，其扩散能力与农药的分子大小、温度和角质层的性质存在密切联系。此外，植物叶片吸收植物生长调节剂的能力还与植物品种、植物生长阶段以及一些环境因素密切相关。植物生长调节剂通过细胞膜才能在细胞之间传导，并最终进入维管束进行长距离运输。

在进行田间喷雾时，主要有2个指标直接地影响着调节剂的应用效果，一是喷药的均匀度，二是药剂在叶表面的润湿、扩散和沉积附着的稳定性。农药喷雾分布均匀度有着严格的技术要求，它与喷头类型、喷头型号、喷雾高度、喷雾压力、喷头间距、喷头安装的角度、喷杆震动、喷头开关频率、喷雾机械的行进速度有密切关系；另外，还与自然条件如风速、风力、温度、湿度等因素有着密切的关系。我国农田施药过程中不重视农药喷雾均匀度，农药均匀度误差普遍在60%～80%，远低于农药喷雾均匀度误差为10%的要求，欧盟等发达国家农药喷雾均匀度误差在5%以下。农民喷药均匀度过低，是我国农药应用药效不稳、药害频繁的突出问题（图18-1），经常性出现作物生长调控不稳定的现象（图18-2）。喷施植物生长调节剂时，必须用安装有专业扇形喷头的喷杆喷雾器喷雾，须添加专业的喷雾助剂农希望5号喷雾宝10～30ml/15kg药液，或40%雾膜宝10～30ml/15kg药液对水均匀喷雾，保证药剂在作物的茎叶或果面均匀的沉积附着、润湿扩散和渗透吸收，并通过专业的喷雾助剂提高药液的环境稳定性（图18-3）。

图18-1　传统的喷雾方法茎叶喷施植物生长调节剂，药剂附着率低、喷药不匀

图18-2 花生田用传统的喷雾方法茎叶喷施控旺的植物生长调节剂,药剂附着率低、喷药不匀,茎叶经常性出现大叶、小叶、长枝和短枝生长不均衡与调控效果差的现象

图18-3 花生田应选用安装有专业扇形喷头的喷杆喷雾器喷雾,添加专业的喷雾助剂农希望5号喷雾宝20ml/15kg药液对水均匀喷雾,茎叶喷施控旺的植物生长调节剂,保证药剂在作物的茎叶或果面均匀地沉积附着、润湿扩散和渗透吸收,并通过专业的喷雾助剂提高药液的环境稳定性,药剂均匀地沉积附着和润湿扩散,调控效果好

三、植物生长调节剂主要品种与施用关键技术

吲哚乙酸 indol-3-ylacetic acid

作用特点　本品有维持植物顶端优势、诱导同化物质向库（产品）中运输、促进坐果、促进植物插条生根、促进种子萌发、促进果实成熟及形成无籽果实等作用，还具有促进嫁接接口愈合的作用。属植物生长促进剂。主要作用方式是促进细胞伸长与细胞分化。促进不定根产生，也能促使茎、下胚轴、胚芽鞘伸长，促进雌花的分化。根据生长素类物质具有低浓度促进、高浓度抑制的特性，这类化合物的不同效应往往与植物体内的内源生长素的含量有关。如当果实成熟时，内源生长素含量降低，如外施生长素可以延缓果柄离层形成，防止果实脱落，延长挂果时间，在生产中可用于保果。果实正在生长时，内源生长素水平较高，如外施生长素类调节剂，会诱导植物体内乙烯的生物合成，乙烯含量增加会促进离层形成，可起疏花疏果的作用。

施药技术　小麦、花生，促进种子萌芽，播种前，用0.11%水剂18～27ml/kg拌种；茶树促进萌芽，发芽前，用0.11%水剂4～8ml/亩对水均匀喷雾。

保护地黄瓜，促进坐果，开花坐果初期，用0.11%水剂8～10ml/亩对水均匀喷雾。

番茄，促进和调控作物的营养与生殖生长，用0.11%水剂0.4～0.8ml/亩对水喷雾，在苗期和花期各施药1次。

苹果，促进萌芽、坐果，萌芽期和谢花后，用0.11%水剂7～11ml/亩对水均匀喷雾。

注意事项　本品用于促进生根时，应掌握浓度高浸蘸时间短，浓度低浸泡时间长。浓度的配制应根据植物种类而定。在配制溶液时，可先称取一定量粉末后，加水定容至一定浓度，稀释后使用。

吲哚丁酸 4-indolyl-butyric acid

作用特点　本品与吲哚乙酸相似。具有生长素活性，植物吸收后不易在体内输送，往往停留在处理的部位。因此，主要用于促进插条生根。吲哚丁酸使用后插条生出细而疏、分叉多的根系。而萘乙酸能诱导出粗大、肉质的多分枝根系。因此，吲哚丁酸与萘乙酸混合使用，生根效果更好。

施药技术　小麦调节生长，可用1.2%水剂1 200～2 000倍液对水均匀喷雾；水稻调节生长，可用1.2%水剂500～1 000倍液对水均匀喷雾；玉米调节生长，可用1.2%水剂1 200～2 000倍液对水均匀喷雾；大豆调节生长，可用1.2%水剂1 200～2 000倍液对水均匀喷雾；花生调节生长，1.2%水剂1 200～2 000倍液对水均匀喷雾；黄瓜调节生长，可用1%可溶液剂120～160ml/亩灌根；辣椒调节生长，可以用1.2%水剂1 200～2 000倍液对水均匀喷雾；马铃薯调节生长，可用1.2%水剂1 200～2 000倍液对水均匀喷雾；葡萄调节生长，可用1.2%水剂1 200～2 000倍液对水均匀喷雾。

注意事项　本品溶液的有效期仅有几天，故水溶液最好现配现用，以免失效。

萘乙酸 1-naphthyl ace acid

作用特点　本品是类生长素物质，主要生理作用是促使细胞伸长，促进生根，推迟果实成熟、抑制

乙烯产生。低浓度抑制离层形成，可用于防止落果；高浓度促进离层形成，可用于疏花疏果、诱导雌花的形成、产生无子果实；能调节植物体内物质的运输方向。萘乙酸被植物吸收后不会被植物体内的吲哚乙酸氧化酶降解。浓度过高容易诱导植物切口产生愈伤组织。萘乙酸的促根作用主要表现于消除了根的顶端优势，使新根量增加并向老根的中、后部分布。萘乙酸促进扦插生根的原理是因为他能促进插条基部的薄壁细胞脱分化，使细胞恢复分裂的能力，产生愈伤组织，进而长出不定根。萘乙酸在用作生根剂时，单用时生根作用虽好，但往往苗生长不理想，所以一般与吲哚丁酸或其他有生根作用的调节剂进行混用效果才好。

施药技术 番茄调节生长，可用40%可溶粉剂13 333～20 000倍液喷花；冬小麦调节生长，可用4.2%水剂1 333～2 000倍液茎叶均匀喷雾；苹果树调节生长，可用20%粉剂8 000～10 000倍液喷药2次；葡萄调节生长，可用20%粉剂1 000～2 000倍液浸插条。

注意事项 虽在插枝生根上效果好，但在较高浓度下有抑制枝生长的副作用，与其他生根剂混用为好；用它做叶面喷洒，不同作物或同一作物在不同时期其使用浓度不尽相同，切勿任意增加使用浓度，以免产生药害；田间喷雾时加入多功能渗透性喷雾助剂农希望5号喷雾宝，或50%油酸甲酯液剂（喷雾精）20～30ml/15kg药液对水均匀喷雾，以提高药效；用作坐果剂，注意只对花器喷洒，以整株喷洒促进坐果，要少量多次，并与叶面肥，微肥配用为好。

赤霉素　gibberellic acid

作用特点 本品促进细胞分裂、伸长。本品可以诱导膨胀素的产生和活性增加；促进分生细胞数量增加，使正在延长的细胞分裂和伸长。打破种子休眠，提高种子活力和发芽率。促进花芽分化，影响开花，减少落花、落果。

本品有疏花疏果的作用；本品促进植物体内生长素含量的增加，高水平的生长素导致了乙烯的产生，乙烯加速了花朵的衰老，造成落花落果，从而起到疏花疏果的作用。

本品可代替低温打破休眠或代替低温、长日照诱导花芽分化。故可促进多种植物提前开花。

诱导果实无核、孤雌生殖。由于外用GA导致种子败育而影响了果实内源激素的正常合成与平衡，使得果实中有种子的一侧花托和胎座能正常发育，而无种子的一侧果实组织发育不正常而产生畸形果。

促进了植物的生长和发育，影响光合产物的分配、提高产量，从而促进坐果与果实发育。在红提葡萄果实膨大期施用赤霉素，对可溶性固形物含量有着不利的影响，GA_3处理果穗显著降低了果实含糖量，对果实色泽和肉质无明显影响。果形略有变化，并可使果实提前着色和提早成熟。使苹果纵径拉长，促进生长，是因为它具有促进果实发育早期细胞分裂和伸长的双重作用。

施药技术 葡萄无核，可用3%乳油200～800倍液，花后1周处理果穗；花卉提前开花，可用3%乳油57倍液，叶面处理涂抹花芽；菠萝增重，可用3%乳油500～1 000倍液喷花；菠萝果实增大，可用3%乳油500～1 000倍液喷花；水稻增加千粒重，可用3%乳油1 333～2 000倍液喷雾；菠菜增加鲜重，可用3%乳油1 600～4 000倍液，叶面处理1～3次；棉花增产，可用3%乳油2 000～4 000倍液，点喷、点涂或喷雾；芹菜增产，可用3%乳油400～2 000倍液，叶面处理1次；葡萄增产，可用3%乳油200～800倍液，花后1周处理果穗；棉花提高结铃率，可用3%乳油2 000～4 000倍液，点喷、点涂或喷雾；马铃薯增产、苗齐，可用3%乳油40 000～80 000倍液浸薯块10～30min；柑橘树果实增大，可用3%乳油1 000～2 000倍液喷花；柑橘树增重，可用3%乳油1 000～2 000倍液喷花；水稻制种，可用3%乳油1 333～2 000倍液喷雾；绿肥增产，可用3%乳油2 000～4 000倍液对水均匀喷雾；人参增加发芽率，可用3%乳油2 000倍液，播前浸种15min。

注意事项　无核白葡萄在花序未散期使用赤霉素，能强烈地刺激花轴伸长，其作用的大小与赤霉素的浓度呈正相关；且所有被处理的果穗均可发生严重的豆果现象，引起减产。在诱导葡萄形成无子果实时，如果处理的时期过早，果穗会伸长，穗轴弯曲状况多；处理时推至盛花期或花后再施用，则葡萄已经完成授粉受精，形成种子。用药浓度过低，将不起作用；过高，会使穗轴、果梗硬化，果粒脱落，甚至果梗破裂，果穗干枯。温度条件：白天温度超过30℃，夜晚温度超过25℃，部分品种不能诱导无核化。蔬菜上使用赤霉素掌握好浓度和施用时期是使蔬菜优质高产的两个技术关键。过早施药易引起早抽薹，增产不显著；过迟使用，不能充分发挥其作用。一般生长期短的叶菜类，宜在前期使用，生长期长的和易抽薹的茎、叶菜应在后期使用。田间喷雾时加入多功能渗透性喷雾助剂农希望5号喷雾宝，或50%油酸甲酯液剂（喷雾精）20~30ml/15kg药液对水均匀喷雾，以提高药效。

胺鲜酯　diethyl aminoethyl hexanoate

作用特点　本品对植物生长具有调节、促进作用。促进植物细胞分裂和生长，加速生长点分化；促进种子萌发，提高发芽率；促进分蘖和分枝；提高植株内过氧化酶和硝酸还原酶的活性，提高叶绿素、蛋白质、核酸的含量及光合速率；提高植株碳氮代谢比率，促进根系发育，增强植株对水、肥的吸收和干物质积累，调节体内水分平衡，提高作物抗旱、抗寒能力，促进茎、叶生长，提早现蕾开花，提高坐果率，促进作物早熟、丰产；提高植物中有效成分的含量，降低有机酸、酚类等物质的含量，并能诱导植株抑制病毒的复制、增殖和传播。

施药技术　棉花促进分枝、提高坐果率，初花期、盛花期用5%胺鲜酯水剂2 000~3 000倍液对水均匀喷雾；玉米提高作物抗旱、促进作物早熟、丰产，玉米拔节初期（8~12叶期）用2%胺鲜酯水剂20~30ml/亩对水均匀喷雾。

白菜提高产量，在白菜苗期，可用1.6%水剂800~1 000倍液对水均匀喷雾，隔7d再喷1次，全生育期共施2次药；番茄改善品质，提高产量，于番茄开花、坐果期，可用1.6%水剂1 000~1 500倍液对水均匀喷雾。

果树提高坐果率、改善品质，在花前、第1次生理落果前和第2次生理落果前，用1.6%水剂1 500倍液均匀喷雾；葡萄提高光合效率，促进葡萄根系对肥水吸收利用，提高糖分的作用，降低果穗干尖率，提高穗形指数，促进提早成熟，在无核白葡萄果实第一次膨大高峰后，用8%可溶性粉剂1 500倍液喷雾。

注意事项　不宜与碱性农药、化肥混用；使用次数不宜过频，至少要间隔7d；田间喷雾时加入多功能渗透性喷雾助剂农希望5号喷雾宝，或50%油酸甲酯液剂（喷雾精）20~30ml/15kg药液，或超强润湿扩散喷雾助剂农希望7号喷雾宝或25%油酸甲酯液剂（喷雾精）5~10ml/15kg药液对水均匀，以提高药效。

苄氨基嘌呤　6-benzy-lamino-purine

作用特性　本品可通过发芽的种子、根、嫩枝、叶片吸收进入体内，移动性小。本品有多种生理作用：促进细胞分裂；促进非分化组织分化；促进细胞增大、增长；促进种子发芽；诱导休眠芽生长；抑制或促进茎、叶的伸长生长；抑制或促进根的生长；抑制叶的老化；打破顶端优势，促进侧芽生长；促进花芽形成和开花；诱发雌性性状；促进坐果；促进果实生长；诱导块茎形成；物质调运、积累；抑制或促进呼吸；促进蒸发和气孔开放；提高抗伤害能力；抑制叶绿素的分解；促进或抑制酶的活性。

施药技术　本品是广谱多用途的植物生长调节剂。白菜调节生长，可用1%可溶粉剂稀释250~500倍液对水均匀喷雾；芹菜调节生长，可用30%悬浮剂4 000~6 000倍液对水均匀喷雾；月季调节生长，可用

2%可溶液剂600~800倍液对水均匀喷雾；柑橘树调节生长，可用2%可溶液剂400~600倍液对水均匀喷雾；杨梅树调节生长，用2%可溶液剂700~1 000倍液对水均匀喷雾；樱桃树调节生长，可用2%可溶液剂500~800倍液对水均匀喷雾；枣树调节生长，用2%可溶液剂700~1 000倍液对水均匀喷雾；柑橘树调节生长，用5%可溶液剂1 000~2 000倍液对水均匀喷雾；葡萄调节生长，用20%悬浮剂5 000~7 000倍液对水均匀喷雾。

注意事项 本品移动性小，单作叶面处理效果欠佳，它与某些生长抑制剂混用时效果才较为理想；本品可与赤霉素混用作坐果剂效果好，但储存时间短。田间喷雾时加入多功能渗透性喷雾助剂农希望5号喷雾宝或50%油酸甲酯液剂（喷雾精）20~30ml/15kg药液，或超强润湿扩散喷雾助剂农希望7号喷雾宝或25%油酸甲酯液剂（喷雾精）5~10ml/15kg药液对水均匀，以提高药效。

羟烯腺嘌呤 oxyenadenine

作用特点 本品可能对蛋白质合成、酶活性以及细胞代谢平衡具有调节作用。其主要功能：①促进细胞的分裂和分化。细胞分裂素与生长素共同作用下，植物不规则愈伤组织、细胞分裂和膨大明显加强。细胞分裂素与生长素二者比例高时，有利于芽的形成；反之则利于根的形成。②突出的延缓植物组织的衰老作用。细胞分裂素除了能抑制一些水解酶(如核酸酶和蛋白酶)的活性之外，经细胞分裂素处理的组织能对周围未受药的部位诱发定向运输。把氨基酸、生长素及无机盐等营养物质吸引过去，从而对离体叶片具有保绿作用。③器官形成。细胞分裂素使培养的离体叶片诱导出新生芽。对不定根和侧根形成有促进和抑制双重作用，能对抗顶端优势，拮抗生长素，促进侧芽生长。④促进花芽分化。细胞激动素作用下，一些植物在非诱导条件下，也能加速花芽形成，并能使葡萄等的两性花变为雌花，雄花变为两性花，并能诱导单性结实，提高坐果率等。

施药技术 大豆调节生长，可用0.000 1%可湿性粉剂588倍液喷雾；水稻调节生长，可用0.000 1%可湿性粉剂588倍液喷雾100~150倍液浸种；水稻调节生长，可用0.000 1%颗粒剂1 000~3 000g/亩撒施；玉米调节生长，可用0.000 1%可湿性粉剂588倍液喷雾100~150倍液浸种；甘蔗调节生长，可用0.000 1%可湿性粉剂200~250倍液对水均匀喷雾。

注意事项 不可在下雨前24h内使用，以保证叶片有充分吸收药剂的时间；使用前必须充分摇匀。已稀释的溶液及时使用，不能保存。用量太大则增产效果不明显，其至会造成减产。

氯吡脲 forchlorfenuron

作用特点 氯吡脲是苯基脲类衍生物，它通过调节作物内的各种内源激素水平来达到促进生长的作用，它对内源激素的影响大大超过一般细胞分裂素类物质。氯吡脲能促进细胞分裂、分化和扩大，促进器官形成、蛋白质合成；促进叶绿素合成，提高光合效率，防止植株衰老；打破顶端优势，促进侧芽生长。保绿效应比嘌呤型细胞分裂素好，时间长，提高光合作用；诱导休眠芽的生长；增强抗逆性和延缓衰老效应，尤其对瓜果类植物处理后促进花芽分化，对防止生理落果极显著，提高坐果率，使果实膨大的直观效果明显；诱导单性结实。

施药技术 麦类提高产量，生长期，用0.1%可溶性液剂1.5g/kg醇溶液对水均匀喷雾。

西瓜提高坐瓜率及增产，开花当天或前1d，用0.1%可溶性液剂10~20g/kg喷于授粉雌花的子房上；黄瓜提高坐果率及产量，开花当天或前1d，用0.1%可溶性液剂10~20g/kg浸瓜胎；甜瓜促进坐果，在开花后，用0.1%可溶性液剂10~20g/kg喷瓜胎。

葡萄提高坐果率，增加产量，谢花后10~15d，用0.1%可溶性液剂5~15g/kg浸渍幼果穗；桃树提高果实产量，促进着色，在开花后10d，用0.1%可溶性液剂100~150倍液对水均匀喷雾；梨提高坐果率、产量和改善品质，于盛花后10d，用0.1%可溶性液剂100~150倍液喷湿树冠而不滴水为宜；柑橘提高坐果率，于谢花后3~7d及谢花后25~35d，用0.1%可溶性液剂5~20g/kg涂果梗蜜盘；猕猴桃果实膨大，增加产量，谢花后20~25d，用0.1%可溶性液剂5~20g/L浸渍幼果；脐橙防止落果，加快果实生长，在盛花后20~35d，用0.1%可溶性液剂5~20g/L溶液涂果梗；枇杷增产，提高品质，谢花后20~30d，用0.1%可溶性液剂10~20g/kg浸幼果。

注意事项 应严格按规定时期、用药量和使用方法，浓度过高可引起果实空心、畸形果，并影响果内维生素C的含量；使用吡效隆醇溶液剂，必须与增强树势的栽培措施相结合，特别是疏果、定果；增施有机肥料,增加氮、磷、钾速效肥料的措施必须到位，否则，到了果实品质形成期，若树体营养失调，极易造成未熟落果。加水稀释后，应当天使用，久置药效降低。田间喷雾时加入多功能渗透性喷雾助剂农希望5号喷雾宝或50%油酸甲酯液剂（喷雾精）20~30ml/15kg药液，或超强润湿扩散喷雾助剂农希望7号喷雾宝或25%油酸甲酯液剂（喷雾精）5~10ml/15kg药液对水均匀喷雾，以提高药效。

噻苯隆 thidiazuron

作用特点 高纯度的本品具有很强的细胞分裂素活性，能够诱导植物细胞分裂，促进愈伤组织的形成，在低浓度下就可促进植物生长，具有保花、保果，加速果实发育及增产作用。在棉花种植上作落叶剂使用，叶片吸收后，可及早促使叶柄与茎之间的离层的形成而落叶，有利于机械采收，并可使棉花收获期提前10d左右，有助于提高棉花品级。本品促使棉花落叶的效果，取决于许多因素及其相互作用，主要是温度、湿度以及施药后降水量。

施药技术 棉花脱叶，当棉桃开裂70%时，用50%可湿性粉剂15~20g/亩对水全株喷雾。

黄瓜促进果实发育、增产，在花期，用0.1%可溶性液剂4~5g/kg浸瓜胎；甜瓜提高坐瓜率，在花期，用0.1%可溶性液剂150~300倍液浸瓜胎或喷雾瓜胎。

番茄（保护地）调节生长，使用0.1%可溶液剂1 000倍液对水均匀喷雾。

枣树促进果实生长，使用0.1%可溶液剂1 000倍液对水均匀喷雾。

苹果促进果实纵向生长，改变果形指数，提高果实的高桩率，在苹果初花期和盛花期，用0.1%可溶性液剂2~4g/kg喷花器；在开花期，用0.1%可溶性液剂175~250倍液对水均匀喷雾。

葡萄促进坐果增加产量，葡萄增大果粒，在花后幼果黄豆粒大小时，用0.1%可溶性液剂3g/kg浸蘸果穗约5s，然后抖尽残药。蘸穗前也必须抖动果穗，使授粉不良的果粒尽可能脱落，再进行疏穗疏粒，使留粒量达到生产优质果的要求；葡萄促进苗木生长、恢复树势和增强叶果的抗逆性，生长期，用0.1%可溶性液剂2~4g/kg对水均匀喷雾。

注意事项 施药时期不能过早，否则会影响产量；施药后两日内降雨会影响药效，施药前应注意天气；不要污染其他作物，以免产生药害；50%可湿性粉剂用于棉花脱叶时每亩用量不能低于30g，施药时间不能晚于采摘前12d左右；在葡萄上使用时要避免阳光太强及高温时施药，以17:00后至傍晚时用药效果最佳。蘸穗时一定要抖净残药，否则会因药剂残存引发果粒日灼或变形，使用后10h内如遇雨应补喷。

乙烯利 ethephon

作用特点 本品是乙烯的代用品，它在一定条件下，可释放出乙烯。乙烯利的作用机制和乙烯一样，主要是增强细胞中核糖核酸的合成能力，促进蛋白质的合成，在植物离层区如叶柄、果柄、花瓣基部，由于蛋白质合成增强，促使在离层区纤维素酶重新合成，因而加速了离层形成，导致器官脱落；乙烯能增强酶的活性，在果实成熟时还能活化磷酸酶和其他与果实成熟有关的酶，促进果实成熟；在衰老和感病植物中，由于乙烯促使蛋白质合成而引起过氧化物酶的变化，乙烯能抑制内源生长素的合成，延缓植物生长。当植物使用了乙烯利后，乙烯利就被植物吸收进入植物体内就地释放乙烯起作用或扩散转移影响其他部位或直接运输到其他器官释放乙烯，从而起到调节作用。主要通过韧皮部运行，服从源库关系。植物组织的pH值一般为5~6，可使乙烯利在植物体内缓慢释放出乙烯，分解速度因植物种类而不同，同时也受到酸碱性、温度、浓度、放置时间、喷施时间等外因的影响。

乙烯利能够诱导瓜类雌花的分化，降低第1雌花的节位，增多雌花数量，促进早熟。作用机理：乙烯利能引起体内IAA含量降低，而体内IAA含量降低促进了雌花分化。控制植物性别的不是一种激素而是多种激素的相互作用结果，有可能在植物体内存在着一个生长素与赤霉素的平衡问题，而其他因素对性别表现的控制，则是通过调节这种平衡实现的。

施药技术 玉米矮化，缩短雌、雄花间株，提前成熟，有1%的玉米植株雄穗初露时，用40%水剂50ml/亩对水均匀喷雾；偏早或过晚都会影响增产效果；玉米矮化、增产，在6~12叶期，用10%水剂10~15ml/亩对水均匀喷雾；玉米降低株高，提高抗倒能力，在9~10叶期，用40%水剂50ml/亩对水均匀喷雾；玉米提高果穗授粉结实率，增加穗粒数，在大喇叭口期和抽雄期，用40%水剂25ml/亩对水均匀喷雾。

棉花催熟，在主体桃成熟度能达75%以上（绝大多数铃期超过45d）、需要催熟的棉铃成熟度应达到铃期的70%时，通常认为初霜期前20d是乙烯利催熟的临界期，日最高气温达到20℃以上，用40%水剂100~150ml/亩对水40kg均匀喷雾，对长势较旺，有贪青趋向的田块，用40%水剂160~200ml/亩对水均匀喷雾。如果喷药时气温较高，棉株长势较弱，可适当减少用药量；如果喷药时间晚，气温低，棉株长势较强，则可以适当加大用药量；棉花青铃桃催熟，青铃采摘（要去净苞叶）后，用加40%水剂100~150倍液均匀喷在棉铃上，用农膜等物盖好堆放约0.5h后摊开晾晒，约1周左右自然开裂。

烟草催熟，一般在烟株上部叶片已长成接近成熟时，选择晴朗天气，在植株叶面露水干后，用40%水剂1 000~2 000倍液均匀喷在植株上，以叶面湿润为度，对于黑暴叶及气温低的季节可适当增大浓度，若烟株上部剩下的叶片过多可增喷2次，浸叶柄。将采收下来的烟叶的叶柄放在40%水剂175g/kg溶液中浸半小时，然后堆积24h促使叶片均匀变黄。施药后，当烟株上的叶片变黄时要及时采收，上房烘烤。烘烤时注意用小火，时间要适当缩短，同时加快排潮速度和次数。

注意事项 喷洒过本品的棉花不能留种。对早衰棉、黄瘦棉或吐絮比较集中的棉田，不可用本品催熟；秋桃过多的棉田，特别是晚秋桃偏多、铃龄期差距大的，最好能分期分层喷施本品，先喷施中下部棉铃，间隔一段时间再喷施上部棉铃，效果较好。乙烯利用于番茄催熟时要注意：必须在果顶泛白期进行，过早转色速度慢，即使转色，色泽也不好；不能使用过大浓度。浓度过大，着色不均匀，影响商品品质；本品处理后转红速度与果实成熟期和催熟温度有关。葡萄不宜用乙烯利催熟，因为易对树体产生危害、落粒严重、水痘病严重。喷药后6h内降雨需重喷。本品加水稀释后pH值达3.8以上就可以释放乙烯，且pH值易发生变化，因此，要现用现配；使用时温度一般以20~30℃效果好，最佳温度25℃左右、低于10℃或高于30℃均达不到理想效果；温度高，浓度低些；温度低，浓度高些。本品不能与碱性农药和肥料混用，否则失效。

S-诱抗素 （+）-abscisic acid

作用特性 本品可诱导植物呼吸跃变，促进物质转化及色素的合成与积累，增强光合作用和肥料的利用率，加速种子和果实储存蛋白和糖分的积累，提高农产品和水果的品质等。

诱抗素在植物的生长发育过程中，其主要功能是诱导植物产生对不良生长环境（逆境）的抗性，如诱导植物产生抗旱性、抗寒性、抗病性、耐盐性等，诱抗素是植物的"抗逆诱导因子"，被称为是植物的"胁迫激素"。在土壤干旱胁迫下，诱抗素启动叶片细胞质膜上的信号传导，诱导叶面气孔不均匀关闭，减少植物体内水分蒸腾散失，提高植物抗干旱的能力。在寒冷胁迫下，诱抗素启动细胞抗冷基因的表达，诱导植物产生抗寒能力。一般而言，抗寒性强的植物品种，其内源诱抗素含量高于抗寒性弱的品种。在某些病虫害胁迫下，诱抗素诱导植物叶片细胞Pin基因活化，产生蛋白酶抑制物阻碍病原或害虫进一步侵害，减轻植物机体的受害程度。在土壤盐渍胁迫下，诱抗素诱导植物增强细胞膜渗透调节能力，降低每克干物质Na^+含量，提高PEP羧化酶活性，增强植株的耐盐能力。

施药技术 外源施用低浓度诱抗素，可诱导植物产生抗逆性，提高植株的生理素质，促进种子、果实的贮藏蛋白和糖分的积累，最终改善作物品质，提高作物产量。

水稻促进稻种生根和发芽，促进秧苗生长和早期分蘖，用0.006%水剂150~200倍液浸种24h，捞出种子，沥干，催芽露白，常规播种；烟草预防病毒病，移栽期，用0.02%水剂55~85ml/亩对水均匀喷雾，可使烤烟苗提前3d返青，须根数较对照多1倍，染病率减少30%~40%，烟叶蛋白质含量降低10%~20%，烟叶产量提高8%~15%。

番茄调节生长，预防病毒病，定植后，用1%可溶性粉剂800~1 000倍液对水均匀喷雾。

葡萄促进着色，可用10%可溶液剂300~500倍液喷果穗；葡萄促进生长，可用10%可溶液剂5 000~10 000倍液灌根。

注意事项 本产品为强光分解化合物，应注意避光储存。在配制溶液时，操作过程应注意避光；本产品可在0~30℃的水温中缓慢溶解(可先用极少量乙醇溶解)；田间喷雾时加入多功能渗透性喷雾助剂农希望5号喷雾宝或50%油酸甲酯液剂（喷雾精）20~30ml/15kg药液，或超强润湿扩散喷雾助剂农希望7号喷雾宝或25%油酸甲酯液剂（喷雾精）5~10ml/15kg药液对水均匀喷雾，以提高药效。

芸苔素内酯 brassinolide

作用特点 本品是一类新的植物内源激素，具有增强植物营养生长、促进细胞分裂和生殖生长的作用，增加植物的营养体生长和促进受精的作用。能促进根系发育，使植株对水、肥等营养成分的吸收利用率提高；可增加叶绿素含量，增强光合作用，协调植物体内对其他内源激素的相对水平，刺激多种酶系活力，促进作物均衡苗壮生长，增强作物对病害及其他不利自然条件的抗逆能力。

施药技术 小麦调节生长、增产，苗期，用0.004%水剂0.5~1g/kg喷雾。分蘖期以此浓度进行叶面处理，可使分蘖数增加。小麦调节和促进光合作用，小麦扬花和齐穗期，用0.01%可溶性液剂0.2~0.3g/kg喷雾。并能加速光合产物向穗部输送。处理后两周，茎叶的叶绿素含量高于对照，穗粒数、穗重、千粒重均有明显增加，一般增产7%~15%。经处理的小麦幼苗耐冬季低温的能力增强，小麦的抗逆性增加，植株下部功能叶长势好，从而减少青枯病等病害侵染的机会。

玉米提高种子发芽率，播种前，用0.004%水剂0.25~1g/kg浸种，可使陈年种子由30%提高到85%，且幼苗整齐健壮。幼苗期，用0.004%水剂0.25~1g/kg对玉米进行全株喷雾处理，能明显减少玉米穗顶端籽粒的败育率，可增产20%左右。抽雄前处理的效果优于吐丝后施药。处理后的玉米植株叶色变深，叶片变厚，比叶重和叶绿素含量增高，光合作用的速率增强。在玉米喇叭口至吐丝初期喷施0.01%可溶性液剂0.5~2g/kg对水均匀喷雾，每穗粒数增加41粒，减少秃顶0.7cm和百粒重增加2.38g，增产21.1%。

水稻提高幼苗素质，出苗整齐，叶色深绿，茎基宽，带蘖苗多，白根多，播种前，用0.004%水剂2.5~5g/kg浸种。秧苗移栽前后，用0.01%乳油0.3~0.45g/kg喷雾，可使移栽秧苗新根生长快，迅速返青不败苗，秧苗健壮，增加分蘖。

棉花促进茎粗叶厚，预防黄萎病，苗期、初花、盛花期，可用0.01%可溶性液剂0.2~0.4g/kg对水均匀喷雾。

大豆调节生长，增加产量，生长期，用0.01%可溶液剂0.2~0.4g/L对水均匀喷雾。

花生增强植株活力，提高抗逆性能，增产，生长期，用0.01%可溶性液剂0.2~0.4g/L对水均匀喷雾。

油菜调节生长，增加产量，生长期，用0.001 6%水剂0.625~1.25g/kg对水均匀喷雾。

黄瓜可调节生长，增加产量，苗期，用0.01%可溶性液剂0.2~0.4g/L对水均匀喷雾，可提高黄瓜苗抗夜间7~10℃低温、叶子变黄之能力；番茄增产，果实膨大期，用0.01%可溶性液剂0.2~0.4g/L对水均匀喷雾；辣椒调节生长，生长期，用0.04%水剂0.112 5~0.15g/kg对水均匀喷雾；大白菜调节生长、增产，苗期及莲座期，用0.001 6%水剂0.75~1g/kg对水均匀喷雾；叶菜类蔬菜调节生长，提高产量，苗期及莲座期，用0.004%水剂0.25~0.5g/kg对水均匀喷雾。西瓜在苗期、花期、果实膨大期可用0.01%芸苔素内酯可溶液剂1 500~2 000倍液各喷施1次。

苹果树调节生长，增加产量，生长期，用0.001 6%水剂800~1 000倍液对水均匀喷雾；梨树调节生长，增加产量，生长期，用0.01%可溶性液剂0.2~0.4g/L对水均匀喷雾；葡萄树调节生长，增加产量，生长期，用0.01%可溶液剂0.3~0.4g/L对水均匀喷雾；枣树在初花期、幼果期、果实膨大期用0.01%可溶液剂2 000~3 000倍液各喷施1次柑橘树提高坐果率，开花盛期和第一次生理落果后，用0.007 5%水剂0.66~1.06g/kg对水均匀喷雾，共喷施3次；草莓调节生长，增加产量，生长期，用0.01%可溶性液剂0.2~0.4g/L对水均匀喷雾。

注意事项 本品活性较高，施用时要正确配制使用浓度，防止浓度过高。田间喷雾加入多功能渗透性喷雾助剂农希望5号喷雾宝或50%油酸甲酯液剂（喷雾精）20~30ml/15kg药液，或超强润湿扩散喷雾助剂农希望7号喷雾宝或25%油酸甲酯液剂（喷雾精）5~10ml/15kg药液对水均匀喷雾，以提高药效。

复硝酚钠 sodium nitrophenolate

作用特点 经处理后本品能迅速渗透到植物体内，促进细胞内原生质流动，促进细胞分裂和增殖，有利于叶绿素和蛋白质的合成，可打破种子休眠，促进发芽、发根，促使花芽形成、提早开花和果实增大，处理后本品能迅速渗透到植物体内，促进细胞内原生质流动，促进细胞分裂和增殖，有利于叶绿素和蛋白质的合成，可打破种子休眠，促进发芽、发根，促使花芽形成，提早开花和果实增重，防止落花落果，并可消除吲哚乙酸形成的顶端优势，以利于腋芽生长。

施药技术 小麦调节生长，在生长期，用1.4%水剂0.2~0.25g/kg茎叶喷雾；在水稻促进生长、增产，在播种前，用1.8%水剂6 000倍液浸种36~72h；在移栽前5~7d，用1.8%水剂6 000倍液喷秧苗；在幼穗形成期、齐穗期，用1.8%水剂1 000~2 000倍液喷雾；棉花调节生长、增产，苗前、蕾期和盛花期，用1.8%水剂0.33~0.5g/kg对水均匀喷雾；大豆调节生长、增产，在生长期，用1.8%水剂3 000~4 000倍液对水均匀喷雾；花生调节生长，在生长期，用1.8%水剂5 000~6 000倍液对水均匀喷雾。

番茄调节生长、增产，在生长期，用1.8%水剂0.33~0.5g/kg对水均匀喷雾；茄子促进生长，在生长期，用1.4%水剂6 000~8 000倍液对水均匀喷雾；黄瓜调节生长、增产，在生长期，用1.4%水剂0.15~0.2g/kg对水均匀喷雾；十字花科蔬菜调节生长、增产，在生长期，用1.8%水剂3 000~4 000倍液对水均匀茎叶喷雾。

苹果树调节生长，在生长期，用1.8%水剂5 000~6 000倍液对水均匀喷雾；柑橘树调节生长、增产，在生长期，用1.8%水剂3 000~4 000倍液对水均匀喷雾；荔枝树保花、保果，在花前、盛花末和幼果期，用1.8%水剂0.33~0.5g/kg对水均匀喷雾。

注意事项 浓度过高会抑制种子发芽率和植物正常生长。田间喷雾时加入多功能渗透性喷雾助剂农希望5号喷雾宝或50%油酸甲酯液剂（喷雾精）20～30ml/15kg药液，或超强润湿扩散喷雾助剂农希望7号喷雾宝或25%油酸甲酯液剂（喷雾精）5～10ml/15kg药液对水均匀喷雾，以提高药效。结球性叶菜应在结球前停用。

矮壮素 chlormequat

作用特点 本品是季铵型化合物，可从叶片、幼枝、芽、根系和种子进入，从而抑制植株的徒长，使植株节间缩短，长得矮、壮、粗，根系发达，抗倒伏。同时叶色加深、叶片变厚、叶绿素含量增多，光合作用增强。生理功能主要表现：抑制徒长，培育壮苗；延缓茎叶衰老，推迟成熟；诱导花芽分化；控制顶端优势，改造株型，使株型紧凑，根系发达，叶色加深，叶片增厚，从而提高作物的抗旱、抗寒、抗盐碱能力。从而提高某些作物的坐果率，改善品质，提高产量。矮壮素可抑制细胞伸长抑制茎叶生长，但不抑制细胞的分裂。

施药技术 小麦防倒伏，提高产量，用50%水剂3%～5%拌种；在返青、拔节期，用50%水剂2～3.4g/kg喷雾，可以矮化植株，增强了春小麦的抗倒伏能力。

水稻调节生长，在生长期，用50%水剂60～80ml/亩对水均匀喷雾。

玉米可矮化植株，结棒位低，无秃尖，穗大，粒满种，用50%水剂0.5%浸种6h后播种。在玉米孕穗前用50%水剂200倍液喷植株顶部叶片，有同样的效果。在拔节期旺长田块，用50%水剂15～30ml/亩对水40kg，对玉米植株顶部叶片喷雾；另外，玉米11～14叶期，用50%水剂40ml/亩对，对玉米上部叶片均匀喷雾，可以控制株高，促进果穗分化，提高结穗和结实率。

高粱矮化种植，增加穗长，增加产量，在拔节前，用50%水剂500～300倍液全株喷雾。

棉花高水肥田，长势旺，防止徒长，植株紧凑，在初花期、盛花期、蕾铃期，用50%水剂200～500倍液对水均匀喷雾，对水均匀喷施于棉株上部和果枝顶部；在初花期，用50%水剂4 000～5 000倍液，对水均匀喷雾。

花生植株徒长、过早封行、田间郁闭，播种后50d左右，用50%水剂1 000～5 000倍液对水均匀喷雾。应用时，应视群体长势、肥水条件酌情施用。当高产田花生生长旺盛时，应及时喷施，以抑制徒长，而对苗弱、长势差、地力差的田块切勿用药。

甘蔗矮化植株，增加含糖量，收获前6周，用50%水剂500～200倍液对水均匀喷雾。

番茄提早开花，提高坐果率，增产，在3～4叶至定植前1周，用50%水剂2 000～2 500倍液对水均匀喷雾。秧苗较小，徒长程度轻微的，可使用喷雾器均匀喷雾；当秧苗较大、徒长程度重时，可使用喷壶进行喷洒或浇施，每平方米用1kg稀释液，注意用药均匀，防止局部过多。

辣椒促进早熟，壮苗增产，分苗时（两片真叶），用50%水剂20mg/kg喷雾，对有徒长趋势的辣椒植株，花期，用50%水剂40～50mg/kg喷雾。

黄瓜防止幼苗徒长，提高秧苗质量，用50%水剂2%～3%浸种8h后播种，一般苗龄较短时宜用较低浓度（2%）浸种，苗龄较长时宜用较高浓度（3%）浸种；黄瓜促进坐果，增产，14～15片叶时，用50%水剂1 000～5 000倍液对水均匀喷雾。

厚皮甜瓜改善植株的生长发育状况，提高产品品质，提高抗逆性，幼苗3叶1心时，用50%水剂50～150mg/kg喷雾，隔7d喷施第2次。

马铃薯提高抗旱、抗寒、抗盐碱的能力，增加产量，开花前，用50%水剂200～300倍液喷雾。

莴笋防止徒长，促进幼茎膨大，苗期，用50%水剂500mg/kg对水均匀喷雾。

葡萄控制副梢，使果穗齐，提高坐果率，增加果重，开花前15d，用50%水剂500～1 000倍液对水均匀喷雾。

柑橘抑制晚秋梢的发生，提高树体越冬抗寒的能力，促进花芽的形成，在晚秋梢发生前2周，可以用50%水剂4 000mg/kg对水均匀喷雾，1周后喷施第2次。

注意事项 作物长势不旺时不宜使用。作物在使用本品后叶色呈深绿，不可据此判断为肥水充足的表现，而应加强肥水管理，防止脱肥。葡萄在喷施矮壮素以后果实甜度会有所下降，若与硼混用则不会降低含糖量。本品使用效果与温度有关，18~25℃为最适用药温度，宜早晚或阴天施药，施药后禁止通风，冷床需盖上窗框，塑料大棚须扣上小棚或关闭门窗，以便提高空气温度，促进药液吸收。施药后1d内不可浇水，以免降低药效。田间喷雾时加入多功能渗透性喷雾助剂农希望5号喷雾宝或50%油酸甲酯液剂（喷雾精）20~30ml/15kg药液，或超强润湿扩散喷雾助剂农希望7号喷雾宝或25%油酸甲酯液剂（喷雾精）5~10ml/15kg药液对水均匀喷雾，以保证药效和均匀度。

甲哌鎓 mepiquat chloride

作用特点 本品是棉花生长调节剂。是高效内吸性药剂，在植物体内上下双向运输，全株分配，尤以根茎分配最多，一般只要求喷药均匀，植株着药不漏棵，不必全株喷洒。对棉花后代种子的发芽率无不良影响。控上（地上部分）和促下（根系）的作用并存；修饰外形与调节内部生理作用同步；营养生长和生殖生长相互协调。在喷施3~5d后，主茎的日生长量开始下降，喷施后10~15d是药效发挥作用最大的时期，20~25d后其药效就很弱了。

施药技术 棉花，在棉花株高45~60cm早期初花阶段，出现8~10朵白色或黄色花朵时，用25%水剂66~100ml/亩对水均匀喷雾，若施药后6h之内有雨时，需加多功能喷雾助剂。

花生提高根系活力，增加荚果重量，改善品质，下针期和结荚初期，用25%水剂150~200mg/kg喷雾；在始花期至盛花期，用98%原粉2~4g/亩对水均匀喷雾。

甘薯，在甘薯长至0.5~0.7m蔓长时，用8%可溶性粉剂150~300mg/L对水均匀喷雾。

马铃薯控制藤蔓长度，在薯块快速生长期（雨水多的地区藤长约1m左右，雨水少的地区藤长0.8m左右）10%可溶粉剂333~500倍液喷全株1次，肥水好的地块可间隔15~20d再喷1次。

番茄促进壮苗，提高抗寒能力，苗期，用25%水剂500~800mg/L溶液对水均匀喷雾；大棚黄瓜矮化植株，促进坐果，提高产量，7~8个叶片时，用25%水剂100~150mg/L对水均匀喷雾。

黄瓜增加雌花数量，3~4片真叶时，取1g结晶对水50kg叶面喷雾，注意事项：①喷洒后，要间隔20%~30%的瓜苗不喷，留作传粉；②喷洒处理的瓜苗，结果特别多，要加强施肥管理和叶面喷肥，并及时摘采成瓜。

注意事项 本品在强光下易分解，故应避免在强光下喷药，在田间相对湿度高时喷施，可发挥最大药效。田间喷雾时加入多功能渗透性喷雾助剂农希望5号喷雾宝或50%油酸甲酯液剂（喷雾精）20~30ml/15kg药液，或超强润湿扩散喷雾助剂农希望7号喷雾宝或25%油酸甲酯液剂（喷雾精）5~10ml/15kg药液对水均匀喷雾，以提高药效。

多效唑 paclobutrazol

作用特点 本品的作用机制是专一地阻碍贝壳杉烯向异贝壳杉烯酸氧化，抑制赤霉素的生物合成。多效唑对植物生长的抑制等作用是通过调节内源激素之间的平衡来实现的。

多效唑处理后，植株愈伤组织内过氧化物酶活性和吲哚乙酸氧化酶活性均显著提高，因为这两种酶均可分解IAA使其含量下降，IAA含量的下降可能也是多效唑控制生长、矮化株型的机理之一。

植物经多效唑处理后，叶色浓绿，叶绿素含量增加，光合作用增强，光合产物增多，这可能就是多效唑能改善再生苗或移栽苗素质，提高其移栽成活率，并增加农作物产量的原因之一。

经多效唑处理后，植物叶片中自由水含量降低，束缚水含量增加，脯氨酸含量提高，细胞质膜的差别透性则降低，特别是在高温和低温的逆境下这种效果更为明显；这可能就是多效唑增强植物抗逆性的原因。

多效唑的农业应用价值在于它对作物生长的控制效应：缩短茎节，降低株高，改善群体结构；调节光合产物分配去向，影响开花结实性及产量；影响植株的光合特性和生化特性；提高幼苗的抗旱性和植株的抗逆力。

施药技术　小麦提高产量，播种前，用15%可湿性粉剂100g拌细土均匀撒施，耙耱平地面后及时播种，施在晚熟、低秆品种上，易贪青晚熟或减产；用15%可湿性粉剂8~10g拌10kg种子或用100mg/L浸种8~10h后播种，可缩短基部节间，使茎粗增加；幼穗分化二棱中期或末期，用15%可湿性粉剂20g/亩对水均匀喷雾，降低株高，小麦增强抗倒伏能力，根系发达，延长叶片功能期，提高产量。

水稻增加分蘖，增强根系生长，水田耙平后，用15%可湿性粉剂75~100g/亩与尿素8~10kg拌匀后均匀施于已耙平的大田，施后再抹田1次。插秧后不再灌水让其自动落干；水稻培育矮壮长龄抛秧苗，播前，将水稻种子在15%可湿性粉剂350~450mg/kg药液中浸种24h，洗净再浸清水中24h，播种；水稻促进秧苗分蘖，移栽后返青快，提高成穗数，薄膜育秧田，在移栽前6~18d，用15%可湿性粉剂100~150g/亩拌细土10kg，田间排干水后均匀撒施，第2天覆水；水稻抑制植株节间伸长，增强抗倒伏能力，抗倒伏较好的长秧龄品种，在秧苗5叶1心期，用15%可湿性粉剂150g/亩对水均匀喷雾；易倒伏的品种，2次用药，第1次在播种后至1叶1心时，用15%可湿性粉剂120g/亩对水均匀喷雾，第2次在10叶期，用15%可湿性粉剂60~80g/亩对水均匀喷雾。施时把水排干，8h后再灌水。

花生控长促枝和防倒作用，促进幼果生长和荚果充实饱满，用15%可湿性粉剂50~100mg/kg浸种1h，捞出晒干播种；在花生结荚期（花后20~25d），用15%可湿性粉剂23.3g/亩，矮生型品种以15%可湿性粉剂16.7~20g/亩、稳长型以15%可湿性粉剂20~26.7g/亩对水均匀喷雾。

大豆控制株高，降低节间长度，增加单株分枝和荚粒数，提高产量，初花前5d至始花后7d，用15%可湿性粉剂50~100g/亩对水均匀喷雾，以叶片湿润不滴流为限。

油菜控制茎段伸长，增加茎粗，提高产量，幼苗3叶期，用15%可湿性粉剂50~100g/亩对水均匀喷雾，注意：定量稀播，苗床播量控制在0.5kg/亩内，增施后期肥料。

马铃薯抑制植株高度，单株结薯数下降，大薯率上升，提高淀粉含量、增加产量，初花期，用15%可湿性粉剂2.5g/L喷雾。

黄瓜降低第一雌花节位，增多雌花数，1叶1心期，用15%可湿性粉剂100mg/kg喷雾；黄瓜抑制瓜蔓生长，提高座果率，增强抗逆性、抗病性，增加产量，提高含糖量，瓜蔓伸至60cm左右时，对生长过旺的植株用15%可湿性粉剂200~500mg/L喷雾，每隔10d喷1次，共喷2~3次；也可以用15%可湿性粉剂50mg/L灌根。

辣椒促使发根，抑制茎叶徒长，3~4叶期，用15%可湿性粉剂5~20mg/kg喷雾或撒药土处理幼苗，视苗情施用1~2次；辣椒提高根冠比，提高产量，移栽前，用15%可湿性粉剂50~100mg/kg浸根；不能用于浸种，不宜在辣椒3叶期以前施用；甜椒增加开花数和坐果率，提高单果重，改善品质，大棚青椒始花期，用15%可湿性粉剂1 000mg/L叶面喷雾，隔12h喷1次，连喷3次。

草莓抑制匍匐茎的抽生，使果型变大，提高产量，现蕾初期，用15%可湿性粉剂50~100mg/kg喷雾，间隔3~4周喷施1次。

苹果促进花芽形成，提高坐果率和增加产量，对8年生红星、富士苹果偏旺幼株树，红星苹果树，用

15%可湿性粉剂500~1 000mg/kg喷雾较好，富士苹果用15%可湿性粉剂1 000mg/kg喷雾好，在新梢长到10~15cm时第1次喷施，隔10d喷施第2次。

梨树促进幼果脱萼，改善果形外观和品质，控制新梢生长，促进花芽分化，在盛花期，用15%可湿性粉剂250~300mg/kg叶面喷雾；香梨抑制新梢的生长，促进花芽的形成，提高产量，3年生树在新梢长至10~20cm时，用土施50%可湿性粉剂5g/株或喷施15%可湿性粉剂500mg/L+土施5g/株。

葡萄代替人工摘心打杈，在生长期，用15%可湿性粉剂2 000mg/kg叶面喷雾；巨峰葡萄抑制副梢生长，减少落花落果，提高产量，花期前后，叶面喷雾，方法是：第1次施药在花前，新梢叶片8~12时，用15%可湿性粉剂500mg/kg喷雾；第2次在盛花期，用15%可湿性粉剂100mg/kg对水均匀喷雾；第3次在谢花后，子房开始膨大时，用15%可湿性粉剂200mg/kg对水均匀喷雾。

桃树，土施要在枝梢旺长前施入，在春季发芽后至4月下旬，桃新梢长10~20cm，叶面喷施在5月中下旬，新梢长30cm左右时进行；使用方法：①土施法：即在树冠投影边缘以内50cm，绕树干挖一宽30~40cm、深15~20cm（以见到部分吸收根为度）的浅沟，将称量过药用适量水充分溶解稀释，再用喷壶均匀施入浅沟内，然后覆土，以浸透沟内根系为宜。土施用量，按树冠正投影面积每1m^2施15%可湿性粉剂1g，根据品种、树势灵活掌握。②叶喷法：在桃树生长季内，新梢长30cm左右开始，配成不同浓度的溶液，喷洒在嫩梢和嫩叶上。根据立地条件、品种特性和树势强弱，合理确定使用浓度，对北方品种和黄桃及壮旺树，15%可湿性粉剂150~300倍液，间隔20h连喷2次，每株用药量不超过5kg稀释液；对南方品种和中庸树使用15%可湿性粉剂300~500倍液，间隔20d连喷2次，每株用药量不超过3kg稀释液。③涂环法：在桃树主干或大枝基部刮去粗老翘皮，上下宽10~20cm，用毛刷蘸已配好的多效唑溶液，涂抹严实，然后用报纸或塑料布包扎伤口，浓度以15%可湿性粉剂37.5~50倍液。

注意事项 本品在土壤中残留时间较长，施药田块收获后必须经过耕翻，以防止对后作有抑制作用。若用量过高、秧苗抑制过度时，可增施氮肥或赤霉素解救。植株生长不良时不宜喷施，旱薄地不宜使用本品。田间喷雾时加入多功能渗透性喷雾助剂农希望5号喷雾宝或50%油酸甲酯液剂（喷雾精）20~30ml/15kg药液，或超强润湿扩散喷雾助剂农希望7号喷雾宝或25%油酸甲酯液剂（喷雾精）5~10ml/15kg药液对水均匀喷雾，以提高药效。

烯效唑 uniconazole

作用特点 本品是赤霉素合成抑制剂，阻碍贝壳杉烯甲基的氧化，从而切断赤霉酸的生物合成途径，抑制节间细胞的伸长，使植物生长延缓。

施药技术 水稻增加分蘖，使用5%可湿性粉剂333~500倍液，在水稻秧苗1叶1心或2叶1心施药均匀喷雾。水稻分蘖后期（拔节前1周），控制生长，使用5%可湿性粉剂15~20ml/亩对水均匀喷雾。

花生，盛花末期，使用5%可湿性粉剂400~800倍液喷施全株1次，喷湿为度，不重喷和漏喷，不随意增大使用浓度。能有效控制花生植株旺长，增加花生产量。在干旱期或植株长势弱时禁用。一般亩用药液30~40kg。

油菜，在油菜抽薹初期至抽薹20cm高时，使用5%可湿性粉剂400~533倍液喷施全株1次，能降低株高增强抗倒能力，增加产量。不重喷和漏喷，在干旱期或植株长势弱时禁用。一般亩用药液30~40kg。每季最多用药1次。

葡萄促进果实着色，增加可溶性糖含量，提高糖酸比，增加果重，在果实成熟前10~20d，用15%可湿性粉剂500~1 000倍液喷于果穗上。

注意事项 本品浸种降低发芽势，随用药量增加更明显，浸种种子发芽推迟8~12h，对发芽率及苗生长无大差异。烯效唑活性高，要根据作物品种控制用药浓度，以免浓度过高控长过头，相反，浓度过低达不到理想的效果。若秧苗抑制过度时，可增施氮肥或赤霉素解救。田间喷雾时加入多功能渗透性喷雾助剂农希望5号喷雾宝或50%油酸甲酯液剂（喷雾精）20~30ml/15kg药液，或超强润湿扩散喷雾助剂农希望7号喷雾宝或25%油酸甲酯液剂（喷雾精）5~10ml/15kg药液对水均匀喷雾，以提高药效。

三十烷醇 triacontanol

作用特点 本品普遍存在于植物根、茎、叶、果实和种子的角质层蜡质中，其作用机理至今还不很清楚。它能快速地改善植物的代谢作用，其表现为增加糖、氨基酸及总氮量的积累，对光合作用、胡萝卜素的合成及ATPase（三磷酸腺苷酶）、NR（硝酸还原酶）及RuBP羧化酶的活力皆有提高。它能快速地穿过植物表皮，并很迅速地在植株内转移，并明显地参加了膜上的ATPase的活力。由于在关键性的中间代谢产物的合成中，通过一个阶式连接作用的结果，引起了综合效应，这就是TA快速促进植物生长、增加作物产量及有时改善作物品质的基本原理。

施药技术 小麦返青期、孕穗期、抽穗期、扬花期、灌浆期，均可使用0.1%三十烷醇微乳剂1 667~5 000倍液对水均匀喷雾，整个生育期不能超过3次，施药后，可与0.2%的尿素或微量元素混合喷施，增产效果明显。

花生提高种子发芽势，促使苗全、苗壮，用0.1%微乳剂0.1g/kg浸种；花生提高叶绿素含量和光合能力，提高花生成果率，促进果实膨大增重，增加产量，花生在苗期、开花末期及下针初期，使用0.1%三十烷醇微乳剂1 000~1 250倍液叶面均匀喷雾，整个生育期使用2次。

注意事项 本品生理活性很强，配药液要准确；本品不得与酸性物质混合。田间喷雾时加入多功能渗透性喷雾助剂农希望5号喷雾宝或50%油酸甲酯液剂（喷雾精）20~30ml/15kg药液，或超强润湿扩散喷雾助剂农希望7号喷雾宝或25%油酸甲酯液剂（喷雾精）5~10ml/15kg药液对水均匀喷雾，以提高药效。

氯化胆碱 choline chloride

作用特点 本品是一种季胺盐，对增加产量有明显的效果，主要用于促进根系发达、提高块根、块茎产量、提高水稻和小麦的产量。本品增强多种逆境下的膜稳定性可能是通过防止膜及细胞内失水、修复膜结构、保护膜酶活性而实现的。对作物的调控效应是促进种子发芽，幼苗生根；促进块根膨大、增加产量；抑制生长，降低株高。氯化胆碱能抑制玉米、大豆等植物的植株生长，降低株高；改善果实品质，提高产量；增强抗逆性；促使块根、块茎提早膨大，增加大、中块根块茎的比率，提高产量。

施药技术 甘薯始花期，可用70%可溶液剂12~18ml/亩茎叶喷雾；马铃薯始花期，可用60%可溶液剂20~25ml/亩对水均匀喷雾；花生见花蕾期、下针期，可用60%可溶液剂15~20ml/亩对水均匀喷雾；大蒜头膨大初期，可用60%可溶液剂15~20ml/亩对水均匀喷雾；莴笋嫩茎膨大初期，可用60%水剂15~20ml/亩茎叶喷雾；萝卜7~9叶期，可用60%水剂15~20ml/亩茎叶喷雾；甜菜块根膨大初期（块根约鸡蛋大小时），可用60%水剂15~20ml/亩茎叶喷雾；姜三股叉期，可用60%水剂15~20ml/亩茎叶喷雾；山药块根膨大初期（山药蔓藤长至1m左右时），可用60%水剂15~20ml/亩茎叶喷雾。间隔10~15d喷施1次，连续施用2~3次。

注意事项 本品不可与强酸、强碱性物质混合；田间喷雾时加入多功能渗透性喷雾助剂农希望5号喷雾宝或50%油酸甲酯液剂（喷雾精）20~30ml/15kg药液，或超强润湿扩散喷雾助剂农希望7号喷雾宝或25%油酸甲酯液剂（喷雾精）5~10ml/15kg药液对水均匀喷雾，以提高药效。

第十九章 小麦病虫草害与农药施用关键技术

一、小麦病害与农药施用关键技术

1. 小麦白粉病

症　状　*Blumeria graminis* f. sp. *tritici* 称禾本科布氏白粉菌，属子囊菌门真菌。小麦白粉病在苗期至成株期均可为害。该病主要为害叶片，严重时也可为害叶鞘、茎秆和穗部。病部初产生黄色小点，而后逐渐扩大为圆形或椭圆形的病斑，表面生一层白粉状霉层（分生孢子），霉层以后逐渐变为灰白色，最后变为浅褐色，其上生有许多黑色小点（闭囊壳）（图19-1至图19-3）。

图19-1　小麦白粉病为害叶片症状

图19-2　小麦白粉病为害茎秆症状

图19-3　小麦白粉病为害穗部症状

发生规律 小麦白粉病病菌以分生孢子在夏季气温较低地区的自生麦苗或夏播小麦上继续侵染繁殖或以潜伏态度过夏季；以分生孢子或以菌丝状潜伏在病叶组织内越冬。春季随小麦返青、生长，菌丝萌动侵染发病。春季温度高，始病期就早；春季降水量较多病害发生较重；种植过密田块发病严重。

施药技术 生产中应根据小麦管理情况、天气情况和田间病害发生情况及时施药防治。

小麦拔节后期、孕穗末期至抽穗初期，田间小麦白粉病开始发病为害。应及时施药进行预防，压低病原菌的发病基数。施药时应选择内吸性好、持效期长，兼有保护和治疗效果的杀菌剂，应进行全田喷雾。应及时施用40%苯醚甲环唑悬浮剂15～30ml/亩、12.5%烯唑醇可湿性粉剂45～70g/亩、30%戊唑·嘧菌酯（戊唑醇20%+嘧菌酯10%）悬浮剂10～25ml/亩、40%丙硫菌唑·戊唑醇（戊唑醇20%+丙硫菌唑20%）悬浮剂30～50ml/亩、30%苯醚甲环唑·丙环唑（丙环唑15%+苯醚甲环唑15%）乳油15～20ml/亩。

该期小麦已封行、生长茂密（图19-4），田间喷药时必须保证农药的雾滴喷雾到基部心叶和其他所有的叶片，喷药的均匀度、喷药的茎叶雾滴附着率直接影响着保护性防治效果。田间喷药时，选用自走式喷杆喷雾机应安装1.5号或2号喷头，选用高压电动喷杆喷雾器，应安装直径0.3～0.5mm喷头，压力0.3～0.4MPa，水量10～20kg/亩；并加入超强沉积扩散性喷雾助剂农希望7号喷雾宝或25%油酸甲酯液剂（喷雾精）5～10ml/15kg药液，天旱时喷药应加入多功能润湿性喷雾助剂农希望5号喷雾宝或50%油酸甲酯液剂（喷雾精）20ml/15kg药液；田间无风或微风时，喷头高度控制在距麦苗0.5～0.6m进行喷雾。该期不宜用圆锥喷头摇摆喷药方式，这种喷药方式重喷漏喷太多，效果不好。

图19-4 小麦拔节后期至孕穗末期，小麦生长茂密，普通喷雾器田间喷药雾滴较大，只有上部叶片有少量雾滴，药液难以喷到下部叶片和群体内部叶片，难以达到有效的防治

小麦的抽穗扬花期、灌浆期，多是小麦白粉病发生高峰期。在白粉病发生较普遍时要用治疗性效果好的杀菌剂，可以用12.5%腈菌唑乳油15~30ml/亩、12.5%烯唑醇可湿性粉剂45~60g/亩、30%苯醚甲环唑·丙环唑（丙环唑15%+苯醚甲环唑15%）乳油15~20ml/亩、40%苯醚甲环唑悬浮剂15~20ml/亩等。

该期小麦田间密度大、麦叶和茎秆近于直立、麦叶蜡质厚，病部着药困难，喷药必须保证均匀喷雾到所有茎叶，雾滴的附着率直接影响喷药防治效果。选用自走式喷杆喷雾机应安装1.5号或2号喷头，选用高压电动喷杆喷雾器，应安装直径0.3~0.5mm喷头，压力0.4~0.5MPa，水量10~20kg/亩；并加入超强沉积扩散性喷雾助剂农希望7号喷雾宝或25%油酸甲酯液剂（喷雾精）5~10ml/15kg药液，天旱时喷药应加入多功能润湿性喷雾助剂农希望5号喷雾宝，或50%油酸甲酯液剂（喷雾精）20ml/15kg药液；田间无风或微风时喷头高度控制在距麦穗0.5~0.6m，雾滴应在150μm以下；传统的低压喷雾器，摇摆喷药方式效果差（图19-5），必须把药喷匀、喷细、喷透，上部茎叶的药剂附着率达90%以上（图19-6和图19-7），才能取得较好的防治效果。

图19-5 小麦抽穗扬花期，小麦白粉病在茎叶、麦穗上均有发生为害，普通（电动）喷雾器压力低、喷嘴孔径大、摇摆式喷药，喷不匀、雾滴大。田间喷药雾滴较大，只有上部叶片有少量大雾滴，大面积的叶片没有附着药剂，下部叶片、群体内部的叶片、茎秆和麦穗上难以均匀附着药剂，防效较差

图19-6 小麦的抽穗扬花期，喷药必须保证均匀喷雾到所有茎叶；同时，还应加入增加沉积分布的喷雾助剂，必须把药喷匀、喷细、喷透，上部茎叶的药剂附着率达90%以上

图19-7 小麦的抽穗扬花期，喷药时还应加入增加沉积分布的喷雾助剂，必须把药喷匀、喷细、喷透，上部茎叶的药剂附着率达90%以上。对于天气特别干旱时喷药应加入多功能润湿性喷雾助剂（农希望5号喷雾宝），保证药液在茎叶和麦穗上抗旱抗蒸腾，保证药液在叶表面均匀沉积扩散、润湿、渗透

2. 小麦纹枯病

症　　状　无性世代 *Rhizoctonia cerealis* 称禾谷丝核菌和 *Rhizoctonia solani* 立枯丝核菌，均属无性型真菌，以前者为主。小麦各生育期均可受害，造成烂芽、病苗死苗、茎秆烂茎、倒伏、枯孕穗等多种症状（图19-8至图19-11）。叶鞘、茎秆上产生中部灰白色、边缘浅褐色的云纹状病斑，多个病斑相连接，形成云纹状的花秆。田间湿度大，病叶鞘内侧及茎秆上可见蛛丝状白色的菌丝体，以及由菌丝纠缠形成的黄褐色菌核。由于茎部腐烂，后期极易造成倒伏。发病严重的主茎和大分蘖常抽不出穗，形成"枯孕穗"，有的虽能够抽穗，但结实减少，籽粒秕瘦，形成"枯白穗"。

图19-8　小麦纹枯病为害茎基部症状

图19-9　小麦纹枯病云纹斑花秆状

图19-10　小麦纹枯病菌分布在小麦茎基部的白色菌丝体

图19-11　小麦纹枯病菌在茎秆上的菌核

发生规律　　小麦纹枯病是典型的土传病害，以菌核和菌丝体在田间病残体中越夏越冬。土壤中的菌核和病残体长出的菌丝接触寄主后，形成附着胞或侵染垫产生侵入丝直接侵入寄主，或从根部伤口侵入。冬小麦区小麦纹枯病，在小麦3叶期前后始见病斑，2月下旬至4月上旬，随着气温逐渐回升，病菌开始大量侵染麦株，病株率明显增加，激增期在小麦的分蘖末期至拔节期。4月上中旬至5月上旬，随着植株病菌的蔓延发展，病菌向上发展，严重度增加，发病高峰期在拔节后期至孕穗期。

施药技术　　生产中应根据小麦管理情况、天气情况和田间病害发生情况及时施药防治。

小麦拔节后期，田间纹枯病零星发生，病株率达5%时，应及时施药防治。结合其他病害的预防，可以使用20%噻呋·吡唑酯（噻呋酰胺10%+吡唑醚菌酯10%）悬浮剂37.5~50ml/亩、70%甲基硫菌灵可湿性粉剂50~75g/亩+40%苯醚甲环唑悬浮剂15~20ml/亩、24%井冈霉素水剂40~60ml/亩+40%苯醚甲环唑悬浮剂15~20ml/亩。

小麦纹枯病发生在小麦的茎基部和下部叶鞘上，而该期小麦长势旺、已封行、密度很大，常规喷药方法，药剂喷施不到小麦茎基部的发病部位（图19-12），难于达到防治效果。喷药必须保证均匀喷雾到小麦的茎基部、下部和内部茎叶，选用自走式喷杆喷雾机应安装1.5号或2号喷头，选用高压电动喷杆喷雾器，应安装直径0.3~0.5mm喷头，压力0.4~0.5MPa，水量10~20kg/亩；并加入超强沉积扩散性喷雾助剂农希望7号喷雾宝或25%油酸甲酯液剂（喷雾精）5~10ml/15kg药液，天旱时喷药应加入多功能润湿性喷雾助剂农希望5号喷雾宝，或50%油酸甲酯液剂（喷雾精）20ml/15kg药液；田间无风或微风时喷头高度控制在距麦苗0.5~0.6m，雾滴应在150μm以下，喷雾角应在45°以上；必须把药喷匀、喷细、喷透，下部茎叶、叶鞘药剂附着率90%以上（图19-13和图19-14）。

图19-12　小麦拔节后期、小麦茎基部发生为害，小麦已基本封行，普通喷雾器田间喷药雾滴较大，只有上部叶片有少量雾滴，大面积的茎基部没有附着药剂，防效较差

图 19-13 小麦的拔节后期，小麦已基本封行，喷药必须保证均匀喷雾到基部茎叶；同时，还应加入增加沉积分布的喷雾助剂，必须把药喷匀、喷细、喷透，小麦茎基部的药剂附着率达 90% 以上，才能保证对小麦纹枯病的有效防治

图 19-14 小麦纹枯病防治难点在于喷药技术，喷药必须保证均匀喷雾到茎基部，必须把药喷匀、喷细、喷透，小麦茎基部的药剂附着率达 90% 以上；同时，并加入高效扩散性喷雾助剂（农希望 3 号喷雾精），天旱时喷药应加入多功能润湿性喷雾助剂（农希望 5 号喷雾宝），才能保证对小麦纹枯病的有效防治

在小麦孕穗抽穗期，纹枯病发生较普遍而严重。结合小麦白粉病等病害的防治，可用240g/L噻呋酰胺悬浮剂15～30mL/亩+40%苯醚甲环唑悬浮剂15～20ml/亩、24%井冈霉素水剂60～80ml/亩+40%苯醚甲环唑悬浮剂15～20ml/亩、70%甲基硫菌灵可湿性粉剂75～100g/亩+12.5%烯唑醇可湿性粉剂45～60g/亩。

小麦纹枯病发生在小麦的茎基部，而该期小麦高、密度大，常规喷药方法喷雾时药剂喷施不到发病部位（图19-15），难以达到防治效果。喷药必须保证均匀喷雾到所有小麦的茎基部，选用自走式喷杆喷雾机应用1号或1.5号喷头，电动喷雾机应用直径0.3mm喷头，压力0.5MPa，水量10～20kg/亩，田间无风或微风时喷头高度距小麦上部叶片控制在0.4～0.5m，雾滴应在150μm以下，喷雾角应在30°左右，同时，并加入超强沉积扩散性喷雾助剂农希望7号喷雾宝或25%油酸甲酯液剂（喷雾精）5～10ml/15kg药液，天旱时喷药应加入多功能润湿性喷雾助剂农希望5号喷雾宝或50%油酸甲酯液剂（喷雾精）20ml/15kg药液，必须把药喷匀、喷细、喷透，茎基部、下部茎叶、叶鞘的药剂附着率达90%以上（图19-16）。

图19-15 小麦孕穗期、小麦高、密度大，常规喷药方法喷雾时药剂喷施不到发病部位，普通喷雾器田间喷药雾滴较大，只有上部叶片有少量雾滴，雾滴达不到茎基部，防效较差

图19-16 小麦的孕穗抽穗期，小麦纹枯病发生较重，喷药必须保证均匀喷雾到基部茎叶；同时，还应加入增加沉积分布的喷雾助剂，必须把药喷匀、喷细、喷透，小麦茎基部的药剂附着率达90%以上，才能保证对小麦纹枯病的有效防治

3. 小麦锈病

症　状　小麦叶锈病病菌为小麦隐匿柄锈菌 *Puccinia recondita*，小麦条锈病病菌为条形柄锈菌 *Puccinia striiformis*，小麦秆锈病病菌为禾柄锈菌 *Puccinia graminis*，属担子菌门柄锈菌属。叶锈病主要为害叶片，产生疱疹状病斑，夏孢子堆橘红色，呈不规则散生（图19-17）；条锈病主要发生在叶片上，叶片初发病时夏孢子堆鲜黄色，与叶脉平行，且排列成行，像缝纫机轧过的针脚一样，呈虚线状，后期表皮破裂，出现铁锈色粉状物，一般多发生在叶片的正面，少数可穿透叶片，成熟后表皮开裂一圈，散出橘黄色的夏孢子（图19-18）。秆锈病主要为害茎秆和叶鞘，夏孢子堆最大，隆起高，褐黄色，呈不规则散生，常连接成大斑，成熟后表皮容易破裂，表皮大片开裂且向外翻成唇状，散发出大量锈褐色粉末（图19-19）。

图19-17　小麦叶锈病为害叶片症状

图19-18　小麦条锈病为害叶片症状

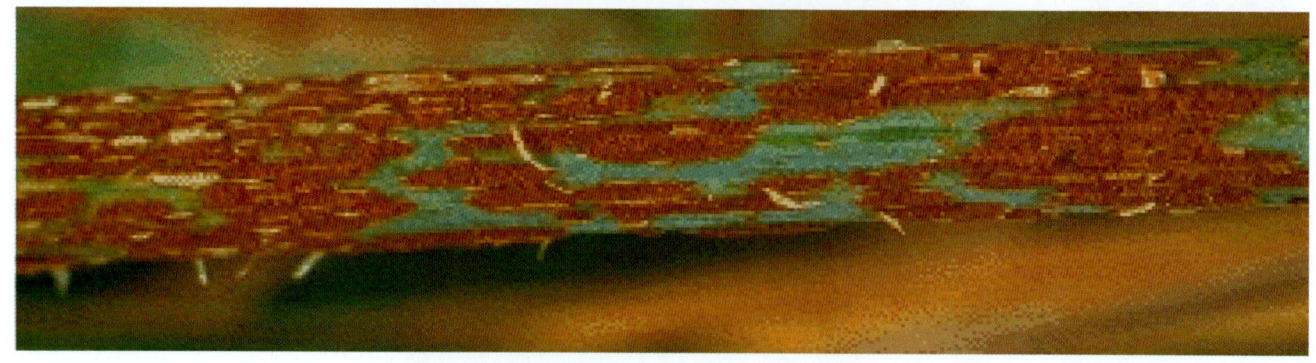

图19-19　小麦秆锈病为害茎秆症状

发生规律 叶锈病菌是一种多孢型转主寄生的病菌。在小麦上形成夏孢子和冬孢子，冬孢子萌发产生担孢子，在唐松草和小乌头上形成锈孢子和性孢子。该菌夏孢子萌发后产生芽管从叶片气孔侵入，在叶面上产生夏孢子堆和夏孢子，进行多次重复侵染。

小麦条锈病是典型的远程气传病害。秋季越夏的菌源随气流传播到冬麦区后，遇有适宜的温湿度条件即可侵染冬麦秋苗，秋苗的发病开始多在冬小麦播后1个月左右。翌年小麦返青后，越冬病叶中的菌丝体复苏扩展，病害扩展蔓延迅速，引致春季流行，成为该病主要为害时期。

秆锈菌只以夏孢子世代在小麦上完成侵染循环。研究表明，我国小麦秆锈菌是以夏孢子世代在南方为害秋苗并越冬，在北方春麦区引起春夏流行，通过菌源的远距离传播，构成周年侵染循环。

施药技术 药剂拌种是控制菌量的重要手段。可用22%苯甲唑·吡虫啉·萎锈灵（苯醚甲环唑1.4%+萎锈灵6.6%+吡虫啉14%）种子处理悬浮剂1 000～2 000g/100kg种子、24%唑醇·福美双悬浮种衣剂160～200g/100kg种子，拌种时将药液稀释，包衣后及时播种。

小麦拔节期后，发现中心病株，及时进行预防和防治，可用11%环氟菌胺·戊唑醇（戊唑醇9.5%+环氟菌胺1.5%）悬浮剂20～40ml/亩、30%氟环·嘧菌酯（氟环唑15%+嘧菌酯15%）悬浮剂40～45ml/亩、15%三唑酮可湿性粉剂50～100g/亩、25%腈菌唑唑乳油8～16ml/亩、12.5%烯唑醇可湿性粉剂45～60g/亩、30%苯醚甲环唑·丙环唑（丙环唑15%+苯醚甲环唑15%）微乳剂15～20ml/亩。

该期小麦已封行、生长茂密，喷药必须保证喷雾到中上部所有的叶片，选用自走式喷杆喷雾机应用1.5号或2号喷头，高压电动喷杆喷雾器，应用直径0.5～1mm喷头，压力0.3～0.4MPa，水量10～20kg/亩，田间无风或微风时喷头高度控制在距靶标0.4～0.6m；同时，还应加入高效扩散性喷雾助剂农希望3号喷雾宝10～15ml/15kg药液，天旱时喷药应加入多功能润湿性喷雾助剂农希望5号喷雾宝25～50ml/15kg药液对水均匀喷雾，必须把药喷匀、喷细、喷透，上部茎叶的药剂附着率达90%以上（图19-20）。

图19-20 小麦锈病在茎叶上发生为害，普通喷雾器田间喷药雾滴较大，只有上部叶片有少量雾滴，大面积的叶片没有附着药剂，下部叶片、内部叶片、茎秆上难以均匀附着药剂，防效较差

小麦孕穗期前后,田间发现中心病团,且田间发病叶片较多,应及时地进行防治,可以用25%戊唑醇水乳剂60~70ml/亩、25%腈菌唑乳油45~50ml/亩、12.5%氟环唑悬浮剂48~60ml/亩、12.5%烯唑醇可湿性粉剂30~50g/亩、40%氟硅唑乳油10~20ml/亩等。

该期小麦田间密度大、麦叶和茎秆近于直立、麦叶蜡质厚,病叶部着药困难,喷药必须保证均匀喷雾到所有茎叶,雾滴的附着率直接影响喷药效果,选用自走式喷杆喷雾机应用1号或1.5号喷头,高压电动喷杆喷雾器,应用直径0.3~0.5mm喷头,压力0.4~0.5MPa,水量10~20kg/亩,田间无风或微风时喷头高度控制在距小麦上部叶片0.5~0.8m,雾滴应在150μm以下,必须把药喷匀、喷细、喷透,上部茎叶的药剂附着率达90%以上(图19-21);同时,还应加入超强扩散性喷雾助剂农希望7号喷雾宝20~25ml/15kg药液,或超强沉积扩散性喷雾助剂农希望8号喷雾宝20~25ml/15kg药液,天气特别干旱时喷药应加入多功能润湿性喷雾助剂农希望5号喷雾宝50~60ml/15kg药液,对水均匀喷雾,以提高药效。

图19-21 小麦抽穗后开花前,小麦锈病在茎叶上均有发生为害,普通喷雾器田间喷药雾滴较大,只有上部叶片有少量雾滴,大面积的叶片没有附着药剂,下部叶片、内部叶片、茎秆和麦穗上难以均匀附着药剂,防效较差。必须用高压喷雾器,把药剂喷到下部叶片和群体内部叶片,才能保证较好的防治效果

4. 小麦全蚀病

症　　状　　Gaeumannomyces graminis称禾顶囊壳，属子囊菌门真菌。只侵染根部和茎基部。幼苗感病，初生根部根茎变为黑褐色，严重时病斑连在一起，使整个根系变黑死亡。分蘖期地上部分无明显症状，重病植株表现稍矮，基部黄叶多。拔出麦苗，用水冲洗麦根，可见种子根与地下茎都变成了黑褐色。在潮湿情况下，根茎变色，部分形成基腐性的"黑脚"症状（图19-22）。最后造成植株枯死，形成"白穗"（图19-23）。

图19-22　小麦全蚀病为害呈"黑脚"状

发生规律　　小麦全蚀病菌是土壤寄居菌，以潜伏菌丝在土壤中的病残体上腐生或休眠，是主要的初侵染菌源。除土壤中的病菌外，混有病菌的病残体和种子亦能传病，小麦整个生育期均可感染，但以苗期侵染为主。病菌可由幼苗的种子根、胚芽以及根颈下的节间侵入根组织内，也可通过胚芽鞘和外胚叶进入寄主组织内。全蚀病以初侵染为主，再侵染不重要。

施药技术　　小麦全蚀病的防治以药剂种子处理为主。可用22%苯醚·咯·噻虫（噻虫嗪20%+苯醚甲环唑1%+咯菌腈1%）种子处理悬浮剂400~666ml、23%吡虫·咯·苯甲（吡虫啉20%+咯菌腈1%+苯醚甲环唑2%）悬浮种衣剂600~800g、10%硅噻菌胺悬浮种衣剂310~420ml、3%苯醚甲环唑悬浮种衣剂400~600ml、25g/L咯菌腈悬浮种衣剂200ml+3%苯醚甲环唑悬浮种衣剂200ml、25g/L咯菌腈悬浮剂200~300ml拌麦种100kg，进行种子均匀包衣着药后，倒出摊开置于通风处，阴干后播种。

图19-23　小麦全蚀病为害病健株比较

5. 小麦黑穗病

症　　状　　小麦散黑穗病菌，有性世代为散黑粉菌Ustilago nuda，属担子菌门真菌。黑穗病主要发生在穗部。病穗比健穗抽穗早，初抽出时病穗外包有一层浅灰色的薄膜，后薄膜破裂消失，露出黑色粉末（图19-24）。

小麦腥黑穗病菌：病原主要有2种，即网腥黑粉菌 *Tilletia caries*、光腥黑粉菌 *Tilletia foetida*，均属担子菌门真菌。腥黑穗病发生于穗部，抽穗前症状不明显，抽穗后至成熟期症状明显。病株全部籽粒变成菌瘿，菌瘿较健粒短胖。初为暗绿色，后变为灰白色，内部充满黑色粉末，最后菌瘿破裂，散出黑粉，并有鱼腥味（图19-25和图19-26）。

发生规律 小麦散黑穗病菌属花器侵染类型，一年只有一次侵染。病穗散出冬孢子时期，恰值小麦开花期，冬孢子借风力传送到健花柱头上，侵入为害，当籽粒成熟时，菌丝体变为厚壁休眠菌丝，以菌丝状态潜伏于种子胚里。这种内部带病种子播种后，胚里的菌丝随着麦苗生长而发展，直到生长点，以后随着植株生长而伸展，形成系统侵染。

小麦腥黑穗病病菌以厚垣孢子附在种子外表或混入粪肥、土壤中越冬或越夏。当种子发芽时，冬孢子也随即萌发，由芽鞘侵入幼苗，并到达生长点，菌丝随小麦生长而发展，到小麦孕穗期，病菌侵入幼穗的子房，破坏花器，形成黑粉，使整个花器变成菌瘿。

施药技术 药剂拌种是防治小麦黑穗病最经济有效的措施。可以用10%硅噻菌胺悬浮种衣剂310～420ml、22%苯甲唑·吡虫啉·萎锈灵（苯醚甲环唑1.4%+萎锈灵6.6%+吡虫啉14%）种子处理悬浮剂1 000～2 000g、23%吡虫·咯·苯甲（吡虫啉20%+咯菌腈1%+苯醚甲环唑2%）悬浮种衣剂600～800g、3%苯醚甲环唑悬浮种衣剂400～600ml、25g/L咯菌腈悬浮种衣剂200ml+3%苯醚甲环唑悬浮种衣剂200ml拌麦种100kg。

图19-24 小麦散黑穗病为害穗部症状

图19-25 小麦腥黑穗病为害穗部症状

图19-26 小麦腥黑穗病为害麦粒症状

6. 小麦赤霉病

症　状　该病由多种镰刀菌引起。从幼苗到抽穗都可受害，其中为害最严重的是穗腐（图19-27）。小麦扬花时，初在颖片上产生水浸状浅褐色斑，渐扩大至整个小穗，小穗枯黄。湿度大时，病斑处产生粉红色胶状霉层，后期其上产生密集的蓝黑色小颗粒。用手触摸，有突起感觉，籽粒干瘪并伴有白色至粉红色霉（图19-28和图19-29）。

图19-27　小麦赤霉病为害田间症状

图19-28　小麦赤霉病为害穗部症状

图19-29　小麦赤霉病病粒和健粒比较

发生规律　小麦赤霉病菌腐生能力强，在北方地区麦收后可继续在麦秸、玉米秸、豆秸、稻桩、稗草等植物残体上存活，并以子囊壳、菌丝体和分生孢子在各种寄主植物的残体上越冬。小麦抽穗后至扬花末期最易受病菌侵染（此时正遇病残体上子囊孢子产生的高峰期），遇阴雨或田间湿度较大时易发病。乳熟期以后，除非遇上特别适宜的阴雨天气，一般很少侵染。

施药技术　生产中应根据小麦管理情况、天气情况和田间病害发生情况及时施药防治。

小麦扬花初期，田间有零星发病是防治小麦赤霉病的防治适期，可用70%甲基硫菌灵可湿性粉剂75～100g/亩、45%甲基硫菌灵·苯醚甲环唑（甲基硫菌灵42%+苯醚甲环唑3%）可湿性粉剂40～60g/亩、50%多菌灵可湿性粉剂40～60g/亩、25%氰烯菌酯悬浮剂100～200ml/亩+41%甲硫·戊唑醇（甲基硫菌灵34.2%+戊唑醇6.8%）悬浮剂50～75ml/亩、40%唑醚·咪鲜胺（咪鲜胺30%+吡唑醚菌酯10%）水乳剂30～35ml/亩、200g/L氟唑菌酰羟胺悬浮剂50～65ml/亩、24%咪鲜·嘧菌酯（嘧菌酯8%+咪鲜胺16%）悬浮剂40～60ml/亩。

小麦赤霉病的发病部位在麦穗部，麦穗、小麦颖壳上蜡质厚，病部着药困难，喷药必须保证均匀喷雾到麦穗内外，雾滴的附着率直接影响喷药效果。传统的低压喷雾器、圆锥喷头、摇摆喷药方式，喷不匀、喷不透、附着差，麦穗内外药剂太少而达不到防治效果（图19-30）。选用自走式喷杆喷雾机应用1号或1.5号喷头，高压电动喷雾机，应用直径0.3～0.5mm喷头，压力0.5MPa，水量10～20kg/亩，田间无风或微风时喷头高度控制在距靶标0.6～0.8m，雾滴应在150μm以下，同时，还应加入增加雾滴润湿扩散分布与沉积附着的喷雾助剂，必须把药喷匀、喷细、喷透，小麦穗部的药剂附着率达90%以上（图19-31），才能取得较好的防治效果。

图19-30 普通喷雾器田间喷药雾滴较大，只有上部叶片有少量雾滴，药剂很难进入麦穗中，防效较差

图19-31 小麦赤霉病发生在穗部，喷药时必须保证均匀喷雾到麦穗上；同时，还应加入多功能渗透性喷雾助剂农希望5号喷雾宝20～40ml/15kg药液对水均匀喷雾，必须把药雾化得非常细，喷透、喷匀，麦穗部的药剂附着率达90%以上，才能保证对小麦赤霉病的有效防治

7. 小麦叶枯病

症　　状　雪霉叶枯病：*Gerlachia nivalis* 称雪腐格霉。链格孢叶枯病菌：*Alternaria tenuis* 称细链格孢。针孢类叶枯病菌：*Septoria tritici* 称小麦壳针孢。黄斑叶枯病菌：*Drechslera triticirepentis* 称小麦德氏霉，均属无性型真菌。

黄斑叶枯病：主要为害叶片，可单独形成黄斑。叶片染病初期生黄褐色斑点，后扩展为椭圆形至纺锤形大斑，病斑中央色深，有不大明显的轮纹，边缘有边界不明显，外围生黄色晕圈，后期病斑融合，导致叶片变黄干枯（图19-32和图19-33）。雪霉叶枯病：主要为害叶片、叶鞘。病斑初为水渍状，后扩大为近圆形或椭圆形大斑，边缘灰绿色，中央污褐色。病斑表面常形成砖红色霉层，潮湿时病斑边缘有白色菌丝薄层，有时产生黑色小粒点（图19-34）。链格孢叶枯病：主要为害叶片和穗部。初期在叶片上形成较小的黄色褪绿斑，后扩展为中央灰褐色、边缘黄褐色长圆形病斑，潮湿时病斑上可产生灰黑色霉层（图19-35）。

图19-32　小麦黄斑叶枯病初期症状

图19-33　小麦黄斑叶枯病后期症状

图19-34　小麦雪霉叶枯病为害叶片症状

图19-35 小麦链格孢叶枯病为害叶片症状

发生规律 几种叶枯病菌多以菌丝体潜伏于种子内或以孢子附着于种子表面，或以菌丝、分生孢子器、子囊壳在病残体中越夏或越冬。种子和田间病残体上的病菌为苗期的主要初侵染来源，发病后不久病斑上便又产生分生孢子或子囊孢子，进行多次再侵染，致使叶片上产生大量病斑，干枯死亡。尽管多数叶枯病菌在整个生育期均可为害，但以抽穗后灌浆期发生较重，是主要为害时期。

施药技术 小麦扬花期至灌浆期是防治叶枯病的关键时期。

小麦扬花前或开花末期，用70%甲基硫菌灵可湿性粉剂75～100g/亩、50%多菌灵可湿性粉剂40～60g/亩、28%烯肟·多菌灵（烯肟菌酯7%+多菌灵21%）可湿性粉剂50～100g/亩、40%唑醚·咪鲜胺（咪鲜胺30%+吡唑醚菌酯10%）水乳剂30～35ml/亩、40%氟硅唑乳油6 000～8 000倍液喷雾。

该期小麦田间密度大、麦叶和茎秆近于直立、麦叶蜡质厚，病部着药困难，喷药必须保证均匀喷雾到所有茎叶，雾滴的附着率直接影响喷药效果。

选用自走式喷杆喷雾机应安装1号或1.5号喷头，高压电动喷杆喷雾器，应用直径0.3～0.8mm喷头，压力0.4～0.5MPa，水量10～20kg/亩，田间无风或微风时喷头高度控制在距靶标0.5～0.8m，雾滴应在150μm以下；同时，加入超强沉积扩散性喷雾助剂农希望7号喷雾宝或25%油酸甲酯液剂（喷雾精）5～10ml/15kg药液，天旱时喷药应加入多功能润湿性喷雾助剂农希望5号喷雾宝或50%油酸甲酯液剂（喷雾精）20ml/15kg药液对水均匀喷雾；必须把药喷匀、喷细、喷透，上部茎叶的药剂附着率达90%以上（图19-36），才能取得较好的防治效果。传统的喷药方式效果比较差。

图19-36 小麦抽穗扬花期，小麦叶枯病在中下部叶上发生为害。必须用高压电动喷雾器，把药剂喷到下部叶片和内部叶片，才能保证较好的防治效果

8. 小麦颖枯病

症　状　小麦颖枯病病菌 *Septoria nodorum* 称颖枯壳针孢，属无性型真菌。小麦从种子萌发至成熟期均可受害，但主要发生在小麦穗部和茎秆上，叶片和叶鞘也可受害。穗部症状在乳熟期最明显，多在穗的顶端或上部小穗上先发生。初在颖壳上产生深褐色斑点，后变枯白色，扩展到整个颖壳，并在其上长满菌丝和小黑点（分生孢子器），病重的不能结实（图19-37和图19-38）。

图19-37　小麦颖枯病为害麦穗症状

图19-38　小麦颖枯病为害麦粒症状

发生规律　冬麦区病菌在病残体或附在种子上越夏，秋季侵入麦苗，以菌丝体在病株上越冬。次年条件适宜，释放出分生孢子侵染小麦。高温多雨条件有利于颖枯病发生和蔓延。

施药技术 生产中应根据小麦管理情况、天气情况和田间病害发生情况及时施药防治。

小麦抽穗期至灌浆期，可喷洒70%甲基硫菌灵可湿性粉剂75～100g/亩、50%多菌灵可湿性粉剂40～60g/亩、24%咪鲜·嘧菌酯（嘧菌酯8%+咪鲜胺16%）悬浮剂40～60ml/亩、28%丙硫菌唑·多菌灵（多菌灵25%+丙硫菌唑3%）悬浮剂120～150ml/亩、45%甲基硫菌灵·苯醚甲环唑（甲基硫菌灵42%+苯醚甲环唑3%）可湿性粉剂40～60g/亩。

小麦颖枯病的发病部位在麦穗部，麦穗、小麦颖壳上蜡质厚，病部着药困难，喷药必须保证均匀喷雾到麦穗内外，雾滴的附着率直接影响喷药效果，选用自走式喷杆喷雾机应用1号或1.5号喷头，电动喷雾机，应用直径0.3～0.5mm喷头，压力0.5MPa，水量10～20kg/亩，田间无风或微风时喷头高度控制在距麦穗0.5～0.6m，雾滴应在150μm以下，同时，还应加入超强扩散性喷雾助剂农希望7号喷雾宝20～25ml/15kg药液，或超强沉积扩散性喷雾助剂农希望8号喷雾宝20～25ml/15kg药液，天气特别干旱时喷药应加入多功能润湿性喷雾助剂农希望5号喷雾宝50～60ml/15kg药液；必须把药喷匀、喷细、喷透，小麦穗部的药剂附着率达90%以上（图19-39），才能取得较好的防治效果，传统的低压喷雾器、圆锥喷头、摇摆喷药方式，喷不匀、喷不透、附着差，麦穗内外药剂太少而达不到防治效果。

图19-39 小麦颖枯病发生在穗部，喷药时必须保证均匀喷雾到麦穗上；同时，还应加入多功能渗透性喷雾助剂（农希望5号喷雾宝20～40ml/15kg药液），必须把药雾化得非常细、喷透喷匀，麦穗部的药剂附着率达90%以上，才能保证对小麦颖枯病的有效防治

二、小麦虫害与农药施用关键技术

1. 麦蚜

麦蚜前期集中在叶正面或背面，后期集中在穗上刺吸汁液（图19-40），致受害株生长缓慢，分蘖减少，千粒重下降；同时，分泌的蜜露诱发煤污病的发生。

形态特征 麦长管蚜：无翅孤雌蚜体长卵形，草绿色至橙红色，头部略显灰色，腹侧具灰绿色斑。有翅孤雌蚜体椭圆形，绿色；触角黑色。腹管长圆筒形，黑色，尾片长圆锥状（图19-41）。

麦二叉蚜：无翅孤雌蚜体卵圆形，淡绿色，背中线深绿色，腹管浅绿色，顶端黑色。中胸腹部具短柄。触角6节，尾片长圆锥形。有翅孤雌蚜体长卵形，体绿色，背中线深绿色。头、胸黑色，腹部色浅。触角黑色共6节，前翅中脉二叉状（图19-42）。

图19-40 麦蚜为害叶片及麦穗症状

图19-41 麦长管蚜

图19-42 麦二叉蚜

发生规律 1年发生20~30代。秋季冬小麦出苗后从越夏寄主上迁入麦田进行短暂的繁殖，出现小高峰，为害不重。11月中下旬后，随气温下降以无翅孤雌成蚜和若蚜在麦株根际或四周土块缝隙中越冬。春季返青后，气温高于6℃开始繁殖，麦苗抽穗时转移至穗部，虫口数量迅速上升。小麦抽穗扬花，麦蚜繁殖极为迅速，至乳熟期达到高峰，对小麦为害最严重。

施药技术 防治苗期蚜虫，可以用22%苯甲唑·吡虫啉·萎锈灵（苯醚甲环唑1.4%+萎锈灵6.6%+吡虫啉14%）种子处理悬浮剂1 000~2 000g、或22%苯醚·咯·噻虫（噻虫嗪20%+苯醚甲环唑1%+咯菌腈1%）种子处理悬浮剂400~666ml，进行种子包衣拌麦种100kg。还可兼治其他地下害虫。

黄淮冬麦区可于3月中下旬至4月上中旬，发现中心株时，应尽早施药防治。施药时应选择内吸性好、持效期长的杀虫剂进行全田喷雾，用药剂量尽量加大以提高药剂的持效时间。可用10%吡虫啉可湿性粉剂30~50g/亩、25%吡虫啉·噻嗪酮（吡虫啉2%+噻嗪酮18%）可湿性粉剂40~50g/亩。

该期气温低，蚜虫发生在中下部叶片和心叶中（图19-43）。吡虫啉、噻嗪酮等杀虫剂虽然是内吸性杀虫剂，但是仅能沿蒸腾水流向上传导；该期小麦已封行，田间密度较大，喷药必须保证喷雾到基部心叶和其他中下部叶片，选用自走式喷杆喷雾机应安装1.5号或2号喷头，高压电动喷杆喷雾器，应用直径0.5~1mm喷头，压力0.3~0.4MPa，水量10~20kg/亩；并加入超强沉积扩散性喷雾助剂农希望7号喷雾宝或25%油酸甲酯液剂（喷雾精）5~10ml/15kg药液，天旱时喷药应加入多功能渗透性喷雾助剂农希望5号喷雾宝或50%油酸甲酯液剂（喷雾精）20ml/15kg药液对水均匀喷雾；田间无风或微风时喷头高度控制在距靶标0.5~0.6m，进行均匀喷雾，保证药剂喷匀喷透。传统的喷药方法喷药不匀，仅上部叶片有些水滴，下部和心部叶片未有药液沉积（图19-44），不能保证对小麦蚜虫的有效防治。

图19-43 小麦的苗期，特别是已基本封行的小麦，喷药必须保证均匀喷雾到基部茎叶；必须把药喷匀、喷细、喷透，小麦茎基部的药剂附着率达90%以上，才能保证对小麦蚜虫的有效防治

图19-44 小麦的苗期，特别是已基本封行的小麦，喷药必须保证均匀喷雾到基部茎叶；传统的喷药方法喷药不匀，仅上部叶片有些水滴，下部和心部叶片未有药液沉积，不能保证对小麦蚜虫的有效防治

穗期麦蚜，在扬花灌浆初期，是麦蚜发生高峰。百株蚜量超过500头，应及时进行田间喷药，可用速效性与持效期长的药剂配合施用，可用5%联苯·噻虫嗪（联苯菊酯2.5%+噻虫嗪2.5%）悬浮剂30~50ml/亩、26%噻虫·高氯氟（高效氯氟氰菊酯11.1%+噻虫嗪14.9%）悬浮剂4~10ml/亩、10%氯氟·噻虫胺（高效氯氟氰菊酯3%+噻虫胺7%）悬浮剂10~20ml/亩、2.5g/L高效氯氟氰菊酯乳油10~20ml/亩、5%啶虫脒乳油12~18ml/亩。

　　该期蚜虫分布在麦穗内、叶鞘、茎叶等部位（图19-45），小麦田间密度大、麦叶和茎秆近于直立、麦叶和麦穗颖壳蜡质厚，叶片和麦穗颖壳上着药困难，喷药时必须保证药液均匀附着到所有茎叶和麦穗颖壳，雾滴的附着率直接影响喷药效果，选用自走式喷杆喷雾机应用1号或1.5号喷头，选用高压电动喷杆喷雾器，应安装直径0.3~0.5mm喷头，压力0.5MPa，水量10~20kg/亩，田间无风或微风时喷头高度控制在距靶标0.5~0.8m，雾滴应在150μm以下，喷雾角应在45°以上，必须把药喷匀、喷细、喷透，上部茎叶的药剂附着率达95%以上；同时，还应加入超强沉积扩散性喷雾助剂喷雾助剂农希望7号喷雾宝或25%油酸甲酯液剂（喷雾精）5~10ml/15kg药液，天旱时喷药应加入多功能润湿性喷雾助剂农希望5号喷雾宝或50%油酸甲酯液剂（喷雾精）20ml/15kg药液对水均匀喷雾，才能取得较好的防治效果，传统的低压喷雾器摇摆喷药方式效果差。

图19-45 小麦的抽穗灌浆期，蚜虫分布在麦穗内、叶鞘、茎叶等部位喷药必须保证均匀喷雾到所有茎叶、穗部；同时，还应加入增加沉积分布的喷雾助剂，必须把药喷匀、喷细、喷透，上部茎叶的药剂附着率达90%以上

2. 叶螨

为害特点 成虫、若虫吸食麦叶汁液，受害叶上出现细小白点，后麦叶变黄，麦株生育不良，植株矮小，严重的全株干枯（图19-46）。

图19-46 小麦叶螨前期发生为害症状

形态特征 麦圆叶爪螨（图19-47）：成虫体卵圆形，黑褐色。足、肛门周围红色。卵椭圆形，初暗褐色，后变浅红色。若螨共4龄。1龄称幼螨，3对足，初浅红色，后变草绿色至黑褐色。2、3、4龄若螨4对足，体似成螨。

麦长腿岩螨（图19-48）：成虫体纺锤形，两端较尖，紫红色至褐绿色。4对足，其中1、4对特别长。卵有2型：越夏卵圆柱形，卵壳表面有白色蜡质；非越夏卵球形，粉红色，表面生数十条隆起条纹。若虫共3龄。

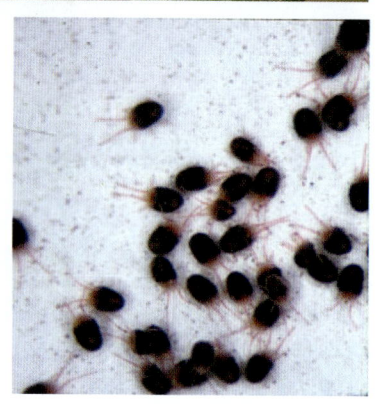

图19-48 麦长腿岩螨

发生规律 麦圆叶爪螨1年发生2~3代，以成若虫和卵在麦株及杂草上越冬，耐寒力强，翌春2—3月越冬螨陆续孵化为害。3月中下旬至4月上旬虫口数量大，4月下旬大部分死亡，成虫把卵产在麦茬或土块上。10月越夏卵孵化，为害秋播麦苗。

麦长腿岩螨1年发生3~4代，以成虫和卵越冬，翌年春2—3月成虫开始繁殖，4—5月田间虫量多，5月中下旬后成虫产卵越夏，10月上中旬越夏卵孵化，为害秋苗。

图19-47 麦圆叶爪螨

施药技术 在小麦拔节后期,田间叶螨零星发生,应及时施药防治。可以用5%阿维菌素悬浮剂5~10ml/亩、20%联苯·三唑磷(联苯菊酯3%+三唑磷17%)乳油30~50ml/亩。

这一时期小麦叶螨发生在小麦的茎基部和下部叶片和叶鞘上(图19-49),多数杀螨剂没有内吸性,而该期小麦长势旺、小麦已封行、密度很大,常规喷药方法,药剂大量流失,药剂喷施不到叶螨发生部位,难以达到防治效果。喷药时必须保证均匀喷雾到所有小麦的茎基部、下部和内部茎叶,选用自走式喷杆喷雾机应用1号或1.5号喷头,选用高压电动喷杆喷雾器,应用直径0.3~0.5mm喷头,压力0.4~0.5MPa,水量10~20kg/亩,田间无风或微风时喷头高度控制在距靶标0.5~0.8m,雾滴应在150μm以下,喷雾角应在45°以上,必须把药喷匀、喷细、喷透,下部茎叶、叶鞘的药剂附着率达90%以上;同时,并加入超强沉积扩散性喷雾助剂农希望7号喷雾宝或25%油酸甲酯液剂(喷雾精)5~10ml/15kg药液,天旱时喷药应加入多功能润湿性喷雾助剂农希望5号喷雾宝或50%油酸甲酯液剂(喷雾精)20ml/15kg药液对水均匀喷雾;确保药剂充分扩散展着、渗透吸收,喷雾效果对比明显(图19-50)。

图19-49 小麦叶螨发生在小麦的茎基部和下部叶片,而该期小麦长势旺、密度很大,喷药必须保证均匀喷雾到基部茎叶。必须把药喷匀、喷细、喷透,小麦茎基部的药剂附着率达90%以上,才能保证对小麦红蜘蛛的有效防治

图19-50 小麦叶螨发生在小麦的中下部叶片,必须保证均匀喷雾到茎叶。传统的喷药方法(图19-50A)雾滴大、展着性差,很难达到防治效果;喷雾技术是防治麦田叶螨的关键,必须把药喷匀、喷细、喷透,小麦茎基部的药剂附着率达90%以上,同时,应加入多功能渗透性喷雾助剂农希望5号喷雾宝20ml/15kg药液对水均匀喷雾,才能保证对小麦叶螨的有效防治(图19-50B和图19-50C)

在小麦孕穗期前后，叶螨发生较普遍而严重，结合麦蚜等虫害的防治，可用5%阿维菌素悬浮剂5~10ml/亩、20%联苯·三唑磷（联苯菊酯3%+三唑磷17%）乳油20~40ml/亩、20%甲氰菊酯乳油40~50ml/亩、4%联苯菊酯微乳剂30~50ml/亩。

该期小麦田间密度大、麦叶和茎秆近于直立、麦叶蜡质厚，叶部着药困难，而小麦叶螨多发生在小麦的中下部叶片和叶鞘上（图19-51），喷药必须保证均匀喷雾到所有茎叶，雾滴的附着率直接影响喷药防治的效果。选用自走式喷杆喷雾机用1号或1.5号喷头，高压电动喷杆喷雾器，应安装直径0.3~0.5mm喷头，压力0.4~0.5MPa，水量10~20kg/亩，田间无风或微风时喷头高度控制在距靶标0.5~0.8m，雾滴应在150μm以下，必须把药喷匀、喷细、喷透，上部茎叶的药剂附着率达90%以上；同时，加入超强沉积扩散性喷雾助剂农希望7号喷雾宝或25%油酸甲酯液剂（喷雾精）5~10ml/15kg药液，天旱时喷药应加入多功能渗透性喷雾助剂农希望5号喷雾宝或50%油酸甲酯液剂（喷雾精）20ml/15kg药液对水均匀喷雾；确保药剂充分扩散展着、渗透吸收，才能取得较好的防治效果，传统的低压喷雾器摇摆喷药方式效果很差。

图19-51　小麦孕穗期、抽穗期，小麦红蜘蛛发生较重，在上下茎叶上均有发生为害，普通喷雾器田间喷药雾滴较大，只有上部叶片有少量雾滴，大面积的叶片没有附着药剂，下部叶片、内部叶片、茎秆和麦穗上难以均匀附着药剂，防效较差。必须用高压电动喷雾器，把药剂喷到下部叶片和内部叶片，才能保证较好的防治效果

3. 蝼蛄

为害特点 蝼蛄为多食性害虫，蝼蛄成虫和若虫在土中咬食刚播下的种子和幼芽，或将幼苗根、茎部咬断，使幼苗枯死，受害的根部呈乱麻状。蝼蛄在地下活动，将表土穿成许多隧道，使幼苗根部透风和土壤分离，造成幼苗因失水干枯致死，缺苗断垄，严重的甚至毁种。

形态特征 华北蝼蛄：成虫身体比较肥大（图19-52），体黄褐色，全身密布黄褐色细毛；前胸背板中央有1凹陷不明显的暗红色心脏形斑；前翅黄褐色，覆盖腹部不到一半，后翅纵卷成筒形附于前翅之下；腹部圆筒形、背面黑褐色，有7条褐色横线；足黄褐色，前足发达，中后足细小，后足胫节背侧内缘有距1~2个或消失。卵椭圆形。

东方蝼蛄：成虫灰褐色，全身密被细毛，头圆锥形，触角丝状，前胸背板卵圆形，中间具1明显的暗红色长心脏形凹陷斑。前足为开掘足，后足胫节背面内侧具3~4个刺，腹末具1对尾须（图19-53）。卵椭圆形。

图19-52 华北蝼蛄成虫

图19-53 东方蝼蛄成虫

发生规律 华北蝼蛄：3年左右完成1代。以成虫和8龄以上若虫越冬。翌年春4月下旬、5月上旬越冬成虫开始活动，6月开始产卵，6月中下旬孵化为若虫，10—11月以8~9龄若虫越冬。以春、秋两季为害最严重。

东方蝼蛄：1年发生1代。以成虫或若虫在地下越冬。翌年春，随着地温上升而逐渐上移，到4月上中旬即进入表土层活动为害，9月上旬以后，天气凉爽，大批若虫和新羽化的成虫又上升到地面为害，形成第2次为害高峰。10月中旬以后，随着天气变冷，蝼蛄陆续入土越冬。

施药技术 种子处理：可以有效地防治蝼蛄等地下害虫，保苗效果可长达20d，可用40%辛硫磷乳油72~96g/100kg种子、用35%克百威种子处理乳剂222~286g/100kg种子拌种、47%丁硫克百威种子处理乳剂143~200g/100kg种子拌种。

在蝼蛄为害严重的地块，也可将药剂撒于播种沟内，然后进行耙地，可用20%毒死蜱微囊悬浮剂550~650g/亩、3%辛硫磷颗粒剂3~4kg/亩、1.1%苦参碱粉剂2~2.5kg/亩。小麦生长期受害，也可用50%辛硫磷乳油500~1 000倍液浇灌。

4. 蛴螬

为害特点 蛴螬，为害作物幼苗、种子及幼根、嫩茎。同时，被蛴螬造成的伤口有利于病菌的侵入，诱发其他病害。

形态特征 华北大黑鳃金龟（*Holotrichia diomphalia*）：成虫长椭圆形，黑色或黑褐色（图19-54），有光泽。鞘翅上散生小刻点。老熟幼虫身体弯曲近"C"形（图19-55），体壁较柔软，多皱纹。头部前顶毛每侧3根呈1纵列，其中两根紧挨于冠缝旁。

暗黑鳃金龟（*Holotrichia parallela*）：成虫初羽化时鞘翅乳白色、质软，后变红褐色（图19-56），之后鞘翅硬化变为黑褐色或黑色，无光泽。初产卵乳白色，长椭圆形，半透明。老熟幼虫头部前顶毛每侧1根，位于冠缝两侧（图19-57）。

图19-54　华北大黑鳃金龟成虫

图19-55　华北大黑鳃金龟幼虫

图19-56　暗黑鳃金龟成虫

图19-57　暗黑鳃金龟幼虫

铜绿丽金龟（*Anomala carpulenta*）：成虫略小，头、前胸背板、小盾片和鞘翅铜绿色（图19-58），发光。雄虫腹面黄褐色，雌虫腹面黄白色。初产卵乳白色，长椭圆形。老熟幼虫（图19-59）肛腹片后部覆毛区中间的刺毛列由长针状刺毛组成，每列多为15~18根，两列刺毛尖大部彼此相遇和交叉，两刺毛列平行，只后端稍岔开些，刺毛列前边远没有达到钩毛群的前缘（图19-60）。

黑绒金龟（*Maladera orientalis*）：成虫体卵圆形，前狭后宽，黑色或黑褐色，有丝绒般闪光。前胸背板横宽，两侧中段外扩，密部细刻点，侧缘列生褐色刺毛。鞘翅侧缘微弧形，边缘具稀短细毛，纵肋明显（图19-61）。老熟幼虫两侧颊区触角基部上方具1圆形暗斑（伪单眼）（图19-62），肛腹片后部覆毛区满布顶端尖弯的刺毛，前缘双峰状，中间裸区楔状，楔尖朝向尾部，将覆毛区一分为二，刺毛列位于覆毛区后缘，由16~22根锥刺毛组成，呈横弧状态排列，其中间隔开宽些（图19-63）。

发生规律　华北大黑鳃金龟：以成虫和幼虫交替越冬。越冬成虫5月中下旬出土为害，随之产卵，幼虫盛发期在7月中旬，8月上中旬化蛹，10月中下旬以3龄幼虫越冬。

暗黑鳃金龟：1年发生1代，以老熟幼虫在地下20~40cm处越冬。越冬幼虫春季不为害，5月中旬化

  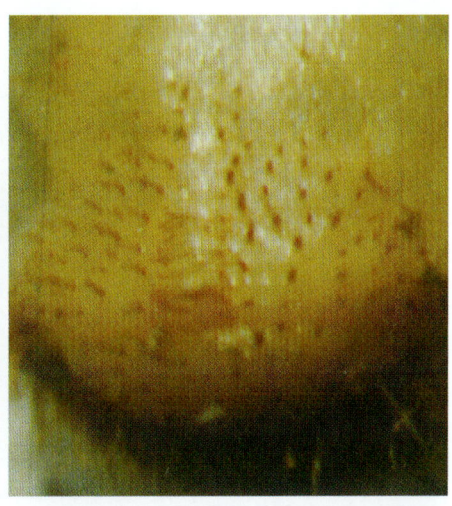

图19-58 铜绿丽金龟成虫　　图19-59 铜绿丽金龟幼虫　　图19-60 铜绿丽金龟幼虫肛腹片

  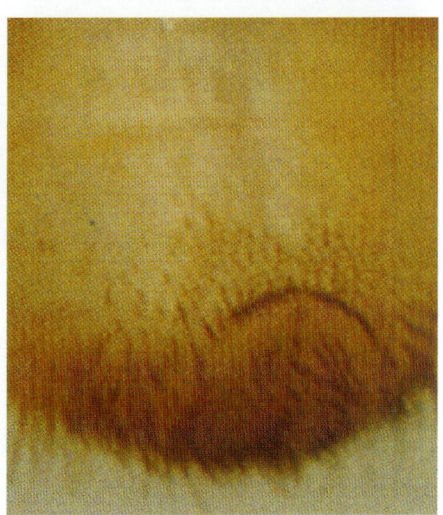

图19-61 黑绒金龟成虫　　图19-62 黑绒金龟幼虫　　图19-63 黑绒金龟幼虫肛腹片

蛹,成虫期在6月上旬至8月上旬,盛发期在7月中旬前后,幼虫为害盛期在8月中下旬。

铜绿丽金龟:1年发生1代,以幼虫越冬。黄淮流域越冬幼虫3月下旬至4月上旬开始活动为害,5—6月化蛹,成虫发生在5月下旬至8月上旬,7—9月为幼虫为害期,10月上旬3龄幼虫入土越冬。

黑绒金龟:我国长江以北地区1年发生1代,以成虫越冬。4—6月为成虫活动期,5日平均气温10℃以上开始大量出土。6—8月为幼虫生长发育期。

施药技术　播种前拌种,或在播种、移栽前进行土壤处理,可以有效地减少虫量;或者在发生为害期药剂灌根,也可有效地防治害虫的为害。

播种前拌种,用15%甲拌·多菌灵(甲拌磷10%+多菌灵5%)悬浮种衣剂1:(37~45)(药种比)或17%克·酮·多菌灵悬浮种衣剂(克百威4.3%+三唑酮1.5%+多菌灵11.2%)1 667~2 000g/100kg种子进行种子包衣。

在播种或移栽前进行土壤处理,用50%辛硫磷乳油200~250ml/亩,加水10倍,喷于25~30kg细土上拌成毒土,或用48%毒死蜱乳油500~1 000ml/亩加25~30kg细土拌成毒土;或用3%克百威颗粒剂、5%二嗪磷颗粒剂2.5~3kg/亩处理土壤,顺垄条施,随即浅锄,或以同样用量的毒土撒于种沟或地面,随即耕翻,或结合灌水施入。

在蛴螬已发生为害且虫量较大时,用48%毒死蜱乳油200ml/亩、40%辛硫磷乳油500ml/亩、30%毒死·辛乳油(10%毒死蜱+20%辛硫磷)400~600ml/亩对水40~50kg进行灌根。

5. 金针虫

为害特点 金针虫以幼虫终年土中生活为害。为多食性地下害虫，主要为害多种作物的种子、幼苗和幼芽，能咬断刚出土的幼苗，也可钻入幼苗根茎部取食为害（图19-64），造成缺苗断垄。

图19-64 金针虫为害小麦症状

形态特征 沟金针虫：成虫深栗褐色，扁平，密生金黄色细毛，体中部最宽，前后两端较狭（图19-65）。卵乳白色，近似椭圆形。幼虫黄褐色，体形扁平，较宽，胴部背面中央有1条明显的纵沟，尾节粗短，深褐色无斑纹（图19-66）。蛹体细长，乳白色，近似长纺锤形（图19-67）。

细胸金针虫：成虫黄褐色，体中部与前后部宽度相似，体形细长，密生灰色短毛，并有光泽（图19-68）。卵乳白色，近似椭圆形。幼虫淡黄褐色，细长，圆筒形，胴部背面中央无纵沟，尾节圆锥形，背面基部两侧各有褐色圆斑1个，并有4条深褐色纵沟（图19-69）。蛹乳白色，近似长纺锤形。

图19-65 沟金针虫成虫

图19-66 沟金针虫幼虫

图19-67　沟金针虫蛹

图19-68　细胸金针虫成虫

图19-69　细胸金针虫幼虫

发生规律　沟金针虫：3年完成1代，以成虫和幼虫在土壤中深20～80cm处越冬。翌年3月开始活动，4月为活动盛期。4月中旬至6月上旬为产卵期，幼虫期很长，直到第3年8—9月在土中化蛹。

细胸金针虫：多2年完成1代，也有1年或3～4年完成1代的。仅以幼虫在土层深处越冬。翌年3月上中旬开始出土，为害返青麦苗或早播作物，4—5月为害最盛，成虫期较长，有世代重叠现象。较耐低温，故秋季为害期也较长。

施药技术　播种期的土壤处理可减轻为害，也可在金针虫发生期药剂灌根防治。

播种时，可用3%克百威颗粒剂3kg、3%丁硫克百威颗粒剂3kg拌100kg种子，或用48%毒死蜱乳油：种子1∶50拌种；也可用5%辛硫磷颗粒剂1.5～2.0kg/亩拌细干土100kg撒施在播种（定植）沟（穴）中，然后播种或定植。

在金针虫已发生为害且虫量较大时，可用50%丙溴磷乳油1 000倍液、1.8%阿维菌素乳油3 000倍液、5%氟啶脲乳油1 500倍液等药剂灌根防治。

三、麦田杂草

麦田主要杂草种类有播娘蒿、荠菜、猪殃殃、婆婆纳、麦家公、佛座、牛繁缕、大巢菜、泽漆、看麦娘、日本看麦娘、菵草、硬草、野燕麦、节节麦、多花黑麦草（图19-70至图19-85）。

图19-70A　播娘蒿单株　图19-70B　播娘蒿幼苗

图19-71A 荠菜单株	图19-71B　荠菜幼苗
	图19-71C　荠菜花

图19-72A 猪殃殃花
图19-72B 猪殃殃单株
图19-72C 猪殃殃幼苗
图19-72D 猪殃殃果
图19-72E 猪殃殃群体

图19-73A 婆婆纳单株
图19-73B 婆婆纳花

图19-74A　麦家公花 
图19-74B　麦家公幼苗 
图19-74C　麦家公单株

图19-75A　佛座单株
图19-75B　佛座花 
图19-75C　佛座幼苗

第十九章 小麦病虫草害与农药施用关键技术

图19-76A 牛繁缕单株
图19-76B 牛繁缕幼苗
图19-76C 牛繁缕花

图19-77A 大巢菜单株
图19-77B 大巢菜花
图19-77C 大巢菜叶
图19-77D 大巢菜果

图19-78A 泽漆单株
图19-78B 泽漆幼苗
图19-78C 泽漆花序和汁液

图19-79A 看麦娘穗
图19-79B 看麦娘幼苗
图19-79C 看麦娘单株

图19-80A 日本看麦娘穗
图19-80B 日本看麦娘幼苗
图19-80C 日本看麦娘单株

图19-81A 菵草籽
图19-81B 菵草幼苗
图19-81C 菵草单株

图19-82A　硬草幼苗 ｜ 图19-82B　硬草单株

图19-83A 野燕麦幼苗 ｜ 图19-83C 野燕麦单株
图19-83B 野燕麦穗

第十九章 小麦病虫草害与农药施用关键技术

图19-84A 节节麦单株　图19-84B 节节麦穗
图19-84C 节节麦幼苗

图19-85A 多花黑麦草群体　图19-85B 多花黑麦草穗　图19-85C 多花黑麦草单株

四、小麦各生育期病虫草害与农药施用关键技术

（一）小麦病虫草害综合防治

小麦栽培管理过程中，应总结本地小麦病虫草害的发生特点和防治经验，制订病虫害防治计划，适时进行田间调查，及时采取防治措施，保证丰产、丰收。

麦田病虫草害的综合防治历见表19-1，有效控制病虫害各地应根据田间的实际情况采取具体的防治措施。

表19-1 麦田病虫草害的综合防治历

生育期	时间	主要防治对象	次要防治对象	防治措施
播种期	10月	地下害虫、黑穗病、全蚀病	白粉病、根腐病、纹枯病、苗期蚜虫	土壤处理、药剂拌种
冬前期	11月中下旬	杂草	蚜虫、红蜘蛛	喷施除草剂
返青期	2月下旬至3月上旬	杂草	蚜虫、红蜘蛛	喷施除草剂
拔节期至孕穗期	3月上旬至4月上旬	蚜虫、红蜘蛛、纹枯病、白粉病、锈病、吸浆虫	叶枯病、根腐病、旺长	喷施杀虫剂、杀菌剂、杀螨剂及植物生长调节剂
抽穗至灌浆成熟期	4月中旬至5月上中旬	赤霉病、白粉病、颖枯病、叶枯病、蚜虫、吸浆虫	锈病、麦叶蜂	喷施杀菌剂、杀虫剂及植物生长调节剂

（二）小麦播种期病虫害与农药施用关键技术

播种期是防治病虫害的关键时期。这一时期防治的主要虫害有地老虎、蛴螬、蝼蛄、金针虫等地下害虫，药剂拌种可以减少地下害虫及其他苗期害虫的为害。

小麦病害如黑穗病、根腐病主要是靠种子或土壤带菌进行传播的，而且从幼苗期就开始侵染，所以，对于这些病害，进行种子处理是最有效的防治措施。另外，通过适当的药剂拌种，可以减轻苗期白粉病、锈病、纹枯病等多种病害的为害。

还可以通过施用激素和微肥，培育壮苗，增强植株的抗病力。

防治蝼蛄、蛴螬、金针虫等地下害虫。可以用50%辛硫磷乳油500ml加水20~25kg，拌种子250~300kg，或用48%毒死蜱乳油500ml加水15~20kg，拌种200kg，堆闷2~3h后播种。

防治小麦黑穗病、根腐病等病害。可以用3%苯醚甲环唑悬浮种衣剂200~400ml拌种100kg、12.5%烯唑醇可湿性粉剂60~80g拌麦种50kg，或用2%戊唑醇湿拌种剂按种子重量的0.1%~0.15%拌种，边喷边拌，拌后闷种4~6h播种。

防治小麦全蚀病。用10%硅噻菌胺悬浮种衣剂310~420ml种子、2.5%咯菌腈悬浮剂100~200ml，拌麦种100kg，对小麦全蚀病有较好的防效。

为了兼顾多种病虫害的防治，可以用22%苯甲唑·吡虫啉·萎锈灵（苯醚甲环唑1.4%+萎锈灵6.6%+吡虫啉14%）种子处理悬浮剂1 000~2 000g、22%苯醚·咯·噻虫（噻虫嗪20%+苯醚甲环唑1%+咯菌腈1%）种子处理悬浮剂400~666ml、23%吡虫·咯·苯甲（吡虫啉20%+咯菌腈1%+苯醚甲环唑2%)悬浮种衣剂600~800g、17%克·酮·多菌灵（克百威4.3%+三唑酮1.5%+多菌灵11.2%）悬浮种衣剂1 667~

2 000g、4%丁硫·戊唑醇（戊唑醇0.4%+丁硫克百威3.6%）悬浮种衣剂1：（50~70）（药种比），15%噻呋·呋虫胺（呋虫胺7.5%+噻呋酰胺7.5%）种子处理悬浮剂3 300~5 000ml/100kg：进行种子包衣。

为调节小麦生长、提高发芽能力，增强抗病性能，可用0.001%芸苔素内酯乳油10ml拌麦种10~20kg。

（三）麦田杂草与农药施用关键技术

1、以禾本科杂草为主的麦田杂草防治

长江流域稻麦轮作田，主要是看麦娘等禾本科杂草和牛繁缕、猪殃殃、婆婆纳等阔叶杂草，但以禾本科杂草为主，看麦娘、日本看麦娘、菵草等杂草发生严重，另外，还有少量的早熟禾、硬草、雀麦、棒头草、长芒棒头草、蜡烛草、纤毛鹅观草、节节麦、多花黑麦草等，这些禾本科杂草发生早，在水稻收割小麦播种后很快形成出苗高峰，难于控制，严重地为害小麦的生长。生产上应在小麦苗后冬前进行及时防治，正确地选用除草剂种类和施药方法，一次施药有效地控制杂草的为害。

图19-86 小麦冬前苗期杂草发生为害情况

在小麦冬前期，对于信阳等淮河、长江流域稻作麦区，是麦田防治杂草的最好时期，这一时期杂草基本出齐，且多处于幼苗期（图19-86），防治目标明确，应视杂草的生长情况，于11月中下旬至12月上旬施药，防治1次即可达到较好的防治效果。

以看麦娘等禾本科杂草为主的地块除草剂施用关键技术：

在杂草发生较早的时期，且大量杂草已出苗时，可以用10%精恶唑禾草灵乳油75~100ml/亩、50%异丙隆可湿性粉剂120~150g/亩+6.9%精恶唑禾草灵水乳剂50~100ml/亩、70%氟唑磺隆水分散粒剂3~5g/亩、15%炔草酯可湿性粉剂30~50g/亩、5%唑啉·炔草酯乳油60~100ml/亩。

对于小麦已封行、生长茂密，容易漏喷，导致很多叶片上接触不到药剂，喷药时必须喷匀、喷透，保证农药雾滴喷雾到所有杂草的叶片上。选用自走式喷杆喷雾机应用1.5号或2号喷头，高压电动喷杆喷雾机应，用直径0.5~0.8mm喷头，压力0.3~0.4MPa，水量10~20kg/亩，田间无风或微风时喷头高度控制在距靶标0.5~0.8m，喷药均匀度必须控制在90%以上；为了提高药效，施药时加入安全型多功能喷雾助剂农希望6号喷雾宝，或60%油酸甲酯液剂（喷雾精）10~20ml/15kg药液对水均匀喷雾，以提高药效。

以日本看麦娘、菵草为主的地块除草剂施用关键技术：

尽量在杂草基本出齐且处于幼苗期时施药，可以用3%甲基二磺隆油悬剂25~30ml/亩（并加入喷雾助剂）、7.5%啶磺草胺水分散粒剂12g/亩。自走式喷杆喷雾机应用1.5号或2号喷头，高压电动喷杆喷雾机应用直径0.5~0.8mm喷头，压力0.3~0.4MPa，水量10~20kg/亩，为了提高药效，施药时加入安全型多功能喷雾助剂农希望6号喷雾宝，或60%油酸甲酯液剂（喷雾精）10ml/15kg药液，田间无风或微风时喷头高度控制在0.5~0.8mm，喷药均匀度必须控制在95%以上，才能保证高效与安全。

以看麦娘、猪殃殃、婆婆纳、牛繁缕、碎米荠、大巢菜等杂草为主的地块除草剂施用关键技术：

以用15%炔草酯可湿性粉剂18~22g/亩+10%苄嘧磺隆可湿性粉剂30~40g/亩、70%氟唑磺隆水分散粒剂4~5g/亩+安全型多功能喷雾助剂（农希望6号喷雾宝）20~30ml/15kg药+10%苄嘧磺隆可湿性粉剂30~40g/亩+20%氯氟吡氧乙酸乳油40~60ml/亩。

选用自走式喷杆喷雾机用1.5号或2号喷头，高压电动喷杆喷雾机，应用直径0.5~0.8mm喷头，压力0.3~0.4MPa，水量10~20kg/亩，田间无风或微风时喷头高度控制在距靶标0.5~0.6m，喷药均匀度必须控制在90%以上。

在小麦冬前期，部分麦田野燕麦发生较多，在小麦出苗后3～5周内，即11月中下旬，而豫北等中北部麦区应在2月下旬至3月上旬小麦返青期及时进行施药防治。生产中应把握温度适宜，在禾本科杂草基本出苗且多为幼苗时施药，是杂草防治的最好时期，应及时采取防治措施。

对于以野燕麦为主的地块，对于豫南等中南部麦区冬前苗期；中北部冬麦区在小麦返青期，在野燕麦大量发生且为幼苗期及时施药，可以用下列除草剂：15%炔草酯可湿性粉剂30～60g/亩、10%精恶唑禾草灵乳油50～100ml/亩。

对于小麦未封行的麦田（图19-87），选用自走式喷杆喷雾机应用1.5号或2号喷头，高压电动喷杆喷雾机，应用直径0.5～0.8mm喷头，压力0.3～0.4MPa，水量10～20kg/亩，田间无风或微风时喷头高度控制在距靶标0.5～0.6m，喷药均匀度必须控制在90%以上；同时，施药时加入安全型多功能喷雾助剂农希望6号喷雾宝或60%油酸甲酯液剂（喷雾精）10～20ml/15kg药液对水均匀喷雾，以提高药效。传统的低压喷雾器、大孔径圆锥喷头、摇摆式喷药的方法难于保证药效与安全性。

对于野燕麦较大且小麦封行的麦田（图19-88），选用自走式喷杆喷雾机应用1号或1.5号喷头，高压电动喷杆喷雾机，应用直径0.3～0.5mm喷头，压力0.3～0.4MPa，水量10～15kg/亩，田间无风或微风时喷头高度控制在距靶标0.5～0.6m，喷角30°～45°，必须喷匀、喷细、喷透，保证野燕麦均匀着药，喷药均匀度必须控制在90%以上；同时，施药时加入安全型多功能喷雾助剂农希望6号喷雾宝或60%油酸甲酯液剂（喷雾精）10～20ml/15kg药液对水均匀喷雾，以提高药效。

图19-87 小麦苗期野燕麦大量发生、小麦未封行时为害情况

图19-88 小麦苗期野燕麦大量发生、小麦封行时为害情况

在沿黄稻麦轮作田，硬草发生量大，一般年份在小麦播种后2周后开始大量发生，个别干旱年份发生较晚。在小麦返青后开始快速生长，难于防治，常对小麦造成严重的为害。生产上应主要抓好冬前期防治；因为沿黄稻作麦区温度较低，小麦返青期及时防治也能收到较好的防治效果。

沿黄稻作麦区，抓好防治的适期，温度适宜、小麦生长旺盛、硬草幼苗时施药最好（图19-89）。

图 19-89 沿黄稻麦轮作区，小麦苗期杂草为害情况

以硬草、播娘蒿、荠菜、牛繁缕为主的地块除草剂施用关键技术：

可以用15%炔草酯可湿性粉剂40～60g/亩+10%苄嘧磺隆可湿性粉剂30～40g/亩+20%氯氟吡氧乙酸乳油40～60ml/亩、3%甲基二磺隆油悬剂25～30ml/亩+10%苄嘧磺隆可湿性粉剂30～40g/亩+20%氯氟吡氧乙酸乳油40～60ml/亩。

选用自走式喷杆喷雾机应用1.5号或2号喷头，高压电动喷杆喷雾机应用直径0.5～0.8mm喷头，压力0.3～0.4MPa，水量10～20kg/亩，田间无风或微风时喷头高度控制在距靶标0.5～0.8m，必须喷匀、喷细、喷透，特别是喷施甲基二磺隆时的喷药均匀度必须控制在90%以上；同时，施药时加入安全型多功能喷雾助剂农希望6号喷雾宝，或60%油酸甲酯液剂（喷雾精）10～20ml/15kg药液对水均匀喷雾，以提高药效。传统的低压喷雾器、大孔径圆锥喷头、摇摆式喷药的方法难以保证药效，经常性发生药害。

部分北方冬麦区，麦田节节麦发生严重。小麦田节节麦的防治有2个有利时期（图19-90），第一个有利时期是小麦播种后、小麦苗期封闭施药；第二是冬前期11月下旬，或小麦返青期（2月下旬至3月上旬），部分麦田节节麦发生较多且多为幼苗时是防治的最好时期，应及时采取防治措施。

图 19-90 麦田节节麦发生与防治的适宜田块

小麦播种后、小麦苗期，以节节麦、野燕麦、播娘蒿、猪殃殃为主的除草剂施用关键技术：

在小麦播种后、小麦苗期，对于以节节麦、野燕麦、播娘蒿、猪殃殃为主的麦田，在墒情良好的情况下，可以在小麦播种后出苗前施用30%吡氟酰草胺·氟噻草胺（吡氟酰草胺10%+氟噻草胺20%）悬浮剂50～60ml/亩，也可以在小麦苗后早期施用30%吡氟酰草胺悬浮剂25～30ml/亩（图19-91）。

该类除草剂对杂草芽前、苗后早期防效突出，但该药为触杀性除草剂，对喷雾均匀度要求较高，喷雾均匀度应达90%以上。选用自走式喷杆喷雾机应用2号喷头，高压电动喷杆喷雾机，应用直径0.5～0.8mm的喷头，压力0.3MPa，水量20～40kg/亩，田间无风或微风时喷头距靶标的高度控制在距靶标0.5～0.6m，把药喷匀喷透才能达到较好的除草效果和安全性；同时，施药时加入安全型多功能喷雾助剂农希望6号喷雾宝，或60%油酸甲酯液剂（喷雾精）10～20ml/15kg药液对水均匀喷雾，以提高药效。传统的低压喷雾器、喷嘴孔径大、圆锥喷头、左右摇摆式喷药的方法，喷雾均匀度误差过大、重喷漏喷严重，难于保证药效与安全性。

图19-91 麦田施用吡氟酰草胺的喷雾方法比较与注意问题。必须在墒情良好、杂草较小时施药，喷雾均匀度必须在90%以上。传统的低压喷雾器圆锥喷头摇摆喷药方式效果没有保证

冬前，或小麦返青期麦田节节麦发生较多除草剂施用关键技术：

在小麦冬前期11月下旬，或小麦返青期（2月下旬至3月上旬），部分麦田节节麦发生较多，杂草基本出苗且多为幼苗时施药最好。温度适宜、天气晴朗、未来几天晴天，是杂草防治的最好时期，应及时采取防治措施。可以用3%甲基二磺隆油悬剂25～30ml/亩+喷雾助剂、70%氟唑磺隆水分散粒剂2～4g/亩+喷雾助剂，为了安全可以将两种除草剂各减一半药量混用。

甲基二磺隆对小麦安全性差，一要把握好施药适期，不要施药太早或太晚，低温下施药效果差，对小麦的安全性降低，会出现黄化、枯死的药害现象；二要把药喷匀、喷细、喷透，确保喷雾均匀度应达95%以上。自走式喷杆喷雾机应用1.5号或2号喷头，高压电动喷杆喷雾机，应用直径0.3～0.5mm喷头，压力0.3～0.4MPa，水量15～20kg/亩，田间无风或微风时喷头高度控制在距靶标0.5～0.6m，把药喷匀喷透才能达到好的除草效果（图19-92）。施药时加入安全型多功能喷雾助剂农希望6号喷雾宝，或60%油酸甲酯液剂（喷雾精）10～20ml/15kg药液对水均匀喷雾，以提高药效。传统的低压喷雾器、大孔径圆锥喷头、摇摆式喷药的方法，喷雾均匀度差、重喷漏喷严重，难以保证药效，且经常性地发生药害（图19-93）。

图19-92　麦田科学喷施甲基二磺隆的方法与效果

图19-93　麦田传统方法喷施甲基二磺隆的方法与问题

近年来，部分麦田多花黑麦草发生较多，为害严重（图19-94）。在小麦冬前期以11月下旬，或小麦返青期（2月下旬至3月上旬），杂草基本出苗且多为幼苗时施药最好。小麦冬前期多花黑麦草龄小、抗药性差，是防治多花黑麦草的最佳时期。

图19-94　麦田多花黑麦草发生为害情况

麦田冬前期多花黑麦草发生较多时除草剂施用关键技术：

部分麦田多花黑麦草发生较多，应抓住杂草苗期及时施药防治，用20%唑啉·炔草酯（炔草酯10%+唑啉草酯10%）乳油50~100ml/亩、5%唑啉草酯乳油80ml~150ml/亩、10%二磺·氟唑·唑啉草酯（唑啉草酯6%+甲基二磺隆1%+氟唑磺隆3%）可分散油悬浮剂40~60ml/亩。

多花黑麦草难于防治，对药剂沉积附着能力差，特别是部分麦田小麦密度大、杂草发生重，常规喷药方法喷雾时药剂喷施不到发病部位（图19-95），难以达到防治效果。

图19-95　麦田多花黑麦草的传统喷雾方法与问题。传统的低压喷雾器圆锥喷头摇摆喷药方式效果没有保证，喷药不均匀，雾滴太大，药剂流失浪费，难以有效地进行杂草防治

喷药时必须雾化细、喷药透彻，必须保证均匀喷雾到所有杂草的茎叶，自走式喷杆喷雾机应安装1号或1.5号喷头，选用高压电动喷杆喷雾器，应用直径0.3mm喷头，压力0.4MPa，水量10～20kg/亩，田间无风或微风时喷头高度控制在距小麦上部叶片0.5～0.6m，雾滴应在150μm以下，喷雾角应在30°左右，必须把药喷匀、喷细、喷透，药剂附着率达95%以上；同时，施药时加入安全型多功能喷雾助剂农希望6号喷雾宝，或60%油酸甲酯液剂（喷雾精）10～20ml/15kg药液，充分地润湿扩散和渗透吸收（图19-96）。

图19-96　防治多花黑麦草的科学喷雾方法与效果。必须把药喷匀、喷细、喷透，叶面没有肉眼可见的雾滴，才能保证安全高效

2. 猪殃殃、播娘蒿、荠菜等混生麦田杂草防治

冬小麦产区，麦田杂草主要是猪殃殃、播娘蒿、荠菜，另外还有佛座、麦家公、牛繁缕、婆婆纳、泽漆、米瓦罐等（图19-97）。必须要针对不同地块的草情选择适宜的除草剂种类和适宜的施药方法，否则，就不能达到较好的除草效果。

一般年份在小麦播种后2~3周杂草开始发生，个别干旱年份发生较晚，多数于11月中旬至12月上旬基本出苗，幼苗期易于防治；在小麦返青后开始快速生长，难以防治，常对小麦造成严重的危害。生产上应主要抓好冬前期防治；对于北方冬麦区，应在3月上旬小麦充分返青后及时施药防治。

图19-97　小麦冬前晚期田间猪殃殃、播娘蒿发生为害情况

小麦冬前早期，于11月上中旬，对于适期播种、墒情较好的小麦田，猪殃殃、播娘蒿、荠菜、野燕麦、麦家公、佛座等阔叶杂草未大量出苗且多处于萌芽期（图19-98），防治上比较有利，应及时进行施药除草，可用30%吡氟酰草胺悬浮剂25~30ml/亩。

该除草剂对杂草芽前、苗后早期防效突出，但该药为触杀性除草剂，对喷雾均匀度要求较高，喷雾均匀度应达90%以上。自走式喷杆喷雾机应用2号喷头，高压电动喷杆喷雾机，应用直径0.5~0.8mm喷头，压力0.3MPa，水量20~40kg/亩，田间无风或微风时喷头的高度控制在距靶标0.5~0.6m，把药喷匀喷透才能达到较好的除草效果和安全性；同时，施药时加入安全型多功能喷雾助剂农希望6号喷雾宝，或60%油酸甲酯液剂（喷雾精）10~20ml/15kg药液对水均匀喷雾，以提高药效。传统的低压喷雾器、圆锥喷头、左右摇摆式喷药的方法，喷雾均匀度误差过大、重喷漏喷严重，难以保证药效与安全性。

图19-98　黄淮海中南部麦区早期猪殃殃、播娘蒿发生情况

小麦冬前期，猪殃殃、播娘蒿、荠菜大量发生期除草剂施用关键技术：

小麦冬前期，11月下旬至12月上旬，杂草基本出齐且杂草处于幼苗期、温度适宜，是防治上的最佳时期（图19-99），应及时地进行施药防治。可以用10%苯磺隆可湿性粉剂15～20g/亩+10%唑草酮水分散粒剂10～15g/亩+20%氯氟吡氧乙酸乳油30～40ml/亩、15%噻磺隆可湿性粉剂15～20g/亩+10%唑草酮水分散粒剂10～15g/亩+20%氯氟吡氧乙酸乳油30～40ml/亩、50g/L双氟磺草胺悬浮剂5～10ml/亩+10%唑草酮水分散粒剂10～15g/亩+20%氯氟吡氧乙酸乳油30～40ml/亩。

对于小麦未封行的麦田，选用自走式喷杆喷雾机应用1.5号或2号喷头，高压电动喷杆喷雾机，应用直径0.5mm喷头，压力0.3～0.4MPa，对水量10～20kg/亩，田间无风或微风时喷头高度控制在距靶标0.5～0.6m，要喷匀、喷细、喷透，所有杂草的药剂附着率达90%以上，叶面没有肉眼可见的雾滴，才能保证安全高效；同时，施药时加入安全型多功能喷雾助剂农希望6号喷雾宝，或60%油酸甲酯液剂（喷雾精）10～20ml/15kg药液对水均匀喷雾，保证叶片均匀附着药剂（图19-100）。传统的低压喷雾器、大孔径圆锥喷头和摇摆式喷药的方法，难以保证药效与安全性。

图19-99　麦田冬前期猪殃殃等杂草的发生情况

图19-100　麦田防治杂草喷药方法和喷雾效果

小麦返青期，猪殃殃、播娘蒿、荠菜大量发生期除草剂施用关键技术：

在小麦返青期，猪殃殃、佛座、播娘蒿、荠菜、麦家公、牛繁缕、婆婆纳、泽漆等阔叶杂草发生较多较大的地块，特别是部分麦田，对于猪殃殃发生较多的地块防治适期已过，杂草较大、小麦已经封行（图19-101）；应在2月下旬至3月上旬尽早施药。可以用15%噻磺隆可湿性粉剂10~15g/亩+40%唑草酮干悬浮剂3~4g/亩+20%氯氟吡氧乙酸乳油40~60ml/亩、50g/L双氟磺草胺悬浮剂5~10ml/亩+40%唑草酮干悬浮剂3~4g/亩+20%氯氟吡氧乙酸乳油40~60ml/亩。

该时期小麦密度大、杂草发生重，常规喷药方法喷雾时药剂根本不能均匀喷施到每株杂草上，难以达到防治效果。要想达到好的防治效果，喷药时必须喷匀、喷细、喷透，必须保证除草剂均匀喷雾到所有杂草的茎叶之上，选用自走式喷杆喷雾机应用1号或1.5号喷头，高压电动喷杆喷雾器，应用直径0.3mm喷头，压力0.5MPa，水量10~20kg/亩，田间无风或微风时喷头高度控制在距小麦上部叶片0.5~0.6m，雾滴应在150μm以下，喷雾角应在30°左右；同时，施药时加入安全型多功能喷雾助剂农希望6号喷雾宝或60%油酸甲酯液剂（喷雾精）10~20ml/15kg药液对水均匀喷雾，必须把药喷匀、喷细、喷透，所有杂草的药剂附着率达90%以上，叶面没有肉眼可见的雾滴，才能保证安全高效。

因这个时期的天气多变、气温不稳定，应根据天气情况选择药剂及时施药。田间小麦未严重封行、猪殃殃不是特别大时，可以加乙羧氟草醚或唑草酮；对猪殃殃较大、小麦密度较高的地块，最好加大20%氯氟吡氧乙酸乳油的用量至50~75ml/亩。小麦返青期不能施药太早或太晚，应在杂草充分返青后施药，但是杂草也不能太大，否则效果下降，安全性差，对小麦会有一定程度的药害。

图19-101　小麦返青期猪殃殃等杂草严重发生情况

3. 麦家公、婆婆纳等麦田杂草防治

在黄淮海冬小麦产区，部分除草剂应用较多的麦区，麦田杂草群落发生了较大的变化，麦家公、婆婆纳发生量较大，防治比较困难（图19-102），必须针对不同地块的草情和生育时期选择适宜的除草剂种类和适宜的施药剂量，否则就不能达到较好的除草效果。一般年份麦家公、婆婆纳在小麦播种后2～3周开始发生，多数于11月达到出苗高峰，小麦返青期麦家公、婆婆纳快速生长，3月即逐渐开花成熟，防治时应抓好冬前期杂草的防治。

图19-102　小麦田麦家公、婆婆纳等杂草发生为害情况

小麦冬前期，婆婆纳、麦家公大量出苗除草剂施用关键技术：

小麦冬前期，对于中南部麦区，气温较高，于11月中下旬到12月上旬；对于华北麦区11月中旬，对于适期播种的小麦，婆婆纳、麦家公、播娘蒿、荠菜、猪殃殃等阔叶杂草大量出苗，且杂草较小、较多时（图19-103），应及时进行防治。可以10%苯磺隆可湿性粉剂15～20g/亩+40%氟唑草酮干悬浮剂2～4g/亩+20%氯氟吡氧乙酸乳油30～50ml/亩、10%苯磺隆可湿性粉剂15～20g/亩+10%乙羧氟草醚乳油10～15ml/亩+20%氯氟吡氧乙酸乳油30～50ml/亩。

对于小麦未封行的麦田，自走式喷杆喷雾机应用1.5号或2号喷头，高压电动喷杆喷雾机，应用直径0.5～0.8mm喷头，压力0.3～0.4MPa，水量10～20kg/亩，田间无风或微风时喷头高度控制在距靶标0.5～0.6m，喷匀、喷细、喷透，所有杂草的药剂附着率达90%以上，叶面没有肉眼可见的雾滴，才能保证安全高效；同时，施药时加入安全型多功能喷雾助剂农希望6号喷雾宝或60%油酸甲酯液剂（喷雾精）10～20ml/15kg药液对水均匀喷雾，以保证叶片均匀附着药剂（图19-104）。传统的低压喷雾器、大孔径圆锥喷头、摇摆式喷药的方法，难以保证药效与安全性。

该期施药应注意墒情、杂草大小和施药时期，适当调整药剂种类和剂量；对于中南部麦区施药过早时药量应适当加大，不要用氟唑草酮和乙羧氟草醚；该期不能施药过晚，在气温低于8℃时，除草效果降低，对小麦的安全性较差或出现药害现象。

图19-103　小麦冬前期婆婆纳等杂草发生为害情况　　图19-104　超细喷头加上农希望6号喷雾宝喷雾效果

4. 麦花生轮套作麦田杂草防治

在冬小麦产区，麦花生套作、轮作的方式较为普遍。该类麦区麦田杂草主要是播娘蒿、荠菜，个别地块有少量麦家公、猪殃殃、佛座、泽漆等（图19-105）。该类麦区小麦播种较晚，又多为沙壤土或沙碱地，常常由于墒情、天气、管理等方面存在较大差异，杂草发生规律性较差，冬前防治往往不被重视；同时，在麦花生套作区，花生常在小麦收获前点播在小麦行间，小麦返青期盲目使用除草剂，经常性出现药害。生产上应注意选择除草剂品种和施药技术。

图19-105 小麦与花生轮作或套作田返青期杂草发生为害情况

在小麦冬前期，要注意选择持效期相对较短或对花生安全的除草剂品种。中南部小麦产区，于11月中下旬到12月上旬，选择墒情较好、气温稳定在8℃时施药除草效果较好，可以用15%噻磺隆可湿性粉剂10～15g/亩+10%乙羧氟草醚乳油10～15ml/亩+20%氯氟吡氧乙酸乳油20～30ml/亩；北方麦区，在小麦返青期，一般在3月上旬施药，因为这一时期天气多变、气温不稳定，应根据天气情况选择药剂及时施药，可以用15%噻磺隆可湿性粉剂10～15g/亩+10%乙羧氟草醚乳油10～15ml/亩+20%氯氟吡氧乙酸乳油30～50ml/亩。

对于小麦未封行的麦田，选用自走式喷杆喷雾机应用1.5号或2号喷头，高压电动喷杆喷雾机应用直径0.5～0.8mm喷头，压力0.3～0.4MPa，水量10～20kg/亩，田间无风或微风时喷头高度控制在距靶标0.5～0.6m，喷匀、喷细、喷透，所有杂草的药剂附着率达90%以上，叶面没有肉眼可见的雾滴，才能保证安全高效；同时，施药时加入安全型多功能喷雾助剂农希望6号喷雾宝，或60%油酸甲酯液剂（喷雾精）10～20ml/15kg药液对水均匀喷雾，以保证叶片均匀附着药剂。传统的低压喷雾器、大孔径圆锥喷头、摇摆式喷药的方法，难以保证药效与安全性。

在天气晴朗、气温高于10℃，且天气预报未来几天天气较好的情况下，可以用15%噻磺隆可湿性粉剂10～15g/亩+20%2甲4氯水剂150～200ml/亩、15%噻磺隆可湿性粉剂10～15g/亩+20%2甲4氯水剂150～200ml/亩+10%乙羧氟草醚乳油10～15ml/亩对水均匀喷施，一定要注意天气和小麦生育时期。注意不要施药太早，温度较低（低于10℃）、泽漆未返青时药效不好，小麦易于发生药害；也不要施药过晚，杂草过大、小麦拔节后施药，药效下降，对小麦的安全性不好，易于发生严重的药害。

（四）小麦拔节至孕穗期病虫害与农药施用关键技术

3月中旬至4月上旬，气温升高，小麦开始旺盛生长，病虫开始活动，该期是预防小麦病虫害的一个关键时期（图19-106）。小麦纹枯病、蚜虫开始发生为害，干旱时麦田红蜘蛛发生为害，锈病、白粉病也开始入侵，应加强田间的预测预报并及时地进行喷药防治。

图19-106　小麦拔节期孕穗期主要病虫发生为害情况

麦田管理较好的麦田，该期应及时对蚜虫、纹枯病、白粉病和锈病进行施药预防。应选用内吸性好、持效期长的农药，可以用70%吡虫啉水分散粒剂4~8g/亩+70%甲基硫菌灵可湿性粉剂75~100g/亩+12.5%烯唑醇可湿性粉剂30~50g/亩+0.004%芸苔素内酯水剂10~20ml/亩、25%噻虫嗪水分散粒剂10~20g/亩+40%苯醚甲环唑悬浮剂20~40ml/亩+0.004%芸苔素内酯水剂10~20ml/亩。对于小麦长势过旺的田块，喷洒15%多效唑可湿性粉剂25~50g/亩，可有效地控制旺长，缩短基部节间，防止小麦倒伏。

该期小麦长势旺、密度很大，传统的低压喷雾器、圆锥喷头、摇摆喷药方式，重喷漏喷太多、雾滴大、雾化差，药剂大量流失，药剂喷施不到发病部位，喷雾防治效果不好（图19-107）。尽管所用药剂内吸性好、持效期长，但药剂只能沿蒸腾水流上传，而药剂不会下传，也不会从1叶传至另外1叶，必须保证均匀喷雾到小麦的茎基部、下部和内部茎叶。选用自走式喷杆喷雾机应用1.5号或2号喷头，高压电动喷杆喷雾器，应用直径0.5~0.8mm喷头，压力0.3~0.4MPa，水量10~20kg/亩，田间无风或微风时喷头高度控制在距靶标0.5~0.6m，喷雾角应在45°以上，必须把药喷匀、喷细、喷透，下部茎叶、叶鞘的药剂附着率达90%以上（图19-108）；同时，还应加入超强扩散性喷雾助剂（农希望7号喷雾宝）20~25ml/15kg药液，或超强沉积扩散性喷雾助剂（农希望8号喷雾宝）20~25ml/15kg药液，天气特别干旱时喷药应加入多功能润湿性喷雾助剂（农希望5号喷雾宝）50~75ml/15kg药液对水均匀喷雾；以确保茎叶上药剂均匀沉积附着、均匀润湿扩散，确保农药被充分地吸收利用。

图19-107 小麦拔节至孕穗期,传统的低压喷雾器、圆锥喷头、摇摆喷药方式,喷药不均匀,雾滴太大,药剂流失浪费,病虫害防治效果差

图19-108 小麦拔节至孕穗期,蚜虫、纹枯病、白粉病和锈病都在下部茎叶开始发生,必须用专业的喷雾器械和喷雾助剂,必须把药喷匀、喷细、喷透,下部茎叶、叶鞘的药剂附着率达90%以上

田间叶螨发生较重时,结合预防蚜虫、纹枯病、白粉病和锈病时,可以喷洒1.8%阿维菌素乳油10~20ml/亩+70%吡虫啉水分散粒剂4~6g/亩+5%井冈霉素水剂200ml/亩+40%苯醚甲环唑悬浮剂20~40ml/亩+0.004%芸苔素内酯水剂10~20ml/亩,或10%联苯菊酯乳油20~30ml/亩+25%噻虫嗪水分散粒剂10~20g/亩+70%甲基硫菌灵可湿性粉剂75~100g/亩+0.004%芸苔素内酯水剂10~20ml/亩。对于小麦长势过旺的田块,结合小麦病虫害的防治,喷洒15%多效唑粉剂25~50g/亩,可有效地控制旺长,缩短基部节间,防止小麦倒伏。

红蜘蛛多发生在下部叶片上,小麦纹枯病也发生在小麦的茎基部和下部叶鞘上,而该期小麦已封行、生长茂密(图19-109);同时,防治叶螨的农药没有内吸性,喷药必须保证喷雾到中下部所有的茎叶,选用自走式喷杆喷雾机应用1号或1.5号喷头,高压电动喷杆喷雾器,应用直径0.3~0.5mm喷头,压力0.4~0.5MPa,水量10~20kg/亩,田间无风或微风时喷头高度控制在距靶标0.4~0.6m;同时,并加入超强沉积扩散性喷雾助剂农希望7号喷雾宝,或25%油酸甲酯液剂(喷雾精)5~10ml/15kg药液,天旱时喷药应加入多功能润湿性喷雾助剂农希望5号喷雾宝,或50%油酸甲酯液剂(喷雾精)20ml/15kg药液对水均匀喷雾;以确保茎叶上药剂均匀沉积附着、均匀扩散分布,确保农药被充分地吸收利用,才能取得较好的防治效果,传统的低压喷雾器摇摆喷药方式效果差。

图19-109 小麦拔节至孕穗期,特别是已封行、生长茂密的小麦,红蜘蛛发生在中下部叶片上,喷药必须保证均匀喷雾到基部茎叶;同时,还应加入增加扩散与分布的喷雾助剂,必须把药喷匀、喷细、喷透,小麦茎基部的药剂附着率达90%以上,才能保证对小麦红蜘蛛的有效防治

（五）小麦抽穗至成熟期病虫害与农药施用关键技术

4月中旬至5月，气温升高，病虫开始发生为害，该期是防治小麦病虫害的一个关键时期（图19-110）。该期是蚜虫、白粉病、锈病的重要发生为害期，在部分地区和年份赤霉病发生严重，部分麦田红蜘蛛、锈病、叶枯病、黑颖病等也会大发生，应注意田间调查，及时防治，控制病虫为害，减少损失。

图19-110　小麦抽穗至灌浆期主要病虫害发生为害情况

小麦扬花期，重点是防治小麦赤霉病，同时兼治蚜虫、小麦锈病、小麦白粉病、小麦颖枯病、小麦叶枯病等病虫害，应结合天气预报，特别是小麦芽花期降雨，更应在花期前后及时喷药。用70%甲基硫菌灵可湿性粉剂75～120g/亩+40%氟硅唑乳油6～8ml/亩+10%联苯菊酯乳油15～20ml/亩+0.001%芸苔素内酯水剂10～20ml/亩、48%氰烯·戊唑醇（戊唑醇12%+氰烯菌酯36%）悬浮剂50～80g/亩+25g/L高效氯氟氰菊酯乳油20～30ml/亩+0.001%芸苔素内酯水剂10～20ml/亩、200g/L氟唑菌酰羟胺悬浮剂50～80g/亩+25g/L高效氯氟氰菊酯乳油20～30ml/亩+0.001%芸苔素内酯水剂10～20ml/亩、28%烯肟·多菌灵（烯肟菌酯7%+多菌灵21%）可湿性粉剂50～100g/亩+25g/L溴氰菊酯乳油20～30ml/亩+0.001%芸苔素内酯水剂10～20ml/亩，达到兼治多种病虫害的目的。

小麦赤霉病、麦穗蚜的发病部位在麦穗部，小麦锈病、小麦白粉病在小麦中上部茎叶上发生为害。该期小麦茎叶、麦穗、小麦颖壳上蜡质厚，表面有刺和绒毛，病部着药困难，喷药必须保证均匀喷雾到麦穗内外和中上部茎叶，雾滴的附着率直接影响喷药效果，选用自走式喷杆喷雾机应安装1号或1.5号喷头，高压电动喷杆喷雾器，应用直径0.3～0.5mm喷头，压力0.5MPa，水量10～20kg/亩，田间无风或微风时喷头高度控制在距靶标0.5~0.8m，雾滴应在150μm以下，喷雾角度应在45°以下；同时，并加入超强沉积扩散性喷雾助剂农希望7号喷雾宝，或25%油酸甲酯液剂（喷雾精）5~10ml/15kg药液，天旱时喷药应加入多功能润湿性喷雾助剂农希望5号喷雾宝，或50%油酸甲酯液剂（喷雾精）20ml/15kg药液对水均匀喷雾，必须把药喷匀、喷细、喷透，保证小麦穗部和中上部茎叶的药剂附着率达90%以上，才能取得较好的防治效果（图19-111）。传统的低压喷雾器、圆锥喷头、摇摆喷药方式，喷不匀、喷不透。

图19-111 小麦赤霉病发生在穗部，喷药时必须保证均匀喷雾到麦穗上；同时，还应加入增加沉积与分布的喷雾助剂，必须把药雾化得非常细，喷透、喷匀，麦穗部的药剂附着率达90%以上，才能保证对小麦赤霉病的有效防治

在小麦灌浆期，麦穗蚜严重发生麦田，为了兼治小麦锈病、小麦白粉病，可用25g/L高效氯氟氰菊酯乳油20~30ml/亩+25%戊唑醇水乳剂25~33ml/亩+0.001%芸苔素内酯水剂10~20ml/亩、2.5%溴氰菊酯乳油20~30ml/亩+25%腈菌唑乳油45~54ml/亩+0.001%芸苔素内酯水剂10~20ml/亩。

当小麦锈病、白粉病发生较重时，为了兼治蚜虫，可用25%戊唑醇水乳剂25~33ml/亩+10%联苯菊酯乳油20~30ml/亩+0.001%芸苔素内酯水剂10~20ml/亩、25%腈菌唑乳油45~54ml/亩+10%联苯菊酯乳油20~30ml/亩+0.001%芸苔素内酯水剂10~20ml/亩、40%氟硅唑乳油6~8ml/亩+10%联苯菊酯乳油20~30ml/亩+0.001%芸苔素内酯水剂10~20ml/亩。

小麦灌浆期，麦穗蚜、小麦锈病、小麦白粉病在小麦中上部茎叶上发生为害。该期小麦茎叶、麦穗、叶鞘上蜡质厚，病虫害的发生部位着药困难，雾滴的附着率直接影响喷药效果。选用自走式喷杆喷雾机应用1号或1.5号喷头，高压电动喷杆喷雾器，应用直径0.3~0.5mm喷头，压力0.5MPa，水量10~20kg/亩，喷雾角度应在45°以上，田间无风或微风时喷头高度控制在距靶标0.6~0.8m，雾滴应在150μm以下；同时，并加入超强沉积扩散性喷雾助剂农希望7号喷雾宝，或25%油酸甲酯液剂（喷雾精）5~10ml/15kg药液，天旱时喷药应加入多功能渗透性喷雾助剂农希望5号喷雾宝，或50%油酸甲酯液剂（喷雾精）20ml/15kg药液对水均匀喷雾，必须把药喷匀、喷细、喷透，保证小麦中上部茎叶的药剂附着率达90%以上，才能取得好的防治效果。传统的低压喷雾器、圆锥喷头、摇摆喷药方式，喷不匀、喷不透、附着差，麦茎叶上的药剂太少而达不到防治效果。

第二十章 水稻病虫草害与农药施用关键技术

一、水稻病害与农药施用关键技术

稻田病害种类较多,已发现的有70多种,对水稻生产影响严重。其中,稻瘟病、纹枯病、白叶枯病、胡麻斑病、恶苗病、细菌性条斑病等发生较重。

1. 稻瘟病

症　状　*Piricularia oryzae* 称稻梨孢,属无性型真菌。主要为害叶片、茎秆、穗部。因为害时期、部位不同分为苗瘟、叶瘟、节瘟、穗颈瘟、谷粒瘟。

苗瘟:发生于3叶前(图20-1),由种子带菌所致。病苗基部灰黑色,上部变褐,卷缩而死,湿度较大时病部产生大量灰黑色霉层(图20-2)。

叶瘟:从3叶期至穗期均可发生,分蘖至拔节期为害较重。由于气候条件和品种抗病性不同,叶瘟病斑又分以下4种类型。慢性型病斑:开始在叶上产生暗绿色小斑,逐渐扩大为梭形斑,常有延伸的褐色坏死线。病斑中央灰白色,边缘褐色,外有淡黄色晕圈,潮湿时叶背有灰色霉层,病斑较多时连片形成不规则大斑(图20-3)。急性型病斑:在叶片上形成暗绿色近圆形或椭圆形病斑,叶片两面都产生褐色霉层(图20-4)。白点型病斑:嫩叶发病后,产生白色近圆形

图20-1　水稻苗期稻瘟病为害情况

小斑,不产生孢子,气候条件利其扩展时,可转为急性型病斑(图20-5)。褐点型病斑:多在高抗品种或老叶上产生针尖大小的褐点,只产生于叶脉间,产生少量孢子(图20-6)。

节瘟:常在抽穗后发生,初在稻节上产生褐色小点,后逐渐绕节扩展一周,使病部变褐变黑,易折断(图20-7),发生早时形成枯白穗。

穗颈瘟:初形成褐色小点,放展后使穗颈部变褐,也造成枯白穗(图20-8)。

谷粒瘟:产生褐色椭圆形或不规则斑,可使稻谷变黑。有的颖壳无症状,护颖受害变褐,使种子带菌(图20-9和图20-10)。

图20-2　稻瘟病苗期受害症状

图20-3 稻瘟病叶瘟慢性型病斑

图20-4 稻瘟病叶瘟急性型病斑

图20-5 稻瘟病叶瘟白点型病斑

图20-6 稻瘟病叶瘟褐点型病斑　　　图20-7 稻瘟病节瘟症状

图20-8 稻瘟病穗颈瘟症状　　　图20-9 稻瘟病谷粒瘟初期症状

图20-10 稻瘟病谷粒瘟后期症状

发生规律 病菌以分生孢子和菌丝体在稻草和稻谷上越冬。翌年产生分生孢子借风雨传播到稻株上，萌发侵入寄主向邻近细胞扩展发病，形成中心病株。病部形成的分生孢子，借风雨传播进行再侵染。播种带菌种子可引起苗瘟。适温高湿，有雨、雾、露存在条件下有利于发病。阴雨连绵，日照不足或时晴时雨，或早晚有云雾或结露条件，病情扩展迅速。

施药技术 对于南方稻区等苗期稻瘟病多发地区，可以用药剂进行种子处理，全生长期均可以发病，加强田间病情调查，及时施药防治。防治叶瘟，于7月下旬发病初期，田间见急性型病斑；防治穗瘟，于孕穗末期至抽穗期进行施药。

育苗田、水直播田，苗瘟发生较多，生产上应注意调查，在发病前期及时防治，可以用35%三环唑悬浮剂43~57ml/亩、40%三环·氟环唑（三环唑30%+氟环唑10%）悬浮剂30~40ml/亩、40%噻呋·三环唑（噻呋酰胺8%+三环唑32%）悬浮剂42~58ml/亩、13%春雷·三环唑（三环唑10%+春雷霉素3%）可湿性粉剂100~140g/亩、40%咪鲜·三环唑（咪鲜胺10%+三环唑30%）可湿性粉剂30~35g/亩、70%甲硫·三环唑（三环唑35%+甲基硫菌灵35%）可湿性粉剂30~40g/亩。

水稻叶片蜡质层厚、叶片直立，着药相对困难。传统的低压喷雾器、圆锥喷头、摇摆喷药方式，雾滴大、雾化差，喷雾防治效果不好。选用自走式喷杆喷雾机应用1号或1.5号喷头，高压电动喷杆喷雾器，应用直径0.5~0.8mm喷头，压力0.3~0.4MPa，水量10~20kg/亩，田间无风或微风时喷头高度控制在距靶标0.5~0.6m，必须把药喷匀、喷细、喷透，保证所有中下部叶片的药剂附着率达95%以上；同时，并加入超强沉积扩散性喷雾助剂农希望7号喷雾宝，或25%油酸甲酯液剂（喷雾精）10~20ml/15kg药液，天旱时喷药应加入多功能润湿性喷雾助剂农希望5号喷雾宝，或50%油酸甲酯液剂（喷雾精）20~40ml/15kg药液对水均匀喷雾；以确保茎叶上药剂均匀沉积附着、均匀润湿扩散和渗透吸收，确保农药被充分地吸收利用，才能取得较好的防治效果。

移栽田防治叶瘟，于7月下旬发病初期，田间见急性型病斑，可用16%春雷霉素·稻瘟酰胺（稻瘟酰胺15%+春雷霉素1%）悬浮剂60～100ml/亩、30%稻瘟·三环唑（三环唑20%+稻瘟酰胺10%）悬浮剂83～100ml/亩、30%肟菌·戊唑醇(戊唑醇20%+肟菌酯10%）悬浮剂36～45ml/亩、25%噻呋·嘧菌酯（噻呋酰胺5%+嘧菌酯20%）悬浮剂30～40ml/亩、23%醚菌·氟环唑（氟环唑11.5%+醚菌酯11.5%）悬浮剂40～60ml/亩、30%苯甲·嘧菌酯（苯醚甲环唑15%+嘧菌酯15%）悬浮剂30～45g/亩、40%稻瘟酰胺·嘧菌酯（嘧菌酯20%+稻瘟酰胺20%）悬浮剂25～50ml/亩、25%稻瘟酰胺·咪鲜胺（咪鲜胺15%+稻瘟酰胺10%）微囊悬浮–悬浮剂60～80ml/亩。

该期水稻密度较大、稻叶片蜡质层厚、叶片直立，着药比较困难。传统的低压喷雾器、圆锥喷头、摇摆喷药方式，雾滴大、雾化差，喷雾防治效果不好（图20-11）。选用自走式喷杆喷雾机应用1号或1.5号喷头，高压电动喷杆喷雾器，应用直径0.3～0.5mm喷头，压力0.4～0.5MPa，水量10～20kg/亩，田间无风或微风时喷头高度控制在距靶标0.5～0.8m，必须把药喷匀、喷细、喷透，保证所有中下部叶片的药剂附着率达90%以上；同时，还应加入超强沉积扩散性喷雾助剂农希望7号喷雾宝或25%油酸甲酯液剂（喷雾精）10～20ml/15kg药液，天旱时喷药应加入多功能润湿性喷雾助剂农希望5号喷雾宝或50%油酸甲酯液剂（喷雾精）20～40ml/15kg药液对水均匀喷雾；以确保茎叶上药剂均匀沉积附着、均匀扩散分布（图20-12），提高农药吸收利用效果。

图20-11 水稻叶瘟发生期，水稻密度大，普通喷雾器压力小、雾滴较大，只有上部叶片有少量大雾滴，多数叶片没有附着药剂，防效较差

图20-12 稻瘟病严重发生期，喷药必须保证均匀喷雾到所有茎叶；同时，还应加入增加扩散与分布的喷雾助剂，必须把药喷匀、喷细、喷透，茎叶的药剂附着率达90%以上，才能保证效果

防治穗瘟，于孕穗末期至抽穗期，可喷施30%苯甲·嘧菌酯（苯醚甲环唑15%+嘧菌酯15%）悬浮剂30~45g/亩、40%稻瘟酰胺·嘧菌酯（嘧菌酯20%+稻瘟酰胺20%）悬浮剂25~50ml/亩、40%噻呋·嘧菌酯（噻呋酰胺8%+嘧菌酯32%）悬浮剂30~40ml/亩、23%醚菌·氟环唑（氟环唑11.5%+醚菌酯11.5%）悬浮剂40~60ml/亩、25%稻瘟酰胺·咪鲜胺（咪鲜胺15%+稻瘟酰胺10%）微囊悬浮-悬浮剂60~80ml/亩。

稻穗部蜡质厚、毛刺多，难以着药；该期水稻密度较大、稻叶片蜡质层厚、叶片直立，着药比较困难。传统的低压喷雾器、圆锥喷头、摇摆喷药方式，雾滴大、雾化差，喷不匀，很多药剂并未喷施到发病部位，喷雾防治效果不好（图20-13）。自走式喷杆喷雾机应用1号或1.5号喷头，高压电动喷杆喷雾器，应用直径0.3~0.5mm喷头，压力0.4~0.5MPa，水量10~20kg/亩，田间无风或微风时喷头高度控制在距靶标0.5~0.8m，必须把药喷匀、喷细、喷透，保证所有中下部叶片的药剂附着率达95%以上；同时，还应加入超强沉积扩散性喷雾助剂农希望7号喷雾宝，或25%油酸甲酯液剂（喷雾精）10~20ml/15kg药液，天旱时喷药应加入多功能润湿性喷雾助剂农希望5号喷雾宝，或50%油酸甲酯液剂（喷雾精）20~40ml/15kg药液对水均匀喷雾；以确保茎叶上药剂均匀沉积附着、均匀扩散分布（图20-14），提高农药吸收利用效果。

图20-13 防治水稻穗部稻瘟病喷药是关键，普通喷雾器压力小、雾滴较大，穗部没有附着药剂，防效较差

图20-14 防治水稻穗部稻瘟病喷药是关键，必须用高压喷杆喷雾器，压力大、雾化细、喷药匀，加入专业助剂，保证穗部均匀地附着药剂

2. 水稻纹枯病

症　　状　*Rhizoctonia solani*称立枯丝核菌，属无性型真菌。苗期至穗期都可发病。叶鞘染病：在近水面处产生暗绿色水浸状边缘模糊小斑，后渐扩大呈椭圆形或云纹形，中部呈灰绿或灰褐色，湿度低时中部呈淡黄色或灰白色，中部组织破坏呈半透明状，边缘暗褐色，发病严重时数个病斑融合形成大病斑，呈不规则状云纹斑（图20-15）。叶片染病：病斑也呈云纹状，边缘褪黄，发病快时病斑呈污绿色，叶片很快腐烂（图20-16）。湿度大时，病部长出白色网状菌丝，后汇聚成白色菌丝团，形成菌核，菌核深褐色，易脱落。高温条件下病斑上产生一层白色粉霉层即病菌的担子和担孢子（图20-17）。为害后期，田间稻株不能抽穗，抽穗的秕谷较多，千粒重下降（图20-18）。

发生规律 病菌主要以菌核在土壤中越冬,也能以菌丝体在病残体上或在田间杂草等其他寄主上越冬。水稻拔节期病情开始激增,病害向横向、纵向扩展,抽穗前以叶鞘为害为主,抽穗后向叶片、穗颈部扩展。早期落入水中菌核也可引发稻株再侵染。水稻纹枯病适宜在高温、高湿条件下发生和流行。生长前期雨日多、湿度大、气温偏低,病情扩展缓慢,中后期湿度大、气温高,病情迅速扩展,后期高温干燥抑制了病情。长期深灌,偏施、迟施氮肥,水稻郁闭,徒长促进纹枯病发生和蔓延。

施药技术 药剂防治一般掌握发病初期施药,在分蘖盛期田块丛发病率达3%～5%或拔节到孕穗期丛发病率达10%时用药防治。

发病初期,可用20%氟酰胺可湿性粉剂100～125g/亩、60%肟菌酯水分散粒剂9～12g/亩、80%嘧菌酯水分散粒剂15～20g/亩、40%菌核净可湿性粉剂200～250g/亩、25%络氨铜水剂125～184g/亩、8%井冈霉素A水剂80～100ml/亩、240g/L噻呋酰胺悬浮剂18～23ml/亩、40%多菌灵可湿性粉剂125g/亩、36%甲基硫菌灵悬浮剂800～1500倍液、20%氟胺·嘧菌酯(嘧菌酯10%+氟酰胺10%)水分散粒剂70～100g/亩。

图20-15 水稻纹枯病为害叶鞘症状

该期水稻纹枯病发生在水稻的茎基部和下部叶鞘上(图20-19),而该期水稻长势旺、已封行、密度很大,常规喷药方法,药剂喷施不到水稻茎基部的发病部位(图20-20),难以达到防治效果。喷药必须保证均匀喷雾到所有水稻的茎基部、下部和内部茎叶,选用自走式喷杆喷雾机应用1号或1.5号喷头,高压电动喷杆喷雾器,应用直径0.3～0.5mm喷头,压力0.4～0.5MPa,水量10～20kg/亩;并加入高效扩散性喷雾助剂农希望7号喷雾宝10～20ml/15kg药液对水均匀喷雾;田间无风或微风时喷头高度控制在距稻叶尖0.5～0.6m,雾滴应在150μm以下,喷雾角应在45°以上;必须把药喷匀、喷细、喷透,下部茎叶、叶鞘的药剂附着率达90%以上(图20-21)。

图20-16 水稻纹枯病为害叶片症状

第二十章 水稻病虫草害与农药施用关键技术

图20-17 水稻纹枯病为害后期白色菌丝、黑色菌核

图20-18 水稻纹枯病为害田间症状

图20-19 水稻纹枯病发病部位

图20-20 水稻纹枯病发生在水稻的茎基部和下部叶鞘上,普通喷雾器雾化差、雾滴较大,只有上部叶片有少量雾滴,药剂喷施不到水稻茎基部的发病部位,大面积的茎基部发病部位没有附着药剂,防效较差

图20-21 防治水稻纹枯病喷药是关键，必须用高压喷杆喷雾器，压力大、雾化细、喷药匀，加入专业助剂，保证茎基部、叶鞘上均匀地附着药剂

拔节到孕穗期丛发病率达10%时喷药防治，病情仍有发展，需间隔7～10d再喷药1次。用240g/L噻呋酰胺悬浮剂18～23ml/亩、40%多菌灵可湿性粉剂125g/亩、36%甲基硫菌灵悬浮剂800～1 500倍液、20%氟胺·嘧菌酯（嘧菌酯10%+氟酰胺10%）水分散粒剂70～100g/亩、30%噻呋·氟环唑（噻呋酰胺10%+氟环唑20%）悬浮剂20～30g/亩、30%噻呋·嘧菌酯（噻呋酰胺10%+嘧菌酯20%）悬浮剂30～40ml/亩、50%甲硫·己唑醇（己唑醇5%+甲基硫菌灵45%）悬浮剂30～40g/亩、30%噻呋·噻森铜（噻呋酰胺15%+噻森铜15%）悬浮剂13～21ml/亩、24%井冈·氟环唑（井冈霉素A16%+氟环唑8%）悬浮剂20～30ml/亩、27.8%噻呋·苯醚甲（苯醚甲环唑13.9%+噻呋酰胺13.9%）悬浮剂20～25ml/亩、38%噻呋·肟菌酯（噻呋酰胺30.4%+肟菌酯7.6%）悬浮剂14～18ml/亩、32%氟环·嘧菌酯（嘧菌酯20%+氟环唑12%）悬浮剂35～45ml/亩、24%丙环唑·噻呋酰胺（噻呋酰胺8%+丙环唑16%）悬乳剂15～20ml/亩。

该期水稻长势旺、密度很大，水稻纹枯病发生在水稻的茎基部、下部叶鞘、中上部叶片，喷药必须保证均匀喷雾到所有水稻的茎基部、中下部茎叶，自走式喷杆喷雾机应用1号或1.5号喷头，高压电动喷杆喷雾器,应用直径0.3～0.5mm喷头，压力0.4～0.5MPa，水量10～20kg/亩；还应加入超强沉积扩散性喷雾助剂农希望7号喷雾宝，或25%油酸甲酯液剂（喷雾精）10～30ml/15kg药液，天旱时喷药应加入多功能润湿性喷雾助剂农希望5号喷雾宝，或50%油酸甲酯液剂（喷雾精）20～50ml/15kg药液对水均匀喷雾；田间无风或微风时喷头高度控制在距水稻冠层0.5～0.8m，雾滴应在150μm以下，喷雾角应在45°以上；必须把药喷匀、喷细、喷透，中下部茎叶、叶鞘的药剂附着率达90%以上。

3．水稻白叶枯病

症　　状　*Xanthomonas oryzae* pv.*oryzae* 称水稻黄单胞菌稻致病变种，属细菌。苗期、分蘖期受害最重，叶片最易染病。叶枯型：先从叶尖或叶缘开始，先出现暗绿色水浸状线状斑，很快沿线状斑形成黄白色病斑，然后沿叶缘两侧或中脉扩展，叶片变成黄褐色，最后叶片呈枯白色，病斑边缘界限明显（图20-22）。急性凋萎型：苗期至分蘖期，病菌从根系或茎基部伤口侵入维管束时易发病，心叶失水青枯，凋萎死亡，其余叶片也先后青枯卷曲，然后全株枯死，也有仅心叶枯死。褐斑或褐变型：病菌通过伤口侵入，在气温低或不利发病条件时，病斑外围会出现带状褐色坏死反应。为害严重时，田间一片枯黄（图20-23）。

图20-22 水稻白叶枯病为害叶片症状　　　图20-23 水稻白叶枯病为害植株症状

发生规律　病菌主要在稻种、稻草和稻桩上越冬，重病田稻桩附近土壤中的细菌也可越年传病。播种病谷、病菌可通过幼苗的根和芽鞘侵入。病稻草和稻桩上的病菌，遇到雨水就渗入水流中，秧苗接触带菌水，病菌从水孔、伤口侵入稻体。病斑上的溢脓，可借风、雨、露水和叶片接触等进行再侵染。雨水多、湿度大，施用过量氮肥等均有利发病。

施药技术　经常进行田间调查，发现中心病株后，及时喷药防治，可用60亿芽孢/ml解淀粉芽孢杆菌LX-11悬浮剂500～650g/亩、100亿芽孢/g枯草芽孢杆菌可湿性粉剂50～60g/亩、3%中生菌素水剂400～533ml/亩、50%氯溴异氰尿酸可溶粉剂40～60g/亩、36%三氯异氰尿酸可湿性粉剂60～90g/亩、30%噻森铜悬浮剂70～85ml/亩、20%噻菌铜悬浮剂100～130g/亩。

水稻叶片蜡质层厚、叶片直立，着药相对困难。选用自走式喷杆喷雾机应用1号或1.5号喷头，高压电动喷杆喷雾器，应用直径0.5～0.8mm喷头，压力0.3～0.4MPa，水量10～20kg/亩，田间无风或微风时喷头高度控制在距靶标0.5～0.6m，必须把药喷匀、喷细、喷透，保证所有中下部叶片的药剂附着率达90%以上；同时，还应加入超强沉积扩散性喷雾助剂农希望7号喷雾宝，或25%油酸甲酯液剂（喷雾精）10～20ml/15kg药液，天旱时喷药应加入多功能润湿性喷雾助剂农希望5号喷雾宝，或50%油酸甲酯液剂（喷雾精）20～40ml/15kg药液对水均匀喷雾；以确保茎叶上药剂均匀沉积附着、均匀扩散分布，提高农药吸收效果。

4．稻曲病

症　状　*Ustilaginoidea virens* 称稻绿核菌，属半知菌亚门真菌。只为害谷粒。病粒比正常谷粒大3～4倍，整个病粒被菌丝块包围，颜色初呈橙黄色，后转墨绿色；表面初呈平滑，后显粗糙龟裂，其上布满黑粉状物，此即为病菌厚垣孢子（图20-24和图20-25）。

图20-24 稻曲病为害谷粒初期症状

图20-25 稻曲病为害谷粒后期症状

发生规律 以菌核在地面或以厚垣孢子在稻粒上越冬。翌年菌核萌发产生厚垣孢子，由厚垣孢子再生小孢子及子囊孢子进行初侵染。侵染时期以水稻孕穗至开花期侵染为主。抽穗扬花期遇雨及低温则发病重。抽穗早的品种发病较轻，施氮过量或穗肥过重加重病害发生，连作地块发病重。

施药技术 在水稻破口前5~8d和齐穗期各喷药1次，对稻曲病的防效最为理想，这个时段是稻曲病防治的最佳时期。

水稻破口前5~8d，可用60%肟菌酯水分散粒剂9~12g/亩、40%嘧菌酯可湿性粉剂15~20g/亩、75%肟菌·戊唑醇（戊唑醇50%+肟菌酯25%）水分散粒剂10~15g/亩、30%啶氧·丙环唑（啶氧菌酯10%+丙环唑20%）悬浮剂30~38ml/亩，可以有效地控制病害的扩展。

水稻齐穗期，病害发生后期，用35%氟环·嘧菌酯（嘧菌酯20%+氟环唑15%）悬浮剂20~25ml/亩、23%醚菌·氟环唑（氟环唑11.5%+醚菌酯11.5%）悬浮剂30~50ml/亩、60%三环·氟环唑（氟环唑15%+三环唑45%）可湿性粉剂32~40g/亩、75%肟菌·戊唑醇（肟菌酯25%+戊唑醇50%）水分散粒剂10~15g/亩、75%戊唑·嘧菌酯（嘧菌酯25%+戊唑醇50%）可湿性粉剂10~15g/亩、25%噻呋·嘧菌酯（噻呋酰胺5%+嘧菌酯20%）悬浮剂30~40ml/亩、30%啶氧·丙环唑（啶氧菌酯10%+丙环唑20%）悬浮剂34~38ml/亩、40%己唑·多菌灵（己唑醇10%+多菌灵30%）悬浮剂40~60ml/亩、30%苯甲·丙环唑（苯醚甲环唑15%+丙环唑15%）乳油15~25ml/亩、75%苯醚·咪鲜胺（苯醚甲环唑15%+咪鲜胺锰盐60%）可湿性粉剂40~50g/亩、18.7%丙环·嘧菌酯（嘧菌酯7%+丙环唑11.7%）悬乳剂30~60ml/亩、20%烯肟·戊唑醇（戊唑醇10%+烯肟菌胺10%）悬浮剂40~53ml/亩。

稻穗部蜡质厚、毛刺多，难以着药；选用自走式喷杆喷雾机应用1号或1.5号喷头，高压电动喷杆喷雾器，应用直径0.3~0.5mm喷头，压力0.4~0.5MPa，水量10~20kg/亩，田间无风或微风时喷头高度控制在距靶标0.5~0.8m，必须把药喷匀、喷细、喷透，保证所有中下部叶片的药剂附着率达95%以上；同时，还应加入超强沉积扩散性喷雾助剂农希望7号喷雾宝或25%油酸甲酯液剂（喷雾精）10~20ml/15kg药液，天旱时喷药应加入多功能润湿性喷雾助剂农希望5号喷雾宝或50%油酸甲酯液剂（喷雾精）20~40ml/15kg药液对水均匀喷雾；确保茎叶上药剂均匀沉积附着、均匀扩散分布（图20-26），以提高农药吸收利用效果。

第二十章 水稻病虫草害与农药施用关键技术

图20-26 防治稻曲病，必须用高压喷杆喷雾器，压力大、雾化细、喷药匀，加入专业助剂，保证穗部均匀地附着药剂

5. 水稻恶苗病

症　状　*Fusarium moniliforme*称串珠镰孢菌，属无性型真菌。秧苗期到抽穗均可发病。苗期发病，感病重的稻种多不发芽或发芽后不久即死亡；轻病种发芽后，植株细高，叶狭窄，根少，全株淡黄绿色，一般高出健苗1/3左右，部分病苗移栽前后死亡（图20-27）。枯死苗上有淡红色或白色霉状物。本田内病株表现为拔节早，节间长，茎秆细高，少分蘖，节部弯曲变褐，有不定根。剖开病茎，内有白色菌丝（图20-28至图20-30）。

图20-27 水稻苗期恶苗病为害情况

图20-28 水稻本田恶苗病为害情况

图20-29 水稻恶苗病茎部不定根

图20-30 水稻恶苗病后期枯死症状

发生规律 主要以菌丝和分生孢子在种子内外越冬，其次是带菌稻草。病谷所长出的幼苗均为感病株，重者枯死，轻者病菌在植株体内半系统扩展（不扩展到花器），刺激植株徒长。在田间，病株产生分生孢子，经风雨传播，从健株伤口侵入引起再侵染。抽穗扬花期，分生孢子传播至花器上，导致种子带菌。旱秧比水秧发病重，一般籼稻较粳稻发病重，糯稻发病轻，晚播发病重于早稻。

施药技术 由于此病的最主要初侵染源是带菌种子，种子处理是防治此病的关键。

种子处理，可以用11%多·咪·福美双（咪鲜胺1%+多菌灵4%+福美双6%）悬浮种衣剂1：（55～60）（药种比）、62.5g/L精甲·咯菌腈（精甲霜灵37.5g/L+咯菌腈25g/L）悬浮种衣剂300～400ml/100kg种子、25g/L咯菌腈悬浮种衣剂400～600ml/100kg种子、25%噻虫·咯·霜灵（噻虫嗪22.2%+精甲霜灵

1.7%+咯菌腈1.1%）悬浮种衣剂400～600ml/100kg种子、35%咯菌腈·咪鲜胺·噻虫嗪（咪鲜胺3.8%+噻虫嗪27.4%+咯菌腈3.8%）种子处理悬浮剂225～285ml/100kg种子、32%戊唑·吡虫啉（戊唑醇1.1%+吡虫啉30.9%）种子处理悬浮剂600～900ml/100kg种子、12%氟啶·戊·杀螟（氟啶胺4.8%+戊唑醇2.4%+杀螟丹4.8%）种子处理可分散粉剂87～130g/100kg种子、24.1%肟菌·异噻胺（异噻菌胺17.2%+肟菌酯6.9%）种子处理悬浮剂15～25ml/kg种子、11%氟环·咯·精甲（氟唑环菌胺4.85%+精甲霜3.6%+咯菌腈2.55%）种子处理悬浮剂300～400ml/100kg种子、6%精甲·咯·嘧菌（嘧菌酯3.6%+精甲霜灵1.8%+咯菌腈0.6%）悬浮种衣剂667～1 000ml/100kg种子、3%咪鲜·恶霉灵（咪鲜胺1%+恶霉灵2%）悬浮种衣剂745～952ml/100kg种子、35g/L咯菌·精甲霜（精甲霜灵10g/L+咯菌腈25g/L）悬浮种衣剂400～500ml/100kg种子，进行种子包衣。

在田间苗期发病后，可以用45%代森铵水剂78～100ml/亩+50%咪鲜胺锰盐可湿性粉剂35～46g/亩、20%多·森铵（代森铵15%+多菌灵5%）悬浮剂200～333倍液、20%溴硝醇可湿性粉剂160～200倍液、450g/L咪鲜胺水乳剂稀释3 600～7 200倍液。选用高压电动喷杆喷雾器，应用直径0.3～0.5mm喷头，压力0.4～0.5MPa，水量10～20kg/亩，田间无风或微风时喷头高度控制在距靶标0.5～0.8m，必须把药喷匀、喷细、喷透，保证所有茎叶的药剂附着率达90%以上；同时，还应加入高效扩散性喷雾助剂如农希望3号喷雾宝10～20ml/15kg药液，最好加入超强扩散性喷雾助剂农希望7号喷雾宝10～30ml/15kg药液，或超强沉积扩散性喷雾助剂农希望8号喷雾宝10～20ml/15kg药液对水均匀喷雾，以确保茎叶上药剂均匀沉积附、均匀扩散分布，提高农药吸收利用效果。

6. 水稻胡麻斑病

症　状　*Bipolaris oryzae*称稻平脐蠕孢，属无性型真菌。从秧苗期至收获期均可发病，主要为害叶片。种子芽期受害，芽鞘变褐，芽未抽出，子叶枯死。叶片染病：初为褐色小点，渐扩大为椭圆斑，如芝麻粒大小，病斑中央褐色至灰白色，边缘褐色，周围有深浅不同的黄色晕圈，严重时连成不规则大斑。病叶由叶尖向内干枯，死苗上产生黑色霉状物（图20-31）。叶鞘染病：病斑初椭圆形，暗褐色，边缘淡褐色，水渍状，后变为中心灰褐色的不规则大斑。穗颈和枝梗染病：受害部暗褐色，造成穗枯。谷粒染病：早期受害的谷粒灰黑色扩至全粒造成秕谷。后期受害病斑小，边缘不明显。病重谷粒质脆易碎。气候湿润时，上述病部长出黑色绒状霉层，即病原菌分生孢子梗和分生孢子（图20-32至图20-34）。

图20-31　水稻胡麻斑病为害幼苗叶片症状

图20-32 水稻胡麻斑病为害叶片症状

图20-33 水稻胡麻斑病为害穗部症状

图20-34 水稻胡麻斑病为害田间症状

发生规律 病菌以菌丝体在病残体或附在种子上越冬,成为翌年初侵染源。带病种子播后,潜伏菌丝体可直接侵害幼苗,分生孢子可借风吹到秧田或本田,萌发菌丝直接穿透侵入或从气孔侵入,条件适宜时很快出现病症,并形成分生孢子,借风雨传播进行再侵染。苗期和孕穗至抽穗期最易感病,而谷粒则以灌浆期最易受感染。高温高湿环境下最易诱发胡麻斑病。氮肥施用过量时都易诱发病害。

施药技术 喷药可以制止此病的扩展蔓延,重点应放在抽穗至乳熟阶段,以保护剑叶、穗颈和谷粒不受侵染。在水稻破口前4～7d和齐穗期各喷1次,防效较好。

种子消毒,用2%苯甲·咪鲜胺(咪鲜胺1.4%+苯醚甲环唑0.6%)种子处理悬浮剂500～

665ml/100kg种子、33%噻虫·咯菌腈（噻虫嗪30%+咯菌腈3%）种子处理悬浮剂375~450ml/100kg种子、6%精甲·咯·嘧菌（嘧菌酯3.6%+精甲霜灵1.8%+咯菌腈0.6%）悬浮种衣剂667~1 000ml/100kg种子，进行种子包衣，包后即下田。

在水稻破口前4~7d和齐穗期各喷1次，可用75%肟菌·戊唑醇（肟菌酯25%+戊唑醇50%）水分散粒剂10~15g/亩、75%戊唑·嘧菌酯（嘧菌酯25%+戊唑醇50%）可湿性粉剂10~15g/亩、25%噻呋·嘧菌酯（噻呋酰胺5%+嘧菌酯20%）悬浮剂30~40ml/亩、30%啶氧·丙环唑（啶氧菌酯10%+丙环唑20%）悬浮剂34~38ml/亩、40%己唑·多菌灵（己唑醇10%+多菌灵30%）悬浮剂40~60ml/亩、30%苯甲·丙环唑（苯醚甲环唑15%+丙环唑15%）乳油20ml/亩、50%异菌脲可湿性粉剂60~100g/亩。选用高压电动喷杆喷雾器，应用直径0.3~0.5mm喷头，压力0.4~0.5MPa，水量10~20kg/亩，田间无风或微风时喷头高度控制在距靶标0.5~0.8m，必须把药喷匀、喷细、喷透，保证所有茎叶的药剂附着率达90%以上；同时，还应加入多功能扩散性喷雾助剂农希望3号喷雾宝20~40ml/15kg药液，最好加入超强扩散性喷雾助剂农希望7号喷雾宝10~20ml/15kg药液对水均匀喷雾，以确保茎叶上药剂均匀沉积附着、均匀扩散分布（图20-35），提高吸收利用的效果。

图20-35　稻胡麻斑病发生期，喷药必须保证均匀喷雾到所有茎叶；同时，还应加入增加扩散分布的喷雾助剂，必须把药喷匀、喷细、喷透，茎叶的药剂附着率达90%以上，才能保证效果

二、水稻虫害与农药施用关键技术

1. 三化螟

为害特点　幼虫钻入稻茎蛀食为害，造成枯心苗。苗期、分蘖期幼虫啃食心叶，心叶受害或失水纵卷，稍褪绿或呈青白色，外形似葱管，称作假枯心，把卷缩的心叶抽出，可见断面整齐，多可见到幼虫，生长点遭破坏后，假枯心变黄死去成为枯心苗，这时其他叶片仍为青绿色。受害稻株蛀入孔小，孔外无虫粪，茎内有白色细粒虫粪（图20-36）。

图20-36　三化螟为害水稻茎秆症状

形态特征 雌成虫体长10~13mm，前翅黄白色，中央有一小黑点；雄成虫体长8~9mm，前翅淡灰褐色，中央小黑点较小，自翅尖指向后缘近中部有1条暗褐色斜纹，外缘有小黑点7~9个（图20-37）。卵常由3层叠成长椭圆形卵块，表面覆盖有黄褐色绒毛（图20-38）。幼虫多4龄，3龄开始体黄绿色，前胸背板后缘中线两侧各有一扇形斑或新月形斑；体表看起来较干燥（图20-39），而不像二化螟和大螟那样的湿滑。蛹灰白色至黄绿色或黄褐色，被白色薄茧，前有羽化孔。

图20-37　三化螟成虫　　　　图20-38　三化螟卵

图20-39　三化螟幼虫

发生规律 河南1年发生2~3代，安徽、浙江、江苏、云南3代，广东5代。以老熟幼虫在稻茬内越冬。翌春越冬幼虫陆续化蛹、羽化，成虫白天潜伏在稻株下部，把卵产在生长旺盛的稻叶叶面或叶背，分蘖盛期和孕穗末期产卵较多，拔节期、齐穗期、灌浆期较少。初孵幼虫称作"蚁螟"，蚁螟在分蘖期爬至叶尖后吐丝下垂，随风飘荡到邻近的稻株上，在距水面2cm左右的稻茎下部咬孔钻入叶鞘，后蛀食稻茎形成枯心苗。在孕穗期或即将抽穗的稻田，蚁螟在包裹稻穗的叶鞘上咬孔或从叶鞘破口处侵入蛀害稻花，经4~5d，幼虫达到2龄，稻穗已抽出，开始转移到穗颈处咬孔向下蛀入，再经3~5d把茎节蛀穿或把稻穗咬断，形成白穗。

施药技术 掌握幼虫孵化盛期至低龄幼虫期的防治关键时期。

在幼虫孵化始盛期，可用30%乙酰甲胺磷乳油150~200ml/亩、480g/L毒死蜱乳油80~100ml/亩、10%溴氰虫酰胺可分散油悬浮剂20~26ml/亩、40%三唑磷乳油50~80ml/亩、200g/L丁硫克百威乳油200~250ml/亩、35%氯虫苯甲酰胺水分散粒剂4~6g/亩、40%辛硫磷乳油100~125ml/亩、2%甲氨基阿维菌素乳油25~50ml/亩、10%喹硫磷乳油100~125ml/亩、50%二嗪磷乳油60~80ml/亩、50%杀螟硫磷乳油49~100ml/亩。

图20-40 三化螟为害水稻症状及产卵、钻蛀活动部位和重点喷药区域

初孵化的三化螟幼虫，主要活动在中下部叶片、茎秆和叶鞘，而后钻蛀到茎内为害（图20-40），而该期水稻长势旺、已封行、密度很大，常规喷药方法，药剂喷施不到中下部叶片、茎秆和叶鞘的三化螟活动部位，难以达到防治效果。自走式喷杆喷雾机应用1号或1.5号喷头，选用高压电动喷杆喷雾器，应用直径0.3~0.5mm喷头，压力0.4~0.5MPa，水量10~20kg/亩，田间无风或微风时喷头高度控制在距稻0.5~0.6m；必须把药喷匀、喷细、喷透，中下部茎叶、叶鞘的药剂附着率达90%以上；并加入高效扩散性喷雾助剂农希望3号喷雾宝10~25ml/15kg药液，最好加入超强沉积扩散性喷雾助剂农希望8号喷雾宝10~20ml/15kg药液对水均匀喷雾；以确保茎叶上药剂均匀沉积附着、均匀扩散分布，以提高农药吸收利用效果。

在水稻破口期，2~3龄幼虫期，三化螟已钻蛀为害或将要钻蛀为害时，尽量选用内吸性好或持效期长的杀虫剂，且最好喷施到中下部茎叶和喷鞘。可用30%乙酰甲胺磷乳油150~200ml/亩、480g/L毒死蜱乳油80~100ml/亩、200g/L丁硫克百威乳油200~250ml/亩、35%氯虫苯甲酰胺水分散粒剂4~6g/亩、10%溴氰虫酰胺可分散油悬浮剂20~26ml/亩、40%氯虫·噻虫嗪（氯虫苯甲酰胺20%+噻虫嗪20%）水分散粒剂10~12g/亩、30%唑磷·毒死蜱（毒死蜱15%+三唑磷15%）水乳剂40~60ml/亩、15%阿维·三唑磷（三唑磷14.7%+阿维菌素0.3%）微乳剂60~90ml/亩。

选用自走式喷杆喷雾机应用1号或1.5号喷头，高压电动喷杆喷雾器，应用直径0.3~0.5mm喷头，压力0.4~0.5MPa，水量10~20kg/亩，田间无风或微风时喷头高度控制在距稻叶尖0.5~0.6m，喷雾角度应在45°以下；必须把药喷匀、喷细、喷透，中下部茎叶、叶鞘的药剂附着率达90%以上；还应加入超强沉积扩散性喷雾助剂农希望7号喷雾宝或25%油酸甲酯液剂（喷雾精）10~20ml/15kg药液，天旱时喷药应加入多功能渗透性喷雾助剂农希望5号喷雾宝，或50%油酸甲酯液剂（喷雾精）20~40ml/15kg药液对水均匀喷雾；以确保茎叶上药剂均匀沉积附着、均匀扩散分布，提高农药吸收利用效果。

2．二化螟

为害特点 以幼虫钻蛀稻株，取食叶鞘、稻苞、茎秆等。分蘖期受害，出现枯心苗和枯鞘；孕穗期、抽穗期受害，出现枯孕穗和白穗；灌浆期、乳熟期受害，出现半枯穗和虫伤株，秕粒增多，易倒折。幼虫蛀入稻茎后剑叶尖端变黄，严重的心叶枯黄而死，受害茎上有蛀孔，孔外虫粪很少，茎内虫粪多，黄色，稻秆易折断。

形态特征 成虫：雄蛾体长10~13mm，翅展20~24mm，头、胸部背面淡褐色。前翅近长方形，黄褐色或灰褐色，翅面密布不规则褐色小点，外缘有7个小黑点，中室顶角有紫黑色斑点1个，其下方有斜行排列的同色斑点3个；后翅白色，近外缘渐带淡黄褐色。雌蛾体长10~14mm，翅展22~36mm，头、胸部黄褐色（图20-41）。前翅黄褐色或淡黄褐色，翅面褐色小点不多，外缘亦有小黑点7个，后翅白色，有绢丝状光泽。卵椭圆形，扁平，初产时乳白色，渐变为茶褐色，近孵化时变为灰黑色。卵块略呈长椭圆形，卵粒排列呈鱼鳞状。老龄幼虫长18~30mm，头部淡红褐色或淡褐色（图20-42）。胸、腹部淡褐色，前胸盾板黄褐色，背线、亚背线和气门线暗褐色。腹足趾钩为异序全环，亦有缺环。蛹体圆筒形。棕色至棕红色，后足不达翅芽端部。

图20-41 二化螟成虫

图20-42 二化螟幼虫

发生规律 黄淮流域1年发生2代，长江流域和两广地区发生2~4代。多以幼虫于稻桩、稻草及田边杂草中滞育越冬。卵产于叶片表面。初孵幼虫多在上午孵化，之后大部分沿稻叶向下爬或吐丝下垂，从心叶、叶鞘缝隙或叶鞘外蛀入，先群集叶鞘内取食内壁组织，2龄后开始蛀入稻茎为害。幼虫有转株为害的习性，在食料不足或水稻生长受阻时，幼虫分散为害，转株频繁，为害加重。

施药技术 掌握幼虫孵化盛期至低龄幼虫期的防治关键时期。

掌握幼虫孵化盛期至低龄幼虫期，用3%阿维菌素微乳剂10~20ml/亩、5%甲氨基阿维菌素苯甲酸盐水分散粒剂10~15g/亩、30%甲维·毒死蜱（甲氨基阿维菌素苯甲酸盐1%+毒死蜱29%）微乳剂80~100ml/亩、25%唑磷·毒死蜱（三唑磷20%+毒死蜱5%）乳油80~100ml/亩、10%阿维·甲虫肼（阿维菌素2%+甲氧虫酰肼8%）悬浮剂30~50ml/亩、10.2%阿维·三唑磷（阿维菌素0.2%+三唑磷10%）乳油100~150ml/亩、20%阿维·毒死蜱（阿维菌素0.2%+毒死蜱19.8%）水乳剂60~80g/亩、60%呋虫胺·氯虫苯甲酰胺（氯虫苯甲酰胺15%+呋虫胺45%）水分散粒剂8~10g/亩、25%阿维·氰虫（阿维菌素5%+氰氟虫腙20%）悬浮剂20~40ml/亩、6%阿维·氯苯酰（氯虫苯甲酰胺4.3%+阿维菌素1.7%）悬浮剂30~50ml/亩、22%甲氧肼·氯虫苯（氯虫苯甲酰胺4%+甲氧虫酰肼18%）悬浮剂30~35ml/亩、25%氯虫苯甲酰胺·茚虫威（茚虫威12.5%+氯虫苯甲酰胺12.5%）悬浮剂3~7ml/亩、12%阿维·仲丁威（仲丁威11.8%+阿维菌素0.2%）乳油50~60ml/亩、29.3%甲维盐·抑食肼（抑食肼24%+甲氨基阿维菌素苯甲酸盐5.3%）悬乳剂15~30ml/亩、40%氯虫·噻虫嗪（氯虫苯甲酰胺20%+噻虫嗪20%）水分散粒剂8~10g/亩、19%氯虫·三氟苯（氯虫苯甲酰胺10.7%+三氟苯嘧啶8.3%）悬浮剂15~20ml/亩、23%溴酰·三氟苯（三氟苯嘧啶8.3%+溴氰虫酰胺14.7%）悬浮剂15~20ml/亩。

选用自走式喷杆喷雾机应用1号或1.5号喷头，高压电动喷杆喷雾器，应用直径0.3~0.5mm喷头，压力0.4~0.5MPa，水量10~20kg/亩，田间无风或微风时喷头高度控制在距稻叶尖0.5~0.6m，喷雾角度应在45°以下；必须把药喷匀、喷细、喷透，中下部茎叶、叶鞘的药剂附着率达95%以上；还应加入超强沉积扩散性喷雾助剂农希望7号喷雾宝，或25%油酸甲酯液剂（喷雾精）10~20ml/15kg药液，天旱时喷药应加入多功能润湿性喷雾助剂农希望5号喷雾宝或50%油酸甲酯液剂（喷雾精）20~40ml/15kg药液对水均匀喷雾；以确保茎叶上药剂均匀沉积附着、均匀扩散分布，提高农药吸收利用效果。

3. 稻纵卷叶螟

为害特点 以幼虫缀丝纵卷水稻叶片成虫苞，形成白色条斑，造成白叶，致水稻千粒重下降，秕粒增加，从而造成减产。

形态特征 雌成蛾体、翅黄褐色（图20-43），前翅前缘暗褐色，外缘具暗褐色宽带，后翅也有2条横线，内横线短，不达后缘。雄蛾体稍小，色泽较鲜艳。卵近椭圆形，扁平，中部稍隆起，表面具细网纹，初白色，后渐变浅黄色。末龄幼虫体黄绿色至绿色（图20-44），头褐色，老熟时为橘红色。蛹圆筒形，末端尖削，具钩刺8个，初浅黄色，后变红棕色至褐色。

图20-43 稻纵卷叶螟成虫

图20-44 稻纵卷叶螟幼虫

发生规律 该虫有远距离迁飞习性，在我国北纬30°以北地区，任何虫态都不能越冬。每年春季成虫随季风由南向北而来，秋季成虫随季风回迁到南方进行繁殖，以幼虫和蛹越冬。成虫白天在稻田里栖息，成虫有趋光性和趋向嫩绿稻田产卵的习性。1龄幼虫不结苞；2龄时爬至叶尖处，吐丝缀卷叶尖或近叶尖的叶缘，即"卷尖期"；3龄幼虫纵卷叶片，形成明显的束腰状虫苞，即"束叶期"；3龄后食量增加，虫苞膨大，进入4～5龄频繁转苞为害，被害虫苞呈枯白色，整个稻田白叶累累。老熟幼虫多爬至稻丛基部，在无效分蘖的小叶或枯黄叶片上吐丝结成紧密的小苞，在苞内化蛹，蛹多在叶鞘处或位于株间或地表枯叶薄茧中。6—9月雨日多，湿度大利其发生，田间灌水过深，施氮肥偏晚或过多，引起水稻徒长，为害重。

施药技术 掌握幼虫孵化盛期至低龄幼虫期的防治关键时期。

防治适期以幼虫盛孵期或2龄、3龄幼虫高峰期为宜。可用50%毒死蜱乳油70～80ml/亩、5%甲氨基阿维菌素苯甲酸盐水分散粒剂15～20g/亩、75%乙酰甲胺磷可溶粉剂67～133g/亩、35%氯虫苯甲酰胺水分散粒剂4～6g/亩、10%阿维·毒死蜱（阿维菌素0.2%+毒死蜱9.8%）乳油200～240ml/亩、20%甲维·茚虫威（茚虫威16%+甲氨基阿维菌素苯甲酸盐4%）悬浮剂10～12g/亩、16 000IU/mg苏云金杆菌可湿性粉剂200～300g/亩、25%杀单·毒死蜱（杀虫单20%+毒死蜱5%）可湿性粉剂150～200g/亩、0.5%杀单·噻虫胺（噻虫胺0.08%+杀虫单0.42%）颗粒剂8～10kg/亩、10%阿维·甲虫肼（阿维菌素2%+甲氧虫酰肼8%）悬浮剂40～50ml/亩、25%阿维·氰虫（阿维菌素5%+氰氟虫腙20%）20～40ml/亩、85%氯虫苯·杀虫单（氯虫苯甲酰胺5%+杀虫单80%）水分散粒剂30～40g/亩、20%甲维·毒死蜱（甲氨基阿维菌素苯甲酸盐0.5%+毒死蜱19.5%）微乳剂60～70ml/亩、11.6%甲维·氯虫苯（氯虫苯甲酰胺9%+甲氨基阿维菌素2.6%）悬浮剂10～15ml/亩、40%氯虫·噻虫嗪（氯虫苯甲酰胺20%+噻虫嗪20%）水分散粒剂6～8g/亩、4%阿维·多霉素（阿维菌素3%+多杀霉素1%）水乳剂50～60ml/亩、31%甲维·丙溴磷（甲氨基阿维菌素苯甲酸盐1%+丙溴磷30%）乳油60～70g/亩、19%氯虫·三氟苯（氯虫苯甲酰胺10.7%+三氟苯嘧啶8.3%）悬浮剂15～20 ml/亩、11%阿维·三氟苯（阿维菌素3%+三氟苯嘧啶8%）悬浮剂15～20 ml/亩、23%溴酰·三氟苯（三氟苯嘧啶8.3%+溴氰虫酰胺14.7%）悬浮剂15～20ml/亩。

初孵化的幼虫，主要活动在中上部叶片，水稻叶片蜡质层厚、叶片直立，着药相对困难。着药自走式喷杆喷雾机应用1号或1.5号喷头，高压电动喷杆喷雾器，应用直径0.3～0.5mm喷头，压力0.4～0.5MPa，水量10～20kg/亩，田间无风或微风时喷头高度控制在距稻叶尖0.5～0.6m；必须把药喷匀、喷细、喷透，中下部茎叶、叶鞘的药剂附着率达90%以上；还应加入超强沉积扩散性喷雾助剂农希望7号喷雾宝，或25%油酸甲酯液剂（喷雾精）10～20ml/15kg药液，天旱时喷药应加入多功能润湿性喷雾助剂农希望5号喷雾宝或50%油酸甲酯液剂（喷雾精）20～40ml/15kg药液对水均匀喷雾；以确保茎叶上药剂均匀沉积附着、均匀扩散分布，提高农药吸收利用效果。

4．稻飞虱

为害特点 成虫、若虫群集于稻丛下部刺吸汁液，使稻株失水或感染菌核病。排泄物常遭致霉菌滋生，影响水稻光合作用和呼吸作用，严重的情况可致稻株干枯。

形态特征 褐飞虱：长翅型前翅端部超过腹末（图20-45）；短翅型前翅端部不超过腹末（图20-46）。体色分为深色型和浅色型。前者头与前胸背板、中胸背板均为褐色或黑褐色；后者全体黄褐色，仅胸部腹面和腹部背面较暗。若虫共5龄，1龄若虫后胸后缘平直，2龄若虫后胸两侧略向后伸。3～5龄若虫腹部第四、五节各有一对较大的淡色斑，第七至九节淡色斑呈"山"字形。低龄若虫，呈灰白色或淡黄色。高龄若虫有浅色型和深色型两类，前者体色灰白色，体上斑纹较模糊；后者黄褐色，斑纹清晰。

灰飞虱：长翅型雌虫体长3.3～3.8mm（图20-47），短翅型体长2.4～2.6mm，体浅黄褐色至灰褐色，头顶稍突出，前胸背板、触角浅黄色。小盾片中间黄白色至黄褐色，两侧各具半月形褐色条斑纹，中胸背板黑褐色，前翅较透明，中间生1褐翅斑。末龄若虫前翅芽较后翅芽长，若虫共5龄。

白背飞虱：长翅型雄虫体长3.2～3.8mm，浅黄色，有黑褐斑（图20-48）。头顶前突，前胸、中胸背板侧脊外方复眼后具1新月形暗褐色斑，中胸背板侧区黑褐色，中间具黄纵带，前翅半透明，端部有褐色晕斑；翅病、颜面、胸部、腹部腹面黑褐色。长翅型雌虫体体多黄白色，具浅褐斑。卵新月形。若虫共5龄，末龄若虫灰白色，长约2.9mm。

图20-45 褐飞虱长翅型

图20-46 褐飞虱短翅型

图20-47 灰飞虱成虫

图20-48 白背飞虱成虫

发生规律 褐飞虱：海南1年发生12~13代，世代重叠常年繁殖，无越冬现象。广东、广西、福建南部1年发生8~9代，3—5月迁入；贵州南部6~7代，4—6月迁入；赣江中下游、贵州、福建中北部、浙江南部5~6代，5—6月迁入；江西北部、湖北、湖南、浙江、四川东南部、江苏、安徽南部4~5代，6—7月上中旬迁入；苏北、皖北、鲁南2~3代，7—8月迁入；北纬35°以北的其他稻区1~2代，也于7—8月迁入。羽化后不久飞翔力强，能随高空水平气流迁移，春、夏两季向北迁飞。成虫对嫩绿水稻趋性明显，雄虫可行多次交配，24~27℃时，羽化后2~3d开始交配。成虫、若虫喜阴湿环境，喜欢栖息在距水面10cm以内的稻株上。水稻生长后期，大量产生长翅型成虫并迁出，1~3龄是翅型分化的关键时期。褐飞虱迁入的季节遇有雨日多、雨量大利其降落，迁入时易大发生，田间阴湿，生产上偏施、过施氮肥，稻苗浓绿，密度大及长期灌深水，利其繁殖，受害重。

灰飞虱：北方稻区1年发生4~5代，江苏、浙江、湖北、四川等长江流域稻区发生5~6代，福建7~8代，田间世代重叠。以3~4龄虫在麦田、紫云英或沟边杂草上越冬。华北稻区越冬若虫4月中旬至5月中旬羽化，在迟嫩麦田繁殖1代后迁入水稻秧田和直播本田、早栽本田或玉米地，6—7月大量迁入本田为害，至9月初水稻抽穗期至乳熟期第四代若虫数量最大，为害最重。

白背飞虱：新疆、宁夏1年发生1~2代，东北2~3代，淮河以南3~4代，长江流域4~7代，岭南7~10代，海南南部11代，属迁飞害虫。最初虫源是从南方迁来。迁入期从南向北推迟，有世代重叠。该虫长翅型成虫飞翔力强，当田间每代种群增长2~4倍，田间虫口密度高时即迁飞转移。

施药技术 在低龄若虫期及时地喷药防治，控制其为害。

在水稻苗床，用70%噻虫嗪种子处理可分散粉剂100～200g/100kg种子，浸种；用25%呋虫胺·嘧菌酯·种菌唑（呋虫胺18.5%+嘧菌酯5.5%+种菌唑1%）种子处理悬浮剂660～1000ml/100kg种子进行种子包衣；也可以用7%吡蚜·甲虫肼（甲氧虫酰肼2%+吡蚜酮5%）颗粒剂450～800g/亩、6%氯虫·吡蚜酮（吡蚜酮4.9%+氯虫苯甲酰胺1.1%）颗粒剂119～158g/m²育苗盘，撒施。

在水稻孕穗期或抽穗期，2～3龄若虫高峰期，可用70%吡虫啉水分散粒剂3～4g/亩、50%噻嗪酮悬浮剂15～20g/亩、30%噻虫胺悬浮剂15～25ml/亩、25%噻虫嗪水分散粒剂3～4g/亩、20%呋虫胺悬浮剂25～30g/亩、30%噻嗪·异丙威（异丙威22.5%+噻嗪酮7.5%）乳油60～75g/亩、10%吡虫·噻嗪酮（吡虫啉2%+噻嗪酮8%）可湿性粉剂40～50g/亩、80%烯啶·吡蚜酮（烯啶虫胺20%+吡蚜酮60%）水分散粒剂5～10g/亩、39%吡蚜·异丙威（吡蚜酮6%+异丙威33%）可湿性粉剂20～50g/亩、20%吡虫·仲丁威（仲丁威19%+吡虫啉1%）乳油60～75ml/亩、60%烯啶·吡蚜酮（烯啶虫胺15%+吡蚜酮45%）可湿性粉剂7～13g/亩。

在水稻孕穗末期或圆秆期，或在孕穗期或抽穗期，或在灌浆乳熟期，可用20%呋虫胺悬浮剂25～30g/亩、10%烯啶虫胺水剂20～40g/亩、50%氟啶虫酰胺水分散粒剂8～10g/亩、45%毒死蜱乳油85～107ml/亩、30%乙酰甲胺磷乳油150～225ml/亩、30%噻嗪·毒死蜱（毒死蜱24%+噻嗪酮6%）水乳剂60～100ml/亩、4.9%吡蚜酮·甲维（吡蚜酮4.5%+甲氨基阿维菌素0.4%）悬浮剂75～105ml/亩、20%三氟苯嘧啶水分散粒剂7～9g/亩、20%仲威·毒死蜱（仲丁威10%+毒死蜱10%）乳油200～220ml/亩、20%氟啶虫酰胺·噻虫胺（噻虫胺15%+氟啶虫酰胺5%）悬浮剂20～30ml/亩。

该期稻飞虱发生在水稻的茎基部和中下部叶鞘上，而该期水稻长势旺、已封行、密度很大，常规喷药方法，药剂喷施不到水稻茎基部的发生部位，难于达到防治效果。喷药必须保证均匀喷雾到所有水稻的茎基部、中下部和内部茎叶。自走式喷杆喷雾机应用1号或1.5号喷头，高压电动喷杆喷雾器，应用直径0.3～0.5mm喷头，压力0.4～0.5MPa，水量10～20kg/亩；还应加入超强沉积扩散性喷雾助剂农希望7号喷雾宝或25%油酸甲酯液剂（喷雾精）10～20ml/15kg药液对水均匀喷雾；田间无风或微风时喷头高度控制在距稻叶尖0.5～0.6m，雾滴应在150μm以下，喷雾角应在45°以上；必须把药喷匀、喷细、喷透，下部茎叶、叶鞘的药剂附着率达90%以上。

三、稻田杂草

我国稻田有大量杂草发生，据统计全国稻田杂草有200余种，其中普遍为害的有千金子、稗草、异型莎草、鳢肠、空心莲子草、鸭舌草、眼子菜、节节菜、水苋菜、野慈姑等（图20-49至图20-58）。

图20-49A 千金子单株

图20-49B 千金子穗

图20-50C 稗草叶舌
图20-50B 稗草穗
图20-50A 稗草单株

图20-51C 异型莎草穗
图20-51B 异型莎草幼苗
图20-51A 异型莎草单株

图20-52A 鳢肠幼苗　图20-52C 鳢肠花
图20-52B 鳢肠单株　图20-52D 鳢肠穗

图20-53C 空心莲子草群体

图20-53A 空心莲子草幼苗　图20-53B 空心莲子草植株

图20-53D 空心莲子草花

第二十章 水稻病虫草害与农药施用关键技术

图20-54A 鸭舌草幼苗
图20-54B 鸭舌草单株
图20-54C 鸭舌草花

图20-55A 眼子菜群体
图2-55C 眼子菜单株
图20-55B 眼子菜根

图20-56A 节节菜单株
图20-56B 节节菜花序

图20-57A 水苋菜单株
图20-57B 水苋菜花序

图20-58A 野慈姑单株

图20-58B 野慈姑果

图20-58C 野慈姑花

四、水稻各生育期病虫草害与农药施用关键技术

（一）水稻病虫害综合防治历的制订

水稻栽培管理过程中，应总结本地水稻病虫害的发生特点和防治经验，制订病虫害防治计划，适时进行田间调查，及时采取防治措施，有效控制病虫杂草的为害，保证丰产、丰收。

稻田病虫害的综合防治历见表20-1，各地应根据自己的情况采取具体的防治措施。

表20-1 稻田病虫害的综合防治历

生育期	主要防治对象	次要防治对象	防治措施
苗期	恶苗病、干尖线虫病、稻飞虱、稻瘿蚊、苗瘟、地下害虫	烂秧病、条纹叶枯病、黑条矮缩病、细菌性条斑病	种子处理、苗床处理
移栽至返青期	杂草、纹枯病、稻瘟病	稻蓟马、三化螟	施用杀菌剂、杀虫剂
分蘖拔节期	纹枯病、稻纵卷叶螟、叶瘟病、胡麻斑病	稻瘿蚊、稻秆潜蝇、稻飞虱、稻苞虫、稻螟蛉、白叶枯病	施用杀虫剂、杀菌剂、植物生长调节剂
孕穗抽穗期	三化螟、二化螟	胡麻斑病	施用杀虫剂、杀菌剂
灌浆成熟期	二化螟、稻纵卷叶螟、穗颈瘟、稻曲病	三化螟、稻飞虱、大螟、稻粒黑粉病、胡麻斑病	施用杀虫剂、杀菌剂

（二）水稻苗期病虫草害与农药施用关键技术

水稻栽培方式多种多样，有水育秧田、旱育秧田、湿润育秧田、水直播田、旱直播田。应针对各地特点，加强苗期病虫害的防治。育秧期或水稻直播田的播种期，是病虫草害防治的一个重要时期，是培育壮苗、夺取高产的一个重要环节。

这一时期主要病害有烂秧病、恶苗病，同时苗瘟、纹枯病等病害开始侵染为害。在生产上应结合农业措施，同时进行种子处理和适时药剂防治（图20-59）。

图20-59 水稻育秧期病害为害情况

苗床处理：可用3%甲霜·恶霉灵（甲霜灵0.5%+恶霉灵2.5%）水剂420～540ml/m²、0.75%甲霜·福美双（福美双0.55%+甲霜灵0.2%）微粒剂0.7～0.9g/m²喷施苗床。

对绵腐烂秧，可用70%敌磺钠可湿性粉剂1 000倍液、25%甲霜灵可湿性粉剂800～1 000倍液，在秧苗1叶1心至2叶期喷雾。对立枯菌、绵腐菌混合侵染引起的烂秧，可喷洒30%恶霉灵可湿性粉剂500～800倍液，喷药时应保持薄水层。

种子处理，用25%噻虫·咯·霜灵（噻虫嗪22.2%+精甲霜灵1.7%+咯菌腈1.1%）种子处理悬浮剂400～600ml/100kg种子、22%噻虫·咯菌腈（噻虫嗪20%+咯菌腈2%）种子处理悬浮剂750～1 000ml/100kg种子、32%戊唑·吡虫啉（吡虫啉30.9%+戊唑醇1.1%）种子处理悬浮剂600～900ml/100kg种子、10%精甲·戊·嘧菌（戊唑醇4%+精甲霜灵2%+嘧菌酯4%）悬浮种衣剂200～300ml/100kg种子、5%精甲·咯·嘧菌（嘧菌酯2.5%+咯菌腈1%+精甲霜灵1.5%）种子处理悬浮剂500～1 000ml/100kg种子、22%噻虫·咯菌腈（噻虫嗪20%+咯菌腈2%)种子处理悬浮剂750～1 000ml/100kg种子，进行种子包衣。

用48%毒死蜱乳油800倍液或3.2%阿维菌素乳油1 500倍液浸秧根后用塑料膜覆盖5h后移栽，防治稻瘿蚊。

苗床有烂秧病发生时，可喷施下列杀菌剂：20%咪鲜胺铵盐·甲霜灵可湿性粉剂0.8～1.2 g/m²、0.75%甲霜·福美双微粒剂0.7～0.9 g/m²、20%唑菌胺酯水分散粒剂83.2g/亩、10%苯醚甲环唑水分散粒剂35～50g/亩、25%丙环唑乳油30～40ml/亩、3%甲霜·恶霉灵水剂0.42～0.54g/m²。

当秧田里发现绵腐病时，在秧苗1叶1心至2叶期，要及时喷洒95%敌磺钠可溶性粉剂1 000倍液、25%甲霜灵可湿性粉剂800～1 000倍液。对立枯菌、绵腐菌混合侵染引起的烂秧，可喷洒30%恶霉灵可湿性粉剂500～800倍液，喷药时应保持薄水层。

为了促进秧苗健壮生长，培育壮苗，可以用0.01%芸苔素内酯乳油4 000～8 000倍液、0.002%烯腺·羟烯腺可湿性粉剂1 000～1 500倍液、0.02% S-诱抗素水剂2 000～3 000倍液浸种，防止苗旺长可以用

5%烯效唑可湿性粉剂500~1 000倍液浸种。

蝼蛄是水稻旱育苗苗床主要虫害，其在土壤中窜行，造成幼苗根系松动，水分抽干而导致死亡。主要用溴氰菊酯进行防治，用2.5%溴氰菊酯乳油1 000倍液，在发现蝼蛄后用喷壶均匀浇到苗床上。

苗期易旺长，可以喷施15%多效唑可湿性粉剂500~800倍液、30%矮壮素·烯效唑微乳剂60~80ml/亩、8%多效唑·烯效唑可湿性粉剂400~500倍液；为了提高苗期健壮生长，提高抗病抗逆能力，可以喷施0.01%芸苔素内酯乳油4 000~8 000倍液、0.02% S-诱抗素水剂2 000~3 000倍液。移栽前1d叶面喷施50%吲丁·萘乙酸可溶粉剂1 000~2 000倍液，可以促进水稻新根生长、增加分蘖。

水育秧田，防治秧田杂草可以用30%丙·苄可湿性粉剂60~90g/亩或10%苄嘧磺隆可湿性粉剂6~25g/亩+30%丙草胺乳油50~75ml/亩，在播后2~4d用药，掌握在稗草萌芽至立针期施药除草效果最佳，施药时要用浅水层，并保持水层4~6d；用2.5%五氟磺草胺油悬剂30~50ml/亩，在水稻秧苗2叶1心期，对水15~30kg喷雾，掌握在稗草1.5~2.5叶期最好，施药前要排干水，施药后1d及时灌水，并保持3~5cm水层5~7d。

湿润育秧田，用17.2%苄·哌丹可湿性粉剂200~250g/亩或10%苄嘧磺隆可湿性粉剂10~20g/亩+50%哌草丹乳油25~30ml/亩，在水稻秧田立针期，对水40kg喷雾，水育秧田施药前将田水排干喷药，秧苗2叶1心期保持畦面湿润，3叶期后灌水上畦面；用32%苄·二氯可湿性粉剂60~75g/亩，在秧苗2叶1心期、稗草2叶期时施药最佳，排干田间水层后，对适量水均匀细喷雾，药后1d田间灌水保持水层。

旱育苗床，在播种盖土后苗前施药，用20%丁·恶（丁草胺+恶草酮）乳油，对水100~150ml/亩，配成药液喷施，施药后2~3d播种，注意播种时勿露籽，适当盖土；用30%丙·苄可湿性粉剂60~90g/亩或10%苄嘧磺隆可湿性粉剂6~25g/亩+30%丙草胺乳油50~75ml/亩，在播后2~4d用药，用药量要准确，施药前要盖土均匀，不能有露籽，施药要均匀；在水稻发芽出苗后，稗草1~3叶期，可以用32%苄·二氯可湿性粉剂60~75g/亩或2.5%五氟磺草胺油悬剂40~60ml/亩，在秧苗2叶1心期、稗草2叶期时施药最佳，排干田间水层后，对适量水均匀细喷雾，药后1d田间灌水保持水层，注意要用准药量，如草量、草龄较大时要适当加大用药量。

（三）水稻移栽至返青期病虫草害与农药施用关键技术

水稻移栽至返青期，有利于各种病虫草害的发生与发展。这一时期主要加强纹枯病、稻瘟病的预防及稻蓟马、二代三化螟的防治，其他病虫为害也不能忽视（图20-60）。

图20-60　水稻返青期生长情况及病虫害发生情况

预防纹枯病，可用240g/L噻呋酰胺悬浮剂18~23ml/亩、20%氟胺·嘧菌酯（嘧菌酯10%+氟酰胺10%）水分散粒剂70~100g、30%噻呋·氟环唑（噻呋酰胺10%+氟环唑20%）悬浮剂20~30g/亩、30%噻呋·嘧菌酯（噻呋酰胺10%+嘧菌酯20%）悬浮剂30~40ml/亩，施药时加入超强沉积扩散性喷雾助剂喷雾助剂农希望7号喷雾宝或25%油酸甲酯液剂（喷雾精）10~20ml/15kg药液、多功能渗透性喷雾助剂农希望5号喷雾宝或50%油酸甲酯液剂（喷雾精）20~40ml/15kg药液对水均匀喷雾，视病情间隔7~14d施药1次。

预防稻瘟病，可用35%三环唑悬浮剂43~57ml/亩、40%三环·氟环唑（三环唑30%+氟环唑10%）悬浮剂30~40ml/亩、40%噻呋·三环唑（噻呋酰胺8%+三环唑32%）悬浮剂42~58ml/亩全田喷雾，施药时加入超强沉积扩散性喷雾助剂农希望7号喷雾宝，或25%油酸甲酯液剂（喷雾精）10~20ml/15kg药液、多功能润湿性喷雾助剂农希望5号喷雾宝或50%油酸甲酯液剂（喷雾精）20~40ml/15kg药液。

防治三化螟，可用10%溴氰虫酰胺可分散油悬浮剂20~26ml/亩、2%甲氨基阿维菌素苯甲酸盐乳油25~50ml/亩、29%杀虫双水剂140~150ml/亩、35%氯虫苯甲酰胺水分散粒剂4~6g/亩。

对于矮慈姑等多年生恶性杂草发生严重的田块，在水稻移栽前1d，可用10%苄嘧磺隆可湿性粉剂15~20g/亩+60%丁草胺乳油100~150ml/亩，以药土法撒施，也可以有效防除矮慈姑及其他多种阔叶杂草和莎草等。

在水稻移栽田移栽后施用除草剂，除必须排干水层喷洒到茎叶上的几种除草剂外，其他都应在保水条件下施用，并且大部分药剂施药后需要在5~7d内不排水、不落干，缺水时应补灌至适当深度。

在移栽后5~7d，用60%丁草胺乳油80~100ml/亩+10%苄嘧磺隆可湿性粉剂15~20g/亩、60%丁草胺乳油80~100ml/亩+10%吡嘧磺隆可湿性粉剂10~15g/亩，制成药土撒施，可以有效防除稗草、牛毛毡、扁秆藨草、鸭舌草、野慈姑、萤蔺等多种杂草。在粳稻移栽田施用，对水稻分蘖稍有抑制作用，施用时务必注意。

部分水稻移栽田空心莲子草发生严重，在田间空心莲子草幼苗期，可以用20%氯氟吡氧乙酸乳油50ml/亩，或48%苯达松水剂150ml/亩+56%2甲4氯钠盐原粉30~60g/亩，均匀喷雾法施入。喷药前1d排水，喷药后1d灌水。

（四）水稻分蘖至抽穗期病虫害与农药施用关键技术

水稻分蘖至抽穗期，营养生长与生殖生长并进；气温较高，有利于各种病害的发生与发展。该期叶瘟病、水稻纹枯病是防治的重点，其他病虫害的为害也不能忽视（图20-61）。

图20-61　水稻分蘖抽穗期病虫害发生情况

水稻分蘖至抽穗期，气温较高，水稻叶瘟病、水稻纹枯病、水稻胡麻斑病也开始发病，用40%噻呋·三环唑（噻呋酰胺8%+三环唑32%）悬浮剂42~58ml/亩、13%春雷·三环唑（三环唑10%+春雷霉素3%）可湿性粉剂100~140g/亩、40%咪鲜·三环唑（咪鲜胺10%+三环唑30%）可湿性粉剂30~35g/亩、70%甲硫·三环唑（三环唑35%+甲基硫菌灵35%）可湿性粉剂30~40g/亩、23%醚菌·氟环唑（氟环唑11.5%+醚菌酯11.5%）悬浮剂40~60ml/亩、30%苯甲·嘧菌酯（苯醚甲环唑15%+嘧菌酯15%）悬浮剂30~45g/亩；同时考虑预防稻飞虱、叶蝉、二化螟等病虫害，用5%阿维·吡虫啉（阿维菌素0.5%+吡虫啉4.5%）可湿性粉剂18~22g/亩、20%氟啶虫酰胺·噻虫胺（噻虫胺15%+氟啶虫酰胺5%）悬浮剂20~30ml/亩、30%噻嗪·毒死蜱（毒死蜱24%+噻嗪酮6%）水乳剂60~100ml/亩、30%乙酰甲胺磷乳油150~225ml/亩、22%吡虫·毒死蜱（吡虫啉2%+毒死蜱20%）乳油40~50ml/亩；为了控制旺长、防止倒伏，可以喷施15%多效唑可湿性粉剂500~800倍液、30%矮·烯效唑微乳剂60~80ml/亩、8%多效·烯效可湿性粉剂400~500倍液；为了提高苗期健壮生长、提高抗病抗逆生长，可以喷施0.01%芸苔素内酯乳油4 000~8 000倍液、0.02% S-诱抗素水剂2 000~3 000倍液。

该期水稻密度较大、稻叶片蜡质层厚、叶片直立，着药比较困难。传统的低压喷雾器、圆锥喷头、摇摆喷药方式，雾滴大、雾化差，喷雾防治效果不好。选用自走式喷杆喷雾机应用1号或1.5号喷头，高压电动喷杆喷雾器，应用直径0.3~0.5mm喷头，压力0.4~0.5MPa，水量10~20kg/亩，田间无风或微风时喷头高度控制在距靶标0.5~0.8m，必须把药喷匀、喷细、喷透，保证所有叶片的药剂附着率达90%以上；同时，加入超强沉积扩散性喷雾助剂农希望7号喷雾宝或25%油酸甲酯液剂（喷雾精）10~20ml/15kg药液，天旱时喷药应加入多功能润湿性喷雾助剂农希望5号喷雾宝或50%油酸甲酯液剂（喷雾精）20~40ml/15kg药液对水均匀喷雾，以提高药效；确保茎叶上药剂均匀沉积附着、均匀扩散分布（图20-62），提高农药的吸收利用效果。

图20-62 水稻分蘖至抽穗期，防治稻瘟病等病虫害，喷药必须保证均匀喷雾到所有茎叶；同时，还应加入多功能润湿性喷雾助剂农希望5号喷雾宝，必须把药喷匀、喷细、喷透，茎叶的药剂附着率达90%以上，才能保证效果

防治纹枯病，兼治稻瘟病、水稻胡麻斑病，可以用20%氟胺·嘧菌酯（嘧菌酯10%+氟酰胺10%）水分散粒剂70~100g/亩、30%噻呋·氟环唑（噻呋酰胺10%+氟环唑20%）悬浮剂20~30g/亩、30%噻呋·嘧菌酯（噻呋酰胺10%+嘧菌酯20%）悬浮剂30~40ml/亩、50%甲硫·己唑醇（己唑醇5%+甲基硫菌灵45%）悬浮剂30~40g/亩、27.8%噻呋·苯醚甲（苯醚甲环唑13.9%+噻呋酰胺13.9%）悬浮剂20~25ml/亩、38%噻呋·肟菌酯（噻呋酰胺30.4%+肟菌酯7.6%）悬浮剂14~18ml/亩、24%丙环唑·噻呋酰胺（噻呋酰胺8%+丙环唑16%）悬乳剂15~20ml/亩、24%井冈·氟环唑（井冈霉素A16%+氟环唑8%）悬浮剂20~30ml/亩；该期二化螟、三化螟、稻纵卷叶螟、稻飞虱也是防治的重点，可以用10%烯啶虫胺水剂20~40g/亩+45%毒死蜱乳油85~107ml/亩、5%阿维·吡虫啉（阿维菌素0.5%+吡虫啉4.5%）可湿性粉剂18~22g/亩、20%氟啶虫酰胺·噻虫胺（噻虫胺15%+氟啶虫酰胺5%）悬浮剂20~30ml/亩、30%噻嗪·毒死蜱（毒死蜱24%+噻嗪酮6%）水乳剂60~100ml/亩、30%乙酰甲胺磷乳油150~225ml/亩、22%吡虫·毒死蜱（吡虫啉2%+毒死蜱20%）乳油40~50ml/亩等。为了提高苗期健壮生长、提高抗病抗逆生长，可以喷施0.01%芸苔素内酯乳油4 000~8 000倍液、0.02% S-诱抗素水剂2 000~3 000倍液。

该期水稻纹枯病、稻飞虱等病虫害多发生在水稻的茎基部、中下部叶片和叶鞘上，而该期水稻长势旺、已封行、密度很大，常规喷药方法，药剂喷施不到水稻茎基部的发病部位，难于达到防治效果。喷药必须保证均匀喷雾到所有水稻的茎基部、下部和内部茎叶，选用自走式喷杆喷雾机应用1号或1.5号喷头，高压电动喷杆喷雾器应用直径0.3~0.5mm喷头，压力0.4~0.5MPa，水量10~20kg/亩，田间无风或微风时喷头高度控制在距稻叶尖0.5~0.6m，雾滴应在150μm以下，喷雾角应在45°以上；加入超强沉积扩散性喷雾助剂农希望7号喷雾宝或25%油酸甲酯液剂（喷雾精）10~20ml/15kg药液，天旱时喷药应加入多功能润湿性喷雾助剂农希望5号喷雾宝或50%油酸甲酯液剂（喷雾精）20~40ml/15kg药液对水均匀喷雾；必须把药喷匀、喷细、喷透，下部茎叶、叶鞘的药剂附着率达90%以上，才能保证取得较好和防治效果。

（五）水稻灌浆成熟期病虫害与农药施用关键技术

水稻灌浆成熟期是决定产量的关键时期，田间管理应以养根保叶、防止早衰、提高光合效率、促进灌浆、提高结实率和粒重为目标。水稻灌浆成熟期的病虫害为害严重（图20-63），其中为害较重的病虫害主要为穗瘟病、二化螟、三化螟、稻纵卷叶螟，有时水稻白叶枯病、稻曲病、水稻胡麻斑病、稻飞虱等发生也很严重，应注意田间调查，及时采取防治措施。

图20-63 水稻灌浆成熟期病虫害发生情况

在水稻穗期，抓好稻纵卷叶螟幼虫1~2龄高峰期、稻瘟病初发期及时施药防治，防治穗瘟病、稻曲病、胡麻斑病，用23%醚菌·氟环唑（氟环唑11.5%+醚菌酯11.5%）悬浮剂40~60ml/亩、40%稻瘟酰胺·嘧菌酯（嘧菌酯20%+稻瘟酰胺20%）悬浮剂25~50ml/亩、23%醚菌·氟环唑（氟环唑11.5%+醚菌酯11.5%）悬浮剂40~60ml/亩、20%烯肟·戊唑醇（戊唑醇10%+烯肟菌胺10%）悬浮剂50~67ml/亩、35%己唑·嘧菌酯（嘧菌酯22%+己唑醇13%）悬浮剂20~25ml/亩、30%苯甲·嘧菌酯（苯醚甲环唑15%+嘧菌酯15%）悬浮剂30~45g/亩；防治稻纵卷叶螟、二化螟、稻飞虱、叶蝉等虫害，用30%乙酰甲胺磷乳油150~200ml/亩、40%三唑磷乳油50~80ml/亩、10%溴氰虫酰胺可分散油悬浮剂20~26ml/亩、2%甲氨基阿维菌素苯甲酸盐乳油25~50ml/亩、20%毒·辛（辛硫磷16%+毒死蜱4%）乳油125~150ml/亩、30%唑磷·毒死蜱（三唑磷20%+毒死蜱10%）乳油60~70ml/亩、20%阿维·三唑磷（阿维菌素0.1%+三唑磷19.9%）乳油100~120ml/亩；另外，添加0.004%芸苔素内酯乳油4 000~8 000倍液促进生长。

稻穗部蜡质厚、毛刺多，难以着药；该期水稻密度较大、稻叶片蜡质层厚、叶片直立，着药也是比较困难。传统的低压喷雾器、圆锥喷头、摇摆喷药方式，雾滴大、雾化差，喷不匀，很多药剂并未喷施到发病部位，喷雾防治效果不好。选用自走式喷杆喷雾机应用1号或1.5号喷头，高压电动喷杆喷雾器，应用直径0.3~0.5mm喷头，压力0.4~0.5MPa，水量10~20kg/亩，田间无风或微风时喷头高度控制在距靶标0.5~0.8m，必须把药喷匀、喷细、喷透，保证穗部和所有中上部叶片的药剂附着率达95%以上；同时，还应加入高效扩散性喷雾助剂农希望3号25~30ml/15kg药液，最好加入超强扩散性喷雾助剂农希望7号喷雾宝或25%油酸甲酯液剂（喷雾精）10~20ml/15kg药液，或超强沉积扩散性喷雾助剂农希望8号喷雾宝10~20ml/15kg药液，对于天气特别干旱时喷药应加入多功能润湿性喷雾助剂农希望5号喷雾宝或50%油酸甲酯液剂（喷雾精）20~40ml/15kg药液对水均匀喷雾；以确保茎叶上药剂均匀沉积附着、均匀扩散分布（图20-64），提高农药吸收利用效果。

图20-64 防治水稻穗部稻瘟病喷药是关键，高压电动喷杆喷雾器，压力大、雾化细、喷药匀，加入专业助剂，保证穗部均匀地附着药剂；普通喷雾器压力小、雾滴较大，穗部药剂附着差

第二十一章 玉米病虫草害与农药施用关键技术

一、玉米病害与农药施用关键技术

1. 玉米大斑病、小斑病

症　　状　玉米大斑病 *Exserohilum turcicum* 称玉米大斑凸脐蠕孢，玉米小斑病 *Bipolaris maydis* 称玉蜀黍平脐蠕孢，均属无性型真菌，主要为害玉米的叶片。

玉米大斑病在下部叶片发病，叶片上先出现水渍状青灰色斑点，然后沿叶脉向两端扩展，形成边缘暗褐色、中央淡褐色或青灰色的大斑，后期病斑常纵裂，严重时病斑融合，叶片变黄枯死（图21-1）。

玉米小斑病在叶片上的病斑为椭圆形或纺锤形，较大，不受叶脉限制，灰色至黄褐色，病斑边缘褐色或边缘不明显，后期略有轮纹，或出现黄褐色坏死小斑点，有黄色晕圈，表面霉层很少，多数病斑连片，病叶变黄枯死（图21-2）。

图21-1　玉米大斑病为害叶片症状

图21-2　玉米小斑病为害叶片症状

发生规律　残留在病叶组织中的菌丝体及分生孢子在地表和玉米秸垛内越冬，成为翌年发病的初侵染来源。玉米生长季节，越冬菌源产生孢子，随雨水飞溅或气流传播到玉米叶片上。在华北地区，春玉米6月上旬，夏玉米7月中旬。7—8月玉米孕穗、抽穗期降水多、湿度高，容易造成小斑病的流行。低洼地、过于密植荫蔽地发病较重。

施药技术　心叶末期到抽雄期是防治的关键时期。

发病发生前期，可喷施30%吡唑醚菌酯悬浮剂30～40ml/亩等药剂保护。在抽雄期，可用30%唑醚·戊唑醇（戊唑醇20%+吡唑醚菌酯10%）悬浮剂20～40ml/亩、240g/L氯氟醚·吡唑酯（吡唑醚菌酯140g/L+氯氟醚菌唑100g/L）乳油50～60ml/亩、43%唑醚·氟酰胺（氟唑菌酰胺14%+吡唑醚菌酯29%）悬浮剂15～30ml/亩、19%丙环·嘧菌酯（丙环唑11.8%+嘧菌酯7.2%）悬乳剂30～40ml/亩，间隔10d喷1次。

该期玉米田间密度大、玉米叶片近于直立、叶片绒毛多、病部着药困难，喷药必须保证均匀喷雾到所有叶片，特别中下部叶片是病害的重要发生区域（图21-3），雾滴的附着率直接影响喷药效果。传统的低压喷雾器、圆锥喷头、摇摆喷药方式，重喷漏喷太多、雾滴大、雾化差，药剂大量流失，药剂喷施不到发病部位，喷雾防治效果不好（图21-4）。选用自走式喷杆喷雾机应用1号或1.5号喷头，高压电动喷杆喷雾器，应用直径0.3～0.5mm喷头，压力0.4～0.5MPa，水量15～20kg/亩，田间无风或微风时喷头高度控制在距叶尖0.5～0.6m，雾滴应在150μm以下，喷雾角应在45°以上；同时，还应加入超强沉积扩散性喷雾助剂农希望7号喷雾宝，或25%油酸甲酯液剂（喷雾精）5～10ml/15kg药液，天旱时喷药应加入多功能润湿性喷雾助剂农希望5号喷雾宝，或50%油酸甲酯液剂（喷雾精）10～20ml/15kg药液对水均匀喷雾，必须把药喷匀、喷细、喷透，充分地润湿扩散和渗透吸收，让中下部叶片的药剂附着率达90%以上（图21-5），这样才能取得较好的防治效果。

图21-3　玉米心叶期到抽雄期，玉米大小斑病多发生在玉米中下部叶片。喷药必须保证喷洒到这些部位

图21-4　玉米心叶期到抽雄期，玉米田间密度大、玉米叶片近于直立、病部着药困难，普通喷雾器田间喷药雾滴较大，只有上部叶片有少量雾滴，大面积的叶片没有附着药剂，防效较差

图21-5 玉米心叶期到抽雄期，喷药必须保证均匀喷雾到所有茎叶；同时，还应加入增加扩散分布的喷雾助剂，必须把药喷匀、喷细、喷透，中下部茎叶的药剂附着率达90%以上

2. 玉米纹枯病

症　　状　*Rhizoctonia solani* 称立枯丝核菌，属无性型真菌。主要为害叶鞘，也可为害茎秆和苞叶，严重时引起果穗受害。发病初期多在基部1~2茎节叶鞘上产生暗绿色水渍状病斑，后扩展融合成不规则形或云纹状大病斑。病斑中部灰褐色，边缘深褐色，由下向上蔓延扩展。严重时根茎基部组织变为灰白色，次生根黄褐色或腐烂（图21-6）。多雨、高湿持续时间长时，病部长出稠密的白色菌丝体，菌丝进一步聚集成多个菌丝团，形成小菌核（图21-7和图21-8）。为害苞叶，症状同茎秆（图21-9）。

图21-6　玉米纹枯病为害茎秆症状

图21-7　玉米纹枯病后期白色菌丝体

图21-8　玉米纹枯病黑色菌核

图21-9　玉米纹枯病为害苞叶症状

发生规律 菌丝和菌核在病残体或土壤中越冬。翌年春条件适宜,菌核萌发产生菌丝侵入寄主,而后在病部产生气生菌丝,在病组织附近不断扩展。玉米拔节期开始发病,抽雄期发展较快,吐丝灌浆期受害最重。

施药技术 玉米拔节期、抽雄期是防治的关键时期。

在玉米拔节期,纹枯病初发期,可用25%邻酰胺悬浮剂200~320ml/亩、50%多菌灵可湿性粉剂70~80g/亩、0.3%多氧霉素水剂3 000~6 000ml/亩、50%甲基硫菌灵可湿性粉剂70~80g/亩等药剂;在玉米抽雄期,可用5%井冈霉素水剂100~150ml/亩、23%噻氟菌胺悬浮剂14~25ml/亩、24%噻酰菌胺悬浮剂10~20ml/亩、20%氟酰胺可湿性粉剂100~125g/亩、25%嘧菌酯悬浮剂60~90ml/亩、5%有效霉素水剂100~150ml/亩,间隔7~10d喷1次,连喷2~3次,要重点喷施玉米的茎基部。

该期玉米田间密度大、玉米叶片近于直立、叶片绒毛多、病部着药困难,喷药必须保证均匀喷雾到所有叶片,特别是中下部叶片是病害的重要发生区域(图21-10),雾滴的附着率直接影响喷药效果。传统的低压喷雾器、圆锥喷头、摇摆喷药方式,重喷漏喷太多、雾滴大、雾化差,药剂大量流失,药剂喷施不到发病部位,喷雾防治效果不好(图21-11)。选用自走式喷杆喷雾机应用1号或1.5号喷头,高压电动喷杆喷雾器,并安装直径0.3~0.5mm喷头,压力0.4~0.5MPa,水量15~20kg/亩,田间无风或微风时喷头高度控制在距叶尖0.5~0.6m,雾滴应在150μm以下,喷雾角应在45°以上;同时,还应加入超强沉积扩散性喷雾助剂农希望7号喷雾宝或25%油酸甲酯液剂(喷雾精)5~10ml/15kg药液,天旱时喷药应加入多功能润湿性喷雾助剂农希望5号喷雾宝或50%油酸甲酯液剂(喷雾精)10~20ml/15kg药液对水均匀喷雾,必须把药喷匀、喷细、喷透、充分地润湿扩散,中下部茎叶的药剂附着率达90%以上(图21-12至图21-15),才能取得较好的防治效果。

图21-10 玉米纹枯病主要为害叶鞘,也可为害茎秆和苞叶,喷药必须加入多功能润湿性喷雾助剂农希望5号喷雾宝,保证均匀喷雾到下部所有的茎叶

图21-11 普通喷雾器喷药雾化差、喷药雾滴较大,药剂大量流失,只有上部叶片有少量雾滴,纹枯病的发病部位没有有效地附着药剂,防效较差

图21-12 防治玉米纹枯病，用安装直径0.3mm喷嘴专业喷头加入喷雾宝，雾化效果好，保证基部茎叶均匀附着药剂

图21-13 防治玉米纹枯病，用安装直径0.3mm喷嘴的高压电动喷杆喷雾器加入喷雾宝，雾化效果好，保证基部茎叶均匀附着药剂

图21-14 防治玉米纹枯病，用安装1号喷嘴的自走式喷杆喷雾机加入喷雾宝，喷头角度45°以上，雾化效果比较好，保证基部茎叶均匀附着药剂

喷药关键

图21-15 防治玉米纹枯病，用专业的喷雾器械和喷雾助剂，保证均匀喷雾到所有基部茎叶，喷匀、喷细、喷透，中下部茎叶的药剂附着率达90%以上

3. 玉米锈病

症　状　Puccinia sorghi 称玉米柄锈菌，属担子菌门真菌。主要侵害叶片，严重时也为害茎秆。发病初期在叶片基部散生或聚生淡黄色斑点，后凸起形成红褐色疱斑，后期病斑形成黑色疱斑（图21-16）。发生严重时，叶片上布满孢子堆，造成大量叶片干枯，植株早衰，籽粒不饱满，导致减产。茎秆受害，症状同叶片（图21-17）。

图21-16　玉米锈病为害叶片症状

发生规律　病菌以夏孢子越冬。翌年借气流传播成为初侵染源。田间叶片染病后，产生夏孢子，可在田间借气流传播，进行再侵染，蔓延扩展。5月下旬见玉米锈菌冬孢子，7月达到高峰，9月中旬又一高峰出现；6月底见夏孢子，8月中旬达高峰，6月中旬至7月中旬为玉米锈病的侵染期，玉米锈病从7月中旬开始发病，夏孢子靠气流传播，重复侵染，8月底为发病盛期。

施药技术　在7月中旬，田间病株率达6%时开始喷药防治。

图21-17　玉米锈病为害茎秆症状

7月中旬，锈病发生初期，及时施药防治，可以用75%肟菌·戊唑醇（戊唑醇50%+肟菌酯25%）水分散粒剂15～20g/亩、12.5%烯唑醇可湿性粉剂16～32g/亩、40%氟硅唑乳油7.5～9.4ml/亩、12.5%氟环唑悬浮剂48～60ml/亩、25%戊唑醇可湿性粉剂60～70g/亩，视病情间隔10d左右喷1次。

7月中旬后玉米田间密动大、玉米叶片近于直立、叶片绒毛多，病部着药困难，喷药必须保证均匀喷雾到各个叶片和中上部茎秆，雾滴的附着率直接影响喷药效果，传统的低压喷雾器摇摆喷药方式，喷药不匀、雾滴太大而流失浪费，防治效果差（图21-18）。必须选用专业的喷雾器械和喷雾助剂，自走式喷杆喷雾机应用1号或1.5号喷头，高压电动喷杆喷雾器，应用直径0.3～0.5mm喷头，压力0.4～0.5MPa，水量

10~20kg/亩，田间无风或微风时喷头高度控制在距叶尖0.5~0.8m，雾滴应在150μm以下，喷雾角应在45°以上，必须把药喷匀、喷细、喷透，茎叶上的药剂附着率达95%以上；同时，还应加入超强沉积扩散性喷雾助剂农希望7号喷雾宝，或25%油酸甲酯液剂（喷雾精）5~10ml/15kg药液，天旱时喷药应加入多功能润湿性喷雾助剂农希望5号喷雾宝，或50%油酸甲酯液剂（喷雾精）10~20ml/15kg药液，必须把药喷匀、喷细、喷透，充分地润湿扩散和渗透吸收，才能取得较好的防治效果（图21-19）。

图21-18　玉米锈病发生期，普通喷雾器田间喷药雾滴较大、漏喷部位多，只有上部叶片有少量雾滴，大面积的叶片没有附着药剂，防效较差

图21-19　玉米锈病发生期，喷药必须保证均匀喷雾到所有茎叶；同时，还应加入增加扩散分布的喷雾助剂，必须把药喷匀、喷细、喷透，茎叶的药剂附着率达90%以上

4．玉米瘤黑粉病

症　状　Ustilago maydis称黑粉菌，属担子菌门真菌。只感染幼嫩组织。苗期发病，常在幼苗茎基部生瘤，病苗茎叶扭曲畸形，明显矮化，可造成植株死亡。成株期发病，叶和叶鞘上的病瘤常为黄、红、紫、灰杂色疮痂病斑，成串密生或呈粗糙的皱折状，在叶基近中脉两侧最多，一般形成冬孢子前就干枯（图21-20和图21-21）。雌穗受害多在上半部或个别籽粒生瘤，病瘤一般较大，常突破苞叶外露

（图21-22）。雄穗抽出后，部分小穗感染常长出长囊状或角状的小瘤，多几个聚集成堆，一个雄穗可长出几个至十几个病瘤（图21-23）。

图21-20　玉米瘤黑粉病为害叶片症状

图21-21　玉米瘤黑粉病为害叶鞘症状

图21-22　玉米瘤黑粉病为害雌穗症状

图21-23　玉米瘤黑粉病为害雄穗症状

发生规律　病菌在土壤、粪肥或病株上越冬，成为翌年初侵染源。种子带菌进行远距离传播。病残体上越冬的冬孢子萌发产生担孢子，随风雨、昆虫等传播，引致苗期和成株期发病形成肿瘤，肿瘤破裂后冬孢子还可进行再侵染。该病在玉米抽穗开花期发病最快，直至玉米老熟后才停止侵害。

施药技术　玉米苗期喷施药剂可有效地预防病害的发生和发展，也可在抽雄期喷施药剂防治。

种子处理：可用44%氟唑环菌胺悬浮种衣剂30～90ml拌100kg种子、20%萎锈灵乳油500ml拌100kg种子、30g/L苯醚甲环唑悬浮种衣剂6～9ml/100kg种子。

在玉米抽雄前，喷施40%苯醚甲环唑悬浮剂12.5～15ml/亩、12.5%烯唑醇可湿性粉剂750～1 000倍液、25%咪鲜胺乳油500～1 000倍液、30%氟菌唑可湿性粉剂2 000倍液。

5. 玉米弯孢霉叶斑病

症　状　*Curvularia lunata* 称弯孢霉，属无性型真菌。主要为害叶片，叶部病斑初为水浸状褪绿半透明小点，后扩大为圆形、椭圆形、梭形或长条形，中心灰白色，边缘黄褐色或红褐色，外围有淡黄色晕圈，并具有黄褐相间的断续环纹。潮湿条件下，病斑正反两面均可产生灰黑色图纸状物（图21-24）。

发生规律 以菌丝体潜伏于病残体组织中越冬，也能以分生孢子状态越冬。苗期抗性较强，13叶期较感病，此病属于成株期病害。在华北地区，该病的发病高峰期是8月中旬到9月上旬，于玉米抽雄后。种植密度过大，地势低洼，造成高湿小气候而有利于病菌滋生，病害发生严重。

施药技术 玉米抽雄期是预防该病的关键时期。

弯孢霉叶斑病病害发生期，用50%多菌灵可湿性粉剂600倍液

图21-24 玉米弯孢霉叶斑病为害叶片症状

+70%代森锰锌可湿性粉剂600倍液等药剂均匀喷施，可有效地减轻为害；当发病率在5%～7%，可用10%苯醚甲环唑水分散粒剂50g/亩+25%吡唑醚菌酯悬浮剂45～50ml/亩、30%唑醚·戊唑醇（戊唑醇20%+吡唑醚菌酯10%）悬浮剂30～40ml/亩、32%戊唑·嘧菌酯（戊唑醇20%+嘧菌酯12%）悬浮剂32～42ml/亩，还应加入超强沉积扩散性喷雾助剂农希望7号喷雾宝或25%油酸甲酯液剂（喷雾精）5～10ml/15kg药液，天旱时喷药应加入多功能润湿性喷雾助剂农希望5号喷雾宝，或50%油酸甲酯液剂（喷雾精）10～20ml/15kg药液对水均匀喷雾，必须把药喷匀、喷细、喷透，充分地润湿扩散。

图21-25 防治玉米弯孢霉叶斑病雾化效果，保证基部茎叶均匀附着药剂

7月中旬后玉米田间密度大，喷药必须保证均匀喷雾到各个叶片和中上部茎叶，雾滴的附着率直接影响喷药效果。必须选用专业的喷雾器械和喷雾助剂，自走式喷杆喷雾机应用1号或1.5号喷头，高压电动喷杆喷雾器，应用直径0.3～0.5mm喷头，压力0.4～0.5MPa，水量10～20kg/亩，田间无风或微风时喷头高度控制在距叶尖0.5～0.8m，雾滴应在150μm以下，喷雾角应在45°以上，必须把药喷匀、喷细、喷透，茎叶上的药剂附着率达90%以上；同时，还应加入高效扩散性喷雾助剂农希望3号喷雾宝5～10ml/15kg药液，天旱时还应加入多功能润湿性喷雾助剂农希望5号喷雾宝20～30ml/15kg药液对水均匀喷雾，才能取得较好的防治效果（图21-25）。

6. 玉米褐斑病

症 状 *Physoderma maydis* 称玉蜀黍节壶菌，属鞭毛菌门真菌。主要为害叶片、叶鞘和茎秆，叶片与叶鞘相连处易染病。叶片、叶鞘染病后病斑圆形至椭圆形，褐色或红褐色，病斑易密集成行，小病斑融合成大病斑，病斑四周的叶肉常呈粉红色，后期病斑表皮易破裂，散出褐色粉末（图21-26至图21-28）。

发生规律 以休眠孢子囊在病残体上或土壤中越冬，翌年产生分生孢子借风雨传播到叶片上侵入为害，7—9月气温高、湿度大，长时间降雨易诱发此病。密度大的田块、低洼潮湿的田块发病较重。

施药技术 田间发现病情及时地进行施药防治。

图21-26 玉米褐斑病为害叶片症状

图21-27 玉米褐斑病为害茎秆症状

图21-28 玉米褐斑病为害叶鞘症状

在病害发生初期，可喷施25%吡唑醚菌酯悬浮剂45～50ml/亩、70%甲基硫菌灵可湿性粉剂500～600倍液等药剂。在玉米10～13叶期，发病较多时，用25%嘧菌酯悬浮剂60～90ml/亩、50%异菌脲可湿性粉剂500～1 000倍液、40%腈菌唑水分散粒剂6 000～7 000倍液、43%氟嘧·戊唑醇（戊唑醇25%+氟嘧菌酯18%）悬浮剂30～40ml/亩、43%唑醚·氟酰胺（氟唑菌酰胺14%+吡唑醚菌酯29%）悬浮剂16～24ml/亩、10%苯醚甲环唑水分散粒剂1 000倍液、30%氟菌唑可湿性粉剂2 000倍液喷施。

该期玉米田间密度大、玉米叶片近于直立、叶片绒毛多、病部着药困难，喷药必须保证均匀喷雾到所有叶片，特别是中下部叶片、叶鞘和茎秆是病害的重要发生区域（图21-29），雾滴的附着率直接影响喷药效果。传统的低压喷雾器、圆锥喷头、摇摆喷药方式，重喷漏喷太多、雾滴大、雾化差，药剂大量流失，药剂喷施不到发病部位，喷雾防治效果不好（图21-30）。选用自走式喷杆喷雾机应用1号或1.5号喷头，高压电动喷杆喷雾器，应安装直径0.3～0.5mm喷头，压力0.4～0.5MPa，水量15～20kg/亩，田间无风或微风时喷头高度控制在距叶尖0.5～0.6m，雾滴应在150μm以下，喷雾角应在45°以上；同时，还应加入超强沉积扩散性喷雾助剂农希望7号喷雾宝或25%油酸甲酯液剂（喷雾精）5～10ml/15kg药液，天旱时喷药应加入多功能润湿性喷雾助剂农希望5号喷雾宝或50%油酸甲酯液剂（喷雾精）10～20ml/15kg药液对水均匀喷雾，必须把药喷匀、喷细、喷透，充分地润湿扩散，中下部叶片的药剂附着率达90%以上（图21-31），才能取得较好的防治效果。

图21-29 玉米褐斑病主要为害中下部叶片、叶鞘和茎秆，喷药必须保证均匀喷雾到下部所有茎叶

图21-30 普通喷雾器喷药雾化差、喷药雾滴较大，只有上部叶片有少量雾滴，褐斑病的发病部位没有有效附着药剂，防效较差

图21-31 防治玉米褐斑病,喷药必须保证均匀喷雾到所有茎叶、叶鞘;同时,还应加入增加扩散分布的喷雾助剂,必须把药喷匀、喷细、喷透,中下部茎叶的药剂附着率达90%以上

7. 玉米粗缩病

症　状　Maize rough dwarf virus（MRDV）称玉米粗缩病毒,属病毒。玉米粗缩病病株严重矮化,叶色深绿,宽短质硬,呈对生状,叶背面侧脉上现蜡白色突起物,粗糙明显。有时叶鞘、果穗苞叶上具蜡白色条斑。病株分蘖多,根系不发达易拔出。雄穗败育或发育不良,花丝不发达,结实少,重病株多提早枯死或无收（图21-32）。

图21-32 玉米粗缩病为害植株症状

发生规律 主要靠灰飞虱传毒。灰飞虱成虫和若虫在田埂地边杂草丛中越冬，翌年春迁入玉米田。冬小麦也是该病毒越冬场所之一。玉米5叶期前易感病，10叶期抗性增强。套种田、早播田及杂草多的玉米田发病重。玉米苗期是玉米粗缩病的敏感期。

施药技术 灰飞虱为害盛期、玉米7叶期是防治的关键时期。

种子处理，用46%噻虫嗪种子处理悬浮剂326～456ml/100kg种子、11%戊唑·吡虫啉（戊唑醇0.8%+吡虫啉10.2%）悬浮种衣剂1 818～2 181g/100kg种子进行种子处理，能有效地防治苗期灰飞虱，减轻病毒病的传播。

在灰飞虱传毒为害期，尤其是玉米7叶期前，喷洒5%氨基寡糖素水剂75～100ml/亩+10%吡虫啉可湿性粉剂35～50g/亩、25%噻虫嗪可湿性粉剂50～60g/亩+20%盐酸吗啉胍·乙酸铜可湿性粉剂500倍液、70%吡虫啉干燥悬浮剂4～6g/亩+30%毒氟磷可湿性粉剂45～75g/亩，间隔6～7d喷1次，连喷2～3次。

玉米叶片近于直立、叶片绒毛多、病部着药困难，喷药必须保证均匀喷雾到所有叶片和地面杂草，防止灰飞虱传毒为害，雾滴的附着率直接影响喷药效果。传统的低压喷雾器、圆锥喷头、摇摆喷药方式，重喷漏喷太多、雾滴大、雾化差，药剂大量流失，药剂喷施不到发病部位，喷雾防治效果不好（图21-33）。选用自走式喷杆喷雾机应用1号或1.5号喷头，高压电动喷杆喷雾器，应安装直径0.3～0.5mm喷头，压力0.4～0.5MPa，水量15～20kg/亩，田间无风或微风时喷头高度控制在距叶尖0.5～0.6m，雾滴应在150μm以下；同时，还应加入超强沉积扩散性喷雾助剂农希望7号喷雾宝或25%油酸甲酯液剂（喷雾精）5～10ml/15kg药液，天旱时喷药应加入多功能润湿性喷雾助剂农希望5号喷雾宝或50%油酸甲酯液剂（喷雾精）10～20ml/15kg药液对水均匀喷雾，必须把药喷匀、喷细、喷透，充分地润湿扩散，叶片的药剂附着率达90%以上（图21-34），才能取得较好的防治效果。

图21-33 玉米叶片近于直立、叶片绒毛多，病部着药困难，普通喷雾器田间喷药雾滴较大，只有上部叶片有少量雾滴，大面积的叶片没有附着药剂，防效较差

图21-34 喷药必须保证均匀喷雾到所有茎叶、叶鞘；同时，还应加入增加扩散分布的喷雾助剂，必须把药喷匀、喷细、喷透，中下部茎叶的药剂附着率达90%以上

二、玉米虫害与农药施用关键技术

1. 玉米螟

为害特点 初龄幼虫蛀食嫩叶形成排孔花叶。3龄后幼虫蛀入玉米茎秆，为害花苞、雄穗及雌穗，受害玉米营养及水分输导受阻，长势衰弱、茎秆易折，雌穗发育不良，影响结实（图21-35至图21-37）。

图21-35 玉米螟为害玉米秆

图21-36 玉米螟为害玉米秆后期

图21-37 玉米螟为害雌穗

形态特征　成虫体翅为黄褐色。雌蛾前翅鲜黄色，翅基2/3部位有棕色条纹及1条褐色波纹，外侧有黄色锯齿状线（图21-38）。雄蛾略小，翅色稍深；头、胸、前翅黄褐色，胸部背面淡黄褐色；前翅内横线暗褐色，波纹状；后翅淡褐色，中央有1条浅色宽带（图21-39）。卵扁椭圆形，鱼鳞状排列成卵块，初产乳白色，半透明，后转黄色。幼虫头和前胸背板深褐色，体背为淡灰褐色、淡红色或黄色等（图21-40和图21-41）。蛹黄褐色至红褐色，臀棘显著，黑褐色（图21-42）。

图21-38　玉米螟雌蛾

图21-39　玉米螟雄蛾

图21-40　玉米螟幼虫

图21-41　玉米螟老熟幼虫

图21-42　玉米螟蛹

发生规律　东北及西北地区1年发生1~2代，黄淮及华北平原发生2~4代，江汉平原发生4~5代，广东、广西及台湾发生5~7代。均以老熟幼虫在寄主受害部位及根茬内越冬。在北方1代幼虫6月中下旬盛发为害，此时春玉米正处于心叶期，为害很重。2代幼虫7月中下旬为害夏玉米（心叶期）和春玉米（穗期）。3代幼虫8月中下旬进入盛发，为害夏玉米穗及茎部。在春、夏玉米混种区发生严重。

施药技术　防治玉米螟的最佳时期为心叶末期，也就是大喇叭口期，这是玉米螟防治的关键时期之一。

玉米心叶末期至大喇叭口期，这是防治玉米螟的有利时期，玉米螟2～3龄幼虫期，可用19.4%甲维·氯虫苯（氯虫苯甲酰胺15%+甲氨基阿维菌素4.4%）可分散油悬浮剂9～15ml/亩、30%乙酰甲胺磷乳油180～240ml/亩、20%哒嗪硫磷乳油75～100ml/亩、20%氟苯虫酰胺悬浮剂8～12ml/亩、80%氟苯·杀虫单（杀虫单76.4%+氟苯虫酰胺3.6%）可湿性粉剂75～100g/亩、1%甲氨基阿维菌素苯甲酸盐乳油5～10ml/亩、8 000IU/ml苏云金杆菌可湿性粉剂100～200g/亩、400亿孢子/g球孢白僵菌可湿性粉剂100～200g/亩、5%氯虫苯甲酰胺悬浮剂16～20ml/亩、10%四氯虫酰胺悬浮剂20～40g/亩。

玉米螟的主要发生部位在心叶和中下部茎秆、穗部（图21-43），该期玉米田间密度大、玉米叶片近于直立、叶片绒毛多，病部着药困难，喷药必须保证均匀喷雾到心叶和中部茎秆，雾滴的附着率直接影响喷药效果，传统的低压喷雾器摇摆喷药方式，喷药不匀、雾滴太大而流失浪费，防治效果差（图21-44）。必须选用专业的喷雾器械和喷雾助剂，自走式喷杆喷雾机应用1.5号或2号喷头，高压电动喷杆喷雾器，应用直径0.5～0.8mm喷头，压力0.3～0.4MPa，水量10～20kg/亩，田间无风或微风时喷头高度控制在距叶尖0.5～0.8m，雾滴应在150μm以下，喷雾角应在45°以上，必须把药喷匀、喷细、喷透，茎叶上的药剂附着率达90%以上；同时，还应加入超强沉积扩散性喷雾助剂农希望7号喷雾宝或25%油酸甲酯液剂（喷雾精）5～10ml/15kg药液，天旱时喷药应加入多功能润湿性喷雾助剂农希望5号喷雾宝或50%油酸甲酯液剂（喷雾精）10～20ml/15kg药液对水均匀喷雾，必须把药喷匀、喷细、喷透，充分地润湿扩散，才能取得较好的防治效果（图21-45）。

图21-43 玉米螟主要为害玉米穗及茎部，喷药时重点喷施玉米中部茎叶

图21-44 玉米大喇叭口期，玉米田间密度大、玉米茎叶直立、叶片绒毛多，病部着药困难，普通喷雾器田间喷药雾滴较大，只有上部叶片有少量雾滴，大面积的叶片没有附着药剂，防效较差

图21-45 防治玉米田的玉米螟，玉米田间密度大、玉米叶片近于直立、叶片绒毛多、着药困难，喷药时必须保证均匀喷雾到所有心叶、中部茎叶、叶鞘；同时，还应加入增加扩散分布的喷雾助剂，必须把药喷匀、喷细、喷透，中下部茎叶的药剂附着率达90%以上

2. 玉米蚜虫

为害特点 苗期蚜虫群集于心叶为害，植株生长停滞，发育不良，甚至死苗（图21-46）。玉米抽穗后，移向新生的心叶中繁殖，在展开的叶面可见到一层密布的灰白色脱皮壳，这是玉米蚜为害的主要特征。穗期除刺吸汁液外，蚜虫还密布于叶背、叶鞘和穗部的穗苞或花丝上取食，另外蚜虫排泄的"蜜露"，黏附叶片，引起煤污病，常在叶面形成一层黑色的露状物，影响光合作用，千粒重下降，引起减产（图21-47至图21-49）。

图21-46 玉米蚜虫为害幼苗

图21-47 玉米蚜为害叶片

图21-48 玉米蚜虫为害穗

图21-49 玉米蚜为害雄穗

形态特征 无翅孤雌蚜（图21-50）体长卵形，体深绿色，披薄白粉，附肢黑色，复眼红褐色，腹管长圆筒形，端部收缩，腹管具覆瓦状纹，尾片圆锥状，具毛4~5根。有翅孤雌蚜（图21-51）长卵形，头、胸黑色发亮，腹部黄红色至深绿色，触角6节比身体短，腹部2~4节各具1对大型缘斑。

图21-50　有翅孤雌蚜

图21-51　无翅孤雌蚜

发生规律　1年发生20代左右，以成虫、若蚜在麦类及早熟禾、看麦娘等禾本科杂草的心叶里越冬。翌年3—4月随着气温上升，开始在越冬寄主上活动、繁殖为害。6月下旬7月初蚜虫由其他寄主迁往夏玉米，抽雄前蚜虫在心叶为害，7月底至8月上旬玉米进入抽雄期，玉米蚜虫迅速增殖。

施药技术　玉米药剂拌种可减少蚜虫的为害，在玉米拔节期发现中心蚜株喷药防治。玉米播种前，用11%戊唑·吡虫啉（戊唑醇0.8%+吡虫啉10.2%）悬浮种衣剂1 818~2 181g/100kg种子包衣、45%烯肟·苯·噻虫（苯醚甲环唑1.8%+噻虫嗪42.6%+烯肟菌胺0.6%）悬浮种衣剂400~500g/100kg种子、10%噻虫·咯·霜灵（噻虫嗪7.5%+精甲霜灵1.5%+咯菌腈1%）种子处理悬浮剂500~1 000ml/100kg种子、13%噻虫胺·噻呋·戊唑醇（噻虫胺5%+噻呋酰胺6.4%+戊唑醇1.6%）种子处理悬浮剂667~1 000ml/100kg种子。

在玉米拔节期，发现中心蚜株喷药防治，可有效地控制蚜虫的为害。可喷施30%乙酰甲胺磷乳油150~200ml/亩、25%噻虫嗪水分散粒剂8~10g/亩、10%吡虫啉可湿性粉剂20~40g/亩；当有蚜株率达30%~40%，出现"起油株"时应进行全田普治，可以用25g/L溴氰菊酯乳油10~20ml/亩、22%噻虫·高氯氟（噻虫嗪12.6%+高效氯氟氰菊酯9.4%）微囊悬浮－悬浮剂10~15ml/亩、30%乙酰甲胺磷乳油120~240ml/亩。

玉米蚜虫的主要发生部位在心叶、上部叶片和雄穗，易于喷药；但是，玉米叶片近于直立、叶片绒毛多，着药困难，喷药时必须均匀喷雾到心叶、上部叶片和雄穗，雾滴的附着率直接影响喷药效果。必须选用专业的喷雾器械和喷雾助剂，自走式喷杆喷雾机应用1号或1.5号喷头，高压电动喷杆喷雾器，应用直径0.3~0.5mm喷头，压力0.4~0.5MPa，水量10~20kg/亩，田间无风或微风时喷头高度控制在距叶尖0.5~0.8m，雾滴应在150μm以下，喷雾角应在45°以上，必须把药喷匀、喷细、喷透，茎叶上的药剂附着率达90%以上；同时，还应加入超强沉积扩散性喷雾助剂农希望7号喷雾宝或25%油酸甲酯液剂（喷雾精）5~10ml/15kg药液，天旱时喷药应加入多功能润湿性喷雾助剂农希望5号喷雾宝，或50%油酸甲酯液剂（喷雾精）10~20ml/15kg药液对水均匀喷雾，必须把药喷匀、喷细、喷透，充分地润湿扩散，才能取得较好的防治效果（图21-52）。

图21-52　玉米蚜虫防治喷药方法和喷药效果

三、玉米田杂草

玉米田主要杂草种类有马唐、牛筋草、稗草、狗尾草、藜、反枝苋、马齿苋、铁苋、苍耳、香附子（图21-53至图21-63）。

图21-53A 马唐单株　图21-53B 马唐幼苗穗　图21-53C 马唐穗

图21-54A 牛筋草幼苗　图21-54B 牛筋草穗　图21-54C 牛筋草单株

第二十一章 玉米病虫草害与农药施用关键技术

图21-55A 旱稗单株 | 图21-55B 旱稗幼苗 | 图21-55C 旱稗穗
图21-55D 旱稗叶舌

图21-56A 狗尾草幼苗 | 图21-56B 狗尾草单株

农药施用关键技术与病虫草害绿色防控

| 图21-57A 藜单株 | 图21-57B 藜花序 |
| | 图21-57C 藜幼苗 |

| 图21-58A 反枝苋单株 | 图21-58B 反枝苋穗 | 图21-58C 反枝苋幼苗 |

图21-59A 马齿苋单株

图21-59B 马齿苋花 | 图21-59C 马齿苋籽

图21-60A 铁苋单株 | 图21-60B 铁苋花序 | 图21-60C 铁苋幼苗

图21-60D 铁苋果实

图21-61A 苍耳幼苗
图21-61B 苍耳果实
图21-61C 苍耳单株

图21-62A 香附子成株
图21-62B 香附子穗
图21-62C 香附子块茎
图21-62D 香附子幼苗

四、玉米各生育期病虫草害与农药施用关键技术

（一）玉米病虫草害综合防治历

玉米栽培管理过程中，应总结本地玉米病虫害的发生特点和防治经验，制订病虫害防治计划，适时进行田间调查，及时采取防治措施，有效控制病虫的为害，保证丰产、丰收。

玉米病虫害的综合防治历见表21-1，各地应根据自己的情况采取具体的防治措施。

表21-1 玉米病虫草害综合防治历

生育期	时期	主要防治对象	次要防治对象
播种期	4月下旬至6月中旬	地下害虫、茎基腐病、瘤黑粉病、丝黑穗病、杂草	纹枯病、全蚀病、褐斑病、病毒病
苗期	5月下旬至6月下旬	病毒病、棉铃虫、耕葵粉蚧、叶螨、杂草	丝黑穗病、蛀茎夜蛾
喇叭口期至抽雄期	6月中旬至8月上旬	叶斑病、茎基腐病、瘤黑粉病、纹枯病、玉米螟、玉米蚜、黏虫	弯孢霉叶斑病、褐斑病、禾蓟马、棉铃虫
穗期至成熟期	7月中旬至9月下旬	锈病、圆斑病	玉米螟、灰斑病

（二）玉米播种期病虫草害与农药施用关键技术

玉米播种期是防治病虫害的关键时期。玉米茎基腐病是典型的土传病害；玉米瘤黑粉病、玉米丝黑穗病、玉米纹枯病、玉米褐斑病主要是靠种子或土壤带菌进行传播的，而且从幼苗期就开始侵染。所以对于这些病害，进行种子处理是有效的防治措施；这一时期防治的主要虫害有蛴螬、蝼蛄、金针虫、玉米耕葵粉蚧等，药剂拌种可以减少地下害虫为害。玉米播种期还是杂草防治的有利时期。

药剂拌种或种子包衣是防治种传或土传病害、防治地下害虫和苗期害虫的常用方法，可用7%戊唑·噻虫嗪（戊唑醇0.54%+噻虫嗪6.46%）悬浮种衣剂2 000~2 800ml/100kg种子、13%噻虫胺·噻呋·戊唑醇（噻虫胺5%+噻呋酰胺6.4%+戊唑醇1.6%）悬浮种衣剂667~1 000ml/100kg种子、7%戊唑·噻虫嗪（戊唑醇0.54%+噻虫嗪6.46%）悬浮种衣剂2 000~2 800ml/100kg种子，也可以用8%丁·戊（丁硫克百威7.5%+戊唑醇0.5%）悬浮种衣剂1:40~1:60（药种比）种子包衣、8%苯甲·毒死蜱（毒死蜱7.25%+苯醚甲环唑0.75%）悬浮种衣剂1 537~2 000g/100kg种子包衣、11%戊唑·吡虫啉（戊唑醇0.8%+吡虫啉10.2%）悬浮种衣剂1 818~2 181g/100kg种子、7.5%戊唑·克百威（克百威7%+戊唑醇0.5%）悬浮种衣剂1:40~1:50（药种比）、烯肟·苯·噻虫（苯醚甲环唑1.8%+噻虫嗪42.6%+烯肟菌胺0.6%）悬浮种衣剂400~500g/100kg种子、28%噻虫嗪·噻呋酰胺（噻呋酰胺3.5%+噻虫嗪24.5%）种子处理悬浮剂570~850ml/100kg种子、10%噻虫·咯·霜灵（噻虫嗪7.5%+精甲霜灵1.5%+咯菌腈1%）种子处理悬浮剂500~1 000ml/100kg种子，进行种子包衣。

玉米播后苗前喷施除草剂的优点很多，可以有效防除杂草于萌芽期和造成为害之前；因为田中没有作物，施药方便，也便于机械化操作。然而，播后苗前喷施除草剂也有很多的缺点，除草效果受土壤质地、土壤平整度、土壤有机质含量、土壤墒情等因素制约。生产上，要根据栽培模式（图21-63）因地制宜，对于播种前整地条件较好的可以进行播后芽前喷施除草剂。

玉米播种前进行整地，墒情条件很好，田间主要杂草为马唐、狗尾草、藜、反枝苋等，可以在玉米播后芽前用900g/L乙草胺乳油80~120ml/亩、900g/L乙草胺乳油80~100ml/亩+38%莠去津悬浮剂75~

100ml/亩、50%异丙草胺乳油200ml/亩+38%莠去津悬浮剂75~100ml/亩、50%异丙草胺乳油200ml/亩+40%氰草津悬浮剂100ml/亩。

玉米播后芽前喷施封闭除草剂，除了要求土壤质地、土壤平整度、土壤墒情等条件，对喷雾技术也有严格的要求。传统的低压喷雾器、圆锥喷头、摇摆喷药方式，重喷漏喷太多，喷雾防治效果不好（图21-64）。喷药时适当加大水量，喷药的均匀度要达95%以上。自走式喷杆喷雾机应用2号或3号喷头，高压电动喷杆喷雾器应用直径0.8~1mm喷头，压力0.25~0.35MPa，水量40~60kg/亩，田间无风或微风时喷头高度控制在0.5~0.6m，必须把药喷匀、喷透（图21-65），才能保证除草效果，保证除草剂对玉米的安全性。

图21-63　玉米播种期栽培模式

图21-64　玉米播后芽前，普通喷雾器圆锥喷头、摇摆喷药方式，重喷漏喷太多，除草效果较差

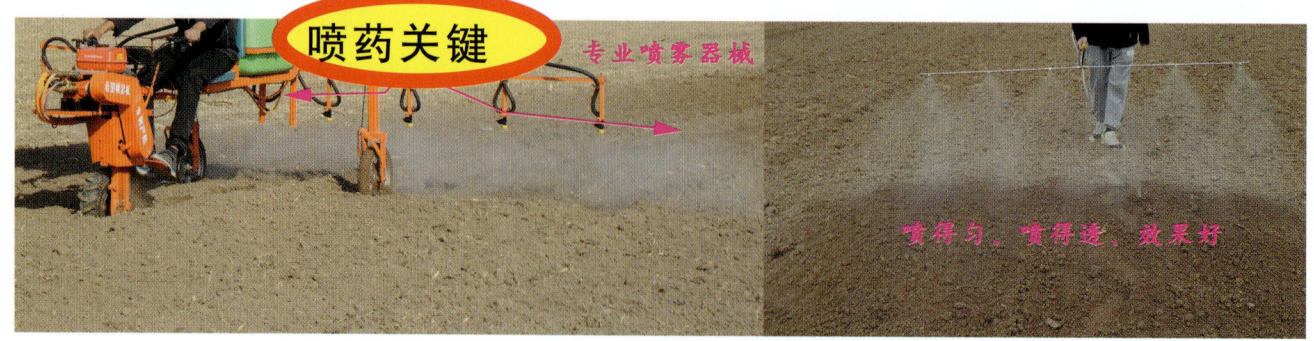

图21-65　玉米播后芽前，用专业的自走式喷杆喷雾机或高压电动喷杆喷雾器，喷雾均匀，除草效果好

（三）玉米苗期病虫草害与农药施用关键技术

玉米苗期（图21-66），是病虫草害发生为害的重要时期，这一时期重点是防治杂草，同时，还要防治棉铃虫、蚜虫等害虫。

图21-66 玉米苗期生长情况

玉米苗后2~5叶期，田间杂草较多，主要杂草为马唐、狗尾草、牛筋草、稗草、藜、反枝苋、马齿苋、铁苋等（图21-67），田间还有食叶性害虫为害。

图21-67 玉米2~5叶期田间杂草生长情况

可用90%莠去津水分散粒剂90~130g/亩+8%烟嘧磺隆可分散油悬浮剂（加入安全剂）35~50ml/亩、24%烟·莠去津（莠去津20%+烟嘧磺隆4%）（加入安全剂）可分散油悬浮剂80~120ml/亩、25%苯唑氟草酮·莠去津（莠去津22%+苯唑氟草酮3%）可分散油悬浮剂150~200ml/亩、38%莠去津悬浮剂150~300ml/亩+40%硝磺草酮悬浮剂20~25ml/亩。为了防治害虫，可以加入5%甲氨基阿维菌素苯甲酸盐可溶粒剂10~15g/亩、25g/L溴氰菊酯乳油20~28ml/亩、10%高效氯氟氰菊酯水乳剂15~20ml/亩、10%甲维·高氯氟（甲氨基阿维菌素苯甲酸盐2%+高效氯氟氰菊酯8%）微囊悬浮-悬浮剂4~6ml/亩。烟嘧磺隆和砜嘧磺隆可能会对玉米发生药害，应在玉米2~4叶期施药，施药时加入安全剂。施药时不能与有机磷或氨基甲酸酯类杀虫剂混用，也不能在前后间隔7d内施用，如需防治虫害，可以用其他杀虫剂替代。部分玉米品种如甜玉米、糯玉米和爆裂玉米等品种也不宜施用。虽然该类除草剂对土壤墒情要求相对较低，但土壤墒情差时除草效果也下降；但是，该类除草剂不耐雨水冲刷，遇到多雨年份除草效果下降，后期杂草会发生较多。

该类除草剂尽管内吸性较好，但还是要喷雾均匀才能保证效果和安全。传统的低压喷雾器、圆锥喷头、摇摆喷药方式，重喷漏喷太多、雾滴大、雾化差，药剂大量流失，特别是杂草密度大时药剂喷施不到每株杂草的茎叶上，喷雾防治效果不好（图21-68）。尽管所用药剂内吸性好、持效期长，但药剂只能沿蒸腾水流上传，而药剂不会下传，也不会从一叶传至另外一叶，必须保证均匀喷雾到所有杂草的茎叶。选用自走式喷杆喷雾机应用1.5号或2号喷头，高压电动喷杆喷雾器，应用直径0.5~0.8mm喷头，压力0.3~0.4MPa，水量10~20kg/亩，田间无风或微风时喷头高度控制在距叶尖0.5~0.6m，喷雾角应在45°以上，必须把药喷匀、喷细、喷透，茎叶药剂附着率达95%以上（图21-69）；同时，还应加入安全型多功能润湿性喷雾助剂，如农希望6号喷雾宝或安全型多功能喷雾助剂农希望6号喷雾宝或60%油酸甲酯液剂（喷雾精）20~30ml/15kg药液；确保茎叶上药剂均匀沉积附着、均匀扩散分布和渗透吸收，确保农药被充分地吸收利用。

图21-68 玉米田喷施除草剂，普通喷雾器田间喷药雾滴较大，叶片有大量雾滴，很多的杂草和大面积的叶片没有附着药剂，防治杂草的药效不稳定，防效较差

图21-69 玉米苗后防治杂草，用专业的自走式喷杆喷雾机或高压电动喷杆喷雾器加入适宜的喷雾助剂，喷雾均匀，除草效果好

玉米苗期，田间杂草较多较大时，主要杂草为马唐、狗尾草、牛筋草、稗草、藜、反枝苋等，田间还有食叶性害虫为害。

可以用24%烟·莠去津（莠去津20%+烟嘧磺隆4%）（加入安全剂）可分散油悬浮剂100~120ml/亩、25%苯唑氟草酮·莠去津（莠去津22%+苯唑氟草酮3%）可分散油悬浮剂150~200ml/亩。为了防治害虫；可以加入5%甲氨基阿维菌素苯甲酸盐可溶粒剂10~15g/亩、25g/L溴氰菊酯乳油20~28ml/亩、10%高效氯氟氰菊酯水乳剂15~20ml/亩。

玉米田杂草防治较晚、田间杂草较大较密时，该类除草剂虽均是内吸性较好，但药剂只能沿蒸腾水流上传，而药剂不会下传，也不会从一叶传至另外一叶，必须保证均匀喷雾到所有的茎叶。传统的低压喷雾器、圆锥喷头、摇摆喷药方式，重喷漏喷太多、雾滴大、雾化差，药剂大量流失，特别是杂草密度大时药剂喷施不到每株杂草的茎叶上，喷雾防治效果不好。选用自走式喷杆喷雾机应用1号或1.5号喷头，选用高压电动喷杆喷雾器，应用直径0.3～0.5mm喷头，压力0.4～0.5MPa，水量10～20kg/亩，田间无风或微风时喷头高度控制在距叶尖0.5～0.8m，喷雾角应在45°以上，必须把药喷匀、喷细、喷透，茎叶药剂附着率达90%以上（图21-70）；同时，还应加入安全型多功能润湿性喷雾助剂农希望6号喷雾宝或60%油酸甲酯液剂（喷雾精）20～30ml/15kg药液对水均匀喷雾，以确保茎叶上药剂均匀沉积附着、均匀扩散分布和渗透吸收，确保农药被充分地吸收利用。

图21-70 玉米苗后杂草较大较密时防治杂草，必须选用专业的喷雾方法、专业的自走式喷杆喷雾机或高压电动喷杆喷雾器加入适宜的喷雾助剂，喷雾均匀，除草效果好，对玉米安全

（四）玉米拔节期至小喇叭口期病虫害与农药施用关键技术

该期正值高温多雨的夏天，玉米生长旺盛，该期玉米田棉铃虫、蚜虫等害虫经常性发生，也是褐斑病、茎基腐病、纹枯病的始发期，玉米8~10叶期也是喷施玉米控旺调节剂的有利时期，应注意田间调查，及时防治，控制病虫害，调节玉米生长，保证玉米丰产与丰收。

玉米旋心虫、蛀茎夜蛾为害的田块，用1.8%阿维菌素乳油2 500倍液、2.5%氯氟氰菊酯乳油25~50ml/亩、2.5%溴氰菊酯乳油20~30ml/亩、5.7%氟氯氰菊酯乳油30~40ml/亩、1%甲氨基阿维菌素苯甲酸盐乳油5~10ml/亩。

发生蚜虫、灰飞虱时，应及时进行防治，可用2.5%溴氰菊酯乳油1 500~2 500倍液、4.5%高效氯氰菊酯水乳剂1 000~2 000倍液、10%烯啶虫胺可溶性粉剂4 000~5 000倍液、2.5%氯氟氰菊酯乳油1 000~2 000倍液、10%吡虫啉可湿性粉剂2 000~4 000倍液、3%啶虫脒乳油2 000~2 500倍液、5.7%氟氯氰菊酯乳油1 000~2 000倍液、2.5%高效氯氟氰菊酯乳油1 000~2 000倍液。

对于部分玉米粗缩病、玉米矮花叶病毒病发病较重的地区，在发病前或发病初期及早施药预防，可以喷施0.5%香菇多糖水剂300倍液、2%宁南霉素水剂200~300ml/亩、2%氨基寡糖素水剂200~250ml/亩，抑制病害的发生。

该期夏玉米多处于高温干旱季节、春玉米处于低温干旱季节，为了提高玉米的抗逆性，保证玉米健壮生长，用0.004%芸苔素内酯乳油10~20ml/亩、0.16%14-羟芸·噻苯隆（噻苯隆0.15%+14-羟基芸苔素甾醇0.01%）可溶液剂20~35ml/亩、0.004%烯腺·羟烯腺可湿性粉剂1 000~2 000倍液喷施，隔7~10d 连续喷施2~3次，可以明显改善玉米苗期生长情况，提高玉米的抗病、抗逆能力。

玉米苗期多处于高温多雨季节，易于旺长，在玉米8~10叶期，可以视生长情况喷施30%胺鲜·乙烯利水剂20~25ml/亩、25%甲哌鎓水剂100~200ml/亩、30%芸苔·乙烯利水剂30~40ml/亩、40%羟烯·乙烯利水剂25~30ml/亩，可以有效调节生长，促进玉米健壮生长，防止倒伏。施用剂量应视玉米生长情况酌情处理，高温多雨季节玉米生长过旺，要适当加大剂量。

选用自走式喷杆喷雾机应用1号或1.5号喷头，高压电动喷杆喷雾器，应用直径0.3~0.5mm喷头，压力0.4~0.5MPa，水量10~20kg/亩，田间无风或微风时喷头高度控制在距叶尖0.5~0.8m（图21-71）；同时，还应加入高效扩散性喷雾助剂农希望3号喷雾宝3~5ml/15kg药液，天旱时喷药应加入多功能渗透性喷雾助剂农希望5号喷雾宝20~30ml/15kg药液对水均匀喷雾；以确保茎叶上药剂均匀沉积附着、均匀扩散分布，确保农药被充分地吸收利用。

图21-71 玉米苗期喷施农药，必须用专业的喷雾方法、专业的自走式喷杆喷雾机或高压电动喷杆喷雾器加入适宜的喷雾助剂，喷雾均匀效果好、安全

（五）玉米大喇叭口期至抽雄期病虫害与农药施用关键技术

心叶末期，也就是大喇叭口期，是防治玉米螟、棉铃虫的关键时期，该期也是褐斑病、纹枯病的重要发生期，应注意田间调查，及时防治，控制病害，减少损失（图21-72）。

图21-72　玉米大喇叭口期至抽雄期生长情况

该期是害虫的重要发生期，以防治玉米螟、棉铃虫、褐斑病为主，兼治条螟、玉米蚜、红蜘蛛、纹枯病、锈病等病虫害，加入植物生长调节剂以促进生长。可以用30%乙酰甲胺磷乳油180～240ml/亩+43%唑醚·氟酰胺（氟唑菌酰胺14%+吡唑醚菌酯29%）悬浮剂15～30ml/亩+0.004%烯腺·羟烯腺可湿性粉剂1 000～2 000倍液、20%氟苯虫酰胺悬浮剂8～12ml/亩+30%吡唑醚菌酯悬浮剂30～40ml/亩+0.004%芸苔素内酯乳油10～20ml/亩、30%乙酰甲胺磷乳油180～240ml/亩+70%甲基硫菌灵可湿性粉剂800倍液+0.004%芸苔素内酯乳油10～20ml/亩、10%四氯虫酰胺悬浮剂20～40g/亩、30%唑醚·戊唑醇（戊唑醇20%+吡唑醚菌酯10%）悬浮剂20～40ml/亩+0.004%芸苔素内酯乳油10～20ml/亩、40%氯虫·噻虫嗪（氯虫苯甲酰胺20%+噻虫嗪20%）水分散粒剂8～12g/亩+19%丙环·嘧菌酯（丙环唑11.8%+嘧菌酯7.2%）悬乳剂30～40ml/亩+0.004%烯腺·羟烯腺可湿性粉剂1 000～2 000倍液、5%氯虫苯甲酰胺悬浮剂16～20ml/亩+240g/L氯氟醚·吡唑酯（吡唑醚菌酯140g/L+氯氟醚菌唑100g/L）乳油50～60ml/亩+0.004%芸苔素内酯乳油10～20ml/亩。根据田间病虫发生情况适当调整用量。

该期是防治玉米纹枯病的关键时期，田间发现病情及时施药，结合其他病害的防治可喷施下列药剂：40%多菌灵悬浮剂80～100ml/亩、70%甲基硫菌灵可湿性粉剂70～90g/亩、5%井冈霉素水剂100～150ml/亩、23%噻氟菌胺悬浮剂14～25ml/亩、24%噻酰菌胺悬浮剂12～30ml/亩、20%氟酰胺可湿性粉剂100～125g/亩、25%邻酰胺悬浮剂200～320ml/亩。

为了促进玉米生长，可以用0.004%烯腺·羟烯腺可湿性粉剂2 000～5 000倍液喷施、0.004%芸苔素内酯乳油10～20ml/亩，可以明显提高玉米的抗病、抗逆能力。

这一时期玉米高、密度大，上述所选的农药尽管内吸性较好，但还是要喷雾均匀才能保证效果和安全。传统的低压喷雾器、圆锥喷头、摇摆喷药方式，重喷漏喷太多、雾滴大、雾化差，药剂大量流失，喷雾防治效果不好。选用自走式喷杆喷雾机应用1号或1.5号喷头，高压电动喷杆喷雾器，应用直径0.3～0.5mm喷头，压力0.4～0.5MPa，水量10～20kg/亩，田间无风或微风时喷头高度控制在距叶尖0.5～0.8m（图21-73）；同时，还应加入高效扩散性喷雾助剂农希望3号喷雾宝5～10ml/15kg药液，天旱时喷药应加入多功能润湿性喷雾助剂农希望5号喷雾宝20～40ml/15kg药液对水均匀喷雾；以确保茎叶上药剂均匀沉积附着、均匀扩散分布，确保农药被充分地吸收利用。

图21-73 玉米大喇叭口期喷施农药，必须用专业的喷雾方法、专业的自走式喷杆喷雾机或高压电动喷杆喷雾器加入适宜的喷雾助剂，喷雾均匀效果好

（六）玉米抽穗期至成熟期病虫害与农药施用关键技术

玉米进入穗期及灌浆成熟期（图21-74），是玉米丰产丰收关键时期。该期是病虫害的重要发生期，个别年份锈病、玉米蚜、褐斑病发生严重，必须进行防治；同时，还有玉米螟、条螟、红蜘蛛、纹枯病等病虫害，加入植物生长调节剂以促进生长。该期应加强预测预报，及时防治病虫害，在防治策略上以治疗为主，具有针对性，确保丰收。

图21-74 玉米抽雄至成熟期生长情况

防治玉米锈病，田间病株率达6%时开始喷药防治。用20%三唑酮乳油40~45ml/亩、12.5%烯唑醇可湿性粉剂16~32g/亩、40%氟硅唑乳油7.5~9.4ml/亩、25%戊唑醇可湿性粉剂60~70g/亩、25%联苯三唑醇可湿性粉剂50~80g/亩、25%邻酰胺悬浮剂200~320ml/亩、30%醚菌酯悬浮剂30~50ml/亩、25%啶氧菌酯悬浮剂65ml/亩、6%氯苯嘧啶醇可湿性粉剂30~50g/亩，并加入0.004%芸苔素内酯乳油10~20ml/亩、0.16%14-羟芸·噻苯隆（噻苯隆0.15%+14-羟基芸苔素甾醇0.01%）可溶液剂20~35ml/亩、0.004%烯腺·羟烯腺可湿性粉剂1 000~2 000倍液调节玉米生长。

防治玉米褐斑病，可喷施30%唑醚·戊唑醇（戊唑醇20%+吡唑醚菌酯10%）悬浮剂20~40ml/亩、240g/L氯氟醚·吡唑酯（吡唑醚菌酯140g/L+氯氟醚菌唑100g/L）乳油50~60ml/亩、30%肟菌·戊唑醇（肟菌酯10%+戊唑醇20%）悬浮剂40~50ml/亩，并加入0.004%芸苔素内酯乳油10~20ml/亩。

防治蚜虫、玉米螟等害虫，可以用25g/L溴氰菊酯乳油10~20ml/亩、22%噻虫·高氯氟（噻虫嗪12.6%+高效氯氟氰菊酯9.4%）微囊悬浮剂10~15ml/亩、30%乙酰甲胺磷乳油120~240ml/亩、40%辛硫磷乳油75~100ml/亩。

这一时期玉米高、密度大，喷药时要做到喷匀、喷细、喷透，才能保证效果。传统的低压喷雾器、圆锥喷头、摇摆喷药方式，重喷漏喷太多，雾滴大、雾化差，药剂大量流失，喷雾防治效果不好。选用自走式喷杆喷雾机应用1号或1.5号喷头，高压电动喷杆喷雾器，应用直径0.3~0.5mm喷头，压力0.4~0.5MPa，水量10~20kg/亩，田间无风或微风时喷头高度控制在距叶尖0.5~0.8m；同时，还应加入超强沉积扩散性喷雾助剂农希望7号喷雾宝，或25%油酸甲酯液剂（喷雾精）5~10ml/15kg药液，天旱时喷药应加入多功能润湿性喷雾助剂农希望5号喷雾宝或50%油酸甲酯液剂（喷雾精）10~20ml/15kg药液对水均匀喷雾，必须把药喷匀、喷细、喷透，充分地润湿扩散，中下部叶片的药剂附着率达90%以上（图21-75），才能取得较好的防治效果。

图21-75　玉米抽雄至成熟期喷药方法与喷药效果

第二十二章 甘薯病虫草害与农药施用关键技术

一、甘薯病害与农药施用关键技术

1. 甘薯黑斑病

症 状 Ceratocystis fimbriata 称甘薯长喙壳菌，属子囊菌门真菌。甘薯的生育期或贮藏期均可发生，主要侵害薯苗、薯块，不为害绿色部位。用带病种薯育苗或在病土、病肥的苗床上育苗，都能引起种薯及幼苗发病。染病幼苗茎基白色部位产生黑色近圆形稍凹陷斑，初期有灰色霉层，以后逐渐产生黑色刺状物或黑色粉状物，病斑逐渐扩大，严重时病斑包围苗基部形成黑根，以后茎腐烂，而后出现植株枯死（图22-1）。一般病苗叶色变黄且矮小。薯块染病初呈黑色小圆斑，扩大后呈不规则形轮廓明显略凹陷的黑绿色病疤，病部组织坚硬，病薯黑绿色，具苦味（图22-2和图22-3）。

图22-1 甘薯黑斑病为害幼苗根部症状

图22-2 甘薯黑斑病为害薯块症状

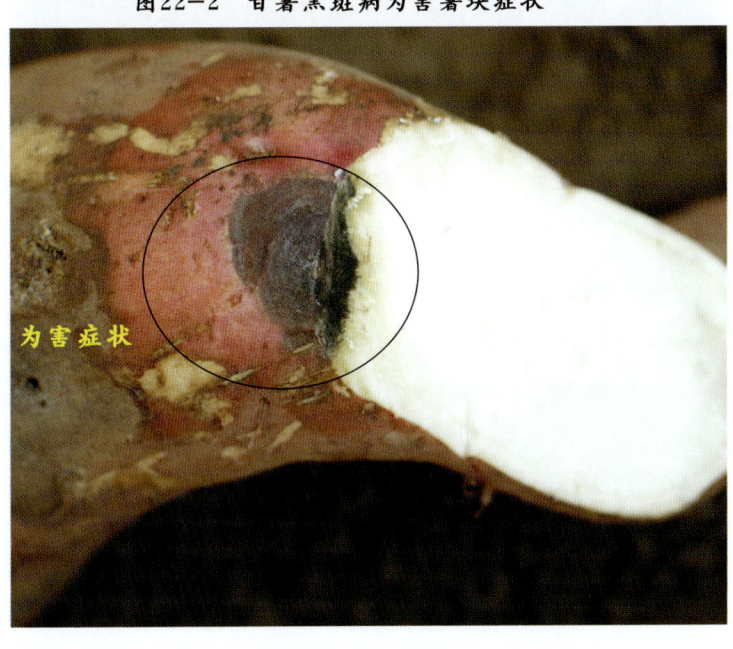

图22-3 甘薯黑斑病为害薯块横切面症状

发生规律 病原以厚垣孢子和子囊孢子在贮藏窖、苗床及大田土壤中越冬,也可以菌丝体在种苗或种薯内潜伏越冬。带病或带菌的种苗、种薯、病土和病肥为初侵染源。病菌能直接侵入幼苗根和茎基,也可从薯块上伤口、皮孔、根眼侵入,发病后再频繁侵染。结薯后期多雨,生理开裂多,病情加重。地势低洼、土壤黏重的重茬地或多雨年份易发病,窖温高、湿度大、通风不好时发病重。

施药技术 育苗床上的薯块药剂浸种,用25%多菌灵可湿性粉剂800~1 000倍液+50%多菌灵可湿性粉剂600~800倍液、36%甲基硫菌灵悬浮剂800~1 000倍液+45%代森铵水剂200~400倍液,加农希望5号喷雾宝,或50%雾膜宝乳液10~20ml/15kg药液,浸种3~5min。

移栽前对薯苗进行药剂浸苗,将薯苗捆成小把,用70%甲基硫菌灵可湿性粉剂800~1 000倍液或50%多菌灵可湿性粉剂500倍液,加农希望5号喷雾宝或50%油酸甲酯液剂(喷雾精)10~20ml/15kg药液,浸苗基部3~5min。

2. 甘薯软腐病

症　　状 黑根霉菌 *Rhizopus nigricans* Ehr,属接合菌门根霉属。多发生在甘薯贮藏期,主要为害薯块。薯块染病,病部变为淡褐色水浸状,病组织软腐,破皮后流出黄褐色汁液。受害薯肉淡黄白色,并散发出芳香酒味。后在病部表面长出大量灰白色霉层,上生黑色小粒点,黑色霉毛污染周围病薯,形成一大片霉毛,病情扩展迅速,发出恶臭味(图22-4和图22-5)。

图22-4　甘薯软腐病为害薯块症状

图22-5　甘薯软腐病为害薯块横切面

发生规律 该菌存在于空气中或附着在被害薯块上或在贮藏窖越冬,由伤口侵入。病部产生孢子囊和孢囊孢子,借气流传播进行再侵染,薯块有伤口或受冻时易发病。温度15~23℃、相对湿度78%~84%,有利于病害发生。一般春薯和受冷冻的薯块容易染病。

施药技术 甘薯软腐病是贮藏期的病害,因此薯块收获后要晾晒2~3d,使薯块失去一部分水分,使薯面干燥,并可抑制薯块表面一部分病菌,有利于贮藏。也可以将薯块用70%甲基硫菌灵可湿性粉剂800~1 000倍液或50%多菌灵可湿性粉剂500倍液浸3~5min,晾晒2~3d贮藏。

3. 甘薯病毒病

症　　状 普通病毒病症状主要有4种类型。①羽状斑驳型:苗床期和大田生长期均可发生。最初先在新叶(嫩叶)出现叶脉透明(明脉)现象,有的表现为褪绿半透明斑点,然后在明脉周围变紫褐色,形成紫色环状病斑(图22-6和图22-7),典型的发展成羽状紫色斑纹;有的仅表现为紫色斑驳(图22-8),有的则表现为与中脉平行的褪绿脉带(图22-9),后期在老叶上出现沿叶脉组织坏死(图22-10)。②花叶型:苗期染病初期叶脉呈网状透明,后沿叶脉形成黄绿相间的不规则花叶斑纹(图22-11)。③叶片皱缩型:病苗叶片少,叶缘不整齐或扭曲,有与中脉平行的褪绿半透明斑(图22-12)。④卷叶型:苗期或大田早期叶缘上卷,一般温度升高后症状减轻或消失(图22-13)。

图22-6 甘薯病毒病羽状斑驳型紫色环斑初期症状

图22-7 甘薯病毒病羽状斑驳型紫色环斑后期症状

图22-8 甘薯病毒病羽状斑驳型紫色斑驳状

图22-9 甘薯病毒病羽状斑驳型叶脉褪绿症状

图22-10 甘薯病毒病羽状斑驳型沿叶脉坏死状

图22-11 甘薯病毒病花叶型

图22-12 甘薯病毒病叶片皱缩型

图22-13 甘薯病毒病卷叶型

发生规律 苗、薯块均可带毒，进行远距离传播。经由机械或蚜虫、烟粉虱及嫁接等途径传播。其发生和流行程度取决于种薯、种苗带毒率和各种传毒介体种群数量、活力、传毒效能及甘薯品种的抗性。

施药技术 抓好田间蚜虫、烟粉虱的防治。用10%吡虫啉可湿性粉剂20~30g/亩、3%啶虫脒乳油30ml/亩、20%噻嗪酮乳油1 500倍液、2.5%高效氯氟氰菊酯乳油40ml/亩，加农希望5号喷雾宝或50%雾膜宝乳液10~20ml/15kg药液，对水40~50kg均匀喷施。

发病的地块，可用药剂有2%宁南霉素水剂100~150ml/亩、0.5%菇类蛋白多糖水剂300倍液、20%丁子香酚水乳剂30~45ml/亩，加农希望5号喷雾宝或50%油酸甲酯液剂（喷雾精）10~20ml/15kg药液，可在发病初期再喷洒1次，间隔7~10d喷1次，连用3次，可有效控制病毒病的蔓延。

4．甘薯斑点病

症　状 Phyllosticta batatas称甘薯叶点霉，属无性型真菌。主要为害叶片，叶斑圆形至不规则形，初呈红褐色，后转灰白色至灰色，边缘稍隆起，斑面上散生小黑点。严重时叶斑密布或连接，致叶片局部或全部干枯（图22-14）。

发生规律 北方以菌丝体和分生孢子器随病残体遗落土中越冬，翌年散出分生孢子传播蔓延。在我国南方，周年种植甘薯的温暖地区，病菌辗转传播为害，无明显越冬期。分生孢子借雨水溅射进行初侵染和再侵

图22-14 甘薯斑点病为害叶片症状

染。生长期遇雨水频繁，空气和田间湿度大或植地低洼积水，易发病。

施药技术 于病害始期，及时连续喷洒250g/L吡唑醚菌酯乳油30~40ml/亩、250g/L嘧菌酯悬浮剂40~60ml/亩、40%腈菌唑乳油4 000倍液+80%代森锰锌可湿性粉剂800倍液、70%甲基硫菌灵可湿性粉剂1 000倍液+75%百菌清可湿性粉剂1 000倍液、50%苯菌灵可湿性粉剂1 500倍液+65%代森锌可湿性粉剂400~600倍液，加农希望5号喷雾宝或50%油酸甲酯液剂（喷雾精），间隔10d左右喷1次，连续防治2~3次，注意喷匀喷透。

二、甘薯虫害与农药施用关键技术

1. 甘薯天蛾

形态特征 成虫体暗灰色（图22-15）；肩板有黑色纵线；腹部背面灰色，顶角有黑色斜纹；前翅灰褐色，内、中、外各横线为锯齿状的黑色细线，后翅淡灰色，有4条暗褐色横带。卵球形，淡黄绿色。老熟幼虫体色有两种：一种体背土黄色，侧面黄绿色，杂有粗大黑斑，体侧有灰白色斜纹，气孔红色，外有黑轮；另一种体色绿色，头淡黄色，斜纹白色，尾角杏黄色。蛹朱红色至暗红色（图22-16）。

图22-15 甘薯天蛾成虫

图22-16 甘薯天蛾蛹

发生规律 东北及华北地区每年2代，江淮流域3~4代，福建4~5代。以老熟幼虫在土中5~10cm深处作室化蛹越冬。成虫于5月出现，以8—9月发生数量较多，为害最重。

施药技术 田间发现害虫为害后，用16 000IU/mg苏云金杆菌可湿性粉剂100~150g/亩、40%毒死蜱乳油80~100ml/亩、10%溴氟菊酯乳油20~40ml/亩、14%氯虫·高氯氟（高效氯氟氰菊酯4.7%+氯虫苯甲酰胺9.3%）微囊悬浮剂15~20ml/亩、2.5%氯氟氰菊酯水乳剂16~20ml/亩，加农希望5号喷雾宝，或50%油酸甲酯液剂（喷雾精）10~20ml/15kg药液对水均匀喷雾，以提高药效。

2. 甘薯麦蛾

形态特征 成虫体黑褐色（图22-17），头顶与颜面紧贴深褐色鳞片，前翅狭长，具暗褐色混有灰黄色的鳞粉，翅和翅脉绿色，近中央有白色条纹，后翅菜刀状，暗灰白色。卵椭圆形，初产乳白色，后变淡褐色，表面有细网纹。幼虫纺锤形，头部浅黄色，躯体淡黄绿色（图22-18）。蛹纺锤形，黄褐色。

图22-17 甘薯麦蛾成虫

图22-18 甘薯麦蛾幼虫

发生规律 华北、浙江每年发生3~4代，江西、湖南5~7代，福建、广东8~9代，该虫以蛹在田间残株和落叶中越冬，越冬蛹于6月上旬开始羽化，6月下旬在田间即见幼虫卷叶为害，8月中旬2代幼虫出现，9月发生3代幼虫，10月后老熟幼虫化蛹越冬。7—9月为发生高峰期。

施药技术 应掌握在幼虫发生初期施药，喷药时间以16:00~17:00为宜，此时防治效果较好。首选药剂为40%毒死蜱乳油80~100ml/亩、25g/L高效氯氟氰菊酯微乳剂15~20ml/亩、25g/L溴氰菊酯乳油16~24ml/亩、45%马拉硫磷乳油80~110ml/亩、14%氯虫·高氯氟（高效氯氟氰菊酯4.7%+氯虫苯甲酰胺9.3%）微囊悬浮剂15~20ml/亩、50%亚胺硫磷乳油500~800倍液、50%倍硫磷乳油1 000倍液，加农希望5号喷雾宝，或50%油酸甲酯液剂（喷雾精）10~20ml/15kg药液对水均匀喷雾，以提高药效。

三、甘薯各生育期病虫草害与农药施用关键技术

（一）甘薯苗期病虫草害农药施用关键技术

甘薯生产中基本上都是育苗移栽，入土各节发根成活，地上苗开始长出新叶，幼苗能够独立生长，大部分秧苗从叶腋处长出腋芽的阶段。一般栽后2~3d，随时查看是否有死苗，做到随查随补，最好在田边栽一些太平苗（备用苗），补苗时带土台补栽，保证成活率，补苗最好在下午或傍晚进行，以避开烈日暴晒。该时期是杂草防治的有利时期，主要病虫害有病毒病、黑斑病、茎线虫病、枯萎病、蛴螬等。

于移栽前2~3d喷施土壤封闭性除草剂，1次施药可保持整个生长季节不受杂草为害。可以施用50%乙草胺乳油150~200ml/亩、72%异丙甲草胺乳油175~250ml/亩、72%异丙草胺乳油175~250ml/亩、20%萘丙酰草胺乳油200~300ml/亩、33%二甲戊乐灵乳油150~200ml/亩，对水40kg，均匀喷施。对于墒情较差或砂土地，可以用48%氟乐灵乳油150~200ml/亩或48%地乐胺乳油150~200ml/亩，施药后及时浅混土2~3cm，该药易于挥发，混土不及时会降低药效。

对于一些长期施用除草剂的田块，铁苋、马齿苋等阔叶杂草较多，可以用33%二甲戊乐灵乳油100~150ml/亩+25%恶草酮乳油100~150ml/亩、50%乙草胺乳油100~150ml/亩+25%恶草酮乳油100~150ml/亩、72%异丙甲草胺乳油150~200ml/亩+25%恶草酮乳油100~150ml/亩、33%二甲戊乐灵乳油100~150ml/亩+24%乙氧氟草醚乳油20~30ml/亩、50%乙草胺乳油100~150ml/亩+24%乙氧氟草醚乳油20~30ml/亩、72%异丙甲草胺乳油150~200ml/亩+24%乙氧氟草醚乳油20~30ml/亩，对水40kg，加农希望6号喷雾宝，或50%油酸甲酯液剂（喷雾精）10~20ml/15kg药液对水均匀喷雾，可以有效防治多种1年生禾本科杂草和阔叶杂草。生产中应均匀施药，施药2d后移栽，否则易产生药害。

对于前期未能采取化学除草或化学除草失败的甘薯田，甘薯田防治一年生禾本科杂草，如稗草、狗尾草、野燕麦、马唐、虎尾草、看麦娘、牛筋草等，应在禾本科杂草3~5叶期，用10%精喹禾灵乳油40~60ml/亩、10.8%高效氟吡甲禾灵乳油20~40ml/亩、24%烯草酮乳油20~40ml/亩、12.5%烯禾啶40~50ml/亩，对水25~30kg，配成药液喷洒。对于前期未能有效除草的田块，在甘薯田禾本科杂草较多较大时（图22-19）应适当加大药量和施药水量，喷透喷匀，保证杂草均能接受到药液。可以施用10%精喹禾灵乳油50~100ml/亩、10.8%高效氟吡甲禾灵乳油40~60ml/亩、15%精吡氟禾草灵乳油75~100ml/亩、12.5%稀禾啶乳油75~125ml/亩、24%烯草酮乳油40~60ml/亩，对水10~20kg，还应加入安全型多功能润湿性喷雾助剂农希望6号喷雾宝，或60%油酸甲酯液剂（喷雾精）20~30ml/15kg药液对均匀喷雾，施药时视草情、墒情确定用药量，可以有效防治多种禾本科杂草。杂草较大、杂草密度较高、墒情较差时适当加大用药量和喷液量；否则，杂草接触不到药液或药量较小，影响除草效果。

移栽时用50%多菌灵可湿性粉剂1 000倍液、50%甲基硫菌灵可湿性粉剂1 000倍液浸苗，可有效地预

图22-19 甘薯田禾本科杂草严重发生的情况

防上述病害。也可以土壤处理，对地下害虫严重的可以用0.5%阿维菌素颗粒剂4~5kg/亩、10%丙溴磷颗粒剂3kg/亩对细土25~30kg拌匀穴施，施药土再覆土防治地下害虫。

（二）甘薯分枝结薯期病虫害农药施用关键技术

甘薯根系继续发展，腋芽和主蔓延长，叶数明显增多，主蔓生长最快，茎叶开始覆盖地面并封垄。此时，地下部的不定根分化形成小薯块，后期则成薯数基本稳定，不再增多（图22-20）。

图22-20 甘薯分枝结薯期生长情况

结薯早的品种在发根后10d左右开始形成块根，到20~30d时已看到少数略具雏形的块根。

该时期的甘薯病虫害主要有茎线虫病、病毒病、紫纹羽病、斑点病、甘薯天蛾、甘薯茎螟、甘薯蚁象甲等病虫害。

及时喷淋或浇灌50%异菌脲可湿性粉剂800倍液、250g/L吡唑醚菌酯乳油30~40ml/亩+70%甲基硫菌灵可湿性粉剂800倍液、250g/L嘧菌酯悬浮剂40~60ml/亩+50%苯菌灵可湿性粉剂1 500倍液，防治紫纹羽病等病害。防治该时期的害虫，可用5%高效氯氰菊酯乳油3 000倍液+5%氟虫脲乳油1 000~2 000倍液、5%氟啶脲乳油1 500~2 000倍液+2.5%氟氯氰菊酯乳油2 000~3 000倍液、20%苏云金杆菌乳剂500倍液+2.5%溴氰菊酯乳油2 000~3 000倍液喷雾。同时，还应加入高效扩散性喷雾助剂，如农希望7号喷雾宝，或25%油酸甲酯液剂（喷雾精）5~10ml/15kg药液；天旱时喷药应加入多功能润湿性喷雾助剂，如农希望5号喷雾宝，或50%油酸甲酯液剂（喷雾精）10~20ml/15kg药液对水均匀喷雾；以确保茎叶上药剂均匀沉积附着、均匀润湿扩散，确保农药被充分地吸收利用。

（三）甘薯薯蔓同长期病虫害农药施用关键技术

薯蔓同长期指甘薯茎叶覆盖地面开始到叶面积生长最高峰（图22-21）。茎叶迅速生长，茎叶生长量占整个生长期重量的60%~70%。地下薯块随茎叶的增长、光合产物不断地输送到块根而明显膨大增重，块根总重量的30%~50%是在这个阶段形成的。该时期的病虫害主要有茎线虫病、紫纹羽病、甘薯天蛾、甘薯麦蛾、甘薯蚁象甲等。可参照上述药剂及时施药防治。

图22-21　甘薯薯蔓同长期生长情况

（四）甘薯薯块盛长期病虫害农药施用关键技术

薯块盛长期指茎叶生长由盛转衰直至收获期（图22-22）。茎叶开始停止生长，叶色由浓转淡，下部叶片枯黄脱落。地上部同化物质加快向薯块输送，薯块膨大增重速度加快，增重量相当于总薯重的40%~50%，高的可达70%，薯块里干物质的积蓄量明显增多，品质显著提高。

生长的中后期气温由高转低，昼夜温差大，有利于块根积累养分和加速膨大。于块根、块茎开始形成或膨大初期进行茎叶喷施60%氯化胆碱水剂15~20ml/亩，间隔10~15d喷施1次，连续施用2~3次，可促使块根、块茎提早膨大，增加大、中块根块茎的比率。

图22-22　甘薯薯块盛长期生长情况

该时期病虫害防治重点有甘薯麦蛾、蛴螬、紫纹羽病、斑点病等。应及时地进行防治。

(五) 甘薯收获贮藏期病虫害农药施用关键技术

甘薯块根是无性营养体,没有明显的成熟期,一般在当地平均气温降到12~15℃,在晴天土壤湿度较低时,进行收获(图22-23)。

薯块应随时入窖,避免破伤薯块,薯窖要彻底清扫。该时期主要以防治软腐病、黑斑病为主。可用80%乙蒜素乳油1 500倍液、50%多菌灵可湿性粉剂1 000倍液、70%甲基硫菌灵可湿性粉剂1 000倍液,浸种10min,捞出晾干后入窖,可有效地防治黑斑病、软腐病。

图22-23　甘薯收获期

第二十三章 大豆病虫草害与农药施用关键技术

一、大豆病害与农药施用关键技术

1. 大豆灰斑病

症　状　Cercospora sojina 称大豆尾孢菌，属无性型真菌。主要为害叶片，也能侵染茎、荚。叶片的病斑初为红褐色斑点（图23-1），逐渐扩展成圆形、椭圆形，中央灰色，边缘红褐色的蛙眼状病斑。发病严重时，病斑融合，叶片干枯脱落。茎上病斑椭圆形，中央褐色，边缘深褐色或黑色，中部稍凹陷（图23-2）。荚上病斑圆形或椭圆形，边缘红褐色，中央灰色（图23-3）。

图23-1　大豆灰斑病为害叶片症状

图23-2　大豆灰斑病为害茎部症状

发生规律　以菌丝体或分生孢子在病残体或种子上越冬。病残体上产生的分生孢子，是主要初侵染源，在田间主要靠气流传播。带菌种子长出幼苗的子叶即见病斑，温暖潮湿时病斑上产生大量分生孢子，借风雨传播进行再侵染。花后降雨多，湿气滞留或夜间结露持续时间长很易大发生。

施药技术　最佳防治时期是大豆开花结荚期。

种子处理，可用62.5g/L精甲·咯菌腈(咯菌腈25g/L+精甲霜灵37.5g/L)悬浮种衣剂300~400ml/100kg种子、25%丁硫·福美双（丁硫克百威6%+福美双19%）悬浮种衣剂2 000~2 500g/100kg种子、38%多·福·毒死蜱（毒死蜱8%+多菌灵10%+福美双20%）悬浮种衣剂1 250~16 667g/100kg种子，进行种子包衣。

图23-3　大豆灰斑病为害豆荚症状

大豆开花期，病害发生初期，可用250g/L吡唑醚菌酯乳油30~40ml/亩、250g/L嘧菌酯悬浮剂40~60ml/亩、75%百菌清可湿性粉剂700~800倍液+70%甲基硫菌灵可湿性粉剂100~150g/亩、50%异菌脲可湿性粉剂100g/亩，加入多功能渗透性喷雾助剂农希望5号喷雾宝10~20ml/15kg药液，或50%油酸甲酯液剂（喷雾精）20~30ml/15kg药液对均匀喷雾，间隔10d左右喷1次，防治2~3次。在荚和籽粒易感病期再喷药1次，以控制籽粒上的病斑。

2．大豆褐斑病

症　　状　Septoria glycines 称大豆壳针孢，属半知菌亚门真菌。只为害叶片，子叶病斑不规则形，暗褐色，上生很细小的黑点。真叶病斑棕褐色，轮纹上散生小黑点，病斑受叶脉限制呈多角形，严重时病斑愈合成大斑块，致叶片变黄脱落（图23-4）。

发生规律　以孢子器或菌丝体在病组织或种子上越冬，成为翌年初侵染源。种子带菌引致幼苗子叶发病，在病残体上越冬的病菌会释放出分生孢子，借风雨传播，先侵染底部叶片，后进行重复侵染而向上蔓延。温暖多雨，夜间多雾，结露持续时间长发病重。

施药技术　选用抗病品种。实行3年以上轮作。

病害发生初期，可用250g/L吡唑醚菌酯乳油30~40ml/亩+50%异菌脲可湿性粉剂100g/亩、75%代森锰锌水分散粒剂100~133g/亩+50%多菌灵可湿性粉剂100g/亩、70%甲基硫菌灵可湿性粉剂100~150g/亩+75%百菌清可湿性粉剂700~800倍液，加入多功能润湿性喷雾助剂，农希望5号喷雾宝，50%油酸甲酯液剂（喷雾精）10~20ml/15kg药液对水均匀喷雾，以提高药效。

图23-4　大豆褐斑病为害叶片症状

3．大豆紫斑病

症　　状　Cercospora kikuchii 称菊池尾孢，属无性型真菌。主要为害豆荚和豆粒，也为害叶和茎。豆荚病斑近圆形，灰黑色，边缘不明显（图23-5）。豆粒上的病斑紫色，形状不定，仅限于种皮，不深入内部（图23-6）。叶片上的病斑初为紫色圆形小点，散生，扩展后形成多角形褐色或浅灰色斑，生有黑色霉状物（图23-7）。茎秆上形成长条状或梭形红褐色病斑，严重的整个茎秆变成黑紫色。

发生规律　以菌丝体潜伏在种皮内或以菌丝体和分生孢子在病残体上越冬，成为翌年的初侵染源。种子带菌，引起子叶发病，病苗或叶片上产生的分生孢子借风雨传播进行初侵染和再侵染。大豆开花期和结荚期多雨气温偏高，发病重。

施药技术　大豆收获后及时进行秋耕，加强田间管理，注意合理密植。开花始期、蕾期是防治大豆紫斑病的关键时期。

种子处理，上课用80%乙蒜素乳油5 000倍液浸种；用25%丁硫·福美双（丁硫克百威6%+福美双19%）悬浮种衣剂2 000~2 500g/100kg种子、38%多·福·毒死蜱（毒死蜱8%+多菌灵10%+福美双20%）悬浮种衣剂1 250~1 667g/100kg种子、62.5g/L精甲·咯菌腈（咯菌腈25g/L+精甲霜灵37.5g/L）悬浮种衣剂300~400ml/100kg种子，进行种子包衣。

在大豆开花始期，喷施50%多菌灵可湿性粉剂800倍液+75%代森锰锌水分散粒剂100~133g/亩、50%多·霉威（甲基硫菌灵52.5%+乙霉威12.5%）可湿性粉剂1 000倍液、70%甲基硫菌灵悬浮剂800倍液

图23-5　大豆紫斑病为害豆荚症状　　　　　图23-6　大豆紫斑病为害豆粒症状

+80%代森锰锌可湿性粉剂500~600倍液等，喷药时加入多功能润湿性喷雾助剂农希望5号喷雾宝或50%油酸甲酯液剂（喷雾精）10~20ml/15kg药液，对水均匀喷雾，以提高药效。在结荚期、嫩荚期再各喷1次。

图23-7　大豆紫斑病为害叶片症状

4．大豆病毒病

症　状　Soybean mosaic virus（SMV）称大豆花叶病毒，属马铃薯Y病毒组。该病是整株系统侵染性病害，病株症状变化较大。常见的花叶类型有：轻花叶型，叶片生长基本正常，只现轻微淡黄色斑块（图23-8）；重花叶型，叶片呈黄绿相间的花叶，皱缩畸形，叶脉弯曲，叶肉呈紧密泡状突起，暗绿色；皱缩花叶型（图23-9），叶片也呈黄绿相间的花叶，并皱缩呈畸形，沿叶脉呈泡状突起，叶缘向下卷曲或扭曲，植株矮化。

图23-8　大豆病毒病轻花叶型　　　　　　　图23-9　大豆病毒病皱缩花叶型

发生规律 东北及南方大豆栽培区，种子带毒是该病初侵染源，长江流域该毒原可在蚕豆、豌豆等冬季作物上越冬，也是初侵染源。该病的再侵染由蚜虫传毒完成。发病初期蚜虫一次传播范围较小，蚜虫进入发生高峰期传毒距离增加。品种抗病性不高、播种晚时，该病易流行。

施药技术 在大豆播种前，可以用3%克百威颗粒剂5～6kg/亩与大豆分层播种；也可以用25%丁硫·福美双（丁硫克百威6%+福美双19%）悬浮种衣剂2 000～2 500g/100kg种子，进行种子包衣。

蚜虫迁飞前，用10%吡虫啉可湿性粉剂20～30g/亩、3%啶虫脒乳油30ml/亩、2.5%氯氟氰菊酯乳油40ml/亩，加入多功能渗透性喷雾助剂农希望5号喷雾宝，或50%油酸甲酯液剂（喷雾精）10～20ml/15kg药液对水均匀喷雾。对于发病严重的地区，喷药时加入2%宁南霉素水剂100～150ml/亩、0.5%菇类蛋白多糖水剂300倍液、20%丁子香酚水乳剂30～45ml/亩，每亩药液15～20kg均匀喷施。

5．大豆炭疽病

症　　状 *Glomerella glycines*称大豆小丛壳，属子囊菌亚门真菌。大豆炭疽病主要为害茎和豆荚。茎上病斑呈近圆形或不规则形，初为暗褐色，后变灰白色，病斑包围茎后，造成茎枯死（图23-10）。豆荚上的病斑近圆形，红褐色，后变灰褐色，病斑上产生许多小黑点，排列成轮纹状（图23-11），即分生孢子盘。

图23-10 大豆炭疽病为害茎部症状

图23-11 大豆炭疽病为害豆荚症状

发生规律 以菌丝在带病种子上或落于田间病株组织内越冬。翌年播种后直接侵染子叶，在潮湿条件下产生大量分生孢子，借风雨进行侵染传播。生产上苗期低温或土壤过分干燥，容易造成幼苗发病。成株期温暖潮湿条件利于该菌侵染。东北大豆产区7—9月、河南7—8月成株发病，若高温、多雨，炭疽病发生严重。

施药技术 播种前种子处理，可用38%多·福·毒死蜱（毒死蜱8%+多菌灵10%+福美双20%）悬浮种衣剂1 250～1 667g/100kg种子、62.5g/L精甲·咯菌腈（咯菌腈25g/L+精甲霜灵37.5g/L）悬浮种衣剂300～400ml/100kg种子、25%丁硫·福美双（丁硫克百威6%+福美双19%）悬浮种衣剂2 000～2 500g/100kg种子，进行种子包衣。

在开花后，喷施250g/L吡唑醚菌酯乳油30～40ml/亩+50%异菌脲可湿性粉剂100g/亩、250g/L嘧菌酯悬浮剂40～60ml/亩+50%咪鲜胺可湿性粉剂1 000～1 500倍液、75%百菌清可湿性粉剂700～800倍液+50%多菌灵可湿性粉剂100g/亩、75%代森锰锌水分散粒剂100～150g/亩+70%甲基硫菌灵可湿性粉剂100～150g/亩、10%苯醚甲环唑水分散粒剂2 000～3 000倍液+70%丙森锌可湿性粉剂100g/亩，加入多功能渗透性喷雾助剂农希望5号喷雾宝，或50%油酸甲酯液剂（喷雾精）10～20ml/15kg药液对水均匀喷雾，以提高药效。

6. 大豆菌核病

症　状　*Sclerotinia sclerotiorum*称核盘菌，属子囊菌亚门真菌。从苗期至成熟期均可发病，花期受害重。苗期茎基部褐变，呈水渍状，湿度大时长出絮状白色菌丝。叶片上初生暗绿色水浸状斑，后扩展为圆形至不规则形斑，病斑中心灰褐色，边缘暗褐色，外有黄色晕圈。湿度大时产生絮状白色菌丝，叶片腐烂脱落。茎秆多从主茎中下部分杈处开始发病，病部水浸状，褐色，后褪为浅褐色至近白色，病斑形状不规则，常环绕茎部向上下扩展，易倒折（图23-12）。湿度大时在絮状菌丝处形成黑色菌核。

图23-12　大豆菌核病为害茎部症状

发生规律　以菌核在土壤中、病残体内或混杂在种子中越冬，成为翌年初侵染源。菌核萌发产生子囊孢子，主要借气流传播蔓延进行初侵染，再侵染则通过病健部接触菌丝传播蔓延，条件适宜时，特别是大气和田间湿度高，菌丝迅速增殖，2～3d后健株即发病。

施药技术　雨后及时排水，降低豆田湿度，避免施氮肥过多，及时清除或烧毁残茎以减少菌源。大豆开花结荚期（7月下旬）喷药防效最高，即可有效地控制发病率，亦可有效地降低发病程度。

在7月下旬，大豆开花结荚期，可用50%乙烯菌核利可湿性粉剂66g/亩、50%腐霉利可湿性粉剂20～100g/亩、40%菌核净可湿性粉剂50～60g/亩、70%甲基硫菌灵可湿性粉剂30～150g/亩、80%多菌灵可湿性粉剂100g/亩、50%异菌脲可湿性粉剂66～100g/亩，加入多功能渗透性喷雾助剂农希望5号喷雾宝，或50%油酸甲酯液剂（喷雾精）10～20ml/15kg药液对水均匀喷施喷雾。发生严重时间隔7d再喷1次。

7. 大豆细菌性斑点病

症　状　*Pseudomonas syringae* pv. *glycinea*称丁香假单胞菌大豆致病变种，属细菌。为害幼苗、叶片、叶柄、茎及豆荚。幼苗染病，子叶生半圆形或近圆形褐色斑。叶片染病，初生褪绿不规则形小斑点，水渍状，扩大后呈多角形或不规则形，病斑中间深褐色至黑褐色，外围具一圈窄的褪绿晕环，病斑融合后成枯死斑块（图23-13）。

发生规律　病菌在种子和病株残体上越冬，成为翌年发病初侵染源。播种病种子能引起幼苗发病，病叶上的病原菌借风雨传播，引起多次再侵染。越冬后病叶上的细菌也可侵染幼苗和成株期叶片，发病后也可借风、雨传播。结荚后病菌侵入种荚，直接侵害种子。

施药技术 发病初期，可用50%氯溴异氰尿酸可湿性粉剂50~60g/亩、5%噻霉酮悬浮剂35~50ml/亩、0.3%四霉素水剂50~65ml/亩、3%辛菌胺醋酸盐可湿性粉剂213~267g/亩、47%春雷霉素·王铜（王铜45%+春雷霉素2%）可湿性粉剂50~70g/亩、40%噻唑锌悬浮剂50~75ml/亩、20%噻菌铜悬浮剂125~160g/亩，加入多功能渗透性喷雾助剂农希望5号喷雾宝，或50%油酸甲酯液剂（喷雾精）10~20ml/15kg药液对水均匀喷雾。每隔10~15d喷1次，连喷2~3次。

图23-13 大豆细菌性斑点病为害叶片症状

二、大豆虫害与农药施用关键技术

目前我国大豆害虫已报道的有30多种，为害较重的有大豆食心虫、豆蚜、大豆卷叶螟、豆荚螟等。其中大豆食心虫在东北、华北等地区为害较重；豆蚜主要分布在东北、华北、华南、西南等地区；大豆卷叶螟主要发生在华北和东北地区。

1. 大豆食心虫

形态特征 成虫黄褐色至暗褐色，前翅暗褐色。沿前缘有10条左右黑紫色短斜纹，其周围有明显的黄色区；外缘在顶角下略向内凹陷；后翅浅灰色，无斑纹（图23-14）。卵椭圆形，略有光泽，初产乳白色，后转橙黄色。初孵幼虫黄白色，渐变橙黄色，老熟时变为红色，头及前胸背板黄褐色（图23-15）。蛹黄褐色，纺锤形。

图23-14 大豆食心虫成虫　　　　　图23-15 大豆食心虫幼虫

发生规律 一年发生1代，以老熟幼虫在土中越冬。华北地区越冬幼虫于7月下旬至8月上旬结茧化蛹，8月上中旬为化蛹盛期，8月中下旬成虫羽化出土，产卵盛期在8月下旬，8月末为卵孵化高峰期。

施药技术 在大豆开花结荚期，卵孵化盛期，用25g/L高效氯氟氰菊酯微乳剂15~20ml/亩+40%毒死蜱乳油80~100ml/亩、14%氯虫·高氯氟（高效氯氟氰菊酯4.7%+氯虫苯甲酰胺9.3%）微囊悬浮剂15~20ml/亩，加入多功能渗透性喷雾助剂农希望5号喷雾宝，或50%油酸甲酯液剂（喷雾精）10~20ml/15kg药液对水均匀喷雾，以提高药效。

在害虫盛发期，用14%氯虫·高氯氟（高效氯氟氰菊酯4.7%+氯虫苯甲酰胺9.3%）微囊悬浮剂15~

20ml/亩、2.5%氯氟氰菊酯水乳剂16~20ml/亩+40%毒死蜱乳油80~100ml/亩，加入多功能渗透性喷雾助剂农希望5号喷雾宝，或50%油酸甲酯液剂（喷雾精）10~20ml/15kg药液对水均匀喷雾，以提高药效。

2．大豆蚜虫

形态特征 有翅孤雌蚜长椭圆形，头、胸黑色，额瘤不明显，触角第3节具次生感觉圈3~8个，第6节鞭节为基部两倍以上；腹部圆筒状，基部宽，黄绿色，腹管基半部灰色，端半部黑色，尾片圆锥形。无翅孤雌蚜长椭圆形，黄色至黄绿色，腹部第1、7节有锥状钝圆形突起（图23-16至图23-18）。

图23-16　大豆蚜虫为害叶片症状

图23-17　大豆蚜虫为害枝条症状

发生规律 1年发生10余代。以卵在鼠李的腋芽、枝干或隙缝里越冬。翌年春季4月间，鼠李芽鳞露绿，开始孵化为干母。5月中下旬鼠李开花前后产生有翅迁飞蚜，向豆田迁飞为害。6月末至7月初是豆田大豆蚜盛发前期，7月中下旬为盛发期，可使大豆受害成灾。在越冬孵化、幼蚜成活和成蚜繁殖期，如雨水充沛，鼠李生长旺盛，则蚜虫成活率高，繁殖量比较大。

施药技术 药剂拌种可以减少蚜虫的为害，也可在苗期、蚜虫盛发期喷药防治。

种衣剂拌种，在播种前用35%多·福·克（克百威10%+福美双10%+多菌灵15%）悬浮

图23-18　大豆蚜虫无翅孤雌蚜

种衣剂按药种比1：（50～67）进行种子包衣，用25%丁硫·福美双（丁硫克百威6%+福美双19%）悬浮种衣剂2 000～2 500g/100kg种子，进行种子包衣，可防治苗期蚜虫，同时兼治苗期的某些其他害虫。

大豆生长期，田间蚜虫发生初期，可以用20%哒嗪硫磷乳油800倍液、22%噻虫·高氯氟（高效氯氟氰菊酯9.4%+噻虫嗪12.6%）微囊悬浮剂4～6ml/亩，加入多功能渗透性喷雾助剂农希望5号喷雾宝，或50%油酸甲酯液剂（喷雾精）10～20ml/15kg药液对水均匀喷雾，以提高药效。

3. 大豆卷叶螟

形态特征 成虫黄白色小蛾（图23-19），头部黄白，稍带褐色，两侧有白色鳞片。前翅黄褐色，后翅白色、半透明。卵椭圆形，黄绿色，表面有近六角形的网纹。幼龄幼虫黄白色，取食后可以透过虫体看到体内内脏，呈绿色（图23-20）。蛹淡褐色（图23-21），翅芽明显，蛹外有两层白色的薄丝茧。

图23-19 大豆卷叶螟成虫

图23-20 大豆卷叶螟幼虫

发生规律 1年发生2～3代，6月上旬出现越冬代成虫。幼虫为害盛期为7月下旬至8月上旬，8月中下旬进入化蛹盛期。8月下旬至9月上旬又出现下一世代成虫，田间世代重叠，常同时存在各种虫态。

施药技术 卵孵化盛期是防治大豆卷叶螟的关键时期。

在卵孵化盛期，用40%辛硫·三唑磷（辛硫磷20%+三唑磷20%）乳油80ml/亩、1.8%阿维菌素乳油20ml/亩+5%氟虫脲乳油25ml/亩、2.5%高效氟氯氰菊酯乳油35ml/亩+5%丁烯氟虫腈悬浮剂2～3ml/亩、15%茚

图23-21 大豆卷叶螟蛹

虫威悬浮剂10ml/亩+3%顺式氯氰菊酯乳油45～55ml/亩，加入多功能渗透性喷雾助剂农希望5号喷雾宝或50%油酸甲酯液剂（喷雾精）10～20ml/15kg药液对水均匀喷雾，以提高药效。

4. 豆荚螟

形态特征 成虫体暗黄褐色；前翅狭长（图23-22），灰褐色，近翅基1/3处有1条金黄色隆起横带，外围有淡黄褐色宽带，前缘有1条白色纵带。卵椭圆形，初产白色，渐变红色，表面有网纹。幼虫5龄，初孵黄白

色，渐变绿色（图23-23）。4~5龄幼虫前胸盾片中央有"人"字形黑纹。蛹体黄褐色。茧长椭圆形，白色丝质，外附有土粒。

图23-22　豆荚螟成虫

图23-23　豆荚螟幼虫

发生规律　1年发生6代，主要以蛹在表土中越冬。翌年5月底至6月初始见成虫。1代幼虫出现在6月上旬至下旬，2代幼虫出现在7月上旬至中旬，3代幼虫出现在7月下旬至8月上旬，4代幼虫出现在8月中下旬，5代幼虫出现在9月上旬，6代幼虫出现在9月下旬至10月上旬。10月中下旬以蛹越冬。从2代开始，世代重叠明显，其中以2、3、4代为田间的主害代。

施药技术　防治豆荚螟的关键时期是大豆始花期至盛花期，即豆荚螟的卵孵化盛期至低龄幼虫期。施用药剂可以参见大豆卷叶螟。

5. 豆秆黑潜蝇

形态特征　成虫为小型蝇，体色黑亮，腹部有蓝绿色光泽，复眼暗红色；触角3节。前翅膜质透明，具淡紫色光泽。卵长椭圆形，乳白色，稍透明。3龄幼虫额突起或仅稍隆起；口钩每颚具1端齿，体乳白色（图23-24）。蛹长筒形，黄棕色。

发生规律　黄河流域1年发生4~5代，以蛹在寄主根茬和秸秆中越冬。翌年6月中下旬羽化、产卵。各代幼虫盛发期：1代幼虫7月上旬为害春大豆；2代幼虫7月末8月初，3代幼虫8月下旬为害春豆和夏豆；4、5代幼虫在9月上中旬重叠发生为害晚大豆。

施药技术　在成虫盛发期至幼虫蛀食之前，可用50%辛硫磷乳油50ml/亩+75%灭蝇胺可湿性粉剂5 000倍液、2.5%高效氟氯氰菊酯乳油3 000倍液+1.8%阿维菌素乳油3 000倍液、5%丁烯氟虫腈悬浮剂1 500倍液+48%毒死蜱乳油100ml/亩，加入多功能渗透性喷雾助剂农希望5号喷雾宝，或50%油酸甲酯液剂（喷雾精）10~20ml/15kg药液对水均匀喷雾，以提高药效。

在大豆盛花后，卵孵盛期，用1.8%阿维菌素乳油

图23-24　豆秆黑潜蝇幼虫

20ml/亩+5%氟虫脲乳油25ml/亩、2.5%高效氟氯氰菊酯乳油35ml/亩+5%丁烯氟虫腈悬浮剂2~3ml/亩，加入多功能渗透性喷雾助剂农希望5号喷雾宝，或50%油酸甲酯液剂（喷雾精）10~20ml/15kg药液对水均匀喷雾，以提高药效。

三、大豆各生育期病虫草害与农药施用关键技术

大豆栽培管理过程中，病虫害严重地影响着大豆的产量和品质，应总结本地大豆病害的发生特点和防治经验，制订病害防治计划，适时进行田间调查，及时采取防治措施，有效控制病害，保证丰产、丰收。

（一）播种期病虫草害与农药施用关键技术

这一时期病害主要有根腐病、紫斑病、霜霉病、炭疽病等，播种期是其重要侵染阶段，有效地控制侵染可以减轻其后期的为害。另外，在大豆孢囊线虫病发生地块或地区，在播种期进行种子处理或土壤处理是控制该病为害的最有效措施。

种子处理，可用62.5g/L精甲·咯菌腈（咯菌腈25g/L+精甲霜灵37.5g/L）悬浮种衣剂300~400ml/100kg种子、25%丁硫·福美双（丁硫克百威6%+福美双19%）悬浮种衣剂2 000~2 500g/100kg种子、38%多·福·毒死蜱（毒死蜱8%+多菌灵10%+福美双20%）悬浮种衣剂1 250~1 667g/100kg种子，进行种子包衣；防治大豆孢囊线虫病，用25%丁硫·福美双（丁硫克百威6%+福美双19%）悬浮种衣剂2 000~2 500g/100kg种子，进行种子包衣；也可用40%福美双·菱锈灵胶悬剂250ml拌100kg种子，或用50%多菌灵可湿性粉剂或50%异菌脲可湿性粉剂按种子重量的0.5%拌种+50%福美双可湿性粉剂按种子重量的0.3%拌种，堆闷3~4h后播种，可防治紫斑病、霜霉病、炭疽病等。5%毒死蜱颗粒剂2.5~3kg/亩、3%辛硫磷颗粒剂2.5~3kg/亩、4%丁硫·毒死蜱（丁硫克百威1%+毒死蜱4%）颗粒剂3~5kg/亩、3%克百威颗粒剂4kg/亩拌适量细干土混匀，在播种时撒入播种沟内，不仅可以防治线虫，还可防治地下害虫等。

这一时期地下害虫发生较严重，可以用25%丁硫·福美双（丁硫克百威6%+福美双19%）悬浮种衣剂2 000~2 500g/100kg种子、38%多·福·毒死蜱（毒死蜱8%+多菌灵10%+福美双20%）悬浮种衣剂1 250~1 667g/100kg种子，进行种子包衣；也可通过拌种有效地控制地下害虫及苗蚜的为害，用3%克百威颗粒剂按种子量的0.5%~0.8%+40%拌种双可湿性粉剂按种子量的0.3%~0.5%拌种，可以将药剂与少量细土混匀，将大豆种子用水稍微湿润，而后与药土拌匀，马上播种。大豆孢囊线虫病发病重的地块，还要用3%克百威颗粒剂2~3kg/亩处理土壤。

为进一步促进出苗、多长根、增加耐旱能力，可以用0.001%芸苔素内酯水剂10ml/20kg大豆种子，捞出晾干播种。也可用一些微肥，如钼酸铵3.5g/亩，锰、铜肥0.1%溶液拌种，增产效果明显。如能用根瘤菌拌种，增产更为显著。

播后苗前防治杂草比较有效，以马唐、狗尾草、牛筋草、稗草、藜、苋的田块，可以用90g/L乙草胺乳油90~100ml/亩、33%二甲戊乐灵乳油150~200ml/亩、72%异丙甲草胺乳油125~150ml/亩；对于田间发生有大量禾本科杂草和阔叶杂草的地块，在花生播后芽前，可以用50%乙草胺乳油100~200ml/亩+20%恶草酮乳油100ml/亩、72%异丙草胺乳油150~250ml/亩+20%恶草酮乳油100ml/亩。

（二）苗期病虫害与农药施用关键技术

大豆苗期（图23-25），主要防治蚜虫、田间杂草。

病虫害防治，对于大豆花叶病严重的地区，应及时防治蚜虫，以防止病毒侵染，可喷洒10%吡虫啉可湿性粉剂20~30g/亩、3%啶虫脒乳油30ml/亩、2.5%氯氟氰菊酯乳油40ml/亩，对水均匀喷施，防治蚜虫。在发病初期喷洒2%宁南霉素水剂100~150ml/亩、0.5%菇类蛋白多糖水剂300倍液、20%丁子香酚水乳剂

图23-25 大豆苗期生长情况

30~45ml/亩，加入多功能渗透性喷雾助剂农希望5号喷雾宝或50%油酸甲酯液剂（喷雾精）10~20ml/15kg药液对水均匀喷雾，以提高药效。

对于一些生长过旺的豆田，可以喷施浓度为15%多效唑可湿性粉剂40~60g/亩，并可以促分枝和花的形成。或喷洒0.0016%2,8-表高芸苔素内酯水剂800~1600倍液、亚硫酸氢钠6g/亩或0.2%硼砂溶液等叶面肥，对水均匀喷施。

田间禾本科杂草较多，可以施用10%精喹禾灵乳油40~50ml/亩、12.5%稀禾啶乳油50~75ml/亩、24%烯草酮乳油20~40ml/亩。田间阔叶杂草发生较多的地块，可以用10%乙羧氟草醚乳油5~10ml/亩、48%苯达松水剂100ml/亩、25%三氟羧草醚水剂50ml/亩、25%氟磺胺草醚水剂50ml/亩、24%乳氟禾草灵乳油10ml/亩，对水均匀喷施。

（三）开花结荚期病虫害与农药施用关键技术

开花结荚期主要争取花多、花早、花齐，防止花荚脱落和增花、增荚。要看苗管理，保控结合，高产田以控为主，避免过早封垄郁闭，在开花末期达到最大叶面积为好（图23-26）。

图23-26 大豆开花结荚期生长情况

7月下旬以后大豆进入开花结荚期，一般到9月成熟，这一时期病虫害种类多、为害重，是防治病害、保证产量与品质的关键阶段。病害主要有紫斑病、霜霉病、菌核病、细菌性斑点病等，一般在大豆结荚到鼓粒期，根据病情喷施药剂。虫害主要有大豆卷叶螟、大豆造桥虫等，这些病虫一般年份可造成减产20%~30%，豆粒大量霉烂、残缺不整，应采取防治措施。

防治紫斑病、炭疽病、灰斑病等，大豆开花期，病害发生初期，可用250g/L吡唑醚菌酯乳油30～40ml/亩+70%甲基硫菌灵可湿性粉剂100～150g/亩、250g/L嘧菌酯悬浮剂40～60ml/亩+25%咪鲜胺锰盐乳油70ml/亩、75%百菌清可湿性粉剂700～800倍液+50%多菌灵可湿性粉剂100g/亩、50%异菌脲可湿性粉剂100g/亩、70%甲基硫菌灵可湿性粉剂100～150g/亩+1%武夷霉素水剂100～150ml/亩，加入多功能渗透性喷雾助剂农希望5号喷雾宝，或50%油酸甲酯液剂（喷雾精）10～20ml/15kg药液对水均匀喷施。间隔10d左右喷1次，防治2～3次。在荚和籽粒易感病期再喷药1次，以控制籽粒上的病斑。

防治菌核病，可用250g/L吡唑醚菌酯乳油30～40ml/亩+50%乙烯菌核利可湿性粉剂66g/亩、250g/L嘧菌酯悬浮剂40～60ml/亩+50%腐霉利可湿性粉剂20～100g/亩、250g/L嘧菌酯悬浮剂40～60ml/亩+40%菌核净可湿性粉剂50～60g/亩、250g/L吡唑醚菌酯乳油30～40ml/亩+70%甲基硫菌灵可湿性粉剂30～150g/亩、250g/L吡唑醚菌酯乳油30～40ml/亩+80%多菌灵可湿性粉剂100g/亩、250g/L吡唑醚菌酯乳油30～40ml/亩+50%异菌脲可湿性粉剂66～100g/亩，加入多功能渗透性喷雾助剂农希望5号喷雾宝，或50%油酸甲酯液剂（喷雾精）10～20ml/15kg药液对水均匀喷施。大豆开花结荚期，发生严重时间隔7d再喷1次。

防治霜霉病，可用75%百菌清可湿性粉剂500～800倍液+25%甲霜灵可湿性粉剂800倍液、58%甲霜灵·代森锰锌（甲霜灵10%+代森锰锌48%）可湿性粉剂600倍液、69%烯酰·锰锌（烯酰吗啉9%+代森锰锌60%）可湿性粉剂900～1 000倍液，加入多功能润湿性喷雾助剂，如农希望5号喷雾宝或50%油酸甲酯液剂（喷雾精）10～20ml/15kg药液，均匀喷施。间隔7～10d喷洒1次，连喷2～3次。

防治大豆细菌性斑点病，可喷50%氯溴异氰尿酸可湿性粉剂50～60g/亩、5%噻霉酮悬浮剂35～50ml/亩、0.3%四霉素水剂50～65ml/亩、3%辛菌胺醋酸盐可湿性粉剂213～267g/亩、47%春雷霉素·王铜（春雷霉素2%+王铜45%）可湿性粉剂50～70g/亩、40%噻唑锌悬浮剂50～75ml/亩、20%噻菌铜悬浮剂125～160g/亩，加入多功能渗透性喷雾助剂农希望5号喷雾宝，或50%油酸甲酯液剂（喷雾精）10～20ml/15kg药液对水均匀喷施。每隔10～15d喷1次，连喷2～3次。

豆天蛾的防治一般在8月，注意田间观察，尽早施药防治。大豆食心虫、豆荚螟应在大豆结荚期，结合有关单位的虫情预报，调查田间蛾、虫量，及时施药防治。用25g/L高效氯氟氰菊酯微乳剂15～20ml/亩+40%毒死蜱乳油80～100ml/亩、14%氯虫·高氯氟（高效氯氟氰菊酯4.7%+氯虫苯甲酰胺9.3%）微囊悬浮剂15～20ml/亩，加入多功能渗透性喷雾助剂农希望5号喷雾宝，或50%油酸甲酯液剂（喷雾精）10～20ml/15kg药液对水均匀喷施。

防治大豆卷叶螟、大造桥虫等害虫，可以用下列药剂：25g/L高效氯氟氰菊酯微乳剂15～20ml/亩+40%毒死蜱乳油80～100ml/亩、14%氯虫·高氯氟（高效氯氟氰菊酯4.7%+氯虫苯甲酰胺9.3%）微囊悬浮剂15～20ml/亩，加入多功能渗透性喷雾助剂农希望5号喷雾宝或50%油酸甲酯液剂（喷雾精）10～20ml/15kg药液对水均匀喷施。

于花蕾期、初花期或开花后施药，可用20%苯肽胺酸可溶液剂300～400倍液，使用时注意喷雾均匀、周到，通过叶面喷施能迅速进入植物体内，通过协同植物体内内源激素和改变细胞内抗氧化和防御物质，促进营养物质输送到植物生长点；增强植物细胞的活力，促进叶绿素的合成，增强植物抗逆能力。

大豆初花期（分枝期），可用27.5%胺鲜·甲哌鎓（胺鲜酯2.5%+甲哌鎓）水剂15～25ml/亩对水叶面均匀喷雾，控制大豆旺长，增加产量。

大豆初花至结荚初期期间施药，0.000 2%烯腺·羟烯腺（烯腺嘌呤0.000 1%+羟烯腺嘌呤0.000 1%）水剂800～1 000倍液，通过刺激植物的细胞分裂，促进叶绿素的形成，增强植物的光合作用，取得增产的效果，注意均匀喷雾。整个生长期一般用药2～3次，每7～10d施药1次。

（四）大豆鼓粒成熟期病虫害与农药施用关键技术

鼓粒成熟期（图23-27）是大豆积累干物质最多的时期，也是产量形成的重要时期。促进养分向籽粒

图23-27 大豆鼓粒成熟期生长情况

中转移,促粒饱增粒重,适期早熟则是这个时期管理的中心。这个时期缺水会使秕荚、秕粒增多,百粒重下降。秋季熟如遇旱无雨,应及时浇水,以水攻粒对提高产量和品质有明显影响。大豆黄熟末期为适收期。

病虫害防治方面,是以豆天蛾、斜纹夜蛾、豆荚螟、赤霉病、荚枯病等发生为害较重,要重点喷药防治。

防治赤霉病、荚枯病等,可喷施250g/L吡唑醚菌酯乳油30~40ml/亩+70%甲基硫菌灵可湿性粉剂100~150g/亩、250g/L嘧菌酯悬浮剂40~60ml/亩+70%甲基硫菌灵可湿性粉剂100~150g/亩、75%百菌清可湿性粉剂700~800倍液+50%多菌灵可湿性粉剂100g/亩、250g/L吡唑醚菌酯乳油30~40ml/亩+50%异菌脲可湿性粉剂100g/亩、250g/L吡唑醚菌酯乳油30~40ml/亩+50%苯菌灵可湿性粉剂1 500倍液、250g/L吡唑醚菌酯乳油30~40ml/亩+50%咪鲜胺锰盐可湿性粉剂1 500~2 500倍液,加入多功能渗透性喷雾助剂农希望5号喷雾宝,或50%油酸甲酯液剂(喷雾精)10~20ml/15kg药液对水均匀喷雾,以提高药效。

防治大豆害虫,可用2.5%氯氟氰菊酯水乳剂16~20ml/亩+40%毒死蜱乳油80~100ml/亩、14%氯虫·高氯氟(高效氯氟氰菊酯4.7%+氯虫苯甲酰胺9.3%)微囊悬浮剂15~20ml/亩,加入多功能渗透性喷雾助剂农希望5号喷雾宝或50%油酸甲酯液剂(喷雾精)10~20ml/15kg药液对水均匀喷雾,以提高药效。

第二十四章 花生病虫草害与农药施用关键技术

一、花生病害与农药施用关键技术

花生是我国重要油料作物之一。据报道，我国已发现的花生病害有30多种，为害较重的有叶斑病、茎腐病、锈病、病毒病等。

1. 花生叶斑病

花生叶斑病有很多种，如褐斑病、黑斑病、网斑病、焦斑病等。

症　状　褐斑病菌：*Cercospora arachidicola*称落花生尾孢，属无性型真菌。褐斑病主要为害叶片，初为褪绿小点，后扩展成近圆形或不规则形小斑，病斑较黑斑病大而色浅，叶正面呈暗褐或茶褐色，背面颜色较浅，病斑周围有亮黄色晕圈（图24-1）。

图24-1　花生褐斑病为害叶片症状

黑斑病菌：*Cercospora personata*称球座尾菌，属无性型真菌。主要为害叶片、叶柄、茎和花柄。叶斑现于叶正背两面，圆形或近圆形，暗褐色或黑色，病斑扩展后融合成大型不规则斑块，病斑背面有小黑点，排列呈同心轮纹状（图24-2）。叶柄、茎和花柄染病，产生线形或椭圆形病斑，深褐色至黑褐色，有时外围具浅黄色水渍状晕圈（图24-3）。

网斑病菌：*Phoma arachidicola*称花生茎点霉，属无性型真菌。主要发生在生长的中后期，主要为害叶片，茎、叶柄也可受害。植株下部叶片先发病，在叶片正面产生褐色小点或星芒状网纹，病斑扩大后形成近圆形褐色至黑褐色大斑，边缘呈网状不清晰，病斑背面初期和中期不表现症状（图24-4）。叶柄和茎受害，初为一褐色小点，后扩展为长条形或椭圆形病斑，严重时引起茎叶枯死（图24-5）。

焦斑病菌：*Leptosphareulina crassiasca*称落花生小光壳，属子囊菌门真菌。主要为害叶片，先从叶尖或叶缘发病，病斑楔形或半圆形，由黄变褐，边缘深褐色，周围有黄色晕圈（图24-6），后变灰褐色、枯死破裂，状如焦灼，上生许多小黑点即病菌子囊壳。该病常与叶斑病混生，有明显胡麻斑状。

图24-2 花生黑斑病为害叶片症状

图24-3 花生黑斑病为害茎部症状

图24-4 花生网斑病为害叶片症状

图24-5 花生网斑病为害茎部症状

图24-6 花生焦斑病为害叶片症状

发生规律 病菌在病残体上越冬，也可以在病组织中越冬。翌年遇适宜条件，产生分生孢子或子囊孢子借风雨传播，孢子落到花生叶片上，开始发生为害。秋季多雨、气候潮湿，病害重；少雨干旱年份发病轻。土壤瘠薄、连作田易发病。老龄化器官发病重；底部叶片较上部叶片发病重。

施药技术 花生开花初期开始发病为害，在适宜温度下，保持高湿时间越长发病越重。

花生开花初期，当田间病叶率10%~15%时，可用80%代森锰锌可湿性粉剂600~800倍液+70%甲基硫菌灵可湿性粉剂1 000倍液、250g/L吡唑醚菌酯乳油30~40ml/亩、20%嘧菌酯水分散粒剂60~80g/亩、75%百菌清可湿性粉剂100g/亩+50%多菌灵可湿性粉剂100g/亩等。

该期主要是喷施保护性杀菌剂，必须喷施均匀才能起到防护效果。传统的低压喷雾器、圆锥喷头、摇摆喷药方式，重喷漏喷太多、雾滴大、雾化差，药剂大量流失，药剂喷施不到发病部位，喷雾防治效果不好（图24-7）。必须保证均匀喷雾到花生的茎叶上，自走式喷杆喷雾机应用1.5号或2号喷头，高压电动喷杆喷雾器应用直径0.5~0.8mm喷头，压力0.3~0.4MPa，水量10~20kg/亩，田间无风或微风时喷头高度控制在距叶尖0.5~0.6m，喷雾角应在45°以上，必须把药喷匀、喷细、喷透，叶片的药剂附着率达90%以上（图24-8）；同时，还应加入高效扩散性喷雾助剂农希望7号喷雾宝，或25%油酸甲酯液剂（喷雾精）10~20ml/15kg药液；天旱时喷药应加入多功能润湿性喷雾助剂农希望5号喷雾宝或50%油酸甲酯液剂（喷雾精）20~40ml/15kg药液对水均匀喷雾；以确保茎叶上药剂均匀沉积附着、均匀润湿扩散，确保农药被充分地吸收利用。

图24-7 花生叶斑病发生期，花生密度不是太大，但花生叶片光滑、蜡质厚，叶片着药困难，普通喷雾器压力小、雾滴较大，只有上部叶片有少量大雾滴，多数叶片没有附着药剂，防效较差

图24-8 花生叶斑病发生期，正确的喷药方法和效果

花生叶斑病发病中期（图24-9），可喷施80%代森锰锌可湿性粉剂60~75g/亩+70%甲基硫菌灵可湿性粉剂1 000倍液、25%吡唑醚菌酯悬浮剂30~40ml/亩、20%嘧菌酯水分散粒剂60~80g/亩、30%唑醚·戊唑醇（戊唑醇20%+吡唑醚菌酯10%）悬浮剂20~40ml/亩、30%戊唑·多菌灵（戊唑醇20%+嘧菌酯10%）悬浮剂50~60ml/亩、240g/L氯氟醚·吡唑酯（吡唑醚菌酯140g/L+氯氟醚菌唑100g/L）乳油40~50ml/亩、325g/L苯甲·嘧菌酯（苯醚甲环唑125g/L+嘧菌酯200g/L）悬浮剂35~50ml/亩、60%唑醚·代森联（吡唑醚菌酯5%+代森联55%）水分散粒剂60~100g/亩。

该期花生长茂密，叶斑病为害中上部茎叶，必须把药均匀的喷施到上部、中部、内部的茎叶上，才能起到防治效果。传统的低压喷雾器、圆锥喷头、摇摆喷药方式，重喷漏喷太多、雾滴大、雾化差，药剂大量流失，药剂喷施不到发病部位，喷雾防治效果不好（图24-10）。必须保证均匀喷雾到花生的茎叶上，自走式喷杆喷雾机应用1号或1.5号喷头，高压电动喷杆喷雾器应用直径0.3~0.5mm喷头，压力0.4~0.5MPa，水量10~15kg/亩，田间无风或微风时喷头高度控制在距叶尖0.5~0.8m，喷雾角应在45°以上，必须把药喷匀、喷细、喷透，保证所有中上部叶片的药剂附着率达90%以上（图24-11）；同时，还应加入高效扩散性喷雾助剂农希望7号喷雾宝，或25%油酸甲酯液剂（喷雾精）10~20ml/15kg药液；天旱时喷药应加入多功能渗透性喷雾助剂农希望5号喷雾宝，或50%油酸甲酯液剂（喷雾精）20~40ml/15kg药液对水均匀喷雾；以确保茎叶上药剂均匀沉积附着、均匀润湿扩散，确保农药被充分地吸收利用。

图24-9 花生叶斑病严重发生期，叶斑病分布在所有的茎叶上，严重地影响花生的生长

图24-10 花生叶斑病严重发生期，花生密度大，普通喷雾器压力小、雾滴较大，只有上部叶片有少量大雾滴，多数叶片没有附着药剂，防效较差

图24-11 花生叶斑病严重发生期，喷药必须保证均匀喷雾到所有茎叶；同时，还应加入增加扩散分布的喷雾助剂，必须把药喷匀、喷细、喷透，中下部茎叶的药剂附着率达90%以上

2. 花生锈病

症　　状　*Puccinia arachidia*称落花生柄锈菌，属担子菌门真菌。主要在叶片上发生，也能侵染叶柄、茎及果柄。叶片发病，初为针头大小淡黄色小点，后逐渐扩大变为红褐色突起，表皮纵裂，露出红褐色粉末（图24-12）。病斑周围有一狭窄的黄晕。叶上密生夏孢子堆后，很快变黄干枯，似火烧状（图24-13）。被害植株多先从底叶开始发病，逐渐向上蔓延，叶色变黄，最后干枯脱落，重病株较矮小，提早落叶枯死，收获时果柄易断、落荚。

图24-12　花生锈病为害叶片初期症状

图24-13　花生锈病为害中期叶背症状

发生规律　锈病可于春花生、夏花生和秋花生以夏孢子辗转侵染，也可在秋花生落粒长出的自生苗上以及病残体、花生果上越冬，为来年的初侵染源。夏孢子可借气流、风雨传播，在叶片具有水膜的条件下进行再侵染。氮肥过多、密度过大、高湿、温差变化大，易引起病害的流行。

施药技术　花生开花期是防治花生锈病的关键时期，加强田间调查，及时采取防治措施。

花生开花期，可喷施80%代森锰锌可湿性粉剂60～75g/亩、42%戊唑·百菌清（戊唑醇31.5%+百菌清10.5%）悬浮剂18～24ml/亩等药剂预防。病害发生初期，可喷施325g/L苯甲·嘧菌酯（苯醚甲环唑125g/L+嘧菌酯200g/L）悬浮剂35～50ml/亩、20%烯肟·戊唑醇（戊唑醇10%+烯肟菌胺10%）悬浮剂30～40ml/亩、45%苯并烯氟菌唑·嘧菌酯（嘧菌酯30%+苯并烯氟菌唑15%）水分散粒剂17～23g/亩、300g/L苯甲·丙环唑（苯醚甲环唑150g/L+丙环唑150g/L）乳油20～30ml/亩、30%唑醚·戊唑醇（戊唑醇20%+吡唑醚菌酯10%）悬浮剂20～40ml/亩、19%啶氧·丙环唑（啶氧菌酯7%+丙环唑12%）悬浮剂70～88ml/亩。

该期花生长茂密，锈病多为害中下部茎叶，必须把药均匀地喷施到中下部、内部的茎叶上，才能起到防治效果。传统的低压喷雾器、圆锥喷头、摇摆喷药方式，雾滴大、雾化差，药剂大量流失，药剂喷施不到发病部位，喷雾防治效果不好。自走式喷杆喷雾机应用1号或1.5号喷头，高压电动喷杆喷雾器应用0.3～0.5mm喷头，压力0.4～0.5MPa，水量10～15kg/亩，田间无风或微风时喷头高度控制在距叶尖0.5～0.8m，喷雾角应在45°以上，必须把药喷匀、喷细、喷透，保证所有中下部叶片的药剂附着率达90%以上（图24-14）；同时，还应加入高效扩散性喷雾助剂农希望7号喷雾宝，或25%油酸甲酯液剂（喷雾精）10～20ml/15kg药液；天旱时喷药应加入多功能润湿性喷雾助剂农希望5号喷雾宝或50%油酸甲酯液剂（喷雾精）20～40ml/15kg药液对水均匀喷雾；以确保茎叶上药剂均匀沉积附着、均匀的润湿扩散，确保农药被充分地吸收利用。

图24-14 花生锈病发生期，喷药必须保证均匀喷雾到所有茎叶；同时，还应加入增加扩散分布的喷雾助剂，必须把药喷匀、喷细、喷透，中下部茎叶的药剂附着率达到90%以上

3. 花生病毒病

症　　状　条纹病毒病（图24-15）：花生染病后，先在顶端嫩叶上出现褪绿斑块，后发展成深浅相间的轻斑驳状，沿叶脉形成断续的绿色条纹或像叶状花斑的斑驳症状，发病早的植株矮化。

斑驳病毒病（图24-16）：是全株性系统侵染病害，花生感染病毒后往往全株表现症状。病株的症状主要表现在叶片上，出现黄绿与深绿相嵌的斑驳。

黄花叶病（图24-17）：花生出苗后即见发病。染病株中等变矮，初在顶端嫩叶上现褪绿黄斑，叶片卷曲，后发展为黄绿相间的黄花叶症状，有的出现网状明脉或绿色条纹。

普通花叶病（图24-18）：花生病株开始在顶端嫩叶上出现叶脉颜色变浅，有的出现褪绿斑，后发展成绿色与浅绿色相间的普通花叶症状，沿侧脉出现辐射状小的绿色条纹及小斑点，叶片狭长，叶缘呈波状扭曲。

发生规律　病毒在花生的种仁内越冬。带毒种子在田间形成的病苗成为初次侵染来源。病害的传染靠蚜虫，以有翅蚜传毒为主。地膜春花生在5月中下旬至6月上旬发病，露地春花生在5月下旬至6月上中旬发病，夏花生在6月下旬至7月上旬发病。花生出苗后的有翅蚜高峰期是斑驳病毒的侵染高峰期。

施药技术　选用无病种子。播种期进行种子处理，生长期喷施药剂可有效地控制病害的传播。

播种时，用25%噻虫·咯·霜灵（精甲霜灵1.7%+咯菌腈1.1%+噻虫嗪22.2%）种子处理悬浮剂575～800ml/100kg种子、27%苯醚·咯·噻虫(噻虫嗪22.6%+咯菌腈2.2%+苯醚甲环唑2.2%)悬浮种衣剂400～600ml/100kg种子、30%萎锈·吡虫啉（吡虫啉25%+萎锈灵5%）悬浮种衣剂75～100ml/100kg种子，进行种子包衣。

图24-15　花生条纹病毒病病叶

图24-16　花生斑驳病毒病病叶

图24-17　花生黄花叶病病叶

图24-18　花生普通花叶病病叶

花生苗期及时防治花生蚜虫，预防花生病毒病。可以用25%噻虫嗪水分散粒剂4～8g/亩、70%吡虫啉水分散粒剂3～5g/亩，同时加上2%宁南霉素水剂100～150ml/亩、0.5%菇类蛋白多糖水剂300倍液、20%丁子香酚水乳剂30～45ml/亩、20%盐酸吗啉胍·乙酸铜可湿性粉剂150～250g/亩等药剂。

喷施均匀才能起到防治效果。不能用传统的低压喷雾器、圆锥喷头、摇摆喷药方式。自走式喷杆喷雾机应用1.5号或2号喷头，高压电动喷杆喷雾器应用0.3～0.5mm喷头，压力0.3～0.4MPa，水量10～20kg/亩，田间无风或微风时喷头高度控制在距叶尖0.5～0.6m，喷雾角应在45°以上，必须把药喷匀、喷细、喷透，叶片的药剂附着率达90%以上；同时，还应加入多功能渗透性喷雾助剂农希望5号喷雾宝，或50%油酸甲酯液剂（喷雾精）20～40ml/15kg药液对水均匀喷雾；以确保茎叶上药剂均匀沉积附着和润湿扩散，确保农药被充分地吸收利用。

4. 花生根腐病

症　　状　花生根腐病：为多种镰孢菌，Fusarium solani称茄类镰孢，F. oxysporum称尖孢镰孢，F. roseum称粉红镰孢，F. tricinctum称三线镰孢，F. moniliforme称串珠镰孢等，均属无性型真菌。俗称"鼠尾"、烂根。幼苗出土后即可发病。先在茎基部近土面处出现湿润状黄褐色斑，后变为黑褐色，地上部失水萎蔫，逐步枯死。地下部根皮变褐色（图24-19），与髓部分离，主根粗短或细长，侧根很少，形似鼠尾状，近地面主茎上，常生出大量须根。严重时从表现症状至枯死仅需2d。始花期受害，植株矮小，黄化，叶片由下而上逐渐变黄干枯。根茎表面皱折，由黄变褐，髓部呈淡褐色水渍状，枯萎死亡。

花生茎腐病：Diplodia gossypina称棉壳色单隔孢或棉色二孢，属无性型真菌。多发生在花生生长的前期，主要为害花生的茎基部、根部和茎部，也为害子叶。苗期子叶感病，病部渐变为黑褐色，呈干腐状，蔓延到茎基部后，使茎基部变黑褐色腐烂，病株叶片变黄，萎蔫下垂，数天后可枯死（图24-20）。病株主茎和侧枝的茎基部逐渐变黑枯死，潮湿时病部密生许多小黑点，病株易从地面的病部折断，病株枯死。

图24-19　花生根腐病为害根部症状　　　　　　**图24-20　花生茎腐病为害茎基部症状**

花生冠腐病：Aspergillus niger称黑曲霉，属无性型真菌。主要为害茎基部，多发生在生长前期，也可以侵染果仁和子叶（图24-21）。茎基部生病后初期生黄褐色病斑，逐渐扩大，皮层纵裂，组织干腐破碎，呈纤维状。在潮湿情况下，病部很快长出黑色霉层。病部内维管束和髓部呈紫褐色。病株易从病部折断或逐渐失水萎蔫枯死。

发生规律　病菌在土壤、病残体和种子上越冬，成为翌年初侵染源。花生根腐病病菌主要借雨水、农事操作传播，从伤口或表皮直接侵入，病株产生分生孢子进行再侵染；花生茎腐病病菌是一种弱寄生菌，主要从伤口侵入，尤其是从阳光直射和土表高温造成的灼伤侵入，进行初侵染和再侵染，也可直接侵入，但直接侵入潜育期长、发病率低。病菌在田间主要借流水、风雨传播，也可靠人、畜、农具在农事活动中传播；花生冠腐病一般常在苗期、团棵期为害，在植株生长出木质茎和主根以后，此病就不再继续发生。苗期多阴雨、湿度大发病重。连作田、土层浅、砂质地易发病。

施药技术　播种前种子处理是预防花生茎腐病等根腐类病害的有效措施，花生齐苗后和开花前是防治的关键时期。

种子处理，播前翻晒种子，剔除变色、霉烂、破损的种子，然后用30%吡·萎·福美双（萎锈灵

图24-21 花生冠腐病为害仁果症状

7.5%+吡虫啉15%+福美双7.5%）种子处理悬浮剂667~1 000ml/100kg种子、35%噻虫·福·萎锈（噻虫嗪15%+萎锈灵10%+福美双10%）悬浮种衣剂500~570ml/100kg种子、30%吡醚·咯·噻虫（噻虫嗪25%+吡唑醚菌酯2.5%+咯菌腈2.5%）悬浮种衣400~500ml/100kg种子、30%吡唑酯·甲硫灵·噻呋（噻呋酰胺10%+吡唑醚菌酯2%+甲基硫菌灵18%）种子处理悬浮剂150~350ml/100kg种子、6%咯菌腈·精甲霜·噻呋（噻呋酰胺3%+精甲霜灵2%+咯菌腈1%）种子处理悬浮剂、27%苯醚·咯·噻虫（苯醚甲环唑2.2%+噻虫嗪22.6%+咯菌腈2.2%）悬浮种衣剂300~600g/100kg种子、25%噻虫·咯菌腈（噻虫嗪22.5%+咯菌腈2.5%）种子处理悬浮剂650~750ml/100kg种子进行种子包衣。

加强检查，发现病株随即采用喷雾或淋灌办法施药封锁中心病株。可选用80%代森锰锌可湿性粉剂60~75g/亩+70%甲基硫菌灵可湿性粉剂1 000倍液、29%戊唑·嘧菌酯（戊唑醇18%+嘧菌酯11%）悬浮剂20~30ml/亩、27%噻呋·戊唑醇（噻呋酰胺9%+戊唑醇18%）悬浮剂40~45ml/亩、325g/L苯甲·嘧菌酯（嘧菌酯200g/L+苯醚甲环唑125g/L）悬浮剂35~50ml/亩等药剂。

花生根腐类病害主要在根部、茎基部，传统的低压喷雾器、圆锥喷头、摇摆喷药方式，重喷漏喷太多，喷雾防治效果不好。自走式喷杆喷雾机应用2号或3号喷头，高压电动喷杆喷雾器应用直径0.8~1.2mm喷头，压力0.3~0.4MPa，水量30~40kg/亩，田间无风或微风时喷头高度控制在距叶尖0.5~0.6m，喷雾角应在45°以上，必须把药喷匀、喷透，让药液均匀地流入地下根部或茎基部（图24-22）。同时，还应加入高效扩散性喷雾助剂农希望7号喷雾宝，或25%油酸甲酯液剂（喷雾精）10~20ml/15kg药液；天旱时喷药应加入多功能润湿性喷雾助剂农希望5号喷雾宝，或50%油酸甲酯液剂（喷雾精）20~40ml/15kg药液对水均匀喷雾；以确保茎叶上药剂均匀沉积附着、均匀润湿扩散，确保农药被充分地吸收

图24-22 防治花生根腐类病害选用自走式喷杆喷雾机应用2号或3号喷头，必须把药喷匀、喷透，让药液均匀渗入地下根部或茎基部

5. 花生白绢病

症　　状　*Sclerotium rolfsii* 称齐整小核菌，属无性型真菌。多在花生成株期发生，主要为害茎部、果柄及荚果。发病初期茎基部组织呈软腐状，表皮脱落，严重的整株枯死。土壤湿度大时可见白色绢丝状菌丝覆盖病部和四周地面（图24-23和图24-24），在合适条件下菌丝蔓延至植株中下部茎秆，并在分枝间、植株间蔓延。后产生油菜籽状白色小菌核（图24-25），最后变黄土色至黑褐色。根茎部组织染病，呈纤维状，终致植株干枯而死（图24-26和图24-27）。病株叶片变黄，边缘焦枯，最后枯萎而死，受侵害果柄和荚果长出很多白色菌丝，呈湿腐状腐烂。

发生规律　以菌核或菌丝在土壤中或病残体上越冬，种子也可带菌传病。翌年菌核萌发，产生菌丝，从植株根茎基部的表皮或伤口侵入，也可侵入子房柄或荚果，在田间靠流水或昆虫传播蔓延。高温、高湿、土壤黏重、排水不良、低洼地及多雨年份易发病。雨后马上转晴，病株迅速枯萎死亡。连作地、播种早发病重，管理不善、杂草丛生或自生苗很多的田里白绢病也常很严重。土壤黏重、排水不良、田间湿度大的田块发病重。

施药技术　播种前种子处理，花生下针期发现病情及时施药防治。

种子处理，可用30%吡唑酯·甲硫灵·噻呋（噻呋酰胺10%+吡唑醚菌酯2%+甲基硫菌灵18%）种子处理悬浮剂150～350ml/100kg种子、27%苯醚·咯·噻虫（苯醚甲环唑2.2%+噻虫嗪22.6%+咯菌腈2.2%）悬浮种衣剂300～600g/100kg种子、30%吡·萎·福美双（萎锈灵7.5%+吡虫啉15%+福美双7.5%）种子处理悬浮剂667～1 000ml/100kg种子、35%噻虫·福·萎锈（噻虫嗪15%+萎锈灵10%+福美双10%）悬浮种衣剂500～570ml/100kg种子、25%噻虫·咯菌腈（噻虫嗪22.5%+咯菌腈2.5%）种子处理悬浮剂650～750ml/100kg种子进行种子包衣。

图24-23 花生白绢病根部白色菌丝

图24-24 花生白绢病根颈部菌核

图24-25 花生白绢病为害情况

图24-26 花生白绢病根茎部症状

图24-27 花生白绢病为害植株症状

在花生下针期，可用240g/L噻呋酰胺悬浮剂20~25ml/亩、20%氟酰胺可湿性粉剂75~125g/亩、60%氟胺·嘧菌酯（氟酰胺30%+嘧菌酯30%）水分散粒剂30~60g/亩、50%苯菌灵可湿性粉剂800~1 500倍液、50%异菌脲可湿性粉剂1 000~2 000倍液、50%腐霉利可湿性粉剂1 000~2 000倍液、27%噻呋·戊唑醇（噻呋酰胺9%+戊唑醇18%）悬浮剂40~45ml/亩。

花生白绢病主要在茎基部，传统的低压喷雾器、圆锥喷头、摇摆喷药方式，重喷漏喷太多，喷雾防治效果不好。自走式喷杆喷雾机应用2号喷头，高压电动喷杆喷雾器应用直径0.5~0.8mm喷头，压力0.3~0.4MPa，水量20~40kg/亩，田间无风或微风时喷头高度控制在距叶尖0.5~0.6m，喷雾角应在45°以上，必须把药喷匀、喷透，让药液均匀流入地下根部或茎基部。同时，还应加入高效扩散性喷雾助剂农希望7号喷雾宝，或25%油酸甲酯液剂（喷雾精）10~20ml/15kg药液；天旱时喷药应加入多功能润湿性喷雾助剂农希望5号喷雾宝，或50%油酸甲酯液剂（喷雾精）20~40ml/15kg药液对水均匀喷雾；以确保茎叶上药剂均匀沉积附着、均匀润湿扩散，确保农药被充分地吸收利用。

二、花生虫害与农药施用关键技术

1. 花生蚜

为害特点 成虫、若虫群集在花生嫩叶、嫩芽、花柄、果针上吸汁，致使叶片变黄卷缩，生长缓慢或停止（图24-28），植株矮小，影响花芽形成和荚果发育，造成花生减产。还会传播花生病毒病。

形态特征 有翅胎生雌蚜体黑绿色，有光泽。触角6节。翅基、翅痣、翅脉均为橙黄色。无翅胎生雌蚜体较肥胖（图24-29），黑色至紫黑色，具光泽。卵长椭圆形，初浅黄色，后变草绿色至黑色。若蚜黄褐色，体上具薄蜡粉，尾片黑色很短。

发生规律 1年发生20~30代。主要以无翅胎生雌蚜和若蚜越冬，少量以卵越冬。翌年早春在越冬寄主上大量繁殖。花生幼苗期迁入花生田，5月底至6月下旬花生开花结荚期是该蚜虫为害盛期。

施药技术 播种时种子处理，可减少蚜虫的为害。一般年份在5月下旬至6月上旬开展田间蚜量调查，当有蚜株率达30%时，平均每穴花生蚜量达20~30头指标时，即应防治。

图24-28 花生蚜为害症状

图24-29 无翅胎生雌蚜

播种时施药。用30%噻虫嗪种子处理悬浮剂200~400ml/100kg种子、25%甲·克（克百威20%+甲拌磷5%）悬浮种衣剂1：（25~35）（药种比）、30%吡·萎·福美双（萎锈灵7.5%+吡虫啉15%+福美双7.5%）种子处理悬浮剂667~1 000ml/100kg种子、35%噻虫·福·萎锈（噻虫嗪15%+萎锈灵10%+福美双10%）悬浮种衣剂500~570ml/100kg种子、30%吡醚·咯·噻虫（噻虫嗪25%+吡唑醚菌酯2.5%+咯菌腈2.5%）悬浮种衣剂400~500ml/100kg种子、27%苯醚·咯·噻虫（苯醚甲环唑2.2%+噻虫嗪22.6%+咯菌腈2.2%）悬浮种衣剂300~600g/100kg种子、25%噻虫·咯菌腈（噻虫嗪22.5%+咯菌腈2.5%）种子处理悬浮剂650~750ml/100kg种子，进行种子包衣。

在有翅蚜向花生田迁移高峰后2~3d，用70%吡虫啉水分散粒剂4~6g/亩、32%联苯·噻虫嗪（噻虫嗪15%+联苯菊酯17%）悬浮剂5~10ml/亩。

该期蚜虫多为害心部叶片、中上部茎叶，必须把药均匀地喷施到花生的中上部、内部的茎叶上，才能起到防治效果。自走式喷杆喷雾机应用1号或1.5号喷头，高压电动喷杆喷雾器，应用直径0.3~0.5mm喷头压力0.4~0.5MPa，水量10~15kg/亩，田间无风或微风时喷头高度控制在距叶尖0.5~0.8m，喷雾角应在45°以上，必须把药喷匀、喷细、喷透，保证所有中上部叶片的药剂附着率达90%以上（图24-30）；同时，还应加入高效扩散性喷雾助剂农希望7号喷雾宝或25%油酸甲酯液剂（喷雾精）10~20ml/15kg药液；天旱时喷药应加入多功能润湿性喷雾助剂农希望5号喷雾宝或50%油酸甲酯液剂（喷雾精）20~40ml/15kg药液对水均匀喷雾；以确保茎叶上药剂均匀沉积附着、均匀润湿扩散，确保农药被充分地吸收利用。

2. 花生叶螨

为害特点 花生田发生为害的叶螨有朱砂叶螨（*Tetranychus cinnabarinus*）、二斑叶螨（*T. urticae*）、截形叶螨（*T. truncatus*）等。成螨、若螨聚集在叶背面刺吸叶片汁液，叶片正面出现黄白色斑，后来叶面出现小红点，为害严重的，红色区域扩大，致叶片焦枯脱落，状似火烧。朱砂叶螨是优势种，常与其他叶螨混合发生，混合为害（图24-31和图24-32）。

形态特征 雌成螨椭圆形，体色常随寄主而异，多为锈红色至深红色，体背两侧各有1对黑斑，肤纹突三角形至半圆形。雄成螨前端近圆形，腹末稍尖，体色较雌淡。卵球形，淡黄色，孵化前微红。幼螨3对足。若螨4对足，与成螨相似。

发生规律 每年发生10~20代，在华北以雌成螨在杂草、枯枝落叶及土缝中越冬；在华中以各种虫态在杂草及树皮缝中越冬。翌年春气温达10℃以上，即开始大量繁殖。3—4月先在杂草或其他寄主上取食，5月中旬迁入花生田为害，到6月上旬至8月中旬进入发生为害盛期。

图24-30 花生蚜防治喷药效果对比，喷药必须保证均匀喷雾到所有茎叶；同时，还应加入多功能渗透性喷雾助剂农希望5号喷雾宝，把药喷匀、喷细、喷透，药剂附着率90%以上

图24-31　叶螨为害花生叶片症状

图24-32　叶螨为害花生叶片背面症状

施药技术 注意田间调查，及时喷药防治。在叶螨发生的早期，可使用杀卵效果好、残效期长的药剂进行防治。

在叶螨发生的早期，可使用杀卵效果好、残效期长的药剂，如5%噻螨酮乳油1 500倍液、5%唑螨酯悬浮剂1 000~2 000倍液。当田间种群密度较大，并已经造成一定为害时，使用速效杀螨剂，如20%四螨嗪可湿性粉剂1 000~1 500倍液，也可用15%哒螨·酮乳油1 000~2 000倍液、5%噻螨酮乳油1 000~1 500倍液、1.8%阿维菌素乳油1 000~2 000倍液、20%双甲脒乳油1 000倍液、73%炔螨特乳油1 000倍液、20%甲氰菊酯乳油1 500倍液、2.5%联苯菊酯乳油1 500倍液。

叶螨多为害心部叶片、中下部叶片，必须把药均匀地喷施到中下部、内部的茎叶上，才能起到防治效果。传统的低压喷雾器、圆锥喷头、摇摆喷药方式，重喷漏喷太多，药剂喷施不能喷到所有的叶片上，喷雾防治效果不好（图24-33）。自走式喷杆喷雾机应用1号或1.5号喷头，高压电动喷杆喷雾器应用直径0.3~0.5mm喷头，压力0.4~0.5MPa，水量10~15kg/亩，田间无风或微风时喷头高度控制在距叶尖0.5~0.8m，喷雾角应在45°以上，须把药喷匀、喷细、喷透，保证所有叶片、内部叶片、中下部叶片的药剂附着率达90%以上，特别是要增加叶片背面的附着药率（图24-34）；同时，加入高效扩散性喷雾助剂农希望7号喷雾宝或25%油酸甲酯液剂（喷雾精）10~20ml/15kg药液；天旱时喷药应加入多功能润湿性喷雾助剂农希望5号喷雾宝或50%油酸甲酯液剂（喷雾精）20~40ml/15kg药液对水均匀喷雾，增加药剂的润湿、扩散与渗透效果；确保茎叶上药剂均匀沉积附着、均匀扩散分布，确保农药被充分地吸收利用。

图24-33 花生叶螨防治的突出问题是喷药问题。花生叶片光滑、蜡质厚、叶螨发生叶片虫网和绒毛较多，叶片着药困难，普通喷雾器压力小、雾化差、雾滴大，很多内部和下部叶片漏喷，叶背面着药很少，只有上部叶片有少量大雾滴，多数叶片没有附着药剂，防效较差

图24-34　花生叶螨防治必须用专业喷雾器械和专业喷雾助剂。喷药必须保证均匀喷雾到所有茎叶；同时，还应加入增加润湿渗透的喷雾助剂，必须把药喷匀、喷细、喷透，药剂附着率达95%以上，且能有效地渗透吸收

3. 花生蛴螬

为害特点　蛴螬是鞘翅目金龟甲总科幼虫的总称。其成虫通称金龟子。蛴螬在我国分布很广，各地均有发生，但以我国北方发生较普遍，为害花生的有40多种。其中，华北大黑鳃金龟（*Holotrichia oblia*）、暗黑鳃金龟（*Holotrichia parallela*）、铜绿丽金龟（*Anomala corpulenta*）为优势种。蛴螬的食性很杂（图24-35），是多食性害虫，为害作物幼苗、种子及幼根、嫩茎。蛴螬主要在地下为害，咬断幼苗根茎，切口整齐，造成幼苗枯死，或蛀食块根、块茎，造成孔洞，使作物生长衰弱，影响产量和品质。同时，被蛴螬造成的伤口有利于病菌的侵入，诱发其他病害。成虫金龟子主要取食植物地上部的叶片，有的还为害花和果实。

发生规律　7月中下旬，当花生开花结果时开始为害；8月中下旬，进入为害严重时期。连作地发病重，轮作地发生轻，土壤湿度适中发生重。它们潜伏在土壤中，啃食花生的茎和果实。

施药技术　播种前拌种，或在播种或移栽前进行土壤处理，可以有效地减少虫量；或者在发生为害期采用药剂防治，也可有效地防治害虫的为害。

图24-35 蛴螬为害花生荚果症状

在播种时进行土壤处理，用15%毒死蜱颗粒剂2~3kg/亩或用3%克百威颗粒剂4~5kg/亩、5%二嗪磷颗粒剂1~2kg/亩处理土壤，顺垄条施，随即浅锄。

播种前拌种，用25%毒·辛（辛硫磷20%+毒死蜱5%）乳油400~500ml/亩、16%阿维·毒死蜱（阿维菌素1%+毒死蜱15%）种子处理微囊悬浮剂2 000~3 333ml/100kg种子、4%氯虫·噻虫胺（氯虫苯甲酰胺1%+噻虫胺3%）颗粒剂500~700g/亩、18%氟腈·毒死蜱（毒死蜱15%+氟虫腈3%）悬浮种衣剂1∶100~50（药种比）、22%吡虫·辛硫磷（辛硫磷20%+吡虫啉2%）450~600g/亩、15%福·克（克百威7%+福美双8%）悬浮种衣剂2 000~2 500ml/100kg种子、20%克百·多菌灵（多菌灵10%+克百威10%）悬浮种衣剂1∶（30~40）（药种比）、16%辛硫·多菌灵（辛硫磷8%+多菌灵8%）悬浮种衣剂1∶（40~60）（药种比），进行种子包衣。

在花生开花扎根期、蛴螬初发时，结合防治其他害虫，用3.5%氟腈·溴乳油90~120ml/亩、40%氯·辛乳油250ml/亩、48%毒死蜱乳油200ml/亩、40%辛硫磷乳油500ml/亩、30%毒·辛（10%毒死蜱+20%辛硫磷）乳油400~600ml/亩、150亿个孢子/g球孢白僵菌可湿性粉剂250~300g/亩。

花生蛴螬主要在根部为害，传统的低压喷雾器、圆锥喷头、摇摆喷药方式，重喷漏喷太多，喷雾效果不好。自走式喷杆喷雾机应用2号或3号喷头，高压电动喷杆喷雾器应用直径0.8~1.2mm喷头，压力0.3~0.4MPa，水量30~40kg/亩，田间无风或微风时喷头高度控制在距叶尖0.5~0.6m，喷雾角应在45°以上，必须把药喷匀、喷透（图24-36），让药液均匀流入地下根部，随降水落入土壤内防治蛴螬。

图24-36 防治花生蛴螬，均匀喷雾到茎基部，必须把药喷匀、喷透

三、花生各生育期病虫草害与农药施用关键技术

（一）花生病虫害综合防治历

花生栽培管理过程中，很多病虫害发生严重，生产上应总结本地花生病虫的发生特点和防治经验，制订病虫防治计划，适时进行田间调查，及时采取防治措施，有效控制病虫害，保证丰产、丰收。

花生田病虫害的综合防治历见表24-1，各地应根据自己的情况采取具体的防治措施。

表24-1　花生主要病虫害综合防治历

生育期	时期	防治对象	防治方法
播种期	3月中旬至6月上旬	地下害虫、根结线虫病、根腐病、冠腐病、茎腐病、杂草	药剂拌种、土壤处理、喷除草剂
幼苗期	5月中旬至7月上旬	蚜虫、红蜘蛛、病毒病、杂草	喷杀虫剂、杀菌剂、除草剂
开花结果期	7月上旬至10月	叶斑病、病毒病、蚜虫、棉铃虫、甜菜夜蛾、斜纹夜蛾、锈病、青枯病、地下害虫	喷杀虫剂、杀菌剂

（二）花生播种期病虫草害与农药施用关键技术

花生春播在4月下旬至6月上旬，麦套花生一般在小麦收获前10~20d点播，夏花生于麦收后及时点播，播种期病虫害防治是以保苗为目的，主要防治对象是地下害虫、根结线虫病、花生茎腐病、花生冠腐病等，花生播后芽前也是杂草防治的有利时机。

预防茎腐病等土传、种传病害和苗期病虫害，可以进行种子处理和土壤处理。用30%吡·萎·福美双（萎锈灵7.5%+吡虫啉15%+福美双7.5%）种子处理悬浮剂667~1 000ml/100kg种子、35%噻虫·福·萎锈（噻虫嗪15%+萎锈灵10%+福美双10%）悬浮种衣剂500~570ml/100kg种子、30%吡醚·咯·噻虫（噻虫嗪25%+吡唑醚菌酯2.5%+咯菌腈2.5%）悬浮种衣剂400~500ml/100kg种子、27%苯醚·咯·噻虫（苯醚甲环唑2.2%+噻虫嗪22.6%+咯菌腈2.2%）悬浮种衣剂300~600g/100kg种子、25%噻虫·咯菌腈（噻虫嗪22.5%+咯菌腈2.5%）种子处理悬浮剂650~750ml/100kg种子、11%精甲·咯·嘧菌（嘧菌酯6.6%+精甲霜灵3.3%+咯菌腈1.1%）悬浮种衣剂327~491g/100kg种子、15%福·克（克百威7%+福美双8%）悬浮种衣剂2 000~2 500ml/100kg种子、20%克百·多菌灵（多菌灵10%+克百威10%）悬浮种衣剂1:（30~40）（药种比）、16%辛硫·多菌灵（辛硫磷8%+多菌灵8%）悬浮种衣剂1:（40~60）（药种比），进行种子包衣。

对于经常发生花生根结线虫病的地区或田块，花生播种时，用0.5%阿维菌素颗粒剂1~2kg/亩、3%阿维·吡虫啉（阿维菌素1.5%+吡虫啉1.5%）颗粒剂1.5~2kg/亩同时播入播种沟内。

生产条件较好的花生田，田间常见杂草种类为马唐、狗尾草、牛筋草、稗草、藜、苋的田块，在花生播后芽前，可以用90g/L乙草胺乳油90~100ml/亩、33%二甲戊乐灵乳油150~200ml/亩、72%异丙甲草胺乳油125~150ml/亩。

对于田间发生有大量禾本科杂草和阔叶杂草的地块，在花生播后芽前，可以用50%乙草胺乳油100~200ml/亩+20%恶草酮乳油100ml/亩、72%异丙草胺乳油150~250ml/亩+20%恶草酮乳油100ml/亩。

对于田间发生有大量禾本科杂草、阔叶杂草和香附子的地块，在花生播后芽前，可以用50%乙草胺乳

油100～200ml/亩+24%甲咪唑烟酸水剂20～30ml/亩、33%二甲戊乐灵乳油150～200ml/亩+24%甲咪唑烟酸水剂20～30ml/亩、72%异丙草胺乳油150～200ml/亩+24%甲咪唑烟酸水剂20～30ml/亩。

驻马店等河南中南部及其以南花生栽培区，降水量较大、杂草发生严重，应适当加大除草剂的用量。北部花生产区地膜花生，应在花生播种后覆膜前（花生芽前）喷施除草剂，因为气温、墒情等原因，应适当减少除草剂的用量，以保证对花生的安全性。

花生播后芽前喷施封闭除草剂，除了要求土壤质地、土壤平整度、土壤墒情等条件，对喷雾技术也有严格的要求。传统的低压喷雾器、圆锥喷头、摇摆喷药方式，重喷漏喷太多，喷雾防治效果不好，还经常性地发生药害（图24-37至图24-39）。喷药技术直接地影响除草效果和安全性，自走式喷杆喷雾机应用2号或3号喷头，高压电动喷杆喷雾器应用直径0.8～1mm喷头，压力0.25～0.35MPa，喷药时适当加大水量至40～60kg/亩，田间无风或微风时喷头高度控制在0.5～0.6m，必须把药喷匀、喷透，喷药的均匀度要达90%以上（图24-40），才能保证除草效果，保证除草剂对花生的安全性。

图21-37　花生播后芽前喷施封闭除草剂，地表不平、有麦秸麦糠等覆盖物影响封闭除草效果；用普通喷雾器、圆锥喷头、摇摆喷药方式，重喷漏喷太多，除草效果较差

图21-38 花生播后芽前喷施乙氧氟草醚，用普通喷雾器、圆锥喷头、摇摆喷药方式，重喷漏喷太多，可以看到喷上药的马唐、苘麻等杂草死了，未喷上的杂草生长正常，杂草有一部分叶片喷上药剂的也死了。该图清楚地说明了喷雾技术直接地影响着除草效果

图21-39 花生播后芽前喷施乙氧氟草醚，用普通喷雾器、圆锥喷头、摇摆喷药方式，重喷漏喷太多，花生药害严重，重喷的出现了药害。该图清楚地说明了喷雾技术决定除草剂的安全性

图21-40 花生播后芽前喷施封闭除草剂，必须用专业喷雾机，喷雾均匀度90%以上，才能保证除草高效安全

（三）花生苗期病虫草害与农药施用关键技术

花生苗期在5月至6月下旬（图24-41），这一时期主要防治对象为杂草、病毒病、蚜虫、叶螨、棉铃虫等病虫草害，应注意调查田间病虫草害，根据天气情况适时进行化学防治。

对于前期未能进行化学除草，并遇到阴雨天气或灌水后，田间往往发生大量杂草，乃至形成草荒，应及时进行化学除草。

花生苗期遇雨或灌水后，田间禾本科杂草较多，可以施用10%精喹禾灵乳油40~50ml/亩、12.5%稀禾啶乳油50~75ml/亩、24%烯草酮乳油20~40ml/亩。

图24-41　花生苗期病虫草害为害情况

必须喷施均匀才能起到除草效果。自走式喷杆喷雾机应用1.5号或2号喷头，高压电动喷杆喷雾器应用直径0.5~0.8mm喷头，压力0.3~0.4MPa，水量10~20kg/亩，田间无风或微风时喷头高度控制在距叶尖0.5~0.6m，必须把药喷匀、喷细、喷透，叶片的药剂附着率达90%以上（图24-42）；同时，还应加入高效扩散性喷雾助剂农希望7号喷雾宝，或25%油酸甲酯液剂（喷雾精）5~10ml/15kg药液；天旱时喷药应加入安全型多功能喷雾助剂农希望6号喷雾宝或50%油酸甲酯液剂（喷雾精）10~20ml/15kg药液对水均匀喷雾；以确保茎叶上药剂均匀沉积附着，确保农药被充分地吸收利用。

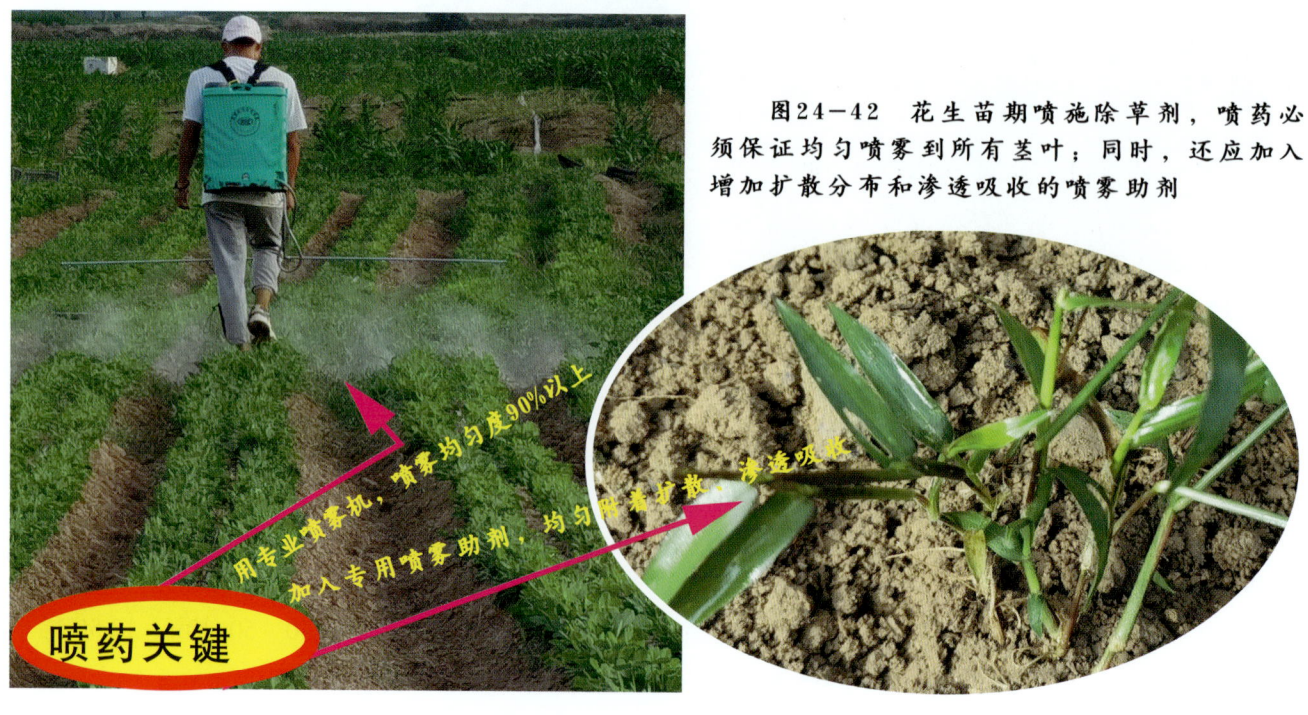

图24-42　花生苗期喷施除草剂，喷药必须保证均匀喷雾到所有茎叶；同时，还应加入增加扩散分布和渗透吸收的喷雾助剂

部分花生田，前期进行过封闭除草，喷施过乙草胺、异丙甲草胺或二甲戊乐灵等除草剂；或者施用精喹禾灵、稀禾啶乳、烯草酮乳后，田间马齿苋、铁苋、打碗花等阔叶杂草或香附子、鸭跖草等恶性杂草发生较多的地块（图24-43），应抓住有利时机及时防治。

图24-43　花生生长期阔叶杂草发生为害情况

可以用10%乙羧氟草醚乳油10～20ml/亩、48%苯达松水剂150ml/亩、25%三氟羧草醚水剂50ml/亩、25%氟磺胺草醚水剂50ml/亩、24%乳氟禾草灵乳油20ml/亩。

该类除草剂对杂草主要表现为触杀性除草效果，花生田施药会产生轻度药害，施药时务必喷施均匀。宜在花生2～4片羽状复叶时施药，施药时视草情、墒情确定用药量。传统的低压喷雾器、圆锥喷头、摇摆喷药方式，重喷漏喷太多，喷雾防治效果不好，还经常性地发生药害（图24-44）。自走式喷杆喷雾机应用1.5号或2号喷头，高压电动喷杆喷雾器应用直径0.5mm喷头，压力0.3～0.4MPa，水量15～20kg/亩，田间无风或微风时喷头高度控制在距叶尖0.5～0.8m，必须把药喷匀、喷细、喷透，叶片的药剂附着率达95%以上；同时，还应加入安全型多功能喷雾助剂农希望6号喷雾宝，或50%油酸甲酯液剂（喷雾精）10～20ml/15kg药液对水均匀喷雾，以确保茎叶上药剂均匀沉积附着、扩散分布，叶面没有水珠，确保农药被充分地吸收利用，保证除草剂安全高效（图24-45）。

图24-44　花生田喷施乳氟禾草灵，普通喷雾器压力小、雾滴较大，叶片有很多大雾滴，药剂不能扩散分布、充分吸收降解而产生大量的触杀性药害

图24-45 花生苗后喷施乳氟禾草灵防治花生田阔叶杂草,用高压喷杆喷雾器,喷雾均匀度90%以上,除草高效安全

在香附子发生严重的花生田(图24-46),在香附子等杂草基本出齐,且杂草处于幼苗期时应及时施药,用24%甲咪唑烟酸水剂30ml/亩,也可用24%甲咪唑烟酸水剂30ml/亩+10%乙羧氟草醚乳油10～20ml/亩、24%甲咪唑烟酸水剂30ml/亩+48%苯达松水剂150ml/亩、24%甲咪唑烟酸水剂30ml/亩+25%三氟羧草醚水剂50ml/亩、24%甲咪唑烟酸水剂30ml/亩+24%乳氟禾草灵乳油20ml/亩,去除香附子的效果较好。

该类除草剂对杂草主要表现为触杀性除草效果,施药时务必喷施均匀。宜在花生2～4片羽状复叶时施药,施药过晚或施药剂量过大时易对后茬产生药害。自走式喷杆喷雾机应用1.5号或2号喷头,高压电动喷杆喷雾器应用直径0.5mm喷头,压力0.3～0.4MPa,水量15～20kg/亩,田间无风或微风时喷头高度控制在距叶尖0.5～0.8m。同时,还应加入安全型多功能喷雾助剂农希望6号喷雾宝,或50%油酸甲酯液剂(喷雾精)10～20ml/15kg药液对水均匀喷雾,以确保茎叶上药剂均匀沉积附着、扩散分布,叶面没有水珠,确保农药被充分地吸收利用,保证除草剂安全高效。

必须把药喷匀、喷细、喷透,叶片的药剂附着率达90%以上;同时,还应根据墒情和草情适当地加入高效扩散性喷雾助剂如农希望3号喷雾宝5～8ml/15kg药液对水均匀喷雾,以确保茎叶上药剂均匀沉积附着,确保农药被充分地吸收利用,保证除草剂安全高效。

图24-46 花生生长期香附子发生为害情况

部分花生田，苗期发生大量杂草（图24-47），生产上应针对杂草发生种类和栽培管理情况，正确地选择除草剂种类和施药方法。可以用10%精喹禾灵乳油50~60ml/亩+48%苯达松水剂100ml/亩、10.8%高效氟吡甲禾灵乳油20~40ml/亩+25%三氟羧草醚水剂40ml/亩、10%精喹禾灵乳油50~60ml/亩+24%乳氟禾草灵乳油10~20ml/亩。

图24-47 花生田禾本科杂草和阔叶杂草混合发生为害情况

图24-48 精喹禾灵喷药不匀不透时防治马唐的死亡症状

该期喷施除草剂，务必喷透喷匀。虽然精喹禾灵、高效氟吡甲禾灵等均有内吸性；但是，它们的内吸性是局部有限内吸，所指的内吸性也仅仅是沿木质部水流向上传导，而不会向下传导，更不会从一支分蘖上向另一个支分蘖上传导，喷雾时必须保证所有茎叶接触药剂（图24-48）。传统的低压喷雾器、圆锥喷头、摇摆喷药方式，重喷漏喷太多，喷雾防治效果不好，还经常性地发生药害。自走式喷杆喷雾机应用1号或1.5号喷头，高压电动喷杆喷雾器应用直径0.3~0.5mm喷头，压力0.4~0.6MPa，水量15~20kg/亩，田间无风或微风时喷头高度控制在距叶尖0.6~0.8m，喷雾角度应在45°以下，必须把药喷匀、喷细、喷透，特别是要保证内部和下部叶片的药剂附着率达90%以上；同时，还应加入高效扩散性喷雾助剂农希望7号喷雾宝或25%油酸甲酯液剂（喷雾精）5~10ml/15kg药液；天旱时喷药应加入安全型多功能喷雾助剂农希望6号喷雾宝或50%油酸甲酯液剂（喷雾精）10~20ml/15kg药液对水均匀喷雾；以确保茎叶上药剂均匀沉积附着、充分地润湿扩散和渗透吸收，确保农药被充分地吸收利用，杂草死亡而不复发（图24-49）。

突出问题

普通喷雾器，压力低、雾滴大、圆锥喷头、摇摆喷药，雾化差、喷不匀、喷不透

喷药关键

必须用高压电动喷雾器、安装直径0.3~0.5mm扇形喷头，均匀喷雾，加入专用的喷雾助剂，均匀附着扩散，喷匀、喷细、喷透，保证药剂均匀地沉积附着

图24-49　不同喷药方式效果对比，用高压喷杆喷雾器，安装直径0.3mm喷头、加压0.4MPa，喷药均匀透彻，喷雾均匀度90%以上，除草高效安全

防治花生冠腐病、叶斑病等，可以喷洒80%代森锰锌可湿性粉剂60~75g/亩+70%甲基硫菌灵可湿性粉剂50~75g/亩、29%戊唑·嘧菌酯（戊唑醇18%+嘧菌酯11%）悬浮剂20~30ml/亩、27%噻呋·戊唑醇（噻呋酰胺9%+戊唑醇18%）悬浮剂40~45ml/亩、325g/L苯甲·嘧菌酯（嘧菌酯200g/L+苯醚甲环唑125g/L）悬浮剂35~50ml/亩，发病严重时，间隔7~10d再喷1次。

花生苗期控制蚜虫的发生为害，同时还能有效地控制病毒病等病害的传播为害。在田间有少量蚜虫时，可以喷施70%吡虫啉水分散粒剂3~4g/亩、10%啶虫脒乳油10~20ml/亩、70%噻虫嗪水分散粒剂4~5g/亩等内吸性较好、持效期较长的杀虫剂，以保证较长的防治效果。在田间蚜虫较多时，可以用10%联苯菊酯水乳剂20~25ml/亩+70%噻虫嗪水分散粒剂4~5g/亩、2.5%溴氰菊酯乳油20~25ml/亩+70%吡虫啉水分散粒剂3~4g/亩。

在叶螨发生的早期，可使用杀卵效果好、残效期长的药剂，用5%噻螨酮乳油1 500倍液、20%四螨嗪可湿性粉剂1 000~1 500倍液。

苗期可以喷洒一些植物激素，是促进生长、提高产量的重要措施。在花生苗长到30~40cm高时，可以施用15%多效唑可湿性粉剂30~50g/亩，使幼苗生长健壮、降低株高，增加荚果的生长。

喷施防治蚜虫、叶螨、叶斑病等的杀虫剂和杀菌剂时，务必喷透喷匀。自走式喷杆喷雾机应用1号或1.5号喷头，高压电动喷杆喷雾器应用直径0.3~0.5mm喷头，压力0.4~0.5MPa，水量15~20kg/亩，田间无风或微风时喷头高度控制在距叶尖0.5~0.8m，喷雾角度应在45°以下，必须把药喷匀、喷细、喷透，特别是要保证内部和下部叶片的药剂附着率达95%以上；同时，还应加入高效扩散性喷雾助剂农希望3号喷雾宝4~8ml/15kg药液对水均匀喷雾，以确保茎叶上药剂均匀沉积附着，确保农药被充分地吸收利用，保证除草剂安全高效。

（四）花生开花结果期病虫害与农药施用关键技术

花生于7月上旬开始进入花期（图24-50），于9月成熟收获。开花结果期，以叶斑病、锈病、青枯病为主要防治对象，蛴螬、蚜虫、叶螨也时有为害，应注意调查，及时采取防治措施。

图24-50　花生开花结果期病虫为害情况

7月，花生开始进入花期结果期，以叶斑病、锈病、青枯病为主要防治对象，蛴螬、蚜虫、叶螨也时有为害，可以用70%甲基硫菌灵可湿性粉剂50～80g/亩+48%毒死蜱乳油50～80ml/亩+0.01%芸苔素内酯可溶液剂10～20ml/亩、60%唑醚·代森联（吡唑醚菌酯5%+代森联55%）水分散粒剂60～100g/亩+1.8%阿维菌素乳油10～20ml/亩+8%胺鲜酯可溶液剂10～20ml/亩、325g/L苯甲·嘧菌酯（苯醚甲环唑125g/L+嘧菌酯200g/L）悬浮剂35～50ml/亩+48%毒死蜱乳油50～80ml/亩+0.01%芸苔素内酯可溶液剂10～20ml/亩。

喷施防治叶斑病、叶螨等的杀虫剂和杀菌剂时，务必喷匀、喷细、喷透。自走式喷杆喷雾机应用1号或1.5号喷头，高压电动喷杆喷雾器应用直径0.3～0.5mm喷头，压力0.4～0.5MPa，水量10～20kg/亩，田间无风或微风时喷头高度控制在距叶尖0.5～0.8m，喷雾角度应在45°以下，必须把药喷匀、喷细、喷透，特别是要保证内部和下部叶片的药剂附着率达90%以上（图24-51）；同时，还应加入高效扩散性喷雾助剂农希望7号喷雾宝，或25%油酸甲酯液剂（喷雾精）10～20ml/15kg药液；天旱时喷药应加入安全型多功能喷雾助剂农希望6号喷雾宝，或50%油酸甲酯液剂（喷雾精）20～40ml/15kg药液对水均匀喷雾；以确保茎叶上药剂均匀沉积附着，确保农药被充分地吸收利用。

图24-51 喷施防治叶斑病、叶螨等的杀虫剂和杀菌剂时，务必喷匀、喷细、喷透。用自走式喷杆喷雾机或高压电动喷杆喷雾器，喷雾均匀度90%以上

第二十五章 大白菜病虫草害与农药施用关键技术

一、大白菜病害与农药施用关键技术

1. 大白菜霜霉病

症　状　*Peronospora parasitica* 称寄生霜霉，属鞭毛菌门真菌。各生育期均有为害，主要为害叶片。子叶发病时，叶背出现白色霉层，小苗真叶正面无明显症状，严重时幼苗枯死。成株期，叶正面出现灰白色、淡黄色或黄绿色周缘不明显的病斑，后扩大为黄褐色病斑，受叶脉限制而呈多角形或不规则形，叶背密生白色霉层。病斑多时相互连接，使病叶局部或整叶枯死（图25-1）。

图25-1　大白菜霜霉病为害叶片症状

发生规律　以卵孢子在病残组织里、土壤中或附着在种子上越冬，或以菌丝体在留种株上越冬。翌年春由卵孢子或休眠菌丝产生的孢子囊萌发芽管。经气孔或表皮细胞间侵入春菜寄主，春菜收后，病菌以卵孢子在田间休眠2个月后侵入秋菜。借助风雨传播，使病害扩大和蔓延。气温忽高忽低，日夜温差大，白天光照不足，多雨露天气，霜霉病最易流行。土壤黏重，低洼积水，大水漫灌，连作菜田和生长前期病毒病较重的地块为害重。

施药技术　适期播种，发病初期及时施药防治。

在大白菜苗期、莲座期，温度适宜、田间湿度较大，经常处于秋季阴雨天，田间条件有利于霜霉病的发生，应注意田间预防。可以用75%百菌清可湿性粉剂134～154g/亩、70%丙森锌可湿性粉剂150～210g/亩、80%代森锰锌可湿性粉剂800倍液、250g/L吡唑醚菌酯乳油30～40ml/亩、250g/L嘧菌酯悬浮剂40～60ml/亩、20%丙硫唑悬浮剂40～50ml/亩等药剂预防保护。

该期大白菜生长茂密、叶片层叠、叶片蜡质厚，而大白菜霜霉病多在叶片的背面发生，病部着药困难，喷药必须保证均匀喷雾到所有茎叶，雾滴的附着率直接影响喷药防治效果。喷药时必须用高压、超细的专业喷雾器械进行喷雾；自走式喷杆喷雾机应用1号或1.5号喷头；安有专用喷杆的高压电动喷杆喷雾器应用直径0.3～0.5mm喷头，压力0.3～0.4MPa，水量10～20kg/亩；并加入超强润湿扩散性喷雾助剂农希望7号喷雾宝或25%油酸甲酯液剂（喷雾精）5~10ml/15kg药液，天气特别干旱时喷药应加入多功能渗透性喷雾助剂农希望5号喷雾宝或50%油酸甲酯液剂（喷雾精）10~20ml/15kg药液对水均匀喷雾；田间无风或微风时喷头高度控制在距叶尖0.5~0.6m，雾滴应在150μm以下，将药液雾滴弥漫于叶片上的所有部位；传统的低压喷雾器、圆锥喷头、摇摆喷药方式、附意加些喷雾助剂的喷药效果差（图25-2），必须把药喷匀、喷细、喷透，茎叶上药剂均匀沉积附着、润湿扩散，确保农药被充分地吸收利用。叶上药剂附着率达90%以上（图25-3）效果才好。

图25-2　大白菜莲座期，生长茂密、叶片层叠、叶片蜡质厚，普通（电动）喷雾器压力低、喷嘴孔径大、摇摆喷药，喷不匀、雾滴大。田间喷药雾滴较大，只有上部叶片有少量大雾滴，大面积的叶片没有附着药剂，下部叶片、群体内部的叶片难以均匀附着药剂，防效较差

图25-3　大白菜莲座期，生长茂密、叶片层叠、叶片蜡质厚，喷药必须保证均匀喷雾所有茎叶；同时，还应加入专业的助剂农希望5号喷雾宝20ml/15kg药液，必须把药喷匀、喷细、喷透，叶的药剂附着率达90%以上

9月中下旬发病初期是防治的关键时期,可用687.5g/L氟菌·霜霉威(霜霉威盐酸盐625克/L+氟吡菌胺62.5g/L)悬浮剂60~75ml/亩、20%氟吗啉可湿性粉剂1 000倍液、60%氟吗啉·代森锰锌(代森锰锌50%+氟吗啉10%)可湿性粉剂400~600倍液、69%烯酰吗啉·代森锰锌(烯酰吗啉9%+代森锰锌60%)可湿性粉剂1 000倍液、72.2%霜霉威盐酸盐水剂600倍液、64%恶霜·锰锌(恶霜灵8%+代森锰锌56%)可湿性粉剂500倍液等药剂喷雾,间隔7~10d喷1次,共喷2~3次。大白菜霜霉病为害中后期田间的为害症状见图25-4。

该期大白菜较大,开始有包心,叶片层叠、叶片蜡质厚,病部着药困难。喷药时必须用高压、超细的专业喷雾器械进行喷雾;应用直径0.3~0.5mm喷头,压力0.3~0.4MPa,水量10~20kg/亩;加入多功能渗透性喷雾助剂农希望5号喷雾宝,或50%油酸甲酯液剂(喷雾精)10~20ml/15kg药液对水均匀喷雾;必须把药喷匀、喷细、喷透,叶上药剂附着率达95%以上(图25-5),才能取得较好的防治效果。

图25-4 大白菜霜霉病田间为害症状

图25-5 大白菜开始包心后、叶片层叠、叶片蜡质厚,喷药必须保证均匀喷雾到所有茎叶;同时,还应加入专业的助剂农希望5号喷雾宝20ml/15kg药液,必须把药喷匀、喷细、喷透,叶面形成一层药膜左图,叶的药剂附着率达90%以上

2. 大白菜软腐病

症　状　*Erwinia carotovora* pv. *carotovora* 称胡萝卜软腐欧文氏菌胡萝卜软腐致病型，属细菌。多从包心期开始发病，病部软腐，有臭味（图25-6）。发病初时外叶萎蔫，继之叶柄基部腐烂，病叶瘫倒，露出菜球（图25-7）。也有的茎基部腐烂并延及心髓，充满黄色黏稠物。也有少数菜株外叶湿腐，干燥时烂叶干枯呈薄纸状紧裹住菜球（图25-8），或菜球内外叶良好，只是中间菜叶自边缘向内腐烂。为害严重时，全田腐烂（图25-9）。

图25-6　大白菜软腐病为害幼苗症状

图25-7　大白菜软腐病为害茎基部症状

图25-8　大白菜软腐病为害后期干燥时症状

图25-9　大白菜软腐病田间症状

发生规律 病原菌在病残体、土壤、未腐熟的农家肥中越冬，成为重要的初侵染菌源。通过雨水、灌溉水、肥料、土壤、昆虫等多种途径传播，由伤口或自然裂口侵入，不断发生再侵染。高温多雨有利于软腐病发生。高垄栽培不易积水，土壤中氧气充足，有利于根系和叶柄基部愈伤组织形成，可减少病菌侵染。

施药技术 发病初期是防治的关键时期，可采用50%氯溴异氰尿酸可溶粉剂50~60g/亩、30%噻森铜悬浮剂100~135ml/亩、20%噻唑锌悬浮剂100~150ml/亩、20%噻菌铜悬浮剂75~100g/亩、88%水合霉素可溶性粉剂1 500倍液、1 000亿孢子/g枯草芽孢杆菌可湿性粉剂50~60g/亩、0.5%氨基寡糖素水剂600~800倍液+2%春雷霉素可湿性粉剂400~500倍液，喷药时必须用高压、超细的专业喷雾器械进行喷雾，并加入多功能渗透性喷雾助剂农希望5号喷雾宝或50%油酸甲酯液剂（喷雾精）10~20ml/15kg药液对水均匀喷雾，必须把药喷匀、喷细、喷透，叶上形成一层均匀的药膜才能取得较好的防治效果。药剂宜交替施用，间隔7~10d喷1次，连续喷2~3次。重点喷洒病株基部及地表，使药液流入菜心效果为好。

3.大白菜病毒病

症　　状 Turnip mosaic virus（TuMV）称芜菁花叶病毒；Cucumber mosaic virus（CMV）称黄瓜花叶病毒；Tobacco mosaic virus（TMV）称烟草花叶病毒。苗期被害，叶片出现明脉和沿叶脉褪绿，后变为淡绿与浓绿相间的花叶（图25-10），叶片皱缩不平，心叶扭曲，生长缓慢。成株期被害，叶片皱缩、凹凸不平，呈黄绿相间的花叶（图25-11），在叶脉上也有褐色的坏死斑点或条纹（图25-12），严重时，植株停止生长，矮化，不包心，病叶僵硬扭曲皱缩成团。

发生规律 病毒在窖藏的白菜、甘蓝的留种株上越

图25-10　大白菜病毒病为害幼苗花叶症状

图25-11　大白菜病毒病成株期叶片受害症状

图25-12　大白菜病毒病为害叶脉症状

冬，在田间的寄主植物活体上越冬，还可在越冬菠菜和多年生杂草的宿根上越冬。翌年春，主要靠蚜虫把病毒传到春季种植的蔬菜上。一般高温干旱利于发病，苗期6片真叶以前容易受害发病，被害越早，发病越重。播种早的秋菜发病重，管理粗放、缺水、缺肥的田块发病重。

施药技术 关键是控制蚜虫的为害。苗期5~6叶期，可用20%噻嗪酮乳油1 500倍液、2.5%氯氟氰菊酯乳油40ml/亩、10%吡虫啉可湿性粉剂1 000~1 500倍液、50%抗蚜威可湿性粉剂1 500倍液、3%啶虫脒乳油1 000~2 000倍液，加入多功能渗透性喷雾助剂农希望5号喷雾宝，或50%油酸甲酯液剂（喷雾精）10~20ml/15kg药液对水均匀喷雾，喷药防治蚜虫。

发病初期，喷施20%盐酸吗啉胍乙酸铜可湿性粉剂500~700倍液、2%宁南霉素水剂100~150ml/亩、0.5%菇类蛋白多糖水剂300倍液、20%丁子香酚水乳剂30~45ml/亩，加入多功能渗透性喷雾助剂农希望5号喷雾宝，或50%油酸甲酯液剂（喷雾精）10~20ml/15kg药液对水均匀喷雾，间隔5~7d喷1次，连续喷施2~3次。

4. 大白菜黑腐病

症　　状 *Xanthomonas campestris* pv. *campestris* 属黄单胞杆菌甘蓝黑腐致病变种细菌。菌体杆状，极生单鞭毛，无芽孢，有荚膜，单生或链生，革兰氏染色阴性。各个时期都会发病。幼苗子叶发病，边缘水浸状，根髓部变黑，迅速枯死。成株期从叶片边缘出现病变，逐渐向内扩展，形成"V"形黑褐色病斑，周围变黄，与健部界线不明显。病斑内网状叶脉变为褐色或黑色（图25-13）。叶柄发病，沿维管束向上发展，可形成褐色干腐，叶片歪向一侧，半边叶片发黄（图25-14）。严重发病植株多数叶片枯死或折倒。

图25-13　大白菜黑腐病为害叶片症状　　　　图25-14　大白菜黑腐病为害叶柄症状

发生规律 病原细菌随种子和田间的病株残体越冬，也可在采种株或冬菜上越冬。带菌种子是最重要的初侵染来源。春季通过雨水、灌溉水、昆虫或农事操作传播带到叶片上，经由叶缘的水孔、叶片的伤口、虫伤口侵入。最适感病的生育期为莲座期到包心期。暴风雨后往往大发生。易于积水的低洼地块和灌水过多的地块发病多。在连作、施用未腐熟农家肥，以及害虫严重发生等情况下，发病都会加重。

施药技术 发病初期及时喷药防治，可选用6%春雷霉素可湿性粉剂25~40g/亩、3%中生菌素水剂400~533ml/亩、50%氯溴异氰尿酸可溶粉剂40~60g/亩、36%三氯异氰尿酸可湿性粉剂60~90g/亩、30%噻森铜悬浮剂70~85ml/亩、20%噻菌铜悬浮剂100~130g/亩、30%金核霉素可湿性粉剂1 500~1 600倍液、1.2%辛菌胺醋酸盐水剂463~694ml/亩等，加入多功能渗透性喷雾助剂农希望5号喷雾宝或50%油酸甲酯液剂（喷雾精）10~20ml/15kg药液对大会均匀喷雾，间隔7~10d喷1次。

5. 大白菜黑斑病

症　　状 *Alternaria brassicae* 称芸薹链格孢，属无性型真菌。多从外叶开始，病斑圆形，褐色或深褐色（图25-15），有明显的同心轮纹，周缘有时有黄色晕圈，在高温高湿的条件下病部穿孔，发病严重的，可致半叶或整叶枯死。叶柄上病斑成纵条状，暗褐色，稍凹陷。潮湿时在病斑上会产生黑色霉状物。

图25-15　大白菜黑斑病为害叶片症状

发生规律　以菌丝体或分生孢子在病残体、种子或冬贮菜上越冬。翌年产生出孢子从气孔或直接穿透表皮侵入，借助风雨传播。秋菜初发期在8月下旬至9月上旬。9月下旬至10月上旬连阴雨，病害即有可能流行。播种早，密度大，地势低洼，管理粗放，缺水缺肥，植株长势差、抗病力弱，一般发病重。

施药技术　发病初期可采用70%丙森锌可湿性粉剂600～800倍液+50%乙烯菌核利可湿性粉剂600～800倍液、80%代森锰锌可湿性粉剂600～800倍液+70%甲基硫菌灵可湿性粉剂800倍液、20%唑菌胺酯水分散性粒剂1 000～1 500倍液+50%腐霉利可湿性粉剂1 000～1 500倍液+70%代森锰锌可湿性粉剂600～800倍液、25%吡唑醚菌酯悬浮剂30～36ml/亩+50%异菌脲可湿性粉剂1 000～1 500倍液、50%福美双·异菌脲（福美双40%+异菌脲10%）可湿性粉剂800～1 000倍液、25%吡唑醚菌酯悬浮剂30～36ml/亩+10%苯醚甲环唑水分散粒剂35～50g/亩，加入多功能渗透性喷雾助剂农希望5号喷雾宝，或50%油酸甲酯液剂（喷雾精）10～20ml/15kg药液对水均匀喷雾，连续喷2～3次。

二、大白菜虫害与农药施用关键技术

1. 菜青虫

为害特点　1～2龄幼虫在叶背啃食叶肉，留下一层薄而透明的表皮，3龄以上的幼虫食量明显增加，把叶片吃成孔洞或缺刻，严重时吃光叶片，仅剩叶脉和叶柄，影响植株生长发育和包心。如果幼虫被包进球里，虫在叶球里取食，同时还排泄粪便污染菜心，致使蔬菜商品价值降低（图25-16和图25-17）。

形态特征　成虫（图25-18）为菜粉蝶，为白色中型的蝴蝶。雌虫前翅前缘和基部大部分为灰黑色，翅的顶角有1个三角形黑斑，中央外侧有2个显著的黑色圆斑。雄虫前翅颜色比较白，翅的顶角处的三角形黑斑颜色浅而且也比较小。卵直立，似瓶状，高约1mm，初产时乳白色，后变为橙黄色，表面具纵脊和横格。幼虫共5龄，青绿色，背线淡黄色，腹面绿白色，体表密布有细小黑色毛瘤（图25-19）。蛹纺锤形，两头尖细，中间膨大有棱角突起，初蛹多为绿色，以后有灰黄色、青绿色、灰褐色、淡褐色等（图25-20）。

发生规律　由北向南每年发生的代数逐渐增加。黑龙江1年发生3～4代，辽宁、北京4～5代，江苏、浙江、湖北发生7～8代。均以蛹越冬。翌年4月初开始羽化，在北方，有春末夏初5—6月和秋季9—10月共

2次发生高峰。

图25-16　菜青虫为害白菜症状

图25-17　菜青虫为害结球白菜症状

图25-18　菜青虫成虫

图25-19 菜青虫幼虫　　　　　　　　　　　　　图25-20 菜青虫蛹

施药技术　幼虫发生盛期，可采用0.5%甲氨基阿维菌素苯甲酸盐微乳剂2 000~3 000倍液+10%高效氯氟氰菊酯水乳剂5~10ml/亩、4.5%高效氯氰菊酯水乳剂 45~56ml/亩+15%茚虫威悬浮剂3 000~4 000倍液、5%氯虫苯甲酰胺悬浮剂30~50ml/亩、20%茚虫威乳油9~15ml/亩、20%氟铃脲悬浮剂30~40g/亩、50g/L氟啶脲乳油100~140ml/亩，加入多功能渗透性喷雾助剂农希望5号喷雾宝或50%油酸甲酯液剂（喷雾精）10~20ml/15kg药液对水均匀喷雾，隔7~10d喷1次，连续喷2~3次。

2.小菜蛾

为害特点　小菜蛾（Plutella xylostella），以幼虫剥食或蚕食叶片造成为害，初龄幼虫啃食叶肉，残留表皮，在菜叶上形成一个个透明斑；3~4龄幼虫将叶食成孔洞和缺刻，严重时大白菜叶片被咬成网状（图25-21）。

图25-21　小菜蛾为害大白菜症状

形态特征 成虫体小（图25-22），触角前伸，两翅合拢后在体背有3个相连的土黄色斜方块。幼虫绿色，性情活泼（图25-23）。雄虫在腹部第6~7节背面有一对黄色性腺。蛹在灰白色网状茧中，体色变化较大，呈绿色、黑色、灰黑色、黄白色等（图25-24）。卵椭圆形，初产为乳白色，以后变为淡黄绿色（图25-25）。

图25-22 小菜蛾成虫

图25-23 小菜蛾幼虫

图25-24 小菜蛾蛹

图25-25 小菜蛾卵

发生规律 在东北1年发生3~4代，华北5~6代，长江流域9~14代。以蛹或成虫在植株上越冬，翌年4月田间发现越冬代成虫。1代幼虫于4月下旬出现，至5月中旬幼虫老熟。成虫昼伏夜出，黄昏后开始活动、交配、产卵，以午夜活动最频繁。卵产于叶背面靠近主脉处有凹陷的地方。成虫飞翔能力不强，但可借风力进行远距离传播。幼虫活泼，受惊吐丝下坠。冬季干燥和春季高温多雨发生重。在北方5—6月及8—9月呈现两个发生高峰，以春季为害重。

施药技术 在幼虫发生盛期，可用1%甲氨基阿维菌素苯甲酸盐乳油2 000~3 000倍液、5%氟啶脲乳油1 000~2 000倍液+20%甲氰菊酯乳油2 000~3 000倍液、5%氯虫苯甲酰胺悬浮剂30~50ml/亩、20%茚虫威乳油9~15ml/亩、20%氟铃脲悬浮剂30~40g/亩、0.5%甲氨基阿维菌素苯甲酸盐乳油2 000~3 000倍液+4.5%高效顺式氯氰菊酯乳油1 000~2 000倍液、50g/L氟啶脲乳油100~140ml/亩，加入多功能渗透性喷雾助剂农希望5号喷雾宝，或50%油酸甲酯液剂（喷雾精）10~20ml/15kg药液对水均匀喷雾，间隔7~10d喷1次。

在小菜蛾对菊酯类农药已产生抗性地区：可选用5%氯虫苯甲酰胺悬浮剂30～50ml/亩、20%茚虫威乳油9～15ml/亩、20%氟铃脲悬浮剂30～40g/亩、50g/L氟啶脲乳油100～140ml/亩、50%虫螨腈水分散粒剂10～15g/亩、20%阿维·辛硫磷（辛硫磷19.95%+阿维菌素0.05%）乳油50～75g/亩，加专业喷雾助剂农希望5号喷雾宝20ml/15kg药液对水均匀喷雾。

3. 甘蓝蚜

为害特点 喜在叶面光滑、蜡质较多的十字花科蔬菜上刺吸植物汁液，造成叶片卷缩变形，植株生长不良，影响包心，并因大量排泄蜜露、蜕皮而污染叶面，并能传播病毒病，造成的损失远远大于蚜虫的直接为害（图25-26）。

图25-26 甘蓝蚜为害大白菜症状

发生规律 每年发生8～20代，以卵在植株近地面根茎凹陷处、叶柄基部和叶片上越冬。在4月下旬孵化，5月中旬产生有翅蚜，5月下旬至6月初陆续迁飞到春、夏十字花科蔬菜及春油菜上大量繁殖为害。甘蓝蚜一般以春、秋季为害较重，温暖地区全年可以孤雌胎生繁殖。

施药技术 发生期，喷洒25%噻虫嗪水分散粒剂6～8g/亩、70%吡虫啉水分散粒剂2.5～3g/亩、25g/L溴氰菊酯乳油20～40ml/亩、22%噻虫·高氯氟（高效氯氟氰菊酯9.4%+噻虫嗪12.6%）微囊悬浮剂10～15ml/亩、3%啶虫脒乳油20～40ml/亩、3.2%烟碱·川楝素水剂200～300倍液等药剂，加入多功能渗透性喷雾助剂农希望5号喷雾宝，或50%油酸甲酯液剂（喷雾精）10～20ml/15kg药液对水均匀喷雾，间隔7～10d喷1次。

三、大白菜各生育期病虫草害与农药施用关键技术

（一）大白菜苗期病虫草害与农药施用关键技术

在大白菜苗期（图25-27），立枯病等苗期病害经常发生，同时地下害虫也有一定的为害，需要尽早施药预防，减轻后期为害。

图25-27 大白菜直播田和育苗田苗期生长情况

播种前或移栽前，喷施72%异丙甲草胺乳油75～100ml/亩、24%二甲戊乐灵乳油75～100ml/亩，均匀喷施土表，可以防治多种一年生杂草。可通过种子处理或土壤处理预防病虫害的发生。可用种子重量0.3%的25%甲霜灵可湿性粉剂拌种，用20%喹菌酮水剂1 000倍液浸种，浸种时间20min，浸种后的种子要用水充分冲洗后晾干播种，防治黑腐病；或用种子重量0.4%的50%多菌灵可湿性粉剂、25%溴菌腈可湿性粉剂，种子重量0.3%的25%咪鲜胺锰盐可湿性粉剂拌种，预防炭疽病。

土壤处理：播前用70%五氯硝基苯可湿性粉剂2～3kg/亩，加细土50kg拌成药土，播前沟施或穴施，防治根肿病。对于一些地下害虫发生严重的地块，可用150亿个孢子/g球孢白僵菌可湿性粉剂250～300g/亩，加少量水后拌细土15～20kg，制成毒土，均匀撒在播种沟内；用1.8%阿维菌素乳油60～80ml/亩、30%毒·辛（10%毒死蜱+20%辛硫磷）乳油400～600ml/亩，对水灌根，每株灌150～250ml。

（二）大白菜莲座期病虫害与农药施用关键技术

在大白菜莲座期（图25-28），白菜霜霉病、黑腐病、病毒病、根肿病、炭疽病等病害经常发生，需要尽早施药预防，减轻后期为害。因此，莲座期是病虫害防治的关键时期，同时也是培育壮苗、保证生产的一个重要时期。

图25-28 大白菜莲座期生长情况

在黑斑病与霜霉病混发时，可选用9%吡唑醚菌酯微囊悬浮剂58～66ml/亩、60%肟菌酯水分散粒剂9～12g/亩、80%嘧菌酯水分散粒剂15～20g/亩、40%嘧菌酯可湿性粉剂15～20g/亩、70%乙膦·锰锌可湿性粉剂500倍液、58%甲霜灵·锰锌可湿性粉剂500倍液等药剂，加入多功能渗透性喷雾助剂农希望5号喷雾宝或50%油酸甲酯液剂（喷雾精）10～20ml/15kg药液，均匀喷雾。

在软腐病发病时，选用50%氯溴异氰尿酸可溶粉剂50～60g/亩、30%噻森铜悬浮剂100～135ml/亩、20%噻唑锌悬浮剂100～150ml/亩、20%噻菌铜悬浮剂75～100g/亩、88%水合霉素可溶性粉剂1 500倍液、0.5%氨基寡糖素水剂600～800倍液+2%春雷霉素可湿性粉剂400～500倍液、1 000亿孢子/g枯草芽孢杆菌可湿性粉剂50～60g/亩，药剂宜交替施用，加入多功能渗透性喷雾助剂农希望5号喷雾宝或50%油酸甲酯液剂（喷雾精）10～20ml/15kg药液，重点喷洒病株基部及地表，使药液流入菜心效果为好。

这一时期甜菜夜蛾、甘蓝夜蛾、小菜蛾、蜗牛、菜叶蜂、野蛞蝓等为害严重。对于甜菜夜蛾、甘蓝夜蛾、小菜蛾等害虫，可喷施1%甲氨基阿维菌素苯甲酸盐乳油2 000～3 000倍液、5%氯虫苯甲酰胺悬浮剂30～50ml/亩、5%氟啶脲乳油1 000～2 000倍液+20%甲氰菊酯乳油2 000～3 000倍液、20%氟铃脲悬浮剂30～40g/亩，加入多功能渗透性喷雾助剂农希望5号喷雾宝或50%油酸甲酯液剂（喷雾精）10～20ml/15kg药液，隔7～10d喷1次，连续喷2～3次。

小菜蛾发生严重时，可选用5%氯虫苯甲酰胺悬浮剂30～50ml/亩+20%茚虫威乳油9～15ml/亩、20%氟铃脲悬浮剂30~40g/亩+1.8%阿维菌素乳油25~40ml/亩、50%虫螨腈水分散粒剂10~15g/亩、10%多杀霉素水分散粒剂10~20g/亩、20%阿维·辛硫磷（辛硫磷19.95%+阿维菌素0.05%）乳油50~75g/亩+50g/L氟啶脲乳油100~140ml/亩，加入多功能渗透性喷雾助剂农希望5号喷雾宝或50%油酸甲酯液剂（喷雾精）10~20ml/15kg药液，间隔7~10d喷1次。要注意将药液喷到叶片正反面，防止漏喷，并注意轮换用药，以提高防效。

防治蜗牛、野蛞蝓等害虫，可用6%四聚乙醛颗粒剂0.5~0.7kg与10~15kg细干土混合，均匀撒施，或用70%贝螺杀1 000倍液喷洒防治。

（三）大白菜结球期病虫害与农药施用关键技术

大白菜进入结球期（图25-29），各种病虫害开始侵入，并迅速扩展，发生严重，要及时喷药防治，控制病虫害的扩展。还可喷施多种调节剂促进生长，提高抗病能力。

这一时期的病害发生严重的有霜霉病、病毒病、黑腐病、黑斑病、炭疽病、软腐病等。药剂防治可参考上述病害的防治药剂。

图25-29　大白菜结球期喷药方法对比

第二十六章 甘蓝病虫草害与农药施用关键技术

一、甘蓝病害与农药施用关键技术

1. 甘蓝霜霉病

症　状　由寄生霜霉引起。主要为害叶片，初期在叶面出现淡绿色或黄色斑点，扩大后为黄色或黄褐色，受叶脉限制而呈多角形或不规则形。空气潮湿时，在相应的叶背面布满白色至灰白色霜状霉层（图26-1）。严重时也为害叶球（图26-2）。

图26-1　甘蓝霜霉病为害叶片症状

发生规律　以卵孢子的形式在病残组织里、土壤中或附着在种子上越冬，或以菌丝体的形式在留种株上越冬。翌年春由卵孢子或休眠菌丝产生孢子囊萌发芽管，经气孔或从表皮细胞间侵入春菜寄主，春菜收后，病菌以卵孢子的形式在田间休眠两个月后侵入秋菜。借助风雨传播，使病害扩大和蔓延。气温忽高忽低，日夜温差大，白天光照不足，多雨露天气，霜霉病最易流行。菜地土壤黏重、低洼积水、大水漫灌、连作菜田和生长前期病毒病较重的地块，霜霉病为害重。

图26-2　甘蓝霜霉病为害叶球症状

施药技术 发病前，可用75%百菌清可湿性粉剂600～800倍液、70%代森锰锌可湿性粉剂800倍液、70%丙森锌可湿性粉剂150～210g/亩、250g/L嘧菌酯悬浮剂40～60ml/亩、25%吡唑醚菌酯悬浮剂30～36mL/亩等药剂做预防保护。

甘蓝叶片蜡质厚，病部着药困难，喷药必须保证均匀喷雾到所有茎叶，雾滴的附着率直接影响喷药防治效果。喷药时必须用高压、超细的专业喷雾器械进行喷雾；自走式喷杆喷雾机，应用1号或1.5号喷头；安有专用喷杆的高压电动喷杆喷雾器，应用直径0.3～0.5mm喷头，压力0.3～0.4MPa，水量10～20kg/亩；并加入超强扩散性喷雾助剂农希望7号喷雾宝，或25%油酸甲酯液剂（喷雾精）10ml/15kg药液，天气特别干旱时喷药应加入多功能润湿性喷雾助剂农希望5号喷雾宝20～30ml/15kg药液，或50%油酸甲酯液剂（喷雾精）20～30ml/15kg药液对水均匀喷雾；田间无风或微风时喷头高度控制在距叶尖0.5～0.6m，雾滴应在150μm以下，将药液雾滴弥漫于叶片上的所有部位；传统的低压喷雾器、圆锥喷头、摇摆喷药方式、附意加些喷雾助剂的喷药效果差（图26-3），必须把药喷匀、喷细、喷透，叶上药剂附着率达90%以上（图26-4），才能取得较好的防治效果。

图26-3 甘蓝叶片蜡质厚，普通（电动）喷雾器压力低、喷嘴孔径大、摇摆喷药，喷不匀、雾滴大。田间喷药雾滴较大，只有上部叶片有少量大雾滴，大面积的叶片没有附着药剂，下部叶片、群体内部的叶片难以均匀附着药剂，防效较差

图26-4 甘蓝叶片蜡质厚,喷施保护性杀菌剂时必须保证均匀喷雾到所有叶片;同时,还应加入专业的喷雾助剂5号喷雾宝20ml/15kg药液对水均匀喷雾,必须把药喷匀、喷细、喷透,药剂在叶片上扩展为药膜,叶的药剂附着率达90%以上

发病初期是防治的关键时期,可用560g/L嘧菌·百菌清(百菌清500g/L+嘧菌酯60g/L)悬浮剂75~120mL/亩、25%吡唑醚菌酯悬浮剂30~36mL/亩、58%甲霜灵·锰锌可湿性粉剂700倍液、20%氟吗啉可湿性粉剂1000倍液、60%氟吗啉·代森锰锌可湿性粉剂400~600倍液、69%烯酰吗啉·代森锰锌可湿性粉剂1000倍液、72.2%霜霉威盐酸盐水剂600倍液、25%甲霜灵可湿性粉剂600倍液、64%恶霜·锰锌可湿性粉剂500倍液、90%乙膦铝可湿性粉剂450~500倍液等药剂喷雾。药剂宜交替施用,间隔7~10d喷1次,连续喷2~3次。

该期甘蓝生长茂密、叶片层叠、叶片蜡质厚,而霜霉病多在叶片的背面发生,病部着药困难,喷药必须保证均匀喷雾到所有茎叶,雾滴的附着率直接影响喷药防治效果。喷药时必须用高压、超细的专业喷雾器械进行喷雾;自走式喷杆喷雾机,应用1号或1.5号喷头;安有专用喷杆的高压电动喷杆喷雾器,应用直径0.3~0.5mm喷头,压力0.3~0.4MPa,水量10~20kg/亩;并加入超强扩散性喷雾助剂农希望7号喷雾宝或25%油酸甲酯液剂(喷雾精)10ml/15kg药液,天气干旱时喷药应加入多功能喷雾助剂农希望5号喷雾宝或50%油酸甲酯液剂(喷雾精)20~30ml/15kg药液均匀喷雾;田间无风时喷头高度控制在距叶尖0.5~0.6m,雾滴应在150μm以下,将药液雾滴弥漫于叶片上的所有部位;传统的低压喷雾器、圆锥喷头,摇摆喷药方式,附意加些助剂的喷药效果差(图26-5),必须把药喷匀、喷细、喷透,加入专业的喷雾助剂,把药液在叶面形成一层药膜,叶上药剂附着率达90%以上(图26-6),才能取得较好的防治效果。

第二十六章 甘蓝病虫草害与农药施用关键技术

图26-5 随着甘蓝生长,叶片蜡质增厚,传统的喷药方法喷药效果不好。大面积的叶片没有附着药剂,下部叶片、群体内部的叶片难以均匀附着药剂,防效较差

图26-6 甘蓝叶片蜡质厚,喷药时必须保证均匀喷雾到所有叶片;同时,还应加入专业的喷雾助剂5号喷雾宝20ml/15kg药液对水均匀喷雾,必须把药喷匀、喷细、喷透,药剂在叶片上扩展为药膜,叶的药剂附着率达90%以上

2. 甘蓝软腐病

症　　状　由胡萝卜软腐欧文氏菌胡萝卜软腐致病型引起。主要发生在甘蓝生长后期，多从外叶叶柄或茎基部开始侵染，形成暗褐色水渍状不规则形病斑（图26-7），迅速发展，使根茎和叶柄、叶球腐烂变软、倒塌，并散发出恶臭的气味（图26-8）。有时病菌从叶柄虫伤处侵染，沿顶部从外叶向心叶腐烂。

图26-7　甘蓝软腐病为害茎基部症状

图26-8　甘蓝软腐病为害叶球症状

发生规律　病原菌随带菌的病残体、土壤、未腐熟的农家肥越冬，成为重要的初侵染菌源。通过雨水、灌溉水、肥料、土壤、昆虫等多种途径传播，由伤口或自然裂口侵入，不断发生再侵染。高温多雨有利于软腐病发生。高垄栽培不易积水，土壤中氧气充足，有利于根系和叶柄基部愈伤组织形成，可减少病菌侵染。

施药技术　发病初期是防治的关键时期，可采用5%大蒜素微乳剂60～80g/亩、50%氯溴异氰尿酸可溶粉剂50～60g/亩、30%噻森铜悬浮剂100～135ml/亩、20%噻唑锌悬浮剂100～150ml/亩、20%噻菌铜悬浮剂75～100g/亩、0.5%氨基寡糖素水剂600～800倍液+2%春雷霉素可湿性粉剂400～500倍液、1 000亿孢子/g枯草芽孢杆菌可湿性粉剂50～60g/亩，喷药时必须用高压、超细的专业喷雾器械进行喷雾；并加入专业喷雾助剂农希望5号喷雾宝20～30ml/15kg药液对水均匀喷雾；必须把药喷匀、喷细、喷透，叶上形成一层均匀的药膜才能取得较好的防治效果。药剂宜交替施用，间隔7～10d喷1次，连续喷2～3次。重点喷洒病株基部及地表，使药液流入菜心效果为好。

3. 甘蓝病毒病

症　　状　由芜菁花叶病毒、黄瓜花叶病毒、烟草花叶病毒引起。苗期叶脉附近的叶肉黄化，并沿叶脉扩展。有的叶片上出现圆形褪绿黄斑或褪绿小斑点，后变为浓淡相间的绿色斑驳。成株发病，嫩叶上有浓淡不均斑驳，老叶背面有黑褐色坏死环斑。有时叶片皱缩，质硬而脆，新叶明脉（图26-9和图26-10）。

图26-9　甘蓝病毒病为害幼苗症状　　　　图26-10　甘蓝病毒病为害成株叶片皱缩症状

发生规律　病毒在窖藏的白菜、甘蓝的留种株上越冬，或在田间的寄主植物活体上越冬，还可在越冬菠菜和多年生杂草的宿根上越冬。翌年春天，主要靠蚜虫把病毒传到春季种植的十字花科蔬菜上。一般高温、干旱利于发病，苗期、6片真叶以前容易受害发病，受害越早，发病越重。播种早的秋菜发病重，与十字花科蔬菜邻作，管理粗放，缺水、缺肥的田块发病重。

施药技术　苗期5～6叶期，喷药防治蚜虫，可用2.5%氯氟氰菊酯乳油40ml/亩、50%抗蚜威可湿性粉剂1 500倍液，20%噻嗪酮乳油1 500倍液，加入专业喷雾助剂农希望5号喷雾宝20～30ml/15kg药液对水均匀喷雾；必须把药喷匀、喷细、喷透，叶上形成一层均匀的药膜才能取得较好的防治效果。

发病初期，喷施2%宁南霉素水剂100～150ml/亩、20%盐酸吗啉胍·乙酸铜可湿性粉剂500～700倍液、0.5%菇类蛋白多糖水剂300倍液、20%丁子香酚水乳剂30～45ml/亩，加入专业喷雾助剂农希望5号喷雾宝20～30ml/15kg药液对水均匀喷雾，间隔5～7d喷1次，连续喷施2～3次。

4. 甘蓝黑腐病

症　　状　由黄单胞杆菌甘蓝黑腐致病变种细菌引起。幼苗子叶呈水浸状，逐渐枯死或蔓延至真叶，使真叶的叶脉上出现小黑点或细黑条。成株期多为害叶片，呈"V"形病斑，淡褐色，边缘常有黄色晕圈，病部叶脉坏死变黑（图26-11）。向两侧或内部扩展，致周围叶肉变黄或枯死。

发生规律　病原细菌随种子和田间的病株残体越冬，也可在采种株或冬菜上越冬。带菌种子是最重要的初侵染来源。春季，通过雨水、灌溉水、昆虫或农事操作传播带到叶片上，经由叶缘的水孔、叶片的伤口、虫伤口侵入。最适感病的生育期为莲座期到包心期，暴风雨后往往大发生，易于积水的低洼地块和灌水过多的地块发病多。在连作、施用未腐熟农家肥以及害虫严重发生等情况下，发病都会加重。

施药技术　种子处理：播种前可用30%琥珀肥酸铜可湿性粉剂600～700倍液、14%络氨铜水剂300倍液、45%代森铵水剂300倍液浸种15~20min，后用清水洗净，晾干后播种。

发病初期及时喷药防治，可选用6%春雷霉素可湿性粉剂25~40g/亩、50%氯溴异氰尿酸可溶粉剂40~60g/亩、3%中生菌素水剂400~533ml/亩、36%三氯异氰尿酸可湿性粉剂60~90g/亩、30%金核霉素可湿性粉剂1 500~1 600倍液、1.2%辛菌胺（辛菌胺醋酸盐）水剂463~694ml/亩等。加入专业喷雾助剂农希望5号喷雾宝20~30ml/15kg药液对水均匀喷雾，间隔7~10d喷1次，共喷2~3次，各种药剂应交替施用。

图26-11　甘蓝黑腐病为害叶片症状

5.甘蓝黑斑病

症　　状　　由芸薹链格孢菌引起。主要为害叶片，发病初期在叶面产生水渍状小点，逐渐变成灰褐色近圆形小斑，边缘常具暗褐色环线，以后向外发展形成浅色或浸润状暗绿色晕环，随病害发展，病斑呈同心轮纹，最后发展为略凹陷的较大型斑（图26-12）。空气潮湿，病斑两面产生轮纹状的灰黑色霉状物。病害严重时，叶片枯萎死亡。

图26-12　甘蓝黑斑病为害叶片症状

发生规律　　以菌丝体或分生孢子的形式在病残体、种子或冬贮菜上越冬。翌年，产生孢子从气孔或直接穿透表皮侵入，借助风雨传播。在春、夏季，侵染油菜、菜心、小白菜、甘蓝等蔬菜，后传播到秋菜上为害或形成灾害。秋菜初发期在8月下旬至9月上旬，若9月下旬至10月上旬连阴雨，病害即有可能流行。播种早、密度大、地势低洼、管理粗放、缺水缺肥的田块，植株长势差、抗病力弱，一般发病重。

施药技术 种子处理：用50%异菌脲可湿性粉剂、50%腐霉利可湿性粉剂、50%福美双可湿性粉剂按种子重量的0.2%~0.3%拌种。

发病初期，可采用80%代森锰锌可湿性粉剂600~800倍液+70%甲基硫菌灵可湿性粉剂800倍液、20%唑菌胺酯水分散性粒剂1 000~1 500倍液、50%腐霉利可湿性粉剂1 000~1 500倍液+70%代森锰锌可湿性粉剂600~800倍液、50%异菌脲可湿性粉剂1 000~1 500倍液，并加入超强扩散性喷雾助剂农希望7号喷雾宝或25%油酸甲酯液剂（喷雾精）10ml/15kg药液，天气特别干旱时喷药应加入多功能渗透性喷雾助剂农希望5号喷雾宝或50%油酸甲酯液剂（喷雾精）20~30ml/15kg药液对水均匀喷雾，隔5~7d喷1次。

6. 甘蓝褐斑病

症　　状 由芸薹生尾孢霉引起。主要为害叶片。叶片发病，初生为水浸状圆形或近圆形小斑点，逐渐扩展后呈浅黄白色，高湿条件下为褐色，近圆形或不规则形病斑，病斑大小不等（图26-13）。有些病斑受叶脉限制，病斑边缘为一凸起的褐色环带，整个病斑如同隆起凸出叶表。

发生规律 病菌主要以菌丝块的形式在病残体上或随病残体在土壤中越冬，也可随种子越冬和传播。翌年越冬菌侵染甘蓝叶片引起发病，发病后病部产生分生孢子借气流传播，进行再侵染。带菌种子可随调运远距离传播。病菌喜温、湿条件，一般重茬地，偏施氮肥、低洼、黏重、排水不良地块发病重。

施药技术 发病初期，可用200g/L氟唑菌酰羟胺悬浮剂50~65ml/亩、70%甲基硫菌灵可湿性粉剂700倍液+80%代森锰锌可湿性粉剂800倍液、36%丙唑·多菌灵（丙环唑2.5%+多菌灵33.5%）悬浮剂80~100ml/亩、50%菌核·福美双

图26-13　甘蓝褐斑病为害叶片症状

（福美双40%+菌核净10%）可湿性粉剂70~100g/亩、50%腐霉·多菌灵（腐霉利19%+多菌灵31%）可湿性粉剂80~90g/亩等药剂喷雾，并加入超强扩散性喷雾助剂农希望7号喷雾宝或25%油酸甲酯液剂（喷雾精）10ml/15kg药液，天气特别干旱时加入专业喷雾助剂农希望5号喷雾宝或25%油酸甲酯液剂（喷雾精）20~30ml/15kg药液对水均匀喷雾，每7d喷1次。

7. 甘蓝细菌性黑斑病

症　　状 由丁香假单胞菌斑点病致病型，属细菌。主要为害叶片，叶片初生油浸状小斑点，扩展后呈不规则形或圆形，褐色或黑褐色，边缘紫褐色。病重时病斑可联合成不整齐的大斑，引起叶片枯黄、脱落（图26-14）。

发生规律 病菌在种子上或土壤及病残体上越冬，借风雨、灌溉水传播，由气孔或伤口侵入。病菌喜高温、高湿条件，发病要求叶片有水滴存在，一般暴雨后极易发病，而且病情重。

图26-14　甘蓝细菌性黑斑病为害叶片症状

施药技术 发病初期，可采用88%水合霉素可溶性粉剂1 000~2 000倍液、50%氯溴异氰尿酸可溶性粉剂800~1 000倍液、47%春雷霉素·氧氯亚铜可湿性粉剂400~600倍液、3%中生菌素可湿性粉剂800~1 500倍液、2%春雷霉素水剂500~800倍液，并加入超强扩散性喷雾助剂农希望7号喷雾宝或25%油酸甲酯液剂（喷雾精）10ml/15kg药液，天气特别干旱时喷药应加入多功能润湿性喷雾助剂农希望5号喷雾宝或50%油酸甲酯液剂（喷雾精）20~30ml/15kg药液对水均匀喷雾，隔5~7d喷1次。

二、甘蓝虫害与农药施用关键技术

1. 菜青虫

为害特点 菜青虫（*Pieris rapae*）成虫为菜粉蝶。1~2龄幼虫在叶背啃食叶肉，留下一层薄而透明的表皮，3龄以上的幼虫食量明显增加，把叶片吃成孔洞或缺刻，严重时吃光叶片，仅剩叶脉和叶柄，影响植株生长发育和包心（图26-15和图26-16）。如果幼虫被包进叶球里，虫在叶球里取食，同时还排泄粪便污染菜心，致使蔬菜商品价值降低。

图26-15 菜青虫为害甘蓝

图26-16 菜青虫为害球茎甘蓝

形态特征 参见大白菜虫害——菜青虫。
发生规律 参见大白菜虫害——菜青虫。
施药技术 参见大白菜虫害——菜青虫。

2. 小菜蛾

为害特点　小菜蛾 Plutella xylostella，以幼虫剥食或蚕食叶片造成为害，初龄幼虫啃食叶肉，残留表皮，在菜叶上形成一个个透明斑；3～4龄幼虫将叶食成孔洞和缺刻，严重时叶片呈网状（图26-17）。

图26-17　小菜蛾为害甘蓝状

形态特征　参见大白菜虫害——小菜蛾。
发生规律　参见大白菜虫害——小菜蛾。
施药技术　参见大白菜虫害——小菜蛾。

3. 甘蓝蚜

为害特点　甘蓝蚜（Brevicoryne brassicae）属同翅目蚜科。喜在叶面光滑、蜡质较多的十字花科蔬菜上刺吸植物汁液，造成叶片卷缩变形，植株生长不良，影响包心，并因大量排泄蜜露、蜕皮而污染叶面（图26-18），并能传播病毒病，造成的损失远远大于蚜虫的直接为害。

图26-18　甘蓝蚜为害甘蓝

形态特征 有翅胎生雌蚜：头、胸部黑色；腹部黄绿色，有数条不明显的暗绿色横带，两侧各有5个黑点；全体覆有明显的白色蜡粉；无额瘤，腹管远比触角第5节短，中部膨大。无翅胎生雌蚜：体暗绿色，腹背各节有断续暗带，全体有明显白色蜡粉；触角无感觉圈，无额疣，腹管似有翅型。

发生规律 在北方地区每年发生8~20代，以卵在植株近地面根茎凹陷处、叶柄基部和叶片上越冬。在4月下旬孵化，5月中旬产生有翅蚜，5月下旬至6月初陆续迁飞到春夏十字花科蔬菜及春油菜上大量繁殖为害。甘蓝蚜一般以春、秋季为害较重，温暖地区全年可以孤雌胎生繁殖。

施药技术 田间发现虫后，可用240g/L螺虫乙酯悬浮剂4 000~5 000倍液、10%吡丙·吡虫啉悬浮剂1 500~2 500倍液、25%吡虫·仲丁威乳油2 000~3 000倍液、50%抗蚜威可湿性粉剂1 000~2 000倍液、25%噻虫嗪可湿性粉剂2 000~3 000倍液、10%烯啶虫胺水剂3 000~5 000倍液、10%氟啶虫酰胺水分散粒剂3 000~4 000倍液、10%氯噻啉可湿性粉剂2 000倍液、5%氯氰·吡虫啉乳油2 000~3 000倍液、4%氯氰·烟碱水乳剂2 000~3 000倍液，并加入超强扩散性助剂喷雾农希望7号喷雾宝或25%油酸甲酯液剂（喷雾精）10ml/15kg药液，天气特别干旱时喷药应加入多功能润湿性喷雾助剂农希望5号喷雾宝或50%油酸甲酯液剂（喷雾精）20~30ml/15kg药液对水均匀喷雾，视虫情间隔7~10d喷1次。

三、甘蓝各生育期病虫草害与农药施用关键技术

（一）甘蓝苗期病虫草害与农药施用关键技术

在甘蓝苗期（图26-19），病害经常发生，同时地下害虫也有一定的为害，需要尽早施药预防。

播种前，喷施72%异丙甲草胺乳油75~100ml/亩、24%二甲戊乐灵乳油75~100ml/亩，均匀喷施土表，可以防治多种一年生杂草。可通过种子处理或土壤处理预防病虫害的发生。可用种子重量0.3%的25%甲霜灵可湿性粉剂拌种，用45%代森铵水剂300倍液浸种，时间20min，浸种后的种子要用水充分冲洗后晾干播种，防治黑腐病；或用种子重量0.4%的50%多菌灵可湿性粉剂、25%溴菌腈可湿性粉剂，种子重量0.3%的25%咪鲜胺锰盐可湿性粉剂拌种，预防苗期炭疽病。

土壤处理：播前用50%福美双可湿性粉剂2~3kg/亩，加细土50kg拌成药土，播前沟施或穴施，防治根肿病。对于一些地下害虫发生严重的地块，可用150亿个孢子/g球孢白僵菌可湿性粉剂

图26-19 甘蓝田苗期生长情况

250~300g/亩，加少量水后拌细土15~20kg，制成毒土，均匀撒在播种沟内；用40%辛硫磷乳油500ml/亩、1.8%阿维菌素乳油60~80ml/亩、30%毒·辛（10%毒死蜱+20%辛硫磷）乳油400~600ml/亩，对水40~50kg进行灌根，每株灌150~250ml。

（二）甘蓝莲座期病虫害与农药施用关键技术

在甘蓝莲座期（图26-20），霜霉病、病毒病、蚜虫等病虫害经常发生，需要尽早施药预防，减轻后期为害。因此，莲座期是病虫害防治的关键时期，同时也是培育壮苗、保证生产的一个重要时期。

这一时期病害发生严重的有霜霉病、病毒病、黑腐病、黑斑病、炭疽病、软腐病等。若某单一病害发生时，可参考前述防治方法及时防治。

在黑斑病与霜霉病混发时，可选用9%吡唑醚菌酯微囊悬浮剂58~66ml/亩、60%肟菌酯水分散粒剂9~

12g/亩、80%嘧菌酯水分散粒剂15~20g/亩、40%嘧菌酯可湿性粉剂15~20g/亩等药剂进行预防，加入专业喷雾助剂农希望5号喷雾宝10~20ml/15kg药液对水均匀喷雾。

在软腐病发生时，选用50%氯溴异氰尿酸可溶粉剂50~60g/亩、30%噻森铜悬浮剂100~135ml/亩、20%噻唑锌悬浮剂100~150ml/亩、20%噻菌铜悬浮剂75~100g/亩、88%水合霉素可溶性粉剂1 500倍液、0.5%氨基寡糖素水剂

图26-20 甘蓝莲座期生长情况

600~800倍液+2%春雷霉素可湿性粉剂400~500倍液、5%氟啶脲乳油 1 000~2 000倍液+20%甲氰菊酯乳油2 000~3 000倍液、1 000亿孢子/g枯草芽孢杆菌可湿性粉剂50~60g/亩，药剂宜交替施用，间隔7~10d喷1次，连续喷2~3次。加入专业喷雾助剂农希望5号喷雾宝10~20ml/15kg药液对水均匀喷雾，重点喷洒病株基部及地表，使药液流入菜心效果为好。

这一时期甜菜夜蛾、甘蓝夜蛾、小菜蛾、蜗牛、菜叶蜂、野蛞蝓等为害严重。对于甜菜夜蛾、甘蓝夜蛾、小菜蛾等害虫，可喷施1%甲氨基阿维菌素苯甲酸盐乳油2 000~3 000倍液、5%氯虫苯甲酰胺悬浮剂30~50ml/亩、20%氟铃脲悬浮剂30~40g/亩，加入专业喷雾助剂农希望5号喷雾宝10~20ml/15kg药液对水均匀喷雾，隔7~10d喷1次，连续喷2~3次。

在小菜蛾发生严重的地块，可用5%氯虫苯甲酰胺悬浮剂30~50ml/亩+20%茚虫威乳油9~15ml/亩、1.8%阿维菌素乳油2 000~3 000倍液+10%虫螨腈悬浮剂1 500倍液、20%氯虫苯甲酰胺·茚虫威（茚虫威10%+氯虫苯甲酰胺10%）悬浮剂25~30mL/亩、1%甲氨基阿维菌素苯甲酸盐乳油5~10ml/亩+5%氟虫脲可分散性液剂60ml/亩喷雾防治。加入专业喷雾助剂农希望5号喷雾宝10~20ml/15kg药液对水均匀喷雾，要注意将药液喷到叶片正反面，防止漏喷，并注意轮换用药，以提高防效。

防治蜗牛、野蛞蝓等害虫，可用6%四聚乙醛颗粒剂0.5~0.7kg与10~15kg细干土混合，均匀撒施，或用70%贝螺杀1 000倍液喷洒防治。

（三）甘蓝结球期病虫害与农药施用关键技术

甘蓝进入结球期（图26-21），各种病虫害开始侵入，并迅速扩展，发生严重，要及时喷药防治，控制病虫害的扩展。还可喷施多种调节剂促进生长，提高抗病能力。

这一时期的病害发生严重的有霜霉病、病毒病、黑腐病、黑斑病、炭疽病、软腐病等。药剂防治可参考上述病害的防治药剂。该期甘蓝生长茂密、叶片层叠、叶片蜡质厚，喷药必须保证均匀喷雾到所有茎叶，雾滴的附着率直接影响喷药防治效果。喷药时必须用高压、超细的专业喷雾器械进行喷雾；自走式喷杆喷雾机，应用1号或1.5号喷头；或选用安有专用喷杆的高压电动喷杆喷雾器应用0.3~0.5mm喷头，压力0.3~0.4MPa，水量10~

图26-21 甘蓝结球期

20kg/亩；并加入超强扩散性喷雾助剂农希望7号喷雾宝或25%油酸甲酯液剂（喷雾精）10ml/15kg药液，天气特别干旱时喷药应加入多功能润湿性喷雾助剂农希望5号喷雾宝或50%油酸甲酯液剂（喷雾精）20～30ml/15kg药液对水均匀喷雾；田间无风或微风时喷头高度控制在距叶尖0.5～0.6m，雾滴应在150μm以下，将药液雾滴弥漫于叶片上的所有部位；传统的低压喷雾器、圆锥喷头、摇摆喷药方式、非专业性喷雾助剂的喷药效果差（图26-22），须把药喷匀、喷细、喷透，把药液在叶面形成一层药膜，叶上药剂附着率达90%以上（图26-23），才能取得较好的防治效果。

图26-22 随着甘蓝生长，甘蓝生长茂密、叶片层叠、叶片蜡质增厚，传统的喷药方法喷药效果不好。大面积的叶片没有附着药剂，下部叶片、群体内部的叶片难于均匀附着药剂，防效较差

图26-23 甘蓝生长茂密、叶片层叠、叶片蜡质厚，喷药时必须保证均匀喷雾到所有叶片；同时，还应加入专业的喷雾助剂5号喷雾宝20ml/15kg药液对水均匀喷雾，必须把药喷匀、喷细、喷透，药剂在叶片上扩展为药膜，叶的药剂附着率达90%以上

第二十七章 萝卜病虫草害与农药施用关键技术

一、萝卜病害与农药施用关键技术

1. 萝卜霜霉病

症　状　由寄生霜霉引起。菌丝无色，不具隔膜，吸器圆形至梨形或棍棒状。发病初期，病叶产生水浸状、不规则的褪绿斑点，后扩大成多角形或不规则形的黄褐色病斑（图27-1）。湿度大时，叶背面病斑上长出白色霉层（图27-2）。发病严重时，病斑连片，叶片变黄、干枯（图27-3）。

图27-1　萝卜霜霉病为害初期叶片症状

图27-2　萝卜霜霉病为害中期叶片症状

发生规律 以卵孢子的形式在病残组织里、土壤中或附着在种子上越冬，或以菌丝体的形式在留种株上越冬。翌年春，卵孢子或休眠菌丝产生的孢子囊萌发芽管，经气孔或表皮细胞间侵入春菜寄主，春菜收后，病菌卵孢子在田间休眠两个月后侵入秋菜。借助风雨的传播，使病害扩大和蔓延。气温忽高忽低、昼夜温差大、白天光照不足、多雨露天气，霜霉病最易流行。

施药技术 播种时，用58%甲霜灵·锰锌可湿性粉剂、25%甲霜灵可湿性粉剂、64%恶霜灵·代森锰锌可湿性粉剂、50%福美双可湿性粉剂按种子重量的0.4%拌种。

图27-3 萝卜霜霉病为害后期叶片症状

发病初期是防治的关键时期，可用58%甲霜灵·锰锌可湿性粉剂700倍液、60%氟吗啉·代森锰锌可湿性粉剂400～600倍液、69%烯酰吗啉·代森锰锌可湿性粉剂1 000倍液、72.2%霜霉威盐酸盐水剂600倍液、20%氟吗啉可湿性粉剂1 000倍液、64%恶霜·锰锌可湿性粉剂500倍液等药剂喷雾，间隔7～10d喷1次，连续喷2～3次。

萝卜叶片蜡质厚，病部着药困难，喷药必须保证均匀喷雾到所有茎叶，雾滴的附着率直接影响喷药防治效果。喷药时必须用高压、超细的专业喷雾器械进行喷雾；并加入超强扩散性喷雾助剂农希望7号喷雾宝或25%油酸甲酯液剂（喷雾精）10ml/15kg药液，天气特别干旱时喷药应加入多功能润湿性喷雾助剂农希望5号喷雾宝或50%油酸甲酯液剂（喷雾精）20～30ml/15kg药液对水均匀喷雾；传统的低压喷雾器、圆锥喷头、摇摆喷药方式、随意加些喷雾助剂的喷药效果差（图27-4），必须把药喷匀、喷细、喷透，叶上药剂附着率达95%以上（图27-5），才能取得较好的防治效果。

图27-4 萝卜叶片蜡质厚，普通（电动）喷雾器压力低、喷不匀、雾滴大。田间喷药雾滴较大，只有上部叶片有少量大雾滴，叶片难以均匀附着药剂，防效较差

图27-5 萝卜生长茂密、叶片层叠、叶片蜡质厚，喷药必须保证均匀喷雾到所有茎叶；同时，还应加入专业的喷雾助剂5号喷雾宝20ml/15kg药液，必须把药喷匀、喷细、喷透，让药液在叶面上形成一层油亮的药膜，叶的药剂附着率达90%以上

2. 萝卜软腐病

症　　状　由胡萝卜软腐欧文氏菌胡萝卜软腐致病型引起。多为害根茎部，根部染病常始于根尖，初呈褐色水浸状软腐，后逐渐使根部软腐溃烂成一团（图27-6）。叶柄或叶片染病，呈水浸状软腐（图27-7）。干旱时停止扩展，根头簇生新叶。病健部界限分明，常有褐色汁液渗出，致整个萝卜变褐软腐（图27-8）。萝卜软腐病为害后期田间症状（图27-9）。

图27-6 萝卜软腐病根茎部发病症状

图27-7 萝卜软腐病病叶

图27-8 萝卜软腐病根部受害症状

图27-9 萝卜软腐病为害后期田间症状

发生规律 病原菌在带菌的病残体、土壤、未腐熟的农家肥中越冬，成为重要的初侵染菌源。通过雨水、灌溉水、肥料、土壤、昆虫等多种途径传播，由伤口或自然裂口侵入，不断发生再侵染。高温多雨有利于软腐病发生。高垄栽培不易积水，土壤中氧气充足，有利于根系和叶柄基部愈伤组织形成，可减少病菌侵染。

施药技术 发病初期是防治的关键时期，有效药剂有0.5%氨基寡糖素水剂600~800倍液、2%春雷霉素可湿性粉剂400~500倍液、3%中生菌素可湿性粉剂500~800倍液、77%氢氧化铜悬浮剂1 000倍液、20%喹菌酮水剂1 000倍液，加入专业喷雾助剂农希望5号喷雾宝20~30ml/15kg药液，药剂宜交替施用，间隔7~10d喷1次，连续喷2~3次。重点喷洒病株基部及地表，使药液流入菜心效果为好。

3. 萝卜病毒病

症　　状 由芜菁花叶病毒、黄瓜花叶病毒、烟草花叶病毒3种病毒引起。萝卜多整株发病，叶片出现叶绿素不均匀（图27-10），深绿和浅绿相间（图27-11），有的畸形，有的沿叶脉产生耳状突起。

发生规律 病毒在窖藏的白菜、甘蓝的留种株，或在田间的寄主植物活体上越冬，还可在越冬菠菜和多年生杂草的宿根上越冬。翌年春天，主要靠蚜虫把病毒传到春季种植的十字花科蔬菜上。一般高温、干旱利于发病，苗期和6片真叶以前容易受害发病，受害越早，发病越重。播种早的秋菜发病重，与十字花科蔬菜邻作以及管理粗放、缺水、缺肥的田块发病重。

图27-10 萝卜病毒病花叶症状

图27-11 萝卜病毒病深绿与浅绿相间症状

施药技术　萝卜苗期5~6叶期，可用10%吡虫啉可湿性粉剂1 000~1 500倍液、50%抗蚜威可湿性粉剂1 500倍液、3%啶虫脒乳油1 000~2 000倍液，加入专业喷雾助剂农希望5号喷雾宝20~30ml/15kg药液，喷药防治蚜虫。

发病初期，喷施20%盐酸吗啉胍·乙酸铜可湿性粉剂500~700倍液、4%嘧肽霉素水剂200~300倍液、2%宁南霉素水剂300~400倍液、5%菌毒清水剂200~300倍液，加入专业喷雾助剂农希望5号喷雾宝20~30ml/15kg药液对水均匀喷雾，间隔5~7d喷洒1次，连续喷2~3次。

4．萝卜细菌性黑腐病

症　状　由野油菜黄单胞杆菌野油菜黑腐病致病型引起。叶片受害，叶缘呈"V"形病斑，灰色至淡褐色（图27-12），边缘常有黄色晕圈，叶脉坏死变黑。根茎受害，部分外表表皮变为黑色（图27-13），或不变色，内部组织干腐，维管束变黑（图27-14），髓部组织也呈黑色干腐状，甚至空心。

图27-12　萝卜细菌性黑腐病为害叶片

图27-13　萝卜细菌性黑腐病使外表皮变黑状

图27-14　萝卜细菌性黑腐病使维管束变黑状

发生规律 病原细菌随种子和田间的病株残体越冬，也可在采种株或冬菜上越冬。带菌种子是重要的初侵染来源。春季通过雨水、灌溉水、昆虫或农事操作传播到叶片上，经由叶缘的水孔、叶片的伤口、虫伤口侵入。暴风雨后往往大发生。易于积水的低洼地块和灌水过多的地块发病多。在连作、施用未腐熟农家肥，以及害虫严重发生等情况下，发病都会加重。

施药技术 发病初期及时喷药防治，可选用3%中生菌素水剂400～533ml/亩、50%氯溴异氰尿酸可溶粉剂40～60g/亩、36%三氯异氰尿酸可湿性粉剂60～90g/亩、30%噻森铜悬浮剂70～85ml/亩、20%噻菌铜悬浮剂100～130g/亩、1.2%辛菌胺（辛菌胺醋酸盐）水剂463～694ml/亩等，加入专业喷雾助剂农希望5号喷雾宝20～30ml/15kg药液对水均匀喷雾，间隔7～10d喷1次，共喷2～3次，各种药剂应交替施用。

5．萝卜炭疽病

症　　状 由希金斯刺盘孢引起。主要为害叶片，也可为害茎。叶片病斑为水浸状斑点，不规则，后发展为深褐色的较大斑（图27-15），开裂或穿孔，叶片黄枯。叶柄病斑近圆形至梭形，颜色稍深，凹陷（图27-16）。

图27-15　萝卜炭疽病病叶

图27-16　萝卜炭疽病为害叶柄

发生规律 以菌丝体的形式随病残体在土壤中越冬，种子也能带菌。在田间经雨滴飞溅和风雨传播，从伤口或直接穿透表皮侵入，在北方，早熟萝卜先发病。7—9月高温、多雨或降雨次数多时发病较重。一般早播萝卜，种植过密或地势低洼、通风透光差的田块发病重；地势低洼、田间积水、种植密度过大、管理粗放，植株生长衰弱的地块发病重。

施药技术 发病初期及时对水喷施70%甲基硫菌灵可湿性粉剂800倍液+70%百菌清可湿性粉剂600～800倍液、80%代森锰锌可湿性粉剂400～600倍液+50%苯菌灵可湿性粉剂1 500倍液、50%多菌灵可湿性粉剂800倍液、75%肟菌·戊唑醇（肟菌酯25%+戊唑醇50%）水分散粒剂10～15/亩、75%戊唑·嘧菌酯（嘧菌酯25%+戊唑醇50%）可湿性粉剂10～15g/亩、40%氟硅唑乳油4 000～8 000倍液等药剂，加入专业喷雾助剂农希望5号喷雾宝20～30ml/15kg药液对水均匀喷雾，间隔7～10d喷1次，连喷2～3次。

6．萝卜黑斑病

症　　状 由芸薹链格孢菌引起。叶片上的病斑圆形、深褐色，常有明显的同心轮纹，周缘稍具黄色晕圈。严重时，病斑多个汇合连成片，至干枯脱落。茎和叶柄上病斑成纵条状，暗褐色，稍凹陷（图27-17）。潮湿时病斑上产生黑色霉状物。

发生规律 以菌丝体或分生孢子的形式在病残体或种子上或冬贮菜上越冬。翌年产生孢子从气孔或直接穿透表皮侵入，借助风雨传播。在春、夏季，侵染油菜、菜心、小白菜、甘蓝等十字花科蔬菜，后传播到秋菜上为害。秋菜初发期在8月下旬至9月上旬。9月下旬至10月上旬连阴雨，病害即有可能流行。播种早、密度大、地势低洼、管理粗放、缺水缺肥的地块，植株长势差、抗病力弱，一般发病重。

图27-17 萝卜黑斑病为害叶柄症状

施药技术 种子处理：用50%异菌脲可湿性粉剂、50%腐霉利可湿性粉剂、50%福美双可湿性粉剂按种子重量的0.2%～0.3%拌种。

发病初期可采用70%丙森锌可湿性粉剂600～800倍液+50%乙烯菌核利可湿性粉剂600～800倍液、80%代森锌可湿性粉剂600～800倍液+50%异菌脲可湿性粉剂1 000～1 500倍液、10%苯醚甲环唑水分散粒剂1 000～1500倍液+75%百菌清可湿性粉剂600～800倍液、50%腐霉利可湿性粉剂800～1 000倍液+70%代森锰锌可湿性粉剂600～800倍液，并加入超强扩散性喷雾助剂农希望7号喷雾宝或25%油酸甲酯液剂（喷雾精）10ml/15kg药液，天气特别干旱时喷药应加入多功能润湿性喷雾助剂农希望5号喷雾宝或50%油酸甲酯液剂（喷雾精）20～30ml/15kg药液对水均匀喷雾，隔5～7d喷1次，连续喷2～3次。

二、萝卜虫害与农药施用关键技术

1. 萝卜蚜

为害特点 成蚜和若蚜常结集在嫩叶上刺吸汁液，造成幼叶畸形蜷缩，生长不良（图27-18）。留种株被害后不能正常抽薹、开花和结实，同时还会传播病毒病。

形态特征 有翅雌蚜：头胸部为黑色，复眼赤褐色，额瘤不显著，腹部黄绿色至绿色，腹管前各节两侧有黑斑，有时身体上有稀少的白色蜡粉。无翅雌蚜：全身黄绿色稍有白色蜡粉，胸部各节中央隐约似有1条黑色横斑纹（图27-19）。若蚜：体形、体色似无翅成蚜，仅仅是个体较小，有翅若蚜3龄起可见翅芽。

发生规律 1年发生数代，华北10～20代，长江流域30代左右，华南可发生40多代，世代重叠。在长江流域及其以南地区或北方加温温室中，终年孤雌胎生繁殖，无明显越冬现象；在北方地区，以卵的形式在秋白菜上越冬。越冬卵在翌年3—4月孵化为干母，在长江流域每年的春、秋两季是发生高峰，秋季发生要比春季重。

施药技术 在蚜虫发生盛期，用70%吡虫啉水分散粒剂1.5～2.0g/亩、1.8%阿维·吡虫啉（吡虫啉1.7%+阿维菌素0.1%）可湿性粉剂30～50g/亩、25%吡虫·辛硫磷（辛硫磷23.5%+吡虫啉1.5%）乳油600～

图27-18　萝卜蚜为害叶片症状

图27-19　萝卜蚜无翅雌蚜

900ml/亩、50%抗蚜威可湿性粉剂2 000倍液、20%噻虫嗪可湿性粉剂2 000倍液、30%啶虫脒乳油1 500倍液、4.5%高效氯氰菊酯乳油2 000倍液，加入专业喷雾助剂农希望5号喷雾宝20~30ml/15kg药液对水均匀喷雾，间隔7~10d喷1次，连喷2~3次。

2．萝卜地种蝇

形态特征　雄成虫体暗灰褐色（图27-20）。头部两复眼较接近，胸背面有3条黑色纵纹，腹部背中央有1条黑色纵纹。雌虫全体黄褐色，胸、腹背面均无斑纹。卵乳白色，长椭圆形，稍弯曲，表面有网状纹。幼虫称蛆，幼虫老熟时体乳白色，头部退化，仅有1对黑色口钩。蛹椭圆形，红褐色或黄褐色。

发生规律　每年发生1代，以蛹的形式在土中越冬。翌年成虫出现的时间因地区而异，一般越偏北成虫出现越早。成虫多在日出或日落前后或阴雨天活动、取食。

图27-20　萝卜地种蝇成虫

施药技术　在播种时将1.8%阿维菌素乳油与细沙按1∶500比例混匀，均匀撒在地面，将其犁入土中再播种。

幼虫发生初期，发现受害株后，可用2%阿维菌素乳油2~108ml/亩、50%辛硫磷乳油50~60ml/亩，对水200kg灌根防治。

三、萝卜各生育期病虫草害与农药施用关键技术

（一）萝卜苗期病虫草害与农药施用关键技术

在大白菜苗期（图27-21），立枯病等苗期病害经常发生，同时地下害虫也有一定的为害，需要尽早施药预防，减轻后期为害。

播种前，喷施72%异丙甲草胺乳油75~100ml/亩或24%二甲戊乐灵乳油75~100ml/亩，均匀喷施土表，可以防治多种一年生杂草。可通过种子处理或土壤处理预防病虫害的发生。可用45%代森铵水剂300倍液、20%喹菌酮水剂1 000倍液浸种，浸种时间20min，浸种后的种子要用水充分冲洗后晾干播种，防治黑腐病；或用种子重量0.4%的50%多菌灵可湿性粉剂、25%溴菌腈可湿性粉剂，种子重量0.3%的25%咪鲜胺锰盐可湿性粉剂拌种，预防炭疽病。

图27-21 萝卜田苗期生长情况

土壤处理：对于一些地下害虫发生严重的地块，可用150亿个孢子/g球孢白僵菌可湿性粉剂250~300g/亩，加少量水后拌细土15~20kg，制成毒土，均匀撒在播种沟内；用40%辛硫磷乳油500ml/亩、1.8%阿维菌素乳油60~80ml/亩、30%毒·辛（10%毒死蜱+20%辛硫磷）乳油400~600ml/亩，对水40~50kg进行灌根，每株灌150~250ml。

（二）萝卜莲座期病虫害与农药施用关键技术

在萝卜莲座期（图27-22），萝卜霜霉病、黑腐病、病毒病、根肿病、炭疽病等病害经常发生，需要尽早施药预防，减轻后期为害。因此，莲座期是病虫害防治的关键时期，同时也是培育壮苗、保证生产的一个重要时期。

这一时期病害发生严重的有霜霉病、病毒病、黑腐病、黑斑病等。若某单一病害发生时，可参考前述防治方法及时防治。

在黑斑病与霜霉病混发时，可选用9%吡唑醚菌酯微囊悬浮剂58~66ml/亩、60%肟菌酯水分散粒剂9~12g/亩、80%嘧菌酯水分散粒剂15~20g/亩、40%嘧菌酯可湿性粉剂15~20g/亩、58%甲霜灵·锰锌可湿性粉

图27-22 萝卜莲座期生长情况

剂500倍液+50%异菌脲可湿性粉剂1 000~1 500倍液、20%唑菌胺酯水分散性粒剂1 000~1 500倍液+10%苯醚甲环唑水分散粒剂1 000~1500倍液+75%百菌清可湿性粉剂600~800倍液、50%腐霉利可湿性粉剂1 000~1 500倍液+70%乙膦·锰锌可湿性粉剂500倍液等药剂，并加入超强扩散性喷雾助剂农希望7号喷雾宝或25%油酸甲酯液剂（喷雾精）10ml/15kg药液，天气特别干旱时喷药应加入多功能润湿性喷雾助剂农希望5号喷雾宝或50%油酸甲酯液剂（喷雾精）20~30ml/15kg药液对水均匀喷雾。

在软腐病发病时，选用50%氯溴异氰尿酸可溶粉剂50~60g/亩、30%噻森铜悬浮剂100~135ml/亩、20%噻唑锌悬浮剂100~150ml/亩、20%噻菌铜悬浮剂75~100g/亩、88%水合霉素可溶性粉剂1 500倍液、

0.5%氨基寡糖素水剂600~800倍液+2%春雷霉素可湿性粉剂400~500倍液、1 000亿孢子/g枯草芽孢杆菌可湿性粉剂50~60g/亩，并加入超强扩散性喷雾助剂农希望7号喷雾宝或25%油酸甲酯液剂（喷雾精）10ml/15kg药液，天气特别干旱时喷药应加入多功能润湿性喷雾助剂农希望5号喷雾宝或50%油酸甲酯液剂（喷雾精）20~30ml/15kg药液对水均匀喷雾，重点喷洒病株基部及地表，使药液流入菜心效果为好。药剂宜交替施用，间隔7~10d喷1次，连续喷2~3次。

这一时期甜菜夜蛾、甘蓝夜蛾、小菜蛾、蜗牛、菜叶蜂、野蛞蝓等为害严重。对于甜菜夜蛾、甘蓝夜蛾、小菜蛾等害虫，可喷施1%甲氨基阿维菌素苯甲酸盐乳油2 000~3 000倍液、5%氯虫苯甲酰胺悬浮剂30~50ml/亩、5%氟啶脲乳油1 000~2 000倍液+20%甲氰菊酯乳油2 000~3 000倍液、20%氟铃脲悬浮剂30~40g/亩，加入专业喷雾助剂农希望5号喷雾宝10~20ml/15kg药液对水均匀喷雾，隔7~10d喷1次，连续喷施2~3次。

在小菜蛾对菊酯类农药已产生抗性地区：选用5%氯虫苯甲酰胺悬浮剂30~50ml/亩、20%茚虫威乳油9~15ml/亩、20%氟铃脲悬浮剂30~40g/亩、50g/L氟啶脲乳油100~140ml/亩、50%虫螨腈水分散粒剂10~15g/亩、1.8%阿维菌素乳油25~40ml/亩、20%阿维·辛硫磷（辛硫磷19.95%+阿维菌素0.05%）乳油50~75g/亩喷雾防治，间隔7~10d喷1次，连喷2~3次。加入专业喷雾助剂农希望5号喷雾宝10~20ml/15kg药液对水均匀喷雾，要注意将药液喷到叶片正反面，防止漏喷，并注意轮换用药，以提高防效。

防治蜗牛、野蛞蝓等害虫，可用6%四聚乙醛颗粒剂0.5~0.7kg与10~15kg细干土混合，均匀撒施，或用70%贝螺杀1 000倍液喷洒防治。

（三）萝卜肉质根生长盛期病虫害与农药施用关键技术

大白菜进入结球期（图27-23），各种病虫害开始侵入，并迅速扩展，发生严重，要及时喷药防治，控制病虫害的扩展。还可喷施多种调节剂促进生长，提高抗病能力。

这一时期的病害发生严重的有霜霉病、病毒病、黑腐病、黑斑病、炭疽病、软腐病等。药剂防治可参考上述病害的防治药剂。

图27-23　萝卜肉质根生长盛期

第二十八章 黄瓜病虫草害与农药施用关键技术

一、黄瓜病害与农药施用关键技术

1. 黄瓜霜霉病

症　状　Pseudoperonospora cubensis 称古巴假霜霉菌，属鞭毛菌门真菌。苗期、成株期均可发病，主要为害叶片（图28-1）。子叶被害初呈褪绿色不规则小斑，扩大后变黄褐色。真叶染病，叶缘或叶背面出现水浸状不规则病斑（图28-2），早晨尤为明显，病斑逐渐扩大，受叶脉限制，呈多角形淡褐色斑块，湿度大时叶背面长出灰黑色霉层。后期病斑破裂或连片，致叶缘卷缩干枯，严重的田块一片枯黄。

发生规律　病菌在保护地内越冬，翌年春传播。也可由南方随季风而传播来。夏季可通过气流、雨水传播。在北方，黄瓜霜霉病是从温室传到大棚，又传到春季露地黄瓜上，再传到秋季露地黄瓜上，最

图28-1　黄瓜霜霉病为害叶片初期、中期和后期情况

图28-2　黄瓜霜霉病为害叶片正、背面症状

后又传回到温室黄瓜上。病害在田间适宜发病的气温为20~24℃，高于30℃或低于15℃发病受到抑制。孢子囊萌发要求有水滴，当日平均气温在16℃时，病害开始发生；日平均气温在18~24℃、相对湿度在80%以上时，病害迅速扩展。在多雨、多雾、多露的情况下，病害极易流行。

施药技术 烟剂防治：保护地栽培，用45%百菌清烟剂200g/亩、15%霜疫清（百菌清+甲霜灵）烟剂250g/亩，按包装分放5~6处，傍晚闭棚，由棚室里面向外逐次点燃后，次日早晨打开棚、室，进行正常田间作业。6~7d熏1次，熏蒸次数视病情而定。

粉尘剂防治：发病前用5%百菌清粉尘剂，发病初期用15%烯酰·百菌清（烯酰吗啉2.5%+百菌清12.5%）粉尘剂，每亩每次喷1kg，早上或傍晚进行，隔7d喷1次，连喷4~5次。

在黄瓜霜霉病发病前期或未发病时，主要是用保护剂防止病害侵染发病，可以选用80%代森锰锌可湿性粉剂200~250g/亩、40%百菌清悬浮剂163~175ml/亩、50%吡唑醚菌酯水分散粒剂10~12g/亩、80%嘧菌酯水分散粒剂15~20g/亩、70%代森联水分散粒剂140~170g/亩、70%丙森锌水分散粒剂225~270g/亩等，间隔5~7d喷洒1次，最好是杀菌剂间轮换使用。

黄瓜霜霉病，主要发生在中上部叶片的背面，该期黄瓜叶片绒毛多、病部着药困难，喷药必须保证均匀喷雾到所有叶片，特别是叶片背面是病害的重要发生区域，雾滴的附着率直接影响喷药效果。传统的低压喷雾器、圆锥喷头、摇摆喷药方式，重喷漏喷太多、雾滴大、雾化差，药剂大量流失，药剂喷施不到发病部位，喷雾防治效果不好（图28-3）。高压电动喷杆喷雾器应用直径0.3~0.5mm喷头，压力0.4~0.5MPa，加大压力降低雾滴细度、减少水量提高药液的浓度可以提高防治效果，喷头对着叶片正面和反面，田间无风或微风时喷头控制在距叶片0.5~0.6m，雾滴应在150μm以下，喷雾角应在45°以上；同时，加入多功能渗透性喷雾助剂农希望5号喷雾宝或50%油酸甲酯液剂（喷雾精）10~20ml/15kg药液对水均匀喷雾，把药喷匀、喷细、喷透，中下部叶片的药剂附着率达90%以上（图28-4），才能取得较好的防治效果。

图28-3 黄瓜叶片绒毛多，特别是叶片背部绒毛更多，病部着药困难，普通喷雾器田间喷药雾滴较大，只有上部叶片有少量雾滴，而且雾滴多停留在绒毛之上，大面积的叶片实际上是很少地附着药剂，导致喷药防效较差

图28-4 黄瓜叶片绒毛多,特别是叶片背部绒毛更多,病部着药困难,应安装专业扇形喷头的高压超细喷雾器,雾滴细微;同时,还应加入专业的喷雾助剂农希望5号喷雾宝10ml/15kg药液对水均匀喷雾,把药喷匀、喷细、喷透,药液在叶片上下均匀地沉积形成一层药膜,中下部茎叶的药剂附着率达90%以上,充分地润湿扩散、渗透吸收,可以显著地提高药效

在黄瓜田间出现霜霉病症状、但病害较轻时,应及时进行防治,该期要注意将保护剂和治疗剂合理混用,以保护剂为主,适量加入治疗剂,否则,就难以控制病害的发生与蔓延。可以选用70%代森锰锌可湿性粉剂600~1 000倍液+722g/L霜霉威盐酸盐水剂60~100ml/亩、75%百菌清可湿性粉剂500~1 000倍液+25%甲霜灵可湿性粉剂400~800倍液、70%丙森锌可湿性粉剂600倍液+35%氰霜唑悬浮剂16~18ml/亩、70%啶氧菌酯水分散粒剂14~16g/亩、50%恶唑菌酮水分散粒剂20~40g/亩、25%氟吗啉可湿性粉剂30~40g/亩、80%烯酰吗啉水分散粒剂20~25g/亩、50%氟醚菌酰胺水分散粒剂6~9g/亩、10%氟噻唑吡乙酮可分散油悬浮剂13~20ml/亩、72%霜脲氰·代森锰锌(霜脲氰8%+代森锰锌64%)可湿性粉剂600倍液,每7~10d喷1次,连喷3~6次。喷药时选用高压电动喷杆喷雾器应用0.3~0.5mm喷头,压力0.4~0.5MPa,加大压力降低雾滴细度、减少水量提高药液的浓度可以提高防治效果,喷头对着叶片正面和反面,田间无风或微风时喷头控制在距叶片0.5~0.6m,雾滴应在150μm以下,喷雾角应在45°以上;同时,加入多功能渗透性喷雾助剂农希望5号喷雾宝或50%油酸甲酯液剂(喷雾精)10~20ml/15kg药液对水均匀喷雾,必须把药喷匀、喷细、喷透,药液在叶片上下均匀地沉积形成一层药膜,中下部叶片的药剂附着率达90%以上,才能取得较好的防治效果。

在田间普遍出现黄瓜霜霉病症状,但在病害中期霉层较少时,应及时进行防治,该期要注意用速效治疗剂,特别是前期未用过高效治疗剂的,并注意与保护剂合理混用,防止病害进一步加重为害与蔓延。可以选用75%百菌清可湿性粉剂500~800倍液+25%烯酰吗啉可湿性粉剂600~800倍液、70%代森锰锌可湿性粉剂500~800倍液+20%氟吗啉可湿性粉剂800倍液、70%丙森锌可湿性粉剂600倍液+72.2%霜霉威盐酸盐水剂800倍液、65%代森锌可湿性粉剂500倍液+40%氰霜唑颗粒剂2 500倍液、58%甲霜·锰锌可湿性粉剂500~600倍液、70%代森联·氟吡菌胺（代森联63%+氟吡菌胺7%）水分散粒剂50~70g/亩、40%氟吡菌胺·烯酰吗啉（烯酰吗啉30%+氟吡菌胺10%）悬浮剂30~45ml/亩、40%氟吡菌胺·喹啉铜（喹啉铜32%+氟吡菌胺8%）悬浮剂45~60ml/亩、56%唑醚·霜脲氰（吡唑醚菌酯8%+霜脲氰48%）水分散粒剂21~28g/亩、66%代森锰锌·缬菌胺（缬菌胺6%+代森锰锌60%）水分散粒剂130~170g/亩、53%精甲霜·锰锌（精甲霜灵5%+代森锰锌48%）可湿性粉剂110~120g/亩、31%恶酮·氟噻唑（唑菌酮28.2%+氟噻唑吡乙酮2.8%）悬浮剂27~33ml/亩、69%烯酰·锰锌（代森锰锌60%+烯酰吗啉9%）水分散粒剂117~133g/亩、30%氟吗·氰霜唑（氰霜唑10%+氟吗啉20%）悬浮剂17~22ml/亩，每5~7d喷1次，连续喷2~3次。

　　黄瓜霜霉病，主要发生在中上部叶片的背面，该期黄瓜叶片绒毛多、病部着药困难，喷药必须保证均匀喷雾到所有叶片，特别是叶片背面，这里是病害的重要发生区域，雾滴的附着率直接影响喷药效果。喷药时选用安装专业的扇形超细喷头的高压电动喷杆喷雾器，应用直径0.3~0.5mm喷头，压力0.4~0.5MPa，加大压力以降低雾滴细度、减少水量提高药液的浓度可以提高防治效果，喷头对着叶片正面和反面，田间无风或微风时喷头控制在距叶片0.5~0.6m，雾滴应在150μm以下，喷雾角应在45°以上（图28-5）；同时，加入多功能渗透性喷雾助剂农希望5号喷雾宝或50%油酸甲酯液剂（喷雾精）10~20ml/15kg药液对水均匀喷雾，必须把药喷匀、喷细、喷透，药液在叶片上下均匀地沉积形成一层药膜，中下部叶片的药剂附着率达90%以上（图28-6），才能取得较好的防治效果。农民传统的喷药方法效果差，农药没有喷洒到叶片的病部，只喷到了叶片的正面且有大量雾滴流失（图28-7中的左图）。

　　图28-5　黄瓜生长中后期，枝叶繁茂、叶片绒毛增多增长，特别是叶片背部绒毛更多，病部着药困难，应安装专业扇形超细喷头的高压超细喷雾器，雾滴细微；同时，加入专业的喷雾助剂农希望5号喷雾宝20ml/15kg药液对水均匀喷雾，把药喷匀、喷细、喷透，药液在叶片上下均匀地沉积形成一层药膜，中下部茎叶的药剂附着率达90%以上，充分地润湿扩散、渗透吸收，显著地提高药效

图28-6 黄瓜生长中后期,枝叶繁茂、叶片绒毛增多增长,特别是叶片背部绒毛更多,病部着药困难,应选用安装专业扇形超细喷头的高压超细喷雾器,雾滴细微;同时,加入专业的喷雾助剂农希望5号喷雾宝20ml/15kg药液对水均匀喷雾,把药喷匀、喷细、喷透,药液在叶片上下均匀地沉积形成一层药膜,中下部茎叶的药剂附着率达90%以上,充分地润湿扩散、渗透吸收,显著地提高药效

图28-7 黄瓜生长中后期喷药效果对比。黄瓜生长中后期枝叶繁茂、叶片绒毛增多增长,特别是叶片背部绒毛更多,病部着药困难,传统的喷药方法喷药效果很差(左图)。应安装专业扇形超细喷头的高压超细喷雾器,雾滴细微;同时,加入专业的喷雾助剂农希望5号喷雾宝20ml/15kg药液对水均匀喷雾,把药喷匀、喷细、喷透,药液在叶片上下均匀地沉积形成一层药膜,中下部茎叶的药剂附着率达90%以上,充分地润湿扩散、渗透吸收,叶片着药均匀,显著地提高药效(右图)

2. 黄瓜白粉病

症　　状　Sphaerotheca cucurbitae 称瓜类单丝壳白粉菌，属子囊菌门真菌。苗期至收获期均可染病，叶片发病重，叶柄、茎次之，果实受害少。发病初期，在叶片上产生白色近圆形小粉斑，以叶面居多，后扩展成边缘不明显圆形白色粉状斑，严重时整片叶面都是白粉，后呈灰白色，叶片变黄，质脆，失去光合作用（图28-8至图28-10），一般不落叶。叶柄、嫩茎上的症状与叶片相似。

图28-8　黄瓜白粉病田间初期发病症状

图28-9　黄瓜白粉病发病叶与正常叶比较

图28-10　黄瓜白粉病为害后期叶片正、背面症状

发生规律　北方以闭囊壳随病残体在地上或保护地瓜类上越冬；南方以菌丝体或分生孢子在寄主上越冬或越夏，成为翌年初侵染源。分生孢子借气流或雨水传播，喜温湿但耐干燥，发病适温20～25℃，相对湿度25%～85%均能发病，但高湿情况下发病较重。高温、高湿又无结露或管理不当，黄瓜生长衰败，则白粉病严重发生。

施药技术　在黄瓜白粉病发病前期或未发病时，主要是用保护剂防止病害侵染发病，可选用70%代森锰锌可湿性粉剂600～800倍液、70%丙森锌可湿性粉剂600倍液、25%乙嘧酚磺酸酯微乳剂60～80ml/亩、25%吡唑醚菌酯悬浮剂40～60ml/亩、50%嘧菌酯水分散粒剂45～60g/亩、50%醚菌酯水分散粒剂15～20g/亩、75%百菌清可湿性粉剂133～153g/亩等，间隔10d左右喷1次。喷药时选用安装专业的扇形超细喷头的高压电动喷杆喷雾器，应用直径0.3～0.5mm喷头，压力0.4～0.5MPa，加大压力以降低雾滴细度、减少水量提高药液的浓度可以提高防治效果，喷头对着叶片正面和反面，田间无风或微风时喷头控制在距叶片0.5～0.6m，雾滴应在150μm以下；同时，加入多功能渗透性喷雾助剂农希望5号喷雾宝或50%油酸甲酯液剂（喷雾精）10～20ml/15kg药液对水均匀喷雾，必须把药喷匀、喷细、喷透，药液在叶片上下均匀地沉积形成一层药膜，中下部叶片的药剂附着率达90%以上，才能取得较好的防治效果。

保护地栽培时，也可以用45%百菌清烟雾剂250～300g/亩进行熏蒸，也可用20%腐霉·百菌清（腐霉利10%+百菌清10%）烟雾剂200～300g/亩，隔7d喷1次，连喷3～4次，或用8%苯甲·醚菌酯（醚菌酯5%+苯醚甲环唑3%）热雾剂100～150ml/亩，用热雾机喷雾。

在黄瓜田间出现白粉病症状、但病害较轻时，应及时进行防治，该期要注意用保护剂和治疗剂合理混用，否则，就难以控制病害的发生为害与蔓延。可选用75%百菌清可湿性粉剂500～800倍液+40%氟硅唑乳油3 000～4 000倍液、70%丙森锌可湿性粉剂600倍液+70%甲基硫菌灵可湿性粉剂800倍液、430g/L戊唑醇悬浮剂16～19ml/亩、20%氟硅唑微乳剂23～30ml/亩、10%苯醚甲环唑水分散粒剂50～83g/亩、36%硝苯菌酯乳油28～40ml/亩、41.7%氟吡菌酰胺悬浮剂5～10ml/亩、12.5%腈菌唑水乳剂24～32ml/亩、5%烯肟菌胺乳油53～107ml/亩、4%四氟醚唑水乳剂67～100g/亩，每5～7d喷1次，连续喷2～3次。喷药时选用安装专业的扇形超细喷头的高压电动喷杆喷雾器，应用直径0.3～0.5mm喷头，压力0.4～0.5MPa，田间无风或微风时喷头控制在距叶片0.5～0.6m，雾滴应在150μm以下；同时，加入多功能渗透性喷雾助剂农希望5号喷雾宝或50%油酸甲酯液剂（喷雾精）10～20ml/15kg药液对水均匀喷雾，必须把药喷匀、喷细、喷透，药液在叶片上下均匀地沉积形成一层药膜，中下部叶片的药剂附着率达90%以上，才能取得较好的防治效果。

在大量叶片出现白粉病症状，应注意用速效治疗剂，特别是前期未用过高效治疗剂的，并注意与保护剂合理混用，防止病害进一步加重为害与蔓延。可以选用75%百菌清可湿性粉剂500～800倍液+25%腈菌唑乳油3 000～5 000倍液、70%代森锰锌可湿性粉剂500～800倍液+40%氟硅唑乳油4 000～6 000倍液、40%氟菌唑·甲基硫菌灵（氟菌唑10%+甲基硫菌灵30%）悬浮剂35～55ml/亩、35%啶酰菌胺·氟菌唑（啶酰菌胺25%+氟菌唑10%）悬浮剂24～48ml/亩、25%肟菌酯·乙嘧酚磺酸酯（乙嘧酚磺酸酯15%+肟菌酯10%）乳油18～28ml/亩、200g/L氟酰羟·苯甲唑（苯醚甲环唑125g/L+氟唑菌酰羟胺75g/L）悬浮剂40～50ml/亩、38%唑醚·啶酰菌（啶酰菌胺25.2%+吡唑醚菌酯12.8%）悬浮剂30～40ml/亩、43%氟嘧·戊唑醇（氟嘧菌酯18%+戊唑醇25%）悬浮剂20～30ml/亩、30%肟菌·戊唑醇（肟菌酯10%+戊唑醇20%）悬浮剂25～37.5ml/亩、35%氟菌·戊唑醇（戊唑醇17.5%+氟吡菌酰胺17.5%）悬浮剂5～10ml/亩、12%苯甲·氟酰胺（苯醚甲环唑5%+氟唑菌酰胺7%）悬浮剂56～70ml/亩、44%苯甲·百菌清（苯醚甲环唑4%+百菌清40%）悬浮剂100～140ml/亩、42.4%唑醚·氟酰胺（吡唑醚菌酯21.2%+氟唑菌酰胺21.2%）悬浮剂10～20ml/亩、43%氟菌·肟菌酯（肟菌酯21.5%+氟吡菌酰胺21.5%）悬浮剂5～10ml/亩，加入多功能渗透性喷雾助剂农希望5号喷雾宝或50%油酸甲酯液剂（喷雾精）10～20ml/15kg药液对水均匀喷雾，每5～7d喷1次，连续喷2～3次。

黄瓜白粉病，主要发生在中上部叶片的正面，相对易于喷药，喷药时必须保证药液均匀喷雾到所有叶片，雾滴的附着率直接影响喷药效果。喷药时选用安装专业的扇形超细喷头的高压电动喷杆喷雾器；同时，加入多功能渗透性喷雾助剂农希望5号喷雾宝或50%油酸甲酯液剂（喷雾精）10～20ml/15kg药液对水均匀喷雾，必须把药喷匀、喷细、喷透，药液在叶片上下均匀地沉积形成一层药膜，中下部叶片的药剂附着率达90%以上，才能取得较好的防治效果。

3. 黄瓜蔓枯病

症　　状　*Mycosphaerella melonis*称甜瓜球腔菌，属子囊菌亚门真菌。主要为害茎蔓、叶片。叶片上病斑近圆形或不规则形，有的自叶缘向内呈"V"形，淡褐色，后期病斑易破碎，常龟裂，干枯后呈黄褐色至红褐色，病斑轮纹不明显，上生许多黑色小点。蔓上病斑椭圆形至梭形，油浸状，白色，有时溢出琥珀色的树脂胶状物。病害严重时，茎节变黑，腐烂、易折断（图28-11和图28-12）。

图28-11　黄瓜蔓枯病为害茎蔓症状

图28-12　黄瓜蔓枯病为害叶片症状

发生规律 以分生孢子器或子囊壳随病残体在土中，或附在种子、架杆、温室、大棚棚架上越冬。翌年通过风雨及灌溉水传播，从气孔、水孔或伤口侵入。土壤水分高易发病，北方夏、秋季，南方春、夏季流行。连作地、平畦栽培，排水不良，密度过大、肥料不足，植株生长衰弱或徒长，发病重。

施药技术 涂茎防治：发现茎上的病斑后，立即用高浓度药液涂茎的病斑，可用70%甲基硫菌灵可湿性粉剂50倍液、40%氟硅唑乳油100倍液，加入农希望5号喷雾宝或50%雾膜宝乳液10～20ml/15kg药液对水均匀喷雾，用毛笔蘸药涂抹病斑。

该病主要发生在中下部主茎，可以通过涂茎或喷雾，喷雾到病害的重要发生区域，才能收到较好的喷药效果。发病初期，可喷洒30%苯甲·咪鲜胺（咪鲜胺25%+苯醚甲环唑5%）悬浮剂60～80ml/亩、65%代森锌可湿性粉剂500倍液+40%氟硅唑乳油4 000～5 000倍液、75%百菌清可湿性粉剂600倍液+36%甲基硫菌灵悬浮剂400～500倍液+50%乙烯菌核利干悬浮剂800倍液、25%腈菌唑乳油2 500倍液+80%代森锰锌可湿性粉剂600倍液、70%丙森锌可湿性粉剂600倍液+70%甲基硫菌灵可湿性粉剂600倍液＋50%异菌脲可湿性粉剂800倍液，加入农希望5号喷雾宝或50%雾膜宝乳液10～20ml/15kg药液对水均匀喷雾，15d后再喷1次，间隔3～4d后再防治1次，以后视病情变化决定是否用药。

4．黄瓜疫病

症　　状 *Phytophthora melonis* 称瓜疫霉，属鞭毛菌门真菌。整个生长期，各个部位均可发病，以幼茎、嫩尖受害最重。幼苗受害，嫩尖初呈暗绿色水浸状软腐，病部缢缩，后干枯萎蔫（图28-13）。成株发病，先从近地面茎基部开始，初呈水渍状暗绿色，病部软化缢缩，上部叶片萎蔫下垂，全株枯死。叶片发病，初呈圆形或不规则形暗绿色水浸状病斑，边缘不明显。湿度大时，病斑扩展很快，病叶迅速腐烂。干燥时，病斑发展较慢，边缘为暗绿色，中部淡褐色，常干枯脆裂。果实发病，先从花蒂部发生，出现水渍状暗绿色近圆形凹陷病斑，果实皱缩软腐，表面生有白色稀疏霉状物（图28-14和图28-15）。

图28-13　黄瓜疫病幼苗期为害症状　　　　　图28-14　黄瓜疫病为害成株症状

图28-15　黄瓜疫病为害瓜条和花的症状

发生规律　以菌丝体和厚垣孢子、卵孢子随病残体在土壤中或土杂肥中越冬，主要借助流水、灌溉水及雨水溅射而传播，也可借助施肥传播，从伤口或自然孔口侵入致病。发病后病部上产生孢子囊及游动孢子，借助气流及雨水溅射传播进行再侵染，病害得以迅速蔓延。如雨季来得早，雨量大、雨天多，该病易流行。连作、低温、排水不良、田间郁闭、通透性差或施用未充分腐熟有机肥的地块发病重。

施药技术　苗床或大棚土壤处理：每平方米苗床用25%甲霜灵可湿性粉剂8g与适量细土拌撒在苗床上，大棚于定植前用25%甲霜灵可湿性粉剂750倍液喷淋地面。

于发病前期开始施药，尤其是雨季到来之前先喷1次预防，雨后发现中心病株，拔除后立即喷洒66.8%丙森·异丙菌胺可湿性粉剂600～800倍液、50%烯酰吗啉可湿性粉剂30～40g/亩、722g/L霜霉威盐酸盐水剂72～107ml/亩、18.7%烯酰·吡唑酯（烯酰吗啉12%+吡唑醚菌酯6.7%）水分散粒剂75～125g/亩、72%锰锌·霜脲可湿性粉剂700倍液、60%氟吗·锰锌可湿性粉剂1 000～1 500倍液、52.5%恶唑菌酮·霜脲水分散粒剂1 500～2 000倍液、687.5g/L氟吡菌胺·霜霉威盐酸盐悬浮剂800～1 200倍液、69%烯酰·锰锌可湿性粉剂1 000～1 500倍液、72.2%霜霉威水剂800倍液+75%百菌清可湿性粉剂600倍液、70%呋酰·锰锌可湿性粉剂600～800倍液、10%氰霜唑悬浮剂2 000倍液+75%百菌清可湿性粉剂600倍液，隔5～7d喷1次，连续喷3～4次。喷药时选用安装专业的扇形超细喷头的高压电动喷杆喷雾器，应用直径0.3～0.5mm喷头，压力0.4～0.5MPa，田间无风或微风时喷头控制在距叶片0.5～0.6m，雾滴应在150μm以下；同时，加入多功能渗透性喷雾助剂农希望5号喷雾宝或50%油酸甲酯液剂（喷雾精）10～20ml/15kg药液对水均匀喷雾，必须把药喷匀、喷细、喷透，药液在叶片上下均匀地沉积形成一层药膜，中下部叶片的药剂附着率达90%以上，才能取得较好的防治效果。

5. 黄瓜细菌性角斑病

症状　*Pseudomonas syringae* pv. *lachrymoms* 称丁香假单胞杆菌黄瓜致病变种，属细菌。子叶染病，初呈水浸状近圆形凹陷斑，后微带黄褐色，干枯；真叶受害，初为水渍状浅绿色后变淡褐色，病斑扩大时受叶脉限制呈多角形。后期病斑呈灰白色，易穿孔。湿度大时，病斑上产生白色黏液。干燥时病部开裂，有白色菌脓（图28-16和图28-17）。

图28-16　黄瓜细菌性角斑病为害叶片初期症状

图28-17　黄瓜细菌性角斑病为害后期叶片正、背面症状

发生规律　病菌在种子内外或随病株残体在土壤中越冬。翌年春季由雨水或灌溉水溅到茎、叶上发病。通过雨水、昆虫、农事操作等途径传播。塑料棚低温高湿利于发病。黄河以北地区露地黄瓜，每年7月中旬为角斑病发病高峰期，棚室黄瓜4—5月为发病盛期。

施药技术　发病初期可喷药防治，用84%王铜水分散粒剂119～179g/亩、12%松脂酸铜悬浮剂175～233ml/亩、30%琥胶肥酸铜可湿性粉剂215～230g/亩、77%氢氧化铜可湿性粉剂45～60g/亩、20%噻森铜悬浮剂100～166ml/亩、40%喹啉铜悬浮剂50～70ml/亩、40%噻唑锌悬浮剂50～75ml/亩、5%大蒜素微乳剂60～80g/亩、41%乙蒜素乳油1 000～1 250倍液、0.3%四霉素水剂50～65ml/亩、3%噻霉酮微乳剂75～110g/亩、6%春雷霉素可溶液剂50～70ml/亩、3%中生菌素可溶液剂80～110ml/亩、5亿CFU/g多粘类芽孢杆菌KN-03悬浮剂160~200ml/亩、80亿芽孢/g甲基营养型芽孢杆菌LW-6可湿性粉剂80~120g/亩、1亿CFU/g枯草芽孢杆菌微囊粒剂50~150g/亩、2%春雷霉素·四霉素（春雷霉素1.8%+四霉素0.2%）可溶液剂67~100 ml/亩、35%喹啉铜·四霉素（喹啉铜34.5%+四霉素0.5%）悬浮剂32~36ml/亩、40%甲硫·噻唑锌（甲基硫菌灵24%+噻唑锌16%）悬浮剂120~180ml/亩、41%中生·丙森锌（丙森锌39%+中生菌素2%）可湿性粉剂80~100g/亩、2%中生·四霉素（四霉素0.3%+中生菌素1.7%）可溶液剂40~60ml/亩、27%春雷·溴菌腈（溴菌腈25%+春雷霉素2%）可湿性粉剂60~80g/亩、33%春雷·喹啉铜（喹啉铜30%+春雷霉素3%）悬浮剂40~50ml/亩、5%春雷·中生（中生菌素2%+春雷霉素3%）可湿性粉剂70~80g/亩、45%精甲·王铜（精甲霜灵5%+王铜40%）可湿性粉剂100~120g/亩、48%琥铜·乙膦铝（琥胶肥酸铜20%+三乙膦酸铝28%）可湿性粉剂125~389g/亩、50%琥铜·霜脲氰（琥胶肥酸铜42%+霜脲氰8%）可湿性粉剂500~700倍液、8%春雷·噻霉酮（春雷霉素6%+噻霉酮2%）水分散粒剂45~50g/亩，每5~7d喷1次，喷匀、喷细、喷透，连喷3~4次。

黄瓜细菌性角斑病，主要发生在中上部叶片，相对易于喷药，喷药时必须保证药液均匀喷雾到所有叶片，雾滴的附着率直接影响喷药效果。喷药时选用安装专业的扇形超细喷头的高压电动喷杆喷雾器；同时，还应加入高效扩散性喷雾助剂农希望5号喷雾宝或50%雾膜宝乳液10~20ml/15kg药液对水均匀喷雾，必须把药喷匀、喷细、喷透，药液在叶片上下均匀地沉积形成一层药膜，中下部叶片的药剂附着率达90%以上，才能取得较好的防治效果。

6．黄瓜灰霉病

症　状　*Botrytis cinerea*称灰葡萄孢，属半知菌亚门真菌。主要为害幼瓜、叶、茎。幼苗受害，叶片病斑从叶缘侵入，空气潮湿时，表面产生淡灰褐色的霉层（图28-18）。成株叶片一般由脱落的烂花或病卷须附着在叶面引起发病，病斑近圆形或不规则形，边缘明显，表面着生少量灰霉（图28-19）。病菌多从开败的雌花侵入，致花瓣腐烂，并长出淡灰褐色的霉层（图28-20），进而向幼瓜扩展，致脐部呈水渍状，幼花迅速变软、萎缩、腐烂，表面密生霉层。较大的瓜被害时（图28-21），组织先变黄并生灰霉，后霉层变为淡灰色，被害瓜受害部位停止生长、腐烂或脱落。烂瓜或烂花附着在茎上时，能引起茎部的腐烂，严重时下部的节腐烂致蔓折断，植株枯死（图28-22）。

图28-18　黄瓜灰霉病为害幼苗叶片

发生规律　病菌以菌丝或分生孢子及菌核附着在病残体上，或遗留在土壤中越冬。越冬的分生孢子和从其他菜田汇集来的灰霉菌分生孢子随气流、雨水及农事操作进行传播蔓延，黄瓜结瓜期是该病侵染和烂瓜的高峰期。春季连阴天多、气温不高、棚内湿度大、结露持续时间长、放风不及时，发病重。

施药技术　发病初期采用烟雾法或粉尘法：烟雾法用10%腐霉利烟剂200~250g/亩、45%百菌清烟剂250g/亩熏蒸；粉尘法于傍晚喷撒5%百菌清粉尘剂，连续防治2~3次。

发病初期喷洒50%啶酰菌胺水分散粒剂40~50g/亩、80%腐霉利可湿性粉剂50~60g/亩、80%嘧霉胺水分散粒剂35~45g/亩、22.5%啶氧菌酯悬浮剂26~36ml/亩、500g/L氟吡菌酰胺·嘧霉胺（嘧霉胺375g/L+氟吡菌酰胺125g/L）悬浮剂60~80ml/亩、65%啶酰·异菌脲（异菌脲40%+啶酰菌胺25%）水分散粒剂21~

图28-19 黄瓜灰霉病为害成株叶片症状　　图28-20 黄瓜灰霉病为害花器症状

图28-21 黄瓜灰霉病为害瓜条症状　　图28-22 黄瓜灰霉病为害茎蔓症状

24g/亩、30%啶酰·咯菌腈（啶酰菌胺24%+咯菌腈6%）悬浮剂45~88ml/亩、26%嘧霉胺·乙霉威（嘧霉胺10%+乙霉威16%）水分散粒剂125~150g/亩、30%唑醚·啶酰菌（啶酰菌胺20%+吡唑醚菌酯10%）悬浮剂45~75ml/亩、42.4%唑醚·氟酰胺（吡唑醚菌酯21.2%+氟唑菌酰胺21.2%）悬浮剂20~30ml/亩、25%中生·嘧霉胺（嘧霉胺22%+中生菌素3%）可湿性粉剂100~120g/亩、50%腐霉·多菌灵（腐霉利12.5%+多菌灵37.5%）可湿性粉剂84~100g/亩、50%嘧菌环胺水分散粒剂1 000~1 500倍液+70%代森联干悬浮剂700倍液、25%啶菌恶唑乳油1 000~2 000倍液+70%代森联干悬浮剂700倍液、40%嘧霉·啶酰菌（嘧霉胺

20%+啶酰菌胺20%)悬浮剂117～133ml/亩、50%腐霉利可湿性粉剂1 000～2 000倍液+75%百菌清可湿性粉剂600倍液、50%异菌脲可湿性粉剂1 000～1 500倍液+50%乙霉威可湿性粉剂600倍液。为防止产生抗药性,提倡轮换交替或复配使用。每7d喷1次,连续喷2～3次。

黄瓜灰霉病,主要发生在中上部叶片、嫩梢和幼果,相对易于喷药,喷药时必须保证药液均匀喷雾到所有部位,雾滴的附着率直接影响喷药效果。喷药时选用安装专业的扇形超细喷头的高压电动喷杆喷雾器,应用直径0.3～0.5mm喷头,压力0.4～0.5MPa,加大压力以降低雾滴细度、减少水量提高药液的浓度可以提高防治效果,田间无风或微风时喷头控制在距叶片0.5～0.6m,雾滴应在150μm以下;同时,加入多功能渗透性喷雾助剂农希望5号喷雾宝或50%油酸甲酯液剂(喷雾精)10～20ml/15kg药液对水均匀喷雾,必须把药喷匀、喷细、喷透,药液在叶片上下均匀地沉积形成一层药膜,中下部叶片的药剂附着率达90%以上,才能取得较好的防治效果。

7. 黄瓜病毒病

症　　状　主要由黄瓜花叶病毒Cucumber mosaic virus和甜瓜花叶病毒Muskmelon mosaic virus引起。为系统感染,病毒可以到达除生长点以外的任何部位。苗期染病子叶变黄枯萎,幼叶呈深绿与淡绿相间的花叶状,同时,发病叶片出现不同程度的皱缩、畸形。成株染病,新叶呈黄绿相间的花叶状,病叶小且皱缩,叶片变厚(图28-23),严重时叶片反卷;茎部节间缩短,茎畸形,严重时病株叶片枯萎;瓜条呈现深绿及浅绿相间的花色,表面凹凸不平,瓜条畸形(图28-24)。重病株簇生小叶,不结瓜,致萎缩枯死。

图28-23　黄瓜病毒病为害叶片症状

发生规律　黄瓜种子不带毒,主要在多年生宿根植物上越冬,每当春季发芽后,蚜虫开始活动或迁飞成为传播此病主要媒介。发病适温20～25℃,气温高于25℃多表现隐症。种子可带毒,带毒率16%～18%。黄瓜花叶病毒极易通过接触传染,蚜虫不传毒。

施药技术　秋冬茬黄瓜露地育苗期间和定植后扣膜前,应避蚜、防高温,防治蚜虫和白粉虱,应注意防止病毒传染。

发病前，可用2%宁南霉素水剂100～150ml/亩、0.5%菇类蛋白多糖水剂300倍液、20%丁子香酚水乳剂30～45ml/亩，加入多功能渗透性喷雾助剂农希望5号喷雾宝或50%油酸甲酯液剂（喷雾精）10～20ml/15kg药液喷雾对水均匀喷雾，以提高药效。

图28-24　黄瓜病毒病为害瓜条症状

二、黄瓜虫害与农药施用关键技术

瓜类蔬菜的虫害有多种，其中为害较重的有温室白粉虱、美洲斑潜蝇、南美斑潜蝇、瓜蚜、瓜绢螟、黄足黄守瓜、烟粉虱等。

1. 斑潜蝇

为害特点　美洲斑潜蝇（*Liriomayza sativae*）、南美斑潜蝇（*Lirimyza huidobrensis*）以幼虫钻叶为害，在叶片上形成由细变宽的蛇形弯曲隧道，开始为白色，后变成铁锈色。幼虫多时叶片在短时间内就被钻空干死（图28-25）。

形态特征　美洲斑潜蝇：成虫体小，淡灰黑色，虫体结实。雌虫较雄虫体稍长。小盾片鲜黄色，外顶鬃着生在黑色区域（图28-26）。卵很小，米色，轻微半透明。幼虫为乳白色至鸭黄色无头蛆（图28-27）。蛹椭圆形，腹面稍扁平，橙黄色至金黄色。

南美斑潜蝇：成虫体长1.70～2.25mm。额明显突出于眼，橙黄色，上眶稍暗，内外顶鬃着生处暗色，足基节黄色具黑纹，腿节基本黄色。低龄幼虫体白色，高龄幼虫头部及胸部前端黄色，虫体大部分为白色。蛹初期呈黄色，逐渐加深直至呈深褐色，比美洲斑潜蝇颜色深且体型大。

图28-25　斑潜蝇为害黄瓜叶片症状

图28-26 美洲斑潜蝇成虫

图28-27 美洲斑潜蝇幼虫

发生规律 美洲斑潜蝇：每年发生10余代，无越冬现象。发生期为4—11月，发生盛期有2个，即5月中旬至6月和9月至10月中旬。幼虫期4~7d，末龄幼虫咬破叶表皮后在叶片表面或土表下化蛹，经7~14d羽化为成虫。每个世代的历期夏季为14~28d，冬季为40~55d。

南美斑潜蝇：发生代数不详。在保护地内于2月下旬虫口密度迅速上升，3月后便可造成严重为害，并可持续到5月中旬前后。在露地蔬菜上，于4月上中旬可见到由棚室中迁出的成虫为害菜苗，5月中下旬后数量激增，至6月下旬后，由于气温高等诸多原因，数量迅速下降。在温室中，12月常可大发生，进入1月后，由于温度较低，数量又趋下降。

施药技术 成虫发生高峰期至产卵盛期，瓜类子叶期和第1片真叶期是防治的关键时期。

可用0.5%甲氨基阿维菌素苯甲酸盐微乳剂2 000~3 000倍液+4.5%高效氯氰菊酯乳油2 000倍液、20%阿维·杀虫单微乳剂1 500倍液、80%灭蝇胺水分散粒剂15~18g/亩、30%呋虫胺·灭蝇胺（灭蝇胺20%+呋虫胺10%）悬浮剂30~40ml/亩、1.8%阿维菌素乳油40~80ml/亩、60%噻虫·灭蝇胺（噻虫嗪10%+灭蝇胺50%）水分散粒剂20~26g/亩、1.8%阿维·啶虫脒（啶虫脒1.5%+阿维菌素0.3%）微乳剂45~60ml/亩、35%阿维·灭蝇胺（灭蝇胺34%+阿维菌素1%）悬浮剂20~30ml/亩、3%阿维·高氯（高效氯氰菊酯2.8%+阿维菌素0.2%）乳油33~66ml/亩等药剂喷施，每隔7d喷1次，共喷2~4次。同时，加入多功能渗透性喷雾助剂农希望5号喷雾宝或50%油酸甲酯液剂（喷雾精）10~20ml/15kg药液对水均匀喷雾，必须把药喷匀、喷细、喷透，药液在叶片上下均匀地沉积形成一层药膜，才能取得较好的防治效果。

2. 温室白粉虱

温室白粉虱（*Trialeurodes vaporariorum*）以成虫和若虫吸食植物汁液，被害叶片褪绿、变黄、萎蔫，甚至全株死亡（图28-28）。白粉虱亦可传播病毒病。

形态特征 成虫体淡黄色，翅面覆盖白蜡粉，停息时双翅合拢平覆体上，腹部被翅遮盖，翅与叶面几乎平行。翅脉简单（图28-29）。卵椭圆形，基部有卵柄，初产淡绿色，后渐变褐色，孵化前呈黑色。1龄若虫体长椭圆形；2龄、3龄若虫淡绿色或黄绿色；4龄若虫又称伪蛹，椭圆形，初期体扁平，逐渐加厚呈蛋糕状（图28-30）。

发生规律 在温室条件下每年可发生10余代，在我国北方冬季野外条件下不能存活，以各虫态在温室越冬并继续为害。翌年通过菜苗定植移栽时转入大棚或露地，或乘温室开窗通风时迁飞至露地。夏季的高温多雨抑制作用不明显，到秋季数量达到高峰，集中为害瓜类、豆类和茄果类蔬菜。7—8月虫口密度

图28-28　白粉虱为害叶片症状　　　图28-29　温室白粉虱成虫　　　图28-30　温室白粉虱若虫、卵

较大，8—9月为害严重。10月下旬后，气温下降，开始向温室内迁移为害或越冬。

施药技术　在保护地内，白粉虱发生盛期，可选用20%异丙威烟剂300～400g/亩、15%敌敌畏烟剂390～450g/亩，于棚内点燃放烟。

也可用60%呋虫胺水分散粒剂10～17g/亩、10%溴氰虫酰胺可分散油悬浮剂43～57ml/亩、25%噻虫嗪水分散粒剂10～12g/亩+4.5%联苯菊酯水乳剂20～35ml/亩、40%啶虫脒可溶粉剂4～5g/亩、0.5%藜芦碱可溶液剂70～80ml/亩、10%吡虫啉可湿性粉剂10～20g/亩、200万CFU/ml耳霉菌悬浮剂150～230ml/亩、10%烯啶虫胺水剂3 000倍液、1.8%阿维菌素乳油3 000倍液、50%噻虫胺水分散粒剂2 000倍液等药剂均匀喷雾，白粉虱一般在叶片背面为害，喷药时注意喷施叶背。

斑潜蝇，主要发生在中上部叶片，相对易于喷药，喷药时保证药液均匀喷雾到所有叶片，雾滴的附着率直接影响喷药效果。喷药时选用安装专业的扇形超细喷头的高压电动喷杆喷雾器，应用直径0.3～0.5mm喷头，压力0.4～0.5MPa，加大压力以降低雾滴细度，喷头对着叶片正面和反面，田间无风或微风时喷头控制在距叶片0.5～0.6m，雾滴应在150μm以下；同时，加入多功能渗透性喷雾助剂农希望5号喷雾宝或50%油酸甲酯液剂（喷雾精）10～20ml/15kg药液对水均匀喷雾，须把药喷匀、喷细、喷透，药液在叶片上下均匀地沉积形成一层药膜，中下部叶片的药剂附着率达90%以上，才能取得较好的防治效果。

3．瓜蚜

为害特点　瓜蚜（*Aphis mlossypii*），成虫和若虫在叶片背面和嫩梢、嫩茎上吸食汁液。嫩叶及生长点被害后，叶片卷缩，生长停滞，甚至全株萎蔫而死亡。

形态特征　无翅孤雌蚜体夏季多为黄色，春秋为墨绿色至蓝黑色（图28-31）。有翅孤雌蚜头、胸黑色。无翅孤雌胎生蚜宽卵圆形，多为暗绿色。无翅胎生雌蚜体夏季黄绿色，春、秋季深绿色，腹管黑色或青色，圆筒形，基部稍宽。有翅胎生雌蚜体黄色、浅绿色或深绿色，前胸背板及胸部黑色。干母为有翅蚜，体黑色，腹部腹面略带绿色。

发生规律　每年发生10余代，于4月底产生有翅蚜迁飞到露地蔬菜上繁殖为害，直至秋末冬初又产生有翅蚜迁入保护地。

施药技术　蚜虫发生盛期是防治的关键时期。

可选用10%烯啶虫胺水剂3 000～5 000倍液、10%吡虫啉可湿性粉剂1 500～2 000倍液、3%啶虫脒乳油2 000～3 000倍液、10%氯噻啉可湿性粉剂2 000倍液、25%噻虫嗪可湿性粉剂2 000～3 000倍液、20%高氯·噻嗪酮（高效氯氰菊酯2%+噻嗪酮18%）乳油1 500~3 000倍液、10%吡丙·吡虫啉（吡丙醚2.5%+吡虫啉7.5%）悬浮剂1 500倍液喷施。喷药时选用安装专业的扇形超细喷头的高压电动喷杆喷雾器，应用直径0.3~0.5mm喷头，压力0.3~0.4MPa，加大压力以降低雾滴细度，喷头对着叶片正面和反面，田间无风或微风时喷头控制在距叶片0.5~0.6m，雾滴应在150μm以下；同时，加入多功能渗透性喷雾助剂农希望5号喷雾宝或50%油酸甲酯液剂（喷雾精）10~20ml/15kg药液对水均匀喷雾，必须把药喷匀、喷细、喷透，药液在叶片上下均匀地沉积形成一层药膜，中下部叶片的药剂附着率达90%以上，才能取得较好的防治效果。

图28-31　无翅孤雌蚜

在保护地还可用22%敌敌畏烟剂300~400g/亩、10%异丙威烟剂350g/亩熏蒸防治。

三、黄瓜各生育期病虫草害与农药施用关键技术

（一）苗期病虫草害与农药施用关键技术

黄瓜苗期病害发生较多，如猝倒病、立枯病、疫病、炭疽病等；也有一些病害通过种子、土壤传播，如枯萎病、菌核病等，需要尽早施药预防；对于经常发生地下害虫、线虫病的田块，需要科学地施用农药进行防治（图28-32）；因此，播种和苗期是防治病虫害、培育壮苗、保证生产的重要时期。

图28-32　黄瓜苗期喷药效果对比

对于育苗田，可以结合平整土地，进行土壤药剂处理，针对本地常发病害的种类，适当选用药剂。如每平方米使用50%拌种双可湿性粉剂7g、25%甲霜灵可湿性粉剂4g+60%代森铵可湿性粉剂5g、25%甲霜灵可湿性粉剂8g+50%福美双可湿性粉剂8g等掺细土4~5kg，待苗床平整、浇水后，将1/3的药土撒于地表，播种后再把剩余的药土覆盖在种子上面，这样上覆下垫，可以充分发挥药效。对于老菜区，黄瓜枯萎病、蔓枯病、炭疽病等发生较重的地块，也可以每平方米使用70%甲基硫菌灵可湿性粉剂5g+25%甲霜

灵可湿性粉剂8g+50%福美双可湿性粉剂8g等。

对于经常发生地下害虫、根结线虫病严重为害的田块，可以穴施或整地时土壤撒施10%噻唑膦颗粒剂2～3kg/亩、0.5%阿维菌素颗粒剂3～5kg/亩，有很好的效果。

移栽前，喷施72%异丙甲草胺乳油75～100ml/亩、24%二甲戊乐灵乳油75～100ml/亩，均匀喷施土表，可以防治多种1年生杂草。

为促进生长，增强抗病能力，还可以混用喷洒0.001%芸苔素内酯水剂2 000～3 000倍液、8%胺鲜酯水剂3 000～5 000倍液，对苗期黄瓜均匀喷雾，收效显著。在3～6叶期喷洒3.6%苄氨·赤霉酸（苄氨基嘌呤1.8%+赤霉酸A4+A71.8%）可溶液剂6000～800倍液，能促进雄花形成，降低节位。也可以喷洒一些叶面肥，以合理的方式与杀虫、杀菌剂混用，可以收到很好的效果。

（二）初花期病虫害与农药施用关键技术

从移植到开花结果期（图28-33），一般瓜苗生长健壮，多种病害开始侵入，有时有些病害开始严重发生，一般说来该期是喷药保护、施用植物激素和微肥的关键时期，将直接影响早熟与丰产。

图28-33 黄瓜生长期施药预防保护

这一时期经常发生的病害有黄瓜霜霉病、白粉病、疫病、枯萎病、病毒病、炭疽病等。施药重点是使用保护剂，预防病害发生。常用的保护剂有70%代森锰锌可湿性粉剂800～1 000倍液、75%百菌清可湿性粉剂600～800倍液、60%唑醚·代森联（代森联55%+吡唑醚菌酯5%）水分散粒剂60～100g/亩、325g/L苯甲·嘧菌酯（嘧菌酯200g/L+苯醚甲环唑125g/L）悬浮剂35～50ml/亩。对于大棚还可以用10%百菌清烟剂，每亩800～1 000g，熏1夜。也可以使用一些由保护剂与治疗剂组成的复配混剂，如32%唑醚·喹啉铜（吡唑醚菌酯2%+喹啉铜30%）悬浮剂50～70ml/亩、56%唑醚·霜脲氰（吡唑醚菌酯8%+霜脲氰48%）水分散粒剂21～28g/亩、64%恶霜·锰锌可湿性粉剂500倍液、70%乙膦铝·锰锌可湿性粉剂500倍液、75%百菌清可湿性粉剂800～1 000倍液+72.2%霜霉威盐酸盐水剂800～1 000倍液、72%霜脲·锰锌可湿性粉剂800倍液等。生产上要根据病情和发病种类，可以使用一些保护剂与治疗剂混用，如70%代森锰锌可湿性粉剂800～1 000倍液、50%代森锌可湿性粉剂600～800倍液、25%甲霜灵可湿性粉剂500～800倍液、50%腐霉利可湿性粉剂1 000～2 000倍液混用等。

这一时期经常发生蚜虫、白粉虱等害虫，可喷施10%烯啶虫胺水剂3 000～5 000倍液、10%吡虫啉可湿性粉剂1 500～2 000倍液、3%啶虫脒乳油2 000～3 000倍液、25%噻虫嗪可湿性粉剂2 000～3 000倍液、10%吡丙吡虫啉悬浮剂1 500倍液，有较好的防治效果。

喷药时选用高压电动喷杆喷雾器，应用直径0.3～0.5mm喷头，压力0.4～0.5MPa，加大压力降低雾滴细度、减少水量提高药液的浓度可以提高防治效果,喷头对着叶片正面和反面,田间无风或微风时喷头控制在距叶片0.5~0.6m,雾滴应在150μm以下,喷雾角应在45°以上;同时,加入多功能渗透性喷雾助剂农希望5号喷雾宝或50%油酸甲酯液剂(喷雾精)10~20ml/15kg药液对水均匀喷雾,必须把药喷匀、喷细、喷透,药液在叶片上下均匀地沉积形成一层药膜,中下部叶片的药剂附着率达90%以上,才能取得较好的防治效果。

为促进生长,增强抗病能力,还可以喷洒0.001%芸苔素内酯水剂2 000~3 300倍液,对苗期及生长期黄瓜均匀喷雾,收效显著。黄瓜在开雌花当天或开花前2~3d用0.1%氯吡脲可溶液剂50~100倍液浸或均匀喷雾瓜胎,提高坐瓜率,能避免花期和幼果期因低温、阴雨等天气使雌、雄花或幼果生长发育不良而造成的不坐瓜或化瓜的现象。在黄瓜雌花开花前后1d或开花当天,用0.5%赤霉·氯吡脲(氯吡脲0.1%+赤霉酸0.4%)可溶液剂125~250倍液,均匀喷雾瓜胎1次,防止瓜和花的脱落,促进植物生长、早熟、延缓作物后期叶片的衰老、增加产量、改进品质。也可以喷洒一些叶面肥,以合理的方式与杀虫、杀菌剂混用,可以收到很好的效果。

(三) 开花结瓜期病虫害与农药施用关键技术

在黄瓜开花结瓜期(图28-34),主要病害有灰霉病、枯萎病、病毒病等,由于生长进入中后期常常多种病害混合发生,黄瓜霜霉病、白粉病、疫病也时常严重发生,加上一些生理性病害、落花落果、缺

图28-34 黄瓜开花结果期施药防治情况

少微量元素等因素,会显著影响果实产量与品质,该期是病虫害防治的一个关键时期。

在开花和幼瓜期,除了注意防治叶部病害外,还要注意防治疫病、枯萎病、生理性化瓜,对于保护地栽培的黄瓜要注意防治灰霉病。对于保护地或大田灰霉病等发生严重的田块,可结合防治生理性落花落果,使用50%腐霉利可湿性粉剂800~1 000倍液加3.6%苄氨·赤霉酸(苄氨基嘌呤1.8%+赤霉酸A4+A71.8%)可溶液剂6000~800倍液,用毛笔蘸取药液涂花或用小喷雾器喷洒花柱头,注意不要喷洒嫩叶;对于枯萎病严重瓜田,可用50%多菌灵可湿性粉剂400~600倍液+黄腐酸盐1 000~1 500倍液喷雾或灌根,灌根每株用药量300~400ml。

黄瓜生长进入中后期,一般多种病害并存,植株长势衰弱,有时根结线虫病、蚜虫也有发生,要注意复配用药。病害防治注意治疗剂的使用,同时也要结合使用保护剂,以防重复性侵染,用药剂量一般要比前期高。结合发病种类正确选用治疗剂,可用56%唑醚·霜脲氰(吡唑醚菌酯8%+霜脲氰48%)水分散粒剂21~28g/亩+50%多菌灵可湿性粉剂400倍液、32%唑醚喹啉铜(吡唑醚菌酯2%+喹啉铜30%)悬浮

剂50~70ml/亩+70%甲基硫菌灵可湿性粉剂500倍液、325g/L苯甲·嘧菌酯（嘧菌酯200g/L+苯醚甲环唑125g/L）悬浮剂35~50ml/亩、56%唑醚·霜脲氰（吡唑醚菌酯8%+霜脲氰48%）水分散粒剂21~28g/亩、64%恶霜·锰锌可湿性粉剂500倍液+12.5%腈菌唑乳油3 000倍液、50%腐霉利可湿性粉剂1 000~2 000倍液+12.5%腈菌唑乳油3 000倍液等。喷药时选用高压电动喷杆喷雾器，应用直径0.3~0.5mm喷头，压力0.4~0.5MPa，加大压力降低雾滴细度、减少水量提高药液的浓度可以提高防治效果，喷头对着叶片正面和反面，田间无风或微风时喷头控制在距叶片0.5~0.6m，雾滴应在150μm以下，喷雾角应在45°以上；同时，加入多功能渗透性喷雾助剂农希望5号喷雾宝或50%油酸甲酯液剂（喷雾精）10~20ml/15kg药液对水均匀喷雾，必须把药喷匀、喷细、喷透，药液在叶片上下均匀地沉积形成一层药膜，才能取得较好的防治效果。

对于大棚，还可以用10%百菌清烟剂，每亩800~1 000g，熏1夜。

第二十九章 西瓜病虫草害与农药施用关键技术

一、西瓜病害与农药施用关键技术

1. 西瓜蔓枯病

症　状　*Mycosphaerlla melonis* 称瓜类球腔菌，属子囊菌门真菌。主要为害叶片、蔓、果实。子叶发病时，初呈水渍状小点，逐渐扩大为黄褐色或青灰色圆形至不规则形斑，后扩展至整个子叶，子叶枯死。幼苗茎部受害，初呈水渍状小斑，后向上、下扩展，并环绕幼茎，引起幼苗枯萎死亡。成株期叶片上形成圆形或椭圆形淡褐色至灰褐色大型病斑，病斑干燥易破裂，其上形成密集的小黑点，潮湿时，病斑遍布全叶，叶片变黑枯死（图29-1至图29-3）。茎基部先呈油渍状，表皮裂痕，有胶状物流出，稍凹陷，干燥时胶状物变为赤褐色，病斑上出现无数个针头大小的黑点，后期整株枯死（图29-4）。果实染病，先出现油渍状小斑点，不久变为暗褐色，中央部位呈褐色枯死状，而后褐色部分为星状开裂，内部木栓化，严重发生时，植株枯死（图29-5）。

图29-1　西瓜蔓枯病为害子叶症状

图29-2　西瓜蔓枯病为害幼苗症状

图29-3　西瓜蔓枯病为害叶片症状

图29-4　西瓜蔓枯病为害茎蔓后期田间症状

图29-5　西瓜蔓枯病为害果实及茎蔓田间症状

发生规律　以分生孢子器及子囊壳在病残体上越冬,翌年产生分生孢子及子囊壳,借风雨传播,从植株伤口、气孔或水孔侵入。高温多雨季节发病迅速。连作地、排水不良、通风透光不足、偏施氮肥、土壤湿度大或田间积水易发病。

施药技术　发病初期进行药剂防治,可用22.5%啶氧菌酯悬浮剂40~50ml/亩+70%甲基硫菌灵可湿性粉剂600~800倍液+75%百菌清可湿性粉剂800倍液、80%代森锌可湿性粉剂800倍液+36%甲基硫菌灵胶悬剂400倍液、24%苯甲·烯肟（烯肟菌胺8%+苯醚甲环唑16%）悬浮剂30~40ml/亩、40%苯甲·吡唑酯（苯醚甲环唑15%+吡唑醚菌酯25%）悬浮剂20~25ml/亩、35%氟菌·戊唑醇（戊唑醇17.5%+氟吡菌酰胺17.5%）悬浮剂25~30ml/亩、48%嘧菌·百菌清（百菌清40%+嘧菌酯8%）悬浮剂75~90ml/亩+40%氟硅唑乳油2 000~5 000倍液、25%双胍辛胺水剂800倍液+50%异菌脲可湿性粉剂1 000倍液+80%代森锰锌可湿性粉剂800倍液、35%苯甲·嘧菌酯（苯醚甲环唑20%+嘧菌酯15%）悬浮剂20~25ml/亩,对水均匀喷雾,7~10d防治1次,视病情防治2~3次。

该病主要发生在基部茎,也为害叶片,必须保证病害发生部位着药,给喷药带来了很大的困难。喷药时选用高压电动喷杆喷雾器,应用直径0.3~0.5mm喷头,压力0.4~0.5MPa,加大压力降低雾滴细度、减少水量提高药液的浓度可以提高防治效果，田间无风或微风时喷头距离控制在距叶片0.5～0.6m，雾滴应在150μm以下；同时，加入多功能渗透性喷雾助剂农希望5号喷雾宝或50%油酸甲酯液剂（喷雾精）10～20ml/15kg药液对水均匀喷雾，必须把药剂喷匀、喷细、喷透，药液在叶片上下均匀地沉积形成一层药膜，才能取得较好的防治效果。

病害严重时可用上述药剂加倍后涂抹病茎。可用70%甲基硫菌灵可湿性粉剂50倍液、40%氟硅唑乳油100倍液，用毛笔蘸药涂抹病斑。也可以在发病前或发病初期，用50%多菌灵可湿性粉剂500倍液+50%福美双可湿性粉剂500倍液、50%苯菌灵可湿性粉剂1 000倍液+50%福美双可湿性粉剂500倍液灌根，每株灌对好的药液300～500ml，隔10d后再灌1次，连续防治2～3次。

2．西瓜炭疽病

症　状　Colletotrichum lagenarium称瓜刺盘孢，属无性型真菌。此病全生育期都可发生，可为害叶片、叶柄、茎蔓和瓜果。苗期发病，子叶上出现圆形褐色病斑，边缘有浅绿色晕环（图29-6）。嫩茎染病，病部黑褐色，且缢缩，致幼苗猝倒（图29-7）。成株期发病，叶片上初为圆形或纺锤形水渍状斑，后干枯成黑色，边缘有紫黑色晕圈，有时有轮纹，病斑扩大后，叶片干燥枯死（图29-8）。空气潮湿，病斑表面生出粉红色小点。叶柄或茎蔓病斑水渍状淡黄色长圆形，稍凹陷，后变黑色，环绕茎蔓一周全株即枯死（图29-9）。瓜果染病，初呈水渍状暗绿色凹陷斑，凹陷处常龟裂，潮湿时在病斑中部产生粉红色黏稠物（图29-10）。幼瓜被害，果实变黑，腐烂。

图29-6　西瓜炭疽病为害幼苗子叶症状

图29-7　西瓜炭疽病为害幼苗嫩茎症状

图29-8　西瓜炭疽病为害叶片症状

图29-9 西瓜炭疽病为害茎蔓症状

图29-10 西瓜炭疽病为害瓜果症状

发生规律 病菌主要以菌丝体及拟菌核随病残体在土壤中越冬,也可潜伏在种子上越冬。翌年菌丝体产生分生孢子借雨水飞散,形成再侵染源。西瓜生长中后期发生较严重,特别是以6月中旬至7月上旬的梅雨季节发生最盛。西瓜生长期多阴雨、地块低洼积水,或棚室内温暖潮湿、重茬种植,过多施用氮肥,排水不良,通风透光差,植株生长衰弱等有利于发病。

施药技术 发病初期,温棚用20%腐霉·百菌清(百菌清10%+腐霉利10%)烟剂200~300g/亩,傍晚或早上燃放,隔7d进行1次。或在发病前用45%百菌清烟剂200~250g/亩,傍晚进行,分放4~5个点,先密闭大棚、温室,然后点燃烟熏,隔7d熏1次,连熏4~5次。

药剂喷雾防治: 发病初期喷洒75%甲基硫菌灵水分散粒剂55~80g/亩+80%代森锰锌可湿性粉剂130~210g/亩、50%醚菌酯干悬浮剂3 000~4 000倍液+40%氟硅唑乳油1 000倍液、22.5%啶氧菌酯悬浮剂40~45ml/亩+40%氟硅唑乳油1 000倍液、50%吡唑醚菌酯水分散粒剂10~15g/亩+40%氟硅唑乳油1 000倍液、70%丙森锌可湿性粉剂600倍液+40%苯醚甲环唑悬浮剂15~20ml/亩、25%嘧菌酯悬浮剂1 500~2 000倍液+25%咪鲜胺乳油1 000~1 500倍液、12.5%烯唑醇可湿性粉剂2 000~4 000倍液+70%代森联干悬浮剂800倍液、10亿CFU/g多粘类芽孢杆菌可湿性粉剂100~200g/亩+30%吡唑醚菌酯·溴菌腈(吡唑醚菌酯10%+溴菌腈20%)水乳剂40~60ml/亩、48%苯甲·嘧菌酯(嘧菌酯30%+苯醚甲环唑18%)悬浮剂35~40g/亩、

20%咪鲜·嘧菌酯（咪鲜胺10%+嘧菌酯10%）悬浮剂800～1 000倍液、30%苯甲·吡唑酯（苯醚甲环唑20%+吡唑醚菌酯10%）悬浮剂20～30g/亩、40%苯甲·啶氧（苯醚甲环唑20%+啶氧菌酯20%）悬浮剂30～40ml/亩、560g/L嘧菌·百菌清（百菌清500g/L+嘧菌酯60g/L）悬浮剂75～120ml/亩、50%苯甲·肟菌酯（肟菌酯25%+苯醚甲环唑25%）水分散粒剂15～25g/亩、23%己唑·嘧菌酯（己唑醇4.6%+嘧菌酯18.4%）悬浮剂1 000～1 300倍液、25%咪鲜·多菌灵（咪鲜胺12.5%+多菌灵12.5%）可湿性粉剂75～100g/亩、68.75%恶酮·锰锌（代森锰锌62.5%+恶唑菌酮6.25%）水分散粒剂45～56g/亩。

该病主要发生在茎叶、果各部位，必须保证病害发生部位均匀着药，给喷药带来了很大的困难。喷药时选用高压电动喷杆喷雾器；同时，加入多功能渗透性喷雾助剂农希望5号喷雾宝或50%油酸甲酯液剂（喷雾精）10～20ml/15kg药液对水均匀喷雾，必须把药喷匀、喷细、喷透，药液在叶片上下均匀地沉积形成一层药膜，才能取得较好的防治效果。

3. 西瓜枯萎病

症　　状　Fusarium oxysporum f. sp. niverum 称尖镰刀西瓜专化型，属无性型真菌。此病在西瓜全生育期都可发生。苗期染病，根部变成黄白色，须根少，子叶枯萎，真叶呈现皱缩，枯萎发黄，茎基部变成淡黄色倒伏枯死，剖茎可见维管束变黄。成株期发病，病株生长缓慢，须根小。初期叶片由下向上逐渐萎蔫，似缺水状，早晚可恢复，几天后全株叶片枯死。发生严重时，茎蔓基部缢缩，呈锈褐色水渍状，空气湿度高时病茎上可出现水渍状条斑，或出现琥珀色流胶，病部表面产生粉红色霉层。剖开根或茎蔓，可见维管束变褐（图29-11和图29-12）。发生严重时，全田枯萎死亡（图29-13）。

图29-11　西瓜枯萎病为害幼苗症状　　　　图29-12　西瓜枯萎病为害症状

发生规律　主要以菌丝、厚垣孢子在土壤中或病残体上越冬，在土壤中可存活6～10年，可通过种子、土壤、肥料、浇水、昆虫进行传播。以开花、抽蔓到结果期发病最重。3月先在苗床内发生，4月下旬苗床内达到发病高峰。地膜覆盖早春移栽西瓜，5月初开始发病，5月下旬进入发病盛期，6月间为严重发病期。夏西瓜6月中下旬开始发病，7月中旬至8月上旬为发病盛期。该病为土传病害，发病程度取决于土壤中可侵染菌量。一般连茬种植，地下害虫多，管理粗放，或土壤黏重、潮湿等，病害发生严重。

图 29-13 西瓜枯萎病为害后期田间症状

施药技术 种子消毒：可用 25g/L 咯菌腈种子处理悬浮剂 476～588ml/100kg 种子进行种子包衣。可用 40% 福尔马林 150 倍液浸种 1～2h，或用 55℃ 温水配制 50% 多菌灵可湿性粉剂 600 倍液浸种 15min，洗净晾干播种。

发病初期及时防治，可用 70% 甲基硫菌灵可湿性粉剂 600～800 倍液、50% 多菌灵可湿性粉剂 500～600 倍液、50% 咪鲜胺锰络化合物可湿性粉剂 1 000～1 500 倍液、45% 噻菌灵可湿性粉剂 1 000 倍液、20% 噻菌铜悬浮剂 75～100g/亩、10% 丙硫唑水分散粒剂 600～800 倍液，对水 40kg 喷施，间隔 5～7d 喷 1 次，连续喷 2～3 次。

对于老瓜区，可以在幼苗定植时药剂灌根，也可以在发病前或发病初期，用 5% 水杨菌胺可湿性粉剂 300～500 倍液、54.5% 恶霉·福（福美双 45%+恶霉灵 9.5%）可湿性粉剂 700～1 000 倍液、80% 多·福·福锌（多菌灵 25%+福美双 25%+福美锌 30%）可湿性粉剂 800 倍液、2.5% 咯菌腈悬浮剂 800～1 000 倍液、50% 咪鲜胺锰络化合物可湿性粉剂 1 000～2 000 倍液、30% 福·嘧霉（嘧霉胺 5%+福美双 25%）可湿性粉剂 800～1 000 倍液、56% 甲硫·恶霉灵（甲基硫菌灵 40%+恶霉灵 16%）可湿性粉剂 600～800 倍液、15% 咯菌·恶霉灵（咯菌腈 5%+恶霉灵 10%）可湿性粉剂 300～353 倍液，灌根，每株灌对好的药液 300～500ml，隔 5～7d 灌 1 次，连续防治 2～3 次。

该病是系统侵染病害，病害主要为害部位发生在基部茎和根部，必须保证病害发生部位着药，有时也可以用灌根或根部喷淋让药剂进入发病部位，给喷药带来了很大的困难。喷药时选用高压电动喷杆喷雾器；同时，加入多功能渗透性喷雾助剂农希望 5 号喷雾宝或 50% 油酸甲酯液剂（喷雾精）10～20ml/15kg 药液，必须把药喷匀、喷细、喷透，药液在叶片上下均匀地沉积形成一层药膜，才能保证药液得到充分的吸收利用，取得较好的防治效果。

4. 西瓜疫病

症　　状　*Phytophthora meloni* 称甜瓜疫霉，属鞭毛菌门真菌。幼苗、成株均可发病，为害叶、茎及果实。子叶先出现水浸状暗绿色圆形病斑（图29-14），中央逐渐变成红褐色。近地面茎基部呈现暗绿色水浸状的软腐，后缢缩或枯死（图29-15）。真叶染病，初生暗绿色水渍状病斑，迅速扩展为圆形或不规则形大斑（图29-16），湿度大时，腐烂或像开水烫过，干后为淡褐色，干枯易破碎。茎基部和叶柄染病，呈现纺锤形水渍状暗绿色病斑，病部明显缢缩（图29-17至图29-20）。果实染病，形成暗绿色圆形水渍状凹陷斑，潮湿时迅速扩及全果，果实腐烂，表面密生白色菌丝（图29-21）。

发生规律　以卵孢子及菌丝体在土壤中或粪肥里越冬，随气流、雨水或灌溉水传播，种子虽可带菌，但带菌率不高。从毛孔、细胞间隙侵入。多雨高湿利于发病。西瓜生长期多雨、排水不良、空气潮湿发病重。大雨、暴雨或大水漫灌后病害发展蔓延迅速。土壤黏重、植株茂密、田间通风不良都会导致发病较重。

施药技术　发病初期开始喷洒100g/L氰霜唑悬浮剂55～75ml/亩+百菌清400g/L悬浮剂100～50ml/亩、23.4%双炔酰菌胺悬浮剂20～40ml/亩、70%丙森锌可湿性粉剂150～200g/亩+28%精甲霜灵·氰霜唑（氰霜唑16%+精甲霜灵12%）悬浮剂15～19ml/亩、26%氰霜·嘧菌酯（氰霜唑7.4%+嘧菌酯18.6%）悬浮剂48～65g/亩、440g/L精甲·百菌清（精甲霜灵40g/L+百菌清400g/L）悬浮剂90～150ml/亩、687.5g/L氟菌·霜霉威（霜霉威盐酸盐625g/L+氟吡菌胺62.5g/L）悬浮剂60～75ml/亩、68%精甲霜·锰锌（精甲霜灵4%+代森锰锌64%）水分散粒剂100～120g/亩、60%唑醚·代森联（代森联55%+吡唑醚菌酯5%）水分散粒剂60～100g/亩+72.2%霜霉威水剂800倍液、25%甲霜灵可湿性粉剂800～1 000倍液+75%百菌清可湿性粉剂500～700倍液、72%霜脲·锰锌（霜脲氰8%+代森锰锌64%）可湿性粉剂700倍液、69%烯酰吗啉·锰锌（烯酰吗啉9%+代森锰锌60%）可湿性粉剂1 000倍液等药剂，隔7～10d喷1次，连续喷3～4次。必要时还可用上述药剂灌根，每株灌对好的药液400～500ml，如能喷雾与灌根同时进行，防治效果会明显提高。

该病主要发生在茎叶、果各部位，重点是发生在上部和内部幼嫩茎叶和幼果处，必须保证病害发生部位均匀着药，给喷药带来了很大的困难。喷药时选用高压电动喷杆喷雾器直径应用0.3～0.5mm喷头，压力0.3～0.4MPa，加大压力降低雾滴细度、减少水量提高药液的

图29-14　西瓜疫病为害子叶症状

图29-15　西瓜疫病为害茎基部症状

图29-16　西瓜疫病为害叶片产生圆形病斑

图29-17　西瓜疫病为害叶柄症状

图29-18　西瓜疫病为害叶片干燥时症状

图29-19　西瓜疫病为害叶片潮湿时症状

图29-20　西瓜疫病为害茎蔓症状　　　　　图29-21　西瓜疫病为害果实后期症状

浓度可以提高防治效果，田间无风或微风时喷头控制在距叶片0.5～0.6m，雾滴应在150μm以下；加入多功能渗透性喷雾助剂农希望5号喷雾宝或50%油酸甲酯液剂（喷雾精）10～20ml/15kg药液对水均匀喷雾，必须把药喷匀、喷细、喷透，药液在叶片上下均匀地沉积形成一层药膜，才能取得较好的防治效果。

5. 西瓜白粉病

症　状　*Erysiphe cichoracearum*称瓜类单丝壳，属子囊菌亚门真菌。从苗期至采收期均可发生，可为害叶片、叶柄、茎部和果实，其中叶片和茎部最为严重。初期在叶片上产生淡黄色水渍状近圆形斑，随后病斑上产生白色粉状物，即病原菌分生孢子，病斑逐步向四周扩展成连片的大型白粉斑（图29-22）。严重时病斑上产生黄褐色小粒点，后小粒点变黑，即病原菌的有性子实体（子囊壳）。

图29-22　西瓜白粉病为害叶片症状

发生规律 病菌附着在土壤里的植物残体上或寄主植物体内越冬，翌年春病菌随雨水、气流传播，不断重复侵染。常年5—6月和9—10月为该病盛发期。一般是秋植瓜发病重于春植瓜，但5—6月如雨日多，田间湿度大时，春植瓜的发病亦重。该病对温度要求不严格，湿度在80%以上时最易发病、在多雨季节和浓雾露重的气候条件下，病害可迅速流行蔓延，一般10～15d后可普遍发病。当田间高温干旱时能抑制该病的发生，病害发展缓慢。在管理粗放、偏施氮肥、枝叶郁闭的田间，该病最易流行。

施药技术 发病期间用20%戊菌唑水乳剂25～30ml/亩、30%氟菌唑可湿性粉剂15～18g/亩、200g/L氟酰羟·苯甲唑（苯醚甲环唑125g/L+氟唑菌酰羟胺75g/L）悬浮剂40～50ml/亩、50%苯甲·吡唑酯（苯醚甲环唑25%+吡唑醚菌酯25%）水分散粒剂8～16g/亩、42.4%唑醚·氟酰胺（吡唑醚菌酯21.2%+氟唑菌酰胺21.2%）悬浮剂10～20ml/亩、40%苯甲·嘧菌酯（苯醚甲环唑15%+嘧菌酯25%）悬浮剂30～40ml/亩、80%苯甲·醚菌酯（醚菌酯50%+苯醚甲环唑30%）可湿性粉剂10～15g/亩、75%百菌清可湿性粉剂600～800倍液+12.5%烯唑醇可湿性粉剂2 000倍液、20%腈菌唑乳油1 500～2 000倍液+50%醚菌酯悬浮剂3 000倍液、40%氟硅唑乳油5 000～6 000倍液喷雾，隔6～7d喷1次，连续喷3次。为了避免病菌产生抗药性，药剂宜交替使用。

该病主要发生在上部叶片，必须保证病害发生部位均匀着药。喷药时选用高压电动喷杆喷雾器，均匀喷药；同时，加入多功能渗透性喷雾助剂农希望5号喷雾宝或50%油酸甲酯液剂（喷雾精）10～20ml/15kg药液对水均匀喷雾，必须把药喷匀、喷细、喷透，药液在叶片上下均匀地沉积形成一层油亮的药膜，才能取得较好的防治效果。

6. 西瓜病毒病

症　　状 甜瓜花叶病毒Muskmelon mosaic virus，MMV；黄瓜花叶病毒Cucumber mosaic virus，CMV。主要表现为花叶型和蕨叶型两种。幼苗期形成黄绿相间的花叶状（图29-23）。成株花叶型，新叶出现明显褪绿斑点，后变为系统性斑驳花叶（图29-24），叶面凸凹不平，叶片变小，畸形，节间缩短，植株矮化，结果少而小，果面上有褪绿色斑驳。蕨叶型，新叶狭长，皱缩扭曲，花器不发育，难以坐果（图29-25）。果实发病，表面形成浓绿色和浅绿色相间的斑驳，并有不规则凸起。

发生规律 病毒可在田间宿根杂草上越冬，也可在某些蔬菜上越冬。蚜虫（瓜蚜、桃蚜）是主要传播媒介，人工整枝打杈等农事活动也会传毒。一般在5月中下旬开始发病，6月上中旬进入发病的盛期，幼苗到开花阶段较感病。高温、干旱、阳光强烈的气候条件下易发病。缺肥、生长势弱的瓜田发病重。

图29-23　西瓜病毒为害西瓜苗期症状

施药技术 注意防治好蚜虫，可用10%吡虫啉可湿性粉剂1 500倍液、20%甲氰菊酯乳油2 000倍液对水均匀喷雾。

发病初期，开始喷1%香菇多糖水剂200～400倍液、4%低聚糖素可溶粉剂85～165g/亩、24%混脂·硫酸铜（硫酸铜1.2%+混合脂肪酸22.8%）水乳剂78～117ml/亩、20%盐酸吗啉胍·乙酸铜（乙酸铜10%+盐酸吗啉胍10%）可湿性粉剂500倍液、2%宁南霉素水剂150～200倍液、4%嘧肽霉素水剂500倍液、0.5%菇类蛋白多糖水剂300倍液、10%混合脂肪酸水乳剂100倍液等，加入多功能渗透性喷雾助剂农希望5号喷雾宝或50%油酸甲酯液剂（喷雾精）10～20ml/15kg药液对水均匀喷雾，间隔10d喷1次，连喷3～4次。

图29-24　西瓜病毒病花叶型症状　　　　图29-25　西瓜病毒病蕨叶型症状

7. 西瓜细菌性叶斑病

症　　状　*Pseudomonas syringae* pv. *lachrymans* 属假单胞杆菌属丁香假单胞菌黄瓜致病变种细菌。此病全生育期均可发生，叶片、茎蔓和瓜果都可受害。苗期染病，子叶和真叶沿叶缘呈黄褐至黑褐色坏死干枯，最后瓜苗呈褐色枯死。成株染病，叶片上初生水浸状半透明小点，以后扩大成浅黄色斑（图29-26），边缘具有黄绿色晕环，最后病斑中央变褐或呈灰白色破裂穿孔，湿度高时叶背溢出乳白色菌液。茎蔓染病呈油渍状暗绿色，之后龟裂，溢出白色菌脓。瓜果染病，初出现油渍状黄绿色小点，逐渐变成近圆形红褐至暗褐色坏死斑，边缘黄绿色油渍状，随病害发展病部凹陷龟裂呈灰褐色，空气潮湿时病部可溢出锈色菌脓（图29-27）。

图29-26　西瓜细菌性叶斑病为害叶片症状

发生规律　该病害是由细菌中假单胞杆菌侵染所致。病原细菌在种子上或随病残体留在土壤中越冬，成为翌年的初侵染来源。病原细菌借风雨、昆虫和农事操作中人为的接触进行传播，从寄主的气孔、水孔和伤口侵入。细菌侵入后，初在寄主细胞间隙中，后侵入到细胞内和维管束中，侵入果实的细菌则沿导管进入种子。温暖高湿条件，即气温21～28℃、空气相对湿度85%以上，有利于发病。

施药技术　发病初期，用2%宁南霉素水剂100～150ml/亩、3%中生菌素可湿性粉剂500～800倍液，加入多功能渗透性喷雾助剂农希望5号喷雾宝或50%油酸甲酯液剂（喷雾精）10～20ml/15kg药液对水均匀喷雾，间隔5～7d喷1次，连续2～3次。

图29-27 西瓜细菌性叶斑病为害瓜果症状

8. 西瓜霜霉病

症　状　*Pseudoperonospora cubensis* 称古巴假霜霉菌，属卵菌门真菌。发病初期，叶面上出现水浸状不规则形病斑，逐渐扩大并变为黄褐色，湿度大时叶片背面长出黑色霉层。发病严重时多数叶片凋枯（图29-28和图29-29）。

图29-28　西瓜霜霉病叶片发病初期症状　　　图29-29　西瓜霜霉病叶片发病后期症状

发生规律 在北方寒冷地区病菌不能在露地越冬，植株枯萎后即死亡，种子也不带菌。田间病菌主要靠气流传播，从叶片气孔侵入。霜霉病的发生与植株周围的温湿度关系非常密切，病害在田间发生的气温为16℃，适宜流行的气温为20～24℃。高于30℃或低于15℃发病受到抑制。孢子囊萌发要求有水滴，当日平均气温在16℃时，病害开始发生，日平均气温在18～24℃、相对湿度在80%以上时，病害迅速扩展。叶面有水膜时容易侵入。在湿度高、温度较低、通风不良时很易发生，且发展很快。

施药技术 田间发病时及时进行防治，病害发生初期，可用687.5g/L霜霉威盐酸盐·氟吡菌胺（氟吡菌胺62.5g/L+霜霉威盐酸盐625g/L）悬浮剂800～1 200倍液、69%锰锌·烯酰（烯酰吗啉9%+代森锰锌60%）可湿性粉剂1 000～1 500倍液、440g/L双炔·百菌清（百菌清400g/L+双炔酰菌胺40g/L）悬浮剂600～1 000倍液、25%烯肟菌酯乳油2 000～3 000倍液+75%百菌清可湿性粉剂600～800倍液，加入多功能渗透性喷雾助剂农希望5号喷雾宝或50%油酸甲酯液剂（喷雾精）10～20ml/15kg药液对水均匀喷雾，视病情间隔5～7d防治1次。

保护地栽培，可用45%百菌清烟剂200g/亩、15%百菌清·甲霜灵烟剂250g/亩，按包装分放5～6处，傍晚闭棚由棚室里面向外逐次点燃后，次日早晨打开棚室，进行正常田间作业。间隔6～7d熏1次，熏蒸次数视病情而定。也可在发病前采用5%百菌清粉尘剂1kg/亩，发病初期用7%百菌清·甲霜灵粉尘剂1kg/亩，早上或傍晚进行喷粉，视病情间隔7d喷1次。

二、西瓜虫害与农药施用关键技术

1. 美洲斑潜蝇

美洲斑潜蝇（*Liriomyza sativae*）属双翅目，潜蝇科。以幼虫钻叶为害，在叶片上形成由细变宽的蛇形弯曲隧道，开始为白色，后变成铁锈色，有的在白色隧道内还带有湿黑色细线。幼虫多时叶片在短时间内就被钻花干死（图29-30和图29-31）。

图29-30 美洲斑潜蝇为害西瓜幼苗叶片

形态特征 参见黄瓜虫害
——美洲斑潜蝇。

发生规律 参见黄瓜虫害
——美洲斑潜蝇。

防治方法 参见黄瓜虫害
——美洲斑潜蝇。

图 29-31 美洲斑潜蝇为害西瓜成株期叶片

2. 蚜虫

西瓜田蚜虫主要是棉蚜（*Aphis mlossypii*），属同翅目蚜科。主要以成虫和若虫在叶片背面和嫩梢、嫩茎、花蕾和嫩尖上吸食汁液，分泌蜜露。嫩叶及生长点被害后，叶片卷缩，生长停滞，甚至全株萎蔫死亡（图29-32和图29-33）。成株叶片受害，提前枯黄、落叶，缩短结瓜期，造成减产。此外，还能传播病毒病。

图 29-32 西瓜苗期蚜虫为害症状

形态特征 参见黄瓜虫害
——瓜蚜。

发生规律 参见黄瓜虫害
——瓜蚜。

防治方法 参见黄瓜虫害
——瓜蚜。

图 29-33 西瓜伸蔓期蚜虫为害症状

3. 朱砂叶螨

朱砂叶螨（*Tetranychus cinnabarinus*）以若虫和成虫在寄主的叶背面吸取汁液，受害叶初现灰白色，严重时变锈褐色，造成早落叶，果实发育慢，植株枯死（图29-34）。

图29-34　朱砂叶螨为害西瓜

形态特征　雌成螨体长0.4～0.5mm，椭圆形。体色有红色、锈红色等。体背两侧有大型暗色斑块。体背生长刚毛。4对足略等长。雄成螨体长约0.4mm，长圆形，腹末略尖（图29-35）。卵圆球形，体黄绿至橙红色，有光泽。幼螨体近圆形，较透明，足3对，取食后体变绿色。若螨足4对，体色较深，体侧出现明显斑块。

发生规律　在长江流域1年发生15～18代。以成螨、若螨、卵在寄主的叶片下，土缝里或附近

图29-35　朱砂叶螨成螨

杂草上越冬。每年4—5月迁入菜田，6—9月陆续发生为害，以6—7月发生最重。温湿度与朱砂叶螨数量消长关系密切，尤以温度影响最大，温度在28℃左右、相对湿度在35%～55%，最有利于朱砂叶螨发生，但温度高于34℃，朱砂叶螨停止繁殖，低于20℃，繁殖受抑。朱砂叶螨有孤雌生殖习性，未受精的卵孵化为雄虫。卵孵化时，卵壳开裂，幼虫爬出，先静在叶片上，经蜕皮后进入第1龄虫期。幼虫及前期若虫活动少，后期若虫活跃而贪食，有趋嫩的习性，虫体一般从植株下部向上爬，边为害边上迁。

施药技术　田间发现为害时，及时地施用5%噻螨酮乳油1 500～2 000倍液、30%嘧螨酯悬浮剂

2 000~4 000倍液、20%甲氰菊酯乳油1 000~2 000倍液、5%唑螨酯悬浮剂2 000~3 000倍液、73%炔螨特乳油2 000~3 000倍液、50%溴螨酯乳油1 000~2 000倍液，加入多功能渗透性喷雾助剂农希望5号喷雾宝或50%油酸甲酯液剂（喷雾精）10~20ml/15kg药液对水均匀喷雾，用高压电动喷杆喷雾器，必须把药喷匀、喷细、喷透，药液在叶片上下均匀地沉积形成一层药膜，才能取得较好的防治效果。

视虫情间隔7~10d喷1次，为提高防治效果，可在药液中加入专业的喷雾助剂，并采用淋洗式喷药。喷药时，重点喷洒植株上部的幼嫩部位，如嫩叶背面、嫩茎、花器、幼果等。

三、西瓜各生育期病虫草害与农药施用关键技术

（一）西瓜病虫害综合防治历的制订

西瓜栽培管理过程中，应总结本地西瓜病虫害的发生特点和防治经验，制订病虫害防治计划，适时进行田间调查，及时采取防治措施，有效控制病虫的为害，保证丰产、丰收。

西瓜病虫害的综合防治历见表29-1，各地应根据自己的情况采取具体的防治措施。

表29-1 西瓜病虫害的综合防治历

时间	生育期	主要防治对象
1—2月	大棚西瓜育苗期	猝倒病、立枯病、蔓枯病、冻害
3—4月	地膜加小拱棚西瓜移栽期至幼果期 露地西瓜育苗移栽期	蔓枯病、炭疽病、疫病、猝倒病、立枯病
5—6月	拱棚西瓜成熟期 露地西瓜幼果期	炭疽病、疫病、枯萎病、蔓枯病、白粉病、叶枯病、病毒病、蚜虫、黄足黄守瓜、红蜘蛛、美洲斑潜蝇
7—8月	露地西瓜采收期	炭疽病、疫病、枯萎病、蔓枯病、叶枯病、红蜘蛛、美洲斑潜蝇、瓜绢螟

（二）大棚西瓜育苗期病虫害与农药施用关键技术

该时期是全年温度最低的月份，多雨雪天气，同时是大棚等保护地栽培西瓜开始育苗的重要时期。应加强保护地西瓜的防冻措施，防止瓜苗冻害。晴好天气及时通风透光；降雪天气要及时清除大棚上的积雪，确保大棚安全。着重做好猝倒病、立枯病等苗期病害的预防（图29-36）。蔓枯病也开始零星发

图29-36 西瓜育苗期病害为害情况

生，要加强防治，减少再侵染源；同时要注重通风降湿和防止冻害。

立枯病、猝倒病发生初期，可以用15%恶霉灵水剂450倍液、20%甲基立枯磷乳油1 200倍液、80%福美双水分散粒剂600倍液、72.2%霜霉威水剂400倍液+50%腐霉利可湿性粉剂1 500倍液等，该病主要发生在茎基部，应及时进行药液灌根或根茎部喷淋，为提高药效可以在药液中加入多功能渗透性喷雾助剂农希望5号喷雾宝或50%油酸甲酯液剂（喷雾精）10～20ml/15kg药液。

（三）西瓜移栽至幼果期、露地西瓜育苗移栽期病虫草害与农药施用关键技术

该时期天气冷暖变化大。要加强田间管理，做好防冻、保暖和降湿工作。遇晴好天气及时通风透光，改善小环境气候条件。保护地育苗时的主要病害有猝倒病、立枯病、蔓枯病等，要加强防治。3月下旬起在保护地内地下害虫也开始为害，可采取诱杀防治。重点做好猝倒病、立枯病、蔓枯病、疫病、炭疽病、蓟马、蝼蛄等的防治工作（图29-37和图29-38）。

图29-37　西瓜移栽后生长情况

图29-38　西瓜幼果期生长情况

移栽前，喷施72%异丙甲草胺乳油75～100ml/亩、24%二甲戊乐灵乳油75～100ml/亩，均匀喷施土表，可以防治多种一年生杂草。

炭疽病发病初期，可选用75%甲基硫菌灵水分散粒剂55～80g/亩+80%代森锰锌可湿性粉剂130～210g/亩、50%醚菌酯干悬浮剂3 000～4 000倍液+40%氟硅唑乳油2 000～5 000倍、25%咪鲜胺乳油1 000倍液+25%嘧菌酯悬浮剂1 500～2 000倍液、22.5%啶氧菌酯悬浮剂40～45ml/亩、50%吡唑醚菌酯水分散粒剂10～15g/亩、70%丙森锌可湿性粉剂600倍液+40%苯醚甲环唑悬浮剂15～20ml/亩、25%咪鲜胺乳油1 000～1 500倍液+75%百菌清可湿性粉剂800倍液喷施。该病发生在根茎叶果各部位，选用高压电动喷杆喷雾器，应用直径0.3～0.5mm喷头，压力0.4～0.5MPa，加大压力降低雾滴细度、减少水量提高药液的浓度可以提高防治效果，田间无风或微风时喷头距叶片控制在0.5～0.6m，雾滴应在150μm以下；同时，加入多功能渗透性喷雾助剂农希望5号喷雾宝或50%油酸甲酯液剂（喷雾精）10～20ml/15kg药液对水均匀喷雾，必须把药喷匀、喷细、喷透，药液在叶片上下均匀地沉积形成一层药膜，才能取得较好的防治效果。

蔓枯病发病初期，可喷施50%异菌脲可湿性粉剂1 000倍液+80%代森锰锌可湿性粉剂800倍液、80%代森锌可湿性粉剂800倍液+36%甲基硫菌灵胶悬剂400倍液、24%苯甲·烯肟（烯肟菌胺8%+苯醚甲环唑16%）悬浮剂30～40ml/亩、40%苯甲·吡唑酯（苯醚甲环唑15%+吡唑醚菌酯25%）悬浮剂20～25ml/亩、35%氟菌·戊唑醇（戊唑醇17.5%+氟吡菌酰胺17.5%）悬浮剂25～30ml/亩、60%唑醚·代森联（代森联

55%+吡唑醚菌酯5%）水分散粒剂60～100g/亩、35%苯甲·嘧菌酯（苯醚甲环唑20%+嘧菌酯15%）悬浮剂20～25ml/亩等药剂。该病主要发生在茎基部上，喷药时应早预防，一定要喷到发病部位，喷药时可以加入多功能渗透性喷雾助剂农希望5号喷雾宝或50%油酸甲酯液剂（喷雾精）10～20ml/15kg药液对水均匀喷雾，以提高药效。

疫病发病前开始施药，尤其是雨季到来之前先喷1次预防，雨后发现中心病株时拔除，并立即喷洒100g/L氰霜唑悬浮剂55～75ml/亩、23.4%双炔酰菌胺悬浮剂20～40ml/亩、70%丙森锌可湿性粉剂150～200g/亩+28%精甲霜灵·氰霜唑（氰霜唑16%+精甲霜灵12%）悬浮剂15～19ml/亩、26%氰霜·嘧菌酯（氰霜唑7.4%+嘧菌酯18.6%）悬浮剂48～65g/亩、440g/L精甲·百菌清（精甲霜灵40g/L+百菌清400g/L）悬浮剂50～100ml/亩、687.5g/L氟菌·霜霉威（霜霉威盐酸盐625g/L+氟吡菌胺62.5g/L）悬浮剂60～75ml/亩。该病发生在根茎叶果各部位，喷药时选用高压电动喷杆喷雾器，应用直径0.3～0.5mm喷头，压力0.4～0.5MPa，加大压力降低雾滴细度、减少水量提高药液的浓度可以提高防治效果，田间无风或微风时喷头控制在距叶片0.5～0.6m，雾滴应在150μm以下；同时，加入多功能渗透性喷雾助剂农希望5号喷雾宝或50%油酸甲酯液剂（喷雾精）10～20ml/15kg药液对水均匀喷雾，必须把药喷匀、喷细、喷透，药液在叶片上下均匀地沉积形成一层药膜，才能取得较好的防治效果。

（四）拱棚西瓜成熟期、露地西瓜幼果期病虫害与农药施用关键技术

该时期气温回升，雨水多。6月进入梅雨季节，田间湿度高，各种病虫害进入为害高峰期。早春棚栽西瓜开始成熟采收，露地西瓜进入幼苗至幼果期。做好炭疽病、疫病、枯萎病、蔓枯病、白粉病、灰霉病、病毒病、蚜虫、蓟马、美洲斑潜蝇、红蜘蛛、黄守瓜的防治工作（图29-39和29-40）。

图29-39 大棚西瓜成熟期生长情况

图29-40 露地西瓜幼果期生长情况

炭疽病、蔓枯病、疫病的为害，可参考上述药剂喷施防治。

枯萎病发病初期防治，可用98%恶霉灵可湿性粉剂2 000倍液、70%甲基硫菌灵可湿性粉剂1 000倍液等药剂灌根，每株0.25kg药液，间隔5～7d灌1次，连灌2～3次。

病毒病发病初期，开始喷20%盐酸吗啉胍·乙酸铜（盐酸吗啉胍16%+乙酸铜4%）可湿性粉剂500倍液、2%宁南霉素水剂500倍液、0.5%菇类蛋白多糖水剂300倍液等，每10d喷1次，连喷3～4次。

叶枯病发生初期，可喷施25%乙嘧酚悬浮剂1 000倍液、50%异菌脲可湿性粉剂1 000倍液。

白粉病发生初期，可喷施25%三唑酮可湿性粉剂2 000倍液、40%氟硅唑乳油4 000～6 000倍液、20%腈菌唑乳油1 500～2 000倍液。该病主要发生在上部叶片，相对易于喷药防治，喷药时选用高压电动喷杆喷雾器均匀喷药；同时，还应加入高效扩散性喷雾助剂农希望5号喷雾宝或50%油酸甲酯液剂（喷雾精）10～20ml/15kg药液对水均匀喷雾，必须把药喷匀、喷细、喷透，药液在叶片上下均匀地沉积形成一层药膜，才能取得较好的防治效果。

在潜叶蝇成虫发生高峰期，可采用0.5%甲氨基阿维菌素苯甲酸盐微乳剂2 000～3 000倍液、50%灭蝇

胺可湿性粉剂2 000~3 000倍液均匀喷施。该虫主要发生在上部叶片，相对易于喷药防治，喷药时选用高压电动喷杆喷雾器均匀喷药；同时，还应加入多功能渗透性喷雾助剂农希望5号喷雾宝或50%油酸甲酯液剂（喷雾精）10~20ml/15kg药液对水均匀喷雾，必须把药喷匀、喷细、喷透，药液在叶片上下均匀地沉积形成一层药膜，才能取得较好的防治效果。

在蚜虫发生期，可喷施10%吡虫啉可湿性粉剂2 000~4 000倍液、3%啶虫脒乳油2 000倍液、25%噻虫嗪可湿性粉剂1 000~2 000倍液、50%抗蚜威可湿性粉剂1 000~3 000倍液等药剂。蚜虫主要发生在上部茎叶和嫩尖处，特别是茎的头部卷缩处蚜虫发生严重，喷药时选用高压电动喷杆喷雾器，应用直径0.3~0.5mm喷头，压力0.4~0.5MPa，加大压力降低雾滴细度、减少水量提高药液的浓度可以提高防治效果，田间无风或微风时喷头距叶片控制在0.5~0.6m，雾滴应在150μm以下；同时，还应加入多功能渗透性喷雾助剂农希望5号喷雾宝或50%油酸甲酯液剂（喷雾精）10~20ml/15kg药液对水均匀喷雾，必须把药喷匀、喷细、喷透，药液在叶片上下均匀地沉积形成一层药膜，才能取得较好的防治效果。

（五）露地西瓜成熟期病虫害与农药施用关键技术

该时期进入高温天气，西瓜病虫害进入为害盛期（图29-41）。做好枯萎病、高温灼伤、炭疽病、叶枯病、根结线虫病、裂瓜等病害的预防，特别要加强对瓜绢螟、美洲斑潜蝇、蚜虫等害虫的防治。其防治药剂可参考上述药剂。

图29-41 露地西瓜成熟期生长情况

第三十章 番茄病虫害与农药施用关键技术

一、番茄病害与农药施用关键技术

1. 番茄灰霉病

症　状 *Botrytis cinerea*称灰葡萄孢菌，属无性型真菌。主要发生在棚室中，多从苗的上部或伤口处发病，病部灰褐色，腐烂，表面生有灰色霉层（图30-1）。成株期叶片发病，从叶缘开始向里产生淡褐色"V"形病斑（图30-2），水浸状，并有深浅相间的轮纹（图30-3），表面生灰色霉层，潮湿时病斑背面也产生灰色或灰绿色霉层，叶片逐渐枯死，茎或叶柄上病斑长椭圆形，初呈灰白色水渍状，后呈黄褐色，有时病处失水出现裂痕（图30-4）。果实发病时，病菌多从残留的花瓣、花托和果柄（图30-5至图30-7）等处侵染，逐渐向果实扩展，果实蒂部呈灰白色水浸状软腐，产生灰色至灰褐色霉层（图30-8和图30-9）。

图30-1　番茄灰霉病为害叶片症状

图30-2　番茄灰霉病为害叶片"V"形斑

图30-3　番茄灰霉病为害叶片轮纹状

图30-4 番茄灰霉病为害茎部症状

图30-5 番茄灰霉病为害花瓣幼果症状

图30-6 番茄灰霉病为害花托症状

图30-7 番茄灰霉病为害果柄症状

图30-8 番茄灰霉病为害果实症状

图30-9 番茄灰霉病为害果严重时症状

发生规律 以菌核在土壤中，或以菌丝体及分生孢子形式在病株残体里越冬。翌春条件适宜，菌核萌发，产生菌丝体和分生孢子。借气流、雨水或露珠及农事操作进行传播。从寄主伤口或衰老的器官及枯死的组织上侵入。花期是侵染高峰期，尤其在果实膨大期浇水后，病果剧增，是烂果高峰期。冬春低温季节或遇寒流期间棚室内发生较严重。密度过大、管理不当、通风不良，都会加快此病的扩展。

施药技术 在定植前、缓苗后10d，花期、幼果期、果实膨大期喷洒药剂防治。定植前对幼苗喷洒50%腐霉利可湿性粉剂1 500倍液。

花期结合蘸花（防落花、落果）时，在配制85%2,4-滴钠盐可溶粉剂42 500~85 000倍液加入药液0.2%~0.3%比例的50%腐霉利可湿性粉剂，可预防病菌从开败的花处侵染果实，效果很好。以后在坐果时用浓度为0.1%的50%腐霉利或异菌脲溶液喷果2次，隔7d喷1次，可预防病害发生。

发病初期，可采用75%百菌清可湿性粉剂120~200g/亩+43%腐霉利悬浮剂80~120ml/亩、50%异菌脲水分散粒剂120~160g/亩、50%啶酰菌胺水分散粒剂30~50g/亩、40%嘧霉胺悬浮剂62~94ml/亩、5%己唑醇悬浮剂75~150ml/亩、50%氟啶胺水分散粒剂27~33g/亩、22.5%啶氧菌酯悬浮剂26~36ml/亩、25%啶菌恶唑乳油53~107ml/亩、40%咯菌腈·异菌脲（咯菌腈10%+异菌脲30%）悬浮剂20~30ml/亩、500g/L氟吡菌酰胺·嘧霉胺（嘧霉胺375g/L+氟吡菌酰胺125g/L）悬浮剂60~80ml/亩、45%异菌·氟啶胺（氟啶胺30%+异菌脲15%）悬浮剂45~50ml/亩、65%啶酰·腐霉利（啶酰菌胺20%+腐霉利45%）水分散粒剂60~80g/亩、50%异菌·腐霉利（腐霉利35%+异菌脲15%）悬浮剂60~70ml/亩、80%嘧霉·异菌脲（嘧霉胺40%+异菌脲40%）可湿性粉剂38~45g/亩、60%乙霉·多菌灵（乙霉威30%+多菌灵30%）可湿性粉剂90~120g/亩、42.4%唑醚·氟酰胺（吡唑醚菌酯21.2%+氟唑菌酰胺21.2%）悬浮剂20~30ml/亩、43%氟菌·肟菌酯(肟菌酯21.5%+氟吡菌酰胺21.5%)悬浮剂30~45ml/亩、40%嘧霉·百菌清(嘧霉胺13%+百菌清27%)可湿性粉剂100~133g/亩、30%福·嘧霉（嘧霉胺15%+福美双15%）可湿性粉剂500~800倍液、40%嘧霉胺悬浮剂800~1 500倍液、25%啶菌恶唑乳油700~1 250倍液，隔7d喷1次，连续防治2~3次。

番茄灰霉病，主要发生在中上部叶片、嫩梢和幼果，相对易于喷药，喷药时必须保证药液均匀喷雾到所有部位；但是，上部叶片、嫩梢和幼果蜡质厚、绒毛多而影响药液的沉积附着（图30-10），雾滴的附着率直接影响喷药效果。喷药时选用安装专业的扇形超细喷头的高压电动喷杆喷雾器，应用直径0.3~0.5mm喷头，压力0.4~0.5MPa，加大压力以降低雾滴细度、减少水量提高药液的浓度可以提高防治效果，田间无风或微风时喷头控制在距叶尖0.5~0.6m，雾滴应在150μm以下；同时，加入多功能渗透性喷雾助剂农希望5号喷雾宝或50%油酸甲酯液剂（喷雾精）20~30ml/15kg药液对水均匀喷雾，必须把药喷

图30-10 番茄叶片、嫩梢和幼果蜡质厚、绒毛多而影响药液的沉积附着

匀、喷细、喷透,药液在叶片上下均匀地沉积形成一层药膜,中下部叶片的药剂附着率达90%以上,才能取得较好的防治效果(图30-11)。

保护地栽培时,可用3%噻菌灵烟雾剂熏烟250g/亩、45%百菌清烟雾剂250g/亩、10%腐霉利烟雾剂250g/亩、5%菌核净烟剂200~400g/亩、15%腐霉·百菌清(腐霉利3%+百菌清12%)烟剂200~300g/亩,点燃放烟。也可用5%百菌清粉尘剂或10%腐霉利粉尘剂喷粉1kg/亩。每隔7~10d防治1次,连续喷3~4次。由于灰霉病菌易产生抗药性,在防治中要轮换用药、混合用药,防止产生抗药性。

图30-11 防治番茄灰霉病,喷药时必须保证药液均匀喷雾到上部叶片、嫩梢和幼果。喷药时选用安装专业的扇形超细喷头的高压电动喷杆喷雾器,加入专业喷雾助剂农希望5号喷雾宝20ml/15kg药液对水均匀喷雾。把药喷匀、喷细、喷透,药液在叶片上下均匀地沉积形成一层药膜(如右图)

2. 番茄晚疫病

症 状 Phytophthora infestans 称致病疫霉，属鞭毛菌门真菌。番茄受害，幼苗期叶片出现暗绿色水浸状病斑，叶柄或茎上出现水渍状褐色腐烂（图30-12），病部缢缩倒折，空气湿度大时，产生稀疏的白色霉层（图30-13）。成株期多从下部叶片开始发病，叶片表面出现水浸状淡绿色病斑，逐渐变为褐色（图30-12），空气湿度大时，叶背病斑边缘产生稀疏的白色霉层（图30-14）。茎和果柄的病斑呈水浸状长条形，褐色，凹陷，最后变为黑褐色并腐烂，引起植株萎蔫（图30-15和图30-16）。果实上的病斑有时有不规则形云纹，后变为暗褐色，边缘明显（图30-17）。果实质地坚硬不平，在潮湿条件下，病斑长有少量白霉。

图30-12 番茄晚疫病为害情况

图30-13 番茄晚疫病为害幼苗病部出现白色霉层

图30-14 番茄晚疫病为害叶片正、背面症状

图30-15 番茄晚疫病茎部受害症状

图30-16 番茄晚疫病果柄受害症状

图30-17 番茄晚疫病果实受害症状

发生规律 以菌丝体在温室番茄植株上越冬,或以厚垣孢子形式在落入土中的病残体上越冬。借助风雨传播,由植株气孔或表皮直接侵入。一般3月发生,4月进入流行期,以叶片和处于绿熟期的果实受害最重。高湿低温,特别是温度波动较大,有利于病害流行。氮肥过多,栽植密度过大,保护地放风不及时等均可诱发病害。

施药技术 田间出现发病中心时,及时施药防治。可用20%氰霜唑悬浮剂25~35ml/亩、30%氟吗啉悬浮剂30~40ml/亩+75%百菌清水分散粒剂100~130g/亩、20%丁吡吗啉悬浮剂125~150g/亩+70%丙森锌可湿性粉剂150~200g/亩、50%嘧菌酯水分散粒剂40~60g/亩+23.4%双炔酰菌胺悬浮剂30~40ml/亩、500g/L氟啶胺悬浮剂25~33ml/亩、50%烯酰吗啉可湿性粉剂33~40g/亩、30%氟吡菌胺·氰霜唑(氰霜唑15%+氟吡菌胺15%)悬浮剂30~50ml/亩、60%唑醚·代森联(代森联55%+吡唑醚菌酯5%)水分散粒剂40~60g/亩、31%恶酮·氟噻唑(恶唑菌酮28.2%+氟噻唑吡乙酮2.8%)悬浮剂27~33ml/亩、687.5g/L氟菌·霜霉威(霜霉威盐酸盐625g/L+氟吡菌胺62.5g/L)悬浮剂67.5~75ml/亩、53%烯酰·代森联(代森联44%+烯酰吗啉9%)水分散粒剂180~200g/亩、70%霜脲·嘧菌酯(霜脲氰35%+嘧菌酯35%)水分散粒剂20~40g/亩、40%精甲·丙森锌(精甲霜灵5%+丙森锌35%)可湿性粉剂80~100g/亩、47%烯酰·唑嘧菌(唑嘧菌胺27%+烯酰吗啉20%)悬浮剂40~60ml/亩、51%氟嘧·百菌清(百菌清46.4%+氟嘧菌酯4.6%)悬浮剂100~133ml/亩、440g/L精甲·百菌清(精甲霜灵40g/L+百菌清400g/L)悬浮剂100~120ml/亩、72%霜脲·锰锌(代森锰锌64%+霜脲氰8%)可湿性粉剂165~180g/亩、68%精甲霜·锰锌(精甲霜灵4%+代森锰锌64%)水分散粒剂100~120g/亩、52.5%恶酮·霜脲氰(恶唑菌酮22.5%+霜脲氰30%)水分散粒剂20~40g/亩,每隔5~7d喷1次,连喷2~3次。

番茄晚疫病,主要发生在中上部叶片、嫩梢和幼果,尤以内部茎叶较重,喷药时必须保证药液均匀喷雾到所有部位;喷药时选用安装专业的扇形超细喷头的高压电动喷杆喷雾器,应用直径0.3~0.5mm喷头,压力0.4~0.5MPa,加大压力以降低雾滴细度、减少水量,提高药液的浓度可以提高防治效果,田间无风或微风时喷头控制在距叶尖0.5~0.6m,雾滴应在150μm以下;同时,加入多功能渗透性喷雾助剂农希望5号喷雾宝或50%油酸甲酯液剂(喷雾精)20~30ml/15kg药液对水均匀喷雾,必须把药喷匀、喷细、喷透,药液在叶片上下均匀地沉积形成一层药膜,中下部叶片的药剂附着率达90%以上,才能取得较好的防治效果。

保护地栽培时还可以使用45%百菌清烟雾剂250g/亩,傍晚封闭棚室,将药分放于5~7个燃放点。间隔7~10d用1次药,最好与喷雾防治交替进行。

3. 番茄早疫病

症　　状 *Alternaria solani* 称茄链格孢,属无性型真菌。主要侵染叶、茎、花、果。叶片发病初呈针尖大小的黑点（图30-18至图30-22），后发展为不断扩展的黑褐色轮纹斑，边缘多具浅绿色或黄色晕环，中部出现同心轮纹，且轮纹表面生毛刺状不平坦物，潮湿条件下，病部长出黑色霉物。茎和叶柄受害（图30-23和图30-24），茎部多发生在分枝处，产生褐色至深褐色不规则圆形或椭圆形病斑，稍凹陷，表面生灰黑色霉状物。青果染病（图30-25至图30-27），始于花萼附近，初为椭圆形或不定形褐色或黑色斑，凹陷，有同心轮纹，后期果实开裂，病部较硬，密生黑色霉层。

图30-18 番茄早疫病为害植株症状

图30-19 番茄早疫病苗期病叶

图30-20 番茄早疫病病叶正面

图30-21 番茄早疫病病叶背面

图30-22 番茄早疫病叶脉受害症状

图30-23 番茄早疫病幼苗病茎

图30-24 番茄早疫病为害叶柄症状

图30-25 番茄早疫病为害花器症状

图30-26 番茄早疫病为害果实症状

发生规律 以分生孢子和菌丝体在土壤或种子上越冬，借风雨传播，从气孔、皮孔、伤口或表皮侵入，引起发病。病菌可在田间进行多次再侵染。此病大多数在结果初期开始发生，结果盛期发病较重。老叶一般先发病。高温多雨特别是高湿是诱发本病的重要因素，重茬地、低洼地、瘠薄地、浇水过多或通风不良地块发病较重。

施药技术 番茄发病初期开始用药，喷洒80%代森锰锌可湿性粉剂175~200g/亩、25%嘧菌酯悬浮剂24~32ml/亩、75%百菌清可湿性粉剂200~250g/亩、50%肟菌酯水分散粒剂8~10g/亩、50%异菌脲可湿性粉剂50~100g/亩、10%苯醚甲环唑水分散粒剂80~100g/亩、400g/L氯氟醚·吡唑酯（吡唑醚菌酯200g/L+氯氟醚菌唑200g/L）悬浮剂20~

图30-27 番茄早疫病为害田间症状

40ml/亩、31%恶酮·氟噻唑（恶唑菌酮28.2%+氟噻唑吡乙酮2.8%）悬浮剂27~33ml/亩、60%唑醚·代森联（代森联55%+吡唑醚菌酯5%）水分散粒剂40~60g/亩、29%戊唑·嘧菌酯（戊唑醇18%+嘧菌酯11%）悬浮剂30~40ml/亩、325g/L苯甲·嘧菌酯（苯醚甲环唑125g/L+嘧菌酯200g/L）悬浮剂30~50ml/亩、35%氟菌·戊唑醇（戊唑醇17.5%+氟吡菌酰胺17.5%）悬浮剂25~30ml/亩、43%氟菌·肟菌酯（肟菌酯21.5%+氟吡菌酰胺21.5%）悬浮剂15~25ml/亩。为防止产生抗药性，提高防效，提倡轮换交替或复配使用。每7d喷1次，连喷2~3次。

番茄早疫病，主要发生在中上部叶片、嫩梢和幼果，喷药时必须保证药液均匀喷雾到所有部位；喷药时选用安装专业的扇形超细喷头的高压电动喷杆喷雾器，应用直径0.3~0.5mm喷头，压力0.4~0.5MPa，加大压力以降低雾滴细度、减少水量，提高药液的浓度可以提高防治效果，田间无风或微风时喷头控制在距叶片0.5~0.6m，雾滴应在150μm以下；同时，加入多功能渗透性喷雾助剂农希望5号喷雾宝或50%油酸甲酯液剂（喷雾精）20~30ml/15kg药液对水均匀喷雾，必须把药喷匀、喷细、喷透，药液在叶片上下均匀地沉积形成一层药膜，中下部叶片的药剂附着率达90%以上，才能取得较好的防治效果。

棚室栽培番茄，可在定植前对棚室进行熏蒸消毒，每立方米空间用硫磺粉6.7g，混入锯末13.5g，分装后用正在燃烧的煤球点燃，密闭棚室，熏蒸1夜。或定植后1~3d内，用45%百菌清烟剂或10%腐霉利烟剂每亩用200~250g，闭棚熏烟1夜。

4. 番茄叶霉病

症　状 Cladosporium fulvum 称黄枝孢菌，属无性型真菌。主要为害叶片，严重时也可为害茎、花和果实。叶片发病初期，叶片正面出现不规则形或椭圆形淡黄色褪绿斑（图30-28），边缘不明显，叶背面出现灰紫色至黑褐色茂密的霉层，湿度大时，叶片表面病斑也可长出霉层（图30-29）。随病情扩展，叶片由下向上逐渐卷曲，病株下部叶片先发病，后逐渐向上蔓延，使整株叶片呈黄褐色干枯，发病严重时可引起全株叶片卷曲（图30-30）。

发生规律 以菌丝体和分孢子梗随病残体遗落在土中存活越冬，或以分生孢子黏附在种子上越冬。依靠气流传播，从气孔侵入致病。病菌孢子萌发后一般从寄主叶背气孔侵入。8月、9月和10月上旬正是病原生育适温期，秋大棚比温室发病重，温室比露地发病重。过于密植，通风不良，湿度过大，发病严重。阴雨天气、或光照弱时有利于病菌孢子的萌发和侵染。

图30-28　番茄叶霉病为害叶片症状

图30-29　番茄叶霉病为害叶片正、背面症状

施药技术　发病初期用药剂防治，可喷洒10%氟硅唑水乳剂40~50ml/亩、35%氟菌·戊唑醇（戊唑醇17.5%+氟吡菌酰胺17.5%）悬浮剂30~40ml/亩、43%氟菌·肟菌酯（肟菌酯21.5%+氟吡菌酰胺21.5%）悬浮剂20~30ml/亩、42.4%唑醚·氟酰胺（吡唑醚菌酯21.2%+氟唑菌酰胺21.2%）悬浮剂20~30ml/亩、43%氟菌·肟菌酯（肟菌酯21.5%+氟吡菌酰胺21.5%）悬浮剂20~30ml/亩、

图30-30　番茄叶霉病为害田间症状

47%锰锌·腈菌唑（代森锰锌42%+腈菌唑5%）可湿性粉剂100~135g/亩、25%甲硫·腈菌唑（甲基硫菌灵22.5%+腈菌唑2.5%）可湿性粉剂100~140g/亩。每7d防治1次，连续用药2~3次。在喷药时，要注意喷布均匀，重点是叶背和地面。

　　番茄叶霉病，主要发生在叶片，也有嫩梢和幼果，喷药时必须保证药液均匀喷雾到所有部位；喷药时选用安装专业的扇形超细喷头的高压电动喷杆喷雾器，应用直径0.3~0.5mm喷头，压力0.4~0.5MPa，加大压力以降低雾滴细度、减少水量，提高药液的浓度可以提高防治效果，田间无风或微风时喷头控制在距叶片0.5~0.6m，雾滴应在150μm以下；同时，加入多功能渗透性喷雾助剂农希望5号喷雾宝或50%油酸甲酯液剂（喷雾精）20~30ml/15kg药液对水均匀喷雾，必须把药喷匀、喷细、喷透，药液在叶片上下均匀地沉积形成一层药膜，中下部叶片的药剂附着率达90%以上，才能取得较好的防治效果。

保护地番茄用45%百菌清烟剂0.2~0.3kg/亩、15%抑霉唑烟剂0.3~0.5g/m²点燃熏蒸，或喷撒5%百菌清粉尘剂，隔8~10d喷1次，交替轮换施用。

5. 番茄病毒病

症　状　Cucumber mosaic virus（CMV）称黄瓜花叶病毒；Tobacco mosaic virus（TMV）称烟草花叶病毒；Tomato yellow leaf curl virus（TYLCN）称黄化卷叶病毒；Potato virus Y（PVY），称马铃薯Y病毒；Whitefly-transmitted geminiviruses（WTG），称番茄烟粉虱双生病毒。番茄病毒病主要有蕨叶型、花叶型、条斑型黄化卷叶型。蕨叶型：是系统感染病害。病株心叶沿叶脉褪绿，变成细长的小叶，有的呈螺旋形下卷，下部叶片卷成筒状。病果畸形，果肉呈浅褐色。花叶型：在叶片出现明脉或黄脉相间的斑驳，叶片皱缩，植株生长缓慢，病重时落花落果。条斑型：叶、茎、果上初为深褐色斑，后叶片上出现纹状不规则茶褐色斑。茎上呈条状褐色斑，病部稍凹陷。果实上病斑浅褐色，表皮凸凹不平。仅限于表皮，不深入茎内和果内。黄化卷叶型：叶片受害卷曲皱缩，后期萎蔫（图30-31至图30-35）。

图30-31　番茄病毒病蕨叶型

图30-32　番茄病毒病花叶型

图30-33　番茄病毒病黄化卷叶型

图30-34　番茄病毒病病果

图30-35 番茄病毒病条斑型

发生规律 黄瓜花叶病毒在多年生宿根植物或杂草上越冬，靠蚜虫传播。烟草花叶病毒在病残体和多种作物上越冬，种子也可带毒。通过摩擦接触传播。在高温、强光、干旱及有蚜虫为害情况下容易发病。5月底和6月上旬是病毒病易感期。果实膨大期缺水干旱，土壤中缺钙、钾等元素，易发病。

施药技术 及时防治蚜虫，用10%烯啶虫胺水剂3 000~5 000倍液、20%高氯·噻嗪酮（噻嗪酮18%+高效氯氰菊酯2%）乳油1 500~3 000倍液、25%噻虫嗪可湿性粉剂2 000~3 000倍液对水均匀喷雾，可降低蚜虫传毒引发病毒病的机会。

发病初期可用5%氨基寡糖素可溶液剂86~107ml/亩、2%香菇多糖水剂35~45ml/亩、0.06%甾烯醇微乳剂30~60ml/亩、80%盐酸吗啉胍可湿性粉剂40~50g/亩、8%宁南霉素水剂75~100g/亩、2%几丁聚糖水剂80~133ml/亩、1.26%辛菌胺醋酸盐水剂694~1 042ml/亩、31%寡糖·吗呱（氨基寡糖素1%+盐酸吗啉胍30%）可溶粉剂25~50g/亩、6%寡糖·链蛋白（氨基寡糖素3%+极细链格孢激活蛋白3%）可湿性粉剂75~100g/亩、30%毒氟·吗啉胍（盐酸吗啉胍15%+毒氟磷15%）可湿性粉剂50~90g/亩、60%吗胍·乙酸铜（乙酸铜30%+盐酸吗啉胍30%）水分散粒剂60~80g/亩、4.3%辛菌·吗啉胍（辛菌胺醋酸盐1.8%+盐酸吗啉胍2.5%）水剂232~326g/亩、0.5%烷醇·硫酸铜（三十烷醇0.1%+硫酸铜0.4%）乳油50~73ml/亩、24%混脂·硫酸铜（硫酸铜1.2%+混合脂肪酸22.8%）水乳剂78~117ml/亩、10.000 1%羟烯·吗啉胍（羟烯腺嘌呤0.000 1%+盐酸吗啉胍10%）水剂250~375ml/亩、40%烯·羟·吗啉胍（烯腺嘌呤0.002%+羟烯腺嘌呤0.002%+盐酸吗啉胍39.996%）可溶粉剂100~150g/亩、25%琥铜·吗啉胍（盐酸吗啉胍16%+琥胶肥酸铜9%）可湿性粉剂135~200g/亩喷雾，加入多功能渗透性喷雾助剂农希望5号喷雾宝或50%油酸甲酯液剂（喷雾精）20~30ml/15kg药液对水均匀喷雾，每隔5~7d喷1次，连续喷2~3次。

6．番茄枯萎病

症 状 *Fusararium oxysporum* f. sp. *lycoersici*称番茄尖镰孢菌番茄专化型，属无性型真菌。番茄枯萎病是一种重要的土传病害，常与青枯病并发。多在开花结果期发病，在盛果期枯死（图30-36）。先从下部叶片开始发黄枯死，依次向上蔓延，有时植株一侧叶片发黄，另一侧为正常绿色，发病严重时整株叶片枯死，但不脱落。叶片黄褐色，潮湿时茎部贴地表处，产生粉红色霉，剖开茎部维管束变黄褐色

（图30-37），但无污浊黏液。

图30-36　番茄枯萎病为害植株症状

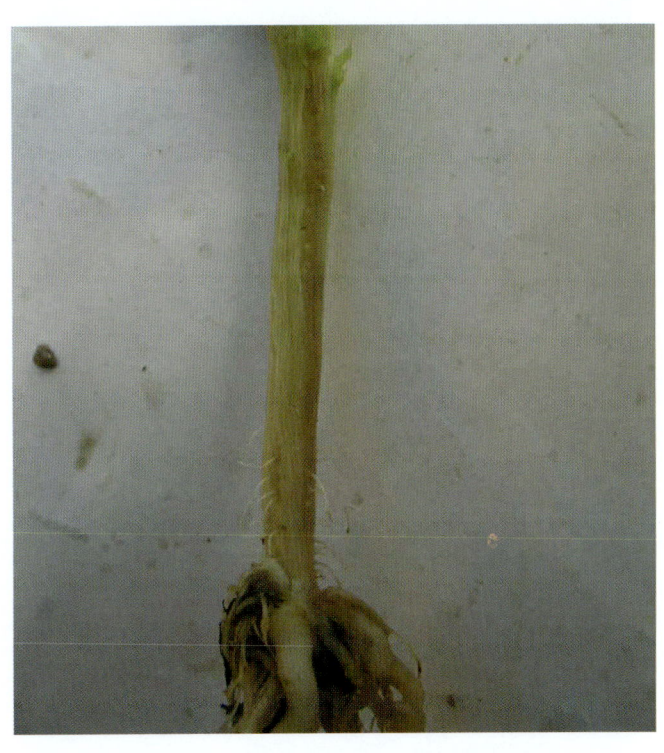

图30-37　番茄枯萎病根茎部褐变症状

发生规律　以菌丝体或厚垣孢子随病残体在土壤中或附着在种子上越冬。带菌种子进行远距离传病。多在分苗、定植时从根系伤口、自然裂口、根毛侵入，到达维管束。高温高湿有利于病害发生。土壤潮湿、偏酸、地下害虫多、土壤板结、土层浅、发病重。番茄连茬年限越多，施用未腐熟粪肥，或追肥不当烧根，植株生长衰弱，抗病力降低，病情加重。春播早番茄病轻，晚播的病重。

施药技术　种子及苗床消毒：播前用52℃温水浸种30min，或用50%多菌灵可湿性粉剂500倍液浸种1h，再用清水洗涤干净催芽播种。也可用种子重量0.3%的70%敌磺钠可溶性粉剂或50%异菌脲可湿性粉剂拌种后再播种。

该病主要部位在茎基部，发病初期，可向茎基部及周围土壤喷施50%多菌灵可湿性粉剂500倍液、70%甲基硫菌灵可湿性粉剂500倍液、50%琥胶肥酸铜可湿性粉剂400倍液、70%敌磺钠可溶性粉剂500倍液等灌根，每株灌药液300~500ml，每隔7~10d灌1次，连灌2~3次。1.2亿芽孢/g解淀粉芽孢杆菌B1619水分散粒剂20~32kg/亩，撒施。

7. 番茄斑枯病

症　状　*Septoria lycopersici* 称番茄壳针孢，属无性型真菌。主要为害番茄的叶片、茎和花萼，尤其在开花结果期的叶片上发生最多，果实很少受害。接近地面的老叶先发病（图30-38），逐渐蔓延到上部叶片。初发病时，叶片背面出现水浸状小圆斑，不久叶片正面出现近圆形的褪绿斑，边缘深褐色，中央灰白色，凹陷，密生黑色小粒点。发病严重时，叶片逐渐枯黄，植株早衰，造成早期落叶。茎部病斑椭圆形（图30-39），稍隆起。病斑中间灰白色，边缘暗褐色。果实染病，病部灰白色，边缘暗褐色，呈圆形隆起，犹如鱼眼状。

施药技术　发病初期及时喷药防治，可喷施70%代森锰锌可湿性粉剂800~1 000倍液+40%氟硅唑乳油4 000~6 000倍液、40%百菌清悬浮剂600~700倍液+10%苯醚甲环唑水分散粒剂4 000倍液、60%唑醚·代森联（代森联55%+吡唑醚菌酯5%）水分散粒剂60~100g/亩+50%腐霉利可湿性粉剂1 000倍液、40%克菌

图30-38 番茄斑枯病为害叶片症状

图30-39 番茄斑枯病为害茎部症状

丹可湿性粉剂400倍液+50%多菌灵可湿性粉剂800~1 000倍液，每7~10d喷1次，连续喷2~3次。

番茄斑枯病，主要发生在中上部叶片、嫩梢，相对易于喷药，喷药时必须保证药液均匀喷雾到所有部位；但是，上部叶片、嫩梢和幼果蜡质厚、绒毛多而影响药液的沉积附着，雾滴的附着率直接影响喷药效果。喷药时选用安装专业的扇形超细喷头的高压电动喷杆喷雾器，应用直径0.3~0.5mm喷头，压力0.4~0.5MPa，加大压力以降低雾滴细度、减少水量，提高药液的浓度可以提高防治效果，田间无风或微风时喷头控制在距叶片0.5~0.6m，雾滴应在150μm以下；同时，加入多功能渗透性喷雾助剂农希望5号喷雾宝或50%油酸甲酯液剂（喷雾精）20~30ml/15kg药液对水均匀喷雾，须把药喷匀、喷细、喷透，药液在叶片上下均匀地沉积形成一层药膜，中下部叶片的药剂附着率达90%以上，才能取得较好防治效果。

二、番茄虫害与农药施用关键技术

1. 棉铃虫

为害特点 棉铃虫（*Helicoverpa armigera*），属鳞翅目夜蛾科的钻蛀性害虫，杂食性，为害番茄等很多蔬菜作物。以幼虫蛀食蕾、花、果为主，也为害嫩茎、叶和芽。花蕾受害时，苞叶张开，变成黄绿色，2~3d后脱落。幼果常被吃空或引起腐烂而脱落，成果虽然只被蛀食部分果肉，但因蛀孔在蒂部，便于带病菌的雨水流入引起腐烂，所以果实大量被蛀，导致果实腐烂脱落，造成减产（图30-40和图30-41）。

图30-40 棉铃虫为害番茄叶片

形态特征 见农作物——棉铃虫。

发生规律 全国各地均有发生。5月中旬开始羽化，5月下旬为羽化盛期。第1代卵最早在5月中旬出现，5月下旬为产卵盛期。5月下旬至6月下旬为第1代幼虫为害期。6月下旬至7月上旬为第2代产卵盛期，7月为第2代幼虫为害期。8月上中旬为第2代成虫盛发期，8月上旬至9月上旬为第3代幼虫为害期，部分第3代幼虫老熟后化蛹，于8月下旬至9月上旬羽化，产第4代卵，所孵幼虫于10月上中旬老熟，全部入土化蛹越冬。成虫交配和产卵多在夜间进行，卵散产于植株的嫩梢、嫩叶、茎上，每头雌虫产卵100~200粒，产卵期7~13d。卵发育历期因温度不同而不同。初孵幼虫仅能将嫩

图30-41 棉铃虫为害番茄果实

叶尖及小蕾啃食成凹点，2~3龄时吐丝下垂，蛀害蕾、花、果，一头幼虫可为害3~5个果。

施药技术 当百株卵量达20~30粒时即应开始用药，如百株幼虫超过5头，应继续用药。一般在果实开始膨大时开始用药。成虫产卵高峰后3~4d，喷洒15 000IU/mg苏云金杆菌水分散粒剂25~50g/亩、或25%灭幼脲悬乳剂600倍液，连续喷洒2次，使幼虫感病而死亡，防治效果最佳。

也可采用200g/L虫酰肼悬浮剂2 000~3 000倍液、5%氯虫苯甲酰胺悬浮剂2 000~3 000倍液、0.5%甲氨基阿维菌素苯甲酸盐乳油3 000倍液+4.5%氯氰菊酯乳油2 000倍液、15%茚虫威悬浮剂3 000~4 000倍液、5%氟铃脲乳油1 000~2 000倍液，均匀喷雾，视虫情间隔7~10d喷1次。

棉铃虫主要发生在番茄中上部嫩梢和幼果，喷药时必须保证药液均匀喷雾到所有部位；但是，上部叶片、嫩梢和幼果蜡质厚、绒毛多而影响药液的沉积附着。喷药时选用安装专业的扇形超细喷头的高压电动喷杆喷雾器，应用直径0.3~0.5mm喷头，压力0.4~0.5MPa，加大压力以降低雾滴细度、减少水量，提高药液的浓度可以提高防治效果，田间无风或微风时喷头控制在距叶片0.5~0.6m，雾滴应在150μm以下；同时，加入多功能渗透性喷雾助剂农希望5号喷雾宝或50%油酸甲酯液剂（喷雾精）20~30ml/15kg药液对水均匀喷雾，必须把药喷匀、喷细、喷透，药液在叶片上下均匀地沉积形成一层药膜，中下部叶片的药剂附着率达90%以上，才能取得较好的防治效果。

2. 美洲斑潜蝇

为害特点 以幼虫钻叶为害，在叶片上形成由细变宽的蛇形弯曲隧道，开始为白色，后变成铁锈色，有的在白色隧道内还带有湿黑色细线。幼虫多时叶片在短时间内就被钻蛀而枯死（图30-42和图30-43）。

图30-42　美洲斑潜蝇为害番茄幼苗

图30-43　美洲斑潜蝇为害番茄植株

形态特征　成虫（图30-44）体小，淡灰黑色，虫体结实。体长1.3~2.3mm，翅展1.3~2.3mm，雌虫较雄虫体稍长。小盾片鲜黄色，外顶鬃着生在黑色区域；前盾片和盾片亮黑色，内顶鬃常着生在黄色区域。卵很小，米色，轻微半透明，产在植物叶片内，田间很难见到。幼虫（图30-45）乳白色至黄色无头蛆，最长可达3mm。有一对形似圆锥的后气门。每侧后气门开口于3个气孔，锥突端部有1孔。蛹（图30-46）椭圆形，腹面稍扁平，长2mm左右，橙黄至金黄色。

图30-44　美洲斑潜蝇成虫

图30-45　美洲斑潜蝇幼虫

图30-46　美洲斑潜蝇蛹

发生规律　发生期为4—11月，发生盛期有2个，即5月中旬至6月和9月至10月中旬。美洲斑潜蝇为杂食性，为害大。

施药技术　黄板诱杀时，在田间插立或在植株顶部悬挂黄色诱虫板，进行诱杀，15~20张/亩（图30-47）。

准确掌握发生期。一般在成虫发生高峰期4~7d开始药剂防治，或叶片受害率达10%~20%时防治。在田间叶片开始受害，田间成虫飞行较多，产卵盛期，可以用5%甲氨基阿维菌素苯甲酸盐水分散粒剂4~6g/亩、2.5%溴氰菊酯乳油2 000~2 500倍液、16%高氯·杀虫单（高效氯氰菊酯1%+杀虫单15%）微乳剂1 000倍液，对水均匀喷雾，视虫情7~10d喷1次，番茄采收前7d停止施药。

在田间叶片较多受害，幼虫发生盛行期，用0.5%甲氨基阿维菌素苯甲酸盐微乳剂3 000倍液+4.5%氯氰菊酯乳油2 000倍液、50%灭蝇胺可湿性粉剂2 000～3 000倍液、11%阿维·灭蝇胺（阿维菌素1%+灭蝇胺10%）悬浮剂3 000～4 000倍液，均匀喷雾，因其世代重叠，要连续防治，视虫情5～7d喷1次，番茄采收前3d停止施用药剂。

斑潜蝇主要发生在番茄中上部叶片、嫩梢，喷药时必须保证药液均匀喷雾到所有部位；但是，上部叶片、

图30-47　利用黄板诱杀美洲斑潜蝇

嫩梢和幼果蜡质厚、绒毛多而影响药液的沉积附着。喷药时选用安装专业的扇形超细喷头的高压电动喷杆喷雾器，应用直径0.3～0.5mm喷头，压力0.4～0.5MPa，加大压力以降低雾滴细度、减少水量提高药液的浓度可以提高防治效果，田间无风或微风时喷头控制在距叶片0.5～0.6m，雾滴应在150μm以下；同时，加入多功能渗透性喷雾助剂农希望5号喷雾宝或50%油酸甲酯液剂（喷雾精）20～30ml/15kg药液对水均匀喷雾，必须把药喷匀、喷细、喷透，药液在叶片上下均匀地沉积形成一层药膜。

在保护地内选用10%氰戊菊酯烟剂或用22%敌敌畏烟剂每亩0.5kg或用15%吡·敌畏（吡虫啉1%+敌敌畏14%）烟剂200～400g/亩，用背负式机动发烟器施放烟剂，效果更好。或用80%敌敌畏乳油与水以1∶1的比例混合后加热熏蒸。

3．温室白粉虱

为害特点　温室白粉虱成虫和若虫吸食植物汁液，被害叶片褪绿、变黄、萎蔫，甚至全株死亡。此外，尚能分泌大量蜜露，污染叶片和果实，导致煤污病的发生，造成减产并降低蔬菜商品价值（图30-48和图30-49）。白粉虱亦可传播病毒病。

形态特征　成虫体长1.0～1.5mm，淡黄色，翅面覆盖白蜡粉，俗称"小白蛾子"。卵长约0.2mm，侧面观为长椭圆形，基部有卵柄，从叶背的气孔插入植物组织中。1龄若虫体长约0.29mm，长椭圆形；2龄若虫体长约0.37mm；3龄若虫体长约0.51mm，淡绿色或黄绿色，足和触角退化，紧贴在叶片上；4龄若虫又称伪蛹，体长0.7～0.8mm，椭圆形，初期体扁平，逐渐加厚呈蛋糕状（侧面观），中央略高，黄褐色（图30-50）。

图30-48　温室白粉虱为害番茄叶片

发生规律　成虫喜欢黄瓜、茄子、番茄、菜豆等蔬菜，群居于嫩叶叶背和产卵，在寄主植物打顶以前，成虫总是随着植株的生长不断追逐顶部嫩叶。新羽化成虫产的卵以卵柄从气孔插入叶片组织中，与寄主植物保持水分平衡，极不易脱落。若虫孵化后3d内在叶背可做短距离游走，当口器插入叶组织后就失去了爬行的机能，开始营固着生活。7—8月间虫口密度较大，8—9月为害严重。10月下旬后，气温下降，虫口数量逐渐减少，并开始向温室内迁移为害或越冬。

图30-49　温室白粉虱诱发的煤污病叶片发病症状　　　　　图30-50　温室白粉虱若虫和成虫

施药技术　黄色对白粉虱成虫有强烈诱集作用，在温室内设置黄板（1m×0.17m纤维板或硬纸板，涂成橙黄色，再涂上一层黏油，每亩32~34块）诱杀成虫效果显著。黄板设置于行间与植株高度相平，黏油（一般使用10号机油加少许黄油调匀）7~10d重涂1次，要防止油滴在作物上造成烧伤。该方法作为综防措施之一，可与释放丽蚜小蜂等协调运用。

在白粉虱开始发生时，可用240g/L螺虫乙酯悬浮剂4 000~5 000倍液、10%氯噻啉可湿性粉剂2 000倍液、25%噻虫嗪水分散粒剂2 000~3 000倍液、50%噻虫胺水分散粒剂2 000~3 000倍液、25%噻嗪酮可湿性粉剂1 000~2 000倍液、10%吡虫啉可湿性粉剂1 500倍液、10%吡丙·醚乳油1 000~2 000倍液、20%溴虫氰悬浮剂1 000~2 000倍液、5%高氯·啶虫脒可湿性粉剂2 000~3 000倍液对水均匀喷雾，因其世代重叠，要连续防治，视虫情间隔7d左右防治1次。

白粉虱主要发生在番茄中上部叶片，相对易于喷药，喷药时必须保证药液均匀喷雾到所有部位；但是，上部叶片、嫩梢和幼果蜡质厚、绒毛多而影响药液的沉积附着。喷药时选用安装专业的扇形超细喷头的高压电动喷杆喷雾器，应用直径0.3~0.5mm喷头，压力0.4~0.5MPa，加大压力以降低雾滴细度、减少水量，提高药液的浓度可以提高防治效果，田间无风或微风时喷头控制在距叶片0.5~0.6m，雾滴应在150μm以下；同时，加入多功能渗透性喷雾助剂农希望5号喷雾宝或50%油酸甲酯液剂（喷雾精）20~30ml/15kg药液对水均匀喷雾，必须把药喷匀、喷细、喷透，药液在叶片上下均匀地沉积形成一层药膜。

在保护地内，可以选用10%氰戊菊酯烟剂，用背负式机动发烟器施放烟剂，效果很好。

4．烟粉虱

为害特点　成虫、若虫刺吸植物汁液，受害叶褪绿萎蔫或枯死，使植物生理紊乱，并能传播病毒病（图30-51），诱发煤污病。

形态特征　成虫（图30-52）体翅覆盖白蜡粉，虫体呈淡黄色至白色，复眼红色，前翅脉仅1条，不分叉，左右翅合拢呈屋脊状。卵（图30-53）有光泽，呈上尖下钝的长梨形，底部有小柄支撑于叶面，卵散产，初产时淡黄绿色，孵化前转至深褐色，但不变黑。若虫（图30-54）长椭圆形，淡绿色至黄白色。伪蛹实为第4龄若虫，处于3龄若虫蜕皮之内，蛹壳椭圆形，黄色，扁平，背面中央隆起，周缘薄，无周缘蜡丝（图30-55）。

图30-51 由烟粉虱传播的黄化曲叶病毒病

图30-52 烟粉虱成虫

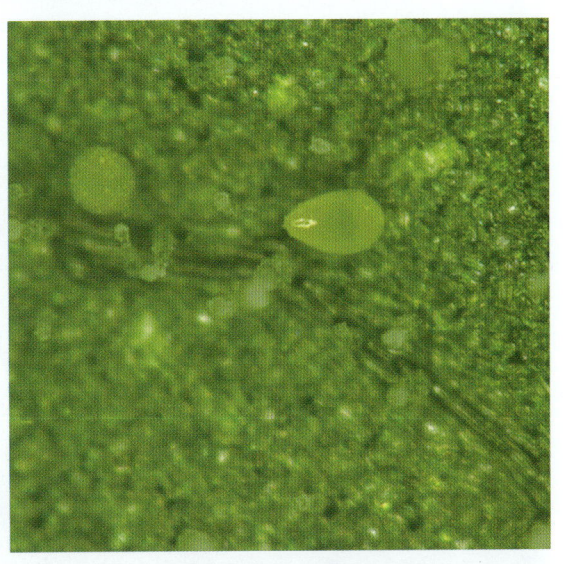

图30-53 烟粉虱卵

图30-54 烟粉虱若虫

图30-55 烟粉虱伪蛹

发生规律 亚热带每年发生10~12个重叠世代，几乎月月出现一次种群高峰，每代15~40d，夏季卵期3d，冬季33d。若虫3龄，9~84d，伪蛹2~8d。成虫产卵期2~18d。每雌产卵120粒左右。卵多产在植株中部嫩叶上。成虫喜欢无风温暖天气，有趋黄性，气温低于12℃停止发育，14.5℃开始产卵，气温21~33℃，随气温升高，产卵量增加，高于40℃成虫死亡。相对湿度低于60%成虫停止产卵或死去。暴风雨能抑制其大发生，非灌溉区或浇水次数少的番茄受害重。

施药技术 可以参照白粉虱。

三、番茄各生育期病虫害与农药施用关键技术

（一）番茄苗期病虫害防治与农药施用关键技术

在番茄幼苗期（图30-56），有些病害严重影响出苗或小苗的正常生长，如猝倒病、立枯病、炭疽病、灰霉病、晚疫病等；也有一些病害，是通过种子传播的，如菌核病、黄萎病、枯萎病、早疫病等；另外，如病毒病等也可以在苗期发生，有时也有一些地下害虫为害。因此，播种期、幼苗期是防治病虫害、培育壮苗、保证生产的一个重要时期，生产上经常使用多种杀菌剂、杀虫剂、除草剂、植物激素等混用。

图30-56 番茄苗期生长情况

对于苗床，可以结合建床，进行土壤药剂处理。选择药剂时要针对本地情况，调查发病种类，参考前文介绍，可选用如下药剂。

苗床处理：用70%甲基硫菌灵可湿性粉剂、25%甲霜灵可湿性粉剂、50%福美双可湿性粉剂1∶1∶1混合，每平方米施药8g，或用50%福美双可湿性粉剂5g，掺细土4~5kg，待苗床平整、浇水后，将1/3的药土撒于地表，播种后再把剩余的药土覆盖在种子上面。对大棚也可以用硫磺熏蒸，开棚放风后播种。

对经常发生地下害虫、根结线虫病较重的地块可采用0.5%阿维菌素颗粒剂3~4kg、10%噻唑磷颗粒剂2kg，加入高效土壤菌虫通杀处理剂2kg与20kg细土充分拌匀，撒施混土处理。

为了促使幼苗生长，可以在幼苗灌根或喷洒农药时，与一些杀菌剂混合喷洒20%宁南霉素水剂400倍液，或1.8%复硝酚钠水剂6 000~8 000倍液，或黄腐酸盐1 000~3 000倍液，或磷酸二氢钾0.1%~0.2%等。为使幼苗矮壮，防止幼苗徒长，可以喷洒15%多效唑可湿性粉剂1 500倍液，以幼苗2~3片真叶时施药为宜，使用时，一定要严格把握最适药量。

番茄苗期叶片、嫩梢，相对易于喷药，喷药时必须保证药液均匀喷雾到所有部位；但是，上部叶片、嫩梢和幼果蜡质厚、绒毛多而影响药液的沉积附着（图30-57），雾滴的附着率直接影响喷药效果。喷药时选用安装专业的扇型超细喷头的高压电动喷杆喷雾器，应用直径0.3～0.5mm喷头，压力0.4～0.5MPa，加大压力以降低雾滴细度、减少水量提高药液的浓度可以提高防治效果，田间无风或微风时喷头控制在距叶片0.5～0.6m，雾滴应在150μm以下；同时，还应加入专业喷雾助剂农希望5号喷雾宝或50%油酸甲酯液剂（喷雾精）20～30ml/15kg药液对水均匀喷雾，必须把药喷匀、喷细、喷透，药液在叶片上下均匀地沉积形成一层药膜，中下部叶片的药剂附着率达90%以上，才能取得较好的防治效果（图30-58）。

图30-57 番茄苗期叶片、嫩梢蜡质厚、绒毛多而影响药液的沉积附着，大量农药雾滴流失浪费

图30-58 番茄苗期用安装专业的扇形超细喷头的高压电动喷杆喷雾器，加入专业喷雾助剂农希望5号喷雾宝10ml/15kg药液对水均匀喷雾，把药喷匀、喷细、喷透，让药液在叶片上下均匀地沉积形成一层药膜，防治效果较好

(二)番茄开花坐果期病虫害防治与农药施用关键技术

移植缓苗后到开花结果期(图30-59),植株生长旺盛,多种病害开始侵染,部分害虫开始发生,一般该期是喷药保护、预防病虫的关键时期,也是使用植物激素、微肥,调控生长,保证早熟与丰产的最佳时期,生产上需要多种农药混合使用。

图30-59 番茄开花坐果期生长情况

这一时期经常发生的病害有病毒病、早疫病、晚疫病、炭疽病等。施药重点是使用好保护剂,预防病害的发生。常用的保护剂有70%代森锰锌可湿性粉剂800~1 200倍液、75%百菌清可湿性粉剂500~600倍液、25%吡唑醚菌酯悬浮剂30~40ml/亩、25%嘧菌酯悬浮剂1 500倍液、27%无毒高脂膜乳剂100~200倍液、65%代森锌可湿性粉剂600~800倍液、60%唑醚·代森联(代森联55%+吡唑醚菌酯5%)水分散粒剂60~100g/亩。对于大棚还可以用10%百菌清烟剂800~1 000g/亩,熏一夜。也可以使用一些保护剂与治疗剂的复配制剂,每隔7~15d喷1次。本期为预防病害,提高植物抗病性,也可以喷施0.001%芸苔素内酯乳剂2 000倍液。

本期害虫也时有发生,可以在使用杀菌剂时混用一些杀虫剂,番茄上主要有蚜虫,可以用0.5%甲氨基阿维菌素苯甲酸盐微乳剂2 000~3 000倍液、50%抗蚜威可湿性粉剂2 000~3 000倍液、25%噻虫嗪可湿性粉剂2 000~3 000倍液、2.5%溴氰菊酯乳油2 000~3 000倍液、10%氯氰菊酯乳油2 500~3 000倍液喷雾防治。

为了保证幼苗生长健壮,尽早开花结果可以混合使用一些植物激素。当番茄出现徒长时,可以在5~7片真叶时喷施15%多效唑可湿性粉剂1 500~1 800倍液,每亩用药液量30~40kg;能抑制顶端生长,集中开花,早熟增产;使用0.001%芸苔素内酯乳剂2 000倍液,可促进幼苗粗壮,叶色浓绿,提高抗病性。这一时期可以使用植物叶面肥。

番茄开花坐果期叶片、嫩梢与幼果,是重点发病部位,喷药时必须保证药液均匀喷雾到所有部位;但是,上部叶片、嫩梢和幼果蜡质厚、绒毛多而影响药液的沉积附着(图30-60),雾滴的附着率直接影响喷药效果。喷药时选用安装专业的扇形超细喷头的高压电动喷杆喷雾器,应用直径0.3~0.5mm喷头,压力0.4~0.5MPa,加大压力以降低雾滴细度、减少水量提高药液的浓度可以提高防治效果,田间无风或微风时喷头控制在距叶片0.5~0.6m,雾滴应在150μm以下;同时,加入多功能渗透性喷雾助剂农希望5号喷雾宝或50%油酸甲酯液剂(喷雾精)20~30ml/15kg药液对水均匀喷雾,必须把药喷匀、喷细、喷透,药液在叶片上下均匀地沉积形成一层药膜,中下部叶片的药剂附着率达90%以上,才能取得较好防治效果(图30-61)。

图30-60 番茄开花坐果期叶片、嫩梢与幼果,蜡质厚、绒毛多而影响药液的沉积附着,大量农药雾滴流失浪费,难以取得最好的防治效果

图30-61 番茄开花坐果期用安装专业的扇形超细喷头的高压电动喷杆喷雾器,加入专业的喷雾助剂农希望5号喷雾宝20ml/15kg药液对水均匀喷雾,把药喷匀、喷细、喷透,让药液在叶片上下均匀地沉积形成一层药膜,防治效果较好

（三）番茄结果期病虫害防治与农药施用关键技术

番茄进入开花结果期（图30-62），长势开始变弱，生理性落花落果现象普遍，加上多种病虫的为害，果实的产量与品质直接受到影响。为确保丰收，生产上经常使用多种农药，合理混用较为重要。

图30-62　番茄开花结果期生长情况

番茄进入开花结果期以后，许多病害开始发生流行。青枯病、病毒病、黄枯萎病、灰霉病、菌核病、早疫病、晚疫病等时常严重发生。

对于青枯、病毒、黄枯萎病混合严重发生时，可以用14%络氨铜水剂300～500倍液、30%琥胶肥酸铜悬浮剂500～600倍液、50%多菌灵可湿性粉剂600～800倍液、2%宁南霉素水剂400倍液，并配以黄腐酸盐1 000～3 000倍液灌根，每株灌药液30～400ml，或喷雾处理，每亩用药液40～50kg。

当灰霉病、菌核病、早疫病等混合发生时，可以使用75%百菌清可湿性粉剂120～200g/亩+43%腐霉利悬浮剂80～120ml/亩、70%代森锰锌可湿性粉剂800～1 200倍液+50%异菌脲水分散粒剂120～160g/亩、50%啶酰菌胺水分散粒剂30～50g/亩+5%己唑醇悬浮剂75～150ml/亩、25%啶菌恶唑乳油53～107ml/亩、50%氟啶胺水分散粒剂27～33g/亩、22.5%啶氧菌酯悬浮剂26～36ml/亩、40%咯菌腈·异菌脲（咯菌腈10%+异菌脲30%）悬浮剂20～30ml/亩、500g/L氟吡菌酰胺·嘧霉胺（嘧霉胺375g/L+氟吡菌酰胺125g/L）悬浮剂60～80ml/亩、45%异菌·氟啶胺（氟啶胺30%+异菌脲15%）悬浮剂45～50ml/亩、65%啶酰·腐霉利（啶酰菌胺20%+腐霉利45%）水分散粒剂60～80g/亩、50%异菌·腐霉利（腐霉利35%+异菌脲15%）悬浮剂60～70ml/亩、80%嘧霉·异菌脲（嘧霉胺40%+异菌脲40%）可湿性粉剂38～45g/亩、60%乙霉·多菌灵（乙霉威30%+多菌灵30%）可湿性粉剂90～120g/亩、42.4%唑醚·氟酰胺（吡唑醚菌酯21.2%+氟唑菌酰胺21.2%）悬浮剂20～30ml/亩、43%氟菌·肟菌酯（肟菌酯21.5%+氟吡菌酰胺21.5%）悬浮剂30～45ml/亩、40%嘧霉·百菌清（嘧霉胺13%+百菌清27%）可湿性粉剂100～133g/亩、30%福·嘧霉（福美双24%+嘧霉胺6%）可湿性粉剂500～800倍液、40%嘧霉胺悬浮剂800～1 500倍液、25%啶菌恶唑乳油700～1 250倍液，隔7d喷1次，连续防治2～3次。喷药时选用安装专业的扇型超细喷头的高压电动喷杆喷雾器，加入多功能渗透性喷雾助剂农希望5号喷雾宝或50%油酸甲酯液剂（喷雾精）20～30ml/15kg药液，必须把药喷匀、喷细、喷透，充分地润湿扩散，药液在叶片上下均匀地沉积形成一层药膜，才能取得较好的防治效果。

对于番茄晚疫病发生较重的田块，结合其他病害的预防，可以使用75%百菌清水分散粒剂100～130g/亩+20%氰霜唑悬浮剂25～35ml/亩、50%嘧菌酯水分散粒剂40～60g/亩+30%氟吗啉悬浮剂30～40ml/亩、10%氟噻唑吡乙酮可分散油悬浮剂13～20ml/亩、23.4%双炔酰菌胺悬浮剂30～40ml/亩、500g/L氟啶胺悬浮剂25～33ml/亩、50%烯酰吗啉可湿性粉剂33～40g/亩、30%氟吡菌胺·氰霜唑（氰霜唑15%+氟吡菌胺15%）悬浮剂30～50ml/亩、31%恶酮·氟噻唑（恶唑菌酮28.2%+氟噻唑吡乙酮2.8%）悬浮剂27~33ml/亩、687.5g/L氟菌·霜霉威（霜霉威盐酸盐625g/L+氟吡菌胺62.5g/L）悬浮剂67.5~75ml/亩、53%烯酰·代森联（代森联44%+烯酰吗啉9%）水分散粒剂180~200g/亩、70%霜脲·嘧菌酯（霜脲氰35%+嘧菌酯35%）水分散粒剂20~40g/亩、40%精甲·丙森锌（精甲霜灵5%+丙森锌35%）可湿性粉剂80~100g/亩、47%烯酰·唑嘧菌（唑嘧菌胺27%+烯酰吗啉20%）悬浮剂40~60ml/亩、51%氟嘧·百菌清（百菌清46.4%+氟嘧菌酯4.6%）悬浮剂100~133ml/亩、52.5%恶酮·霜脲氰（恶唑菌酮22.5%+霜脲氰30%）水分散粒剂20~40g/亩，每隔5~7d喷1次，连喷2~3次。喷药时选用安装专业的扇形超细喷头的高压电动喷杆喷雾器，加入多功能渗透性喷雾助剂农希望5号喷雾宝或50%油酸甲酯液剂（喷雾精）20~30ml/15kg药液对水均匀喷雾，必须把药喷匀、喷细、喷透，药液在叶片上下均匀地沉积形成一层药膜，才能取得较好的防治效果。

为防止由生理性病害、灰霉病为害等造成的落花落果，用85%2,4-滴钠盐可溶粉剂42 500-85 000倍液，加入50%腐霉利可湿性粉剂800~1 000倍液+75%百菌清可湿性粉剂800~1 000倍液，也可以加入少量磷酸二氢钾浸花，每朵花浸1次，效果较为理想。但要注意不能触及枝、叶，特别是幼芽，也要避免重复点花。

对于大棚可以用10%腐霉利烟剂200~300g/亩、45%百菌清烟剂200~300g/亩，二者连续使用或轮换使用，每次熏上1夜。

对于番茄，可以在果实转色时，用40%乙烯利400倍液涂抹果实，或转色果实采摘后用40%乙烯利200倍液蘸果。从而提高早期产量，尽快投放市场。

第三十一章 茄子病虫害与农药施用关键技术

一、茄子病害与农药施用关键技术

1. 茄子绵疫病

症　状　*Phytophthora parasitica*称寄生疫霉，属鞭毛菌门真菌。幼苗期茎基部呈水浸状，发展很快，常引发猝倒，致使幼苗枯死（图31-1）。成株期叶片感病，产生水浸状不规则形病斑，具有轮纹，褐色或紫褐色，潮湿时病斑上长出少量白霉。茎部受害呈水浸状缢缩（图31-2），有时折断，并长有白霉。果实受害最重，开始出现水浸状圆形斑点，稍凹陷，黑褐色。病部果肉呈黑褐色腐烂状，在高湿条件下病部表面长有白色絮状菌丝，病果易脱落或干瘪收缩成僵果（图31-3）。

图31-1　茄子绵疫病为害幼苗茎部情况

图31-2　茄子绵疫病为害茎部情况

图31-3　茄子绵疫病为害果实情况

发生规律　以卵孢子在土壤中病株残留组织上越冬。卵孢子经雨水溅到植株体上后直接侵入表皮。借雨水或灌溉水传播，使病害扩大蔓延。茄子盛果期7—8月间，降雨早，次数多，雨量大，且连续阴雨，则发病早而重。地势低洼、排水不良、土壤黏重、管理粗放、偏施氮肥、过度密植、连茬栽培等，也会加剧病害蔓延。

施药技术　防治时期要早，重点保护植株下部茄果。可用58%甲霜灵·锰锌（甲霜灵10%+代森锰锌48%）可湿性粉剂500~800倍液、72%霜脲·锰锌（霜脲氰8%+代森锰锌64%）可湿性粉剂800~1 000倍液、50%烯酰吗啉可湿性粉剂30~40g/亩、722g/L霜霉威盐酸盐水剂72~107ml/亩、18.7%烯酰·吡唑酯（烯酰吗啉12%+吡唑醚菌酯6.7%）水分散粒剂75~125g/亩、60%唑醚·代森联（代森联55%+吡唑醚菌酯5%）水分散粒剂60~100g/亩、47%烯酰·唑嘧菌（唑嘧菌胺27%+烯酰吗啉20%）悬浮剂1 000~1 500倍液、52.5%恶酮·霜脲氰（恶唑菌酮22.5%+霜脲氰30%）水分散粒剂1 000~2 000倍液、47%烯酰·唑嘧菌（唑嘧菌胺27%+烯酰吗啉20%）悬浮剂1 000~2 000倍液、25%嘧菌酯悬浮剂1 500倍液等。喷药要均匀周到，重点保护茄子果实。一般每隔7d左右喷1次，连喷2~3次。

喷药要均匀周到，重点保护茄子果实。农民传统的喷药方式导致病部着药困难，大量药液流失（图31-4），喷药必须保证均匀喷雾到所有茎叶，雾滴的附着率直接影响喷药防治效果。喷药时必须用高压、超细的专业喷雾器械进行喷雾；加入多功能渗透性喷雾助剂农希望5号喷雾宝或50%油酸甲酯液剂（喷雾精）20~30ml/15kg药液对水均匀喷雾；必须把药喷匀、喷细、喷透，让药剂在叶面上形成一层药膜，叶上药剂附着率达90%以上（图31-5），才能取得较好的防治效果。

图31-4　普通（电动）喷雾器压力低、喷不匀、雾滴大。田间喷药雾滴较大，大量药液流失，叶片难以均匀附着药剂，防效较差

图31-5 防治茄子绵疫病时，必须用高压、超细的专业喷雾器械进行喷雾，喷药必须保证均匀喷雾到所有茎叶，加入专业的喷雾助剂农希望5号喷雾宝20ml/15kg药液对水均匀喷雾，让药液在叶面上均匀地形成一层油亮的药膜，叶上的药剂附着率达90%以上

2. 茄子褐纹病

症　　状　Phomopsis vexans 称茄褐纹拟点霉，属无性型真菌。幼苗受害，茎基部出现凹陷褐色病斑（图31-6），上生黑色小粒点，造成幼苗猝倒或立枯。成株期受害，先在下部叶片上出现苍白色圆形斑点，而后扩大为近圆形，边缘褐色，中间浅褐色或灰白色，有轮纹，后期病斑上轮生大量小黑点（图31-7）。茎部产生水浸状梭形病斑，其上散生小黑点，后期表皮开裂，露出木质部，易折断。果实表面产生椭圆形凹陷斑（图31-8），深褐色，并不断扩大，其上布满同心轮纹状排列的小黑点，天气潮湿时病果极易腐烂，病果脱落或干腐。

图31-6　茄子褐纹病为害幼苗茎部症状

图31-7　茄子褐纹病为害叶片症状　　图31-8　茄子褐纹病为害果实症状

发生规律　以菌丝体和分生孢子器在土表病残体上越冬。通过风雨、昆虫及农事操作进行传播和重复侵染。北方7—8月为发病期。相对湿度高于80%，连续阴雨，高温高湿条件下病害容易流行。植株生长衰弱，多年连作，通风不良、土壤黏重、排水不良、管理粗放、幼苗瘦弱、偏施氮肥时发病严重。

施药技术　苗期发病前或始病期，喷施75%百菌清可湿性粉剂600～800倍液+70%甲基硫菌灵可湿性粉剂600～1 000倍液、70%代森锰锌可湿性粉剂+40%氟硅唑乳油3 000～4 000倍液、42.4%唑醚•氟酰胺（吡唑醚菌酯21.2%+氟唑菌酰胺21.2%）悬浮剂1 000倍液、70%丙森锌可湿性粉剂600倍液+50%苯菌灵可湿性粉剂1 000倍液，加入多功能渗透性喷雾助剂农希望5号喷雾宝或50%油酸甲酯液剂（喷雾精）20～30ml/15kg药液，间隔7～15d1次，连喷2～3次或更多，前密后疏，交替喷施。

进入结果期，开始喷洒70%代森锰锌可湿性粉剂500倍液+50%苯菌灵可湿性粉剂800倍液、60%唑醚•代森联（代森联55%+吡唑醚菌酯5%）水分散粒剂60～100g/亩+50%异菌脲可湿性粉剂1 500倍液、30%唑醚•氟硅唑（吡唑醚菌酯20%+氟硅唑10%）乳油25～35ml/亩、75%百菌清可湿性粉剂600倍液+65%啶酰•腐霉利（啶酰菌胺20%+腐霉利45%）水分散粒剂1 000～1 500倍液，加入多功能渗透性喷雾助剂农希望5号喷雾宝或50%油酸甲酯液剂（喷雾精）20～30ml/15kg药液对水均匀喷雾，每隔7～10d喷1次，连喷2～3次。

在温室大棚内可采用10%百菌清烟剂或20%腐霉利烟剂，或10%百菌清加20%腐霉利混合烟剂，每亩用药300～400g，每隔5～7d熏1次，共2～3次。

3. 茄子黄萎病

症　状　*Verticillium dahliae*称大丽轮枝孢，属无性型真菌。坐果后发病最重。发病初期叶片边缘和叶脉间褪绿变黄，逐渐发展到全叶。晴天的中午病叶发生萎蔫（图31-9），下午或夜间天气凉时恢复正常，以后渐渐不能恢复正常，病叶由黄变褐，严重时病叶全部脱落，茎部维管束变成褐色（图31-10），有时全株发病，有时半边发病，植株明显矮化（图31-11）。

发生规律　病菌随病残体在土壤中或附在种子上越冬，成为翌年的初侵染源。病菌在土壤中可活6～8年。借风、雨、流水、人畜、农具传播发病，病菌当年不重复侵染。一般气温低，定植时根部形成伤口愈合慢，利于病菌侵入，茄子定植至开花期，日温低于15℃，持续时间长，植株发病重，地势低洼，施用未腐熟肥料，灌水不当，连作地块，发病重。

施药技术　种子处理：可用50%多菌灵可湿性粉剂500倍液浸种2h，用种子量0.2%的80%福美双或50%克菌丹拌种，效果也很好。

图31-9 茄子黄萎病为害植株症状

图31-10 茄子黄萎病维管束褐变症状

图31-11 茄子黄萎病为害田间症状

药剂处理土壤：在整地时每亩撒施70%敌磺钠可溶性粉剂3～5kg或多·地混剂2kg（50%多菌灵可湿性粉剂1份+20%地茂散0.5份混合而成），耙入土中消毒。

定植时，茄苗可用0.1%苯菌灵药液浸苗30min，定植后用50%多菌灵可湿性粉剂500～1 000倍液灌根，每株灌药液300ml，有良好的防治效果；施用50%硫菌灵可湿性粉剂500倍液或70%敌磺钠可溶性粉剂500倍液也有效；也可以用10亿芽孢/g枯草芽孢杆菌可湿性粉剂300～400倍液灌根，或2～3g/株穴施。

在茄子黄萎病发病前，可采用10亿芽孢/g枯草芽孢杆菌可湿性粉剂300～400倍液、70%敌磺钠可溶性粉剂500倍液+50%多菌灵可湿性粉剂500倍液、70%甲基硫菌灵可湿性粉剂500倍液+2%嘧啶核苷类抗生素水剂200倍液、70%甲基硫菌灵可湿性粉剂800～1 000倍液+70%敌磺钠可溶性粉剂300～500倍液，每株灌药液300～500ml，对水灌根防治，隔5～7d喷1次，连续2～3次。

4．茄子枯萎病

症　　状　*Fusarium oxysporum* f.sp.*melorgenae*称尖孢镰孢菌茄子专化型，属无性型真菌。发病初期，病株叶片自下而上逐渐变黄枯萎（图31-12），病症多出现在下部叶片，叶脉变黄，最后整个叶片枯黄，叶片不脱落（图31-13）。削开病茎可见维管束呈褐色（图31-14）。

图31-12 茄子枯萎病为害初期症状　　图31-13 茄子枯萎病为害后期症状　　图31-14 茄子枯萎病维管束褐变比较症状

发生规律　以菌丝体或厚垣孢子随病残体在土壤中或黏附在种子上越冬，可营腐生生活。病菌借助水流、灌溉水或雨水溅射而传播，从伤口或幼根侵入。连作地、土壤低洼潮湿、土温高、氧气不足，根活力降低或根部伤口多，施用未腐熟的土杂肥等，皆易诱发病害。

施药技术　发病初期，可用30%多·福（福美双15%+多菌灵15%）可湿性粉剂300～500倍液、50%多菌灵可湿性粉剂500倍液、50%苯菌灵可湿性粉剂1 000倍液灌根，每株200ml，每株灌100ml，间隔7～10d喷1次，连防3～4次。

5．茄子病毒病

症　　状　包括TMV（烟草花叶病毒）、CMV（黄瓜花叶病毒）、BBWV（蚕豆萎蔫病毒）、PVX（马铃薯X病毒）。茄子病毒病近年来发生较重，以保护地最为常见。其症状类型复杂，常见的有花叶坏死型、花叶斑驳型等。上部新叶呈黄绿相间的斑驳（图31-15至图31-18），发病重时叶片皱缩，叶面有疮斑（图31-19）。叶面有时有紫褐色坏死斑，叶背表现更明显。

发生规律　病毒由接触摩擦（TMV）传毒和蚜虫传毒（CMV）。高温干旱、蚜虫量大发病重。

施药技术　可用20%盐酸吗啉胍·乙酸铜（乙酸铜10%+盐酸吗啉胍10%）可湿性粉剂500倍液、2%宁南霉素水剂400倍液等药剂喷雾，加入多功能渗透性喷雾助剂农希望5号喷雾宝或50%油酸甲酯液剂（喷雾精）20～30ml/15kg药液对水均匀喷雾，每隔5～7d喷1次，连续2～3次。

图31-15　茄子病毒病褪绿症状

图31-16　茄子病毒病皱叶症状

图31-17　茄子病毒病花叶症状

图31-18　茄子病毒病皱缩症状

图31-19　茄子病毒病为害田间症状

6. 茄子灰霉病

症　　状　*Botrytis cinerea*称灰葡萄孢，属无性型真菌。发生于成株期，花、叶片、茎枝和果实均可受害，尤其以门茄和对茄受害最重。在花器和果实上产生水浸状褐色病斑，扩大后呈暗褐色，凹陷腐烂，表面产生不规则轮纹状的灰色霉层（图31-20和图31-21）。叶片发病，多在叶缘处先形成水浸状浅褐色病斑，扩展后呈圆形或椭圆形，褐色并带有浅褐色轮纹的大型病斑，湿度大时病斑上密布灰色霉层。发病后期，如果条件适宜，病斑连片，致使整个叶片干枯。茎和果（图31-22和图31-23）染病，初生水浸状不规则形病斑，灰白色或褐色，病斑可绕茎枝一周，其上部枝叶萎蔫枯死，病部表面密生灰白色霉状物。

图31-20　茄子灰霉病为害幼苗叶片症状

图31-21　茄子灰霉病为害成株叶片症状

图31-22　茄子灰霉病为害花器症状

图31-23　茄子灰霉病为害果实症状

发生规律 病菌以菌丝体或分生孢子随病残体在土壤中越冬,也可以菌核的形式在土壤中越冬,成为翌年的初侵染源。发病组织上产生分生孢子,随气流、浇水、农事操作等传播蔓延,形成再侵染。多在开花后侵染花瓣,再侵入果实引发病害,也能由果蒂部侵入。茄子灰霉病菌喜低温高湿。持续的较高的空气相对湿度是造成灰霉病发生和蔓延的主导因素。光照不足,气温较低(16~20℃),湿度大,结露持续时间长,非常适合灰霉病的发生。所以,春季如遇连续阴雨天气,气温偏低,温室大棚放风不及时,湿度大,灰霉病便容易流行。植株长势衰弱时病情加重。

施药技术 花期,用药可结合使用防落素等激素蘸花保果操作,在配制好的85%2,4-滴钠盐可溶粉剂42 500~85 000倍液中按0.5%的比例加入50%腐霉利可湿性粉剂、50%异菌脲可湿性粉剂、40%嘧霉胺悬浮剂;或在蘸花(浸沾整朵花)的药液中加入2.5%咯菌腈悬浮剂200倍液处理茄子花朵,对茄子果实灰霉病有较好的防治效果,对花的安全性极好,不会影响坐果。

发病初期,可采用40%嘧霉胺悬浮剂1 000~1 500倍液、2%丙烷脒水剂1 000~1 500倍液+2.5%咯菌腈悬浮剂1 000~1 500倍液、500g/L氟吡菌酰胺·嘧霉胺(嘧霉胺375g/L+氟吡菌酰胺125g/L)悬浮剂60~80ml/亩、50%腐霉利可湿性粉剂1 000~1 500倍液、50%异菌脲悬浮剂1 000~1 500倍液、20%福·腈(福美双18%+腈菌唑2%)可湿性粉剂1 000~2 000倍液、50%嘧菌环胺水分散性粒剂1 000~1 500倍液、50%烟酰胺水分散粒剂1 000~1 500倍液、25%啶菌恶唑乳油1 000~2 000倍液,间隔5~7d喷1次。

茄子叶片蜡质厚,农民传统的喷药方式导致病部着药困难,大量药液流失(图31-24),防治效果不好;喷药必须保证均匀喷雾到所有茎叶,雾滴的附着率直接影响喷药防治效果。喷药时必须选用高压、超细的专业喷雾器械进行喷雾;加入超强润湿扩散喷雾助剂农希望7号喷雾宝或25%油酸甲酯液剂(喷雾精)5~10ml/15kg药液,天气特别干旱时喷药应加入多功能渗透性喷雾助剂农希望5号喷雾宝或50%油酸甲酯液剂(喷雾精)20~30ml/15kg药液对水均匀喷雾;必须把药喷匀、喷细、喷透,让药剂在叶面上形成一层药膜,叶上药剂附着率达90%以上(图31-25),才能取得较好的防治效果。

图31-24 普通(电动)喷雾器压力低、喷不匀、雾滴大。田间喷药雾滴较大,大量药液流失,叶片难以均匀附着药剂,对灰霉病的防效较差

图31-25 防治茄子灰霉病时,必须用高压、超细的专业喷雾器械进行喷雾,喷药必须保证均匀喷雾到所有茎叶,加入专业的喷雾助剂5号喷雾宝20ml/15kg药液均匀喷雾,让药液在叶面上均匀地形成一层油亮的药膜,叶的药剂附着率达90%以上,药液充分地润湿扩散才能收到较好的防治效果

7. 茄子早疫病

症　　状　*Alternaria solani* 称茄链格孢,属无性型真菌。主要为害叶片。病斑圆形或近圆形,边缘褐色,中部灰白色,具有同心轮纹(图31-26和图31-27)。湿度大时,病部长出微细的灰黑色霉状物,后期病斑中部脆裂,发病严重时病叶脱落。

图31-26　茄子早疫病为害幼苗叶片症状

图31-27　茄子早疫病为害成株叶片症状

发生规律 病菌以菌丝体在病残体内或潜伏在种皮下越冬。苗期和成株期均可发病。发生较常见，为害不大。

施药技术 发病前，喷施保护剂进行预防，可以用75%代森锰锌水分散粒剂175～200g/亩、50%二氯异氰尿酸钠可溶粉剂75～100g/亩、80%代森锌可湿性粉剂250～300g/亩、25%嘧菌酯悬浮剂24～32ml/亩、75%百菌清可湿性粉剂200～250g/亩、50%肟菌酯水分散粒剂8～10g/亩、80%丙森锌可湿性粉剂130～160g/亩、50%克菌丹可湿性粉剂125～187g/亩、9%萜烯醇（互生叶白千层提取物）乳油67～100ml/亩、6%嘧啶核苷类抗菌素水剂87～125ml/亩、60%唑醚·代森联（代森联55%+吡唑醚菌酯5%）水分散粒剂40～60g/亩、70%锰锌·百菌清（代森锰锌40%+百菌清30%）可湿性粉剂100～150g/亩，加入专业的喷雾助剂（如农希望7号喷雾宝10ml/15kg药液、或农希望5号喷雾宝20～30ml/15kg药液），对水均匀喷雾。

发病初期开始用药，喷洒10%苯醚甲环唑水分散粒剂80～100g/亩、50%异菌脲可湿性粉剂50～100g/亩、400g/L氯氟醚·吡唑酯（吡唑醚菌酯200g/L+氯氟醚菌唑200g/L）悬浮剂20～40ml/亩、31%恶酮·氟噻唑（恶唑菌酮28.2%+氟噻唑吡乙酮2.8%）悬浮剂27～33ml/亩、29%戊唑·嘧菌酯（戊唑醇18%+嘧菌酯11%）悬浮剂30～40ml/亩、325g/L苯甲·嘧菌酯（苯醚甲环唑125g/L+嘧菌酯200g/L）悬浮剂30～50ml/亩、35%氟菌·戊唑醇（戊唑醇17.5%+氟吡菌酰胺17.5%）悬浮剂25～30ml/亩、43%氟菌·肟菌酯（肟菌酯21.5%+氟吡菌酰胺21.5%）悬浮剂15～25ml/亩、12%苯甲·氟酰胺（苯醚甲环唑5%+氟唑菌酰胺7%）悬浮剂56～70ml/亩，加入超强润湿扩散喷雾助剂农希望7号喷雾宝或25%油酸甲酯液剂（喷雾精）5～10ml/15kg药液，天气特别干旱时喷药应加入多功能渗透性喷雾助剂农希望5号喷雾宝或50%油酸甲酯液剂（喷雾精）20～30ml/15kg药液对水均匀喷雾。为防止产生抗药性提高防效，提倡轮换交替或复配使用。每7d喷1次，连喷2～3次。

棚室栽培番茄，定植后1～3d内，用45%百菌清烟剂或10%腐霉利烟剂，每亩用200～250g，闭棚熏烟1夜。

8．茄子白粉病

症　状 *Sphaerotheca filiginea*称单丝壳白粉菌，属子囊菌门真菌。主要为害叶片。叶面初现不定形褪绿小黄斑，相应的叶背面则出现不定形白色小霉斑，边缘界限不明晰，细视之，可见霉斑近乎放射状扩展（图31-28）。随着病情的进一步发展，霉斑数量增多，斑面上粉状物日益明显而呈白粉斑，粉斑相互连合成白粉状斑块，严重时叶片正反面均可被粉状物所覆盖，外观好像被撒上一薄层面粉。

图31-28　茄子白粉病为害叶片症状

发生规律 病菌以闭囊壳在温室蔬菜上或土壤中越冬，借风和雨水传播。在高温高湿或干旱环境条件下易发生，发病适温20～25℃，相对湿度25%～85%，但是以高湿条件下发病重。

施药技术 发病前至发病初期，可以用12.5%烯唑醇可湿性粉剂2 000～4 000倍液、12.5%腈菌唑乳油2 000～3 000倍液、62.25%腈菌唑·代森锰锌（腈菌唑2.25%+代森锰锌60%）可湿性粉剂600～700倍液、20%福·腈（福美双18%+腈菌唑2%）可湿性粉剂1 000～2 000倍液，加入超强润湿扩散喷雾助剂农希望7号喷雾宝或25%油酸甲酯液剂（喷雾精）5～10ml/15kg药液，天气特别干旱时喷药应加入多功能渗透性喷雾助剂农希望5号喷雾宝或50%油酸甲酯液剂（喷雾精）20～30ml/15kg药液对水均匀喷雾，隔5～7d喷1次。

二、茄子虫害与农药施用关键技术

1．茄二十八星瓢虫

为害特点 茄二十八星瓢虫（*Henosepilachna vigintioctopunctata*）主要为害茄子叶片、果实。成虫和若虫在叶背面剥食叶肉，形成许多独特的不规则的半透明的细凹纹，有时也会将叶吃成空洞或仅留叶脉（图31-29）。严重时整株死亡。被害果实常开裂，内部组织僵硬且有苦味，产量和品质明显下降（图31-30）。

图31-29 茄二十八星瓢虫为害叶片状

图31-30 茄二十八星瓢虫为害果实状

形态特征 成虫体半球形，赤褐色，体表密生黄褐色细毛。前胸背板前缘凹陷，中央有一较大的剑状斑纹，两侧各有2个黑色小斑。两鞘翅上各有14个黑斑，鞘翅基部3个黑斑，后方的4个黑斑在一条直线上。两鞘翅会合处的黑斑不互相接触（图31-31）。卵纵立，鲜黄色，有纵纹。幼虫体淡黄褐色，长椭圆状，背面隆起，各节具黑色枝刺（图31-32）。蛹椭圆形，淡黄色，背面有稀疏细毛及黑色斑纹。

图31-31 茄二十八星瓢虫成虫

发生规律 该虫在华北1年发生2代，江南地区4代，以成虫群集越冬。一般于5月开始活动，为害马铃薯或苗床中的茄子、番茄、青椒等。6月上中旬为产卵盛期，6月下旬至7月上旬为第1代幼虫为害期，7月中下旬为化蛹盛期，7月底或8月初为第1代成虫羽化盛期，8月中旬为第2代幼虫为害盛期，8月下旬开始化蛹，羽化的成虫自9月中旬开始寻求越冬场所，10月上旬开始越冬。

图31-32 茄二十八星瓢虫幼虫

施药技术 要抓住幼虫分散前的时机施药，可用1%甲氨基阿维菌素苯甲酸盐乳油3 000倍液、1.8%阿维菌素乳油1 500~2 000倍液、20%甲氰菊酯乳油1 200倍液、2.5%溴氰菊酯乳油3 000倍液、2.5%氯氟氰菊酯乳油4 000倍液、5.7%氟氯氰菊酯乳油2 500倍液、10%联苯菊酯乳油2 000倍液、4.5%高效氯氰菊酯乳油3 000~3 500倍液等药剂喷雾，超强润湿扩散喷雾助剂农希望7号喷雾宝或25%油酸甲酯液剂（喷雾精）5~10ml/15kg药液，天气特别干旱时喷药应加入多功能渗透性喷雾助剂农希望5号喷雾宝或50%油酸甲酯液剂（喷雾精）20~30ml/15kg药液，隔7~10d喷1次。

2. 茶黄螨

为害特点 茶黄螨（*Polyphagotarsonemus latus*）以刺吸式口器吸取植物汁液为害。可为害叶片、新梢、花蕾和果实。叶片受害后，变厚变小变硬，叶反面茶锈色，油渍状，叶缘向背面卷曲，嫩茎呈锈色，梢颈端枯死，花蕾畸形，不能开花。果实受害后，果面黄褐色粗糙，果皮龟裂，种子外落，严重时呈馒头开花状（图31-33）。

形态特征 雌螨体躯阔卵形，腹部末端平截，淡黄色至橙黄色，半透明，有光泽。身体分节不明显，体背部有1条纵向白带。足较短，4对，第4对足纤细，其跗节末端有端毛和亚端毛。腹部后足体部有4对刚毛。假气门器官向后端扩展。雄螨近六角形，腹部末端圆锥形。前足体3~4对刚毛，腹面后足体有4对刚毛。足较长而粗壮，第3、4对足的基节相连，第4对足胫跗节细长，向内侧弯曲，远端1/3处有1根特别长的鞭毛，爪退化为纽扣状。卵椭圆形，无色透明。卵表面有纵向排列的5~6行白色瘤状突起。幼螨近椭圆形，淡绿色。足3对，体背有1条白色纵带，腹末端有1对刚毛。若螨是一静止阶段，外面罩有幼螨的表皮。

图31-33 茶黄螨为害茄子症状

发生规律 每年可发生几十代，主要在棚室中的植株上或在土壤中越冬。棚室中全年均有发生，而露地菜则以6—9月受害较重。生长迅速，在18～20℃条件下，7～10d可发育1代，在28～30℃下，4～5d发生1代。生长的最适温度为16～23℃，相对湿度为80%～90%。以两性生殖为主，也可进行孤雌生殖，但未受精的卵孵化率低，且均为雄性。单雌产卵量为百余粒，卵多散产于嫩叶背面和果实的凹陷处。成螨活动能力强，靠爬迁或自然力扩散蔓延。大雨对其有冲刷作用。

施药技术 在发生初期，可用15%哒螨灵乳油3 000倍液、5%唑螨酯悬浮剂3 000倍液、1.8%阿维菌素乳油4 000倍液、20%甲氰菊酯乳油1 500倍液等，加入超强润湿扩散喷雾助剂农希望7号喷雾宝或25%油酸甲酯液剂（喷雾精）5～10ml/15kg药液，天气特别干旱时喷药应加入多功能渗透性喷雾助剂农希望5号喷雾宝或50%油酸甲酯液剂（喷雾精）20～30ml/15kg药液对水均匀喷雾，隔5～7d喷1次。

三、茄子各生育期病虫害与农药施用关键技术

（一）茄子苗期病虫害与农药施用关键技术

在茄子苗期（图31-34），有些病害严重影响出苗或小苗的正常生长，如猝倒病、立枯病、炭疽病、灰霉病、绵疫病等；也有一些病害，是通过种子传播的，如菌核病、黄萎病、枯萎病、褐纹病、炭疽病等；另外，如病毒病等也可以在苗期发生，有时也有一些地下害虫为害。因此，播种期、小苗期是防治病虫草害、培育壮苗、保证生产的一个重要时期，生产上经常使用多种杀菌剂、杀虫剂、除草剂、植物激素等混用。

图31-34 茄子育苗至幼苗期栽培情况

对于育苗田，可以结合平整土地，进行土壤药剂处理。选择药剂时要针对本地情况，调查发病种类，参考前文介绍，可选用如下药剂。

在播种前，用40%五氯硝基苯粉剂与50%福美双可湿性粉剂1∶1混合，每平方米施药8g，或用25%甲霜灵可湿性粉剂4g+70%代森锰锌5g或50%福美双可湿性粉剂5g，掺细土4～5kg，待苗床平整、浇水后将1/3的药土撒于地表，播种后再把剩余的药土覆盖在种子上面。对于大棚也可以用硫磺熏蒸，开棚通风后播种。

种子处理：常用药剂有0.4%的50%多菌灵可湿性粉剂或70%甲基硫菌灵可湿性粉剂，或加上72.2%霜霉威水剂800倍液、25%甲霜灵可湿性粉剂800倍液+50%福美双可湿性粉剂800倍液，或0.3%的50%多·福（多菌灵15%+福美双35%）可湿性粉剂，对于病毒病较重的田块可以混用10%磷酸三钠溶液浸种，一般浸30～50min，捞出催芽，最好在播种前以黄腐酸盐拌种。

对于地下害虫、根结线虫病较重的地块可采用0.5%阿维菌素颗粒剂3~4kg，或10%噻唑磷颗粒剂2kg/亩，加入高效土壤菌虫通杀处理剂2kg/亩与20kg细土充分拌匀，撒施混土处理。

为了促使小苗健壮出苗生长，可以在小苗灌根或喷洒农药时，与一些叶面肥混合，喷植宝素7 500~8 000倍液、黄腐酸盐1 000~3 000倍液、爱多收6 000~8 000倍液、磷酸二氢钾0.1%~0.2%等。为使小苗矮壮，防止小苗徒长，可以结合喷施15%多效唑1 500倍液，以小苗3~5片真叶时施药为宜，使用时一定要严格把握最适药量，如果用多效唑，可以少量喷洒赤霉素，以恢复生长。

（二）茄子生长期病虫害与农药施用关键技术

移植缓苗后到开花坐果期（图31-35），茄子生长旺盛，多种病害开始侵染，部分病虫开始发生，一般说该期是喷药保护、预防病虫的关键时期，也是使用植物激素、微肥，调控生长，保证早熟与丰产的最佳时期，生产上需要多种农药混合使用。

图31-35　茄子生长期情况

这一时期经常发生的病害有病毒病、褐纹病等。施药重点是使用好保护剂，预防病害的发生。常用的保护剂有70%代森锰锌可湿性粉剂600~800倍液、75%百菌清可湿性粉剂600~800倍液、65%代森锌可湿性粉剂600~800倍液、25%吡唑醚菌酯悬浮剂30~40ml/亩、25%嘧菌酯悬浮剂1 500倍液、27%无毒高脂膜乳剂100~200倍液、65%代森锌可湿性粉剂600~800倍液、60%唑醚·代森联（代森联55%+吡唑醚菌酯5%）水分散粒剂60~100g/亩，加入专业的喷雾助剂（如农希望7号喷雾宝10ml/15kg药液、农希望5号喷雾宝20~30ml/15kg药液）。对于大棚还可以用10%百菌清烟剂，每亩800~1 000g，熏1夜。也可以使用一些保护剂与治疗剂的复配制剂，如24%唑菌腈悬浮剂5 000倍液、70%甲基硫菌灵可湿性粉剂800~900倍液、12.5%腈菌唑乳油2 000~3 000倍液、62.25%腈菌唑·代森锰锌（腈菌唑2.25%+代森锰锌60%）可湿性粉剂600~700倍液，每隔7~15d喷1次。本期为预防病害，提高植物抗病性，也可以喷施8%胺鲜酯水剂1 000倍液，加入多功能渗透性喷雾助剂农希望5号喷雾宝或50%油酸甲酯液剂（喷雾精）20~30ml/15kg药液对水均匀喷喷雾，以提高药效。

本期害虫主要有二十八星瓢虫，可喷施20%甲氰菊酯乳油1 200倍液、2.5%溴氰菊酯乳油3 000倍液、30%多噻烷乳油500倍液、5.7%氟氯氰菊酯乳油2 500倍液、10%联苯菊酯乳油2 000倍液等药剂喷雾，加入多功能渗透性喷雾助剂农希望5号喷雾宝或50%油酸甲酯液剂（喷雾精）20~30ml/15kg药液对水均匀喷喷雾，以提高药效。

为了保证茄子生长健壮，尽早开花结果可以混合使用些植物激素，当茄子出现徒长时，可以在5～7片真叶时喷施15%多效唑1 500～1 800倍液，每亩用药液量30～40kg，能抑制顶端生长，集中开花，早熟增产；使用8%胺鲜酯水剂1 000倍液、0.004%芸苔素内酯水剂4 000倍液，可促进幼苗粗壮，叶色浓绿，提高抗病性，喷药时加入多功能渗透性喷雾助剂农希望5号喷雾宝或50%油酸甲酯液剂（喷雾精）20～30ml/15kg药液，以充分地提高药效。

（三）茄子开花坐果期病虫害与农药施用关键技术

茄子进入开花结果期（图31-36），长势开始变弱，生理性落花落果现象普遍，加上多种病虫的为害，直接影响着果实的产量与品质。为了确保丰收，生产上经常使用多种类型农药，合理混用较为重要。下面具体介绍一些适于复配、防治有关病虫的适宜药剂。

图31-36　茄子开花结果期情况

茄子进入开花结果期以后，许多病害开始发生流行。病毒病、黄萎病、枯萎病、灰霉病、菌核病、褐纹病、绵疫病等时常严重发生，要及时施药防治。对于病毒、黄枯萎病混合严重发生时，可以用30%琥胶肥酸铜悬浮剂500～600倍液、50%福美双可湿性粉剂600～800倍液+50%多菌灵可湿性粉剂600～800倍液、50%多菌灵可湿性粉剂500倍液+50%乙霉威可湿性粉剂1 000～1 500倍液，加入专业的喷雾助剂农希望5号喷雾宝20～30ml/15kg药液，并加配黄腐酸盐1 000～3 000倍液灌根，每株灌药液300～400ml，或喷雾处理，每亩用药液40～50kg。当灰霉病、菌核病、炭疽病、褐纹病等混合发生时，可以使用50%腐霉利可湿性粉剂1 000～1 500倍液、50%异菌脲可湿性粉剂1 000～2 000倍液等，并混以保护剂，如70%代森锰锌可湿性粉剂800～1 000倍液、75%百菌清可湿性粉剂600～800倍液、25%吡唑醚菌酯悬浮剂30～40ml/亩、25%嘧菌酯悬浮剂1 500倍液、60%唑醚·代森联（代森联55%+吡唑醚菌酯5%）水分散粒剂40～60g/亩、70%锰锌·百菌清（代森锰锌40%+百菌清30%）可湿性粉剂100～150g/亩等，加入专业的喷雾助剂农希望5号喷雾宝20～30ml/15kg药液对水均匀喷雾，隔7～10d喷1次；对于大棚可以用10%腐霉利烟剂每亩200～300g、45%百菌清烟剂每亩200～300g，二者连续使用或轮换使用，每次熏上1夜。对于绵疫病发生较重的田块，结合其他病害的预防，可以使用72.2%霜霉威水剂800倍液、60%甲霜·铜·铝（甲霜灵4%+琥胶肥酸铜30%+三乙膦酸铝6%）可湿性粉剂600～800倍液、58%甲霜·灵锰锌（甲霜灵10%+代森锰锌48%）可湿性粉剂800～1 000倍液等。

这一时期，为了保证后期健壮生长，多结优质果实，可以混合喷施8%胺鲜酯水剂1 000倍液、0.004%芸苔素内酯水剂4 000倍液等，于开花结果期喷洒，隔1周再喷1次，可以收到较好效果。

这时期害虫主要有棉铃虫、烟青虫、茶黄螨、斑须蝽等，可参考前文的介绍，以适宜的药剂、适当的方法与杀菌剂混合，并现配现用。

第三十二章 辣椒病虫害与农药施用关键技术

一、辣椒病害与农药施用关键技术

1．辣椒病毒病

症　状　主要病原有黄瓜花叶病毒（CMV）、马铃薯X病毒（PVX）、烟草花叶病毒（TMV）、马铃薯Y病毒（PVY）等。最常见的有两种类型，一为斑驳花叶型（图32-1和图32-2），植株矮化，叶片呈黄绿相间的斑驳花叶，叶脉上有时有褐色坏死斑点，主茎和枝条上有褐色坏死条斑，以致整株死亡；二为叶片畸形和丛枝型，叶片畸形丛生，叶脉褪绿，出现斑驳，花叶，叶片增厚，变窄呈线状（图32-3），茎节间缩短，有时枝条丛生，后期植物矮化，果实上呈现深绿和浅绿相间的花斑（图32-4），有疣状凸起，病果畸形，易脱落。

图32-1　辣椒病毒病病叶花叶型

图32-2　辣椒病毒病病叶斑驳型

图32-3　辣椒病毒病病叶畸形

图32-4　辣椒病毒病病果花斑畸形

发生规律 黄瓜花叶病毒在多年生宿根植物或杂草上越冬，靠迁飞的蚜虫传播。烟草花叶病毒在病残体和多种作物上越冬，种子也可带毒。通过摩擦接触传播。在高温、强光、干旱及有蚜虫为害情况下容易发病。5月底和6月上旬为病毒病易感期。果实膨大期缺水干旱，土壤中缺钙、钾等元素，易发病。

施药技术 育苗期间注意防治蚜虫，尤其是越冬辣椒，育苗时正值高温季节，蚜虫活动频繁，进行银灰色塑料薄膜避蚜育苗，即利用银灰色对蚜虫的忌避性，在育苗床边铺银灰色塑料薄膜。

发现虫情及时防治可采用3%啶虫脒乳油2 000～3 000倍液、10%氯噻啉可湿性粉剂2 000～3 000倍液、10%烯啶虫胺水剂4 000～5 000倍液、10%吡丙·吡虫啉（吡虫啉7.5%+吡丙醚2.5%）悬浮剂1 000～1 500倍液，加入专业的喷雾助剂（如农希望7号喷雾宝10ml/15kg药液或农希望5号喷雾宝20～30ml/15kg药液），视蚜虫发生情况防治2～3次。

发病初期，喷洒20%盐酸吗啉胍·乙酸铜（乙酸铜10%+盐酸吗啉胍10%）可湿性粉剂500倍液、0.5%菇类蛋白多糖水剂300倍液、20%盐酸吗啉呱可湿性粉剂400～600倍液、0.06%甾烯醇微乳剂30～60ml/亩、0.5%香菇多糖水剂300～400ml/亩、5%氨基寡糖素水剂35～50ml/亩、1.8%辛菌胺醋酸盐水剂400～600倍液、50%氯溴异氰尿酸可溶粉剂60～70g/亩、30%混脂·络氨铜（络氨铜1.5%+混合脂肪酸28.5%）水乳剂40～50ml/亩，加入多功能渗透性喷雾助剂农希望5号喷雾宝或50%油酸甲酯液剂（喷雾精）20～30ml/15kg药液对水均匀喷雾。间隔5～7d喷1次，共喷3～5次。

喷药要均匀周到，农民传统的喷药方式导致病部着药困难，大量药液流失（图32-5），喷药必须保证均匀喷雾到所有茎叶，雾滴的附着率直接影响喷药防治效果。喷药时必须用高压、超细的专业喷雾器械进行喷雾；并加入超强润湿扩散喷雾助剂农希望7号喷雾宝或25%油酸甲酯液剂（喷雾精）5～10ml/15kg药液，天气特别干旱时喷药应加入多功能渗透性喷雾助剂农希望5号喷雾宝或50%油酸甲酯液剂（喷雾精）20～30ml/15kg药液对水均匀喷雾；必须把药喷匀、喷细、喷透，让药剂在叶面上形成一层药膜，叶上药剂附着率达90%以上（图32-6），才能取得较好的防治效果。

图32-5 普通（电动）喷雾器压力低、喷不匀、雾滴大。辣椒叶面的喷药雾滴较大，大量药液流失，叶片难以均匀附着药剂，防效较差

图32-6 防治辣椒田蚜虫和病毒病时,必须用高压、超细的专业喷雾器械进行喷雾,喷药必须保证均匀喷雾到所有茎叶,加入专业的喷雾助剂农希望5号喷雾宝20ml/15kg药液对水均匀喷雾,让药液在叶面上均匀地形成一层油亮的药膜,叶上药剂附着率达90%以上

2. 辣椒疫病

症　　状　*Phytophthora capsici*称辣椒疫霉菌,属鞭毛菌门真菌。疫病是辣椒的一种毁灭性病害,苗期和成株期均可发病。幼苗茎基部呈水浸状暗褐色,而后枯萎死亡(图32-7)。成株发病时,病叶上有淡绿色近圆形斑点(图32-8),扩大后边缘呈黄绿色,中间暗褐色,湿度大时可见白霉,叶片软腐脱落。病茎有水浸斑,逐渐扩展成黑褐色条斑,病部易缢缩,植株折倒(图32-9)。病果的果蒂部有水浸状暗绿斑,潮湿时长有白色霉状物,病部呈褐色腐烂,干燥后成为褐色僵果(图32-10)。

发生规律　病菌随病残体在土壤中及种子上越冬,翌年借雨水、灌溉水或农事活动传到茎基部及近地面果实上发病。病部产生孢子囊,经风雨、气流重复侵染。露地辣椒5月上旬开始发病,6月上旬遇到高温高湿或雨后暴晴天气发病快而重。易积水的菜地,定植过密,通风透光不良发病重。

施药技术　幼苗发病期,可选用75%百菌清可湿性粉剂800倍液+70%乙膦铝锰锌可湿性粉剂500~600倍液、65%代森铵可湿性粉剂800倍液、80%代森锰锌可湿性粉剂150~210g/亩、77%氢氧化铜水分散粒剂15~25g/亩、70%丙森锌可湿性粉剂150~200g/亩、50%嘧菌酯水分散粒剂20~36g/亩,加入多功能渗透性喷雾助剂农希望5号喷雾宝或50%油酸甲酯液剂(喷雾精)20~30ml/15kg药液对水均匀喷雾。

定植缓苗后特别是雨季之前,应预防用药,用10%氰霜唑悬浮剂2 000倍液喷施,加入多功能渗透性喷雾助剂农希望5号喷雾宝或50%油酸甲酯液剂(喷雾精)20~30ml/15kg药液对水均匀喷雾。

图32-7 辣椒疫病为害幼苗症状

图32-8 辣椒疫病病叶

图32-9 辣椒疫病病茎

图32-10 辣椒疫病病果

发病初期，喷施20%丁吡吗啉悬浮剂125～150g/亩、500g/L氟啶胺悬浮剂25～40ml/亩、10%氟噻唑吡乙酮可分散油悬浮剂13～20ml/亩、80%烯酰吗啉水分散粒剂20～25g/亩、31%恶酮·氟噻唑（恶唑菌酮28.2%+氟噻唑吡乙酮2.8%）悬浮剂33～44ml/亩、5亿CFU/ml侧孢短芽孢杆菌A60悬浮剂50～60ml/亩、23.4%双炔酰菌胺悬浮剂20～40ml/亩、35%烯酰·氟啶胺（氟啶胺17.5%+烯酰吗啉17.5%）悬浮剂60～70ml/亩、50%唑醚·喹啉铜（吡唑醚菌酯20%+喹啉铜30%）水分散粒剂18～24g/亩、40%氟啶·嘧菌酯（嘧菌酯10%+氟啶胺30%）悬浮剂50～60ml/亩、440g/L精甲·百菌清（精甲霜灵40g/L+百菌清400g/L）悬浮剂75～165ml/亩、53%烯酰·代森联（代森联44%+烯酰吗啉9%）水分散粒剂180～200g/亩、34%氟啶·嘧菌酯（氟啶胺17%+嘧菌酯17%）悬浮剂25～35ml/亩、687.5g/L氟菌·霜霉威（霜霉威盐酸盐625g/L+氟吡菌胺62.5g/L）悬浮剂60～75ml/亩、47%烯酰·唑嘧菌（唑嘧菌胺27%+烯酰吗啉20%）悬浮剂60～

80ml/亩、440g/L精甲·百菌清（精甲霜灵40g/L+百菌清400g/L）悬浮剂75～120ml/亩、70%乙铝·锰锌（代森锰锌40%+三乙膦酸铝30%）可湿性粉剂75～100g/亩、72%霜脲·锰锌（代森锰锌64%+霜脲氰8%）可湿性粉剂100～167g/亩、68%精甲霜·锰锌（精甲霜灵4%+代森锰锌64%）水分散粒剂100～120g/亩、60%唑醚·代森联（代森联55%+吡唑醚菌酯5%）水分散粒剂60～100g/亩、50%锰锌·氟吗啉（氟吗啉6.5%+代森锰锌43.5%）可湿性粉剂60～100g/亩、52.5%恶酮·霜脲氰（恶唑菌酮22.5%+霜脲氰30%）水分散粒剂32.5～43g/亩，施药时加入安全型多功能喷雾助剂农希望6号喷雾宝或60%油酸甲酯液剂（喷雾精）20～30ml/15kg药液对水均匀喷雾，注意各种药剂交替使用，每隔5～7d喷1次，连喷2～3次。尤其要注意雨后立即喷药。

3. 辣椒疮痂病

症　状　*Xanthomonas campestris* pv. *vesicatoria*属细菌，称野油菜黄单胞辣椒斑点病致病型。菌体杆状，两端钝圆，具极生单鞭毛，能游动。可为害叶片、茎蔓、果实及果梗。幼苗期发病，先在子叶上产生银白色小斑点，进而呈水浸状，最后发展为暗色凹陷斑（图32-11）。成株期叶片上初生水浸状黄绿色小斑（图32-12），扩大后边缘稍隆起，呈疮痂状，中央稍凹陷，严重的病叶，叶缘、叶尖变黄干枯，破裂，最后脱落。果梗（图32-13）、茎（图32-14）上病斑为水浸状不规则条斑，以后中暗褐色，隆起，纵裂，呈疮痂状。果实上的病斑为暗褐色隆起的小点，或呈泡疹状，逐渐扩大为黑色疮痂（图32-15），潮湿时，疮痂中间有菌液溢出。

图32-11　辣椒疮痂病为害症状

图32-12　辣椒疮痂病为害成株叶片症状

图32-13　辣椒疮痂病果梗症状

图32-14　辣椒疮痂病病茎

图32-15　辣椒疮痂病病果

发生规律 原细菌主要在种子表面越冬，也可随病残体在田间越冬。旺长期易发生，病菌从叶片上的气孔侵入，潜育期3~5天；在潮湿情况下，病斑上产生的灰白色菌脓借雨水飞溅及昆虫作近距离传播。发病适温27~30℃，高温高湿条件时病害发生严重，多发生于7—8月，尤其在暴风雨过后，容易形成发病高峰。高湿持续时间长，叶面结露对该病发生和流行至关重要。

施药技术 种子消毒：播种前先把种子在清水中预浸10~12h后，再用1%硫酸铜溶液浸5min，捞出后播种。也可以先在55℃温水中浸种15min，再进行一般浸种，然后催芽播种。

发病初期和降雨后及时喷洒农药，可用46%氢氧化铜水分散粒剂30~45g/亩、2%多抗霉素可湿性粉剂800~1 000倍液、50%氯溴异氰尿酸可溶性粉剂800~1 000倍液、47%春雷霉素·氧氯亚铜(春雷霉素2%+氧氯亚铜45%）可湿性粉剂400~600倍液、3%中生菌素可湿性粉剂800~1 500倍液、2%春雷霉素水剂500~800倍液，施药时加入多功能渗透性喷雾助剂农希望5号喷雾宝或50%油酸甲酯液剂（喷雾精）20~30ml/15kg药液对水均匀喷雾，隔5~7d喷1次，连续喷2~3次。

4．辣椒炭疽病

症　　状 *Colletotrichum capisci*称辣椒刺盘孢，属无性型真菌。主要为害果实，也可为害叶片。叶片被害时，初为水渍状褪绿斑点，渐成圆形病斑，中央灰白，长有轮纹状排列的黑色小粒点，边缘褐色（图32-16）。果实被害时（图32-17），病斑长圆形或不规则形、凹陷、呈褐色水渍状，有不规则形隆起，呈轮纹状排列的黑色小粒点，湿度大时，边缘出现浸润圈，干燥时病斑干缩呈羊皮纸状，易破裂。

图32-16　辣椒炭疽病病叶

图32-17　辣椒炭疽病病果

发生规律 以菌丝体潜伏于种子内，或以分生孢子附着于种子表面，或以拟菌核和分生孢子盘在病株残体上越冬。翌年产生分生孢子，借助风雨传播，由寄主伤口和表皮直接侵入，借助气流、昆虫、育苗和农事操作传播并在田间反复侵染。露地栽培时，多从6月上中旬进入结果期后开始发病。高温多雨或高温高湿、积水过多、田间郁闭、长势衰弱、密度过大、氮肥过多发生较重。

施药技术 辣椒苗期，发病前注意施用保护剂。一般可以用75%百菌清可湿性粉剂600~800倍液、

70%代森锰锌可湿性粉剂600~800倍液、65%代森锌可湿性粉剂500倍液、50%代森铵水剂800倍液、70%丙森锌可湿性粉剂600~800倍液等喷雾，加入专业的喷雾助剂（如农希望7号喷雾宝10ml/15kg药液、或农希望5号喷雾宝20~30ml/15kg药液）；温室内还可以用45%百菌清烟剂200g/亩，按包装分放5~6处，傍晚闭棚，由棚、室从里向外逐次点燃后，次日早晨打开棚、室，进行正常田间作业。5~10d施药1次，视发病的情况而定。

发病初期摘除病叶病果，而后喷药，可喷75%百菌清可湿性粉剂600倍液+50%多菌灵可湿性粉剂500倍液、70%代森锰锌可湿性粉剂500~800倍液+70%甲基硫菌灵可湿性粉剂800倍液、80%代森锰锌可湿性粉剂150~210g/亩、40%百菌清悬浮剂100~140ml/亩、66%二氰蒽醌水分散粒剂20~30ml/亩、16%二氰·吡唑酯（二氰蒽醌12%+吡唑醚菌酯4%）悬浮剂90~120ml/亩、86%波尔多液水分散粒剂400~600倍液、250g/L吡唑醚菌酯乳油30~40ml/亩、30%肟菌酯悬浮剂25~37.5ml/亩，施药时加入安全型多功能喷雾助剂农希望6号喷雾宝或60%油酸甲酯液剂（喷雾精）20~30ml/15kg药液，用高压超细喷雾器均匀将叶面正反喷雾均匀。

病情较重时，可用50%腐霉利可湿性粉剂800~1 000倍液、50%异菌脲可湿性粉剂800~1 500倍液、40%腈菌唑水分散粒剂6 000~7 000倍液、30%氟菌唑可湿性粉剂2 000倍液、22.5%啶氧菌酯悬浮剂30~35ml/亩、10%苯醚甲环唑水分散粒剂50~83g/亩、500g/L氟啶胺悬浮剂30~35ml/亩、30%苯甲·吡唑酯（苯醚甲环唑20%+吡唑醚菌酯10%）悬浮剂20~25ml/亩、43%氟菌·肟菌酯（肟菌酯21.5%+氟吡菌酰胺21.5%）悬浮剂20~30ml/亩、42.4%唑醚·氟酰胺（吡唑醚菌酯21.2%+氟唑菌酰胺21.2%）悬浮剂20~26.7ml/亩、325g/L苯甲·嘧菌酯（嘧菌酯200g/L+苯醚甲环唑125g/L）悬浮剂20~25ml/亩、75%肟菌·戊唑醇（戊唑醇50%+肟菌酯25%）水分散粒剂10~15g/亩，加入安全型多功能喷雾助剂农希望6号喷雾宝或60%油酸甲酯液剂（喷雾精）20~30ml/15kg药液对水均匀喷雾，连喷2次可以控制病情，最好轮换用药。

辣椒生长中后期，枝叶茂密、叶片蜡质层增厚、叶面光滑，农民传统的喷药方式喷药不匀、喷药不透、病部着药困难，大量药液流失（图32-18），喷药必须保证均匀喷雾到所有茎叶，雾滴的附着率直接影响喷药防治效果。喷药时必须用安装专业扇形喷头的高压、超细的专业喷杆喷雾器械进行喷雾；并加入专业喷雾助剂农希望7号喷雾宝10ml/15kg药液，天气特别干旱时施药时加入多功能渗透性喷雾助剂农希望5号喷雾宝或50%油酸甲酯液剂（喷雾精）20~30ml/15kg药液对水均匀喷雾；必须把药喷匀、喷细、喷透，让药剂在叶面上形成一层药膜，叶上药剂附着率达90%以上（图32-19），才能取得较好效果。

图32-18　普通（电动）喷雾器压力低、喷不匀、雾滴大。田间喷药雾滴较大，大量药液流失，叶片和果上难以均匀附着药剂，对辣椒炭疽病的防效较差

图32-19 防治辣椒病害时,必须用高压、超细的专业喷雾器械进行喷雾,喷药必须保证均匀喷雾到所有茎叶,加入专业的喷雾助剂农希望5号喷雾宝20ml/15kg药液对水均匀喷雾,让药液在叶面上均匀地形成一层油亮的药膜,让药剂充分地吸收利用,叶片的药剂附着率达90%以上

5. 辣椒枯萎病

症　　状　*Fusarium oxysporum* f. sp. *vasinfectum*称辣椒镰孢霉,属无性型真菌。辣椒枯萎病是整株系统感染病害。初期与地面接触的茎基部皮层呈水浸状腐烂,地上部茎叶迅速凋萎(图32-20)。有时病情只在茎的一侧发展,形成条状坏死区,后期全株枯死(图32-21)。地下根系呈水浸状软腐,纵剖茎基部,可见维管束变为褐色。湿度大时,病部常产生白色或蓝绿色的霉状物。

发生规律　以厚垣孢子在土壤中越冬。通过灌溉水传播,从茎基部或根部的伤口、根毛侵入,致使叶片枯萎,田间积水,偏施氮肥的地块发病重。在适宜条件下,发病后15d即有死株出现,潮湿,特别是雨后积水条件下发病重。

图32-20 辣椒枯萎病为害幼苗症状　　　　图32-21 辣椒枯萎病为害田间症状

施药技术　苗期或定植前喷施50%多菌灵可湿性粉剂600～700倍液、70%甲基硫菌灵可湿性粉剂800～1 500倍液。或定植前用70%敌磺钠可溶性粉剂100倍进行土壤消毒；移栽时用70%敌磺钠可溶性粉剂800倍或25.9%硫酸四氨络合锌水剂600倍液浸根10～15min后移栽。定植后浇水时每亩加入硫酸铜1.5～2.0kg。

发病前至发病初期，可用50%多菌灵可湿性粉剂500倍液+80%乙蒜素乳油2 000倍液、10%多抗霉素可湿性粉剂600倍液+70%甲基硫菌灵可湿性粉剂500倍液，施药时加入多功能渗透性喷雾助剂农希望5号喷雾宝或50%油酸甲酯液剂（喷雾精）20～30ml/15kg药液对水均匀喷雾，隔5～7d喷1次，连续喷2～3次。

6. 辣椒灰霉病

症　状　Botrytis cinerea称灰葡萄孢菌，属无性型真菌。可侵染幼苗及成株，幼苗染病时子叶变黄，而幼茎缢缩（图32-22），病部易折断，致使幼苗枯死。成株染病，叶片呈"V"字形褐色病斑，湿度大时生有灰色霉状物（图32-23）。茎染病时，出现水浸状不规则条斑，逐渐变为灰白色或褐色，病斑绕茎一周，其上端枝叶萎蔫死亡，潮湿时其上长有霉状物，状如枯萎病。花器或果实染病，呈水浸状，有时病部密生灰色霉层（图32-24）。

发生规律　以菌核遗留在土壤中，或以菌丝、分生孢子在病残体上越冬，在田间借助气流、雨水及农事操作传播蔓延。一般12月至来年5月连续湿度90%以上的多湿状态易发病。病菌较喜低温、高湿、弱光条件。棚室内春季连阴天，气温低，湿度大时易发病。光照充足对该病蔓延有抑制作用。

施药技术　保护地栽培时，应采用高畦栽培，并覆盖地膜，以提高地温，降低湿度。发病初期适当控水。发病后及时摘除感病花器病果、病叶和侧枝，集中烧毁或深埋。

辣椒苗期发病前注意施用保护剂。一般地块可以用75%百菌清可湿性粉剂600～800倍液、70%代森锰锌可湿性粉剂600～800倍液、65%代森锌可湿性粉剂500倍液、70%丙森锌可湿性粉剂600～800倍液等，加入专业的喷雾助剂农希望7号喷雾宝10ml/15kg药液，或农希望5号喷雾宝20～30ml/15kg药液对水均匀喷雾；温室内可以用定形熏蒸剂45%百菌清烟剂200g/亩、10%腐霉利烟雾剂250g/亩，按包装分放5～6处，傍晚闭棚，由棚、室里面向外逐次点燃后，次日早晨打开棚、室，进行正常田间作业。5～10d施药1次，

图32-22 辣椒灰霉病叶片发病症状

图32-23 辣椒灰霉病茎部发病症状

视发病情况而定。也可用5%百菌清粉尘剂或10%腐霉利粉尘剂喷粉1kg/亩。每隔7～10d防治1次，连续3～4次。

发病初期，一般在门椒开花时为防治适期，可喷洒50%腐霉利可湿性粉剂1 000倍液+70%代森锰锌可湿性粉剂800倍液、50%异菌脲可湿性粉剂1 000～1 500倍液+50%福美双可湿性粉剂600倍液、40%嘧霉胺悬浮剂1 000倍液+75%百菌清可湿性粉剂600倍液，施药时加入多功能渗透性喷雾助剂农希望5号喷雾宝或50%油酸甲酯液剂（喷雾精）20～30ml/15kg药液对水均匀喷雾，每隔7d左右喷1次，连喷3～4次。

病情较普遍时，可施用50%腐霉利可湿性粉剂1 000倍液、50%异菌脲可湿性粉剂1 000～1 500倍液、50%乙烯菌核利可湿性粉剂1 000倍液、40%嘧霉·啶酰菌（嘧霉胺20%+啶酰菌胺20%）悬浮剂117～133ml/亩、65%啶酰·异菌脲（异菌脲40%+啶酰菌胺25%）水分散粒剂21～24g/亩、26%嘧胺·乙霉威（嘧霉胺10%+乙霉威16%）水分散粒剂125～150g/亩、30%唑醚·啶酰菌（啶酰菌胺20%+吡唑醚菌酯

图32-24 辣椒灰霉病果实发病症状

10%)悬浮剂45～75ml/亩、50%多·霉威（多菌灵40%+乙霉威10%）可湿性粉剂800倍液、42.4%唑醚·氟酰胺（吡唑醚菌酯21.2%+氟唑菌酰胺21.2%）悬浮剂20～30ml/亩，施药时加入多功能渗透性喷雾助剂农希望5号喷雾宝或50%油酸甲酯液剂（喷雾精）20～30ml/15kg药液对水均匀喷雾，每隔5d左右喷1次，连喷1～2次。

7. 辣椒立枯病

症　　状　Rhizoctonia solani称立枯丝核菌，属无性型真菌。立枯病是辣椒苗期的主要病害之一，小苗和大苗均能发病，但一般多发生在育苗的中后期。发病时病苗茎基部产生椭圆形暗褐色病斑，早期病苗白天萎蔫，夜间恢复，随后病斑逐渐凹陷，并扩大绕茎1周，有的木质部暴露在外，最后病茎收缩、植株死亡（图32-25）。

发生规律　以菌丝体或菌核残留在土壤和病残体中越冬，一般在土壤中能存活2～3年。菌丝能直接侵入寄主，也可通过雨水、流水、农具、带菌农家肥等传播蔓延。病部可见蛛丝状褐色霉层。病菌生长适宜温度17～28℃，播种过密、间苗不及时，造成通风不良，湿度过高易诱发本病。

施药技术　加强苗床管理：注意合理放风，防止苗床或育苗盘高温高湿条件出现。苗期管理：1%丙环·嘧菌酯（嘧菌酯0.3%+丙环唑0.7%）颗粒剂600～1 000g/m³，苗床基质拌药；苗期喷洒0.1%～0.2%磷酸二氢钾，增强抗病力。苗期防治：如果苗床只单独发现立枯病，可用50%甲基硫菌灵可湿性粉剂，并混入等量的50%福美双可湿性粉剂或40%拌种双可湿性粉剂防治；苗床，可用0.1%吡唑醚菌酯颗粒剂35～50g/m²、30%多·福（福美双15%+多菌灵15%）可湿性粉剂10～15g/m²撒施或用24%井冈霉素A水剂0.4～0.6ml/m²、50%异菌脲可湿性粉剂2～4g/m²、30%恶霉灵水剂 2.5～3.5g/m²，泼浇发病初期，可用70%甲基硫菌灵可湿性粉剂500倍液、5%井冈霉素水剂1 500倍液、15%恶霉灵水剂450倍液、50%腐霉利可湿性粉剂1 500倍液+70%代森锰锌可湿性粉剂500倍液，加入专业的喷雾助剂农希望7号喷雾宝10ml/15kg药液、或农希望5号喷雾宝20～30ml/15kg药液对水均匀喷雾。每隔7～10d喷1次，酌情防治2～3次。

图32-25　辣椒立枯病育苗期受害症状

8. 辣椒细菌性叶斑病

症　　状　*Pseudomonas syringae* pv. *aptata* 称丁香假单胞杆菌致病变种，属细菌。菌体短杆状，两端钝圆，具1～3根单极生或双极生鞭毛。主要为害叶片，成株叶片发病，初呈黄绿色不规则小斑点，扩大后变为红褐色、深褐色至铁锈色病斑，病斑膜质，大小不等（图32-26）。病健部交界明显。扩展速度很快，严重时植株大部分叶片脱落。病健交界处明显，但不隆起，区别于辣椒疮痂病。

发生规律　病菌在病残体上越冬，借风雨或灌溉水传播，从叶片伤口处侵入。东北及华北通常6月开始发生，当气温在25～28℃，空气相对湿度在90%以上的7—8月高温多雨季节易流行。9月气温降低，病害蔓延停止。地势低洼，管理不善，肥料缺乏，植株衰弱或偏施氮肥而使植株延长，发病严重。

施药技术　避免连作，与非茄科蔬菜轮作2～3年。前茬蔬菜收获后及时彻底地清除病菌残体，结合深耕晒垄，促使病菌残体腐解，加速病菌死亡。采用高垄或高畦栽培，覆盖地膜。雨季注意排水，避免大水漫灌。收获后及时清除病残体或及时深翻。

图32-26　辣椒细菌性叶斑病病叶

种子消毒：播前用种子重量0.3%的50%琥胶肥酸铜可湿性粉剂拌种。

发病前至发病初期可采用20%噻唑锌悬浮剂100～150ml/亩、3%中生菌素可湿性粉剂700～800倍液、85%三氯异氰尿酸可溶性粉剂500倍液、50%氯溴异氰尿酸可溶性液剂40g/亩对水40～50kg、20%噻森铜悬浮剂500～700倍液，喷药时必须用安装专业扇形喷头的高压、超细的专业喷杆喷雾器械进行喷雾，加入专业的喷雾助剂农希望7号喷雾宝10ml/15kg药液，或农希望5号喷雾宝20～30ml/15kg药液对水均匀喷雾，隔5～7d喷1次，连续喷2～3次。

9. 辣椒猝倒病

症　　状　Pythium aphanidermatum 称瓜果腐霉，属鞭毛菌门真菌。菌丝无隔膜；孢子囊呈姜瓣状或裂瓣状，生于菌丝顶端或中间。主要为害幼苗，幼苗子叶期或真叶尚未展开之前，是幼苗最易感病的关键时期。幼苗出土后，在近地面茎基部出现水渍状病斑，随即变黄、缢缩、凹陷，叶子还未凋萎即猝倒，用手轻提极易从病斑处脱落，地面潮湿时病部可见白色棉毛状霉层（图32-27）。

发生规律　该病属土传性病害，病菌在土壤或病残体过冬，病原菌潜伏在种子内部。病菌借雨水、灌溉水传播。土温较低（低于15~16℃）时发病迅速，土壤湿度高，光照不足，幼苗长势弱，抗病力下降易发病。在幼苗子叶中养分快耗尽而新根尚未扎实之前，由于营养供应紧张，造成抗病力减弱，如果此时遇寒流或连续低温阴雨（雪）天气，而苗床保温不好，会突发此病。猝倒病多在幼苗长出1~2片真叶前发生，3片真叶后发病的比较少。

图32-27　辣椒猝倒病为害苗床症状

施药技术　苗床处理：30%精甲·恶霉灵（精甲霜灵5%+恶霉灵25%）可溶液剂30~45ml/亩，苗床喷雾；也可按每平方米苗床30%多·福（福美双15%+多菌灵15%）可湿性粉剂4g、50%拌种双粉剂7g、35%福·甲可湿性粉剂2~3g、25%甲霜灵可湿性粉剂9g加细土15~20kg，拌匀，播种时下铺上盖，将种子夹在药土中间，防效明显。

发现病株后及时处理病叶、病株，并全面喷药保护。发病初期喷洒250g/L吡唑醚菌酯乳油30~40ml/亩、50%嘧菌酯水分散粒剂40~60g/亩、23.4%双炔酰菌胺悬浮剂30~40ml/亩、30%氟吡菌胺·氰霜唑（氰霜唑15%+氟吡菌胺15%）悬浮剂30~50ml/亩、60%唑醚·代森联（代森联55%+吡唑醚菌酯5%）水分散粒剂40~60g/亩、53%烯酰·代森联（代森联44%+烯酰吗啉9%）水分散粒剂180~200g/亩、72.2%霜霉威水剂400倍液、58%甲霜灵·锰锌（甲霜灵10%+代森锰锌48%）可湿性粉剂、50%甲霜铜可湿性粉剂800倍液、15%恶霉灵水剂800倍液、70%代森锰锌可湿性粉剂500倍液，施药时加入多功能渗透性喷雾助剂农希望5号喷雾宝或50%油酸甲酯液剂（喷雾精）20~30ml/15kg药液对水均匀喷雾。间隔7d喷1次，连续2~3次。

10. 辣椒叶枯病

症　　状　Stemphylium solani 称茄匐柄霉，属无性型真菌。在苗期及成株期均可发生，主要为害叶片，有时为害叶柄及茎。叶片发病初呈散生的褐色小点，迅速扩大后为圆形或不规则形病斑，中间灰白色，边缘暗褐色，病斑中央坏死处常脱落穿孔，病叶易脱落（图32-28）。病害一般由下部向上扩展，病斑越多，落叶越严重，严重时整株叶片脱光成秃枝。

发生规律　病菌以菌丝体或分生孢子随病株残体遗落在土中或附着在种子上越冬，借气流再传播。

6月中下旬为发病高峰期。高温高湿、通风不良、偏施氮肥，植株生长过旺，田间积水等条件下易发病。

施药技术 发病初期，喷洒70%甲基硫菌灵可湿性粉剂800倍液+70%代森锰锌可湿性粉剂600~800倍液、50%咪鲜胺锰盐可湿性粉剂800~1 000倍液、25%多·锰锌（代森锰锌16.7%+多菌灵8.3%）可湿性粉剂100~200g/亩、60%唑醚·代森联（代森联55%+吡唑醚菌酯5%）水分散粒剂60~100g/亩、325g/L苯甲·嘧菌酯（嘧菌酯200g/L+苯醚甲环唑125g/L）悬浮剂35~50ml/亩、40%氟硅唑乳油4 000~6 000倍液、66.8%丙森·异丙菌胺可湿性粉剂700倍液，加入专业的喷雾助剂（如农希望7号喷雾宝10ml/15kg药液，或农希望5号喷雾宝20~30ml/15kg药液），均匀喷施。每7d喷1次，连喷2~3次。

图32-28 辣椒叶枯病病叶

二、辣椒虫害与农药施用关键技术

1. 茶黄螨

为害特点 茶黄螨（*Polyphagotarsonemus latus*）以刺吸式口器吸取植物汁液为害。可为害叶片、新梢、花蕾和果实。叶片受害后，变厚变小变硬，叶反面茶锈色，油渍状，叶缘向背面卷曲，嫩茎呈锈色，梢颈端枯死，花蕾畸形，不能开花。果实受害后，果面黄褐色粗糙，果皮龟裂，种子外露，严重时呈馒头开花状（图32-29和图32-30）。具趋嫩性。茶黄螨喜欢在植株的幼嫩部位取食，受害症状在顶部的生长点显现，中下部没症状（图32-31）。

形态特征 雌螨体躯阔卵形，腹部末端平截，淡黄至橙黄色，半透明，有光泽（图32-32）。身体分节不明显，体背部有1条纵向白带。足较短，4对，第4对足纤细，其跗节末端有端毛和亚端毛。腹部后足体部有4对刚毛。假气门器官向后端扩展。雄螨近六角形，腹部末端圆锥形。前足体3~4对刚毛，腹面后足体有4对刚毛。卵椭圆形，无色透明。卵表面有纵向排列的5~6行白色瘤状凸起。幼螨近椭圆形，淡绿色。足3对，体背有1条白色纵带，腹末端有1对刚毛。若螨是一静止阶段，外面罩有幼螨的表皮。

发生规律 每年可发生几十代，主要在棚室中的植株上或在土壤中越冬。棚室中全年均有发生，而露地菜则以6—9月受害较重。生长迅速，在18~20℃下，7~10d可发育1代，在28~30℃下，4~5d发生1代。生长的最适温度为16~23℃，相对湿度为80%~90%。以两性生殖为主，也可进行孤雌生殖，但未受精的卵孵化率低，且均为雄性。单雌产卵量为百余粒，卵多散产于嫩叶背面和果实的凹陷处。成螨活动能力强，靠爬迁或自然力扩散蔓延。大雨对其有冲刷作用。

施药技术 田间发现为害时，及时施药控制，田间卷叶株率达到0.5%时就要喷药控制，可用15%哒螨灵乳油1 500~3 000倍液、5%唑螨酯悬浮剂2 000~3 000倍液、5%噻螨酮乳油2 000~3 000倍液、30%

图32-29 茶黄螨为害症状

图32-30 茶黄螨为害辣椒果实

图32-31 茶黄螨为害辣椒植株

嘧螨酯悬浮剂2 000～3 000倍液、43%联苯菊酯悬浮剂20～30ml/亩,加入专业的喷雾助剂农希望7号喷雾宝10ml/15kg药液,或农希望5号喷雾宝20～30ml/15kg药液对水均匀喷雾。喷药时,重点喷洒植株上部的幼嫩部位,如嫩叶背面、嫩茎、花器、幼果等。

2. 烟青虫

为害特点 烟青虫 *Helicoverpa assulta*(Guenee),属鳞翅目夜蛾科。以幼虫蛀食果实为主,也可为害嫩茎、叶片和芽;蕾、花受害可引起大量落蕾、落花;幼虫钻入果实内蛀食果肉,造成果实腐烂和大量落果,易诱发软腐病(图32-33至图32-35)。

形态特征 成虫黄褐色,体长14~18mm,翅展27~35mm,前翅长度短于体长,翅上肾状纹、环状纹和各条横线较清晰。卵稍扁,淡黄色,纵棱1长1短,呈双序式,卵孔明显。幼虫体色变化大,有绿色、灰褐色、绿褐色等多种。幼虫两根前胸侧毛(L1、L2)的连线远离前胸气门下端;体表小刺较短。老熟幼虫绿褐色,长约40mm,体表较光滑,体背有白色点线,各节有瘤状凸起,上生黑色短毛(图32-36)。蛹体前段显得粗短,气门小而低,很少凸起。

图32-32 茶黄螨雌体

图32-33 烟青虫为害三樱椒

图32-34 烟青虫为害甜椒

图32-35 烟青虫为害辣椒

图32-36 烟青虫老熟幼虫

发生规律 在东北地区1年发生2代，华北3~4代，西北、云贵、华中地区及上海年发生4~5代。卵期3~4d，幼虫期12~23d，蛹期14~18d，成虫期5~7d。以蛹在土中越冬。前期成虫卵散产于植株上中部叶片背面的叶脉处，后期产在萼片和果实上。幼虫昼伏夜出。

施药技术 物理防治。用黑光灯、杨柳诱杀，将杨柳枝剪下0.7~1m长，每6大根捆成一把，上部捆紧，下部绑30cm长的木棒，用90%杀螟硫磷乳油500~800倍液或80%敌敌畏乳油1 000倍液喷洒，用药时间掌握在幼虫未蛀入果实以前进行，每隔7~10d喷1次。还可施放赤眼蜂或草蛉，对于烟青虫的卵和幼虫密度减退有效，防治效果好。

当百株卵量达20~30粒时即应开始用药，如百株幼虫超过5头，应继续用药。一般在果实开始膨大时开始用药，可用14%氯虫·高氯氟微囊悬浮剂15~20ml/亩、200g/L四唑虫酰胺悬浮剂7.5~10ml/亩、溴10%氰虫酰胺悬浮剂30~40ml/亩、4.5%高效氯氰菊酯乳油35~50ml/亩+1%甲氨基阿维菌素苯甲酸盐微乳剂5~10ml/亩、6 000IU/ml苏云金杆菌可湿性粉剂100~150ml/亩，施药时加入多功能渗透性喷雾助剂农希望5号喷雾宝或50%油酸甲酯液剂（喷雾精）20~30ml/15kg药液对水均匀喷雾，视虫情7d喷1次，连续防治3~4次。

3. 蚜虫

为害特点 辣椒田蚜虫以棉蚜为主，棉蚜（*Aphis gossypii* Glover）属同翅目蚜科。喜在叶面上刺吸植物汁液，造成叶片卷缩变形，植株生长不良，影响生长，并因大量排泄蜜露、蜕皮而污染叶面。并能传播病毒病，造成的损失远远大于蚜虫的直接为害（图32-37）。

形态特征 见前文。

发生规律 辽河流域每年发生10~20代，黄河流域、长江及华南棉区20~30代。北方棉区以卵在植株近地面根茎凹陷处、叶柄基部和叶片上越冬。翌年春季越冬寄主发芽后，越冬卵孵化为干母，孤雌生殖2~3代后，产生有翅胎生雌蚜，4—5月迁飞为害。随后繁殖，5—6月进入为害高峰期，6月下旬后蚜量减少，但干旱年份为害期多延长。10月中下旬产生有翅的性母，迁回越冬寄主。一般以春、秋季为害较重，温暖地区全年可以孤雌胎生繁殖。

施药技术 发生期及时施药防治，在辣椒苗期，蚜虫发生较少时，可采用持效期较长的药剂以控制蚜虫的为害，可用10%溴氰虫酰胺悬浮剂30~40ml/亩、14%氯虫·高氯氟微囊悬浮剂15~20ml/亩、1.5%苦参碱可溶液剂30~40ml/亩、10%烯啶虫胺水剂3 000~5 000倍液、3%啶虫脒乳油2 000~3 000倍液、10%氟啶虫酰胺水分散粒剂3 000~4 000倍液、10%吡虫啉可湿性粉剂1 500~2 000倍液、25%噻虫嗪可湿性粉剂2 000~3 000倍液，加入专业的喷雾助剂农希望7号喷雾宝10ml/15kg药液，或农希望5号喷雾宝20~30ml/15kg药液对水均匀喷雾，视虫情间隔7~10d喷1次。

在辣椒结果期，田间蚜虫发生较重时，可施用速效性较好、持效期较短的药剂来防治蚜虫，可用2.5%高效氯氟氰菊酯乳油1 000~2 000倍液、2.5%溴氰菊酯乳油1 000~2 500倍液、4.5%高效氯氰菊酯乳油2 000~3 000倍液，施药时加入多功能渗透性喷雾助剂农希望5号喷雾宝或50%油酸甲酯液剂（喷雾精）20~30ml/15kg药液，均匀喷雾，视虫情间隔5~7d喷1次。

4. 温室白粉虱

为害特点 温室白粉虱（*Trialeurodes vapotariorum*）属同翅目粉虱科。成虫和若虫吸食植物汁液，被害叶片褪绿、变黄、萎蔫，甚至全株死亡。此外，尚能分泌大量蜜露，污染叶片和果实（图32-38）。

形态特征 见第三十章，温室白粉虱。

发生规律 在温室条件下每年可发生10余代，以各虫态在温室越冬并继续为害。成虫喜欢黄瓜、茄子、番茄、菜豆等蔬菜，群居于嫩叶叶背和产卵，在寄主植物打顶以前，成虫总是随着植株的生长不断

图32-37　蚜虫为害辣椒植株症状

追逐顶部嫩叶，因此在作物上自上而下白粉虱的分布：新产的绿卵、变黑的卵、幼龄若虫、老龄若虫、伪蛹。新羽化成虫产的卵以卵柄从气孔插入叶片组织中，与寄主植物保持水分平衡，极不易脱落。若虫孵化后3d内在叶背可做短距离游走，当口器插入叶组织后就失去了爬行的机能，开始营固着生活。白粉虱的种群数量，由春至秋持续发展，夏季的高温多雨抑制作用不明显，到秋季数量

图32-38　温室白粉虱为害辣椒叶片

达到高峰，集中为害瓜类、豆类和茄果类蔬菜。在北方，由于温室和露地蔬菜生产紧密衔接和相互交替，可使白粉虱周年发生。7—8月虫口密度较大，8—9月为害严重。10月下旬后，气温下降，虫口数量逐渐减少，并开始向温室内迁移为害或越冬。

施药技术　物理防治。黄色对白粉虱成虫有强烈诱集作用，在温室内设置黄板（1m×0.17m）、纤维板或硬纸板，涂成橙黄色，再涂上一层黏油，每亩32~34块诱杀成虫效果显著。黄板设置于行间与植株高度相平，黏油（一般使用10号机油加少许黄油调匀）7~10d重涂1次，要防止油滴在作物上造成烧伤。该方法作为综防措施之一，可与释放丽蚜小蜂等协调运用。

在田间发生初期及时防治，可用10%溴氰虫酰胺悬浮剂40~50ml/亩、10%吡虫啉可湿性粉剂1 500倍液、20%高氯·噻嗪酮（噻嗪酮18%+高效氯氰菊酯2%）乳油1 000~1 500倍液、10%烯啶虫胺水剂3 000~5 000倍液、10%氟啶虫酰胺水分散粒剂3 000~4 000倍液、25%噻虫嗪水分散粒剂3 000~4 000倍液，施药时加入多功能渗透性喷雾助剂农希望5号喷雾宝或50%油酸甲酯液剂（喷雾精）20~30ml/15kg药液，均匀喷雾，因其世代重叠，要连续防治，视虫情间隔7d左右喷1次，虫情严重时可选用10%吡丙·吡虫啉悬浮剂1 000~1 500倍液，2.5%联苯菊酯乳油3 000倍液与25%噻虫嗪可湿性粉剂2 000倍液喷施。

在保护地内选用10%氰戊菊酯烟剂,或用22%敌敌畏烟剂每亩0.5kg或用15%吡·敌畏(吡虫啉1%+敌敌畏25%)烟剂200~400g/亩,用背负式机动发烟器施放烟剂,效果也很好。或用80%敌敌畏乳油与水以1∶1的比例混合后加热熏蒸。

三、辣椒各生育期病虫害与农药施用关键技术

辣椒是一个重要蔬菜,种植面积逐年增加,如"清丰辣椒之乡"已成为地方的支柱产业,品种繁多、栽培模式多样,一定要结合本地情况分析总结病虫害的发生情况,及时采取有效控制病虫的措施。

(一)辣椒苗期病虫害与农药施用关键技术

在辣椒幼苗期,有些病害严重影响出苗或小苗的正常生长,如猝倒病、炭疽病、灰霉病、疫病等;也有一些病害,是通过种子传播的,如菌核病、黄萎病、枯萎病等;另外,如病毒病等也可以在苗期发生,有时也有一些地下害虫为害。因此,播种期、苗期是防治病虫草害、培育壮苗、保证生产的一个重要时期,生产上经常使用多种杀菌剂、杀虫剂、除草剂、植物激素等混用(图32-39)。

图32-39 辣椒苗期常见病害

辣椒多数是育苗移栽。最好在棚室中育苗,高温季节育苗加盖防虫网,以防蚜虫、白粉虱的侵入为害。常规育苗,可以结合建床,进行土壤药剂处理。

对于经常发生地下害虫、线虫病的苗床、田块,每平方米可用1.8%阿维菌素乳油1ml,稀释2 000~3 000倍液,用喷雾器喷雾,然后用钉耙混土;也可用10%噻唑膦颗粒剂1.5~2kg/亩、98%棉隆微粒剂3~5kg/亩处理土壤。

营养钵育苗或穴盘育苗的,可以每立方米营养土用福尔马林200~300ml,加清水30L均匀喷洒到营养土上,然后堆积成一堆,用塑料薄膜盖起来,闷2~3d,可充分杀灭病菌,然后撤下薄膜,把营养土摊开,经过2~3周晾晒,药味全部散尽后再堆起来准备育苗时应用。也可在每立方米营养土中加入50%多菌灵可湿性粉剂200g+50%五氯硝基苯粉剂250g+25%甲霜灵可湿性粉剂300~400g。

种子处理。播种前可用50%多菌灵可湿性粉剂500倍液+50%克菌丹可湿性粉剂500倍液、70%甲基硫菌灵可湿性粉剂500倍液+3%恶霉·甲霜水剂400倍液、40%拌种双可湿性粉剂+50%甲基立枯磷可湿性粉剂+72.2%霜霉威水剂600倍液、25%甲霜灵可湿性粉剂500倍液+50%福美双可湿性粉剂500倍液，对于病毒病较重的田块可以混用10%磷酸三钠溶液浸种，一般浸30~50min，捞出用清水浸3~4h催芽，后播种。也可以用2.5%咯菌腈悬浮剂10ml+35%甲霜灵拌种剂2ml，对水180ml，包衣4kg种子，包衣后，摊开晾干。也可以用70%甲基硫菌灵可湿性粉剂或用50%多菌灵可湿性粉剂+72霜脲·锰锌可湿性粉剂按种子重量的0.3%拌种，摊开晾干后播种，对苗期猝倒病效果较好，还可用98%恶霉灵可溶粉剂0.5~1.0g与80%多·福·福锌（多菌灵25%+福美双25%+福美锌30%）可湿性粉剂4g混合拌种1kg。

苗床育苗，辣椒出苗后至1叶1心前，重点防治猝倒病，并考虑防治立枯病、疫病等病害，田间如有发病应及时防治，注意治疗剂和保护剂合理混用，可用72%霜脲·锰锌可湿性粉剂600~800倍液+50%腐霉利可湿性粉剂1 000~2 000倍液、69%烯酰·锰锌可湿性粉剂1 000倍液+50%苯菌灵可湿性粉剂1 000~1 500倍液、53%精甲霜·锰锌水分散粒剂500倍液、25%嘧菌脂悬浮剂2 000倍液、50%醚菌酯水分散粒剂4 000~6 000倍液、25%吡唑醚菌酯乳油2 000~3 000倍液、70%恶霉灵可湿性粉剂2 000倍液+68.75%恶唑菌酮·锰锌水分散粒剂600倍液、50%氟啶胺悬浮剂2 000~3 000倍液，加入专业的喷雾助剂农希望7号喷雾宝10ml/15kg药液，或农希望5号喷雾宝20~30ml/15kg药液对水均匀喷雾，视虫情间隔7~10d喷1次。

苗床育苗，辣椒出苗后，经常发生猝倒病、立枯病、疫病等病害，苗床一旦发现病苗，要及时拔除，然后用72.2%霜霉威水剂800倍液+50%腐霉利可湿性粉剂1 000~2 000倍液+70%代森锰锌可湿性粉剂700倍液、30%苯甲·丙环（苯醚甲环唑15%+丙环唑15%）乳油3 000~3 500倍液+69%烯酰·锰锌（烯酰吗啉9%+代森锰锌60%）可湿性粉剂1 500倍液，施药时加入专业的喷雾助剂农希望7号喷雾宝10ml/15kg药液，天气干旱时加入多功能渗透性喷雾助剂农希望5号喷雾宝或50%油酸甲酯液剂（喷雾精）10~20ml/15kg药液对水均匀喷雾，视病情间隔7~10d喷淋苗床1次，与喷雾防治相结合。注意用药剂喷淋后，等苗上药液干后，再撒些草木灰或细干土，降湿保温。

幼苗2~7叶期，应注意防治疫病、病毒病、根结线虫病、蚜虫、白粉虱、美洲斑潜蝇。

高温季节育苗，对有根结线虫病史的地区，最好采用无土基质育苗，因此期是根结线虫高发时期。如果采用营养钵育苗方法育苗的，在幼苗3至5叶期用20%噻唑膦750~1 000ml/亩灌根，防止根结线虫病的发生；如果已发生根结线虫病，隔5~7d再灌1次，但应注意，施药时如果温度超过35℃，浇过药液后，要用清水冲洗幼苗叶片上的药液避免产生药害。如果采用育苗畦育苗，在分苗时应用清水将根部冲洗一下，防止携带病虫，如果根上有根瘤应把根瘤去掉后再倒栽。

为了促使幼苗生长，苗期应及时防治病毒病（露地多保护地少）、白粉虱、美洲斑潜蝇等苗期病虫害，以保证壮苗。可以用20%盐酸吗啉呱可湿性粉剂400~600倍液+3.3g/L阿维·联苯菊（阿维菌素3g/L+联苯菊酯30g/L）乳油1 500倍液、2%宁南霉素水剂400~800倍液+10%高效氯氰菊酯乳油2 500倍液+1%甲氨基阿维菌素苯甲酸盐乳油2 000~3 000倍液、0.5%菇类蛋白多糖水剂300倍液+1.8%阿维菌素乳油2 000~4 000倍液、30%醚菌酯悬浮剂2 000倍液+7.5%菌毒·吗啉胍（菌毒清2.5%+盐酸吗啉胍5%）水剂500倍液+10%吡虫啉可湿性粉剂1 500倍液+50%灭蝇胺悬浮剂3 000倍液，施药时加入多功能渗透性喷雾助剂农希望5号喷雾宝或50%油酸甲酯液剂（喷雾精）10~20ml/15kg药液，均匀喷雾。

喷洒农药时，与一些杀菌剂混合喷洒植宝7 500~8 000倍液或用1.5%硫铜·烷基·烷醇水乳剂1 000倍液，或用黄腐酸盐1 000~3 000倍液，或用尿素0.5%+磷酸二氢钾0.1%~0.2%或用三元复合肥（15+15+15）0.5%等。

（二）辣椒开花坐果期病虫害与农药施用关键技术

移植缓苗后到开花结果期，植株生长旺盛，多种病害开始侵染，部分害虫开始发生，一般该期是喷药保护、预防病虫的关键时期，也是使用植物激素、微肥，调控生长，是保证优质与丰产的最佳时期，生产上需要多种农药合理使用（图33-40）。

这一时期经常发生的病害有病毒病、早疫病、疫病、根腐病、青枯病等。施药重点是使用好保护剂，预防病害的发生。

图32-40　辣椒开花坐果期生长情况

防治病毒病、早疫病、疫病，可用1.5%烷醇·硫酸铜（硫酸铜1.4%+三十烷醇0.1%）可湿性粉剂500倍液+57%烯酰·丙森（丙森锌44%+烯酰吗啉13%）水分散粒剂2 000倍液、20%盐酸·乙酸（盐酸吗啉胍16%+乙酸铜4%）可湿性粉剂700倍液+440g/L双炔·百菌（百菌清400g/L+双炔酰菌胺40g/L）悬浮剂1 000倍液、25%琥铜·吗啉（琥胶肥酸铜9%+盐酸吗啉胍16%）可湿性粉剂600倍液+66.8%丙森·异丙可湿性粉剂1 000倍液，施药时加入多功能渗透性喷雾助剂农希望5号喷雾宝或50%油酸甲酯液剂（喷雾精）20～30ml/15kg药液对水均匀喷雾，视辣椒生长情况和病情间隔7～14d喷1次。

防治根腐病、青枯病，可用20%二氯异氰尿酸可溶性粉剂300～400倍液、25%溴菌腈可湿性粉剂600～1 000倍液+20%叶枯唑可湿性粉剂600～800倍液、50%多菌灵可湿性粉剂600～800倍液、70%福·甲（甲基硫菌灵30%+福美双40%）可湿性粉剂800倍液+50%噻菌灵悬浮剂800～1 000倍液、50%福美双可湿性粉剂1 000倍液+12%松脂酸铜悬浮剂600～800倍液、70%敌磺钠可溶性粉剂800倍液+20%噻菌铜悬浮剂500倍液，灌根防治，视病情间隔10d左右喷1次。

保护地栽培，应注意防治灰霉病、菌核病，一般在门椒开花时为防治适期，可用50%腐霉·百菌清（百菌清33.3%+腐霉利16.7%）可湿性粉剂800～1 000倍液、40%嘧霉·百菌清（百菌清27%+嘧霉胺13%）可湿性粉剂800倍液、75%百菌清可湿性粉剂600～800倍液+65%甲硫·霉威（乙霉威12.5%+甲基硫菌灵52.5%）可湿性粉剂1 500倍液、70%代森锰锌可湿性粉剂600～800倍液+40%啶菌·福美双（啶菌恶唑8%+福美双32%）悬乳剂1 000倍液、50%异菌脲悬浮剂1 000～1 500倍液、25%啶菌恶唑乳油1 000倍液+50%克菌丹可湿性粉剂400～600倍液、30%福·嘧霉（福美双15%+嘧霉胺15%）可湿性粉剂800倍液+75%百菌清可湿性粉剂600～800倍液、50%腐霉利可湿性粉剂1 500倍液+70%丙森锌可湿性粉剂600～

800倍液、40%嘧霉胺悬浮剂1 500倍液+65%代森锌可湿性粉剂600倍液，施药时加入多功能渗透性喷雾助剂农希望5号喷雾宝或50%油酸甲酯液剂（喷雾精）20~30ml/15kg药液对水均匀喷雾，视病情每间隔7d左右喷1次。

保护地栽培时灰霉病、菌核病等病情严重时，可用50%腐霉利可湿性粉剂600~1 000倍液+75%百菌清可湿性粉剂600~800倍液、50%异菌脲悬浮剂600~1 000倍液、40%嘧霉胺悬浮剂800~1 200倍液+50%克菌丹可湿性粉剂300~500倍液、65%甲硫·霉威（乙霉威12.5%+甲基硫菌灵52.5%）可湿性粉剂800~1 500倍液+70%代森锰锌可湿性粉剂800倍液、50%烟酰胺水分散粒剂800~1 500倍液+70%代森联水分散粒剂600倍液，施药时加入多功能渗透性喷雾助剂农希望5号喷雾宝或50%油酸甲酯液剂（喷雾精）20~30ml/15kg药液对水均匀喷雾，视病情间隔5~10d喷1次。

保护地内可以用45%百菌清烟剂200g/亩、3%噻菌灵烟剂250g/亩、10%腐霉利烟剂300~450g/亩、20%腐霉·百菌清（百菌清10%+腐霉利10%）烟剂200~250g/亩、15%多·腐（百菌清12%+腐霉利3%）烟剂340~400g/亩或15%百·异菌（百菌清9%+异菌脲6%）烟剂200~300g/亩按包装分放5~6处，傍晚闭棚，由棚室里面向外逐次点燃后，次日早晨打开棚室，进行正常田间作业。5~10d施药1次，视发病情况而定。也可用5%百菌清粉尘剂或10%腐霉利粉尘剂喷粉1kg/亩。视病情间隔7~10d防治1次。

这个时期白粉虱时有发生，可以在使用杀菌剂时混用一些杀虫剂，可用10%溴氰虫酰胺悬浮剂40~50ml/亩、10%吡丙醚乳油1 000~2 000倍液、10%烯啶虫胺水剂3 000~5 000倍液、25%噻虫嗪水分散粒剂2 000~4 000倍液、50%噻虫胺水分散粒剂2 000~3 000倍液，施药时加入多功能渗透性喷雾助剂农希望5号喷雾宝或50%油酸甲酯液剂（喷雾精）20~30ml/15kg药液均匀喷雾，根据情况连续防治2~3次。

为了控制生长，可以在旺盛生长期喷施15%多效唑可湿性粉剂1 500~3 000倍液，对水均匀喷雾，视辣椒长势调节用量，药量过大会抑制生长。

为了辣椒健壮生长，促进生长，减少花、果的脱落，可以用20%赤霉素可溶性粉剂1 500~2 500倍液喷施茎叶喷雾，该药是多效唑、矮壮素等生长抑制剂的拮抗剂，不能同期施用。

对于天气不稳，有少量辣椒病毒病症状的田块，结合喷施其他农药时可以适量加入0.01%芸苔素内酯可溶性液剂0.03~0.06mg/kg、或8%胺鲜酯可溶性粉剂1 000~2 000倍液、0.000 1%羟烯腺·烯腺（羟烯腺嘌呤0.000 06%+烯腺嘌呤0.000 04%）可湿性粉剂20~40g/亩、1.5%硫铜·烷醇（硫酸铜1.4%+三十烷醇0.1%）水乳剂1 000倍液，施药时加入多功能渗透性喷雾助剂农希望5号喷雾宝或50%油酸甲酯液剂（喷雾精）20~30ml/15kg药液对水均匀喷雾。

对于旱情较重、蚜虫、白粉虱发生较多的田块，还可以配合使用黄腐酸盐1 000~3 000倍液。

（三）辣椒结果期病虫害与农药施用关键技术

辣椒进入开花结果期，长势开始变弱，生理性落花落果现象普遍，加上多种病虫的为害，直接影响着果实的产量与品质。为了确保丰收，生产上经常使用多种类型农药，合理混用较为重要。

辣椒进入开花结果期以后，许多病害开始发生流行。青枯病、根腐病、病毒病、枯萎病、灰霉病、菌核病、早疫病、疫病、炭疽病、疮痂病等时常严重发生（图32-41）。

对于青枯病、根腐病、病毒病、枯萎病混合严重发生时，可用80%多·福·福锌（多菌灵25%+福美双25%+福美锌30%）可湿性粉剂500~700倍液、0.5%香菇多糖蛋白水剂300~500倍液+14%络氨铜水剂300~500倍液+84%王铜水分散粒剂800~1 000倍液、0.5%葡聚烯糖粉剂500~800倍液+30%琥胶肥酸铜悬浮剂500~800倍液、0.5%菇类蛋白多糖水剂300~500倍液+20%噻菌铜悬浮剂500~800倍液、10%盐酸吗啉胍可溶性粉剂400~500倍液、25%琥铜·吗啉胍（琥胶肥酸铜9%+盐酸吗啉胍16%）可湿性粉剂400~600倍液+20%喹菌铜可湿性粉剂800~1 200倍液、2%宁南霉素水剂800倍液+12%松脂酸铜悬浮剂600~800倍液、14%络氨铜水剂300~500倍液+3%中生菌素可湿性粉剂600~800倍液、30%壬基酚磺酸铜水乳剂600倍液+1×10^{9}CFU/ml荧光假单胞杆菌水剂1 000倍液、1×10^{9}CFU/g枯草芽孢杆菌可湿性粉

图32-41 辣椒结果期常见病害

剂600~1 000倍液+3%三氮唑核苷水剂500倍液+84%王铜水分散粒剂800~1 000倍液、31%氮苷·吗啉胍（盐酸吗啉胍30%+三氮唑核苷1%）可溶性粉剂800倍液+1.5%烷醇·硫酸铜（硫酸铜0.4%+三十烷醇0.1%）乳剂1 000倍液+45%代森铵水剂400~600倍液，施药时加入多功能渗透性喷雾助剂农希望5号喷雾宝或50%油酸甲酯液剂（喷雾精）20~30ml/15kg药液，均匀喷雾；同时，配以黄腐酸盐1 000~3 000倍液，可以进行灌根，首次用药应在发病前10d，每株灌配好的药液300~500ml。视病情间隔10d防治1次。

当灰霉病、菌核病、早疫病等混合发生时，可用20%丙环唑微乳剂2 000~3 000倍液+75%百菌清可湿性粉剂600~800倍液、2%丙烷脒水剂900倍液+2.5%咯菌腈悬浮剂1 000倍液、50%异菌脲悬浮剂800~1 000倍液、50%腐霉·百菌清（百菌清33.3%+腐霉利16.7%）800~1 000倍液、50%异菌·福美双（异菌脲10%+福美双40%）可湿性粉剂800~1 000倍液、40%啶菌·福美双（啶菌恶唑8%+福美双32%）悬乳剂800~1 000倍液、50%腐霉利可湿性粉剂800~1 500倍液+70%代森锰锌可湿性粉剂600~800倍液、25%啶菌恶唑乳油700~1 500倍液、40%嘧霉·百菌清（百菌清25%+嘧霉胺15%）可湿性粉剂800~1 000倍液、25%腐霉·福美双（腐霉利5%+福美双20%）可湿性粉剂600~1 000倍液，施药时加入多功能渗透性喷雾助剂农希望5号喷雾宝或50%油酸甲酯液剂（喷雾精）20~30ml/15kg药液，均匀喷雾，视病情间隔5~10d喷1次。

对于棚室可以施用45%百菌清烟剂200~300g/亩、3%噻菌灵烟剂250g/亩、10%腐霉利烟剂300~450g/亩、20%腐霉·百菌清（百菌清10%+腐霉利10%）烟剂200~250g/亩、15%多·腐（多菌灵10%+腐霉利5%）烟剂340~400g/亩、15%百·异菌（百菌清9%+异菌脲6%）烟剂200~300g/亩，轮换使用，每次熏上1夜。视病情间隔7~10d防治1次。

对于辣椒疫病发生较重的田块，结合其他病害的预防，可用36%烯酰·氟吡菌胺（烯酰吗啉30%氟吡菌胺6%）悬浮剂800~1 200倍液、35%烯酰·福美双（烯酰吗啉4.5%+福美双30.5%）可湿性粉剂1 000~1 500倍液、20%唑菌酯悬浮剂2 000~3 000倍液、25%甲霜·霜霉威（甲霜灵15%+霜霉威盐酸盐10%）可湿性粉剂1 500~2 000倍液、60%锰锌·氟吗啉可湿性粉剂800~1 000倍液、50%烯酰吗啉可湿性粉剂1 000~1 500倍液+75%百菌清可湿性粉剂600~800倍液、60%唑醚·代森联（吡唑醚菌酯5%+代森联55%）水分散粒剂1 000~2 000倍液、25%烯肟菌酯乳油2 000~3 000倍液+75%百菌清可湿性粉剂600~800倍液、18.7%烯酰·吡唑酯（吡唑醚菌酯6.7%+烯酰吗啉12%）水分散粒剂2 000~3 000倍液、76%霜·代·乙膦铝（三乙膦酸铝24%+甲霜灵2%+代森锌50%）可湿性粉剂800~1 000倍液，施药时加入多功能渗透性喷雾助剂农希望5号喷雾宝或50%油酸甲酯液剂（喷雾精）20~30ml/15kg药液对水均匀喷雾，视病情间隔5~7d喷1次。重点喷果及枝干，正常天气7~10d喷1次。

为防止由生理性病害、灰霉病等造成的落花落果，可以用85%2,4-滴钠盐可溶粉10~25mg/kg溶液加50%腐霉利可湿性粉剂800~1 000倍液或加入2.5%咯菌腈悬浮剂300倍液，也可以加入少量磷酸二氢钾浸花，每朵花浸1次，效果较为理想。但要注意不能触及枝叶，特别是幼芽，也要避免重复点花。

第三十三章 马铃薯病虫害与农药施用关键技术

一、马铃薯病害与农药施用关键技术

1. 马铃薯晚疫病

症　　状　由致病疫霉引起。多从下部叶片开始发病，叶尖或叶缘产生近圆形或不定形病斑（图33-1和图33-2），水渍状，绿褐色小斑点，边缘有灰绿色晕环，边缘分界不明晰，湿度大时外缘出现一圈白霉。天气干燥时病部变褐干枯，如薄纸状，质脆易裂。叶柄染病，多形成不规则褐色条斑，严重发病的植株叶片萎垂、卷曲，终致全株黑腐。块茎染病，表面呈现黑褐色大斑块，逐渐扩大腐烂。

图33-1　马铃薯晚疫病为害叶片情况

发生规律　病菌以菌丝体的形式在病薯内越冬、越夏，成为田间初侵染源，带菌种薯及遗留土中的病薯萌芽时，病菌即开始活动，逐步向植株地上茎叶发展，成为中心病株。其上产生孢子囊，经气流传播进行再侵染。也可随雨水进入土壤，通过伤口、皮孔和芽眼侵入块茎，以菌丝体的形式在块茎内越冬。一般空气潮湿，温暖多雾，或经常阴雨的条件下，最易发病。7—9月，降雨次数多，病害发生重。马铃薯开花前后，阴雨连绵天气，气温不低于10℃，相对湿度在75%以上时，以出现中心病株作为病害流行的预兆。

施药技术　栽种时，每100kg种子用25%甲霜灵种子处理悬浮剂125~150ml、35%精甲霜灵悬浮种衣剂114~143ml对种薯进行包衣。

图33-2　马铃薯晚疫病为害叶片症状

发病前加强预防保护，可以用60%嘧菌酯悬浮剂6.5～9g/亩、20%氰霜唑悬浮剂16～20ml/亩、500g/L氟啶胺悬浮剂30～35ml/亩、50%肟菌酯悬浮剂19～22ml/亩、30%氟吗啉悬浮剂30～45ml/亩、80%烯酰吗啉水分散粒剂17～24g/亩、75%代森锰锌水分散粒剂160～190 g/亩、23.4%双炔酰菌胺悬浮剂20～40ml/亩、5%香芹酚水剂40～50ml/亩、720g/L百菌清悬浮剂150～200ml/亩，对水喷雾。

农民传统的喷药方式导致病部着药困难，大量药液流失，喷药必须保证均匀喷雾到所有茎叶，雾滴的附着率直接影响喷药防治效果（图33-3）。喷药时必须用高压、超细的专业喷雾器械进行喷雾；加入专业喷雾助剂农希望7号喷雾宝10ml/15kg药液，天气特别干旱时施药时加入多功能渗透性喷雾助剂农希望5号喷雾宝或50%油酸甲酯液剂（喷雾精）20～30ml/15kg药液对水均匀喷雾；必须把药喷匀、喷细、喷透，让药剂在叶面上形成一层药膜，叶上药剂附着率达90%以上（图33-4），才能取得较好的防治效果。

图33-3 普通（电动）喷雾器压力低、喷不匀、雾滴大。田间喷药雾滴较大，大量药液流失，叶片难以均匀附着药剂，防效较差

图33-4 喷药必须保证均匀喷雾到所有茎叶，加入专业喷雾喷雾助剂5号喷雾宝20ml/15kg药液对水均匀喷雾，让药液在叶面上均匀地形成一层油亮的药膜，叶片的药剂附着率达90%以上

田间出现发病中心时，及时施药防治。可用40%吡唑醚菌酯·氟吡菌胺（氟吡菌胺15%+吡唑醚菌酯25%）悬浮剂30～40ml/亩、45%霜霉·精甲霜（霜霉威37.5%+精甲霜灵7.5%）可溶液剂60～80ml/亩、40%霜脲·氰霜唑（霜脲氰32%+氰霜唑8%）水分散粒剂30～40g/亩、37.5%烯酰·吡唑酯（烯酰吗啉25%+吡唑醚菌酯12.5%）悬浮剂40～60g/亩、40%恶酮·吡唑酯（恶唑菌酮20%+吡唑醚菌酯20%）悬浮剂12.5～25ml/亩、52.5%恶酮·霜脲氰（恶唑菌酮22.5%+霜脲氰30%）水分散粒剂30～40g/亩、69%代森锰锌·精苯霜灵（代森锰锌65%+精苯霜灵4%）水分散粒剂120～160g/亩、40%氟吡菌胺·烯酰吗啉（氟吡菌胺10%+烯酰吗啉30%）悬浮剂40～60ml/亩、15%氟吡菌胺·精甲霜灵（氟吡菌胺10%+精甲霜灵5%）悬浮剂30～38ml/亩、50%烯酰·氟啶胺（氟啶胺20%+烯酰吗啉30%）悬浮剂25～30ml/亩、40%恶酮·吡唑酯（吡唑醚菌酯20%+恶唑菌酮20%）悬浮剂20～45ml/亩、72%霜脲·锰锌（代森锰锌64%+霜脲氰8%）可湿性粉剂100～150g/亩，施药时加入多功能渗透性喷雾助剂农希望5号喷雾宝或50%油酸甲酯液剂（喷雾精）20～30ml/15kg药液，每隔5～7d喷1次，连喷2～3次。

2. 马铃薯早疫病

症　　状　由茄链格孢引起。多从下部老叶开始，叶片病斑近圆形，黑褐色，有同心轮纹（图33-5），潮湿时斑面出现黑霉。发生严重时，病斑互相连合成黑色斑块，致使叶片干枯脱落。块茎染病，表面出现暗褐色近圆形至不定形病斑，稍凹陷，边缘明显，病斑下薯肉组织亦呈褐色干腐状。

图33-5　马铃薯早疫病为害叶片症状

发生规律　以分生孢子和菌丝体的形式在土壤或种薯上越冬，借风雨传播，从气孔、皮孔、伤口或表皮侵入，引起发病。病菌可在田间进行多次再侵染。老叶一般先发病，幼嫩叶片衰老后才发病。高温多雨，特别是高湿是诱发的重要因素，重茬地、低洼地、瘠薄地、浇水过多或通风不良地块发病较重。

施药技术　发病前加强预防保护，可以用30%吡唑醚菌酯乳30～40ml/亩、33.5%喹啉铜悬浮剂60～75ml/亩、50%嘧菌酯水分散粒剂15～35g/亩、75%百菌清可湿性粉剂178～267g/亩、80%代森锌可湿性粉剂98～123g/亩、70%丙森锌可湿性粉剂150～200g/亩，施药时加入多功能渗透性喷雾助剂农希望5号喷雾宝或50%油酸甲酯液剂（喷雾精）20～30ml/15kg药液对水均匀喷雾，以提高药效。

在发病初期开始用药,可喷洒500g/L氟啶胺悬浮剂 30～35ml/亩、500g/L氟吡菌酰胺·嘧霉胺(嘧霉胺375g/L+氟吡菌酰胺125g/L)悬浮剂60～80ml/亩、32%唑醚·戊唑醇(戊唑醇24%+吡唑醚菌酯8%)悬浮剂28～38ml/亩、31%恶酮·氟噻唑(恶唑菌酮28.2%+氟噻唑吡乙酮2.8%)悬浮剂27～33ml/亩、50%啶酰菌胺水分散粒剂20～30g/亩、43%氟菌·肟菌酯(肟菌酯21.5%+氟吡菌酰胺21.5%)悬浮剂15～30ml/亩,施药时加入多功能渗透性喷雾助剂农希望5号喷雾宝或50%油酸甲酯液剂(喷雾精)20～30ml/15kg药液对水均匀喷雾。为防止产生抗药性,提高防效,提倡轮换交替或复配使用。每7d喷1次,连喷2～3次。

3. 马铃薯环腐病

症　　状　由密执安棒杆菌马铃薯环腐致病变种(*Clavibacter michiganensis* subsp. *sepedonicus*,属细菌)引起。本病属细菌性维管束病害,全株侵染。一般的侵染都在马铃薯生育期的后期。地上部染病分枯斑型和萎蔫型两种类型。枯斑型多在植株基部复叶的顶上先发病,叶尖和叶缘及叶脉呈绿色,叶肉为黄绿或灰绿色,具明显斑驳,且叶尖干枯或向内纵卷,病情向上扩展,致全株枯死。萎蔫型初期植株从顶端复叶开始萎蔫,叶缘稍内卷,似缺水状(图33-6),病情向下扩展,全株叶片开始褪绿,内卷下垂,最终导致植株倒伏枯死。块茎发病切开可见维管束变为乳黄色至黑褐色(图33-7),皮层内现环形或弧形坏死。

图33-6　马铃薯环腐病为害地上部萎蔫症状

图33-7　马铃薯环腐病为害薯块症状

发生规律 病原细菌在种薯中越冬，也可随病残体在土壤中越冬，成为翌年初侵染源。病薯播下后，一部分出土的病芽中，病菌沿维管束上升至茎中部或沿茎进入新结薯块致病。病菌通过切刀带菌传染。在田间通过伤口侵入，借助雨水或灌溉水传播。

施药技术 切块种植，切刀应用75%酒精消毒，薯块用2%春雷霉素可湿性粉剂400~500倍液、3%中生菌素可湿性粉剂500~800倍液浸种5min。尽可能采用整薯播种，有条件的可选用杂交实生苗。

在发病初期用2%春雷霉素可湿性粉剂400~500倍液、3%中生菌素可湿性粉剂500~800倍液、25%络氨铜水剂500倍液、88%水合霉素可溶性粉剂1 000倍液喷施，施药时加入多功能渗透性喷雾助剂农希望5号喷雾宝或50%油酸甲酯液剂（喷雾精）20~30ml/15kg药液对水均匀喷雾，每7~10d喷1次。也可用50%琥胶肥酸铜可湿性粉剂500倍液或14%络氨铜水剂300倍液灌根，每株灌对好的药液0.3~0.5 L，隔10d喷1次，连续喷2~3次。

4．马铃薯病毒病

症　　状 由马铃薯X病毒（PVX）、马铃薯S病毒（PVS）、马铃薯A病毒（PVA）、马铃薯Y病毒、马铃薯卷叶病毒（PLRV）引起。普通花叶型（图33-8）：叶片沿叶脉出现深绿色与淡黄色相间的轻花叶斑驳，叶片稍有缩小并产生一定程度的皱缩。有些品种仅表现轻花叶，有的品种植株显著矮化，全株发生坏死性叶斑，整个植株自上而下枯死，块茎变小，内部有坏死斑。重花叶型：发病初期，叶片出现斑驳花叶或有枯斑，后期发展为叶脉坏死，严重时沿叶柄蔓延到主茎上出现褐色条斑，叶片全部坏死并萎蔫，但不脱落，有些品种无坏死，但植株矮小，茎叶变脆，叶片呈现花叶症状并聚生成丛。皱缩花叶型（图33-9）：重花叶型与普遍花叶型复合侵染，症状为皱缩花叶，叶片变小，顶端严重皱缩，植株显著矮小，呈绣球状，不开花，多早期枯死，块茎极小。黄化卷叶型（图33-10）：病株叶缘向上翻卷，叶片黄绿色，严重时叶片卷成筒，但不皱缩，叶质厚而脆，易折断。重病株矮小，个别早期枯死。

图33-8　马铃薯病毒病普通花叶型症状

图33-9　马铃薯病毒病皱缩花叶型症状

图33-10　马铃薯病毒病黄化卷叶型症状

发生规律 马铃薯普通花叶病：主要靠汁液摩擦传毒，切刀、农机具、衣物和动物皮毛均可成为传毒的介体。据报道，特殊的蚱蜢和绿丛螽斯能传毒，菟丝子、马铃薯癌肿病菌也能传毒，种子偶有带毒现象，蚜虫不能传毒，初次侵染来源主要是带毒种薯，病毒还可在一些杂草体内及栽培作物（番茄等）上越冬，成为初次侵染来源。马铃薯重花叶病：可通过汁液摩擦传毒，还可通过约15种蚜虫以非持久方式传播，主要是桃蚜，另外有马铃薯长管蚜、棉蚜等。初侵染来源除带病种薯外，一些带病植物也是初侵来源。马铃薯黄化卷叶病：不能由汁液传染，但可由十几种蚜虫传播，其中以桃蚜为主，蚜虫传毒是持久性的，循回期在半天以上，可终身带毒，但不能卵传。菟丝子也可传毒，初侵染主要来源是带病薯块。马铃薯的多种病毒都可由蚜虫传播，有利于蚜虫生长、发育、繁殖的环境条件，就有利于病害的发生。

施药技术 出苗前后及时防治蚜虫。整个生长期间在5月上旬、下旬分2次喷施50%抗蚜威可湿性粉剂2 000～3 000倍液、25%噻虫嗪水分散粒剂4～8g/亩、25%溴氰菊酯乳油3 000倍液，加入专业喷雾助剂农希望5号喷雾宝20～30ml/15kg药液对水均匀喷雾，均可取得较好的防治效果。

发病初期，喷洒0.5%几丁聚糖水剂100～150ml/亩、0.5%菇类蛋白多糖水剂300倍液、2%宁南霉素水剂250倍液、3.95%三氮唑核苷水剂600倍液等，施药时加入多功能渗透性喷雾助剂农希望5号喷雾宝或50%油酸甲酯液剂（喷雾精）20～30ml/15kg药液。

5．马铃薯疮痂病

症　状 由疮痂链霉菌（*Streptomyces scabies*）、酸疮痂链霉菌（*Streptomyces acidiscabies*）引起，两者均属于细菌。主要侵染块茎，先在表皮产生浅棕褐色的小突起，然后形成直径约0.5cm的圆斑，并在病斑表面形成凸起型或凹陷型硬痂。病斑仅限于表皮，不深入薯内（图33-11和图33-12）。

图33-11　马铃薯疮痂病为害薯块初期症状

图33-12　马铃薯疮痂病为害薯块后期症状

发生规律 病菌在土壤中腐生，或在病薯上越冬。从皮孔和伤口侵入后染病。在酸性的沙壤土上种植发病重。雨量多、夏季较凉爽的年份易发病。

施药技术 选用无病薯块留种，定植前用3%中生菌素可湿性粉剂600～1 000倍液浸种1～2h，晾干后再播种。

秋收后摊晒块茎，剔除病烂薯，喷洒2%春雷霉素可湿性粉剂300～500倍液、20%噻森铜悬浮剂600倍液、3%中生菌素可湿性粉剂600～1 000倍液，晾干入窖，可防烂窖；春季，要晒种催芽，淘汰病、烂薯，可有效减少病害的发生。

6．马铃薯炭疽病

症　状 由球炭疽菌（*Colletotrichum coccodes*，属无性型真菌）引起。主要为害叶片，在叶片上形成近圆形或不定形的赤褐色至褐色坏死斑，后转变为灰褐色，边缘明显，相互汇合形成大的坏死斑（图33-13）。为害严重时也可侵染茎块，引起植株萎蔫和茎块腐烂（图33-14）。

发生规律 主要以菌丝体的形式在种子里或病残体上越冬，于翌年春产生分生孢子，借雨水飞溅传

图33-13 马铃薯炭疽病为害叶片情况

图33-14 马铃薯炭疽病田间受害症状

播蔓延。孢子萌发产生芽管，经伤口或直接侵入。生长后期，病斑上产生的粉红色黏稠物内含大量分生孢子，通过雨水溅射传播到健薯上，进行再侵染。高温、高湿条件下发病重。

施药技术 在发病初期，可用70%甲基硫菌灵可湿性粉剂800倍液+70%代森锰锌可湿性粉剂600～800倍液、50%咪鲜胺锰盐可湿性粉剂800～1 000倍液、25%多·锰锌（代森锰锌16.7%+多菌灵8.3%）可湿性粉剂100～200g/亩、60%唑醚·代森联（代森联55%+吡唑醚菌酯5%）水分散粒剂60～100g/亩、325g/L苯甲·嘧菌酯（嘧菌酯200g/L+苯醚甲环唑125g/L）悬浮剂35～50ml/亩等药剂，施药时加入多功能渗透性喷雾助剂农希望5号喷雾宝或50%油酸甲酯液剂（喷雾精）20～30ml/15kg药液对水均匀喷施。

二、马铃薯虫害与农药施用关键技术

马铃薯瓢虫

形态特征 为害茎叶（图33-15）。成虫：体半球形，赤褐色，体表密生黄褐色细毛，前胸背板中央有1个黑色、心脏形斑纹，其两侧各有黑色斑点2个，有时合成1个；两鞘翅上各有大小不等的黑斑14个，每鞘翅基部3个黑斑后方的4个黑斑不在一条直线上，两翅合缝处有1对或2对黑斑相连（图33-16）。卵：弹头形，初产时鲜黄色，后变成黄褐色，卵块中的卵粒排列较松散。幼虫：老熟幼虫体纺锤形，中部膨大，两端较细，背面隆起，呈淡黄褐色，体表生有整齐的黑色枝刺，各分枝刺毛也是黑色（图33-17）。蛹：椭圆形，淡黄色，全体被有棕色细毛，背面有较深的黑色斑纹。

图33-15 马铃薯瓢虫为害叶片症状

发生规律 在东北、华北1年发生1～2代，在南方1年发生3～6代，各地均以成虫群集的形式在背风向阳的石缝内、树皮下、墙缝及篱笆等处越冬。越冬成虫于翌年5月开始活动，先在附近的杂草、小树上

图33-16 马铃薯瓢虫成虫

图33-17 马铃薯瓢虫幼虫

栖息，5~6d后陆续转移到马铃薯及苗床中的茄子、番茄、青椒上为害。6月下旬至7月上旬为第1代幼虫严重为害时期，8月中旬为第2代幼虫严重为害时期，10月上旬成虫开始越冬。成虫早晚静伏，取食和产卵都在白天，以10:00—16:00最活跃，午前多在叶背取食，16:00后转向叶面取食；晴天气温高时飞翔力最强，阴雨天很少活动；成虫有假死性，受惊后落地不动并可分泌黄色黏臭液；成虫产卵于叶片背面，直立成块。幼虫有4龄，夜间孵化，初孵幼虫群集于叶背取食为害，2龄后逐渐分散为害。成虫、幼虫都有残食同种卵的习性。幼虫老熟后，多在植株基部的茎上或叶背化蛹，也有在附近杂草、地面上化蛹。

施药技术 要抓住幼虫分散前的时机施药，用10%联苯菊酯乳油2 000倍液、4.5%高效氯氰菊酯乳油22~44ml/亩、2.5%氟氯氰菊酯乳油2 000倍液、20%甲氰菊酯乳油1 200倍液、2.5%溴氰菊酯乳油3 000倍液等药剂，施药时加入多功能渗透性喷雾助剂农希望5号喷雾宝或50%油酸甲酯液剂（喷雾精）20~30ml/15kg药液对水均匀喷施，隔7~10d喷1次，连续喷2~3次。

三、马铃薯各生育期病虫害与农药施用关键技术

马铃薯，主要栽培模式为露地栽培，一般春播夏收，北方地区为春播秋收。马铃薯的发芽期在20~25d，幼苗期在15~20d，发棵期在25~30d，结薯期在30~50d，休眠期因品种不同而有所差异。按照病虫害防治习惯将马铃薯的生育周期分为：发芽幼苗期、发棵期、结薯期。马铃薯栽培过程中病虫害发生较重，必须根据马铃薯的栽培特点和气候条件，通过化学药剂控制病虫草害的为害。

（一）马铃薯苗期病虫害与农药施用关键技术

此期主要是指从块茎上的幼芽萌动到团棵（图33-18）。在这一时期有些病害严重影响出苗或小苗的正常生长，如病毒病、早疫病、晚疫病、疮痂病、茎基腐病、越冬蚜虫、美洲斑潜蝇等（图33-19）。因此，播种期、幼苗期是防治病虫害、培育壮苗、保证生产的一个重要时期，生产上经常使用杀菌剂、杀虫剂、除草剂、植物激素等。

图33-18 马铃薯幼苗期

图33-19 马铃薯幼苗期常见病害

种薯处理。先在40~50℃的温水中预浸1min，然后放入60℃温水中（种薯与温水的比例为1∶4）浸泡15min，再用35%甲霜灵拌种剂400倍液，喷洒种薯表面或浸种5min，加盖塑料薄膜闷种2h后摊开晾干；或用72.2%霜霉威盐酸盐水剂或72%霜脲·锰锌（霜脲氰8%+代森锰锌64%）可湿性粉剂800倍液浸泡15min后晾干播种。

防治病毒病、小叶病，可用2%宁南霉素水剂200~400倍液或20%吗胍·乙酸铜（盐酸吗啉胍10%+乙酸铜10%）可湿性粉剂500~700倍液、7.5%菌毒·吗啉胍（菌毒清2.5%+盐酸吗啉胍5%）水剂500~700倍液、31%氮苷·吗啉胍（盐酸吗啉胍30%+三氮唑核苷1%）可溶性粉剂600~800倍液、1.5%烷醇·硫酸铜（硫酸铜1.4%+三十烷醇0.1%）可湿性粉剂，施药时加入多功能渗透性喷雾助剂农希望5号喷雾宝或50%油酸甲酯液剂（喷雾精）20~30ml/15kg药液对水均匀喷雾，视病情间隔5~7d喷1次。

防治早疫病、炭疽病等，可用250g/L嘧菌酯悬浮剂800~1 200倍液+10%苯醚甲环唑水分散粒剂1 500倍液、50%异菌·福美双（异菌脲10%+福美双40%）可湿性粉剂600~1 000倍液、5%亚胺唑可湿性粉剂1 000倍液+75%百菌清可湿性粉剂600倍液、10%苯醚甲环唑水分散粒剂1 500倍液+22.7%二氰蒽醌悬浮剂1 000~1 500倍液，施药时加入多功能渗透性喷雾助剂农希望5号喷雾宝或50%油酸甲酯液剂（喷雾精）20~30ml/15kg药液，对水喷雾，均匀茎叶喷雾，视病情间隔7~10d喷1次。

防治晚疫病等，可用70%呋酰·锰锌（甲呋酰胺6%+代森锰锌64%）可湿性粉剂600~1 000倍液、100g/L氰霜唑悬浮剂2 000~3 000倍液、72%锰锌·霜脲可（霜脲氰8%+代森锰锌64%）湿性粉剂600~800倍液、25%嘧菌酯悬浮剂1 500~2 000倍液+68%精甲霜·锰锌（代森锰锌64%+精甲霜灵4%）水分散粒剂800~1 000倍液、25%烯肟菌酯乳油2 000~3 000倍液+75%百菌清可湿性粉剂600~800倍液+52.5%恶酮·霜脲氰（霜脲氰30%+恶唑菌酮22.5%）水分散粒剂1 500~2 000倍液，施药时加入多功能渗透性喷雾助剂农希望5号喷雾宝或50%油酸甲酯液剂（喷雾精）20~30ml/15kg药液对水均匀喷雾，视病情每间隔5~7d喷1次。

防治茎基腐病、干腐病等，可用23%噻氟菌胺悬浮剂2 000倍液+75%百菌清可湿性粉剂600倍液、20%氟酰胺可湿性粉剂600~800倍液，施药时加入多功能渗透性喷雾助剂农希望5号喷雾宝或50%油酸甲酯液剂（喷雾精）20~30ml/15kg药液对水均匀喷雾，视病情间隔7~10d喷1次。

防治蚜虫、粉虱等，可用240g/L螺虫乙酯悬浮剂4 000~5 000倍液、10%烯啶虫胺水剂3 000~5 000倍液、10%氟啶虫酰胺水分散粒剂3 000~4 000倍液、10%吡丙·吡虫啉（吡虫啉7.5%+吡丙醚2.5%）悬浮剂1 500~2 500倍液、25%噻虫嗪可湿性粉剂2 000~3 000倍液，加入多功能渗透性喷雾助剂农希望5号喷雾宝或50%油酸甲酯液剂（喷雾精）20~30ml/15kg药液对水均匀喷雾，视虫情间隔7~10d喷1次。

（二）马铃薯团棵期病虫害与农药施用关键技术

这一时期主要是指从团棵开始到现蕾（图33-20）。此期，常发生的病害有早疫病、晚疫病、叶枯病、癌肿病、炭疽病、疮痂病、黑胫病、青枯病、早死病、病毒病等（图33-21）；常发生的虫害有茄二

图33-20　马铃薯团棵期

图33-21 马铃薯团棵期常见病虫害

防治早疫病、炭疽病、叶枯病等,可用50%乙烯菌核利可湿性粉剂600~800倍液+70%代森锰锌可湿性粉剂600~800倍液、或10%苯醚甲环唑水分散粒剂1 000~1 500倍液+75%百菌清可湿性粉剂600~800倍液、50%腐霉利可湿性粉剂1 000~1 500倍液+70%代森锰锌可湿性粉剂600~800倍液、50%福美双·异菌(异菌脲10%福美双40%)可湿性粉剂800~1 000倍液,施药时加入多功能渗透性喷雾助剂农希望5号喷雾宝或50%油酸甲酯液剂(喷雾精)20~30ml/15kg药液,对水喷雾,视病情间隔7~10d喷1次。

防治晚疫病等,可用40%氟吡菌胺·烯酰吗啉(烯酰吗啉30%氟吡菌胺10%)40~60ml/亩,或687.5g/L霜霉威盐酸盐·氟吡菌胺悬浮剂800~1 200倍液、25%吡唑醚菌酯乳油1 500~2 000倍液+72.2%霜霉威盐酸盐水剂800倍液+10%氰霜唑悬浮剂2 000~2 500倍液、69%烯酰·锰锌可湿性粉剂100~130g/亩、25%双炔酰菌胺悬浮剂1 000~1 500倍液、66.8%丙森·异丙菌胺可湿性粉剂600~800倍液、60%氟菌·锰锌可湿性粉剂70~85g/亩、70%呋酰·锰锌可湿性粉剂600~1 000倍液、20%苯霜灵乳油300倍液+75%百菌清可湿性粉剂600~800倍液,施药时加入多功能渗透性喷雾助剂农希望5号喷雾宝或50%油酸甲酯液剂(喷雾精)20~30ml/15kg药液,均匀喷雾,视病情间隔5~7d喷1次。

对于以防治叶枯病为主,兼治早疫病等病害,可用25%嘧菌酯悬浮剂1 500~2 000倍液+50%异菌脲可湿性粉剂1 000~2 000倍液、50%腐霉利可湿性粉剂1 000~1 500倍液+70%代森联水分散粒剂600倍液、50%苯菌灵可湿性粉剂800~1 000倍液+70%代森联水分散粒剂600倍液,施药时加入多功能渗透性喷雾助剂农希望5号喷雾宝或50%油酸甲酯液剂(喷雾精)20~30ml/15kg药液对水均匀喷雾,以体改药效。

防治黑胫病、环腐病等,可用77%氢氧化铜可湿性粉剂600~800倍液,或用86.2%氧化亚铜可湿性粉剂2 000~2 500倍液、47%王铜可湿性粉剂600~800倍液、25%络氨铜水剂400~600倍液灌根,视病情间隔5~7d灌1次。

防治青枯病、软腐病等，可用12%松脂酸铜悬浮剂600~800倍液、3%中生菌素可湿性粉剂600~800倍液灌根，每株灌药液0.3~0.5L，视病情间隔5~7d灌1次。

防治病毒病、小叶病，可用2%宁南霉素水剂200~400倍液、5%氨基寡糖素水剂300~500倍液、25%琥铜·吗啉胍（琥胶肥酸铜9%+盐酸吗啉胍16%）可湿性粉剂600~800倍液，施药时加入多功能渗透性喷雾助剂农希望5号喷雾宝或50%油酸甲酯液剂（喷雾精）20~30ml/15kg药液对水均匀喷雾，视病情间隔5~7d喷1次。

防治枯萎病、黄萎病等，可用80%多·福·福锌（多菌灵25%+福美双25%+福美锌30%）可湿性粉剂700倍液、30%福·嘧霉（福美双15%+嘧霉胺15%）可湿性粉剂800倍液灌根，每株灌药液300~500ml，视病情间隔5~7d灌1次。

防治茄二十八星瓢虫、马铃薯甲虫等，可用2.5%溴氰菊酯乳油1 500~2 500倍液或20%甲氰菊酯乳油1 000~2 000倍液、1.8%阿维菌素乳油2 500~4 000倍液、30%多噻烷乳油750~1 000倍液、15%阿维·毒（阿维菌素0.2%+毒死蜱14.8%）乳油1 000~2 000倍液，加入专业喷雾助剂农希望5号喷雾宝20~30ml/15kg药液对水均匀喷雾，视虫情间隔7~10d喷1次。

防治美洲斑潜蝇、蚜虫等，可用0.5%甲氨基阿维菌素苯甲酸盐微乳剂3 000倍液+4.5%高效氯氰菊酯乳油2 000倍液或240g/L螺虫乙酯悬浮剂4 000~5 000倍液+50%灭蝇胺可湿性粉剂2 000~3 000倍液、10%氟啶虫酰胺水分散粒剂3 000~4 000倍液+20%甲氰菊酯乳油2 000~3 000倍液、5%阿维·高氯（阿维菌素0.3%+高效氯氰菊酯4.7%）可湿性粉剂2 000~3 000倍液、10%烯啶虫胺水剂3 000~5 000倍液+1.8%阿维菌素乳油2 000~2 500倍液、4%氯氰·烟碱（氯氰菊酯0.6%+烟碱3.4%）水乳剂2 000~3 000倍液，施药时加入多功能渗透性喷雾助剂农希望5号喷雾宝或50%油酸甲酯液剂（喷雾精）20~30ml/15kg药液对水均匀喷雾，因其世代重叠，要连续防治，视虫情间隔7~10d喷1次。

喷药时必须用高压、超细的专业喷雾器械进行喷雾，喷头距叶面50cm以上；并加入专业喷雾助剂施药时加入多功能渗透性喷雾助剂农希望5号喷雾宝或50%油酸甲酯液剂（喷雾精）20~30ml/15kg药液，必须把药喷匀、喷细、喷透，让药剂在叶面上充分地沉积附着、润湿扩散，让药剂在叶面上形成一层药膜，叶上药剂附着率达90%以上（图33-22），才能取得较好的防治效果。

图33-22　用高压超细喷雾器，喷头距叶面0.5m以上，加入专业喷雾助剂农希望5号喷雾宝20ml/15kg药液对水均匀喷雾，让药液在叶面上均匀地形成一层油亮的药膜，叶上的药剂附着率达90%以上

（三）马铃薯结薯期和成熟期病虫害与农药施用关键技术

此期主要是指从现蕾到茎叶变黄败秧（图33-23）。这一时期常发生的病害有软腐病、粉痂病、环腐病、早疫病、晚疫病等，常发生的虫害有茄二十八星瓢虫、美洲斑潜蝇等。

图33-23　马铃薯结薯期

防治软腐病、青枯病、黑胫病，可用6%春雷霉素可湿性粉剂37～47g/亩或3%中生菌素可湿性粉剂600～800倍液、20%噻唑锌悬浮剂300～500倍液+12%松脂酸铜悬浮剂600～800倍液、20%噻菌铜悬浮剂1 000～1 500倍液、20%喹菌铜水剂1 000～1 500倍液灌根，视病情间隔5～7d灌1次。

防治早疫病、叶枯病等，可用25%溴菌腈可湿性粉剂500～1 000倍液+50%克菌丹可湿性粉剂400～600倍液、52.5%异菌·多菌灵（多菌灵17.5%+异菌脲35%）可湿性粉剂800～1 000倍液、或10%苯醚甲环唑水分散粒剂1 500倍液+68.75%噁酮·锰锌（噁唑菌酮6.25%+代森锰锌62.5%）水分散粒剂1 000倍液、50%苯甲·多菌灵（多菌灵45%+苯醚甲环唑5%）悬浮剂1 500～2 000倍液+70%代森联水分散粒剂800倍液、70%丙森·多菌（丙森锌30%+多菌灵40%）可湿性粉剂600～800倍液，加入专业喷雾助剂施药时加入多功能渗透性喷雾助剂农希望5号喷雾宝或50%油酸甲酯液剂（喷雾精）20～30ml/15kg药液对水均匀喷雾，视病情间隔7～10d喷1次。

防治晚疫病、癌肿病等，可用60%氟菌·锰锌可湿性粉剂70～85g/亩，或68%精甲霜·锰锌水分散粒剂800～1 000倍液、25%吡唑醚菌酯乳油1 500～2 000倍液+72.2%霜霉威盐酸盐水剂800倍液+10%氰霜唑悬浮剂2 000～2 500倍液、50%烯酰吗啉可湿性粉剂1 000～1 500倍液+75%百菌清可湿性粉剂600～800倍液，施药时加入多功能渗透性喷雾助剂农希望5号喷雾宝或50%油酸甲酯液剂（喷雾精）20～30ml/15kg药液，对水均匀喷雾，视病情间隔5～7d喷1次。

防治茄二十八星瓢虫、美洲斑潜蝇可参照上一生育期用药。

第三十四章　菜豆、豇豆病虫害与农药施用关键技术

一、菜豆、豇豆病害与农药施用关键技术

1. 菜豆、豇豆枯萎病

症　　状　由豆尖孢镰孢（*Fusarium oxysporum* f. sp. *phaseoli*，属无性型真菌）引起。染病植株根系发育不良，根部皮层腐烂，新根少或没有，容易拔起。剖开根、茎部，或剥离茎部皮层，可见到维管束变黄褐色至黑褐色。一般进入花期后，病株先呈萎蔫状，前期早晚可恢复正常，后期枯死。地上部症状，下部叶片先变黄，然后逐渐向上发展。叶脉两侧变为黄色至黄褐色，叶脉呈褐色，严重时，全叶枯焦脱落（图34-1）。

图34-1　枯萎病为害植株及维管束褐变症状

发生规律　以菌丝体的形式在病残体、土壤和带菌肥料中越冬，种子也能带菌。成为翌年初侵染源。通过伤口或根毛顶端细胞侵入，主要靠水流进行短距离传播，扩大为害。春播菜豆一般在6月中旬发病，7月上旬为发病高峰期。低洼地，肥料不足，缺磷、钾肥，土质黏重，土壤偏酸和施未腐熟肥料时发病重。

施药技术　种子处理：用种子重量0.5%的50%多菌灵可湿性粉剂拌种，或用种子重量0.3%的50%福美双可湿性粉剂拌种。

药剂灌根：田间发现有个别病株时，马上灌药液防治，可用50%多菌灵可湿性粉剂500~600倍液、70%甲基硫菌灵可湿性粉剂600~800倍液灌根。

发生普遍时，也可用65%甲基硫菌灵·乙霉威可湿性粉剂700~800倍液、60%敌菌灵可湿性粉剂600倍液+50%苯菌灵可湿性粉剂1 000倍液、10%多抗霉素可湿性粉剂600倍液+50%多菌灵可湿性粉

500倍液+50%福美双可湿性粉剂500倍液、50%苯菌灵可湿性粉剂1 000倍液+50%福美双可湿性粉剂500倍液等药剂喷洒茎基部或灌根,每株灌200ml稀释药液,7~10d后再灌1次。

2. 菜豆、豇豆锈病

症　状　由疣顶单胞锈菌引起。主要为害叶片,严重时可为害茎、蔓、叶柄及荚。叶片染病,初现褪绿小黄斑,后中央稍凸起,呈黄褐色近圆形疱斑,周围有黄色晕圈,后表皮破裂,散出红褐色粉末,即夏孢子。四周生紫黑色疱斑,即冬孢子堆。后期叶片布满锈褐色病斑,叶片枯黄脱落(图34-2)。茎染病,症状与叶片相似。荚染病形成凸出表皮疱斑,表皮破裂后,散出褐色粉状物。

图34-2　锈病为害叶片症状

发生规律　以冬孢子的形式在病残体上越冬,温暖地区以夏孢子的形式越冬。翌年春,冬孢子萌发产生担子和担孢子,借气流传播,从叶片气孔直接侵入。华北地区主要发生在夏、秋两季,长江中下游地区发病盛期在5—10月,华南地区发病盛期在4—7月。进入开花结荚期,气温20℃左右,高湿,昼夜温差大及结露持续时间长此病易流行,秋播豆类及连作地发病重。夏季高温、多雨时发病重。

施药技术　发病前,喷施75%百菌清可湿性粉剂600倍液、80%代森锰锌可湿性粉剂800倍液等药剂预防。发病初期,喷洒29%吡萘·嘧菌酯(吡唑萘菌胺11.2%+嘧菌酯17.8%)悬浮剂45~60ml/亩、15%三唑酮可湿性粉剂1 000~1 500倍液、12.5%烯唑醇可湿性粉剂1 000~2 000倍液、40%氟硅唑乳油4 000倍液、25%丙环唑乳油2 000倍液+15%三唑酮可湿性粉剂2 000倍液、70%代森锰锌可湿性粉剂1 000倍液+15%三唑酮可湿性粉剂2 000倍液等药剂,间隔7~10d喷1次,连喷2~3次。

农民传统的喷药方式导致病部着药困难,大量药液流失,喷药必须保证均匀喷雾到所有茎叶,雾滴的附着率直接影响喷药防治效果(图34-3)。喷药时必须用高压、超细的专业喷雾器械进行喷雾;并加入多功能渗透性喷雾助剂农希望5号喷雾宝或50%油酸甲酯液剂(喷雾精)10~20ml/15kg药液对水均匀喷

图34-3 普通（电动）喷雾器压力低、喷不匀、雾滴大。田间喷药雾滴较大，大量药液流失，叶片难以均匀附着药剂，防效较差

雾；必须把药喷匀、喷细、喷透，充分地润湿扩散，让药剂在叶面上形成一层药膜，叶上药剂附着率达90%以上（图34-4），才能取得较好的防治效果。

图34-4 防治菜豆锈病时，必须用高压、超细的专业喷雾器械进行喷雾，喷药必须保证均匀喷雾到所有茎叶，加入专业喷雾助剂农希望5号喷雾宝20ml/15kg药液对水均匀喷雾，让药液在叶面上均匀地形成一层油亮的药膜，叶上的药剂附着率达90%以上

3. 菜豆、豇豆炭疽病

症　状　由豆刺盘孢（*Colletotrichum lindemuthianum*，属无性型真菌）引起。分生孢子盘黑色，圆形或近圆形。分生孢子梗短小，单胞，无色。整个生育期都可以发病，叶、茎、荚、种子都可被侵染。幼苗发病，子叶上出现红褐色近圆形病斑，边缘隆起，内部凹陷。叶片发病，叶面上出现病斑，后扩展成多角形小斑，红褐色，边缘颜色较深，后期易破裂（图34-5）。叶柄和茎上的病斑与子叶上的病斑相似（图34-6），叶柄受害后，可造成叶片萎蔫。豆荚上最初产生褐色小点，圆形或长圆形，中间黑褐色或黑色，边缘淡褐色至粉红色（图34-7）。潮湿时，常溢出粉红色黏稠物。

图34-5　菜豆炭疽病为害叶片症状

图34-6　菜豆炭疽病为害茎蔓症状

图34-7　菜豆炭疽病为害豆荚症状

发生规律 菌丝体潜伏在病残体、种子内和附在种子上越冬。播种带菌种子，幼苗即可染病，借雨水、昆虫传播。翌春，产生分生孢子，通过雨水飞溅进行初侵染，从伤口或直接侵入，并进行再侵染。长江中下游地区发病盛期为4—5月，8月中下旬至11月上旬，秋季闷热多雨发病重。气温较低、湿度高、地势低洼、通风不良、栽培过密、土壤黏重、氮肥过量等因素会加重病情。

施药技术 播种前用50%代森铵水剂400倍液浸种1h，捞出用清水洗净，晾干待播；或用种子重量0.3%的50%多菌灵可湿性粉剂、40%三唑酮·多菌灵可湿性粉剂、50%福美双可湿性粉剂拌种后播种。

发病前，可用75%百菌清可湿性粉剂600倍液、50%多菌灵可湿性粉剂500倍液、70%代森锰锌可湿性粉剂500倍液、80%炭疽福美可湿性粉剂（福美双·福美锌）1 000倍液、50%福美双可湿性粉剂500倍液、65%代森锌可湿性粉剂500倍液等药剂，加入多功能渗透性喷雾助剂农希望5号喷雾宝或50%油酸甲酯液剂（喷雾精）10～20ml/15kg药液对水均匀喷雾，预防保护。

发病初期，可用325g/L苯甲·嘧菌酯（嘧菌酯200g/L+苯醚甲环唑125g/L）悬浮剂40～60ml/亩、70%甲基硫菌灵可湿性粉剂500倍液、25%咪鲜胺乳油1 000倍液、10%苯醚甲环唑水分散粒剂2 000倍液、50%腐霉利可湿性粉剂700～800倍液、65%甲基硫菌灵·乙霉威可湿性粉剂700～800倍液，加入多功能渗透性喷雾助剂农希望5号喷雾宝或50%油酸甲酯液剂（喷雾精）10～20ml/15kg药液对水均匀喷雾，间隔5～7d喷1次。施药时特别注意叶背面均匀着药，注意保护剂与治疗剂间的混用和轮用。

4．菜豆、豇豆病毒病

症　状 常见的由3种病毒引起，分别为菜豆普通花叶病毒（Bean common mosaic virus，BCMV）、菜豆黄花叶病毒（Bean yellow mosaic virus，BYMV），黄瓜花叶病毒。症状主要表现在叶片上，嫩叶初呈明脉、失绿或皱缩，新长出的嫩叶呈花叶。浓绿色部分凸起或凹下呈袋状，叶片向下弯曲。有些品种感病后叶片畸形。病株矮缩或不矮缩，开花迟或落花（图34-8至图34-12）。

图34-8　病毒病花叶症状

图34-9 病毒病皱缩症状

图34-10 病毒病环斑症状

图34-11 病毒病褪绿症状

图34-12 病毒病为害荚果症状

发生规律 菜豆普通花叶病毒引起的花叶病主要靠种子传毒，此外也可通过桃蚜、菜缢管蚜、棉蚜及豆蚜等传毒；菜豆黄花叶病毒和黄瓜花叶病毒病病株初侵染源主要来自越冬寄主，在田间也可通过桃蚜和棉蚜传播。土壤中缺肥，菜株生长期干旱、蚜虫发生多，发病重。

施药技术 蚜虫是病毒病的主要传播媒介，积极防治蚜虫是预防病毒病的有效方法。有条件时可覆盖防虫网。可喷施25%噻虫嗪可湿性粉剂2 000~3 000倍液等药剂，加入专业喷雾助剂多功能渗透性喷雾助剂农希望5号喷雾宝或50%油酸甲酯液剂（喷雾精）10~20ml/15kg药液，喷药防治。

发病初期，可用0.5%菇类蛋白多糖水剂300倍液、20%盐酸吗啉胍·乙酸铜可湿性粉剂500倍液、3%三氮唑核苷水剂500倍液、2%宁南霉素水剂300倍液等药剂，加入专业喷雾助剂多功能渗透性喷雾助剂农希望5号喷雾宝或50%油酸甲酯液剂（喷雾精）10~20ml/15kg药液对水均匀喷雾。每隔5~7d喷1次。

5. 菜豆、豇豆褐斑病

症状 由菜豆假尾孢菌（*Pseudocercospora cruenta*，属无性型真菌）引起。叶片正、背面产生近圆形或不规则形褐色斑，边缘赤褐色，外缘有黄色晕圈，后期病斑中部变为灰白色至灰褐色（图34-13），叶背病斑颜色稍深，边缘仍为赤褐色。湿度大时，叶背面病斑产生灰黑色霉状物。

图34-13 褐斑病为害叶片症状

发生规律 以菌丝体的形式在病残体中越冬，靠气流传播，从植株表皮侵入，种植过密，通风不良，土壤含水量高，偏施氮肥的地块发病重。

施药技术 发病初期，及时喷药防治，可喷75%百菌清可湿性粉剂600倍液+70%甲基硫菌灵可湿性粉剂1 000倍液、25%吡唑醚菌酯悬浮剂30~40ml/亩+10%苯醚甲环唑水分散粒剂2 000倍液、50%腐霉利可湿性粉剂700~800倍液+25%嘧菌酯悬浮剂1 500倍液、70%甲基硫菌灵可湿性粉剂700倍液+75%百菌清可湿性粉剂800倍液、50%苯菌灵可湿性粉剂1 000倍液，加入多功能渗透性喷雾助剂农希望5号喷雾宝或50%油酸甲酯液剂（喷雾精）10~20ml/15kg药液对水均匀喷雾，每隔10d喷1次，连续防治2~3次。

二、菜豆、豇豆虫害与农药施用关键技术

豆荚野螟

形态特征 成虫体灰褐色（图34-14），触角丝状，黄褐色。前翅暗褐色，中央有2个白色透明斑，后翅白色透明，近外缘处暗褐色，伴有闪光。卵呈椭圆形，极扁。幼虫共5龄，黄绿色至粉红色

（图34-15和图34-16）。蛹黄褐色。

图34-14　豆荚野螟成虫

图34-15　豆荚野螟幼虫

图34-16　豆荚野螟为害豆荚症状

发生规律　在西北、华北发生3~4代，华东、华中5~6代。以老熟幼虫或蛹的形式在土中越冬。在田间以6月中旬至8月下旬为害最严重。

施药技术　发现虫情及时防治，可采用0.5%甲氨基阿维菌素苯甲酸盐乳油2 000~3 000倍液+4.5%高效顺式氯氰菊酯乳油1 000~2 000倍液、1%甲氨基阿维菌素苯甲酸盐乳油3 000~4 000倍液+200g/L氯虫苯甲酰胺悬浮剂2 500~4 000倍液、20%虫酰肼悬浮剂1 500~3 000倍液、15%茚虫威悬浮剂2 000~3 000倍液、8 000IU/mg苏云金杆菌可湿性粉剂1 000倍液，加入多功能渗透性喷雾助剂农希望5号喷雾宝或50%油酸甲酯液剂（喷雾精）10~20ml/15kg药液对水均匀喷雾，以提高药效。

三、菜豆、豇豆各生育期病虫害与农药施用关键技术

豇豆、菜豆在全国各地普遍栽培，栽培方式多样。生育期的长短，因品种、栽培地区和季节的不同差异较大，蔓生品种一般120~150d，矮生品种90~100d。豇豆、菜豆的生育周期大致可分为播种出苗期、苗期、抽蔓期、开花结果期。豇豆、菜豆栽培过程中病虫害发生较重，必须根据豇豆、菜豆栽培特

点和气候条件，通过化学药剂控制病虫草的为害。

（一）菜豆、豇豆苗期病虫害与农药施用关键技术

豇豆以直播为主，也有育苗移栽田，播种出苗期较长、环境条件相对较差（图34-17），病害经常严重发生，影响齐苗壮苗。在豇豆播种出苗期经常发生的病害有豇豆立枯病、根腐病、炭疽病、疫病等；对于老菜区，还经常发生蛴螬、金针虫、蝼蛄等地下害虫，可以进行土壤处理。

图34-17　豇豆播种出苗期

种子处理。可以有效消除种子带菌，减轻苗期病害，可用50%克菌丹可湿性粉剂500倍液、72.2%霜霉威水剂600倍液+50%多菌灵可湿性粉剂800倍液、3%恶霉·甲霜水剂400倍液+20%甲基立枯磷乳油800倍液；也可以用2.5%咯菌腈悬浮剂10ml再加入35%甲霜灵拌种剂2ml，对水180ml，包衣5kg豇豆，包衣后，摊开晾干；也可用70%甲基硫菌灵可湿性粉剂或50%多菌灵可湿性粉剂加上25%甲霜灵可湿性粉剂加上50%福美双可湿性粉剂按种子重量的0.3%拌种，摊开晾干后播种。

为了防治地下害虫、线虫的为害，拌种时可以加入杀虫剂，如用种子重量0.2%~0.3%的50%辛硫磷乳油。在整地时可用0.5%阿维菌素颗粒剂3~4kg/亩、10%噻唑膦颗粒剂1.5~2.0kg/亩，撒入土表，浅耙混入土中。

幼苗期发现炭疽病、立枯病、根腐病、褐斑病等病害，应及时进行防治，可用325g/L苯甲·嘧菌酯（嘧菌酯200g/L+苯醚甲环唑125g/L）悬浮剂40~60ml/亩、10%苯醚甲环唑水分散粒剂1 000~1 500倍液、50%腐霉利可湿性粉剂1 000~1 500倍液+50%福美双可湿性粉剂600~800倍液、40%多·福·溴菌（多菌灵20%+福美双10%+溴菌腈10%）可湿性粉剂800~1 500倍液、50%异菌脲可湿性粉剂1 000~1 500倍液+75%百菌清可湿性粉剂600~800倍液、24%腈菌唑悬浮剂2 000~3 000倍液+50%克菌丹可湿性粉剂500倍液，加入多功能渗透性喷雾助剂农希望5号喷雾宝或50%油酸甲酯液剂（喷雾精）10~20ml/15kg药液对水均匀喷雾，视病情间隔7~10d喷1次。

幼苗期发现疫病，用50%锰锌·氟吗啉（氟吗啉6.5%+代森锰锌43.5%）可湿性粉剂1 000~1 500倍液、440g/L精甲·百菌清（百菌清400g/L+精甲霜灵40g/L）悬浮剂1 000~2 000倍液、52.5%恶酮·霜脲氰

（霜脲氰30%+恶唑菌酮22.5%）水分散粒剂1 000~2 000倍液、50%氟吗·锰锌（氟吗啉6.5%+代森锰锌43.5%）可湿性粉剂500~1 000倍液、35%烯酰·福美双（烯酰吗啉4.5%+福美双30.5%）可湿性粉剂1 000~1 500倍液，加入专业喷雾助剂农希望5号喷雾宝10~20ml/15kg药液对水均匀喷雾，视病情间隔7~10d喷1次。

（二）菜豆、豇豆抽蔓期病虫害与农药施用关键技术

伸蔓期经常发生的病害有白粉病、锈病、疫病、枯萎病、病毒病、炭疽病等；虫害有白粉虱、蚜虫、美洲斑潜蝇等（图34-18）。

图34-18 豇豆伸蔓期常见病虫害

防治疫病、枯萎病、病毒病、炭疽病、白粉虱、蚜虫、美洲斑潜蝇可采用上个生育时期相对应的药剂进行防治。

防治锈病、白粉病，可用40%腈菌唑可湿性粉剂3 000~5 000倍液+70%代森锰锌可湿性粉剂800倍液、62.25%腈菌·锰锌（代森锰锌60%+腈菌唑2.25%）可湿性粉剂800~1 000倍液、25%乙嘧酚悬浮剂800~1 000倍液+70%代森联水分散粒剂800倍液、20%烯肟菌胺·戊唑醇（戊唑醇10%+烯肟菌胺10%）悬浮剂3 000~4 000倍液、30%苯醚甲·丙环（苯醚甲环唑15%+丙环唑15%）乳油3 000~4 000倍液、300g/L醚菌·啶酰菌（醚菌酯100g/L+啶酰菌胺200g/L）悬浮剂2 000~3 000倍液、40%氟硅唑乳油4 000~6 000倍液+75%百菌清可湿性粉剂600倍液、30%氟菌唑可湿性粉剂2 500~3 500倍液、10%苯醚菌酯悬浮剂1 000~2 000倍液，加入多功能渗透性喷雾助剂农希望5号喷雾宝或50%油酸甲酯液剂（喷雾精）10~20ml/15kg药液对水均匀喷雾，以提高药效。

图34-19　豇豆开花结荚期常见病虫害

（三）菜豆、豇豆开花结荚期病虫害与农药施用关键技术

这一时期经常发生的病害有白粉病、锈病、枯萎病、病毒病、炭疽病、细菌性角斑病、根结线虫病等；虫害有豆荚野螟、棉铃虫、白粉虱、蚜虫、美洲斑潜蝇等（图34-19）。

防治锈病、白粉病、疫病、枯萎病、病毒病、炭疽病、白粉虱、蚜虫、美洲斑潜蝇，可用上述相对应的药剂进行防治。

防治灰霉病、菌核病，可用50%烟酰胺水分散粒剂1 000～1 500倍液、50%嘧菌环胺水分散粒剂1 500倍液+40%菌核净可湿性粉剂600～800倍液、50%腐霉利可湿性粉剂1 000～1 500倍液+50%克菌丹可湿性粉剂400～600倍液、50%乙烯菌核利水分散粒剂800～1 000倍液、66%甲硫·霉威（乙霉威12%+甲基硫菌灵54%）可湿性粉剂1 000倍液+70%代森锰锌可湿性粉剂600～800倍液，加入多功能渗透性喷雾助剂农希望5号喷雾宝或50%油酸甲酯液剂（喷雾精）10～20ml/15kg药液对水均匀喷雾，视病情间隔7d喷1次。为防止产生抗药性提高防效，提倡轮换交替或复配使用。

防治细菌性疫病、细菌性叶斑病、细菌性角斑病，可用30%琥胶肥酸铜可湿性粉剂600～800倍液、3%中生菌素可湿性粉剂600～800倍液、6%春雷霉素可溶液剂300～500倍液、20%噻唑锌悬浮剂300～500倍液+12%松脂酸铜乳油600～800倍液、20%噻菌铜悬浮剂1 000～1 500倍液、50%氯溴异氰尿酸可溶性粉剂1 500～2 000倍液，加入多功能渗透性喷雾助剂农希望5号喷雾宝或50%油酸甲酯液剂（喷雾精）10～20ml/15kg药液对水均匀喷雾，视病情间隔7～10d喷1次。

防治炭疽病、轮纹病、褐斑病、红斑病、黑斑病等病害，可用78%波·锰锌可湿性粉剂700～1 000倍液、50%苯菌灵可湿性粉剂800～1 000倍液+75%百菌清可湿性粉剂600倍液、40%嘧霉·百菌清（百菌清27%+嘧霉胺13%）可湿性粉剂800倍液、25%咪鲜胺乳油800～1 000倍液+75%百菌清可湿性粉剂600倍液、20%苯醚·咪鲜胺微乳剂2 500~3 500倍液、40%多·福·溴菌腈（多菌灵20%+福美双10%+溴菌腈10%）可湿性粉剂800~1 000倍液、50%福·异菌脲（异菌脲10%+福美双40%）可湿性粉剂800~1 000倍液、52.5%异菌·多菌灵（多菌灵17.5%+异菌脲35%）可湿性粉剂800~1 000倍液+40%腈菌唑水分散粒剂4 000~6 000倍液、10%苯醚甲环唑水分散粒剂1 500倍液、25%溴菌腈可湿性粉剂500~800倍液+75%百菌清可湿性粉剂500~800倍液、12.5%烯唑醇可湿性粉剂3 000~4 000倍液+70%代森锰锌可湿性粉剂500~800倍液、43%戊唑醇悬浮剂3 000~4 000倍液+70%代森联水分散粒剂500~800倍液，加入多功能渗透性喷雾助剂农希望5号喷雾宝或50%油酸甲酯液剂（喷雾精）10~20ml/15kg药液对水均匀喷雾，对水喷雾，视病情间隔7~10d喷1次。

防治豆荚野螟、棉铃虫等，可用20%虫酰肼悬浮剂1 500~3 000倍液、0.5%甲氨基阿维菌素苯甲酸盐乳油2 000~3 000倍液+4.5%高效顺式氯氰菊酯乳油1 000~2 000倍液、15%茚虫威悬浮剂2 000~3 000倍液+4.5%高效氯氰菊酯乳油800~1 000倍液、200g/L氯虫苯甲酰胺悬浮剂2 500~4 000倍液、5%丁烯氟虫氰悬浮剂2 000~3 000倍液+5%氟啶脲乳油1 000~2 000倍液，加入多功能渗透性喷雾助剂农希望5号喷雾宝或50%油酸甲酯液剂（喷雾精）10~20ml/15kg药液对水均匀喷雾。始花期开始用药，间隔5~7d喷1次，一般用药1~2次。

第三十五章 大蒜病虫草害与农药施用关键技术

一、大蒜病害与农药施用关键技术

1. 大蒜叶枯病

症状　*Pleospora herbarum* 称枯叶格孢腔菌，属子囊菌门真菌。无性阶段为 *Stemphylium botryosum* 称匐柄霉，属半知菌亚门真菌。主要为害叶或花梗。叶片染病（图35-1），初呈花白色小圆点，后扩大呈不规则形或椭圆形灰白色或灰褐色病斑，其上产生黑色霉状物，发病严重时病叶枯死。花梗染病，易从病部折断，最后在病部散生许多黑色小粒点。

发生规律　以菌丝体或子囊壳随病残体遗落土中越冬，翌年散发出子囊孢子引起初侵染，后病部产生分生孢子进行再侵染。大蒜出苗后，借气流和雨滴飞溅传播侵染发病。如降水偏多，田间湿度过大，病害易于流行。种植时间过早，冬前苗子大，年前发病就较重。

施药技术　在大蒜叶枯病常发重病区，当大蒜苗期病株率达1%时，防治发病田块；当植株上部病叶率达

图35-1　大蒜叶枯病叶片受害症状

5%时，应全面喷药防治。药剂可选用60%唑醚·代森联（代森联55%+吡唑醚菌酯5%）水分散粒剂60～100g/亩+50%腐霉利可湿性粉剂800～1 000倍液、70%代森锰锌可湿性粉剂500倍液+10%苯醚甲环唑水分散粒剂30～60g/亩、50%咪鲜胺·锰盐可湿性粉剂50～60g/亩、50%异菌脲可湿性粉剂800倍液+70%代森锰锌可湿性粉剂500倍液、75%百菌清可湿性粉剂600倍液+70%甲基硫菌灵可湿性粉剂500倍液、20%丙硫唑悬浮剂1 500倍+65%代森锌可湿性粉剂500倍液喷雾，间隔7～10d喷1次，共喷2～3次，交替施药，效果较好，发病初期注意保护剂和治疗剂混用。

大蒜叶片蜡质厚、叶片直立，农民传统的喷药方式导致病部着药困难，大量药液流失（图35-2），防治效果不好；喷药必须保证均匀喷雾到所有茎叶，雾滴的附着率直接影响喷药防治效果。喷药时必须用高压、超细的专业喷雾器械进行喷雾；并加入超强润湿扩散喷雾助剂农希望7号喷雾宝或25%油酸甲酯液剂（喷雾精）5～10ml/15kg药液，对于天气特别干旱时喷药应加入多功能渗透性喷雾助剂农希望5号喷雾宝或50%油酸甲酯液剂（喷雾精）20～30ml/15kg药液对水均匀喷雾；必须把药喷匀、喷细、喷透，让药剂在叶面充分地润湿扩散和渗透吸收，让药剂在叶面上形成一层药膜，叶上药剂附着率达90%以上（图35-3），才能取得较好的防治效果。

图35-2 普通（电动）喷雾器压力低、喷不匀、雾滴大。田间喷药雾滴较大，大量药液流失，叶片难以均匀附着药剂，防效较差

图35-3 防治大蒜叶枯病时，必须用高压、超细的专业喷雾器械进行喷雾，喷药必须保证均匀喷雾到所有茎叶，加入专业的喷雾助剂农希望5号喷雾宝20ml/15kg药液对水均匀喷雾，让药液在叶面上均匀地形成一层油亮的药膜，保证药剂喷匀、喷细、喷透，药剂附着率达90%以上

2. 大蒜紫斑病

症　　状　*Alternaria porri* 称香葱链格孢，属无性型真菌。大蒜紫斑病在大田生长期为害叶和花梗，贮藏期为害鳞茎。田间发病多开始于叶尖或花梗中部（图35-4），初呈稍凹陷白色小斑点，中央微紫色，扩大后病斑呈纺锤形或椭圆形黄褐色，甚至紫色，病斑多具有同心轮纹，湿度大时，病部长出黑色霉状物，即病菌分生孢子梗和分生孢子。贮藏期鳞茎染病后颈部变为深黄色或黄褐色软腐状。

图35-4　大蒜紫斑病为害症状

发生规律　病菌以菌丝体附着在寄主或病残体上越冬，翌年产生分生孢子，主要借气流和雨水传播。孢子萌发和侵入时，需要有露珠和雨水，所以阴雨多湿、温暖的夏季发病严重。分生孢子在高湿条件下形成。发病适温25～27℃，低于12℃不发病。一般温暖、多雨或多湿的夏季发病重。

施药技术　大蒜返青时喷洒68.75%恶唑菌酮水分散粒剂1 200倍液、或60%唑醚·代森联（代森联55%+吡唑醚菌酯5%）水分散粒剂60～100g/亩、75%百菌清可湿性粉剂500～600倍液、70%代森锰锌可湿性粉剂500倍液、20%丙硫唑悬浮剂40～50ml/亩，加入专业喷雾助剂（农希望7号喷雾宝10ml/15kg药液或农希望5号喷雾宝20～30ml/15kg药液），进行预防。

在病害的发生病初期，喷洒60%唑醚·代森联（代森联55%+吡唑醚菌酯5%）水分散粒剂60～100g/亩+50%异菌脲可湿性粉剂1 500倍液、30%唑醚·氟硅唑(吡唑醚菌酯20%+氟硅唑10%)乳油25～35ml/亩、70%代森锰锌可湿性粉剂500倍液+10%苯醚甲环唑水分散粒剂9.5～12g/亩、27%噻呋·戊唑醇（噻呋酰胺9%+戊唑醇18%）悬浮剂40～45ml/亩、70%代森锰锌可湿性粉剂500倍液+40%氟硅唑乳油4 000～6 000倍液、50%腐霉利可湿性粉剂1 000～1 500倍液+70%代森锰锌可湿性粉剂600～800倍液、70%代森锰锌可湿性粉剂500倍液+70%甲基硫菌灵可湿性粉剂800倍液，加入多功能渗透性喷雾助剂农希望5号喷雾宝或50%油酸甲酯液剂（喷雾精）20～30ml/15kg药液对水均匀喷雾，隔7～10d喷1次，连续防治3～4次。

3. 大蒜锈病

症　　状　*Puccinia allii* 称葱柄锈菌，属担子菌门真菌。主要为害叶片和假茎。病部初为椭圆形褪绿斑（图35-5和图35-6），后在表皮下出现圆形或椭圆形稍凸起的夏孢子堆，表皮破裂后散出橙黄色粉状物，即夏孢子；病斑周围有黄色晕圈，发病严重时，病斑连片致全叶黄枯，植株提前枯死。后期在未破裂的夏孢子堆上产出表皮不破裂的黑色冬孢子堆。

图35-5　大蒜锈病为害叶片症状

图35-6　大蒜锈病为害后期症状

发生规律　多以夏孢子在大蒜病组织上越冬。翌年入夏形成多次再侵染，正值蒜头形成或膨大期，为害严重。蒜收获后侵染葱或其他植物，气温高时则以菌丝在病组织内越夏。早春多雨时发病重。

施药技术　发病前，喷洒75%百菌清可湿性粉剂500～800倍液，或70%代森锰锌可湿性粉剂500～800倍液+12.5%烯唑醇乳油2 500倍液、68.75%恶唑菌酮水分散粒剂1 200倍液、60%唑醚·代森联（代森联55%+吡唑醚菌酯5%）水分散粒剂60～100g/亩、20%丙硫唑悬浮剂40～50ml/亩，加入专业喷雾助剂农希望7号喷雾宝10ml/15kg药液，或农希望5号喷雾宝20～30ml/15kg药液对水均匀喷雾，进行预防。

在病害的发生病初期，喷洒15%三唑酮可湿性粉剂2 000～2 500倍液或70%丙森锌可湿性粉剂600倍液+430g/L戊唑醇悬浮剂16～19ml/亩、20%氟硅唑微乳剂23～30 ml/亩、70%代森锰锌可湿性粉剂+15%三唑酮可湿性粉剂（2∶1）2 000～2 500倍液、25%丙环唑乳油4 000倍液+15%三唑酮可湿性粉剂2 000倍液，加入多功能渗透性喷雾助剂农希望5号喷雾宝或50%油酸甲酯液剂（喷雾精）20～30ml/15kg药液对水均匀喷雾，间隔7～10d防治1次，连续防治2～3次。

4. 大蒜病毒病

症　　状　大蒜花叶病毒（garlic mosaic virus，GMV）大蒜潜隐病毒（garlic latent virus，GLV），GMV粒体线状，寄主范围窄。发病初期，沿叶脉出现断续黄条点，后变成黄绿相间的条纹，植株矮化，心叶被邻近叶片包住，呈卷曲状畸形，不能伸出（图35-7）。茎部受害，节间缩短，呈条状花茎状（图35-8）。

发生规律　播种带毒鳞茎，出苗后即染病。田间主要通过桃蚜、葱蚜等进行非持久性传毒，以汁液摩擦传毒。管理条件差，蚜虫发生量大及与其他葱属植物连作或邻作发病重。

施药技术　在蒜田喷洒杀虫剂防治蚜虫，防止病毒的重复感染。

发病初期，喷洒2%宁南霉素水剂100～150ml/亩、0.5%菇类蛋白多糖水剂300倍液、20%丁子香酚水乳剂、20%盐酸吗啉胍·乙酸铜（乙酸铜10%+盐酸吗啉胍10%）可湿性粉剂500倍液，加入多功能渗透性喷雾助剂农希望5号喷雾宝或50%油酸甲酯液剂（喷雾精）20～30ml/15kg药液对水均匀喷雾，间隔10d左右防治1次，连续防治2～3次。

图35-7　大蒜病毒病叶片花叶症状

图35-8　大蒜病毒病假茎受害症状

5．大蒜菌核病

症　状　Sclerotinia allii 称葱核盘菌，属子囊菌门真菌。该病主要为害大蒜假茎基部和鳞茎，发病初期病部呈水渍状，后来病斑变暗色或灰白色，溃疡腐烂，并发出强烈的蒜臭味。湿度大时，表面长出白色毛状的菌丝。大蒜叶鞘腐烂后，上部叶片萎蔫，逐渐黄化枯死，蒜根须、根盘腐烂，蒜头散瓣。一般在5月上旬左右，病部形成不规则的鼠粪状黑褐色菌核（图35-9和图35-10）。

发生规律　主要以菌核遗留在土壤中或混在蒜种和病残体上越夏或越冬。混杂在蒜种和病残体上的菌核则随着播种、施肥落入土中。一般在春季2月下旬以后，土壤中的菌核陆续产生子囊盘，子囊孢子成熟后从子囊中射出，侵入假茎基部形成菌丝体。在其代谢过程中产生果胶酶，溶解寄主细胞的中胶层，使病茎腐烂，以后菌丝体从病部向周边扩展蔓延，最后在病组织上形成菌核，随收获落入土中或留在蒜头上成为翌年的侵染源。病菌喜低温高湿，一般温度在15～20℃、相对湿度在85%以上，有利于菌核的萌发和菌丝的生长、侵入。多数菌核翌年后萌发，当2月下旬至3月上旬平均气温超过6℃时，土壤中菌核就陆续产生子囊盘，4月上旬气温上升到13～14℃时，形成第一个侵染高峰。春季阴雨天气多常加重病情发展。

图35-9 大蒜菌核病病株

图35-10 大蒜菌核病菌核

施药技术 秋种时，选用50%福美双可湿性粉剂加上50%异菌脲可湿性粉剂或70%甲基硫菌灵可湿性粉剂，按种子质量的0.3%对水适量均匀喷布种子，闷种5h，晾干后播种。

春季发病初盛时，一般在3月下旬，用50%腐霉利可湿性粉剂1 500倍液、50%多菌灵可湿性粉剂500倍喷雾防治、50%腐霉·多菌灵（腐霉利19%+多菌灵31%）可湿性粉剂80～90g/亩、40%菌核利可湿性粉剂800～1 000倍液+75%百菌清可湿性粉剂600倍液、25%菌核净悬浮剂700倍液+70%代森锰锌可湿性粉剂500～700倍液、50%乙烯菌核利悬浮剂800～1 000倍液+70%代森联干悬浮剂800倍液、50%腐霉利可湿性粉剂1 000倍液+50%灭菌丹可湿性粉剂700倍液，加入多功能渗透性喷雾助剂农希望5号喷雾宝或50%油酸甲酯液剂（喷雾精）20～30ml/15kg药液对水均匀喷雾，施药时重喷茎基部，隔7～10d防治1次，连续防治2～3次。

6．大蒜白腐病

症　　状 *Sclerotium cepiuorum*称白腐小核菌，属无性型真菌。主要为害叶片、叶鞘和鳞茎。叶片发病，外叶叶尖条状发黄，逐渐向叶鞘、内叶发展，后期整株发黄枯死，常造成田间成片死亡。鳞茎发病，病部表皮表现水浸状病斑，长有灰白色菌丝层，病部呈白色腐烂，并产生黑色小菌核，鳞茎变黑、腐烂。地下部分靠近须根的地方先发病，病部呈湿润状，后向上发展并产生大量的白色菌丝（图35-11和图35-12）。

图35-11 大蒜白腐病茎基部发病症状

图35-12 大蒜白腐病田间发病症状

发生规律 在大蒜鳞茎上越冬，种植带病的鳞茎是田间发病的主要初侵染源；也可以以菌核在土壤中越冬，翌年条件适宜时长出菌丝借灌溉、雨水传播蔓延。病菌生长适宜温度20℃以下，低温高湿发病快而严重，植株生长不良，连作地块，土质黏重，排水不良，雨后易积水，管理粗放，缺水缺肥，植株长势差发病重。

施药技术 种子处理。蒜种用70%甲基硫菌灵可湿性粉剂把蒜种处理后再播种。具体方法是将0.5kg药剂对水3～5kg，把50kg蒜种拌匀，晾干后播种，可有效地切断初侵染途径。

发病初期，可用50%乙烯菌核利水分散粒剂800～1 000倍液、30%异菌脲·环己锌乳油900～1 200倍液、50%腐霉利可湿性粉剂1 000～1 500倍液、50%多·福·乙可湿性粉剂800～1 000倍液、65%甲硫·霉威可湿性粉剂1 000～1 500倍液、25%啶菌恶唑乳油1 000～2 000倍液，加入多功能渗透性喷雾助剂农希望5号喷雾宝或50%油酸甲酯液剂（喷雾精）20～30ml/15kg药液对水均匀喷雾，灌淋根茎，视病情间隔7～10d喷1次。采收前3d停止用药。

贮藏期也可喷洒50%多菌灵可湿性粉剂500倍液、50%异菌脲可湿性粉剂800倍液。

7. 大蒜细菌性软腐病

症　状 *Erwinia carotovora* pv. *carotovora* 称胡萝卜软腐欧氏杆菌胡萝卜软腐致病型，属细菌。主要为害叶片，一般从下部叶片开始发病，发病初期从叶缘或中脉出现黄白色条斑，湿度大时病部呈黄褐色至褐色湿腐，最后导致全株枯死（图35-13和图35-14）。

图35-13 大蒜细菌性软腐病发病初期症状

发生规律 病菌在病残体上越冬，翌年条件适宜时开始发病；尤其连作地块，播种较早，土质黏重，种植密度过大，田间通透性差，连阴雨天较多，雨后易积水，氮肥施用过多植株生长过旺发病重；天气干旱少雨时可缓解病情。

施药技术 发病前至发病初期，可用50%氯溴异氰尿酸可溶性粉剂1 500~2 000倍液或36%三氯异氰尿酸可湿性粉剂1 000~

图35-14 大蒜细菌性软腐病发病后期症状

1 500倍液、20%喹菌铜水剂1 000~1 500倍液，加入多功能渗透性喷雾助剂农希望5号喷雾宝或50%油酸甲酯液剂（喷雾精）20~30ml/15kg药液对水均匀喷雾，间隔7~10d喷施1次。

发病普遍时，可用88%水合霉素可溶性粉剂1 500~3 000倍液、或3%中生菌素可湿性粉剂600~800倍液、20%噻唑锌悬浮剂300~500倍液、20%噻菌铜悬浮剂1 000~1 500倍液，加入多功能渗透性喷雾助剂农希望5号喷雾宝或50%油酸甲酯液剂（喷雾精）20~30ml/15kg药液，对水喷雾。

8. 大蒜疫病

症　状 *Phytophthora porri* 称葱疫霉，属卵菌门真菌。主要为害叶片，发病初期在叶尖或叶片中部出现白色至黄色水浸状斑，湿度大时病斑扩展很快，叶片枯死（图35-15和图35-16）。

图35-15 大蒜疫病叶片发病症状

发生规律 病菌以菌丝体和厚垣孢子、卵孢子随病残体在土壤中或土杂肥中越冬，翌年条件适宜时产生分生孢子借助流水、灌溉水及雨水传播。发病后病部上产生孢子囊及游动孢子，借助气流及雨水溅射传播进行再侵染。连作地块、土质黏重，排水不良，易积水，施用未腐熟的有机肥，种植密度过大，田间郁闭，长期低温、阴雨连绵发病较重。

图35-16 大蒜疫病田间发病症状

施药技术 发病初期，可用560g/L嘧菌·百菌清悬浮剂2 000～3 000倍液、72%锰锌·霜脲可湿性粉剂600～800倍液，加入多功能渗透性喷雾助剂农希望5号喷雾宝或50%油酸甲酯液剂（喷雾精）20～30ml/15kg药液对水均匀喷雾，视病情间隔7～10d喷施1次。

发病普遍时，可用66.8%丙森·异丙菌胺可湿性粉剂600～800倍液、50%烯酰吗啉可湿性粉剂1 000～1 500倍液+75%百菌清可湿性粉剂600～800倍液、440g/L双炔·百菌清悬浮剂600～1 000倍液、25%烯肟菌酯乳油2 000～3 000倍液+75%百菌清可湿性粉剂600～800倍液、72.2%霜霉威盐酸盐水剂800～1 000倍液+10%氰霜唑悬浮剂2 000～2 500倍液、35%烯酰·福美双可湿性粉剂1 000～1 500倍液、52.5%恶酮·霜脲氰水分散粒剂1 500～2 000倍液、76%霜·代·乙膦铝可湿性粉剂800～1 000倍液，加入多功能渗透性喷雾助剂农希望5号喷雾宝或50%油酸甲酯液剂（喷雾精）20～30ml/15kg药液对水均匀喷雾，视病情间隔5～7d喷施1次。

9．大蒜灰霉病

症 状 *Botrytis squamosa*称葱鳞葡萄孢，属无性型真菌。主要为害叶片，初期在叶尖两侧产生褪绿小白斑，后扩展成长形至梭形斑，发病严重时叶片枯黄，湿度大时叶片腐烂致死（图35-17）。

图35-17 大蒜灰霉病叶片发病症状

发生规律 病菌以菌丝体或分生孢子及菌核附着在病残体上或遗留在土壤中越冬。翌年条件适宜时越冬的分生孢子随气流、雨水及农事操作进行传播。连阴天多，气温低，保护地内湿度大，结露持续时间长，放风不及时发病严重。

施药技术 发病初期，可用30%福·嘧霉可湿性粉剂800~1 000倍液+75%百菌清可湿性粉剂600~800倍液、50%多·福·乙可湿性粉剂800~1 000倍液+70%代森联水分散粒剂600~800倍液、65%甲硫·霉威可湿性粉剂1 000~1 500倍液+70%代森锰锌可湿性粉剂600~800倍液、50%异菌·福美双可湿性粉剂800~1 000倍液、26%嘧胺·乙霉威水分散粒剂1 500~2 000倍液，加入多功能渗透性喷雾助剂农希望5号喷雾宝或50%油酸甲酯液剂（喷雾精）20~30ml/15kg药液，对水喷雾，视田间病情发生情况间隔7~10d喷施1次。

发病普遍时，用50%烟酰胺水分散粒剂1 500~2 500倍液、50%嘧菌环胺水分散粒剂1 000~1 500倍液、30%异菌脲·环己锌乳油900~1 200倍液、50%乙烯菌核利水分散粒剂800~1 000倍液+70%代森联水分散粒剂600~800倍液、30%嘧霉·多菌灵悬浮剂1 000倍液+50%克菌丹可湿性粉剂400~600倍液、2%丙烷脒水剂1 000~1 500倍液+2.5%咯菌腈悬浮剂1 000~1 500倍液、50%腐霉·百菌可湿性粉剂800~1 000倍液，加入专业的喷雾助剂农希望5号喷雾宝或50%油酸甲酯液剂（喷雾精）20~30ml/15kg药液对水均匀喷雾，视病情间隔5~7d喷施1次。为防止产生抗药性，提高防效，提倡轮换交替或复配使用。

二、大蒜虫害与农药施用关键技术

地种蝇

形态特征 地种蝇（*Delia antiqua*）为北方秋菜的重要害虫。以幼虫为害大蒜茎基部，引起植株腐烂，严重时成片死亡（图35-18）。雄成虫体暗灰褐色；头部两复眼较接近，胸背面有3条黑色纵纹，腹部背中央有1条黑色纵纹；雌虫全体黄褐色，胸、腹背面均无斑纹（图35-19）。卵乳白色，长椭圆形，稍弯曲，表面有网状纹（图35-20）。幼虫称蛆，幼虫老熟时体乳白色，头部退化，仅有1对黑色口钩（图35-21）。蛹椭圆形，红褐色或黄褐色（图35-22）。

图35-18 地种蝇为害大蒜

图35-19　地种蝇成虫

图35-20　地种蝇卵

图35-21　地种蝇幼虫

图35-22　地种蝇蛹

发生规律 在北方每年发生1代,以蛹在土中越冬。翌年成虫出现的早晚因地区而异。成虫8月中下旬羽化。成虫盛发期哈尔滨多在8月上中旬,沈阳地区多在8月下旬至9月上旬。幼虫为害盛期在9—10月,10月中下旬入土化蛹。成虫白天活动,多在日出或日落前后或阴雨天活动、取食。

施药技术 在播种前,用3%毒·磷颗粒剂3~4kg/亩、3%辛硫磷颗粒剂1.5~3kg/亩,均匀撒在地面,将其犁入土中后再播种。

成虫羽化产卵盛期,用20%茚虫威乳油9~15ml/亩+20%氟铃脲悬浮剂30~40g/亩、0.5%甲氨基阿维菌素苯甲酸盐微乳剂2 000~3 000倍液+15%茚虫威悬浮剂3 000~4 000倍液、5%氯虫苯甲酰胺悬浮剂30~50ml/亩+1.7%阿维·高氯氟氰可溶性液剂2 000~3 000倍液、20%氟铃脲悬浮剂30~40g/亩+0.5%苦参碱水剂60~90ml/亩,加入专业的喷雾助剂农希望7号喷雾宝10ml/15kg药液,或农希望5号喷雾宝20~30ml/15kg药液对水均匀喷雾。

幼虫开始大量为害时,也可用0.06%噻虫胺颗粒剂35~40ml/亩撒施、70%辛硫磷乳油351~560ml/亩、25%马拉·辛硫磷乳油750~1 000ml/亩,对水灌根,防治幼虫。

三、大蒜各生育期病虫草害与农药施用关键技术

(一)大蒜病虫草害综合防治历的制订

大蒜栽培管理过程中,应总结本地大蒜病虫害的发生特点和防治经验,制订病虫害防治计划,适时进行田间调查,及时采取防治措施,有效控制病虫的为害,保证丰产、丰收。

大蒜病虫害的综合防治工作历见表35-1,各地应根据自己病虫害的情况采取具体的防治措施(表35-1)。

表35-1 大蒜田病虫害的综合防治历

生育期	防治时间	主要防治对象	防治措施
苗期	10月上旬至11月下旬	地下害虫、病毒病、锈病、杂草	土壤处理、药剂拌种
越冬期	12月至翌年2月	各种越冬虫卵及病菌	喷施杀菌剂、杀虫剂
返青至抽薹期	3月上旬至4月下旬	花叶病、锈病、叶枯病、菌核病、紫斑病、白腐病、种蝇、潜叶蝇	喷施杀菌剂、杀虫剂
成熟期	5月中下旬	锈病、菌核病、炭疽病	喷施杀菌剂、杀虫剂

(二)大蒜苗期病虫草害与农药施用关键技术

播种期是防治病虫草害的关键时期。这一时期防治的主要虫害有蛴螬、蝼蛄、金针虫、种蝇等地下害虫,药剂拌种可以减少地下害虫及其他苗期害虫的为害,苗前土壤封闭除草的杂草防治的最有利时机。病毒病主要是靠种子或土壤带菌进行传播的,而且从幼苗期就开始侵染,所以对于这些病害,进行种子处理是最有效的防治措施。还可以通过施用激素和微肥,培育壮苗,增强植株的抗病力。

药剂拌种:可以用50%辛硫磷乳油0.5kg对水20~25kg,拌种250~300kg,或用48%毒死蜱乳油0.5kg对水15~20kg,拌种200kg。防治蝼蛄、蛴螬、金针虫、种蝇等地下害虫。

种子处理:蒜种用70%甲基硫菌灵可湿性粉剂+50%福美双可湿性粉剂把蒜种处理后再播种。具体方法是将0.5kg药剂对水3~5kg,与50kg蒜拌匀,晾干后播种,可有效地切断病害的初侵染途径。

杂草防治:大蒜播种期温度适宜、墒情较好、土质肥沃,有利于杂草的发生,如不及时进行杂草防治,将严重影响幼苗生长。应注意选择除草剂品种和施药方法。

大蒜播后芽前，是杂草防治最有利的时期，可用除草剂：33%二甲戊乐灵乳油250～300ml/亩、50%乙草胺乳油200～300ml/亩、72%异丙甲草胺乳油250～400ml/亩、72%异丙草胺乳油250～400ml/亩、96%精异丙甲草胺乳油60～90ml/亩，加入专业的喷雾助剂农希望6号喷雾宝20～30ml/15kg药液对水均匀喷雾，可以有效地防治多种1年生禾本科杂草和部分阔叶杂草。

为了进一步提高除草效果，特别是提高对阔叶杂草的防治效果，也可用除草剂配方：33%二甲戊乐灵乳油150～200ml/亩+24%乙氧氟草醚乳油20～30ml/亩、50%乙草胺乳油150～200ml/亩+24%乙氧氟草醚乳油20～30ml/亩、72%异丙甲草胺乳油150～200ml/亩+24%乙氧氟草醚乳油20～30ml/亩、33%二甲戊乐灵乳油150～200ml/亩+25%恶草酮乳油100～150ml/亩、50%乙草胺乳油150～200ml/亩+25%恶草酮乳油100～150ml/亩、72%异丙甲草胺乳油150～200ml/亩+25%恶草酮乳油100～150ml/亩、33%二甲戊乐灵乳油150～200ml/亩+30%吡氟酰草胺悬浮剂25～30ml/亩、50%乙草胺乳油150～200ml/亩+30%吡氟酰草胺悬浮剂25～30ml/亩、72%异丙甲草胺乳油150～200ml/亩+30%吡氟酰草胺悬浮剂25～30ml/亩，加入专业的喷雾助剂（如农希望6号喷雾宝20～30ml/15kg药液），对水40kg，均匀喷施，可以有效防治多种1年生禾本科杂草和阔叶杂草。生产中有一些大蒜采用露播或苗后施药，若选用乙氧氟草醚、恶草酮，会发生严重的药害。乙氧氟草醚、恶草酮施药后遇雨或施药时土壤过湿，易产生药害。

（三）大蒜返青期至抽薹期病虫害与农药施用关键技术

大蒜返青至抽薹期，是病、虫为害最为严重的时期（图35-23），要经常调查，及时防治病虫害。其中为害较重的病害有花叶病、锈病、叶枯病、紫斑病、白腐病等。

图35-23 大蒜返青期至抽薹期病虫为害情况

叶枯病、锈病、紫斑病发生初期（图35-24），喷洒60%唑醚·代森联（代森联55%+吡唑醚菌酯5%）（水分散粒剂60～100g/亩+10%苯醚甲环唑水分散粒剂30～60g/亩、50%异菌脲可湿性粉剂800倍液+70%代森锰锌可湿性粉剂500倍液、50%锰锌·异菌可湿性粉剂1 200～1 600倍液、60%腈菌·锰锌可湿性粉剂1 000倍液、12.5%咪鲜·腈菌乳油600～800倍液+70%丙森锌可湿性粉剂600倍液、40%氟硅唑乳油4 000倍液、12.5%腈菌唑乳油2 000倍液，加入多功能渗透性喷雾助剂农希望5号喷雾宝或50%油酸甲酯液剂（喷雾精）20～30ml/15kg药液对水均匀喷雾，以提高药效。

花叶病发病初期，喷洒2%宁南霉素水剂100～150ml/亩、20%丁子香酚水乳剂、20%盐酸吗啉胍·乙酸铜可湿性粉剂500倍液、10%混合脂肪酸水乳剂100倍液、0.5%菇类蛋白多糖水剂250～300倍液，加入多功能渗透性喷雾助剂农希望5号喷雾宝或50%油酸甲酯液剂（喷雾精）20～30ml/15kg药液对水均匀喷雾。

种蝇为害初期，可用48%毒死蜱乳油3 000倍液、5%氟铃脲乳油3 000倍液、40%辛硫磷乳油3 000倍液、1.8%阿维菌素乳油2 000倍液、90%敌百虫晶体1 000倍液灌根1次。

图35-24 大蒜叶枯病、锈病、紫斑病为害情况

潜叶蝇为害期,可选用0.5%甲氨基阿维菌素苯甲酸盐微乳剂2 000~3 000倍液+4.5%高效氯氰菊酯乳油2 000倍液、20%阿维·杀虫单(杀虫单19.8%+阿维菌素0.2%)微乳剂1 500倍液等喷雾防治,间隔期7~10d防治1次,连续防治2~3次。

在华北地区以3月20日前后喷施第1次,西南地区3月上旬喷施第1次,18%氯胆·萘乙酸(氯化胆碱17%+萘乙酸1%)可湿性粉剂67~82g/亩,以后间隔10~15d再喷施1次,连续施用2~3次。可增强叶片的光合效率,使营养物质迅速向鳞茎输送,增加淀粉、蛋白质和糖分积累,使腋芽提早膨大,促使小蒜瓣增大、提高大中蒜头(鳞茎)的比率。

(四)大蒜鳞芽膨大期至成熟期病虫害与农药施用关键技术

5月中旬以后,大蒜进入成熟期,是大蒜丰产丰收关键时期。该期应加强预测预报,及时防治锈病、叶枯病等病虫害,在防治策略上以治疗为主,具有针对性,确保丰收。

第三十六章 苹果病虫草害与农药施用关键技术

一、苹果病害与农药施用关键技术

1. 苹果斑点落叶病

症　状　苹果链格孢 *Alternaria mali*，属无性型真菌。主要为害叶片，也可为害幼果。叶片染病初期出现褐色圆点，其后逐渐扩大为红褐色，边缘紫褐色，病部中央常具一深色小点或同心轮纹（图36-1）。天气潮湿时，病部正反面均可长出墨绿色至黑色霉状物，即病菌的分生孢子梗和分生孢子。秋梢嫩叶染病严重。果实染病，在幼果果面上产生黑色发亮的小斑点或锈斑（图36-2）。

图36-1　苹果斑点落叶病为害叶片症状

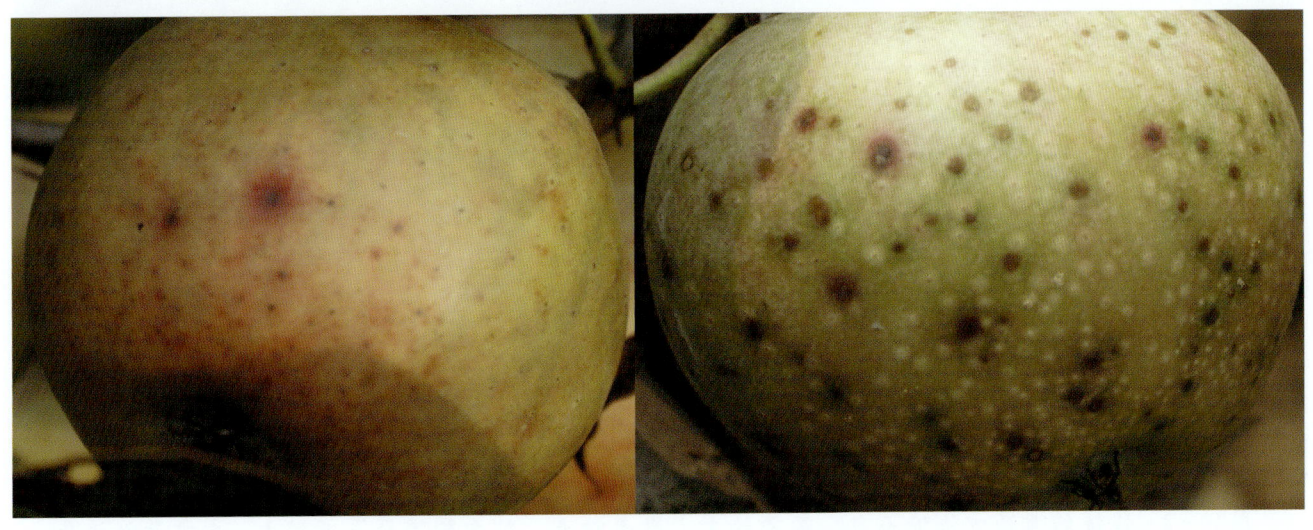

图36-2　苹果斑点落叶病为害果实症状

发生规律 以菌丝在受害叶、枝条或芽鳞中越冬，翌年春产生分生孢子，随气流、风雨传播，从气孔侵入进行初侵染。分生孢子1年有两个活动高峰。第1个高峰从5月上旬至6月中旬，导致春秋梢和叶片大量染病，严重时造成落叶；第2个高峰在9月，这时会再次加重秋梢发病的严重度，造成大量落叶。高温多雨病害易发生，春季干旱年份，病害始发期推迟；夏季降雨量多，发病重。

施药技术 在苹果幼叶生长期，发病前（5月中旬落花后）喷1:2:200倍式波尔多液、30%碱式硫酸铜胶悬剂300~500倍液、86.2%氧化亚铜水分散粒剂2000~2500倍液、80%炭疽福美（福美双·福美锌）可湿性粉剂600倍液。

在发病前期（6月中旬），及时喷施保护剂进行防护，可喷70%代森联水分散粒剂300~500倍液、20%吡唑醚菌酯可湿性粉剂1000~2000倍液、40%克菌丹悬浮剂400~600倍液、80%代森锰锌水分散粒剂600~800倍液、40%嘧菌环胺悬浮剂3000~4000倍液、70%丙森锌水分散粒剂600~700倍液、75%百菌清可湿性粉剂400~600倍液，加入专业的喷雾助剂农希望7号喷雾宝10ml/15kg药液，或农希望5号喷雾宝20ml/15kg药液对水均匀喷雾。农民传统的喷药方式导致病部着药困难，大量药液流失（图36-3），难以收到防治效果。喷药时必须选用高压、超细的专业喷雾器械进行喷雾；并加入专业喷雾助剂，新叶初发时用农希望7号喷雾宝或25%油酸甲酯液剂（喷雾精）5~10ml/15kg药液，叶片老化后蜡质增厚用农希望7号喷雾宝或25%油酸甲酯液剂（喷雾精）10~20ml/15kg药液；天气特别干旱时喷药应加入多功能专业喷雾助剂，新叶初发时用农希望5号喷雾宝或50%油酸甲酯液剂（喷雾精）10~20ml/15kg药液，叶片老化后蜡质增厚用农希望5号喷雾宝或50%油酸甲酯液剂（喷雾精）20~30ml/15kg药液对水均匀喷雾；必须把药喷匀、喷细、喷透，让药剂在叶面上形成一层药膜，叶上药剂附着率达90%以上（图36-4），让药剂在叶面上充分地润湿扩散、渗透吸收后才能取得较好的防治效果。

图36-3 传统的喷药方法喷不匀、雾滴较大、附着性差。叶面的喷药雾滴较大，大量药液流失，防效较差

图36-4 苹果枝叶繁茂，防治苹果斑点落叶病时，必须用高压、超细的专业喷雾器械进行喷雾，保证药液均匀地喷雾到各部位的枝叶上，喷药时加入专业的喷雾助剂农希望5号喷雾宝20ml/15kg药液对水均匀喷雾，让药液在枝干上均匀地形成一层油亮的药膜，药液充分地沉积附着、润湿扩散和渗透吸收，叶面上的药剂附着率达90%以上，才能达到多种病虫兼治的目的

苹果生长前期喷药，可根据当地气候条件确定喷药时间和喷药次数。在发病初期，可以用70%甲基硫菌灵可湿性粉剂800倍液、430g/L戊唑醇悬浮剂5 000~6 000倍液、45%苯醚甲环唑悬浮剂4 500~6 500倍液、50%醚菌酯水分散粒剂3000~4 000倍液、500g/L异菌脲悬浮剂1000~1 500倍液、40%腈菌唑水分散粒剂6 000~7 000倍液、5%亚胺唑可湿性粉剂600~700倍液、75%百菌清可湿性粉剂600倍液+10%苯醚甲环唑水分散粒剂2 000~2 500倍液、70%代森锰锌可湿性粉剂400~600倍液+12.5%腈菌唑可湿性粉剂2 500倍液、50%己唑醇水分散粒剂8 000~9 000倍液、80%戊唑醇水分散粒剂6 000~8 000倍液、70%代森锰锌可湿性粉剂400~600倍液+50%多菌灵可湿性粉剂600倍液等，加入多功能渗透性喷雾助剂农希望5号喷雾宝或50%油酸甲酯液剂（喷雾精）20~30ml/15kg药液对水均匀喷雾，以提高药效。

在树叶上出现大量病斑时，应及时进行治疗，可以施用50%多菌灵·乙霉威（多菌灵40%+乙霉威10%）可湿性粉剂1 000~1 500倍液、20%多·戊唑（戊唑醇10%+多菌灵10%）可湿性粉剂1 000~1 500倍液、50%腈菌·锰锌（腈菌唑2%+代森锰锌48%）可湿性粉剂800~1 000倍液、50%苯甲·克菌丹（克菌丹40%+苯醚甲环唑10%）水分散粒剂2 000~4 000倍液、50%苯醚·甲硫（甲基硫菌灵42%+苯醚甲环唑8%）悬浮剂900~1 333倍液、60%戊唑·丙森锌（戊唑醇20%+丙森锌40%）水分散粒剂900~1 500倍液、50%甲硫·戊唑醇（甲基硫菌灵40%+戊唑醇10%）悬浮剂1 000~1 500倍液、12.5%腈菌唑可湿性粉剂2 500倍液等，加入多功能渗透性喷雾助剂农希望5号喷雾宝或50%油酸甲酯液剂（喷雾精）20~30ml/15kg药液对水均匀喷雾。在防治中应注意多种药剂的交替使用。

在病害发生较重时，应适当加大治疗药剂的药量，可以施用10%苯醚甲环唑水分散粒剂2 000~2 500倍液、12.5%腈菌唑可湿性粉剂2 500倍液、40%腈菌唑水分散粒剂7 000倍液、50%多·霉威（多菌灵

25%+乙霉威25%）可湿性粉剂1 000～1 500倍液、50%异菌脲可湿性粉剂1 500倍液、40%苯甲·吡唑酯（苯醚甲环唑25%+吡唑醚菌酯15%）悬浮剂3 000～4 000倍液、40%唑醚·戊唑醇（吡唑醚菌酯10%+戊唑醇30%）悬浮剂3 500～4 000倍液、60%唑醚·代森联（代森联55%+吡唑醚菌酯5%）水分散粒剂1 500～2 000倍液+40%嘧环·甲硫灵（甲基硫菌灵25%+嘧菌环胺15%）悬浮剂2 000～3 000倍液、80%多·锰锌（多菌灵15%+代森锰锌65%）可湿性粉剂600～800倍液、32%锰锌·腈菌唑（代森锰锌30%+腈菌唑2%）可湿性粉剂1 000～2 000倍液等，加入多功能渗透性喷雾助剂农希望5号喷雾宝或50%油酸甲酯液剂（喷雾精）20～30ml/15kg药液对水均匀喷雾，均匀喷施在防治中应注意多种药剂的交替使用，发病前注意与保护剂混用。喷药时一定要周到细致，使整株叶片的正反两面均匀着药。

2. 苹果褐斑病

症　　状　苹果盘二孢 Marssonina coronaria，属无性型真菌。主要为害叶片，叶上病斑初为褐色小点，以后发展成3种类型病斑。①同心轮纹型：病斑圆形，中心为暗褐色，四周为黄色，周围有绿色晕，病斑中出现黑色小点，呈同心轮纹状（图36-5）。②针芒型：病斑似针芒状向外扩展，病斑小，布满叶片，后期叶片渐黄，病斑周围及背部绿色。③混合型：病斑多为圆形或数斑连成不规则形，暗褐色，病斑上散生无数黑色小粒，边缘有针芒状索状物（图36-6）。后期病叶变黄，而病斑周围仍为绿色。

图36-5　苹果褐斑病同心轮纹型病斑

图36-6　苹果褐斑病混合型病斑

发生规律　以菌丝、分生孢子盘或子囊盘在落地的病叶上越冬，经春季产生分生孢子和子囊孢子，借风雨传播，从叶的正面或背面侵入，以叶背面为主，一般从5月上旬开始发病，7月下旬至8月为发病盛期。冬季潮湿、春雨早且多的年份有利病害发生流行。

施药技术　发病前注意喷施保护剂。从发病始期前10d开始，第1次喷药。以后根据降雨和田间发病情况，从5月中旬到8月中旬，间隔10～15d连喷3～4次。未结果幼树可于5月上旬、6月上旬、7月上中旬各喷1次，多雨年份8月结合防治炭疽病再喷1次药。

苹果褐斑病发病前期，注意用保护剂和适量的治疗剂混用。可以用70%代森锰锌可湿性粉剂500～800倍液+70%甲基硫菌灵悬浮剂800倍液、77%硫酸铜钙可湿性粉剂600～800倍液、30%吡唑醚菌酯悬浮剂5 000～6 000倍液、10%多氧霉素可湿性粉剂1 000～1 500倍液、50%多菌灵可湿性粉剂500～600倍液+50%福美双可湿性粉剂600倍液等，加入多功能渗透性喷雾助剂农希望5号喷雾宝或50%油酸甲酯液剂（喷雾精）20～30ml/15kg药液，均匀喷施，以后每隔10～20d，连续喷3～5次。

在大量叶片上出现病斑时，应及时进行治疗，可以施用40%唑醚·甲硫灵（甲基硫菌灵32%+吡唑醚菌酯8%）悬浮剂1 000～3 000倍液、70%甲基硫菌灵可湿性粉剂800～1 000倍液、50%多·霉威（多菌灵40%+乙霉威10%）可湿性粉剂1 000～1 500倍液、50%腈菌·锰锌（腈菌唑2%+代森锰锌48%）可湿性粉剂800～1 000倍液、75%肟菌·戊唑醇（肟菌酯25%+戊唑醇50%）水分散粒剂4 000～6 000倍液、12.5%腈菌唑可湿性粉剂2 500倍液、50%肟菌酯水分散粒剂6 000～7 000倍液、500g/L氟啶胺悬浮剂2 000～3 000倍液、10%苯醚甲环唑水乳剂1 500～2 000倍液、80%多菌灵可湿性粉剂800～1 000倍液、12.5%氟环唑悬浮剂500～600倍液、40%苯甲·肟菌酯（肟菌酯15%+苯醚甲环唑25%）水分散粒剂4 000～5 000倍液、50%异菌脲可湿性粉剂1 000～1 250倍液、60%唑醚·戊唑醇（吡唑醚菌酯20%+戊唑醇40%）水分散粒剂4 000～5 000倍液、30%苯甲·吡唑酯（苯醚甲环唑20%+吡唑醚菌酯10%）悬浮剂2 500～3 500倍液、45%戊唑·醚菌酯（戊唑醇15%+醚菌酯30%）水分散粒剂2 000～4 000倍液、30%吡唑·异菌脲（异菌脲10%+吡唑醚菌酯20%）悬浮剂3 000～4 000倍液、55%戊唑·多菌灵（戊唑醇25%+多菌灵30%）可湿性粉剂1 650～2 750倍液、41%甲硫·戊唑醇（甲基硫菌灵34.2%+戊唑醇6.8%）悬浮剂800～1 200倍液、50%代锰·戊唑醇（戊唑醇5%+代森锰锌45%）可湿性粉剂1 000～2 000倍液等，加入多功能渗透性喷雾助剂农希望5号喷雾宝或50%油酸甲酯液剂（喷雾精）20～30ml/15kg药液对水均匀喷雾。在防治中应注意多种药剂的交替使用。

3．苹果树腐烂病

症　状　苹果壳囊孢菌 Cytospora mandshurica，属无性型真菌。主要为害结果树的枝干，幼树和苗木及果实也可受害。枝干症状有两类：①溃疡型（图36-7）：多在主干分叉处发生，初期病部为红褐色，略隆起，呈水渍状湿腐，组织松软，病皮易于剥离，有酒糟气味。后期病部失水干缩，下陷，硬化，变为黑褐色，病部表面产生许多小突起，顶破表皮露出黑色小粒点。②枝枯型（图36-8）：多发生在衰弱树上，病部红褐色，水渍状，不规则形，迅速延及整个枝条，终使枝条枯死。果实症状：病斑红褐色，圆形或不规则形，有轮纹，边缘清晰。病组织腐烂，略带酒糟气味。潮湿时亦可涌出黄色细小卷丝状物。

图36-7　苹果树腐烂病溃疡型为害症状

图36-8 苹果树腐烂病枝枯型为害症状

发生规律 以菌丝体、分生孢子器、子囊壳等在病树皮内越冬。翌年春，在雨后或高湿条件下，分生孢子器及子囊壳排放出大量孢子，通过风、雨水冲溅传播，从伤口侵入。苹果树腐烂病一年有两个高峰期，即3—4月和8—9月，春季重于秋季。地势低洼后期果园积水时间过长及贪青徒长、休眠期延迟的果园，发病也重。

施药技术 春季至4月发病高峰之际，结合刮粗翘皮，检查刮治腐烂病3次左右。刮治的基本方法是用快刀将病变组织及带菌组织彻底刮除，刮后必须涂药并妥善保护伤口。刮治必须达到以下标准：一要彻底，不但要刮净变色组织，而且要刮去0.5cm左右的好组织；二要光滑，即刮成梭形，不留死角，不拐急弯，不留毛茬，以利伤口愈合；三要表面涂药，50%福美双可湿性粉剂50倍液+70%甲基硫菌灵可湿性粉剂50倍液+50%福美双可湿性粉剂50倍液，加入专业的喷雾助剂农希望2号喷雾宝20～40ml/15kg药液对水均匀喷雾保证药液在树干上涂匀、涂细、涂透，让药剂在叶面上形成一层药膜，药剂附着率达90%以上，才能取得较好的防治效果。

苹果树腐烂病发病期刮涂病斑涂抹，用刷子将本品直接涂抹于伤口、切口及其周围，并确保边缘部分涂抹至正常树皮处1～2cm，用0.15%吡唑醚菌酯膏剂200～300g/m²、1%戊唑醇糊剂250～300g/m²、3%抑霉唑膏剂200～300g/m²、10%硫磺脂膏100～150g/m²、20%丁香菌酯悬浮剂130～200倍液、1.6%噻霉酮涂抹剂80～120g/m²、15%络氨铜水剂95ml/m²、45%代森铵水剂100～200倍液、430g/L戊唑醇悬浮剂3 000～3 500倍液、80%三氯异氰尿酸可溶粉剂600～800倍液、100万孢子/g寡雄腐霉菌可湿性粉剂500～1 000倍液、35%丙唑·多菌灵（丙环唑7%+多菌灵28%）悬乳剂600～700倍液、2%喹啉铜膏剂250～300g/m²、8%甲基硫菌灵糊剂15～20倍液、250g/L吡唑醚菌酯乳油1 000～1 500倍液、1.9%辛菌胺醋酸盐水剂50～100倍液、0.15%四霉素水剂5～10倍液、4.5%腐殖·硫酸铜（腐殖酸4.4%+硫酸铜0.1%）水剂200～

300ml/m²，也可以用10%抑霉唑水乳剂500～700倍液、40%克菌·戊唑醇（戊唑醇8%+克菌丹32%）悬浮剂889～1 333倍液、35%丙唑·多菌灵（丙环唑7%+多菌灵28%）悬乳剂600～700倍液、48%甲硫·戊唑醇（甲基硫菌灵36%+戊唑醇12%）悬浮剂800～1 000倍液枝干喷淋，还可以用3.315%甲硫·萘乙酸（萘乙酸0.015%+甲基硫菌灵3.3%）涂抹剂，加入专业的助剂农希望2号喷雾宝20～40ml/15kg药液对水均匀喷雾，原液涂抹病疤。

入冬前，要及时涂白，防止冻害及日灼伤，涂白所用的生石灰、20波美度石硫合剂、食盐及水的比例一般为6∶1∶1∶18。如在其中加少量动物油可防治涂白剂过早脱落。或涂白剂配方：①桐油或酚醛1份；②硅酸钠2～3份；③石灰2～3份；④水5～7份。将前两种混合成药A液，后两种混合成B液，再将B液倒入A液中搅拌均匀即可。

4．苹果轮纹病

症　　状　梨生囊壳孢，有性世代 *Physalospora piricola*，属子囊菌门真菌。主要为害枝干和果实。病菌侵染枝干多以皮孔为中心，初期出现水渍状的暗褐色小斑点，逐渐扩大形成圆形或近圆形褐色瘤状物。病部与健部之间有较深的裂开，后期病组织干枯并翘起，中央突起处周围出现散生的黑色小粒点。在主干和主枝上瘤状病斑发生严重时，病部树皮粗糙，呈粗皮状（图36-9）。果实进入成熟期陆续发病。发病初期在果面上以皮孔为中心出现圆形的黑至黑褐色小斑，逐渐扩大成轮纹斑（图36-10）。

图36-9　苹果轮纹病为害枝干症状

发生规律　以菌丝体、分生孢子器在病组织内越冬，于春季开始活动，随风雨传播到枝条和果实上。在果实生长期，病菌均能侵入，其中，从落花后的幼果期到8月上旬侵染最多。侵染枝条的病菌，一般从8月开始以皮孔为中心形成新病斑，翌年病斑继续扩大。

施药技术　及时刮除病斑：刮除枝干上的病斑是一个重要的防治措施，一般可在发芽前进行，刮病斑后涂70%甲基硫菌灵可湿性粉剂1份加豆油或其他植物油15份涂抹即可。冬季可对病树进行重刮皮。发

图36-10 苹果轮纹病为害果实情况

芽前可喷1次2~3度石硫合剂或5%菌毒清水剂30倍液，刮病斑后喷药效果更好。

药剂防治的3个关键时期，第1次应在5月上中旬病害开始侵入期；第2次应在6月上旬（麦收前）病害侵入和初发期；第3次在6月下旬至7月上中旬。可根据病情间隔10~15d喷2次，共喷药2~3次。

在病菌开始侵入发病前（5月上中旬至6月上旬），重点是喷施保护剂，可以施用1:2:240倍波尔多液、80%波尔多液水分散粒剂300~500倍液、80%代森锰锌可湿性粉剂600~800倍液、80%克菌丹水分散粒剂640~1280倍液、50%二氰蒽醌悬浮剂500~650倍液、50%喹啉铜水分散粒剂3000~4000倍液、80%炭疽福美（福美双·福美锌）可湿性粉剂600倍液、75%百菌清可湿性粉剂600倍液、65%丙森锌可湿性粉剂600~800倍液、27.12%碱式硫酸铜悬浮剂400~500倍液、53.8%氢氧化铜干悬浮剂800倍液、86.2%氧化亚铜可湿性粉剂2000~2500倍液，均匀喷施。

在病害侵入和初发期，应注意合理施用保护剂与治疗剂复配，以控制病害的侵入和发病。可以施用75%百菌清可湿性粉剂600倍液+25%多菌灵可湿性粉剂500倍液、70%代森锰锌可湿性粉剂600倍液+70%甲基硫菌灵可湿性粉剂800倍液等药剂，加入多功能渗透性喷雾助剂农希望5号喷雾宝或50%油酸甲酯液剂（喷雾精）20~30ml/15kg药液对水均匀喷雾。

在病害发病前期及时进行防治，以控制病害为害。可以用80%甲基硫菌灵水分散粒剂800~1000倍液、80%多菌灵水分散粒剂1000~1200倍液、20%氟硅唑可湿性粉剂3000~4000倍液、80%戊唑醇水分散粒剂5000~7000倍液、32%苯甲·溴菌腈（苯醚甲环唑7%+溴菌腈25%）可湿性粉剂1500~2000倍液、80%甲硫·戊唑醇（戊唑醇8%+甲基硫菌灵72%）水分散粒剂800~1200倍液、730%苯甲·锰锌（代森锰锌20%+苯醚甲环唑10%)悬浮剂4000~6000倍液、45%吡醚·甲硫灵（吡唑醚菌酯5%+甲基硫菌灵40%）悬浮剂1000~2000倍液、55%硅唑·多菌灵（氟硅唑5%+多菌灵50%）可湿性粉剂800~1200倍液、5%百菌清可湿性粉剂600倍液+10%苯醚甲环唑水分散粒剂2000~2500倍液、70%代森锰锌可湿性粉剂400~600倍液+12.5%腈菌唑可湿性粉剂2500倍液、50%多·霉威（多菌灵40%+乙霉威10%）可湿性粉剂1000~1500倍液、60%唑醚·代森联（代森联55%+吡唑醚菌酯5%）水分散粒剂1000~2000倍液、12.5%腈菌唑可湿性粉剂2500倍液、50%腈菌·锰锌（腈菌唑2%+代森锰锌48%）可湿性粉剂800~1000倍液等，加入多功能渗透性喷雾助剂农希望5号喷雾宝或50%油酸甲酯液剂（喷雾精）20~30ml/15kg药液对水均匀喷雾，在防治中应注意多种药剂的交替使用。

也可以用45%代森铵水剂100~200倍液、40%二氯异氰尿酸钠可溶粉剂70~130倍液，对枝干轮纹病进行涂抹。

5. 苹果炭疽病

症　状　胶孢炭疽菌（*Colletorichum gloeosporioides*），属无性型真菌。有性阶段为（*Glanerella cingulata*），称小丛壳菌、属子囊菌亚门真菌。主要为害果实，也为害枝条。果实发病，初期果面出现淡褐色圆形小斑点，逐渐扩大，软腐下陷，腐烂果肉剖面呈圆锥状。病斑表面逐渐出现黑色小点，隆起，排列成轮纹状，潮湿时突破表皮涌出绯红色黏稠液滴（图36-11）。

图36-11　苹果炭疽病为害果实症状

发生规律　以菌丝体、分生孢子盘在病果、僵果、果台枝条等处越冬。第二年春天，越冬病菌形成分生孢子为初侵染来源，主要通过雨水飞溅传播。苹果坐果后便可受侵染，在北方5月底、6月初进入侵染盛期；南方生育期早，4月底、5月初进入侵染盛期。幼果自7月开始发病，每次雨后有1次发病高峰，烂果脱落。果实生长后期也是发病盛期，贮藏期继续发病烂果。

施药技术　生长期一般从谢花后10d的幼果期（5月中旬）开始喷药，在果实生长初期喷施高脂膜乳剂200倍液，病菌开始侵染时，喷施第1次药剂。以后根据药剂残效期，每隔15~20d喷1次，连续喷5~6次。注意交替选择药剂。

在病害开始侵入发病前重点是喷施保护剂，可以施用1∶2∶（200~240）倍波尔多液、30%碱式硫酸铜胶悬剂300~500倍液、53.8%氢氧化铜干悬浮剂800倍液；也可以用70%代森联水分散粒剂500~600倍液、75%百菌清可湿性粉剂600~800倍液、80%代森锰锌可湿性粉剂500~800倍液，加入多功能渗透性喷雾助剂农希望5号喷雾宝或50%油酸甲酯液剂（喷雾精）20~30ml/15kg药液对水均匀喷雾。

在病害初发期，应注意合理施用保护剂与治疗剂复配，可以施用80%代森锰锌可湿性粉剂400~600倍液+70%甲基硫菌灵可湿性粉剂800倍液、80%代森锰锌可湿性粉剂400~600倍液+12.5%腈菌唑可湿性粉剂2 500倍液、80%代森锰锌可湿性粉剂400~600倍液+50%异菌脲可湿性粉剂600~800倍液、75%百菌清可湿性粉剂600倍液+10%苯醚甲环唑水分散粒剂2 000～2 500倍液、50%多·霉威（多菌灵40%+乙霉威10%）可湿性粉剂1 000～1 500倍液、12.5%腈菌唑可湿性粉剂2 500倍液、55%苯醚·甲硫（苯醚甲环唑5%+甲基硫菌灵50%）可湿性粉剂800～1 200倍液、40%硅唑·咪鲜胺（咪鲜胺30%+氟硅唑10%）水乳剂2 400～3 200倍液、40%克菌·戊唑醇（戊唑醇8%+克菌丹32%）悬浮剂800～1 200倍液、45%吡醚·甲硫灵（吡唑醚菌酯5%+甲基硫菌灵40%）悬浮剂1 000～2 000倍液、64%二氰·吡唑酯（吡唑醚菌酯16%+二氰蒽醌48%）水分散粒剂3 000～4 000倍液、50%腈菌·锰锌（腈菌唑2%+代森锰锌48%)可湿性粉剂800～1 000倍液、50%戊唑·咪鲜胺（咪鲜胺锰盐37.5%+戊唑醇12.5%）可湿性粉剂1 500～2 500倍液等，加入多功能渗透性喷雾助剂农希望5号喷雾宝或50%油酸甲酯液剂（喷雾精）20～30ml/15kg药液对水均匀喷雾，在防治中应注意多种药剂的交替使用。

在病害发生普遍时，应适当加大治疗剂的药量，可以施用70%甲基硫菌灵可湿性粉剂500～600倍液、50%异菌脲可湿性粉剂500～600倍液、60%咪鲜胺锰盐可湿性粉剂1 500～2 500倍液、10%苯醚甲环唑水分散粒剂2 000～2 500倍液、12.5%腈菌唑可湿性粉剂2 500倍液、50%多·霉威（多菌灵40%+乙霉威10%）可湿性粉剂1 000～1 500倍液、50%福美双可湿性粉剂400～500倍液+20%多·戊唑（戊唑醇10%+多菌灵10%）可湿性粉剂1 000～1 500倍液等，加入多功能渗透性喷雾助剂农希望5号喷雾宝或50%油酸甲酯液剂（喷雾精）20～30ml/15kg药液对水均匀喷雾，在防治中应注意多种药剂的交替使用，发病前注意与保护剂混用。

6．苹果花叶病

症　　状　Apple mosaic virus（AMV），由李属坏死环斑病毒苹果株系侵染引起。主要表现在叶片上（图36-12），重型花叶病叶片上出现大型褪绿斑区，鲜黄色，后为白色，幼叶沿叶脉变色，老叶上常出现大型坏死斑。轻型花叶，病叶上出现黄色斑点。沿叶脉变色型，主脉及侧脉变色，脉间多小黄斑，有时有坏死斑，落叶较少。

图36-12　苹果花叶病花叶症状

发生规律　苹果树感染花叶病后，便成为全株性病害。病毒主要靠嫁接传播，无论砧木或接穗带毒，均可形成新的病株。树体感染病毒后，全身带毒，终生为害。萌芽后不久即表现症状，4—5月发展迅速，其后减缓，7—8月基本停止发展，甚至出现潜隐现象，抽发秋梢后又重新发展。

施药技术　春季发病初期，可喷洒0.5%菇类蛋白多糖水剂300倍液、40%烯·羟·吗啉胍（烯腺嘌呤

0.002%+羟烯腺嘌呤0.002%+盐酸吗啉胍39.996%）可溶粉剂100～150g/亩、2%寡聚半乳糖醛酸水剂300～500倍液、3%三氮唑核苷水剂500倍液、2%宁南霉素水剂200～300倍液、50%氯溴异氰尿酸可溶粉剂55～69g/亩、3.95%三氮唑核苷可湿性粉剂45～75g/亩、40%三氯异氰尿酸可湿性粉剂30g/亩，加入多功能渗透性喷雾助剂农希望5号喷雾宝或50%油酸甲酯液剂（喷雾精）20～30ml/15kg药液对水均匀喷雾，间隔10～15d喷1次，连续喷3～4次。

二、苹果虫害与农药施用关键技术

1. 绣线菊蚜

绣线菊蚜（*Aphis citricola*）又叫苹果黄蚜，成虫及若虫群集在嫩叶背面和新梢嫩芽上刺吸汁液，使叶片向背面横卷。严重时新梢和嫩叶上布满蚜虫，叶子皱缩不平，呈红色，抑制新梢生长，导致早期落叶和树势衰弱（图36-13和图36-14）。

图36-13 绣线菊蚜为害苹果叶片症状

图36-14 绣线菊蚜为害苹果新梢症状

形态特征 无翅胎生雌蚜长卵圆形（图36-15），多为黄色，有时黄绿或绿色。头浅黑色，具10根毛。触角6节，丝状。有翅胎生雌蚜体长近纺锤形（图36-16），触角6节，丝状，较体短，体表网纹不明显。若虫鲜黄色，复眼、触角、足、腹管黑色。无翅若蚜体肥大，腹管短。有翅若蚜胸部较发达，具翅芽。卵椭圆形，初淡黄至黄褐色，后漆黑色，具光泽。

图36-15 绣线菊蚜无翅胎生雌蚜

发生规律 1年生10多代，以卵在枝杈、芽旁及皮缝处越冬。翌春寄主萌动后越冬卵孵化为干母，到4月下旬于芽、嫩梢顶端、新生叶背面为害，开始进行孤雌生殖直到秋末，只有最后1代进行两性生殖，无翅产卵雌蚜和有翅雄蚜交配产卵越冬。5月下旬开始出现有翅孤雌胎生蚜，并迁飞扩散；6—7月繁殖最快，是虫口密度迅速增长的为害严重期；8—9月雨季虫口密度下降，10—11月产生有性蚜交配产卵，一般初霜前产下的卵均可以安全越冬。

施药技术 果树花芽膨大期，及时喷洒10%吡虫啉可湿性粉剂1 000~1 500倍液、10%烯啶虫胺可溶性液剂4 000~5 000倍液、20%呋虫胺水分散粒剂3 000~4 000倍液、3%啶虫脒乳油2 000~2500倍液、50g/L双丙环虫酯可分散液剂12 000~20 000倍液、25%氟啶虫酰胺悬浮剂3 000~8 000倍液、21%噻虫嗪悬浮剂4 000~5 000倍液、97%矿

图36-16 绣线菊蚜有翅胎生雌蚜

物油乳油100~150倍液，加入专业的喷雾助剂农希望7号喷雾宝10ml/15kg药液，或农希望5号喷雾宝20~30ml/15kg药液对水均匀喷雾，可得到很好的防治效果。

谢花后，成虫产卵盛期，结合防治红蜘蛛，可用25%氯虫·啶虫脒（氯虫苯甲酰胺10%+啶虫脒15%）可分散油悬浮剂3 000~4 000倍液、2.5%氯氟氰菊酯乳油1 000~2 000倍液、2.5%高效氯氟氰菊酯乳油1 000~2 000倍液、25%吡虫·矿物油（吡虫啉1%+矿物油24%）乳油1 500~2 000倍液、22%噻虫·高氯氟（高效氯氟氰菊酯9.4%+噻虫嗪12.6%）悬浮剂5 000~10000倍液、25g/L溴氰菊酯乳油2 000~3 000倍液、5%联苯·吡虫啉（吡虫啉3%+联苯菊酯2%）乳油1 500~2 500倍液、46%氟啶·啶虫脒（啶虫脒12%+氟啶虫酰胺34%）水分散粒剂8 000~12 000倍液、4%阿维·啶虫脒（啶虫脒3%+阿维菌素1%）乳油4 000~5 000倍液、1.8%阿维菌素乳油3 000~4 000倍液、20%氟啶·吡虫啉（吡虫啉10%+氟啶虫酰胺10%）水分散粒剂5 000~10 000倍液、10.5%高氯·啶虫脒（高效氯氰菊酯3.5%+啶虫脒7%）乳油6 000~7 000倍液、5.7%氟氯氰菊酯乳油1 000~2 000倍液、20%甲氰菊酯乳油4 000~6 000倍液、0.3%印楝素乳油1 000~1 500倍液、12%溴氰·噻虫嗪（噻虫嗪9.5%+溴氰菊酯2.5%）悬浮剂1 450~2 400倍液、10%氯噻啉可湿性粉剂4 000~5 000倍液、10%浏阳霉素乳油1 000倍液等药剂，均匀喷雾。

苹果蚜虫多发生在嫩梢、分泌物较多，农民传统的喷药方式导致蚜虫为害部着药困难，大量药液流失（图36-17），难以达到防治效果。喷药时选用高压、超细的专业喷雾器械进行喷雾；加入专业喷雾助剂，新叶初发时用农希望7号喷雾宝10ml/15kg药液，叶片老化后蜡质增厚用农希望7号喷雾宝10~20ml/15kg药液，天气特别干旱时加入多功能专业喷雾助剂，新叶初发时用农希望5号喷雾宝10~20ml/15kg药液，叶片老化后蜡质增厚加入多功能渗透性助剂农希望5号喷雾宝或50%油酸甲酯液剂（喷雾精）20~30ml/15kg药液对水均匀喷雾；必须把药喷匀、喷细、喷透，让药剂在叶面上形成一层药膜，叶上药剂附着率达90%以上（图36-18），让药剂在叶面上充分润湿扩散、渗透吸收后才能取得较好效果。

2. 苹小卷叶蛾

形态特征 苹小卷叶蛾（*Adoxophyes orana*）属鳞翅目卷叶蛾科。成虫黄褐色，触角丝状，前翅略呈长方形，翅面上常有数条暗褐色细横纹；后翅淡黄褐色微灰。腹部淡黄褐色，背面色暗（图36-19）。卵扁平椭圆形，淡黄色半透明，孵化前黑褐色。幼虫细长翠绿色，前胸盾和臀板与体色相似或淡黄色（图36-20、图36-21）。蛹较细长，初绿色后变黄褐色（图36-22）。

发生规律 在我国北方地区，每年发生3代。黄河故道、关中及豫西地区，每年发生4代。以初龄幼虫潜伏在剪口、锯口、树丫的缝隙中、老皮下以及枯叶与枝条贴合处等场所作白色薄茧越冬。越冬代至第3代成虫分别发生于5月上中旬、6月下旬、7月中旬、8月上中旬和9月底至10月上旬。雨水较多的年份

图36-17 传统的喷药方法喷不匀、雾滴大。叶面的喷药雾滴较大,大量药液流失,药液很难进入虫体,对蚜虫的防效较差

图36-18 防治苹果树上的绣线菊蚜，喷施茎叶处理的杀虫剂时，必须用专业喷雾器械进行喷雾，保证药液均匀地喷雾到苹果心叶上，并加入专业的喷雾助剂农希望5号喷雾宝20ml/15kg药液对水均匀喷雾，让药液在苹果的枝叶上均匀地形成一层油亮的药膜，让药液充分地润湿扩散、渗透吸收，才能达到有效防治的目的

发生最严重，干旱年份少。

施药技术 越冬幼虫出蛰盛期及第1代卵孵化盛期，可用50%辛硫磷乳油1 200倍液、35%氯虫苯甲酰胺水分散粒剂17 500~25 000倍液、48%毒死蜱乳油1 500~2 000倍液、20%甲氰菊酯乳油2 000倍液、25%灭幼脲悬浮剂1 500~2 000倍液、20%虫酰肼悬浮剂1 500~2 000倍液、5%氟虫脲乳油500~800倍液、5%虱螨脲乳油1 000~2 000倍液、14%氯虫·高氯氟（氯虫苯甲酰胺9.3%+高效氯氟氰菊酯4.7%）微胶囊悬浮剂3 000~5 000倍液、20%杀铃脲悬浮剂5 000~6 000倍液、5%氟铃脲乳油1 000~2 000倍液、24%甲氧虫酰肼悬浮剂2 400~3 000倍液、6%甲维·杀铃脲（甲氨基阿维菌素苯甲酸盐0.5%+杀铃脲5.5%）微胶

图36-19 苹小卷叶蛾成虫　　　　图36-20 苹小卷叶蛾幼龄幼虫

图36-21 苹小卷叶蛾老龄幼虫　　　　图36-22 苹小卷叶蛾蛹

囊悬浮剂1 500~2 000倍液，均匀喷雾。

苹小卷叶蛾多发生在嫩梢，分泌物较多，吐丝缀合嫩叶，农民传统的喷药方式导致为害部着药困难，难以收到防治效果。喷药时必须用高压、超细的专业喷雾器械进行喷雾；并加入专业喷雾助剂，新叶初发时用农希望7号喷雾宝10ml/15kg药液，叶片老化后蜡质增厚用农希望7号喷雾宝10~20ml/15kg药液），天气特别干旱时喷药应加入多功能喷雾助剂，新叶初发时用农希望5号喷雾宝10~20ml/15kg药液，叶片老化后蜡质增厚，加入多功能渗透性喷雾助剂农希望5号喷雾宝或50%油酸甲酯液剂（喷雾精）20~30ml/15kg药液对水均匀喷雾；必须把药喷匀、喷细、喷透，让药剂在叶面上形成一层药膜，叶上药剂附着率达90%以上（图36-23），让药剂在叶面上充分地润湿扩散、渗透吸收后才能取得较好的防治效果。

图36-23　防治苹小卷叶蛾时，必须用专业喷雾器械进行喷雾，喷药必须保证药液均匀地喷雾到苹果心叶上，并加入专业的喷雾助剂农希望5号喷雾宝20ml/15kg药液对水均匀喷雾，让药液在苹果的枝叶上均匀地形成一层油亮的药膜，让药液充分润湿扩散、渗透吸收，才能达到有效防治的目的

3. 苹果全爪螨

苹果全爪螨（*Panonychus ulmi*）属真螨目叶螨科。以成螨在叶片上为害，叶片受害后初期呈现失绿小斑点，逐渐全叶失绿，严重时叶片黄绿、脆硬，全树叶片苍白或灰白，一般不易落叶（图36-24和图36-25），常造成二次发芽开花，削弱树势。

形态特征　雌成螨体半圆球形，背部隆起，红色至暗红色。雄成螨体卵圆形，腹部末端尖削。初为橘红色，后变深红色（图36-26）。卵为球形稍扁，夏卵橘红色，冬卵深红色。幼螨、若螨圆形，橘红色，背部有刚毛。

施药技术　果花序分离至露头期，苹果叶片面积小，虫体较集中；加之，此时为幼、若螨态，其抗药性差，是药剂防治的最有效时期。第2，5月中旬为第1代夏卵孵化末期，即苹果终花后1周，幼、若螨发生整齐，防治效果较佳。第3，8月底至9月初为第6代幼、若螨发生期，是压低越冬代基数的关键时期。可用3%阿维菌素乳油5 000~6 000倍液、20%甲氰菊酯水乳剂1 500~3 000倍液、30%腈吡螨酯悬浮剂2 000~3 000倍液、50%联苯肼酯悬浮剂2 100~3 125倍液、34%螺螨酯悬浮剂7 000~8 500倍液、73%炔螨特乳油2 000~3 000倍液、110g/L乙螨唑悬浮剂5 000~7 500倍液、40%丙溴磷乳油2 000~4 000倍液、5%噻螨酮乳油1 666~2 000倍液、20%四螨嗪悬浮剂5 000~6 000倍液、10%喹螨醚乳油4 000~5 000倍

图36-24 苹果全爪螨为害叶片症状

图36-25 苹果全爪螨为害初期症状

图36-26 苹果全爪螨成螨

液、5%唑螨酯悬浮剂4 000～6 000倍液、20%双甲脒乳油1 500倍液、10%浏阳霉素乳油750～1 500倍液、10%阿维·四螨嗪（四螨嗪9.9%+阿维菌素0.1%）悬浮剂1 500～2 000倍液、30%乙螨·三唑锡（乙螨唑15%+三唑锡15%）悬浮剂6 700～10 000倍液、16%阿维·哒螨灵(哒螨灵15.6%+阿维菌素0.4%)乳油2 500～3 500倍液、40%联肼·乙螨唑（乙螨唑10%+联苯肼酯30%）悬浮剂8 000～10 000倍液、45%螺螨·三唑锡（螺螨酯25%+三唑锡20%）悬浮剂5 000～7 500倍液、13%联菊·丁醚脲(联苯菊酯3%+丁醚脲10%)悬浮剂3 000～4 000倍液、15.6%阿维·丁醚脲（丁醚脲15%+阿维菌素0.6%）乳油2 000～3 000倍液、7.5%甲氰·噻螨酮（甲氰菊酯5%+噻螨酮2.5%）乳油750～1 000倍液，加入多功能渗透性喷雾助剂农希望5号喷雾宝或50%油酸甲酯液剂（喷雾精）20～30ml/15kg药液对水均匀喷雾，以提高药效。

4．苹果绵蚜

苹果绵蚜（*Eriosoma lanigerum*）属同翅目蚜科。成虫、若虫群集于背光的树干伤疤、剪锯口、裂缝、新梢的叶腋、短果枝端的叶群、果柄、梗洼和萼洼等处，主要为害枝干和根部，吸取汁液。被害部膨大成瘿瘤，常因该处破裂，阻碍水分、养分的输导，削弱树势，严重时树体逐渐枯死。幼苗受害，可使全枝死亡（图36-27至图36-29）。

形态特征 无翅胎生蚜体卵圆形，暗红褐色，体背有4排纵列的泌蜡孔，白色蜡质绵毛覆盖全身（图36-30）。有性胎生蚜头部及胸部黑色，腹部暗褐色，复眼暗红色。翅透明，翅脉及翅痣棕色。有性雌蚜口器退化，头、触角及足均为淡黄绿色，腹部红褐色，稍被绵状物。卵椭圆形，初产为橙黄色，后渐变为褐色。幼若虫呈圆筒形，绵毛稀少，喙长超过腹部。

图36-27 苹果绵蚜为害枝条症状

图36-28 苹果绵蚜为害枝干症状

图36-29 苹果绵蚜枝条越冬状

图36-30 无翅胎生蚜

发生规律 我国1年发生12～18代，以1～2龄若虫在枝、干病虫伤疤边缘缝隙、剪锯口、根蘖基部或残留在蜡质绵毛下越冬。4月上旬，越冬若虫即在越冬部位开始活动为害，5月上旬开始胎生繁殖，初龄若虫逐渐扩散、迁移至嫩枝叶腋及嫩芽基部为害。5月下旬至7月初是全年繁殖盛期，6月下旬至7月上旬出现全年第1次盛发期。9月中旬以后，天敌减少，气温下降，出现第2次盛发期。至11月中旬平均气温降至7℃，即进入越冬。

施药技术 休眠期结合田间修剪及刮治腐烂病，刮除树缝、树洞、病虫伤疤边缘等处的绵蚜，剪掉受害枝条上的绵蚜群落，集中处理。再用50%毒死蜱乳油10～20倍液，加入专业的助剂农希望2号喷雾宝20～40ml/15kg药液对水均匀喷雾，涂刷枝干、枝条，应重点涂刷树缝、树洞、病虫伤疤等处，压低越冬基数。苹果树发芽开花前及苹果树部分叶片脱落后为绵蚜的防治适期。

苹果树发芽开花之前（3月中下旬至4月上旬），用1.8%阿维菌素乳油3 000～5 000倍液、50%毒死蜱乳油1 500～2 500倍液、22%毒死蜱·吡虫啉（吡虫啉2%+毒死蜱20%）乳油1 500～2 000倍液、22.4%螺虫乙酯悬浮剂3 000～4 000倍液、10%吡虫啉可湿性粉剂2 000～3 000倍液、2.5%溴氰菊酯乳油2 000倍液、50%抗蚜威超微可湿性粉剂1 500倍液，加入多功能渗透性喷雾助剂农希望5号喷雾宝或50%油酸甲酯液剂（喷雾精）20～30ml/15kg药液对水均匀喷雾，以提高药效。

苹果绵蚜发生季节，5月上旬开始胎生繁殖，初龄若虫逐渐扩散时，树体可喷施22%毒死蜱·吡虫啉乳油1 500～2 000倍液、45%吡虫·毒死蜱（吡虫啉5%+毒死蜱40%）乳油2 000～2 500倍液、41.5%啶虫·毒死蜱（毒死蜱40%+啶虫脒1.5%）乳油2 000～3000倍液、15.5%甲维·毒死蜱（毒死蜱15%+甲氨基阿维菌素苯甲酸盐0.5%）微乳剂2 000～2 500倍液、52.25%高氯·毒死蜱（高效氯氰菊酯2.25%+毒死蜱50%）乳油1 400～1 600倍液、10%氯氰·啶虫脒（氯氰菊酯9%+啶虫脒1%）乳油1 000～2 000倍液、50%氯氰·毒死蜱（氯氰菊酯5%+毒死蜱45%）乳油1500～2 500倍液、20%甲氰菊酯乳油4 000～6 000倍液、2.5%氯氟氰菊酯乳油1 000～2 000倍液、1.8%阿维菌素乳油3 000～4 000倍液、0.3%印楝素乳油1 000～1 500倍液、10%烯啶虫胺可溶性液剂4 000～5 000倍液、48%毒·矿物油（矿物油32%+毒死蜱16%）乳油1 200～2 400倍液、2.5%高效氯氰菊酯水乳剂1 000～2 000倍液等，加入多功能渗透性喷雾助剂农希望5号喷雾宝或50%油酸甲酯液剂（喷雾精）20～30ml/15kg药液对水均匀喷雾。施药时特别注意喷药质量，喷洒周到细致，压力要大些，喷头直接对准虫体，将其身上的白色蜡质毛冲掉，使药液接触虫体，提高防治效果。

苹果树部分叶片脱落之后，可用3%啶虫脒乳油1 500～2 000倍液、50%毒死蜱乳油1500～2 500倍液、1.8%阿维菌素乳油3 000～5 000倍液、22%毒死蜱·吡虫啉（吡虫啉2%+毒死蜱20%）乳油1 500～2 000倍液，加入专业的喷雾助剂农希望7号喷雾宝10ml/15kg药液，或农希望5号喷雾宝20～30ml/15kg药液对水均匀喷雾，结合其他病虫的防治喷施药剂1～3次，可控制其为害。

5．金纹细蛾

金纹细蛾（*Lithocolletis ringoniella*）属鳞翅目细蛾科。幼虫从叶背潜入叶内，取食叶肉，形成椭圆形虫斑。叶片正面虫斑稍隆起，出现白色网眼状斑点，叶片向背部弯折，内有黑色粪便斑点，后期虫斑干枯，有时脱落，形成穿孔。虫斑常发生在叶片边缘，严重时布满整个叶片（图36-31和图36-32）。

图36-31　金纹细蛾为害叶片初期症状

图36-32　金纹细蛾为害叶片后期症状

形态特征　成虫体金黄色，头部银白色，顶部有两丛金色鳞毛；前翅基部至中部的中央有一条银白色剑状纹，后翅披针形（图36-33）。卵扁椭圆形，乳白色，半透明。初龄幼虫淡黄绿色，细纺锤形，稍扁（图36-34）；老龄幼虫浅黄色。蛹体黄褐色（图36-35和图36-36）。

图36-33　金纹细蛾成虫

图36-34　金纹细蛾初龄幼虫

图36-35　金纹细蛾初蛹

图36-36　金纹细蛾蛹

发生规律　1年发生5代，以蛹在被害叶中越冬。越冬代成虫于4月上旬出现，发生盛期在4月下旬。以后各代成虫的发生盛期分别为：第1代在6月中旬，第2代在7月中旬，第3代在8月中旬，第4代在9月下旬，第5代幼虫于10月底开始在叶内化蛹越冬。

施药技术　果树落叶后，结合秋施基肥，清扫枯枝落叶，深埋，消灭落叶中越冬蛹。防治指标是第1代百叶虫口1~2头，第2代是百叶虫口4~5头。重点防治时期在第1代和第2代成虫发生期，即控制第2代和第3代幼虫为害。可以用1.8%阿维菌素乳油3 000~4 000倍液、5%灭幼脲悬浮剂1 500~2 000倍液、20%甲维·除虫脲悬浮剂2 000~3 000倍液、30%阿维菌素·灭幼脲悬浮剂2 000~3 000倍液、25%灭幼脲·吡虫啉可湿性粉剂1 500~2 000倍液、35%氯虫苯甲酰胺水分散粒剂17 500~25 000倍液、25g/L高效氟氯氰菊酯乳油1 500~2 000倍液+20%杀铃脲悬浮剂5 000~6 000倍液，加入专业的喷雾助剂农希望7号喷雾宝10ml/15kg药液，或农希望5号喷雾宝20~30ml/15kg药液对水均匀喷雾，喷药时要均匀周到，叶正、反面都应着药，特别应注意对下垂枝、内膛枝的喷施。

6. 顶梢卷叶蛾

顶梢卷叶蛾（*Lithocolletis ringoniella*）属鳞翅目小卷叶蛾科。以幼虫为害嫩梢，仅为害枝梢的顶芽。幼虫吐丝将数片嫩叶缠缀成虫苞，并啃下叶背茸毛做成筒巢，潜藏于内，仅在取食时身体露出巢外。为害后期顶梢卷叶团干枯，不脱落（图36-37和图36-38）。

图36-37　顶梢卷叶蛾为害苹果顶芽症状

图36-38　顶梢卷叶蛾为害幼梢后期症状

发生规律　1年发生2~3代。以2~3龄幼虫在枝梢顶端卷叶团中越冬。早春苹果花芽展开时，越冬幼虫开始出蛰，早出蛰的主要为害顶芽，晚出蛰的向下为害侧芽。幼虫老熟后在卷叶团中作茧化蛹。在1年发生3代的地区，各代成虫发生期：越冬代在5月中旬至6月末；第1代在6月下旬至7月下旬；第2代在7月下旬至8月末。每雌蛾产卵6~196粒，多产在当年生枝条中部的叶片背面多绒毛。第1代幼虫主要为害春梢，第2、第3代幼虫主要为害秋梢，10月上旬以后幼虫开始越冬。

施药技术　在开花前越冬幼虫出蛰盛期和第1代幼虫发生初期，进行药剂防治，以减少前期虫口基数，避免后期果实受害。可用24%甲氧虫酰肼悬浮剂2 500~3 750倍液、5%虱螨脲悬浮剂1 000~2 000倍液、20%虫酰肼悬浮剂1 500~2 000倍液、3%甲氨基阿维菌素苯甲酸盐微乳剂3 000~4 000倍液、20%虫酰肼悬浮剂1 500~2 000倍液、50%杀螟硫磷乳油1 000~2 000倍液、80%敌敌畏乳油1 600~2 000倍液、30%高氯·毒死蜱（高效氯氰菊酯3%+毒死蜱27%）水乳剂1 000~1 300倍液、20%甲维·除虫脲（甲氨基阿维菌素苯甲酸盐1%+除虫脲19%）悬浮剂2 000~3 000倍液、25%氯虫·啶虫脒（氯虫苯甲酰胺10%+啶虫脒15%）可分散油悬浮剂3 000~4 000倍液、14%氯虫·高氯氟（高效氯氟氰菊酯4.7%+氯虫苯甲酰胺9.3%）微囊悬浮-悬浮剂3 000~5 000倍液、6%甲维·杀铃脲（杀铃脲5.5%+甲氨基阿维菌素苯甲酸盐0.5%）悬浮剂1 500~2 000倍液、2.5%溴氰菊酯乳油3 000~3 500倍液、16%啶虫·氟酰脲（氟酰脲9%+啶虫脒7%）乳油1 000~2 000倍液、10%联苯菊酯乳油4 000~5 000倍液，加入专业的喷雾助剂农希望7号喷雾宝10ml/15kg药液或农希望5号喷雾宝20~30ml/15kg药液对水均匀喷雾，以提高药效。

三、苹果各生育期病虫草害与农药施用关键技术

苹果病虫害一般发生较为普遍的病害有腐烂病、轮纹病、早期落叶病、炭疽病、褐斑病等;为害比较严重的害虫有食心虫、红蜘蛛、蚜虫等。

(一)苹果休眠期萌芽前病虫草害与农药施用关键技术

华北地区苹果一般从11月到翌年3月处于休眠期,多种病菌也停止活动,大多数在病残枝、叶、树枝干上越冬(图36-39)。这一时期的工作主要有两项:一是剪除、摘掉树上的病枝、僵果,扫除园中枝叶,并集中烧毁;二是药剂涂刷枝干,进行树体消毒。3月上中旬,气温已开始回升变暖,病菌开始活动,这时期苹果尚未发芽,可以喷1次灭生性农药,铲除越冬病原菌及越冬蚜、螨。

图36-39 苹果休眠期生长情况

入冬前,是苹果树腐烂病的发病盛期,要及时彻底地刮除腐烂病病斑。树干涂白,消灭病虫基数,休眠期给树干进行涂白,能填塞树皮裂缝,消灭病虫基数,减轻来年病虫发生与为害。在配制涂白剂时,有目的地在其中加入适量杀虫剂、杀菌剂,可增强杀虫灭病效果。

结合冬剪,剪除病虫枝条,应在休眠期果树修剪时结合进行病虫残枝、枯枝的剪除,同时摘除树上和拣净树下的病果、僵果、落果,除净在树干或主枝上越冬的虫茧,带出园外集中销毁。

及时喷药,防治越冬病虫,在刮皮清园基础上,分别在土壤解冻后给树体喷1~2次29%石硫合剂水剂、4%~5%的柴油乳剂(柴油乳剂的配制方法:柴油和水各1kg、肥皂60g;先将肥皂切碎,加入定量的水中加热溶化,同时将柴油在热水浴中加热到70℃,把已热好的柴油慢慢倒入热皂水中,边倒边搅拌,完全搅拌均匀,即制成48.5%的柴油乳剂),可防治螨类和其他害虫,也可根据病虫为害情况,喷洒一些其他有关药剂,把主要病虫控制在为害之前。

在早春苹果树发芽前（图36-40），可用90%乙草胺乳油100~150ml/亩、33%二甲戊乐灵乳油150~200ml/亩、90%乙草胺乳油100~200ml/亩+50%扑草净可湿性粉剂150~200g/亩、90%乙草胺乳油100ml/亩+24%乙氧氟草醚乳油10~15ml/亩，对水均匀喷雾土表。土壤有机质含量低、砂质土、低洼地、水分足，用药量低，反之用药量高。土壤干旱条件下施药要加大用水量或进行浅混土（2~3cm），施药后如遇干旱，有条件的可以灌水后施药以提高除草效果。喷施封闭除草剂时，农民传统的喷药方式喷药不匀，药效不好；喷药时必须用专业喷杆喷雾器械进行喷雾；并加入专业喷雾助剂希望6号喷雾宝20~30ml/15kg药液对水均匀喷雾；必须把药喷匀、喷细、喷透，让药剂在地面上形成一层药膜，药剂均匀度达90%以上，才能取得较好的除草效果。

图36-40　苹果树萌芽前喷施封闭除草剂

（二）苹果发芽展叶期病虫害与农药施用关键技术

3月下旬到4月上旬，幼叶展开，果树开始生长。枝枯病、白粉病开始为害，腐烂病开始进入一年的盛发期（图36-41）。蚜虫开始为害，越冬螨也开始活动，苹果小卷叶蛾越冬幼虫开始出蛰，取食幼芽。

图36-41　苹果萌芽期虫害发生情况

这一时期是刮治腐烂病的重要时期，用锋利的刀子刮除病患部，并刮除一部分边缘好的树皮，深挖到木质部，而后涂抹药剂，可以用50%福美双可湿性粉剂50倍液、29%石硫合剂水剂50～100倍液、15%络氨铜水剂10～20倍液、30%琥胶肥酸铜可湿性粉剂20～30倍液，加入专业的助剂农希望2号喷雾宝20～40ml/15kg药液对水均匀喷雾，以提高药效，保证药液在树干上涂匀、涂细、涂透，让药剂在叶面上形成一层药膜，药剂附着率达90%以上，才能取得较好的防治效果。

防治白粉病，可用25%三唑酮可湿性粉剂2 000倍液、12.5%烯唑醇可湿性粉剂2 000倍液、6%氯苯嘧啶醇可湿性粉剂1 000～1 500倍液，加入专业的喷雾助剂农希望7号喷雾宝10ml/15kg药液，或农希望5号喷雾宝20～30ml/15kg药液对水均匀喷雾，以提高药效。

这一时期是防治蚜虫、卷叶蛾等害虫的重要时期。可在腐烂病病斑刮净后，选1～2块较大的病斑，使用40%辛硫磷乳油，混合均匀成黏稠液体，如较稀可加入一些黏土或草木灰，涂抹于患部，而后用塑料布包扎，20d后解除。也可喷施：10%吡虫啉可湿性粉剂2 000倍液、3%啶虫脒乳油2 000～3 000倍液等药剂，加入专业的喷雾助剂农希望7号喷雾宝10ml/15kg药液，或农希望5号喷雾宝20～30ml/15kg药液对水均匀喷雾，防治蚜虫，同时可控制苹果花叶病的为害。

这一时期的苹果球坚蚧为害不太严重，用小刀刮除其介壳，然后喷施40%辛硫磷乳油1 000倍液、2.5%溴氰菊酯乳油1 500～2 000倍液，加入专业的喷雾助剂农希望7号喷雾宝10ml/15kg药液，或农希望5号喷雾宝20～30ml/15kg药液对水均匀喷雾，以提高药效。

（三）苹果幼果期病虫草害与农药施用关键技术

5月上中旬，是幼果发育和春梢旺盛生长期（图36-42）。这一时期要注意防止生理落果，同时由于幼果抵抗力弱，田间不宜用波尔多液等刺激性农药，以免影响果面品质。

图36-42　苹果幼果期病虫为害情况

这一时期是苹果斑点落叶病、褐斑病、霉心病、轮纹病、炭疽病的侵染期，也是预防保护的关键时期。这一时期叶螨、卷叶蛾、蚜虫、尺蠖等也会造成为害，要进行一次防治。管理上要充分调查病虫情况，了解天气变化，及时采取措施防治。

防治斑点落叶病、褐斑病，前期加强预防，在发病初期，可以用80%代森锰锌水分散粒剂600～800倍液、75%百菌清可湿性粉剂600倍液+10%苯醚甲环唑水分散粒剂2 000～2 500倍液、70%代森锰锌可湿性粉剂400～600倍液+12.5%腈菌唑可湿性粉剂2 500倍液、20%吡唑醚菌酯可湿性粉剂1 000～2 000倍液、70%代森锰锌可湿性粉剂400～600倍液+50%多菌灵可湿性粉剂600倍液等，加入专业的喷雾助剂农希望7号喷雾宝10ml/15kg药液，或农希望5号喷雾宝20ml/15kg药液对水均匀喷雾，以提高药效。

这一时期以加强预防为主，农民传统的喷药方式喷药不匀，大量药液流失（图36-43），难以收到较为理想的预防性防治效果。喷药时必须用高压、超细的专业喷雾器械进行喷雾；并加入专业喷雾助剂用农希望7号喷雾宝10ml/15kg药液，叶片老化后蜡质增厚用农希望7号喷雾宝10～20ml/15kg药液，天气特别干旱时喷药应加入多功能专业喷雾助剂（新叶初发时用农希望5号喷雾宝10～20ml/15kg药液，叶片老化后蜡质增厚用农希望5号喷雾宝20～30ml/15kg药液对水均匀喷雾，必须把药喷匀、喷细、喷透，让药剂在叶面上形成一层药膜，叶上药剂附着率达90%以上（图36-44），让药剂在叶面上充分地润湿扩散、渗透吸收后才能取得较好的防治效果。

图36-43 传统的喷药方法喷不匀、雾滴大。叶面的喷药雾滴较大，大量药液流失，药液很难均匀地附着在叶面，防效较差

图36-44 苹果枝叶繁茂，预防苹果病虫害时，必须用高压、超细的专业喷雾器械进行喷雾，保证药液均匀地喷雾到各部位枝叶上，喷药时应加入专业的喷雾助剂农希望5号喷雾宝20ml/15kg药液对水均匀喷雾，让药液在枝叶上均匀地形成一层油亮的药膜，药液充分地沉积附着、润湿扩散和渗透吸收，叶面上的药剂附着率达90%以上，才能达到多种病虫兼治的目的

该时期也是苹果炭疽病、轮纹病的侵染时期，可以使用80%代森锰锌可湿性粉剂400~600倍液+70%甲基硫菌灵可湿性粉剂800倍液、80%代森锰锌可湿性粉剂400~600倍液+50%异菌脲可湿性粉剂600~800倍液、80%代森锰锌可湿性粉剂400~600倍液+12.5%腈菌唑可湿性粉剂2 500倍液、20%氟硅唑可湿性粉剂3 000~4 000倍液、40%噻菌灵可湿性粉剂1 000~1 500倍液、32%苯甲·溴菌腈（苯醚甲环唑7%+溴菌腈25%)可湿性粉剂1 500~2 000倍液、45%吡醚·甲硫灵（吡唑醚菌酯5%+甲基硫菌灵40%）悬浮剂1 000~2 000倍液、55%硅唑·多菌灵（氟硅唑5%+多菌灵50%）可湿性粉剂800~1 200倍液、60%唑醚·代森联（代森联55%+吡唑醚菌酯5%）水分散粒剂1 000~2 000倍液、80%甲硫·戊唑醇（戊唑醇8%+甲基硫菌灵72%）水分散粒剂800~1 200倍液、30%苯甲·锰锌（代森锰锌20%+苯醚甲环唑10%）悬浮剂4 000~6 000倍液、12.5%腈菌唑可湿性粉剂2 500倍液、75%百菌清可湿性粉剂600倍液+10%苯醚甲环唑水分散粒剂2 000~2 500倍液、50%腈菌·锰锌（腈菌唑2%+代森锰锌48%）可湿性粉剂800~1 000倍液等，加入专业喷雾助剂农希望7号喷雾宝10ml/15kg药液，或农希望5号喷雾宝20~30ml/15kg药液对水均匀喷雾，在防治中应注意多种药剂的交替使用（注意保护剂与治疗剂的合理混用）。

该时期为害苹果的害虫较多，均为为害初期，但此时也是苹果幼果期，所以抓住适期，及时防治虫害，减轻对幼果的影响，宜选用一些刺激性小、高效的杀虫剂。

如有卷叶蛾或蚜虫的为害，并考虑这一阶段螨类正处于上升时期，可以使用2.5%高效氯氟氰菊酯乳油1 000~2 000倍液、25g/L溴氰菊酯乳油2 000~3 000倍液、1.8%阿维菌素乳油3 000~4 000倍液、2.5%氯氟氰菊酯乳油1 000~2 000倍液、12%溴氰·噻虫嗪(噻虫嗪9.5%+溴氰菊酯2.5%悬浮剂1 450~2 400倍液、5%联苯·吡虫啉（吡虫啉3%+联苯菊酯2%）乳油1 500~2 500倍液、20%氟啶·吡虫啉（吡虫啉10%+氟啶虫酰胺10%）水分散粒剂5 000~10 000倍液、25%氯虫·啶虫脒（氯虫苯甲酰胺10%+啶虫脒15%）可分散油悬浮剂3 000~4 000倍液、5.7%氟氯氰菊酯乳油1 000~2 000倍液、20%甲氰菊酯乳油4 000~6 000倍液、22%噻虫·高氯氟（高效氯氟氰菊酯9.4%+噻虫嗪12.6%）悬浮剂5 000~10 000倍液、46%氟啶·啶虫脒（啶虫脒12%+氟啶虫酰胺34%）水分散粒剂8 000~12 000倍液、4%阿维·啶虫脒（啶虫脒3%+阿维菌素1%）乳油4 000~5 000倍液、10.5%高氯·啶虫脒(高效氯氰菊酯3.5%+啶虫脒7%)乳油6 000~7 000倍液25%吡虫·矿物油（吡虫啉1%+矿物油24%）乳油1 500~2 000倍液，加入专业的喷雾助剂农希望7号喷雾宝10ml/15kg药液，或农希望5号喷雾宝20~30ml/15kg药液对水均匀喷雾，以提高药效。

如有螨类为害，可用30%乙螨·三唑锡（乙螨唑15%+三唑锡15%）悬浮剂6 700~10 000倍液、5%噻螨酮乳油1 666~2 000倍液、40%丙溴磷乳油2 000~4 000倍液、16%阿维·哒螨灵（哒螨灵15.6%+阿维菌素0.4%）乳油2500~3500倍液、13%联菊·丁醚脲（联苯菊酯3%+丁醚脲10%）悬浮剂3 000~4 000倍液、40%联肼·乙螨唑（乙螨唑10%+联苯肼酯30%）悬浮剂8 000~10 000倍液、45%螺螨·三唑锡（螺螨酯25%+三唑锡20%）悬浮剂5 000~7 500倍液、7.5%甲氰·噻螨酮（甲氰菊酯5%+噻螨酮2.5%）乳油750~1 000倍液、20%甲氰菊酯水乳剂1 500~3 000倍液、110g/L乙螨唑悬浮剂5 000~7 500倍液、3%阿维菌素乳油5 000~6 000倍液、30%腈吡螨酯悬浮剂2 000~3 000倍液、5.6%阿维·丁醚脲（丁醚脲15%+阿维菌素0.6%）乳油2 000~3 000倍液、10%喹螨醚乳油4 000~5 000倍液、10%阿维·四螨嗪（四螨嗪9.9%+阿维菌素0.1%）悬浮剂1 500~2 000倍液、73%炔螨特乳油2 000~3 000倍液、110%浏阳霉素乳油750~1 500倍液、34%螺螨酯悬浮剂7 000~8 500倍液、20%四螨嗪悬浮剂5 000~6 000倍液、50%联苯肼酯悬浮剂2 100~3 125倍液、20%双甲脒乳油1 500倍液、5%唑螨酯悬浮剂4 000~6 000倍液，加入专业的喷雾助剂农希望7号喷雾宝10ml/15kg药液，或农希望5号喷雾宝20~30ml/15kg药液对水均匀喷雾，以提高药效。

如有网蝽、金纹细蛾、旋纹潜叶蛾的为害，可用1.8%阿维菌素乳油2 000~3 000倍液，20%甲氰菊酯水乳剂1 500~3 000倍液、15.6%阿维·丁醚脲（丁醚脲15%+阿维菌素0.6%）乳油2 000~3 000倍液等，加入专业的喷雾助剂农希望5号喷雾宝20~30ml/15kg药液对水均匀喷雾，以提高药效。

在苹果幼果期（图36-45），也可以结合中耕喷施封闭除草剂，可用90%乙草胺乳油100~150ml/亩、90%乙草胺乳油100~200ml/亩+50%扑草净可湿性粉剂150~200g/亩、50%乙草胺乳油100ml/亩+24%乙氧氟草醚乳油10~15ml/亩对水均匀喷雾土表。喷药时选用专业喷杆喷雾器械进行喷雾；并加入专业的喷雾助剂农希望6号喷雾宝20~30ml/15kg药液对水均匀喷雾；必须把药喷匀、喷细、喷透，让药剂在地面上形成一层药膜，药剂均匀度达90%以上，才能取得较好的除草效果。

图36-45 苹果幼果期喷施封闭除草剂

对于前期未能封闭除草的田块（图36-46），在杂草基本出齐，且杂草处于幼苗期时应及时施药，可用10%精喹禾灵乳油50~75ml/亩、10.8%高效吡氟氯禾灵乳油20~60ml/亩、12.5%烯禾啶乳油50~100ml/亩、24%烯草酮乳油20~60ml/亩，加入专业喷雾助剂农希望6号喷雾宝20~30ml/15kg药液，施药时视草情、墒情确定用药量。草大、墒差时适当加大用药量。对水30kg均匀喷施。禾本科和阔叶杂草混用的地块，在杂草基本出齐，且杂草处于幼苗期时应及时施药，可用10%精喹禾灵乳油50~75ml/亩+48%苯达松水剂150ml/亩、10.8%高效吡氟氯禾灵乳油20~60ml/亩+25%三氟羧草醚水剂50ml/亩、10%精喹禾灵乳油50~75ml/亩+24%乳氟禾草灵乳油20~40ml/亩、68%草甘膦可溶粒剂99~198g/亩，加入专业喷雾助剂农希望6号喷雾宝20~30ml/15kg药液对水均匀喷雾，应在梨园定向施药，不能将药液喷洒至梨叶片上，喷洒时应采用保护罩或压低喷头定向喷布，否则会发生严重的药害。

图36-46 梨园喷施茎叶处理的除草剂时，必须用专业喷雾器械进行喷雾，喷药必须保证药液均匀地喷雾到杂草茎叶上，并加入专业的喷雾助剂农希望6号喷雾宝20ml/15kg药液对水均匀喷雾，让药液在杂草的茎叶上均匀地形成一层油亮的药膜，让药液充分地渗透杂草体，才能达到多种病虫兼治的目的

（四）苹果花芽分化期至果实膨大期病虫害与农药施用关键技术

5月下旬到6月上旬，苹果生长旺盛，春梢快速生长，幼果开始长大（图36-47）。6月中下旬到7月中下旬，春梢生长基本停止，花芽继续分化，果实迅速膨大。

这个时期是多种病虫害混合发生、加强病虫害防治、保证丰收的关键时期。此时苹果斑点落叶病进入发病高峰，应及时防治。苹果炭疽病和轮纹病、霉心病等也在不断的侵染，并开始发病。6月下旬到7月上中旬是食心虫第一代卵和幼虫的发生期，红蜘蛛也可能大发生，蚜虫、卷叶蛾等害虫也有为害，要及时喷药防治。

防治斑点落叶病、褐斑病、灰斑病，果实病害，如轮纹病、炭疽病等可以使用32%苯甲·溴菌腈（苯醚甲环唑7%+溴菌腈25%）可湿性粉剂1 500~2 000倍液、50%腈菌·锰锌（腈菌唑2%+代森锰锌

图36-47 苹果果实膨大期病虫害为害情况

48%）可湿性粉剂800～1 000倍液、80%代森锰锌可湿性粉剂400～600倍液+50%异菌脲可湿性粉剂600～800倍液、45%吡醚·甲硫灵（吡唑醚菌酯5%+甲基硫菌灵40%）悬浮剂1 000～2 000倍液、75%百菌清可湿性粉剂600倍液+10%苯醚甲环唑水分散粒剂2 000～2 500倍液、55%硅唑·多菌灵（氟硅唑5%+多菌灵50%）可湿性粉剂800～1 200倍液80%代森锰锌可湿性粉剂400～600倍液+12.5%腈菌唑可湿性粉剂2 500倍液、30%苯甲·锰锌（代森锰锌20%+苯醚甲环唑10%）悬浮剂4 000～6 000倍液等，加入专业的喷雾助剂农希望7号喷雾宝10ml/15kg药液，或农希望5号喷雾宝20～30ml/15kg药液对水均匀喷雾，在防治中应注意多种药剂的交替使用（注意保护剂与治疗剂的合理混用）。

食心虫卵和幼虫的发生期，蚜虫、卷叶蛾等害虫也有为害，要及时喷药防治。可以用6%甲维·杀铃脲（甲氨基阿维菌素苯甲酸盐0.5%+杀铃脲5.5%）微胶囊悬浮剂1 500～2 000倍液、35%氯虫苯甲酰胺水分散粒剂17 500～25 000倍液+48%毒死蜱乳油1 500～2 000倍液、20%甲氰菊酯乳油2 000倍液+25%灭幼脲悬浮剂1 500～2 000倍液、1.8%阿维菌素乳油1 000～1 500倍液+20%虫酰肼悬浮剂1 500～2 000倍液、14%氯虫·高氯氟（氯虫苯甲酰胺9.3%+高效氯氟氰菊酯4.7%）微胶囊悬浮剂3 000～5 000倍液，加入专业的喷雾助剂如农希望7号喷雾宝10ml/15kg药液，或农希望5号喷雾宝20～30ml/15kg药液对水均匀喷雾。

该时期发现红蜘蛛为害，应及时防治，应注意结合其他害虫一起防治。可以使用10%阿维·四螨嗪（四螨嗪9.9%+阿维菌素0.1%）悬浮剂1 500～2 000倍液、16%阿维·哒螨灵（哒螨灵15.6%+阿维菌素0.4%）乳油2 500～3 500倍液、15.6%阿维·丁醚脲（丁醚脲15%+阿维菌素0.6%）乳油2 000～3 000倍液等药剂，加入专业的喷雾助剂农希望5号喷雾宝20～30ml/15kg药液对水均匀喷雾，以提高药效。

（五）苹果果实成熟期病虫害与农药施用关键技术

7月下旬以后，苹果开始进入成熟阶段。这一时期苹果炭疽病、轮纹病开始大量发病，应及时喷药治疗（图36-48）。

图36-48 苹果成熟期病害发生情况

这时天气多阴雨、湿度大，炭疽病、轮纹病、霉心病、疫腐病、褐腐病也有发生，应注意防治。该期又是第2代桃小食心虫、苹小食心虫的卵和幼虫发生盛期，应注意田间观察，适期防治。一般要施药1~3次。

防治苹果炭疽病、轮纹病，并兼治其他病害，可以使用80%代森锰锌可湿性粉剂600倍液+12.5%腈菌唑可湿性粉剂2 500倍液、32%苯甲·溴菌腈（苯醚甲环唑7%+溴菌腈25%）可湿性粉剂1 500~2 000倍液、75%百菌清可湿性粉剂600倍液+10%苯醚甲环唑水分散粒剂2 000~2 500倍液、30%苯甲·锰锌（代森锰锌20%+苯醚甲环唑10%）悬浮剂4 000~6 000倍液、45%吡醚·甲硫灵（吡唑醚菌酯5%+甲基硫菌灵40%）悬浮剂1 000~2 000倍液、20%氟硅唑可湿性粉剂3 000~4 000倍液、55%硅唑·多菌灵（氟硅唑5%+多菌灵50%）可湿性粉剂800~1 200倍液、50%腈菌·锰锌（腈菌唑2%+代森锰锌48%）可湿性粉剂800~1 000倍液等，加入专业的喷雾助剂农希望5号喷雾宝20~30ml/15kg药液对水均匀喷施，在防治中应注意多种药剂的交替使用（注意保护剂与治疗剂的合理混用）。

防治苹果食心虫等害虫，可以使用6%甲维·杀铃脲（甲氨基阿维菌素苯甲酸盐0.5%+杀铃脲5.5%）微胶囊悬浮剂1 500~2 000倍液、20%杀铃脲悬浮剂5 000~6 000倍液、1.8%阿维菌素乳油1 000~1 500倍液+24%甲氧虫酰肼悬浮剂2 400~3 000倍液、35%氯虫苯甲酰胺水分散粒剂17 500~25 000倍液+48%毒死蜱乳油1 500~2 000倍液、20%甲氰菊酯乳油2 000倍液+20%虫酰肼悬浮剂1 500~2 000倍液、14%氯虫·高氯氟（氯虫苯甲酰胺9.3%+高效氯氟氰菊酯4.7%）微胶囊悬浮剂3 000~5 000倍液，加入专业的喷雾助剂农希望5号喷雾宝20~30ml/15kg药液对水均匀喷雾，以提高药效。

该期苹果树枝叶茂密、叶面和果面的蜡质增厚，农民传统的喷药方式导致病虫的为害部着药困难，大量药液流失浪费（图38-49），难以达到理想的防治效果。喷药时必须用高压、超细的专业喷雾器械进行喷雾；并加入专业的喷雾助剂农希望7号喷雾宝10ml/15kg药液，叶片老化蜡质增厚用农希望7号喷雾宝10～20ml/15kg药液，天气特别干旱时喷药应加入多功能喷雾助剂农希望5号喷雾宝10～20ml/15kg药液，叶片老化蜡质增厚用农希望5号喷雾宝20～30ml/15kg药液对水均匀喷雾；必须把药喷匀、喷细、喷透让药剂在叶面和果面上形成一层药膜，叶上药剂附着率达90%以上（图38-50），让药剂在叶面上充分地润湿扩散、渗透吸收后才能取得较好的防治效果。

图36-49　传统的喷药方法喷不匀、雾滴大。叶面的喷药雾滴较大，大量药液流失，药液很难均匀地附着在叶面上，防效较差

图36-50　防治苹果病虫害时，必须用专业喷雾器械进行喷雾，保证药液均匀地喷雾到苹果叶面和果面，加入专业的喷雾助剂农希望5号喷雾宝20ml/15kg药液对水均匀喷雾，让药液均匀地形成一层油亮的药膜，让药液充分地润湿扩散、渗透吸收，才能达到有效防治的目的

（六）苹果营养恢复期病虫害与农药施用关键技术

进入9月以后，多数苹果已经成熟、采摘，苹果生长进入营养恢复期（图36-51）。这一时期苹果树势较弱，一般天气多阴雨、潮湿，腐烂病又有所发展，应及时刮除树皮腐烂部分，按前面的方法涂抹药剂。这一时期还有炭疽病、轮纹病、早期落叶病等的为害，应喷施1~2次1∶2∶200倍式波尔多液，保护叶片。

图36-51　苹果营养恢复期生长情况

第三十七章 梨病虫草害与农药施用关键技术

一、梨树病害与农药施用关键技术

1. 梨轮纹病

症　状　梨生囊孢壳菌 Physalospora piricola 属子囊菌门真菌；无性世代称轮生大茎点菌，属半知菌亚门真菌。主要为害枝干和果实，有时也为害叶片。枝干受害，以皮孔为中心先形成暗褐色瘤状突起（图37-1），病斑扩展后成为近圆形或扁圆形暗褐色坏死斑（图37-2和图37-3）。果实病斑以皮孔为中心，初为水渍状浅褐色至红褐色圆形烂斑，在病斑扩大过程中逐渐形成浅褐色与红褐色至深褐色相间的同心轮纹（图37-4）。叶片病斑初期近圆形或不规则形，褐色，略显同心轮纹形状。

图37-1　梨轮纹病为害枝干症状

发生规律　以菌丝体、分生孢子器及子囊壳在枝干病部越冬。翌年发芽时继续扩展侵害枝干。北方梨产区枝干上的老病斑一般4月上中旬开始扩展，4月下旬至5月扩展较快，落花后10d左右的幼果即可受害。从幼果形成至6月下旬最易感病，8月多雨时，采收前仍可受到明显侵染。

施药技术　发芽前喷铲除剂，可喷施3～5波美度石硫合剂混合液，可杀死部分越冬病菌。如果先刮

图37-2 梨树萌芽前轮纹病为害枝干症状

图37-3 梨轮纹病为害枝干症状

图37-4 梨轮纹病为害果实症状

老树皮和病斑再喷药则效果更好，加入专业的喷雾助剂农希望2号喷雾宝20～40ml/15kg药液对水均匀喷雾，保证药液在树干上喷匀、喷细、喷透，让药剂在叶面上形成一层药膜，药剂附着率达90%以上（图37–5），才能取得较好的防治效果。

图37–5 防治梨树轮纹病时，必须用高压、超细的专业喷雾器械进行喷雾，喷药必须保证均匀喷雾到所有茎叶，加入专业的喷雾助剂农希望5号喷雾宝20ml/15kg药液对水均匀喷雾，让药液在叶面上均匀地形成一层油亮的药膜，叶上药剂附着率达90%以上

果树生长期，喷药的时间是从落花后10d左右（5月上中旬）开始，到果实膨大为止（8月上中旬）。一般年份可喷药4～5次，即5月上中旬、6月上中旬（麦收前）、6月中下旬（麦收后）、7月上中旬、8月上中旬。如果早期无雨，第1次可不喷，如果雨季结束较早，果园轮纹病不重，最后1次亦可不喷。雨季延迟，则采收前还要多喷1次药。

发病前主要施用保护剂以防止病害侵染，可以用80%代森锰锌可湿性粉剂500～1 000倍液、70%丙森锌可湿性粉剂600～700倍液、80%敌菌丹可溶性粉剂1 000～1 200倍液、75%百菌清可湿性粉剂800倍液，加入专业的喷雾助剂（如农希望5号喷雾宝10～20ml/15kg药液），间隔7～14d喷1次。

果树生长期，喷药的时间是从落花后10d左右（5月上中旬）开始，到果实膨大为止（8月上中旬）。一般年份可喷药4～5次，即5月上中旬、6月上中旬（麦收前）、6月中下旬（麦收后）、7月上中旬、8月上中旬。如果早期无雨，第1次可不喷，如果雨季结束较早，果园轮纹病不重，最后1次亦可不喷。雨季延迟，则采收前还要多喷1次药。可用50%异菌脲可湿性粉剂1 000～1 500倍液+50%嘧菌酯水分散粒剂5 000～7 500倍液、75%百菌清可湿性粉剂1 000倍液+40%氟硅唑可湿性粉剂8 000～10 000倍液、65%代森锌可湿性粉剂500～600倍液+70%甲基硫菌灵可湿性粉剂800倍液、2%苯甲·氟酰胺（苯醚甲环唑5% +氟唑菌酰胺7%）悬浮剂1 330～2 400倍液、60%噻菌灵可湿性粉剂1 500～2 000倍液+3%多氧霉素水剂400～600倍液30%苯甲·吡唑酯（苯醚甲环唑20% + 吡唑醚菌酯10%）悬浮剂 15 000～20 000倍液、80%代森锰锌可湿性粉剂600～800倍液+6%氯苯嘧啶醇可湿性粉剂1 000～1 500倍液，加入专业的喷雾助剂农希望5号喷雾宝10～20ml/15kg药液对水均匀喷雾，间隔7～14d喷1次。

2. 梨黑星病

症　状　*Fusicladium virescens* 称梨黑星孢，属半知菌亚门真菌。能够侵染所有的绿色幼嫩组织，其中以叶片和果实受害最为常见。刚展开的幼叶最感病，叶部病斑主要出现在叶片背面，以叶脉处较多（图37-6）。幼果发病，果柄或果面形成黑色或墨绿色的圆斑，导致果实畸形、开裂，甚至脱落。成果期受害，形成圆形凹陷斑，病斑表面木栓化、开裂，呈"荞麦皮"状（图37-7）。

图37-6　梨黑星病为害叶片症状

图37-7　梨黑星病为害果实症状

发生规律 以菌丝体和分生孢子在病芽鳞片上越冬，翌年春天发芽时，借雨水传播造成叶片和果实的初侵染；一般年份从4月下旬至5月上旬开始发病；7—8月进入雨季，叶、幼果发病严重；8月下旬至9月上旬，近成熟的梨果发病重。

施药技术 梨树萌芽前喷洒1~3°波美度石硫合剂或用硫酸铜10倍液进行淋洗式喷洒，加入专业的喷雾助剂（如农希望2号喷雾宝20~40ml/15kg药液）。

芽萌动时喷洒有效药剂预防，如80%代森锰锌可湿性粉剂500~1 000倍液、75%百菌清可湿性粉剂700倍液、80%代森锰锌可湿性粉剂700倍液+40%氟硅唑乳油4 000~5 000倍液、75%百菌清可湿性粉剂800倍液+12.5%腈菌唑可湿性粉剂2 500~3 000倍液等。

梨叶蜡质厚，叶片光滑，农民传统的喷药方式导致病部着药困难，大量药液流失（图37-8），喷药必须保证均匀喷雾到所有茎叶，雾滴的附着率直接影响喷药防治效果。喷药时必须用高压、超细的专业喷雾器械进行喷雾；并加入的专业喷雾助剂（新叶初发时用农希望7号喷雾宝10ml/15kg药液，叶片老化后蜡质增厚用农希望7号喷雾宝10~20ml/15kg药液），天气特别干旱时喷药应加入多功能专业喷雾助剂（新叶初发时用农希望5号喷雾宝10~20ml/15kg药液，叶片老化后蜡质增厚用农希望5号喷雾宝20~30ml/15kg药液对水均匀喷雾；必须把药喷匀、喷细、喷透，让药剂在叶面上形成一层药膜，叶上药剂附着率达90%以上（图37-9），才能取得较好的防治效果。

图37-8 传统的喷药方法喷不匀、雾滴大。叶面的喷药雾滴较大，药液流失，防效较差

图37-9 用高压、超细的专业喷雾器械进行喷雾，加入专业的喷雾助剂农希望5号喷雾宝20ml/15kg药液对水均匀喷雾，让药液在叶面上均匀地形成一层油亮的药膜，叶上药剂附着率达90%以上

花前、落花后幼果期，雨季前，梨果成熟前30d左右是防治该病的关键时期。各喷施1次药剂。可用药剂有：75%苯甲·二氰（二氰蒽醌55%+苯醚甲环唑20%水分散粒剂10 000～15 000倍液、12%苯甲·氟酰胺（苯醚甲环唑5%+氟唑菌酰胺7%）悬浮剂1 330～2 400倍液、80%代森锰锌可湿性粉剂700倍液+50%醚菌酯水分散粒剂4 000～5 000倍液、50%腈·锰锌（腈菌唑·代森锰锌）可湿性粉剂800～1 000倍液、40%氟硅唑乳油8 000～10 000倍液、45%苯醚甲环唑悬浮剂12 000～18 000倍液、35%氟菌唑可湿性粉剂3 500～4 500倍液、12.5%烯唑醇可湿性粉剂3 000～4 000倍液、15%亚胺唑可湿性粉剂3 000～3 500倍液、70%甲基硫菌灵水分散粒剂800～1 000倍液、75%百菌清可湿性粉剂800倍液+10%苯醚甲环唑水分散粒剂5 000～7 000倍液、50%苯菌灵可湿性粉剂1 000～2 000倍液、30%苯甲·吡唑酯（苯醚甲环唑20%+吡唑醚菌酯10%）悬浮剂15 000～20 000倍液、70%苯醚·甲硫（甲基硫菌灵61.6%+苯醚甲环唑8.4%）可湿性粉剂6 000～7 000倍液、40%腈菌唑悬浮剂6 667～10 000倍液、60%锰锌·腈菌唑（腈菌唑2%+代森锰锌58%）可湿性粉剂900～1 500倍液、60%氟菌·多菌灵（氟菌唑10%+多菌灵50%）可湿性粉剂1 200～1 400倍液、80%多·锰锌（多菌灵15%+代森锰锌65%）可湿性粉剂600～800倍液、30%唑醚·戊唑醇(戊唑醇20%+吡唑醚菌酯10%）悬浮剂2 000～3 000倍液、55%苯甲·锰锌（代森锰锌50%+苯醚甲环唑5%）可湿性粉剂3 500～4 500倍液、32.5%锰锌·烯唑醇（烯唑醇2.5%+代森锰锌30%）可湿性粉剂400～600倍液、45%苯醚·戊唑醇（苯醚甲环唑20%+戊唑醇25%）悬浮剂3 700～7 300倍液、40%甲硫·腈菌唑（甲基硫菌灵30%+腈菌唑10%）悬浮剂2 000～2 500倍液、70%甲硫·氟硅唑（甲基硫菌灵60%+氟硅唑10%）可湿性粉剂2 000～3 000倍液等，加入多功能专业喷雾助剂农希望5号喷雾宝10～20ml/15kg药液对水均匀喷雾，以提高药效。

3．梨黑斑病

症　　状　菊池链格孢（*Alternaria kikuchian*）属半知菌亚门真菌。主要为害果实、叶片及新梢。病叶上开始时产生针头大、圆形、黑色的斑点（图37-10），后斑点逐渐扩大成近圆形或不规则形，中心灰白色，边缘黑褐色，有时微现轮纹（图37-11、图37-12）。潮湿时，病斑表面遍生黑霉。果实染病，初在幼果面上产生一个至数个黑色圆形针头大斑点，逐渐扩大成近圆形或椭圆形。病斑略凹陷，表面遍生黑霉。果实长大时，果面发生龟裂，裂隙可深达果心，在裂缝内也会产生很多黑霉，病果往往早落（图37-13）。

图37-10　梨黑斑病为害叶片初期症状

图37-11 梨黑斑病为害叶片中期症状

图37-12 梨黑斑病为害叶片后期症状

图37-13 梨黑斑病为害果实症状

发生规律 以分生孢子及菌丝体在病梢、芽及病叶、病果上越冬。第二年春季，分生孢子通过风雨传播，引起初次侵染。以后新旧病斑上陆续产生分生孢子，引起重复侵染。在南方梨区，一般从4月下旬开始发生至10月下旬以后才逐渐停止，而以6月上旬至7月上旬，即梅雨季节发病最严重。在华北梨区，一般从6月开始发病，7—8月雨季为发病盛期。

施药技术 可于梨树发芽前喷药保护，3月上中旬，喷1次混合5波美度石硫合剂、50%福美双可湿性粉剂100倍液，加入专业的喷雾助剂农希望2号喷雾宝20~40ml/15kg药液，或农希望5号喷雾宝20~40ml/15kg药液对水均匀喷雾，保证药液在树干上喷匀、喷细、喷透，让药剂在叶面上形成一层药膜，药剂附着率达90%以上，以消灭枝干上越冬的病菌。

在果树生长期，一般在落花后至梅雨期结束前，即在4月下旬至7月上旬喷药保护，可以用65%代森锌可湿性粉剂500~600倍液、75%百菌清可湿性粉剂800倍液、80%敌菌丹可溶性粉剂1 000~1 200倍液、86.2%氧化亚铜干悬浮剂800倍液、80%代森锰锌可湿性粉剂700倍液，加入专业的喷雾助剂农希望5号喷雾宝10~20ml/15kg药液对水均匀喷雾，间隔期为10d左右，共喷药2~3次。

为了保护果实，套袋前必须喷1次，开花前和开花后各喷1次。可用35%氟菌·戊唑醇（戊唑醇17.5%+氟吡菌酰胺17.5%）悬浮剂2 000～3 000倍液、50%苯菌灵可湿性粉剂1 500～1 800倍液+50%嘧菌酯水分散粒剂5 000～7 000倍液、25%吡唑醚菌酯乳油1 000～3 000倍液+24%腈苯唑悬浮剂2 500～3 000倍液、50%异菌脲可湿性粉剂1 500～2 000倍液、80%代森锰锌可湿性粉剂700倍液+10%苯醚甲环唑水分散粒剂3 000倍液、80%代森锰锌可湿性粉剂700倍液+40%腈菌唑水分散粒剂6 000～7 000倍液，加入专业的喷雾助剂农希望5号喷雾宝10～20ml/15kg药液对水均匀喷雾，间隔期为10d左右，共喷药2～3次。

4．梨锈病

症　状　*Gymnosporangium haraeanum* 称梨胶锈菌，属担子菌亚门真菌。主要为害幼叶、叶柄、幼果及新梢。起初在叶正面发生橙黄色、有光泽的小斑点，后逐渐扩大为近圆形的病斑，中部橙黄色，边缘淡黄色，最外面有一层黄绿色的晕圈。天气潮湿时，其上溢出淡黄色黏液。病斑组织逐渐变肥厚，叶片背面隆起，正面微凹陷，在隆起部位长出灰黄色的毛状物（图37-14至图37-16）。幼果初期病斑大体与叶片上的相似。病果生长停滞，往往畸形早落。

图37-14　梨锈病为害叶片症状

图37-15　梨锈病为害叶片背面的锈孢子腔

图37-16　梨锈病为害后期叶片正面的性子器

发生规律 只在春季侵染1次，以多年生菌丝体在桧柏类植物的发病部位越冬，春天3月间产生冬孢子角。冬孢子角在梨树发芽展叶期萌发产生担孢子，随风传播至梨树的嫩叶、新梢及幼果上，遇适宜条件萌发产生芽管，直接从表皮细胞或气孔侵入。梨树从展叶开始直至展叶后20d容易被感染。刚落花的幼果易受害，成长期的果实也可被侵染。3月下旬与4月下旬的雨水多发病重。

施药技术 在梨树萌芽前在桧柏等转主寄主上喷药1~2次，以抑制冬孢子萌发产生担孢子。较好的药剂有2~3波美度石硫合剂或1:1~2:（100~160）的波尔多液等。

生长期喷药保护梨树，一般年份可在梨树发芽期喷第1次药，隔10~15d再喷1次即可；春季多雨的年份，应在花前喷1次，花后喷1~2次，每次间隔10~15d。可用80%代森锰锌可湿性粉剂700倍液+12.5%烯唑醇可湿性粉剂1 500~2 000倍液、80%代森锰锌可湿性粉剂700倍液+40%氟硅唑乳油8 000倍液、20%萎锈灵乳油600~800倍液+65%代森锌可湿性粉剂500倍液、25%邻酰胺悬浮剂500~800倍液、30%醚菌酯悬浮剂2 000~3 000倍液、12.5%氟环唑悬浮剂1 500~2 000倍液、40%氟硅唑乳油6 000~8 000倍液、50%粉唑醇可湿性粉剂2 000~2 500倍液、25%肟菌酯悬浮剂2 000~4 000倍液、5%己唑醇悬浮剂1 000~2 000倍液、25%丙环唑乳油1 500~2 000倍液，加入专业的喷雾助农希望5号喷雾宝10~20ml/15kg药液对水均匀喷雾，以提高药效。

5．梨褐腐病

症 状 *Monilia fructigena*称仁果丛梗孢。只为害果实。在果实近成熟期发生，初为暗褐色病斑，逐步扩大，几天可使全果腐烂，斑上生黄褐色绒状颗粒成轮状排列，表生大量分生孢子梗和分生孢子，树上多数病果落地腐烂，残留树上的病果变成黑褐色僵果（图37-17和图37-18）。

图37-17 梨褐腐病为害果实症状

发生规律 以菌丝体在树上僵果和落地病果内越冬，翌春产生分生孢子，借风雨传播，自伤口或皮孔侵入果实。8月上旬至9月上旬果实近成熟期多雨潮湿时发病重。在果实贮运中，靠接触传播。在高温、高湿及挤压条件下，易产生大量伤口，病害常蔓延。

施药技术 发病较重的果园，花前喷施45%晶体石硫合剂30倍液药剂保护。

落花后，病害发生前期，可用70%甲基硫菌灵可湿性粉剂800倍液、35%氟菌·戊唑醇（戊唑醇17.5%+氟吡菌酰胺17.5%）悬浮剂2 000~3 000倍液、50%多菌灵可湿性粉剂600~800倍液、50%苯菌灵可湿性粉剂1 000倍液

图37-18 梨褐腐病为害果实后期的绒状颗粒

等，加入专业的喷雾助剂农希望5号喷雾宝10~20ml/15kg药液对水均匀喷药，以提高药效。

在8月下旬至9月上旬，果实成熟前喷药2次，可用50%克菌丹可湿性粉剂400~500倍液、20%唑菌胺酯水分散性粒剂1 000~2 000倍液、24%腈苯唑悬浮剂2 500~3 200倍液，加入专业的喷雾助剂农希望5号喷雾宝20~30ml/15kg药液对水均匀喷药，以提高药效。。

果实贮藏前，用50%甲基硫菌灵可湿性粉剂700倍液浸果10min，加入专业的喷雾助剂农希望5号喷雾宝20~30ml/15kg药液对水均匀喷药，以提高药效。晾干后贮藏。

6．梨树腐烂病

症　　状　*Valsa ambiens* 称梨黑腐皮壳，属子囊菌亚门真菌。为害枝干引起枝枯和溃疡两种症状（图37-19至图37-21）。枝枯型：（如衰弱的梨树小枝上，病斑形状不规则，边缘不明显，扩展迅速，

图37-19　梨树腐烂病为害萌芽前症状

很快包围整个枝干，使枝干枯死，并密生黑色小粒点。溃疡型(图37-22)：树皮上的初期病斑椭圆形或不规则形，稍隆起，皮层组织变松，呈水渍状湿腐，红褐色至暗褐色。以手压之，病部稍下陷并溢出红褐色汁液，此时组织解体，易撕裂，并有酒糟味。果实受害，初期病斑圆形，褐色至红褐色软腐，后期中部散生黑色小粒点，并使全果腐烂。

发生规律　以子囊壳、分生孢子器和菌丝体在病组织上越冬，春天形成子囊孢子或分生孢子，借风雨传播，造成新的侵染。1年中春季盛发，夏季停止扩展，秋季再活动，冬季又停滞，出现两个高峰期。结果盛期管理不好，树势弱，水肥不足的易发病。

图37-20　梨树腐烂病枝干上的黄色孢子角

施药技术　早春、夏季注意查找病部，认真刮除病组织，涂抹杀菌剂。刮树皮：在梨树发芽前刮去翘起的树皮及坏死的组织，刮皮后结合涂药或喷药。可喷布50%福美双可湿性粉剂50倍液、70%甲基硫菌灵可湿性粉剂1份加植物油2.5份、50%多菌灵可湿性粉剂1份加植物油1.5份混合等，最好加入专业的喷雾助剂农希望2号喷雾宝20~40ml/15kg药液对水均匀喷药，以提高药效，保证药液在树干上形成一层药膜，以防止病疤复发。

7．梨炭疽病

症　　状　围小丛壳*Glomerella cingulata*属子囊菌亚门真菌。子囊壳聚生，子囊孢子单胞，略弯曲，无色。无性阶段为*Colletotrichum gloeosporioides*称盘长孢状刺盘孢，属半知菌亚门真菌。主要为害果实，

图37-21 梨树腐烂病枝枯型为害症状

图37-22 梨树腐烂病溃疡型为害枝干症状

也能侵害枝条。果实多在生长中后期发病。发病初期，果面出现淡褐色水渍状的小圆斑，以后病斑逐渐扩大，色泽加深，并且软腐下陷。病斑表面颜色深浅交错，具明显的同心轮纹。在病斑处表皮下，形成无数小粒点，略隆起，初褐色，后变黑色。有时它们排成同心轮纹状。在温暖潮湿情况下，它们突破表皮，涌出一层粉红色的黏质物。随着病斑的逐渐扩大，病部烂入果肉直到果心，使果肉变褐，有苦味。发病严重时，果实大部分或整个腐烂，引起落果或者在枝条上干缩成僵果（图37-23）。

图37-23　梨炭疽病为害果实后期症状

发生规律　病菌以菌丝体在僵果或病枝上越冬。第二年条件适宜时产生分生孢子，借风雨传播，引起初侵染。多以越冬病菌为中心，然后向下扩展蔓延。一年内可多次侵染，直到采收。病害的发生和流行与雨水有密切关系，4—5月多阴雨的年份，侵染早；6—7月阴雨连绵，发病重。地势低洼、土壤黏重、排水不良的果园发病重；树势弱、日灼严重、病虫害防治不及时和通风透光不良的梨树病重。

施药技术　发病前注意施用保护剂，可以80%代森锰锌可湿性粉剂700倍液、25%嘧菌酯悬浮剂800～1500倍液、80%敌菌丹可溶性粉剂1000～1200倍液、75%百菌清可湿性粉剂800倍液、65%代森锌可湿性粉剂500～600倍液等，加入专业的喷雾助剂农希望5号喷雾宝10～20ml/15kg药液对水均匀喷药，间隔7～12d喷施1次。

北方发病严重的地区，从5月下旬或6月初开始，每15d左右喷1次药，直到采收前20d止，连续喷4～5次。雨水多的年份，喷药间隔期缩短些，并适当增加次数。可用25%嘧菌酯悬浮剂800～1500倍液、12%苯醚·噻霉酮（苯醚甲环唑10%+噻霉酮2%）水乳剂4000～5000倍液、86.2%氧化亚铜干悬浮剂800倍液、80%代森锰锌可湿性粉剂700倍液+10%苯醚甲环唑水分散粒剂6000倍液、80%代森锰锌可湿性粉剂700倍液+50%多菌灵可湿性粉剂800倍液、70%甲基硫菌灵可湿性粉剂1000倍液+80%敌菌丹可溶性粉剂1000～1200倍液、75%百菌清可湿性粉剂1000倍液+40%氟硅唑可湿性粉剂8000～10000倍液、50%异菌脲可湿性粉剂2000倍液、80%代森锰锌可湿性粉剂600～800倍液+6%氯苯嘧啶醇可湿性粉剂1000～1500倍液、10%多氧霉素可湿性粉剂2000倍液等药剂，加入专业的喷雾助剂农希望2号喷雾宝20～30ml/15kg药液对水均匀喷药，以提高药效。

二、梨树虫害与农药施用关键技术

1. 梨小食心虫

形态特征　梨小食心虫（*Grapholitha molesta*），为害新梢时，多从新梢顶端叶片的叶柄基部蛀入髓部，由上向下蛀食，蛀孔外有虫粪排出和树胶流出，被害嫩梢的叶片逐渐凋萎下垂，最后枯死（图37-24和图37-25）。为害果实时，幼虫蛀入果肉纵横蛀食，常使果肉变质腐败，不能食用（图37-26）成虫全体暗褐或灰褐色。触角丝状，下唇须灰褐上翘。前翅灰黑，翅面上有许多白色鳞片，后翅暗褐色（图37-27）。卵扁椭圆形，中央隆起，半透明。刚产卵乳白色，近孵时可见幼虫褐色头壳（图37-28）。末龄幼虫体淡红至桃红色，腹部橙黄，头褐色，前胸背板黄白色，透明，体背桃红色（图37-29）。蛹纺锤形，黄褐色。茧丝质白色，长椭圆形。

图37-24　梨小食心虫为害梨树新梢症状

图37-25　梨小食心虫为害桃树新梢症状

图37-26　梨小食心虫为害果实症状

图37-27　梨小食心虫成虫

图37-28　梨小食心虫卵

图37-29　梨小食心虫幼虫蛀梢

发生规律 华北地区1年发生3~4代，黄淮海地区4~6代，华南6~7代。以老熟幼虫在梨树和桃树的老翘皮下、根颈部、杈丫、剪锯口、石缝、堆果场等处结茧越冬。越冬幼虫于翌年春4月上旬开始化蛹，4月下旬越冬代成虫羽化，羽化盛期为5月下旬。6月下旬至8月上旬第1代成虫出现，继续在桃树上产卵。第2代成虫在7月中旬至8月下旬出现。8月下旬是为害梨果最重的时期，第3代成虫在8月中旬至9月下旬出现，基本都滞育越冬。

施药技术 在成虫产卵高峰期，卵果率达0.5%~1%时，可用5%阿维菌素微乳剂4 000~8 000倍液、30%辛·脲乳油1 500~2 000倍液均匀喷施、5%氟铃脲乳油1 000~2 000倍液等药剂，加入专业的喷雾助剂农希望5号喷雾宝20~30ml/15kg药液对水均匀喷药，以提高药效。

于卵孵盛期，幼虫蛀果前，可用50g/L高效氯氟氰菊酯乳油3 000~8 000倍液、2.5%高效氯氟氰菊酯水乳剂4 000~5 000倍液、9%阿维·高氯氟（高效氯氟氰菊酯6%＋阿维菌素3%）水乳剂4 000~6 000倍液、5.7%氟氯氰菊酯乳油1 500~2 500倍液、25g/L溴氰菊酯乳油2 500~4 000倍液、100亿芽孢/g苏云金杆菌可湿性粉剂100~250g/亩、20%甲氰菊酯乳油2 000~3 000倍液、1.8%阿维菌素乳油2 000~4 000倍液，加入专业的喷雾助剂农希望5号喷雾宝20~30ml/15kg药液对水均匀喷药，以提高药效，虫口数量大时，间隔15d左右再喷1次，连续喷2~3次为宜。

2. 梨星毛虫

形态特征 梨星毛虫（*Illiberis pruni*），幼虫食害芽、花蕾、嫩叶等（图37-30）。成虫灰黑色，复眼紫黑至浓黑色，触角锯齿状，雄蛾短羽状，头胸部有黑色绒毛，翅脉清晰可见（图37-31）。卵扁平，椭圆形，初产乳白色，渐变黄白色，近孵化时变褐色。老幼虫体白色，纺锤形，头小黑色缩于前胸。初孵幼虫淡紫色，2~3龄虫体暗黄色，越冬幼虫外有丝茧（图37-32）。蛹纺锤形，初黄白色，后期变黑褐色（图37-33）。茧白色，双层。

图37-30 梨星毛虫为害叶片症状

图37-31 梨星毛虫成虫

图37-32 梨星毛虫幼虫

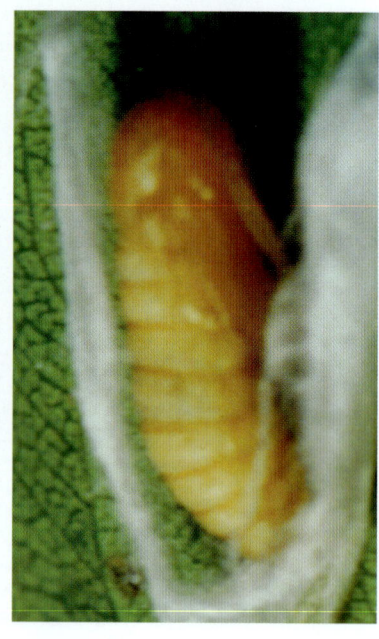

图37-33 梨星毛虫蛹

发生规律 1年发生1~2代，以幼龄幼虫在树干老翘皮和裂缝下越冬。翌年4月上旬，花芽露绿时，幼虫开始出蛰，4月中旬花芽膨大至开绽时，开绽期钻入花芽内蛀食花蕾或芽基，为出蛰盛期。6月下旬至7月中旬出现成虫，7月上旬为羽化盛期，到7月下旬至8月上旬，陆续潜入越冬场所，休眠越冬。

施药技术 早春幼虫出蛰前刮去树皮杀死幼虫。在早春果树发芽前，越冬幼虫出蛰前，对老树进行刮树皮，对幼树进行树干周围压土，刮下的树皮要集中烧毁。抓住梨树花芽膨大期，出蛰幼虫盛期和幼虫孵化盛期，趁幼虫尚未进入为害前，及时喷药防治。可用0.5%楝素乳油1 000~1 500倍液、25%灭幼脲悬浮剂1 500~2 000倍液、20%虫酰肼悬浮剂1 500~2 000倍液、24%甲氧虫酰肼悬浮剂2 400~3 000倍液、5%虱螨脲乳油1 000~2 000倍液，加入专业的喷雾助剂农希望5号喷雾宝20~30ml/15kg药液对水均匀喷雾，以提高药效。

成虫发生期和第1代幼虫发生期，以杀死成虫、幼虫和卵，可用1.8%阿维菌素乳油2 000~3 000倍液、20%氰戊菊酯乳油2 000~3 000倍液、25%溴氰菊酯乳油1 500~2 000倍液、2.5%高效氟氯氰菊酯乳油1 000~1 500倍液，加入专业的喷雾助剂农希望5号喷雾宝20~30ml/15kg药液对水均匀喷雾。

3. 梨冠网蝽

形态特征 梨冠网蝽（*Stephanitis nashi*）成虫和若虫群集叶背面刺吸汁液，受害叶片正面初期呈现黄白色成片小斑点，严重时叶片苍白。叶背有成片的斑点状黑褐色黏稠粪便（图37-34）。成虫体扁平暗褐色，头小，触角丝状（图37-35）。前翅布满网状纹，前翅叠起构成深褐色"X"形斑，前翅及前胸翼状片均半透明。卵椭圆形，黄绿色，一端弯曲。初孵幼虫乳白色半透明（图37-36），渐变为淡绿色，然后变为褐色。

图37-34 梨冠网蝽为害梨叶症状

图37-35 梨冠网蝽成虫

图37-36 梨冠网蝽若虫

发生规律 1年发生3~5代。以成虫潜伏在落叶下、树干翘皮、崖壁裂缝及果园四周灌木丛中越冬。越冬成虫在果树发芽后的4月上旬开始出蛰，4月下旬至5月上旬为出蛰高峰期。第1代成虫6月发生，第2代成虫7月上旬发生，第3代8月上旬发生，第4代8月底发生。全年为害最重时期为7—8月，即第2~3代发生期。第4代成虫9月下旬至10月上旬开始飞向越冬场所，以10月下旬最多。

施药技术　掌握在4月中下旬越冬成虫出蛰盛期、5月下旬第1代若虫孵化盛期是防治关键，以叶背为防治重点，效果显著，对控制梨冠网蝽为害起很大作用。可用11.5%阿维·吡可湿性粉剂2 000倍液、1.8%阿维菌素乳油2 000~4 000倍液、10%吡虫啉可湿性粉剂2 000倍液、2.5%氯氟氰菊酯乳油1 000倍液、20%甲氰菊酯乳油1 000倍液，加入专业的喷雾助剂农希望5号喷雾宝20~30ml/15kg药液对水均匀喷雾，间隔10d喷1次，连续喷2次。

4．梨大食心虫

发生规律　各地均以幼龄幼虫在芽（主要是花芽）内结白茧越冬。春季花芽膨大期转芽为害，幼果期转果为害（图37-37）。第1代幼虫为害期在6—8月，第2代成虫发生期为8—9月，2代产卵于芽附近，孵化后的幼虫蛀到芽内结茧后越冬。

施药技术　可用9%阿维·高氯氟（高效氯氟氰菊酯6%+阿维菌素3%）水乳剂4 000~6 000倍液、2.5%氯氟氰菊酯水乳剂4 000~5 000倍液、4.5%高效氯氰菊酯乳油1 000~2 000倍液、20%甲氰菊酯乳油2 000~3 000倍液、25%灭幼脲悬浮剂750~1 500倍液、5%氟苯脲乳

图37-37　梨大食心虫为害果实症状

油800~1 500倍液、5%氟铃脲乳油1 000~2 000倍液、1.8%阿维菌素乳油2 000~4 000倍液、14%氯虫·高氯氟微囊悬浮剂15~20ml/亩、200g/L四唑虫酰胺悬浮剂7.5~10ml/亩、溴10%氰虫酰胺悬浮剂30~40ml/亩、4.5%高效氯氰菊酯乳油35~50ml/亩+1%甲氨基阿维菌素苯甲酸盐微乳剂5~10ml/亩等，加入专业的喷雾助剂农希望5号喷雾宝20~30ml/15kg药液对水均匀喷雾，间隔10d喷1次。

5．梨木虱

形态特征　梨木虱（*Psylla pyri*）成虫、若虫在幼叶、果梗、新梢上群集吸食汁液，导致叶片卷缩。在花蕾上寄生多时，花蕾不能开花，接着变黄、凋落。果面亦变黑粗糙，果面污染率在50%以上（图37-38至图37-41）。成虫越冬型褐色，产卵期变红褐色，前翅后缘在臀区有明显的褐色斑（图37-42）。夏型黄色或绿色，体色变化较大，绿色者中胸背板大部为黄色，胸背有黄色纵条。夏型翅上均无斑纹，触角丝状。初孵幼虫扁椭圆形，淡黄色，复眼红色。3龄后体扁圆形，绿色，翅芽稍有褐色，晚秋最末代若虫为褐色，越冬型成虫刚蜕皮时为红色（图37-43）。越冬卵为长椭圆形，黄色；夏季卵初产乳白色。

发生规律　辽宁3代，河北、山东4~6代，以成虫在树皮缝、树洞和落叶下越冬。在早春刚萌动时即出蛰活动，在枝条上吸食汁液，并分泌白色蜡质物，而后即行交尾和产卵，起始卵产在叶痕沟内，呈线状排列，花芽膨大时大量产卵，吐蕾期为产卵盛期，花期为第1代卵的孵化盛期，花后为若虫期。一般在9—10月，果实采收后即产生末代，此代羽化的成虫为越冬代成虫。

施药技术　梨木虱化学防治关键时期为：①梨木虱出蛰盛期在2月底至3月初，出蛰盛期是第1代卵孵化始期。②5月下旬至6月上旬，成虫、低龄若虫发生高峰期。

首选药剂1.8%阿维菌素乳油5 000倍液，10%吡虫啉2 000倍液+1.8%阿维菌素3 000倍液、常用药剂还

图37-38 梨木虱为害叶片症状

图37-39 梨木虱为害枝条症状

图37-40 梨木虱为害果实症状

图37-41 梨木虱为害梨树新梢症状

图37-42 梨木虱成虫

图37-43 梨木虱越冬型成虫及为害叶片症状

有10%吡虫啉2 000倍液+10%甲氰菊酯乳油2 000倍液、50%辛硫磷乳油800倍液，加入专业的喷雾助剂农希望5号喷雾宝20~30ml/15kg药液对水均匀喷雾，以提高药效。

夏季防治，于5月下旬至6月上旬成虫、若虫发生高峰期，可用5%阿维菌素微乳剂4 000~8 000倍液、10%双甲脒乳油1 000~1 500倍液、20%螺虫·呋虫胺（呋虫胺10%+螺虫乙酯10%）悬浮剂2 000~3 000倍液、40%螺虫乙酯悬浮剂8 000~9 000倍液、5%吡·阿（阿维菌素0.5%+吡虫啉4.5%）乳油5 000~8 000倍液、3%啶虫脒乳油2 000倍液、20%双甲脒乳油1500倍液、0.3%虱螨特乳油2 000~2 500倍液、25%噻虫嗪水分散粒剂 5 000倍液、4.5%高效氯氰菊酯乳油21.8~31.2mg/kg、10%吡虫啉可湿性粉剂2 000~2 500倍液、15%阿维·毒（阿维菌素0.2%+毒死蜱14.8%）乳油1 000~2 000倍液、9%阿维·高氯氟（高效氯氟氰菊酯6%+阿维菌素3%）水乳剂4 000～6 000倍液、20%噻虫胺悬浮剂2 000～2 500倍液、24%阿维菌素·噻虫胺（噻虫胺20%+阿维菌素4%）悬浮剂3 000～5 000倍液、25%阿维·螺虫酯（螺虫乙酯22%+阿维菌素3%）悬浮剂4 000～6 000倍液、22%螺虫·噻虫啉（噻虫啉11%+螺虫乙酯11%）悬浮剂3 000～5 000倍液、5%阿维·吡虫啉（吡虫啉4.5%+阿维菌素0.5%）悬乳剂2 000～3 000倍液、6%阿维·高氯（高效氯氰菊酯5.6%+阿维菌素0.4%）乳油5 000～7 000倍液等，为了提高药效还应加入专业的喷雾助剂农希望5号喷雾宝20～30ml/15kg药液对水均匀喷雾，10d后再喷1次，效果较好。

6．梨圆蚧

形态特征 梨圆蚧（*Diaspidiotus perniciosus*）主要为害枝条、果实和叶片。被害处呈红色圆斑，严重时皮层爆裂，甚至枯死。果实受害后，在虫体周围出现一圈红晕，虫多时呈现一片红色，严重时造成果面龟裂（图37-44和图37-45）。成虫雌雄异体。雌成虫体扁圆形，橙黄色，体背覆盖灰白色圆形介壳，有同心轮纹，介壳中央稍隆起称壳点，黄色或褐色。雄成虫橙黄色，有翅1对，半透明。初孵若虫扁椭圆形，淡黄色。蛹：雄虫化蛹，长锥形，淡黄色藏于介壳下。

图37-44 梨圆蚧为害果实症状

图37-45 梨圆蚧为害枝条症状

发生规律 辽宁3代，河北、山东4～6代，以成虫在树皮缝、树洞和落叶下越冬。在早春刚萌动时即出蛰活动，在枝条上吸食汁液，并分泌白色蜡质物，而后即行交尾和产卵，起始卵产在叶痕沟内，呈线状排列，花芽膨大时大量产卵，吐蕾期为产卵盛期，花期为第1代卵的孵化盛期，花后为若虫期。一般在9—10月，果实采收后即产生末代，此代羽化的成虫为越冬代成虫。

施药技术 梨木虱化学防治关键时期为：①梨木虱出蛰盛期在2月底至3月初，出蛰盛期是第1代卵孵化始期。②5月下旬至6月上旬，成虫、低龄若虫发生高峰期。

首选药剂50%辛硫磷乳油800倍液、1.8%阿维菌素乳油5 000倍液、10%吡虫啉2 000倍液+1.8%阿维菌素3 000倍液，加入专业的喷雾助剂（如农希望5号喷雾宝20～30ml/15kg药液）。夏季防治，于5月下旬至6月上旬成虫、若虫发生高峰期，可选用24%阿维·毒乳油2 000～3 000倍液、5%双氧威乳油3 000倍液、3%啶虫脒乳油2 000倍液、20%双甲脒乳油1500倍液、20%螺虫·呋虫胺（呋虫胺10%+螺虫乙酯10%）悬浮剂2 000～3 000倍液、40%螺虫乙酯悬浮剂8 000～9 000倍液、5%阿维菌素微乳剂4 000～8 000倍液、10%双甲脒乳油1 000～1 500倍液、5%吡·阿乳油5 000～8 000倍液、常用药剂还有10%吡虫啉2000倍液+10%甲氰菊酯乳油2 000倍液、10%吡虫啉可湿性粉剂2 000～2 500倍液、0.3%虱螨特乳油2 000～2 500倍液、25%噻虫嗪水分散粒剂5 000倍液、240g/L虫螨腈悬浮剂1 250～2 500倍液、4.5%高效氯氰菊酯乳油21.8～31.2mg/kg、20%噻虫胺悬浮剂2 000～2 500倍液、24%阿维菌素·噻虫胺（噻虫胺20%+阿维菌素

4%）悬浮剂3 000~5 000倍液、25%阿维·螺虫酯（螺虫乙酯22%+阿维菌素3%）悬浮剂4 000~6 000倍液、9%阿维·高氯氟（高效氯氟氰菊酯6%+阿维菌素3%）水乳剂4 000~6 000倍液、22%螺虫·噻虫啉（噻虫啉11%+螺虫乙酯11%）悬浮剂3 000~5 000倍液、5%阿维·吡虫啉（吡虫啉4.5%+阿维菌素0.5%）悬乳剂2 000~3 000倍液、6%阿维·高氯（高效氯氰菊酯5.6%+阿维菌素0.4%）乳油5 000~7 000倍液等，为了提高药效还应加入专业的喷雾助剂农希望5号喷雾宝20~30ml/15kg药液对水均匀喷雾，10d后再喷1次，效果较好。

7. 梨二叉蚜

形态特征 梨蚜（*Schizaphis piricola*）以成虫、若虫群集于芽、嫩叶、嫩梢上吸取梨汁液。早春若虫集中在嫩芽上为害。随着梨芽开绽而侵入芽内。梨芽展叶后，则转至嫩梢和嫩叶上为害（图37-46）。被害叶从主脉两侧向内纵卷成松筒状（图37-47）。无翅胎生雌蚜体绿、暗绿、黄褐色，常被白色蜡粉。头部额瘤不明显；腹管长大黑色，圆筒形状，末端收缩。有翅胎生雌蚜头胸部黑色，额瘤微突出。若虫体小，无翅，绿色，与无翅雌蚜相似。卵椭圆形，黑色有光泽。

发生规律 1年发生20代左右。以卵在梨树芽腋内和树枝裂缝中越冬。次年3月中、下旬梨芽萌发时开始孵化，并以胎生方式繁殖无翅雌蚜。以枝顶端嫩梢、嫩叶最多。4月中旬至5月上旬为害最严重。5月中下旬产生有翅蚜，陆续迁到狗尾草上为害。9—10月又迁回梨树上为害、繁殖，产生有性蚜。雌雄交尾后，于11月开始在梨树芽腋产卵越冬。

图37-46 梨蚜为害新梢症状

施药技术 越冬虫基本孵化完毕、梨芽尚未开放至发芽展叶期，是防治梨蚜的关键时期。可用2.5%氯氟氰菊酯乳油1 000~2 000倍液、0.8%苦参碱·内酯水剂800倍液、5.7%氟氯氰菊酯乳油1 000~2 000倍液、20%甲氰菊酯乳油4 000~6 000倍液、1.8%阿维菌素乳油3 000~4 000倍液、10%烯啶虫胺可溶性液剂4 000~5 000倍液、10%氯噻啉可湿性粉剂4 000~5 000倍液、10%吡虫啉可

图37-47 梨蚜为害叶片症状

湿性粉剂2 000~4 000倍液、3%啶虫脒乳油2 000~2 500倍液,加入专业的喷雾助剂农希望5号喷雾宝20~30ml/15kg药液对水均匀喷雾,以提高药效。

三、梨各生育期病虫草害与农药施用关键技术

梨树病虫害发生普遍,严重地影响着梨的产量和品质。一般发生较为普遍的病害有梨黑星病、黑斑病、腐烂病、轮纹病、炭疽病、锈病,其中,以梨黑星病、轮纹病为害较重。为害比较严重的害虫有梨大食心虫、梨小食心虫、山楂红蜘蛛、梨茎蜂;一般管理粗放、用药较少的梨园中梨星毛虫、天幕毛虫、刺蛾类、梨瘦华蛾发生较重;而管理较好、施药较多的梨园中螨类、梨木虱、介壳虫等较为严重;部分梨区梨木虱、梨网蝽、茶翅蝽为害较重,及早采取防治方法。

(一)梨树休眠期病虫害与农药施用关键技术

华北地区梨树从11月到翌年的3月处于休眠期(图37-48),多数病虫也停止活动,许多病虫在残枝、叶、枝干上越冬。

图37-48 梨树休眠期生长情况

这一时期剪除、摘掉树上病枝、僵果,抹除枝干上的介壳虫,扫除园中枝叶,并集中烧毁,减少病源;深翻土壤,特别是树基周围,注意深挖、暴晒,或翻土前土表喷洒50%辛硫磷乳油300倍液、5%阿维菌素微乳剂4 000~8 000倍液,每亩用药剂500ml左右;用高浓度波尔多液涂刷树干,进行树体消毒,还可以刮除老皮,喷涂5波美度石硫合剂,加入专业的助剂农希望2号喷雾宝20~40ml/15kg药液对水均匀喷雾,以保证药液在树干上喷匀、喷细、喷透,让药剂在叶面上形成一层药膜,药剂附着率达90%以上,才

能取得较好的防治效果。冬季修剪时,最好在刀口处涂抹消毒剂,可用波尔多液等。

(二)梨树萌芽期病虫害与农药施用关键技术

3月上中旬,气温已开始回升变暖,病虫开始活动,这时期梨树尚未发芽(图37-49),可以喷1次广谱性铲除剂,一般可以收到较好效果,可以大量铲除越冬病原菌和一些蚜虫、螨类、介壳虫等害虫和害螨。可用50%福美双可湿性粉剂100~200倍液、3~5波美度石硫合剂、50%硫悬浮剂200倍液、4%~5%柴油乳剂,全树喷淋,对树基部及基部周围土壤也要喷施。

图37-49 梨树萌芽期病虫害为害症状

梨树腐烂病进入一年的盛发期,特别是一些老果园,要及早刮治;这时梨树白粉病、锈病、褐斑病开始侵染发生,梨大食心虫、梨尺蠖、梨星毛虫、蚜虫、螨类也开始发生;梨木虱、介壳虫严重的果园,也是防治的关键时期;另外,也是杂草防治的有利时机。要结合果园的病虫草害发生情况,采取有效的防治措施。

这一时期是刮治梨树腐烂病的重要时期,用锋利的刀子刮除病患部,并刮除一部分健康的树皮,深挖到木质部,而后涂抹药剂,可以用下列药剂:3%甲基硫菌灵糊剂200~300g/m^2、50%福美双可湿性粉剂50倍液+萘乙酸50mg/kg、1%戊唑酯糊剂250~300g/m^2、0.15%吡唑醚菌酯膏剂200~300g/m^2、29%石硫合剂水剂50倍液、14%络氨铜水剂10~20倍液、30%琥胶肥酸铜可湿性粉剂20~30倍液,加入专业喷雾助剂农希望2号喷雾宝20~40ml/15kg药液对水,涂抹病疤,让药液在树体外形成一层油膜,让药剂在体表充分地附着、润湿扩散、渗透吸收。最好外面再喷以1.26%辛菌胺醋酸盐水剂50~100倍液。

这一时期防治梨树腐烂病,也可以结合防治其他病虫,如蚜虫、螨、梨星毛虫、介壳虫、梨木虱、白粉病、锈病、褐斑病等,可以在腐烂病病斑刮净后,深刮到木质部,选1~2块较大的病斑,使用50%福美双可湿性粉剂60倍液+50mg/kg萘乙酸+25%三唑酮可湿性粉剂20倍液+40%毒死蜱乳油100倍液,混合均匀,加入专业喷雾助剂农希望2号喷雾宝20~40ml/15kg药液,涂抹于患部,而后用塑料布包扎,20~30d后解除。这一方法省工、高效,而且持效期长。

该期介壳虫、梨木虱发生严重时,可以结合其他病虫防治,用50%福美双可湿性粉剂600倍液+萘乙酸50mg/kg+43%苯醚甲环唑悬浮剂1 000~1 500倍液+1.8%阿维菌素乳油1 000~1500倍液+10%吡虫啉可湿性粉剂1 000~2 000倍液等,加入专业喷雾助剂农希望5号喷雾宝20~30ml/15kg药液对水均匀全株喷雾,重点喷洒枝干。

梨树枝干皮厚，农民传统的喷药方式导致病部着药困难，大量药液流失（图37-50），很难取得防治效果；喷药必须保证均匀喷雾到所有枝干，雾滴的附着率直接影响喷药防治效果。喷药时必须用高压、超细的专业喷雾器械进行喷雾；并加入专业喷雾助剂希望5号喷雾宝20～30ml/15kg药液对水均匀喷雾；必须把药喷匀、喷细、喷透，让药剂在枝干上形成一层药膜，叶上药剂附着率达90%以上（图37-51），才能取得较好的防治效果。

图37-50 传统的喷药方法喷不匀、树干树皮上不能均匀着药。树干的喷药雾滴难以在树体上均匀地附着、渗透吸收，应用效果很差

药液均匀沉积在枝干上均匀地形成一层油亮的药膜

图37-51 该期梨树喷药时，必须用高压、超细的专业喷雾器械进行喷雾，喷药必须保证药液均匀地喷雾到枝杆各部位及粗皮之下，并加入专业的喷雾助剂5号喷雾宝20ml/15kg药液对水均匀喷雾，让药液在枝干上均匀地形成一层油亮的药膜，让药液充分地渗透到枝杆各部，药剂附着率达90%以上，才能达到多种病虫兼治的目的

在早春梨树发芽前（图37-52），可用90%乙草胺乳油100～150ml/亩、33%二甲戊乐灵乳油150～200ml/亩、90%乙草胺乳油100～200ml/亩+50%扑草净可湿性粉剂150～200g/亩、50%乙草胺乳油100ml/亩+24%乙氧氟草醚乳油10～15ml/亩，对水30～45kg/亩喷雾土表。土壤有机质含量低、砂质土、低洼地、水分足，用药量低，反之用药量高。土壤干旱条件下施药要加大用水量或进行浅混土（2～3cm），施药后如遇干旱，有条件的可以灌水后施药以提高除草效果。喷施封闭除草剂时，农民传统的喷药方式喷药不匀，药效不好；喷药时必须用专业喷杆喷雾器械进行喷雾；并加入专业喷雾助剂农希望6号喷雾宝20～30ml/15kg药液对水均匀喷雾；必须把药喷匀、喷细、喷透，让药剂在地面上形成一层药膜，药剂均匀度达90%以上，才能取得较好的除草效果。

图37-52　梨树萌芽前喷施封闭除草剂

（三）梨树花期病虫害与农药施用关键技术

4月上中旬，华北大部分梨区进入开花期（图37-53），由于花粉、花蕊对很多药剂敏感，一般不适于喷洒化学农药。但这一时期是疏花、保花、定花、定果的重要时期，要根据花量、树体长势、营养状况确定疏花定果措施，保证果树丰产与稳产。疏花措施，保花保果措施，可以参考苹果疏花、保花、保果等措施。

花期结合人工授粉，喷洒硼肥加葡萄糖，以促进坐果。

肥水管理，由于梨树花期需水、肥量大，要在萌芽前浇一次透水，并结合灌水进行花前追肥。以速效氮肥为主，株施尿素0.15～0.25kg，或施果树全效专用肥0.25～0.5kg。

图37-53　梨树开花期生长情况

（四）梨树展叶至幼果期病虫害与农药施用关键技术

4月下旬到5月上中旬，梨花相继脱落（图37-54），幼果开始生长，树叶也开始长大。

图37-54 梨树幼果期生长情况

在疏果的基础上，选留果柄粗壮、果形长、萼端紧闭而凸出的幼果，不留病虫果、小果、畸形果、萼片张开不凸出的幼果。

预防落果，通过及早疏花疏果，追肥灌水，集中营养供给保留的幼果，预防6月落果。梨盛花25～35d，果径10～15mm，用2%赤霉酸A4+A7膏剂，采用涂抹法涂药于果柄一次，要求环果柄一周，宽度在1～1.5cm，每果制剂用药量为20～25mg。具体视梨果大小确定用量，梨果小的品种用量少，梨果大的品种用量多。可按涂布果柄的长度控制制剂使用剂量，如涂布1/3果柄、1/2果柄或整个果柄。

该期梨白粉病、锈病开始为害，梨黑星病、黑斑病、轮纹病、褐斑病也开始侵染为害；梨木虱第一代卵和若虫、梨茎蜂卵和幼虫、尺蠖幼虫进入为害盛期，介壳虫严重的果园也是防治的有利时期，其他害虫如梨星毛虫、蚜虫、食心虫、梨果象甲等都开始活动，需要防治。该时期一般情况下都需混合使用一次杀菌剂和杀虫剂。

为了减轻对幼果的影响，宜选用一些刺激性小、高效的杀菌剂，一般可以用下列药剂：70%代森锰锌可湿性粉剂1 000～1 500倍液+50%异菌脲可湿性粉剂1 000倍液、70%百菌清可湿性粉剂800～1 000倍液+25%三唑酮可湿性粉剂1 000倍液喷雾。杀虫剂可用48%毒死蜱乳油1 500～2 000倍液、20%甲氰菊酯乳油1 000～1 500倍液、1.8%阿维菌素乳油1 000倍液+2.5%氯氟氰菊酯乳油2 000倍液喷雾。

如果疏除一部分幼果，可以结合杀虫使用25%甲萘威可湿性粉剂600～800mg/kg+萘乙酸10mg/kg。这一时期，为保护幼果免受外界环境条件的影响，可以配合选用海藻胶水剂250倍液、27%无毒高脂膜乳剂200倍液，并加入专业喷雾助剂农希望2号喷雾宝20～40ml/15kg药液对水均匀喷雾，以提高药效。

果实套袋（图37-55），定果后应及早套袋，时间要求在果点尚未形成的花后15d即开始进行。

图37-55　梨果实套袋情况

在梨树展叶至幼果期（图37-56），也可以结合中耕喷施封闭除草剂，可用90%乙草胺乳油100～150ml/亩、33%二甲戊乐灵乳油150～200ml/亩、90%乙草胺乳油100～200ml/亩+50%扑草净可湿性粉剂150～200g/亩、50%乙草胺乳油100ml/亩+24%乙氧氟草醚乳油10～15ml/亩，对水30～45kg/亩喷雾土表。喷施封闭除草剂时，农民传统的喷药方式喷药不匀，药效不好；喷药时必须用专业喷杆喷雾器械进行喷雾；并加入专业喷雾助剂农希望6号喷雾宝20～30ml/15kg药液对水均匀喷雾；必须把药喷匀、喷细、喷透，让药剂在地面上形成一层药膜，药剂均匀度达90%以上，才能取得较好的除草效果。

对于前期未能封闭除草的田块（图37-57），在杂草基本出齐，且杂草处于幼苗期时应及时施药，可用10%精喹禾灵乳油50～75ml/亩、10.8%高效吡氟氯禾灵乳油20～60ml/亩、12.5%烯禾啶乳油50～100ml/亩、24%烯草酮乳油20～60ml/亩，加入专业喷雾助剂（农希望6号喷雾宝20～30ml/15kg药液），施药时视草情、墒情确定用药量。草大、墒差时适当加大用药量。对水30kg均匀喷施。禾本科和阔叶杂草混用的地块，在杂草基本出齐，且杂草处于幼苗期时应及时施药，可用48%苯达松水剂150ml/亩+10%精喹禾灵乳油50～75ml/亩、10.8%高效吡氟氯禾灵乳油20～60ml/亩+25%三氟羧草醚水剂50ml/亩、10%精喹禾灵乳油50～75ml/亩+24%乳氟禾草灵乳油20～40ml/亩、68%草甘膦可溶粒剂99～198g/亩，加入专业喷雾助剂（农希望6号喷雾宝20～30ml/15kg药液），应在梨园定向施药，不能将药液喷洒至梨叶片上，喷洒时应采用保护罩或压低喷头定向喷布，否则会发生严重的药害。

图37-56 梨树萌芽前喷施封闭除草剂

图37-57 梨园喷施茎叶处理的除草剂时，必须用专业喷雾器械进行喷雾，喷药必须保证药液均匀地喷雾到杂草茎叶上，并加入专业的喷雾助剂农希望6号喷雾宝20ml/15kg药液，让药液在杂草的茎叶上均匀地形成一层油亮的药膜，药液充分地渗透杂草，才能达到多种病虫兼治的目的

(五) 梨树果实膨大期病虫害与农药施用关键技术

6月上中旬长枝基本停梢，光合作用功能提高，果实迅速膨大，花芽开始分化（图37-58），此时也是培育优质大果和健壮花芽的关键时期。在这50~60d的时间内，红蜘蛛、梨黑星病、梨木虱、梨黑斑病会随时严重发生，应注意调查与适时防治。

图37-58　梨果实膨大期生长情况

该期一般需要施药3~6次，可以用1：2：（160~200）倍式波尔多液与常用有机农药轮换使用，在阴雨天气最好使用波尔多液，雨过天晴、防治病虫的关键时期用有机合成农药。

防治梨黑星病、黑斑病等病害，可用10%苯醚甲环唑水分散粒剂2 000~4 000倍液、62.5%锰锌·腈菌唑（代森锰锌60%+腈菌唑2.5%）可湿性粉剂400~600倍液、50%硅唑·多菌灵（多菌灵45%+氟硅唑5%）可湿性粉剂800~1 600倍液+65%代森锌可湿性粉剂500~800倍液、25%锰锌·腈菌唑（代森锰锌23%+腈菌唑2%）可湿性粉剂700~1 000倍液等。

如果天气干旱、高温，发现红蜘蛛的为害要及时防治。早期防治可用25%噻螨酮乳油800~1 500倍液、20%哒螨灵乳油1 000~1 500倍液；如果结合防治梨木虱、食心虫、梨星毛虫、梨虎等害虫，可以使用：5%噻螨酮乳油1 500~2 000倍液、25%倍硫磷可湿性粉剂1 500倍液+5%唑螨酯乳油1 000~2 000倍液、25%阿维·螺虫酯（阿维菌素3%+螺虫乙酯22%）悬浮剂2 000~6 000倍液、5%阿维·吡虫啉（阿维菌素0.5%+吡虫啉4.5%）悬浮剂2 000~6 000倍液、20%三唑磷乳油2 000倍液+5%联苯菊酯乳油3 000倍液等。

6月下旬到7月上旬，是梨大食心虫卵、幼虫发生盛期，结合防治螨、其他害虫可以使用：50%辛硫磷乳油1 000~2 000倍液+5%甲氨基阿维菌素苯甲酸盐乳油1 000~2 000倍液、1.8%阿维菌素乳油1 000~2 000倍液+5%联苯菊酯乳油1 000倍液等喷雾。

该期梨叶蜡质厚、叶片光滑，传统的喷药方式导致病部着药困难，大量药液流失（图37-59）。喷药时必须用高压、超细的专业喷雾器械进行喷雾；并加入专业喷雾助剂农希望7号喷雾宝10~20ml/15kg药液对水均匀喷雾，天气特别干旱时喷药应加入多功能的专业喷雾助剂农希望5号喷雾宝20~30ml/15kg药液对水均匀喷雾；必须把药喷匀、喷细、喷透，让药剂在叶面上形成一层药膜，叶上药剂附着率达90%以上（图37-60），才能取得较好的防治效果。

图37-59 传统的喷药方法喷不匀、雾滴大。叶面的喷药雾滴较大,大量药液流失,防效较差

图37-60 用高压、超细的专业喷雾器械进行喷雾,加入专业的喷雾助剂农希望5号喷雾宝20ml/15kg药液对水均匀喷雾,让药液在叶面上均匀地形成一层油亮的药膜,药液充分地沉积附着、润湿扩散和渗透吸收,叶和果面上的药剂附着率达90%以上

（六）梨树果实成熟期病虫害与农药施用关键技术

7月下旬以后，梨陆续进入成熟期（图37-61），果实进入成熟期对钾和磷的需求量开始增大，及时进行叶面喷洒磷酸二氢钾，可显著改善果实外观品质和内在品质。

图37-61 梨树成熟期生长情况

梨黑星病、轮纹病、炭疽病等开始侵染果实，该期高温、高湿、多雨，是病害流行的有利时机，应加强防治。7月下旬到8月中下旬是梨大食心虫、梨小食心虫的产卵、初孵幼虫发生盛期，应注意田间观察，适期防治。

防治梨黑星病、轮纹病、炭疽病等，可用70%甲基硫菌灵可湿性粉剂600～1 500倍液+80%代森锰锌可湿性粉剂800～1 000倍液、80%代森锰锌可湿性粉剂800～1 000倍液+50%硅唑·多菌灵（多菌灵45%+氟硅唑5%）可湿性粉剂800～1 600倍液、10%苯醚甲环唑水分散粒剂2 000～4 000倍液+65%代森铵可湿性粉剂600～800倍液、62.5%锰锌·腈菌唑（代森锰锌60%+腈菌唑2.5%）可湿性粉剂400～600倍液、25%锰锌·腈菌唑（代森锰锌23%+腈菌唑2%）可湿性粉剂700～1 000倍液等。

防治梨食心虫，主要是杀卵和防治初孵幼虫，可用25g/L高效氯氟氰菊酯乳油2 000～5 000倍液+35%氯虫苯甲酰胺水分散粒剂3 000～10 000倍液、1.8%阿维菌素乳油1 000～2 000倍液+5%联苯菊酯乳油1 000倍液5%甲氨基阿维菌素苯甲酸盐乳油1 000～2 000倍液+5%联苯菊酯乳油1 000倍液、16 000IU/mg苏云金杆菌可湿性粉剂100～200倍液等。

该期梨叶蜡质特别厚、叶片和果面光滑，喷药时必须用高压、超细的专业喷雾器械进行喷雾；并加入专业喷雾助剂农希望5号喷雾宝20～30ml/15kg药液对水均匀喷雾；必须把药喷匀、喷细、喷透，让药剂在叶面上形成一层药膜，叶上药剂附着率达90%以上，才能取得较好的防治效果。

（七）梨树营养恢复期病虫害与农药施用关键技术

进入9月以后，多数梨已经成熟、采摘，生长进入营养恢复期，抓好这一时期的管理，直接影响着树体的健康生长和来年的产量；对于恢复树势、充实花芽非常有利。梨树采后管理是翌年丰产的基础。梨果采收后为害梨树的主要病虫害有梨黑星病、梨黑斑病、锈病和梨小食心虫等。要坚持"预防为主，综合防治"的病虫害防治原则。梨树采果后的病害一般都会造成梨树落叶，可选用70%甲基硫菌灵可湿性粉剂600~1 500倍液+80%代森锰锌可湿性粉剂800~1 000倍液、10%苯醚甲环唑水分散粒剂2 000~4 000倍液+65%代森铵可湿性粉剂600~800倍液，加入专业喷雾助剂农希望5号喷雾宝20~40ml/15kg药液对水均匀喷雾，10~15d喷1次，连用2~3次。采后为害梨树的害虫主要有梨木虱、梨小食心虫等，结合防治螨、其他害虫可使用1.8%阿维菌素乳油1 000~2 000倍液+5%联苯菊酯乳油1 000倍液、50%辛硫磷乳油1 000~2 000倍液+5%甲氨基阿维菌素苯甲酸酸盐乳油1 000~2 000倍液等，并加入专业喷雾助剂农希望5号喷雾宝20~40ml/15kg药液对水均匀喷雾，以提高药效。

第三十八章 葡萄病虫草害与农药施用关键技术

一、葡萄病害与农药施用关键技术

1. 葡萄霜霉病

症　　状　*Plasmopara viticola* 称葡萄单轴霉，属鞭毛菌亚门真菌。主要为害叶片，也为害新梢、叶柄、卷须、幼果、果梗及花序等幼嫩部分。叶片受害，初期在叶片正面产生半透明油渍状的淡黄色小斑点，边缘不明显；随后渐渐变成淡绿色至黄褐色的多角形大斑，后变黄枯死。在潮湿的条件下，叶片背面形成白色的霜霉状物（图38-1至图38-4）。新梢、叶柄及卷须受害产生水浸状、略凹陷的褐色病斑，潮湿时产生白色霜霉状物。幼果从果梗开始发病，受害幼果呈灰色，果面布满白色霉层（图38-5）。

图38-1　葡萄霜霉病为害叶片初期症状

图38-2　葡萄霜霉病为害叶片中期症状

图38-3　葡萄霜霉病为害叶片后期症状

图38-4　葡萄霜霉病为害叶片末期症状

图38-5　葡萄霜霉病为害幼果症状

发生规律 病菌以卵孢子在病组织中越冬，或随病叶遗留在土壤中越冬。越冬后的卵孢子，降水量达10mm以上，土温15℃左右时即可萌发，产生芽孢囊，再由芽孢囊产生游动孢子，借风雨传播到寄主叶片上，通过气孔侵入。病菌侵入寄主后，经过一定的潜育期，即产生游动孢子囊，游动孢子囊萌发产生游动孢子，进行再侵染。在整个生长季节可以进行多次再侵染。葡萄霜霉病的流行与天气条件有密切关系，多雨、多雾露、潮湿、冷凉的天气利于霜霉病的发生。果园地势低洼、栽植过密、栅架过低、荫蔽、通风透光不良、偏施氮肥、树势衰弱等均有利于发病。

施药技术 从6月上旬坐果初期开始，喷施86%波尔多液水分散粒剂400~450倍液、20%松脂酸铜水乳剂67~83ml/亩、77%氢氧化铜水分散粒剂2 000~3 000倍液、86.2%氧化亚铜可湿性粉剂800~1 200倍液、30%王铜悬浮剂600~800倍液等，加强预防。

从6月上旬坐果初期开始加强预防，用80%代森锰锌可湿性粉剂500~800倍液、75%百菌清可湿性粉剂500~625倍液、60%唑醚·代森联（代森联55%+吡唑醚菌酯5%）水分散粒剂1 000~1 500倍液等药剂，加入专业的喷雾助剂，喷药预防。

葡萄枝叶茂密、叶面蜡质层厚。农民传统的喷药方式导致病部着药困难，大量药液流失（图38-6），难以收到防治效果。喷药时必须用高压、超细的专业喷雾器械进行喷雾；并加入专业的喷雾助剂，新叶初发时用农希望7号喷雾宝或20%油酸甲酯液剂（喷雾精）5~10ml/15kg药液，叶片老化后蜡质增厚用农希望7号喷雾宝或20%油酸甲酯液剂（喷雾精）10~20ml/15kg药液，天气特别干旱时喷药应加入多功能专业的喷雾助剂，新叶初发时用农希望5号喷雾宝10~20ml/15kg药液，叶片老化后蜡质增厚用农希望5号喷雾宝20~30ml/15kg药液，对水均匀喷雾，把药喷匀、喷细、喷透，让药剂在叶面上形成一层药膜，叶上药剂附着率达90%以上（图38-7），让药剂在叶面上充分地润湿扩散、渗透吸收后才能取得较好的防治效果。

图38-6 传统的喷药方法喷不匀、雾滴较大、附着性差。叶面的喷药雾滴较大，大量药液流失，防效较差

图38-7 葡萄枝叶繁茂，防治葡萄霜霉病时，必须用高压、超细的专业喷雾器械进行喷雾，保证药液均匀地喷雾到各部位的叶面正反面，喷药时应加入专业的喷雾助剂农希望5号喷雾宝20ml/15kg药液对水均匀喷雾，让药液在枝干上均匀地形成一层油亮的药膜，药液充分地沉积附着、润湿扩散和渗透吸收，叶面上的药剂附着率达90%以上，才能达到多种病虫兼治的目的

病害发生初期，用80%霜脲氰水分散粒剂8 000～10 000倍液、22.5%啶氧菌酯悬浮剂1 200～1 800倍液、80%烯酰吗啉水分散粒剂20～30g/亩+25%吡唑醚菌酯水分散粒剂1 000～1 500倍液、23.4%双炔酰菌胺悬浮剂1 500～2 000倍液+10%氟噻唑吡乙酮可分散油悬浮剂2 000～3 000倍液、68.75%恶唑·锰锌可分散粒剂800～1 200倍液、66.8%丙森·缬霉威可湿性粉剂700～1 000倍液、58%甲霜·锰锌可湿性粉剂300～400倍液、40%克菌·戊唑醇悬浮剂1 000～1 500倍液、30%吡唑酯·氟醚菌（氟醚菌酰胺5%+吡唑醚菌酯25%）微囊悬浮-悬浮剂1 250～1 500倍液、40%烯酰·氰霜唑（氰霜唑10%+烯酰吗啉30%）悬浮剂3 000～4 000倍液、35%氰霜唑·肟菌酯（肟菌酯25%+氰霜唑10%）悬浮剂4 500～5 500倍液、80%嘧菌酯悬浮剂3 200～4 800倍液+20%氰霜唑悬浮剂4 000～5 000倍液、60%恶酮·氰霜唑（恶唑菌酮34%+氰霜唑26%）水分散粒剂5 000～6 000倍液、40%吡唑醚菌酯·氟吡菌胺（氟吡菌胺15%+吡唑醚菌酯25%）悬浮剂1 500～2 500倍液、24%精甲霜灵·烯酰吗啉（精甲霜灵4%+烯酰吗啉20%）悬浮剂1 000～1 250倍液、26%氰霜·嘧菌酯（氰霜唑7.4%+嘧菌酯18.6%）悬浮剂2 000～3 000倍液，加入多功能渗透性喷雾助剂农希望5号喷雾宝或50%油酸甲酯液剂（喷雾精）20～30ml/15kg药液对水均匀喷雾，喷雾时叶片正面和背面都需要喷洒均匀。

病害发生中期，可用40%烯酰·氰霜唑（氰霜唑10%+烯酰吗啉30%）悬浮剂1 500～4 000倍液、26%氰霜·嘧菌酯（氰霜唑7.4%+嘧菌酯18.6%）悬浮剂1 000～3 000倍液、50%甲呋酰胺可湿性粉剂800～1 000倍液、20%唑菌胺酯水分散性粒剂1 000～2 000倍液、25%烯肟菌酯乳油2 000～3 000倍液+10%氰霜唑悬浮剂2 000～2 500倍液、250%烯酰吗啉可湿性粉剂1 000～1 800倍液、50%烯酰吗啉可湿性粉剂800～1 800倍液、25%双炔酰菌胺悬浮剂1 500～2 000倍液、25%烯肟·霜脲氰可湿性粉剂2 250～4 500倍液，加入专业的喷雾助剂农希望7号喷雾宝10ml/15kg药液或农希望5号喷雾宝20～30ml/15kg药液对水均匀喷雾，喷雾时叶片正面和背面都要喷洒均匀，为防止病菌产生抗药性，杀菌剂应交替使用。

2. 葡萄黑痘病

症　　状　有性世代为痂囊腔菌 *Elsinoe ampelina*，属子囊菌亚门真菌。主要为害叶片、新梢、叶柄、果柄和果实。嫩叶发病初期，叶面出现红褐色斑点，周围有褪绿晕圈，逐渐形成圆形或不规则形病斑，病斑中部凹陷，呈灰白色，边缘呈暗紫色，后期常干裂穿孔（图38-8至图38-10）。新梢、叶柄、果柄发病形成长圆形褐色病斑，后期病斑中间凹陷开裂，呈灰黑色，边缘紫褐，数斑融合，常使新梢上段枯死（图38-11至图38-15）。幼果发病，果面出现深褐色斑点，渐形成圆形病斑，四周紫褐色，中部灰白色，形如鸟眼（图38-16）。

图38-8　葡萄黑痘病为害叶片初期症状

图38-9　葡萄黑痘病为害叶片中期症状

图38-10　葡萄黑痘病为害叶片后期症状

图38-11　葡萄黑痘病为害叶柄症状

图38-12　葡萄黑痘病为害新梢初期症状

图38-13　葡萄黑痘病为害新梢后期症状

图38-14　葡萄黑痘病为害茎蔓症状

图38-15　葡萄黑痘病为害果柄症状

图38-16　葡萄黑痘病为害果实症状

发生规律 以菌丝体或分生孢子盘、分生孢子在病枝梢、叶痕或病残组织上越冬，次年春季气温升高，葡萄开始萌芽展叶时，产生新的分生孢子，借风雨传播。一般在3月下旬至4月上中旬，葡萄开始萌动、展叶、开花，病菌即可开始初侵染，6月中下旬以后，气温升高，如有较多的降雨，植株可受到严重为害，此时是盛发高峰期。秋季又有一次生长旺季，大量抽出新的枝梢，黑痘病又将会出现一个发病高峰期。

施药技术 葡萄芽鳞膨大，但尚未出现绿色组织时，喷施3~5波美度的石硫合剂。

葡萄开花前，可用50%多菌灵可湿性粉剂1 000倍液、65%代森锌可湿性粉剂500~600倍液、86.2%氢氧化铜悬浮剂1 000~1 400倍液、80%代森锰锌可湿性粉剂500~800倍液、75%百菌清可湿性粉剂600~700倍液、25%嘧菌酯悬浮剂850~1 450倍液等药剂，加入专业的喷雾助剂农希望7号喷雾宝10ml/15kg药液，或农希望5号喷雾宝20~30ml/15kg药液对水均匀均匀喷雾，以提高药效。

葡萄开花后病害发生初期，可喷施70%甲基硫菌灵可湿性粉剂800~1 000倍液、32.5%锰锌·烯唑醇可湿性粉剂400~600倍液、40%苯醚甲环唑水乳剂4 000~5 000倍液、400g/L氟硅唑乳油6 000~10 000倍液、50%咪鲜胺锰盐可湿性粉剂1 500~2 000倍液、40%噻菌灵可湿性粉剂1 000~1 500倍液、500g/L氟吡菌酰胺·嘧霉胺（嘧霉胺375g/L+氟吡菌酰胺125g/L）悬浮剂1 200~1 500倍液、43%氟菌·肟菌酯（肟菌酯21.5%+氟吡菌酰胺21.5%）悬浮剂2 000~4 000倍液、28%井冈·嘧菌酯（井冈霉素A10%+嘧菌酯18%）悬浮剂1 000~1 500倍液、55%喹啉·噻灵（噻菌灵20%+喹啉铜35%）可湿性粉剂800~1 200倍液、75%肟菌·戊唑醇（戊唑醇50%+肟菌酯25%）水分散粒剂5 000~6 000倍液等，加入多功能渗透性喷雾助剂农希望5号喷雾宝或50%油酸甲酯液剂（喷雾精）20~30ml/15kg药液，对水均匀喷施。

在病害发生中期，可用40%噻菌灵可湿性粉剂1 000~1 500倍液、40%氟硅唑乳油8 000~10 000倍液、50%咪鲜胺锰盐可湿性粉剂1 500~2 000倍液、50%腐霉利可湿性粉剂800~1 000倍液等药剂，加入多功能渗透性喷雾助剂农希望5号喷雾宝或50%油酸甲酯液剂（喷雾精）20~30ml/15kg药液对水均匀喷施。若遇下雨，要及时补喷。控制了春季发病高峰后，还应注意控制秋季发病高峰。

3. 葡萄白腐病

症　状 白腐盾壳霉 *Conioth-yrium diplodiella*，属无性型真菌。主要为害果穗、穗轴、果粒、枝蔓和叶片。果穗受害，多发生在果实着色期，先从近地面的果穗尖端开始发病，在穗轴和果梗上产生淡褐色、水渍状、边缘不明显的病斑，进而病部皮层腐烂，手捻极易与木质部分离脱落，并有土腥味。果粒受害，多从果柄处开始，而后迅速蔓延到果粒，使整个果粒呈淡褐色软腐，严重时全穗腐烂，病果极易受震脱落，重病园地面落满一层，这是白腐病发生的最大特点（图38-17）。枝蔓多在有机械伤或接近地面的部位发病，最初出现水浸状、红褐色、边缘深褐色病斑，以后逐渐扩展成沿纵轴方向发展的长条形

图38-17　葡萄白腐病为害果穗症状

病斑，色泽也由浅褐色变为黑褐色，病部稍凹陷，病斑表面密生灰色小粒点（图38-18）。叶片受害，先从植株下部近地面的叶片开始，多在叶尖、叶缘或有损伤的部位形成淡褐色、水渍状、近圆形或不规则形的病斑，并略具同心轮纹，其上散生灰白色至灰黑色小粒点，且以叶脉两边居多，后期病斑干枯易破裂（图38-19）。

图38-18　葡萄白腐病为害枝蔓症状　　　　　　　**图38-19　葡萄白腐病为害叶片症状**

发生规律　以分生孢子器和菌丝体随病残组织在地表和土中越冬，也能在枝蔓病组织上越冬。分生孢子靠雨水溅散传播，经伤口或皮孔侵入而形成初次侵染。高温高湿的气候条件，是病害发生和流行的主要因素。6—8月一般高温多雨，适宜病害的发生。幼果期开始发病，着色期及成熟期感病较多。

施药技术　在葡萄发芽前，喷施1次3～5波美度石硫合剂、50%硫悬浮剂200倍液、50%克菌丹可湿性粉剂200倍液，对越冬菌源有较好的铲除效果。

生长季节，6月下旬开花后，病害发生前期，可用60%唑醚·代森联（代森联55%+吡唑醚菌酯5%）水分散粒剂1 000～2 000倍液、65%代森锌可湿性粉剂600～800倍液+70%甲基硫菌灵可湿性粉剂800倍液、75%百菌清可湿性粉剂700～800倍液、80%代森锰锌可湿性粉剂600～800倍液、50%福美双可湿性粉剂400～800倍液、78%波尔·锰锌（代森锰锌30%+波尔多液48%）可湿性粉剂500～600倍液、25%嘧菌酯悬浮剂800～1 250倍液等药剂，加入多功能渗透性喷雾助剂农希望5号喷雾宝或50%油酸甲酯液剂（喷雾精）20～30ml/15kg药液配对水均匀喷施预防。

病害发生初期，可用25%戊唑醇水乳剂2 000～3 000倍液+25%嘧菌酯悬浮剂800～1 200倍液、35%丙唑·多菌灵悬浮剂1 400～2 000倍液、20%戊菌唑水乳剂5 000～10 000倍液+80%代森锰锌可湿性粉剂600～800倍液、30%苯醚甲环唑悬浮剂4 000～6 000倍液+80%代森锰锌可湿性粉剂600～800倍液、10%氟硅唑水分散粒剂2 000～2 500倍液、27%抑霉·嘧菌酯（抑霉唑12%+嘧菌酯15%）悬浮剂1 000～1 500倍液、25%戊唑醇·抑霉唑（戊唑醇12.5%+抑霉唑12.5%）水乳剂2 000～2 500倍液、80%戊唑·嘧菌酯（戊唑醇56%+嘧菌酯24%）水分散粒剂6 000～6 500倍液、38%唑醚·啶酰菌（啶酰菌胺25.2%+吡唑醚菌酯12.8%）水分散粒剂1 000～1 500倍液、40%氟硅唑乳油8 000～10 000倍液、30%戊唑·多菌灵悬浮剂800～1 200倍液、40%克菌·戊唑醇悬浮剂1 000～1 500倍液、60%苯甲·嘧菌酯（苯醚甲环唑20%+嘧菌酯40%）水分散粒剂3 000～4 000倍液、10%苯醚甲环唑水分散粒剂2 500～3 000倍液、45%唑醚·甲硫灵（吡唑醚菌酯5%+甲基硫菌灵40%）悬浮剂1 000～1 500倍液、43%氟菌·肟菌酯（肟菌酯21.5%+氟吡菌酰胺21.5%）悬浮剂3 000～4 000倍液等药剂均匀喷施，加入多功能渗透性喷雾助剂农希望5号喷雾宝或50%油酸甲酯液剂（喷雾精）20～30ml/15kg药液对水均匀喷施。间隔10～15d再喷1次，多雨季节防治3～4次。

4. 葡萄炭疽病

分布为害 葡萄炭疽病是葡萄近成熟期引起果实腐烂的重要病害之一。我国各葡萄产区均有分布，长江流域及黄河故道各省、市普遍发生，南方高温多雨的地区发生最普遍。

症　　状 *Colletotrichum gloeosporioides*胶孢炭疽菌，属半知菌亚门真菌。主要为害果粒，造成果粒腐烂。果实着色后、近成熟期显现症状，果面出现淡褐或紫色斑点，水渍状，圆形或不规则形，渐扩大，变褐至黑褐色，腐烂凹陷。天气潮湿时，病斑表面涌出粉红色黏稠点状物，呈同心轮纹状排列。病斑可蔓延到半个至整个果粒，腐烂果粒易脱落（图38-20和图38-21）。

图38-20　葡萄炭疽病为害幼果症状

图38-21　葡萄炭疽病为害成熟果症状

发生规律 病菌主要以菌丝潜伏在一年生枝蔓表层组织和叶痕等部位越冬。残留在架面的病枝、病果也是重要的侵染源。翌年春季，越冬病菌产生分生孢子，随风雨、昆虫传播到寄主体，发生初侵染。从幼果期开始侵染，至果实着色近成熟时发病。在果实近成熟期高温、多雨、湿度高的地区，果穗发病越严重。

施药技术 在葡萄发芽前后，可喷施1∶0.7∶200倍波尔多液、80%代森锰锌可湿性粉剂800倍液。

葡萄落花期，病害发生前期，可喷施50%多菌灵可湿性粉剂600～800倍液+80%代森锰锌可湿性粉剂600～800倍液、70%丙森锌可湿性粉剂600～800倍液等药剂，加入多功能渗透性喷雾助剂农希望5号喷雾宝或50%油酸甲酯液剂（喷雾精）20～30ml/15kg药液对水均匀喷雾。

6月中旬葡萄幼果期是防治的关键时期，可用50%醚菌酯干悬浮剂3 000～5 000倍液、10%苯醚甲环唑水分散粒剂2 000～3 000倍液、40%苯醚甲环唑悬浮剂4 000～5 000倍液、12.5%烯唑醇可湿性粉剂2 000～3 000倍液、40%氟硅唑乳油8 000～10 000倍液、40%腈菌唑可湿性粉剂4 000～6 000倍液、30%苯甲·吡唑酯（吡唑醚菌酯10%+苯醚甲环唑20%）悬浮剂3 000～4 000倍液、400g/L氯氟醚·吡唑酯（吡唑醚菌酯200g/L+氯氟醚菌唑200g/L）悬浮剂1 500～2 500倍液、17%唑醚·氟环唑（氟环唑4.7%+吡唑醚菌酯12.3%）悬乳剂800～1 200倍液、30%苯甲·嘧菌酯（苯醚甲环唑12%+嘧菌酯18%）悬浮剂1 000～2 000倍液、400g/L克菌·戊唑醇（戊唑醇80g/L+克菌丹320g/L）悬浮剂1 000～1 500倍液、35%丙唑·多菌灵悬浮剂1 400～2 000倍液、40%克菌·戊唑醇1 000～1 500倍液、25%丙环唑乳油2 000～2 500倍液等药剂，加入多功能渗透性喷雾助剂农希望5号喷雾宝或50%油酸甲酯液剂（喷雾精）20～30ml/15kg药液对水均匀喷雾，间隔10～15d连喷3～5次。

5. 葡萄灰霉病

症　　状 *Botrytis cinerea* 灰葡萄孢，属半知菌亚门真菌。主要为害花序、幼果和已成熟的果实，有时亦为害新梢、叶片和果梗。花序受害，似热水烫状，后变暗褐色，病部组织软腐，表面密生灰霉，被害花序萎蔫，幼果极易脱落（图38-22）。新梢及叶片上产生淡褐色，不规则形的病斑，还长出鼠灰色霉层（图38-23和图38-24）。花穗和刚落花后的小果穗易受侵染，发病初期被害部呈淡褐色水渍状，很快变暗褐色，整个果穗软腐（图38-25），潮湿时病穗上长出一层鼠灰色的霉层。成熟果实及果梗被害，果面出现褐色凹陷病斑时，整个果实软腐，长出鼠灰色霉层，果梗变黑色，不久病部长出黑色块状菌核（图38-26）。

图38-22　葡萄灰霉病为害花序症状

图38-23 葡萄灰霉病为害叶片症状

图38-24 葡萄灰霉病为害新梢症状

图38-25 葡萄灰霉病为害小果穗症状

图38-26 葡萄灰霉病为害果实症状

发生规律 以菌核、分生孢子和菌丝体随病残组织在土壤中越冬。翌年春在条件适宜时，分生孢子通过气流传播到花穗上。初侵染发病后又长出大量新的分生孢子，又靠气流传播进行多次再侵染。该病有两个明显的发病期，第1次发病在5月中旬至6月上旬（开花前及幼果期）主要为害花及幼果，造成大量落花落果。第2次发病期在果实着色至成熟期。排水不良，土壤黏重，枝叶过密，通风透光不良均能促进病害的发生。

施药技术 开花前喷1~2次药剂预防，喷洒1∶1∶200波尔多液、50%多菌灵可湿性粉剂500倍液、70%甲基硫菌灵可湿性粉剂800倍液等，有一定的预防效果。

4月上旬葡萄开花前，可喷施80%代森锰锌可湿性粉剂800倍液、50%多菌灵可湿性粉剂800~1 000倍液、65%代森锌可湿性粉剂500~600倍液等药剂，加入多功能渗透性喷雾助剂农希望5号喷雾宝或50%油酸甲酯液剂（喷雾精）20~30ml/15kg药液对水均匀喷雾预防。

在病害发生初期，可用80%腐霉利可湿性粉剂1 600~2 400倍液、70%咯菌腈水分散粒剂2 500~4 500倍液、50%异菌脲可湿性粉剂750~1 000倍液、50%嘧菌环胺水分散粒剂625~1 000倍液、60%嘧菌环胺·异菌脲（异菌脲20%+嘧菌环胺40%）可湿性粉剂1 000~1 250倍液、60%啶酰·咯菌腈（咯菌腈15%+啶酰菌胺45%）水分散粒剂1 000~2 000倍液、500g/L氟吡菌酰胺·嘧霉胺（嘧霉胺375g/L+氟吡菌酰胺125g/L）悬浮剂1 200～1 500倍液、38%唑醚·啶酰菌（啶酰菌胺25.2%+吡唑醚菌酯12.8%）水分散粒剂1 000～1 500倍液、65%嘧环·腐霉利（嘧菌环胺40%+腐霉利25%）水分散粒剂1 000～1 200倍液、42.4%唑醚·氟酰胺（吡唑醚菌酯21.2%+氟唑菌酰胺21.2%）悬浮剂2 500～4 000倍液、43%氟菌·肟菌酯（肟菌酯21.5%+氟吡菌酰胺21.5%）悬浮剂2 000～4 000倍液、50%啶酰菌胺水分散粒剂500～1 000倍液、62%嘧环·咯菌腈（嘧菌环胺37%+咯菌腈25%）水分散粒剂1 000～1 500倍液等药剂，加入专业的喷雾助剂农希望7号喷雾宝10ml/15kg药液，或农希望5号喷雾宝20～30ml/15kg药液，间隔10～15d喷1次，连续喷2～3次。

6．葡萄褐斑病

症　状　葡萄褐斑病病原 *Pseudocerospora vitis* 称葡萄假尾孢，属无性型真菌。仅为害叶片。病斑定形后，直径3～10mm的称大褐斑病；直径2～3mm的称小褐斑病。大褐斑病：初期在叶片表面产生许多近圆形、多角形或不规则的褐色小斑点，以后病斑逐渐扩大。叶背面病斑周缘模糊，淡褐色，后期上生灰色或深褐色的霉状物。病害发展到一定程度时，病叶干枯破裂而早期脱落（图38-27和图38-28）。小褐斑病：病斑较小，近圆形或不规则形，大小一致，边缘深褐色，中部颜色稍浅，后期病斑背面长出一层较明显的黑色霉状物（图38-29）。

图38-27　葡萄大褐斑病为害叶片症状

图38-28　葡萄大褐斑病为害叶片田间症状

图38-29　葡萄小褐斑病为害叶片症状

发生规律 病菌以病丝体和分生孢子在病叶上越冬。翌年春天，气温升高遇降雨或潮湿条件，越冬菌或孢梗束产生新的分生孢子，借气流或风雨传播到叶片上，由叶背气孔侵入。发病时期一般5—6月始，7—9月为盛期。降雨早而多的年份发病重，干旱年份发病晚而轻，壮树发病轻，弱树发病重。发病通常自下部叶片开始，逐渐向上蔓延，在高温、高湿条件下病害发生最盛。葡萄园管理粗放、不注意清园或肥料不足，树势衰弱易发病。果园地势低洼、潮湿、通风不良、挂果负荷过大发病重。

施药技术 春季萌芽后可喷施80%代森锰锌可湿性粉剂500～800倍液、50%多菌灵可湿性粉剂1 000倍液、75%百菌清可湿性粉剂800～1 000倍液、65%代森锌可湿性粉剂500～800倍液，加入专业的喷雾助剂农希望7号喷雾宝10ml/15kg药液或农希望5号喷雾宝20～30ml/15kg药液对水均匀喷雾，减少越冬菌源。

展叶后6月中旬，即发病初期，可用25%吡唑醚菌酯乳油1 000～3 000倍液+10%苯醚甲环唑水分散粒剂3 000～5 000倍液、50%异菌脲可湿性粉剂1 000～1500倍液+50%氯溴异氰脲酸可溶性粉剂1 500倍液、50%苯菌灵可湿性粉剂1 500～2 000倍液+50%嘧菌酯水分散粒剂5 000～7 000倍液、40%腈菌唑水分散粒剂6 000～7 000倍液等药剂，加入专业的喷雾助剂农希望7号喷雾宝10ml/15kg药液，或农希望5号喷雾宝20～30ml/15kg药液对水均匀喷雾，间隔10～15d喷1次，连喷2～3次，防效显著。

7. 葡萄黑腐病

症 状 有性阶段为*Guignardia bidwellii*葡萄球座菌，属子囊菌门真菌。无性阶段为*Phoma uvicola*葡萄黑腐茎点霉，属无性型真菌。主要为害果实、叶片、叶柄和新梢等部位。叶片染病叶脉间现红褐色近圆形小斑，病斑扩大后中央灰白色，外部褐色，边缘黑色（图38-30）。近成熟果实染病，初呈紫褐色小斑点，逐渐扩大，边缘褐色，中央灰白色略凹陷；病部继续扩大，导致果实软腐，干缩变为黑色或灰蓝色僵果（图38-31）。新梢染病出现深褐色椭圆形微凹陷斑。

图38-30 葡萄黑腐病为害叶片症状

发生规律 主要以分生孢子器、子囊壳或菌丝体在病果、病蔓、病叶等病残体上越冬，翌年春末气温升高，释放出分生孢子或子囊孢子，靠雨点溅散或昆虫及气流传播。高温、高湿利于该病发生。8—9月高温多雨适其流行。一般6月下旬至采收期都能发病，果实着色后，近成熟期更易发病。管理粗放、肥水不足、虫害发生多的葡萄园易发病。

图38-31 葡萄黑腐病为害果实症状

施药技术 在开花前、谢花后和果实膨大期，可用60%啶酰·咯菌腈（咯菌腈15%+啶酰菌胺45%）水分散粒剂1 000～2 000倍液、70%甲基硫菌灵超微可湿性粉剂1 000倍液+70%代森锰锌可湿性粉剂500倍液、60%嘧菌环胺·异菌脲（异菌脲20%+嘧菌环胺40%）可湿性粉剂1 000～1 250倍液、500g/L氟吡菌酰胺·嘧霉胺(嘧霉胺375g/L+氟吡菌酰胺125g/L）悬浮剂1 200～1 500倍液、38%唑醚·啶酰菌（啶酰菌胺25.2%+吡唑醚菌酯12.8%）水分散粒剂1 000～1 500倍液等，加入专业的喷雾助剂农希望7号喷雾宝10ml/15kg药液，或农希望5号喷雾宝20～30ml/15kg药液对水均匀喷雾，以提高药效。

8. 葡萄房枯病

症　　状 有性世代 *Physalospora baccae* 称葡萄囊孢壳菌，属子囊菌门真菌。主要为害果梗、穗轴、叶片和果粒。初期小果梗基部呈深红黄色，边缘具褐色晕圈的病斑，当病斑绕梗一周时，小果梗干枯缢缩。穗轴发病初表现褐色病斑，逐渐扩大变黑色而干缩，其上长有小黑点，穗轴僵化后果粒全部变为黑色僵果，挂在蔓上不易脱落。叶片发病初为圆形褐色斑点，逐渐扩大变成中央灰白色、外部褐色、边缘黑色的病斑。果粒发病最初由果蒂部分失水萎蔫，出现不规则的褐色斑，逐渐扩大到全果，变紫变黑，干缩成僵果，果梗、穗轴褐变、干燥枯死，长时间残留树上，这是房枯病的主要特征（图38-32）。

图38-32 葡萄房枯病为害果穗症状

发生规律 病菌以分生孢子器、子囊壳、菌丝等在病果或病枝叶上越冬。翌年5—6月释放出分生孢子或子囊孢子，靠风雨传播侵染，多雨高温最易发病。一般年份6—7月开始发病，近成熟时发病最重。植株营养不良以及结果过多，土壤过湿等均易发病；管理粗放，植株生长势弱、郁闭潮湿的葡萄园发病比较重。

施药技术 葡萄上架前喷洒3～5波美度石硫合剂、75%百菌清可湿性粉剂1 000倍液、50%多菌灵可湿性粉剂800～1 000倍液+70%代森锰锌可湿性粉剂600～800倍液，减少越冬病源。

展叶后果穗形成期开始喷药，可喷施70%代森锰锌可湿性粉剂800倍液+70%甲基硫菌灵可湿性粉剂500～600倍液、60%嘧菌环胺·异菌脲（异菌脲20%+嘧菌环胺40%）可湿性粉剂1 000～1 250倍液、38%唑醚·啶酰菌（啶酰菌胺25.2%+吡唑醚菌酯12.8%）水分散粒剂1 000～1 500倍液、40%苯甲·吡唑酯（苯醚甲环唑25%+吡唑醚菌酯15%）悬浮剂3000～4 000倍液、60%啶酰·咯菌腈（咯菌腈15%+啶酰菌胺45%）水分散粒剂1 000～2 000倍液、500g/L氟吡菌酰胺·嘧霉胺（嘧霉胺375g/L+氟吡菌酰胺125g/L）悬浮剂1 200～1 500倍液、40%唑醚·戊唑醇（吡唑醚菌酯10%+戊唑醇30%）悬浮剂3 500～4 000倍液等药剂，加入专业的喷雾助剂农希望7号喷雾宝10ml/15kg药液，或农希望5号喷雾宝20～30ml/15kg药液对水均匀喷雾，以提高药效。

9. 葡萄白粉病

症　　状 葡萄钩丝壳菌*Uncinula necator*，属子囊菌亚门真菌。为害叶片、枝梢及果实等部位，叶片受害，在叶正面产生不规则形大小不等的褪绿色或黄色小斑块，病斑正反面均可见覆有一层白色粉状物（图38-33），严重时白粉状物布满全叶，叶面不平，逐渐卷缩枯萎脱落。新梢、果梗及穗轴受害时，初期表面首先出现不规则斑块并覆有白色粉状物，可使穗轴、果梗变脆，枝梢生长受阻。幼果受害时先出现褪绿斑块，果面出现星芒状花纹，上盖一层白粉状物（图38-34），病果停止生长畸形，果肉味酸。

图38-33　葡萄白粉病为害叶片症状　　　　图38-34　葡萄白粉病为害果实症状

发生规律 以菌丝体在被害组织内或芽鳞间越冬，翌年在适宜的环境条件下产生分生孢子，通过气流传播进行初侵染，初侵染发病后只要条件适宜，可产生大量分生孢子不断进行再侵染。一般于5月下旬至6月上旬开始发病，6月中下旬至7月下旬为发病盛期。

施药技术 在葡萄发芽前喷1次3~5波美度石硫合剂，减少越冬菌源。

发芽后再喷1次，可用0.2~0.3波美度石硫合剂、29%石硫合剂水剂6~9倍液、75%百菌清可湿性粉剂600倍液等药剂预防。

开花前和幼果期各喷1次。可用25%戊菌唑水乳剂2 000~6 000倍液、25%乙嘧酚磺酸酯微乳剂500~700倍液+30%氟环唑悬浮剂1 600~2 300倍液、50%肟菌酯水分散粒剂1 500~2 000倍液+25%己唑醇悬浮剂4 000~5 000倍液、40%氟硅唑乳油4 000~8 000倍液、12.5%烯唑醇可湿性粉剂1 000~2 000倍液、10%苯醚甲环唑水分散粒剂1 500~2 000倍液、5%亚胺唑可湿性粉剂600~700倍液+50%嘧菌酯水分散粒剂3 000~6 000倍液、20%唑菌胺酯水分散性粒剂1 000~2 000倍液+40%环唑醇悬浮剂7 000~10 000倍液、25%氟喹唑可湿性粉剂5 000~6 000倍液、30%氟菌唑可湿性粉剂2 000~3 000倍液、50%氟环·嘧菌酯（氟环唑25%+嘧菌酯25%）悬浮剂2 000~3 000倍液、40%苯甲·吡唑酯（吡唑醚菌酯25%+苯醚甲环唑15%）悬浮剂1 500~2 500倍液、50%戊唑·嘧菌酯（戊唑醇30%+嘧菌酯20%）悬浮剂2 600~4 000倍液、42.4%唑醚·氟酰胺（吡唑醚菌酯21.2%+氟唑菌酰胺21.2%）悬浮剂2 500~5 000倍液、30%己唑·嘧菌酯（己唑醇10%+嘧菌酯20%）悬浮剂2 000~6 000倍液等，加入专业的喷雾助剂农希望7号喷雾宝10ml/15kg药液，或农希望5号喷雾宝20~30ml/15kg药液对水均匀喷雾，以提高药效。

10. 葡萄穗轴褐枯病

症　　状 葡萄生链格孢 *Alternaria viticola*，属半知菌亚门真菌。主要发生在幼穗的穗轴上，果粒发病较少，穗轴老化后不易发病。发病初期，幼果穗的分枝穗轴上产生褐色的水浸状小斑点，并迅速向四周扩展，使整个分枝穗轴变褐枯死，不久失水干枯，变为黑褐色，有时在病部表面产生黑色霉状物，果穗随之萎缩脱落（图38-35）。

发生规律 以菌丝体或分生孢子在病残组织内越冬，也可在枝蔓表皮、芽鳞片间越冬。翌年开花前后形成分生孢子，借风雨传播，侵染幼嫩的穗轴组织，引起初侵染。春季开花前后，遇低温多雨天气，有利于病害发生。地势低洼、管理不善的果园以及老弱树发病重。

图38-35　葡萄穗轴褐枯病为害穗轴症状

施药技术 4月下旬萌芽后、5月上旬开花前、5月下旬开花后各喷1次。用300g/L醚菌·啶酰菌（啶酰菌胺200g/L+醚菌酯100g/L）悬浮剂1 000~2 000倍液、40%醚菌酯悬浮剂800~1 000倍液+50%异菌脲可湿性粉剂1 000倍液、20%丙硫唑悬浮剂1 600~2 000倍液、12%苯甲·氟酰胺（苯醚甲环唑5%+氟唑菌酰胺7%）悬浮剂1 000~2 000倍液、80%代森锰锌可湿性粉剂800倍液+50%多菌灵可湿性粉剂800~1 000倍液等药剂，加入专业的喷雾助剂农希望7号喷雾宝10ml/15kg药液，或农希望5号喷雾宝20~30ml/15kg药液对水均匀喷雾，可杀菌保护花芽叶芽，防治花期及幼果期病害。

11. 葡萄蔓枯病

症　　状 有性阶段为 *Cryptosporella viticola* 称葡萄生小隐孢壳菌，属子囊菌门真菌。无性阶段为 *Phomopsis viticola* 称葡萄拟茎点霉，属半知菌门真菌。主要为害蔓或新梢。在蔓的基部近地表处易于染病，初期病斑为红褐色，略凹陷，以扩大成黑褐色大斑（图38-36）。秋天病蔓表皮纵裂为丝状，易折断。主蔓染病，病部以上枝蔓生长衰弱或枯死，叶色变黄，叶缘卷曲，新梢枯萎，叶脉、叶柄及卷须处经常发生黑色条斑（图38-37）。

图38-36　葡萄蔓枯病为害枝蔓症状

发生规律　以分生孢子器或菌丝体在病蔓上越冬，翌年5—6月释放分生孢子，借风雨传播，在具水滴或雨露条件下，分生孢子经4~8h即可萌发，经伤口或由气孔侵入，引起发病。多雨或湿度大的地区、植株衰弱、冻害严重的葡萄园发病重。

施药技术　在5—6月及时喷施10%苯醚甲环唑水分散粒剂2 000~3 000倍液、60%嘧菌环胺·异菌脲（异菌脲20%+嘧菌环胺40%）可湿

图38-37　葡萄蔓枯病为害新梢症状

性粉剂1 000~1 250倍液、60%啶酰·咯菌腈（咯菌腈15%+啶酰菌胺45%）水分散粒剂1 000~2 000倍液、50%醚菌酯干悬浮剂3 000倍液、45%戊唑醇悬浮剂16~20ml/亩+250g/L嘧菌酯悬浮剂60~90ml/亩、400g/L氟硅唑乳油10~13ml/亩、12.5%腈菌唑可湿性粉剂30~40g/亩、62.25%腈菌·福美双（福美双60%+腈菌唑2.25%）可湿性粉剂100~150g/亩等药剂，加入专业的喷雾助剂农希望7号喷雾宝10ml/15kg药液或农希望5号喷雾宝20~30ml/15kg药液对水均匀喷雾，以提高药效。

二、葡萄虫害与农药施用关键技术

迄今为止，我国已报道的害虫有80多种，其中，二星叶蝉、葡萄瘿螨、斑衣蜡蝉、东方盔蚧等是葡萄生产上的主要虫害。

1．二星叶蝉

二星叶蝉（*Erythroneura apicalis*），主要以成虫和若虫在叶背面吸食为害。叶片被害初期呈点状失绿，叶面出现小白点，随着为害加重，各点相连成白斑，直至全叶苍白，影响光合作用和枝条发育，早

期落叶。

形态特征 成虫全体淡黄白色，复眼黑色，散生淡褐色斑纹（图38-38）。头前伸呈钝三角形，其上有2个黑色圆斑。前翅半透明，淡黄白色，翅面有不规则形状的淡褐色斑纹。卵长椭圆形，稍弯曲，初为乳白色，渐变为橙黄色。若虫有黑色翅芽，初孵化时为白色（图38-39），以后逐渐变为红褐色或黄白色。

图38-38 二星叶蝉成虫

图38-39 二星叶蝉若虫

发生规律 在河北北部一年发生2代，山东、山西、河南、陕西一年发生3代。以成虫在果园杂草丛、落叶下、土缝、石缝等处越冬。翌年3月末、4月初葡萄末发芽时，成虫开始活动。5月初葡萄展叶后才转移其上为害并产卵，5月中旬第1代若虫出现，多是黄白色，6月中旬孵化的幼虫多为红褐色，第1代成虫在6月上中旬。7月上中旬开始孵化成若虫。第2代成虫以8月上中旬发生最多，以此代为害较盛。第2代成虫以9—10月最盛。

施药技术 葡萄开花以前，第1代若虫发生盛期是防治二星叶蝉的关键时期。葡萄开花以前，第1代若虫发生期比较整齐，可用药剂50%辛硫磷乳油1 000倍液、50%马拉硫磷乳油800～1 500倍液、40%毒死蜱乳油75～100ml/亩、1.8%阿维菌素乳油2 000～4 000倍液，加入专业的喷雾助剂农希望7号喷雾宝10ml/15kg药液或农希望5号喷雾宝20～30ml/15kg药液对水均匀喷雾，间隔5～7d喷1次，连喷2～3次，防治效果较好。

发生量较大时，可喷施50%噻虫胺水分散粒剂12～16g/亩、10%吡虫啉可湿性粉剂2 000倍液、3%啶虫脒乳油2 000倍液、10%氯氰菊酯乳油1 000～1 500倍液+40%毒死蜱乳油75～100ml/亩、2.5%溴氰菊酯乳油1 000～1 500倍液+1.8%阿维菌素乳油2 000～4 000倍液等，加入专业的喷雾助剂农希望5号喷雾宝20～30ml/15kg药液对水均匀喷雾，以提高药效。

2. 葡萄瘿螨

葡萄瘿螨（*Eriophyes vitis*）成螨、若螨在叶背刺吸汁液，初期被害处呈现不规则的失绿斑块。斑块状表面隆起，叶背面产生灰白色绒毛（图38-40），后期斑块逐渐变成锈褐色，称毛毡病，被害叶皱缩变硬、枯焦。严重时也能为害嫩梢、嫩果、卷须和花梗等，使枝蔓生长衰弱。

形态特征 雌成螨体似胡萝卜，前期乳白色、半透明（图38-41）。雄成螨体形略小。背盾板似三角形，背盾板上有数条纵纹，背瘤位于盾板后缘的略前方，有纵轴，背毛向前斜伸。幼螨共2龄，淡黄色，与成螨无明显区别。卵椭圆形，淡黄色。无蛹期。

发生规律 1年发生多代，成螨群集在芽鳞片内绒毛处，或枝蔓的皮孔内越冬。翌年春季随着芽的萌动，从芽内爬出，随即钻入叶背绒毛间吸食汁液，并不断扩大繁殖为害。全年以6—7月为害最重，秋后

图38-40 葡萄瘿螨为害叶片症状

成螨陆续潜入芽内越冬。

施药技术 早春葡萄芽萌动时，葡萄生长期瘿螨发生初期是防治葡萄瘿螨的关键时期。喷3~5波美度石硫合剂，或45%晶体石硫合剂30倍液，以杀死潜伏在芽内的瘿螨。

葡萄生长季节，发现有瘿螨为害时，可喷施1.8%阿维菌素乳油2 000~4 000倍液、45%溴螨酯乳油2 000~2 500倍液、50%四螨嗪悬浮剂2 000倍液、5%唑螨酯悬浮剂2 000~3 000倍液，加入专业的喷雾助剂（如农希望5号喷雾宝20~30ml/15kg药液），全株喷洒，使叶片正反面均匀着药。

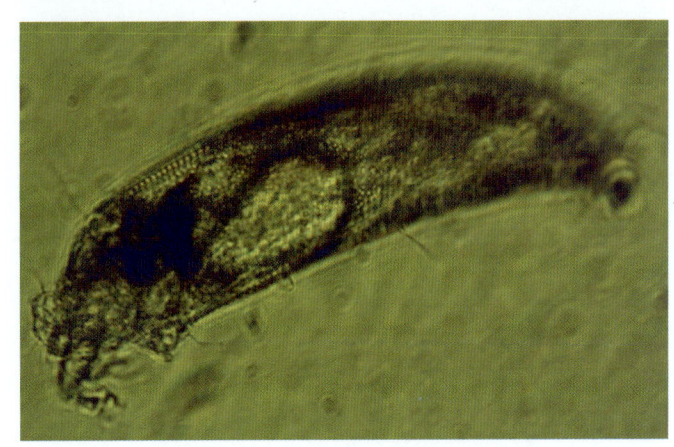

图38-41 葡萄瘿螨雌成螨

在葡萄瘿螨发生严重的葡萄园区，可以用15%哒螨灵乳油1 000~2 000倍液、73%炔螨特乳油2 500~3 000倍液、5%噻螨酮乳油1 500~2 000倍液、50%溴螨酯乳油1 000~2 000倍液、30%嘧螨酯悬浮剂2 000~4 000倍液、25%三唑锡可湿性粉剂1 500~2 000倍液、10%苯螨特乳油1 000~2 000倍液、15%杀螨特可湿性粉剂1 000~2 000倍液等，加入专业的喷雾助剂农希望5号喷雾宝20~30ml/15kg药液对水均匀喷雾，全株喷洒，使叶片正反面均匀着药。

3. 斑衣蜡蝉

斑衣蜡蝉（*Lycorma delicatula*）以若虫、成虫刺吸枝蔓、叶片的汁液。叶片被害后，形成淡黄色斑点，严重时造成叶片穿孔、破裂（图38-42）。为害枝蔓，使枝条变黑（图38-43）。

形态特征 成虫体暗褐色，被有白色蜡粉（图38-44）。头顶向上翘起，呈突角形，前翅革质，基半部灰褐色，上部有黑斑20多个，后翅基部鲜红色。卵长圆形，褐色，卵块上覆一层土灰色粉状分泌物。若虫与成虫相似，初孵化时白色，1~3龄体变黑色，体上有许多小白斑（图38-45）。

发生规律 每年1代，以卵在枝蔓、架材和树干、枝杈等部位越冬。翌年4月上旬以后陆续孵化为幼虫，蜕皮后为若虫。6月下旬出现成虫，8月交尾产卵。成虫则以跳助飞，多在夜间交尾活动为害。从4月中下旬至10月，为若虫和成虫为害期。8—9月为害最重。

施药技术 幼虫发生盛期是防治斑衣蜡蝉关键时期。在幼虫大量发生期，喷施70%噻虫嗪水分散粒剂1 000~2 000倍液、10%吡虫啉可湿性粉剂1 000~2 000倍液、2.5%溴氰菊酯乳油1 000~1 500倍液、

图38-42 斑衣蜡蝉为害叶片症状

图38-43 斑衣蜡蝉为害新梢、枝蔓症状

图38-44 斑衣蜡蝉成虫

图38-45 斑衣蜡蝉若虫

50%辛硫磷乳油800～1 500倍液、50%马拉硫磷乳油800～1 500倍液、50%毒死蜱乳油800～1 500倍液等，

狠抓幼虫期防治，可收到良好的效果。对成虫、若虫混合发生期，可用5%高效氯氰菊酯乳油1 000～1 500倍液+1.8%阿维菌素乳油2 000～3 000倍液、10%吡虫啉可湿性粉剂1 000～2 000倍液、70%噻虫嗪水分散粒剂1 000～2 000倍液等。由于虫体特别，若虫被有蜡粉，所用药液中加入多功能渗透性喷雾助剂农希望5号喷雾宝或50%油酸甲酯液剂（喷雾精）20～30ml/15kg药液对水均匀喷雾，可显著提高防效。

4．东方盔蚧

东方盔蚧（*Parthenolecanium orientalis*）以若虫和成虫为害枝叶和果实。常排泄出无色黏液，落在枝叶和果穗上严重发生时，致使枝条枯死（图38-46和图38-47）。

形态特征 雌成虫黄褐色或红褐色，扁椭圆形，体背边缘有横列的皱褶，排列规则，似龟甲状（图38-48）。雄成虫体红褐色，头部红黑，触角丝状，前翅土黄色。卵长椭圆形，淡黄白色近孵化时呈粉红色，卵上微覆蜡质白粉。若虫扁平，黄或黄褐色，背面稍隆起椭圆形，若虫越冬前变棕褐色，越冬后体背隆起，蜡线消失分泌大量白色蜡粉。

发生规律 在山东、河南每年发生2代，以2龄若虫在枝干裂缝、老皮下及叶痕处越冬。葡萄萌芽期开始活动，4月虫体膨大，5月上旬产卵于介壳下，5月中下旬葡萄始花期若虫孵化，5月下旬到6月初为孵化盛期。6月中下旬脱皮，2龄时转移到光滑枝蔓、叶柄、穗轴、果粒上固定，继续为害。7月上中旬第1代成虫产卵，下旬孵化，仍先在叶上为害，9月中旬以后转到枝蔓越冬。

施药技术 春季葡萄发芽前剥掉裂皮喷药可减少越冬若虫；第1代若虫出壳盛期是防治的关键时期。

图38-46 东方盔蚧为害枝条症状

图38-47 东方盔蚧为害果实症状

图38-48 东方盔蚧雌成虫

春季葡萄发芽前剥掉裂皮，使虫体暴露出来，然后喷布晶体石硫合剂30倍液，杀灭越冬若虫。

5月下旬至6月上旬第1代若虫出壳盛期，7月上中旬成虫产卵期，各喷施1次。可用10%吡虫啉可湿性粉剂2 000～3 000倍液、1.8%阿维菌素乳油2 000～3 000倍液、48%毒死蜱乳油1 000～1 500倍液、25%噻嗪酮可湿性粉剂1 000～1 500倍液等，加入多功能渗透性喷雾助剂农希望5号喷雾宝或50%油酸甲酯液剂（喷雾精）20～30ml/15kg药液对水均匀喷雾，全株喷洒。

三、葡萄各生育期病虫草害与农药施用关键技术

在葡萄栽培中，有许多病虫为害严重。在多种病害中以霜霉病、白腐病、黑痘病、炭疽病为害重，部分地区葡萄灰霉病、褐斑病、蔓割病、房枯病等也常造成很大为害。虫害以葡萄瘿螨发生较为严重和普遍，其他如葡萄短须螨、葡萄二星叶蝉等也时有发生。

（一）葡萄休眠期病虫害与农药施用关键技术

华北地区葡萄树从10月下旬到翌年3月处于休眠期（图38-49），树体停止生长，多数病菌也停止活

动,开始在病残枝、叶、蔓上越冬。这一时期应结合修剪,清扫枯枝、落叶、病蔓,将其集中烧毁或深埋,减少越冬病源。同时深翻土壤,并充分暴晒。

图38-49 葡萄休眠期

(二)葡萄萌芽前期病虫草害与农药施用关键技术

3月下旬到4月上旬(图38-50),气温已开始回升变暖,病菌、害虫开始活动,这一时期葡萄尚未发芽,可以喷施一次广谱性保护剂,一般效果较好,能够铲除越冬病原菌、害虫。可喷洒2~3波美度石硫合剂、45%石硫合剂200~300倍液、50%福美双可湿性粉剂200倍液等,全面喷洒枝、蔓及茎基部周围的土表。

在早春葡萄树发芽前(图38-51),可用90%乙草胺乳油100~150ml/亩、72%异丙甲草胺乳油150~250ml/亩、33%二甲戊乐灵乳油150~200ml/亩、50%扑草净可湿性粉剂150~200g/亩+90%乙草胺乳油100~200ml/亩、90%乙草胺乳油100ml/亩+24%乙氧氟草醚乳油10~15ml/亩,对水30~45kg/亩喷雾土表。土壤有机质含量低、砂质土、低洼地、水分足,用药量低,反之用药量高。土壤干旱条件下施药要加大用水量或进

图40-50 葡萄萌芽前期

图38-51 葡萄树萌芽前喷施封闭除草剂

行浅混土（2~3cm），施药后如遇干旱，有条件的可以灌水后施药以提高除草效果。喷施封闭除草剂时，农民传统的喷药方式喷药不匀，药效不好；喷药时必须用专业喷杆喷雾器械进行喷雾；并加入专业喷雾助剂农希望6号喷雾宝20~30ml/15kg药液对水均匀喷雾；必须把药喷匀、喷细、喷透，让药剂在地面上形成一层药膜，药剂均匀度达90%以上，才能取得较好的除草效果。

（三）葡萄展叶及新梢生长期病虫害与农药施用关键技术

4月中下旬到5月上旬，葡萄开始萌芽展叶（图38-52），新梢开始迅速生长（图38-53）。这一时期许多病菌开始产生孢子，开始侵染、为害新梢，如黑痘病、白粉病、灰霉病等，注意使用保护剂，必要时喷洒治疗。

图38-52 葡萄展叶期　　　　　　　　　　　**图38-53 葡萄新梢生长期**

这一阶段，一般应喷洒1~3次保护剂，可用1:0.7:(160~240)倍波尔多液、30%胶悬铜悬浮剂、30%碱式硫酸铜悬浮剂400~600倍液喷雾。

对于往年灰霉病发病较重的葡萄树，应在5月上旬临近葡萄开花前喷洒1次50%福美双可湿性粉剂

500～800倍液、70%代森锰锌可湿性粉剂800～1 000倍液、70%甲基硫菌灵可湿性粉剂1 000～2 000倍液、75%百菌清可湿性粉剂1 000倍液等，加入专业的喷雾助剂农希望5号喷雾宝20～30ml/15kg药液对水均匀喷雾，全株喷洒（图38-54），才能达到较好的效果。

图38-54　全面喷洒葡萄枝、蔓的树皮，必须用高压、超细的专业喷雾器械进行喷雾，保证药液充分在渗透到树皮内，喷药时应加入专业的喷雾助剂农希望5号喷雾宝20ml/15kg药液对水均匀喷雾，让药液在枝叶上均匀地形成一层油亮的药膜，药液充分地沉积附着、润湿扩散和渗透吸收

这一时期需要防治的害虫有蚧壳虫、二星叶蝉、瘿螨等。防治二星叶蝉、介壳虫，可喷施50%噻虫胺水分散粒剂12～16g/亩、48%毒死蜱乳油1 000～1 500倍液、70%噻虫嗪水分散粒剂1 000～2 000倍液、10%吡虫啉可湿性粉剂2 000倍液、3%啶虫脒乳油2 000倍液、5%高效氯氰菊酯乳油1 000～1 500倍液、2.5%溴氰菊酯乳油1 000～1 500倍液等，加入专业的喷雾助剂农希望5号喷雾宝20～30ml/15kg药液对水均匀喷雾，若瘿螨发生量大时，可喷施1.8%阿维菌素乳油2 000～4 000倍液、15%哒螨灵乳油3 000～4 000倍液、73%炔螨特乳油2 500～3 000倍液、5%噻螨酮乳油1 500～2 000倍液等，加入专业的喷雾助剂农希望5号喷雾宝20～30ml/15kg药液对水均匀喷雾，全株喷洒。

（四）葡萄落花后期病虫害与农药施用关键技术

5月下旬到6月上旬，葡萄花期相继结束，幼果开始形成（图38-55）。天气一般白天温暖、晚上凉湿，葡萄灰霉病进入第一个为害盛期，葡萄白粉病、葡萄黑痘病开始为害，有时发生严重。其他病害，如炭疽病、褐斑病进入侵染盛期。防治上应针对病情及时治疗，并注意使用保护剂。

该期一般要使用1～2次保护剂，如喷洒1∶0.7∶（160～200）倍波尔多液、30%碱式硫酸铜悬浮剂400～600倍液。

并结合田间病情发生情况、天气情况，可用有机合成保护剂与治疗剂混合喷施，用70%代森锰锌可湿性粉剂800倍液+15%异菌脲可湿性粉剂1 000倍液、75%百菌清可湿性粉剂800倍液+15%三唑酮可湿性粉剂600～1 000倍液、50%多菌灵可湿性粉剂600～800倍液+50%乙霉威可湿性粉剂800～1 000倍液、60%嘧菌环胺·异菌脲（异菌脲20%+嘧菌环胺40%）可湿性粉剂1 000～1 250倍液、500g/L氟吡菌酰胺·嘧霉胺（嘧霉胺375g/L+氟吡菌酰胺125g/L）悬浮剂1 200～1 500倍液、38%唑醚·啶酰菌（啶酰菌胺25.2%+吡唑醚菌酯12.8%）水分散粒剂1 000～1 500倍液、70%甲基硫菌灵超微可湿性粉剂1 000倍液+70%代森锰锌可湿性粉剂500倍液，加入专业的喷雾助剂农希望5号喷雾宝20～30ml/15kg药液对水均匀喷雾，全株喷洒。

防治蓟马、绿盲蝽，喷施50%辛硫磷乳油1 500倍液、10%虫螨腈乳油2 000倍液、1.8%阿维菌素乳油2 000~4 000倍液，加入专业的喷雾助剂（如农希望5号喷雾宝20~30ml/15kg药液），要全株喷洒。

防治葡萄透翅蛾，喷施2.5%溴氰菊酯乳油3 000倍液、50%辛硫磷乳油1 000~1 500倍液、25%灭幼脲悬浮剂2 000倍液，加入专业的喷雾助剂如农希望5号喷雾宝20~30ml/15kg药液对水均匀喷雾，全株喷洒。

图38-55 葡萄落花幼果期

防治害螨，可喷施5%噻螨酮乳油2 000倍液、73%炔螨特乳油2 000倍液、20%四螨嗪乳油2 000倍液等，加入专业的喷雾助剂农希望5号喷雾宝20~30ml/15kg药液对水均匀喷雾，全株喷洒。

（五）葡萄幼果至膨大期病虫害与农药施用关键技术

6月中下旬到7月上旬，葡萄生长旺盛，一般品种幼果进入迅速膨大生长期（图38-56）。如气温较高，白粉病一般发生较重。有些也有部分霜霉病发生，黑痘病发生常导致落果，其他病害如炭疽病也开始侵染和部分发病。

该阶段病害防治的主要任务是预防各种病害的蔓延。

保护剂的选用要根据天气而定，阴雨天气可以使用30%碱式硫酸铜或35%胶悬铜悬浮剂300~500倍液、77%氢氧化铜可湿性粉剂400~600倍液、1∶0.5∶（160~240）倍波尔多液、70%代森锰锌可湿性粉剂800倍液。天气晴朗无雨干旱，可以使用75%百菌清可湿性粉剂800~1 000倍液等。该季节一般需喷洒保护剂2~4次，视天气与病情，一般5~8d喷1次。

6月中下旬到7月上旬，葡萄幼果期生长旺盛，

图38-56 葡萄幼果期

葡萄枝叶茂密、叶面蜡质层增厚、叶背面绒毛较多。农民传统的喷药方式导致病部着药困难，大量药液流失（图38-57），难以收到防治效果。喷药时必须用高压、超细的专业喷雾器械进行喷雾；并加入专业喷雾助剂农希望7号喷雾宝10~20ml/15kg药液，天气特别干旱时喷药应加入多功能专业喷雾助剂农希望5号喷雾宝20~30ml/15kg药液对水均匀喷雾；必须把药喷匀、喷细、喷透，让药剂在叶面上形成一层药膜，叶上药剂附着率达90%以上（图38-58），让药剂在叶面上充分地润湿扩散、渗透吸收后才能取得较好的防治效果。

田间白粉病发生较重，可以结合其他病害的防治，及时喷洒50%嘧菌酯水分散粒剂5 000~7 000倍液+15%三唑酮可湿性粉剂1 000~1 500倍液、25%乙嘧酚磺酸酯微乳剂500~700倍液、70%代森锰锌可湿性粉剂600~1 000倍液+30%氟环唑悬浮剂1 600~2 300倍液、25%戊菌唑水乳剂8 000~10 000倍液+50%肟菌

图38-57 葡萄幼果期生长旺盛,葡萄枝叶茂密、叶面蜡质层增厚、叶背面绒毛较多,传统的喷药方法喷不匀、雾滴较大、附着性差,防效较差

图38-58 葡萄枝叶繁茂,防治葡萄霜霉病时,必须用高压、超细的专业喷雾器械进行喷雾,保证药液均匀地喷雾到各部位的叶面正反面,喷药时应加入专业的喷雾助剂农希望5号喷雾宝20ml/15kg药液对水均匀喷雾,让药液在枝干上均匀地形成一层油亮的药膜,药液充分地沉积附着、润湿扩散和渗透吸收,叶面上的药剂附着率达90%以上,才能达到多种病虫兼治的目的

酯水分散粒剂1 500～2 000倍液、2%嘧啶核苷类抗菌素水剂100～400倍液+15%三唑酮可湿性粉剂600倍液、40%氟硅唑乳油6 000～8 000倍液、10%苯醚甲环唑水分散粒剂1 500～2 000倍液、5%亚胺唑可湿性粉剂600～700倍液+20%唑菌胺酯水分散性粒剂 1 000～2 000倍液、40%环唑醇悬浮剂7 000～10 000倍

液、25%已唑醇悬浮剂4 000～5 000倍液+50%嘧菌酯水分散粒剂5 000～7 000倍液、25%氟喹唑可湿性粉剂5 000～6 000倍液、30%氟菌唑可湿性粉剂2 000～3 000倍液+75%百菌清可湿性粉剂600～1 000倍液等，并可以兼治黑痘病、白腐病、炭疽病等，加入专业的喷雾助剂农希望5号喷雾宝20～30ml/15kg药液对水均匀喷雾，全株喷洒。

对于前期未能封闭除草的田块（图38-59），在杂草基本出齐，且杂草处于幼苗期时应及时施药，可用10% 精喹禾灵乳油50～75ml/亩、10.8%高效吡氟氯禾灵乳油20～60ml/亩、12.5%烯禾啶乳油50～100ml/亩、24%烯草酮乳油20～60ml/亩，加入专业喷雾助剂农希望6号喷雾宝20～30ml/15kg药液对水均匀喷雾，施药时视草情、墒情确定用药量。草大、墒差时适当加大用药量。对水均匀喷施。禾本科和阔叶杂草混用的地块，在杂草基本出齐，且杂草处于幼苗期时应及时施药，可用10%精喹禾灵乳油50～75ml/亩+48%苯达松水剂150ml/亩、10.8%高效吡氟氯禾灵乳油20～60ml/亩+25%三氟羧草醚水剂50ml/亩、10%精喹禾灵乳松水剂150ml/亩、10.8%高效吡氟氯禾灵乳油20～60ml/亩+25%三氟羧草醚水剂50ml/亩、10%精喹禾灵乳油50～75ml/亩+24%乳氟禾草灵乳油20～40ml/亩、68%草甘膦可溶粒剂99～198g/亩，加入专业的喷雾助剂农希望6号喷雾宝20～30ml/15kg药液对水均匀喷雾，应在葡萄园定向施药，不能将药液喷洒至葡萄叶片上，喷洒时应采用保护罩或压低喷头定向喷布，否则会发生严重的药害。

图38-59 葡萄园喷施茎叶处理的除草剂时，必须用专业喷雾器械进行喷雾，喷药必须保证药液均匀地喷雾到杂草茎叶上，并加入专业的喷雾助剂农希望6号喷雾宝20ml/15kg药液对水均匀喷雾，让药液在杂草的茎叶上均匀地形成一层油亮的药膜，让药液充分地渗透杂草体，才能达到较好的防治效果

（六）葡萄成熟期病虫害与农药施用关键技术

7—8月，华北地区多数品种葡萄相继成熟，开始采摘（图38-60）。该期葡萄生长势有所降低，天气多为阴雨连绵，空气湿度大，为病虫发生盛期，生产上务必注意防治，保证丰产。

这一时期，葡萄炭疽病、白腐病、房枯病、灰霉病、黑痘病、霜霉病等都有大发生的可能，生产上

图38-60　葡萄成熟期

要加强预防和治疗。要将保护剂与治疗剂交替使用，视天气和病情，间隔5～10d喷1次。

发现病情，及时治疗，防治炭疽病、白腐病、黑痘病等，可用70%甲基硫菌灵可湿性粉剂800～1 000倍液+3%中生菌素可湿性粉剂600～800倍液、32.5%锰锌·烯唑醇可湿性粉剂400～600倍液、5%亚胺唑可湿性粉剂600～800倍液、25%嘧菌酯悬浮剂800～1 250倍液+40%苯醚甲环唑水乳剂4 000～5 000倍液、22.5%啶氧菌酯悬浮剂1 500～2 000倍液、400g/L氟硅唑乳油6 000～10 000倍液、50%咪鲜胺锰盐可湿性粉剂1 500～2 000倍液、25%吡唑醚菌酯水分散粒剂1 000～1 500倍液+40%噻菌灵可湿性粉剂1 000～1 500倍液、55%喹啉·噻灵（噻菌灵20%+喹啉铜35%）可湿性粉剂800～1 200倍液、43%氟菌·肟菌酯（肟菌酯21.5%+氟吡菌酰胺21.5%）悬浮剂2 000～4 000倍液、75%肟菌·戊唑醇（戊唑醇50%+肟菌酯25%）水分散粒剂5 000～6 000倍液、50%多菌灵可湿性粉剂500～800倍液+70%代森锰锌可湿性粉剂600～1 000倍液等。防治灰霉病还可以使用50%异菌脲可湿性粉剂800～1 000倍液、500g/L氟吡菌酰胺·嘧霉胺（嘧霉胺375g/L+氟吡菌酰胺125g/L）悬浮剂1 200～1 500倍液、50%腐霉利可湿性粉剂800～1 000倍液，加入专业的喷雾助剂农希望5号喷雾宝20～30ml/15kg药液对水均匀喷雾，全株喷洒。

如该期发现霜霉病为害，可以喷施68.75%恶唑·锰锌可分散粒剂800～1 200倍液、60%唑醚·代森联水分散粒剂1 000～2 000倍液、80%烯酰吗啉水分散粒剂20～30g/亩+25%吡唑醚菌酯水分散粒剂1 000～1 500倍液、80%嘧菌酯悬浮剂3 200～4 800倍液+20%氰霜唑悬浮剂4 000～5 000倍液、22.5%啶氧菌酯悬浮剂1 200～1 800倍液、80%霜脲氰水分散粒剂8 000～10 000倍液、10%氟噻唑吡乙酮可分散油悬浮剂2 000～3 000倍液、23.4%双炔酰菌胺悬浮剂1 500～2 000倍液、30%醚菌酯悬浮剂2 200～3 200倍液、66.8%丙森·缬霉威可湿性粉剂700～1 000倍液、50%嘧菌酯水分散粒剂5 000～7 000倍液、50%甲·福（甲霜灵·福美双）可湿性粉剂400～600倍液、25%甲霜灵可湿性粉剂500～800倍液、50%甲霜灵·代森锰锌可湿性粉剂400～600倍液等药剂。

这一时期发生较严重的害虫有金龟子、叶蝉、绿盲蝽等，生产上务必注意防治，保证丰产丰收。

防治金龟子，喷施1.8%阿维菌素乳油2 000～4 000倍液、2.5%氯氟菊酯乳油2 000倍液、48%毒死蜱乳油1 000～1 500倍液。

防治叶蝉、绿盲蝽，喷施10%吡虫啉可湿性粉剂5 000倍液、3%啶虫脒乳油2 000倍液、10%氯氰菊酯乳油1 000～1 500倍液、2.5%溴氰菊酯乳油1 000～1 500倍液等。

（七）葡萄营养恢复期病虫害与农药施用关键技术

8月以后，华北地区葡萄大部分已经成熟采摘。葡萄长势开始恢复，天气潮湿、多雨，开始湿凉。该期霜霉病、褐斑病等仍发生较重，应按上述方法及时防治（图38-61）。同时，注意不断使用保护剂，确保正常的营养恢复，为下一年葡萄丰产打好基础。

图38-61 葡萄采摘成熟期至营养恢复期

第三十九章 桃树病虫草害与农药施用关键技术

一、桃树病害与农药施用关键技术

1. 桃细菌性穿孔病

症　状　油菜黄单胞菌李致病型 *Xanthomonas campestris* pv. *pruni*，属薄壁菌门黄单胞菌属。主要为害叶片，也为害果实和枝（图39-1）。叶片受害，开始时产生半透明油浸状小斑点，后逐渐扩大，呈圆形或不规则圆形，紫褐色或褐色，周围有淡黄色晕环（图39-2和图39-3）。天气潮湿时，在病斑的背面常溢出黄白色胶黏的菌脓，后期病斑干枯，在病健部交界处，发生一圈裂纹，很易脱落形成穿孔。枝梢上有两种病斑：一种称春季溃疡，另一种称夏季溃疡。春季溃疡病斑油浸状，微带褐色，稍隆起；春末病部表皮破裂成溃疡。夏季溃疡多发生在嫩梢上，开始时环绕皮孔形成油浸状暗紫色斑点，中央稍下陷，有油浸状的边缘。该病也为害果实（图39-4）。

图39-1　桃细菌性穿孔病田间为害症状

图39-2　桃细菌性穿孔病为害叶片症状

图39-3　桃细菌性穿孔病为害叶片症状

图39-4　桃细菌性穿孔病为害果实症状

发生规律 病原细菌在春季溃疡病斑组织内越冬,翌年春天气温升高后越冬的细菌开始活动,枝梢发病,形成春季溃疡。桃树开花前后,通过风雨和昆虫传播,从叶上的气孔和枝梢、果实上的皮孔侵入,进行初侵染。病害一般在5月上中旬开始发生,6月梅雨期蔓延最快。夏季高温干旱天气,病害发展受到抑制,至秋雨期又有一次扩展过程。

施药技术 芽膨大前期喷1∶1∶100倍波尔多液、45%石硫合剂晶体30倍液、30%碱式硫酸铜胶悬剂300～500倍液等药剂杀灭越冬病菌。

展叶后至发病前是防治的关键时期,可喷施保护剂1∶1∶100倍波尔多液、77%氢氧化铜可湿性粉剂400～600倍液、30%碱式硫酸铜悬浮剂300～400倍液、86.2%氧化亚铜可湿性粉剂2 000～2 500倍液、47%氧氯化铜可湿性粉剂300～500倍液、30%硝基腐殖酸铜可湿性粉剂300～500倍液、30%琥胶肥酸铜可湿性粉剂400～500倍液等,间隔10～15d喷药1次。

发病早期及时施药防治,可以用3%中生菌素可湿性粉剂400倍液、33.5%喹啉铜悬浮剂1 000～1 500倍液、2%宁南霉素水剂2 000～3 000倍液、86.2%氧化亚铜悬浮剂1 500～2 000倍液等药剂。加入专业的喷雾助剂农希望7号喷雾宝10ml/15kg药液,或农希望5号喷雾宝20～30ml/15kg药液对水均匀喷雾。农民传统的喷药方式导致病部着药困难,大量药液流失(图39-5),防治效果不佳。喷药时必须用高压、超细的专业喷雾器械进行喷雾;并加入超强润湿扩散喷雾助剂农希望7号喷雾宝或25%油酸甲酯液剂(喷雾精)5～10ml/15kg药液对水均匀喷雾,天气特别干旱时,喷药应加入多功能渗透性喷雾助剂农希望5号喷雾宝或50%油酸甲酯液剂(喷雾精)20～30ml/15kg药液对水均匀喷雾;必须把药喷匀、喷细、喷透,让药剂在叶面上形成一层药膜,叶上药剂附着率达90%以上(图39-6),让药剂在叶面上充分地润湿扩散、渗透吸收后才能取得较好的防治效果。

图39-5 普通喷雾器械压力低、喷不匀、雾滴大,桃树叶片上的大量药液流失,叶片难以均匀附着药剂,对病害的防效较差

油亮药膜，充分润湿扩散、渗透吸收

图39-6　防治桃树细菌性穿孔病时，必须用高压、超细的专业喷雾器械进行喷雾，喷药必须保证均匀喷雾到所有茎叶，加入专业的喷雾助剂农希望5号喷雾宝20ml/15kg药液对水均匀喷雾，让药液在叶面上均匀地形成一层油亮的药膜，保证药剂喷匀、喷细、喷透，药剂附着率达90%以上，药剂得到充分地润湿扩散、渗透吸收

2. 桃疮痂病

症　　状　*Cladosporium carpophilum*为嗜果枝孢菌，属半知菌亚门真菌。主要为害果实，亦为害枝梢（图39-7和图39-8）。果实发病初期，果面出现暗绿色圆形斑点，逐渐扩大，至果实近成熟期，病斑呈暗紫或黑色，略凹陷，病菌扩展局限于表层，不深入果肉（图39-9）。发病严重时，病斑密集，随着果实的膨大，果实龟裂。新梢被害后，呈现长圆形、浅褐色的病斑，后变为暗褐色，并进一步扩大，病部隆起，常发生流胶。

图39-7　桃疮痂病为害枝条情况

图39-8　桃疮痂病为害叶片正背面症状

图39-9 桃疮痂病为害果实情况

发生规律 以菌丝体在枝梢病组织中越冬。翌年春季，气温上升，病菌产生分生孢子，通过风雨传播，进行初侵染。病菌侵入后潜育期长，然后再产生分生孢子梗及分生孢子，进行再侵染。在我国南方桃区，5—6月发病最盛；北方桃园，果实一般在6月开始发病，7—8月发病率最高。果园低湿，排水不良，枝条郁密，修剪粗糙等均能加重病害的发生。

施药技术 萌芽前喷45%石硫合剂晶体30倍液，铲除枝梢上的越冬菌源。

落花后半月内是防治的关键时期，可用70%甲基硫菌灵·代森锰锌可湿性粉剂800倍液、40%苯甲·吡唑酯（苯醚甲环唑25%+吡唑醚菌酯15%）悬浮剂3 000~4 000倍液、40%唑醚·戊唑醇（吡唑醚菌酯10%+戊唑醇30%）悬浮剂3 500~4 000倍液、40%嘧环·甲硫灵（甲基硫菌灵25%+嘧菌环胺15%）悬浮剂2 000~3 000倍液、70%甲基硫菌灵可湿性粉剂800倍液+80%代森锰锌可湿性粉剂800倍液、20%邻烯丙基苯酚可湿性粉剂800倍液+65%代森锌可湿性粉剂500~800倍液、75%百菌清可湿性粉剂800倍液+40%氟硅唑乳油4 000~10 000倍液，加入多功能渗透性喷雾助剂农希望5号喷雾宝或50%油酸甲酯液剂（喷雾精）20~30ml/15kg药液均匀喷施，以上药剂交替使用，效果更好。间隔10~15d喷药1次，连续喷3~4次。必须把药喷匀、喷细、喷透，让药剂在叶面上形成一层药膜（图39-10），让药剂在叶面上充分地润湿扩散、渗透吸收后才能取得较好的防治效果；传统的喷药水平（图39-11）药效较差。

图39-10 防治桃树疮痂病时，必须用专业喷雾器械进行喷雾，喷药必须保证均匀喷雾到所有茎叶和果面，加入专业的喷雾助剂农希望5号喷雾宝20ml/15kg药液对水均匀喷雾，让药液均匀地形成一层油亮的药膜，保证药剂喷匀、喷细、喷透，药剂得到充分地润湿扩散和渗透吸收

图39-11 普通喷雾器械压力低、喷不匀、雾滴大，桃树叶片上的大量药液流失，叶片难以均匀附着药剂，对病害的防效较差

3. 桃霉斑穿孔病

症　　状　嗜果刀孢霉 *Clasterosporium carpophilum* 属半知菌亚门真菌。主要为害叶片和花果。叶片染病（图39-12和图39-13），病斑初为圆形，紫色或紫红色，逐渐扩大为近圆形或不规则形，后变为褐色。湿度大时，在叶背长出黑色霉状物即病菌子实体，有的延至脱落后产生，病叶脱落后才在叶上残存穿孔。花、果实染病，病斑小而圆，紫色，凸起后变粗糙，花梗染病，未开花即干枯脱落。

图39-12　桃霉斑穿孔病为害叶片症状　　　　图39-13　桃霉斑穿孔病为害叶片中期症状

发生规律　以菌丝或分生孢子在被害叶、枝梢或芽内越冬，翌年，越冬病菌产生的分生孢子借风雨传播，先从幼叶上侵入，产出新的孢子后，再侵入枝梢或果实，低温多雨利其发病，4月中下旬即见枝梢发病。

施药技术　于早春喷洒70%代森锰锌可湿性粉剂500倍液、1∶1∶（100～160）倍波尔多液、30%碱式硫酸铜胶悬剂400～500倍液。

发病初期，用80%代森锰锌可湿性粉剂700倍液+10%苯醚甲环唑水分散粒剂3 000倍液、50%嘧菌酯水分散粒剂5 000～7 000倍液+80%代森锰锌可湿性粉剂700倍液+40%腈菌唑水分散粒剂6 000～7 000倍液，加入专业的喷雾助剂农希望5号喷雾宝10～20ml/15kg药液对水均匀喷雾，间隔期10d左右，共喷2～3次。

4. 桃褐斑穿孔病

症　状　核果尾孢霉*Cerlcospora circumscissa*属半知菌亚门真菌。有性世代*Mycosphaerella cerasella*樱桃球腔菌，属子囊菌亚门真菌。主要为害叶片，有时也可为害新梢和果实。叶片染病（图39-14、图39-15），初生圆形或近圆形病斑，边缘紫色，略带环纹，大小1~4mm；后期病斑上长出灰褐色霉状物，中部干枯脱落，形成穿孔，穿孔的边缘整齐，穿孔多时叶片脱落。新梢、果实染病时，症状与叶片相似。

图39-14　桃褐斑穿孔病为害叶片症状

图39-15　桃褐斑穿孔病为害叶片后期症状

发生规律　以菌丝体在病叶或枝梢病组织内越冬，翌年春气温回升，降雨后产生分生孢子，借风雨传播，侵染叶片、新梢和果实。以后病部产生的分生孢子进行再侵染。病菌发育温限7~37℃，适温25~28℃。低温多雨利于病害发生和流行。

施药技术　落花后，喷洒70%代森锰锌可湿性粉剂500倍液+70%甲基硫菌灵超微可湿性粉剂1 000倍液、35%氟菌·戊唑醇（戊唑醇17.5%+氟吡菌酰胺17.5%）悬浮剂2 000~3 000倍液、60%唑醚·代森联（代森联55%+吡唑醚菌酯5%）水分散粒剂1 500~2 000倍液、40%苯甲·吡唑酯（苯醚甲环唑25%+吡唑醚菌酯15%）悬浮剂3 000~4 000倍液、40%唑醚·戊唑醇（吡唑醚菌酯10%+戊唑醇30%）悬浮剂3 500~4 000倍液、75%百菌清可湿性粉剂700~800倍液+50%苯菌灵可湿性粉剂1 500倍液、80%代森锰锌可湿性粉剂700倍液+40%腈菌唑水分散粒剂6 000~7 000倍液，加入多功能渗透性喷雾助剂农希望5号喷雾宝或50%油酸甲酯液剂（喷雾精）20~30ml/15kg药液对水均匀喷雾，间隔7~10d防治1次，共防3~4次。

5. 桃炭疽病

症　　状　胶孢炭疽菌 *Colletotrichum gloeosporioids* 属半知菌亚门真菌；主要为害果实，也能侵害叶片和新梢。幼果果面呈暗褐色，发育停滞，萎缩硬化。果实将近成熟时染病，为圆形或椭圆形的红褐色病斑，显著凹陷，其上散生橘红色小粒点，并有明显的同心环状皱纹（图39-16）。新梢受害，初在表面产生暗绿色水渍状长椭圆的病斑，后渐变为褐色，边缘带红褐色，略凹陷，表面也长有橘红色的小粒点。叶片发病，产生近圆形或不整形淡褐色的病斑，病健分界明显，后病斑中部呈灰褐色或灰白色（图39-17）。

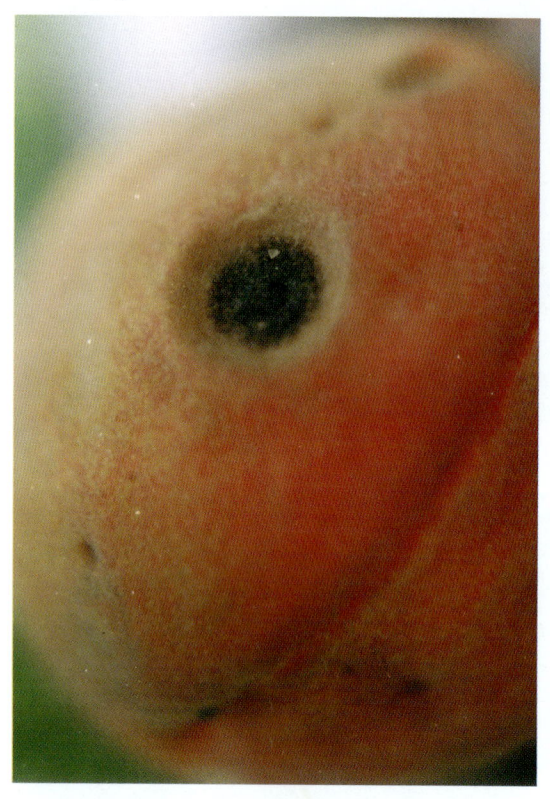
图39-16　桃炭疽病病果

图39-17　桃炭疽病为害叶片症状

发生规律　以菌丝体在病梢组织内越冬，也可以在树上的僵果中越冬。翌年春季形成分生孢子，借风雨或昆虫传播，侵害幼果及新梢，引起初次侵染。以后于新生的病斑上产生孢子，引起再次侵染。我国长江流域，由于春天雨水多，病菌在桃树萌芽至花期前就大量蔓延，使结果枝大批枯死；到幼果期病害进入高峰期，使幼果大量腐烂和脱落。在我国北方，7—8月是雨季，病害发生较多。

施药技术　萌芽前喷石硫合剂或1∶1∶100波尔多液1~2次，铲除病原，展叶后禁喷。

发芽后、谢花后是喷药防治的关键时期。可用80%代森锰锌可湿性粉剂600~800倍液、65%代森锌可湿性粉剂500倍液、60%唑醚·代森联（代森联55%+吡唑醚菌酯5%）水分散粒剂1 500~2 000倍液、75%百菌清可湿性粉剂800倍液、80%炭疽福美（福美锌·福美双）可湿性粉剂800倍液、70%丙森锌可湿性粉剂800倍液等，加入专业的喷雾助剂（如农希望5号喷雾宝10~20ml/15kg药液），间隔7~10d喷1次。

发病前期及时施药，可以用80%代森锰锌可湿性粉剂600~800倍液+50%多菌灵可湿性粉剂800倍液、40%嘧环·甲硫灵（甲基硫菌灵25%+嘧菌环胺15%）悬浮剂2 000~3 000倍液、40%苯甲·吡唑酯（苯醚甲环唑25%+吡唑醚菌酯15%）悬浮剂3 000~4 000倍液、80%代森锰锌可湿性粉剂600~800倍液+10%苯醚甲环唑水分散粒剂1 000~1 200倍液、80%代森锰锌可湿性粉剂600~800倍液+70%甲基硫菌灵可湿性粉剂800~1 000倍液、80%代森锰锌可湿性粉剂700倍液+40%腈菌唑水分散粒剂6 000~7 000倍液等药剂，加入多功能渗透性喷雾助剂农希望5号喷雾宝或50%油酸甲酯液剂（喷雾精）20~30ml/15kg药液均匀喷施。

6. 桃褐腐病

症　　状　果生丛梗孢 *Monilia fructicol* 属子囊菌亚门真菌。主要为害果实，也可为害花叶、枝梢。果实被害最初在果面产生褐色圆形病斑，果肉也随之变褐软腐。继后在病斑表面生出灰褐色绒状霉丛，常成同心轮纹状排列（图39-18），病果腐烂后易脱落，但不少病果失水后变成僵果（图39-19）。花部受害自雄蕊及花瓣尖端开始，先发生褐色水渍状斑点，后逐渐延至全花，随即变褐而枯萎。新梢上形成溃疡斑，长圆形，中央稍凹陷，灰褐色，边缘紫褐色，常发生流胶。

图39-18　桃褐腐病为害果实中期症状　　　　**图39-19　桃褐腐病为害果实后期症状**

发生规律　主要以菌丝体在树上及落地的僵果内或枝梢的溃疡斑部越冬，翌年春产生大量分生孢子，借风雨、昆虫传播，通过病虫伤、机械伤或自然孔口侵入。花期低温、潮湿多雨，易引起花腐。果实成熟期温暖多雨雾易引起果腐。病虫伤、冰雹伤、机械伤、裂果等表面伤口多，会加重该病的发生。树势衰弱，管理不善，枝叶过密，地势低洼的果园发病常较重。

施药技术　桃树萌芽前喷布石硫合剂、1∶1∶100波尔多液，铲除越冬病菌。

落花期是喷药防治的关键时期。可用10%小檗碱盐酸盐可湿性粉剂800~1 000倍液、24%腈苯唑悬浮剂2 500~3 200倍液、38%唑醚·啶酰菌（啶酰菌胺25.2%+吡唑醚菌酯12.8%）水分散粒剂1 500~2 000倍液、75%百菌清可湿性粉剂800倍液+70%甲基硫菌灵可湿性粉剂800~1 000倍液、75%百菌清可湿性粉剂800倍液+50%异菌脲可湿性粉剂1 000~2 000倍液、65%代森锌可湿性粉剂500倍液+50%腐霉利可湿性粉剂1 000倍液、75%百菌清可湿性粉剂800倍液+50%苯菌灵可湿性粉剂1 500倍液等，加入多功能渗透性喷雾助剂农希望5号喷雾宝或50%油酸甲酯液剂（喷雾精）20~30ml/15kg药液对水均匀喷雾，以提高药效。

7. 桃树侵染性流胶病

症　　状　茶藨子葡萄座腔菌 *Botryosphaeria ribis* 属子囊菌门真菌。为害枝干（图39-20）。1年生嫩枝染病，初产生以皮孔为中心的疣状小突起，当年不发生流胶现象，翌年5月上旬病斑开裂，溢出无色半透明状稀薄而有黏性的软胶。被害枝条表面粗糙变黑，并以瘤为中心逐渐下陷，形成圆形或不规则形病斑，其上散生小黑点。多年生枝干受害产生"水泡状"隆起，树胶流出（图39-21和图39-22）。

图39-20　桃树侵染性流胶病为害枝干症状

图39-21　桃侵染性流胶病为害枝条症状　　　　图39-22　桃侵染性流胶病为害多年生枝干症状

发生规律 以菌丝体、分生孢子器在病枝里越冬，翌年3月下旬至4月中旬散发出分生孢子，随风雨传播，经伤口和皮孔侵入。1年中此病有2个发病高峰，第1次在5月上旬至6月上旬，第2次在8月上旬至9月上旬。一般在直立生长的枝干基部以上部位受害严重；枝干分杈处易积水的地方受害重。

施药技术 桃树落叶后树干、大枝涂白，防止日灼、冻害，兼杀菌治虫。涂白剂配制方法：优质生石灰12kg、食盐2～2.5kg、大豆汁0.5kg、水36kg；先把优质生石灰用水化开，再加入大豆汁和食盐，加入专业的喷雾助剂农希望2号喷雾宝20～40ml/15kg药液对水，搅拌成糊状即可。

早春发芽前将流胶部位病组织刮除，然后涂抹45%石硫合剂30倍液，或喷1∶1∶100波尔多液，加入专业的喷雾助剂农希望2号喷雾宝20～40ml/15kg药液对水均匀喷雾，铲除病原菌。

生长期于4月中旬至7月上旬，每隔20d用刀纵、横划病部，深达木质部，然后用毛笔蘸药液涂于病部，全年共处理7次。可用50亿CFU/g多粘类芽孢杆菌可湿性粉剂1 000～1 500倍液、70%甲基硫菌灵可湿性粉剂800～1 000倍液+50%福美双可湿性粉剂300倍液、80%乙蒜素乳油50倍液、1.5%多抗霉素水剂100倍液，加入专业的喷雾助剂农希望2号喷雾宝20～40ml/15kg药液对水，搅拌成糊状涂抹处理。

8．桃树腐烂病

症　　状 有性世代为核果黑腐皮壳菌 *Valsa leucostoma* 属子囊菌亚门黑腐皮壳属。无性世代为核果壳囊孢 *Cytospora leucostoma*。主要为害主干和主枝（图39-23至图39-26），造成树皮腐烂，致使枝枯树死。自早春至晚秋都可发生，其中，4—6月发病最盛。病初期病部皮层稍肿起，略带紫红色并出现流胶，最后皮层变褐色枯死，有酒糟味，表面产生黑色突起小粒点。

图39-23　桃树腐烂病为害症状

图39-24　桃树腐烂病为害树干上的孢子角

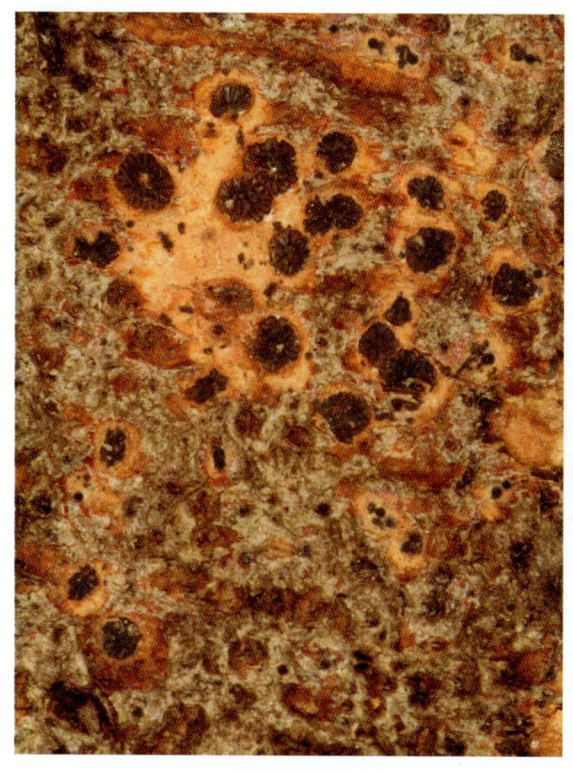 

图39-25 桃树腐烂病部表皮内的小突　　　　图39-26 桃树腐烂病为害后期症状

发生规律　以菌丝体、子囊壳及分生孢子器在树干病组织中越冬，翌年3—4月产生分生孢子，借风雨和昆虫传播，自伤口及皮孔侵入。病斑多发生在近地面的主干上，早春至晚秋都可发生，春秋两季最为适宜，尤以4—6月发病最盛，高温的7—8月受到抑制，11月后停止发展。施肥不当及秋雨多，桃树休眠期推迟，树体抗寒力降低，易引起发病。

施药技术　防止冻害比较有效的措施是树干涂白，降低昼夜温差，常用涂白剂的配方是生石灰12～13kg，加石硫合剂晶体（20波美度左右）2kg、加食盐2kg、加清水36kg或者生石灰10kg，加豆浆3～4kg，加水10～50kg，加入专业的喷雾助剂农希望2号喷雾宝20～40ml/15kg药液。涂白亦可防止枝干日烧。

在桃树发芽前刮去翘起的树皮及坏死的组织，然后喷施50%福美双可湿性粉剂300倍液，加入专业的喷雾助剂农希望5号喷雾宝20～40ml/15kg药液，均匀喷施树干。

生长期发现病斑，可刮去病部，涂抹70%甲基硫菌灵可湿性粉剂1份加植物油2.5份、50%多菌灵可湿性粉剂50～100倍液+70%百菌清可湿性粉剂50～100倍液等药剂，加入专业的喷雾助剂农希望2号喷雾宝20～40ml/15kg药液，间隔7～10d再涂1次，防效较好。

9．桃缩叶病

症　状　*Taphrina deformans* 称畸形外囊菌，属子囊菌亚门真菌。主要为害幼嫩组织，其中以嫩叶为主，嫩梢、花和幼果亦可受害。春季嫩叶刚从受侵芽鳞抽出即可受害，表现为病叶变厚膨胀，卷曲变形，颜色发红。随叶片逐渐展开，卷曲加重，病叶肿大肥厚，皱缩扭曲，质地变脆，呈红褐色，上生一层灰白色粉状物（图39-27）。枝梢受害呈黄绿色，病部肥肿，节间缩短，多形成簇生状叶片。严重时病梢扭曲，生长停滞，最后整枝枯死。

发生规律　子囊孢子在桃芽鳞片和树皮上越夏，以厚壁的芽孢子在土中越冬。翌年春桃树萌芽时，芽孢子萌发，直接从表皮侵入或从气孔侵入正在伸展的嫩叶，进行初侵染。一般不发生再侵染。一般在4月上旬展叶后开始发生，5月为发病盛期。春季桃芽膨大和展叶期，由于叶片幼嫩易被感染，如遇10～16℃冷凉潮湿的阴雨天气，往往促使该病流行。

施药技术 果树休眠期，可喷洒3～5波美度石硫合剂，铲除越冬病菌。

在桃花芽露红而未展开时是防治的关键时期。可喷洒1次5波美度石硫合剂、1∶1∶100波尔多液、50%硫悬浮剂600倍液、60%唑醚·代森联（代森联55%+吡唑醚菌酯5%）水分散粒剂1 500～2 000倍液、40%苯甲·吡唑酯（苯醚甲环唑25%+吡唑醚菌酯15%）悬浮剂3 000～4 000倍液、70%甲基硫菌灵可湿性粉剂600～1 000倍液+65%代森锌可湿性粉剂600～800倍液、75%百菌清可湿性粉剂600～800倍液+50%多菌灵可湿性粉剂600～800倍液、70%代森锰锌可湿性粉剂500倍液，加入多功能渗透性喷雾助剂农希望5号喷雾宝或50%油酸甲酯液剂（喷雾精）20～30ml/15kg药液对水均匀喷雾，就能控制初侵染的发生。

图39-27 桃缩叶病为害叶片症状

二、桃树虫害与农药施用关键技术

桃蛀螟主要分布在长江以南地区；桃小食心虫主要分布在北方桃区；桃蚜、桑白蚧、桃红颈天牛分布在全国各地；桃潜叶蛾分布华北、西北、华东等地；黑蚱蝉在华南、西南、华东、西北及华北大部分地区都有分布，尤其以黄河故道地区虫口密度为最大。

1. 桃蛀螟

桃蛀螟（*Dichocrocis punctiferalis*）属鳞翅目螟蛾科。在我国各地均有分布，长江以南为害桃果特别严重。以幼虫蛀食为害，为害桃果时，从果柄基部入果核，蛀孔处常流出黄褐色透明黏胶，周围堆积有大量红褐色虫粪，果实易腐烂（图39-28至图39-30）。

形态特征 成虫全体鲜黄色，前翅有25～28个黑斑，后翅10～15个（图39-31）。卵椭圆形，初产乳白色，后由黄变为红褐色。幼虫体色多变，有淡褐、浅灰、暗红等色，腹面多为淡绿色，体表有许多黑褐色突起（图39-32）。老熟幼虫体背多暗紫红色、淡灰褐、淡灰蓝等。蛹初为淡黄色，后变褐色（图39-33）。

发生规律 桃蛀螟在华北地区1年发生2～3代，长江流域4～5代。以末代老熟幼虫在高粱、玉米、蓖麻残株及向日葵花盘和仓贮库缝隙中越冬。华北地区越冬代幼虫4月开始化蛹，5月上中旬羽化。第1代幼虫主要为害果树，第1代成虫及产卵盛期在7月上旬，第2代幼虫7月中旬为害春高粱。8月中下旬是第3代幼虫发生期，集中为害夏高粱，是夏高粱受害最重时期。9—10月第4代幼虫为害晚播夏高粱和晚熟向日葵。10月中下旬以老熟幼虫越冬。长江流域第2代为害玉米茎秆。成虫喜在枝叶茂密的桃树果实表面上产

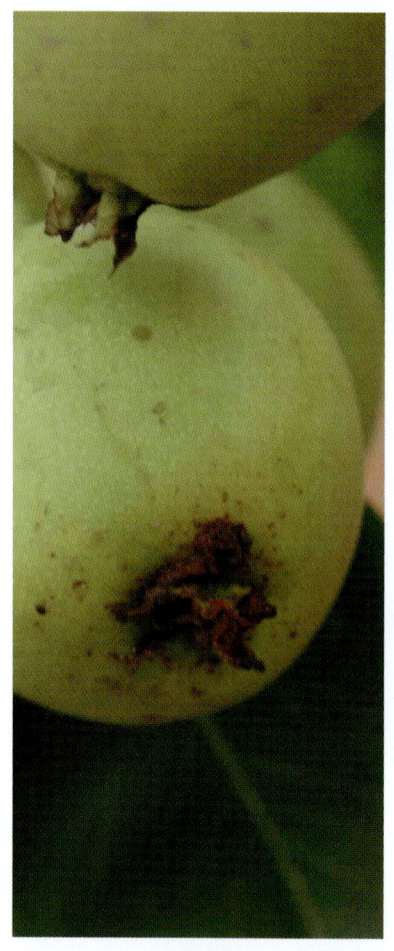

图39-28 桃蛀螟为害果实症状　　图39-29 桃蛀螟为害果实症状　　图39-30 桃蛀螟为害果实症状

图39-31 桃蛀螟成虫　　　　　　　　　　　图39-32 桃蛀螟幼虫

卵，两果相连处产卵较多。幼虫孵化以后，在果面上作短距离爬行，便蛀入果肉，并有转果为害习性。成虫白天伏于树冠内膛或叶背，夜间活动，对黑光灯有强烈趋性，成虫趋化性较强，羽化后的成虫必需取食补充营养才能产卵，主要取食花蜜。卵多单粒散产在寄主的花、穗或果实上，卵期4~8d。初孵幼虫即钻入花、果及穗中为害，3龄后拉网缀穗将内部籽粒吃成空，对花蜜、糖醋液也有趋性。

施药技术　第1、第2代成虫产卵高峰期和幼虫孵化期是防治桃蛀螟的关键时期。可用14%氯虫·高氯氟微囊悬浮剂15~20ml/亩、4.5%高效氯氰菊酯乳油1 000~2 000倍液+1.8%阿维菌素乳油2 000~4 000倍液+5%氟啶脲乳油1 000~2 000倍液、1.8%阿维菌素乳油2 000~4 000倍液+200g/L四唑虫酰胺悬浮剂7.5~10ml/亩、4.5%高效氯氰菊酯乳油35~50ml/亩+1%甲氨基阿维菌素苯甲酸盐微乳剂5~10ml/亩、20%甲氰菊酯乳油2 000~3 000倍液+35%氯虫苯甲酰胺水分散粒剂17 500~25 000倍液、20%甲维·除虫脲（甲氨基阿维菌素苯甲酸盐1%+除虫脲19%）悬浮剂2 000~3 000倍液、2.5%氯氟氰菊酯水乳剂

图39-33　桃蛀螟蛹

4 000~5 000倍液+10%氰虫酰胺悬浮剂30~40ml/亩，加入多功能渗透性喷雾助剂农希望5号喷雾宝或50%油酸甲酯液剂（喷雾精）20~30ml/15kg药液对水均匀喷雾，以保护桃果，间隔7~10d喷1次。

2．桃小食心虫

桃小食心虫（*Carposina niponensis*），属鳞翅目蛀果蛾科。以幼虫蛀果为害。幼虫孵化后蛀入果实，蛀果孔常有流胶点，不久干涸呈白色蜡质粉末。幼虫在果内串食果肉，并将粪便排在果内，幼果长成凹凸不平的畸形果，形成"豆沙馅"果（图39-34至图39-37）。幼虫老熟后，在果面咬一直径2~3mm的圆形脱果孔，虫果容易脱落。

图39-34　桃小食心虫为害桃果流胶症状

图39-35　桃小食心虫为害梨果"豆沙馅"果症状

发生规律　桃小食心虫在辽宁每年发生1~2代，在河北、山东多发生2代。以老熟幼虫在土中做茧越冬，大多数分布在树干1m范围，5~10cm深的表土中。翌年5月下旬至6月上旬幼虫从越冬茧钻出，雨后出土最多，在地面吐丝缀合细土粒做夏茧并化蛹。成虫多在夜间飞翔、不远飞，无趋光性。常停落在背阴处的果树枝叶及果园杂草上、羽化后2~3d产卵。卵多产于果实的萼洼、梗洼和果皮的粗糙部位，在叶子背面、果台、芽、果柄等处也有卵产下。第1代卵盛期6月下旬至7月上旬。幼虫孵化后，在果面爬行不

图39-36 桃小食心虫为害梨果内部症状　　图39-37 桃小食心虫为害果实症状

久，一般从果实胴部啃食果皮，然后蛀入果内，先在皮下串食果肉，果面出现凹陷的潜痕，造成畸形果。第2次卵盛期在8月中旬左右，孵化的幼虫为害至9月脱果入土做茧越冬（图39-38至图39-40）。

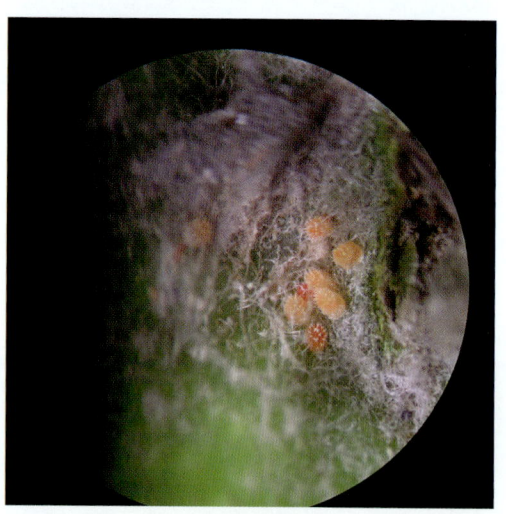

图39-38 桃小食心虫成虫　　图39-39 桃小食心虫卵

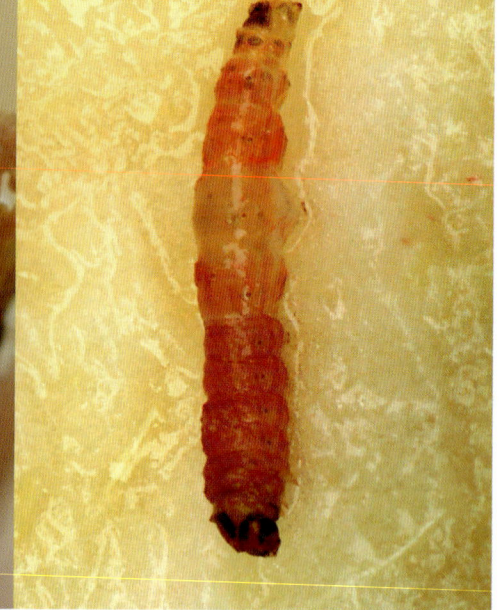

图39-40 桃小食心虫幼虫

施药技术 幼虫活动盛期在6月中下旬,是地面防治关键时机。后期世代重叠,发生2代地区8月上中旬是第2代卵和幼虫害果盛期。

在成虫产卵高峰期,卵果率达0.5%~1%时,可用30%高氯·毒死蜱(高效氯氰菊酯3%+毒死蜱27%)水乳剂1 000~1 300倍液、25%灭幼脲悬浮剂750~1 500倍液、5%氟苯脲乳油800~1 500倍液、5%氟啶脲乳油1 000~2 000倍液、5%氟铃脲乳油1 000~2 000倍液、20%甲维·除虫脲(甲氨基阿维菌素苯甲酸盐1%+除虫脲19%)悬浮剂2 000~3 000倍液,加入多功能渗透性喷雾助剂农希望5号喷雾宝或50%油酸甲酯液剂(喷雾精)20~30ml/15kg药液对水均匀喷雾,以提高药效。

在卵孵盛期,30%阿维·灭幼脲(灭幼脲29%+阿维菌素1%)悬浮剂1 000~1 500倍液、14%氯虫·高氯氟(高效氯氟氰菊酯4.7%+氯虫苯甲酰胺9.3%)微囊悬浮剂3 000~5 000倍液、30%高氯·毒死蜱(高效氯氰菊酯3%+毒死蜱27%)水乳剂1 000~1 300倍液、2.5%高效氟氯氰菊酯乳油1 000~2 000倍液、20%甲氰菊酯乳油1 000~2 000倍液、1.8%阿维菌素乳油2 000~4 000倍液+200g/L四唑虫酰胺悬浮剂7.5~10ml/亩、1%甲氨基阿维菌素乳油3 000倍液+25%灭幼脲悬浮剂1 000倍液,加入多功能渗透性喷雾助剂农希望5号喷雾宝或50%油酸甲酯液剂(喷雾精)20~30ml/15kg药液对水均匀喷雾。喷药重点是果实,间隔10~15d喷1次。

3. 桃蚜

桃蚜(*Myzus persicae*)属同翅目蚜科。以成虫、若虫、幼虫群集新梢和叶片背面为害,被害部分呈现小的黑色、红色和黄色斑点,使叶片逐渐变白,向背面扭卷成螺旋状,引起落叶,新梢不能生长,影响产量及花芽形成,削弱树势。蚜虫排泄的蜜露,常造成烟煤病(图39-41至图39-43)。

图39-41 桃蚜为害叶片症状

图39-42 桃蚜为害新梢症状

图39-43 桃蚜为害整株症状

形态特征 有翅孤雌蚜体色不一，有绿色、黄绿色、淡褐色、赤褐色等；翅透明，脉淡黄色。头黑色，额瘤显著；腹管绿色，端部色深，长圆筒形，尾片圆锥形，近端部缢缩，侧面各有3根刚毛（图39-44）。无翅孤雌蚜体色不一，有绿色、黄绿色、杏黄色及赤褐色（图39-45）。若虫与无翅胎生雌蚜体形相似，体色不一。卵长椭圆形，初产淡绿色，渐变灰黑色，有光泽。

图39-44 桃蚜有翅孤雌蚜

图39-45 桃蚜无翅孤雌蚜

发生规律 北方每年发生20~30代，南方30~40代。生活周期类型属乔迁式。桃蚜是一种转移寄主生活的蚜虫，但也有少数个体终年生活在桃树上不转移寄主。3月下旬至4月，以孤雌胎生方式繁殖为害，5月下旬为害最为严重，10月有翅蚜陆续迁回到桃树上越冬。一般冬季温暖，春暖早而雨水均匀的年份有利于大发生，高温和高湿均不利于发生，数量下降。春末夏初及秋季是桃蚜为害严重的季节。

施药技术 芽萌动期喷药防治桃粉蚜的效果最好，越冬卵孵化高峰期喷施2.5%溴氰菊酯乳油2 000倍液、5%啶虫脒·高效氯氰菊酯乳油1 000~1 500倍液、50%抗蚜威可湿性粉剂2 000~3 000倍液、2.5%氯氟氰菊酯乳油1 000~2 000倍液、5%氯氰菊酯乳油3 000~4 000倍液、2.5%溴氰菊酯乳油1 500~2 500倍液、2.5%高效氯氟氰菊酯乳油1 000~2 000倍液、5.7%氟氯氰菊酯乳油1 000~2 000倍液、20%甲氰菊酯乳油2 000~3 000倍液，加入专业的喷雾助剂农希望5号喷雾宝20~40ml/15kg药液对水均匀喷雾。

抽梢展叶期，喷施10%吡虫啉可湿性粉剂2 000~3 000倍液、21%噻虫嗪悬浮剂2 000~4 000倍液、10%氯噻啉可湿性粉剂4 000~5 000倍液、5%啶虫脒·高效氯氰菊酯乳油1 000~1 500倍液、10%烯啶虫胺可溶液性剂4 000~5 000倍液，加入多功能渗透性喷雾助剂农希望5号喷雾宝或50%油酸甲酯液剂（喷雾精）20~30ml/15kg药液对水均匀喷雾，以提高药效。

4．桑白蚧

桑白蚧（*Pseudaulacaspis pentagona*），以若虫和成虫群集于主干、枝条上，以口针刺入皮层吸食汁液，也有在叶脉或叶柄、芽的两侧寄生，造成叶片提早硬化（图39-46至图39-48）。

形态特征 雌成虫介壳白或灰白，近扁圆，背面隆起，略似扁圆锥形，壳顶点黄褐色，壳有螺纹。壳下虫体为橘黄色或橙黄色，扁椭圆（图39-49）。雄虫若虫阶段有蜡质壳，白色或灰白色、狭长，羽化后的虫体橙黄色或粉红色，翅一对，膜质（图39-50）。初孵若虫淡黄，体长椭圆形、扁平。卵长椭圆形，初产粉红，近孵化时变橘红色。蛹雄虫有蛹阶段，裸蛹，橙黄色。

发生规律 年发生代数由北往南递增，黄河流域2代，长江流域3代，海南、广东为5代，华北地区每年发生2代，均以受精雌虫在枝干上越冬。4月下旬开始产卵，卵产于介壳下，产卵后干缩而死。产卵期长短与气温高低成反比，雌成虫产卵后死于介壳内，呈紫黑色。初孵若虫活跃喜爬，5~11h后固定吸食，不久即分泌蜡质盖于体背，逐渐形成介壳。雌若虫3次蜕皮变成无翅成虫，雄若虫2次蜕皮后化蛹。

若虫5月初开始孵化,自母体介壳下爬出后在枝干上到处乱爬,几天后,找到适当位置即固定不动,并开始分泌蜡丝,蜕皮后形成介壳,把口器刺入树皮下吸食汁液。雌虫2次蜕皮后变为成虫,在介壳下不动吸

图39-46 桑白蚧为害桃树枝干症状

图39-47 桑白蚧为害杏树枝干症状

图39-48 桑白蚧为害李树枝干症状

图39-49 桑白蚧雌成虫

图39-50 桑白蚧若虫

食，雄虫第2次蜕皮后变为蛹，在枝干上密集成片。6月中旬成虫羽化，6月下旬产卵，第2代雌成虫发动吸食，发生在9月间，交配受精后，在枝干上越冬。

施药技术 抓住第1代若蚧发生盛期，趁虫体未分泌蜡质时，用硬毛刷或细钢丝刷刷掉枝干上若虫。剪除受害严重的枝条。之后喷洒石硫合剂。

在各代若虫孵化高峰期，尚未分泌蜡粉介壳前，是药剂防治的最关键时期。可用2.5%氯氟氰菊酯乳油1 000～2 000倍液、4.5%高效氯氰菊酯乳油2 000～2 500倍液、10%吡虫啉可湿性粉剂1 500～2 000倍液，加入专业的喷雾助剂农希望5号喷雾宝20～40ml/15kg药液对水均匀喷雾，以提高药效。

在介壳形成初期，用1.8%阿维菌素乳油2 000～4 000倍液、25%噻嗪酮可湿性粉剂1 000～1 500倍液，加入多功能渗透性喷雾助剂农希望5号喷雾宝或50%油酸甲酯液剂（喷雾精）20～30ml/15kg药液。

三、桃树各生育期病虫草害与农药施用关键技术

桃树有许多病虫害为害严重。在病害中以细菌性穿孔病和褐腐病发生最普遍，为害较严重；缩叶病，在桃树萌芽期低温多雨年份常严重发生；炭疽病，在一些地区的早熟桃品种上发生严重；腐烂病，可造成桃树枝干死亡，局部果园发生严重；流胶病，在各地发生普遍，严重削弱树势，是桃树的重要病害；另外，桃疮痂病等也常为害。在桃树害虫中，以桃蛀螟、桃小食心虫、桃蚜、叶螨为害较重。

（一）桃树休眠期至萌芽前期病虫草害与农药施用关键技术

华北地区桃树从10月中下旬到翌年的3月处于休眠期（图39-51），多数病虫也停止活动，一些病虫在病残枝、叶、树干上越冬。这一时期的病虫防治工作有3个：一是剪除、摘掉树上的病枝、僵果，扫除落叶，刮除树干和主枝基部的粗皮，并集中烧毁（图39-52）；二是翻耕土壤（图39-53），特别是树干周围要深挖、暴晒；三是药剂涂刷树干，进行树体消毒，可以用涂白剂（图39-54）（见苹果病虫休眠期防治方法），也可以喷洒5波美度石硫合剂。冬季修剪时，最好在刀口处涂抹消毒剂，用0.1%升汞水、波尔多液等，加入专业的喷雾助剂如农希望2号喷雾宝20～40ml/15kg药液对水均匀喷雾。

图39-51 桃树休眠期

图39-52 桃园清理

3月上中旬，气温回升变暖，病虫开始活动，这时期桃树尚未发芽，可喷施1次广谱性铲除剂，一般效果较好，可以铲除越冬病原菌和一些蚜虫、螨类、食心虫等害虫和害螨。药剂有3～5波美度石硫合剂、50%硫磺悬浮剂200倍液，进行全树喷淋，对树基部及基部周围土壤也要喷施。桃树发芽较早，为防止冻害，可以在上述药液中混加黄腐酸盐1 000倍液。

在早春桃树发芽前（图39-55），可用90%乙草胺乳油100～150ml/亩、33%二甲戊乐灵乳油150～

图39-53 桃园翻耕

图39-54 桃树树干涂白防治越冬病虫

图39-55 桃树萌芽前喷施封闭除草剂

200ml/亩、90%乙草胺乳油100~200ml/亩+50%扑草净可湿性粉剂150~200g/亩、50%乙草胺乳油100ml/亩+24%乙氧氟草醚乳油10~15ml/亩，对水30~45kg/亩喷雾土表。土壤有机质含量低、砂质土、低洼地、水分足，用药量低，反之用药量高。土壤干旱条件下施药要加大用水量或进行浅混土（2~3cm），施药后如遇干旱，有条件的可以灌水后施药以提高除草效果。喷施封闭除草剂时，农民传统的喷药方式喷药不匀，药效不好；喷药时必须用专业喷杆喷雾器械进行喷雾；并加入专业喷雾助剂农希望6号喷雾宝20~30ml/15kg药液对水均匀喷雾；必须把药喷匀、喷细、喷透，让药剂在地面上形成一层药膜，药剂均匀度达90%以上，才能取得较好的除草效果。

（二）桃树开花期病虫害与农药施用关键技术

3月下旬到4月上旬，华北地区大部分品种的桃树进入开花期（图39-56）。由于花粉、花蕊对很多药剂敏感，一般不适合喷洒化学农药。但这一时期是疏花、保花、疏果、定果的重要时期，要根据花量、树体长势、营养状况，确定疏花定果措施，保证果树丰产与稳产。

图39-56 桃树开花期

（1）疏花措施　桃的花芽多且许多品种坐果结实率高，特别是成年树坐果极易超越负载量。结果过多必然产生大量小果，降低果实品质和果实利用率，应注意及时疏花、疏果，一般在盛花期后疏花效果最好。在盛花后10d以内，喷施萘乙酸20mg/kg、40mg/kg、60mg/kg三个浓度，疏花率分别为26.6%、30.1%和58.4%；在盛花后2周喷萘乙酸20mg/kg、40mg/kg、60mg/kg三个浓度，疏花率分别为20.8%、23.6%和35.7%。

（2）保花保果措施　由于桃树开花较早，在生产中常因为阴雨、大风、寒冷天气而影响正常的开花与授粉；或由于前1年花芽形成时受到某些因素的影响，花芽较少。一般要采取措施，提高授粉率，减少落花，从而保证高产与稳产。同时，花期采取措施保花最为简洁有效。因为桃树落花后，花后3~4周和5月下旬的3个落果期，导致落果的原因多数是未被授粉或受精胚发育停止。所以，该期施用激素、微肥，促进开花授粉，是保花保果的关键。根据开花情况、天气情况，一般可在花期人工放蜂，盛花期喷布0.3%~0.5%硼砂溶液+0.3%尿素溶液或0.3%~0.5%硼砂溶液+0.1%砂糖溶液，在中心花开放6%~7%时喷洒1次，可以起到保花效果，并能促使花粉萌发、防治桃缩果病。另外，于花期到幼果期喷洒三十烷醇1~2mg/kg、赤霉酸20~50mg/kg，可以提高花粉萌发率，促进坐果。

（三）桃树落花至展叶期病虫害与农药施用关键技术

4月中下旬，桃花相继败落（图39-57），幼果将开始生长，树叶也开始长大。桃细菌性穿孔病、桃缩叶病、桃树流胶病、桃树腐烂病、蚜虫开始发生为害，桃褐腐病、炭疽病、疮痂病等开始侵染，叶螨也开始活动，生产上应以刮治流胶病，防治缩叶病、蚜虫为主，考虑兼治其他病虫害。

防治桃树流胶病，可以刮除病斑、胶块，而后用抗菌剂80%乙蒜素乳油100倍液、50%硫磺悬浮剂250g混合，加入专业的喷雾助剂农希望2号喷雾宝20~40ml/15kg药液，涂刷病斑，以杀灭越冬病菌。

防治缩叶病、流胶病等病害的发生与侵染，又要减少药剂对幼果的影响，可以使用50%多菌灵可湿性

图39-57 桃树落花至展叶期

粉剂1 000～2 000倍液+70%代森锰锌可湿性粉剂800～1 000倍液、60%唑醚·代森联（代森联55%+吡唑醚菌酯5%）水分散粒剂1 500～2 000倍液、70%甲基硫菌灵可湿性粉剂1 000～1 500倍液+75%百菌清可湿性粉剂1 000～1 500倍液、50%苯菌灵可湿性粉剂1 500～2 500倍液+65%代森锌可湿性粉剂600～1 000倍液、40%苯甲·吡唑酯（苯醚甲环唑25%+吡唑醚菌酯15%）悬浮剂3 000～4 000倍液，加入多功能渗透性喷雾助剂农希望5号喷雾宝或50%油酸甲酯液剂（喷雾精）20～30ml/15kg药液对水均匀喷雾，以提高药效。

防治蚜虫可用22%氟啶虫胺腈悬浮剂5 000～10 000倍液、10%吡虫啉可湿性粉剂4 000～5 000倍液、35%噻虫·吡蚜酮（噻虫嗪15%+吡蚜酮20%）水分散粒剂3 500～4 500倍液、15%氟啶虫酰胺·联苯菊酯（氟啶虫酰胺10%+联苯菊酯5%）悬浮剂4 000～5 000倍液、2.5%高效氯氰菊酯水乳剂1 000～2 000倍液、5%啶虫脒·高氯乳油1 000～1 500倍液、2.5%氯氟氰菊酯乳油1 000～2 000倍液、2.5%高效氯氟氰菊酯乳油1 000～2 000倍液、1.8%阿维菌素乳油3 000～4 000倍液，加入多功能渗透性喷雾助剂农希望5号喷雾宝或50%油酸甲酯液剂（喷雾精）20～30ml/15kg药液对水均匀喷雾，以提高药效。

（四）桃树幼果期病虫草害与农药施用关键技术

5月上中旬，新梢生长旺盛，果实开始生长（图39-58）。该期蚜虫一般发生严重，桃缩叶病、褐腐病、流胶病发生较重，桃红颈天牛、桑白蚧、叶螨、茶翅蝽、炭疽病、细菌性穿孔病也开始发生，食心虫第1代幼虫开始蛀食嫩梢。应注意虫情，合理用药。

防治该期病害可用50%多菌灵可湿性粉剂800～1 200倍液+70%代森锰锌可湿性粉剂800倍液、70%甲基硫菌灵可湿性粉剂1 000～1 500倍液+65%代森锌可湿性粉剂600～800倍液、50%乙烯菌核利可湿性粉剂1 000～2 000倍液+45%代森铵可湿性粉剂600～800倍液、40%苯甲·吡唑酯（苯醚甲环唑25%+吡唑醚菌酯15%）悬浮剂3 000～4 000倍液、50%苯菌灵可湿性粉剂1 000～1 500倍液、40%唑醚·戊唑醇（吡唑醚菌酯10%+戊唑醇30%）悬浮剂3 500～4 000倍液喷雾。并注意轮换使用35%胶悬铜悬浮剂300～500倍液。

图39-58 桃树幼果期

杀虫剂应以防治蚜虫、食心虫为主，兼治叶螨，并注意杀卵效果。可用20%甲氰菊酯乳油、1.8%阿维菌素乳油3 000~4 000倍液等喷雾。可喷施20%多效唑可湿性粉剂，以1 000~1 500mg/kg为宜，可以抑制新梢生长，增大桃的单果重量。

农民传统的喷药方式导致病部着药困难，大量药液流失（图39-59）而影响药效，喷药必须保证均匀喷雾到所有茎叶，雾滴的附着率直接影响喷药防治效果。喷药时必须选用高压、超细的专业喷雾器械进行喷雾；并加入专业喷雾助剂（新叶初发时用农希望7号喷雾宝5ml/15kg药液，叶片老化后蜡质增厚用农希望7号喷雾宝10ml/15kg药液），对于天气特别干旱时喷药应加入多功能专业喷雾助剂（新叶初发时用农希望5号喷雾宝10~20ml/15kg药液，叶片老化后蜡质增厚用农希望5号喷雾宝20~30ml/15kg药液）对水均匀喷雾；必须把药喷匀、喷细、喷透，让药剂在叶面上形成一层药膜，叶上药剂附着率达90%以上（图39-60），让药剂在叶面上充分地润湿扩散、渗透吸收后才能取得较好的防治效果。

图39-59 普通喷雾器械压力低、喷不匀、雾滴大，桃树叶片上的大量药液流失，叶片难以均匀附着药剂，对病害的防效较差

图39-60　用高压、超细的专业喷雾器械，加入专业的喷雾助剂农希望5号喷雾宝20ml/15kg药液对水均匀喷雾，让药液在叶面上均匀地形成一层油亮的药膜，保证药剂喷匀、喷透，充分地润湿扩散渗透吸收

在桃树幼果期（图39-61），也可以结合中耕喷施封闭除草剂，可用90%乙草胺乳油100～150ml/亩、33%二甲戊乐灵乳油150～200ml/亩、90%乙草胺乳油100～200ml/亩+50%扑草净可湿性粉剂150～200g/亩、50%乙草胺乳油100ml/亩+24%乙氧氟草醚乳油10～15ml/亩，对水30～45kg/亩喷雾土表。喷施封闭除草剂时，农民传统的喷药方式喷药不匀，药效不好；喷药时必须用专业喷杆喷雾器械进行喷雾；并加入专业的喷雾助剂农希望6号喷雾宝20～30ml/15kg药液；必须把药喷匀、喷细、喷透，让药剂在地面上形成一层药膜，药剂均匀度达90%以上，才能取得较好的除草效果。

图39-61　桃树夏季喷施封闭除草剂

对于前期未能封闭除草的田块（图39-62），在杂草基本出齐，且杂草处于幼苗期时应及时施药，可用10%精喹禾灵乳油50~75ml/亩、10.8%高效吡氟氯禾灵乳油20~60ml/亩、12.5%烯禾啶乳油50~100ml/亩、24%烯草酮乳油20~60ml/亩，加入专业喷雾助剂农希望6号喷雾宝20~30ml/15kg药液对水均匀喷雾，施药时视草情、墒情确定用药量。草大、墒差时适当加大用药量。对水30kg均匀喷施。禾本科和阔叶杂草混生的地块，在杂草基本出齐，且杂草处于幼苗期时应及时施药，可用10%精喹禾灵乳油50~75ml/亩+48%苯达松水剂150ml/亩、10.8%高效吡氟氯禾灵乳油20~60ml/亩+25%三氟羧草醚水剂50ml/亩、10%精喹禾灵乳油50~75ml/亩+24%乳氟禾草灵乳油20~40ml/亩、68%草甘膦可溶粒剂99~198g/亩，加入专业喷雾助剂农希望6号喷雾宝20~30ml/15kg药液对水均匀喷雾，应在桃园定向施药，不能将药液喷洒至桃叶片上，喷洒时应采用保护罩或压低喷头定向喷布，否则会发生严重的药害。

图39-62 桃园喷施茎叶处理的除草剂时，必须用专业喷雾器械进行喷雾，喷药必须保证药液均匀地喷雾到杂草茎叶上，并加入专业的喷雾助剂农希望6号喷雾宝20ml/15kg药液对水均匀喷雾，药液在杂草的茎叶上均匀地形成一层油亮的药膜，让药液充分地渗透杂草，才能达到多种病虫兼治的目的

（五）桃树果实膨大期病虫害与农药施用关键技术

5月下旬到6月中旬，大多数品种果实迅速生长膨大（图39-63）。该期叶螨、食心虫是主要害虫，病害以褐腐病、疮痂病、桃树缩叶病较重，生产管理上应注意调查，及时防治。

该期一般温暖、干旱，应注意防治山楂红蜘蛛，注意观察桃蛀螟和梨小食心虫的产卵、幼虫发生情况，适时防治。可用50%辛硫磷乳油1 000~2 000倍液、1.8%阿维菌素乳油3 000~4 000倍液+20%甲氰菊酯乳油3 000~4 000倍液等喷雾。如有红蜘蛛发生，早期可用73%炔螨特乳油1 500~2 500倍液+25%联苯菊酯乳油3 000~4 000倍液等，加入多功能渗透性喷雾助剂农希望5号喷雾宝或50%油酸甲酯液剂（喷雾精）20~30ml/15kg药液对水均匀喷雾，以提高药效。杀菌剂可以参考前期用药。

图39-63 桃果膨大期

（六）桃树成熟期病虫害与农药施用关键技术

6月中下旬以后，桃开始成熟采摘（图39-64）。这时多高温、多雨，桃褐腐病、炭疽病发生严重，桃小食心虫对中晚熟品种为害严重，应注意适时防治，同时还要兼治桃疮痂病、细菌性穿孔病等病害。

施用杀虫剂主要在食心虫的卵期、初孵幼虫期喷施，药剂有20%甲维·除虫脲（甲氨基阿维菌素苯甲酸盐1%+除虫脲19%）悬浮剂2 000~3 000倍液、1.8%阿维菌素乳油3 000~4 000倍液、35%氯虫苯甲酰胺水分散粒剂17 500~25 000倍液、

图39-64 桃果成熟期

25%灭幼脲悬浮剂750~1 500倍液、5%氟啶脲乳油1 000~2 000倍液。如果山楂叶螨发生较重，可喷洒27.5%尼索·螨醇乳油1 000~2 000倍液、5%噻螨酮乳油2 500倍液等，加入专业的喷雾助剂农希望5号喷雾宝10~20ml/15kg药液对水均匀喷雾。该期在虫螨防治时，必须兼顾考虑。

病害的防治应以防治炭疽病、褐腐病为主，可喷洒50%多菌灵可湿性粉剂800~1 000倍液+70%代森锰锌可湿性粉剂600~1 000倍液、50%苯菌灵可湿性粉剂1 500~2 000倍液、40%腈菌唑水分散粒剂7 000倍液、50%苯醚·甲硫（甲基硫菌灵42%+苯醚甲环唑8%）悬浮剂900~1 333倍液、40%苯甲·吡唑酯（苯醚甲环唑25%+吡唑醚菌酯15%）悬浮剂3 000~4 000倍液、70%甲基硫菌灵可湿性粉剂1 000倍液，加入专业的喷雾助剂农希望5号喷雾宝10~20ml/15kg药液对水均匀喷雾，以提高药效。

农民传统的喷药方式导致病部着药困难，大量药液流失，防治效果不佳。喷药时必须用专业喷雾器械进行喷雾；并加入专业喷雾助剂农希望7号喷雾宝10ml/15kg药液，天气特别干旱时喷药应加入多功能专业喷雾助剂农希望5号喷雾宝20ml/15kg药液对水均匀喷雾；必须把药喷匀、喷细、喷透，让药剂在叶面上形成一层药膜，叶上药剂附着率达90%以上（图39-65），让药剂在叶面上充分地润湿扩散、渗透吸收后才能取得较好的防治效果。

图39-65 桃树喷药时，用专业喷雾器械进行喷雾，保证均匀喷雾到所有茎叶和果面，加入专业的喷雾助剂农希望5号喷雾宝20ml/15kg药液对水均匀喷雾，让药液均匀地形成一层油亮的药膜，保证药剂喷匀、喷细、喷透，药剂得到充分地润湿扩散和渗透吸收

（七）营养恢复期病虫害与农药施用关键技术

8月以后，桃相继成熟、采摘，这时树势较弱，开始进入营养恢复期。这期间桃穿孔病等较重，导致大量落叶，有时还有叶螨发生，树流胶病发生严重，一般要持续到9月。这期间除应不断使用保护剂1:1:（160~200）倍波尔多液，还应注意及时喷药治疗，可用50%多菌灵可湿性粉剂1 500~2 500倍液+50%乙霉威可湿性粉剂1 500~2 500倍液、50%多菌灵可湿性粉剂800~1 500倍液、15%三唑酮可湿性粉剂1 000~1 500倍液、40%苯甲·吡唑酯（苯醚甲环唑25%+吡唑醚菌酯15%）悬浮剂3 000~4 000倍液、12.5%烯唑醇可湿性粉剂1 500~2 000倍液等。

该期叶片老化、枝叶茂密，农民传统的喷药方式导致病部着药困难，大量药液流失（图39-66），防治效果不佳。喷药时必须用专业喷雾器械进行喷雾，注意选用超细喷头、适当加大喷雾的压力；并加入专业喷雾助剂农希望7号喷雾宝10ml/15kg药液，天气特别干旱时喷药应加入多功能专业喷雾助剂农希望5号喷雾宝20~30ml/15kg药液对水均匀喷雾；必须把药喷匀、喷细、喷透，让药剂在叶面上形成一层药膜，叶上药剂附着率达90%以上（图39-67），让药剂在叶面上充分地润湿扩散、渗透吸收后才能取得较好的防治效果。

图39-66 桃树营养恢复期，叶片老化、枝叶茂密，普通喷雾器械压力低、喷不匀、雾滴大，桃树叶片上的大量药液流失，叶片难以均匀附着药剂，对病害的防效较差

让药液在叶面形成一层油亮药膜，充分地润湿扩散、渗透吸收

图39-67 桃树营养恢复期，叶片老化、枝叶茂密，用专业喷雾器械进行喷雾，喷药必须保证均匀喷雾到所有茎叶，加入专业的喷雾助剂农希望5号喷雾宝20ml/15kg药液对水均匀喷雾，让药液在叶面上均匀地形成一层油亮的药膜，保证药剂喷匀、喷细、喷透，药剂附着率达90%以上，让药剂充分地润湿扩散、渗透吸收